LEXIKON DER BIOLOGIE
1

HERDER

LEXIKON DER BIOLOGIE

Erster Band
A bis Bilzingsleben

Spektrum Akademischer Verlag
Heidelberg · Berlin · Oxford

Redaktion:
Udo Becker
Sabine Ganter
Christian Just
Rolf Sauermost (Projektleitung)

Fachberater:
Arno Bogenrieder, Professor für Geobotanik an der Universität Freiburg
Klaus-Günter Collatz, Professor für Zoologie an der Universität Freiburg
Hans Kössel, Professor für Molekularbiologie an der Universität Freiburg
Günther Osche, Professor für Zoologie an der Universität Freiburg

Autoren:
Arnheim, Dr. Katharina (K.A.)
Becker-Follmann, Johannes (J.B.-F.)
Bensel, Joachim (J.Be.)
Bergfeld, Dr. Rainer (R.B.)
Bogenrieder, Prof. Dr. Arno (A.B.)
Bohrmann, Dr. Johannes (J.B.)
Breuer, Dr. habil. Reinhard
Bürger, Dr. Renate (R.Bü.)
Collatz, Prof. Dr. Klaus-Günter (K.-G.C.)
Duell-Pfaff, Dr. Nixe (N.D.)
Emschermann, Dr. Peter (P.E.)
Eser, Prof. Dr. Albin
Fäßler, Peter (P.F.)
Fehrenbach, Heinz (H.F.)
Franzen, Dr. Jens Lorenz (J.F.)
Gack, Dr. Claudia (C.G.)
Ganter, Sabine (S.G.)
Gärtner, Dr. Wolfgang (W.G.)
Geinitz, Christian (Ch.G.)
Genaust, Dr. Helmut
Götting, Prof. Dr. Klaus-Jürgen (K.-J.G.)
Gottwald, Prof. Dr. Björn A.
Grasser, Dr. Klaus (K.G.)
Grieß, Eike (E.G.)
Grüttner, Dr. Astrid (A.G.)
Hassenstein, Prof. Dr. Bernhard (B.H.)
Haug-Schnabel, Dr. habil. Gabriele (G.H.-S.)
Hemminger, Dr. habil. Hansjörg (H.H.)
Herbstritt, Lydia (L.H.)
Hobom, Dr. Barbara
Hohl, Dr. Michael (M.H.)
Huber, Christoph (Ch.H.)
Hug, Agnes (A.H.)
Jahn, Prof. Dr. Theo (T.J.)
Jendritzky, Dr. Gerd (G.J.)

Jendrsczok, Dr. Christine (Ch.J.)
Kaspar, Dr. Robert
Kirkilionis, Dr. Evelin (E.K.)
Klein-Hollerbach, Dr. Richard (R.K.)
König, Susanne
Körner, Dr. Helge (H.Kör.)
Kössel, Prof. Dr. Hans (H.K.)
Kühnle, Ralph (R.Kü.)
Kuss, Prof. Dr. Siegfried (S.K.)
Kyrieleis, Armin (A.K.)
Lange, Prof. Dr. Herbert (H.L.)
Lay, Martin (M.L.)
Lechner, Brigitte (B.Le.)
Liedvogel, Dr. habil. Bodo (B.L.)
Littke, Dr. habil. Walter (W.L.)
Lützenkirchen, Dr. Günter (G.L.)
Maier, Dr. Rainer (R.M.)
Maier, Dr. habil. Uwe (U.M.)
Markus, Dr. Mario (M.M.)
Mehler, Ludwig (L.M.)
Meineke, Sigrid (S.M.)
Mohr, Prof. Dr. Hans
Mosbrugger, Prof. Dr. Volker (V.M.)
Mühlhäusler, Andrea (A.M.)
Müller, Wolfgang Harry (W.H.M.)
Murmann-Kristen, Luise (L.Mu.)
Neub, Dr. Martin (M.N.)
Neumann, Prof. Dr. Herbert (H.N.)
Nübler-Jung, Dr. habil. Katharina (K.N.)
Osche, Prof. Dr. Günther (G.O.)
Paulus, Prof. Dr. Hannes (H.P.)
Pfaff, Dr. Winfried (W.P.)
Ramstetter, Dr. Elisabeth (E.F.)
Riedl, Prof. Dr. Rupert
Sachße, Dr. Hanns (H.S.)
Sander, Prof. Dr. Klaus (K.S.)

Sauer, Prof. Dr. Peter (P.S.)
Scherer, Prof. Dr. Georg
Schindler, Dr. Franz (F.S.)
Schindler, Thomas (T.S.)
Schipperges, Prof. Dr. Dr. Heinrich
Schley, Yvonne (Y.S.)
Schmitt, Dr. habil. Michael (M.S.)
Schön, Prof. Dr. Georg (G.S.)
Schwarz, Dr. Elisabeth (E.S.)
Sitte, Prof. Dr. Peter
Spatz, Prof. Dr. Hanns-Christof
Ssymank, Dr. Axel (A.S.)
Starck, Matthias (M.St.)
Steffny, Herbert (H.St.)
Streit, Prof. Dr. Bruno (B.S.)
Strittmatter, Dr. Günter (G.St.)
Theopold, Dr. Ulrich (U.T.)
Uhl, Gabriele (G.U.)
Vollmer, Prof. Dr. Dr. Gerhard
Wagner, Prof. Dr. Edgar (E.W.)
Wagner, Prof. Dr. Hildebert
Wandtner, Dr. Reinhard
Warnke-Grüttner, Dr. Raimund (R.W.)
Wegener, Dr. Dorothee (D.W.)
Welker, Prof. Dr. Dr. Michael
Weygoldt, Prof. Dr. Peter (P.W.)
Wilmanns, Prof. Dr. Otti
Wilps, Dr. Hans (H.W.)
Winkler-Oswatitsch, Dr. Ruthild (R.W.-O.)
Wirth, Dr. Ulrich (U.W.)
Wirth, Dr. habil. Volkmar (V.W.)
Wuketits, Dozent Dr. Franz M.
Wülker, Prof. Dr. Wolfgang (W.W.)
Zeltz, Patric (P.Z.)
Zissler, Dr. Dieter (D.Z.)

Grafik:
Hermann Bausch
Rüdiger Hartmann
Klaus Hemmann
Manfred Himmler
Martin Lay
Richard Schmid
Melanie Waigand-Brauner

Die Deutsche Bibliothek – CIP-Einheitsaufnahme

Herder-Lexikon der Biologie / [Red.: Udo Becker ... Rolf Sauermost (Projektleitung). Autoren: Arnheim, Katharina ... Grafik: Hermann Bausch ...]. – Heidelberg ; Berlin ; Oxford : Spektrum, Akad. Verl.
   ISBN 3-86025-156-2
NE: Sauermost, Rolf [Hrsg.]; Lexikon der Biologie
   1. A bis Bilzingsleben. – 1994

Alle Rechte vorbehalten – Printed in Germany
© Spektrum Akademischer Verlag GmbH, Heidelberg · Berlin · Oxford 1994
Die Originalausgabe erschien in den Jahren 1983–1987 im Verlag Herder GmbH & Co. KG, Freiburg i. Br.
Bildtafeln: © Focus International Book Production, Stockholm, und Spektrum Akademischer Verlag Heidelberg
Satz: Freiburger Graphische Betriebe (Band 1–9), G. Scheydecker (Ergänzungsband 1994), Freiburg i. Br.
Druck und Weiterverarbeitung: Freiburger Graphische Betriebe
ISBN 3-86025-156-2

Vorwort

Die Biologie hat in unserer Zeit eine solche Ausweitung ihrer Erkenntnisse erfahren, daß selbst der Fachbiologe nicht mehr in der Lage ist, auch nur alle wesentlichen Entwicklungen zu verfolgen. Gleichzeitig sind die Ergebnisse und Erkenntnisse biologischer Forschung für unser naturwissenschaftliches Weltbild, aber auch in ihrer praktischen Anwendung für unser Leben und unsere Zukunft, von zunehmend größerer Bedeutung geworden. Das *Lexikon der Biologie* soll daher die Aufgabe erfüllen, einen fundierten Überblick über die heutige Biologie mit ihren verschiedenen Teilbereichen zu vermitteln. Mit seinem Umfang von 8 Bänden ist das *Lexikon der Biologie* das zur Zeit größte biologische Fachlexikon in deutscher Sprache. Aber auch außerhalb des deutschen Sprachraums gibt es gegenwärtig kein vergleichbares Werk dieses Umfangs.
Bei der Fülle der unterschiedlichen Fachgebiete ist es selbstverständlich nicht möglich gewesen, alle auftretenden Fachausdrücke zu berücksichtigen, so daß der Spezialist manches Stichwort aus seinem Arbeitsbereich vermissen mag. Dennoch dürften die ca. 40 000 erfaßten Stichwörter, bei deren Auswahl die Fachberater mitgewirkt haben, auf die meisten Fragen Antwort geben. Bei der Darstellung wird angestrebt, sowohl dem Fachmann zuverlässige Information zu bieten als auch dem Laien weitestgehend verständlich zu bleiben – ein Kompromiß, der bei der Kompliziertheit der Sachverhalte sicher nicht immer einfach ist.
Es soll jedoch darauf hingewiesen werden, daß innerhalb der ca. 40 000 Stichwörter eine große Anzahl von Unterstichwörtern enthalten sind, die sich über das Grundalphabet nicht erschließen lassen, da sonst die Zahl der Stichwörter (und damit der erforderliche Textraum) in nicht mehr zu bewältigender Weise ansteigen würde.
Neben den traditionellen Disziplinen der Biologie erfaßt das Lexikon auch bisher in ähnlichen Werken weniger berücksichtigte Gebiete, wie die Geobotanik, die Paläontologie, den Natur- und Umweltschutz und verstärkt auch die sog. „niederen" Organismengruppen. Daneben sind zahlreiche Begriffe aus Randgebieten aufgenommen worden, z. B. aus der Land- und Forstwirtschaft, der angewandten Botanik und Zoologie, der Anthropologie, Medizin und Pharmazie.
Bei den meisten aus Fremdwörtern gebildeten Stichwörtern ist eine etymologische Erklärung hinzugefügt.
Neben knapp gehaltenen Stichworterklärungen sind zahlreiche umfängliche Übersichtsartikel aufgenommen; sie sind mit dem Kürzel des jeweiligen Autors gekennzeichnet.
Der historisch Interessierte findet Kurzbiographien bedeutender Biologen vor, wobei von lebenden Personen nur Nobelpreisträger aufgenommen wurden.
Ein besonderes Anliegen des Verlages war es, den Brückenschlag zu den Geisteswissenschaften durch die Aufnahme sog. „enzyklopädischer Stichwörter" zu vollziehen, einer Anzahl durch Stil, Umfang und typographische Gestaltung gesonderter Artikel, in denen sich namentlich genannte Autoren zu „grenzübergreifenden" Fragen z. B. hin zur Philosophie oder Theologie und Ethik äußern. Diese Artikel stellen die persönliche Meinung des jeweiligen Autors dar.
Das *Lexikon der Biologie* ist mit über 5000 Tabellen und Abbildungen sowie mit über 450 meist farbigen Bildtafeln ausgestattet. Ein Teil dieser Abbildungen ist für dieses Werk neu erstellt worden, für den anderen Teil wurde jedoch auf bereits vorliegendes Material zurückgegriffen, wobei wir bewußt die manchmal „antiquiert" anmutenden Zeichnungen den „steril" wirkenden Photos, die uns heute überall begegnen können, vorgezogen haben. Wer die daraus resultierende Heterogenität als Nachteil empfindet, mag durch den ästhetischen Reiz dieser älteren, jedoch deshalb nicht minder exakten Darstellungen entschädigt werden.

Freiburg, Herbst 1983   Der Verlag und die Fachberater

Gebrauchsanleitung

Die Stichwörter stehen in alphabetischer Reihenfolge. Sie sind weiterhin innerhalb desselben Anfangsbuchstabens nach dem zweiten, dritten ... Buchstaben alphabetisiert.

Die Umlaute ä, ö und ü werden wie die Grundlaute a, o und u behandelt; ae, oe und ue werden als a-e, o-e und u-e alphabetisiert.

In der chemischen Terminologie gebräuchliche Abkürzungsbuchstaben und -ziffern sowie griechische Buchstaben werden bei der Alphabetisierung nicht berücksichtigt (N-Acetylglucosamin wird als Acetylglucosamin eingeordnet, 2-Aminopurin als Aminopurin und β-Alanin als Alanin). Auch Zwischenräume und Satzzeichen (Bindestrich, Apostroph, Punkt u. ä.) werden nicht mitalphabetisiert.

Für die Schreibung der Namen und Begriffe gilt die geläufige fachwissenschaftliche Schreibweise unter weitgehender Berücksichtigung der vorliegenden wissenschaftlichen Nomenklaturen. Hieraus ergeben sich gelegentlich Schwierigkeiten (Archaeocyten – Archäophyten, Bacterionema – Bakteriolysine) wie auch bei der Umschreibung fremder Namen. Bei C etwa vermißte Wörter suche man deswegen bei K, Sch, Tsch oder Z; bei V nicht geführte unter W; bei D fehlende unter T und jeweils umgekehrt. Dasselbe gilt sinngemäß für die Schreibweise von Umlauten (ä und ae, ö und oe, ü und ue).

Die lexikalisch erfaßten Pflanzen- und Tiernamen sind sowohl unter dem lateinischen als auch unter dem Vulgärnamen als eigenes Stichwort aufgenommen, doch konnte bei letzteren natürlich nicht die ganze Fülle synonymer Bezeichnungen berücksichtigt werden. Der Bereich der allgemeinen Biologie wurde ebenfalls durch die wissenschaftlichen und durch umgangssprachliche Begriffe erschlossen.

Findet man ein zusammengesetztes Wort nicht, empfiehlt es sich, unter dem Hauptbegriff nachzuschlagen. Das gilt vor allem bei Tier- und Pflanzennamen (z. B. erscheint die Blaumeise nur im Gesamtartikel Meisen).

Die Betonung wird beim Stichwort durch Unterstreichung des zu betonenden Selbst- oder Doppellautes angegeben. Bei umgangssprachlich vertrauten Begriffen wurde in der Regel auf den Betonungshinweis verzichtet.

Bei fremdsprachigen Wörtern ist die Aussprache in vereinfachter Umschreibung in eckigen Klammern angezeigt. Dabei bedeuten hochgestellte Buchstaben, daß der Laut nur leicht angeschlagen wird. Überschlängelte Buchstaben (ãn, ăn, õn, ŏn) sind durch die Nase, ß ist scharf und stimmlos, ß als Zungen-S (anstoßend), s und sch sind weich und stimmhaft zu sprechen; ă entspricht offenem O (etwa in: Wort). Ein Bindestrich (-) bei der Aussprachebezeichnung weist auf einen ausgefallenen Wortteil hin.

Wo es möglich und sinnvoll ist, folgt nach dem Stichwort die Angabe des Genus und eine kurze etymologische Erklärung. Erscheint eine Begriffspartikel (z. B. Präfix) bei mehreren Stichwörtern hintereinander, wird sie nicht im Artikel erklärt, sondern auf der Marginalienspalte. Auf eine solche Erklärung wird durch ein * hingewiesen (z. B. *acanth-). Ist ein Begriff von der flektierten Form eines Wortes abgeleitet, wird zur Verdeutlichung auch der Genitiv angegeben (Anseropoda [...], gr. pous, Gen. podos = Fuß). Steht hinter dem = -Zeichen keine Erklärung, ist der nach der Klammer folgende deutsche Begriff oder Name zugleich die Übersetzung (Armoracia w [lat., =], der ↗Meerrettich).

Wissenschaftliche Pflanzen- und Tiernamen sind im laufenden Text in der Regel durch Schrägdruck *(kursiv)* hervorgehoben.

Aus Raumgründen werden viele Wörter abgekürzt, vor allem die Wortendungen -isch und -lich (z. B. einheim. Arten, künstl. Befruchtung). Abkürzungen, die vielleicht nicht sofort verständlich sind, wurden in einem besonderen – nachstehenden – Verzeichnis zusammengestellt. Nicht aufgenommen wurden dabei jene Abkürzungen, die als eigenes Stichwort erscheinen (z. B. ATP = Adenosintriphosphat, DNA = Desoxyribonucleinsäure, auct. = auctorum).

Die Autorenkürzel der gezeichneten Artikel sind im Mitarbeiter-Verzeichnis notiert.

Im nachfolgenden Text werden die Stichwörter mit dem ersten für die Alphabetisierung maßgeblichen Buchstaben abgekürzt. Das gilt auch bei Wortzusammensetzungen mit dem Stichwort, selbst bei Verweisungen. Tritt ein Gattungsname, der nicht Stichwort ist, in einem Artikel mehrmals auf, wird er nur bei der ersten Erwähnung ausgeschrieben, danach ebenfalls abgekürzt, auch in Verbindung mit einem Artnamen.

Textverweisungen sind in der Regel dann angebracht worden, wenn bei dem mit ↗ versehenen Stichwort der Gegenstand selbst abgehandelt ist oder Ergänzendes zur Sache gesagt wird. Bei nicht sofort verständlichen Fachausdrücken empfiehlt sich ein Nachschlagen auch dann, wenn nicht durch ↗ darauf hingewiesen wird.

Das Zeichen ☐ verweist auf Abbildungen, [T] auf Tabellen und [B] auf Bildtafeln, wobei hinter dem Zeichen in der Regel das Stichwort angegeben ist, bei dem das Tabellen- bzw. Bildelement steht.

Patente, Gebrauchsmuster oder Warenzeichen sind nicht als solche gekennzeichnet. Aus dem Fehlen eines Hinweises folgt nicht, daß die betreffende Substanz oder Ware frei ist. Nennung einzelner Hersteller, ihrer Erzeugnisse, Verfahren oder ähnlicher Leistungen erfolgt stets nur beispielshalber.

Verzeichnis der Abkürzungen

↗	= siehe (bei Verweisungen)	Dir.	= Direktor
		dt.	= deutsch
*	= geboren; auch Verweisung auf Marginalienspalte	Dtl.	= Deutschland
		ebd.	= ebenda
		ehem.	= ehemals, ehemalig
†	= gestorben, ausgestorben	eigtl.	= eigentlich
		einschl.	= einschließlich
°	= Grad	Engl.	= England
⌀	= Durchmesser	entspr.	= entsprechend, entspricht
♂	= männlich, Männchen		
♀	= weiblich, Weibchen	eur.	= europäisch
⚥ ☿	= zwittrig, Zwitter	evtl.	= eventuell
×	= Kreuzung	Ez.	= Einzahl (Singular)
□	= Abbildung	f., ff.	= folgendes, folgende
B	= Bildtafel	Fam.	= Familie(n)
T	= Tabelle	Febr.	= Februar
Abb.	= Abbildung(en)	Fkr.	= Frankreich
Abk.	= Abkürzung	Forsch.	= Forschungen
Abt.	= Abteilung(en)	fr.	= früher
afr.	= afrikanisch	Frh.	= Freiherr
ags.	= angelsächsisch	frz.	= französisch
ahd.	= althochdeutsch	Gatt.	= Gattung(en)
allg.	= allgemein	gegr.	= gegründet
am.	= amerikanisch	gen.	= genannt
Arb.	= Arbeit(en)	Gen.	= Genitiv
Assoz.	= Assoziation(en)	geogr.	= geographisch
Aufl.	= Auflage(n)	Ges.	= Gesellschaft(en)
Aug.	= August	Gesch.	= Geschichte
Ausg.	= Ausgabe(n)	gg.	= gegen
ausschl.	= ausschließlich	ggf.	= gegebenenfalls
austr.	= australisch	Ggs.	= Gegensatz
Bd., Bde.	= Band, Bände	Ggw.	= Gegenwart
bed.	= bedeutend	gr.	= griechisch (nur bei Herkunftsbezeichnungen)
begr., Begr.	= begründet(e), Begründer		
		h	= Stunde
ben.	= benannt	Hdb.	= Handbuch
bes.	= besonders, besondere	hebr.	= hebräisch
Bez.	= Bezeichnung	hg., Hg.	= herausgegeben, Herausgeber
biol., Biol.	= biologisch, Biologie		
bot., Bot.	= botanisch, Botanik	hist.	= historisch
Bw.	= Beiwort (Adjektiv)	hpts.	= hauptsächlich
bzw.	= beziehungsweise	HW	= Hauptwerk(e)
ca.	= circa	Hw.	= Hauptwort (Substantiv)
chin.	= chinesisch	i.d.R.	= in der Regel
Dez.	= Dezember	i.e.S.	= im engeren Sinne
dgl.	= dergleichen, desgleichen	Ind.	= Industrie
		insbes.	= insbesondere
d.h.	= das heißt	Inst.	= Institut
d.i.	= das ist	int.	= international

it., It.	= italienisch, Italien	sec, Sek.	= Sekunde
i.ü.S.	= im übertragenen Sinne	Sept.	= September
i.w.S.	= im weiteren Sinne	skand.	= skandinavisch
Jan.	= Januar	Slg.	= Sammlung(en)
jap.	= japanisch	SO	= Südost(en)
Jh. (Jhh.)	= Jahrhundert(e)	s.o.	= siehe oben
Jt. (Jtt.)	= Jahrtausend(e)	sog.	= sogenannt
Kl.	= Klasse(n)	Std.	= Stunde(n)
Kurzw.	= Kurzwort	s.u.	= siehe unten
Kw.	= Kunstwort	svw.	= soviel wie
landw., Landw.	= landwirtschaftlich, Landwirtschaft	SW	= Südwest(en)
		Tab.	= Tabelle
lat.	= lateinisch	Temp.	= Temperatur(en)
Lit.	= Literatur	tschsl.	= tschechoslowakisch
m	= männlich	Tsd.	= Tausend
MA	= Mittelalter	U.-	= Unter-
ma.	= mittelalterlich	u.	= und
med.	= medizinisch	u.a.	= unter anderem, und andere(s)
mhd.	= mittelhochdeutsch		
Mill.	= Million(en)	u.ä.	= und ähnliche(s)
min, Min.	= Minute	u. dgl.	= und dergleichen
Mitgl.	= Mitglied	ugs.	= umgangssprachlich
mlat.	= mittellateinisch	Univ.	= Universität
Mrd.	= Milliarde(n)	urspr.	= ursprünglich
Mz.	= Mehrzahl (Plural)	usw.	= und so weiter
N	= Nord(en)	u. U.	= unter Umständen
nat.	= national	u. v. a.	= und viele(s) andere
nat. Gr.	= natürliche Größe	v.	= von
n. Br.	= nördliche Breite	v.a.	= vor allem
n. Chr.	= nach Christi Geburt	v. Chr.	= vor Christi Geburt
nlat.	= neulateinisch	Verb.	= Verband, Verbände
NO	= Nordost(en)	verf., Verf.	= verfaßt(e), Verfasser
norw.	= norwegisch	veröff.	= veröffentlicht(e)
Nov.	= November	Veröff.	= Veröffentlichung
NW	= Nordwest(en)	vgl.	= vergleiche, vergleichend
O	= Ost(en)		
od.	= oder	W	= West(en)
Okt.	= Oktober	w	= weiblich
Ord.	= Ordnung(en)	wiss., Wiss.	= wissenschaftlich, Wissenschaft(en)
östr., Östr.	= österreichisch, Österreich		
		wm.	= weidmännisch
Pfl.	= Pflanze(n)	WW	= Werke
port.	= portugiesisch	zahlr.	= zahlreich(e)
Präs.	= Präsident	z. B.	= zum Beispiel
Prof.	= Professor	zool., Zool.	= zoologisch, Zoologie
S.	= Seite	Zs. (Zss.)	= Zusammensetzung(en)
S	= Süd(en)	Zshg.	= Zusammenhang
s	= Sekunde	z. T.	= zum Teil
s	= sächlich	Ztw.	= Zeitwort (Verb)
s.	= siehe	zus.	= zusammen
s. Br.	= südliche Breite	zw.	= zwischen
Schr.	= Schrift(en)	z. Z.	= zur Zeit

A, 1) Abk. für das Nucleosid Adenosin od. (seltener) die Base Adenin. **2)** Abk. für die Aminosäure Alanin.

Aakerbeere w [åker-], *Rubus arcticus,* ↗ Rubus.

Aalartige Fische, *Aalfische, Anguilliformes* (fr. *Apodes*), Ord. der Knochenfische mit den beiden U.-Ord. ↗ Aale *(Anguilloidei),* mit 23 Fam. u. ca. 360 Arten, u. Pelikanaale *(Saccopharyngoidei),* mit 3 Fam. u. 9 Arten. Pelikanaale sind die Tiefseeformen der A.n F.; ihr langgestreckter Körper gleicht mit der weichstrahl., langen, saumartig. Rücken- u. Afterflosse sowie den fehlenden Bauchflossen dem der Aale, doch besitzen sie ein riesiges, sackart. Maul, bei dem der große Unterkiefer mit einem langen, weit nach hinten ragenden Kieferstiel aus umgebildeten Schädelknochen gelenkig verbunden ist; die Augen sind klein, auf dem Rücken befindet sich oft eine Reihe v. Leuchtorganen; Schwimmblase, Kiemendeckel u. Rippen fehlen, die Muskeln der kleinen Brustflossen setzen nicht am Schultergürtel, sondern am Herzbeutel an. Sie leben vorwiegend freischwimmend in den Tiefen der Ozeane zw. 2000–5000 m und benutzen ihre riesigen Mäuler vermutlich wie Fangnetze. Hierzu gehören die bis 180 cm lange Schlinger *(Saccopharynx ampullaceus)* mit fadenförm. Schwanz u. sehr dehnbarem Schlund u. Magen sowie der bis 60 cm lange, samtschwarze Pelikanaal *(Eupharynx pelecanoides,* B Fische V). Nicht zu den A.n F.n gehören die ↗ Dornrückenaale, ↗ Kiemenschlitzaale, Zitter- u. ↗ Messeraale sowie die ↗ Sandaale.

Aaldorsche, *Muraenolepioidei,* U.-Ord. der Dorschfische mit einer Fam. *(Muraenolepidae)* u. 3 bekannten Arten; A. leben in antarkt. Meeren, sind ca. 20 cm lang, haben aalähnl. Flossenanordnung u. Körperform, doch kehlständ. Bauchflossen u. einen einzelnen Strahl vor der Rückenflosse.

Aale, 1) *Anguilloidei,* U.-Ord. der ↗ Aalartigen Fische mit 23 Fam. u. ca. 100 Gatt. A. haben einen schlangenförm., drehrunden od. seitlich abgeflachten Körper mit langem, durchgehendem, weichstrahl. Flossensaum aus Rücken-, Schwanz- u. Afterflosse, ohne Bauchflossen u. kleinen od. fehlenden Brustflossen; die Haut ist meist schuppenlos u. stark schleimig, nur bei wenigen Fam. sind winzige, tiefliegende Rund- od. Cycloidschuppen ausgebildet; wenn vorhanden, ist die Schwimmblase durch einen offenen Gang mit dem Schlund verbunden; die reduzierten Kiemendeckelknochen liegen stets unter der Haut; die Austrittsöffnung des langgestreckten Kiemenbereichs ist meist eng; der Schultergürtel hat keine Verbindung zum Schädel; zahlr. Wirbel (bis 260) ermöglichen die stark schlängelnde Bewegung. Obgleich A. viele hochspezialisierte Merkmale haben, sind sie eine alte, bereits in der Kreidezeit vorkommende Knochenfischgruppe, deren fossile Vertreter noch Bauchflossen hatten. A. entwickeln sich, soweit überhaupt bekannt, über pelagisch lebende, durchsicht., blattähnl. Larven (*Weidenblattlarven* od. *Leptocephalus-Larven,* da sie fr. als eigene Fischgatt. *Leptocephalus* geführt wurden), die sich nach 1–3 Jahren in Jung-A. umwandeln. Alle A. leben marin, vorwiegend am Boden od. in Felsspalten warmer Meere, nur die Fluß.-A. (s. u.) halten sich mit Ausnahme der Larven- u. Fortpflanzungsperiode im Süßwasser auf u. machen weite Laichwanderungen; fast alle erwachsenen A. sind Raubfische u. nachtaktiv. – Wichtige Fam. siehe Tab. Gruben-A. *(Synaphobranchidae)* mit 12 Arten; leben meist in Tiefen zw. 1000–3000 m aller Ozeane; haben einen spitzen Kopf, winzige Schuppen u. bauchwärts zw. den langen Brustflossen liegende äußere Kiemenöffnungen. Meer-A. *(Congridae)* mit zahlr. Gatt. u. Arten; ähnl. den Fluß-A.n, doch mit weit vorn ansetzender Rückenflosse, kürzerem Unterkiefer u. schuppenloser Haut; sie finden sich vorwiegend in Küstengebieten der trop. u. gemäßigten Zonen der Ozeane; der bekannteste ist der meist an Felsenküsten lebende Meer-A. *(Conger conger,* B Fische II); er wird bis 3 m lang u. 65 kg schwer (Männchen nur bis 1,3 m lang), ist bei Sportfischern beliebt, stirbt nach dem Ablaichen. Messerzahn-A. *(Muraenesocidae)* mit 17 Arten; nahe verwandt mit den Meer-A.n, wie diese schuppenlos; haben muskulösen, bis 2 m langen Körper, kräftige, stark bezahnte Kiefer; bewohnen vorwiegend flache Zonen des Indopazifik. Parasiten-A., Stumpfnasen-A., Schleim-A. *Simenchelyidae),* nur eine Art *(Simenchelys parasiticus),* die in Tiefen zw. 700 bis 1400 m des Atlantik u. westl. Pazifik vorkommt; dieser Aal bohrt sich mit seinen kleinen, bulldoggenähnl. abgestumpften Kiefern in die Körperhöhlen großer Fische (z. B. Heilbutt) u. frißt deren festes Muskelfleisch; seine Haut ist stark schleimig wie beim Inger mit ähnl. Lebensweise. Röhren-A. *(Heterocongridae),* wenige, 30 bis 50 cm lange, schlanke Arten; graben sich mit dem Schwanz senkrechte, mit Schleim verfestigte Wohnröhren im Sandboden flacher Küstengebiete mit gleichmäß. Strömung; ragen ungestört weit aus der Wohnröhre u. fressen vorbeitriftende, kleine Beutetiere; leben kolonieweise. Sägezahn-A. *(Serrivomeridae)* mit 11 Arten; um 60 cm lange Tiefseebewohner des freien Wassers aller Ozeane; haben säge-

Aale (Anguilloidei)

Wichtige Familien:
Aale, Echte Aale,
Flußaale *(Anguillidae)*
Grubenaale *(Synaphobranchidae)*
Meeraale *(Congridae)*
Messerzahnaale *(Muraenesocidae)*
↗ Muränen *(Muraenidae)*
Parasitenaale *(Simenchelyidae)*
Röhrenaale *(Heterocongridae)*
Sägezahnaale *(Serrivomeridae)*
Schlangenaale *(Ophichthyidae)*
Schlickaale *(Ilyophidae)*
Schnepfenaale *(Nemichthyidae)*
Schwarze Tiefseeaale *(Cyemidae)*
Weißaale *(Myrocongridae)*
Wurmaale *(Moringuidae)*

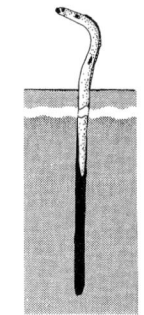

Aale
Aus seiner Wohnröhre ragender Röhrenaal

Aale

blattartig angeordnete Gaumenzähne, einen fadenförm. Schwanz u. schlanken, leicht zerbrechl. Körper. Schlangen-A. *(Ophichthyidae)* mit ca. 200 Arten, schlank, meist mittelgroß, oft leuchtend gebändert od. gefleckt, schuppenlos, oft ohne Brustflossen; viele haben einen dornart., flossenlosen Schwanz, mit dem sie sich in den Boden eingraben; sie bevorzugen Küstengebiete trop. Meere u. jagen meist nachts Fische u. Kopffüßer; eine parasit. Art ist der 40 cm lange, braun bis gelb gefärbte Eingeweide-A. *(Pisoodonophis cruentifer)*, der sich in die Körperhöhle großer Fische nagt u. hier deren Muskeln frißt. Schlick-A. *(Ilyophidae)*, nur eine 40 cm lange Art in Tiefen unter 1000 m im östl. Pazifik; sie haben feine Zähne, kleine Schuppen u. bauchwärts liegende Kiemenöffnungen. Schnepfen-A. *(Nemichthyidae)* mit 9 Arten, leben pelagisch in der Hochsee zw. 400–4000 m Tiefe; ihr 1 m langer Körper ist schlank, schuppenlos u. leicht zerbrechlich; die Kiefer ähneln einem Schnepfenschnabel. Schwarze Tiefsee-A. *(Cyemidae)*, nur eine bis 15 cm lange Art; samtschwarz, schuppenlos, mit langen, schnabelart. Kiefern; die winzige Schwanzflosse wird v. der Rücken- u. Afterflosse überragt, wodurch die Fischform pfeilförmig wirkt; die 5,5 cm langen Weidenblattlarven werden oft in oberen Wasserschichten gefunden. Weiß-A. *(Myrocongridae)*, nur eine Art im trop. Atlantik; mit 55 cm langem, weißl., seitlich abgeflachtem schuppenlosem Körper, doch mit Resten großer Schuppentaschen an der Kehle. Wurm-A. *(Moringuidae)*, mit 20 Arten; leben tagsüber im Boden des Küstenbereichs trop. Meere, in den sie sich mit dem Kopf voran eingraben; ihr ca. 45 cm langer Körper ist wurmartig, dünn u. rund, der After weit nach hinten verlagert; Rücken- u. Afterflosse sind niedrig u. meist nur am Schwanz ausgebildet, Brustflossen klein od. fehlend; viele ziehen zum Laichen in die Hochsee u. werden dann großäugig u. langflossig. **2)** *Echte A., Fluß-A., Anguillidae*, bekannteste u. wirtschaftlich bedeutendste Fam. der U.-Ord. A. *(Anguilloidei)*, mit einer Gatt. *(Anguilla)* u. 16 Arten; sie sind an allen Meeresküsten mit Ausnahme der Polarmeere u. des östl. Pazifik vertreten; viele leben lange Zeit im Süßwasser u. wandern mit beginnender Geschlechtsreife flußabwärts (katadrom) u. oft zu weit entfernten Laichplätzen im Meer; sie haben winzige Schuppen, die sich erst bei mehrjähr. A.n entwickeln; ihr Riechvermögen ist hervorragend. Gut bekannt ist die Lebensweise des Europäischen Flußaals *(Anguilla anguilla)*, der als jugendl. u. erwachsenes Tier an allen eur., nordafr. u. kleinasiat. Küsten u. in den meisten mit diesen Gebieten verbundenen Flußsystemen mit Bächen u. Rinnsalen sowie zahlr. Seen beheimatet ist. Seine Entwicklung aus den Eiern beginnt im Frühjahr in der über 4000 km entfernten Sargassosee zw. den Bermudas u. den Westind. Inseln als durchsicht., weidenblattähnl. Fischchen, das fr. (seit 1856) als eigene Art *Leptocephalus brevirostris* (= kurzschnauziger Kleinkopf) betrachtet wurde. Die planktonfressenden Weidenblattlarven gelangen mit dem Golfstrom nach 3 Jahren im Frühjahr an die eur. Küsten u. wandeln sich in 6,5 cm lange, wurmart., noch durchscheinende *Glas-A.* um; einige bleiben im Küstenbereich, die Mehrzahl wandert aber jeweils mit der Flut in die Flußmündungen; beim abland. Ebbstrom, den sie am Geruch erkennen, halten sie sich dicht am Boden od. graben sich in den Sand ein u. ziehen erst mit auflaufendem Wasser weiter; die Weser- u. Elbmündung erreichen sie im April u. Mai, die Ostsee erst im Juli; viele der kleintierfressenden, sich dunkel färbenden Jung-A. steigen weiter die Flüsse aufwärts *(Steig-A.)* u. wachsen zu oberseits olivbraun, seitlich u. unterseits gelb gefärbten *Gelb-A.n* heran. Aufsteigende A. überwinden große Hindernisse u. können über feuchte Wiesen schlängelnd selbst kurze Landwege passieren; Stauwehre werden über bes. angelegte Fischtreppen od. Aalsteige umgangen. Aufgrund unterschiedl. Ernährung bilden sich 2 Formen: der *Spitzkopf-Aal*, der Insektenlarven, Würmer u.a. Kleintiere frißt, u. der *Breitkopf-Aal*, der vorwiegend Fische jagt. Die meist im Unterlauf der Flüsse verbleibenden männl. Tiere werden bis 50 cm lang u. etwa 200 g schwer, weibl. A. dagegen bis 1,5 m lang u. über 6 kg schwer; tags-

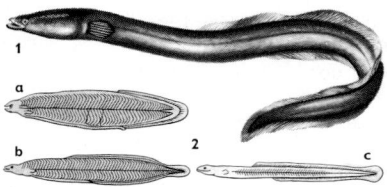

Aale
1 Flußaal; 2 seine Embryonalentwicklung; a Larve, b Metamorphose-Stadium, c Glasaal

Laichgründe (dick umrandet) der Flußaale u. die Verbreitungsgebiete ihrer 1-, 2- u. 3jährigen Larven.

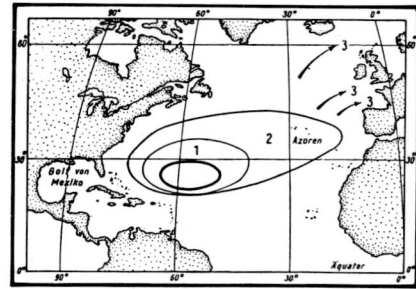

über leben A. meist versteckt am Boden, in Hohlräumen v. versunkenem Industriemüll od. in Uferverbauungen u. jagen nachts; gg. Wasserverunreinigungen sind sie wenig empfindlich; bei großer Kälte halten sie, im frostfreien Grund eingegraben, Winterruhe. Nach etwa 8- bis 15jähr. Aufenthalt im Süßwasser werden die heim. A. im Herbst bis auf den tiefschwarzen Rücken silbrig (*Silber-* od. *Blank-A.*), bilden größere Augen, einen spitzen Kopf, u. der Darm verkümmert; die Geschlechtsorgane sind schwach entwickelt; vorwiegend bei abnehmendem Halbmond wandern sie dann ohne Nahrungsaufnahme flußabwärts u. verschwinden im Meer (katadrome Wanderfische); man nimmt an, daß sie bis zum nächsten od. übernächsten Frühjahr zur Sargassosee ziehen, hier ablaichen (bzw. die Spermien abgeben) u. dann sterben; dafür sprechen Befunde wie der Nachweis v. zurückgelegten Tagesstrecken markierter A. in der Ostsee v. 30 km u. 4jähr. Überleben der anfangs bis zu 25% aus Fett bestehenden Blank-A. im Aquarium ohne Nahrungsaufnahme. Nach einer gegenteil. wiss. Vermutung sind die Larven des Europäischen Fluß-Aals mit dem Golfstrom abgetriftete Larven v. dem etwas weiter westlich ablaichenden Amerikanischen Aal *(Anguilla rostrata)*, die sonst bereits als Einjährige die nordam. östl. Küsten u. Flußläufe erreichen. Die rätselhafte Fortpflanzung der nie mit Eiern od. Spermien angetroffenen A. beschäftigte bereits Aristoteles (384–321 v. Chr.), der eine Entstehung der Aale durch Urzeugung aus Schlamm vermutete; erst Anfang des 20. Jh. entdeckte der Däne J. Schmidt durch systemat. Planktonfänge im Atlantik die verschieden alten Aallarven u. damit das Laichgebiet. Der häufig vorkommende Fluß-Aal ist ein hochwert. Speisefisch, bes. der abwandernde Blank-Aal; gefangen wird er mit Netzen u. Reusen (z. B. Aalkörben), der Gelb-Aal auch mit mehrhak. Legeangeln (Aalschnüren); Fischereiverbände setzen an den Küsten gefangene Jung-A. oft in Seen u. Teichen aus. Große wirtschaftl. Bedeutung hat noch der Japanische Aal *(Anguilla japonica)*, der im westl. Pazifik laicht.

Lit.: *Bergmann, A.:* Aale gehen an Land. Eine Studie zur Biologie des Aals. Stuttgart 1978. *Keune, J. A., Struck, H.:* Der Aal. Hamburg 1965. *Tesch, F.-W.:* Der Aal. Biologie u. Fischerei. Hamburg 1973. *T. J.*

Aalfische, die ↗Aalartigen Fische.
Aalmolche, *Amphiumidae,* Fam. der Schwanzlurche mit 1 Gatt. und 3 Arten im SO Nordamerikas; aalähnl., bis 1 m lange Tiere mit winzigen, funktionslosen Gliedmaßen u. höchstens 3 Zehen; unvollständ. Verwandlung: A. behalten zeitlebens 1 Paar Kiemenspalten, haben aber auch Lungen; leben im Wasser, tagsüber im Schlamm verborgen. Als Nahrung dienen Würmer, Fische, Krebse, Schlangen, Frösche; A. können kräftig beißen. Bei der Paarung im Wasser ist das Weibchen der aktivere Partner. Die einfache Spermatophore wird wahrscheinlich direkt v. der

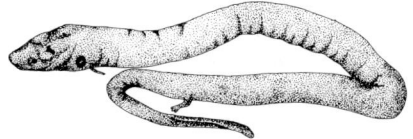

Aalmolch
(Amphiuma means)

männl. in die weibl. Kloake übertragen. Das Weibchen legt ca. 150 Eier (⌀ 9 mm) im flachen Wasser unter Holz od. Wurzeln u. bewacht diese. Frisch geschlüpfte Larven sind 60–75 mm lang u. haben äußere Kiemen. Zweizehen-A. *(Amphiuma means)* im SO von Virginia bis Florida u. im südl. Mississippi; Dreizehen-A. *(A. tridactylum)* im SO von Missouri u. Oklahoma bis zum Golf v. Mexiko.

Aalmuttern, *Zoarcoidei,* U.-Ordnung der Dorschfische mit der einzigen Fam. A. *(Zoarcidae),* 6 Gatt. u. zahlr. Arten; meist um 40 cm lange, aalähnl. Grundfische, doch mit breiten Brustflossen u. oft stark reduzierten, kehlständ. Bauchflossen; der breite, abgeflachte Kopf ist dicklippig; A. kommen in allen nördl. und südl. Meeren vor. Hierzu gehört die 45 cm lange, vorwiegend blaßbraune, lebendgebärende Aalmutter *(Zoarces viviparus,* ▣ Fische I) der

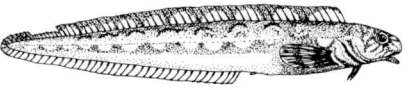

Aalmutter *(Zoarces viviparus),* ähnelt im Flossenbau den (nicht mit den A.n verwandten) Aalen

nordeur. Küsten; beim Weibchen entwickeln sich nach innerer Befruchtung aus 30–400 Eiern innerhalb v. 4 Monaten jeweils etwa 4,5 cm lange Jungfischchen, denen als Zusatznahrung zum Eidotter eine Sekretabscheidung des Ovars diente (nach einer fr. Annahme stammen die Jungaale von A. ab); die häufigen A. haben geringe wirtschaftl. Bedeutung, ihre Knochen werden beim Kochen grün *(Grünfisch).* Eierlegende, nahe Verwandte sind die bis 90 cm lange Nordamerikanische Aalmutter *(Macrozoarces americanus)* u. der etwa 50 cm lange Wolfsfisch *(Lycodes esmarki)* des nördl. Atlantik.

Aalstrich, längs der Rückenmitte verlaufender dunkler Streifen in der Fellfärbung der Säugetiere, z. B. bei Pferden, Rindern, Ziegen, Hunden. Der A. ist bes. deutlich und häufiger bei Wildtieren ausgeprägt.

AAM, Abk. für ↗ angeborener auslösender Mechanismus.

Aapamoore, Moore im kaltgemäßigten Klimagürtel, zirkumpolar verbreitet. Sie sind in langgestreckte Senken (finnisch *Rimpis*, schwedisch *Flarke*) u. höhere Wälle gegliedert, die sich bei Gefälle meist höhenparallel, d.h. terrassenförmig, anordnen. Zur Aufwölbung der Stränge kommt es durch den Ausdehnungsdruck des gefrierenden Bodenwassers im Bereich der Mooroberfläche. Die Senken sind v. minerotropher, die Stränge v. ombrotropher Moorvegetation geprägt.

AAR, Abk. für ↗ Antigen-Antikörper-Reaktion.

Aasblumen, Blüten, die durch aasartigen Geruch v.a. Fliegen u. Käfer anlocken, die die Bestäubung vollziehen. Viele A. besitzen ein bes. Organ, in dem der Duft produziert wird *(Osmophor)*. Häufig sind diese Blüten rotbraun od. grünlich weiß gefärbt u. haben braune od. schwarze Flecken. Oft tragen sie leicht bewegliche, hell glänzende Haare. Ein Beispiel in der eur. Flora ist die Kessel- od. Gleitfallenblume des ↗ Aronstabs *(Arum)*. Bei einigen *Arum*-Arten wird die Duftabsonderung durch Wärmeproduktion unterstützt. Weitere Vertreter der Aronstabgewächse mit Aasblumen sind *Arisaema*, *Amorphophallus* und *Dracunculus*. Andere „duftende Fallen" sind die Blüten mancher Osterluzeigewächse (z. B. *Aristolochia*) und einiger Schwalbenwurzgewächse (z. B. *Ceropegia*). Zu der letzten Familie gehören auch die „stinkenden Ordenssterne" *(Stapelia)*. Eine der größten Blüten, die ostasiatische *Rafflesia arnoldii* (⌀ ca. 1 m), ist ebenfalls eine Aasblume.

Aasfliegen, die ↗ Fleischfliegen; i.w.S. auch gebräuchlich für ↗ *Scatophagidae* u. ↗ *Cypselidae*.

Aasfresser, Aastiere, Nekrophaga, Zoosaprophaga, in bezug auf ihre Nahrung kaum spezialisierte Tiere, die vorwiegend v. verwesendem Fleisch *(Aas)* leben u. damit eine wichtige Rolle im Naturhaushalt spielen; hierzu gehören u.a. Großkatzen, Wildhunde, Hyänen, Schakale, Ratten, Rabenvögel u. Geier, aber auch aasfressende Insektenlarven u. -adulte (Aasfliegen, Aaskäfer) sowie v. Aas lebende „Würmer". Im Wasser beschleunigen Möwen, Haie, Weißfische, Krebse usw. die Beseitigung v. Tierkadavern, bevor sich in ihnen Herde v. Krankheitserregern bilden können.

Aaskäfer, *Silphidae*, Fam. der *Polyphaga*, in Mitteleuropa 26, weltweit ca. 320 Arten; mittelgroße (meist über 1 cm), meist abgeflachte u. dunkel (braun, schwarz) gefärbte Käfer; viele Arten sind Aasfresser (nekrophag), doch können auch ausgesprochene Räuber (v.a. Schneckenfresser) od. Pflanzenfresser vorkommen. Die bekanntesten Vertreter stellen die ↗ Totengräber (*Necrophorus*). Einige Arten geben bei Gefahr zur Verteidigung ammoniakhaltigen Kot ab. Larven freilebend, asselförmig. Außer den intensive Brutpflege betreibenden Vertretern der Gatt. *Necrophorus* leben auch die Arten der Gatt. *Thanatophilus*, *Necrodes littoralis* (15–25 mm) u. *Silpha* an Aas, ohne dieses jedoch zu vergraben. *Oeceoptoma* (mit rotem Halsschild) ernährt sich daneben auch v. Kot od. verfaulenden Pflanzen, selbst Pilzen. Spezialisierte Schneckenfresser sind die durch langgestreckten Kopf gekennzeichneten *Phosphuga atrata* (B Käfer I) u. *Ablattaria laevigata* (beide

Aaskäfer
Ablattaria laevigata
Oeceoptoma thoracica
Rübenaaskäfer *(Blitophaga)*
Schneckenaaskäfer *(Phosphuga atrata)*
Silpha-Arten
Thanatophilus
↗ Totengräber *(Necrophorus)*
Vierpunktaaskäfer *(Xylodrepa 4-punctata)*

Rübenaaskäfer *(Blitophaga)*

Aaskrähe
Raben- u. Nebelkrähe sind 2 sich geogr. ausschließende Formen der A. im Übergangsbereich v. Rasse u. Art. Wo ihre Verbreitungsgebiete (Rabenkrähe: S- und Mittelengland, W- und Mitteleuropa westlich der Elbe; Nebelkrähe: Schottland, Irland, Skandinavien u. Europa östlich der Elbe) aneinandergrenzen, bildet sich eine schmale *Bastardierungszone* mit mischfarbigen Vögeln aus (in Dtl. z.B. an der Elbe). Der Streifen markiert den Verlauf dieser Zone.

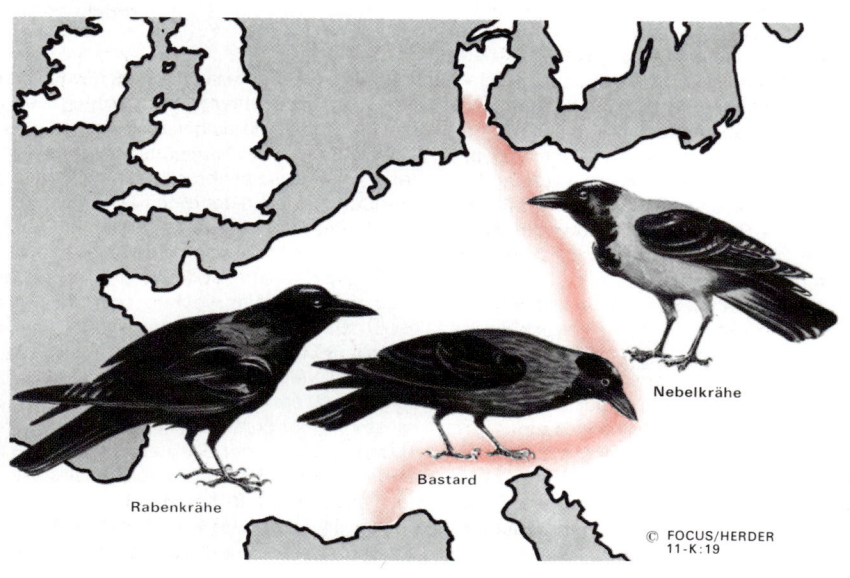

ganz schwarz, ca. 15 mm groß), die der erbeuteten u. durch Giftbiß gelähmten Schnecke in ihr Gehäuse ein Stück folgen können. Der Vierpunkt-A., *Xylodrepa 4-punctata* (gelbbraun, 4 schwarze Punkte auf den Flügeldecken), verfolgt seine Beute (v. a. Schmetterlingsraupen) im Frühjahr u. Bäumen. Reine Pflanzenfresser sind die beiden Rüben-A. *Blitophaga opaca* und *B. undata*, die zwar polyphag sind, aber gelegentlich in Rübenfeldern durch Massenauftreten schädlich geworden sind.

Aaskrähe, *Corvus corone,* gehört zur Fam. der Rabenvögel; 47 cm groß, 6 Rassen; in Mitteleuropa leben die schwarze Rabenkrähe *(C. c. corone)* u. die schwarz-graue Nebelkrähe *(C. c. cornix)* mit unterschiedlicher geogr. Verbreitung; in Ostasien kommt eine ebenfalls schwarze Rasse *(C. c. orientalis)* vor; bewohnt baumbestandenes Gelände, Allesfresser; Nester mit 3–5 Eiern auf Bäumen od. Leitungsmasten. B Europa XVII.

AAV, Abk. für Adeno-assoziierte Viren, ↗Parvoviren.

Ab., ab., in der biol. Systematik Abk. für ↗Aberration.

Abachi *s* [v. einer westafr. Sprache], Holz des ca. 40 m hohen Laubbaums *Triptochiton scleroxylon* (Fam. *Sterculiaceae*) v. der W-Küste Mittelafrikas; der bis zu 2 m dicke Stamm liefert gelbl., weiches, leicht bearbeitbares Holz (Dichte 0,34 g/cm^3) für Blindfurniere, Sperrholz, Kisten u. a.; das Holz ist anfällig für Insekten u. Pilze.

Abalone *m* [indian.], volkstüml. Bez. der ↗Meerohren (Meeresschnecken), insbes. des als Delikatesse geschätzten u. konservierten Weichkörpers.

A-Bande, im polarisierten Licht stark doppelbrechender (anisotroper), daher dunkler Teil der quergestreiften Skelettmuskulatur, mit Actin- u. Myosinfilamenten; im Längsschnitt etwa 1,5 µm breit.

Abart, *Varietät, Spielart, Form,* Pflanzen u. Tiere, die sich v. den übrigen Angehörigen derselben Art durch geringfügige Abänderungen in einigen körperl. Merkmalen unterscheiden. Meist werden solche Abänderungen durch Klima, Bodenbeschaffenheit od. räuml. Trennung hervorgerufen. So finden sich z. B. braunbäuchige Spechtmeisen in W-Deutschland, weißbäuchige in Livland; man nennt solche Individuengruppen auch *geogr. Rassen.* Die Körpergröße vieler Tierarten ist im N größer als im S. Insekten, Kleinkrebse, Gehäuseschnecken u. viele Pflanzen variieren stark. Viele Kulturpflanzen sind A.en v. Wildformen. Bekannt ist die Neigung, A.en zu bilden, bei unseren Haustieren (Hühner, Tauben, Hunde). ↗Aberration.

Abachi
(Blatt von *Triptochiton scleroxylon*)

Abart
Beim Marienkäfer zeigen die A.en z. B. Abweichungen in der Färbung, Zahl u. Anordnung der Flecken u. Binden auf den Flügeldecken.

Abasilaria *w* [v. gr. a- = nicht, basis = Grundlage], zu den Seerosen gehörige Gruppe der *Hexacorallia* (Sechsstrahlige Korallen), die keine Fußscheibe haben; der Rumpf ist lang u. schlank u. trägt nur wenige Tentakel; sie leben in den Untergrund eingegraben. Die Gatt. *Edwardsia* u. *Halcampa* sind bis 9 cm lang, besitzen einen blasig erweiterten aboralen Körperpol u. sind Partikelfresser. *Peachia hastata* (bis 25 cm Länge, 2 cm ⌀) ist räuberisch; die Larven saugen an Hydromedusen.

Abastor, Gatt. der ↗Wolfszahnnattern.

abaxial [v. lat. ab = weg, axis = Achse], von der Achse abgewandt.

Abbau, 1) *biol. A.,* stufenweises Zerlegen v. organ. Substanzen u. Makromolekülen (z. B. Proteine, Fette, Kohlenhydrate) innerhalb od. außerhalb der Zelle in ihre Grundbausteine od. niedermolekularen Bestandteile bis hin zu anorgan. Molekülen (z. B. Kohlendioxid, Wasser) unter der katalyt. Wirkung v. Enzymen (Katabolismus). Der biol. A. durch Mikroorganismen ist z. B. bei Fäulnis u. Mineralisation, aber auch bei der Gärung u. Abwasserreinigung v. Bedeutung. Ein Mikroorganismus allein ist nicht in der Lage, einen vollständigen A. durchzuführen; es sind jeweils Populationen verschiedener Arten daran beteiligt. Dabei werden Fette, Kohlenhydrate u. Proteine schneller zersetzt als Lignin, Chitin od. Knochen. Derivate des Benzols, die der Mensch heute in großen Mengen in Form v. Pestiziden, Herbiziden u. Kunststoffen in die Umwelt entläßt, können v. Mikroorganismen nur schwer angegriffen werden. Radioaktive Stoffe u. Schwermetalle werden v. Organismen nicht abgebaut. Sie reichern sich in der Natur, v. a. in Nahrungsketten, an (Hg, Cd), was zu einer Gefährdung des Menschen führen kann (↗Itai-Itai-Krankheit, ↗Minamata-Krankheit); ↗abbauresistente Stoffe. **2)** *chem. A.,* stufenweises Zerlegen v. Molekülen in einfachere, bekannte Bausteine zur Strukturaufklärung. Für die Sequenzanalyse v. Proteinen ist z. B. der Edman-A. von bes. Bedeutung. **3)** Landw.: Ertrags- u. Qualitätsrückgang v. Kulturpflanzen bei fehlender züchterischer Bearbeitung.

abbauresistente Stoffe, Bez. für die v. a. künstlich v. Menschen geschaffenen organ. Stoffe, bei denen auch nach vielen Jahren keine biol. Zersetzung (↗Abbau) durch Mikroorganismen zu beobachten ist. Diese a.n S., z. B. einige niedermolekulare Pflanzenschutzmittel u. Detergentien sowie die meisten hochpolymeren Kunststoffe, werfen langfristig große Umweltprobleme auf.

Abbe, *Ernst,* dt. Physiker, * 23. 1. 1840 Eisenach, † 14. 1. 1905 Jena; Prof. u. Stern-

E. Abbe

warten-Dir. in Jena; seit 1889 Alleininhaber der Fa. Carl Zeiss; begr. 1891 aus dem Betriebsvermögen die Carl-Zeiss-Stiftung; war maßgeblich an der Gründung der Glaswerke Schott Jena beteiligt; grundlegende Arbeiten zur opt. Abbildung u. Theorie der opt. Instrumente (Mikroskop, photograph. Objektiv, Fernrohr, opt. Meßgeräte u. Gläser); Erfindung des mikroskop. Beleuchtungsapparats.

Abbevillien s [abwiljǟn; ben. nach der Stadt Abbeville, einem Fundort an der Somme/N-Fkr.], Kulturstufe der Archanthropinen des frühen Mittelpleistozäns, beginnt nach den Geröllgeräteindustrien des Frühpaläolithikums (Altsteinzeit) mit dem Erscheinen der ersten Faustkeile u. unterscheidet sich v. nachfolgenden Acheuléen durch die gröbere Bearbeitungstechnik, bei der häufig noch Reste der ursprüngl. Rinde des Rohmaterials (z.B. Feuersteinknollen) erhalten bleiben. Neben Faustkeilen treten auch einfache Abschlaggeräte auf.

Abbiß, *Succisa,* der ↗Teufelsabbiß.

Abbottina w [ben. nach dem am. Bakteriologen C. Abbott, 1860–1935], Gatt. der ↗Gründlinge.

Abbreviation w [v. lat. abbreviatio = Abkürzung], Verkürzung der Individualentwicklung durch Wegfall einzelner Entwicklungsstadien; z.B. bleiben einige Schwanzlurche ihr Leben lang Larven mit äußeren Kiemen u. werden in diesem Stadium geschlechtsreif (↗Neotenie). Ggs.: Prolongation.

Abbruchreaktion, letztes Glied einer chem. Reaktionskette, die zu einem polymeren Produkt führt. ↗Termination.

A-B-C-Profil, Gliederung eines Bodens in A- (humoser Oberboden), B- (verwitterter Unterboden) u. C-Horizont (Ausgangsgestein), typisch für ↗Braunerde.

Abderhalden, *Emil,* schweizer. Physiologe u. Biochemiker, * 9. 3. 1877 Ober-Uzwyl (St. Gallen), † 5. 8. 1950 Zürich; zunächst Assistent bei E. Fischer, später Prof. in Berlin, Halle u. Zürich; grundlegende Arbeiten über Stoffwechsel, Aminosäuren, Proteinchemie, Hormone u. Abwehrenzyme (↗Abderhaldensche Reaktion); begr. die moderne Ernährungswiss.

Abderhaldensche Reaktion, eine 1910 von E. ↗Abderhalden angegebene Methode zum Schwangerschaftsnachweis: ab dem 8. Tag der Schwangerschaft sind im Blutserum Abwehrenzyme aus der Placenta nachweisbar. Heute werden einfachere Schwangerschaftsnachweise angewandt.

Abdomen s [lat., = Bauch,] 1) *Hinterleib* der *Arthropoda* (Gliederfüßer), der aus mehreren, gegen den Vorderkörper deutlich abgesetzten Segmenten (*Abdominalsegmente*) aufgebaut ist. Zum Beispiel wird das A. der Insekten aus urspr. 11 sekundär extremitätenlosen Abdominalsegmenten aufgebaut. Homologa von A.-Extremitäten können bei Urinsekten u. vielen Larvenstadien beobachtet werden. Das A. der Krebse (↗Pleon) trägt Extremitäten. Nur in einigen ursprüngl. Ordnungen fehlen diese. In neueren Arbeiten wird angenommen, daß das A. der Krebse primär extremitätenlos sei. Nur die Gruppen der Krebse, die extremitätenlose Segmente besitzen, hätten dann ein echtes A. Krebse, die an allen Segmenten Extremitäten tragen, müssen demnach das A. vollständig reduziert haben. Das Pleon soll ein eigener Körperabschnitt sein. Das A. bezeichnet nur den Hinterleib, nicht aber homologe Körperabschnitte. 2) *Bauch, Unterleib* der *Vertebrata* (Wirbeltiere), der zw. Brust u. Becken gelegene Körperteil. Das A. umfaßt in der großen Bauchhöhle den größten Teil des Verdauungstrakts sowie Nieren, Leber u. Gonaden.

abdominal [v. nlat. abdominalis =], zum ↗Abdomen gehörend.

Abdominalbeine, Extremitäten des Hinterleibs bei Gliedertieren.

Abdominalsegmente ↗Abdomen.

Abdressur, Bez. aus der Praxis der Tierhaltung für einen Lernvorgang, mit dem ein unerwünschtes Verhalten eines Tieres unterdrückt wird. ↗Extinktion, ↗bedingte Hemmung.

Abdruck, flache Negativabformung v. Organismen bei der Fossilisation in Sedimentgesteinen.

Abducens m [lat., = wegführend], Abk. für Nervus abducens, VI. ↗Hirnnerv, dessen Neurone den äußeren Augenmuskel (Musculus rectus lateralis) innervieren. Der A. gehört zum okulomotor. Nervensystem des Hirnstamms, das die verschiedenen Formen der Augenbewegungen steuert u. kontrolliert. Eine Schädigung des A. führt zu einer Augapfelstellung in Richtung der Nase (Schielen).

Abel, *Othenio,* östr. Paläontologe, * 20. 6. 1875 Wien, † 4. 7. 1946 Pichl am Mondsee; ab 1907 Prof. in Wien, 1935–1940 in Göttingen; begr. die Paläobiologie, arbeitete über fossile Wirbeltiere; seine Interpretation der Stammesgeschichte der Wirbeltiere trägt noch lamarckistische Züge.

Abelmoschus m [arab. ḥabb al-misk = Moschuskörner; gr. moschos = Moschus], *Eibisch,* Gatt. der Malvengewächse mit ca. 10–12 Arten; einjähr. bis ausdauernde, oft stachel. Kräuter der Tropen u. Subtropen. *A. esculentus (Hibiscus esculentus),* Okra od. Gombo (Gambo), urspr. aus Asien stammend, besitzt ca. 10 cm lange, schlanke, sechseckige Kap-

E. Abderhalden

seln, die, unreif gepflückt, als Gemüse dienen. Das Öl der reifen Samen wird zur Margarineherstellung verwendet. *A. moschatus (Hibiscus abelmoschus)*, Bisameibisch, liefert stark nach Moschus duftende Samen *(Moschus-* od. *Bisamkörner)*, die unter der Bez. Ambretta zur Parfümherstellung verwendet werden.

Abendpfauenauge, *Weidenschwärmer, Smerinthus ocellata*, ein in Mitteleuropa verbreiteter Schwärmer, Spannweite 80 mm, fliegt v. Mai – Juli spät nachts. Die Oberseiten der rötl. Hinterflügel tragen einen auffallenden schwarzen, blau gekernten Augenfleck, der in Ruhe durch die

Abendpfauenauge
(Smerinthus ocellata)

braunen Vorderflügel verdeckt ist. Bei Beunruhigung vermag das A. potentielle Feinde wie Kleinvögel durch plötzl. Vorzeigen der Augenmuster abzuschrecken (Schrecktracht). Die grüne Larve trägt weißl. Schrägstreifen u. lebt an Weiden, Pappeln, bisweilen an Obstbäumen; sie verpuppt sich im Herbst im Boden u. überwintert dort auch.

Abendsegler, *Nyctalus,* Fledermaus-Gatt. der Glattnasen; in 6 Arten v. den Azoren über Europa u. Asien bis zu den Philippinen verbreitet. In Dtl. sind der durch seine rotbraune Körperfärbung gekennzeichnete Große A. *(N. noctula)* u. der seltene Kleine A. *(N. leisleri)* heimisch; beide Arten sind nach der ↗ Roten Liste „stark gefährdet". Größte Art ist der v. S-Europa bis Asien vorkommende Riesen-A. *(N. lasiopterus).*

Aberration w [v. lat. *aberratio* = Abschweifung, Zerstreuung], **1)** *aberratio,* in der Medizin Bez. für eine Abnormität, z. B. *a. testis,* abnormale Lage der Hoden im Bauchraum od. im Leistenkanal. **2)** in der Genetik Bez. für eine erhebl. strukturelle Änderung eines Chromosoms bei der Reifeteilung (↗Chromosomen-A.en). **3)** in der Optik Abweichung v. der idealen Abbildung durch opt. Systeme aufgrund v. Abbildungsfehlern. Man unterscheidet ↗Astigmatismus, *sphärische A.* (nicht korrigierte, einfache Linsen besitzen im Randbereich andere Brechungsindizes bzw. Brennweiten als im Zentralbereich um die opt. Achse) u. *chromatische A.* (chromatisch nicht korrigierte Linsen brechen kurzwelliges Licht stärker als langwelliges).

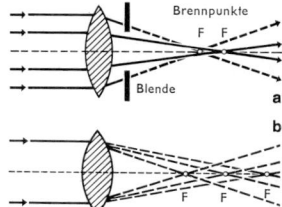

Aberration (Optik)

a *sphärische Aberration*: der Brennpunkt für Randstrahlen liegt näher an der Linse als der für achsennahe Strahlen; **b** *chromatische Aberration*: der Brennpunkt für blaues (kurzwelliges) Licht liegt näher, der für rotes (langwelliges) Licht weiter von der Linse entfernt als der für gelbes Licht.

Diese Fehler weist auch die Linse u. a. des menschl. Auges auf; sie werden aber im Normalfall durch neurale Leistungen korrigiert. **4)** Abk. *Ab.* od. *ab.,* 1894 in der biol. Systematik zus. mit dem Begriff der Unterart eingeführte Bez., um den Begriff Varietät abzulösen, der bes. von Entomologen ebenso für individuelle Variationen wie für klimat. oder geogr. Rassen verwendet wurde. Individuen einer Art, die durch öfter wiederkehrende, aber nicht erbliche morpholog. Unterschiede vom Arttypus über die zugestandene Variationsbreite hinaus abweichen, werden einer A. zugerechnet.

Abfall, anorgan. und organ. Stoffe, die bei der Produktion bzw. nach Verwendung entstehen u. keiner weiteren Nutzung (z. B. durch Recycling, ↗Abfallverwertung) zugeführt werden können. Man unterscheidet verschiedene A.gruppen. 1) Nach ihrer Herkunft: a) Siedlungsabfälle, d. h. Haus- u. Sperrmüll sowie hausmüllähnl. Gewerbeabfälle; b) Klärschlamm aus häuslichen u. kommunalen Kläranlagen; c) Industrieabfälle, d. h. Aschen u. Schlacken aus Eisen- u. Stahlindustrie, Bodenaushub, Bauschutt u. Abraummaterial; d) Sonderabfälle aus speziellen Produktionszweigen, die aufgrund ihrer chem. Zusammensetzung u. toxischen Wirkung auf Lebewesen einer bes. Behandlung u. Beseitigung bedürfen, hierzu gehören u. a. Öle, Säuren, Laugen u. Schädlingsbekämpfungsmittel; e) radioaktive Abfälle, d. h. radioaktive Spaltprodukte, die bes. bei der Energiegewinnung durch Kernspaltung entstehen. 2) Nach ihrer Beschaffenheit: fest, schlammig, flüssig. Pro Jahr beträgt in der BR Dtl.

Abfall
1. Konsistenz: fest –
flüssig – schlammig
2. Beseitigung: kommunale Hausmüllabfuhr
private Entsorgung
3. Abfallarten:
Hausmüll
Sperrmüll
Kehricht
hausmüllähnl. Abfälle
aus Handel u. Gewerbe
Bauschutt
Abraum
Klärschlämme
produktionsspezif.
Abfälle aus Gewerbe
u. Industrie
Krankenhausabfälle
Abfälle aus der Massentierhaltung
radioaktive Abfälle

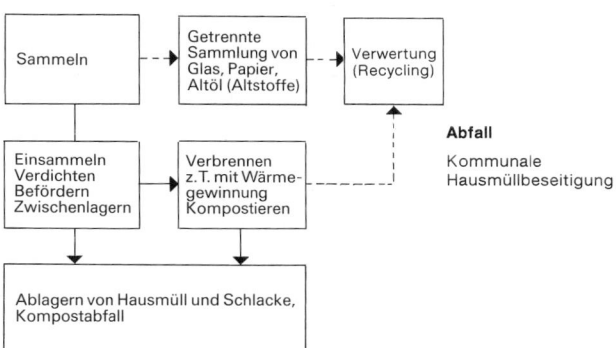

Abfall
Kommunale
Hausmüllbeseitigung

Abfallstoffspeicherung
die Menge der Siedlungsabfälle z. Z. 29 Mill. t, die des Klärschlamms 46 Mill. t, der Industrieabfälle 119 Mill. t, des Bergbaus 68 Mill. t u. die des Sondermülls 2,5 Mill. t. A.anlagen sind nach dem *Bundes-A.beseitigungsgesetz* alle Anlagen, die der Behandlung von A. dienen: a) Lagerung, b) Behandlung (z. B. Neutralisation, Entgiftung, Zerkleinerung), c) Beseitigung auf Deponien (unter u. über Tage), in Verbrennungsanlagen (an Land u. auf See), in Müllkompostwerken und Recycling-Anlagen. Müllhalden *(A.kippen)* sind ungeordnete, nicht dem Stand der Technik entsprechende A.ablagerungen.

Lit.: *Kumpf, W., Maas, K., Straub, H.:* Müll- und Abfallbeseitigung. Berlin 1982.

Abfallstoffspeicherung, Anreicherung v. Substanzen in den Geweben v. Lebewesen, die weder abgebaut noch vollständig ausgeschieden werden können; z. B. Pestizidrückstände, Schwermetallverbindungen.

Abfallverwertung, *Recycling,* Rückführung der im ↗ Abfall enthaltenen nutzbaren Stoffe in einen Produktionsprozeß mit dem Ziel der Rohstoff- u. Energieersparnis. Die A. setzt entweder eine getrennte Sammlung der verschiedenen Wertstoffe voraus (z. B. Papier, Altglas, Metalle) od. eine Möglichkeit der Sortierung der Abfälle. Organ. Abfälle können kompostiert u. als Komposterde in Gartenbau u. Landwirtschaft wiederverwendet werden. Eine weitere Verwertung des Abfalls besteht in der Müllverbrennung u. der Ausnutzung der gewonnenen Wärmeenergie.

Abgase, 1) allg. Trägergase (meist Luft) mit festen, flüss. u./od. gasförmigen luftverunreinigenden Stoffen. **2)** anorgan. (z. B. CO, CO_2, SO_2, NO_x, HCl, HF) u. organ. Gase u. Dämpfe (z. B. Aromaten, Alkohole, Kohlenwasserstoffe) aus industriellen u. häusl. Feuerungen sowie Verbrennungsmotoren. Sie stellen heute eines der größten Umweltprobleme dar. Je nach Wirkung auf den Menschen unterscheidet man Reizgase, Stickgase u. toxische Schwebstoffe (u. a. Schwermetalle). Zu den Reizgasen gehören z. B. SO_2 und NO_x. SO_2 entweicht u. a. aus Öl- u. Kohlekraftwerken, NO_x bei industriellen Prozessen. Zu den Stickgasen zählt v. a. CO, das bei unvollständigen Verbrennungen (Kfz-Motoren, Zigarettenrauch) entsteht. CO ist für den Menschen gefährlich, da es beim roten Blutfarbstoff Hämoglobin die Bindungsstellen für Sauerstoff besetzt. Dadurch entsteht eine relative Sauerstoffverarmung des Gewebes. Zu den toxischen Schwermetallen gehören v. a. Blei, das sich in den Kfz-A.n befindet, u. das u. a. im Zigarettenrauch enthaltene Cadmium.

Abfallverwertung
Es gibt in der BR Dtl. einige Modellprojekte, z. B. das Bundesmodell A. Reutlingen/Tübingen, in dem die mechan. Sortierung des Abfalls in Verbindung mit einer Kompostierung erprobt u. weiterentwickelt wird. Im Rohstoffrückgewinnungszentrum Ruhr in Herten wird Brennstoff- u. Energiegewinnung durch Müllverbrennung erprobt. Auf der Deponie Neuss wird Hausmüll sortiert: Papier, Metalle u. Kunststoffe werden zurückgewonnen u. die organ. Restfraktion kompostiert.

Abfallverwertung
Heizwert von Abfallstoffen in kJ/kg
Papier	16 750
PVC	18 800
Leder	18 800
Fette	37 650
Polyäthylen	46 000
Polystyrol	46 000

abiet- [v. lat. abies, Gen. abietis = Tanne], in Zss.: Tannen-.

Abietoideae
Gattungen:
↗ *Cathaya*
↗ Douglasie *(Pseudotsuga)*
↗ Fichte *(Picea)*
↗ Keteleeria
↗ Tanne *(Abies)*
↗ *Tsuga*

Abgottschlange, *Königsschlange, Boa constrictor,* Boaschlange mit mehreren U.-Arten; schöne, kontrastreich gezeichnete (meist dunkelbraune, zackige Flecken auf gelbbraunem Grund) Riesenschlange bis 4,5 m Länge u. 60 kg Gewicht; von Mittel- bis zum trop. S-Amerika verbreitet; vorwiegend Bodenbewohner, bes. in Gebirgswäldern; tötet Beutetiere (kleine bis mittelgroße Säugetiere, Vögel u. Echsen) durch Umschlingen u. Erwürgen; für den Menschen ungefährlich. Gelegentlich werden kleinere A.n durch den Bananenhandel nach Europa verschleppt. B Reptilien III, Südamerika II.

Abida *w,* Gatt. der ↗ Kornschnecken.
Abies *w* [lat., =], die ↗ Tanne.
Abietate [Mz.; v. *abiet-], Salze u. Ester der ↗ Abietinsäure.

Abieti-Fagetum *s* [v. *abiet-, lat. fagus = Buche], *Buchen-Tannenwald,* Assoz. des ↗ *Asperulo-Fagion.* Mit Weißtanne *(Abies alba)* angereicherte Buchenwälder auf frischen, gut durchlüfteten Mullbodenstandorten wärmerer Lagen der montanen Höhenstufe. Während hier für die Tanne optimale Standortsverhältnisse herrschen, erlangt die Fichte *(Picea abies)* v. Natur aus nur untergeordnete Bedeutung. Ihr Anteil kann jedoch durch wirtschaftl. Eingriffe, z. B. durch die fr. übliche Waldweide, zu Lasten der stark verbißgefährdeten Tanne gefördert werden. Heute führt häufig zu hohe Wilddichte in den Wäldern zu derart starken Schäden, daß sich die Tanne kaum noch verjüngen läßt. In höheren Lagen tritt sie allmählich – je nach klimat. Verhältnissen – zugunsten v. Bergahorn *(Acer pseudoplatanus)* od. Fichte zurück.

Abietinaria *w* [v. *abiet-], Gatt. der ↗ Sertulariidae.
Abietinella, Gatt. der ↗ Thuidiaceae.
Abietinsäure [v. *abiet-], $C_{19}H_{29}$-COOH, eine Diterpencarbonsäure; wichtigste Harzsäure, Hauptbestandteil des Kolophoniums, daraus durch Destillation gewinnbar.

Abietoideae [Mz.; v. *abiet-], U.-Fam. der Kieferngewächse mit 6 Gatt. (vgl. Tab.). Die A. sind durch das Fehlen v. Kurztrieben charakterisiert, die Nadelblätter stehen also ausschl. an Langtrieben. Eine Ausnahme bildet die ostasiat. Gatt. *Cathaya,* die mit ihrer lärchenart. Beblätterung zu den *Laricoideae* überleitet.

A-Bindungsstelle, *Aminoacyl-t-RNA-Bindungsstelle, Akzeptorstelle,* Bereich der Ribosomenoberfläche, an dem während der Translation der genet. Information Aminoacyl-t-RNA gebunden wird. Die A-B. erstreckt sich über beide ribosomale Untereinheiten: auf der A-B. der kleinen ribosomalen Untereinheit (30S bzw. 40S) findet die Wechselwirkung zw. m-RNA u. Anticodon v. Aminoacyl-t-RNA statt; die A-B. der großen ribosomalen Untereinheit (50S bzw. 60S) tritt mit dem Aminoacylrest v. Aminoacyl-t-RNA in Wechselwirkung u. katalysiert die Übertragung v. Peptidylresten (v. Peptidyl-t-RNA, gebunden an die benachbarte P-Bindungsstelle) auf den Aminoacylrest v. Aminoacyl-t-RNA. Die Wirkungsweise des Antibiotikums *Puromycin* wird durch seine spezif. Bindung an die A-B. der großen ribosomalen Untereinheit erklärt, da sie zur Übertragung des Peptidylrests auf Puromycin (Bildung v. Peptidylpuromycin) u. damit zur vorzeitigen Termination des Translationsprozesses führt.

Abiogenesis w [v. *abio-, gr. genesis = Entstehung], die autonome Entstehung lebendiger Wesen aus unbelebter Materie. ↗ Urzeugung.

abiogene Synthese [v. *abio-, gr. -genēs = entstanden], die ↗ abiotische Synthese.

Abioseston s [v. *abio-, gr. sēstos = gesiebt], unbelebter Anteil aller im Wasser schwebenden Teile. ↗ Detritus.

abiotisch [v. *abio-], unbelebt bzw. nicht durch Leben od. biol. Systeme bedingt.

abiotische Faktoren [v. *abio-], physikal. und chem. Faktoren der unbelebten Umwelt (z. B. Temperatur, Feuchtigkeit, Beschaffenheit des Bodens u. des Wassers), die auf Organismen einwirken. Ggs.: biotische Faktoren.

abiotische Synthese [v. *abio-], *abiogene Synthese,* chem. Synthese biologisch wichtiger Moleküle unter Bedingungen u. ausgehend v. einfachen, meist anorgan. Verbindungen, wie sie auf der Urerde in Form der reduzierenden Uratmosphäre bzw. als Bestandteile der „Ursuppe" angenommen werden. Die a. S. von Carbonsäuren, wie Ameisensäure, Essigsäure, Propionsäure, Milchsäure, bes. aber der einfachen Aminosäuren, wie Glycin, Alanin, Asparaginsäure u. Glutaminsäure, wurde erstmals von S. L. Miller 1953 (↗ Miller-Experiment) beschrieben. Zahlr. Abwandlungen der Millerschen Versuchsbedingungen führten in der Folgezeit zur a.n S. vieler weiterer Biomoleküle, wie Zucker, Lipide, Porphyrine, Nucleinsäurebasen, Nucleoside, Nucleotide – allerdings unter z. T. sehr niedrigen Ausbeuten u. unter Bildung vieler Nebenprodukte. Auch proteinartige Makromoleküle (Proteinoide) mit katalyt. Eigenschaften u. Oligonucleotide konnten durch a. S. erhalten werden. Allerdings enthalten diese Polymere in großer Zahl auch Bindungstypen, die heute nicht (od. nicht mehr) in Proteinen bzw. Nucleinsäuren vorkommen. Die Möglichkeiten a.r S.n sind eine der Hauptstützen für die Annahme einer chemischen Evolution.

Abklatschpräparat, das ↗ Klatschpräparat.

Ablagerung, 1) Deponieren von Stoffwechselend- u. Abbauprodukten in der Zelle, z. B. Calciumoxalat in Vakuolen v. Pflanzen. **2)** ↗ Sedimentation.

Ableger, 1) *Absenker,* zum Zwecke einer vegetativen Vermehrung in die Erde gebogener, meist einjähriger, kräftiger Trieb v. Nutz- u. Ziersträuchern, kletternden od. hängenden Pflanzen; Triebspitze ragt aus der Erde; erst nach ausreichender Bewurzelung erfolgt Abtrennung v. der Mutterpflanze. **2)** in der Bienenzucht künstliche Vermehrungsweise gegenüber der natürlichen durch Schwärmen, indem der Imker, dieses nutzend u. ihm vorgreifend, einem starken, in Schwarmstimmung befindl. Volk 4–6 Brutwaben samt den auf ihnen sitzenden Bienen entnimmt u. mit ihnen in einem meist eigens hierfür vorgesehenen A.kasten ein neues Bienenvolk begründet. Dabei ist es unerheblich, ob er dem A. die Königin des Muttervolkes od. eine neue beisetzt.

Ablepharus m [gr. ablepharos = ohne Augenbrauen], Gatt. der Skinke mit 4 eur. u. westasiat. Arten; besitzen starres unteres Augenlid, das als durchsichtige Brille über die Hornhaut gezogen ist, sowie kurze, dünne Beine. Bekannteste Art ist die bis 11 cm lange, oberseits glänzend hellbraune Johannisechse *(A. kitaibelii);* lebt v. a. auf grasbewachsenem Gelände von kleinen Insekten u. Spinnen; beliebtes Terrarientier.

Ablösungszeremoniell, Verhalten brutpflegender Tiere bei der Ablösung eines Partners durch den anderen; das A. ist v. a. bei Vögeln am Nest zu beobachten. Es dient u. a. der Beschwichtigung v. Aggressivität bei dem Tier, das die Eier bzw. die Jungen bewacht, u. enthält daher Elemente aus der Balz u. der Brutpflege. Manchmal werden Futtergaben od. nur symbol. Gaben überreicht.

AB0-System, für die Ausprägung der menschl. ↗ Blutgruppen verantwortl. Allelsystem (neben Rhesussystem u. MN-Blutgruppensystem). Bei Bluttransfusionen zeigte sich, daß das menschl. Blutserum Stoffe enthält, die Erythrocyten (rote Blutkörperchen) bestimmter Individuen agglutinieren (vgl. Tab., K. Landsteiner 1901). Die 4 Blutgruppen A, B, AB und 0 kommen folgendermaßen zustande: Auf der Erythrocytenoberfläche können sich 2 antigen wirkende Strukturen (Antigen A und B) befinden. Diese werden v. einem Gen kontrolliert, das in 3 Allelen vorkommt: i^A produziert Antigen A, i^B Antigen B u. i^0 kein Antigen. Die Antigene A und B werden

abio- [gr. abios = ohne Leben, v. a- = nicht, bios = Leben], in Zss.: ohne Leben.

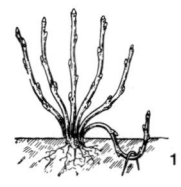

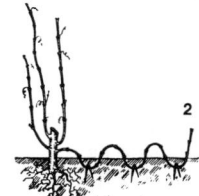

Ableger
1 Ablegen eines Zweiges, 2 Ablegen einer Ranke

AB0-System
Agglutinationsschema bei Transfusion zwischen verschiedenen Blutgruppen

Abnutzungspigment

AB0-System
Übersicht über die vier menschlichen Blutgruppen

Blutgruppe	Genotyp	Erythrocyten-Antigen	Antikörper im Serum
A	$i^A i^A$ oder $i^A i^0$	A	β
B	$i^B i^B$ oder $i^B i^0$	B	α
AB	$i^A i^B$	A und B	keine
0	$i^0 i^0$	keine	α und β

AB0-System
Häufigkeit der AB0-Blutgruppen (Auswahl, in %)

	0	A	B	AB
Belgier	47	42	8	3
Deutsche	37	42	14	7
Griechen	42	40	14	4
Ungarn	31	38	19	12
Polynesier	59	26	12	2
Chinesen	34	31	28	7
Japaner	30	38	22	10
Navaho	69	31	0	0
Tibeter	15	47	14	24
Bantu	63	16	17	3
Zulu	52	25	22	2
Australier	38	62	0	0

dem Organismus stets zugeführt (z. B. Darmbakterien). Sind die Allele i^A bzw. i^B im eigenen Genom des Menschen vorhanden, dann gehören diese Antigene zum körpereigenen Protein, u. es werden keine Antikörper gegen sie gebildet. Bei Abwesenheit der entspr. Allele entstehen spontan Antikörper α gegen Antigen A, β gegen Antigen B; dies ist eine Besonderheit der Blutgruppenantigene A und B. Ausdruck für eine Mutter-Kind-Unverträglichkeit, ähnlich der vorgeburtl. Rhesusfaktor, ist die *AB0-Inkompatibilität*. Durch die Gesetzmäßigkeit der Antikörperausstattung sind eine Reihe v. Mutter-Kind-Unverträglichkeits-Kombinationen festgelegt. Bes. bei 0-Müttern ist die Zahl der A- bzw. B-Kinder stark verringert, verstärkt bei der Elternkombination A x 0. Die Unverträglichkeit führt zu Fehlgeburten bzw. zum Fruchttod in fr. Stadien der vorgeburtl. Entwicklung.

Abnutzungspigment, das ↗ Alterspigment.
Abomasus *m* [v. lat. ab- = weg, omasum = Rinderkaldaunen], der ↗ Labmagen.
aboral [v. lat. ab = von, weg, ōs, Gen. ōris = Mund], von der Mundöffnung abgewandt.
Abortfliegen, *Psychoda,* Gatt. der ↗ Mottenmücken.
Abortiporus *m, Heteroporus,* Gatt. der Porlinge; in Mitteleuropa nur 1 Art, *A. biennis* (Rötender Wirrling), ein weißlicher, rötlich anlaufender Pilz auf Laubholz am Grunde v. Baumstümpfen od. auf Holz im Erdboden, verursacht Weißfäule. Eine sterile Form, ein knolliges Gebilde mit Konidien in Höhlungen, ist als *Ceriomyces terrestris* bekannt.
Abortiveier [v. lat. abortivus = abtreibend, zu früh geboren], Eizellen, die nicht entwicklungsfähig sind u. oft als Nährmaterial für sich entwickelnde Embryonen dienen.
abortive Transduktion *w* [v. lat. abortivus = abtreibend], ↗ Transduktion.
Abortus *m* [lat., = Fehlgeburt], **1)** Absterben der menschl. Frucht vor Eintritt der extrauterinen Lebensfähigkeit (vor dem Ende des 7. Monats). **2)** in der Veterinärmedizin: das *Verwerfen* der tier. Frucht. – Mittel zur Herbeiführung eines A. werden *Abortiva* genannt.

ab ovo, vom Ei an = vom Anfang an, nach Horaz' „ars poetica", in der Homer dafür gerühmt wird, daß er den Trojanischen Krieg nicht ab ovo, d. h. von der Zeugung Helenas an, erzählt.
Abra *w* [v. gr. habros = zart], Gatt. der ↗ Pfeffermuscheln.
Abramis *w* [gr. Name eines nicht näher bekannten Nilfisches], die ↗ Brachsen.
Abramites [v. gr. Abramis = Name eines nicht näher bekannten Nilfisches], Gatt. der ↗ Salmler.
Abranchus *m* [v. gr. a- = nicht, bragchos = Kiemen], Gatt. der *Piscicolidae* (Kl. Blutegel); *A. micostomus* ist 25 mm lang, Parasit an Seeskorpion; *A. sexoculatus* wird 10–15 mm lang, Parasit an Aalmutter, Kabeljau u. Seehase.
Abrasion *w* [v. lat. abrasio = Abschabung], in der Odontologie die Erniedrigung der Zahnkronen durch Abkauung.
Abraxas *m* [gr. Zauberwort mit dem Zahlenwert 365], Gatt. der ↗ Spanner.
Abreaktion, Verminderung der Stärke eines ↗ Antriebs durch Ausführung der angestrebten Endhandlung. Die Bez. stammt in ihrer heutigen Bedeutung aus den frühen Schriften von S. Freud u. wird mehr in der tiefenpsycholog. Trieblehre als in der Ethologie benutzt.
Abrin *s* [v. arab. abrūz = Fuchsschwanz, Pfl.], **1)** Phytotoxin aus den roten Samen der Paternostererbse *(Abrus precatorius);* das Protein setzt sich aus einer A-Kette (relative Molekülmasse 30 000) u. einer B-Kette (35 000) zus., die durch Disulfidbrücken miteinander verbunden sind. A. hemmt die Proteinbiosynthese bei Eukaryoten durch Inaktivierung der 60S-Untereinheit der Ribosomen. ↗ Ricin. **2)** L-A., *N-Methyltryptophan,* nichtproteinogene ↗ Aminosäure, ebenfalls aus den Samen der Paternostererbse.
Abrocomidae [Mz; v. gr. habrokomēs = üppig behaart], die ↗ Chinchillaratten.
Abronia [v. gr. habros = zart, weichlich], **1)** Gatt. der ↗ Wunderblumengewächse. **2)** *Baumschleichen,* Gatt. der Schleichen; ca. 12 Arten in Mittel- u. S-Amerika, über deren Biologie noch wenig bekannt ist; leben in feuchten Gebirgswäldern zw. 1000 bis 2700 m; lebendgebärend. Wie die anderen Schleichenartigen haben sie eine Seitenfalte ausgebildet, besitzen kurze Extremitäten u. einen Greifschwanz.
Abrus, Gatt. der ↗ Hülsenfrüchtler.
Abschirmpigmente, Pigmentkörner in Zellen (Pigmentzellen) im Facettenauge der Gliederfüßer.
Abschlaggeräte, Steinwerkzeuge, die aus den v. einem Kern serienweise abgeschlagenen Scherben od. Spänen bestehen.
Abschlußgewebe, zusammenfassende

Bez. für verschiedene Arten von pflanzl. Geweben, die die Pflanze od. ihre Teile begrenzen; sie dienen v. a. dem Schutz vor größerem Wasserverlust und gg. äußere Schadeinwirkungen. Ihrem verschiedenen Ursprung nach unterscheidet man 1) *primäres A.*, das aus einem primären Meristem hervorgeht u. äußere Häute (↗Epidermis) u. innere Häute (↗Endodermis) bildet; 2) *sekundäres A.*, das aus sekundären Meristemen hervorgeht u. in Form v. Korkhüllen u. Korkplatten (↗Kork) auftritt; 3) *tertiäres A.*, das das sekundäre A. ablöst u. als ↗Borke auftritt.

Abschreckmittel, Substanzen od. Einrichtungen, die mittels unangenehmen Geruchs, Geschmacks, Aussehens od. Lärmerzeugung Feinde u. Schädlinge v. Pflanzen od. Tieren einschließlich des Menschen fernhalten. ↗Repellents.

Abscisinsäure [v. lat. abscisus = abgeschnitten], *Abscisin, Dormin,* ein Sesquiterpen, Phytohormon, das als Gegenspieler zu anderen Phytohormonen, wie den Auxinen, Gibberellinen u. Phytokininen, wirkt. A. hemmt bei den verschiedensten höheren Pflanzen das Wachstum u. die Samenkeimung, löst die Samenruhe aus u. fördert den Blatt- u. Fruchtfall *(↗Abscission)*. Bei Wassermangel steigt der A.gehalt an u. führt zur Schließung der Stomata, eine Schutzmaßnahme der Pflanze gg. Trockenheit. ↗Antitranspirantien.

Abscission w [v. lat. abscissio = Abriß, Abtrennung], von der Pflanze hormonell (↗Abscisinsäure) gesteuerter Abwurf, Abstoßung v. Organen u. Organteilen, um einmal nicht mehr funktionsfähige Organe (alte Blätter, Blüten od. Blütenteile, Dornen, Stacheln, Rindenstücke, Zweige u. Wurzeln) zu entfernen u. zum anderen Vermehrungseinheiten (Samen, Früchte u. vegetative Vermehrungskörper) zu entlassen. Der A. gehen besondere morphologische Veränderungen in der Trennzone *(A.sschicht)* voraus; häufig bildet sich ein ausgeprägtes Trenngewebe aus. Zellwand- od. Zellauflösungen führen dann zur Abtrennung, ein Abschlußgewebe verschließt die an der Abwurfstelle entstehende Wunde. Auch eine exkretor. Funktion ist möglich, indem Pflanzenteile abgestoßen werden, in denen Stoffwechselabfallprodukte angehäuft sind. ↗Blattfall.

Absenker, der ↗Ableger.

Absetzbecken, *Absinkbecken,* in der Wasser- u. Abwassertechnik große Sammelbecken zur physikalisch-mechan. Entfernung v. ungelösten Stoffen durch Absetzenlassen. Die Durchlaufzeit des Wassers wird im A. soweit verlangsamt, daß sich Sand u./od. flockige Partikel absetzen können (z. B. Sandfang, Vor- u. Nachklärbecken in der ↗Kläranlage). Der Schlamm (Sand) gleitet bei stark geneigter A.-Sohle v. allein od. mit mechan. Hilfe (Schlammräumer) in Sammelbehälter (Pumpensumpf) hinein, aus denen er abgelassen od. abgepumpt wird. Besonders tiefe A. werden als *Absetzbrunnen* bezeichnet (Dortmunder Brunnen).

Absidia w [v. lat. absis = Bogen, Rundung], Pilz-Gatt. der *Mucorales;* A. *corymbifera* ist ein fakultativer Erreger v. Mykosen bei Warmblütern.

Absinthin s [v. gr. apsinthion = Wermut], ein zur Gruppe der Sesquiterpene gehörender, in den Blättern des Wermuts *(Artemisia absinthium)* vorkommender glykosidischer Bitterstoff; wurde fr. als Kräftigungsmittel u. gelegentlich bei alkohol. Getränken als Aromastoff verwendet.

absolute Chronologie, Teilgebiet der ↗Geochronologie. Ggs.: relative Chronologie.

absolute Konfiguration, räuml. Anordnung v. vier verschiedenen, kovalent verbundenen Substituenten um ein vierbindiges Kohlenstoffatom, z. B. um das zentrale Kohlenstoffatom v. ↗Glycerinaldehyd (☐). Aufgrund der Verschiedenheit von vier Substituenten wird ein vierbindiges Kohlenstoffatom zu einem Asymmetriezentrum mit der Möglichkeit zu zwei nur spiegelbildlich gleichen, aber nicht deckungsgleichen Anordnungen (Konfigurationen) der vier Substituenten. Die beiden Formen unterscheiden sich durch die Drehungsrichtung der Ebene polarisierten Lichts (opt. Drehung) u. werden entsprechend dem Drehsinn der beiden Glycerinaldehyd-Konfigurationen als D- bzw. L-*Formen* bezeichnet. In der Regel weisen natürlich vorkommende Verbindungen, sofern sie ein asymmetr. Kohlenstoffatom besitzen, nur eine der beiden a.n K.en (D- oder L-Form) auf, wie die D-Zucker bzw. L-Aminosäuren. Viele der biologisch wichtigen Moleküle (bes. die Zucker u. die Makromoleküle) besitzen mehr als ein asymmetr. Kohlenstoffatom, wodurch sich die Anzahl der Konfigurationsmöglichkeiten entspr. den Gesetzen der Kombinatorik erhöht. ↗Stereoisomerie.

absolute Koordination, Beziehung zw. den rhythm. Aktivitäten v. Nervenzentren, bei der der unabhängige Rhythmus die Frequenz des abhängigen Rhythmus vollständig bestimmt u. so die spontane Aktivität des abhängigen Zentrums unterdrückt; ↗relative Koordination.

absolutes Gehör, die Fähigkeit, Töne ohne akust. Vergleich in ihrer tatsächl. Höhe zu bestimmen. Neuere Untersuchungen sprechen dafür, daß diese Fähigkeit in unterschiedl. Ausprägung bei allen, u. nicht, wie

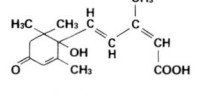

Absonderungsgefüge

bisher angenommen, in Vollkommenheit nur bei einigen Menschen vorhanden ist. Deshalb wird als umfassendere Definition der Begriff „Fähigkeit zur Tonhöhenidentifikation ohne Referenzton" vorgeschlagen. Ein Erlernen dieser Fähigkeit ist nicht möglich. Im Ggs. dazu kann die „Fähigkeit der Tonhöhenidentifikation mit Referenzton" *(relatives Gehör)* erlernt u. durch Übung optimiert werden.

Absonderungsgefüge ↗ Gefügeformen.

Absonderungsgewebe, pflanzliche Zellen *(Absonderungsideoblasten)* und Zellverbände, die einseitig darauf spezialisiert sind, aus dem Stoffwechsel ausscheidende Stoffwechselprodukte *(Exkrete)* herzustellen u. in ihren Vakuolen zu speichern. Weit verbreitet sind Schleime, Milchsäfte, Gummi, Harze, Gummiharze, ätherische Öle, Alkaloide, Gerbstoffe u. Calciumoxalat-Kristalle. Die A. können mit den sie umgebenden Strukturen abgestoßen werden (↗ Abscission) od. dauernd im Pflanzenkörper verbleiben (z. B. ungegliederte Milchröhren). Als Besonderheit können Absonderungszellen sich durch Zellverschmelzung vereinen (z. B. gegliederte Milchröhren) od. durch Auflösung der Zellwände u. Protoplasten lysigene Exkretbehälter bilden (z. B. Exkretbehälter der Orangenschale).

Absorption *w* [v. lat. absorptio = das Aufsaugen; Ztw. *absorbieren,* **1)** Aufnahme u. Auflösen v. im allg. gasförmigen Stoffen in anderen Stoffen (z. B. v. Luft in Wasser, was das Atmen der Fische ermöglicht). Ein Gase od. Dämpfe absorbierender Stoff wird *Absorbens* genannt. **2)** Schwächung einer Strahlung (z. B. Licht, radioaktive Strahlung, Röntgenstrahlung) beim Durchdringen v. Materie. Dabei kann die Strahlungsenergie in Wärmeenergie, chem. Energie, Fluoreszenz od. Phosphoreszenz umgewandelt werden. Beispielsweise wandeln die grünen Pflanzen u. einige Bakterien im Rahmen der Photosynthese mit Hilfe v. Pigmenten absorbierte Lichtquanten in chem. Energie um. Für die chem. Zusammensetzung absorbierender Stoffe ist ihr ↗ Absorptionsspektrum charakteristisch. **3)** Aufnahme v. Flüssigkeiten od. Gasen durch tier. Haut oder pflanzl. Gewebe (↗ Absorptionsgewebe).

Absorptionsgewebe, pflanzl. Gewebe, die hpts. der Aufnahme v. Wasser dienen. Einige wenige Pflanzenarten haben darüber hinaus spezielle Gewebe zur Aufnahme anderer Stoffe entwickelt. So dienen die *Hydropoten* an den Blättern untergetaucht lebender Wasserpflanzen der Absorption v. Mineralnährstoffen u. *Absorptionshaare* an den Fangorganen insektenfangender Pflanzen der Aufnahme der durch Verdauungsenzyme abgebauten Proteine der Opfer. Das lichtabsorbierende Assimilationsgewebe gehört zum Grundgewebe des pflanzl. Vegetationskörpers. – Das wichtigste A. der Landpflanzen ist die *Rhizodermis,* die nicht cutinisierte u. auch nicht v. einer Cuticula überzogene Epidermis der typ. jungen ↗ Wurzel. Oft wachsen dabei zur Vergrößerung der wasseraufnehmenden Oberfläche Rhizodermiszellen zu schlauchförm., dünnwandigen Ausstülpungen aus, den *Wurzelhaaren,* die aber vielen Sumpf- u. Wasserpflanzen fehlen. Viele epiphytisch lebende Pflanzen besitzen an ihren Luftwurzeln ein mehrschichtiges Gewebe aus toten Zellen, deren Zellwände mit großen Poren ausgestattet sind *(Velamen radicum).* Es saugt Niederschläge wie ein Schwamm auf. Andere trop. Epiphyten besitzen auf der Oberseite ihrer Blätter *Schuppenhaare,* die als *Absorptionshaare* bei Niederschlägen, aber auch bei hoher Luftfeuchtigkeit das gesamte benötigte Wasser aufnehmen. Ein besonderes A. stellt die *Ligula* bei den Moosfarnen, Brachsenkräutern u. den ausgestorbenen Bärlappbäumen dar. Es ist ein chlorophyllfreies, häutiges Schüppchen auf der Oberseite des Blattgrundes u. ist bei einigen Arten sogar über bes. Leitungsbahnen an das Leitbündelsystem angeschlossen.

Absorptionsspektrum, zeigt die Absorption von z. B. ultraviolettem od. sichtbarem Licht durch eine chem. Verbindung in Abhängigkeit v. der Wellenlänge (bzw. Frequenz) des eingestrahlten Lichts; wichtig zur Identifizierung u. Charakterisierung v. Coenzymen, Nucleotiden, Nucleinsäuren, aromat. Aminosäuren, Proteinen, Carotinoiden, Chlorophyll u.a.; z. B. geht der Übergang v. doppelsträngiger zu einzelsträngiger DNA (Denaturierung von DNA) mit einer Erhöhung der für Nucleinsäuren charakterist. Absorption bei 260 nm einher. Zur quantitativen Erfassung v. wasserstoffübertragenden Coenzymen, wie Nicotinamidadenindinucleotid (NAD), wird die Tatsache ausgenützt, daß reduzierte bzw. oxidierte Formen verschiedene Absorptionsspektren mit charakterist. Verschiebungen der Absorptionsmaxima aufweisen; so zeigen z. B. die Absorptionsspektren von NADH u. NAD Maxima bei 340 bzw. 260 nm, so daß der Übergang NADH → NAD durch die Abnahme der Absorption bei 340 nm gemessen werden kann *(optischer Test,* O. Warburg).

Abstammung, besagt, daß die gesamte organismische Mannigfaltigkeit unserer Welt das Ergebnis einer stammesgeschichtl. Entwicklung ist. 1,5 Mill. Tierarten und 0,5 Mill. Pflanzenarten stehen in einem realhi-

Absorptionsspektrum

A. von DNA vor (a) und nach (b) Hitzedenaturierung und A. von Protein (Serum-Albumin)

storischen Zusammenhang; alle heute lebenden Arten u. alle Arten, die jemals auf unserer Erde existiert haben, können auf gemeinsame, ältere Ahnenformen zurückgeführt werden, sind also mehr oder weniger nah miteinander verwandt. Die *Abstammungslehre* liefert die wiss. Begründung für diese Aussage. Sie wendet sich gegen die an die mosaische Schöpfungsgeschichte anknüpfende Auffassung von der Konstanz der Arten (Linné, Cuvier), wonach die gesamte organismische Vielfalt, einmal zu „Anbeginn der Schöpfung" an od. mehrmals nach Katastrophen (Sintflutgedanke von Cuvier) erschaffen, unwandelbar erhalten geblieben ist. – Bereits 1809 hat Lamarck eine Theorie der A. der Arten formuliert. Bei der Begründung des postulierten Entwicklungsprozesses der A. der Arten ging Lamarck von der Überlegung aus, daß der Gebrauch od. Nichtgebrauch von Organen über die Ausprägung entscheidet, in der das Organ an die nächste Generation weitergegeben wird (Vererbung erworbener Eigenschaften). Diese Erklärungstheorie wird heute allgemein abgelehnt, da die Molekularbiologie nachgewiesen hat, daß umweltbedingte Veränderungen in den Proteinen (Strukturen, Merkmale) nicht in die Nucleinsäuren zurückübertragen werden können; damit ist nachgewiesenermaßen eine Vererbung erworbener Eigenschaften unmöglich. – Darwins Weg zu einer die A. der Arten erklärenden Theorie (1858) war ein anderer. Er sammelte Tatsachen u. unternahm zahlr. Beobachtungen u. Experimente. Nachdem er einem Buch von Thomas Malthus entnommen hatte, daß die Menschheit ohne Krankheit, Krieg, Hungersnöte u. bewußte Einschränkung ihrer Fortpflanzung so stark anwachsen würde, daß binnen kürzester Zeit nur noch „Stehplätze" verfügbar wären, wurde ihm klar, daß diese Tatsache theoretisch für jede Tier- u. Pflanzenart zutrifft. Diesem potentiell exponentiellen Populationswachstum stand die Beobachtung einer trotz zeitweiliger Schwankungen durchschnittl. Stabilität der Populationsgrößen entgegen. Dieser scheinbare Widerspruch wurde dadurch gelöst, daß Darwin die Ergebnisse von Malthus mit seinen eigenen Beobachtungen richtig verband. Da die Individuenzahl der Arten potentiell exponentiell wachsen kann, die existenznotwendigen Ressourcen (z. B. Nahrung, Brutplätze) aber nur in begrenztem Umfang zur Verfügung stehen, muß zw. den Individuen zu Konkurrenz um die begrenzten Ressourcen kommen. Den Ergebnissen u. Erfolgen der Tierzüchter u. seinen eigenen Untersuchungen an Tauben entnahm Darwin die Tatsache, daß ein Individuum etwas Einzigartiges darstellt u. der Großteil der individuellen Variation innerhalb einer ↗Population erblich ist. Daraus zog Darwin schließlich den entscheidenden Schluß: In einer gegebenen Umweltsituation kommt es zu unterschiedl. Überleben bzw. zu unterschiedl. zahlreicher Fortpflanzung der verschiedenen Individuen. Zwischen den verschiedenen Individuen findet also eine *natürliche Auslese* statt. Über die Generationen hinweg kommt es so in einer Population zu Veränderungen; es findet *Evolution* statt. Unter bestimmten hinzukommenden Bedingungen können diese Veränderungen zur *Artbildung* führen. Die neu entstandenen Arten stammen dann von einer älteren Stammart ab. Solche A.sverhältnisse lassen sich mit Hilfe der Methode der konsequent-phylogenetischen ↗Systematik rekonstruieren. Danach gelten zwei Arten oder Artengruppen nur dann näher miteinander verwandt als mit einer dritten, wenn sie von einer Stammart abstammen, die nicht zugleich auch die Stammart der dritten Art ist. Nach der hier besprochenen Theorie der A. muß dann die Stammart aller drei Arten älter sein als die Stammart, die nur zwei der Arten teilen. – Ausgestorbene, nur noch fossil bekannte Arten lassen sich zwanglos in ein A.sdiagramm einordnen. Auch die Rekapitulationen, die eine Art während ihrer ontogenet. Entwicklung vorführt, lassen Rückschlüsse auf ihre A. zu. Aus dieser Tatsache hat Haeckel seine ↗biogenet. Grundregel abgeleitet. *P. S.*

Abstammung – die Realität des Vorgangs

Die Frage, woher wir kommen und wohin der Tod uns entläßt, hat den Menschen seit jeher bewegt. Sobald im Stamm der Hominiden, wie wir annehmen müssen, helles Bewußtsein entstand, finden wir Hinweise auf die Auseinandersetzung mit diesem Problem.

Neandertaler-Gräber in der Shandir-Höhle (nördlicher Irak) ergaben so große Mengen fossiler Pollen im Sediment, daß man ge-

Woher kommt der Mensch – wo geht er hin?

wiß sein kann, daß die Toten mit reichen Blumenbeigaben bestattet wurden. Die Pflanzen (Lichtnelke, Bechermalve, Traubenhyazinthe, Stockrose) gelten noch im heutigen Irak als Heilkräuter. Ob sie vor jenen 60 Jahrtausenden zur Heilung oder zum Schmuck in einer anderen Welt beigegeben wurden, ist freilich unbekannt. Gewiß ist jedoch noch vor der letzten Eiszeit ein Sinnen über metaphysische Dinge.

Abstammung

Vielleicht ist die Menschwerdung letztlich mit dem Beginn des Rätselns um Herkommen und Hingehen des Menschen selbst anzusetzen.

Vielfältig sind die Dokumente dann aus der jüngsten Eiszeit. Der Höhlenbär wird vor 45 Jahrtausenden ein Kult-Objekt. Vermutlich, wie dies noch heute Völker der Arktis betrachten, wird er zum Mittler zwischen dem Menschen und seinen Göttern. Vor 25 Jahrtausenden entstehen die Figurinen um das Fruchtbarkeits-Mysterium, und seit fast 10 Jahrtausenden sind mit dem ersten dörflichen Leben Fruchtbarkeits-Gottheiten enthalten, von Catal-Hüyük (Anatolien) bis Ur und Mohenio-Dâro (Euphrat und Indus).

Bis in den Beginn der ersten Städte reichen dann die Wurzeln unserer ältesten Mythen. Sie alle befassen sich mit dem Werden der Dinge dieser Welt, mit dem Entstehen und den Taten ihrer Schöpfer (kosmogonische und theogonische Mythen). Nur ausnahmsweise wird etwas als schon immer vorhanden angesehen (das ‚Uhlange', der ‚Urstock' bei den Zulus). Häufiger herrscht die Vorstellung eines Werdens aus dem Nichts, dem Chaos, aus der Finsternis, die Schöpfung als ein Trennen der Wesen und Teile des Kosmos, als ein Kampf gegen das Chaos, den Urstoff, die Urflut, das Urdunkel, die Tötung des babylonischen Ur-Ungeheuers (Tiamat).

Besonders bilderreich wird die von *Hesiod* und den Orphikern überlieferte griechische Mythologie.

Die Kosmogonie des Christentums darauf enthält im Alten Testament eine volkstümliche (1. Mos. 2, 4b ff) und eine durchdachte Form (1. Mos, 1–2, 4a). Die Vorstellung vom Ur-Meer im Schöpfungsbericht, das hebräische ‚tehom' entspricht dem babylonischen ‚Tiamat', ist dem Chaos-Ungeheuer verwandt. Gott schuf zuerst Himmel und Erde und trennt das Licht von der Finsternis. Am zweiten Tag trennt er ‚die Wasser der Erde' von den Wassern hinter der Glocke des Firmaments, aus der diese einmal zur Sintflut hervorbrechen werden. Am dritten Tag trennt er die Wasser der Welt in das Meer und die samentragende Erde. Am vierten Tag teilt er Tag und Nacht und bestimmt die Jahreszeiten. Am fünften Tag läßt er das Getier entstehen, und für den sechsten Tag steht: „Laßt uns den Menschen machen."

Heute neigt die Exegese des Schöpfungsberichtes immer weniger zu einer Geschichtsdeutung. Dessenungeachtet hatten aber dieser Schöpfungs-Ablauf, die Vertreibung aus dem Paradies und die Sintflut-Darstellung das deterministische Denken des Abendlandes längst für Jahrhunderte geprägt. Und unter seinem Einfluß geriet das entwicklungsgeschichtliche Denken in Vergessenheit. Denn aus der Ähnlichkeit der Organismen hatten schon Vorsokratiker (*Anaximander;* 1. Hälfte des 6. Jh. v. Chr.) erwartet, daß der Mensch aus den Fischen entstanden sei. Und bei *Empedokles* finden wir selbst Vorläufer des Selektionsgedankens (5. Jh. v. Chr.). Nach den Mechanisten (um 420 v. Chr.) sollen sich die höheren Formen sogar durch den Zufall aus dem Urschleim gebildet haben (*Demokrit*). Und *Aristoteles* konzipiert den Entwicklungsgedanken „von niederen zu höheren Formen" nach einem universellen Ordnungsprinzip der Natur; ein Gedanke, der bei *Lukrez* eine schon fast moderne Form findet († 55 v. Chr.).

Die folgende römische Kultur und das Mittelalter blieben von alledem unbeeinflußt. Erst auf die Renaissance (*S. Botticelli*) und die französischen Materialisten des 17. Jahrhunderts (*P. Gassendi*) hat es wieder zu wirken begonnen. Die gebildete Welt betrachtete die Arten als unverständlich, den Menschen als eine von Tieren getrennte Schöpfung und die immer zahlreicher entdeckten Fossilien als Opfer der Sintflut (*J. Scheuchzer*). Und erst das 18. Jahrhundert gewinnt wieder den Begriff vom großen ‚Strom der Dinge', namentlich durch *M. de Maupertuis*.

Doch erst im ausgehenden 18. Jahrhundert trennen sich mit der Aufklärung viele Geister vom Dogma der Kirche. Mit *J. W. v. Goethe* und seinem Umfeld (*L. Oken*) entsteht die Morphologie, die Lehre von den organischen Bildungsgesetzen und ihrer Erkenntnis, mit *G. de Cuvier* die Paläontologie, die Kunde von den Fossilien, wiewohl dieser noch dem Sintflutgedanken das Wort redete und mehrere Fluten annehmen mußte, um die geologische Abfolge der Arten zu erklären.

Die Wende zum Evolutionskonzept erfolgt erst zu Beginn des 19. Jahrhunderts durch *J. de Lamarck* (1809) und *Erasmus Darwin*, sie führte zur Abstammungslehre im heutigen Sinn. *Erasmus Darwin*, Literat, verfaßte sie in Form von Lehrgedichten im Stile Englands seiner Zeit. *Lamarck* verfaßte mit seiner „Philosophie Zoologique" ein zoologisches System der Entwicklung und der Abstammung der Arten. Und er fügte diesem System die Theorie einer Erklärung hinzu. In dieser nahm er an, daß die durch Gebrauch oder Nichtgebrauch offensichtliche Veränderung der Organe erblich werden könnte. Seine Theorie der Abstammung hat sich voll bestätigt, seine Theorie zu deren Erklärung dagegen nicht.

Zum Durchbruch gelangte die biologische Theorie von der Abstammung erst durch

Abstammung

den Enkel des *Erasmus*, durch *Charles Darwin*, und *A. R. Wallace;* in einem geistigen Klima, das durch *Th. R. Malthus, H. Spencer* und *Ch. Lyell* vorbereitet war. *Wallace* gab durch seine Entdeckungen in Südamerika und der Insulinde den Anstoß. Erst darauf zwangen seine einflußreichen Freunde den zögernden *Darwin,* seine Vorstellungen zu publizieren. Beide hatten unabhängig voneinander das Selektionsprinzip als einen wesentlichen Mechanismus der Evolution entdeckt.

Ch. Darwin war jedenfalls Lamarckist. Zwar hat ihn sein Großvater nicht mehr erlebt, aber dessen Bücher und Gedanken waren der Familie wohlvertraut; er war sogar lamarckistischer als *Lamarck,* indem er beispielsweise Reisenden Glauben schenkte, die berichteten, daß bei jenen Völkern, bei welchen die männliche Vorhaut beschnitten wird, diese durch die Generationen bereits kürzer geworden wäre. Er wußte aber auch, daß das Selektionsprinzip erst wirksam würde, wenn das Variieren der Arten groß genug und die Variationen erblich wären. Und bis in sein Alter befaßte er sich mit Lösungsversuchen dieses Problems des Erblichwerdens der durch den Gebrauch entstandenen Veränderung der Organe. In seiner *Pangenesis-Theorie* hat er sie schließlich veröffentlicht.

Erfolg aber hatte er mit dieser nicht. Vielmehr mit dem davor (1858) erschienenen Band *The Origin of Species ...*, welcher das Selektionsprinzip enthält. Der spontane Erfolg ist für einen so großen Schritt ganz ungewöhnlich und wohl darauf zurückzuführen, daß inmitten der viktorianischen Industrialisierung und des schlechten Gewissens, das die englische Gesellschaft vor dem Proletariat empfand, welches sie erzeugt hatte, man nun die Rechte des Tüchtigeren als ein Naturgesetz legitimiert sah. Und es war auch dieser Erfolg, der nun die Opposition der Kirche, die bislang die Vorgänge ignorieren konnte, auf den Plan rief. *Darwin* war zwar Ursache, aber nie Teilnehmer an den Auseinandersetzungen; dies waren *Th. Huxley* u. a., zumal die Diskussion auch erst durch den um eine Generation jüngeren *E. Haeckel* und in Deutschland zu einer das Kulturleben bewegenden Affäre wurde. Dagegen waren *K. Marx* und *F. Engels* von der neuen Lehre sogleich angetan. Freilich nicht wegen des vermeintlichen Freibriefes für die Tüchtigeren, sondern wegen des materialist. und histor. Aspekts, den die Lehre zu enthalten schien.

Zum Darwinismus wurde die *Darwin-Lamarck*sche Lehre erst sieben Jahre nach *Darwins* Tod durch *Wallaces* erfolgreichstes Buch *The Darwinism*. Dabei ließ er die lamarckistische Pangenesis-Theorie fort und verhielt sich so, als könnte Evolution allein durch Auslese aus der immer zu großen Nachkommenschaft der Arten verständlich werden. Die Folge war die Bildung einer zweiten Front der Opposition, die der Lamarckisten. Diese hielten nicht nur an der Vererbung erworbener Eigenschaften fest. Die Opponenten gewannen ihren Stoff auch aus den Großabläufen der Stammesgeschichte und der seit *K. E. v. Baer* entstandenen Embryologie, deren Phänomene aus Anpassungen an die Zufälle neuer Milieubedingungen nicht erklärbar schienen.

Die Auseinandersetzung erfuhr eine Verschärfung, als mit der Wiederentdeckung der *Mendel-Gesetze* um die Wende zum 20. Jahrhundert auch das Phänomen der Mutation erkannt wurde, also der zufälligen und sprunghaften Änderungen des Erbgutes (auch *Ch. Darwin* hatte übrigens *G. Mendels* Entdeckung nicht zur Kenntnis genommen, obwohl sie in *K. Naegeli* in München einen gemeinsamen Korrespondenzpartner hatten). Die Wende wurde durch *A. Weismann* vorbereitet und führte mit *H. de Vries* u. a. vom *Darwinismus* zum *Neodarwinismus* und dessen Gegenpart, dem extremen *Psycholamarckismus* (*R. Francé*) und zum gemäßigten *Orthogenese-Prinzip* (*Th. Eimer*). Mit dieser Wende war aber ein weiterer Zufallsmechanismus zur Erklärung der Evolution eingeführt. Nicht nur die Bedingungen des nächstgünstigeren Milieus, auch die Ursache des Variierens sollte nun dem puren Zufall überantwortet sein. Die Theorie gewann Züge des extremen Mechanismus und führte zu einer neuen Opposition; zur Einführung nichtmechanist. Lebenskräfte (des *Vitalismus* durch *H. Driesch,* 1909), der zwar kaum die Biologie, aber um so mehr die Naturphilosophie (*H. Bergson,* 1919) beeinflußte. Zu einer Auseinandersetzung mit sogar polit. Hintergrund wurde die nun längst durchgesetzte Abstammungslehre zwischen den Weltkriegen, da sich zwei Milieutheorien gegenüberstanden. Im anglikanischen Raum hatte der *Sozialdarwinismus* immer wieder Wirkung getan mit der Ableitung der Rechte des Individuums von jenen seiner Gesellschaft. In Rußland hatte die Staatstheorie zum *Neolamarckismus* gewechselt, weil dieser die Rechte der Gesellschaft von jenen des Individuums ableiten ließ. Die Affäre um den Wiener *P. Kamerer* und sein Freitod spiegeln die Situation in dieser Zeit. Die Vererbung erworbener Eigenschaften fand keine Beweise, die Anerkennung gewannen. So wurde in der UdSSR auch vom lamarckistischen Nachkriegs-*Lyssenkoismus* wieder

Ch. Darwin als Lamarckist

Die Rolle der Mendel-Gesetze

Ch. Darwin – Th. Huxley – E. Haeckel

Sozialdarwinismus – Neolamarckismus – Lyssenkoismus

Abstammung

abgegangen, während 1925 in den USA der ‚Daytoner Affenprozeß' bereits die Gemüter bewegt hatte (um das Unterrichten der Abstammungslehre in den Schulen durchzusetzen). Der Grund war, daß die Kirche die Lehre noch nicht anerkannte. Nach dem zweiten Weltkrieg haben zunächst zwei neue Disziplinen die Abstammungslehre bereichert, die Kenntnis der Dynamik der Populationen (der Arten) und die molekulare Genetik. Die *Populationsdynamik* klärte Fragen der Artbildung, die *Molekulargenetik* entschlüsselte den genetischen Code und die Übersetzung der Erbsubstanz in die Proteine. Und diese neuen Synthesen wandelten den Neodarwinismus zur *synthetischen Theorie (E. Mayr, G. Simpson, Th. Dobzhansky, J. Huxley)*. Allerdings mit zwei Konsequenzen in der Folge. Die experimentell zugängliche Erforschung der Artbildung mußte sich auf die Phänomene der Mikroevolution (Arten von Rassen) und auf die Kleinsystematik beschränken; sie begann die Phänomene der Morphologie, der Makroevolution und der Großsystematik zu ignorieren. Die Molekulargenetik wiederum hatte den chemisch codierten Nachrichtentransfer vom Erbmaterial weg nachgewiesen und verhärtete damit die Annahme der Unmöglichkeit rücklaufender Information *(Weismann-Doktrin)* zum *Zentralen Dogma der Genetik.*

Gegenüber dieser Einengung waren Morphologen *(L. Plate, A. Remane)*, Paläontologen *(H. Osborn, O. Schindewolf)*, Entwicklungsbiologen *(P. Weiss, C. Waddington)* immer skeptisch geblieben. Und in der Folge wurde der *Synthetischen Theorie* eine *Systemtheorie der Evolution* gegenübergestellt *(R. Riedl, 1975)*. Sie versucht, in einer Fortsetzung jener Synthese aus Systembedingungen einen stochastischen (zufallsbedingten) Rücklauf von Nachrichten aus den Erfolgen in der Organisation, in Richtung auf die Wechselwirkungen unter den Genen, nachzuweisen, um auch die offenen Probleme der Makroevolution und der Großsystematik klären zu können. Sie hat die Evolution der Evolutionsmechanismen im Auge.

Ferner haben neue Kenntnisse über die ältesten Mikrofossilien und die Rekonstruktion der früheren Erdatmosphäre zusammen mit der Molekulargenetik einen Zugang zur Theorie der Lebensentstehung (vor ca. 3,5 Jahrmilliarden) erbracht *(A. Oparin, H. Urey, S. Miller, M. Eigen, H. Kuhn)*. Nach diesen Entwicklungen ist es wahrscheinlich, daß zwischen den Schwefelwasserstoff-Gewittern und den heißen Urmeeren die Synthese der DNA, der Proteine und der ersten Zellen allein durch die chemische Evolution gelang. Auch hinsichtlich der Hominiden-Evolution wurden wesentliche Lücken geschlossen. Namentlich die Entdeckung der Australopithecinen durch *L.* und *R. Leakey* mit einem Alter von ca. 3–5 Mill. Jahren, schließt nun die Reihe von den Stammformen der Menschenaffen (*Aegyptopithecus* 50 Mill.) und den echten Primaten (*Proconsul* und *Ramapithecus* 20 und 10 Mill.) zu den ersten Menschen (*Homo habilis* und *Homo erectus* oder *Pithecanthropus* 800 000 bis 2,5 Mill.), den *Neandertalern* und den *Jetztmenschen,* so daß heute nur wenige Stammesreihen so verläßlich bekannt sind wie jene, die zum Menschen führen.

Dieser stürmischen Entwicklung wurde wohl auch seitens der katholischen Kirche Rechnung getragen, als die Enzyklika (1950) *Humani generis* des Papstes *Pius XII.* dem Priester zum mindesten die Erörterung der somatischen Abstammung des Menschen gestattete. Ein Jahrhundert der Auseinandersetzung könnte damit abgeschlossen sein: dennoch kämpfen heute noch Puristen (Kreationisten gegen Evolutionisten) in Kalifornien um ein Verbot der Abstammungslehre als Schulfach durchzusetzen; dennoch finden sich noch immer Autoren, die eine Lücke in der Beweisführung der Menschenabstammung, ja der Abstammungslehre überhaupt zu finden trachten, meist in der guten Absicht, der Lehre der Kirche einen Dienst zu erweisen, ohne zu ahnen, daß sie dieser damit schaden.

Neben dem Zugang zur chemischen Evolution und der der Hominiden ist durch *K. Lorenz* auch die Erforschung der *Evolution des Verhaltens* möglich geworden, das sich in vieler Hinsicht nun als ein Schrittmacher im ganzen Prozeß erweist. Diese Lehre ist es aber auch, welche den entscheidenden Anstoß zu einer *Evolutionären Lehre von der Erkenntnis* gegeben hat (*K. Lorenz,* 1941). Unabhängig voneinander wurde sie von *L. Boltzmann* vorausgeahnt und aus der Philosophie *(K. Popper, G. Vollmer)*, der Verhaltensforschung *(K. Lorenz)* und aus der Systemtheorie der Evolution *(R. Riedl)* abgeleitet. Sie betrachtet Evolution als einen erkenntnisgewinnenden Prozeß und erklärt die Vorbedingungen der menschlichen Vernunft (die *Kantschen Apriori*) als vereinfachte Entscheidungshilfen, als *aposteriori* Anpassungsprodukte des Stammes an Grundstrukturen dieser Welt. Damit werden die Erforschung der Grenzen unserer angeborenen Anschauungsformen, die Lösung einer Reihe erkenntnistheoretischer Rätsel und eine natürliche Erklärung des Werdens des menschlichen Geistes möglich.

Abstammung

Somit mochte Sorge entstehen, daß Wissenschaft und Glaube, die tragenden Säulen unseres Weltbildes, einander durch neuerliche Auseinandersetzung weiter schaden würden. Denn die Enzyklika *Humani generis* mochte die physische Abstammung des Menschen anerkannt haben, nicht jedoch die evolutive Herleitung der Vernunft, des Geistes des Menschen. Die Geistseele behielt sie als eine unmittelbare Kreation des Schöpfers. Dementgegen wurde der *Evolutionären Erkenntnislehre* (K. Lorenz, 1973, G. Vollmer, 1975, R. Riedl, 1980) bald der Rang einer 3. kopernikanischen Wende attestiert *(G. Vollmer und H. v. Ditfurth)*. In diesem Sinne mochte eine dritte Auseinandersetzung zu erwarten sein, wie zuerst bei *Kopernikus, Kepler* und *Galilei* und dann bei *Lamarck, Darwin, Wallace* und *Haeckel*.

Aus dieser Erfahrung genährt, haben früh Gespräche mit der Kirche begonnen. Es war allen voran Kardinal *F. König* in Wien, der mit Symposien über den *Galilei-Prozeß* begann. Und er ist es auch, der das Gespräch über *Evolution und Menschenbild* (Salzburger Tagung, 1982) gerade unter Einschluß der *Evolutionären Erkenntnislehre* gefördert hat. Die hoffnungsvolle Erfahrung dieser Gespräche war, daß sich die Verträglichkeit der Lehre der Kirche und jener der Wissenschaften als eine Frage der Bildung erweisen kann.

Aber die Entwicklung der Evolutionstheorie ist weitergewachsen. Die Systemtheorie, die Theorien der Selbstorganisation, die der dissipativen (der nicht umkehrbaren, historischen) Prozesse, der nicht-linearen Differentialgleichungen haben begonnen, die kosmische und chemische Evolution, die der Sozietäten und der Kulturen, in sich aufzunehmen. Sie haben das Abstammungsphänomen, die biologische Evolution, in ihre Mitte genommen. Die Begriffe der *Spieltheorie (M. Eigen),* der *Autopoiese (E. Jantsch, F. Varela),* der *Fulguration (K. Lorenz),* der *Negentropie* und der *Ordnung (E. Schrödinger, R. Riedl)* zielen auf eine umfassende Theorie aller evolutiven Prozesse, in deren Rahmen die Abstammungslehre als ein Fall unter anderen erscheinen wird. Selbst die Physik, die sich bislang als ahistorische Wissenschaft verstand, hat in diese Betrachtung eingelenkt *(I. Prigogine, H. Haken).* Dies ist von zweifachem Interesse: einmal, weil jene Übertheorie eine profundere Prognostik und eine verläßlichere Prüfung (Falsifizierbarkeit) in den Einzeltheorien zulassen wird; ein andermal, weil nach Art unserer menschlichen Anschauung ein Naturgesetz erst dann als erklärt erlebt wird, wenn es als ein Fall unter anderen Fällen durch einen übergeordneten Satz beschrieben werden kann.

Zu einem Ende wird aber das Problem unserer Abstammung nicht kommen, genau so, wie keine Wissenschaft und auch die Exegese der Heiligen Schrift keinen Endpunkt finden kann. Doch hat unser gespaltenes Welt- und Menschenbild heute mehr denn je die Chance, seine Einheit zu finden. Der Prozeß der Evolution scheint fortgesetzt aus niederen auf höhere Ordnungsformen zuzulaufen; er schafft durch Abfuhr von degradierter Ordnung innerhalb seiner Systeme immer höhere. Er beginnt die Gesetze seiner Umgebung und selbst seine selbstgeschaffenen wahrzunehmen und in sich einzubauen. Er steigt von einem Abenteuer der Materie zu einem der Erkenntnis auf, zu einem geistigen Abenteuer des Menschen und seiner Kulturen Zwar ist in ihm der Zufall *(J. Monod)* eine schöpferische Komponente, aber ihre Produkte sind deshalb nicht sinnlos. Die Zwecke entstehen mit ihren Systemen. Auch läuft die Evolution auf Höheres zu *(P. Teilhard de Chardin).* Aber keine präformierte Harmonie steckt im Werden ihrer Systeme; die sich ordnende Welt ist von selbstgemachter, poststabilisierter Harmonie. Ihre „Würde", sozusagen, müssen sich ihre Produkte, wie wir Menschen, selbst verdienen. Prädestiniert ist die Ordnung dieser Welt, das Auftreten des Lebens und des Menschen offenbar nicht gewesen; wohl aber prädisponiert in den Ausgangs- oder Alpha-Bedingungen des Werdens dieses Kosmos.

Wie aber die Alpha-Bedingungen dieser Welt prädisponiert wurden, diese Frage ist freilich keinem Forschenden zugänglich. Wenn nun auch hinsichtlich unserer Abstammung keine Zweifel mehr über die Realität des Vorgangs bestehen können, es bleibt der Schöpfer dieser Welt für den Naiven am Beginn seiner Fragen, für den Gelehrten steht er an deren Ende.

Lit.: Ditfurth, H. v.: Der Geist fiel nicht vom Himmel. Die Evolution unseres Bewußtseins. Hamburg 1976. *Lorenz, K.:* Die Rückseite des Spiegels. Versuch einer Naturgeschichte menschlichen Erkennens. München – Zürich 1977. *Mayr, E.:* Artbegriff und Evolution. Hamburg – Berlin 1967. *Monod, J.:* Zufall und Notwendigkeit. Philosophische Fragen der modernen Biologie. Dt. Übers. München – Zürich 1971. *Remane, A.:* Die Grundlagen des natürlichen Systems, der vergleichenden Anatomie und Phylogenetik. Königstein ²1971. *Riedl, R.:* Die Strategie der Genesis. Naturgeschichte der realen Welt. München – Zürich 1976. *Riedl, R.:* Biologie der Erkenntnis. Die stammesgeschichtlichen Grundlagen der Vernunft. Berlin – Hamburg 1981. *Simpson, G.:* The major features of evolution. New York ²1955. *Teilhard de Chardin, P.:* Der Mensch im Kosmos. München 1959. *Vollmer, G.:* Evolutionäre Erkenntnistheorie. Stuttgart 1975.

Rupert Riedl

Marginalien:
- Der neue Ansatz zu Gesprächen mit der Kirche
- Der Zufall Monods und Teilhard de Chardins Evolution auf den Punkt Omega
- Von der Spieltheorie Eigens zur Synergetik Hakens

Abstammungsachse, die Sproßachse in Verzweigungssystemen der Sprosse, v. denen seitlich in den Achseln v. *Tragblättern* Seitensprosse abzweigen. Diese Achsen werden als A.n mit dem betreffenden Tragblatt in das Verzweigungsdiagramm eingetragen, und zwar so, daß die A. über und das betreffende Tragblatt unter das Diagramm des Seitensprosses eingezeichnet werden. A. und Tragblatt legen die *Medianebene (Mediane)* dieses Seitensprosses fest. (Die Ebene, die man durch die Längsachse des Seitensprosses senkrecht zu seiner Mediane legen kann, ist die *Transversale.*) Das gilt bes. für Blütenstände u. Blütendiagramme, da Blüten als Sproßenden aufgefaßt werden müssen. ☐ Achselknospe.
Abstammungslehre, *Deszendenzlehre, Phylogenetik,* die wiss. Lehre, daß die heutigen, z. T. hochorganisierten Lebewesen v. einfacheren Vorfahren in früheren Erdzeitaltern abstammen. ↗ Abstammung.
Abstammungsnachweis, *Abstammungsbegutachtung,* wichtiges Anwendungsgebiet der Humangenetik zur Feststellung strittiger Vaterschaft mittels zweier voneinander unabhängiger Teilgutachten: 1) das *serologische Gutachten,* wobei die Merkmale des menschl. Bluts zum Nachweis der Nichtvaterschaft untersucht werden. Im Einzelfall kann dann mit Sicherheit Nichtvaterschaft nachgewiesen werden, wenn alternativ genetisch kontrollierte Merkmale (z. B. Blutgruppen) diskordant sind. Bei konkordantem Ergebnis bleibt eine Wahrscheinlichkeit für zufällige Übereinstimmung. Die Ausschlußwahrscheinlichkeit („offenbar unmöglich" bzw. „aus genet. Gründen unmöglich") beträgt z. Z. etwa 97% aller Nichtväter. 2) das *morphologische (erbbiologische) Gutachten:* Hierbei werden die Merkmale der äußeren Körperform unter Anwendung der Methoden der vergleichenden Morphologie untersucht. Obwohl diese Merkmale als Endprodukt komplexer genet. Systeme verstanden werden müssen, sind sie zur Untersuchung des Vaterschaftsverhältnisses zuverlässig geeignet; in etwa 43% aller morpholog. Gutachten erreicht der Humangenetiker das Urteil „Sicherheit".
Abstraktion, Ergebnis der Fähigkeit eines Tieres, wesentl. gemeinsame Merkmale verschiedener Reizangebote zu erkennen u. gleich zu beantworten. Die A. kommt zustande, indem durch Lernen nur einige Merkmale einer Situation mit einer Reaktion verknüpft, unwesentliche andere Merkmale aber durch Extinktion v. Verknüpfungen ausgeschaltet werden. So kann ein Tier lernen, alle grünen Reize, wie immer diese sonst aussehen, zu beantworten. Die A. eines Merkmals ist aber v. der Bildung eines ↗ Begriffs zu unterscheiden, ebenso v. dem äußerlich ähnl. Vorgang der ↗ Generalisierung.
abstreifen ↗ künstliche Besamung.
Abstrich, Entnahme von Organmaterial, Schleimhaut- u. Wundabsonderungen, Infektionserregern mittels Abstrichnadel, Platinöse od. Tupfer zur bakteriolog. und cytolog. Untersuchung, z. B. von Rachen, Zervixkanal, Muttermund.
Abszeß, Ansammlung v. Eiter in einer abgeschlossenen, durch Gewebszerstörung entstandenen Höhle.
Abteilung, 1) *Divisio,* in der biolog. Systematik höhere taxonom. Kategorie; gliedert sich in Unter-A.en bzw. Stämme. Mehrere A.en bilden zus. ein Unterreich bzw. ein Reich. ↗ Taxonomie. 2) nicht mehr gebräuchl. Ausdruck der Stratigraphie für Unterglieder geolog. Formationen: heute ersetzt durch „Serie".
Abtorfung, Gewinnung v. Hochmoortorfen durch Torfstich; Vorbereitung zur landw. Nutzung mächtiger Hochmoore.
Abtragung, *Denudation,* Sammelbegriff für die Erniedrigung der Oberflächenformen des Festlands im Zusammenwirken v. Schwerkraft, bewegtem Wasser, Eis u. Wind. Auf A. folgt Ablagerung; beide gemeinsam bewirken Einebnung.
Abtrittfliegen, *Psychoda,* Gatt. der ↗ Mottenmücken.
Abundanz *w* [v. lat. abundantia = Überfluß], Zahl der Individuen einer Art in einem Biotop, bezogen auf eine Flächen- bzw. Raumeinheit; dominant, wenn mehr als 2% der Gesamtindividuenzahl v. einer einzigen Art gestellt wird, sonst rezedent.
Abundanzregel [v. lat. abundantia = Überfluß], ökolog. Prinzip: in einem Biotop mit vielseitigen Lebensbedingungen haben Arten mit großer Reaktionsbreite die größte Individuenzahl, wohingegen unter extremen Lebensbedingungen stark spezialisierte Arten die größte Abundanz besitzen.
Abundismus *m* [v. lat. abundus = überreichlich], spezielle Ausprägung des ↗ Melanismus, bei der dunkle Pigmentierungsflächen am Körper neu auftreten.
Abutilon *s* [arab. abū ṭilūn = ind. Malve], *Schönmalve,* Gatt. der Malvengewächse, die mit ca. 150 Arten in den Tropen u. Subtropen beheimatet ist. Die Kräuter od. Sträucher besitzen verschiedenfarb., achselständ. Blüten u. meist herzförm., lindenblattähnl. Laubblätter, die durch ihre samtart. Behaarung auffallen. Einige A.-Arten, z. B. *A. indicum,* sind als Unkräuter pantropisch verbreitet; mehrere andere, z. B. *A. theophrasti,* werden in verschiedenen Sorten in China als Faserpflanzen (Chinajute) kultiviert; als Zierpflanzen wer-

den *A. megapotamicum, A. pictum, A. darwinii* u. a. gezüchtet.

Abwasser, das abfließende Brunnen- od. Leitungswasser, das nach häusl., gewerbl. oder industriellem Gebrauch verändert, insbes. verunreinigt ist u. somit nicht mehr den natürl., vom Menschen unbeeinflußten Verhältnissen entspricht *(Schmutzwasser)*. Zum A. wird auch das *Niederschlagswasser* gerechnet, das in die Kanalisation gelangt u. gelöste sowie ungelöste Verunreinigungen v. Dächern, Straßen u. befestigtem Gelände enthalten kann. Als *Mischwasser* bezeichnet man eine Mischung v. Schmutz- u. Niederschlagswasser. Das *häusliche* A. besteht hpts. aus Wasch-, Reinigungs- u. Spülwasser sowie den Abflüssen sanitärer Anlagen. Die tägliche A.menge pro Einwohner beträgt in der BR Dtl. ca. 150 l (50–400 l), in denen etwa 100 g gelöste Stoffe, 60 g Sinkstoffe u. 30 g Schwebstoffe enthalten sind. Der Anteil an Harn u. Kot im häuslichen A. beträgt ca. 50%. Ein Maß für die Schmutzmenge ist der *Einwohnergleichwert*. Das *gewerbliche u. industrielle A.*, bes. der in Produktionsprozessen anfallende Anteil, haben eine sehr unterschiedl. Zusammensetzung u. sind stark v. den Rohprodukten u. den Verarbeitungsverfahren abhängig. A. kann mit ungelösten, gelösten od. kolloidalen Substanzen anorgan. oder organ. Natur belastet sein: abbaubare, sauerstoffzehrende Abfälle pflanzl. und tier. Herkunft; Krankheitskeime; organ. Verbindungen, die toxisch od. schwer abbaubar sind; anorgan. Chemikalien, bes. aus dem Bergbau u. industriellen Prozessen; Metallsalze u. Säuren; Sedimente (Sand, Erde, Mineralien) u. radioaktive Substanzen aus natürl. Quellen, Industrie, Medizin u. Forschung. Große Mengen an Salzen, Säuren u. Basen sowie toxische Substanzen können die *biologische Klärung* des A.s verhindern; so ist in vielen Fällen eine Vorbehandlung des A.s notwendig, ehe es in die Kanalisation eingeleitet werden kann. Die Belastung des A.s mit organ. Schmutzstoffen wird indirekt durch den ↗ biochemischen Sauerstoffbedarf u. den ↗ chemischen Sauerstoffbedarf bestimmt. Zur Prüfung der Verunreinigung mit Fäkalien werden im IMViC-Test die coliformen Bakterien *(Escherichia coli)* nachgewiesen; weitere Testorganismen sind fäkale Streptokokken *(Streptococcus)* u. *Clostridium perfringens*. Die *A.beseitigung*, d. h. die Zurückführung des A.s in den natürl. Wasserkreislauf, ist nur in Ausnahmefällen durch ein direktes Einleiten in einen Vorfluter (oberird. Gewässer: Bach, Fluß, See) möglich, wenn der Gehalt an organ. Stoffen gering u. ausreichend Sauerstoff zum aeroben Abbau vorhanden ist. Die Belastung mit organ. Substanzen u. Nährstoffen ist normalerweise so hoch, daß eine natürl. *Selbstreinigung* der Gewässer nicht möglich ist. Der vollständige Abbau der organ. Schmutzstoffe wird durch Sauerstoffmangel verhindert, so daß Fäulnis entsteht. Auch anorgan. Stoffe, bes. Schwermetalle, können zu schwersten Umweltverschmutzungen u. zu ernsten Erkrankungen des Menschen führen; es sei an die Verseuchung durch Cadmium (Itai-Itai-Krankheit) u. Quecksilber (Minamata-Krankheit) in Japan erinnert. – Die *A.reinigung* wird meist in mehreren Stufen ausgeführt, im wesentlichen durch mechan., physikal., biol. und chem. Verfahren in der ↗ Kläranlage. Veraltete natürliche biol. Verfahren sind die *A.verrieselung* u. *-verregnung*.

Lit.: *Habeck-Tropfke, H. H.:* Abwasserbiologie. Düsseldorf 1979. *Moser, F.* (Hg.): Grundlagen der Abwasserreinigung. 2 Bde. München 1981. Schadstoffe im Oberflächenwasser und im Abwasser. München 1978.   G. S.

Abwasserbehandlung, alle Techniken mit dem Ziel der schadlosen Ableitung, Reinigung, Verwertung, Rückgewinnung v. wiederverwendbaren Wertstoffen u. der Senkung des Abwasseranfalls. Die Abwasser

Abwasserbehandlung
in der Bundesrepublik Deutschland, bezogen auf % der angeschlossenen Bevölkerung

Art der Behandlung	1957	1963	1969	1975	1977
ungeklärt	40	29	20	14	12
ungeklärt, aber in Kanalisation eingeleitet	20	20	15	10	8
mechan. oder teilbiolog. behandelt	30	32	30	25	18
vollbiologisch	10	19	35	51	62

werden mechanisch u. chemisch vorbehandelt, bevor sie durch die biol. *Abwasserreinigung* v. den zersetzl. Schmutzstoffen durch physikal., biochem. und biol. Prozesse unter Zufuhr v. Luftsauerstoff bei Gegenwart v. Kleinlebewesen befreit und dem Vorfluter zugeführt werden. ↗ Kläranlage.

Abwasserbiologie, Teil verschiedener Fachrichtungen der angewandten Biologie (Mikrobiologie, Hydrobiologie, Limnologie), die sich mit den biol. und hygien. Verhältnissen der Abwässer sowie den Lebensbedingungen der Mikroorganismen befassen, die an der (biol.) Selbstreinigung

Abwasser in % des Aufkommens
(in der Bundesrepublik Deutschland)

	1957	1963	1968	1985
Grund- u. Brauchwasser	20	14	12	(8)
Häusl. u. kleingewerbl. Abwasser	45	49	52	(58)
Industrielle Abwasser	35	37	36	(34)
total (in 10^3 m³/Tag)	9900	13400	14600	(22500)

Abwasserbiologie

Wichtige Krankheitserreger im Abwasser

BAKTERIEN

Salmonella-Arten (Typhus, Paratyphus, Enteritis),
Shigella dysenteriae (Bakterienruhr),
Mycobacterium tuberculosis (Tuberkulose),
Vibrio cholerae (Cholera),
Leptospira-Arten (Leptospirose = Feldfieber, Weilsche Krankheit),
Clostridium-Arten (Gasbrand)

VIREN

Adenoviren (Infektionen v. Auge u. Respirationstrakt),
Coxsackieviren (Enteroviren) (Hirnhautentzündung),
Poliomyelitisviren (Spinale Kinderlähmung, Hirnhautentzündung),
Hepatitisviren (Epidemische Gelbsucht),
Echoviren (Hirnhautentzündung, Diarrhöe u. a.),
Parvoviren (Gastroenteritis),
Reoviren (Diarrhöe, Infektionen des Respirationstrakts)

PROTOZOEN

Entamoeba histolytica (Amöbenruhr),
Giardia (Giardiasis)

„WÜRMER"

Schistosoma mansoni u. a. *S.*-Arten (Bilharziose),
Bandwürmer (*Taenia*, Wurmbefall),
Spulwürmer (*Ascaris*, Wurmbefall),
Ancylostoma-Arten (Hakenwurmkrankheit),
Leberegel (*Fasciola*, Lebererkrankung)

Abwasserlast
des Abwassers od. verunreinigter natürl. Gewässer beteiligt sind.

Abwasserlast, *Schmutzfracht,* die Belastung (Verunreinigung) eines fließenden Gewässers mit sauerstoffzehrenden organ. Abwasserinhaltsstoffen; ↗ biochemischer Sauerstoffbedarf.

Abwasserpilz, irreführende übliche Bez. für *Sphaerotilus natans,* ein Scheidenbakterium, das in abwasserbelasteten fließenden Gewässern, Rohren, Wehren, Kläranlagen, Vorflutern u. Gräben vorkommt. Die meist in Ketten zusammenbleibenden, stäbchenförm. Zellen (0,7–2,4 × 3–10 µm) sind gramnegativ, durch mehrere Geißeln beweglich u. normalerweise v. einer röhrenförm. Scheide umgeben. Die Scheiden wachsen zu langen, an einem Ende festsitzenden Fäden aus, die dadurch dicke weißl. Überzüge od. flockige Massen bilden u. an Pilzmycelien erinnern. In u. an den gallert. Scheiden sitzen noch andere Bakterien u. Protozoen. Der A. hat einen chemoorganotrophen Atmungsstoffwechsel, kann jedoch bei sehr geringem Sauerstoffgehalt wachsen. Er führt zu sekundären Verschmutzungen der Gewässer u. zu Verstopfungen von techn. Einrichtungen der Kläranlagen. Echte mycelbildende A.e sind z. B. *Leptomitus lacteus* u. *Fusarium aquaeductuum,* die bei hoher Belastung des Abwassers mit organ. Stoffen zur Massenentwicklung kommen u. ein „echtes Pilztreiben" verursachen.

Abwehr, Verhaltensweisen u. Einrichtungen physiolog. od. morpholog. Art, mit denen Mensch od. Tiere bei drohender Gefahr Schaden zu verhindern suchen. Das A.verhalten kann unbewußt, reflektorisch (Lidschluß des Auges), ausgelöst (A.reflex) od. beim Menschen auch durch gezielte, vorausplanende Überlegungen gelenkt werden. Wehrhafte Tiere setzen zur aktiven Verteidigung spezielle Waffen ein (Zähne, Hörner). Beispiele für passive Verteidigung sind u. a.: Einsatz v. Stacheln u. Panzern, Wehrsekrete, Warnfärbung (vielfach bei Ungenießbarkeit), Mimikry (als Täuschung des Freßfeindes trotz Genießbarkeit), Tarnen, Flucht u. Schreckfärbung (z. B. Abendpfauenauge). Artgenossen, die um Nahrung, Fortpflanzungsgelegenheit od. Behausung konkurrieren, zeigen Verhaltensweisen, die mit dem Begriffskomplex der innerartl. ↗ Aggression beschrieben werden. Innerhalb des Organismus auftretende schädigende Einflüsse, wie sie v. niedermolekularen körperfremden Stoffen („Giften") ausgehen, werden durch unspezif. Veränderungen – Biotransformationen (Oxidation, Reduktion, Hydrolyse, Konjugation, Glucuronid- u. Glykosidbildung) – in der Leber od. entsprechen-

den Zentralorganen des Stoffwechsels abgewehrt. Endoparasiten und schädl. Makromoleküle können durch Bildung v. Antikörpern (humorale u. zelluläre A., ↗ Immunsystem) od. durch Mobilisierung v. Leukocyten, Phagocytose durch Makrophagen, Entzündungsreaktionen, Virostase durch Interferon od. Lyse v. Bakterien (unspezif. A.) bekämpft werden. Blutstillung ist ein A.mechanismus bei mechan. Zerstörung eines Blutgefäßes (↗ Blutgerinnung).

Abwehrenzyme, *Abwehrfermente,* von E. Abderhalden beschriebene, im Harn od. Blut nachweisbare Proteinasen, die bei Infektionen, Geschwülsten usw. im Blutserum verstärkt auftreten. ↗ Abderhaldensche Reaktion.

Abwehrreflex, nicht mehr gebräuchl. Sammelbegriff für Schutzreaktionen v. Individuen auf einen äußeren Reiz. ↗ Reflexe.

Abwehrstoffe, *Schutzstoffe,* **1)** bei Mensch u. Tier Stoffe, die in das Blut gelangte fremde Proteine angreifen. A. sind im Blut natürlich vorhanden (natürl. Resistenz) od. werden gg. Infektionsstoffe, *Antigene* (z. B. Krankheitserreger), in Form sehr spezif. *Antikörper* gebildet (erworbene Resistenz); diese werden nach ihrer unterschiedl. Wirkung in Antitoxine, Lysine (hierzu z. B. die Abwehrenzyme), Präcipitine, Agglutinine u. a. eingeteilt. Antikörper u. Antigene haben bestimmte, wie Schlüssel u. Schloß zusammenpassende, haptophore Gruppen u. bilden meist ein unwirksames Antigen-Antikörper-Produkt. Überproduktion von A.n unter dem richtenden Einfluß v. Antigenen führt zur aktiven Immunisierung, kann aber auch Ursache v. Allergien sein. **2)** Pflanzliche A. gegen Pilzbefall sind die ↗ Phytoalexine. **3)** ↗ Wehrsekrete.

Abylopsis, Gatt. der ↗ Calycophorae.

Abyssal *s* [v. gr. *abyssos* = der Abgrund bzw. abgrundtief; Bw. *abyssisch*], *Infrabathyal,* die sich an den Steilabfall (Kontinentalhang) anschließende Bodenregion der Tiefsee ab etwa 1000 m bis ca. 7000 m Tiefe, eine relativ einförmige, lichtlose Zone ohne autotrophe Pflanzen, mit ziemlich gleichbleibenden Temperaturen u. Nahrungsarmut. Die im A. lebenden Organismen sind auf absinkenden organ. Detritus angewiesen. Tiere haben sich den extremen Lebensbedingungen im A. vielfältig angepaßt (Tiefseefauna).

Abzeichen, Farbflecke od. Pigmentlosigkeit in Haut u. Haaren v. Haustieren, bes. an Kopf, Rücken u. Beinen, deren Angabe zur Charakterisierung eines Zuchttieres nötig ist. Angeborene A. bei Pferden sind z. B. Flocke od. Blümchen, Stern, Blesse, Schnippe, weiße Fesseln, weiße Ballen usw., bei Kühen dunkler Rückenstreif

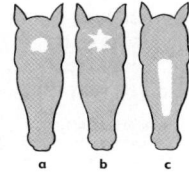
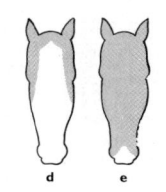
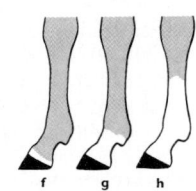

Abzeichen beim Pferd: **a** Blümchen, **b** Stern, **c** Blesse, **d** Laterne, **e** Schnippe, **f** bekrönt, **g** gefesselt, **h** gestiefelt

(↗Aalstrich), das Flotz- u. Rehmaul, schwarze Hornspitzen u. Klauen. Erworbene A. sind meist Druckstellen v. Geschirr od. Sattel.

Acacia w [v. gr. akakia =], die ↗Akazie.

Acajoubaum [span. acajú = Nierenbaum, aus dem Tupí], Acajou, Acaju, *Anacardium occidentale*, ↗Sumachgewächse.

Acalypha [v. gr. akalyphos = unverhüllt], Gatt. der ↗Wolfsmilchgewächse.

Acanthaceae [Mz.; v. *acanth-], *Akanthusgewächse*, Fam. der Braunwurzartigen mit ca. 250 Gatt. und ca. 2500 Arten. Die meist als Kräuter od. Sträucher wachsenden A. besitzen kreuzgegenständ., einfache, oft behaarte Blätter mit Cystolithen. Die zygomorphen, meist fünfgliedr., zweilipp. Zwitterblüten stehen einzeln od. treten zu trauben-, rispen- od. auch kugelförm. Blütenständen zusammen, wobei die oft großen Tragblätter gelegentlich einzelne Blüten umhüllen. Der oberständ. Fruchtknoten besteht aus zwei verwachsenen Fruchtblättern u. reift zumeist zu einer Kapsel heran, in der die Samen an kleinen hakenförm. Auswüchsen sitzen. Wichtigste Verbreitungsgebiete der in fast allen Lebensräumen der Tropen u. Subtropen vertretenen A. sind Afrika, SO-Asien sowie Mittel- bzw. S-Amerika (Brasilien). Die A. wachsen als Unkräuter u. Ruderalpflanzen sowie als Unterwuchs in trop. Wäldern (*Ruellia, Strobilanthes*), in Steppen u. Wüsten (*Barleria, Blepharis*) u. sogar im Wasser (*Hygrophila*). Eine Reihe v. A. wird auch als Zierpflanzen kultiviert; hierzu gehören z. B. ↗*Aphelandra, Crossandra,* ↗*Thunbergia* u. ↗*Acanthus*, die bekannteste Gatt.

Acanthamoeba w [v. *acanth-, gr. amoibos = abwechselnd], ↗Limax-Amöben.

Acantharia [Mz.; v. *acanth-], U.-Kl. der *Radiolaria* (Strahlentierchen); zeichnen sich durch ein Strontiumsulfatskelett aus, das meist aus 20 regelmäßig angeordneten Stacheln besteht (*Müllersches Gesetz*); viele Arten können sich nach Abbau des Skeletts encystieren. Wichtige Gatt. sind: *Acanthometron* mit einfachen, radiär angeordneten Stacheln, *Amphilonche*, bei der 2 gegenüberliegende Stacheln länger u. dikker sind als die anderen, u. *Lithoptera* mit 4 kreuzförmigen langen Stacheln, die zu Gittern erweitert sind.

Acanthaster m [v. *acanth-, gr. astēr = Stern], der ↗Dornenkronen-Seestern.

Acanthella w [v. *acanth-], **1)** Schwamm-Gatt. der *Axinellidae;* bekannteste Art *A. acuta*, kakteenförmig, wird 10 cm hoch, orangefarben, kommt auf Corallinenböden in 10–40 m Tiefe vor, nicht häufig. **2)** Sekundärlarve der parasit. Kratzer (↗*Acanthocephala*) mit syncytialen Organanlagen u. ausstülpbarem Hakenrüssel.

acanth-, acantho-
[v. gr. akantha = Stachel, Dorn, auch stachlige Pflanze, Distel, Akazie], in Zss.: Stachel-, Dorn-.

Acanthinula aculeata

Acanthaceae
Wichtige Gattungen:
↗*Acanthus*
↗*Aphelandra*
Barleria
↗*Beloperone*
Blepharis
Crossandra
Fittonia
Ruellia
Strobilanthes
↗*Thunbergia*

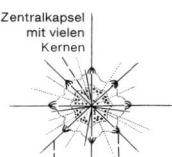

Zentralkapsel mit vielen Kernen

Strontiumsulfatstachel | elastische Elemente

Acantharia
Acanthometron

Acanthephyra w [v. *acanth-, gr. Ephyra = eine Meernymphe], *Tiefseegarnelen*, Gatt. der *Oplophoridae;* große (bis 18 cm), pelagische Garnelen mit dünnen Beinen; die beiden ersten Beine mit kleinen Scheren; Rostrum auffallend lang. *A. purpurea* (bis 10 cm), einheitlich rot, kommt im Mittelmeer zw. 10 und 1000 m Tiefe vor.

Acanthin s [v. *acanth-], aus Strontiumsulfat bestehende Skelettsubstanz einiger Radiolarien, bes. der *Acantharia*.

Acanthinula w [v. gr. akanthinos = stachelig], heimische Schnecken-Gatt. der *Valloniidae; A. aculeata* hat 2,3 mm ⌀ u. lebt in Wäldern u. Gebüsch der Paläarktis unter Laub u. morschem Holz.

Acanthis w, die ↗Hänflinge.

Acanthobdella w [v. *acantho-, gr. bdella = Blutegel], Gatt. der Fam. *Acanthobdellidae* (Ord. *Acanthobdelliformes*, Borstenegel); nur eine Art *A. peledina*, 2–3,7 cm lang, Blutsauger an Salmoniden; Anzahl der Segmente 30 gegenüber den für Hirudineen (Blutegel) typischen 33; nur der hintere Saugnapf ist ausgebildet; als Reliktform auf N-Sowjetunion u. N-Skandinavien beschränkt. Aufgrund einer Reihe urtüml. Merkmale stellt A. phylogenetisch ein Bindeglied zw. Oligochaeten (Wenigborstern) u. Hirudineen dar. Solche Merkmale sind u. a. die Ausbildung v. Borsten an den ersten 5 Segmenten, die denen einiger Oligochaeten (*Lumbriculidae, Phreoryctidae*) stark ähneln, u. die Tatsache, daß das zwar durch mesodermales Bindegewebe eingeengte Coelom um den Mitteldarm noch echte, durch Dissepimente voneinander getrennte Hohlräume bildet.

Acanthobdellidae [Mz.; v. *acantho-, gr. bdella = Blutegel], eigens für die Art *Acanthobdella peledina* errichtete Fam. innerhalb der ebenso eigens geschaffenen Ord. *Acanthobdelliformes* (Borstenegel).

Acanthocardia w [v. *acantho-, gr. kardia = Herz], Gatt. der Herzmuscheln; die Tiere haben bis 7 cm breite, gerippte Schalen mit Warzen od. Stacheln; sie leben in Atlantik u. Mittelmeer, essbar.

Acanthocephala [Mz.; v. *acantho-, gr. kephalē = Kopf], *Kratzer*, Kl. der *Nemathelminthes* (Schlauchwürmer) mit 3 Ord. (T 22). A. leben im erwachsenen Zustand ausschließlich als Darmparasiten in Wirbeltieren, vornehmlich Landtieren, Vögeln u. Süßwasserfischen, selten in Meeresfischen u. Robben, während sie als Larven in der Körperhöhle v. Arthropoden und Schnecken, die als Zwischen- und Verbreitungswirte dienen, zu finden sind. Sie sind von wurmförm. Gestalt u. gewöhnlich farblos weiß. Ihr Körper ist bilateralsymmetrisch gebaut u. unsegmentiert, wenn-

Acanthocephala

Acanthocephala

Ordnungen und wichtige Gattungen:
↗ Archiacanthocephala
  Macracanthorhynchus
  Mediorhynchus
  Moniliformis
↗ Palaeacanthocephala
  Acanthocephalus
  Bolbosoma
  Centrorhynchus
  Filicollis
  Polymorphus
  Pomphorhynchus
↗ Eoacanthocephala
  Neoechinorhynchus

gleich bei manchen Formen oberflächlich geringelt. Kennzeichnend ist ein einstülpbarer, dicht mit Reihen feiner Widerhäkchen besetzter *Rüssel* (Praesoma) am Vorderende, mit dessen Hilfe sich die Tiere in die Darmwand des Wirts einbohren u. dort festsetzen können. Auch der Rumpf (Metasoma) ist bei einzelnen Arten mit Dornen besetzt. A. sind zw. wenigen Millimetern und 1 m *(Macracanthorhynchus)* groß. *Anatomie:* Die Körperwand besteht aus einer etwa 2 µm dicken porenreichen Mucopolysaccharidcuticula (Schutz vor den Verdauungsenzymen des Wirts), einer bis zu 20 µm dicken syncytialen u. vielkernigen Epidermis u. – durch eine derbfaserige Basallamina v. dieser abgegrenzt – einem ebenfalls syncytialen Muskelschlauch aus äußerer Ring- u. innerer Längsmuskellage, der dem Wurm eine allseitige Beweglichkeit verleiht. Das Muskelsyncytium umschließt ohne epitheliale Abgrenzung eine ungegliederte flüssigkeitserfüllte Leibeshöhle (Pseudocoel), in die v. der Rüsselbasis (Hals) her eine muskulöse Tasche (Rüsselscheide) hineinragt. Durch den Zug paariger Muskelstränge, die beidseits aus der Rüsselspitze u. von der Halsregion zur Rumpfmuskulatur ziehen, kann der Rüssel in seine Scheide hineingestülpt werden, während seine Ausstülpung hydraulisch durch die Kontraktion von Rüsselscheiden- u. Rumpfmuskulatur erfolgt. Dabei können die Rüsselstacheln wie Katzenkrallen in die plast. und je nach Körperbinnendruck dickenveränderl. Epidermis eingezogen werden. Mit einer Grundplatte in der Basallamina verankert, durchbrechen sie nämlich die epidermale Plasmaschicht, sind aber wie diese v. der Cuticula überzogen, die sich in einer tiefen Falte um den Stachel legt u. ihn wie eine Gelenkhaut verschieblich in der Epidermis einbettet. – Die A. sind zeitlebens darmlos u. nehmen ihre Nahrung über die gesamte Körperoberfläche auf. Entsprechend seinen Funktionen als Stoffwechselorgan u. Körperabdeckung, weist das epidermale Syncytium eine lichtmikroskopisch sichtbare Schichtung auf: Einer oberflächennahen stark verdichteten Plasmazone kommen wohl überwiegend Skelettfunktionen zu; diese Schicht ist durchbrochen von zahlr. Plasmalemmeinstülpungen, die sich als reich verzweigte intracytoplasmat. Kanälchen in das Syncytium einsenken u. in der Tiefe der Epidermis zu einem weitlumigen Lakunensystem vereinigen. Dieses durchzieht mit Längsgefäßstämmen und Querverbindungen in einer für die einzelnen Ord. typischen Anordnung die gesamte Epidermis. Es ersetzt den Darm und dient ebenso der Aufnahme u. Verarbeitung v. Nährstoffen wie – anstelle eines eigenen Gefäßsystems – ihrer Verteilung. Im Halsbereich bildet das epidermale Syncytium 1–3 Paare langer Aussackungen, die durch die Muskulatur hindurch weit in die freie Leibeshöhle ragen *(Lemnisken).* Sie werden als Organe vornehmlich des Fettstoffwechsels gedeutet. – Vom Hinterende der Rüsselscheide beginnend u. caudal in die Umhüllung des Geschlechtsapparats übergehend, durchzieht ein zarthäutiger Schlauch *(Ligamentsack)* die Körperhöhle in ihrer ganzen Länge. Er besteht aus einer epithellosen Bindegewebsmembran. In seinem Innern entwickeln sich die *Keimorgane,* beim Männchen paarige Hoden, die über einen gemeinsamen Samenleiter caudal zusammen mit paarigen „Zementdrüsen" in den Penis münden, beim Weibchen kompakte Ovarien, die im Laufe der Entwicklung in einzelne Keimballen zerfallen u. nach Zerreißen des Ligamentsacks die reifenden Eizellen in die Leibeshöhle entleeren. A. sind generell getrenntgeschlechtlich. – Das in Anpassung an die entoparasitäre Lebensweise einfache Nervensystem besteht aus einem Gehirn in der Wand der Rüsselscheide (Festlegung der Dorsiventralebene) u. von diesem ausgehenden paarigen u. unpaaren Nerven, die die Rüsselspitze (Sinnesorgan) u. Muskulatur innervieren. Die Männchen besitzen zusätzlich am Körperende eine Gruppe v. Ganglien, die über Längsnerven mit dem Gehirn u. durch eine Querkommissur untereinander verbunden sind u. der Innervation der Kopulationsorgane dienen. Nur bei den ↗ *Archiacanthocephala* wird ein eigenes Exkretionssystem in Form zahlr. Protonephridien mit gemeinsamem Ausführungsgang angelegt. *Entwicklung:* Die männl. Kopulationsorgane bestehen aus einer ausstülpbaren Tasche am Körperende (Bursa), in die neben dem Penis auch eine Klebdrüse (Saefftigensche Tasche) und – so vorhanden – der Exkretionskanal münden. Die Bursa wird zur Begattung ausgestülpt, legt sich um die weibl. Geschlechtsöffnung und verklebt dort zeitweilig durch das Klebdrüsensekret. Nach vollzogener Kopulation wird die weibl. Geschlechtsöffnung durch einen Sekretpfropf der Zementdrüsen verschlossen. Nach der Befruchtung entwickeln sich die Eier schon in der Leibeshöhle des Weibchens über eine abgeleitete Spiralfurchung zu infektionsfähigen Primärlarven *(Acanthor)* mit ausstülpbarem Hakenrüssel, die sich mit einer cuticulären Schale umgeben. Bereits in diesem Stadium bilden die larvalen Gewebe einen syncytialen Verband. Im Ggs. zu den rundl. Eiern sind die encystierten Acanthorlarven schlank,

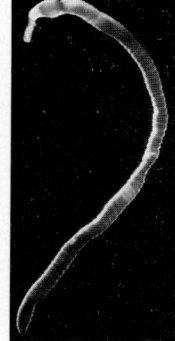

Acanthocephale aus Fischdarm

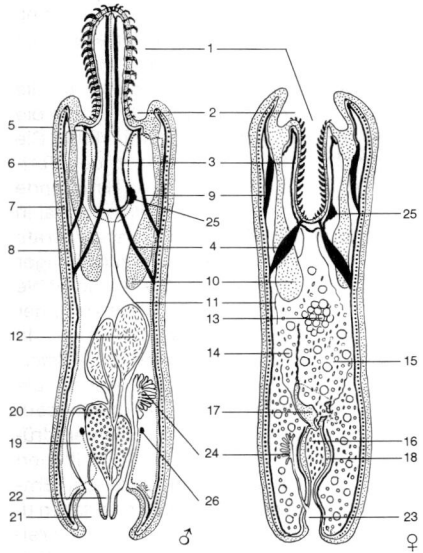

Acanthocephala
Bauplan eines Archiacanthocephalen, links Männchen, rechts Weibchen. 1 ausgestülpter bzw. eingestülpter Hakenrüssel, 2 Halsregion, 3 Rüsselscheide, 4 Rüsselrückziehmuskeln, 5 Cuticula, 6 Epidermis, 7 Ringmuskulatur, 8 Längsmuskulatur, 9 Halsrückziehmuskeln, 10 Lemnisken, 11 Ligamentsack (beim Weibchen zerrissen), 12 Hoden, 13 Reste des Eierstocks, 14 Keimballen, 15 unreife Eier, 16 Acanthorcysten, 17 Uterusglocke, 18 Uterus, 19 Klebdrüse (Saefftigensche Tasche), 20 Zementdrüsen, 21 Bursa, 22 Penis, 23 Vagina, 24 Protonephridienkomplex, 25 Gehirn, beim Männchen mit eingezeichneten Nerven (punktiert) zum Rüssel und zur Körperwand, 26 Genitalganglien.

acanth-, acantho-
[v. gr. akantha = Stachel, Dorn, auch stachlige Pflanze, Distel, Akazie], in Zss.: Stachel-, Dorn-.

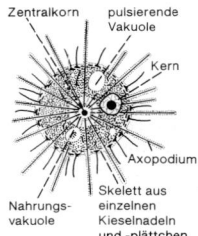

Acanthocystis

reiskornförmig. Erst in dieser Form können sie über den muskulösen Uterus nach außen abgegeben werden. Dazu dient ein im Tierreich einzigartiger Eiersortierapparat *(Uterusglocke)*, ein enghalsiger Trichter, der nur die schlanken Acanthorlarven, nicht aber die rundl. Eier passieren läßt. Mit dem Wirtskot nach außen gelangt, müssen die Acanthorlarven v. einem Zwischenwirt (Insekt, Krebs, Schnecke) aufgenommen werden. Nach dem Schlüpfen in dessen Darm bohrt sich die Larve durch die Darmwand u. entwickelt sich in dessen Leibeshöhle zur Zweitlarve *(Acanthella)* mit allen Organanlagen des erwachsenen Wurms. In encystiertem Zustand *(Cystacantha)* verharrt sie, bis der Zwischenwirt v. einem mögl. Endwirt gefressen wird, in dessen Darm der Parasit zum geschlechtsreifen Wurm heranwächst. In einem als Endwirt ungeeigneten Wirbeltier (Wirtsspezifität) vermag diese Larve nach vorübergehender Aktivität (Einbohren in dessen Darmwand u. Neuencystierung) infektiös zu überdauern, bis sie schließlich doch über die Nahrungskette in den passenden Endwirt gelangt. Die *Pathogenität* der A. ist im allg. gering. Lediglich bei großer Populationsdichte der Wirte (Fischzuchtanstalten, Hausgeflügelhaltung, Käfigvögel u. Terrarien) kann ein Massenbefall zu blutigen Darmentzündungen u. zum Absterben der befallenen Tiere führen. Auch der Mensch kann in einzelnen Fällen als Endwirt dienen *(Moniliformis, Macracanthorhynchus).* – Die *phylogenet.* Verwandtschaft der A. ist umstritten, u. wie bei allen Pseudocoelomaten ist die Frage ungeklärt, ob die Coelomlosigkeit primär od. durch Reduktion eines ursprünglich vorhandenen Coeloms entstanden ist. Die bilaterale Furchung der A. ist vermutlich v. einer Spiralfurchung abzuleiten. Allgemeine morpholog. Merkmale verweisen auf Beziehungen zu verschiedenen Gruppen sowohl der Plattwürmer *(Plathelminthes)* wie der Schlauchwürmer *(Nemathelminthes)* u. *Priapulida:* Rüssel (Larve der *Nematomorpha, Kinorhyncha, Priapulida,* Bandwürmer); Darmlosigkeit (Bandwürmer); syncytiale Epidermis u. Zellkonstanz (Schlauchwürmer, Rädertiere, *Gastrotricha, Kinorhyncha*); syncytialer Bau der inneren Organe (Priapulidenlarve); Besitz v. Protonephridien (Rädertiere, *Gastrotricha, Kinorhyncha,* Priapulida); Bau u. Lage des Nervensystems u. der Protonephridien u. Form der Spermien (Rädertiere); Bau des Hautmuskelschlauchs u. Rüsselbau *(Priapulida).* Der Wert all dieser Ähnlichkeiten für die Beurteilung der Verwandtschaftsverhältnisse ist ungewiß. Daher werden die A. vielfach als isolierter Tierstamm betrachtet.   P. E.

Acanthocephalus *m* [v. *acantho-, -kephalos = -köpfig], Nominatgatt. der *Acanthocephala,* ↗ Palaeacanthocephala.

Acanthoceras *s* [v. *acantho-, gr. keras = Horn], † Nominatgatt. der oberkretazischen Ammoniten-Fam. *Acanthoceratidae,* Repräsentant für Abbaugabelripper, d. h. der Abwandlung v. evoluierten Gabelrippigkeit (auf den Innenwindungen noch vorhanden) zur Einfachrippigkeit od. zum Abbau der Rippen auf den Außenwindungen; Verbreitung: obere Kreide der Alten u. Neuen Welt.

Acanthochitona *w* [v. *acantho-, gr. chitōn = Hemd, Hülle, Panzer], kosmopolit. Gatt. der Käferschnecken (Ord. *Acanthochitonida*); der Gürtel überwächst die Plattenränder u. trägt kräftige Stachelbüschel. *A. communis* ist etwa 5 cm lang, meist grau, schlammverkrustet. *A. fascicularis* wird 2,5 cm lang, ist hellgrau, braun u. rötlich. Beide Arten leben an Felsküsten des Mittelmeeres u. des Atlantik zw. Britannien u. den Azoren.

Acanthocinus, Gatt. der ↗ Bockkäfer.

Acanthocyclops *m* [v. *acanth-, gr. Kyklōps = Zyklop], Gatt. der ↗ Copepoda.

Acanthocystis *w* [v. *acantho-, gr. kystis = Blase, Schlauch], Gatt. der Sonnentierchen; die Zelle ist v. einem Kieselskelett aus radiären Nadeln u. tangentialen Plättchen umgeben. Vertreter der Gatt. leben in Tümpeln, Gräben u. Seen, auch in Torfmoosen.

Acanthodactylus *m* [v. *acantho-, gr. daktylos = Finger, Zehe], *Fransenfingereidechsen,* Gatt. der Echten Eidechsen; durch verbreiterte Schuppenkämme längs der Zehen auf eine Fortbewegung im lokkeren Sand gut angepaßt. Der sehr scheue

Acanthodii

Gewöhnliche Fransenfinger *(A. erythrurus)* kommt außer in NW-Afrika auch auf der Pyrenäenhalbinsel vor; Gesamtlänge bis 23 cm, Schwanz fast doppelt so lang wie Körper; dunkelbraun mit hellen Streifen u. Flecken; lebt von Insekten, v. a. Heuschrecken. Weitere Arten in den nordafrikanischen u. westasiatischen Trocken- u. Wüstenbiotopen.

Acanthodii [Mz.; v. *acantho-], *Stachelhaie*, U.-Kl. primitiver, süßwasserbewohnender paläozoischer Fische, die nur äußerlich in Rücken- u. heterozerker Schwanzflosse Haien ähneln; besitzen anstelle v. Hautzähnen Knochenplatten; bis zu sieben Paar Flossen sind durch Stacheln verstärkt, Wirbel und Kiefer mehr od. weniger verknöchert. A. sind die ältesten Gnathostomen; Verbreitung: Silur bis unteres Perm.

Acanthodoris w [v. *acantho-], Gatt. der *Lamellidorididae* (Ord. Nacktkiemer); 3–5 cm lange Meeresschnecke verschiedener Farbe; hat bis zu 9 dreifiedrige Rückenkiemen, lebt von koloniebildenden Moostierchen u. ist kosmopolitisch verbreitet.

Acanthodrilus *m* [v. *acantho-, gr. drilos = Regenwurm], Gatt. der ↗Megascolecidae.

Acantholimon [v. *acantho-, gr. leimōn = Wiese], Gatt. der Bleiwurzgewächse mit 150 Arten, v. Griechenland bis ins westl. Tibet verbreitet. Bes. viele Arten kommen in den Trockengebieten des iran. Hochlands vor. Charakterist. Wuchsform innerhalb der Gatt. ist der Dornpolsterstrauch. In der subalpinen Stufe des Verbreitungsgebiets bilden sie zus. mit anderen Arten auffallende Formationen. *A. glumaceum* u. *A. venustum* werden manchmal in Steingärten gepflanzt.

Acanthometron *s* [v. *acantho-, gr. mētra = Hülle], Gatt. der ↗Acantharia.

Acanthophis *m* [v. *acantho-, gr. ophis = Schlange], *Todesottern,* Gatt. der Giftnattern; in Australien u. Neuguinea relativ häufig. Das Gift der ca. 80 cm langen Todesotter *(A. antarcticus)* ist äußerst wirksam; 50% aller unbehandelten Bisse sind auch für den Menschen tödlich (Atemlähmung); dämmerungsaktiv; lebendgebärend (ca. 10–12 Junge pro Wurf).

Acanthophthalmus *m* [v. *acantho-, gr. ophthalmos = Auge], Gatt. der ↗Schmerlen.

Acanthopterygii [Mz; v. *acantho-, gr. pterygion = Flosse], ↗Knochenfische.

Acanthoptilum *s* [v. *acantho-, gr. ptilon = Feder], Gatt. der ↗Seefedern.

Acanthor *m* [v. *acantho-], Primärlarve der ↗Acanthocephala.

Acanthosaura *w* [v. *acantho-, gr. saura = Eidechse], ↗Winkelkopfagamen.

acanth-, acantho-
[v. gr. akantha = Stachel, Dorn, auch stachlige Pflanze, Distel, Akazie], in Zss.: Stachel-, Dorn-.

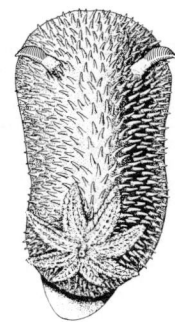

Acanthodoris pilosa

Acanthus
oben Blüte und Blatt, unten A. an einem Kapitell
In der Ornamentik spielt das A.blatt seit dem klass. Altertum eine große Rolle; es ist jedoch umstritten, ob das Blatt dieser Gatt. tatsächlich als Vorbild für die korinth. Säulenkapitelle (vgl. Abb.) u. andere Schmuckformen der griech. und röm. Kunst diente.

acari-, acaro-
[v. gr. akari = Milbe], in Zss.: Milben-.

Acanthosicyos *m* [v. *acantho-, gr. sikyos = Gurke], Gatt. der Kürbisgewächse im südl. trop. Afrika. *A. horridus* (Naraspflanze), einzige Art der Gatt., wächst als zweihäusiger Strauch mit langer, dicker Pfahlwurzel u. meist blattlosen, mit grünen Dornen besetzten Zweigen als Xerophyt in den Dünen der Namib-Wüste u. ist eine wichtige Wasser- u. Nahrungsquelle. Gegessen werden die reifen, kugeligen, v. einer harten, stacheligen Rinde umgebenen, bis 1,5 kg schweren Früchte mit ihrem wohlschmeckenden, orangeroten Fruchtfleisch u. den darin eingebetteten Samen. Letztere werden auch zu Speiseöl verarbeitet.

Acanthosphaera *w* [v. *acantho-, gr. sphaira = Kugel], Gatt. der ↗Micractiniaceae.

Acanthostega *w* [v. *acantho-, gr. stegē = Bedeckung], † Gatt. der Stegocephalen-Fam. *Ichthyostegidae;* A. wurde zus. mit *Ichthyostega* im obersten Devon (? untersten Karbon) O-Grönlands gefunden u. gehört zu den ältestbekannten Tetrapoden.

Acanthuroidei [Mz.; v. *acanth-, gr. oura = Schwanz], die ↗Doktorfische.

Acanthus *m* [v. *acanth-], *Akanthus,* einzige in Europa vorkommende Gatt. der ↗Acanthaceae mit ca. 50 Arten; bildet hohe Stauden mit meist dornigfiederspalt. Laubblättern u. langen Blütenähren, die auf schwach beblätterten Stengeln sitzen. Die großen weißl. oder rötl. Blüten (in der Form den Rachenblüten ähnlich) werden von dornig-gezähnten Tragblättern gestützt. A. ist im Mittelmeergebiet, O-Afrika u. SW-Asien beheimatet, wird in Mitteleuropa aber als Zierpflanze *(A. balcanicus, A. mollis* u. *A. spinosus)* u. zu Heilzwecken gezüchtet. *A. mollis* wirkt innerlich wie äußerlich wundheilend u. dient u. a. als Hustenmittel. [B] Mediterranregion III.

Acarapis *w* [v. *acari-, lat. apis = Biene], die ↗Bienenmilbe.

Acari [Mz.; v. *acari-], die ↗Milben.

Acariasis *w* [v. *acari-], die ↗Akarinose.

Acaridae [Mz.; v. *acari-], die ↗Vorratsmilben.

Acarina [Mz.; v. *acari-], die ↗Milben.

Acarosporaceae [Mz.; v. *acaro-, gr. spora = Same], Flechten(pilz)-Fam. der *Lecanorales,* mit ca. 11 Gatt. und 400 Arten, hauptsächlich Gesteinsbewohner mit krustigem u. schuppigem, selten blättrigem od. strauchigem Lager, weltweit verbreitet. Hauptmerkmal ist die große Zahl v. kleinen, einzelligen Sporen in den Schläuchen. Artenreichste Gatt. ist *Acarospora* (ca. 300 Arten) mit meist braunem od. gelbem, areoliertem bis schuppigem Lager u. lecanorinen Apothecien. *Sarcogyne* umfaßt Krustenflechten mit lecideinen Apothecien.

Acarus *m* [v. *acari-], Gatt. der ↗Vorratsmilben.

Acaulis *w* [v. gr. akaulos = ungestielt], Gatt. der ↗Pennariidae.

Acaulon *s* [gr. akaulos = ungestielt], Gatt. der ↗Pottiaceae.

Acavidae [lat., = nichtgenabelt], Fam. der Landlungenschnecken; umfaßt wenige Arten mit großen Gehäusen (bis 6 cm ⌀); leben in Australien, Tasmanien, Ceylon u. Madagaskar.

Accessorius *m* [v. lat. accessus = Zugang], Abk. für Nervus accessorius, *Beinerv*, der XI. ↗Hirnnerv, innerviert den Kopfwender u. Trapezmuskel des Schulterblatts; bei Fischen u. Amphibien nicht vorhanden.

accidenteller Wirt, der ↗Gelegenheitswirt.

Accipiter *m* [lat., = Habicht, Falke], Gatt. der ↗Habichte.

Accipitridae [Mz.; v. lat. accipiter = Habicht, Falke], die ↗Habichtartigen.

acephal [v. gr. akephalos = kopflos], Bez. für eine fußlose (apode) Larvenform ohne sichtbare Kopfkapsel; hierher v.a. die Larven der *Musciformia* unter den Zweiflüglern (Dipteren).

Acephala [Mz.; v. gr. akephalos = kopflos], die ↗Muscheln.

acephale Gregarinen [v. gr. akephalos = kopflos], Vertreter der ↗Monocystidae.

Acer *s* [lat., = Ahorn], Gatt. der ↗Ahorngewächse.

Aceraceae [Mz.; v. lat. acer = Ahorn], die ↗Ahorngewächse.

Aceras *s* [v. gr. a- = nicht, keras = Horn, Geweih], der ↗Ohnsporn.

Aceratherium *s* [v. gr. a- = nicht, keras = Horn, thērion = Tier] (Kaup 1832), † Nominatgatt. der U.-Fam. *Aceratheriinae*, die sich auf Funde aus den Eppelsheimer Sanden (Turol) gründet. Bekannteste Art ist *A. incisivum* Kaup, ein hornloses Rhinoceros, das im Unterkiefer kurze Stoßzähne (J_2) mit dreikantiger Schneide trägt. Weit verbreitet im mittleren Oligozän bis oberen Pliozän, jedoch regional unterschiedlich, in der Alten Welt. Nordamerikan. Formen sind heute nicht mehr mit A. vereinigt.

Aceri-Fagion *s* [v. lat. acer = Ahorn, fagus = Buche], hochmontane bis subalpine *Bergahorn-Buchen-Mischwälder*, U.-Verb. des ↗Asperulo-Fagion. Die als Assoz. des Hochstauden-Bergmischwaldes *(Aceri-Fagetum)* vorherrschenden Laubmischwälder bilden bis zur oberen Waldgrenze die Klimaxges. der subalpinen Stufe unter ozeanisch getöntem, d.h. wintermildem, aber schneereichem Klima; so bes. in den Vogesen u. im westl. Jura, daneben aber auch im westl. Hochschwarzwald u. in den westl. Kalkalpen. Entscheidend für die Entwicklung des Laubmischwaldes in dieser Höhenstufe sind hohe Luftfeuchtigkeit, häufige Nebel u. eine mächtige Schneedecke, die bei langsamem Abschmelzen den Böden Frostschutz u. Feuchtigkeit bis weit in das Frühjahr hinein gewährt. Eine Bindung an Hangneigung u. -exposition läßt sich ebensowenig feststellen wie an eine bes. Bodenunterlage, solange diese nicht allzu basenarm ist. Das für die Höhenlage ungewöhnlich rege Bodenleben mit intensiver Nitrifikation sowie der relativ hohe Lichtgenuß bis in Bodennähe erlauben die üppige Entfaltung großblättr., mehr od. minder hygromorpher u. nitrophyt. Hochstauden in der Krautschicht. Ihr standörtl. Optimum mit höherem Lichtgenuß erlangen diese spätblühenden Arten als Ges. der subalpinen Hochstaudenfluren (Verb. *Adenostylion*, ↗*Betulo-Adenostyletea*) in wasserzügigen Mulden, direkt oberhalb der Waldgrenze. Die langsamwüchsige, nicht sehr hoch werdende Baumschicht des Bergahorn-Buchen-Mischwaldes zeichnet sich durch ihren Reichtum an epiphyt. Flechten sowie durch häufig auftretenden, talwärts gerichteten „Säbelwuchs" der Baumstämme infolge Schneedruck aus.

Aceri-Fraxinetum *s* [v. lat. acer = Ahorn, spätlat. fraxinetum = Eschenwald] ↗Lunario-Acerion.

Aceri-Salicetum appendiculatae *s* [v. lat. acer = Ahorn, salix = Weide, appendicula = kleines Anhängsel], Assoz. der ↗Betulo-Adenostyletea.

Aceri-Tilietum *s* [v. lat. acer = Ahorn, tilia = Linde], Assoz. des ↗Tilio-Acerion.

Acervulus, Lager v. Konidienträgern, z.B. bei einigen Fungi imperfecti *(Melanconiales)*.

Acetabula [Mz.; v. lat. acetabulum = Essignäpfchen], Gattung der ↗Sattelorcheln.

Acetabularia [Mz.; v. lat. acetabulum = Essignäpfchen], Gatt. der ↗Dasycladales.

Acetabulum *s* [lat., = Essignäpfchen], **1)** Haftorgan in Form eines schüsselförmig eingesenkten, stark muskulösen Saugnapfes am Skolex v. Bandwürmern der Fam. *Cyclophyllidea,* z.B. bei Rinder- u. Schweinebandwurm des Menschen; tritt im allg. in Vierzahl auf. **2)** Gelenkfläche des Oberschenkelknochens (Femur) auf dem Becken („Hüftgelenk") der Wirbeltiere. In dieser Gelenkfläche stoßen die drei das Becken aufbauenden Knochen in einer charakterist. Y-förmigen Naht zusammen.

Acetaldehyd *m* [v. *acet-], *Äthanal*, CH_3CHO, Zwischenprodukt bei der ↗alkoholischen Gärung, wobei A. durch CO_2-Abspaltung aus Brenztraubensäure entsteht u. anschließend durch Hydrierung in Ätha-

acet-, aceto-
[v. lat. acetum = Essig], in Zss.: Essig-.

Acetalphosphatide

acet-, aceto-
[v. lat. acetum = Essig], in Zss.: Essig-.

Acetidin-2-carbonsäure

$$^{\oplus}H_2N-\overset{COO^{\ominus}}{\underset{|}{C}}-H$$
$$H_2C-CH_2$$

Acetoacetyl-ACP

$$H_3C-\overset{O}{\overset{\|}{C}}-CH_2-\overset{O}{\overset{\|}{C}}-S-ACP$$

nol umgewandelt wird. A. bildet sich bei der Glykolyse in aktivierter u. dabei an Thiaminpyrophosphat gebundener Form als Zwischenprodukt beim Abbau v. Milchsäure zu Acetyl-CoA sowie bei Abbau v. Threonin.

Acetalphosphatide [v. *acet-], Gruppe der ↗Phospholipide (Phosphatide); enthalten in Position 1 des Glycerinanteils an Stelle einer Fettsäure einen Fettsäurealdehyd.

Acetate [v. *acet-], Salze u. Ester der Essigsäure; entstehen, wenn man bei der Essigsäure H₃C-COOH das H der COOH-Gruppe durch Metalle, kation. Reste od. Reste v. Alkoholen ersetzt. Aktiviertes Acetat in Form v. ↗Acetyl-Coenzym A spielt eine zentrale Rolle als Zwischenprodukt zahlr. Stoffwechselreaktionen.

Acetessigsäure [v. *acet-], *β-Ketobuttersäure, Diacetsäure*, CH₃COCH₂COOH, in aktivierter Form als ↗Acetoacetyl-Coenzym A Zwischenprodukt beim Fettsäureabbau u. beim Abbau der Aminosäuren Leucin, Lysin, Phenylalanin, Tryptophan u. Tyrosin; beim Abbau v. Leucin, Phenylalanin u. Tyrosin treten A. bzw. deren Salze *(Acetoacetat)* auch in freier Form auf. Größere Mengen werden als sog. Ketonkörper in Blut u. Urin bei Hunger od. bei Zuckerkrankheit angehäuft. Decarboxylierung führt zu Aceton. In aktivierter Form als Acetoacetyl-ACP ist A. Zwischenprodukt bei der Fettsäuresynthese.

Acetidin-2-carbonsäure [v. *acet-], eine giftig wirkende, bes. in Maiglöckchen vorkommende nichtproteinogene Aminosäure mit Prolin-homologer Struktur. A. wird in den meisten Organismen an Stelle v. Prolin in Proteine eingebaut u. bewirkt dadurch fehlerhafte Sekundär- bzw. Tertiärstrukturen v. Proteinen, was sich wiederum in Minderung od. Ausfall der Funktionsfähigkeit der meisten Proteine auswirkt. Diese Giftwirkung tritt im Maiglöckchen selbst nicht auf, da hier eine Prolyl-t-RNA-Synthetase höherer Spezifität vorliegt, die A. nicht an t-RNA koppelt u. damit deren Einbau in Proteine verhindert.

Acetivibrio [v. *acet-, lat. vibrare = zittern], Gatt. der *Bacteroidaceae*, gramnegative, sporenlose, leicht gekrümmte (0,5–0,8 × 4–10μm) Bakterien, die durch eine subpolare Geißel beweglich sind. Das obligat anaerobe *A. cellulyticus* baut Cellulose im Gärungsstoffwechsel zu Acetat, CO₂ und H₂ ab; es kommt im Faulschlamm vor.

Acetoacetat *s* [v. *aceto-], Salz der ↗Acetessigsäure.

Acetoacetyl-ACP *s* [v. *aceto-], an ↗Acyl-Carrier-Protein (ACP) gebundene Acetessigsäure, Zwischenprodukt bei der Fettsäuresynthese.

Acetoacetyl-Coenzym A *s* [v. *aceto-], Abk. *Acetoacetyl-CoA*, mit Hilfe v. Coenzym A aktivierte Acetessigsäure, in der die Acetoacetylgruppe analog der Acetatgruppe in Acetyl-Coenzym A gebunden ist; letzte Zwischenstufe beim Abbau der Fettsäuren u. der Aminosäuren Leucin, Phenylalanin, Tryptophan u. Tyrosin zu Acetyl-Coenzym A. In der Leber erfolgt Aufbau von A. aus 2 Molekülen Acetyl-Coenzym A.

Acetobacter *s* [v. *aceto-, gr. baktron = Stab] ↗Essigsäurebakterien.

Acetobacterium *s* [v. *aceto-, gr. baktērion = Stäbchen], Gatt. der *Propionibacteriaceae* (unsichere Einordnung); grampositive, stäbchenförmige (1 × 2 μm), obligat anaerobe, acetogene Bakterien. *A. woodii* vergärt Glucose u. a. organ. Substrate zu Acetat (Homoacetatgärung); es kann auch chemolithotroph seine Stoffwechselenergie durch eine Wasserstoffoxidation mit Kohlendioxid (CO₂) als Elektronenakzeptor gewinnen (Carbonatatmung) u. CO₂ (als einzige Kohlenstoffquelle) in einem besonderen autotrophen Assimilationsweg in Zellsubstanz umwandeln (Kohlendioxidassimilation). *A. woodii* ist wichtig in der anaeroben Nahrungskette (Schlamm, Faulschlamm v. Kläranlagen).

acetogene Bakterien [Mz.; v. aceto-, gr. -genēs = entstanden], bilden unter anaeroben Dunkelbedingungen in besonderen katabolen Stoffwechselwegen Essigsäure (Acetat) als einziges organ. Endprodukt: 1. durch Reduktion von CO₂ mit molekularem Wasserstoff (H₂, ↗Carbonatatmung, ↗*Acetobacterium*) od. mit Wasserstoff, der aus organ. Substrat abgespalten wurde (Homoacetatgärung, ↗Essigsäuregärung); 2. beim Abbau v. Fettsäuren u. Alkoholen; hierbei treten neben Acetat noch CO₂ und H₂ auf; dieser Stoffwechsel der H₂-bildenden (protonenreduzierenden) a.n B. (z. B. *Syntrophobacter*) kann nur ablaufen, wenn das entwickelte H₂ gleichzeitig durch H₂-verwertende Bakterien (z. B. Methanbildner) verbraucht wird. A. B. kommen im Schlamm v. Gewässern u. Faultürmen v. Kläranlagen vor u. spielen eine wichtige Rolle in der anaeroben Nahrungskette.

Acetoin *s* [v. *aceto-], *Acetylmethylcarbinol*, CH₃-CO-CHOH-CH₃, Zwischenprodukt im Stoffwechsel verschiedener Bakterien. 1) Einige Milchsäurebakterien bilden A. durch Reduktion aus Diacetyl, dem Butteraroma. 2) *Bacilli* produzieren A. im Verlauf einer unvollständigen Oxidation u. reduzieren es schließlich zu 2,3-Butandiol. 3) *Enterobacteriaceae* bilden A. bei der 2,3-Butandiol-Gärung als Vorstufe zum Ausscheidungsprodukt 2,3-Butandiol.

Aceton *s* [v. *aceto-], *Dimethylketon*,

CH₃COCH₃, farblose, aromatisch riechende Flüssigkeit, das einfachste Keton; wichtiges Lösungs-, Extraktions- u. Fällungsmittel; entsteht in der Zelle durch Decarboxylierung v. Acetessigsäure u. häuft sich unter abnormen Bedingungen, wie Hunger od. Zuckerkrankheit, als Ketonkörper in Blut u. Harn *(Acetonurie, Ketonurie)* an.

Aceton-Butanol-Gärung, die ↗ Buttersäure-Butanol-Aceton-Gärung.

Acetyl s [v. *acet-] ↗ Acetylgruppe.

Acetyl-ACP s [v. *acet-], an ↗ Acyl-Carrier-Protein (ACP) gebundene Essigsäure; Zwischenprodukt bei der Fettsäuresynthese.

Acetylase w [v. *acet-], die Stoffwechselreaktionen der Essigsäure katalysierendes Enzym.

Acetylcholin s [v. *acet-, gr. cholos = Galle], phylogenetisch alte Körpersubstanz, die schon bei den Einzellern auftritt u. möglicherweise eine Vorstufe v. Neurotransmittern, Neurohormonen u. Hormonen ist. Bei Wirbeltieren wird A. von dem Enzym *Cholinacetyl-Transferase* aus Acetyl-CoA u. Cholin synthetisiert. Diese Bildung erfolgt in vielen Nervengeweben, wobei A. in synapt. Vesikeln von 30–60 nm ⌀ in cholinergischen Nervenendigungen gespeichert u. durch Exocytose in den synapt. Spalt freigesetzt wird. Die Syntheserate kann bis zu 5–8 mg pro g Gewebe u. Stunde betragen. Die Spaltung erfolgt durch das Enzym *Acetylcholin-Esterase*. A. wirkt als Übertragersubstanz der cholinergischen Nerven. Nach Bindung an einen Rezeptor der postsynapt. Membran wird für 3 ms ein Ionenkanal geöffnet, durch den ein Na⁺-Einstrom in die Zelle u. ein K⁺-Ausstrom aus der Zelle erfolgt. Die physiolog. Wirkung des A.s kann durch Blocker der A.-Esterase (Drogen usw.) gesteigert werden. Als Hormon hat A. durch Erweiterung der peripheren Gefäße eine blutdrucksenkende Wirkung. Ferner bewirkt es eine Verlangsamung des Herzschlags u. eine Beschleunigung der Peristaltik.

Acetylcholin-Esterase w [v. *acet-, gr. cholos = Galle], ↗ Acetylcholin spaltendes Enzym; Spaltprodukte sind Essigsäure u. Cholin. Durch die Spaltung wird die Wirkung v. Acetylcholin als Neurotransmitter aufgehoben; dementsprechend zeichnet sich A. durch eine bes. hohe Wechselzahl aus (2·10⁶ Substratmoleküle pro Min.). A. wird durch Nervengase, Physostigmin sowie durch verschiedene organ. Phosphorverbindungen, z. B. E 605, andere Insektizide u. Diisopropylfluorphosphat, die oft als Nervengifte wirken, irreversibel gehemmt. Letzteres blockiert durch Reaktion mit einer im aktiven Zentrum von A. stehenden Serin-Hydroxylgruppe.

Acetylcholinrezeptor m [v. *acet-, gr. cholos = Galle, lat. recipere = entgegennehmen], cholinerger Rezeptor der neuromuskulären Endplatte; ist auf der Seite der Muskelfasermembran lokalisiert (sub- bzw. postsynapt. Membran). Beim Ankommen eines Aktionspotentials werden v. der synapt. Endigung eines motor. Axons durch Exocytose synapt. Vesikel in den synapt. Spalt abgegeben; der Neurotransmitter ↗ Acetylcholin wird frei u. diffundiert zum A. Durch Wechselwirkung des ↗ Agonisten mit dem Rezeptor erhöht sich durch Öffnung der Ionenkanäle kurzfristig die Durchlässigkeit der postsynapt. Membran für Na⁺- und K⁺-Ionen (Na⁺ strömt ein, K⁺ aus). Der A. konnte mit Hilfe der Affinitätschromatographie aus den elektr. Organen der Fische *Torpedo californica* u. *Electrophorus electricus,* in denen diese Rezeptoren in sehr hoher Dichte vorliegen, isoliert werden. Er liegt als Komplex aus 4 Untereinheiten vor (2α, β, γ, δ; relative Molekülmasse 40000–65000); pro Komplex werden 2 Moleküle Acetylcholin gebunden. Der Antagonist α-Bungarotoxin bindet irreversibel an den A., während D-Tubocurarin (Derivat des Curaregifts) als reversibler Antagonist fungiert. Durch radioaktive Markierung dieser Toxine läßt sich der A. experimentell nachweisen.

Acetyl-CoA s [v. *acet-], Abk. für Acetyl-Coenzym A.

Acetyl-Coenzym A s [v. *acet-], Abk. *Acetyl-CoA* od. *Acetyl-S-CoA, aktiviertes Acetat, aktivierte Essigsäure,* energiereiche Verbindung, die sich durch Veresterung der SH-Gruppe v. Coenzym A mit Essigsäure ableitet (☐ 28). Aufgrund des hohen Gruppenübertragungspotentials der Thioestergruppierung spielt A. eine Schlüsselrolle bei zahlr. Stoffwechselreaktionen, in welchen C₂-Bruchstücke (Acetateinheiten) umgesetzt werden; dazu gehören Acetylierungen von alkoholischen bzw. Aminogruppen, z. B. bei den Synthesen v. Acetylcholin u. N-Acetylglucosamin, Esterkondensationen, wie die Bildung v. Acetoacetyl-CoA bei der Ketogenese u. Einschleusung der Acetylgruppe in den Citratzyklus durch Reaktion v. A. mit Oxalacetat zu Citrat. Der Aufbau v. Fettsäuren beginnt mit der Carboxylierung von A. zu Malonyl-Coenzym A. Isoprenoide werden aus A. über Mevalonsäure gebildet. Die wichtigsten Synthesewege zu A. sind: Fettsäureabbau, oxidative Decarboxylierung v. Pyruvat (Brenztraubensäure) im Anschluß an die Glykolyse u. der Abbau einzelner Aminosäuren, wie Isoleucin, Leucin u. Tryptophan.

---

acet-, aceto-
[v. lat. *acetum* = Essig], in Zss.: Essig-.

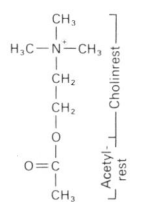

Acetylcholin

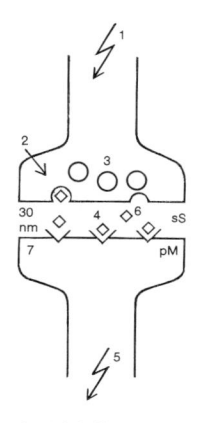

Acetylcholinrezeptor
1 Ankommen eines Aktionspotentials, 2 Ca²⁺-Einstrom, 3 synaptische Vesikel schütten Acetylcholin aus, 4 Acetylcholin bindet an Rezeptor, Ionenkanäle geöffnet: K⁺-Ausstrom, Na⁺-Einstrom; 5 Aktionspotential, 6 Acetylcholin-Esterase vernichtet überschüssigen Transmitter, 7 Na⁺-K⁺-ATPase stellt ursprünglichen Zustand wieder her (↗ aktiver Transport); sS synaptischer Spalt, pM postsynaptische Membran mit Acetylcholinrezeptor.

N-Acetylgalactosamin

Acetyl-Coenzym A
Coenzym A (HS-CoA) und Acetyl-Coenzym A (Acetyl-CoA)

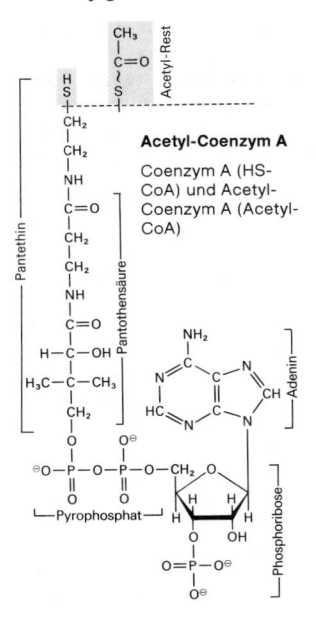

Reaktionen mit Acetyl-Coenzym A

1. Esterbildung mit Alkohol

$$H_3C-\overset{O}{\overset{\|}{C}}\sim SCoA + HO-CH_2-CH_2-\overset{+}{N}(CH_3)_3 \longrightarrow H_3C-\overset{O}{\overset{\|}{C}}-O-CH_2-CH_2-\overset{+}{N}(CH_3)_3 + HS\text{-}CoA$$

Acetyl-CoA + Cholin → Acetylcholin + CoA

2. Esterkondensation

$$H_3C-\overset{O}{\overset{\|}{C}}\sim SCoA + H_3C-\overset{O}{\overset{\|}{C}}\sim SCoA \longrightarrow H_3C-\overset{O}{\overset{\|}{C}}-CH_2-\overset{O}{\overset{\|}{C}}\sim SCoA + HS\text{-}CoA$$

Acetyl-CoA + Acetyl-CoA → Acetoacetyl-CoA + CoA

Die umgekehrte Reaktion ist eine *thioklastische Spaltung*

3. Startreaktion des Citratzyklus (Aldolkondensation)

Oxalacetat + Acetyl-CoA —Citrat-Synthase→ Citrat + HS-CoA

N-Acetylgalactosamin s [v. *acet-, gr. gala = Milch], Baustein v. Glykolipiden (z. B. ↗Gangliside) u. v. Glykoproteinen der Zellmembran sowie v. Hyaluronsäure u. a. Mucopolysaccharid-Proteinen der Grundsubstanz des Interzellularraums. Die determinante Gruppe des Blutgruppenantigens A enthält N-A. im Ggs. zu denjenigen der Blutgruppenantigene B und 0, die Galactose bzw. keinen Glykosylrest an der entsprechenden Position der determinanten Gruppe aufweisen.

N-Acetylglucosamin s [v. *acet-, gr. glykys = süß], Baustein v. Bakterienzellwänden (↗Murein), v. Chitin und v. Blutgruppenglykoproteinen.

Acetylgruppe [v. *acet-], *Acetyl-*, die in vielen biologisch wichtigen Molekülen vorkommende Gruppe -CO-CH₃; in Form v. Acetyl-Coenzym A sind A.n Ausgangs- od. Endprodukte zahlr. Reaktionen des C₂-Stoffwechsels.

Acetylierung [v. *acet-], allg. die Einführung der Acetylgruppe in organ. Verbindungen; in biol. Systemen erfolgen A.en durch Übertragung der Acetylgruppe v. Acetyl-Coenzym A auf die jeweiligen Substratmoleküle.

N-Acetylmuraminsäure [v. *acet-], ein von N-Acetylglucosamin abgeleiteter Baustein der Polysaccharidketten des ↗Mureins u. damit Bestandteil der Zellwände zahlr. grampositiver Bakterien. ↗Lysozym.

N-Acetylneuraminsäure [v. *acet-], durch Kondensation zw. Brenztraubensäure u. Mannose abgeleiteter Aminozucker mit 9 Kohlenstoffatomen; Bestandteil zahlr. Glykoproteine u. Glykolipide der Membranen,

acet-, aceto- [v. lat. acetum = Essig], in Zss.: Essig-.

Acetylphosphat

bes. der in der grauen Substanz des Gehirns enthaltenen u. an der Oberfläche der Nervenzellen vorkommenden Ganglioside; auch Bestandteil v. Oligosacchariden der Muttermilch.

Acetylphosphat s [v. *acet-], ion. Form der *Acetylphosphorsäure*, energiereiches Acylphosphat, das bei der Aktivierung v. Fettsäuren v. kurzkettige Fettsäuren vergärenden Mikroorganismen (z. B. *Clostridium kluyveri*) gebildet wird: ATP + Acetat ⇌ ADP + A. (katalysiert v. der Acetat-Kinase). Durch die Umsetzung: A. + CoA ⇌ Acetyl-CoA + Phosphat (katalysiert v. der Phosphoacyl-Transferase) wird A. in die Acetyl-CoA-abhängigen Stoffwechselwege eingeschleust.

Acetyl-S-CoA s [v. *acet-], Abk. für Acetyl-Coenzym A.

Acetyl-Transacylase w [v. *acet-], Enzym, das bei der Fettsäuresynthese die Übertragung der Acetylgruppe v. Acetyl-Coenzym A auf die SH-Gruppe des Acyl-Carrier-Proteins u. dann auf die periphere SH-Gruppe des Multienzymkomplexes der Fettsäuresynthetase katalysiert.

N-Acetyl-Transferasen [v. *acet-], Gruppe v. Enzymen, welche die Übertragung der Acetylgruppe v. Acetyl-Coenzym A auf die Aminogruppen verschiedener Moleküle wie Glutamin, Glucosamin, Galactosamin katalysieren. Von bes. Bedeutung ist eine Serotonin-spezifische N-A.-T., da diese durch Noradrenalin über cyclo-AMP in der Zirbeldrüse induziert wird, wodurch die Umwandlung v. Serotonin in Melatonin, über N-Acetyl-Serotonin als Zwischenprodukt, induziert wird. Das ins Blut abgegebene Melatonin bewirkt wiederum in der Hypophyse eine Hemmung der LH-Freisetzung (LH = Luteinisierungshormon).

Achalinus *m* [v. gr. achalinos = zügellos], Gatt. der ↗ Höckernattern.

Achäne *w* [v. gr. a- = nicht, chainein = klaffen], einsamige Schließfrucht, eine Sonderform der Nuß, bei der die Samenschale u. die Fruchtwand eng aneinander liegen. Ob eine echte Verwachsung vorliegt, ist noch zweifelhaft, da sich beide verhältnismäßig leicht trennen lassen. Die A. geht aus einem unterständ. Fruchtknoten hervor, ihre Kelchblätter sind häufig für die Verbreitung zu einem Haarkelch (Pappus) umgewandelt. Die A. tritt z. B. bei den Korbblütlern auf.

Achateule, *Phlogophora (Trigonophora) meticulosa*, ein ↗ Eulenfalter; der dt. Name bezieht sich auf die rosafarbene u. olivbraune Musterung des Vorderflügels dieses ca. 50 mm spannenden Nachtfalters, der jahrweise schwankend bis zum Frühsommer aus dem S nach Mitteleuropa einfliegt u. sich hier vermehrt. Ein Teil der Nachkommen wandert im Herbst nach S-Europa zurück, eine Überwinterung gelingt in Mitteleuropa nur in milden Wintern in klimatisch günstigen Gebieten. Die grüne od. braune Raupe frißt an Brennesseln, Taubnesseln u. a. krautigen Pflanzen.

Achatina *w* [v. gr. achatēs = Achatstein], Gatt. der ↗ Achatschnecken.

Achatinella *w* [v. gr. achatēs = Achatstein], Gatt. der *Achatinellidae*, umfaßt wenige Arten v. Landschnecken mit glänzender, rechts- od. linksgewundener Schale; leben auf Bäumen u. a. Pflanzen auf den Hawaii-Inseln.

Achatschnecken [v. gr. achatēs = Achatstein], volkstüml. Bez. für 2 nicht verwandte Fam. der Landlungenschnecken. 1) Kleine A. (*Cochlicopidae, Cionellidae*), glänzendbraune, bis 7 mm hohe Gehäuse; *Cochlicopa lubrica* lebt an feuchten Stellen unter Gras u. Laub, auf Wiesen, in Wäldern der nördl. Halbkugel; *Azeca menkeana* findet sich in Wäldern, unter feuchtem Laub u. Moos in Mitteleuropa. 2) Große A. (*Achatinidae*), umfassen mindestens 24 Gatt. mit zahlr. trop. Arten; große Schnecken mit meist länglich-eikegelförm. Gehäuse, leicht gewölbten Umgängen, oft mit dunklen Streifen u. Bändern, eng od. ungenabelt. Afrikanische Riesenschnecke (*Achatina fulica*), Gehäuse über 20 cm hoch; Heimat O-Afrika u. Madagaskar, doch als geschätztes Nahrungsmittel (Gewicht des Weichkörpers bis 0,5 kg) durch den Menschen nach O-Asien u. Amerika verschleppt; schädlich in Pflanzungen u. Gärten („Schneckenpest"); natürl. Feinde sind zahlr. Wirbellose u. Vögel, die die

Große Achatschnecken

Wichtige Gattungen:
1. U.-Fam. *Ferussacinae*
↗ Blindschnecke (*Cecilioides*)
2. U.-Fam. *Subulininae*
↗ *Obeliscus*
↗ *Rumina*
↗ *Subulina*
3. U.-Fam. *Achatininae*
↗ Achatschnecken, *Achatina*
↗ *Archachatina*

Große Achatschnecken
1 Afrikanische Riesenschnecke (*Achatina fulica*), Gehäuse über 20 cm hoch.
2 Echte Achatschnecke (*Achatina achatina*), Gehäuse etwa 20 cm hoch.

2,5 cm großen Eier verzehren, Kröten, Warane u. Raubschnecken der Fam. *Streptaxidae*. Die Echte Achatschnecke (*Achatina achatina*) ist ebenfalls als Schädling gefürchtet; ihre Heimat sind die trop. Regenwälder W-Afrikas; vorwiegend nachts aktive Tiere.

Acherontia *w* [v. lat. Acherontius = zum Acheron, dem Fluß der Unterwelt, gehörend], Gatt. der Schwärmer; einziger einheimischer Vertreter der ↗ Totenkopfschwärmer.

Acheta *w* [v. gr. achetas = tönend, zirpend], Gatt. der ↗ Grillen.

Acheuléen *s* [aschöleän; ben. nach dem Fundort Saint-Acheul, einem Vorort v. Amiens / N-Frankreich], Kulturstufe der Archanthropinen des Mittelpleistozäns, gekennzeichnet durch mandelförmige od. ovale, manchmal zugespitzte od. dreieckige Faustkeile, die sich als Typ aus den grobschlächtigen Faustkeilen des Abbevillien entwickelt haben. Daneben gibt es in reichem Maße Abschlaggeräte, wie Spitzen, Schaber, Kratzer u. Klingen.

Achillea *w* [v. gr. achilleia = Schafgarbe; ben. nach dem Helden Achilles], die ↗ Schafgarbe.

Achillessehne [die alleinig verwundbare Stelle des gr. Helden Achilles], Sehne des Unterschenkelmuskels (M. gastrocnemius), die bei Säugetieren am Fersenhöcker („Ferse", Tuber calcani) im rechten Winkel angreift. Dadurch bewirkt der M. gastrocnemius eine günstige Hebelwirkung des Fußes. Diesem kommt bei der Lokomotion der Säugetiere eine wichtige Rolle als Hebelsystem zu, das den Körper v. Boden abstößt. Die A. fungiert als Zugseil des einen Hebelarms.

achlamydeisch [v. gr. a- = nicht, ohne, chlamys = Mantel], *nacktblütig*, d. h., die Blüten besitzen weder Kelch noch Krone. Dieses Fehlen einer Blütenhülle ist mit hoher Wahrscheinlichkeit ein abgeleitetes Merkmal in Anpassung an eine Windblütigkeit. Es sollte in diesem Fall richtiger heißen: *apochlamydeisch*.

Achlya *w* [v. gr. achlys = Dunkel, Finsternis], Gatt. der ↗ Wasserschimmelpilze.

Achnanthaceae [Mz.; v. gr. achnē = Spreu, anthos = Blume], Fam. der *Pennales*, Kieselalgen mit schiffchenförm. Valvae; die Pleuralseite ist häufig leicht geknickt, die Zellen werden 5–40 µm groß, eine Valva mit echter Raphe, die andere mit Pseudoraphe. Die häufigste Gatt. *Achnanthes* kommt mit ca. 100 Arten im Süß- u. Meerwasser vor; *A. lanceolata* ist die häufigste Süßwasserart. Die Gatt. *Cocconeis* umfaßt ca. 50 Süßwasser- u. Meeresarten; ihre Zellen sind elliptisch gewölbt; sie leben meist epiphytisch auf größeren Algen

Acholeplasmataceae

u. Pflanzen; häufige Süßwasserarten sind *C. placentula* und *C. pediculus* („Algenlaus").

Acholeplasmataceae [v. gr. acholos = ohne Galle, plasma = Form], Fam. der ↗ Mycoplasmen.

Acholoë [v. gr. a- = nicht, cholos = Galle], Gatt. der ↗ Polynoidae.

Achote, *Anattostrauch, Orleanbaum, Bixa orellana* (ben. nach dem span. Entdecker F. de Orellana, 1511–1549), einzige Art der *Bixaceae*, ein 5–10 m hoher, aus dem trop. Amerika stammender Baum od. Strauch mit einfachen, spiralig gestellten, handnervigen, zugespitzten Laubblättern u. pfirsichroten, zu Rispen angeordneten Blüten mit zahlr. Staubblättern. Die Frucht, eine etwa walnußgroße, mit weichen Stacheln besetzte, braunrote Kapsel, enthält zahlr. Samen, aus deren rotem Samenmantel *Anatto (Orlean),* ein rotgelber, ungift. Naturfarbstoff, gewonnen wird, der das rote *Bixin* u. *Orellin* enthält. A., eine der ältesten am. Kulturpflanzen, wird heute im ganzen Tropengebiet kultiviert u. dient auch als Heil- u. Zierpflanze.

Achroglobin *s* [v. *achro-, lat. globus = Kugel], den Blutfarbstoff vertretende, farblose Proteinkomponente der Körperflüssigkeit v. Seescheiden u. einigen Schnekken.

Achroia *w* [gr., = Farblosigkeit], Gatt. der ↗ Zünsler.

Achromasie *w* [v. *achro-], *Achromie, Achromatose,* angeborene od. erworbene Pigmentlosigkeit od. -armut der Haut, Haare u. gelegentlich des Auges v. Tieren u. Menschen. ↗ Albinismus.

Achromat *m* [v. *achromat-], mikroskop. Objektiv, bei dem mit opt. Gläsern verschiedener Dispersion (schwach brechendes Kron- u. stark brechendes Flintglas) die Schnittweiten (Brennweiten) für 2 Spektralfarben (langwell. Blau 486nm und kurzwell. Rot 656nm) abgeglichen wurden. Die chromat. ↗ Aberration, ein Farbfehler der Abbildung, ist für den dazwischenliegenden Spektralbereich mit opt. Schwerpunkt im Gelbgrünen, dem Empfindlichkeitsmaximum des menschl. Auges, ausreichend beseitigt.

Achromatin *s* [v. *achromat-], *achromatisches Gerüst, Linin,* veralteter Ausdruck aus der Lichtmikroskopie für eine im Ggs. zum Chromatin mit bas. Farbstoffen nur schwer anfärbbare Struktur in den Zellkernen histolog. Präparate; wahrscheinl. ein Artefakt.

Achote

Anatto wird heute bes. zum Färben v. Lebensmitteln sowie v. Salben u. Seifen verwendet. Zum Färben v. Textilien wird es wegen seiner geringen Lichtbeständigkeit nur noch selten eingesetzt.

---

achro-, achromat-

[v. gr. achrōs bzw. achrōmatos = farblos bzw. ungefärbt; v. a- = nicht, chrōs = Farbe], in Zss.: farblos.

Achse

Achsen, Ebenen u. Richtungsbezeichnungen am Beispiel der bilateralsymmetr. Grundform eines Tierkörpers

Zur Beschreibung der Lageverhältnisse im bilateralsymmetr. Tier dienen 5 Richtungsbezeichnungen, 3 Achsen u. 3 Ebenen. Definitionsgemäß ist die Körperpartie, in der die Mundöffnung liegt, als *Bauch-* od. *Ventralregion,* die gegenüberliegende als *Rücken-* od. *Dorsalregion* eingeführt. Der *Kopf-* od. *Rostralregion* steht die *Schwanz-* od. *Caudalregion* gegenüber. Rechte u. linke Körperhälfte werden als *Lateralregionen* bezeichnet. Alle Organe, die in der Bauchregion liegen, werden *ventral,* alle, die an ihrer Grenze liegen, *ventran,* alle, die bauchwärts ausgerichtet sind, *ventrad* benannt. Entsprechendes gilt für die Richtungsbezeichnungen dorsal, lateral, rostral und caudal. Was einem Bezugspunkt (meist die Hauptachse) genähert ist, heißt *proximal,* was v. ihr entfernt ist, *distal.* Kopf u. Schwanzspitze werden durch die *Hauptachse* (Körperlängsachse) verbunden. Durch die Mitte der Hauptachse u. senkrecht zu ihr verläuft v. der Rücken- zur Bauchseite die *Dorsoventralachse* (Tiefenachse). Im jeweils rechten Winkel zu Haupt- u. Dorsoventralachse u. durch beider Schnittpunkt geht die *Dextrosinistral-* oder *Lateralachse* (Querachse).

Die Ebene, die – durch die Hauptachse geführt – den Körper in eine rechte u. linke Hälfte teilt, ist die *Medianebene (Mediosagittalebene).* Alle zu ihr parallelen Ebenen werden als *Paramedian-* oder *Sagittalebenen* bezeichnet. Senkrecht zur Medianebene verläuft durch die Hauptachse v. Kopf- zum Schwanzende die *Frontanebene.* Sie teilt den Körper in eine Rücken- u. eine Bauchhälfte. Alle zu ihr parallelen Ebenen sind *Parafrontanebenen.* Die Ebene, die senkrecht zu Median- u. Frontanebenen durch die Dorsoventralachse geht, heißt *Transversanebene.* Sie teilt den Körper in eine Kopf- u. eine Schwanzhälfte. Alle zu ihr parallel verlaufenden Ebenen sind *Paratransversanebenen.*

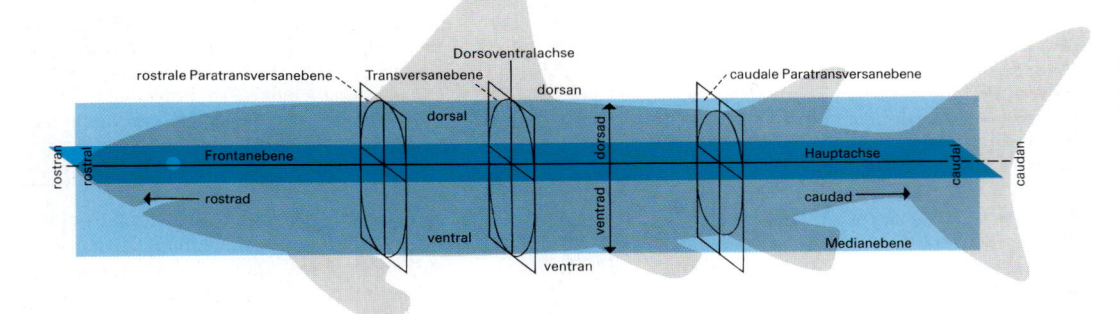

Achromatium s [v. *achromat-], Gatt. der Farblosen Schwefelbakterien mit ungeklärter systemat. Einordnung; wegen der gleitenden Bewegung meist zu den *Beggiatoales* gestellt. A. oxidiert Schwefelwasserstoff über Schwefel, der in den Zellen tröpfchenförmig zwischengelagert wird, bis zur Schwefelsäure (chemolithotroph, mikroaerophil). Es kommt in od. auf Sedimenten flacher Gewässer vor, wo H_2S und O_2 gleichzeitig vorhanden sind u. spielt eine wichtige Rolle im biogeochem. Schwefelkreislauf. Die Zellformen sind sehr variabel, v. kugelig bis zylindrisch; die Fortpflanzung erfolgt in der Regel durch einfaches Einschnüren. Physiologie u. Biochemie sind ungenügend bekannt, da noch keine Reinkulturen vorliegen. Die wichtigste Art, *A. oxalifera (A. gigas)*, ist durch viele $CaCO_3$-Einschlüsse gekennzeichnet, die die Schwefeltröpfchen teilweise überdecken; dieses gramnegative „Riesen"-Bakterium (bis 5 µm × 100 µm) kommt am Grund v. Süß- u. Salzwasser, in od. auf Schlamm, im Sumpf u. in humushaltigen Gewässern vor. *A. volutans (Thiophysa volutans)*, eine rundlichere, kleinere Form (5 µm – 20 µm) ohne $CaCO_3$-Einschlüsse, lebt wahrscheinlich nur im Salzwasser.

Achromobacter s [v. gr. achrōmos = farblos, baktron = Stab], veraltete Gatt.-Bez. für einige gramnegative, aerobe, stäbchenförm. Bakterien, die heute in anderen Gatt. eingeordnet werden (z. B. *Acinetobacter, Alcaligenes, Pseudomonas*).

A-Chromosomen, die normalen Chromosomen (↗ Autosomen) eines Chromosomensatzes im Unterschied zu den bei manchen Objekten nachweisbaren (akzessorischen) ↗ B-Chromosomen, die sich morphologisch u. funktionell andersartig verhalten.

Achromycin s [v. *achro-, gr. mykēs = Pilz], zur Gruppe der Tetracycline gehörendes Breitbandantibiotikum aus dem Actinomyceten *Streptomyces alboniger*.

Achse, 1) Bot.: ↗Sproßachse, ↗Blütenachse. **2)** Zool.: Richtachsen (Euthynen), gerade Linien, die sich durch die Körper der meisten Tiere derart legen lassen, daß alle Körperteile zu ihnen bestimmte Lagebeziehungen haben. ↗Symmetrie.

Achselknospe, Seitenknospe für einen Seitensproß bei allen Samenpflanzen, entsteht in der Blattachsel, der Übergangszone der sichelförm. Blattanlage in das Achsengewebe. Die Knospe kann dabei mehr auf der Achse od. mehr auf der Basis der Blattanlage ansetzen. Die Bez. A. dient zur Unterscheidung v. der Endknospe (Terminal- od. Gipfelknospe) des Hauptsprosses.

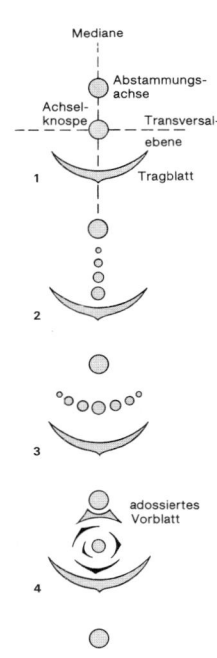

achro-, achromat-
[v. gr. achrōs bzw. achrōmatos = farblos bzw. ungefärbt; v. a- = nicht, chrōs = Farbe], in Zss.: farblos.

Achselknospe

Die bei allen Samenpflanzen *(Spermatophyten)* vorkommenden *Achselknospen* stehen in der Achsel eines Blattes, das als *Tragblatt* (im vegetativen Bereich) oder als *Deckblatt* oder *Braktee* (im Blütenbereich) bezeichnet wird (1). Meist wird pro Blatt nur eine Achselknospe, in der Mediane des Blattes, angelegt. Seltener entstehen noch weitere Knospen *(Beiknospen)*, und zwar in der Mediane übereinander *(seriale* Beiknospen) (2) oder nebeneinander *(kollaterale* Beiknospen; so entstehen z. B. die „Hände" der Bananenfruchtstände) (3). Der weitere Aufbau des Achselsprosses oder axillären Seitensprosses richtet sich nach der arteigenen Blattstellung. Dies trifft jedoch nicht zu für die ersten Blätter des Seitensprosses, die auf das Tragblatt folgen. Sie haben in der Regel eine charakteristische Stellung zum Tragblatt und werden als *Vorblätter* bezeichnet: bei den Einkeimblättrigen (Monokotylen) 1 Vorblatt, meist in der Mediane an der der Mutterachse zugekehrten, hinteren Zweigseite *(adossiert)* (4), bei Zweikeimblättrigen (Dikotylen) meist 2 Vorblätter in der Transversalebene (5).

Achselsproß, *Achseltrieb,* aus der Achselknospe hervorgehender Seitensproß.
Achsenfaden, das ↗ Axonema.
Achsenskelett, ein bei Chordatieren rückwärts gelegenes, vom Kopfpol zum hinteren Körperende verlaufendes Skelettelement. Auf ursprüngl. Organisationsstufe der Chordatiere (Lanzettfischchen) bewirkt die *Chorda dorsalis* als längenstabiles Stützelement eine Formkonstanz des skelettlosen Tierkörpers. Bei komplizierterer Organisation des Wirbeltierbauplans ist die Chorda dorsalis durch eine aus knöchernen Einzelelementen aufgebaute *Wirbelsäule* ersetzt, die neben der Stützfunktion als Muskelansatz, Tragegerüst u. Kraftüberträger dient. Rippen können, als seitl. Skelettelemente, in funktionellem Bezug zur Wirbelsäule stehen. Das A. der höheren Wirbeltiere (Reptilien, Vögel, Säuger) ist als komplizierte Bogen-Sehnen-Konstruktion ausgebildet. ↗Skelett.
Achsensporn, spornart. Blütenanhänge, die aufgrund der Lagebeziehung zu den Blütenteilen als Bildungen der Blütenachse aufgefaßt u. von den spornart. Fortsätzen der Kelch- od. Kronblätter unterschieden werden müssen. Beispiel: Blüte der Kapuzinerkresse *(Tropaeolum)*.
Achsenstab, 1) ↗ Axostyl. **2)** ↗ Chorda dorsalis.
Achsenzylinder, innerer, die Erregung fortleitender Teil eines markscheidenumhüllten Neuriten. ↗ Axon.
Achtfüßer, *Octopoda,* die ↗Kraken.
Achtheres [v. gr. achthēros = lästig], Gatt. der *Copepoda* (Ruderfußkrebse); parasit. Copepoden, z. B. *A. percarum,* die

Achtstrahlige Korallen

Achtheres percarum (♀ mit Eisäcken)

acid-, acido-
[v. lat. acidus = sauer], in Zss.: Sauer-, Säure-.

acidophile Bakterien
Säuregrade (pH-Werte), bei denen einige extrem acidophile Bakterien wachsen können; das Optimum liegt meist zwischen pH 2,0–3,0

Thiobacillus thiooxidans (0,5–6,0), *Thiobacillus ferrooxidans* (1,4–6,0), *Sulfolobus acidocaldarius* (0,9–5,8), *Bacillus acidocaldarius* (2,0–6,0)

auf Fischkiemen parasitierende Barschlaus, mit stark verlängerten 2. Maxillen, die an den Spitzen miteinander verwachsen sind u. ein Haftorgan tragen; das Weibchen ist ca. 5 mm, das Zwerg-Männchen 1,5 mm groß.

Achtstrahlige Korallen, die ↗ Octocorallia.

Acicula *w* [lat., = kleine Nadel], die ↗ Mulmnadeln, kleine Landschnecken Mitteleuropas.

Acidaminococcus *m* [v. *acid-, gr. kokkos = Kern, Beere], Gatt. der ↗ gramnegativen anaeroben Kokken.

Acidimetrie *w* [v. *acid-, gr. metrein = messen], Verfahren der Maßanalyse zur Bestimmung der Konzentration v. Säuren (z. B. Magensäure, Bodenacidität) durch Zugabe alkalisch reagierender Lösungen (z. B. Kalilauge, Natronlauge) v. bekannter Konzentration bis zum Äquivalenzpunkt, bei dem das Gemisch gleichviel Säure u. Base enthält. Ggs.: Alkalimetrie.

Acidität *w* [v. spätlat. aciditas = Säure], die saure Wirkung (Säuregrad) eines Stoffes, einer Säure, quantitativ bestimmbar durch die Protonen-Dissoziationskonstante $K = [H^+] \cdot [S^-]/[HS]$, wobei [HS], [$H^+$] und [$S^-$] die Konzentrationen der undissoziierten Säure, der Wasserstoffionen (Protonen) u. des Säureanions bedeuten (↗ pH-Wert). In biol. Systemen, wie Körperflüssigkeiten, Zellextrakten, Humus, ist die A. durch komplexe Mischungen in der Regel zahlr. sauer reagierender Stoffe bedingt.

acidophil [v. *acido-, gr. philos = Freund], *acidoklin, säureliebend,* Bez. für Organismen, die saure Bedingungen bevorzugen od. obligat auf sie angewiesen sind; Ggs.: *acidophob.* Die Endungen „-phil" bzw. „-phob" kennzeichnen das physiologische Verhalten; für das synökologische Verhalten wird dagegen das Suffix „-phytisch" verwendet. Zellbiol.: acidophile Zellen od. Gewebe lassen sich bes. gut mit sauren Farbstoffen, wie Eosin (eosinophil) od. Fuchsin, anfärben.

Acidophilus *m* [v. *acido-, gr. philos = Freund], Kurzbez. für *Lactobacillus acidophilus,* ein typ. homofermentatives Milchsäurebakterium des menschl. Darms u. der Vagina; A. wird in Kombination mit normalen Sauermilch- od. Joghurtbakterien zur Bereitung v. bes. Sauermilchprodukten (A.-Milch) verwendet.

acidophob [v. *acido, gr. phobos = Furcht], *säuremeidend,* Ggs. von ↗ acidophil.

Acidophyten [v. *acido-, gr. phyton = Gewächs], Bez. für auf saurem Substrat wachsende Pflanzen. Die Endung „-phytisch" kennzeichnet das Verhalten unter Konkurrenzbedingungen, nicht das physiolog. Optimum. Nicht jede acidophytische Pflanze ist auch ↗ acidophil. Zu den A. gehören viele Heidekrautgewächse, Sauergräser u. Torfmoosarten, die z. T. auf sehr sauren Böden (bis pH ≈ 3,5) gedeihen können.

Acidose *w* [v. *acido-], Senkung des Blut-pH-Wertes unter 7,38. Ursachen: a) stoffwechselbedingt, z. B. bei Coma diabeticum (↗ Diabetes) od. bei Nierenversagen; b) durch mangelnde Sauerstoffzufuhr, z. B. nach Vergiftungen, Hirnverletzungen, Einschränkung der Lungenfunktion. Ggs.: Alkalose.

Acilius *m* [= röm. Eigenname], Gatt. der ↗ Schwimmkäfer.

Acineta [v. gr. akinētos = unbeweglich], Gatt. der ↗ Endogenea.

Acinetobacter *s* [v. gr. akinētos = unbeweglich, baktron = Stab], Gatt. der *Neisseriaceae* aus der Gruppe der gramnegativen, aeroben Kokken; Boden- u. Wasserbakterien mit saprobischem, oxidativem, chemoorganotrophem Stoffwechsel; auch im Belebtschlamm v. Kläranlagen zu finden; kann auch v. Tieren u. Menschen isoliert werden. Die Zellen sind sporenlos, unbegeißelt, anfangs Kurzstäbchen (2 × 1,5 μm) u. werden dann mehr kokkoid. Eine wichtige Art ist *A. calcoaceticus* (*Achromobacter anitratum*). Biotechnologisch wird A. zur Herstellung v. Weinsäure genutzt.

Acinonyx *m* [v. gr. akinakēs = Krummsäbel, onyx = Kralle], der ↗ Gepard.

Acipenseridae [v. lat. acipenser = Stör], die ↗ Störe.

Ackerbau, *Agrikultur,* wichtigste Form der Bodenkultur, gekennzeichnet durch Aussaat v. Nutzpflanzen nach vorhergehender Bodenbearbeitung. *Geschichte:* Ab dem 11. Jt. sind in Palästina u. N-Mesopotamien domestiziertes Getreide u. künstl. Bewässerung bekannt; zw. dem 4. und 5. Jt. finden sich in Mitteleuropa die ersten Spuren von A., zunächst nur in fruchtbaren Lößgebieten. – Entwicklung des A.s in Mitteleuropa: Mit dem Beginn des A.s erfolgt eine Auflösung des geschlossenen Waldes in ein Mosaik verschiedener Teillebensräume, die zu eigenen Ökosystemen werden. Dadurch erhöht sich bis ins späte Mittelalter die Artenvielfalt der Pflanzen u. Tiere. In der Jungsteinzeit sind die wichtigsten angebauten Pflanzen Primitivweizen (Einkorn u. Emmer), Vielzeilengerste, Rispenhirse, Erbsen, Lein (Fasern u. Öl), Linsen u. Mohn (Öl). Die Saatfurche wird mit einem Handhaken gezogen. In der Bronzezeit kommen Ackerbohne u. Kolbenhirse hinzu. Die Bodenbearbeitung erfolgt durch einen Holzpflug, wobei auch schon Säpflüge (z. B. im Mittelmeerraum) früh bekannt sind. Der Boden wird mit Stallmist u. Plaggen gedüngt. Zweifelderwirtschaft herrscht vor. In der Eisenzeit werden Saatbeete mit einem eisenbeschlagenen Pflug hergestellt; wichtige Kulturpflanzen sind Roggen, Hafer u. Leindotter (Öl). In röm. beherrschten Gebieten werden Wein u. Obst angebaut. Im 9. und 10. Jh. n. Chr. führt die Bevölkerungszunahme zur Erweiterung der Anbaufläche durch Rodungen. Die Dreifelderwirtschaft wird eingeführt; es werden Faser- (Hanf, Flachs) u. Färbepflanzen (Krapp, Färberwaid) angebaut. Im 18. Jh. wird die landwirtschaftl. Fläche durch Trockenlegung v. großen Feuchtgebieten erhöht. Es erfolgen eine starke Veränderung der Landschaft u. eine Gefährdung der Lebewelt der Feuchtgebiete. Bei der Dreifelderwirtschaft wird die Brache durch Hackfruchtanbau ersetzt (Einführung der Kartoffel, Beginn des Zuckerrübenanbaus), was zu einem erhebl. Ertragszuwachs, aber auch zum erhöhten Düngerverbrauch führt. Nach u. nach erfolgt der Übergang zur Fruchtwechselwirtschaft. Um 1920 vollzieht sich ein extremer Wandel nach der Einführung der synthetisch hergestellten Dünger. Ab 1950 erfolgt ein tiefgreifender Strukturwandel: Spezialisierung auf den einseitigen Anbau weniger Kulturpflanzen, starke Mechanisierung, hohe Gaben mineral. Düngers u. Verwendung v. Schädlingsbekämpfungsmitteln. ↗Monokultur.

Ackerbohne, *Vicia faba,* ↗Wicke.
Ackerfrauenmantel-Fluren, *Arnoseridion,* Verb. der ↗Aperetalia spicae-venti.
Ackerlinge, *Agrocybe,* Gatt. der ↗Mistpilzartigen Pilze.
Ackermelde-Fluren ↗Polygono-Chenopodietalia.
Ackernetzschnecke, *Deroceras reticulatum,* bis 6 cm lange Art der Ackerschnecken, meist netzartig gezeichnet, Schleim kalkweiß; lebt unter Laub u. Steinen, ursprünglich in S- u. Mitteleuropa, jetzt weltweit verschleppt; ernährt sich vorwiegend von Pflanzen, wird in Gärten und Treibhäusern schädlich; Überträger v. Parasiten u. Krankheiten; bei der Paarung umwinden sich die Partner spiralig, 300 Eier.
Ackerröte, *Sherardia arvensis,* zur Fam. der Krappgewächse gehörig; 5–20 cm hoch, Stengel 4kantig, niederliegend bis aufsteigend mit lanzettlichen, quirlig stehenden Blättchen u. in wenigblüt., köpfchenförm. Trugdolden zusammenstehenden, lilafarbenen Blüten, die v. einer sternförmig die Blüten überragenden Hülle umgeben sind. Urspr. aus dem Mittelmeergebiet stammend, ist die einjähr. A. heute über weite Teile Eurasiens u. N-Afrikas verbreitet; Standorte sind vor allem Äcker, Felder u. Brachland mit nährstoffreichen, meist kalkhalt. Lehm- u. Tonböden (Lehmzeiger).

Ackerschnecken, mehrere Arten v. Nacktschnecken, die auf Feldern u. in Gärten leben u. bei Massenauftreten als Pflanzenfresser schädlich werden. Insbes. werden als A. bezeichnet: 1) Gemeine Ackerschnecke *(Deroceras agreste),* 3–6 cm lang, einfarbig gelblichweiß bis hellbraun, in N- u. Mitteleuropa verbreitet; Selbstbefruchtung kommt vor. 2) ↗Ackernetzschnecke *(Deroceras reticulatum).* 3) Acker-↗Kielnacktschnecke *(Milax budapestensis),* 6 cm lang, grau bis bräunlich, gelb gekielt. Alle A. sind bei feuchtem Wetter aktiv, bes. nachts; natürl. Feinde sind Kröten, Igel, Maulwürfe, Drosseln, Stare, Hühner.

Ackerunkräuter, Wildpflanzen, die auf Akkerflächen neben den Kulturpflanzen vorkommen u. mit diesen um Nährstoffe, Wasser u. Licht konkurrieren. Durch Saatgutreinigung, Herbizidanwendung u. Düngung magerer Standorte sind viele selten geworden, wie etwa *Agrostemma githago* (Kornrade), *Bupleurum rotundifolium* (Akker-Hasenohr), *Scandix pecten-veneris* (Venuskamm), u. vom Aussterben bedroht. Als Anpassung an ihren Standort, der durch mehrfache Störung der Entwicklung durch Pflügen od. Hacken u. mehrfache Düngergaben gekennzeichnet ist, haben die A. zwei Strategien entwickelt: die meisten sind einjährige Pflanzen, die bis zu 3 Generationen pro Jahr entwickeln (Ackersenf, Vogelmiere, Mohn), andere sind Dauerunkräuter, deren Rhizome od. Wurzeln auch bei Zerstückelung wieder ausschlagfähig sind, z. B. *Convolvolus arvensis* (Ackerwinde), *Cirsium arvense* (Akkerdistel), *Agropyron repens* (Quecke). A. können als Indikatoren für Bodenreaktion, Stickstoffhaushalt, Bodenfeuchte u. Temperatur gelten. Im Gesamtökosystem stehen sie einerseits in Konkurrenz zu den Nutzpflanzen, andererseits sorgen sie für eine gute Bodenstruktur. Manche von ihnen sind wichtig als Nahrungsquelle od. Refugium natürlicher Nützlinge, andere gehören zu den ehemals intensiv genutzten Heilpflanzen. Manche A. waren schon vor dem Beginn des Ackerbaues in unserem Gebiet heimisch, z. B. *Stellaria media* (Vogelmiere), *Tussilago farfara* (Huflattich), *Galium aparine* (Klebkraut); Archäophyten sind bis 1600 n. Chr. v. a. mit dem Getreide eingewandert, so z. B. *Papaver rhoeas*

Ackernetzschnecke *(Deroceras reticulatum)*

Ackerunkrautgesellschaften (Mohn), *Sherardia arvensis* (Ackerröte), *Delphinium consolida* (Acker-Rittersporn), u. Neophyten nach der Entdeckung Amerikas, z. B. *Galinsoga* (Franzosenkraut). B Unkräuter.

Ackerunkrautgesellschaften ↗ Stellarietea mediae.

Acmaea w [v. gr. akmaios = blühend, kräftig], die ↗ Schildkrötenschnecken.

Acme w [v. gr. akmē = Blüte, Kraft], alter Gatt.-Name der ↗ Mulmnadeln.

Acnidaria [v. gr. a- = nicht, knidē = Seenessel], Stamm der *Eumetazoa;* Hohltiere mit apikalem Sinnespol und 8 Reihen Wimperplättchen; häufig sind 2 Fangtentakel ausgebildet, die mit komplizierten Klebzellen (Colloblasten) besetzt sind; der Körper besitzt 2 senkrecht aufeinanderstehende Symmetrieebenen. Einzige Kl. sind die ↗ Rippenquallen.

Acochlidiacea [v. gr. a- = nicht, kochlos = Meerschneckengehäuse], Ord. der Hinterkiemer, Meeresschnecken ohne od. mit reduziertem Gehäuse, ohne Mantelhöhle u. Kiemen, Kopf mit einfachen Rhinophoren; leben in Flußmündungsgebieten u. in Sand-Schill-Grund. Folgende Gatt. haben kein Gehäuse: *Microhedyle* ist bis 2 mm lang, ihr Körper weiß; sie lebt in Nordsee, Mittelmeer u. Pazifik. *Philinoglossa* wird 3 mm groß, ist transparentgrau, manchmal schwarz gefleckt; sie kommt in Nordsee u. Mittelmeer vor.

acoel [v. gr. a- = nicht, koilos = hohl], **1)** *a.e Tiere:* vielzellige Tiere, denen primär od. sekundär ein ↗ Coelom (sekundäre Leibeshöhle) fehlt (↗ Acoelomata). **2)** *a.e Wirbel,* an der vorderen u. hinteren Gelenkungsfläche abgeplattete (keine Höhlung aufweisende) ↗ Wirbel.

Acoela [v. gr. a- = nicht, koilos = hohl], Ord. der Strudelwürmer; nur wenige mm große Meeresbewohner, deren Darm aus einem Gewebe ohne Hohlraum besteht. Während bei allen übrigen Strudelwürmern die Nahrung im Darmlumen zunächst grob aufgeschlossen wird u. erst dann durch Phagocytose in die Darmzellen gelangt, wird sie bei den A. voll intrazellulär verdaut. Ausscheidungsorgane u. Eileiter fehlen ebenfalls. Die Eier werden durch die Haut od. den Mund abgegeben. Solche Einfachheit kann kaum ursprünglich sein. Mit hoher Wahrscheinlichkeit liegen hier Reduktionen vor, die in Zshg. mit der Kleinheit der Tiere zu bringen sind. So gesehen, sind die A. als höchst abgeleitet zu werten.

Acoelomata [v. gr. a- = nicht, koilos = hohl], ↗ Bilateria ohne Coelom, in deren Innerm jedoch ein Mesoderm als Parenchym die Räume zw. den Organen erfüllt. Sie umfassen die *Plathelminthes, Nemertini, Kamptozoa* u. *Priapulida.* Die ↗ Archicoelo-

aconit- [v. gr. akoniton = Eisenhut], mit dem Eisenhut zusammenhängend.

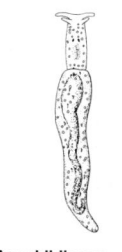

Acochlidiacea
Microhedyle lactea

Aconitase-Reaktion
Die asymmetrisch gebaute Enzymoberfläche prägt dem symmetrisch gebauten Substratmolekül seine eigene Asymmetrie auf (asymmetrische Synthese).

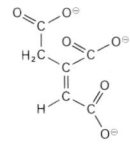

cis-Aconitat

matentheorie betrachtet die ersten drei als Seitenzweige der *Spiralia,* die ihr Coelom weitgehend od. vollständig rückgebildet haben. Die phylogenetisch-systematische Einordnung der *Priapulida* ist umstritten. Coelomlose Bilateria sind auch die ↗ Pseudocoelomata.

Aconitase w [v. *aconit-*], Enzym, das zwei Teilschritte des Citronensäurezyklus katalysiert, nämlich die beiden umkehrbaren Reaktionen Citronensäure ⇌ cis-Aconitsäure ⇌ Isocitronensäure. Isocitronensäure weist (im Ggs. zu Citronensäure) ein ↗ asymmetrisches Kohlenstoffatom auf, dessen Konfiguration durch das ebenfalls asymmetr. aktive Zentrum von A. bestimmt wird. Die Untersuchungen zum Mechanismus der A.-Reaktion sind von histor. Bedeutung, da sie erstmals den Chemismus der in biol. Systemen weitverbreiteten asymmetr. Synthesen aufklärten.

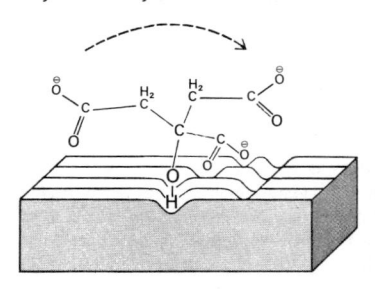

cis-Aconitat s [v. *aconit-*], Salz der cis-Aconitsäure.

cis-Aconitsäure [v. *aconit-*], Zwischenprodukt im Citronensäure- u. Glyoxylsäurezyklus; kommt in freier Form im Blauen Eisenhut *(Aconitum napellus)* vor.

Aconitum s [v. gr. akoniton =] der ↗ Eisenhut.

Aconitumalkaloide [v. *aconit-*], Gruppe sehr gift. Terpenalkaloide aus verschiedenen Eisenhut-*(Aconitum-)*Arten; bekanntester Vertreter ist das *Aconitin* aus den Wurzeln des Blauen Eisenhuts *(Aconitum napellus);* andere Eisenhutarten besitzen verwandte Aconitine. Aconitin ist eines der stärksten Pflanzengifte; es wurde in der Med. früher als schmerzlinderndes Mittel bei Neuralgien angewendet, ist heute wegen seiner starken Toxizität aber nicht mehr gebräuchlich; bereits 1 bis 2 mg sind für den Menschen tödlich. A. waren im Altertum in den Pfeilgiften der Inder u. Griechen enthalten.

Acontias [v. gr. akontion = Spieß], Gatt. der ↗ Schlankskinkverwandten.

Acorus m [v. gr. akoros = Kalmus], *A. calamus,* der ↗ Kalmus.

Acosmanura [v. gr. akosmos = ohne Ordnung, an- = ohne, oura = Schwanz], ↗ Frösche.

ACP, Abk. für Acyl-Carrier-Protein.

A-C-Profil, Gliederung eines Bodens in A- (humoser Oberboden) u. C-Horizont (Ausgangsgestein), typisch für Ranker u. Rendzina.

Acraeidae [v. gr. akra = das äußerste Ende], eine Tagfalter-Fam. mit etwa 200 bekannten Arten, die fast alle in Afrika u. Madagaskar beheimatet sind; Falter mit langem Hinterleib, klein bis mittelgroß (Spannweite 25–90 mm). Sie besitzen schmale, abgerundete Flügel, die überwiegend auffällig rotbraun, orange bis gelb gezeichnet sind; einige Arten haben transparente Flügelpartien. Die A. sind langsame Flieger u. treten oft in Scharen auf. Eine gelbl., unangenehm riechende Flüssigkeit, die die meisten Vertreter am Thorax ausscheiden können, schützt sie vor Freßfeinden; einige Arten anderer Schmetterlings-Fam., wie Ritterfalter, Fleckenfalter u. Bläulinge, haben im Laufe der Evolution die charakterist. Färbung u. das Flugverhalten der A. angenommen, so daß sie nur schwer v. ihren Vorbildern zu unterscheiden sind u. somit ebenfalls einen Schutz vor Raubfeinden genießen. Beispiel: *Bematistes epaea* u. der Fleckenfalter *Pseudacraea eurytus* in Zentralafrika. Die bedornten Larven leben überwiegend an Passionsblumengewächsen.

Acrania [v. gr. a- = nicht, kranion = Schädel], die ↗ Schädellosen.

Acrasin s [v. gr. akrasia = Ausschweifung], Chemotaktikum der zellulären Schleimpilze *(Acrasiales)*, deren Aggregationsvorgänge es beeinflußt; biochemisch wurde es als zyklisches Adenosinmonophosphat identifiziert. ↗ Kollektive Amöben.

Acrasina [v. gr. akrasia = Ausschweifung], die ↗ Kollektiven Amöben.

Acrasiomyces [v. gr. akrasia = Ausschweifung, mykēs = Pilz], die ↗ zellulären Schleimpilze.

Acremonium s [v. gr. akremōn = Ast, Astspitze] ↗ Cephalosporium.

Acreodi [Mz.; v. gr. a- = nicht, kreōdēs = fleischig] (Matthew 1909), ↗ Mesonychoidea.

Acrididae, die ↗ Feldheuschrecken.

Acridonalkaloide [v. *acrid-], Derivate des *Acridins*, einer im Steinkohlenteer vorkommenden Substanz (heute meist künstlich hergestellte Ausgangsverbindung einer Reihe v. Farbstoffen u. Arzneimitteln). A. sind charakteristisch für Rautengewächse. Sie induzieren durch Einfügen bzw. Entfernen einzelner od. weniger Nucleotide Rasterverschiebungsmutationen; ihre Interkalation in die DNA hat eine Abstandsänderung zw. den Basenresten u. Fehler bei späterer Replikation der DNA zur Folge.

acrid- [v. gr. akris, Gen. akridos = Heuschrecke].

acro- [v. gr. akros = spitz], in Zss.: spitz-.

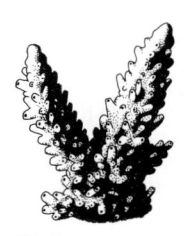

Stock von *Acropora*

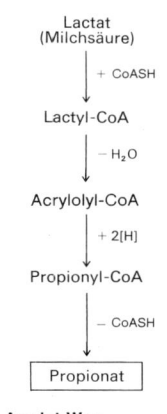

$$\text{Lactat (Milchsäure)} \xrightarrow{+ \text{CoASH}} \text{Lactyl-CoA} \xrightarrow{- H_2O} \text{Acrylolyl-CoA} \xrightarrow{+ 2[H]} \text{Propionyl-CoA} \xrightarrow{- \text{CoASH}} \text{Propionat}$$

Acrylat-Weg
Teil des Acrylat-Wegs, in dem Propionat (Propionsäure) gebildet wird.
3 Lactat + 1 ADP → 2 Propionat + 1 Acetat + $1 CO_2$ + 1 ATP
Von den 3 Lactat wird 1 Lactat oxidiert u. decarboxyliert, so daß 4 Reduktionsäquivalente, 1 Acetat und 1 CO_2 entstehen; dabei wird 1 ATP gewonnen; 2 Lactat werden zu Propionat reduziert (CoASH = Coenzym A).

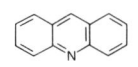

Acridonalkaloide
Acridin, die Ausgangsverbindung der Acridonalkaloide

Acridotheres [v. gr. akridothēra = Heuschreckenfalle], Gatt. der ↗ Stare.

Acris w [v. gr. akris = Heuschrecke], die ↗ Grillenfrösche.

Acrocephalus m [v. *acro-, gr. kephalē = Kopf], die ↗ Rohrsänger.

Acroceridae [v. *acro-, gr. keras = Horn, Flügel], die ↗ Kugelfliegen.

Acrochordidae [Mz.; v. *acro-, gr. chordē = Darm], die ↗ Warzenschlangen.

Acrocinus m [v. *acro-], Gatt. der ↗ Bockkäfer.

Acroloxus m [v. *acro-, gr. loxos = schief], Gatt. der ↗ Flußmützenschnecken.

Acropora [v. gr. akroporos = mit der Spitze durchbohrend], *Baumkorallen, Madrepora,* häufige Gatt. der Steinkorallen mit ca. 125 rezenten Arten; ihre schnellwüchsigen, verästelten Kolonien sind zu 25% an der Riffbildung beteiligt. Die Einzelpolypen sind nur 1–3 mm groß, während die Stöcke in trop. Riffen oft 2,5 m^2 erreichen.

Acrosiphonales [v. *acro-, gr. siphōn = Schlauch], Ord. der Grünalgen mit 1 Fam. *(Acrosiphoniaceae)*. Die Thalli der Gatt. *Acrosiphonia* sind fädig (trichal) verzweigt; die Arten kommen epilithisch im Litoral der Meere vor; wurden früher den *Cladophorales* zugeordnet, unterscheiden sich v. diesen durch den chem. Aufbau der Zellwand u. den Lebenszyklus; sie durchlaufen einen heteromorphen Generationswechsel; der codiolumart. Sporophyt (s. unten) wurde vielfach als eigene Art beschrieben; er ist einzellig u. kugelig bis birnenförmig gestaltet. Eine häufige Art ist *A. arcta*. Bei den ähnlich gebauten Arten der Gatt. *Spongomorpha* sind die Seitentriebe sichelförmig ausgebildet u. verhaken sich zu einem dichten Geflecht. *S. aeruginosum* ist der Gametophyt des als *Codiolum petrocelidis* beschriebenen Sporophyten. Auf Steinen, größeren Algen u. a. sind weltweit die Arten der Gatt. *Urospora* verbreitet. Sie weisen ebenfalls einen extrem heteromorphen Generationswechsel auf; z. B. besitzt der Gametophyt von *U. wormskoeldii* einen unverzweigt fädigen Thallus aus tonnenart. Zellen, während der Sporophyt einzellig, blasenförmig ist u. als *Codiolum gregorium* beschrieben wurde.

Acrylamidgel s, ↗ Polyacrylamidgel.

Acrylat-Weg, eine v. wenigen Bakterien ausgeführte Propionsäuregärung, in der Lactat (Milchsäure) über Acrylolyl-CoA zu Propionat reduziert wird; Vorkommen z. B. bei *Clostridium propionicum, Bacteroides ruminicola* u. *Peptostreptococcus (Megasphaera) elsdenii*.

Acryllium, Gatt. der ↗ Perlhühner.

Actaea w [v. gr. aktaia = Holunder], das ↗ Christophskraut.

actin-, actino-
[v. gr. aktis, Gen. aktinos = Strahl], in Zss.: Strahlen-.

Acteon *m* [v. gr. aktaios = am Meerufer gelegen], die ↗ Drechselschnecke.

ACTH, Abk. für das ↗ adrenocorticotrope Hormon.

Actias [v. gr. aktias = attisch], Gatt. der ↗ Pfauenspinner.

Actidion *s* [v. gr. aktis = Strahl], das ↗ Cycloheximid.

Actin *s* [v. *actin-], Proteinkomponente des Muskels, macht zus. mit ↗ Myosin etwa 80% des Proteins im kontraktilen Apparat des Skelettmuskels aus. A. liegt in 2 Formen vor, als G-A. (globuläres A.), dessen Funktion nicht bekannt ist, u. als F-A. (fibrilläres A., ↗ A.filament), ein Polymeres des G-A.s. Die relative Molekülmasse von G-A. (Kaninchenmuskel) beträgt 42000; es besteht aus einer einzigen Polypeptidkette. Jedes Molekül G-A. bindet ein Ca^{2+}-Ion; auch ATP und ADP werden mit hoher Affinität gebunden. Der Bindung von ATP folgt gewöhnlich eine Polymerisation zu F-A.; pro Molekül G-A., das an die F-A.-Kette angefügt wird, wird 1 Molekül ATP zu ADP und P_i hydrolysiert. Das dabei gebildete ADP bleibt an die G-A.-Untereinheit in der F-A.-Kette gebunden.

Actinastrum *s* [v. *actin-, gr. astron = Gestirn], Gatt. der ↗ Scenedesmaceae.

Actinella *w* [v. *actin-], Gatt. der ↗ Eunotiaceae.

Actinfilament *s* [v. *actin-], aus F-↗ Actin, Tropomyosin u. Troponin aufgebautes Mikrofilament, ubiquitär in Eukaryotenzellen; kommt durch helikale Anordnung zweier F-Actin-Ketten zustande (⌀ der Doppelhelix 6 nm); auf einen vollen Umgang entfallen je Kette etwa 13 G-Actinmoleküle. In der Rinne dieser steilen *Actin*-Wendel liegt das *Tropomyosin,* das über fast 7 Actinmoleküle hinweg reicht, der Wendel aufgelagert liegt alle 7 Actinmoleküle ein *Troponin*-Komplex. Diese Begleitproteine des Actins sind sehr wichtige Regulatoren bei der Sarkomerenkontraktion im quergestreiften Muskel.

Actinia *w* [v. *actin-], Gatt. der ↗ Endomyaria; bekanntester Vertreter ist die ↗ Pferdeaktinie (*A. equina*).

Actiniaria [v. *actin-], die ↗ Seerosen.

Actinidia *w* [v. *actin-], der ↗ Strahlengriffel.

Actinin *s* [v. *actin-], α- und β-A., Proteinkomponenten der Myofilamente im Skelettmuskel; α-A. ist als Gerüstprotein am Aufbau der die Sarkomeren begrenzenden Z-Streifen u. der dortigen Verankerung der ↗ Actinfilamente beteiligt; es dient der Quervernetzung der Actinfilamente (relative Molekülmasse ca. 100000); β-A. ist an der Längenbegrenzung der Actinfilamente beteiligt; es verhindert durch „capping" die Anpolymerisation weiterer G-Actineinheiten (relative Molekülmasse 70000). Auch in den Mikrovilli dient A. der Verankerung der Actinfilamente.

Actinistia [v. *actin-, gr. histia = Herd, Mittelpunkt], ↗ Quastenflosser.

Actinobacillus *m* [v. *actino-, lat. bacillum = Stäbchen], *Loefflerella,* Gatt. der gramnegativen, fakultativ anaeroben Stäbchen-Bakterien; sporenlose, unbewegl. Kokken bis Stäbchen. *A. (Pseudomonas) mallei* ist der Erreger v. *Rotz,* einer auch auf Menschen übertragbaren Pferdekrankheit.

Actinobacteria [Mz.; v. *actino-, gr. baktērion = Stäbchen], veraltete Kl.-Bez. für die Actinomyceten u. verwandte Organismen.

Actinobifida [v. *actino-, lat. bifidus = zweigeteilt], Gatt. der ↗ Micromonosporaceae.

Actinocamax *w* [v. *actino-, gr. kamax = Pfahl], leitende Belemniten-Gatt. der oberen Kreide (Cenoman – Campan) mit meist zylindr. Rostrum, dessen Alveole gewöhnlich unvollständig verkalkt ist u. deshalb Pseudoalveole gen. wird.

Actinoceratoidea [v. *actino-, gr. keras = Horn; nach der Nominatgatt. *Actinoceras*], † U.-Kl. der Cephalopoden mit mittelgroßen bis großen, geraden od. leicht gekrümmten Schalen, deren gekammerter Teil v. einem komplizierten Kanalsystem durchzogen gewesen sein soll, durch das sowohl endosiphonale (Obstruktionsringe) als auch endocamerale Kalkausscheidungen erfolgten. Da vom Sipho abzweigende Radialkanäle bei anderen Cephalopoden unbekannt sind, wurde die organogene Natur der Radialkanäle mitunter bezweifelt. Verbreitung: Ordovizium bis Karbon.

Actinodonta *w* [v. *actin-, gr. odous, Gen. odontos = Zahn], (Phillips 1848), † Muschel-Gatt. des Ordovizium u. Silur, von der vermutlich die *Arcacea, Pteriidae, Mytilacea* sowie die *Ostreacea* u. *Pectinidae* abstammen. Nach ihr wird jener taxodonte

Molekulare Struktur eines Actinfilaments
Entlang dem fadenförmigen Tropomyosin sind die Actinmonomere wie Perlen an einer Schnur aufgereiht.

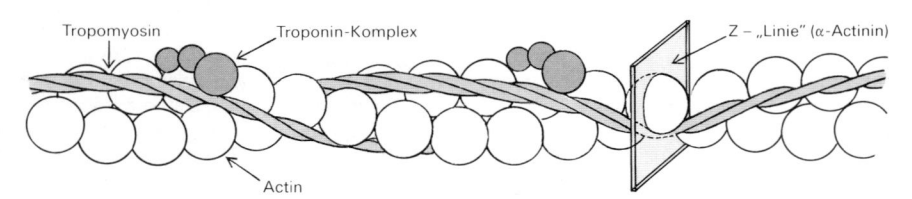

Schloßtyp benannt, bei dem die Zähne zum Wirbel hin konvergieren: *actinodont.*
Actinomyces [v. *actino-, gr. mykēs = Pilz], Gatt. der ↗ Actinomycetaceae.
Actinomycetaceae [v. *actino-, gr. mykēs = Pilz], *Actinomyceten i. e. S.,* Fam. der *Actinomycetales;* grampositive, unbewegl., morphologisch einfache Actinomyceten mit verzweigten u. später zerfallenden Filamenten; sie bilden kein Luftmycel u. keine Sporen. A. führen vorwiegend einen Gärungsstoffwechsel mit Kohlenhydraten aus u. wachsen mikroaerophil, fakultativ od. obligat anaerob. Die meisten Arten sind Kommensalen, viele fakultative Krankheitserreger in Mensch u. Tier. A. gehören zur autochthonen Mikroflora des Menschen u. kommen in hoher Anzahl in der Mundhöhle vor; durch die Bildung v. Zahnplaques (extrazelluläre Polysaccharide) und v. Säuren sind sie wahrscheinlich (zus. mit Streptokokken) Hauptursache für Karies u. periodontale Erkrankungen (*Actinomyces-, Bacterionema-, Rothia-*Arten). Wichtige Krankheitserreger gehören der Gatt. *Actinomyces* (A. = Strahlenpilz) an. Unter bestimmten Bedingungen (z. B. Verletzungen) können Vertreter der normalen Mundflora (bes. *A. israelii, Arachnia propionica*) das Gewebe infizieren u. eine innere Aktinomykose (Strahlenpilzkrankheit) verursachen; *Actinomyces bovis* ist der Erreger der Rinder- und *A. suis* der Schweine-Aktinomykose. Die einzigen bekannten Vertreter der A., die nicht in Warmblütern, sondern hpts. im Boden vorkommen, sind *Actinomyces humiferus* u. *Agromyces ramosus.* Weit verbreitet in verschiedenen anaeroben Biotopen finden sich die Arten der Gatt. ↗ *Bifidobacterium.*
Actinomycetales [v. *actino-, gr. mykēs = Pilz], *Actinomyceten i. w. S.,* Strahlenpilze i. w. S., Ord. der Gruppe Actinomyceten u. verwandte Organismen. A. neigen zur Bildung v. verzweigten Filamenten od. sogar v. mycelart. Kolonien mit ähnl. Aussehen wie Pilzkolonien; der Zellaufbau ist jedoch prokaryotisch u. entspricht dem v. Bakterienzellen. A. sind empfindlich gegen antibakterielle Substanzen u., wenn Hyphen gebildet werden, die oft in kleinere Bruchstücke zerfallen, beträgt der ⌀ nur 0,5 µm – 2,0 µm (meist nur 1 µm). Die Zellen sind grampositiv od. gramvariabel, einige Vertreter sind säurefest *(Mycobacteriaceae).* Die meisten A. leben saprophytisch, einige parasitisch in Mensch, Tier u. Pflanzen. Sie stellen einen wesentl. Bestandteil der Bodenmikroflora dar, bevorzugen alkal., humusreiche Böden u. verursachen den typ. muffigen Erdgeruch (Geosmin). In sauren Böden od. Schlamm sind weniger Vertreter zu finden, in Dung u.

actin-, actino-
[v. gr. aktis, Gen. aktinos = Strahl], in Zss.: Strahlen-.

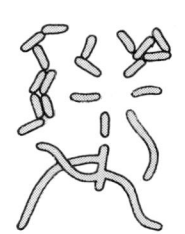

Actinomyces
Kurzzelliges (diphtheroides) u. fädiges Wachstum von *A. israelii*

Actinomycetaceae
Gattungen:
Actinomyces
Agromyces
Arachnia
Bacterionema
↗ *Bifidobacterium*
Rothia

Actinomycetales
Familien:
↗ Actinomycetaceae
↗ Actinoplanaceae
↗ Dermatophilaceae
↗ Frankiaceae
↗ Micromonosporaceae
↗ Mycobacteriaceae
↗ Nocardiaceae
↗ Streptomycetaceae

Actinomycetales
Wichtige Krankheitserreger:
Actinomyces israelii (menschliche Aktinomykose)
A. bovis (Aktinomykose des Rindes)
Nocardia asteroides (Lungen-Nocardiose)
Mycobacterium tuberculosis, Mycobacterium bovis (Tuberkulose)
M. leprae (Lepra)
Streptomyces scabies (Kartoffelschorf)

Actinomyceten und verwandte Organismen
↗ Actinomycetales
↗ coryneforme Bakterien
↗ Propionsäurebakterien

Actinomycine

Kompost wachsen thermophile Arten. A. gehören mit zu den wichtigsten Zersetzern sehr vieler organ. Verbindungen, u. a. Cellulose, Lignin, Chitin, Agar, Phenole, Paraffin u. Gummi. Die meisten A., die oxidativen Formen, haben einen aeroben Stoffwechsel. Nur wenige Vertreter, die Gärungstypen, sind fakultativ anaerob od. haben nur einen Gärungsstoffwechsel. Die letzteren kommen hpts. in Körperhöhlen v. Menschen und Tieren vor *(Actinomycetaceae).* Einige A. sind N_2-fixierende Symbionten in höheren Pflanzen *(Frankiaceae);* viele produzieren Antibiotika *(Streptomycetaceae).* Wichtiges taxonom. Merkmal ist neben der Wuchsform der Aufbau der Zellwand; es werden 8 Hauptfam. unterschieden (vgl. Tab.). – A. wurden erstmals 1875 von F. Cohn *(Streptothrix foester)* beschrieben. Die Bez. *Actinomyces* (= Strahlenpilze) wurde von C. O. Harz als Gatt.-Name für den Erreger der Rinder-Aktinomykose *(Actinomyces bovis)* 1877 geprägt.
Actinomyceten [v. *actino-, gr. mykēs = Pilz], ↗ Actinomycetaceae, ↗ Actinomycetales.
Actinomyceten und verwandte Organismen [v. *actino-, gr. mykēs = Pilz], Name der 17. Gruppe der Bakterien in der Klassifizierung nach Bergey's (↗ Bakterien, Lit.); in ihr werden die meisten grampositiven, unregelmäßigen u. veränderl. Kurzstäbchen sowie hyphenart. fragmentierende Formen u. mycelart. Vertreter, die bes. Sporen bilden, zusammengefaßt.
Actinomycine [v. *actin-, gr. mykēs = Pilz], antibiotisch wirksame Gruppe v. Naturstoffen aus verschiedenen *Streptomyces-*Stämmen, zählen chemisch zu den Peptidlactonen (↗ Depsipeptide) mit einer heterocyclisch aufgebauten chromphoren Gruppe. Die Aminosäuresequenz des Peptidanteils variiert für die einzelnen A. Sie hemmen durch Bindung an doppelsträn-

Actinomycine
Actinomycin D

Actinomyxidia

actin-, actino-
[v. gr. aktis, Gen. aktinos = Strahl], in Zss.: Strahlen-.

Acyl-Carrier-Protein
Struktur der prosthetischen Gruppe des Acyl-Carrier-Proteins

Actinoplanaceae
Mycel v. *Actinoplanes*, einer typischen vielsporigen Form der A., in u. auf einem Agarmedium mit Sporangien in unterschiedl. Entwicklungsstadien u. bewegl. Sporen (schematisiert, nicht maßstabsgerecht).

Actinoplanaceae
Gattungen:
Actinoplanes
Amorphosporangium
Ampullariella
Dactylosporangium
Pilimelia
Planobispora
Planomonospora
Spirillospora
Streptosporangium

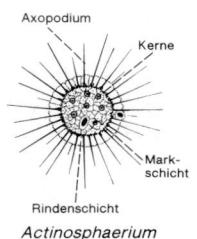

Actinosphaerium

gige DNA die Synthese v. RNA (Hemmung der Transkription); bei höheren Konzentrationen wird auch die Replikation von DNA gehemmt. Die Bindung von A.n an doppelsträngige DNA erfolgt durch Interkalation der heterocyclischen Gruppe zw. die Basenpaare, wobei guaninreiche DNA-Abschnitte bevorzugt binden.

Actinomyxidia [Mz.; v. *actino-, gr. myxa = Schleim], artenarme Gruppe einzelliger Organismen, ↗ *Cnidosporidia*.

Actinophrys *w* [v. *actin-, gr. ophrys = Augenbraue], *Sonnentierchen*, Gatt. der ↗ Sonnentierchen i.w.S. *(Heliozoa)*; die Tiere sind ca. 50 µm groß u. haben nur einen zentral gelegenen Kern, an dem die Achsenfäden enden. Bekannteste Art ist *A. sol*, eine weitverbreitete u. häufige Art in pflanzenreichen, kleineren Gewässern.

Actinoplanaceae [v. *actino-, gr. planēs = umherirrend], Fam. der *Actinomycetales* mit ca. 40 Arten in 9 Gatt. (vgl. Tab.); grampositive Actinomyceten, die mit typ. verzweigtem od. unverzweigtem Substratmycel wachsen u. sich durch Bildung v. bewegl. oder unbewegl. Sporen in Sporangien auszeichnen. A. kommen hpts. weitverbreitet im Boden vor, auch im Süß-, weniger im Salzwasser. Sie leben saprophytisch auf Pflanzenmaterial, Pollenkörnern od. keratinhalt. Substanzen, z.B. Haaren, Hufen v. toten Tieren.

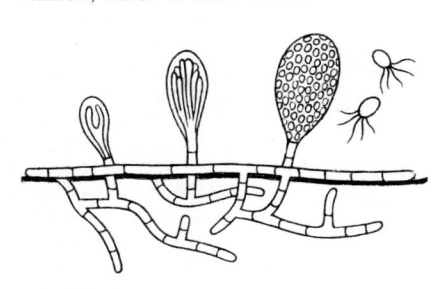

Actinopoda [Mz.; v. *actino-, gr. pous, Gen. podos = Fuß], die ↗ Strahlenfüßer.

Actinoptychus *m* [v. *actino-, gr. ptyx, Gen. ptychos = Falte], Gatt. der ↗ Coscinodiscaceae.

Actinosphaera *w* [v. *actino-, gr. sphaira = Kugel], Gatt. der ↗ Peripylea.

Actinosphaerium *s* [v. *actino-, gr. sphairion = Kügelchen], *Sonnentierchen*, Gatt. der Sonnentierchen i.w.S. *(Heliozoa)*; große Einzeller mit zahlr. Kernen; Mark- u. Rindenschicht sind deutlich getrennt. Bekannteste Art ist *A. eichhorni*, die in flachen Gewässern an Pflanzen u. im Bodensatz lebt; sie ist bis 1 mm groß u. erträgt auch ziemlich verschmutztes Wasser.

Actinothoe *w* [v. *actino-, gr. thōē = Schaden, Verlust], Gatt. der ↗ Mesomyaria.

Actinotrocha *w* [v. *actino-, gr. trochos = Rad, i. ü. S. Kreisel], Larve der ↗ Phoronida.

Actinoxylon *w* [v. *actino-, gr. xylon = Holz], Gatt. der ↗ Progymnospermen.

Actinula *w* [v. *actin-], freischwimmende, bewimperte Larvenform mancher *Hydrozoa* (Kl. der Nesseltiere), die bereits Tentakel besitzt. Aus einer A. kann je nach Art sowohl eine Meduse als auch ein Polyp entstehen.

Actomyosin
Geschwindigkeit einiger Actomyosin-Systeme:

Anaphase-Bewegung der Chromosomen	0,02 µm/s
axoplasmatischer Transport	5 µm/s
Amöbe (Cytoplasmaströmung)	20 µm/s
Armleuchteralge (*Nitella*, Cytoplasmaströmung)	≈ 80 µm/s
Physarum (Plasmaströmung in den Adern des Plasmodiums)	1000 µm/s

Actomyosin *s* [v. *actin-, gr. mys = Muskel], *Actomyosin-System*, „Verbindung" aus Actin u. Myosin; das klass. Beispiel eines A.-Systems ist das molekulare Zusammenspiel v. Actin- u. Myosinfilamenten, wie es das Gleitfaser-Modell für den quergestreiften Muskel beschreibt. A.-Systeme sind aber im ganzen Organismenreich weit verbreitet, z.B. bei der Anaphase-Bewegung (↗ Mitose), beim axoplasmat. Transport (Transport v. Neurosekretgranula in den Axonen v. Nervenzellen), bei der Plasmaströmung v. Amöben u. den Kontraktionsvorgängen bei der Plasmaströmung des Schleimpilzes *Physarum*.

Acuaria *w*, Gatt. der ↗ *Spirurida* (Kl. Fadenwürmer); namengebend für die Fam. *Acuariidae*, deren 28 Gatt. im Darm insbes. v. Vögeln parasitieren; Körper vorn mit z.T. komplizierten Cuticular-Strukturen.

Aculeata [lat. = Stachlige], Bez. für Hautflügler mit Giftstachel.

Aculifera [gr. = Stachelträger], *Amphineura*, zusammenfassende Bez. für die ↗ Wurmmollusken u. die ↗ Käferschnecken, die in der Cuticula Kalkstacheln haben.

Acusticus *m* [v. gr. akouein = hören], Abk. für Nervus statoacusticus, der VIII. ↗ Hirnnerv, innerviert Gehör- u. Gleichgewichtsorgane des Innenohres.

acyclische Blüte [v. gr. a- = nicht, kyklos = Kreis], die Blütenorgane, wie Kelch, Blüten-, Staub- u. Fruchtblätter, sind nicht in Wirteln, sondern schraubig angeordnet. Diese schraubige Stellung wird als ursprünglich angesehen, wenn folgende Merkmale noch hinzukommen: die Blütenachse ist noch nicht mehr od. weniger langgestreckt, u. die Anzahl der jeweiligen Blütenorgane ist noch nicht festgelegt.

acyclische Verbindungen, chem. Verbindungen, deren Kohlenstoffatome in gerader od. verzweigter Kette angeordnet sind; Ggs.: cyclische Verbindungen.

Acyladenylat s [v. *acyl-], Abk. *Acyl-AMP*, Anhydrid zw. Fettsäure u. 5'-Adenylsäure; tritt als energiereiches Zwischenprodukt beim Fettsäureabbau auf; bildet sich dabei aus freier Fettsäure und ATP. Im Folgeschritt wird der Acylrest von A. auf Coenzym A übertragen, wobei sich Acyl-Coenzym A bildet (Fettsäureaktivierung).

Acylcarnitin s [v. *acyl-], mit Fettsäuren verestertes Carnitin; A. ist die Transportform der Fettsäuren bei deren Einschleusung aus dem Cytoplasma in die Mitochondrien, wo der Fettsäureabbau stattfindet. Durch Acyl-CoA-Carnitin-Acyltransferasen werden an der Außenseite v. Mitochondrien Acylreste v. Acyl-Coenzym A auf Carnitin unter Bildung von A. übertragen. Dieses wandert durch die Mitochondrienmembran in das Innere u. wird an deren Innenseite in Ggw. von CoA zu Acyl-CoA u. Carnitin zurückgebildet u. so in den Fettsäureabbauweg eingeschleust.

Acyl-Carrier-Protein s [kärie], Abk. *ACP*, zentrale Proteinkomponente des ↗Fettsäure-Synthetase-Komplexes, an die während der Fettsäuresynthese die Acylzwischenprodukte thioesterartig gebunden sind. Die Sulfhydrylgruppe, mit der die energiereichen Acyl-Thioester ausgebildet werden, stammt v. einer als prosthet. Gruppe am ACP fungierenden Phosphopantetheingruppe, die ihrerseits an einem Serin-Rest des Proteins phosphatesterartig verankert ist. Die Struktur des ACP kann durch diese Phosphopantethein-Protein-Verknüpfung als Riesen-Coenzym-A aufgefaßt werden.

Acyl-Coenzym A s [v. *acyl-], Abk. *Acyl-CoA*, Produkt der Fettsäureaktivierung u. Zwischenprodukt beim Fettsäureabbau;

$H_3C-(CH_2-CH_2)_n-C\underset{S-CoA}{\overset{O}{\diagup}}$ Acyl-Coenzym A

Struktur entspr. dem ↗Acetyl-Coenzym A, jedoch mit $H_3C-(CH_2-CH_2)_n-CO$-Rest (n=0 bis 8) an Stelle des Acetylrests. Acetyl-Coenzym A ist das einfachste A. (n=0).

Acyl-Coenzym-A-Dehydrogenasen, Enzyme, die beim Fettsäureabbau Acyl-Coenzym A in α,β-Stellung dehydrieren; Produkte der Reaktionen sind α,β-ungesättigte Acyl-Coenzym-A-Verbindungen u. $FADH_2$ (↗Flavinadenindinucleotid).

Acylglycerine, *Neutralfette*, *Glyceride*, Fettsäureester des Alkohols Glycerin, die zur Gruppe der komplexen Lipide gehören. Man unterscheidet *Mono-A.* (Monoglyceride), die in der Natur seltener vorkommen, die flüssigen *Di-A.* (Diglyceride), die fetten „Öle", sowie die bei Raumtemperatur festen *Tri-A.* (Triglyceride), die eigentl. Fette, welche die Hauptkomponenten des Speicherfettes tier. u. pflanzl. Zellen darstellen.

acyl-, Kw. aus Acetyl [v. lat. acetum = Essig], Bez. für den Säurerest der Essigsäure.

Dihydroxyaceton-P → Glycerin
NADPH + H$^\oplus$ ↘ ↙ ATP
NADP$^\oplus$ ↗ ↘ ADP
CH_2-O-P
$HC-OH$
H_2C-OH
L-Glycerin-3-P
Acyl-CoA ↘
CoA ↙
CH_2-O-P
$HC-OH$
$H_2C-O-\underset{O}{\overset{\|}{C}}-R_1$
Lysophosphatidsäure
Acyl-CoA ↘
CoA ↙
CH_2-O-P
$HC-O-\underset{O}{\overset{\|}{C}}-R_2$
$H_2C-O-\underset{O}{\overset{\|}{C}}-R_1$
Phosphatidsäure
H_2O ↘
P_i ↙
CH_2-OH
$HC-O-\underset{O}{\overset{\|}{C}}-R_2$
$H_2C-O-\underset{O}{\overset{\|}{C}}-R_1$
Diacylglycerin
Acyl-CoA ↘
CoA ↙
$CH_2-O-CO-R_3$
$CH-O-CO-R_2$
$CH_2-O-CO-R_1$
Triacylglycerin

Biosynthese der Acylglycerine

R_1, R_2, R_3 sind die unverzweigten, gesättigten bzw. ungesättigten Reste (vorwiegend $C_{15}H_{21}$, $C_{17}H_{35}, C_{15}H_{29}$, u. $C_{17}H_{33}$) der Fettsäuren. Die Reste R_1, R_2, R_3 sind in der Regel verschieden, können jedoch auch identisch sein. P symbolisiert einen Phosphorsäurerest.

Die Biosynthese der A. erfolgt aus Glycerinphosphat, das entweder durch Phosphorylierung v. Glycerin unter der Wirkung des Enzyms Glycerin-Kinase od. in Fettgewebe u. Muskulatur, wo dieses Enzym fehlt, durch Reduktion v. Dihydroxyacetonphosphat gebildet wird, und den C_{16}- und C_{18}-Acyl-CoA-Derivaten der Fettsäuren. Zunächst werden unter der katalyt. Wirkung der Acyl-Transferase zwei Fettsäurereste auf Glycerinphosphat übertragen, wobei Phosphatidsäure entsteht, die durch Dephosphorylierung in Di-A. übergeht. Aus diesem kann durch Übertragung eines weiteren Fettsäurerestes ein Tri-A. gebildet werden. Ohne Phosphatidsäure als Zwischenprodukt verläuft die Biosynthese der Tri-A. in der Darmschleimhaut höherer Tiere, wo Mono-A. mit Acyl-CoA-Derivaten direkt acyliert werden können.

Acylrest [v. *acyl-], die Gruppe $R-C\underset{O}{\overset{\diagdown}{=}}$, wobei R allg. ein aliphat. Rest (C_nH_{2n+1}), ein einfach od. mehrfach ungesättigter Rest (C_nH_{2n-1} für einfach ungesättigt) od. ein aromat. Rest (z. B. Benzyl) sein kann. Aliphat. unverzweigte A.e der allg. Struktur $H_3C-(CH_2-CH_2)_n-C\underset{O}{\overset{\diagdown}{=}}$ (n=6, 7, 8) sind identisch mit den Fettsäureresten u. sind in mit Glycerin veresterter Form Bestandteile der Fette u. vieler anderer Lipide. Kürzerkettige A.e (n=0–5) sind Zwischenprodukte (z. T. auch in ungesättigter, hydroxylierter bzw. Keto-Form) beim Auf- u. Abbau der Fettsäuren.

Acyl-Transferasen [v. *acyl-], *Transacylasen*, Gruppe v. Enzymen, durch die die Übertragung v. Acylresten meist von od. zu Acyl-Coenzym A katalysiert wird. Bei der Fettsäuresynthese werden durch A. Acylreste v. Acyl-Coenzym A auf die zentrale SH-Gruppe des Acyl-Carrier-Proteins u. von dieser auf eine periphere SH-Gruppe übertragen. Die letzten Schritte der Fettsynthese, die sukzessiven Veresterungen v. Glycerin mit Fettsäuren, erfolgen ebenfalls durch Transfer v. Acylresten (v. Acyl-Coenzym A auf Glycerinphosphat) unter der Wirkung von A. Auch der Transport v. Acylresten in das Innere der Mitochondrien, wo der Fettsäureabbau stattfindet, erfolgt unter der Wirkung spezif. A., die in der inneren Mitochondrienmembran lokalisiert sind. ↗Acylcarnitin.

A_d, Abk. für ↗2'-Desoxyadenosin.

Adalia, Gatt. der ↗Marienkäfer.

Adamantoblasten [v. gr. adamas = Stahl, blastanein = bilden], *Ameloblasten*, *Ganoblasten*, Bildungszellen des harten Zahnschmelzes (Substantia adamantina). Die A. sind ektodermaler Herkunft u. entstammen dem Mundhöhlenepithel; als innere Epithellage der Zahnglocke bilden sie die

Adamsapfel

"Gußform" für die Entwicklung einer Zahnkrone u. induzieren gleichzeitig die Zahnbildung.

Adamsapfel, volkstüml. Bez. für den stärker als bei der Frau hervortretenden Teil des Schildknorpels am ↗ Kehlkopf des Mannes.

Adamsia w [ben. nach dem am. Zoologen Charles B. Adams, 1814–53], Gatt. der ↗ Mesomyaria.

Adansonia w [ben. nach dem frz. Botaniker u. Zoologen M. Adanson, 1727–1806], der ↗ Affenbrotbaum.

Adapedonta [Mz.], U.-Ord. der ↗ Blattkiemer-Muscheln mit 4 Überfam. (vgl. Tab.), mit rückgebildeter od. fehlender Scharnierplatte; grabende od. bohrende, meist marine Tiere, von denen bes. die Schiffsbohrer schädlich werden.

Adapedonta
Überfamilien:
↗ Bohrmuscheln *(Adesmoidea)*
↗ Klaffmuscheln *(Myoidea)*
↗ Scheidenmuscheln *(Solenoidea)*
↗ Trogmuscheln *(Mactroidea)*

Adaptation w [lat. adaptare = sich gehörig anpassen], allgemeine Bez. für die genetisch erworbene od. in der physiolog. Reaktionsbreite liegende Anpassung v. Organismen od. Organen an kurzfristige, langfristige bzw. wiederholte Wirkung v. Umweltreizen. Als physiologische A. Teil der Fähigkeit zur Aufrechterhaltung der ↗ Homöostase. Teilweise synonym verwandt, z.T. begrifflich getrennt, sind die Bez. Adaption, Akklimatisation, Akklimation, wobei *Adaption* u. *Akklimation* die Anpassung an *einen* (experimentell konstant gehaltenen) Faktor ("Einzelfaktor-A.") u. *Akklimatisation* die A. gegenüber einem Komplex v. Umweltfaktoren saisonaler od. klimat. Art bedeuten. Manche Autoren benutzen den Begriff A. nur für genetisch erworbene Anpassungen. 1) Als Begriff der Evolution bedeutet A., daß sich Organismen (phylogenetisch) so entwickeln, daß sie optimal ihrer Umwelt eingefügt (angepaßt) sind; ↗ Anpassung, ↗ adaptive Radiation. 2) In der Sinnesphysiologie werden mit A. Mechanismen bezeichnet, die in einer direkten Antwort (od. Regulation) auf Außenreize bestehen, wobei aber der Zustand des reagierenden Systems nur vorübergehend verändert wird. Beispiele sind die Anpassungen v. Rezeptoren an konstante Reizintensität u. -dauer. Das anfangs hohe Rezeptorpotential wird in Abhängigkeit v. den Rezeptoreigenschaften (schnell, mittel u. langsam adaptierende Rezeptoren) auf ein niedrigeres Niveau eingestellt (z. B. Hell-Dunkel-A. des Auges, Einstellen des Gehörsinns auf einen Geräuschpegel, Anpassung der Geruchs- u. Geschmacksrezeptoren). Im Extremfall kann die A. so vollständig sein, daß die Erregungsweiterleitung unterbunden u. damit der Reiz nicht mehr wahrgenommen wird (z. B. Berührungsreiz durch Kleidung). 3) In der Chronobiologie (Biorhythmik) bezeichnet A. die Anpassung endogener Rhythmen an Zeitverschiebungen (Photoperiodik, Schlaf-Wach-Perioden u. a.). 4) Die metabolische A. umfaßt die Antworten des Organismus auf biochem. Ebene gegenüber Umweltfaktoren, wie O_2-Angebot (↗ Anaerobiose), Wechsel des Atem- (↗ Atmungsorgane) u. Ausscheidungsmediums (↗ Exkretion), Temperatur (↗ Temperaturanpassung, ↗ Überwinterung), Druck u. Höhe. 5) In der Mikrobiologie die ↗ chromatische A. v. Cyanobakterien an die spektrale Zusammensetzung des Lichts.

Lit.: *Precht, H., Christophersen, J., Hensel, H., Larcher, W.:* Temperature and Life. Berlin 1973.

Adaptationswert, *Anpassungswert, Eignung, Fitness, Selektionswert, relative Überlebensrate,* Begriff zur Beschreibung der Fähigkeit eines Genotyps, möglichst häufig im Genpool der nächsten Generation vertreten zu sein. Individuen (Genotypen) mit einem hohen A. sind mit größerer, Individuen mit einem niedrigen A. mit geringerer Häufigkeit in der Population (im Genpool) der nächsten Generation vertreten. Die Selektion ist dabei die richtende Kraft, die die Zusammensetzung des Genpools bestimmt. Die Selektion kann z. B. über die Fertilität, den Paarungserfolg oder die Überlebensrate wirksam werden. Alle nur beispielhaft genannten Ebenen, auf denen die Selektion wirksam werden kann, sind nur Teilkomponenten einer Gesamtfitness (eines Gesamt-A.s) eines Genotyps. Da es nahezu unmöglich ist, den Gesamt-A. (die Gesamtfitness) eines Genotyps zu bestimmen, wird in der Populationsgenetik mit dem A. ein relatives Maß zur Beschreibung der selektiven Eignung eines Genotyps benutzt. In der experimentellen Populationsgenetik ist z. B. die Überlebensrate eine häufig bestimmte Fitnesskomponente, um die Selektionswirkung genauer zu beschreiben. Die Überlebensrate gibt an, wieviel % der Individuen eines Genotyps überleben u. sich fortpflanzen. Indem man die relative Überlebensrate der verschiedenen weniger geeigneten Genotypen im Verhältnis zum Genotyp mit der höchsten Überlebensrate

Adaptation
(Sinnesphysiologie)
A. einer Geruchsempfindung. Oben Reizamplitude (H_2S-Konzentration von $6,5 \cdot 10^{-6}$ Volumenanteilen), unten Empfindungsintensität (angegeben in willkürl. Einheiten, ermittelt aus den Schätzungen von 4 Personen in je 10 Versuchen).

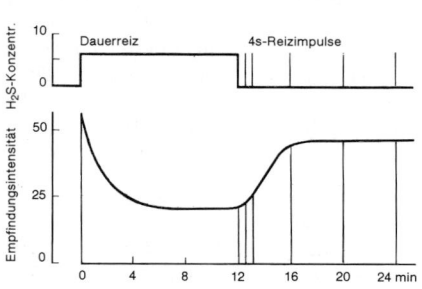

berechnet, erhält man den A. Wenn z. B. von 100 Individuen eines Genotyps AA 90 Individuen u. von 100 Individuen eines Genotyps aa 27 Individuen überleben, so beträgt die Überlebensrate λAA = 90/100 = 0,9 und die Überlebensrate λaa = 27/100 = 0,27. Daraus ergibt sich die relative Überlebensrate des Genotyps AA = $\lambda AA/\lambda AA$ = 0,9/0,9 = 1 und die relative Überlebensrate des Genotyps aa = $\lambda aa/\lambda AA$ = 0,27/0,9 = 0,3. Der Genotyp AA hat einen A. von w = 1 und der Genotyp aa einen A. von w = 0,3. Die Differenz des A.s zum Wert 1 wird als *Selektionskoeffizient S* = 1 − w bezeichnet und häufig in der Populationsgenetik benutzt.

Adaptationszone, (Simpson 1953), beschreibt die Bildung („Erschließung") neuer „Großnischen" bei der Entstehung neuer Grundbaupläne in der transspezifischen Evolution, die durch ↗adaptive Radiation in ↗ökologische Nischen unterteilt werden.

Adaptiogenese *w* [v. *adapt-, gr. genesis = Entstehung], ein von Parr 1926 eingeführter Begriff, der den Vorgang der Entstehung v. Anpassungen in der Phylogenie beschreibt u. den dynam. Aspekt der Anpassung betont. Neu auftretende Mutationen u. Rekombinationen des genet. Materials verursachen unterschiedl. Merkmalsausprägungen mit unterschiedl. ↗Adaptationswerten. Während der A. werden im Verlauf v. Generationen die Merkmale durch die Selektion in Richtung auf eine optimale Anpassung an eine gegebene Umweltsituation ausgerichtet; dadurch wird die Art befähigt, sich immer besser mit ihrer Umwelt auseinanderzusetzen, wodurch der Selektionsdruck schwächer wird.

Adaption *w* [v. *adapt-], ↗Adaptation.

adaptive Enzyme [v. *adapt-], Enzyme, die in der Zelle je nach der Zusammensetzung des Außenmediums neugebildet bzw. abgebaut werden können; z. B. werden bei zahlr. Mikroorganismen die Enzyme des Lactoseabbaus erst nach Zugabe v. Lactose als einziger Kohlenstoffquelle des Außenmediums durch Neusynthese (nicht durch Aktivierung v. Vorstufen) bereitgestellt. Die Neusynthese eines adaptiven Enzyms, schon seit langem als *adaptive Fermentbildung* bekannt u. bei Abbauwegen des Stoffwechsels, wie beim Lactoseabbau, meist durch ein Substratmolekül ausgelöst, wird auch als *Enzyminduktion* od. *Enzymderepression* bezeichnet. Dagegen faßt man die Vorgänge, die mit dem Abschalten der Synthese eines adaptiven Enzyms einhergehen − meist ausgelöst durch ein überschüssiges Endprodukt einer Synthesekette −, als *Enzymrepression* zusammen. Die Neusynthese bzw. das Abschalten der Synthese a.r E. basiert auf der Aktivierung bzw. Inaktivierung der entspr. Gene, so daß Systeme a.r E. letztlich auf der Regulation v. Genaktivitäten basieren. Ggs.: konstitutive Enzyme.

adaptive Radiation, beschreibt den Prozeß der Aufspaltung eines Grundbauplans, der mit der Bildung einer neuen ökolog. Zone (↗Adaptationszone) entstanden ist, in zahlreiche ökolog. Lebensformen. Während der a. n. R. einer solchen taxonom. Einheit kommt es zur Ausbildung zahlr. Anpassungen (Adaptationen) an die jeweiligen Umweltbedingungen. Für das Ausmaß der a. n R. ist entscheidend, was in einer gegebenen Umwelt möglich ist u. was die Konstruktion des jeweiligen Grundbauplans zuläßt. Je umfangreicher die ökolog. Lizenzen einer neu gebildeten ökolog. Zone sind, um so formenmannigfaltiger kann eine solche taxonom. Gruppe werden. Charakteristisch für die Unterteilung einer ökolog. Zone in zahlreiche ökolog. Nischen ist die Beibehaltung u. geringe Veränderung der Anpassungsmerkmale, die das „Erschließen" der neuen ökolog. Zone überhaupt erst ermöglicht haben. Alle Mitglieder der taxonom. Einheit, die eine bestimmte ökolog. Zone gebildet haben und das Ergebnis der nachfolgenden a.n R. sind, besitzen diese Schlüsselmerkmale. Bekannte Beispiele sind die a.n R.en der Beuteltiere Australiens und der Darwinfinken der Galápagosinseln. B 43.

Adaptorhypothese [v. *adapt-], 1958 v. F. Crick aufgestellte Hypothese, die besagt, der in der DNA od. RNA codierten genet. Information u. der in Form v. Aminosäuresequenzen der Proteine ausgeprägten Information ein vermittelndes Molekül *(Adaptor)* wirken muß, das sowohl mit RNA (oder DNA) als auch mit Proteinen in Wechselwirkung treten kann u. dabei die räuml. Ausdehnung eines Trinucleotids (Triplett) auf die geringere Ausdehnung eines Aminosäurerestes reduziert (adaptiert). Die A. wurde durch die Entdeckung von t-RNA und ihrer Adaptorfunktion während des Translationsprozesses überzeugend bestätigt.

adäquater Reiz, derjenige Reiz, für den ein Rezeptor die größte Empfindlichkeit besitzt (Licht für die Retinarezeptoren, Temperatur für Thermorezeptoren); Ggs.: *inadäquater Reiz,* der nicht od. nur bei sehr hohen Intensitäten erregungsauslösend wirkt (z. B. „Sterne sehen" bei hohen Druckbelastungen des Auges).

adaxial [v. lat. ad = zu, axis = Achse], nahe der Körperachse.

Addisonsche Krankheit [ä̱disn, ben. nach dem engl. Arzt T. Addison, 1793−1860],

adapt- [v. lat. ad- = zu, an, aptus = passend, bzw. lat. adaptare = gehörig anpassen], in Zss.: angepaßt od. Anpassung.

Addition

Morbus Addison, Bronzehauterkrankung, seltene endokrinolog. Erkrankung durch chron. Ausfall v. mindestens 90% der Nebennierenrinde; dadurch Mangel an Hormonen, die den Mineral- u. Glykogenstoffwechsel regulieren (Cortisol u. Aldosteron). Krankheitssymptome sind rasche Ermüdbarkeit, Blutdruckabfall, Appetitlosigkeit, Muskelschwäche, Gewichtsverlust, Anämie, Kohlenhydrat- u. Elektrolytstoffwechselstörungen (niedriger Blutzukker, erhöhtes Kalium, erniedrigtes Natrium im Blutserum). Wegen der fehlenden Rückkoppelung durch den Cortisolmangel wird v. der Hypophyse vermehrt ACTH u. MSH sezerniert. Durch die Vermehrung v. Melanin kommt es zu der für die Erkrankung typ. Braunverfärbung der Haut. Hauptursache ist eine primäre Atrophie des Organs, wobei Autoimmunprozesse diskutiert werden, aber auch Zerstörung der Nebenniere durch Tuberkulose, Tumoren, mangelnde Blutversorgung durch Gefäßverschlüsse od. Entzündungen. Die gleiche Symptomatik kann auftreten, wenn durch einen Tumor der Hypophyse die Ausschüttung des ACTH ausbleibt u. dadurch die Nebennierenrinde atrophiert. In diesem Fall fehlt die Braunverfärbung der Haut. Die Therapie erfolgt durch Zufuhr v. Cortisol u. Kochsalz; ohne Therapie stets tödl. Verlauf.

Addition, die Anlagerung eines kleineren Moleküls (Wasser, Wasserstoff, Ammoniak u. a.) an die Mehrfachbindung od. an das konjugierte System eines größeren Moleküls. A.sreaktionen kommen in zahlr. Stoffwechselwegen vor, z. B. die A. von Wasser an Fumarsäure bzw. cis-Aconitsäure unter Bildung v. Apfelsäure bzw. Isocitronensäure während des Citronensäurezyklus, od. die A. von Wasserstoff bei den Hydrierungen v. ungesättigten Fettsäuren u. β-Ketosäuren während der Fettsäuresynthese. Ggs.: Elimination.

Additionsbastarde, *amphi(di)ploide Bastarde,* in der Regel tetraploide Individuen (Chromosomensatz AABB), die aus Kreuzungen zw. verschiedenen Arten hervorgehen können.

additive Farbmischung, entsteht bei der Übereinanderprojektion v. Licht verschiedener Wellenlängen. Fällt z. B. auf dieselbe Netzhautstelle rotes (Wellenlänge 671 nm) u. grünes Licht (546 nm), so sieht man als *Mischfarbe* gelbes Licht (589 nm). Von der a.n F. ist die *subtraktive Farbmischung* zu unterscheiden, die einen rein physikal. Vorgang umschreibt. Fällt weißes Licht durch ein breitbandiges Gelbfilter u. anschließend durch ein ebensolches Blaufilter, so ergibt sich die subtraktive Mischfarbe Grün, da nur dieser Anteil des Farbspektrums beide Filter passieren kann. Subtraktive Farbmischung tritt auch beim Mischen v. Pigmentfarben auf, da die einzelnen Farbkörnchen wie breitbandige Farbfilter wirken. [B] Farbensehen.

additive Typogenese, beschreibt die Evolution neuer, über das Rassen- u. Artniveau hinausreichender, höherer systemat. Einheiten (z. B. Familien, Ordnungen, Klassen od. Stämme). Die Mechanismen der Rassen- u. ↗Artbildung sind heute weitgehend geklärt. Der Prozeß, der zur Bildung neuer Arten führt, wird *Mikroevolution* bzw. *infraspezifische Evolution* genannt. Evolution ist aber auch durch Anagenese (Höherentwicklung) gekennzeichnet. Dabei entstehen neue Grundbaupläne, die in der heute existierenden Tier- und Pflanzenwelt meist unvermittelt nebeneinanderstehen. Der über das „Artniveau" hinausreichende Prozeß, der zur Bildung differenter „Organisationstypen" führt, wird als *Makroevolution* od. *transspezifische Evolution* bezeichnet. Das führt zu der Frage, ob im Bereich der Makroevolution dieselben Evolutionsfaktoren u. Evolutionsmechanismen wirksam sind wie im Bereich der Rassen- u. Artbildung. Die neuere Evolutionsforschung hat zu der Auffassung geführt, daß in beiden Bereich dieselben Evolutionsmechanismen wirksam sind; durch kleine (infraspezifische) Evolutionsschritte werden nicht nur während der adaptiven Radiation ökolog. Zonen untergliedert (Artbildung), sondern durch den Prozeß der additiven Typogenese (Anreicherung kleiner Evolutionsschritte = Mosaikevolution) werden auch neue „Organisationstypen" aufgebaut. – Zur Erklärung des Verlaufs der Makroevolution sind immer wieder *Makromutationen* (Goldschmidt 1940) gefordert worden, durch die quasi auf „einen Schlag" neue Merkmalskomplexe, sog. „hopeful monsters", entstehen sollten. Bei dieser Vorstellung über den Verlauf der Makroevolution ist nicht die Population die Evolutionseinheit, sondern das Individuum. Damit über solche Makromutationen eine evolutive Änderung überhaupt Fuß fassen kann, müßte dieselbe Makromutation wenigstens bei zwei Individuen, einem ♀ und einem ♂, erfolgen; dies ist höchst unwahrscheinlich. – Diese Auffassung über den Verlauf der Makroevolution ist dadurch genährt worden, daß zw. vielen unvermittelt nebeneinanderstehenden „Organisationstypen" vermittelnde Bindeglieder *(connecting links)* fehlten. Doch hat die Paläontologie inzwischen ein reichhaltiges Material vorgelegt, welches den schrittweisen additiven Aufbau neuer, höher entwickelter Merkmalskomplexe belegt. Der Urvogel *Archaeopte-*

ADAPTIVE RADIATION

Insektenfresser (ganz oder teilweise)

Pflanzenfresser (ganz oder teilweise)

Unter besonderen Bedingungen — in den beiden Beispielen auf den Galapagosinseln und in Australien — können bestimmte Tierarten bei fehlender Konkurrenz die vorhandenen »freien Nischen« erobern und sich so in Anpassung an unterschiedliche Nischen in verschiedener Richtung entwickeln.

Die *Darwinfinken (Geospizinae)* der Galapagosinseln haben in Anpassung an unterschiedliche Nahrung oder an unterschiedliche Örte der Nahrungssuche differente Schnabelformen und Gestalten entwickelt. Die Ausgangsformen (Stammform) scheinen körnerfressende Finken (wie Typ g in der Abb. oben, der in Ekuador lebt) gewesen zu sein. Den höchsten Grad der Anpassung hat der *Spechtfink* (Photo unten) erreicht, der einen Kaktusstachel als »Werkzeug« benutzt, um Insekten aus Bohrlöchern in Baumstämmen herauszustochern.

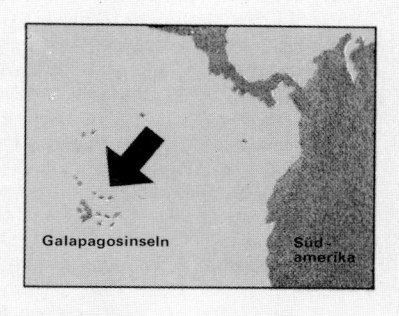

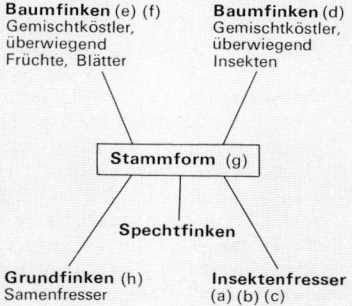

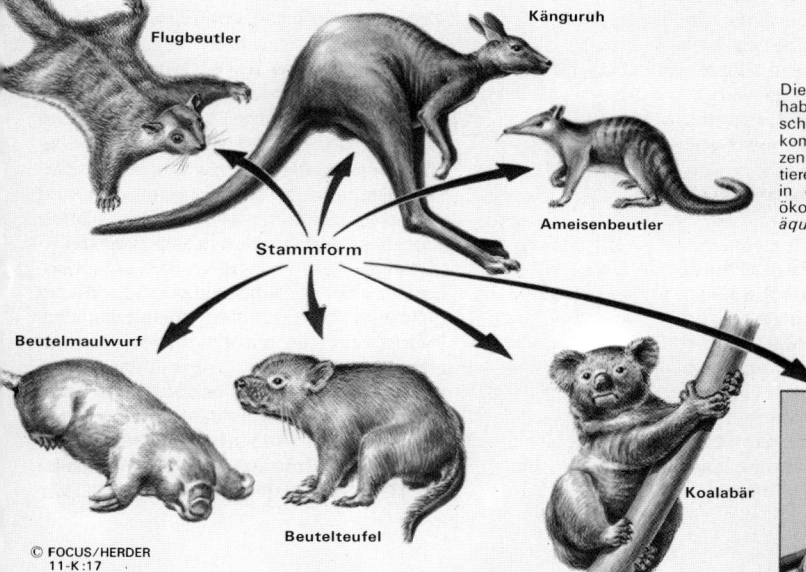

Galapagosinseln — Südamerika

Baumfinken (e) (f)
Gemischtköstler, überwiegend Früchte, Blätter

Baumfinken (d)
Gemischtköstler, überwiegend Insekten

Stammform (g)

Spechtfinken

Grundfinken (h)
Samenfresser

Insektenfresser (a) (b) (c)

Flugbeutler — Känguruh — Ameisenbeutler

Stammform

Beutelmaulwurf — Beutelteufel — Koalabär — Beutelmaus

Die *Beuteltiere (Marsupialia)* Australiens haben die verschiedensten Typen mit unterschiedlicher Lebensweise entwickelt. Es kommt dabei zu erstaunlichen Konvergenzen mit bestimmten Formen höherer Säugetiere *(Placentalia)*, die in Australien fehlen, in der übrigen Welt aber ganz ähnliche ökologische Planstellen besetzen *(Stellenäquivalenz)*.

ryx ist dadurch ausgezeichnet, daß er „noch" Reptilienmerkmale u. „schon" Vogelmerkmale, also ein Mosaik v. alten (plesiomorphen) und neuen (apomorphen) Merkmalen besitzt. Alte, an die Reptilienherkunft des Archaeopteryx erinnernde Merkmale sind z. B. die in Alveolen sitzenden thekodonten Zähne, die aus unverschmolzenen Wirbeln bestehende Schwanzwirbelsäule, die Rippen ohne Rippenfortsätze u. die drei mit Krallen versehenen freien Finger. Neue, in die Entwicklungsrichtung der Vögel weisende Merkmale des Archaeopteryx sind z. B. seine Federn, das Gabelbein u. das nach hinten gedrehte Schambein. Die Klasse der Vögel ist durch a. T. aus der Reptiliengruppe der Archosaurier (hierzu gehören neben den Dinosauriern u. Pterosauriern auch die rezenten Krokodile) hervorgegangen. P. S.

Adductores [Mz.; lat., = Zuführer], 1) Anzieher-Muskeln bei Wirbeltieren zur Adduktion der Gliedmaßen. 2) Schließmuskeln bei Lamellibranchiaten u. Brachiopoden zum Verschluß der Schalenklappen.

Ade, Abk. für Adenin.

Adekunbiella *w* [v. einer westafr. Sprache], fossile Gatt. der ↗ *Pogonophora* (Bartwürmer) aus dem unteren Oligozän von Oregon (Ord. *Hyolithellida*).

Adela [v. *adel-], Gatt. der ↗ Langhornmotten.

Adeleidae [Mz.; v. *adel-], Fam. der ↗ *Coccidia,* ↗ *Schizococcidia;* die Sporentierchen leben als einzellige Parasiten in Wirbellosen u. Wirbeltieren, z. B. in der Leibeshöhle v. Oligochaeten od. im Nierenepithel v. Lungenschnecken.

Adelgidae, die ↗ Tannenläuse.

Adelidae, die ↗ Langhornmotten.

Adelotus *m* [v. *adelo-], Gatt. der australischen Südfrösche *(Myobatrachidae). A. brevis,* der austr. Unkenfrosch von SO-Queensland u. Neusüdwales, erinnert in Aussehen, Verhalten u. Stimme an eine Unke; lebt verborgen an kleinen Pfützen bis großen Flüssen. Das Gelege wird v. Männchen durch Bewegungen mit den Vorderbeinen zu einem Schaumnest von ca. 15 cm ⌀ geschlagen, bewacht u. verteidigt. Kaulquappen schlüpfen nach wenigen Tagen.

Adelphien [v. gr. adelphos = Bruder, Mz. Geschwister], Gruppen v. Staubblättern, die an ihren Stielen (Filamenten) seitlich verwachsen sind; z. B. sind bei den Schmetterlingsblütlern *(Fabaceae)* die Filamente der 10 Staubblätter entweder alle zu einer geschlossenen od. nur 9 zu einer oben offenen, den Fruchtknoten umgebenden Röhre verwachsen. Je nachdem, wie viele Bündel die Staubblätter bilden, nennt man die Gesamtheit der Staubblät-

adel-, adelo- [v. gr. adēlos = verborgen].

aden-, adeno- [v. gr. adēn = Drüse], in Zss.: mit Drüsen zusammenhängend.

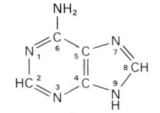

Adenin

ter (Andrözeum) mono-, di- od. polyadelphisch.

Adelphogamie *w* [v. gr. adelphoi = Geschwister, gamos = Hochzeit], *Geschwisterbestäubung,* Bestäubung zw. Pflanzen eines Klons.

Adenase [v. *aden-], *Adenin-Desaminase,* Enzym, das die Umwandlung von Adenin zu Hypoxanthin katalysiert u. damit den Abbau v. Adenin zu Harnsäure od. weiteren Abbauprodukten, wie Allantoin, Allantoinsäure u. Harnstoff, einleitet.

Adenia *w* [ben. nach der südjemenit. Stadt Aden], Gatt. der Passionsblumengewächse mit ca. 80 Arten, die im trop. Afrika u. Asien beheimatet sind. Einige trockenresistente Arten, wie die in der ostafr. Sukkulentensteppe vorkommende *A. globosa,* zeichnen sich durch eine sehr reduzierte Beblätterung u. knollig verdickte, 1–2 m breite Stämme aus.

Adenin *s* [v. *aden-], *6-Aminopurin,* Abk. *Ade,* seltener *A,* eine Purinbase, wichtiger Bestandteil der Nucleinsäuren u. einiger Coenzyme u. Nucleosidantibiotika; verbunden mit Ribose, bildet es das *Adenosin,* das wiederum mit Phosphorsäure zu den Adenosinphosphaten führt. In freier Form kommt A. u. a. in Teeblättern, Zukkerrübensaft, Hefe u. Steinpilzen vor.

Adenium *s* [arab.], Gatt. der Hundsgiftgewächse, die mit 10 Arten in den Steppen u. Wüsten der afr. Tropen, S-Afrikas u. der Arab. Halbinsel beheimatet ist. Die sukkulenten Arten besitzen einen dicken, unförm., bis 10 m hohen u. am Grunde manchmal über 3 m breiten Stamm u. fleisch., an den dicken Ästen spiralig angeordnete Blätter, sowie große trichterförm. rote Blüten, die in dichten Blütenständen vereint sind. Der bei Verletzung der Pflanze austretende, äußerst giftige Milchsaft wird als Pfeilgift benutzt.

Adeno-assoziierte Viren [v. *adeno-], Abk. *AAV,* ↗ Parvoviren.

Adenohypophyse *w* [v. *adeno-], *Hypophysenvorderlappen,* Abk. *HVL,* hormonproduzierender Anteil der Hypophyse, ektodermale Ausstülpung des Munddaches, untergliedert in Pars intermedia (Zwischenlappen, der sich unmittelbar der Neurohypophyse anschließt), Pars distalis (Vorderlappen, der den größten Teil der A. bildet) u. Pars infundibularis (Trichterlappen, ein Teil der Pars distalis, der entlang dem Zwischenhirnboden verläuft od. dem Hypophysenstiel aufliegt). Die A. produziert Peptidhormone großer Mannigfaltigkeit und breiten Wirkungsspektrums („master gland" des endokrinen Systems). A. hormone mit Reglerfunktion für andere endokrine Drüsen werden als glandotrope Hormone zusammengefaßt.

Adenom s [v. *adeno-], gutartige, von Drüsenepithel ausgehende Geschwulst, die feingeweblich oft dem normalen Drüsengewebe ähnelt. Endokrinolog. Aktivität ist möglich, unterliegt jedoch nicht der Regelung. Vorkommen u.a.: Hypophyse, Nebennierenrinde, Schilddrüse, Nebenschilddrüse, Prostata, Hoden, Ovarien, Brustdrüse, Magen-Darmtrakt, Uterus, Leber, Haut, Speicheldrüsen, Pankreas. Kann krebsig entarten.

Adenomera w [v. *adeno-, gr. meros = Teil, Glied], Gatt. der Südfrösche (U.-Fam. *Leptodactylinae*); mehrere kleine, 15 bis 40 mm lange Arten im neotrop. Regenwald; unterscheidet sich v. der Gatt. *Leptodactylus*, in die sie oft gestellt wird, durch direkte Entwicklung.

Adenophorea [Mz.; v. *adeno-, gr. -phoros = -tragend], eine der beiden U.-Kl. der ↗ Fadenwürmer; mindestens 800 Gatt., überwiegend marin u. limnisch.

Adenosin s [v. *adeno-], Abk. *A*, seltener *Ado*, ein Nucleosid, das aus Adenin u. β-D-Ribose aufgebaut ist; Bestandteil v. Ribonucleinsäuren sowie v. Coenzymen u. Nucleosidantibiotika.

Adenosin-Desaminase w [v. *adeno-], Enzym, das die Desaminierung v. Adenosinresten in bestimmten Positionen von t-RNA-Ketten unter Bildung v. Inosinresten katalysiert (↗ modifizierte Basen); von bes. Bedeutung wegen der Inosinreste in den sog. Wobble-Positionen der Anticodonen vieler t-RNAs.

Adenosin-5'-diphosphat s [v. *adeno-], *Adenosindiphosphat*, Abk. *ADP*, energiereiche Verbindung, die sich v. Adenosin durch Veresterung mit Pyrophosphat am

aden-, adeno- [v. gr. adēn = Drüse], in Zss.: mit Drüsen zusammenhängend.

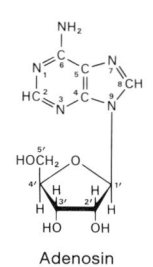

Adenosin

Adenosin-5'-monophosphat (AMP)

Adenosin-5'-diphosphat (ADP)

5'-C-Atom ableitet; gehört zur Klasse der Nucleosiddiphosphate. Bildet sich in der Zelle durch Phosphorylierung v. Adenosin-5'-monophosphat (AMP) sowie aus Adenosintriphosphat (ATP) durch Übertragung der γ-ständigen Phosphatgruppe auf Glucose, Kreatin u.a. im Zuge v. Aktivierungsreaktionen. Wird durch Phosphorylierung im Verlauf energieliefernder Reaktionen der Zelle, wie der Glykolyse, der oxidativen Phosphorylierung der Atmungskette od. der photosynthet. Phosphorylierung, in Adenosintriphosphat übergeführt. ADP wirkt als positives Effektormolekül bei der alloster. Regulation v. Isocitrat-Dehydrogenase, wodurch hohe ADP-Konzentrationen den Ablauf des Citratzyklus beschleunigen u. damit letztlich die erhöhte Umwandlung von ADP zu ATP herbeiführen.

Adenosinmonophosphat s [v. *adeno-], *Adenosin-5'-monophosphat*, Abk. *AMP* od. *5'-AMP*, Salz der *Adenylsäure*, gehört zur Klasse der Nucleosidmonophosphate. AMP ist in gebundener Form Bestandteil v. Coenzymen, wie v. Coenzym A, NAD$^+$ und FAD. Freies AMP wirkt regulatorisch als alloster. Effektormolekül u.a. bei der durch AMP positiv regulierten Phosphofructokinase-Reaktion bzw. bei der durch AMP negativ regulierten Fructosediphosphatase-Reaktion. In gebundener Form ist AMP (neben CMP, GMP und UMP) einer der vier Hauptbestandteile der Ribonucleinsäuren u. kann in der Zelle aus diesen durch enzymat. Abbau freigesetzt werden. Dabei, sowie beim chem. Abbau außerhalb der Zelle, entstehen auch die 2'- und 3'-Isomeren (☐ 46). Das Isomere *Adenosin-2'-monophosphat* ist auch Bestandteil von NADP$^+$. AMP bildet sich in der Zelle über zahlr. Zwischenstufen, ausgehend v. Ribose-5-phosphat, Glycin, C_1-Bausteinen (CO_2 u. aktiviertes Formiat) u. Aminogruppen v. Asparaginsäure u. Glutamin, wobei Inosin-5'-phosphat eine der letzten Vorstufen ist. Daneben existiert ein Wiederverwertungsweg für freies, durch Abbau von A.en entstandenes Adenin, in dessen Verlauf sich Adenin u. Phosphoribosylpyrophosphat direkt zu Adenosin-5'-monophosphat unter Freisetzung v. Pyrophosphat vereinigen. AMP bildet sich aus ATP bei einigen

Adenohypophyse (Sekretionsprodukte der Pars distalis)

Hormon	Abk.	Kette	molare Masse	Zahl der Aminosäurenreste (Spezies)
Choriogonadotropin	CG	α β	10200 14900	92 (Mensch) 139 (Mensch)
Choriomammotropin (Chorionsomatomammotropin, lactogenes Hormon der Placenta)	CS		22100	190 (Mensch)
Corticotropin (adrenocorticotropes Hormon)	ACTH		4500	39 (Mensch)
Follitropin (follikelstimulierendes Hormon)	FSH	α β	34000	200 (Mensch)
Lipotropin (lipotropes Hormon)	β-LPH		9950	90 (Schaf)
Lutropin (luteinisierendes Hormon interstitial cell-stimulating hormone)	LH ICSH	α β	12800	120 (Rind)
Melanotropin (melanocytenstimulierendes Hormon, Intermedin)	α-MSH β-MSH		1600 2600	13 (Rind) 22 (Mensch)
Prolactin (luteotropes Hormon, lactotropes Hormon)	LTH		22500	198 (Rind)
Somatotropin (Wachstumshormon, somatotropes Hormon)	STH		22000	190 (Mensch)
Thyrotropin (thyreoideastimulierendes Hormon)	TSH	α β	10800 13000	96 (Rind) 113 (Rind)

Adenosinmonophosphat

Vorkommen und Wirkung von zyklischem Adenosin-3',5'-monophosphat

Organismen-Gruppen und deren Vertreter	Wirkung
Bakterien: *Escherichia coli*	Aufhebung der reprimierenden Wirkung von Glucose (Katabolitrepression), Initiierung von messenger-RNA durch Vermittlung eines spezifischen cAMP-Rezeptor-Proteins. Hemmung des Abbaus von an Ribosomen gebundener messenger-RNA, Stimulierung der Synthese vieler Enzyme
Protozoen: *Paramecium* (Pantoffeltierchen)	Aktivierung einer Proteinkinase
Schleimpilze: *Dictyostelium discoideum*	extrazelluläre Signalübertragung, Zellaggregation durch chemotaktisches Zusammenkriechen der Zellen
Hefen: *Saccharomyces cerevisiae*	Beeinflussung der Oszillation und des Redoxgleichgewichts im Verlauf der Glykolyse, Beeinflussung der Sporulation
Wirbellose: Gliederwürmer, Seestern, Fahnenqualle, Klaffmuschel, Hummer, Kalmar (*Loligo*)	Aktivierung von Proteinkinasen
Leberegel (*Fasciola*) Schmeißfliege (*Calliphora*)	Übertragung der Wirkung des Serotonins
Wirbeltiere: Frosch, Kröte, Truthahn, Taube, Ratte, Maus, Meerschweinchen, Kaninchen, Mensch	Übertragung der Wirkung verschiedener Hormone und hormonähnlicher Substanzen, Wirkung als „second-messenger"
Höhere Pflanzen: Gerste, Erbse, Salat und verschiedene Unkräuter	Enzyminduktion bei der Samenkeimung, z. B. Stimulierung der Synthese von α-Amylase im Endosperm der Gerste. Streckwachstum (besonders bei *Pisum sativum*-Zwergen)

aden-, adeno- [v. gr. adēn = Drüse], in Zss.: mit Drüsen zusammenhängend.

Aktivierungsreaktionen, wie der Übertragung des Pyrophosphatrests von ATP auf Phosphoribosylpyrophosphat. Durch Phosphorylierungsreaktionen wird AMP in der Zelle in *Adenosin-5'-diphosphat (ADP)* u. *Adenosin-5'-triphosphat (ATP)* umgewandelt. – *Zyklisches Adenosin-3',5'-monophosphat (zyklisches A., cyclo-AMP, zyklische Adenylsäure)* ist ein universeller Effektor zur Regulation v. Genaktivitäten und v. Enzymsystemen. Es wirkt als intrazellulärer chem. Botenstoff *(second messenger)* zw. dem Plasmalemma, wo es durch Adenylat-Cyclase gebildet wird, u. bestimmten Stellen des Genoms bzw. bestimmten Enzymsystemen des Plasmas.

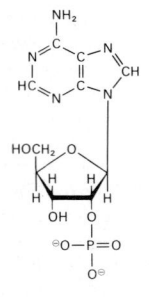

Adenosin-2'-monophosphat

Adenosin-3'-monophosphat

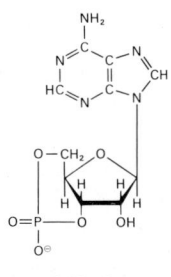

Zyklisches Adenosin-3',5'-monophosphat

Adenosintriphosphat (ATP)

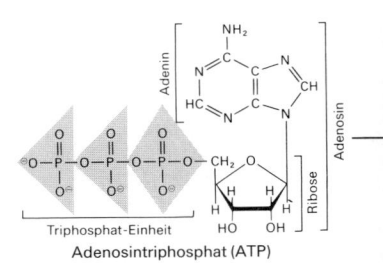

Es entsteht aus ATP – katalysiert durch das Enzym Adenylat-Cyclase – unter Abspaltung v. Pyrophosphat. Spaltung der 3'-Phosphatester-Gruppierung u. damit Inaktivierung von cyclo-AMP zu Adenosin-5'-monophosphat (AMP) erfolgt durch eine spezif. Phosphodiesterase. Eine Auswahl der vielfältigen Wirkungen v. cyclo-AMP ist in der Tab. aufgeführt.

$ATP + SO_4^{2\ominus} \rightarrow$ Adenosin-phosphosulfat (APS) + Pyrophosphat

Adenosinphosphosulfat s [v. *adeno-], *Adenosin-5'-phosphosulfat*, aktiviertes Sulfat, Abk. *APS*, energiereiches Säureanhydrid zw. Sulfat u. der Phosphatgruppe von AMP; Zwischenprodukt bei der Oxidation v. Sulfit zu Sulfat u. bei der Umkehrreaktion, der Reduktion v. Sulfat zu Sulfit, welche den ersten Schritt der assimilator. Sulfatreduktion – weiterführend zur Sulfidstufe des Schwefels – darstellt.

Adenosintriphosphat s [v. *adeno-], *Adenosin-5'-triphosphat*, Abk. *ATP*, entsteht u. a. bei Phosphorylierung v. ↗ Adenosin-5'-diphosphat (ADP) bei energieliefernden Prozessen, wie der Glykolyse, der oxidativen Phosphorylierung der Atmungskette od. der Photophosphorylierung; wichtigste energiereiche Verbindung des Zellstoffwechsels. Die in ATP gespeicherte Energie wird in der Zelle zur Aktivierung v. Aminosäuren, Fettsäuren u. a. sowie zur Übertragung der endständigen Phosphatgruppe auf verschiedenste Substrate eingesetzt. Unter der Wirkung von RNA-Polymerase wird die in ATP enthaltene AMP-Gruppierung in RNA eingebaut, wobei die endständige Pyrophosphatgruppe freigesetzt wird. Adenylat-Cyclase katalysiert die Umwandlung von ATP in zyklisches Adenosin-3',5'-monophosphat (↗Adenosinmonophosphat). ATP hemmt als alloster. Effektormolekül die Aktivität der Enzyme Isocitrat-Dehydrogenase u. Phosphofructo-Kinase, wodurch sich hohe ATP-Konzentrationen hemmend auf den Ablauf des Citratzyklus bzw. der Glykolyse auswirken; antagonistisch wirken dabei ADP bzw. AMP.

Adenosintriphosphatasen [v. *adeno-], Abk. *ATPasen*, Enzyme, durch welche ATP hydrolytisch zu ADP u. Phosphat gespalten wird. A. sind häufig Bestandteile v. Multienzymkomplexen, z. B. der in den inneren Mitochondrienmembranen lokalisierten Atmungskettenenzyme. Hier ist die von A. katalysierte ATP-Spaltung die Umkehrreaktion der ATP-Synthese, so daß allg. angenommen wird, daß die Funktion intakter, in die Mitochondrienmembran integrierter A. in der Synthese v. ATP besteht u. die ATP-Spaltung nur eine artifizielle (Umkehr-)Reaktion des durch Isolierung aus dem Membranverband freigesetzten Enzyms ist. Ähnlich wird auch für eine aus der inneren Chloroplastenmembran isolierbare A. angenommen, daß sie an der durch Lichtenergie getriebenen ATP-Synthese beteiligt ist. Andere A. sind Untereinheiten v. Enzymen, die normalerweise energieverbrauchende Reaktionen unter ATP-Spaltung katalysieren, deren isolierte ATP umsetzende Komponente jedoch gleichsam im Leerlauf, d. h. ohne Syntheseleistung, ATP spaltet. Weitere A. sind Bestandteile v. Membransystemen, die dem aktiven Transport v. Ionen dienen. Die dazu erforderl. Energie wird in diesen Systemen ebenfalls durch ATP-Spaltung gewonnen, u. auch hier ist die Wirkung isolierter A. als Leerlaufreaktion (ohne Transportleistung) aufzufassen. A.-Systeme kommen bes. in Membranen erregbarer Zellen, wie denen des Gehirns, der Nerven u. der Muskeln, vor; außerdem in Na^+-Ionen transportierenden Geweben, wie der Nierenrinde, der Speicheldrüse, den Salzdrüsen u. a.

Adenostyles w [v. *adeno-, gr. stylos = Säule, bot. Griffel], der ↗ Alpendost.

Adenostylion s, Verb. der ↗ Betulo-Adenostyletea.

Adenostylo-Cicerbitetum s, Assoz. der ↗ Betulo-Adenostyletea.

S-Adenosylhomocystein s [v. *adeno-], entsteht aus S-Adenosylmethionin durch Abspaltung der S-Methylgruppe im Zuge zahlreicher Transmethylierungsreaktionen. Durch Spaltung von S-A. zu Adenosin u. Homocystein wird die Regeneration von Methionin und S-Adenosylmethionin eingeleitet.

S-Adenosylmethionin s [v. *adeno-], *aktiviertes Methyl*, Abk. *Ado Met*, aktivierte Form des Methionins; wichtigstes Methylierungsmittel des Zellstoffwechsels. S-A. entsteht durch Reaktion v. Methionin mit ATP. Die Methyl-Schwefel-Brücke ist eine sehr energiereiche Bindung, deren Methylgruppe in Anwesenheit entspr. Enzyme auf verschiedene Methylgruppen-Akzeptoren übertragen werden kann (Transmethylierung). Als demethyliertes Produkt bildet sich dabei S-Adenosylhomocystein.

adenotrop [v. *adeno-, gr. tropos = hinwendend], die Sekretion v. Drüsen beeinflussend.

adenotropes Hormon [v. *adeno-, gr. tropos = hinwendend], Sammelbez. für Hormone, die die Hormonausschüttung peripherer endokriner Drüsen bewirken, z. B. gonadotrope Hormone u. die Häutung u. Metamorphose der Insekten stimulierende Hormone (prothorakotropes Hormon). Ggs.: somatotropes Hormon.

Adenoviren [v. *adeno-], *Adenoviridae*, Fam. der DNA-Viren mit den Gatt. *Mastadenovirus* (ca. 90 Arten bei Säugetieren) u. *Aviadenovirus* (ca. 18 Arten bei Vögeln). Die Bez. der Arten (fr. Typen) erfolgt nach neuerer Regelung nach einem Drei-Buchstaben-Code, der sich aus dem zool. Namen des Wirts ableitet (z. B. ovi 1 = Schaf-Adenovirus 1). Menschliche A. (vgl. S. 48) werden durch den Buchstaben „h" gekennzeichnet. A. verursachen akute Infektionen der Atemwege u. der Augen. Viele Arten induzieren Tumoren in Versuchstieren, die nicht dem natürl. Wirt entsprechen, od. können Zellen in vitro transformieren. Wegen dieser onkogenen Eigenschaften sind A. sehr intensiv untersucht worden. Im Genom menschlicher A. liegt die transformierende Region im linken, terminalen Bereich. Das Genom der A. ist

Adenosintriphosphat (Abb. oben links) besteht aus *Adenin*, *Ribose* und einer *Triphosphat*-Einheit mit zwei inneren Phosphorsäureanhydrid-Bindungen. Bei deren enzymatischen *Hydrolyse* zu *Adenosindiphosphat (ADP)* und dann weiter zu *Adenosinmonophosphat (AMP)* wird Bindungsenergie freigesetzt ($\Delta G^{o'}$ = freigesetzte Energie unter Normalbedingungen). Die Phosphatgruppen sind in Wirklichkeit räumlich-tetraedrisch, nicht ebenquadratisch aufgebaut.

S-Adenosylmethionin

aden-, adeno- [v. gr. adēn = Drüse], in Zss.: mit Drüsen zusammenhängend.

aden-, adeno-
[v. gr. adēn = Drüse], in Zss.: mit Drüsen zusammenhängend.

Adenoviren
Menschliche A. werden aufgrund biochemischer, immunologischer u. a. Eigenschaften in 5 U.-Gatt. A–E unterteilt. Die DNA-Homologie innerhalb einer U.-Gatt. beträgt 80–90% (bei A nur 48–69%), zw. den U.-Gatt. 10–25%. Arten der U.-Gatt. A (h12, h18, h31) besitzen ein starkes onkogenes Potential, Arten der U.-Gatt. B (z. B. h3), C (z. B. h2) und D (z. B. h8) sind schwach bzw. nicht onkogen. Der G+C-Gehalt (G = Guanin, C = Cytosin) der DNA beträgt 47–49% (U.-Gatt. A), 50–52% (B), 57–59% (C), 57–60% (D und E).

eine doppelsträngige, lineare DNA (relative Molekülmasse $20-30 \cdot 10^6$, entspr. 30–45 Kilobasenpaaren) mit invertierten, terminalen Repetitionen von 100–200 Basenpaaren; an den 5'-Enden der DNA ist ein Protein kovalent gebunden; der DNA-Protein-Komplex ist infektiös. Das Virion ($\varnothing$ 70–90 nm) ist nicht v. einer Hülle umgeben, besitzt Ikosaedersymmetrie u. ist aus einem inneren Nucleoproteincore und einem äußeren Capsid mit 252 Capsomeren aufgebaut, davon 240 Hexone u. 12 Pentonbasen mit filamentösen Fortsätzen (Fibern). Die Replikation der viralen DNA beginnt an den Enden der Moleküle u. verläuft unter Verdrängung des anderen DNA-Strangs (strand displacement). Die Transkription unterteilt sich in eine frühe Phase vor Beginn der DNA-Synthese u. eine späte Phase, in der hpts. die Strukturproteine synthetisiert werden. Frühe m-RNAs werden von 5 verschiedenen Genombereichen transkribiert. Späte m-RNAs werden hpts. von einem einzigen Promotor aus transkribiert u. besitzen eine dreiteilige „leader"-Sequenz. Die Zusammensetzung der Viruspartikel erfolgt im Zellkern. Die Infektion mit A. führt in der Wirtszelle zur Abschaltung der zellulären DNA-, RNA- und Proteinsynthese. In Zellkulturen kommt es zu einem charakteristischen cytopathogenen Effekt.

Adenovirus-SV40-Hybride, nicht-defekte oder defekte ↗Adenoviren, entstanden durch Rekombination zw. Adenovirus- und SV40-DNA. Sie wurden urspr. nach Adaptation v. Adenoviren an Wachstum in Affenzellkulturen isoliert. Der SV40-Genomanteil liefert die Helferfunktion für die Vermehrung v. Adenoviren in Affenzellen.

Adenylat-Cyclase w [v. *aden-], *Adenyl-Cyclase,* Enzym, das die Umwandlung von ATP in zyklisches Adenosin-3',5'-monophosphat (cyclo-AMP) katalysiert u. damit die Aktivität bestimmter Gengruppen bzw. Enzymsysteme steuert (↗Adenosinmonophosphat). A. ist auf der Innenseite der Membran vieler Zellen lokalisiert. Die Aktivität von A. (u. damit die Bereitstellung von cyclo-AMP) wird durch besondere, häufig noch unbekannte Stoffwechselprodukte, bes. aber durch Hormone (z. B. Adrenalin, Glucagon), gesteuert. Letztere wirken durch Bindung an spezif. Rezeptoren an der Außenseite der betreffenden Membranen. Diese Hormonrezeptoren sind Proteine, die sich durch Bindung der entspr. Hormone so verändern, daß sie – mit Hilfe eines Übertragerproteins durch die Membran hindurchwirkend – A. aktivieren u. so die Bildung des „second messenger" cyclo-AMP bewirken. Als Antagonist von A. wirkt eine spezif. Phosphodiesterase, durch welche cyclo-AMP zu Adenosin-5'-monophosphat hydrolysiert wird.

Adenylat-Kinase w [v. *aden-], *Myokinase,* weitverbreitetes, bes. in Mitochondrien v. Muskelzellen vorkommendes Enzym, das die reversible Reaktion $AMP + ATP \rightleftharpoons 2\,ADP$ katalysiert. Die A.-Reaktion ermöglicht die Einschleusung v. AMP in die Atmungskettenphosphorylierung bzw. Photophosphorylierung v. ADP zu ATP.

Adenylattranslokator m [v. *aden-], *ATP-ADP-Carrier,* Transportsystem der inneren Mitochondrienmembran, das normalerweise den äquimolaren Austausch eines externen ADP^{3-}-Moleküls gg. ein internes ATP^{4-}-Moleküls, das in der Mitochondrienmatrix während der oxidativen Phosphorylierung gebildet wurde, durchführt (↗Antiport). Der A. besteht aus 2 Untereinheiten mit einer relativen Molekülmasse v. je 32 000; in Herzmitochondrien macht er 12% des Gesamtproteins der inneren Membran aus. Er ist für die hohe Spezifität der oxidativen Phosphorylierung verantwortlich, da nur ADP, ATP, dADP und dATP transportiert werden, nicht dagegen andere NDP- od. NTP-Moleküle. Die Transportrate (Turnover) liegt bei 500–600/min (18°C) pro A. Eine Hochrechnung der Gesamtleistung des A.-Systems eines erwachsenen Menschen ergibt ca. 120 mol/Tag, das entspricht 60 kg ATP/ADP pro Tag. Der A. kann spezifisch durch Atractylosid (v. außen) u. Bongkreksäure (v. innen) gehemmt werden. Auch die innere Hüllmembran der Plastiden verfügt über einen A. Hier liegen die Transportraten jedoch 1–2 Größenordnungen unter den bei Mitochondrien gemessenen. Die Versorgung des Cytoplasmas mit der während der Photosynthese erzeugten Energie erfolgt hier im wesentlichen über den Phosphattranslokator.

Adenylsäure ↗Adenosinmonophosphat.

Adenylsulfat-Reductasen [v. *aden-], Enzyme, durch die Sulfat, gebunden als Adenosinphosphosulfat (APS, *APS-Reductasen*) od. als Phosphoadenosinphosphosulfat (PAPS, *PAPS-Reductasen*), reduziert wird.

Adephaga [v. gr. adēphagos = gefräßig], U.-Ord. der ↗Käfer.

Aderhafte, Fam. der ↗Eintagsfliegen.

Aderhaut, *Chorioidea,* stark durchblutetes Epithel zw. Netzhaut (Retina) u. Lederhaut (Sclera). Die A. ist mesodermalen Ursprungs u. dient der Blutversorgung des Auges. Da die passiven elast. Kräfte v. Chorioidea u. Sclera die Antagonisten der Ciliarmuskulatur darstellen, kommt diesen bei der Akkommodation eine funktionelle Bedeutung zu. [das ↗Pyridoxin]

Adermin s [v. gr. a- = nicht, derma = Haut],

Adermooslinge, *Leptoglossum* Karst, Gatt. der Muschelinge (Ritterlingsartige Pilze), mit seitlich, selten zentral gestieltem, spatelförm. od. omphaloidem Fruchtkörper. Der Stiel ist kurz od. fehlend; das Hymenium aderig bis lamellig, oft quer miteinander verbunden; die Sporenfarbe weiß. Meist wachsen die A. an lebenden Moosen, seltener auf der Erde od. an toten Pflanzenresten.

Adern, 1) Bot.: Leit- u. Festigungselemente, die als kollateral geschlossene Leitbündel das gesamte Blatt durchziehen u. mit den Leitbündeln der Sproßachse in Verbindung stehen. ↗Blattadern. **2)** Zool.: röhrenförmige Versorgungsleitungen des tier. Organismus, die blutdurchströmt den Blutkreislauf gewährleisten (Blutgefäße); unterschieden werden Schlag- od. Puls-A. (Arterien) u. Blut-A. (Venen). **3)** Flügel-A. der Insekten (Tracheen), die dem Luftsauerstofftransport dienen.

Adernschwärze, Bakterienkrankheit v. Kohl u. a. *Brassica*-Arten; Erreger ist *Xanthomonas campestris.*

Aderweißling, der ↗Baumweißling.

Adesmia *w* [v. gr. adesmos = ungebündelt], Gatt. der ↗Hülsenfrüchtler.

Adesmoidea [v. gr. adesmos = ungebündelt], die ↗Bohrmuscheln.

ADH, Abk. für das antidiuretische Hormon, ↗Adiuretin.

Adhäsion [v. lat. adhaesio = das Anhaften], **1)** Haften v. Molekülen an einer festen Grenzfläche (Benetzungsfähigkeit), z. B. A. des Wassers an den Wänden der kapillaren Gefäße des Xylems durch elektrostat. Kräfte (van der Waalssche Nebenvalenzkräfte), zu unterscheiden v. Kohäsion, dem Haften der Wasserdipole. **2)** ↗Zelladhäsion.

Adhäsionskultur [v. lat. adhaesio = das Anhaften], die ↗Hängetropfenkultur.

Adiantaceae [v. gr. adianton = Frauenhaar, Pfl.], Fam. der leptosporangiaten Farne (Ord. *Filicales*) mit der einzigen Gatt. ↗Adiantum.

Adiantum *s* [lat., v. gr. adianton = Frauenhaar], *Lappenfarn, Haarfarn,* Gatt. der leptosporangiaten Farne mit ca. 200 Arten v. a. in den subtrop. und trop. Gebieten der Alten u. Neuen Welt, meist in eine eigene Fam. *(Adiantaceae)* od. als U.-Gruppe (U.-Fam.) zu den *Polypodiaceae* i. w. S. gestellt. Die A.-Arten sind feuchtigkeitsliebende Erdfarne u. durch die ursprüngl. Gabelnervatur u. die marginalen, v. den umgebogenen Fiederchenrändern als „Pseudoindusium" bedeckten Sori gut kenntlich. *A. capillus-veneris* (Frauenhaar- od. Venushaarfarn), dessen wiss. und dt. Name sich auf den zarten Wedelbau bezieht, erreicht als einzige Art W- und S-Europa, dringt v. Mittelmeerraum stellenweise bis in die Alpentäler vor u. gedeiht auch im Tessin; typ. Standorte sind überrieselte, v. Kalktuff bedeckte Felsen. *A. pedatum,* in Mitteleuropa winterhart u. daher im Freiland oft kultiviert, kommt im temperierten N-Amerika u. in O-Asien vor; der durch seinen fußförm. Blattabschnitt (Name!) auffällige Farn zeigt damit in seinem Areal die nordam.-ostasiat. Großdisjunktion. Zahlr. Arten (v. a. *A. cuneatum*) werden als Zimmerpflanzen gehalten od. finden in der Blumenbinderei Verwendung.

adipokinetisches Hormon [v. lat. adeps, Gen. adipis = Fett, gr. kinein = bewegen], *Adipokinin,* Insektenneurohormon mit Peptidstruktur aus den Corpora cardiaca, das, in die Hämolymphe abgegeben, die Lipidmobilisierung aus dem Fettkörper kontrolliert. Induziert wird die Umwandlung v. Triglyceriden u. Fettsäuren zu Diglyceriden.

Adipokinin *s,* das ↗adipokinetische Hormon.

Adiuretin *s* [v. gr. a- = nicht, diouretikos = harntreibend], *antidiuretisches Hormon, Vasopressin,* Abk. *ADH,* zyklisches Peptidhormon des Hypothalamus mit 9 Aminosäuren (Strukturaufklärung u. Synthese 1953/54 von V. du Vigneaud). Gebildet in den Nervenzellen des Nucleus supraopticus u. Nucleus paraventricularis, gelangt es, gebunden an ein größeres Polypeptid (Neurophysin), durch axonalen Transport durch den Tractus hypothalamohypophysealis in den Hypophysenhinterlappen. Dort wird es wie in einem Neurohämalorgan in Sekretgranula gespeichert u. bei Erregung der neurosekretor. Zellen direkt in den Körperkreislauf freigesetzt (↗hypothalamisch-hypophysäres System). Ausgelöst wird die A.ausschüttung durch die Erregung v. Osmorezeptoren, die z. T. mit den Nervenzellen des Hypothalamus identisch sind, teils in der Leber lokalisiert sind. A. bewirkt durch Erhöhung des Spannungszustands der glatten Muskulatur eine anhaltende Blutdrucksteigerung („Vasopressin"), regt die Dünndarmmuskulatur an u. erhöht die Wasserrückresorption in der Niere, was zu einer Konzentrierung des Harns führt (Diuresehemmung; Primärwirkung über die Aktivierung der ↗Adenylat-Cyclase). Der normale Blutspiegel im Menschen beträgt 3,7 mU/100 ml Serum bei einer Halbwertszeit von etwa 8 Min. Bei Unterproduktion od. Zerstörung des Hypophysenhinterlappens werden sehr große Mengen sehr dünnen Harns ausgeschieden (Diabetes insipidus, Wasserharnruhr), eine Krankheit, die durch Gaben von A. behoben werden kann. Eine Stimulation der A.produk-

Adiuretin

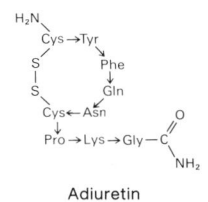

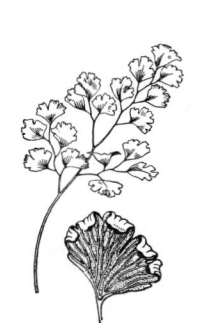

Adiantum capillus-veneris, Wedel u. Fiederblättchen

Adler

Bekannte Arten:
↗ Fischadler *(Pandion haliaetus)*
Habichtsadler *(Hieraaetus fasciatus)*
Kaiseradler *(Aquila heliaca)*
Raubadler *(Aquila rapax)*
Schelladler *(Aquila clanga)*
↗ Schlangenadler *(Circaetus gallicus)*
Schreiadler *(Aquila pomarina)*
↗ Seeadler *(Haliaeetus albicilla)*
↗ Steinadler *(Aquila chrysaetos)*
Zwergadler *(Hieraaetus pennatus)*

Kaiseradler *(Aquila heliaca)* im Jugendkleid

Schreiadler *(Aquila pomarina)*

tion erfolgt durch Alkohol, eine Hemmung durch Nicotin.

Adjak, U.-Art der ↗ Rothunde.

Adjustores [v. nlat. adjustare = ausgleichen], *Stielmuskeln,* ermöglichen solchen Brachiopoden begrenzte Beweglichkeit, die sich mit ihrem Stiel auf einer Unterlage festsetzen.

Adler, 1) *A. i. w. S.,* große Greifvögel aus der Fam. der Habichtartigen, Sammelbez. für verschiedene Gatt. und Arten (vgl. Tab.), die sich durch einen mächtigen Hakenschnabel, lange breite Flügel u. einen kraftvollen Flug auszeichnen. Sie fallen meist fliegend über ihre Beute her, einige fressen auch Aas. Die Flügelspannweite liegt bei den meisten A.n über 1,2 m, ihr Gewicht beträgt 1–7 kg. Vor allem die größten A. sind ausgezeichnete Segelflieger. Verfolgungen in den zivilisierten Ländern haben sie weitgehend in unzugängl. Gebiete (z. B. Gebirge) verdrängt. Ihr Nest, das sie oft mehrere Jahre hintereinander benutzen, bauen die A. aus Ästen in Bäume od. Felsnischen, gelegentlich auf den Boden; 1–3 Eier werden 40–50 Tage lang bebrütet; meist kommen nicht alle Jungen hoch, da das schwächere bei der Fütterung vernachlässigt bzw. vom älteren verdrängt wird. Die Jungen werden erst nach mehreren Jahren fortpflanzungsreif. 2) *A. i. e. S., Echte A.,* die Arten der Gatt. *Aquila.* Schrei-A. *(A. pomarina),* wird bis 66 cm groß, Altvögel braun, Jungvögel mit hellen Flügelflecken; bewohnt locker bewaldete, v. Seen u. Flüssen durchzogene Niederungen u. Hügelland im östl. Europa (in der BR Dtl. ausgestorben), in Kleinasien u. in Indien; lebt v. Kleinsäugern, Fröschen, Reptilien u. großen Insekten. Schell-A. *(A. clanga),* wird bis 73 cm groß, Altvögel braun mit auffallend weißer Schwanzwurzel, Jungvögel mit zahlr. weißen Flügelflecken, klangvolle Rufe; das Brutvorkommen in gewässerreichen Waldgebieten erstreckt sich vom östl. Europa über die südl. Sowjetunion bis zur Mongolei u. Mandschurei. Raub-A. *(A. rapax),* wird bis 78 cm groß; eine Form (Steppen-A.) kommt in SO-Europa u. Mittelasien vor, eine etwas größere Form im afrikanisch-indischen Raum; jagt vorwiegend Ziesel u. nistet meist am Boden. Kaiser-A. *(A. heliaca),* wird bis 83 cm groß, Flügelspannweite bis 1,9 m; schwarzbraun mit hellem Nacken u. weißen Schultern; lebt in Wäldern u. baumarmen Steppen in Spanien u. SO-Europa bis NW-Indien. Habichts-A. *(Hieraaetus fasciatus),* wird bis 74 cm groß, mit kontrastreicher Hell-Dunkel-Färbung u. relativ schmalen langen Flügeln; bewohnt felsige Gebirgsgegenden in N-Afrika u. dem südl. Eurasien u. schlägt Vögel u. Kleinsäuger. Zwerg.A. *(H. pennatus),* mit bis 53 cm etwa bussardgroß, oberseits braun, unterseits hell mit schwarzen Schwingen, gewandter Flug; lebt in waldigem Hügelland im südl. Europa, in Asien bis zur Mongolei u. in N-Afrika.

Adlerfarn, *Pteridium aquilinum,* einzige Art der Gatt. mit mehreren Formen, meist zu den *Pteridaceae* od. in eine eigene Fam. *(Hypolepidaceae)* gestellt. Der A. erreicht als Spreizklimmer Höhen bis 2 m und entwickelt ein reich verzweigtes, weithin kriechendes Rhizom, das jährlich nur 1–2 Blattanlagen bildet. Die Blätter sind 2- bis 4fach gefiedert u. besitzen an der Basis der Rhachis 1. und 2. Ordnung Nektarien. Die Sori stehen marginal an kleinen Queräderchen u. werden v. einem Indusium u., wie bei den übrigen Pteridaceae, zusätzlich v. eingebogenen Fiederchenrand (Pseudoindusium) bedeckt. Mit Ausnahme der Polarländer u. extremen Trockengebiete, ist der A. fast kosmopolitisch verbreitet. Als Magerkeitszeiger wächst er v. a. auf sauren Böden, benötigt aber ausreichend Bodenfeuchtigkeit u. Lichteinfall. In artenarmen Kiefern- u. Eichenwäldern, an Waldrändern u. als giftiges Weideunkraut in ungepflegten Weiden tritt er in großen Herden auf, in den Besenginsterheiden (Sarothamnion) besitzt er einen

Verbreitungsschwerpunkt. Genutzt wird der A. gelegentlich als Streu, daneben findet in manchen Ländern das stärkehalt. Rhizom Verwendung u. war z. B. in Neuseeland ein wichtiges Nahrungsmittel der Maoris.

Adlerfisch, *Johnius hololepidotus,* ↗ Umberfische.

Adlerrochen, *Myliobatidae,* Fam. der Rochen mit 4 Gatt. u. etwa 25 Arten; diese in allen warmen Meeren pelagisch lebenden Knorpelfische haben lange, zugespitzte, flügelartig ausgezogene Brustflossen, einen deutlich abgesetzten, hufeisenförm., vorn wulstigen Kopf mit seitlich angeordneten Augen u. Spritzlöchern sowie pflastersteinart. Mahlzähnen u. einen langen, peitschenart. Schwanz ohne Afterflosse, aber mit kleiner Rückenflosse u. dahinter meist 1–2 sägeart. Giftstacheln. Der rautenförm., abgeflachte Körper kann bis 2,4 m breit u. über 350 kg schwer sein. Da A. vorwiegend Muscheln u. Schnecken fressen, sind sie gefürchtete Räuber für Austernbänke. A. sind lebendgebärend; die 3–7 Jungen pro Wurf werden im Uterus durch ein Sekret zusätzlich ernährt. Der bis 2 m breite Gewöhnliche A. *(Myliobatis aquila)* kommt auch vor der brit. Küste u. im Mittelmeer vor; er hat einen Giftstachel, eine dunkelbraune Rücken- u. eine weißl. Bauchseite; sein Schwimmen wirkt durch die flügelart. Schläge der Brustflossen sehr elegant. In den Küstenbereichen der trop. Meere ist der bis 2,3 m breite Gefleckte A. *(Aetobatus narinari)* beheimatet; er kann sich hoch u. weit aus dem Wasser schnellen. Bei den Kuhrochen *(Rhinoptera)* ist der Fleischwulst vorne am Kopf in 2 Höcker unterteilt; die 1 m breite Art *R. marginata* kommt auch im Mittelmeer vor.

Admetus [v. gr. admētos = ungebändigt], Gatt. der ↗ Geißelspinnen.

Admiral, *Vanessa atalanta,* Vertreter der Fleckenfalter, einer unserer schönsten u. bekanntesten Tagfalter; v. Persien über Europa u. Afrika nach N-Amerika verbreitet u. sehr wanderfreudig. Während die Unterseite der Flügel in Ruhestellung tarnfarben ist, ziert die Oberseiten je ein leuchtend rotes Band, u. an der Spitze der Vorderflügel befinden sich einige weiße Flecken. Im Frühjahr fliegen die Falter der 1. Generation aus dem S einzeln nach Mittel- u. N-Europa ein u. bringen dort die zahlreicher anzutreffenden Tiere der Spätsommergeneration hervor; diese wandern teilweise nach S-Europa zurück od. gehen bei uns zugrunde; nur selten gelingt eine Überwinterung im Falterstadium nördlich der Alpen. Der A. ist im Herbst als Blütenbesucher oft auf Waldwiesen od. in Gärten zu beobachten, er saugt aber auch an ausfließenden Baumsäften u. an Fallobst; diese Nahrungsquellen überprüft er mit Geschmackssinnesorganen an den Füßen. Die schwarzbraunen Dornenraupen tragen einen hellen Seitenstreifen u. leben meist einzeln in zusammengesponnenen Blättern v. Brennesseln, seltener Disteln.

Adlerfarn
Blattstielquerschnitt des A. s *(Pteridium aquilinum).*
Auf die aus bräunl. Festigungsgewebe gebildete adlerähnl. Figur nehmen wiss. und dt. Name Bezug.

Adnata [Mz.; v. lat. adnatus = angeboren, verwandt], Sammelbez. der Thalluspflanzen (viele Algen, Pilze, Flechten u. Moose), die auf lebenden u. nicht lebenden Substraten festhaften; im Ggs. dazu werden die frei lebenden Thalluspflanzen u. Einzeller als *Errantia* u. die wurzelnden Sproßpflanzen als *Radicantia* bezeichnet.

Adocia *w* [v. gr. a- = nicht, dokein = meinen, scheinen], Schwamm-Gatt. der *Haliclonidae;* bekannteste Art *A. cinerea,* krustenförmig mit schornsteinart. Erhebungen, meist orange- od. purpurrot u. violett gefärbt; kommt bis zu 150 m Tiefe in Nordsee, Mittelmeer u. allen Ozeanen vor.

Adoleszenz *w* [v. lat. adolescentia = Jugend], Endphase des jugendl. Alters v. Beginn der Pubertät bis zum Erreichen der vollen Entwicklung.

Adonisröschen *s* [ben. nach Adonis, einem Geliebten der Aphrodite], *Adonis,* Gatt. der Hahnenfußgewächse mit 2–3fach fiederschnittigen, an der Spitze linealisch ausgezogenen Blättern u. gelben od. roten Blüten mit zahlr. Blütenblättern. Die Gatt. ist eurasiatisch u. umfaßt ca. 30 Arten, von denen 3 in Mitteleuropa vorkommen. Das einjähr. Sommer-A. *(A. aestivalis),* 20 bis 60 cm hoch, mit 5–8 roten od. blaßgelben Blütenblättern, an denen die unbehaarten Kelchblätter anliegen, blüht zw. Mai u. Juni auf sommerwarmen u. kalkreichen Äckern. In Getreidefeldern wächst vereinzelt das seltene Flammen-A. *(A. flammeus);* es besitzt im Ggs. zum Sommer-A. behaarte Kelchblätter. In kontinentalen Trocken- u. Steppenrasen findet sich das ausdauernde Frühlings-A. *(A. vernalis);* es blüht goldgelb mit 10–20 Kronblättern zw. April u. Mai. Alle drei Arten stehen auf der ↗ Roten Liste; Flammen-A. u. Frühlings-A. sind „stark gefährdet", das Sommer-A. ist „gefährdet". Als Zierpflanzen in unseren Gärten findet man hpts. das Sommer-A. Das Frühlings-A. enthält u. a. ca. 10 giftige, herzwirksame Glykoside (Stärkung der Diastole); es wirkt leicht harntreibend u. beruhigend.

Adonit, $C_5H_{12}O_5$, ein Zuckeralkohol, der sich durch Reduktion der Carbonylgruppe v. Ribose zur Alkoholgruppe ableitet. A. ist in freier Form im Adonisröschen *(Adonis)* enthalten; in gebundener Form als Bestandteil des Riboflavins ist A. ubiquitärer Zellbestandteil.

Frühlings-Adonisröschen *(Adonis vernalis)*

Admiral *(Vanessa atalanta)*

Adoption

adren-, adreno- [v. lat. ad = zu, renes = Nieren], in Zss.: die Nebennieren betreffend.

Adoption [v. lat. adoptio = Annahme an Kindes Statt], Übernahme der Betreuung eines Jungtieres durch nicht verwandte Elterntiere der gleichen od. einer anderen Art. In Freiheit die Ausnahme, sind A.en bei Haustieren öfter zu beobachten, z.B. Pflege junger Katzen durch Hundemütter. A. beruht auf der Prägung v. Eltern auf fremde Jungtiere u. umgekehrt, in Einzelfällen auch auf der Wirkung angeborener auslösender Mechanismen, wie bei der Pflege des Kuckuckjungen durch kleine Singvögel.

adoral [v. lat. ad = zum, os, Gen. oris = Mund], nahe der Mundöffnung gelegen.

adossiert [v. frz. adosser = mit dem Rücken anlehnen], beschreibt die Stellung des Vorblattes eines Seitensprosses in Bezug zur Stammachse bei den meisten Einkeimblättrigen (Monokotylen). Die ersten beiden Blätter eines axillären Seitensprosses haben in der Regel eine charakterist. Stellung zum Tragblatt u. werden als *Vorblätter* bezeichnet. Die Einkeimblättrigen haben nur ein Vorblatt, u. dieses steht meist in der Mediane des Seitensprosses an der der Stammachse zugekehrten Seite, so daß sich seine Rückseite (Blattunterseite) der Stammachse anlehnt. ☐ Achselknospe.

Adoxa w [v. gr. adoxos = unberührt, niedrig], *Moschuskraut, Bisamkraut (A. moschatellina)*, einzige Art der *Moschuskrautgewächse (Adoxaceae)*. Zartes, 5–10 cm hohes Pflänzchen mit waagerecht kriechendem Wurzelstock (besetzt mit Nieder- u. Laubblättern) u. kahlem, aufrechtem Stengel, der in der Mitte einen Quirl anemonenähnl., schwach nach Moschus duftender Blätter trägt. Die kleinen gelbgrünl., im Frühjahr (März bis Mai) erscheinenden Blüten stehen zu 5–7 in einem kugel., endständ., ca. 5 mm breiten Köpfchen zusammen. A. gedeiht auf humosen, lehmigen Böden an schatt. feuchten Standorten (feuchte Gebüsche, Waldränder, Auwälder) in fast ganz Eurasien u. N-Amerika.

ADP s, Abk. für ↗ Adenosin-5'-diphosphat.

ADP-Glucose w, Glucose-Donor beim Stärkeaufbau in pflanzl. Systemen; Aufbau analog ↗ UDP-Glucose.

Adrenalin s [v. *adren-], *Epinephrin, Suprarenin, Vasotonin, Vasokonstriktin*, Hormon des catecholaminogenen Adrenalgewebes (Nebennierenmark; bei Säugern der Medulla); erstmals 1901 von Takamine isoliert; die Synthese erfolgte 1904 durch Stolz u. Dakin u. war die erste künstl. Darstellung eines Hormons. A. ist ein Derivat des Brenzcatechins (engl. catechol) u. kommt in allen Wirbeltieren u. einigen Wirbellosen vor. Der Titer im Blut des Menschen beträgt maximal 0,01 µg/100 ml Plasma bei einer Halbwertszeit von 2 Min. Die Biosynthese erfolgt über Tyrosin, das der Nahrung entnommen od. durch Hydroxylierung v. Phenylalanin in der Leber gebildet wird. Geschwindigkeitsbestimmender Schritt der Synthese ist die Hydroxylierung des Tyrosins zu DOPA. Die Ausschüttung wird veranlaßt durch einen Reiz des Nervus splanchnicus des Sympathikus. Im Kohlenhydratstoffwechsel ist A. Gegenspieler des Insulins u. erhöht durch Aktivierung des in der Zellmembran lokalisierten Enzyms Adenylat-Cyclase, das seinerseits die Bildung von cAMP („second messenger") katalysiert, die Blutglucosekonzentration durch Abbau der Glykogenreserven. A. verengt die peripheren Gefäße, in größeren Dosen erhöht es den Blutdruck, beschleunigt den Herzschlag, hemmt die Darmbewegungen, löst den Krampf der Bronchialmuskulatur (Asthma) u. erweitert die Pupillen. Synthetisches A. (Suprarenin) wird als Zusatz zu Lokalanästhetika verwendet; es mindert die Blutung u. verlängert die Wirkung der Anästhesie. Im adrenergen (sympathischen) Nervensystem ist A. neben dem ähnlich wirkenden Noradrenalin chem. Erregungsübertragersubstanz (Neurotransmitter) v. Nervenreizen. Als Antagonist wirkt das ↗ Acetylcholin des parasympathischen Nervensystems.

adrenerge Fasern [v. *adren-, gr. ergon = Werk], diejenigen Nervenfasern, deren Transmittersubstanz Adrenalin bzw. Noradrenalin ist. Zu diesen zählen bei Säugetieren mehrheitlich die Fasern des sympathischen Anteils des vegetativen Nervensystems. Nach ihren Transmittersubstanzen unterscheidet man z. B. weiterhin cholinerge, dopaminerge u. Serotonin-Fasern.

adrenerge Rezeptoren, Membranrezeptoren an den Synapsen v. Neuronen mit Noradrenalin als Neurotransmitter; Rezeptoren des efferenten Teils des Nervensystems (postganglionäre Synapsen des Sympathikus) u. des Zentralnervensystems (ZNS); im ZNS produzieren nur einige tausend Neuronen Noradrenalin, innervieren aber hunderttausende andere über deren a. R.; viele Psychopharmaka wirken auf diese Rezeptoren. Das Hormon Adrenalin wirkt als Agonist auf die β-adrenergen R. u. aktiviert schließlich die Adenylat-Cyclase; der Rezeptor katalysiert nur die Bindung von GTP an den Transduktor, der seinerseits unter Energieverbrauch die Adenylat-Cyclase aktiviert.

adrenergisch [v. *adren-, gr. ergon = Werk], **1)** die neuronale und hormonale Steuerung der Organe durch Adrenalin betreffend; pharmakologisch schließt der Begriff die Wirkung v. Noradrenalin ein.

Adrenalin

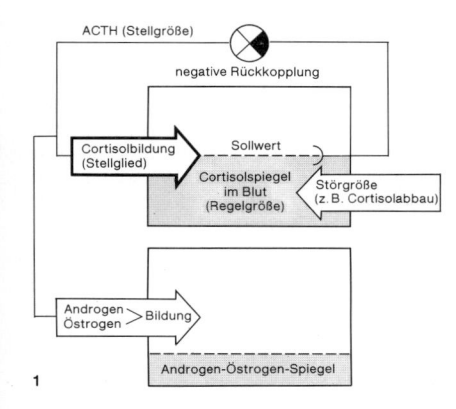

2) das sympathische Nervensystem betreffend.

adrenocorticotropes Hormon s [v. *adreno-, lat. cortex = Rinde, gr. tropos = zugewandt], *Corticotropin,* Abk. *ACTH,* glandotropes Hormon der Adenohypophyse (Hypophysenvorderlappen), das aus einer Polypeptidkette mit 39 Aminosäuren besteht; wurde 1961 erstmals v.

Ser–Tyr–Ser–Met–Glu–His–Phe–Arg–Try–Gly–
Lys–Pro–Val–Gly–Lys–Lys–Arg–Arg–Pro–
Val–Lys–Val–Tyr–Pro–Asp–Ala–Gly–Glu–Asp–
Glu–Ser–Ala–Glu–Ala–Phe–Pro–Leu–Glu–Phe

adrenocorticotropes Hormon (ACTH)
Struktur des menschlichen ACTH

Hofmann synthetisiert. Die Aminosäuren 1–24 sind in allen Tierarten gleich; v. Säugern sind 4 a. H.e bekannt, die sich in den Aminosäuren 25–33 unterscheiden. Die Bildung erfolgt in den β-Zellen der Adenohypophyse, die Ausschüttung wird über das Corticotropin-Release-Hormon (CRH) aus dem Hypothalamus gesteuert. Synthese u. Sekretion sind eng mit der des melanocytenstimulierenden Hormons (Alpha-MSH) u. des β-Endorphins gekoppelt (gemeinsames Vorläuferprotein). Die Konzentration im Plasma unterliegt tagesperiod. Schwankungen mit 3,5 µg/l morgens und 10 µg/l abends bei einer Halbwertszeit von 15 Min. A. H. steuert die Synthese u. Sekretion der Glucocorticoide in der Nebennierenrinde, insbes. des Cortisols, u. nimmt damit indirekt Einfluß auf den Proteinstoffwechsel. Außerdem wirkt es direkt auf nicht-endokrine Zielorgane ein (extraadrenale Wirkung): im Fettgewebe werden intrazelluläre Lipasen aktiviert u. damit Fett mobilisiert, in der Leber der Abbau v. Cortisol beeinflußt. Überproduktion bewirkt in der Nebennierenrinde eine Hyperplasie sowie u. a. eine Stimulierung der Hautpigmentierung (↗Addisonsche Krankheit); Ausfall des Hormons führt zu einer Nebennierenrindenatrophie u. Senkung des Glucocorticoidspiegels. Therapeut. Bedeutung hat es für die Hormonbehandlung rheumat. und allerg. Leiden.

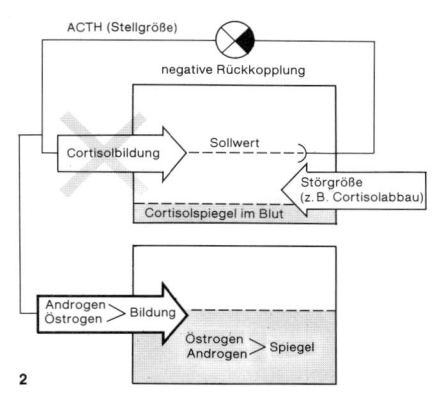

adrenogenitales Syndrom s [v. *adreno-, lat. genitalis = geschlechtl.], Abk. *AGS,* Hormonerkrankung, bewirkt durch einen od. mehrere Enzymdefekte, die die Biosynthese des Cortisols in der Nebennierenrinde nicht ermöglichen od. stark vermindern (meist 21-β-, seltener 11-β-Hydroxylasemangel). Durch den Cortisolmangel wird die ACTH-Ausscheidung nicht gehemmt. Durch die anhaltende Überstimulierung entstehen vermehrt Zwischenprodukte der Cortisolsynthese u. in der Zona reticularis vermehrt Androgene. Dies führt bei Mädchen zur Virilisierung, bei Knaben zur Pseudopubertas praecox. Das AGS ist rezessiv erblich (1 auf 5000 Geburten). Die Therapie erfolgt durch Gaben v. Cortisol. In seltenen Fällen kann das AGS als Folge eines Androgen bildenden Tumors der Nebennieren auftreten.

Adrenosteron s [v. *adreno-, gr. stear = Fett], ein schwach wirksames androgenes Steroidhormon der Nebennierenrinde.

Adrian [äˈdriən], *Edgar Douglas,* 1. Baron of Cambridge, engl. Physiologe, * 30. 11. 1889 London, † 4. 8. 1977 Cambridge; Prof. in Cambridge; bedeutende Arbeiten zur Elektro- u. Sinnesphysiologie sowie zur Hirnstromaktivität; erhielt 1932 (zus. mit Ch. S. Sherrington) für seinen Beitrag zur Aufklärung der Funktion v. Nervenzellen den Nobelpreis für Medizin.

Adsorption w [v. lat. ad = zu, an, sorbere = saugen; Ztw. *adsorbieren,* Bw. *adsorptiv*], **1)** Anreicherung eines Stoffes an der Oberfläche eines Festkörpers, durch molekulare Wechselwirkung bedingt. Bes. stark adsorbieren fein verteilte od. poröse Stoffe (z. B. Aktivkohle) wegen ihrer größeren inneren Oberfläche (bis zu 600 m² pro Gramm). Die adsorbierte Substanz wird als *adsorptiv,* der adsorbierende Körper als *Adsorbens* od. *Adsorber* bezeichnet.

Adsorption

adrenogenitales Syndrom

Der Enzymdefekt beim adrenogenitalen Syndrom kann in der Sprache der Regeltechnik als Störgröße bezeichnet werden. Sie wirkt aber nicht direkt auf die Regelgröße ein, sondern indirekt über das Stellglied: die Cortisolproduktion. Somit kann der Sollwert (Cortisolspiegel) nicht erreicht werden, was zu einer Erhöhung des ACTH-Spiegels führt. Die Abb. zeigen die Regulation des Cortisolspiegels im Blut **1** beim gesunden Organismus, **2** im Falle des adrenogenitalen Syndroms.

adren-, adreno- [v. lat. ad = zu, renes = Nieren], in Zss.: die Nebennieren betreffend.

Adsorptionschromatographie

Durch Erwärmung wird die A.skraft vermindert, durch Abkühlung erhöht. **2)** engl. *attachment,* Anheftung v. Viren an die Oberfläche v. Zellen. Die A. stellt den 1. Schritt einer Virusinfektion dar. Sie beruht auf spezif. Wechselwirkungen zw. äußeren Strukturen der Viruspartikel u. Rezeptoren auf der Oberfläche der Wirtszelle. Ein Virus kann eine Zelle nur dann infizieren, wenn die zur A. erforderl. Rezeptoren auf der Zelloberfläche vorhanden sind, andernfalls ist die Zelle gegenüber dem Virus resistent. Dies bestimmt entscheidend den Wirtsbereich eines Virus. Viele Bakteriophagen besitzen spezif. A.sorganellen, z. B. die Schwanzfibern u. Stacheln bei den T-Phagen ([B] Bakteriophagen I). Bei Adenoviren erfolgt die A. über die Pentonfibern, bei Myxoviren über Glykoprotein-Spikes in der Virushülle.

Adsorptionschromatographie *w* [v. lat. ad = zu, an, sorbere = saugen, gr. chrôma = Farbe, graphein = schreiben], Verfahren zur Trennung v. Substanzen aufgrund ihrer verschiedenen Adsorptionseigenschaften an Adsorbentien, wie Cellulose, Hydroxylapatit, Aluminiumoxid. Spezielle Formen der A. sind Säulen-, Dünnschicht-, Papier- u. Affinitätschromatographie (↗ Chromatographie). A.-Methoden sind für die Isolierung, Charakterisierung u. Identifizierung fast aller Naturstoffe v. großer Bedeutung.

Adsorptionswasser ↗ Bodenwasser.

adult [v. lat. adultus = erwachsen], Bez. für einen Organismus ab dem Beginn der Geschlechtsreife. Vorausgehende Lebensabschnitte, in denen die Geschlechtsreife noch nicht erreicht ist, stellen die *juvenile Phase* dar.

Adulthämoglobin *s* [v. lat. adultus = erwachsen, gr. haima = Blut, lat. globus = Kugel], Abk. *HbA,* Hauptblutfarbstoff (ca. 85–95%) des erwachsenen Menschen; Proteinanteil besteht aus je zwei α- und zwei β-Polypeptidketten. ↗ Hämoglobin.

Adultnebenhämoglobin *s*, Abk. HbA_2, im Blut v. Erwachsenen zu ca. 5–15% neben ↗ Adulthämoglobin vorkommender Blutfarbstoff; Proteinanteil besteht aus je zwei α- und zwei δ-Polypeptidketten. ↗ Hämoglobin.

Adventitia *w* [v. lat. adventicia = das Äußere], *Tunica adventitia,* Bez. aus der Wirbeltieranatomie für die faserig bindegewebige, äußerste Wandschicht v. Hohlorganen (z. B. Blutgefäße u. nicht v. Bauchfell umkleidete Abschnitte des Darmtrakts), die deren verschieblichem Einbau in die umgebenden Gewebe dient. Entsprechend werden auch einzelne, der Wand v. Blutkapillaren aufliegende Bindegewebszellen (Pericyten) als *Adventitialzellen* bezeichnet.

adventiv- [v. lat. adventus = hinzugekommen], in Zss.: Zusatz-.

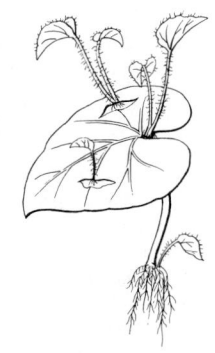

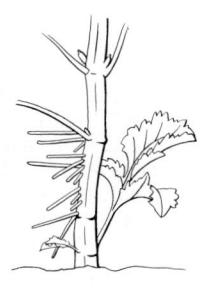

Adventivbildung
Oben *Adventivsprosse* an einem Begonienblatt, unten *Adventivwurzeln* am unteren Sproßende der Buntnessel

Adventivbildung [v. *adventiv-], Sammelbez. für die Entstehung v. Pflanzenorganen od. -teilen an für den Bauplan ungewöhnl. Stellen meist nach einer Verwundung des Pflanzenkörpers. So wachsen an den Stümpfen gefällter Bäume u. Sträucher Stockausschläge, an abgeschnittenen Zweigstücken, Wurzelstücken od. Blättern, sog. *Stecklingen, Adventivknospen* u. *Adventivwurzeln.* Gärtnereien bedienen sich häufig der Vermehrungsmöglichkeit durch Adventivknospen, die sich an solchen Stecklingen bilden.

Adventivembryonie *w* [v. *adventiv-, gr. embryon = Leibesfrucht], Bildung eines od. mehrerer Embryonen aus reembryonalisierten, diploiden Zellen des Nucellus od. der Integumente, also aus Zellen des mütterl. Sporophyten. Diese *Adventivembryonen* wachsen in den Embryosack hinein. So beobachtet man bei *Citrus*-Arten mehrere Adventivembryonen neben einem normal entstandenen Embryo. Von der A. zu unterscheiden ist die *parthenogenetische* Entwicklung v. Embryonen aus diploiden Embryosäcken, die entweder infolge defekter Meiose bei der Embryosackmutterzelle (Megasporenmutterzelle) od. adventiv aus einer Integumentzelle unter Verdrängung des ursprünglich haploiden Embryosacks entstehen.

Adventivknospe [v. *adventiv-] ↗ Adventivbildung.

Adventivlobuli [Mz.; v. *adventiv-, gr. lobos = Läppchen], kleine Läppchen, die aus dem Rand od. der Fläche v. Flechtenlagern auswachsen u. wie Isidien als vegetative Fortpflanzungsorgane dienen.

Adventivlobus *m* [v. *adventiv-, gr. lobos = Lappen], Bez. von E. v. Mojsisovics (1873) für jenen Lobus, der ontogenetisch aus einer Spaltung des Außensattels (zw. Lateral- u. Externlobus) hervorgeht. ↗ Lobenlinie.

Adventivpflanzen [v. *adventiv-], *Ankömmlinge, Ansiedler,* Pflanzen, die absichtlich od. unabsichtlich v. Menschen in ein fremdes Gebiet eingeschleppt wurden. Hierher gehören die meisten Ackerunkräuter (Kornrade, Vogelmiere usw.), viele Pflanzen großer Stromtäler (Große und Kanad. Goldrute, Ind. Springkraut) sowie verwilderte Zier-, Färbe- od. Gewürzpflanzen (Färberwaid, Meerrettich, Milchstern). Die meisten A. treten nur vorübergehend in der Nähe v. Hafenanlagen, Großmärkten, Bahnanlagen usw. auf u. können sich nicht dauerhaft in einem Gebiet etablieren.

Adventivsproß [v. *adventiv-], Sproß, der aus Adventivknospen erwächst. ↗ Adventivbildung.

Adventivwurzel [v. *adventiv-] ↗ Adventivbildung.

Adynamandrie w [v. gr. adynamos = unvermögend, anēr, Gen. andros = Mann], bei ↗Allogamie die Funktionsunfähigkeit des Pollens einer Blüte; A. bewirkt, daß nach einer Bestäubung keine Befruchtung erfolgt, d. h. die Pollenentwicklung gehemmt wird (Inkompatibilität).

Adynamogynie w [v. gr. adynamos = unvermögend, gynē = Frau], bei ↗Allogamie die Funktionsunfähigkeit der Samenanlagen einer Blüte.

Aechmea [v. gr. aichmē = Lanzenspitze], Gatt. der Ananasgewächse, mit etwa 150 Arten im tropisch-subtrop. Amerika verbreitet. Die Arten der Gatt. sind epiphytische od. bodenbewohnende Kräuter mit in dichter Blattrosette stehenden linealischen Blättern, die häufig einen Trichter formen (Wasserspeicher). Wegen ihres herausragenden Blütenstands mit intensiv rot gefärbten Hochblättern werden Arten dieser Gatt. (z. B. *A. fasciata*) gern als Zimmerpflanzen gehalten, besonders, da die Blätter häufig weiß gebändert sind. B Südamerika V.

Aecidiosporen [v. gr. oikidion = Häuschen, spora = Same], eine Sporenart der Rostpilze, werden im Aecidium gebildet (z. B. auf Berberitzen); nach ihrer Entwicklung sind sie Arthrosporen (↗Thallokonidien). Die einzelnen, meist rostfarbenen, derbwandigen A. sind im Ggs. zum haploiden Mycel paarkernig; mit diesem Kernphasenwechsel ist ein obligator. Wirtswechsel verbunden. Nach der Verbreitung der A. durch den Wind werden als neue Wirtspflanzen Getreide od. Wildgräser befallen.

Aecidium s [v. gr. oikidion = Häuschen], *Aecidiosporenlager,* becherförm. Sporenlager, in dem die Aecidiosporen der Rostpilze an der Unterseite der Blätter gebildet werden (z. B. v. Berberitzen). Die A.-Anlage ist wie das Mycel einkernig (haploid), u. erst nach der Paarkernbildung entwikkelt sich das A. Von der Basis des A.s werden die Aecidiosporen in leicht zerfallenden Ketten abgegliedert, in denen abwechselnd Aecidiosporen u. sterile Zwischenzellen aufeinanderfolgen. Die Aecidien sind v. einer einschicht. Deckschicht (Pseudoperidie) umgeben, die bei der Sporenreife aufplatzt. B Pilze I.

Aedeagus m, *Aedoeagus,* Teil des männl. Genitalapparats der Insekten. Im einfachsten Fall ist dieser Apparat dreilappig; er besteht aus einem Mittelstück, dem A., in dem die eigentl. Geschlechtsöffnung über den Samenkanal (Ductus ejaculatorius) mündet; als Greifapparate zur Verankerung in der weibl. Geschlechtsöffnung dienen die paarigen *Parameren,* die jeweils noch in Telo- u. Basomer unterteilt sein können; die 3 Strukturen sitzen einem basalen Teil auf, der *Phallobasis.* Alle Teile können innerhalb der verschiedenen Insekten-Ord. durch Ausbildung zusätzl Hilfsstrukturen sehr kompliziert werden. Die Bildungen sind in der Regel artspezifisch u. werden dann zur Artbestimmung herangezogen. ↗Begattungsorgane.

Aedes w [v. gr. aēdēs = unangenehm, lästig], Gatt. der ↗Stechmücken.

Aega, Gatt. der ↗Fischasseln.

Aegeriidae [ben. nach Egeria, einer röm. Quellnymphe], altes Synonym für die ↗Glasflügler.

Aegiceras [v. gr. aix, Gen. aigos = Ziege, keras = Horn; nach der gekrümmten Form der Früchte], in Afrika u. Asien beheimatete Gatt. der ↗*Myrsinaceae,* deren wenige Arten charakterist. Bestandteile der indomalaiischen Mangroven sind u. sich durch Viviparie auszeichnen.

Aegidae, die ↗Fischasseln.

Aegilops m [v. gr. aigilōps = getreideähnl. Unkraut], dem Weizen nahestehende Gatt. der Süßgräser (U.-Fam. *Pooideae*) mit ca. 21 Arten, mediterran bis zentralasiatisch an trockenen Standorten verbreitet; die Hüllspelzen sind flach gewölbt; Haarbüschel fehlen der Spindel. *A. speltoides* und *A. squarrosa* spielen eine wichtige Rolle in der Zucht u. Herkunft des heutigen Weizens. B Weizen.

Aeginetia w [ben. nach Paulus v. Aegina, einem der letzten Ärzte der alexandrin. Schule, Mitte des 7. Jh. n. Chr.], Gatt. der ↗Sommerwurzgewächse.

Aegithalidae [v. gr. aigithalos = Meise], die ↗Schwanzmeisen.

Aegopinella w [v. gr. aigōpos = ziegenäugig], Gatt. der ↗Glanzschnecken.

Aegopis w [v. gr. aigōpos = ziegenäugig], Gatt. der Glanzschnecken, mit flachgedrücktem Gehäuse; *A. verticillus* hat bis 3 cm ⌀ u. weiten Nabel; lebt in Wäldern u. Gebüsch, unter Laub, Holz u. Steinen; Verbreitungsgebiet Ostalpen u. Balkan.

Aegopodium s [v. gr. aix, Gen. aigos = Ziege, podion = kleiner Fuß], der ↗Geißfuß.

Aegothelidae [v. gr. aigothēlēs = Ziegenmelker], die ↗Höhlenschwalme.

Aegypius m [v. gr. aigypios = Geier], Gatt. der ↗Altweltgeier.

Aegyptianella w [v. lat. Aegyptus = Ägypten], Gatt. der ↗Anaplasmataceae.

Aegyptopithecus m [v. lat. Aegyptus = Ägypten, gr. pithēkos = Affe], Gatt. der Dryopithecinen aus dem Oligozän der Oase Fayum südwestlich v. Kairo; ca. 28 Mill. Jahre alt. Bekannt sind Schädel- u. Gebißreste, aus denen sich der älteste Schädel eines Hominoiden rekonstruieren ließ. Außerdem liegen eine Elle (Ulna), einige Zehenknochen u. Schwanzwirbel

Aegopis verticillus

Aelurophryne

aer-, aero- [v. gr. aēr = Luft], in Zss.: Luft-.

aërob [v. gr. aēr = Luft, bios = Leben], in Luft(sauerstoff) lebend.

vor. Demnach handelte es sich bei A. wahrscheinlich um eine vierbeinig kletternde Form.

Aelurophryne *w* [v. gr. ailouros = Katze, phrynē = Kröte], die ↗Schildfrösche.

Aeolidia *w* [v. gr. aiolos = bunt, schillernd, idios = gleich], Gatt. der ↗Fadenschnecken.

Aeoliscus *m*, Gatt. der ↗Schnepfenmesserfische.

Aeolosomatidae [v. gr. aiolos = beweglich, schillernd, sōma = Körper], Fam. der *Plesiopora plesiotheca* (Kl. Gürtelwürmer); nur wenige mm lang u. folglich v. geringer Segmentzahl; die Zellen der Epidermis sind durch ölige Sekrettröpfchen ausgezeichnet; die Leibeshöhle ist ein einheitl. Raum, da die Dissepimente in lockere Muskelfasern aufgelöst sind. Die Fortbewegung erfolgt hpts. durch Wimpern auf der Bauchseite des Kopflappens (Prostomium). Die Vermehrung ist vorwiegend ungeschlechtlich durch Sprossung, so daß Tierketten aus bis zu 10 Individuen auftreten. Bei *Aeolosoma hemprichi* wurde über 15 Jahre ausschließlich ungeschlechtl. Vermehrung beobachtet. Bemerkenswert ist, daß die Sprossungszone nicht, wie für die durch Teloblastie gekennzeichneten Ringelwürmer, vor, sondern in dem Afterstück (Pygidium) liegt. Bewohner von v. a. Teichen, Tümpeln, Torfmoorgewässern, aber auch aus dem Brackwasser bekannt. Die 1–5 mm lange u. aus 4–14 Segmenten bestehende *A. h.* wurde neben ihrem Vorkommen in Torfmoorgewässern u. Brunnen auch im Interstitial mariner Strände nachgewiesen. Weitere Arten: *A. quarternarium, A. niveum, A. variegatum.*

Aepyceros *m* [v. gr. aipykerōs = mit hohem Gehörn], die ↗Impala.

Aepyornis *m* [v. gr. aipys = hoch, ornis = Vogel], Gatt. der ↗Madagaskarstrauße.

Aequidens *m* [v. lat. aequus = gleich, dens = Zahn], Gatt. der ↗Buntbarsche.

Aequoreidae [v. lat. aequor = Meeres-, See-], zu den *Thecaphorae – Leptomedusae* gehörige Fam. der *Hydroidea* (entsprechende Polypen werden in die Fam. *Campanulinidae* gestellt). In der Adria ist die Meduse *Aequorea aequorea* (A. forskalea) häufig, die ca. 17 cm ⌀ hat und bes. im Winter in Schwärmen auftritt; ihre Glocke ist transparent bläulich, die Gonaden sind violett-rosa; sie trägt viele Radiärkanäle u. Randtentakel. kann leuchten; der Polyp ist unter dem Namen *Campanulina paracuminata* bekannt; er besitzt eine große Theca mit Deckel. Ebenfalls im Mittelmeer leben die Polypen der Gatt. *Cuspidella* mit kriechenden Kolonien (Meduse = *Laodicea undulata*; ⌀ des Schirms bis 25 mm). In der Nordsee kommt die Gatt. *Calicella* vor.

Aerenchym *s* [v. *aer-, gr. egchyma = Eingegossenes], das der Durchlüftung dienende u. dazu mit großen, zusammenhängenden Interzellularräumen versehene ↗Grundgewebe. Es dient v. a. vielen Sumpf- u. Wasserpflanzen zum Gaswechsel der untergetauchten Organe.

Aerial *s* [v. *aer-] ↗Aerobios.

aerob [v. *aerob], werden Stoffwechselprozesse von Zellen od. Organismen genannt, die nur in Ggw. von Luftsauerstoff (zur Oxidation, Atmung) ablaufen. Ggs.: anaerob.

aerobe Atmung *w* [v. *aerob], „fortschrittlicher" Typ der Atmung, gebunden an Citronensäurezyklus u. Atmungskette mit oxidativer Phosphorylierung, wobei molekularer Sauerstoff als Akzeptor für den aus verschiedenen Substraten stammenden Wasserstoff dient. Der Energiegewinn in der Atmung mit Sauerstoff unter Beteiligung einer Atmungskette ergibt eine bedeutend höhere ATP-Ausbeute als im Gärungsstoffwechsel, nämlich 38 Mol ATP pro Mol Glucose gegenüber 2 Mol beim anaeroben Abbau zu Lactat. Eine Tumorzelle soll nach der Warburg-Hypothese infolge eines Defekts in der Atmungskette auch aerob Glucose nur zu Lactat abbauen. Ggs.: anaerobe Atmung.

aerobe Gärung *w* [v. *aerob-], ↗unvollständige Oxidation v. organ. Substraten im aeroben Stoffwechsel v. einigen Bakterien- u. Pilzgruppen, die biotechnisch zur Gewinnung v. wichtigen organ. Substanzen genutzt werden.

aerobe Glykolyse *w* [v. *aerob, gr. glykys = süß, lysis = Lösung], 1) eine bei Krebszellen beobachtbare Fehlsteuerung des Energiestoffwechsels, durch die trotz Sauerstoffangebots Glucose wie bei Sauerstoffmangel nur zu Milchsäure (Lactat) abgebaut wird u. ein weiterer, oxidativer Umsatz über den Citronensäurezyklus weitgehend gehemmt ist. ↗Glykolyse. 2) ↗unvollständige Oxidation.

Aerobier [Mz.; v. *aerob], *Aerobionten,* in Gegenwart v. Sauerstoff wachsende (nicht-phototrophe) Organismen. Fast alle Tiere, die meisten Pilze u. viele Bakterien sind *obligate A.,* d. h., sie haben nur einen Atmungsstoffwechsel mit molekularem Sauerstoff (O_2) (↗aerobe Atmung). Viele *mikroaerophile Bakterien,* die auch auf O_2 für den Energiestoffwechsel angewiesen sind, tolerieren aber nur geringen Sauerstoffdruck (0,01–0,03 bar, Luft = 0,20 bar). *Fakultative Anaerobier* gewinnen ihre Stoffwechselenergie im Atmungsstoffwechsel mit O_2, schalten jedoch, wenn O_2 verbraucht ist, auf eine anaerobe Atmung

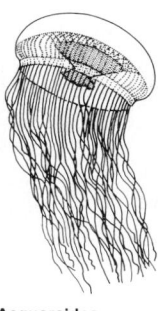

Aequoreidae
Aequorea aequorea

Aerobier
Entgiftung von toxischen Sauerstoffverbindungen in der Zelle

1) $2 O_2^- + 2 H^+ \xrightarrow{\text{Superoxid-Dismutase}} H_2O_2 + O_2$

2) $2 H_2O_2 \xrightarrow{\text{Katalase}} 2 H_2O + O_2$

3) $H_2O_2 + 2 \text{ ASH} \xrightarrow[\text{z. B. Glutathion-Peroxidase}]{\text{Peroxidasen}} \text{ASSA} + 2 H_2O$

ASH = Verbindungen mit SH-Gruppen, z. B. Glutathion
ASSA = oxidierte SH-Verbindungen

Aktivierung von Sauerstoff in der Zelle

1 Reduktion zu Wasser in der Atmungskette

$O_2 + 4e^- \xrightarrow{\text{Cytochrom-Oxidase}} O^{2-} + O^{2-} \xrightarrow{4H^+} 2H_2O$

2 Bildung des toxischen Wasserstoffperoxids

$O_2 + 2e^- \xrightarrow[\text{z. B. Glucose-Oxidase}]{\text{flavinhaltige Enzyme}} O_2^{2-} \xrightarrow{2H^+} H_2O_2$

3 Bildung des Superoxidions, das als Radikal sehr toxisch ist

$O_2 + 1e^- \xrightarrow[\text{z. B. Xanthin-Oxidase}]{\text{Oxidasen}} O_2^-$

od./u. einen Gärungsstoffwechsel um (z. B. Denitrifizierer, *Enterobacteriaceae*). *Aerotolerante* (bzw. *mikroaerotolerante*) Mikroorganismen (*fakultative A.*) lassen sich in Gegenwart von O_2 (meist nur bei geringer O_2-Konzentration) kultivieren, ohne daß sie geschädigt werden; sie führen jedoch nur einen Gärungsstoffwechsel aus u. können O_2 nicht im Energiestoffwechsel nutzen. A. sind vor der toxischen Wirkung des O_2 durch bes. Enzyme geschützt. Wahrscheinlich enthalten alle O_2-nutzenden u. -tolerierenden Organismen eine Superoxid-Dismutase, die das sehr giftige, in vielen Oxidationsreaktionen der Zelle gebildete Superoxid-Radikal (O_2^-) zu Wasserstoffperoxid (H_2O_2) und O_2 umsetzt. H_2O_2 wird v. den meisten A.n durch eine Katalase entgiftet; einige aerotolerante Bakterien (z. B. Milchsäurebakterien) beseitigen H_2O_2 durch Peroxidasen. Ggs.: Anaerobier.
Aerobiologie *w* [v. *aero-, gr. bios = Leben, logos = Kunde], untersucht die Herkunft, den atmosphär. Transport u. die Ablagerung in der Luft schwebender Organismen, wie Bakterien, Viren u. Insekten, in Abhängigkeit von meteorolog. Vorgängen; dabei interessieren v. a. die Einwirkungen auf Pflanzen u. Tiere, insbes. aber auf den Menschen, auch in Innenräumen (z. B. Allergenwirkungen).
Aerobionten [Mz.; v. *aero-, gr. bioōn = lebend], die ⁊ Aerobier.
Aerobios *m* [v. *aero-, gr. bios = Leben], Bez. für die Gesamtheit der im freien Luftraum *(Aerial)* vorhandenen Lebewesen.
Aerobiose *w* [v. *aero-, gr. bios = Leben], *Oxybiose,* Leben in Gegenwart v. molekularem Sauerstoff (O_2); ⁊ Aerobier, ⁊ aerobe Atmung. Ggs.: Anaerobiose.
Aerococcus *m* [v. *aero-, gr. kokkus = Beere], Gatt. der ⁊ Streptococcaceae.
Aerocystе *w* [v. *aero-, gr. kystis = Blase], mit Gas gefüllte Schwimmblase bei einigen Braunalgenarten, die den oft recht großen flächigen Thallusteil (Phylloid) in der oberen Wasserschicht hält; z. B. Blasentang, Knotentang.

Aeromonas *w* [v. *aero-, gr. monas = Einheit], Gatt. der *Vibrionaceae* aus der Gruppe der fakultativ anaeroben Stäbchen-Bakterien ($1-4 \times 0,5-1$ μm); normalerweise mit einer polaren Geißel beweglich.
Aerophyten [Mz.; v. *aero-, gr. phyton = Gewächs], die ⁊ Epiphyten.
Aeroplankton *s* [v. *aero-, gr. plagktos = umhertreibend], *Luftplankton,* Gesamtheit der im freien Luftraum schwebenden Organismen mit unbedeutender od. ohne Eigenbewegung.
Aerosol *s* [v. *aero-, lat. solutio = Lösung], in der Luft od. anderen Gasen feinst verteilte Schwebstoffe (Teilchengröße $10^{-8}-10^{-4}$ cm) fester od. flüssiger Beschaffenheit. Feste Schwebstoffe erzeugen Rauch (z. B. Zigarettenrauch), flüssige dagegen Nebel (Spray). A.e sind potentiell bes. gefährlich (abgesehen v. therapeutisch verwendeten A.en), da sie bis ins Innere der Lunge vordringen u. sich in den Bronchiolen u. Bronchien anlagern. Der ständig zunehmende Gebrauch v. *A. dosen* (Sprühdosen, „Sprays", zur feinsten Verteilung von u. a. kosmet. Produkten mit Hilfe eines Treibmittels) u. die damit verbundene Konzentrationszunahme an Treibgasen (Fluor-Chlor-Kohlenwasserstoffen, z. B. Frigen, Freon) in der Atmosphäre könnten sich nach den Mutmaßungen zahlr. Forscher langfristig zerstörend auf die ⁊ Ozonschicht u. damit gefährdend auf das Leben auf der Erde auswirken.
Aerotaxis *w* [v. *aero-, gr. taxis = Ordnung, Anordnung], Form der Chemotaxis, bei der bewegl. Organismen sich entlang dem Konzentrationsgefälle an Sauerstoff (O_2) bis zu der optimalen O_2-Konzentration bewegen; verbreitet bei obligat od. fakultativ anaeroben u. aeroben Organismen. So sammeln sich zw. Objektträger u. Deckglas aerobe Bakterien am Rand des Deckglases u. um Luftblasen an, mikroaerophile Bakterien in einigem Abstand v. Deckglasrand u. anaerobe Bakterien in der Mitte, wo die Sauerstoffkonzentration am geringsten ist. Mit positiv aerotaktischen Bakterien

aer-, aero- [v. gr. aēr = Luft], in Zss.: Luft-.

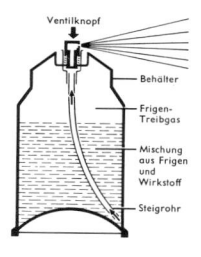

Aerosol
Aerosoldose (Schnitt)

aerotolerant

aer-, aero- [v. gr. aēr = Luft], in Zss.: Luft-.

konnte nachgewiesen werden, daß Chloroplasten der Grünalge *Spirogyra* nur bei Belichtung (in der Photosynthese) Sauerstoff entwickeln.

aerotolerant [v. *aero-], ↗Aerobier.

Aerotropismus *m* [v. *aero-, gr. tropē = Hinwendung], chemotropisches Reagieren z. B. von Wurzeln od. Pilzhyphen zu gut durchlüfteten Bodenbezirken hin. ↗Tropismus.

Aeschnidae [v. gr. aischynē = Scheu, Scham], die ↗Edellibellen.

Aeschynomene *w* [v. gr. aischynomenē = die Verschämte], Gatt. der ↗Hülsenfrüchtler.

Aesculus *m* [lat., = Speiseeiche], Gatt. der ↗Roßkastaniengewächse.

Aestivales [Mz.; v. lat. aestivus = sommerlich], die Individuen der bei einigen Blattläusen (v. a. Tannenläuse) auftretenden, rein parthenogenet. Generation (Nebenzyklus auf dem Sommerwirt).

Aetea *w*, Gatt. der ↗Moostierchen.

Aetheriidae [v. gr. aitherios = himmlisch], die ↗Flußaustern.

Aethusa *w* [spätlat., = Gleiße, Hundspetersilie; nach einer Geliebten Apolls ben.], ↗Hundspetersilie.

Aetobatus *m* [v. gr. aetos = Adler, batos = Stachelrochen], Gatt. der ↗Adlerrochen.

Aetosaurus ferratus *m* [v. gr. aetos = Adler, sauros = Echse, lat. ferratus = mit Eisen beschlagen, gepanzert], (Fraas 1877), bes. umfangreich dokumentierte, zur Ord. *Thecodontia* gehörende Saurierart von ca. 80 cm Länge aus dem Stubensandstein (oberer Keuper) v. Stuttgart.

Afar, Gebiet südlich des Awashflusses in NO-Äthiopien, in dem bei Hadar der *Australopithecus afarensis* gefunden wurde. ↗Australopithecinen.

A-Faser, Actinanteil der Muskelfaser.

Affekt, Gefühlserlebnis verschiedenster Art, v. a. subjektiv intensiv empfundene u. relativ kurz andauernde Erregung. Aus der Sicht der Ethologie wird ein A. als erlebnismäßiges Gegenstück zu der Aktivierung v. ↗Antrieben betrachtet, z. B. Angst als Erlebnis hoher Fluchtbereitschaft. Das Erleben von A. und die ethologisch auffindbare Antriebsstruktur entsprechen sich jedoch nicht ohne weiteres; deshalb sind psycholog. A.theorie u. verhaltensphysiolog. Antriebslehre auch nicht identisch; v. a. können sich verschiedene Antriebe in kaum unterscheidbaren A.en äußern. Vermutlich hängt das A.erlebnis auch v. der Höhe der Allgemeinerregung ab.

Affekthandlung, Handlung aus hoher Allgemeinerregung u. Antriebsstärke heraus, durch die kognitive Prozesse vorübergehend ausgeschaltet werden. Die Bez. läßt sich nur für den Menschen, allenfalls noch für die höchsten Primaten, sinnvoll anwenden.

Affen, *Simiae,* nach den ↗Halb-A. die zweite u. letzte U.-Ordnung der Herrentiere; eichhorn- bis gorillagroß, mit sehr unterschiedl. Gesamterscheinung, wie die Bez. Hunds-A. und Menschen-A. andeuten. Nach Verbreitung u. Aussehen unterscheidet man zw. Altwelt-A. od. ↗Schmalnasen (*Catarrhina*) u. den auf Mittel- u. S-Amerika beschränken Neuwelt-A. od. ↗Breitnasen (*Platyrrhina, Ceboidea*). Äußerlich kennzeichnend sind die nach vorne gerichteten, zu binokularem Sehen befähigenden Augen, deren Höhlen im Schädel nach hinten abgeschlossen sind, das mehr od. weniger unbehaarte Gesicht mit ausdrucksvollem Mienenspiel u. die oft recht menschlich wirkenden Ohren. Die Extremitäten sind fünfstrahlig mit opponierbarem 1. Strahl

Affen. Das Verbreitungsgebiet der Affen *(Simiae)* erstreckt sich vor allem auf tropische Zonen. In Afrika u. Asien sind die Altweltaffen od. Schmalnasen *(Catarrhina)* beheimatet (dunkle Flächen). Die Neuweltaffen od. Breitnasen *(Platyrrhina, Ceboidea)* leben in Mittel- u. Südamerika (hellere Flächen).

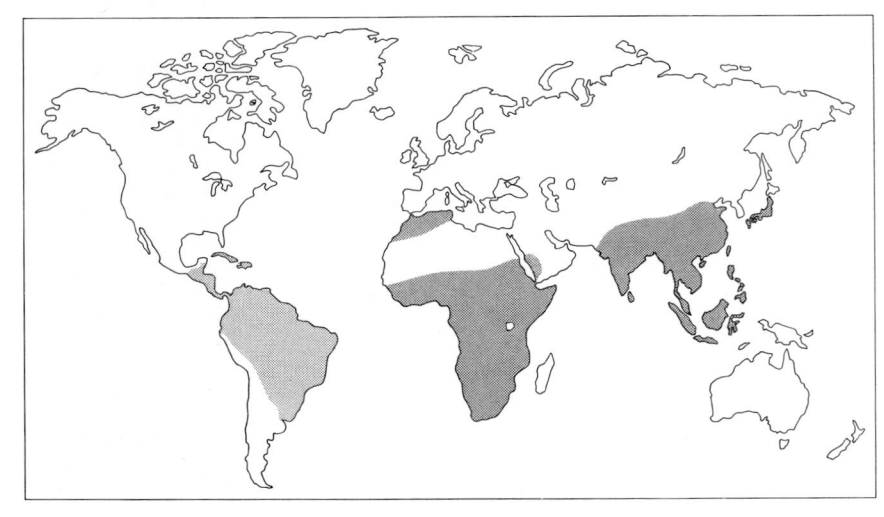

(Greifhand, Greiffuß), bei Neuwelt-A. oft auch Greifschwanz (z. B. Wollaffe, Brüllaffe); Finger selten mit Krallen (Krallen-A.), meist mit Nägeln. Am Skelett der A. fällt der im Vergleich zu anderen Säugetieren geräumige Hirnschädel auf. Es gibt Arten mit noch relativ einfach strukturierten Gehirnen u. auch solche mit bereits stark gefurchter Großhirnrinde, z. B. die Menschen-A. mit ihren so erstaunl. Intelligenzleistungen. – Die meisten A. leben tagaktiv im Geäst der Bäume, einige auch auf dem Erdboden. Sie bewegen sich laufend, kletternd od. hangelnd (Gibbon) fort. Ihre Ernährung ist vielseitig; sie besteht vorwiegend aus Pflanzenteilen, aber auch aus Insekten, Vogeleiern u. kleineren Wirbeltieren. Im Ggs. zu den meisten anderen Säugetieren können sich A. das ganze Jahr über paaren. Die Weibchen machen einen Monatszyklus durch, an dessen befruchtungsfähigen Tagen bei einigen Arten (z. B. Paviane, Schimpansen) der Hautbezirk um die Geschlechtsorgane stark anschwillt u. für die männl. Tiere als Auslöser wirkt. Nach einer Tragzeit v. – nach Art verschieden – 5 bis 9 Monaten wird in der Regel nur 1 Junges geboren, das mitunter über 1 Jahr lang (Menschen-A.) an den 2 brustständigen Zitzen gesäugt wird u. während dieser Zeit als sog. „Tragling" in enger Obhut der Mutter lebt.

Affenbrotbaum, *Adansonia*, Gatt. der Bombacaceae mit ca. 15 in Afrika, Madagaskar u. N-Australien beheimateten Arten. Die bis zu 20 m hohen Bäume besitzen charakteristische, säulen- od. flaschenförm., wasserspeichernde Stämme mit einem Umfang von bis zu 40 m u. meist waagerecht stehenden Ästen. Der Afrikanische A., Baobab (*A. digitata*), ist Charakterbaum der afr. Savanne; er besitzt zur Regenzeit große, gefingerte Blätter, die mit Beginn der Trockenzeit abfallen. Aus großen, weißen, schön geformten Blüten, die v. Fledermäusen bestäubt werden, entwickeln sich leichte, ca. 20 cm lange gurkenförm. Früchte mit holz. Schale u. eßbarem, zucker- u. säurehalt., gelblichem Fruchtmark, in dem die, ebenfalls eßbaren, sehr fetthaltigen Samen eingebettet sind. Die Stämme liefern ein weiches, leicht verrottendes Holz u. Bast, aus dem Seile u. grobe Textilien hergestellt werden. In der Rinde des A.s wurde das Alkaloid *Adansonin* gefunden, das als Gegengift zu Giften aus *Strophanthus*-Arten gilt. B Afrika VIII.

Affenfurche, die ↗ Affenspalte.

Affenlücke, viele Affen (z. B. Paviane), auch die Menschenaffen *(Pongidae, Hylobatidae)*, besitzen dolchartig vergrößerte Eckzähne (Funktion: Drohen, Waffe, daher v. a. bei Männchen). Bei Kieferschluß werden diese in einer weiten Zahnlücke (Diastema) des gegenüberliegenden Kieferbogens aufgenommen. Diese A. fehlt dem Menschen, der auch kleinere Eckzähne besitzt.

Affenspalte, *Affenfurche, Sulcus parietotemporalis*, im Hirnfurchenmuster höher evoluierter Affen charakteristische Furche zw. Scheitel- u. Hinterhauptslappen des Großhirns; als Variante auch beim Menschen. ↗ Gyrifikation.

afferent [v. lat. *afferens* = hintragend, zuführend] ↗ Afferenz.

afferente kollaterale Hemmung, *reziproke antagonistische Hemmung*, Hemmprinzip zur Steuerung der Muskeltätigkeit. Muskelarbeit ist nur möglich, wenn bei einer Aktivierung des Agonisten eine gleichzeitige Inaktivierung des Antagonisten u. umgekehrt erfolgt. Dies wird durch die Verschaltung v. Afferenzen u. Efferenzen im Rückenmark über inhibitor. Interneuronen erreicht.

afferente Nervenbahn, Bündel v. Nervenfasern, das zum Zentralnervensystem zieht; nach neuer Nomenklatur: Afferenzen; Ggs.: Efferenzen. ↗ Afferenz.

Afferenz *w* [v. lat. *afferre* = hintragen, zuführen; Bw. *afferent*], Begriff der Neurophysiologie zur funktionellen Klassifizierung v. Nervenfasern. Afferente Nervenfasern (*Afferenzen*) übertragen von Rezeptoren aufgenommene Informationen zum Zentralnervensystem. Die Nervenfasern der Rezeptoren werden auch als *sensible A.en*, die Nervenfasern aus den Eingeweiden als *viscerale A.en* und die der Muskeln, Haut und Sinnesorgane als *somatische A.en* bezeichnet. Im Ggs. zu diesen stehen die *efferenten Nervenfasern (Efferenzen)*, die Informationen vom Zentralnervensystem zu den Erfolgsorganen übermitteln. Die die Skelettmuskulatur innervierenden Efferenzen werden *motorische Efferenzen* genannt, alle übrigen werden zu den vegetativen gezählt.

Affinität *w* [v. lat. *affinitas* = Verwandtschaft; Bw. *affin*], die Kraft, mit der sich Elemente od. Elementgruppen (Molekülgruppen) zu neuen Stoffen verbinden.

Affinitätschromatographie *w* [v. lat. *affinitas* = Verwandtschaft, gr. *chrōma* = Farbe, *graphein* = schreiben], spezielle Form der ↗ Adsorptionschromatographie, bei der das Adsorbens künstlich eingeführte Gruppen mit hoher Affinität u. daher hoher Bindestärke zu den abzutrennenden Stoffen besitzt, so daß diese bevorzugt adsorbiert u. so v. anderen Stoffen abgetrennt werden können. ↗ Chromatographie.

Affinitätskonstante *w* [v. lat. *affinitas* = Verwandtschaft, *constans* = feststehend], Maß für die Bindefestigkeit eines

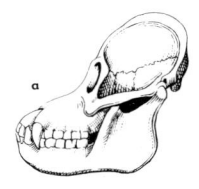

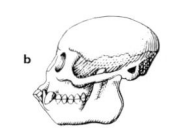

Affen
Affenschädel: **a** von Schmalnasen (Orang-Utan), **b** von Breitnasen (Kapuzineraffe)

Affen
Breitnasen (Platyrrhina, Ceboidea)
Familien:
↗ Kapuzineraffen i. w. S. *(Cebidae)*
↗ Springtamarins *(Callimiconidae)*
↗ Krallenaffen *(Callithricidae)*

Schmalnasen (Catarrhina)
Familien:
↗ Tieraffen *(Cercopithecidae)*
↗ Schlankaffen *(Colobidae)*
↗ Gibbons *(Hylobatidae)*
↗ Menschenaffen *(Pongidae)*

Afrika I

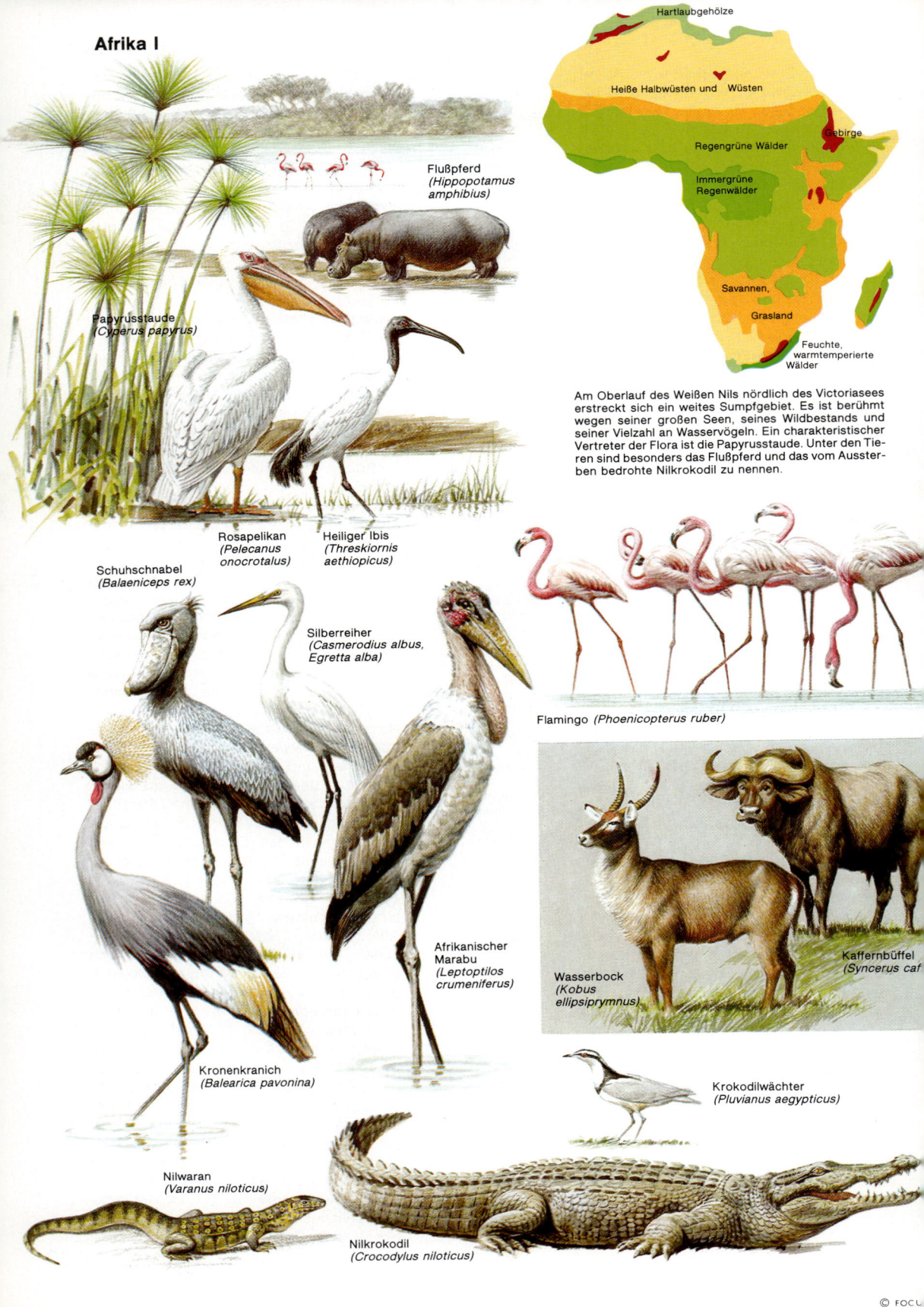

Flußpferd (*Hippopotamus amphibius*)

Papyrusstaude (*Cyperus papyrus*)

Rosapelikan (*Pelecanus onocrotalus*)

Heiliger Ibis (*Threskiornis aethiopicus*)

Am Oberlauf des Weißen Nils nördlich des Victoriasees erstreckt sich ein weites Sumpfgebiet. Es ist berühmt wegen seiner großen Seen, seines Wildbestands und seiner Vielzahl an Wasservögeln. Ein charakteristischer Vertreter der Flora ist die Papyrusstaude. Unter den Tieren sind besonders das Flußpferd und das vom Aussterben bedrohte Nilkrokodil zu nennen.

Hartlaubgehölze
Heiße Halbwüsten und Wüsten
Regengrüne Wälder
Gebirge
Immergrüne Regenwälder
Savannen, Grasland
Feuchte, warmtemperierte Wälder

Schuhschnabel (*Balaeniceps rex*)

Silberreiher (*Casmerodius albus, Egretta alba*)

Flamingo (*Phoenicopterus ruber*)

Kronenkranich (*Balearica pavonina*)

Afrikanischer Marabu (*Leptoptilos crumeniferus*)

Wasserbock (*Kobus ellipsiprymnus*)

Kaffernbüffel (*Syncerus caf*)

Krokodilwächter (*Pluvianus aegypticus*)

Nilwaran (*Varanus niloticus*)

Nilkrokodil (*Crocodylus niloticus*)

Afrika II

Afrika besteht zum überwiegenden Teil aus regengrünen Wäldern und Savannen, die in verschiedensten Formen, als Gras-, Busch- und Baumsavanne, vorkommen. Häufig handelt es sich um offene Grasfluren, die von Sträuchern oder Bauminseln (Affenbrotbaum, Schirmakazien) durchsetzt sind. Hier leben viele der bekanntesten Tierarten der Erde.

- Schirmakazie *(Acacia lahai)*
- Wollkopfgeier *(Trigonoceps occipitalis)*
- Afrikanischer Elefant *(Loxodonta africana)*
- Gnu *(Connochaetes taurinus)*
- Strauß *(Struthio camelus)*
- Zebra *(Equus quagga)*
- Kuhantilope *(Alcelaphus buselaphus)*
- Impala *(Aepyceros melampus)*
- Felsenpython *(Python sebae)*
- Wurstbaum *(Kigelia aethiopica)*
- Schmalblättrige Kassie, Sennestrauch *(Cassia acutifolia)*
- *Aloe succotrina*

Affodill

Aflatoxin B₁ *(caption under structural formula)*

Afrika
Oberfläche: A. ist ein kaum gegliederter, dreieckiger Block mit glatten, hafenarmen Küsten u. ein Land der Becken u. Schwellen. Die mittlere Höhe beträgt 670 m (in Europa 300 m). Die zum Rand hin aufgebogenen u. zum Meer hin terrassenförmig absteigenden Schwellen erreichen im S u.

Antikörpers an ein Antigen od. ein monovalentes Hapten; errechnet sich nach dem Massenwirkungsgesetz zu

$$K_{aff} = \frac{[\text{Antikörper} - \text{Hapten}]}{[\text{Antikörper}] \cdot [\text{Hapten}]}.$$

Affodill *m*, ↗ Asphodill.
Aflatoxine [Mz.; v. lat. afflare = anwehen, anhauchen, gr. toxikon = Pfeilgift], hochgiftige u. karzinogene Stoffwechselprodukte v. Schimmelpilzen (ca. 30% der Stämme v. *Aspergillus flavus* u. *Penicillium puberulum*), verursachen bei Tier u. Mensch toxische Leberschädigungen u. Leberkrebs. Die toxische Wirkung von A.n ist auf deren durch Leberenzyme katalysierte Umwandlung in ein Epoxid zurückzuführen, da letzteres spezifisch mit den Guaninbasen von DNA reagiert u. so zu DNA-Schädigungen führt. A. kommen vor in verschimmelten u. angeschimmelten pflanzl. Lebensmitteln, bes. in den stark fetthaltigen Nüssen (Erdnüsse, Pistazien), in Lebensmitteln, die aus angeschimmelten Rohprodukten (z. B. Getreide) hergestellt wurden, sowie in Milch v. Kühen, die aflatoxinhaltiges Futter bekamen. A. dringen tiefer in die Nahrungsmittel ein als der Schimmelpilz selbst; daher sollten angeschimmelte Speisen nicht verzehrt werden.
Afrenulata [v. gr. a- = nicht, lat. frenum = Zügel, Band], Kl. der ↗ Pogonophora. ↗ Frenulata.
Africanthropus *m* [v. lat. Africa, gr. anthrōpos = Mensch], *Palaeanthropus njarasensis* Reck u. Kohl-Larsen, 1936; von Weinert (1939) stammende Gatt.-Bez. für ca. 220 Schädelfragmente u. Zähne, die 1935 von Kohl-Larsen am Ufer des Njarasasees (Lake Eyasi) in O-Afrika gefunden wurden u. sich auf 2–3 Individuen beziehen; heute zu *Homo erectus* gerechnet; geolog. Alter unsicher.
Afrika, zweitgrößter Erdteil, gehört zur Kontinentalmasse der östl. Halbkugel, liegt beiderseits des Äquators, zw. dem Atlant. Ozean im W, dem Ind. Ozean im O u. dem Mittelmeer im N. Mit 30,3 Mill. km², davon 650 000 km² Inseln (als größte Madagaskar), umfaßt A. 21% der Landfläche der Erde. Es ist v. Europa durch die Straße v. Gibraltar getrennt, v. Asien durch den Suezkanal. Von N nach S reicht es über 72 Breitengrade = 8000 km, von W nach O über 69 Längengrade = 7600 km.

Pflanzenwelt

Der afrikanische Kontinent ist pflanzengeographisch nicht einheitlich, sondern hat Anteil an mehreren Florenreichen der Erde. Der Norden gehört bis etwa 15° n. Br. zum Gebiet der ↗ *Holarktis,* während die Südspitze zum kleinen, aber überaus deutlich abweichenden Gebiet der ↗ *Capensis* zählt. Der gesamte übrige Teil gehört nach dem Vorkommen gewisser Gattungen (u. höherer Taxa) zum großen Florenreich der ↗ *Paläotropis*.
Tieflandregenwald: Das Areal des trop. Regenwalds erstreckt sich vom Kongobecken über Kamerun u. Nigeria bis Sierra Leone, mit einer Unterbrechung („Savannenlücke") in Togo. Kleinere Gebiete liegen an der O-Küste des Kontinents v. Kenia bis zum Kapland u. auf der O-Seite v. Madagaskar. Voraussetzung für das Gedeihen v. Regenwäldern sind hohe Niederschläge (in den Kerngebieten meist > 2000 mm) u. höchstens 2–3 niederschlagsarme Monate. Artenzusammensetzung u. Struktur der Wälder weichen in den einzelnen Teilgebieten erhebl. voneinander ab u. sind überdies vom Relief u. von standörtl. Besonderheiten abhängig, doch immer handelt es sich um sehr artenreiche, v. Lianen u. epiphyt. Pflanzen durchsetzte u. in mehrere Kronenstockwerke gegliederte Bestände. Gewöhnlich ist die obere Baumschicht nicht mehr geschlossen, sondern besteht aus einzelnen Baumriesen die 50 m, vereinzelt auch 60 m Höhe erreichen. Die schlanken, meist dünnrindigen u. hellen Stämme streben oft völlig unverzweigt bis in große Höhen u. werden am Boden durch Stelz- od. Brettwurzeln gestützt. Je weiter die Bäume aus dem feucht-warmen u. ausgeglichenen Bestandsklima hinausragen in das v. Regengüssen u. stärkster Einstrahlung gekennzeichnete Makroklima, um so kleiner u. lediger werden die Blätter, selbst innerhalb ein u. derselben Baumart. Die Blätter des Waldbodens sind dagegen groß, dünn, oft bunt gefärbt u. sehr häufig mit einer Träufel-Spitze versehen. Zahlr. kauliflore Arten in der unteren Baumschicht weisen auf die Bedeutung der Fledermäuse u. Flughunde hin als Bestäuber, aber auch als Verbreiter der Samen od. Früchte. Die Böden sind gewöhnlich viele Meter tief völlig steinlos verwittert, bestehen zum großen Teil aus sehr austauschschwachen Tonmineralen v. Typ des Kaolinits u. haben eine sehr dünne Humusschicht sowie einen stark versauerten Oberboden. Obwohl der Abbau v. Laubstreu u. Holz (Termiten!) sehr rasch erfolgt, sind die Böden dennoch extrem nährstoffarm, weil die gesamten Nährstoffe sofort durch die zahlr. Wurzeln u. Mykorrhiza-Pilze des Oberbodens abgefangen werden u. in die oberird. Phytomasse zurückwandern. Wird der Wald im Zuge des Wanderackerbaus *(shifting cultivation)* gerodet u. das Holz verbrannt, so tritt eine sehr starke Nährstoffauswaschung ein, die nach wenigen

Afrika

Jahren zur Aufgabe der Ackerflächen zwingt. Es bilden sich Sekundärwälder, die jedoch nicht so artenreich u. produktionskräftig sind wie die ursprüngl. Vegetation. Sie können bei wiederholter Rodung in ausgesprochene Degradationsstadien übergehen, bis hin zu reinen Gras- od. Adlerfarnbeständen. – Die Nutzung v. Werthölzern (wie Abachi, Mahagoni, Limba), der Subsistenz-Anbau, bei dem in die Baumschicht zahlr. Nutzbäume eingebracht werden (Kapok, Ölpalme, Kokospalme, Bananen, Kaffee, Citrus-Arten) u. der Wanderackerbau haben den trop. Regenwald auf weite Strecken verändert od. dezimiert. Wegen der extrem geringen Ionenaustauschkapazität der Böden ist jedoch eine Überführung in Dauerackerflächen nicht möglich. Die sprichwörtlich hohe Produktionskraft des trop. Regenwalds besteht nur so lange, wie die Mykorrhiza-Pilze u. Wurzeln der Bäume als lebende „Nährstoff-Fallen" wirken.

Gebirgsregenwald: In den humidesten Teilen der afr. Gebirge wird ab etwa 1200 m der Tieflandregenwald durch einen deutlich abweichenden Typ von Hochwald ersetzt. In ihm treten die Lianen zurück, die Epiphyten-Vegetation ist dagegen stärker u. artenreicher entwickelt. Viele der hier wachsenden Bäume gehören zu Gatt., die im Tieflandregenwald nicht vorkommen, aber in anderen Typen v. Gebirgswäldern reichlich vertreten sind. In der kühleren Höhenlage ist die Mineralisierung der Bestandesabfälle bereits gehemmt, deshalb liegt der Humusgehalt der Böden meist deutlich höher als im Tiefland. Die Obergrenze des Gebirgsregenwalds befindet sich zw. 2600 u. 2800 m Höhe.

Laubabwerfende Feuchtwälder und Feuchtsavannen: Auf das niederschlagsreiche Gebiet des immergrünen trop. Regenwalds folgt ohne scharfe Grenze eine mehrere hundert Kilometer breite, semihumide Vegetationszone mit Niederschlägen v. 800 mm u. 2000 mm sowie 2–5 trockenen Monaten: die Zone der laubabwerfenden, regengrünen Feuchtwälder u. Hochgrassavannen. In einem Übergangsbereich, der sich an die Regenwälder anschließt, werfen bei Trockenzeiten v. 2–3 Monaten gewöhnlich nur die Baumarten der oberen Baumschicht ihre Blätter ab, während die Bäume der unteren Schichten noch zu den immergrünen Arten gehören. Auf diesen halbimmergrünen trop. Wald folgt bei zunehmender Trockenheit dann der vollständig laubwerfende Monsunwald. Diese Gliederung ist allerdings in Afrika durch den jahrhundertealten Wanderackerbau sehr stark verwischt. Die Wälder dieser Zone lassen sich nämlich durch Abbrennen während der Trockenzeit viel leichter roden als der eigentl. Regenwald, andererseits sind hier die Niederschläge noch hoch genug für eine sichere Ernte. Das Auflassen der Ackerflächen führt schließlich zu anthropogenen Hochgrassavannen, in denen sich wegen der regelmäßig wiederkehrenden Brände nur wenige bes. feuerresistente Gehölze halten können. Eine weitere Beeinträchtigung der verbliebenen Reste des urspr. regengrünen Tropenwaldes ist in jüngster Vergangenheit durch die ungeregelte Entnahme der vielen wertvollen Nutzhölzer eingetreten.

Regengrüne Trockenwälder und Trockensavannen: Mit zunehmender Trockenheit u. einer ariden Periode v. 5–7 Monaten gehen die dichten laubabwerfenden Feuchtwälder allmählich in offene, lichte, von Grasunterwuchs durchsetzte Trockenwälder od. Trockengehölze (Savannenwälder) über. Solche Trockenwälder sind v.a. im südl. Afrika (Angola, Rhodesien, Kongo) noch in großer Ausdehnung vorhanden; auch der bekannte ostafr. Miombo-Wald mit seinen großlaubigen Beständen gehört hierzu. Nördl. des Äquators sind die Trockenwälder dagegen weitgehend in anthropogene Savannen od. Dauer-Ackerland umgewandelt. Die Trockengrenze des Feldbaus liegt bei etwa 450 mm Niederschlag; hier beträgt die mittlere Abweichung der einzelnen Jahressummen vom langjährigen Mittel bereits 30%, was sehr schwankende u. unsichere Erträge zur Folge hat. Der Übergang v. Trockengehölzbeständen („Savannenwäldern") zu der eigentl., v. Gräsern beherrschten u. v. Gehölzen locker durchsetzten Savannen ist bereits im natürl. Zustand sehr fließend. Es genügen hier schon geringe Eingriffe des Menschen zu einer starken Verschiebung der Vegetationsgrenzen. Darüber hinaus sind vielerorts durch ständige Brände starke Mineralstoffauswaschungen u. Bodenverluste eingetreten, so daß es heute oft unmöglich ist, die ursprüngl. Vegetation solcher Savannen zu rekonstruieren. Sicher ist jedenfalls, daß die natürlichen, vom Klima bedingten Savannen eine sehr viel kleinere Fläche eingenommen haben als die unter dem Einfluß v. Wanderackerbau u. regelmäßigem Abbrennen entstandenen anthropogenen Savannen. – Das Wettbewerbsgleichgewicht zw. Gräsern u. Gehölzen in der Savanne beruht auf der Tatsache, daß die Gräser mit ihrem flachen Wurzelwerk das Haftwasser der oberen Bodenschichten ausnützen, während die Gehölze das gelegentlich einsickernde Senkwasser der tieferen Bodenschichten

O eine mittlere Höhe v. 1000 m. Der N u. W liegen wesentl. tiefer. In Ost-A. zieht sich über 6500 km Länge ein in Syrien beginnendes Graben- u. Bruchstufensystem von z. T. 3500 m Höhenunterschied durch das Rote Meer bis zum Sambesi. In ihm liegen langgestreckte, große Seen: Tanganjikasee, Njassasee u. a.; den Bruchrändern sind erloschene Vulkane aufgesetzt (Kilimandscharo, 5895 m; Mt. Kenia, 5194 m; Ruwenzori, 5119 m), die z. T. aus der trop. Zone bis in die Region der ewigen Schnees reichen. In Nord-A. ist in dem tertiären Faltengebirge des Atlas ein geolog. alten Erdteil fremdes geolog. Element angefügt. 30,6% der Fläche A.s sind ohne Abfluß zum Meer, bes. die Sahara, die Kalahari u. der Ostafrikan. Graben. 36% der Oberfläche A.s entwässern zum Atlant. Ozean, 15% zum Mittelmeer, 18,4% zum Ind. Ozean. Hauptflüsse sind der Kongo als wasserreichster u. der Nil als längster afrikan. Strom. 13 Seen sind größer als 1000 km^2, als größter der Victoriasee (68 800 km^2).

Einige Vertreter der afrikanischen Fauna

Regenwälder

Schimpanse (Pan troglodytes)
Gorilla (Gorilla gorilla)
Mandrill (Mandrillus sphinx)
Meerkatze (Cercopithecus spec.)
Guereza (Colobus abyssinicus)
Potto (Perodicticus potto)
Zwerg-Galago (Galago demidovii)
Ginsterkatzen (Genetta spec.)
Okapi (Okapia johnstoni)
Bongo (Boocercus eurycerus, Taurotragus eurycerus)

Elefantengras
(Pennisetum purpureum)

Usambaraveilchen
(Saintpaulia ionantha)

Dumpalme
(Hyphaene thebaica)

Löwe *(Panthera leo)*

Kuhreiher
(Bubulcus ibis)

Königsnektarvogel
(Cinnyris regius)

Lobelia kenyensis

Warzenschwein
(Phacochoerus aethiopicus)

Giraffe
(Giraffa camelopardalis)

Pavian
(Papio anubis)

Senecio barbatipes

© FOCUS

Afrika III–IV

Die breite Übergangszone zwischen der Savanne und der Wüste wird häufig durch die trockene Dornstrauchsavanne gebildet. Die Vegetation wird geprägt von Sukkulenten (im Süden des Kontinents), Dorngehölzen und Zwergsträuchern. Charakteristisch sind außerdem Termitenhügel, die bis zu 5 m Höhe erreichen können.

Immergrüne Regenwälder
Savannen, Grasland

Tüpfelhyäne (*Crocuta crocuta*)

Gepard (*Acinonyx jubatus*)

Nashorn (*Ceratotherium simum*)

Rotschnabelmadenhacker (*Buphagus erythrorhynchus*)

Meerkatze (*Cercopithecus aethiops*)

Grant-Gazelle (*Gazella granti*)

Puffotter (*Bitis arietans*)

Geierperlhuhn (*Acryllium vulturinum*)

Sekretär (*Sagittarius serpentarius*)

© FOCUS

Afrika

Ducker *(Cephalophus spec.)*
Kleinstböckchen *(Neotragus pygmaeus)*
Riesenwaldschwein *(Hylochoerus meinertzhageni)*
Zwergflußpferd *(Choeropsis liberiensis)*
Dornschwanzhörnchen *(Anomaluridae)*
Baumschliefer *(Dendrohyrax dorsalis)*
Schuppentiere *(Manis tricuspis* u. *M. tetradactyla)*
Graupapagei *(Psittacus erithacus)*
Kehlsackhornvogel *(Ceratogymna spec.)*
Riesenturako *(Corythaeola cristata)*
Prachtnektarvogel *(Nectarinia superba)*
Kobras *(Naja spec.)*
Mambas *(Dendroaspis spec.)*
Gabunotter *(Bitis gabonica)*
Dreihornchamäleon *(Chamaeleo owenii)*
Riedfrösche *(Hyperolius spec.)*
Streifenfrösche *(Kassina spec.)*
Goliathfrosch *(Rana goliath)*
Baumkröten *(Nectophryne spec.)*
Goliathkäfer *(Goliathus druryi)*
Termiten der Gatt. *Nasutitermes*
Papilio antimachus, ein Ritterfalter *(Papilionidae)*
Oleanderschwärmer *(Daphnis nerii)*
Achatina achatina, eine Landlungenschnecke *(Stylommatophora)*
Bipalium kewense, ein Strudelwurm *(Turbellaria)*

Feuchtwälder und -savannen

Afrikanischer Elefant *(Loxodonta africana)*
Kaffernbüffel *(Syncerus caffer)*
Wasserböcke *(Kobus spec.)*
Riedböcke *(Redunca spec.)*
Breitmaulnashorn *(Ceratotherium simum)*
Leopard *(Panthera pardus)*
Lichtensteins Kuhantilope *(Alcelaphus buselaphus lichtensteini)*
Wanderameisen *(Dorylus spec.)*

---

erschließen. Sinkt der Jahresniederschlag unter ca. 300 mm, werden die Senkwassermengen zu gering für das Überdauern v. Holzgewächsen: die Savanne geht in reines Grasland über. Wird jedoch bei ausreichender Wasserversorgung der Wasserhaushalt durch ständiges Abweiden der wasserverbrauchenden Gräser zugunsten der Gehölze verschoben, so nehmen allmählich Dornsträucher od. Dornbüsche überhand (Dornstrauchsavanne) u. machen dadurch das Weideland wertlos. Auf diese Weise hat der Dornbusch als Ersatzgesellschaft des klimat. Savanne (z. B. in der Sahelzone) riesige Flächen erobert. Seine Tragfähigkeit als Weideland ist nur sehr gering, u. bei weiterer Belastung (Brennholzentnahme, Überweidung) verwandelt er sich schnell in eine anthropogene Wüste.

Wüsten und Halbwüsten: Die Sahara, die größte Wüste der Erde, ist Teil einer Wüstenzone, die sich vom nördl. Afrika über Arabien u. den Iran bis Innerasien hinzieht. Nach S reicht dieses Gebiet in Afrika bis etwa 15° n. Br., im W bis an die Küste des Atlantik. Die Wüstengebiete südl. des Äquators (Namib, Karru) sind v. geringerer Ausdehnung. Hier liegen wegen des kalten Benguela-Stroms in der Nähe der Küste die regenärmsten Gebiete. Kennzeichen des Wüstenklimas ist eine starke Aridität bei geringen u. unregelmäßig auftretenden Niederschlägen. Im Halbwüstenbereich liegen die jährl. Regenmengen zw. 100 u. 250 mm, im Vollwüstenbereich deutlich darunter, bei oft jahrelang anhaltenden Trockenperioden u. scharfen jahres- u. tageszeitl. Temperaturgegensätzen. – Gemeinsam ist allen Wüsten die geringe Dichte der Pflanzendecke, deren Individuenzahl mit abnehmenden Niederschlagsmengen ständig geringer wird. u. an der Grenze zur Vollwüste v. der scheinbar regellosen Verteilung der Halbwüste zum ganz lokalen, truppweisen Auftreten in Erosionsrinnen, Senken, Wadis usw. übergeht. An solchen Stellen fließt das Wasser während der episodischen Starkregen zusammen u. durchfeuchtet das Profil bis hinab zum Grundwasser, so daß hier auch noch in extremen Trockenwüsten Pflanzen gedeihen können. Völlig vegetationsfrei sind nur Sandwüsten (Ergs, Aregs) mit starker Dünenumlagerung. – Der Anbau v. Kulturpflanzen ist im Wüstengebiet auf Flächen mit Bewässerungsmöglichkeit beschränkt. So entstanden um die wenigen Grundwasseraustrittsstellen hoch entwickelte Oasenkulturen, deren wichtigste Kulturpflanze seit Jahrtausenden die salzertragende Dattelpalme *(Phoenix dactylifera)* darstellt. Der nördl. Teil der Saharo-Arabischen Wüste gehört noch zum holarkt. Florenreich mit vielen xerophyt. Gänsefußgewächsen *(Chenopodiaceae)* u. stark xeromorphen Büschelgräsern *(Stipa, Aristida, Panicum)*. In den grundwasserführenden Wadis kommen dazu *Acacia-, Capparis-* u. *Tamarix*-Arten u. auf den großen versalzten Flächen zahlr. Salzpflanzen (hpts. Chenopodiaceen). Unter dem schwachen Einfluß des mediterranen Klimas fallen die spärl. Niederschläge meist im Winter, bei stärkerer Bodenbefeuchtung gefolgt v. einer großen Anzahl kurzlebiger, ephemerer Arten. Die südl. Sahara gehört bereits zum Sommerregengebiet u. zum Florenreich der Paläotropis. Sträucher *(Commiphora, Acacia* usw.) u. Kräuter *(Calotropis, Crotalaria)* spielen hier eine wichtige Rolle, während die harten Büschelgräser des nördl. Wüstengebietes zurücktreten. – Die Namib an der SW-Küste v. Afrika ist eine Nebelwüste mit äußerst geringen Niederschlägen, die allerdings örtl. durch abtropfende Nebelkondensation aufgebessert werden. An die Bodenfeuchtigkeit flacher Abflußrinnen gebunden ist das Vorkommen der berühmten *Welwitschia mirabilis;* sonst beschränkt sich das Pflanzenwachstum auf die grundwasserführenden Trockentäler. – Die Karru ist, wie ihre Nachbargebiete, gekennzeichnet durch einen großen Reichtum endem. Arten, insbes. v. Sukkulenten. Sie werden durch 2 Regenzeiten bes. begünstigt u. erreichen eine beeindruckende Arten- u. Formenfülle, die sich im Südteil bereits mit dem kapländ. Florenelement mischt. Weite Flächen sind mit sukkulenten Euphorbien, kleinen Holzpflanzen *(Rhus, Acacia, Olea)* u. Zwergsträuchern bestanden. Nach dem Landesinnern geht die offene Vegetation der Karru allmählich in das Grasland des südl. Savannengürtels über.

Vegetation des Kaplands: Als Überbleibsel des ehemal. Südkontinents Gondwana beherbergt die Kapregion ein ganz eigenständ. Florenreich, die deutliche verwandtschaftl. Zusammenhänge zur Flora des südlichsten S-Amerika, der pazif. Inseln u. der Australis aufweist (kapländisches Florenreich). Vorherrschende Vegetationsformation in diesem Winterregengebiet ist ein kleinblättr., immergrünes Hartlaubgebüsch (Kapmacchie) mit einer außergewöhnlich artenreichen Flora u. vielen für das kapländ. Florenreich charakterist. Familien. In den trockenen Randbereichen spielen v. a. speziell angepaßte Sukkulenten („Fensterpflanzen", „Lebende Steine") eine große Rolle, in den feuchten Gebieten eine große Zahl von endemitischen Geophyten. Bei bes. günstiger Wasserversorgung wird das Hartlaubgebüsch v. dem wesentlich höherwüchs. *Protea*-Gebüsch oder v. den lichtdurchfluteten Wäldern des Silberbaums *(Leucadendron argenteum)* abgelöst. Auf einem schmalen Streifen entlang der S-Küste wächst ein lianenreicher Lorbeerwald, der allerdings durch die langjähr. Nutzung des wertvollen Kap-Lorbeer *(Ocotea bullata)* stark zurückgedrängt worden ist.

Mediterrane Hartlaubzone: Der Atlas gehört bereits zum mediterranen Vegetationsgebiet. Hier sind an wenigen Stellen noch die ursprüngl. Steineichen-*(Quercus ilex-)*Wälder erhalten, die sonst im lange besiedelten Mittelmeerraum überall geschlagen sind u. einer als Niederwald bewirtschafteten Macchie od. der noch stärker degradierten Garigue Platz gemacht haben. Der Winter bringt hier die zyklonalen Regen u. gelegentlichen Fröste, während die Sommer heiß u. trocken zu sein pflegen. Hauptvegetationszeit ist deshalb das Frühjahr, gefolgt v. einer v. der Sommertrockenheit erzwungenen Ruheperiode, die die hartlaubigen Pflanzen ohne Laubabwurf, aber mit stark gedrosselter Wasserabgabe überstehen. – Die Steineiche ist im Atlas ein Baum der montanen Stufe. In tieferer Lage wird der Steineichenwald vom Nadelwald der Aleppo-Kiefer abgelöst, dem in der tiefsten u. heißesten Stufe Bestände aus Johannisbrotbaum *(Ceratonia siliqua)*, Pistazie *(Pistacia lentiscus)* u. Ölbaum *(Olea europaea)* folgen.

Tierwelt

Nach ihrer Zugehörigkeit zu den verschiedenen Faunenregionen lassen sich in Afrika zwei Gebiete unterscheiden. Der nördl. der Sahara gelegene Bereich wird der ↗Paläarktis zugerechnet. Die Fauna südl. v. Atlas u. Sahara ist bestimmender Teil der ↗Äthiopis. Aufgrund ihrer ökolog. Ansprüche u. Potenz sind die unterschiedl. Arten in ihrer Verbreitung mehr od. weniger an bestimmte Biome gebunden.

Tiefland- und Gebirgsregenwald: Der trop. Regenwald gilt als eines der ältesten Ökosysteme. Außerordentliche tages- u. jahresperiod. Konstanz v. Temp. u. Luftfeuchte ist hervorstechendes Merkmal. Hieraus erklärt sich das Auftreten terrestr. Formen aus verschiedenen, nur geringe Landanpassungen aufweisenden Gruppen wie Plattwürmern od. Kiemenschnecken u. die große Fülle an Froschlurchen. Die Vielfältigkeit der Umwelt, die sich gerade auch in der ausgeprägten vertikalen Strukturierung äußert, u. das hohe Alter des Lebensraums ließen eine Artenvielfalt entstehen, der derjenigen südostasiat. Regenwälder wenig nachsteht. Die Mykorrhiza bietet zahlr. Pilzfressern unter den Milben, Schnurfüßern u. Springschwänzen reichl. Nahrung. Zus. mit Termiten u. ebenfalls an der Holzzersetzung beteiligten Käfern stellen sie den Hauptanteil der Bodenfauna. Ein Großteil des Lebens spielt sich aber in den höheren Stockwerken des Waldes ab. Hier dominieren die Altweltaffen als Kletterer u. Hangler. Fledermäuse, Vögel u. im obersten Kronenbereich Schmetterlinge tragen in ihrer Funktion als Bestäuber u. Samenverbreiter mit bei zum Bestand ihres Lebensraums. – Die Gebirgsregenwälder beherbergen eine grundsätzlich gleiche Fauna. Aufgrund der geograph. Isolation sind die einzelnen Gebiete jedoch durch zahlr. nahverwandte, vikariierende Arten u. Unterarten ausgezeichnet.

Feuchtwälder und Feuchtsavannen: Feuchtwälder u. -savannen bilden den Übergang zw. dichtem Regenwald u. offenem Gelände. Im Ggs. zum Regenwald ist das Leben v. deutl. tages- u. jahreszeitl. Schwankungen geprägt, was z. B. im saisonal unterschiedl. Fallaubabbau durch Mikroflora, Termiten u. Regenwürmern seinen Ausdruck findet. Feuchtebedürftige Gruppen sind nicht so stark vorhanden od. fehlen ganz. Dem Regenwald weniger verhaftete Tiere, darunter zahlr. Meerkatzen u. der Afrikan. Elefant, finden auch hier gute Lebensmöglichkeiten. Mit der in den Vordergrund tretenden Krautschicht nimmt die Zahl grasfressender Arten, v. a. von Vertretern der Huftiere, stark zu. Unter den Bedingungen eines ständig vorhandenen, reichl. Nahrungsangebots entwickelten viele der hier einzeln od. in kleineren Gruppen lebenden Arten territoriale Verhaltensweisen, ein Phänomen, das für die Gebiete der

Trockenwälder und Trockensavannen eher untypisch ist. Charakteristisch sind die riesigen Mischherden aus Zebras, Büffeln u. Antilopen, wie sie v. a. während der zu den Trockenzeiten stattfindenden Wanderungen auftreten. Ihre Fraßtätigkeit, die u. a. ein „Kleinhalten" v. Holzgewächsen bedingt, trägt zum Erhalt des typ. Bildes der Savanne bei. Andere Gebiete werden durch die Bautätigkeit v. Termiten geprägt, was ihnen die Bez. „Termitensavanne" eintrug. Den großen Huftierherden kommt jedoch nicht nur durch die Gestaltung ihrer Umwelt od. als Beute v. Raubtieren u. Aasfressern ökolog. Bedeutung zu. Sie stellen das Reservoir zahlr. für Menschen u. Haustiere gefährlicher Krankheitserreger dar, die, wie die verschiedenen Trypanosomen (Erreger v. Schlafkrankheit u. Nagana-Seuche) durch die Tse-Tse-Fliege, v. blutsaugenden Insekten

Afrika

Trockenwälder und -savannen

Anubispavian *(Papio anubis)*
Meerkatze *(Cercopithecus aethiops)*
Husarenaffe *(Erythrocebus patas)*
Giraffe *(Giraffa camelopardalis)*
Spitzmaulnashorn *(Diceros bicornis)*
Weißbartgnu *(Connochaetes taurinus)*
Topi-Antilope *(Damaliscus lunatus korrigum)*
Thomsongazelle *(Gazella thomsoni)*
Löwe *(Panthera leo)*
Gepard *(Acinonyx jubatus)*
Zebramanguste *(Mungos mungo)*
Hyänenhund *(Lycaon pictus)*
Gefleckte Hyäne *(Crocuta crocuta)*
Schakale *(Canis spec.)*
Steppenschuppentier *(Manis temmincki)*
Erdferkel *(Orycteropus afer)*
Afrikanischer Strauß *(Struthio camelus)*
Wollkopfgeier *(Trigonoceps occipitalis)*
Zwerggänsegeier *(Pseudogyps africanus)*
Marabu *(Leptoptilos crumeniferus)*
Kuhreiher *(Ardeola ibis)*
Madenhackerstare *(Buphagus spec.)*

Halbwüsten und Wüsten

Elenantilopen *(Taurotragus spec.)*
Oryxantilope *(Oryx gazella)*
Mendesantilope *(Addax nasomaculatus)*
Dünengazelle *(Gazella leptoceros)*
Wüstenfuchs *(Fennecus zerda)*
Wüstenspringmaus *(Jaculus jaculus)*
Nordafrikanische Elefantenspitzmaus *(Elephantulus rozeti)*
Goldmulle *(Chrysochloridae)*
Springhase *(Pedetes capensis)*
Spießflughuhn *(Pterocles alchata)*
Apothekerskink *(Scincus scincus)*
Krötenkopfagame *(Phrynocephalus nejdensis)*
Dornschwanz *(Uromastyx aegypticus)*

Afrika V

Ölpalme (*Elaeis guineensis*)

Palmsegler (*Cypsiurus parvus*)

Gorilla (*Gorilla gorilla*)

Graupapagei (*Psittacus erithacus*)

Prachtlilie (*Gloriosa superba*)

Blaunackenmausvogel (*Colius macrourus*)

Der größte Teil von Zentralafrika wird vom immergrünen tropischen Regenwald beherrscht, der nach dem Regenwald im Amazonasbecken der größte der Welt ist. Im Regenwald lebt eine reiche Fauna mit einer großen Artenzahl an Affen, Amphibien, Schmetterlingen und Vögeln.

Leopard (*Panthera pardus*)

Schimpanse (*Pan troglodytes*)

Sattelstorch (*Ephippiorhynchus senegalensis*)

Schwarze Mamba (*Dendroaspis polylepis*)

Weißkehlstelzenkrähe (*Picathartes gymnocephalus*)

Mandrill (*Mandrillus sphinx*)

© FOCUS

Afrika VI

Die Küstenzone im südlichsten Afrika weist eine der mediterranen Pflanzenwelt vergleichbare Vegetation auf, die sog. Kapmacchie, mit einer charakteristischen und überaus artenreichen Flora. Hier ist die Heimat vieler unserer bekanntesten und beliebtesten Zierpflanzen. Die Abbildung links zeigt den südlich von Kapstadt gelegenen Tafelberg mit dem berühmten Silberbaum im Vordergrund.

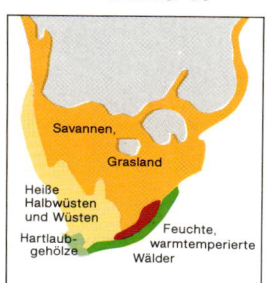

Silberbaum (*Laucadendron argenteum*)

Savannen, Grasland, Heiße Halbwüsten und Wüsten, Hartlaubgehölze, Feuchte, warmtemperierte Wälder

Amaryllis (*Amaryllis belladonna*)

Silberbaum (Blüte)

Mittagsblume (*Mesembryanthemum crenifolium*)

Paradiesvogelblume (*Strelitzia reginae*)

Erica abietina

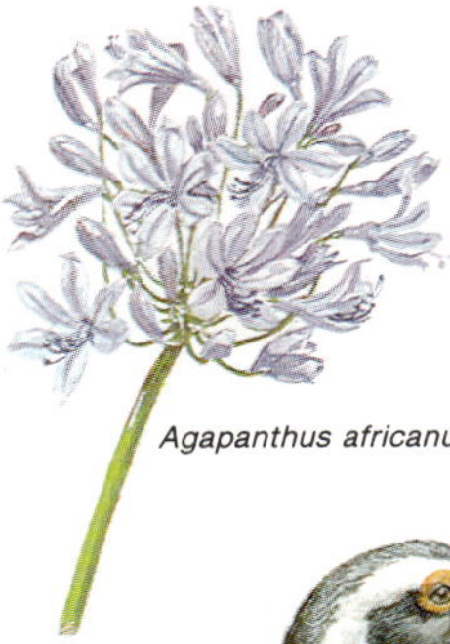

Agapanthus africanus

Siedelweber (*Philetairius socialis*)

Disa uniflora

Grünhelmturako (*Tauraco persa*)

Brillenpinguin (*Spheniscus demersus*)

Tritionia aurea

Erdferkel (*Orycteropus afer*)

© FOCUS

Afrikanischer Birnbaum

Seitenwinderschlangen (*Cerastes spec.*)
Wüstenassel (*Hemilepistus reaumuri*)
Dunkelkäfer (*Stenocara spec.*)
Wüstenwanderheuschrecke (*Schistocerca gregaria*)
Nomadacris septemfasciata, eine südafrikan. Wanderheuschrecke

Flüsse, Seen und Sümpfe

Flösselhechte (*Polypterus spec.*)
Nilhechte (*Mormyridae*)
Buntbarsche (*Cichlidae*)
Afrikanischer Lungenfisch (*Protopterus spec.*)
Große Otterspitzmaus (*Potamogale velox*)
Flußpferd (*Hippopotamus amphibius*)
Sitatunga-Antilope (*Tragelaphus spekei*)
Sumpfmanguste (*Herpestes paludinosus*)
Flamingos (*Phoenicopterus, Phoeniconaias*)
Rötelpelikan (*Pelecanus rufescens*)
Löffler (*Platalea alba*)
Afrika-Klaffschnabel (*Anastomus lamelligerus*)
Schuhschnabel (*Balaeniceps rex*)
Afrikablatthühnchen (*Actophilornis africana*)
Alma spec., ein sumpfbewohnender Regenwurmverwandter

after [ahd. *aftar* = hinter, nach; *aftaro* = der Hintere], in Zss.: nach, hinter, falsch.

od. Zecken übertragen werden. Lange Jahre war hierdurch die Viehzucht im Verbreitungsgebiet des Überträgers unmöglich.
Halbwüsten und Wüsten: Die Halbwüsten umrahmen die ariden Kerngebiete od. durchsetzen sie mosaikartig. Eine deutl. Trennung beider ist daher nicht immer möglich. Gemeinsam sind beiden die starken Schwankungen v. Temp. u. Feuchtigkeit. Eine bestmögliche Nutzung des Minimumfaktors Wasser ist v. a. Voraussetzung für ein Bestehen in diesen Lebensräumen. Die Anpassungen an das Eremial sind vielfältiger, morpholog. wie physiolog. Natur u. in ähnl. Form sowohl in den Gebieten S-Afrikas wie in der Sahara mit ihren recht unterschiedl. Faunen entwickelt. Typisch für die Sahara sind die eingesprengten Oasen, die stark isolierte Areale darstellen u. eine v. der Umgebung sehr abweichende Lebewelt aufweisen.
Flüsse und Seen: Zentren größter Arten- u. Formenmannigfaltigkeit sind wiederum die Gebiete der Regenwälder, was auf die Beständigkeit des Wasserreichtums über geologisch lange Zeiten zurückzuführen ist. Eine ähnl. Vielfalt findet sich in den wegen ihrer Buntbarsche bekannten alten Seen des Ostafr. Grabens. Das reiche Angebot an Plankton u. Fischen stellt die Nahrungsgrundlage ihrer Wasservogelschwärme dar. In den meist dicht mit Papyrusstauden bestandenen Sümpfen leben u. jagen die Tiere eher einzeln. Solche Sumpfgebiete, wie sie sich im Einzugsbereich des Oberen Nils u. des Okawango-Beckens finden, stellen bedeutsame Wasserspeicher während der Trockenperioden dar. B.

Lit.: *Knapp, R.:* Die Vegetation von Afrika. Stuttgart 1973. *Walter, H.:* Vegetationszonen und Klima. Stuttgart 1979. *Dorst, J., Dandelot, P.:* Säugetiere Afrikas. Hamburg 1973. *Mertens, R.:* Die Tierwelt des tropischen Regenwaldes. Frankfurt 1948. *Thenius, E.:* Grundzüge der Faunen- und Verbreitungsgeschichte der Säugetiere. Stuttgart ²1980. Weltatlas des Tierlebens. Amsterdam 1974.   A. B./H. F.

Afrikanischer Birnbaum, *Tieghemella hekkelii*, Lieferant des als ↗ Makoré bezeichneten Holzes.

Afrikanischer Wildhund ↗ Hyänenhund.

Afrixalus *m* [v. lat. *afer* = afrikanisch, gr. *ixalos* = kletternd], Gatt. der Ruderfrösche, mehrere kleine, 20 bis 40 mm lange, laubfroschart. Arten mit senkrechten Pupillen im trop. Afrika; leben an Tümpeln, Gräben u. Sümpfen; Eier werden in Nestern aus längsgefalteten Blättern gelegt.

afroalpine Arten, Pflanzen u. Tiere der alpinen Stufe afr. Hochgebirge zw. ca. 3200 m Höhe u. der Schneegrenze (ca. 4000 m). Die Vegetation weist zahlr. Lebensformtypen auf, wie sie auch in der eur. Alpen zukommen. Von der Waldzone leiten aus hart- u. kleinblättrigen Laubholzgesträuchen zusammengesetzte Formationen (Ericaceen-Buschzone) über zum offenen Grasland der alpinen Stufe. Dieses beherrschen Horstgräser, Kleinrosettenstauden, Polsterpflanzen u. Hartlaubsträucher sowie die z. T. meterhohen Riesenrosetten einiger Lobelien u. Senecien. Im obersten Bereich dominieren wiederum die Ericaceen mit *Philippia* u. *Blaeria*. Die extremen Klimabedingungen (Oberflächentemp. bis zu 70°C bei einer Lufttemp. von 10°C am Tage u. nächtl. Frost) lassen die artenarme Fauna ihr Leben im Verborgenen unter Steinen, im Boden od. im ebenfalls milderen Mikroklima zw. Pflanzenteilen führen. Offenes Gelände u. der Luftraum werden gemieden. Dies findet seine Entsprechung im hohen Anteil sekundär flugunfähiger Insekten. Die einzelnen Gebirge weisen einen großen Anteil endemischer u. vikariierender Arten auf.

After, der ↗ Anus.

Afterblattläuse, Bez. für ↗ Blattläuse, bei denen alle ♀ Formen Eier legen; hierzu bes. die Tannenläuse u. Zwergläuse.

Afterbucht *w*, in der Entwicklung mancher Deuterostomier eine ektodermale Einbuchtung, die mit der bis dahin blind endenden Darmanlage verschmilzt, so daß ein Darmausgang (After) entsteht.

Afterdrüsen, die ↗ Analdrüsen.

Afterfeld ↗ Periprokt.

Afterflosse, eine unpaare Flosse auf der Bauchseite hinter der Afteröffnung bei den meisten Fischen; dient überwiegend der Stabilisierung beim Schwimmen.

Afterflügel, ↗ Daumenfittich.

Afterfrühlingsfliegen, die ↗ Steinfliegen.

Afterfühler, die ↗ Cerci.

Afterfuß, *Bauchfuß,* nach den 3 thorakalen Beinpaaren stehende, der Fortbewegung dienende, kurze, ungegliederte, paarige Extremität des Hinterleibs bei Larven einiger Insektenord. Bei den meisten Schmetterlingsraupen sitzen die Afterfüße am 3.–6. sowie ein Paar (Nachschieber, Pygopodien) am 10. Abdominalsegment; umgewandelte Nachschieber bilden die Gabelfortsätze am Hinterende der Raupen des Gabelschwanzes. Bei den Larven der Spanner steht in der Regel am 6. u. 10. Segment ein Bauchfußpaar, was eine andere Fortbewegungsweise ermöglicht; die Urmotten hingegen haben sogar noch 8 Paare. Die Ausbildung der Fußsohle (Planta) der Afterfüße bei Schmetterlingen ist unterschiedlich: bei primitiveren, insbes. bei endophag lebenden Larven, ist sie v. einem Häkchenkranz umgeben *(Kranzfüße,* Pedes coronati), bei den anderen, v. a. freilebenden Raupen, sitzen jeweils

Agamen

Afterfuß
Afterfußanordnungen
a „normaler" Schmetterlingstypus,
b Spannertypus,
c Afterraupentypus (Blattwespenlarve)

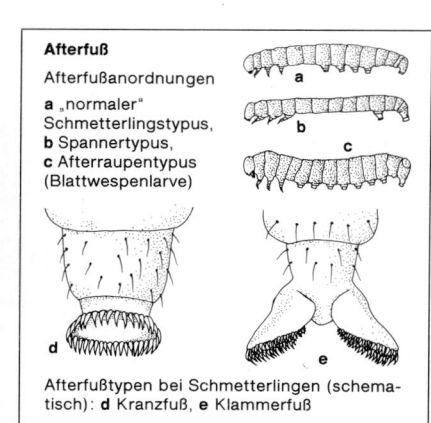

Afterfußtypen bei Schmetterlingen (schematisch): d Kranzfuß, e Klammerfuß

am Rand der 2lappigen Sohle nach innen gerichtete Chitinhäkchen, wodurch ein Anklammern möglich wird (*Klammerfüße, Pedes semicoronati*). Die den Schmetterlingslarven ähnl. Afterraupen der Blattwespen tragen in der Regel am 2.–8. u. am 10. Segment Bauchfüße. Auch die Larven der Schnabelfliegen besitzen stummelförmige Afterfüße.

Afterhufe, die ↗Afterklauen.
Afterklappen, die ↗Analklappen.
Afterklauen, *Afterhufe,* die außer bei den Flußpferden bei den meisten rezenten Paarhufern *(Artiodactyla)* mehr od. weniger reduzierten 2. und 5. Zehen *(Afterzehen);* sie erreichen den Boden nicht mehr od. nur noch auf weichem Untergrund (z. B. Schweine). Gemsen können die A. als zusätzl. Halt in schwierigem Gelände einsetzen.
Afterleistlinge, *Hygrophoropsis,* Gatt. der ↗Kremplinge.
Afterraife ↗Cerci.
Afterraupe, Bez. für die Larve der Blattwespen u. Schnabelfliegen. ☐ Afterfuß.
Afterskorpione, die ↗Pseudoskorpione.
Afterweisel, *Drohnenmütterchen,* Arbeiterinnen der Honigbiene, die bei Verlust der Königin des Bienenstaates Eier legen; da die Eier unbefruchtet bleiben, schlüpfen daraus nur Drohnen.
Afterzehen ↗Afterklauen.
Afterzitzen, bei Säugern gelegentlich auftretende überzählige Zitzen.
Afzelia w [ben. nach dem schwed. Botaniker A. Afzelius, 1750–1837], in den Tropen beheimatete Gatt. der Hülsenfrüchtler; das oberste Blütenblatt ist fahnenähnlich vergrößert, die restlichen 4 sind stark reduziert od. fehlend; Staubfäden nicht verwachsen, auf 3–8 reduziert. Die Samenmäntel von *A. africana* u. anderen Arten sind eßbar. Das dunkelbraune, harte, witterungsbeständige, ziemlich säurefeste Holz von A. ist als *Doussié* im Handel.
Aga *m* [v. türk. aga = älterer Bruder], *Aga-*

after [ahd. *aftar* = hinter, nach; *aftaro* = der Hintere], in Zss.: nach, hinter, falsch.

Aga *(Bufo marinus)*

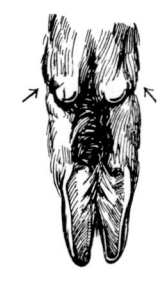

Afterklauen

Agamen
Wichtige Gattungen:
Echte Agamen *(Agama)*
Amphibolurus
Diporiphora
↗Dornschwänze *(Uromastyx)*
↗Flugdrachen *(Draco)*
↗Kragenechsen *(Chlamydosaurus)*
↗Krötenkopfagamen *(Phrynocephalus)*
Leierkopfagamen *(Lyriocephalus)*
↗Moloch
Nashornagamen *(Ceratophora)*
Schmetterlingsagamen *(Leiolepis)*
↗Schönechsen *(Calotes)*
↗Segelechsen *(Hydrosaurus)*
Taubagamen *(Cophotis)*
Tympanocryptis
Wasserdrachen *(Physignathus)*
↗Winkelkopfagamen *(Gonocephalus, Acanthosaura)*

kröte, Riesenkröte, Bufo marinus, 15 bis 20 cm lange, südam. Kröte, oben graubraun mit dunklen Flecken, unten heller; sehr anpassungsfähig, lebt oft mitten in Städten; die A. frißt große Mengen Insekten, Schnecken, Kleinsäuger u. a., deshalb zur biol. Schädlingsbekämpfung auf verschiedenen westind. Inseln, in Florida u. Australien mit Erfolg eingebürgert. Das Sekret der großen Parotoiddrüsen (Hinterohrdrüsen) ist giftig, ebenso der Laich.
Agabus, Gatt. der ↗Schwimmkäfer.
Agakröte ↗Aga.
Agalma w [gr., = Schmuck, Bildsäule], Gatt. der ↗Physophorae.
Agalychnis w , Gatt. der ↗Makifrösche.
Agamen, *Agamidae,* Fam. der *Gekkota,* mit ca. 34 Gatt. (vgl. Tab.) in der Alten Welt (v. a. in den Tropen) u. Australien; meist kleine bis mittelgroße, terrestrisch od. auf Bäumen lebende Echsen; häufig mit Rückenkämmen. A. sind vorwiegend kräftig gebaute Tagtiere mit gutentwickelten Gliedmaßen, einem oft breiten Kopf, rundl. od. abgeflachtem Körper u. langem Schwanz; Augenlider mit Schuppen bekleidet, auf der Oberseite des Kopfes ungleichmäßig verteilte, kleine Schuppen, Körper u. Schwanz v. starken Schuppen bedeckt. Bezahnung (im Ggs. zu den ähnlichen pleurodonten, neuweltl. Leguanen) typisch akrodont; Zunge kurz u. fleischig. A. ernähren sich hpts. v. Insekten, größere Tiere oft auch v. Pflanzenteilen. Auffällige Verhaltensweisen: Kopfnicken, Farbwechsel (v. a. am Kopf), aufrichtbarer Halskragen u. aufblähbarer Kehlsack; bes. die recht streitsüchtigen Männchen imponieren drohend damit u. zeigen sie während der Balz. Die Weibchen sind fast ausnahmslos ovipar. Die Echten A. *(Agama)* mit abgeflachtem Körper, dreieckigem Kopf u. deutlich sichtbarer Ohröffnung sind mit ca. 60 Arten in ganz Afrika u. in SW-Asien verbreitet. Hierzu gehört die in Gruppen in Zentralafrika lebende Siedleragame *(A. agama)* mit rötlich-gelbem Kopf sowie die einzige eur. Art, der Hardun *(A. stellio),* der u. a. nach Griechenland eingeschleppt wurde; beide sind typ. Kulturfolger. Ihnen gegenüber stehen in Australien die Boden-A. mit ca. 30 Arten der Gatt. *Amphibolurus* (u. a. die Bartagame, *A. barbatus,* mit einer eindrucksvollen, spitzstacheligen, weit aufspannbaren Kinnfalte), *Diporiphora* u. *Tympanocryptis;* Savannen- u. Wüstenbewohner. Die Leierkopfagame *(Lyriocephalus scutatus)* aus den Bergwäldern Ceylons besitzt einen dicken Mundhöcker. Auf der Insel leben ferner die Nashorn-A. *(Ceratophora);* die 3 Arten haben ein „Horn" auf der Schnauzenspitze. Bei den beiden baumbewohnenden Arten

Afrika VII

Der größte Teil von Südafrika besteht aus Wüsten oder Halbwüsten mit einer spärlichen Vegetation. In der Kalahari- und Namibwüste wächst *Welwitschia mirabilis*, eine der eigentümlichsten Pflanzen der Erde.

Springbock *(Antidorcas marsupialis)*

Welwitschie *(Welwitschia mirabilis)*

1 Aloë *(Aloe variegata)*
2 Gladiole *(Gladiolus alatus)*

Freesie *(Freesia refracta)*

Lobelie *(Lobelia erinus)*

Pelargonie *(Pelargonium inquinans)*

Südafrikanische Bleiwurz *(Plumbago auriculata)*

Protea cynaroides

Zantedeschia aethiopica

Zimmerlinde *(Sparmannia africana)*

Großer Kudu *(Tragelaphus strepsiceros)*

Agame *(Agama spec.)*

Spießbock *(Oryx gazella)*

Afrika VIII

Madagaskar besitzt durch seine isolierte geographische Lage eine eigentümliche Pflanzen- und Tierwelt. Hier leben Pflanzen und Tiere, die sonst nirgendwo anders auf der Erde vorkommen. Unter der Fauna Madagaskars sind eine Reihe von Säugetieren bemerkenswert, u. a. *Halbaffen*. Die Abbildung links zeigt eine Savannenlandschaft mit dem über weite Teile Afrikas und Madagaskars verbreiteten Affenbrotbaum oder Baobab *(Adansonia digitata)*.

Regengrüne Wälder
Savannen, Grasland
Immergrüne Regenwälder

Raphiapalme
(Raphia ruffia)

Blauvanga
(Leptopterus madagascarinus)

Baum der Reisenden
(Ravenala madagascariensis)

Affenbrotbaum (Frucht)   Affenbrotbaum (Blüte)

Christusdorn
(Euphorbia splendens, E. milii)

Kalanchoë blossfeldiana

Poinciana regia

Madagassischer Plattschwanzgecko
(Uroplatus fimbriatus)

Fossa
(Cryptoprocta ferox)

Katta
(Lemur catta)

Mohrenmaki
(Lemur macaco)

Fingertier
(Daubentonia madagascariensis)

© FOCUS

Agameten

der Taub-A. *(Cophotis)* von Ceylon bzw. Sumatra u. Java ist der Schwanz zu einem Greifwerkzeug umgestaltet. Einzige Art der Schmetterlings-A. *(Leiolepis)* ist die schöngefärbte südasiat. *L. belliana.* Zeitweise auch im Wasser leben die bis 90 cm langen Wasserdrachen *(Physignathus);* ihre Heimat ist N-, O-Australien u. SO-Asien; 6 Arten; Körper seitlich abgeflacht, mit deutl. Schuppenkamm. B Afrika VII.

Agameten [v. gr. agamētos = unverheiratet], veraltete Bez. für Sporen; einzellige Fortpflanzungskörper, die mitotisch zu neuen Individuen auswachsen.

Agamidae, die ↗Agamen.

Agammoglobulinämie *w* [v. gr. a- = nicht, gamma = G, lat. globulus = Kügelchen, gr. haima = Blut], Krankheit, der ein Defekt in der Immunglobulinsynthese zugrunde liegt. Die damit verbundene Unfähigkeit zur Antikörperbildung führt zu einer großen Anfälligkeit gegenüber bakteriellen Infektionen. Man unterscheidet eine autosomal-rezessive (beide Geschlechter betroffen) u. eine kogenital-geschlechtsgebundene (nur beim männl. Geschlecht) Form dieses Immunglobulinmangelsyndroms. Alle wesentl. Immunglobulinklassen (IgG, IgA und IgM) sind stark verringert, begleitet v. einem auffallenden Lymphocytenmangel im Blut. Der Thymus als wichtigster Bildungsort für immunkompetente Zellen ist atrophisch.

Agamogenesis *w* [v. *agamo-, gr. genesis = Entstehung], *Agamogonie,* Fortpflanzung ohne Befruchtung, ↗asexuelle Fortpflanzung.

Agamont *m* [v. gr. a- = nicht, gamein = heiraten], die Individuen einzelliger Organismenarten, die sich durch *Agamogonie* fortpflanzen, d. h., bei ihrer mitotischen Teilung in zwei od. mehr Tochterzellen werden diese nicht zu Geschlechtszellen (Gameten). Ggs.: Gamont.

Agamospermie *w* [v. *agamo-, gr. sperma = Same] ↗Apomixis.

Agamospezies *w* [v. *agamo-, lat. species = Gestalt, Art], Arten mit asexueller od. parthenogenetischer Fortpflanzung, auf die der biol. Artbegriff nicht anwendbar ist. Die Individuen u. ihre Deszendenten sind fortpflanzungsmäßig isoliert; daher kann man bei A. nicht v. Populationen sprechen. Da Arten nicht nur genet., sondern auch ökolog. Einheiten sind, wird das Merkmalsgefüge einer A. ausschließlich durch die u. a. von den ökischen Dimensionen der ökolog. Nische ausgehenden stabilisierenden Selektion zusammengehalten u. damit ausufernde Variation verhindert.

Agaonidae, die ↗Feigenwespen.

Agapanthia *w* [v. gr. agapē = Liebe, anthos = Blüte], Gatt. der ↗Bockkäfer.

agamo- [v. gr. agamos = unverheiratet, ehelos], in Zss.: ungeschlechtlich.

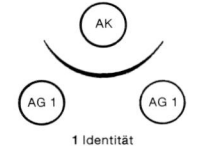

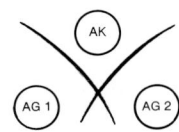

1 Identität

2 Nicht-Identität

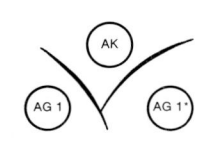

3 Partielle Identität

Agardiffusionstest

Im Fall **1** verschmelzen die Präzipitationslinien, da die Antigene (= AG) identisch sind; bei **2** überschneiden sie sich wegen ihrer Verschiedenheit; im Fall **3** trägt das Antigen 1* nur einen Teil der Spezifitäten des Antigens 1, der Antikörper (= AK) ist jedoch gegen alle Spezifitäten von AG 1 gerichtet. Die charakterist. Spornbildung zeigt die teilweise Übereinstimmung der antigenen Spezifitäten an.

Agapanthus *m* [v. gr. agapē = Liebe, anthos = Blüte], Gatt. der ↗Liliengewächse.

Agapetidae [v. gr. agapētos = geliebt], die ↗Augenfalter.

Agapornis *m* [v. gr. agapē = Liebe, ornis = Vogel], Gatt. der ↗Papageien.

Agar *m, s* [malaiisch], *Agar-Agar,* ein aus Agarose u. Agaropektin aufgebautes Heteropolysaccharid aus der Zellwand v. Rotalgen. *Agarose* ist Hauptbestandteil (70%); sie ist linear aus alternierenden D-Galactose- u. 3,6-Anhydro-L-Galactose-Einheiten aufgebaut. Das kompliziertere *Agaropektin* besteht aus linear verbundenen, teilweise mit Schwefelsäure veresterten D-Galactose-Einheiten; es enthält außerdem 3,6-Anhydro-L-Galactose sowie die entspr. Uronsäuren. A. bildet dünne, farblose, geschrumpfte Streifen, die in Wasser quellen u. sich beim Kochen lösen. A. findet vielseitige Verwendung als Nährboden für Bakterien u. Pilze, aber auch als Gelatinemittel in der Nahrungsmittel- u. Papierindustrie. Die in heißem Wasser lösl., bei Raumtemperatur gelierende Agarose ist als Gelmatrix ein wichtiges Hilfsmittel zur elektrophoret. Trennung v. Nucleinsäurefragmenten im Bereich v. 150–20000 Basenpaaren.

Agardiffusionstest *m* [v. malaiisch agar, lat. diffusio = Ausbreitung], **1)** Immunchem. Methode zur Erfassung v. Antigen-Antikörper-Reaktionen in Agarmedien; man unterscheidet Einfach- u. Doppeldiffusion. a) Bei der Einfachdiffusion wird das Antiserum im Reagenzglas in ↗Agar eingeschlossen, der mit der Antigenlösung überschichtet wird *(Oudin-Test);* durch Standardisierung der Methode läßt sich anhand der Strecke, die eine Präzipitationslinie (durch Diffusion des Antigens) in der antikörperhalt. Agarschicht zurücklegt, eine unbekannte Antigenkonzentration bestimmen. b) Die Doppeldiffusion in Agar ist eine weitverbreitete Technik zur gleichzeitigen Analyse mehrerer Antigen-Antikörper-Systeme *(Ouchterlony-Test).* Hierbei wird eine Glasplatte mit Agar beschichtet, so daß Antigene u. Antiseren, die in verschiedene in den Agar gestanzte Löcher appliziert werden, aufeinander zu diffundieren können. Präzipitationslinien entstehen dort, wo Antigen u. Antikörper in äquivalenten Konzentrationen aufeinandertreffen; so kann über Identität, Nicht-Identität bzw. partielle Identität verschiedener Antigene entschieden werden. Bei der *Immunelektrophorese* wird die Doppeldiffusionstechnik mit einem vorangestellten Elektrophoreseschritt kombiniert; zur Analyse komplexer Systeme, z.B. eines artfremden Serums, geeignet. **2)** *Plattendiffusionstest,* ein Testsystem, um die Fähigkeit v. Mikroorganismen zur Bildung v. ↗Antibiotika od. um die Wirksamkeit bestimmter Antibiotika auf Mikroorganismen (Krankheitserreger) festzustellen (↗Antibiogramm, B Antibiotika). Dazu benutzt man Agarplatten, die einen Testorganismus gleichmäßig suspendiert enthalten. Die Testlösungen (Ausscheidungsprodukte v. Mikroorganismen, bekannte Antibiotika) werden in ausgestanzte Löcher eingefüllt (Lochtest), in kleine Metallzylinder auf der Oberfläche pipettiert (Zylindertest) od. in Filterpapierscheibchen aufgesogen u. zur direkten Diffusion auf den Agar gelegt (Scheibchentest). Nach Bebrütung der Platten läßt sich bei Vorliegen eines wirksamen Antibiotikums eine Hemmzone um die aufgetragene Testlösung feststellen, innerhalb der der Testorganismus nicht wachsen konnte; der ⌀ dieser Hemmzone ist der Wirksamkeit u. Konzentration des Antibiotikums proportional.

Agaricaceae [Mz.; v. gr. agarikon = Lärchenschwamm] ↗Champignonartige Pilze.

Agaricales [Mz], die ↗Blätterpilze.

Agaristidae, eine den Eulenfaltern nächst verwandte Fam. mit etwa 100 Arten, die v. a. in Afrika, Indoaustralien u. Amerika vorkommt. Die höchstens mittelgroßen Falter haben oft eine metallisch bunte Zeichnung auf den Vorderflügeln; sie fliegen tagsüber als Blütenbesucher im Sonnenschein. Bemerkenswert ist die Fähigkeit einiger A. zu stridulieren, die Art der Lauterzeugung erinnert an die Heuschrecken: die Männchen der madagass. *Pemphigostola synemonistis* streichen mit einer Schrilleiste am Mittelbein über eine verstärkte Ader auf der Unterseite des Vorderflügels (Schrillkante), wobei eine blasenart. Aufwölbung am Flügel als Resonanzboden dient; die entstehenden Töne locken die Weibchen der Art an. Die Larven der in N-Amerika häufigen Art *Alypia octomaculata* („Eight-Spotted Forester") können an Reben schädlich werden.

Agaropektin s [v. malaiisch agar, gr. pēktos = eingedickt], ↗Agar.

Agarophyten [Mz.; v. malaiisch agar, gr. phyton = Gewächs], Rotalgen, insbes. der Gatt. *Gelidium, Gracilaria, Gigartina, Chondrus, Ceramium, Phyllophora*, aus denen ↗Agar od. Carrageenan gewonnen wird.

Agarose w [v. malaiisch agar], ↗Agar.

Agassiz [agaßī], *Jean Louis Rudolphe*, schweizer.-am. Zoologe, Paläontologe u. Geologe, * 28. 5. 1807 Môtier (Fribourg), † 14. 12. 1873 Cambridge (Mass.); ab 1832 Prof. in Neuchâtel, seit 1846 in N-Amerika; bedeutende Arbeiten über Mollusken, Echinodermen u. fossile Fische, Eiszeitforschung im Sinne v. Cuviers Katastrophentheorie; entschiedener Gegner des Darwinismus; einer der großen Naturwissenschaftler der viktorian. Epoche.

Agastra w [v. gr. a- = nicht, gastēr = Magen, Bauch], Gatt. der zu den *Thecaphorae-Leptomedusae* gehörenden Fam. *Eucopidae (Campanulariidae);* die Meduse *A. mira* (ca. 1 mm hoch) kommt in der Nordsee vor u. bildet die kurzlebige, reduzierte Geschlechtsgeneration des Polypen *Orthopyxis caliculata*.

Agathis w [gr., = Knäuel], Gatt. der *Araucariaceae* mit ca. 15 Arten auf den Philippinen, den Fidschi-Inseln, in Neukaledonien, Australien (Queensland) u. Neuseeland. Alle A.-Arten bilden hohe immergrüne Bäume mit sehr harzreicher Rinde; die Blätter sind meist breit abgeflacht, lanzettlich-eiförmig u. besitzen als Besonderheit unter den Coniferen zahlr. parallelverlaufende Nerven. Im Ggs. zur Gatt. *Araucaria* lassen die kugel. ♀ Zapfen nur die Deckschuppe erkennen (↗*Araucariaceae*), die einseitig geflügelten Samen werden bei der Reife frei. Der Bau der ♂ Blüte, die Bestäubung u. Befruchtung entsprechen dem Typ der *Araucariaceae*. Bemerkenswert ist der verzweigte u. gut entwickelte Pollenschlauch, der sogar in die Zapfenachse eintritt u. mit seinen bis zu 44 vegetativen Kernen wohl das größte Mikroprothallium unter den heutigen Samenpflanzen darstellt. Ihren Verbreitungsschwerpunkt besitzt die Gatt. in den submontanen u. montanen Bereichen der males. und melanes. Tropen. Im malaiischen Archipel gehören *A. dammara* (*A. alba*, Dammara, Dammarfichte) und *A. becarii* mit Wuchshöhen bis 40 m zu den „Urwaldriesen"; eine ähnl. Höhe erreicht die auf Queensland (Australien) beschränkte *A. robusta*. In den südhemisphär. Außertropen kommt die Gatt. nur im nördl. Teil der Nordinsel v. Neuseeland vor; hier bildet *A. australis* (Kaurifichte) die heute in ihrem Bestand stark dezimierten „Kauri-Wälder". In Mitteleuropa sind die A.-Arten nicht winterhart u. daher nur im Gewächshaus kultivierbar.

Agavaceae [v. gr. agauē = die Edle, Stattliche], die ↗Agavengewächse.

Agave w [v. gr. agauē = die Edle, Stattliche], Gatt. der Agavengewächse mit ca. 300 Arten, aus dem trop. Amerika; im Mittelmeergebiet als Zierpflanze sehr häufig. Die mächtigen, fleischigen Blattrosetten haben an den Blättern Seitendornen u. einen Enddorn. Der bis zu 7 m hohe Blütenschaft besitzt kronleuchterartig angeordnete Zweige, die röhrenförmige, aufrechte, gelbl. Blüten tragen. Die Pflanzen blühen nur einmal (je nach Art im Alter zw. 4 und 100 Jahren) u. sterben anschließend nach der Fruchtbildung ab. Hauptlieferant des

Agathis

Obwohl ein Nadelbaum, hat die Dammarfichte *(A. dammara)* keine Nadeln, sondern breite Blätter; sie ist damit eine der wenigen Ausnahmen unter den Nadelgehölzen. Wirtschaftl. Verwendung finden einzelne A.-Arten als wertvolles Bau- u. Möbelholz, insbes. in Neuseeland. Ferner liefert das Harz ihrer Rinde, das bei geringster Verletzung austritt, wichtige *Kopale*. Von der neuseeländ. *A. australis* stammt der *Kauri-Kopal*, der v. a. als subfossiles Harz aus dem Boden gewonnen wurde; um die Ausbeutung zu erleichtern, wurden dabei die „Kauri-Wälder" bis auf kleine Reste vernichtet. Geringere Mengen an Kauri-Kopal werden in Neukaledonien aus *A. ovata* gewonnen. *A. dammara* liefert den *Manila-Kopal*, nicht, wie fr. angenommen, das *Dammar-Harz* (dieses stammt v. *Shorea*, einem Vertreter der *Dipterocarpaceae*).

Agavengewächse

Sisals ist in allen trop. Gebieten die Sisal-A. *(A. sisalana);* sie lebt 6–12 Jahre; nach 2–4 Jahren werden jährlich 15–20 Blätter geschnitten u. die 1–2 m langen Faserbündel, die den Leitbündeln anliegen, maschinell entfernt; anschließend werden sie gewaschen u. getrocknet; durch Schlagen u. Bürsten erhalten die glänzend gelben Fasern ihre ursprüngl. Geschmeidigkeit zurück; die Fasern finden hpts. Verwendung in der Seilerei. *A. americana* ist weniger bedeutend für den Welthandel, da ihr ätzender Saft Maschinenteile angreift u. daher von Hand verarbeitet werden muß. Aus *A. atroviens* wird in Mexiko das Nationalgetränk *Pulque* hergestellt; der nach Entfernen des Blütenschafts fließende Wundsaft hat einen Rohrzuckeranteil zw. 9 und 12%; pro Tag können von einer Pflanze 4–5 l Saft erhalten werden. Die alkohol. Getränke *Mescal* u. *Tequila* werden aus den „Schnapsagaven", z. B. *A. sequilana,* gewonnen.

Agavengewächse [v. gr. agauē = die Edle, Stattliche], *Agavaceae,* mit 20 Gatt. (vgl. Tab.) u. ca. 700 Arten in den Tropen u. Subtropen hpts. in Trockengebieten verbreitet; Rosettenblätter oft sukkulent am Rande mit Stacheln; meterhohe Blütenrispen od. -trauben; viele A. sind Faserlieferanten. Wegen ihres starken Blütendufts werden Vertreter der Gatt. *Polianthes* (Tuberosen) als Schnittblumen u. Topfpflanzen geschätzt; in S-Frankreich werden sie zur Gewinnung v. Duftstoffen kultiviert. Weitere Zimmerpflanzen, aus dem trop. W-Afrika, sind Vertreter der Gatt. *Sansevieria* mit 30–40 cm langen schwertförm. Blättern; sie sind grundständig, flach-konkav u. haben oft gelbe Randstreifen; *Sansevieria* ist eine gegen trockene Zimmerluft bes. widerstandsfähige Topfpflanze. In Kolumbien u. Mittelamerika wird aus den Fasern v. *Fourcraea foetida* der *Mauritiushanf* gewonnen; dieser wird zu Sackleinen u. Seilen verarbeitet; in klimabegünstigten Gebieten werden Arten der Gatt. *Fourcraea* als Gartenpflanzen gezogen.

age-and-area-Regel *w* [ä¹dsch-änd-ä¹ri⁰; engl., = Zeit und Raum], *Willissche Regel,* von I. C. Willis 1922 aufgestellte Hypothese, wonach die phylogenetisch ältesten Arten eines Verwandtschaftskreises die größten, die jüngsten die kleinsten Areale aufweisen sollen; besitzt keine Allgemeingültigkeit, sondern trifft nur in Ausnahmefällen zu, da die unterschiedl. Ausbreitungsfähigkeit der Arten u./od. die klimat. und tekton. Gegebenheiten der Areale die Arealgröße wesentlich mitbestimmen.

Agelastica *w* [v. gr. agelastikos = gesellig], Gatt. der ↗ Blattkäfer.

Agelenidae [Mz.], die ↗ Trichterspinnen.

Blühende Agaven

Agavengewächse
Wichtige Gattungen:
↗ Agave
↗ Drachenbaum *(Dracaena)*
Fourcraea
↗ Palmlilie *(Yucca)*
Polianthes
Sansevieria

Agenesie
Beispiele:
Acephalus (Fehlen des Kopfes)
Acardiacus (Fehlen des Herzens)
Adaktylie (Fehlen v. Fingern)
Anonychie (Fehlen v. Fingernägeln)
Anophthalmus (Fehlen der Augen)
Anorchie (Fehlen der Hoden)

Ageneiosidae [v. gr. ageneios = bartlos], Fam. der ↗ Welse.

Agenesie *w* [v. gr. a- = nicht, genesis = Entstehen], fehlende Anlage eines Körperteils.

Ageratum *s* [v. gr. agēraton = Schafgarbe], *Leberbalsam,* Gatt. der Korbblütler, ist mit über 30 Arten in N- und S-Amerika vertreten. Die ästigen, nach Cumarin duftenden Kräuter od. Sträucher besitzen zu dichten Doldentrauben od. Rispen vereinigte Köpfchen aus Röhrenblüten. *A. houstonianum* wird in zahlr. himmelblau, rosaviolett od. weiß blühenden Sorten als Zierpflanze kultiviert; *A. conyzoides* gilt als Heilmittel gegen Fieber u. Diarrhöe.

Ageronia *w* [v. gr. a- = nicht, gerōn = Greis], Gatt. der ↗ Fleckenfalter.

Ageusie *w* [v. gr. a- = nicht, geusis = Geschmack], Verlust der Geschmackswahrnehmung, z. B. durch Erkrankung od. Schädigung der Geschmacksknospen bzw. -nerven.

Agglutination *w* [v. lat. agglutinare = ankleben], Begriff aus der Immunologie zur Antikörperbindung partikulärer Antigene; die betreffenden Partikel (z. B. Bakterien od. Erythrocyten) sind meist groß genug, um mikroskopisch sichtbar zu sein. Im allg. wird jedoch bei quantitativen Titrationen die makroskop. Methode angewandt, bei der die Flockung der Suspension mit dem bloßen Auge od. der Lupe beobachtet wird. Ein typ. A.sversuch ist z. B. der qualitative Test zur Blutgruppenbestimmung auf einem Objektträger: je zwei Tropfen der zu testenden Erythrocytensuspension werden auf einen Objektträger getropft; zum einen wird ein Tropfen eines Serums der Blutgruppe A zugegeben (enthält ↗ Agglutinine gegen B-Erythrocyten), zum anderen ein Tropfen B-Serum. Danach werden die Tropfen auf eine etwa eintretende A. geprüft. ↗ AB0-System.

Agglutinine [Mz.; v. lat. agglutinare = ankleben], Bez. von Antikörpern, die bei Zugabe v. Antigen eine Agglutination dieser Antigenpartikel hervorrufen; das entspr. Antiserum wird hierbei nach seinem sekundären Effekt, der Agglutination, benannt. Analoge Bez. sind Präzipitin, Hämolysin. – Ebenfalls Agglutinin-Charakter besitzen die ihrer Funktion nach Antikörper-ähnlichen *Phythämagglutinine;* diese auch Lektine gen. Proteine aus Pflanzensamen können an der Oberfläche von z. B. Erythrocyten spezifisch binden u. diese dabei agglutinieren.

Agglutinogen *s* [v. lat. agglutinare = ankleben, gr. -genēs = entstanden], Antigen, das zur Produktion eines Antiserums verwendet wird, mit dem als spezif. sekundärer Effekt eine Agglutination erzielt werden soll, entspr. z. B. Präzipitinogen.

Aggregatgefüge s [v. *aggregat-] ↗ Gefügeformen.

Aggregation w [v. *aggregat-], **1)** Chemie: Aggregat, Vereinigung v. Molekülen zu größeren Molekülverbänden, auch Bez. für die lockere Zusammenlagerung v. Molekülen bzw. Ionen.; die A. gleichartiger Moleküle bzw. Ionen wird Assoziation gen. **2)** Zellbiol.: Aggregationsverbände, a) Zusammenlagerung v. Einzelzellen zu Verbänden, ohne daß ihre Individualität dabei verlorengeht; Vorkommen bei Grünalgen (Chlorococcales, Pediastrum, Hydrodictyon) u. Schleimpilzen (↗ Aggregationsplasmodien); die A. kann durch aktives Zusammenwandern v. Einzelzellen (z. B. Acrasiales) od. durch passives Zusammenstoßen u. Zusammenkleben v. Zellen u. Zellklumpen in Suspensionskulturen (↗ Zelladhäsion) erfolgen. b) Anhäufung od. Ansammlung v. Bakterien; z. B. symbiont. Zusammenleben verschiedener Bakterien (Consortium), Fruchtkörperbildung der Myxobakterien, sternförm. Zusammenlagerungen (Agrobacterium, Seliberia), netzartige Formen (Pelodictyon, Thiodictyon u. a.). **3)** Ethologie: subsoziale Scheingesellschaft, einfachste Form einer Tiergesellschaft, die ohne soziale Anziehung durch die Wirkung v. Umwelteinflüssen entsteht, z. B. die Ansammlung v. Tieren an Tränken od. günstigen Überwinterungsquartieren od. von Schmetterlingen an attraktiven Blüten.

Aggregationspheromone [Mz.; v. *aggregat-, gr. pherein = tragen, hormōn = antreiben], ↗ Pheromone, die eine Ansammlung v. Organismen bewirken.

Aggregationsplasmodien [Mz.; v. *aggregat-, gr. plasma = Form, Gebilde, -ōdēs = -ähnlich], Pseudoplasmodien; v. den Fusionsplasmodien unterscheiden sich die A. der Acrasiomyceten (z. B. Dictyostelium) dadurch, daß die nackten, amöboid sich fortbewegenden Einzelzellen (Myxamöben) zwar zu vielen Tausenden zusammenkriechen u. sich in komplizierter Weise zu Fruchtkörpern formieren, dabei jedoch nicht miteinander verschmelzen, sondern ihre zelluläre Individualität behalten. Die A. sind die charakterist. Organisationsform der vegetativen Phase des Generationszyklus nach der Wachstumsphase; als die Aggregation auslösender chemotakt. Signalstoff wurde cAMP erkannt.

Aggressine [Mz.; v. *aggress-], v. Bakterien ausgeschiedene, v. den Toxinen zu unterscheidende Stoffe; schwächen die Abwehrreaktion des befallenen Körpers, indem sie die v. Makrophagen durchgeführte Phagocytose verhindern.

Aggression w [v. lat. aggressio = Angriff], Bez. für eine Vielfalt v. Verhaltensweisen, die eine Eigenschaft gemeinsam haben: Ein Konflikt zw. Individuen od. Gruppen, die miteinander unvereinbare Verhaltensziele verfolgen, wird nicht durch die einseitige od. beidseitige Anpassung der Verhaltensziele beigelegt, sondern dadurch, daß einer od. alle Beteiligten die Opponenten zur Änderung ihrer Ziele zu zwingen suchen. Je nachdem, ob die Auseinandersetzung zw. Artgenossen od. artfremden Tieren stattfindet, unterscheidet man eine intraspezifische (innerartliche) und eine interspezifische (zwischenartliche) A. Ein Rangkampf in einem Tierrudel entsteht z. B. dadurch, daß ein Mitglied einen höheren Rang anstrebt u. zu diesem Zweck ein bisher über ihm stehendes anderes Tier unterwerfen muß. Ohne eine A. von seiten des bisher untergeordneten Tieres ist dies kaum je möglich, da sich das bisher dominante Tier fast immer wehren wird. Dieselbe Definition gilt auch für außerartl. Formen der A.: Wenn Vögel im Schwarm einen jagenden Greifvogel attackieren, versuchen sie die Verhaltensziele des Raubfeindes gewaltsam zu durchkreuzen, anstatt – was eine nicht aggressive Form der Feindvermeidung wäre – lediglich zu fliehen. – Die hier gegebene funktionale Definition der A. deckt sich großenteils mit der häufiger angeführten beschreibenden Definition, die etwa folgendermaßen formuliert wird: Als A. wird jedes Verhalten bezeichnet, das auf die Schädigung eines Opponenten zielt od. diese zumindest mit in Kauf nimmt. Diese beschreibende Aussage läßt jedoch Formen der A. wie Drohen od. wie den ↗ Kommentkampf u. ritualisierte Auseinandersetzungen außer acht, bei denen der Opponent zu einer Verhaltensänderung gezwungen wird, obwohl Verletzungen durch die Art des Verhaltens praktisch ausgeschlossen sind. Richtig ist, daß sich aggressives Verhalten als eine große Zahl verschiedener agonist. Handlungen beobachten läßt, die v. Drohung u. Einschüchterung, Vertreibung, Schmerzzufügung u. Verletzung bis hin zur Tötung reichen. Es gibt dabei aber kaum eine einzelne Handlung, die stets u. nur aggressive Funktion hat, sondern praktisch alle kommen auch in nichtaggressivem Kontext vor. Selbst Endhandlungen, wie das Beißen eines Raubtieres, treten auch als Werbeverhalten bei der Paarung u. im Spiel auf (dort allerdings mit einer Zubeißhemmung gepaart). Endhandlungen wie Schlagen, Beißen, Stoßen usw. sind also bis zu einem gewissen Grad charakteristisch für A., sind aber keineswegs an aggressive Funktionen allein gebunden. – A.en sind auch

aggregat- [v. lat. aggregatio = Anhäufung].

aggress- [v. lat. aggressio = Angriff].

Aggression
Formen aggressiven Verhaltens:
Selbstverteidigung nichtsozialer Art
Revierverteidigung
Rivalenkampf bei der Balz
Rangordnungsstreit in einer Sozietät
Gruppenaggression
Aggression durch Frustration
Jagd- und Beutefang
Spielerische Aggression
Geplante (kognitiv gesteuerte) Aggression beim Menschen

Aggression

Aggression

Eine Tüpfelkatze *(Prionailurus viverrinus)* hat einen Hamster in eine Ecke gedrängt u. setzt zum Pfotenschlag an. Der Hamster zeigt die für Nagetiere typische Abwehrstellung: Er steht aufrecht u. bleckt die großen Nagezähne. Aus einer solchen Situation heraus könnte auch ein verzweifelter Gegenangriff erfolgen. Der Hamster zeigt damit eine Form der A., die zum Funktionskreis der Feindabwehr gehört, die „Flucht-oder-Kampf-Reaktion". Die A. der Tüpfelkatze ist dagegen ganz anders motiviert, nämlich durch das Nahrungsbedürfnis od. auch durch eine eigene Jagdbereitschaft, beide gehören dem Funktionskreis „Nahrungserwerb" an. Folglich fehlen bei der Tüpfelkatze alle Merkmale v. Angst, die die bedrohte Katze zeigen würde, z. B. zurückgelegte Ohren, Fellsträuben usw. Das Beispiel zeigt, daß der übergeordnete Begriff „Aggression" nicht für eine einheitl. Verhaltensweise steht.

nicht auf einen einheitl. ↗ Antrieb bezogen; z. B. wird die aggressive Revierverteidigung eines Vogelmännchens seinen Rivalen gegenüber wahrscheinlich ganz anders motiviert als die aggressive Abwehr eines Raubtieres durch ein wehrhaftes Beutetier. Dieser Unbestimmtheiten wegen ist es sinnvoll, die verschiedenen Formen der A. zuerst nach äußeren Merkmalen aufzugliedern. – 1) *Selbstverteidigung* nichtsozialer Art: z. B. Abwehr eines Raubfeindes, Abwehr eines Eierräubers durch ein Elterntier u. ä. Bei dieser Art der Selbstverteidigung kommt es nach außen oft nach vergebl. Flucht zu einem plötzl. mit aller Kraft geführten Gegenangriff des Tieres. Selbst wehrhafte Tiere suchen in der Regel einen Feind durch Flucht, Verstecken usw. zu vermeiden, wobei das Vermeiden bei Unterschreiten einer krit. Distanz od. bei Entdeckung in einen wütenden Angriff umschlägt. Sprichwörtlich ist die in die Enge getriebene Ratte geworden, die selbst einen Hund od. einen Menschen angreift. Da hier (aber nicht bei anderen Formen der A.) Flucht u. Angriff eng verbunden sind, spricht man bei der nichtsozialen Selbstverteidigung auch v. der „Flucht-oder-Kampf-Reaktion" (engl. „flight-or-fight-reaction"). Diese Form der A. ist ausschließlich reaktiv, d. h., es gibt keinerlei spontane Tendenz des Tieres (keine ↗ Appetenz) für ein solches Verhalten. 2) *Sozial bedingte A.:* Im sozialen Kontext treten eine Reihe sehr unterschiedl. aggressiver Verhaltensweisen auf, nämlich a) die Revierverteidigung, z. B. die Abgrenzung eines Singvogelreviers durch das singende Männchen, das mit seinem Gesang Rivalen vertreiben kann, aber auch die blutige Revierverteidigung v. Löwenmännchen rivalisierender Löwen gegenüber. Diese Form der A. hat neben reaktiven auch gewisse aktive Komponenten, d. h., ein Tier in der richtigen „Stimmung" (bei Vorliegen der richtigen inneren Bedingungen) kann Gegner, also Objekte der Revierverteidigung, regelrecht suchen. Ähnliches gilt für b) den Rivalenkampf bei der Balz, der oft ein unblutiger Kommentkampf ist, aber auch ein Beschädigungskampf sein kann; z. B. kann der Rivalenkampf bei Hirschen zum Tod eines der Gegner führen; c) den Rangordnungsstreit, z. B. entstanden durch die aggressive soziale Exploration heranwachsender Jungtiere, die erwachsen werden u. nun aggressives Verhalten „ausprobieren", um sich einen eigenen Rang in der Gruppe zu verschaffen. Die Motivation für dieses Verhalten entsteht bei den Jungtieren wahrscheinlich spontan. Andere Rangordnungsstreitigkeiten werden durch das Freiwerden eines oberen Rangplatzes, durch die Konkurrenz um Weibchen, durch Schwächen bisheriger dominanter Tiere u. a. ausgelöst. Im Rangordnungsstreit gibt es bes. viele durch ↗ Ritualisierung entstandene Signale, z. B. Drohgebärden. Auch Rangordnungskämpfe können Kommentkämpfe od. Beschädigungskämpfe sein od. sogar v. der einen in die andere Form übergehen. 3) *Gruppen-A.:* Praktisch alle bisher gen. Formen der A. können nicht nur beim Individuum, sondern auch als ein Verhalten v. Sozietäten auftreten. Häufig beobachtet man eine gemeinsame Abwehr v. Freßfeinden, wie die gemeinsame Abwehr v. Lachmöwen gegen Tiere od. Menschen, die sich den Brutkolonien nähern. Gemeinsame Revierverteidigung betreiben z. B. die Fleckenhyänen in O-Afrika anderen Hyänenrudeln gegenüber. Wenn ein Beutetier an der Grenze zw. zwei Revieren gerissen wurde, kann es um den Kadaver zu blutigen Gruppenkämpfen kommen, bei denen jede Seite möglichst viele Rudelmitglieder zur Verstärkung herbeiruft. Solche kollektiven Angriffe sind wahrscheinlich anders motiviert als die individuellen Kampf- u. Fluchtreaktionen. Sie werden oft durch spezielle Warnsignale ausgelöst, die auch bei Individuen wirken, die den Feind selbst gar nicht wahrgenommen haben. Bei sozialen Insekten sind die kollektiven Formen der A. besonders hoch entwickelt. So verfügen viele Ameisenarten u. die Honigbiene über Warnstoffe, die das ganze Volk kampfbereit machen. Auch Ameisenvölker verteidigen häufig aktiv ihre (geruchlich markierten) Reviere. – Gemeinsame A. kommt, wenn auch selten, sogar im Rahmen der Balz od. in Rangkämpfen vor. So ist v. Pavianen bekannt, daß es Paare bes. „befreundeter" Männchen gibt, die sich bei Rangstreitigkeiten gegenseitig unterstützen u. die sich dabei auch gegen überlegene einzelne Gegner durchsetzen. 4) *A. durch Frustration:* Es ist eine allg. Gesetzmäßigkeit zumindest für Wirbeltiere, daß die Frustration v. Verhaltenszielen die Aggressivität erhöht u. dadurch A. wahrscheinlicher macht. Dieser Zshg. spielt bei einigen der beschriebenen A.sformen eine Rolle, gilt aber keineswegs überall. Wie z. B. die Gruppen-A. gegen Freßfeinde zeigt, gibt es durchaus A. ohne jede Frustration individueller Verhaltensziele. Ein

anderes Beispiel gibt die aggressive soziale Exploration, durch die ein Tier versucht, über „probeweise" eingesetzte A. anderen Gruppenmitgliedern gegenüber einen höheren Rang zu erreichen. Solche Verhaltensweisen treten typischerweise gerade dann auf, wenn ein Tier sich sozial gesichert fühlt u. eine Verbesserung anstrebt, also in entschieden nicht frustrierenden Situationen. Auch das Verhalten des Kleinkindes während des sog. „Trotzalters" läßt sich möglicherweise mit einer in diesem Alter sehr starken Tendenz zur aggressiven sozialen Exploration erklären.
5) *Jagdverhalten* v. *Raubtieren:* Das Jagdverhalten stellt einen Sonderfall von A. dar, da es ausschl. einem Funktionskreis des Verhaltens, dem Nahrungserwerb, dient, in dem A. sonst keine Rolle spielt. Elektrophysiolog. Ableitungen aus dem Zwischenhirn v. Katzen haben gezeigt, daß das Jagdverhalten v. anderen Antriebszentren her gesteuert wird als das sonstige Angriffs- u. Fluchtverhalten. Es hat bes. in der Anthropologie zu Mißverständnissen geführt, daß die Sonderstellung des Jagens übersehen wurde: So führte die paläontolog. Entdeckung, daß die vormenschlichen Hominiden O-Afrikas Jäger waren, zu der Schlußfolgerung, sie seien sehr „aggressiv" u. „Mörder v. Anfang an" gewesen. Es ist jedoch nicht möglich, aus der Art des Nahrungserwerbs eines Tieres, der zur interspezifischen A. zählt, auf die intraspezifische (innerartliche, soziale) A. Rückschlüsse zu ziehen. Es gibt sowohl sozial wenig aggressive Raubtiere als auch sozial hochaggressive Pflanzenfresser. –
Als Fazit läßt sich festhalten, daß es die A. als einen einheitl. Verhaltensbereich nicht gibt. Die vor einigen Jahren sehr heftig geführte Diskussion um die biologisch/psycholog. Beschreibung menschl. Aggressivität war daher großenteils eine Diskussion um Scheinprobleme. Z.B. läßt sich die Frage, ob A. spontanaktiv od. reaktiv sei, nicht pauschal beantworten. Es gibt Formen der A. mit spontanaktiven Antriebselementen, aber im allgemeinen hängen die meisten Formen aggressiven Verhaltens stark v. Außenreizen ab u. sind insofern eher reaktiv. Durch diese differenzierte Betrachtungsweise hat sich auch der fr. bedeutsame Unterschied zw. einer „Triebhypothese" u. einer „Frustrationshypothese" der A. aufgelöst. Es hat sich gezeigt, daß A. zwar sehr wohl v. verschiedenen Antrieben aus aktiviert werden kann, z.B. v. der Angriffs- u. Fluchtbereitschaft aus, die zum Funktionskreis der Feindvermeidung gehört, aber auch v. Nahrungsverlangen (Hunger) od. v. Sexualtrieb aus. Es hat sich aber weiterhin zeigen lassen, daß diese verschiedenen Triebbezüge ganz verschiedene funktionale u. dynam. Eigenschaften verschiedenen aggressiven Verhaltens hervorbringen, die nicht auf eine Formel zu bringen sind. Im Fall der menschlichen A. ist zusätzlich zu berücksichtigen, daß aggressives Sozialverhalten auch kognitiv geplant u. kalkuliert sein kann, so daß es jeden direkten Antriebsbezug verliert u. nur aus Eigenschaften des individuellen od. kollektiven Weltbildes her zu deuten ist. Insgesamt erweist sich die soziale A. beim Menschen als sehr lernabhängig, sie wird in die erfolgreichen od. erfolglosen sozialen Strategien integriert, die jeder Mensch während seiner Sozialisation erwirbt u. die er benutzt, um soziale Konflikte auszutragen. Bes. bei Verhaltensstörungen läßt sich zeigen, daß A. oft am Ende eines längeren Lernprozesses steht, durch den sich Fehlverhalten im Sinn eines circulus vitiosus (engl. „negative learning spirale") immer mehr verfestigte. Ähnl. Lernprozesse sind auch v. Tieren bekannt, spielen beim Menschen aber eine herausragende Rolle in der Verhaltensentwicklung. Daher können einzelne menschl. Handlungen noch in Einzelfällen direkt aus der biol. Basis des Verhaltens abgeleitet werden. Ein Beispiel hierfür bietet der verzweifelte Angriff bei panischer Angst, der in fast derselben Form auch bei Tieren vorkommt. Andere Handlungen wie solche der kriminellen A. sind jedoch so sehr durch soziale und geschichtl. Faktoren geformt, daß biol. Erklärungen nicht mehr möglich sind. *H. H.*

Aggressionshemmung [v. *aggress-], Hemmung des Angriffs eines Sozialpartners durch Signale, die meist die Unterwerfung des Angegriffenen anzeigen (↗Demutsgebärde, ↗Beschwichtigung). Die A. wird auch als Tötungshemmung bezeichnet, sie kann durch opt., akust. oder olfaktor. Signale ausgelöst werden. Oft stammen die hemmenden Signale aus dem Bereich der Brutpflege od. der Balz, od. sie bilden eine Art Gegenteil zu Drohgesten. Die A. kann daran gebunden sein, daß der Angreifer den Angegriffenen als Gruppenmitglied akzeptiert; so bewirkt z.B. bei Löwen nur die Beschwichtigung eines Rudelmitglieds eine A., nicht die eines fremden Artgenossen.

Aggressionsstau [v. *aggress-], nach der Triebtheorie der Aggression bestehende Möglichkeit, die inneren Bedingungen für aggressives Verhalten zu verstärken, indem aggressive Handlungen verhindert werden. Ein A. wurde danach als Erklärung für plötzl. Aggressionsausbrüche herangezogen, u. es wurden Möglichkeiten zum

Aggressionsstau

Aggression
Gruppenaggression im Dienst der Feindabwehr zeigen die Lachmöwen *(Larus ridibundus)*, die ihre Brutkolonie durch *Hassen* (Scheinangriffe) gegen einen „Feind" (hier einen Menschen) verteidigen. Die Warnrufe der Vögel warnen andere Artgenossen u. sogar Tiere fremder Arten, so daß dem Räuber die Jagd sehr erschwert wird. Viele Vögel (z. B. Dohlen) hassen besonders heftig auf ein Raubtier, das bereits einen Artgenossen ergriffen hat. Dies führt selten zur Rettung des Opfers, aber es verleidet dem Räuber die Jagd, so daß seine Neigung zu dieser speziellen Beute verringert wird.

aggress- [v. lat. aggressio = Angriff].

Aggressivität

aggress- [v. lat. aggressio = Angriff].

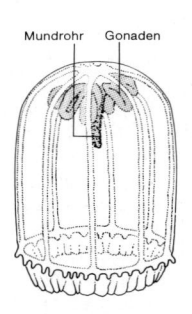

Mundrohr Gonaden

Aglaura hemistoma

harmlosen Abreagieren des Triebes empfohlen. Die Triebtheorie gilt heute in dieser einfachen Form als überholt. In gewissem Sinn kann es allerdings auch nach moderner Auffassung zu einem A. kommen, wenn in eigentlich aggressionsauslösenden Situationen das aggressive Verhalten unterdrückt wird, d. h., wenn ein Konflikt entsteht. Plötzl. Aggressionsausbrüche in Konfliktsituationen werden auf einen solchen A. zurückgeführt. Ein ähnl. Verhalten ist z. B. auch bei überbehüteten Kindern zu beobachten u. gilt als bedeutsames psychopatholog. Symptom.

Aggressivität [v. *aggress-], Bereitschaft od. Tendenz zu aggressivem Verhalten, umgangssprachlich auch synonym mit ↗ Aggression.

Agkistrodon s [v. gr. agkistron = Angelhaken, odōn = Zahn], die ↗ Dreieckskopfottern.

Aglaïs w [v. gr. aglaia = Glanz, Pracht], Gatt. der ↗ Fleckenfalter.

Aglantha w [v. gr. aglaos = prächtig, anthē = Blume], Gatt. der ↗ Trachymedusae.

Aglaophenia w [v. gr. aglaos = prächtig, phainein = zeigen, erscheinen], Gatt. der ↗ Plumulariidae.

Aglaura w [gr., = die Prächtige], Gatt. der *Trachymedusae*; die farblose, fingerhutförm. Meduse *A. hemistoma* (⌀ 4 mm) ist eine der häufigsten Hydromedusen der Adria; sie kommt in allen Schichten u. zu allen Jahreszeiten vor.

Aglia w [v. gr. aglaia = Glanz, Pracht], Gatt. der ↗ Pfauenspinner.

Aglossa [v. gr. aglōssos = ohne Zunge, sprachlos], **1)** die ↗ Zungenlosen (Schnecken). **2)** U.-Ord. der Froschlurche, enthält die Fam. *Pipidae*.

Aglykone [Mz.; v. gr. a- = nicht, glykys = süß], die zuckerfreien Komponenten (Alkohole, Phenole, Amine) v. glykosidisch aufgebauten Naturstoffen (↗ Glykoside).

Agmatoploidie w, eine Form der Pseudopolyploidie; die Chromosomenzahl eines Individuums wird durch Bruch v. Chromosomen mit diffusem Centromer erhöht; die Chromosomenfragmente bleiben dabei bewegungsaktiv u. gehen deshalb bei der nächsten Mitose nicht verloren.

Agnatha [Mz.; v. gr. a- = nicht, ohne, gnathos = Kinnbacke, Kiefer], *Agnathonen*, die ↗ Kieferlosen.

Agnosie w [v. gr. agnōsia = Unkenntnis], durch Ausfall bestimmter Hirnareale verursachte Unfähigkeit, die Bedeutung sensorischer Reize (akustisch, optisch, taktil, Gerüche, Geschmack) bei funktionsfähigem Sinnesorgan zu erkennen. Bei akust. Störungen spricht man v. Seelentaubheit, bei opt. v. Seelenblindheit.

Agnosterin s [v. lat. agnus = Lamm, gr. stear = Fett], *Agnosterol,* ein zu den Zoosterinen zählendes tetracyclisches Triterpen, das im Wollfett der Schafe vorkommt.

Agnostida w [v. gr. agnōstos = unbekannt], (Kobayaschi 1935), nach der Gatt. *Agnostus* ben. † Trilobiten-Ord.; alle Repräsentanten sind klein u. augenlos, Kopf- u. Schwanzschild sind etwa gleich groß u. ähnlich (isopyg); die extrem niedrige Zahl von 2–3 Körpersegmenten deutet auf hohe Spezialisierung hin, deren Erwerb bis weit ins Präkambrium zurückreichen dürfte. Vorkommen: oberes Kambrium – Ordovizium. Die Art *Agnostus pisiformis* ist Leitfossil des oberen Kambriums, besitzt 2 Thoraxsegmente, Kopfschild mit 2teiliger Glabella, vor der Stirn eine mediane Furche; auf dem Schwanzschild Andeutung von 3 Segmenten, randlich 2 Eckstacheln.

Agoniatinae [Mz.; v. gr. agōniatēs = Wettkämpfer], die Herings- ↗ Salmler.

Agonidae [v. gr. agōn = Wettkampf], Fam. der ↗ Groppen.

Agonist m [v. gr. agōnistēs = Streiter], *Synergist,* **1)** Physiologie: im Sinne der Synergie (harmonisches Zusammenwirken z. B. von Muskeln od. Muskelgruppen) wirkendes Organ, Ggs.: *Antagonist;* Beispiel: Streck- u. Beugemuskel (Extensor – Flexor), die über Sehnen mit den zugehörigen Skelettteilen verbunden sind. **2)** *Ligand,* in der Biochemie u. Zellbiol. ein Protein od. Hormon, das v. einem spezif. Rezeptor gebunden werden kann, unerheblich, ob es sich um den natürl. oder um einen künstl. Liganden handelt; entscheidend ist, daß die normalen biol. Folgereaktionen ausgelöst werden (z. B. Öffnen der Ionenkanäle, ↗ Acetylcholinrezeptor), die bei der Bindung eines Antagonisten an den Rezeptor ausbleiben. **3)** Die Begriffe A. und Antagonist werden in der Biol. häufig auch im übertragenen Sinne für funktionell gegeneinander wirkende Stoffe u. Strukturen verwendet. So stellt man z. B. als agonistisch bzw. antagonistisch gegenüber die Wirkungen v. Insulin u. Glucagon, Ecdyson u. Juvenilhormon, die passive Elastizität der Zonulafasern u. die aktive Kraft der Ciliarmuskulatur, die Steuerfunktionen v. Sympathikus u. Parasympathikus.

agonistisches Verhalten [v. gr. agōnistikos = kämpferisch], Verhalten in der kämpferischen Auseinandersetzung mit Sozialpartnern, Ggs. von *kooperativem Verhalten.* Als a. V. kommt v. a. Aggression, Vermeidungsverhalten u. Territorialverhalten in Frage; vielfach wird auch das Fluchtverhalten als Bestandteil kämpfer. Auseinandersetzung dem a. V. zugeordnet.

Agonomycetes [Mz.; v. gr. agonos = unfruchtbar, mykētes = Pilze], Formkl. der ↗ Fungi imperfecti.

Agranulocyten [Mz.; v. gr. a- = nicht, lat. granulum = Körnchen, gr. kytos = Raum, Höhlung], verschiedene Typen v. Leukocyten, die sich feinstrukturell u. histochemisch durch das Fehlen prominenter, spezifisch anfärbbarer Granula v. den Granulocyten unterscheiden; zu den A. gehören die Lymphocyten, die Plasmazellen u. die Monocyten.

Agranulocytose w [v. gr. a- = nicht, lat. granulum = Körnchen, gr. kytos = Raum, Höhlung], durch Mangel od. vollständiges Fehlen der Granulocyten hervorgerufene akute, hochfieberhafte Erkrankung bei normaler Bildung der roten Blutkörperchen u. der Thrombocyten. Ursache: allerg. Reaktion auf bestimmte Medikamente, wobei das Medikament als Hapten wirkt; oft tödl. Verlauf.

Agrarbiologie w [v. *agrar-, gr. bios = Leben, logos = Kunde], erforscht die biol. Zusammenhänge in der Landwirtschaft, im Gartenbau u. in der Forstwirtschaft.

Agrarmeteorologie w [v. *agrar-, gr. meteōrologia = Himmelskunde], Teilgebiet der Meteorologie, das die Einflüsse v. Wetter u. Klima auf die landw. Produktion untersucht u. Beratung erstellt über Schädlingsbefall, Frost-, Trockenheits- u. Windschäden, Starkniederschläge, Hagel u. Beregnung. ↗Biometeorologie.

Agrarökosysteme [v. *agrar-, gr. oikos = Haus], v. Menschen zur Herstellung von tier. und pflanzl. Nahrung ausgestaltete Ökosysteme, bei denen der Mensch in Organismenbestand, Energiefluß u. Stoffkreislauf eingreift u. Steuerfunktion übernimmt.

Agrarzonen [v. *agrar-], Landbauzonen, die mehr od. weniger den Klimagürteln bzw. Vegetationszonen der Erde entsprechen. Sie werden durch die bevorzugten Anbaupflanzen weiter untergliedert (z. B. Weizen, Baumwolle, Kokos).

Agriidae [v. gr. agrios = wild], die ↗Prachtlibellen.

Agrikultur, der ↗Ackerbau.

Agrikulturchemie [v. lat. agri cultura = Akkerbau], umfaßt die Chemie des Bodens, der Pflanzen- u. Tierernährung, der Düngung u. der landw. Nebengewerbe.

Agrimi, U.-Art der ↗Bezoarziege.

Agrimonia w [lat., =], der ↗Odermennig.

Agrionidae [v. gr. agrios = wild], die ↗Schlanklibellen.

Agriotes w, Gatt. der ↗Schnellkäfer.

Agrippinaeule [ben. nach Agrippina, Name röm. Frauen], *Riesenneule, Thysania agrippina*, südam. Eulenfalter, der mit über 30 cm die wohl größte Flügelspannweite aller Insekten aufweist. Die relativ schmalen Flügel tragen oberseits eine graubraune Wellenlinienzeichnung; die scheue Riesen-

agrar- [v. lat. agrarius = zum Acker, Feld gehörend], in Zss.: Feld-, Land-(wirtschafts-)-.

agro- [v. gr. agros = Acker, Feld], in Zss.: Acker-, Feld-, Land-.

Agrarmeteorologie

Phänologische Daten von Deutschland (Mittelwerte)
A Laubentfaltung von Birke und Kastanie,
B Laubverfärbung von Birke, Kastanie und Buche

Gebiet	A	B
Breisgau	14.4.	14.10.
Rh.-Main	17.4.	15.10.
Stuttgart	17.4.	13.10.
Bodensee	21.4.	13.10.
Münster	21.4.	10.10.
München	25.4.	12.10.
Hannover	25.4.	9.10.
Ob. Main	26.4.	10.10.
Havelland	26.4.	8.10.
Emsland	30.4.	7.10.
Pommern	1.5.	8.10.
Holstein	3.5.	8.10.
Erzgebirge	8.5.	8.10.

Agrobacterium

Pflanzenkrankheiten, die durch *Agrobacterium*-Arten hervorgerufen werden
A. tumefaciens (Wurzelhalsgallen)
A. rhizogenes (Haarwurzelkrankheit)
A. rubi (Zuckerrohrgallen)

eule erinnert im Flug in der Dämmerung eher an einen Nachtvogel od. eine Fledermaus als an einen Schmetterling. B Insekten IV.

Agrobacteriocin s [v. *agro-, gr. baktērion = Stäbchen, kinein = bewegen], Antibiotikum aus *Agrobacterium tumefaciens*, das gegen Bakterien wirksam ist.

Agrobacterium s [v. *agro-, gr. baktērion = Stäbchen], Gatt. der *Rhizobiaceae* aus der Gruppe der gramnegativen aeroben Stäbchen u. Kokken; die mit 1 (subpolar) od. 2–6 Geißeln bewegl. mesophilen Agrobakterien haben alle einen chemoorganotrophen Atmungsstoffwechsel u. sind im Boden sowie in Gallen zu finden, bes. im Wurzelbereich (Rhizosphäre), wo sie um das 1000fache gegenüber der weiteren Umgebung konzentriert sind. A. ist mit den schnell wachsenden Rhizobien verwandt, kann aber kein N_2 fixieren. Die saprophyt. u. phytopathogenen Formen haben eine weltweite Verbreitung, sind jedoch in gemäßigten Zonen stärker vertreten als in den Tropen; der Anteil der phytopathogenen Arten im Boden beträgt zw. 50% u. weniger als 1%. Die saprophyt. Formen werden in *A. radiobacter* zusammengefaßt; wichtigste phytopathogene Art ist *A. tumefaciens*, der Erreger v. Wurzelhalsgallen u. anderen Tumoren an vielen Kulturpflanzen (Kröpfe, Gallen). Die Pathogenität u. Tumorbildung von A. ist abhängig v. großen extrachromosomalen DNA-Elementen (Tumor induzierendes Prinzip, TiP; Ti-Plasmide), die in die Pflanzenzelle übertragen u. in das Pflanzengenom integriert werden, so daß ein späteres Abtöten der Bakterien die Tumorentwicklung nicht unterbindet. Durch die Bakteriengene entstehen Wucherungen; außerdem wird der Stoffwechsel der Pflanze so umgesteuert, daß besondere Aminosäureverbindungen (Octopine, Nopaline) synthetisiert werden, die nur v. den phytopathogenen Agrobakterien als Substrat genutzt werden können. Diese Form einer „natürlichen" genet. Manipulation dient heute als Modell für eine kontrollierte Anwendung der Genübertragung, um neuere, bessere Nutzpflanzen hervorzubringen. Grundsätzlich ist es mit veränderten Ti-Plasmiden möglich, funktionsfähige Gene gezielt in die Pflanzenzelle zu übertragen, ohne daß eine Tumorbildung eintritt. Man hofft, in Zukunft sinnvolle Gene einbauen zu können, z. B. für Resistenzeigenschaften od. zur Synthese besonderer Produkte (Nahrungsmittelproteine).

Agrobiozönose w [v. *agro-, gr. bios = Leben, koinoein = miteinander teilen], Lebensgemeinschaft v. Pflanzen u. Tieren, deren Entwicklung entscheidend durch

Agrocybe

agro- [v. gr. agros = Acker, Feld], in Zss.: Acker-, Feld-, Land-.

den wirtschaftenden Menschen beeinflußt wird; geprägt durch die Aussaat weniger Kulturpflanzen, Bodenbearbeitung, Düngung, Schädlingsbekämpfungsmittel u. Entnahme des Ernteguts.

Agrocybe w [v. *agro-, gr. kybē = Kopf], Gatt. der ↗Mistpilzartigen Pilze.

Agroeca w [v. gr. agroikos = ländlich, roh], Gatt. der ↗Sackspinnen.

Agromyces m [v. *agro-, gr. mykēs = Pilz], Gatt. der ↗Actinomycetaceae.

Agromycidae [Mz.; v. *agro-, gr. myzein = saugen], die ↗Minierfliegen.

Agronomie w [gr. agronomia = Aufsicht über Ländereien], Lehre des Ackerbaus, untersucht die Beziehungen v. Nutzpflanzen zu ihren Umweltfaktoren, z. B. Boden u. Klima. Wichtige Bereiche sind die Bodenbearbeitung u. -verbesserung, die Pflanzenernährung sowie die Saat, Pflege u. Ernte der Kulturpflanzen.

Agropyretea intermedio-repentis w [v. gr. agropyron = Quecke, lat inter- medius = mittlerer, repens = frisch, neu], *halbruderale Halbtrockenrasen, Quecken-Ödland,* Kl. der Pflanzenges. mit 1 Ord. *(Agropyretalia)* und 1 Verb. *(Agropyrion).* Pionierges. trockener Acker- u. Weinbergsböschungen sowie Ackerbrachen in sommerwarmen, subkontinentalen Gebieten Europas, deren Zusammenfassung auf höchstem syntaxonom. Rang sehr umstritten ist.

Agropyro-Honkenion s [v. gr. agropyron = Quecke u. ben. nach dem dt. Botaniker G. A. Honckeny, † 1794], Verb. der ↗Ammophiletea.

Agropyron s [gr., =], die ↗Quecke.

Agropyro-Rumicion crispi s [v. gr. agropyron = Quecke, lat. rumex = Ampfer, crispus = kraus], *Agrostion stoloniferae, Feuchtpionierrasen, Flutrasen, Kriechrasen,* Verb. der ↗*Molinietalia,* artenarme Rasen aus Kriechpflanzen auf verdichteten, durch episod. Überschwemmungen gestörten Standorten. Da andere Arten, z. B. Wiesenpflanzen, bei längerer Vernässung durch Luftarmut absterben, können die neugeschaffenen, offenen Stellen bei Rückgang des Wasserspiegels durch die Ausläufer-bildenden Arten rasch erobert werden. Die Stellung der Ges. im pflanzensoziolog. System ist umstritten. Da in Mitteleuropa solche episodisch vernäßten Standorte häufig v. Enten, Gänsen, Huftieren u. Menschen betreten werden, erinnert die Pflanzendecke öfter an Trittrasenges. (↗*Polygono-Poetea annuae).* So werden sie v. einigen Autoren mit diesen zu einer Kl. der Tritt- u. Flutrasen *(Plantaginetea)* zusammengefaßt. Andererseits können sie nach Überschwemmung seichter Dellen in lehmigen Flußtälern der Tieflagen in Grünlandges. auftreten, weshalb sie v. anderen

Autoren zu den *Molinietalia* gestellt werden.

Agrostemma s [v. * agro-, gr. stemma = Kranz; wegen der Verwendung zum Kranzbinden], die ↗Kornrade.

Agrostion stoloniferae s, ↗Agropyro-Rumicion crispi.

Agrostis s [gr., = Feldgras], das ↗Straußgras. [lenfalter.

Agrotis w [gr., = ländlich], Gatt. der ↗Eu-

Agrotypus m [v. *agro-, gr. typos = Muster], Kulturpflanzensorte.

Agrumen [Mz.; v. it. agrumi = säuerliche Früchte], Sammelbez. von Früchten der Gatt. ↗Citrus.

Aguti-Färbung w, nach den ↗Agutis benannt, bewirkt Wildfarbe vieler Säuger (z. B. Reh, Maus); das Einzelhaar erhält durch wechselnde Pigmenteinlagerung während seines Wachstums ein „Ringelmuster".

Agutis [Mz.; v. einer Indianersprache Brasiliens], *Dasyproctidae,* südam. Fam. der Meerschweinchenverwandten mit den nachtaktiven Pakas *(Cuniculinae)* u. den überwiegend tagaktiven Eigentlichen A. *(Dasyproctinae).* Die Pakas umfassen 2 Gatt. mit je 1 Art, Kopfrumpflänge 32 bis 79 cm. Die Eigentlichen A. haben 2 Gatt. mit zus. 4 Arten, z. B. die rötlich-gelbe, schlanke, ca. 40 cm lange Goldaguti od. Goldhase *(Dasyprocta aguti).* A. leben in Erdbauten an Flußufern, in Savannen u. im Kulturland; wegen Fraßschäden in Plantagen (Zuckerrohr, Mango usw.) u. aufgrund ihrer Fleischqualität werden A. stark bejagt.

Ägyptische Heuschrecke, *Anacridium aegypticum,* ↗Catantopidae.

Ahaetulla w, Gatt. der ↗Trugnattern.

Ahnfeltia w [ben. nach dem schwed. Botaniker N. O. Ahnfelt, 1801–37], Gatt. der ↗Gigartinales.

Ähnlichkeit, das Übereinstimmen vieler Merkmale bei Organen u. Organgruppen nicht artgleicher Lebewesen. Das Aufsuchen solcher Ä.en ist Hauptanliegen der *vergleichenden Morphologie* u. Grundlage für die wiss. Systematik; so bezeichnet man Organismen mit vielfacher Ä. als *form-* oder *typenverwandt,* deren entsprechende Organe auch bei unterschiedl. Funktion als *homologe Organe* (Arm des Menschen, Vogelflügel u. Vordergliedmaßen des Wales). Eine hohe Ä. beweist nicht unbedingt stammesgeschichtl. Verwandtschaft, sondern kann auch durch konvergente Entwicklung zustande gekommen sein (↗*Konvergenz).* So besitzen z. B. viele schnelle Hochseeschwimmer in Anpassung an strömungsdynam. Faktoren eine spindelartige Körperform. Die hohe Ä. der Körperform bei diesen Tieren (Thunfisch, † Ichthyosaurier, Delphin, Pinguin) ist als ↗ *Analogie* zu werten.

Ähnlichkeitskoeffizient, Maßzahl für den Verwandtschaftsgrad zw. zwei Arten, die auf dem quantitativen Vergleich v. Parametern bestimmter Makromoleküle basiert. Urspr. wurde ein Ä. aufgrund verschiedener Peptidmuster u. a. Eigenschaften des Enzyms Ribulose-1,5-diphosphat-Carboxylase ermittelt u. zum phylogenet. Vergleich v. Pflanzen herangezogen. Neuerdings wird ein S_{AB}-Wert genannter Ä. zur Untersuchung v. Verwandtschaftsverhältnissen bei Mikroorganismen benutzt. Der S_{AB}-Wert wird ermittelt durch Vergleich v. Oligonucleotidkatalogen der 16S-r-RNA (Reihe v. Oligonucleotiden der Kettenlänge 6 und länger, die nach Behandlung mit Ribonuclease T_1 entstehen). Er ist definiert als $S_{AB} = 2N_{AB}/(N_A + N_B)$. N_A und N_B stehen für die Gesamtzahl v. Oligonucleotiden der Arten A bzw. B, N_{AB} repräsentiert die Anzahl der bei A und B gemeinsam auftretenden Oligonucleotide. Der S_{AB}-Wert liegt zw. 0 (keine gemeinsamen Oligonucleotide) und 1 (alle Oligonucleotide sind gleich). Mit Hilfe eines derartigen S_{AB}-Werts kann auch auf die in der Symbiontentheorie vertretene Ähnlichkeit zw. Plastiden u. Mikroorganismen sowie auf die Verwandtschaft zw. Pflanzenarten geschlossen werden. ↗ *Archaebakterien*.

A-Horizont, Oberboden, stark belebter, meist durch organ. Substanz dunkel gefärbter, oberster Horizont des Mineralkörpers. ↗ *Bodenhorizonte*.

Ahorn, *Acer*, Gatt. der ↗ *Ahorngewächse*.

Ahorngewächse, *Aceraceae*, Fam. der Seifenbaumartigen, mit 2 Gatt. (*Acer* u. *Dipteronia*) u. ca. 150 Arten fast ausschl. auf der Nordhalbkugel in gemäßigten Zonen vertreten. Die größte Artenvielfalt findet sich in China; in Mitteleuropa sind nur 9 Arten vertreten. Die A. sind Bäume od. Sträucher mit gegenständigen, handförmig gelappten Blättern; ↗ Blütenformel: meist radiär, P5 A8 G(2). In Nähe der Staubblätter wird oft ein Diskus ausgebildet, der durch Nektarbildung Insekten anlockt; Windverbreitung. Die A. zeigen Tendenz zur Bildung v. diklinen Blüten u. Zweihäusigkeit. Einheim. Arten: Berg-Ahorn *(Acer pseudoplatanus),* häufig; Baum der hochmontanen Rotbuchen- u. Schluchtwälder, geht bis in die Nähe der Waldgrenze der Gebirge. Die 5lappigen Blätter sind ungleich gesägt u. zugespitzt, oberseitig glänzend dunkelgrün, unterseitig graugrün. Blattdrüsen mit Blatthonig, Blattstiel ohne Milchsaft; Blüten in hängenden Trauben. Das gut polierbare Holz wird in der Möbelindustrie zur Gewinnung v. Furnieren verwendet, ist aber auch zum Bau v.

Berg-Ahorn *(Acer pseudoplatanus)*

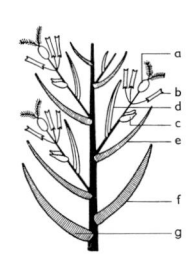

Ährchen
Schema eines Grasährchens mit 3 Blüten. Jedes Ä. beginnt mit meist 2 *Hüllspelzen,* der äußeren (g) u. inneren (f) Hüllspelze. Darauf folgt die *Deckspelze* (e), die häufig auf dem Rücken od. an der Spitze eine *Granne* u. in ihrer Achsel die Blüte tragen. Die in der Regel zwittrigen Blüten haben 1 zweikielige *Vorspelze* (d), 2 kleine Schüppchen, die *Schwellkörper* od. *Lodiculae* (c), 3 lang- u. dünngestielte *Staubblätter* (b) u. einen mit 2 fedrigen *Narben* ausgestatteten *Fruchtknoten* (a). Die Ä. können bis zu 15, aber auch nur 1 Blüte enthalten.

Musikinstrumenten (Geigen) geschätzt. Man unterteilt es nach Maserungstypen, z. B. in den quergestreift erscheinenden „Riegelahorn" u. den ring- u. punktförm. gezeichneten „Vogelaugenahorn". Feld-Ahorn, Maßholder *(A. campestre),* häufig in krautreichen Eichen-Buchenwäldern, kommt als ausschlagfähiger Strauch od. niedriger Baum in der Ebene bis in mittlere Gebirgslagen vor u. ist in Waldsäumen u. Hecken häufig; Blüten in aufrechter Doldenrispe; sein hartes, elast. Holz wird zu Tischler- u. Drechslerarbeiten genutzt. Spitz-Ahorn *(A. platanoides,* B Europa X), ziemlich seltener Baum der Ebene bis mittlere Gebirgslagen, in Linden-Ahorn-Hangwäldern u. Schluchtwäldern an sommerwarmen Standorten; Blätter beidseitig grün, Blattlappen auf beiden Seiten mit 1 oder 2 spitzen Zähnen, Blattstiel mit Milchsaft; Blüten in aufrechten Doldentrauben; Zier- u. Straßenbaum. In Europa eingeführte nordam. Ahornbäume: Echter Zucker-Ahorn *(A. saccharum,* B Kulturpflanzen II), 1734 importiert, Vorkommen in N-Amerika, aber v. a. in Kanada, seit 1850 in Zuckergärten kultiviert; die Gewinnung des über 5% Saccharose enthaltenden Saftes erfolgt durch Anbohren der Stämme; ein Baum liefert pro Saison (Febr. u. März) bis 100 l; durch Eindicken des Saftes auf 1/30 seines urspr. Volumens wird „Maple Sirup" gewonnen; auch Nutzholzlieferant; in Europa v. a. Zier- u. Straßenbaum. Eschen-Ahorn *(A. negundo),* 1688 importiert; zweihäusige Art mit Fiederblättern, Varietäten mit weiß- u. gelbbunten Blättern; ebenfalls Zuckerlieferant, Zier- u. Straßenbaum. Silber-Ahorn *(A. saccharinum),* 1725 importiert; mit tief eingeschnittenen Blattlappen, Zierbaum. Strauchförm. Ziergehölze aus Japan sind *A. palmatum* und *A. japonicum*.

Ahornrunzelschorf, *Teerfleckenkrankheit,* wird durch *Rhytisma acerinum,* einen Schlauchpilz (Ord. *Phacidiales*), hervorgerufen. Die Keimhyphen aus den Ascosporen dringen durch Spaltöffnungen in die Ahornblätter ein, durchwuchsen sie u. bilden bes. an der Oberseite unter der Epidermis große, teerart., schwarz glänzende Flecken (Stromata), in denen sich eine Mikrokonidienform entwickelt (Nebenfruchtform = *Melasmia acerina*). Am trockenen, abgefallenen Blatt reifen im folgenden Frühjahr zahlr. längl. Apothecien mit den Asci, das Stroma bricht mit Längsrissen auf (dadurch entsteht ein runzel. Aussehen); das Hymenium wird freigelegt, u. die Ascosporen werden ausgeschleudert.

Ährchen, eine Ähre, die Teilblütenstand v. zusammengesetzten Blütenständen ist. So sind bei den Süßgräsern *(Gramineae)* die

Ähre

Blüten in ein- bis mehrblütigen Ä. angeordnet, die wiederum in zusammengesetzten Ähren, Trauben od. Rispen stehen.

Ähre, 1) der ↗Blütenstand, bei dem die Blüten ungestielt in den Achseln der Tragblätter (Brakteen) sitzen. **2)** umgangssprachl., unkorrekte Bez. für den Blüten- u. Fruchtstand v. Gerste, Roggen u. Weizen.

Ährenfischähnliche, *Atherinoidei,* U.-Ord. der Ährenfischartigen mit 5 Fam. (vgl. Tab.) u. über 150 Arten, meist langgestreckte, kleine, silbr. Schwarmfische, die sich v. den nahe verwandten Zahnkärpflingen meist durch eine vordere hart- u. hintere weichstrahl. Rückenflosse unterscheiden; wegen Ähnlichkeiten im äußeren Körperbau u. in der Lebensweise wurden sie fr. den Meeräschen *(Mugiloidei)* zugeordnet.

Ährenfischartige, *Atheriniformes,* artenreiche, sehr vielgestaltige Ord. der Knochenfische; zahlr. Arten leben marin, manche suchen zeitweise (z.B. zur Fortpflanzung) Brack- od. Süßwasser auf, andere sind zu reinen Süßwasserfischen geworden; die Ord. umfaßt die 3 U.-Ord. ↗Flugfische, ↗Zahnkärpflinge u. ↗Ährenfischähnliche.

Ährenfische, *Atherinidae,* Fam. der Ährenfischähnlichen mit ca. 130 Arten; sie leben meist als kleine, silbr. Schwarmfische im Küstenbereich trop. u. gemäßigter Meere; ihre Augen sind groß, die Spalte des endständ. Maules ist steil nach oben gerichtet. An eur. Küsten v. Dänemark bis in das westl. Mittelmeer kommt der längsgestreifte, bis 15 cm lange Priester- od. Streifenfisch *(Atherina presbyter)* vor, der gelegentlich auch ins Süßwasser vordringt. Die Schwärme des ähnl., ebenfalls 15 cm langen Großen Ährenfischs (*A. hepsetus*) sind im Mittelmeer u. Schwarzen Meer recht häufig. Der an der kaliforn. Küste lebende, bis 18 cm lange Grunion *(Leuresthes tenuis)* hat ein eigenart., von Mondphasen abhäng. Laichverhalten (Lunarperiodizität); diese Ä. laichen schwarmweise in den Monaten März – Aug. nachts bei Springflut am Spülsaum, graben nach der Befruchtung die Eier 5 cm tief im Sand ein u. kehren mit der nächsten Welle ins Meer zurück; 14 Tage später, wieder zur Springflut, schlüpfen die sich inzwischen außerhalb des Wassers entwickelten Jungfische u. gelangen ins Meer; bereits im nächsten Frühjahr sind sie geschlechtsreif u. sterben meist nach 3 Jahren. Ein reiner Süßwasserbewohner ist der bis 7 cm lange, häufig in Aquarien gehaltene Celebessegelfisch od. Sonnenstrahlfisch *(Telmatherina ladigesi)* mit leuchtendblauem Längsstreifen in sonst gelber Körperfärbung; die Flossenstrahlen der 2. Rückenflosse u. der Afterflosse sind beim Männchen stark verlängert. Eng verwandt mit den Ä.n sind die

Ährenfischähnliche
Familien:
↗Ährenfische *(Atherinidae)*
Flügel-↗Ährenfische *(Isonidae)*
↗Regenbogenfische *(Melanotaeniidae)*
Zwerg-↗Ährenfische *(Phallostethidae* u. *Neostethidae)*

Fam. Flügel-Ä. *(Isonidae)* mit nur 6 indopazif. Arten, die hoch am Rücken stehende Brustflossen u. eine Länge von ca. 8 cm haben, u. die beiden Fam. der Zwerg-Ä. od. Kehlphallusfische *(Phallostethidae* u. *Neostethidae)* mit zus. etwa 20 südostasiat. Arten; diese nur ca. 3 cm langen, oft durchsicht. Fische leben in Meer-, Brack- u. Süßwasser, ihre 1. Rückenflosse ist stark reduziert, u. die Bauchflossen fehlen; After u. Geschlechtsorgane liegen kehlständig; das auffällige bogenförm., männl. Begattungsorgan ist aus umgebildeten Knochen des Schulter- u. Beckengürtels aufgebaut u. dient zum Festklammern während der Begattung.

Ährengräser, Sammelbez. für die Gruppe v. Grasarten, bei denen die ↗Ährchen in einer Ähre angeordnet sind, z. B. Roggen, Weizen.

Ährenmaus, *Mus musculus spicilegus,* in Mitteleuropa lebende, kurzschwänzige U.-Art der Hausmaus.

Ährenrispengräser, Sammelbez. für die Gruppe v. Grasarten, bei denen die ↗Ährchen zu einer Rispe angeordnet sind, die Ährchenstiele aber sehr kurz sind, so daß die Rispe zusammengezogen u. mehr od. weniger walzenförmig aussieht, z. B. Wiesenfuchsschwanz.

Ährenschieben, die Entwicklungsphase eines Getreidefeldes, in der sich die meisten Ähren dieses Getreidebestandes voll aus der Blattscheide hervorschieben.

Ai *s* [v. Tupi-Guarani Brasiliens], *Bradypus tridactylus,* ↗Faultiere.

Ailanthus *m* [v. malaiisch aylanto = Baum des Himmels], Gatt. der ↗Simaroubaceae.

Ailanthusspinner *m* [v. malaiisch aylanto = Baum des Himmels], *Philosamia cynthia,* ↗Pfauenspinner.

Ailuridae [Mz.; v. gr. ailouros = Kater, Katze], *Katzenbären,* Fam. der Landraubtiere; 2 Gatt. mit je 1 Art: ↗Bambusbär, ↗Katzenbär.

Ailuropoda [v. gr. ailouros = Kater, Katze, pous, gen. podos = Fuß], der ↗Bambusbär. [der ↗Katzenbär.

Ailurus *m* [v. gr. ailouros = Kater, Katze]

Ainu [Selbst-Bez., = Menschen], menschl. Urbevölkerung von Hokkaido, S-Sachalin und den Kurilen; klein, untersetzt, zeichnet sich durch starke Behaarung, ein niedriges, an den Jochbögen verbreitertes Gesicht mit breiter kurzer Nase u. tief liegender Lidspalte aus, vorwiegend Fischer u. Jäger; gehören nicht zum mongoliden Rassenkreis, sondern sind Alteuropide. ↗Menschenrassen.

Aiptasia, Seerosen-Gatt. der *Mesomyaria,* deren Vertreter seitlich auf der Rumpfwand liegend, mit dem Aboralpol voraus kriechen können; zur Abwehr werden

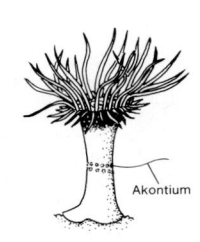

Aiptasia diaphana

Akontien abgeschossen. *A. diaphana* ist eine häufige, bis 5 cm große Mittelmeerart mit braunem Körper u. weißen Akontien; sie bildet oft Rasen in 1–2 m Tiefe, bes. in Häfen.

Airosomen [Mz.; v. gr. aēr = Luft, sōma = Körper], Gasvakuolen in Mikroorganismen.

Aitel, *Leuciscus (Squalius) cephalus,* ↗Weißfische.

aitionome Bewegungen, durch äußere Ursachen, wie Licht od. Schwerkraft, induzierte Bewegungen v. Pflanzen; zu unterscheiden v. autonomen (endogenen) Vorgängen.

Aizoaceae [Mz.; v. gr. aeizōon = immergrüne Pflanze], die ↗Mittagsblumengewächse.

Ajaja, Gatt. der ↗Löffler.

Ajmalin, *Rauwolfin,* ein Rauwolfiaalkaloid; wird gg. Hypertonie u. bei Herzrhythmusstörungen angewandt.

Ajuga w, der ↗Günsel.

Akanthus m, ↗Acanthus.

Akarinose w [v. gr. akari = Milbe], *Akariase, Acariasis,* **1)** ↗Kräuselkrankheit bei Reben; **2)** durch Milben *(Acari)* hervorgerufene Hauterkrankungen bei Tieren u. Menschen (z. B. Akarusräude, Krätze).

Akarizide [Mz.; v. gr. akari = Milbe, lat. -cida = -tötend], Schädlingsbekämpfungsmittel gegen Milben *(Acari),* die vorwiegend aus den wirksamen Stoffgruppen der organ. Phosphorverbindungen, der chlorierten Kohlenwasserstoffe u. aromat. Nitroverbindungen hergestellt werden.

Akaryobionten [Mz.; v. gr. a- = nicht, karyon = Nuß, Kern, bioōn = lebend], *Anucleobionten,* Bez. für die Prokaryoten wegen des Fehlens eines abgegrenzten Zellkerns; die DNA ist in sog. Nucleoiden od. Kernäquivalenten organisiert.

Akazie w [v. gr. akakia = ägypt. Schotendorn], *Acacia,* Gatt. der Mimosengewächse mit 700–800 Arten, davon etwa die Hälfte in Australien; weitere Verbreitungsschwerpunkte in Tropen u. Subtropen Afrikas. Meist schnellwüchsige Bäume od. Sträucher mit Fiederblättern od. verbreiterten, der Assimilation dienenden Blattstielen (Phyllodien), Nebenblätter häufig als Dornen; Blüten in Köpfchen od. Rispen, Schauwirkung durch zahlreiche gelbl. oder weißl. Staubfäden. *A. aneura* dominiert im Mulga-Trockengebüsch, der Vegetationsform arider Winterregengebiete Australiens. Wuchsform „Schirmakazie", z. B. *A. giraffae,* landschaftsprägend in afr. Grassavanne. Einzelne mittelam. Arten, z. B. *A. conigera,* bilden spezielle Organe als bes. Anpassung an Symbiose mit Ameisen aus (Myrmekophilie). Dazu gehören im Mark angeschwollene Nebenblattdornen, in denen die Ameisenbauten angelegt werden. Nahrung v. a. für Larven wird in Form v. Nektarien an Blattstielen u. sog. Beltschen Körpern angeboten. Letztere sind weiße, walzige Körper mit hohem Protein- u. Fettgehalt, die aus abgewandelten Spitzen v. stielnahen Fiedern 2. Ord. entstehen. Die nordafr. *A. senegal* u. a. Arten liefern „Gummi arabicum", das aus einem aus Wunden heraustretenden Schleimstoff gewonnen wird; bereits im alten Ägypten zur Herstellung v. Papyrusbogen, in der Malerei, zum Lackieren u. Appretieren verwendet (damals aber wohl aus dem Saft der ägypt. Maulbeerfeige); heute als Emulgator u. Schutzkolloid in der pharmazeut., kosmet., Lebensmittel- u. Textilindustrie genutzt. Die Rinde der austr. *A. mearnsii* u. das Kernholz der asiat. *A. catechu* liefern Gerbstoffe. Blüten der westind. *A. farnesiana* dienen der Gewinnung von äther. Öl, Bestandteil des Cassia-Blütenöls, mit Verwendung in der kosmet. Industrie. Zweige von *A. dealbata* werden, fälschlich als „Mimose" bezeichnet, im Blumenhandel angeboten. ☐ Ameisenpflanzen, [B] Afrika II, [B] Australien IV, [B] Kulturpflanzen XII.

Akebie w [japan.], *Akebia,* Gatt. der ↗Lardizabalaceae.

Akelei w [v. mlat. aquile(g)ia = Akelei], *Aquilegia,* Gatt. der Hahnenfußgewächse mit ca. 70 Arten. Die radiärsymmetr., nickende Blüte besteht aus 5 Kronblättern, die im Wechsel mit 5 gespornten Honigblättern stehen. Nur Hummeln mit ihrem langen Rüssel können den Nektar am Grunde des Sporns erreichen. In der Mitte der Blüte stehen die Staubblätter in einer Säule. Sie reichen bei der Gewöhnlichen A. *(A. vulgaris)* kaum aus der Blüte heraus; sie blüht blauviolett, selten weiß od. rosa u. wächst in kalkreichen wärmeliebenden Laubwäldern, Waldsäumen u. Trockenrasen. Die Schwarze A. *(A. atrata)* besitzt wie die Gewöhnliche A. einen hakig gebogenen Sporn; ihre Blüten sind braunviolett, die Staubbeutel ragen anfänglich deutlich aus der Blüte; sie ist selten u. wächst in kalkreichen Nadelwäldern, Waldsäumen u. Moorwiesen des Gebirges. Einen geraden Sporn hat *A. einseleana,* eine sehr seltene,

Acacia dealbata

Akazie
Akazie mit blattähnlich abgeflachten Blattstielen *(Phyllodien)*

Akera

(Figure 1) Ciliarmuskel kontrahiert / Zonulafaser entspannt / Zonulafaser gespannt / Ciliarmuskel erschlafft

(Figure 2) Muskel kontrahiert / Muskel erschlafft

(Figure 3) Kontraktion der Muskeln in Iris bewirkt über Glaskörper Druck auf Linse

(Figure 4) Muskel kontrahiert / Muskel erschlafft

(Figure 5) Muskel kontrahiert / Muskel erschlafft

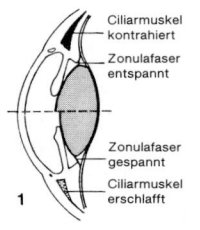

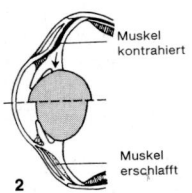

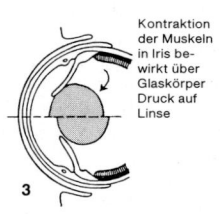

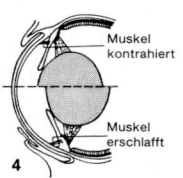

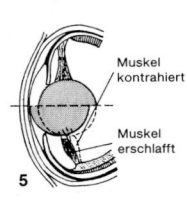

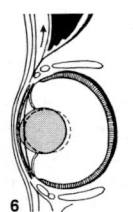

Akkommodation

A.sformen bei Wirbeltieren: **1** Mensch, **2** Eidechse, **3** Schlange, **4** Frosch, **5** Knochenfisch, **6** Neunauge. Die obere Augenhälfte (oberhalb der gestrichelten Linie) zeigt jeweils den akkommodierten, die untere Hälfte den akkommodationslosen Zustand.

nach der ↗Roten Liste „potentiell gefährdete" Pflanze der Kalkvoralpen. Alle Arten der Gatt. sind geschützt. In unseren Gärten gibt es zahlr. Hybriden in allen Farben. ⓑ Europa XIII, ⓑ Zoogamie.

Akera w [v. gr. a- = nicht, keras = Horn], die ↗Kugelschnecken.

Akinese w [v. gr. a- = nicht, kinēsis = Bewegung], **1)** *Akinesie, Katalepsie,* Hemmung der Bewegungsautomatik nach Schädigungen des Stirnhirns u. der „schwarzen Substanz" (Substantia nigra) des Mittelhirns. **2)** reflektorisch hervorgerufene Bewegungslosigkeit v. a. bei Gliederfüßern u. Wirbeltieren, z. B. das Sichtotstellen (Thanatose) v. Insekten od. das Sichdrücken v. Vögeln bei drohender Gefahr.

Akineten [Mz.; v. gr. akinētos = unbeweglich], große, dickwandige, reservestofffreiche Überdauerungszellen vieler Algen; die A. entstehen stets aus einer vegetativen Zelle. [↗Seifenbaumgewächse.

Akipflaume w [japan.], *Blighia sapida,*

Akklimation w ↗Adaptation.

Akklimatisation w [v. lat. ad = zu, an, gr. klima = Witterung], kurz- od. langfristige ↗Adaptation v. Organismen an sich ändernde klimat. Lebensbedingungen.

Akkommodation w [v. lat. accommodatio = Anpassung], **1)** Einstellung des Auges auf verschiedene Gegenstandsweiten. Dies wird durch eine aktive Brechkrafterhöhung des dioptr. Apparates erreicht. Der Betrag, um den die Brechkraft maximal gesteigert werden kann (gemessen in *Dioptrien,* Abk. dptr.), wird als A.sbreite bezeichnet. Die Steigerung der Brechkraft ist prinzipiell auf zwei verschiedenen Wegen möglich: 1) der Abstand zw. starrer Linse u. Netzhaut wird entweder verkleinert od. vergrößert; 2) der Krümmungsradius der elast. Linse wird verändert. Das erste Prinzip ist bei Wirbellosen (z. B. Kopffüßern, Vorderkiemerschnecken u. marinen Borstenwürmern), Rundmäulern, Fischen u. Amphibien verwirklicht. Die Linsenverschiebung wird durch direkte od. indirekte Muskeleinwirkung auf den Glaskörper (Rundmäuler) od. durch die die Linse selbst inserierende Muskulatur erreicht. Hierdurch erfolgt eine Linsenbewegung in Abhängigkeit v. ihrer Ruhestellung (fern od. nah akkommodiert) nach vorn (Amphibien u. Elasmobranchier) od. nach hinten (Knochenfische). Das zweite Prinzip findet man bei den Kriechtieren (mit Ausnahme der Schlangen), Vögeln u. Säugetieren. Der Ciliarkörper des Reptilien- u. Vogelauges berührt direkt den verdickten Linsenrand u. bewirkt durch Kontraktion eine verstärkte Krümmung der Linse. Im Säugerauge ist die Linse durch die Zonulafasern mit dem Ciliarkörper verbunden. Die elast., nicht kontraktilen Zonulafasern üben im akkommodationslosen Zustand einen Zug auf die Linse aus, der diese abflacht. Durch Kontraktion der Ciliarmuskulatur, die den Antagonisten zur Elastizität der Zonulafasern darstellt, wird der Ciliarkörper dem Linsenrand genähert. Demzufolge läßt der Zug der Zonulafasern nach, u. die Linse nimmt aufgrund ihrer Eigenelastizität eine stärker gewölbte Form an, was eine Erhöhung ihrer Brechkraft zur Folge hat. Das menschl. Auge ist im akkommodationslosen Zustand auf die Ferne eingestellt. Im Alter tritt, bedingt durch Wasserverlust, eine Elastizitätsabnahme der Linse auf, die deren Brechkraft und damit A.sbreite verringert. Diese *Altersweitsichtigkeit* ist zu unterscheiden vom patholog. Befund der Hyperopie. **2)** In der Neurophysiologie Bez. für die Erhöhung der Reizschwelle bei langsamer Depolarisation des Membranpotentials. Diese A.svorgänge treten z. B. an Nervenzellen des Zentralnervensystems auf, die durch summierte, langsam ansteigende synapt. Potentiale depolarisiert werden.

Akkrustierung w [v. lat. ad = zu, an, crusta = Rinde, Schale], Auflagerung v. wasserunlöslichem, lipophilem Material auf Zellwandschichten, von innerhalb der Zelle bei der Verkorkung od. von außerhalb bei der Bildung der Cuticula u. der Exine bei den Mikrosporen od. Pollenkörnern. Im Ggs. zu den inkrustierten ist bei den akkrustierten Zellwandschichten keine Gerüstsubstanz (in der Regel Cellulose) eingelagert.

Akkumulierung w [v. lat. accumulare = anhäufen], *Anreicherung* v. Stoffen in Organismen. Gefährlich insbes. für den Menschen sind die Schadstoffe, die sich in den Nahrungsketten anreichern (z. B. Schwermetalle wie Blei, Cadmium, Quecksilber u. Pestizidrückstände). Die Wechselwirkungen der Schadstoffe untereinander und mit anderen Verbindungen, z. B. Arzneimitteln, sind großenteils noch nicht erforscht. Bekanntes Beispiel für die A. von Schadstoffen ist die Kontamination der Muttermilch durch chlorierte Kohlenwasserstoffe.

Akme w [gr., = Spitze, Blütezeit], **1)** Bez. für die „Blühzeit" in der Evolution einer Organismengruppe. E. Haeckel (1866) hat erkannt, daß die phylogenet. Entwicklung der Organismengruppen in Phasen verläuft. Mit A. hat er die „Blühzeit" (reiche adaptive Radiation), mit *Epakme* die „Aufblühzeit" (Herausbildung der Schlüsselmerkmale) u. mit *Perakme* die „Verblühzeit" (Aussterben) in der Evolution einer Organismengruppe beschrieben. ↗Typostrophentheorie. **2)** Höhepunkt des Fieberverlaufs einer fieberhaften Erkrankung.

Aktinomykose

Akne w, *Finnenausschlag*, eitriger Hautausschlag vorwiegend im Gesicht, Nacken u. auf der Brust, durch Infektion vergrößerter Talgdrüsen mit *Propionibacterium (Corynebacterium) akne* verursacht; Bildung v. eitergefüllten Bläschen im Bereich der Talgdrüsen der Haut; meist in der Pubertät bis ca. zum 25. Lebensjahr. Therapie u. a. (bei schweren Fällen) Antibiotika.

akondyles Gelenk s [v. gr. a- = nicht, kondylos = Knochengelenk], ↗ Gelenk.

akone Augen [v. gr. a- = nicht, kōnos = Kegel], morpholog. Typus des ↗ Komplexauges. Der lichtbrechende Apparat der einzelnen Ommatidien weist noch einen ursprüngl. Bau auf. Es wird kein fester Kristallkegel ausgebildet, sondern die Kristallzellen bleiben einschl. ihres Zellplasmas u. ihrer Zellstrukturen erhalten.

Akontien [Mz.; v. gr. akontion = Wurfspieß], bei Seerosen verbreitet vorkommende, mit Nesselkapseln besetzte Fäden an der Basis der Mesenterien; werden zur aktiven Abwehr durch den Mund od. spezielle Poren in der Rumpfwand ausgepreßt.

akrodont [v. gr. akros = hoch, odous, Gen. odontos = Zahn], heißen die auf dem Rande des Kiefers befestigten Zähne der Fische u. Amphibien. Ggs.: pleurodont u. thekodont. [↗ Empfängnishyphe.

Akrogyn [v. *akro-, gr. gynē = Frau], die

akrokarp [v. gr. akrokarpos = die Früchte oben tragend], bei Moosen die Anlage der Archegonien u. später der Sporogone am Gipfel der Stämmchen.

akrokont [v. *akro-, gr. kontos = Stange], Geißelausbildung am Vorderende einer Zelle.

Akromegalie w [v. *akro-, gr. megaleios = groß], Vergrößerung u. Verplumpung der Finger, Füße, Nase, Lippen, des Unterkiefers u. der Zunge als Folge einer krankhaften Überproduktion des somatotropen Hormons (STH). Die Ursache ist ein Adenom der eosinophilen Zellen des Hypophysenvorderlappens. Bei Heranwachsenden, deren Epiphysen noch nicht geschlossen sind, führt die STH-Überproduktion zum *Riesenwuchs*. Durch das Adenom kann der Sehnerv geschädigt werden. Die Therapie erfolgt durch operative Entfernung des Adenoms; in leichten Fällen medikamentöse Therapie mit Bromocriptin.

Akron s [v. *akro-], *Prostomium*, der vor dem Mund gelegene Körperabschnitt der *Articulata* (Gliedertiere). Ein dem A. entsprechender Körperteil ist schon bei den Larvenformen *(Trochophora)* der Gliedertiere vorhanden u. wird als *Episphäre* bezeichnet. Dieser Teil wird im Laufe der Individualentwicklung nicht v. der Bildung des dritten Keimblatts (Mesoderm) erfaßt u. enthält daher weder eine sekundäre Leibeshöhle noch die v. Mesoderm abzuleitenden Organe. Das A. ist daher kein echtes Segment. Der Lagebezug v. A., Mund u. folgenden Segmenten kann bei Gliedertieren mit Kopfbildungen stark verändert sein.

akropetal [v. *akro-, gr. petalon = Blatt], nennt man bei Pflanzen die Entstehung neuer Seitenanlagen (z. B. Seitenfäden bei Algen, Seitensprosse, Blattfiedern), wenn die scheitelnächsten Anlagen zugleich die kürzesten u. die jüngsten sind, d. h., wenn die Entstehung v. der Basis zur Spitze fortschreitet. Ggs.: basipetal.

akroplast [v. *akro-, gr. plastos = geformt], heißt das Wachstum der Blattanlage, wenn es durch eine an der Spitze gelegene meristemat. Zone erfolgt. Ggs.: basiplast, pleuroplast.

Akropodium s [v. *akro-, gr. pous, Gen. podos = Fuß], Finger u. Zehen der Tetrapodenextremität. ↗ Autopodium.

Akrosom s [v. *akro-, gr. sōma = Körper], speziell ausgebildetes Lysosom im Kopfstück d. Spermien; entsteht dort durch Verschmelzen v. Golgi-Vesikeln; die enzymat. Ausstattung des A.s (Hyaluronidasen u. Proteinasen) ermöglicht der Spermazelle beim Auftreffen auf die Eizelle mit deren Plasmamembran in Kontakt zu treten u. schließlich zu fusionieren (Befruchtung).

Akrotonie w [v. gr. akros = Spitze, tonos = Spannung, Druck], Förderung der endständigen Knospen bzw. Seitenzweige eines Jahrestriebs; auf akrotoner Förderung beruht z. B. der typische stockwerkartige Aufbau vieler Nadelhölzer.

akrozentrisch [v. *akro-, gr. kentron = Mittelpunkt], Bez. für solche Chromosomen, die in der Metaphase stabförmig sind u. jenseits des Centromers nur einen sehr kleinen Arm besitzen.

Aktedrilus m [v. gr. aktē = Brandung, drilos = Regenwurm], Gatt. der Schlammröhrenwürmer; durch fast gleitende Kriech- u. ein wenig schnellere Suchbewegungen des Kopfendes gekennzeichnet; in der Ostsee findet sich *A. monospermathecus.* [↗ Seerosen.

Aktinien [Mz.; v. gr. aktis = Strahl], die

aktinomorph [v. gr. aktis = Strahl, morphē = Gestalt], *strahlig, radiärsymmetrisch*, heißen Blüten, die sich durch beliebig viele, rechtwinklig zur Längsachse geführte Schnitte in 2 spiegelbildlich gleiche Teile zerlegen lassen. Ggs.: zygomorph.

Aktinomykose w [v. gr. aktis = Strahl, mykēs = Pilz], *Strahlenpilzkrankheit*, bei Tier u. Mensch auftretende, durch Strahlenpilze (Actinomyceten) hervorgerufene Infektionserkrankung. Der Erregereintritt erfolgt meist durch Schleimhautdefekte der Mundhöhle od. defekte Zähne; führt zu

akro- [v. gr. akrōtērion = der äußerste Teil, die Extremitäten].

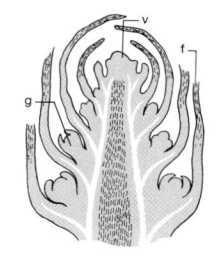

akropetal

Sproßscheitel einer Samenpflanze mit Vegetationspunkt (v) und den Anlagen für Blatt (f) und Seitenzweige (g)

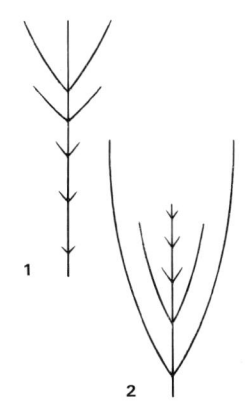

Akrotonie und Basitonie

Bei *Akrotonie* (1) werden die *peripheren*, bei *Basitonie* (2) vor allem die *basalen* Achselknospen im weiteren Wachstum gefördert.

aktinomorphe (links) u. zygomorphe Blüte

harten Schwellungen mit Abszeß u. Fistelbildung meist in der Mundhöhle, aber auch in Darm u. Niere. Übertragung durch Gräser u. Getreidehalme.

Aktinostele *w* [v. gr. aktis = Strahl, stēlē = Säule] ↗Stele.

Aktion, *Handlung,* i.e.S. eine hauptsächlich v. inneren Bedingungen abhängige Verhaltensweise, die im Ggs. zur von äußeren Reizen abhängigen ↗Reaktion gesehen wird. Während die psycholog. Lerntheorie traditionell mehr den Zshg. von Reiz u. Reaktion betrachtete, war es für die Ethologie typisch, den Zshg. von A. und Rückmeldung zu untersuchen, also die Hauptaufmerksamkeit auf stark antriebsabhängige Verhaltensformen zu richten.

Aktionskatalog, *Aktionssystem, Ethogramm,* die Zusammenstellung u. Beschreibung aller beobachtbaren Verhaltensweisen einer Tierart. Der A. formt das Verhaltensinventar eines Tieres, seine Kenntnis bildet die Voraussetzung für weitere quantitative Untersuchungen u. für vergleichende Untersuchungen des Verhaltens.

Aktionspotential, kurze Änderung des Membranpotentials (↗Ruhepotential) erregbarer Zellen; stellt einen für jede Zelle konstanten Ablauf v. Depolarisation u. Repolarisation der Zellmembran dar. Dieser Vorgang tritt immer selbsttätig ein, sobald ein bestimmtes Schwellenpotential überschritten wird, das eine erhöhte Permeabilitätsänderung der Membran für Na^+- und K^+-Ionen auslöst. Während der Depolarisationsphase findet ein Einstrom der ungleich verteilten Na^+-Ionen (außen höhere Na^+-Ionenkonzentration gegenüber dem Zellinnern) in das Zellinnere statt, wodurch eine Ladungsumkehr der inneren Zellmembran v. negativ zu positiv erfolgt. Die Repolarisationsphase der Zellmembran beginnt mit dem Ausstrom der ebenfalls ungleich verteilten K^+-Ionen (außen niedrigere K^+-Ionenkonzentration gegenüber dem Zellinnern). Das Membranpotential wird schließlich wieder erreicht, wenn der Na^+-Einstrom durch den K^+-Ausstrom vollständig kompensiert worden ist. Ein energieabhängiges Na^+-Pumpsystem fördert danach die während der Erregung u. die durch Diffusion ins Zellinnere gelangten Na^+-Ionen wieder ins Außenmedium. Durch den gleichzeitigen passiven K^+-Einstrom wird die Ausgangsionenverteilung wiederhergestellt. Der bei diesen Vorgängen fließende Strom der Na^+- bzw. K^+-Ionen wird *Aktionsstrom* genannt.

Aktionsraum, Gebiet, in dem sich ein Tier (od. eine auf lange Zeit zusammenhaltende Gruppe) bewegt u. in dem es seine vitalen Bedürfnisse befriedigen kann. Der A. ist sowohl räumlich als auch zeitlich untergliedert, d.h., das Tier hat feste Wege, die es nach einem Zeitplan benutzt, Ruheorte, Gebiete der Nahrungssuche usw. Der A. kann bei territorialen Tieren aus einem einzigen Territorium (Revier) bestehen, er kann aber auch mehrere (z.B. ein Sommer- u. ein Winterrevier) umfassen. Auch nicht territoriale Tiere bewegen sich aber nicht beliebig, sondern in einem festen A.

Aktionsspektrum, *Wirkungsspektrum,* Diagramm, in dem eine Strahlungswirkung (z.B. Sauerstoffentwicklung bei der Photosynthese) in Abhängigkeit v. der Wellenlänge des eingestrahlten Lichts aufgetragen ist. ↗Absorptionsspektrum.

aktionsspezifische Energie, bildhafte Beschreibung der Beobachtung, daß ein Tier für verschiedene Verhaltensbereiche über verschiedene ↗Bereitschaften verfügt, die unabhängig voneinander durch äußere Reize verstärkt, aber auch unabhängig voneinander verringert werden können (aktionsspezif. Ermüdbarkeit). Z.B. verringert häufiges Schlucken die Bereitschaft, Freßbewegungen auszuführen, während die Bereitschaft zu anderen Verhaltensweisen nicht verringert wird. Die Vorstellung, ein Trieb od. Antrieb bestünde aus Energien, die gebildet werden können u. verbraucht werden müssen, geht auf S. Freud zurück, der die Bez. „traumatische Energie" u. „Sexualenergie" prägte u. der eine regelrechte Ökonomie der Triebenergie entwarf. Diese Vorstellung wurde v. der Ethologie teilweise übernommen u. auf die v. ihr festgestellte Vielfalt v. Antrieben übertragen. Andere Autoren nahmen statt Energien Aktionsstoffe an, die wie Hormone gebildet u. bei der Ausführung einer Aktion verbraucht würden. Heute werden sämtl. Metaphern dieser Art als überholt betrachtet, u. die inneren Bedingungen des Verhaltens (↗Bereitschaft, ↗Antrieb, ↗Motivation) werden mit abstrakten systemtheoret. Begriffen beschrieben od. aber direkt als Eigenschaften des zentralen Nervensystems untersucht.

Aktionsstrom ↗Aktionspotential.

Aktionssystem, der ↗Aktionskatalog.

Aktionspotential

Phasen des Aktionspotentials

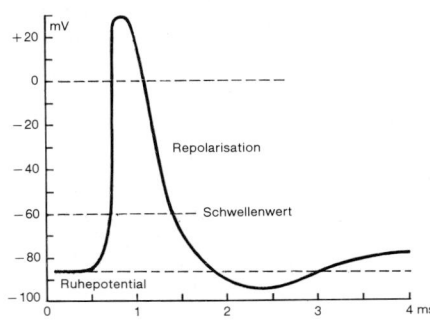

Aktivatoren, in der Biochemie Hilfsstoffe, wie bestimmte Ionen od. Kleinmoleküle, in deren Abwesenheit die Aktivität v. Enzymen ganz od. teilweise blockiert ist; z. B. benötigen Amylasen Cl^--Ionen als A. Häufig wirken A. durch allosterische Umwandlung der betreffenden Enzyme; so wirken z. B. AMP bzw. ADP als allosterische A. der Enzyme Phosphofructo-Kinase bzw. Isocitrat-Dehydrogenase. Bei der Regulation v. Genaktivitäten werden unter A. Stoffe zusammengefaßt, in deren Gegenwart die Expression bestimmter Gene od. Gengruppen aktiviert wird. Zu ihnen zählen neben niedermolekularen Stoffen, wie Arabinose (↗ Arabinose-Operon), auch ↗ Aktivatorproteine. Ggs.: Inhibitoren.

Aktivatorproteine, Gruppe v. Proteinen, die bei der Regulation v. Genaktivitäten die Expression bestimmter Gene od. Gengruppen aktivieren. Beispiele für A. sind bei bakteriellen Systemen der σ-Faktor v. RNA-Polymerase u. das cyclo-AMP bindende Protein.

aktive Einkohlenstoffverbindungen, *aktive Einkohlenstoffkörper,* Sammelbez. für Verbindungen wie aktive Ameisensäure, aktiver Formaldehyd, aktives Kohlendioxid, aktives Methyl, deren C_1-Gruppen (Ameisensäure, Formaldehyd, Kohlendioxid u. Methyl) im Rahmen v. Stoffwechselreaktionen auf andere Gruppen übertragen werden.

aktive Immunisierung, *Impfung,* beruht auf der Erkenntnis, daß der Mensch u. die Höheren Wirbeltiere nach Überstehen bestimmter Krankheiten gg. eine Wiedererkrankung immun sind. Die a. I. erfolgt mit geeigneten *Impfstoffen,* die sich dadurch auszeichnen, daß das infektiöse Agens unter voller Beibehaltung seiner Antigenität so modifiziert wurde, daß es nicht mehr in der Lage ist, die entsprechende Krankheit hervorzurufen. Dies wird u. a. erreicht, indem man niedrige Dosen eines Produkts des infektiösen Agens einsetzt od. ein solches Produkt chemisch modifiziert (Toxoide), die Erreger vorher abtötet od. lebende, aber abgeschwächte (avirulente) Stämme verwendet. Zu den Krankheiten, gg. die allg. eine a. I. durchgeführt wird, gehören Diphtherie, Keuchhusten, Tetanus, Masern, Poliomyelitis, Röteln u. Mumps. Die meisten a.n I.en erfordern gewöhnlich 2 oder 3 Verabreichungen und gelegentliche Auffrischungen. Die a. I. gegen Krankheiten wie Cholera, Typhus, Fleck- u. Gelbfieber wird nicht routinemäßig durchgeführt, ist aber für Personen angebracht, die in Gebiete reisen, wo die Krankheit endemisch auftritt.

aktiver Transport, unidirektionaler Transport v. Ionen (z. B. Na^+, K^+, Ca^{2+} und H^+) u. Metaboliten (z. B. Zucker, Aminosäuren) durch eine Biomembran gg. einen Konzentrationsgradienten; a. T. führt zu einer Anreicherung der transportierten Substanz u. erfordert definitionsgemäß Energie, die meist durch die Hydrolyse von ATP bereitgestellt wird. Am aktiven Transport sind spezif. Transportproteine (Translokatoren) beteiligt. 1) *primärer a. T.:* unidirektionaler Transport von anorgan. Ionen. Bestuntersuchtes Beispiel ist die Na^+-K^+-ATPase *(Natrium-Kalium-Pumpe),* die dafür sorgt, daß die intrazelluläre Konzentration an Na^+-Ionen niedrig bleibt (< 10 mmol/l), die an K^+-Ionen dagegen einen relativ hohen u. konstanten Wert zw. 120 und 160 mmol/l behält. Da die extrazelluläre Flüssigkeit eine relativ hohe Na^+- und niedrige K^+-Konzentration aufweist, müssen die nach innen einsickernden Na^+-Ionen unter Energieaufwand wieder ausgeschleust u. durch K^+-Ionen ersetzt werden. Sobald das Transportprotein auf der Innenseite mit 3 Na^+-Ionen besetzt ist, katalysiert es seine eigene Phosphorylierung durch ein Molekül Mg^{2+}ATP. Durch eine daraus resultierende Konformationsänderung des Proteins gelangen die Na^+-Bindungsstellen an die Außenseite der Membran, u. die Na^+-Ionen werden dort freigegeben. Werden jetzt außen 2 K^+-Ionen an das Transportprotein gebunden, so erlangt es eine Struktur, die die Abtrennung der Phosphorylgruppe ermöglicht. Damit klappt das Transportprotein wieder in den Ausgangszustand zurück u. nimmt dabei die beiden K^+-Ionen mit zur Innenseite der Membran. Die Aufrechterhaltung der gegenläuf. Konzentrationsgradienten für K^+- und Na^+-Ionen sind für die Zelle v. größter Bedeutung. 2) *sekundärer a. T.:* Transport v. wichtigen

primärer aktiver Transport (Natrium-Kalium-Pumpe)

Die unterschiedlichen geometrischen Symbole sollen die Veränderungen in der Tertiärstruktur des Translokators andeuten.

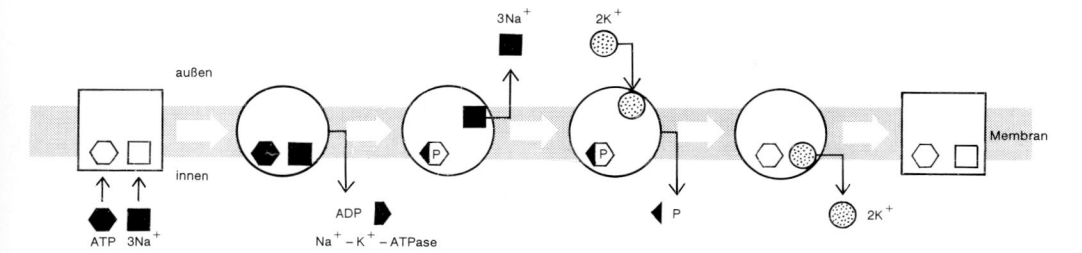

aktives Zentrum

aktiver Transport

Energiegekoppelte *Gruppentranslokation von Glucose* (Glc) durch die Bakterienmenbran

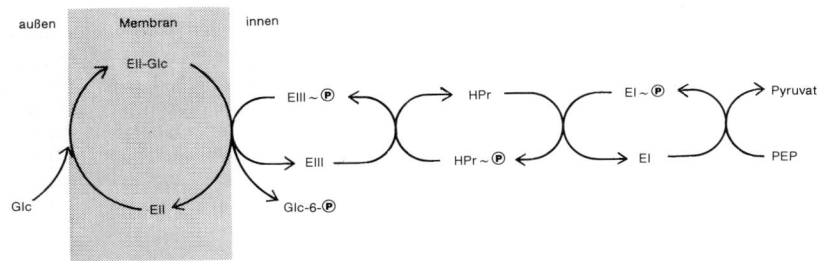

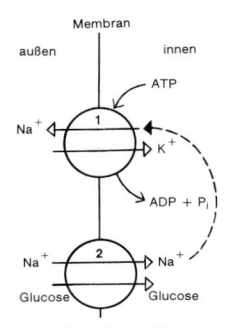

sekundärer aktiver Transport

1 Natrium-Kalium-ATPase,
2 Translokator für Cotransport von Na^+ und Glucose

Metaboliten, z. B. Aminosäuren u. Zucker. Für den Transport dieser Metaboliten aus dem umgebenden Medium durch die Plasmamembran ins Cytoplasma existieren ebenfalls spezielle Transportproteine *(katalysierte Diffusion)*, die jedoch nur den gemeinsamen Durchtritt eines dieser Moleküle zus. mit z. B. einem Na^+-Ion erlauben. Diese Art des *Cotransports (Symport)* bedient sich also sekundär des mit Hilfe des primären aktiven Transports aufgebauten Konzentrationsgradienten z. B. für Na^+-Ionen. Zwar verbraucht dieser Cotransport keine unmittelbare Energie, aber das anschließende Hinauspumpen der Na^+-Ionen über die Na^+-K^+-ATPase ist wieder energieabhängig. Diese Art des Cotransports spielt eine bedeutende Rolle für den Transport v. Aminosäuren u. Zuckern durch die Plasmamembran der Mucosazellen der Darmwand sowie der Epithelzellen der Niere. 3) *Gruppentranslokation von Zuckern* in Bakterien: diese Art des aktiven Transports v. Zuckern geschieht durch Vermittlung des sog. *Phosphotransferasesystems*. Es besteht aus 4 verschiedenen Proteinen, v. denen das Enzym I, das Protein HPr u. das phosphorylierende Enzym III im Cytoplasma, das eigtl. Translokatorenzym II in der Membran lokalisiert sind. In einer 1. Reaktion wird das cytoplasmat. HPr auf Kosten v. Phosphoenolpyruvat (PEP) durch das Enzym I phosphoryliert. Bemerkenswert an dieser Reaktion ist, daß nicht ATP, wie bei sonstigen biol. Phosphorylierungen, sondern PEP verwendet wird. E I gibt seinen Phosphorylrest weiter an HPr, das seinerseits E III phosphoryliert; E III überführt nun den durch E II antransportierten Zucker, z. B. Glucose, in Glucose-6-phosphat; als phosphorylierte Verbindung kann der Zucker die Zelle jedoch nicht mehr verlassen u. steht nun verschiedenen Stoffwechselwegen zur Verfügung. E I und HPr sind für die Gruppentranslokation aller Zucker zuständig, während E II und E III zuckerspezifisch sind.

akti**ves Zentrum,** *Substraterkennungsbereich,* bei Enzymen diejenige Stelle, an der das mit Hilfe des Enzyms umzusetzende Molekül (Substrat) gebunden u. umgesetzt wird. Jedes Enzym besitzt ein a. Z. ganz bestimmter Struktur, das nur solche Substratmoleküle binden kann, die genau in das a. Z. hineinpassen. Bildlich gesprochen, müssen Substrat u. a. Z. eines Enzyms zueinander passen wie Schlüssel u. Schloß. Ihre Strukturen sind also in bestimmten Bereichen einander komplementär. Für alle bisher gut untersuchten aktiven Zentren gilt, daß die für die Bindung des Substrats u. für den Reaktionsablauf entscheidenden Aminosäuregruppen an den Innenwänden einer Grube od. Tasche stehen. Bes. für größere Substrate, wie bei Lysozym, ist das auch ein tiefer Spalt, der durch den Kernbereich des Proteins geht. In manchen Fällen bewirken nicht nur Aminosäuregruppen, sondern in unmittelbarer Nähe des aktiven Zentrums eingelagerte, besondere reaktionsfähige Gruppen die Bindung u. den Umsatz der Substratmoleküle. Diese reaktionsfähigen Gruppen sind häufig die sog. Coenzyme, in anderen Fällen auch Metallionen od. beides. Z. B. besitzt Alkohol-Dehydrogenase im a. Z. ein Molekül NAD^+ als Coenzym u. ein Zn^{2+}-Ion. Mit der Einlagerung v. Sub-

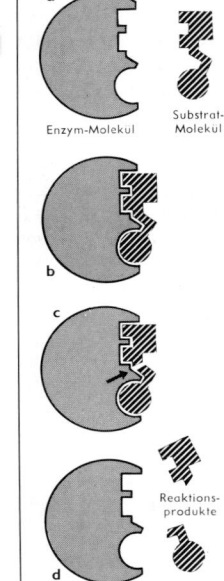

aktives Zentrum

Die Schlüssel-Schloß-Beziehung zw. einem Substratmolekül u. dem a. Z. eines Enzyms. Der dt. Chemiker E. Fischer fand schon 1894, also lange, bevor die chem. Natur der Enzyme im Detail erforscht war, für das hochspezif. Zusammenpassen v. Enzym u. Substrat den Vergleich v. Schloß u. Schlüssel. Die Abb. zeigt die schemat. Darstellung einer Enzymreaktion. **a** Enzym- u. Substrat-Molekül frei, **b** Verbindung des Enzyms mit dem Substrat, **c** Reaktion des Substrats (in diesem Fall Spaltung), **d** Ablösung der Reaktionsprodukte v. Enzym.

stratmolekülen in aktive Zentren werden alle Wassermoleküle aus diesen verdrängt. Dies bietet den Vorteil, daß bei der Umwandlung der Substratmoleküle auch instabile Zwischenstufen durchlaufen werden können, die in Gegenwart v. Wasser sofort in anderer als der durch die Reaktionsspezifität des jeweiligen Enzyms festgelegten Richtung weiterreagieren würden. Bes. gut ist die Wirkung der aktiven Zentren bei den eng verwandten, aber in den Substratspezifitäten sehr verschiedenen Proteasen ↗*Trypsin*, ↗*Chymotrypsin* u. ↗*Elastase* verstanden. Ein Teil der komplizierten Taschenformen in ihren aktiven Zentren ist verantwortlich für die Aufnahme der neben der zu spaltenden -CO-NH-Bindung stehenden Aminosäureseitengruppe (s. Abb.). Dieser Teil der Tasche ist tief u. am „Boden" mit einer negativen Asparaginsäureladung besetzt beim Trypsin, er ist voluminös u. hydrophob beim Chymotrypsin, u. er ist hydrophob u. klein – nämlich durch zwei v. der Seite hineinragende Valin- u. Threoningruppen versperrt – bei der Elastase. Das Ergebnis: Trypsin spaltet Proteine an den Peptidbindungen „rechts" neben den bas. Aminosäuren Lysin u. Arginin, Chymotrypsin neben aromat. Aminosäuren u. Elastase neben Aminosäuren mit kurzen Seitenketten.

aktivierte Essigsäure, *aktiviertes Acetat*, das ↗*Acetyl-Coenzym A*.

Aktivierung, 1) Biochemie: bei niedermolekularen Stoffwechselprodukten, aber auch bei den biol. wichtigen Makromolekülen die Überführung in einen reaktionsbereiten Zustand, wobei die erforderl. ↗*Aktivierungsenergie* häufig durch Reaktion mit einer energiereichen Verbindung, wie ATP, bereitgestellt wird. Im Rahmen der zentralen Stoffwechselwege sind die Amino-

Aktivierung

Aktivierungsschritte bilden bei vielen Stoffwechselwegen die einleitende Phase; häufig werden aber auch im Verlauf späterer Schritte aktivierte Verbindungen als Substrate umgesetzt. Die Tab. gibt eine Übersicht über die wichtigsten aktivierten Verbindungen

aktivierter Acetaldehyd	↗ Thiaminpyrophosphat
aktiviertes Acetat	↗ Acetyl-Coenzym A
aktivierte Ameisensäure	↗ Tetrahydrofolsäure
aktivierte Aminosäuren	↗ Aminoacyl-Adenylsäuren u. ↗ Aminoacyl-t-RNA
aktiviertes Cholin	↗ Cytidinphosphocholin
aktivierte Fettsäuren	↗ Acyl-Coenzym A
aktivierter Formaldehyd	↗ Tetrahydrofolsäure
aktivierte Glucose	↗ Nucleosiddiphosphatzucker
aktiviertes Kohlendioxid	↗ Biotin
aktiviertes Methionin	↗ S-Adenosylmethionin
aktiviertes Methyl	↗ S-Adenosylmethionin
aktiviertes Pyruvat	↗ Thiaminpyrophosphat
aktiviertes Succinat	↗ Succinyl-Coenzym A
aktiviertes Sulfat	↗ Adenosinphosphosulfat, ↗ Phosphoadenosinphosphosulfat
aktivierte Zucker	↗ Nucleosiddiphosphatzucker

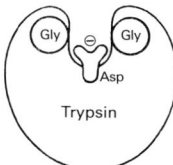

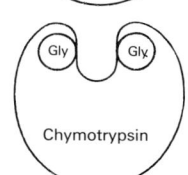

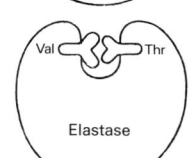

aktives Zentrum

Das aktive Zentrum bei verwandten, aber unterschiedlich spaltenden Proteasen der Bauchspeicheldrüse bzw. des Darmtrakts (stark vereinfacht): Trypsin, Chymotrypsin, Elastase.

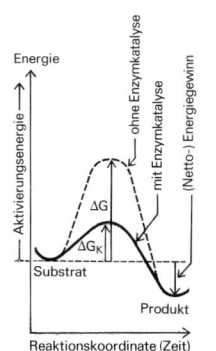

Aktivierungsenergie

Energiediagramm einer Enzymkatalyse: Durch Vorgänge wie die Substratbindung unter konformativer Spannung wird in der Enzymkatalyse die im Reaktionsablauf am Substrat benötigte A. gegenüber der Reaktion ohne Enzym entscheidend abgesenkt. Die Rest-A. (ΔG_K) wird von der Wärmebewegung aufgebracht.

Aktualitätsprinzip

säure-A., die Fettsäure-A. u. die Glucose-A. von bes. Bedeutung. Die A. von Enzymen erfolgt häufig durch Anlagerung v. Aktivatoren od. – wie bei vielen Proteasen – durch Abspaltung bestimmter Peptidgruppen, die als Sperre bei den entsprechenden Vorstufen (Proenzymen) wirken. **2)** *A. der Eizelle,* Vorgang, in der „ruhenden" Eizelle den Beginn der Embryonalentwicklung einleitet, meist ausgelöst durch den Spermieneintritt (↗*Befruchtung*). Bei parthenogenet. Arten erfolgt die A. u. a. durch mechan. Verformung bei der Eiablage (Schlupfwespen) od. durch artfremde Spermien (Fertilitätsparasitismus); künstl. Aktivierung z.B. durch Anstich (Frosch) od. Veränderung im Ionenmilieu (Seeigel).

Aktivierungsenergie, Energiebetrag in Form v. Wärme od. chem. Energie, die notwendig ist, um eine an sich freiwillig, aber sehr langsam ablaufende chem. Reaktion in Gang zu bringen. Die Wirkung v. Enzymen (wie allg. von Katalysatoren) beruht auf der Erniedrigung der A., wodurch die Reaktionen des Stoffwechsels schon bei physiolog. Temp. (Körpertemp.) die erforderl. Geschwindigkeiten erreichen.

Aktivitätsbereitschaft, ↗*Bereitschaft*, ein höheres od. niedrigeres Niveau motor. od. kognitiver Aktivität anzustreben. Die A. ist Ausdruck der Allgemeinerregung sowie Ausdruck anderer Einflüsse, die die inneren Bedingungen der Aktivität verändern. Die unterschiedl. A. eines Tieres unter verschiedenen Umständen zeigt sich daran, daß das angestrebte Optimum der Aktivität sehr verschieden sein kann: z.B. reagiert ein ausgeruhtes, sattes Jungtier auf einen unbekannten Reiz mit Erkundungsverhalten, also mit erhöhter Aktivität. Dasselbe Jungtier in schlafbereitem Zustand wird sich v. dem Reiz abwenden. Die A. ist nicht einfach eine Funktion anderer Handlungsbereitschaften, wie Hunger, Schlafbedürfnis usw. Sie beruht auf eigenen inneren Bedingungen der Verhaltenssteuerung u. ist auch mit der Funktion anderer Gehirnareale verbunden: Während die übrigen Bereitschaften bei Säugetieren funktionell mit Zentren des Hypothalamus (Teil des Zwischenhirns) zusammenhängen, beruht die Allgemeinerregung eines Tieres u. damit die A. auf Funktionen der Formatia reticularis des Stammhirns.

Aktualitätsprinzip *s* [v. lat. *actualis* = (im Augenblick) tätig, *principium* = Anfangsgrund], *Aktualismus,* die Methode, zur Erklärung v. historisch abgelaufenen Prozessen nur solche Kausalfaktoren zuzulassen, die auch heute wirksam u. daher analysierbar sind („Die Gegenwart ist der Schlüssel zur Vergangenheit"). Das A. ist in der Geo-

aktuelle Vegetation

logie u. Paläontologie entwickelt worden. Als Begründer des A.s gelten J. Hutton (1726–1797), K. A. v. Hoff (1771–1837) u. insbes. Ch. Lyell (1797–1875). Der Aktualismus löste die ↗Katastrophentheorie v. G. Cuvier ab. Die Begründer des A. wußten, daß er nicht alle Erscheinungen der Erdgeschichte zu erklären vermochte. Gebirgsbildungen, Kohlelager, Eiszeiten u. a. bedürfen besonderer (exzeptionalist.) Deutungen. Die Evolutionsbiologie läßt gemäß dem A. als in der Vergangenheit wirksame Evolutionsfaktoren nur solche gelten, die (wie Mutation u. Selektion) auch heute wirksam sind.

aktuelle Vegetation w, die gegenwärtig in einem Gebiet vorhandene Vegetation; kann der natürlichen, vom Menschen nicht beeinflußten Vegetation entsprechen od. aus anthropogenen Ersatzgesellschaften (Äcker, Heiden, Wiesen) bestehen.

Aktuopaläontologie w, prakt. Anwendung des Aktualismus (↗Aktualitätsprinzip) auf die Paläontologie im rezenten Bereich unter bes. Berücksichtigung jener Vorgänge, welche Leben, Lebensraum, Tod u. postmortale Schicksale (Biostratonomie) v. Organismen berühren. Der Begriff A. wurde eingeführt von R. Richter (Frankfurt/M.); er gründete 1928 in Wilhelmshaven ein Forschungsinst. zum Studium von A. und Aktuogeologie (Senckenberg am Meer).

Akupunktur w [v. lat. acus = Nadel, punctura = Stich], Verfahren aus der chines. Medizin, um durch Nadeln, die an bestimmten Körperstellen eingestochen werden, organ. Erkrankungen zu beeinflussen od. Schmerzlosigkeit herbeizuführen. In der westl. Schulmedizin umstritten, ebenso wie die *Akupressur*, bei der lediglich Druck auf bestimmte Körperstellen ausgeübt wird.

Akzeleration w [v. lat. acceleratio = Beschleunigung], *Beschleunigung*, in der Biol. Zunahme der durchschnittl. Körpergröße des Menschen u. früherer Eintritt der Pubertät; seit dem 19. Jh. bes. in Industrieländern zu beobachten. Als Ursache werden u. a. Industrialisierung, Urbanisierung u. die bessere Ernährung diskutiert.

Akzeptorstelle w [v. lat. acceptor = Empfänger], *Akzeptorort*, die ↗A-Bindungsstelle des Ribosoms.

akzessorische Atmung w [v. lat. accessus = hinzugekommen], *zusätzliche Atmung*, Gasaustausch durch die Haut, lungenartige Organe od. Ausstülpungen der Kiemen od. des Darms zur Unterstützung der außerdem vorhandenen ↗Atmungsorgane.

akzessorische Chromosomen [v. lat. accessus = hinzugekommen], zu den normalen Autosomen eines Chromosomensatzes noch hinzutretende Chromosomen,

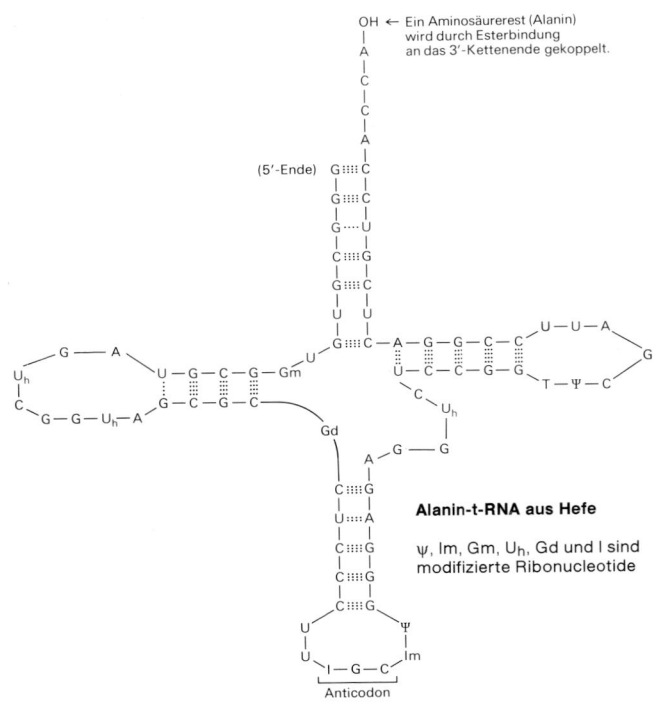

Akzeleration

Körpergrößen und Häufigkeit der Großwüchsigen (über 170 cm) und der Kleinwüchsigen (unter 162 cm) 19- bis 25jähriger Südbadener

Jahr	Körpergröße
1850	164,1 cm
1890	165,1 cm
1938	169,1 cm
1960	172,9 cm

Jahr	über 170 cm in %	unter 162 cm in %
1850	20,5	35,6
1890	22,8	28,0
1938	46,6	10,7
1960	70,0	2,6

$$^{\oplus}H_3N-\underset{CH_3}{\underset{|}{C}}-H \quad COO^{\ominus}$$

Alanin (zwitterionische Form)

Alanin-t-RNA aus Hefe

Ψ, Im, Gm, U$_h$, Gd und I sind modifizierte Ribonucleotide

Ein Aminosäurerest (Alanin) wird durch Esterbindung an das 3'-Kettenende gekoppelt.

z. B. die Geschlechtschromosomen (Heterosomen).

akzessorische Pigmente [Mz.; v. lat. accessus = hinzugekommen, pigmentum = Farbstoff], die ↗Antennenpigmente.

Al, chem. Zeichen für Aluminium.

Ala, Abk. für Alanin.

Ala w [Mz. *alae*, lat., =], der ↗Flügel.

Aland, *Leuciscus (Idus) idus*, ↗Weißfische.

Alandbleke, ein Weißfisch, der ↗Schneider.

Alangiaceae [v. einer ind. Sprache], Fam. der Hartriegelartigen, umfaßt die beiden Gatt. *Alangium* u. *Matteniusa* mit insgesamt 23 Arten; Vorkommen im nördl. S-Amerika u. den altweltl. Tropen. Einige Arten werden als Ziersträucher gepflanzt.

Alanin s [Kw.], Abk. *Ala* od. *A*, *α-Aminopropionsäure*, wichtige Aminosäure, als L-Alanin Bestandteil der meisten Proteine, bes. des Seidenfibroins, als D-Alanin Bestandteil des ↗Mureins. Freies A. ist Bestandteil des Blutplasmas. A. bildet sich aus Brenztraubensäure durch Transaminierung. Der Abbau von A. erfolgt durch Transdesaminierung od. durch oxidative Desaminierung – katalysiert durch das Enzym A.-Dehydrogenase – zu Brenztraubensäure u. Ammoniak. Durch die leichte Umwandelbarkeit von A. zu Brenztraubensäure wirkt A. gluconeogenetisch (↗Gluconeogenese.)

β-Alanin s [Kw.], *β-Aminopropionsäure*, $H_2N-CH_2-CH_2COOH$, nichtproteinogene

Aminosäure, Abbauprodukt der Pyrimidinbasen Uracil u. Cytosin. In gebundener Form kommt β-A. in Coenzym A vor sowie in manchen Peptiden, wie Anserin u. Carnosin.

Alanin-t-RNA w, *Alanyl-t-RNA,* t-RNA, an die Alanin gebunden wird. Während der Proteinsynthese (Translation) wird der Alanin-Rest von A. in wachsende Peptidketten eingebaut. A. aus Hefe ist 1965 als erste t-RNA von R. W. Holley sequenziert worden. Die ermittelte Sequenz (77 Nucleotide, später korrigiert auf 76) zus. mit kurz darauf ermittelten Sequenzen anderer t-RNA-Spezies führte zur Postulierung der Kleeblattstruktur von t-RNA. Das entsprechende Gen für A. aus Hefe wurde 1970 von H. G. Khorana mit Hilfe chem.-enzymat. Methoden als erstes Gen synthetisiert.

Alant m [wohl v. gr. helenion = Alant], *Inula,* Gatt. der Korbblütler, ist mit ca. 120 Arten v. a. in den gemäßigten u. wärmeren Gebieten Eurasiens, insbes. im westl. Teil des Himalaya, im Kaukasus u. Armenien sowie in S-Frankreich u. N.-Spanien beheimatet. Wichtigste der *Inula*-Arten ist der wahrscheinlich aus Zentralasien stammende u. heute verwildert in Europa, Kleinasien u. N-Amerika vorkommende Echte A., das Helenenkraut *(I. helenium),* eine ausdauernde, bis 2 m hohe Staude mit knollig verdicktem Wurzelstock u. eiförmig-lanzettlichen, unterseits graufilzigen Laubblättern. Die einzeln od. in endständiger Doldentraube stehenden goldgelben, bis 7 cm breiten Blütenköpfe werden von Hüllschuppen mit großen, blattartigen, zurückgekrümmten Anhängseln umgeben. Der bereits v. den alten Römern als Heil- u. Küchenpflanze kultivierte A. wird in Mitteleuropa in Gärten gezüchtet od. wächst verwildert auf feuchten Wiesen, an Uferbüschen, Wald- u. Wegrändern sowie Gräben. Von den in Dtl. vorkommenden A.-Arten ist der in Moorwiesen od. Halbtrockenrasen sowie Buschsäumen wachsende Weiden-A. *(I. salicina)* der häufigste. Ebenfalls in Buschsäumen u. lichten Wäldern zu finden ist die Dürrwurz *(I. conyza). I. britannica* (Wiesen-A.), *I. germanica* (Deutscher A.) und *I. hirta* (Rauher A.) gelten nach der ↗ Roten Liste als „gefährdet". *I. helvetica* (Schweizer A.) ist vom Aussterben bedroht, *I. ensifolia* (Schwertblättriger A.) gilt bereits als ausgestorben.

Alantstärke, das ↗ Inulin.

Alaria w [v. lat. alarius = zum Flügel gehörend], Gatt. der ↗ Laminariales.

Alarmruf ↗ Warnsignal.

Alarmstoffe, olfaktorisch wirksame ↗ Pheromone, die bei Artgenossen Fluchtverhalten od. Angriff auslösen. In ihrer chem. Struktur uneinheitlich, findet man sie vornehmlich bei sozialen Insekten. Bildungsorte bei Ameisen sind die Mandibulardrüsen *(Knotenameisen, Formica),* Giftdrüsen *(Myrmica, Formica, Tetramorium),* Dufoursche Anhangsdrüse *(Camponotus)* u. Analdrüse *(Drüsenameisen).* Im Nest der Ameisen führen sie zu erhöhter Angriffslust, auf den Ameisenstraßen od. an der Futterstelle aber zu Flucht. Beim Stich der Biene wird ein im Stachelrinnenpolster gespeicherter Stoff (Isoamylacetat) frei, der andere Bienen zum Angriff stimuliert. Bei einigen Süßwasserschwarmfischen (genauer untersucht bei der Elritze) tritt bei Verletzung eines einzelnen Tieres ein Stoff ins Wasser über, der bei den Artgenossen Fluchtreaktion auslöst.

Alarprozeß [v. lat. alarius = zum Flügel gehörend], Teil des Flügelgelenks der Insekten, ↗ Insektenflügel.

Alaskabär, *Ursus arctos middendorffi,* U.-Art der ↗ Braunbären.

Alastrim w [v. brasilian. alastrium = brennender Zunder], *Milchpocken,* milde verlaufende Pockenart. ↗ Pocken.

Alatae [Mz.; v. lat. alatus = geflügelt], alle geflügelten Formen im Generationszyklus der Blattläuse.

Alaudidae [Mz.; v. lat. alauda = Haubenlerche], die ↗ Lerchen.

Albatrosse [Mz.; v. einer Indianersprache, unter Einfluß v. lat. albus = weiß], *Diomedeidae,* Fam. der Sturmvögel mit 3 Gatt. u. 13 Arten; große Hochseevögel vorwiegend der südl. Meere mit sehr langen schmalen Flügeln, kurzem Schwanz u. Hakenschnabel. Der ↗ Wanderalbatros *(Diomedea exulans)* ist mit 3,2 m Flügelspannweite der größte Meeresvogel. A. sind ausdauernde Segelflieger; brüten meist in Kolonien auf Felsinseln u. legen nur alle 2 Jahre ein Ei; auf dem Boden schwerfällig; Kolonien wurden fr. vom Menschen wegen des Fleisches, der Federn od. der Eier ausgebeutet. Fast ebenso groß wie der Wanderalbatros ist der Königsalbatros *(D. epomophora),* dessen Brutplätze auf den Inseln im Seegebiet v. Neuseeland liegen. Der wohl häufigste Albatros ist der rund um den Südpol verbreitete Schwarzbrauenalbatros *(D. melanophris),* der oft Schiffen folgt. Ein ausgeprägtes Balzritual mit Tänzen, Schnabelfechten u. Halsrecken zeigt der Galapagosalbatros *(D. irrorata),* die einzige trop. Art. Im Ggs. zu den anderen A.n brütet der düster gefärbte Rußalbatros *(Phoebetria fusca)* meist einzeln. B Polarregion IV.

Albedo w [lat., = weiße Farbe], der von einem Körper bzw. von der Erdoberfläche reflektierte Anteil des Lichts, gemessen in Prozent der senkrecht aufgefallenen Licht-

---

Alant
Genutzt wird der Wurzelstock, dessen Inhaltsstoffe, insbes. die im äther. A.öl enthaltenen A.lactone, harntreibend sowie husten- u. krampflösend wirken. 1804 wurde im Rhizom von *Inula helenium,* das fr. vielerorts auch kandiert als Süßigkeit verzehrt od. bei der Zubereitung alkohol. Getränke verwendet wurde, das Polysaccharid ↗ Inulin (Alantstärke) entdeckt, das insbes. bei vielen Korbblütlern, aber auch bei Vertretern anderer Fam., die Stärke als Reservestoff vertritt.

Albatros

Albatrosse
Bekannte Arten:
Galapagosalbatros *(Diomedea irrorata)*
Königsalbatros *(Diomedea epomophora)*
Rußalbatros *(Phoebetria fusca)*
Schwarzbrauenalbatros *(Diomedea melanophris)*
↗ Wanderalbatros *(Diomedea exulans)*

Albertus Magnus

menge als sog. Reflexionszahl (R_k). Das reflektierte Licht ist in der Regel diffus. Helle Flächen reflektieren viel, dunkle wenig Licht. So ist die A. für Neuschnee 80–95% (Altschnee 40–70%), während Wiesen u. Laubwälder 15–30%, Nadelwälder sogar nur 10% des Lichts reflektieren.

Albertus Magnus, *Albert der Große,* eigtl. *Albert Graf v. Bollstädt,* dt. Kirchenlehrer (Scholastiker), * um 1200 Lauingen a. d. Donau, † 15. 11. 1280 Köln; lehrte 1228–44 an dt. Seminaren, zeitweise an der Univ. v. Paris; 1260–62 Bischof v. Regensburg; seit 1270 in Köln, dort Lehrer v. Thomas von Aquin. A. M. beherrschte die gesamten philosophisch-naturwiss. Kenntnisse seiner Zeit, bes. auch das neuerschlossene aristotel., jüdisch-arab. Gedankengut. Seine Kommentare zu den Aristotel. Schriften förderten deren Verbreitung im Abendland. Durch selbständige Beobachtung (u. a. bot. Studien bei zahlr. Reisen, Reindarstellung des Arsens bei alchemist. Experimenten) u. systemat. Darstellung ragt er aus den mittelalterl. Naturwissenschaftlern heraus u. wurde deren bedeutendster Vertreter im 13. Jh. Angesichts seiner überragenden Kenntnis der Natur ist es begreiflich, daß die Legende A. M. magische Fähigkeiten zuschrieb. A. M. wurde 1931 heiliggesprochen und 1941 durch Papst Pius XII. zum Patron der Naturforscher erklärt.

Albinaria *w* [v. lat. albus = weiß], etwa 60 Arten umfassende Gatt. der Schließmundschnecken, mit oft rippenstreifigem Gehäuse, dessen weißl. Oberflächenschicht einen Lichtschutz bildet; in Trockenzeiten wird ein ↗ Epiphragma angelegt; verbreitet auf dem Balkan, in Kleinasien u. Libanon, auf Zypern, Kreta u. a. ostmediterranen Inseln.

Albinismus *m* [v. lat. albus = weiß], vererbter Pigmentmangel der Haut, der einem autosomal rezessiven Erbgang folgt. Aufgrund einer beim A. fehlenden Leistung im Phenylalanin-Tyrosinstoffwechsel kann v. Trägern dieser Krankheit *(Albino)* kein Melanin gebildet werden, das Grundlage vieler Pigmentierungen ist. Die Pigmentarmut äußert sich bei Albinos in weißer Haut u. Haaren sowie in roten Augen, da auch in der Iris kein Pigment eingelagert werden kann. Die rote Farbe rührt v. den durchschimmernden Blutgefäßen her. Albinos sind durch fehlenden Pigmentschutz sehr lichtempfindlich u. zeigen eine typ. Sehschwäche.

Albino *m* [span., = weißlich], pigmentfreie Mutante bei Tier u. Mensch. ↗ Albinismus.

Albizia *w* [ben. nach dem it. Naturforscher Filippo degli Albizzi, 18. Jh.], Gatt. der ↗ Hülsenfrüchtler.

Albizziin *s*, 7α-Amino-β-ureidopropionsäure, eine nichtproteinogene Aminosäure, die bes. in der Gatt. *Albizia* vorkommt; A. wirkt bei den Enzymen Glutaminase u. Glutaminyl-t-RNA-Synthetase als Antagonist v. Glutamin.

Albomycin *s* [v. lat. albus = weiß, gr. mykēs = Pilz], Antibiotikum aus *Actinomyces subtropicus;* gehört zu den Sideromycinen u. greift in den Eisenstoffwechsel ein. A. wirkt gg. grampositive u. gramnegative Bakterien und hemmt den aeroben Stoffwechsel v. *Staphylococcus aureus* u. *Escherichia coli.*

Albugo *w* [lat., = weiße Farbe], Gatt. der Falschen Mehltaupilze; A.-Arten sind Erreger v. Weißrosten; Rettiche, Kohl u. andere Kreuzblütler werden von *A. candida,* Spinatpflanzen von *A. occidentalis* befallen.

Albulidae [Mz.; v. lat. albulus = weißlich], die ↗ Grätenfische.

Albumen *s* [lat., = Eiweiß], der bei Vogeleiern die tertiäre Eihülle bildende Anteil des hellen Eiweißes.

Albumine [Mz.; v. lat. albumen = Eiweiß], Sammelbez. für alle in reinem Wasser lösl. Proteine aus Körperflüssigkeiten od. Pflanzensamen. Beispiele sind Serumalbumin aus Blutserum, Lactalbumin aus der Milch, Ovalbumin aus dem Hühnerei, Ricin aus Ri-

Albedo

Die A. eines Körpers gibt das Verhältnis der v. Körper diffus reflektierten zur senkrecht aufgefallenen Lichtmenge in Prozent an, ist also ein Maß für dessen Rückstrahlungsvermögen.

Kreide	85
Bimsstein	48
Kalk	36
Granit	31
Gips	29
Ton	20
Sand	14
Quarz	9
Basalt	5
Lava	4
Wolken	70–90
Schnee	40–95
Wiesen	15–30
Wasser	3–10

Albertus Magnus

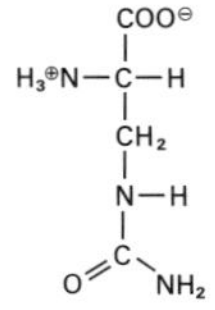

Albizziin

Formen des Albinismus

Voll-A. bei **1** weißem Damhirsch u. **2** weißem Raben. **3** *Teil-A.* bei einem Reh

zinussamen, Leukosin aus Getreidekörnern u. Legumelin aus Leguminosen.
Albuminurie w [v. lat. albumen = Eiweiß, gr. ouron = Harn], veraltete Bez. für die krankhafte Ausscheidung v. Eiweiß (Protein) durch den Harn bei Nierenerkrankungen, Fieber, Herzschwäche u. nach körperl. Anstrengungen. Da nicht nur Albumine ausgeschieden werden, sollte der Begriff *Proteinurie* verwendet werden.
Alburnoides m [v. lat. alburnus = Weißfisch], Gatt. der Weißfische, ↗Schneider.
Alburnus m [lat., = Weißfisch], Gatt. der Weißfische, ↗Ukelei.
Alca w [norw.], Gatt. der ↗Alken.
Alcaligenes m, Gatt. der gramnegativen aeroben Stäbchen mit unsicherer taxonom. Eingliederung; sie kommen als Saprobier im Boden, Wasser, Belebtschlamm v. Kläranlagen u. im Darm v. Wirbeltieren vor. Alcaligenes sind stäbchenförmig (0,5–1,2 × 0,5–2,5 µm) od. seltener mehr kugelig, mit 1–8 Geißeln, einem streng aeroben Stoffwechsel (keine Gärung) u. einige mit einer Nitratatmung. *A. eutrophus* ist ein fakultativ autotrophes Wasserstoffbakterium. Im Darmtrakt des Menschen u. in Milchprodukten findet sich *A. faecalis*. Biotechnologisch wird *A. faecalis* var. *myxogenes* zur Herstellung v. Curdlan (β-1,3-Glucan) genutzt, das als Geliermittel für Pudding verwendet wird; Curdlan ist kalorienarm, da es im Darm nicht abgebaut wird.
Alcedinidae [Mz.; v. lat. alcedo = Eisvogel], die ↗Eisvögel.
Alcelaphus m [v. gr. alkē = Elch, elaphos = Hirsch], die ↗Kuhantilopen.
Alces w [lat., =], der ↗Elch.
Alchemilla w [v. arab. al-ke-melih = Sinau], der ↗Frauenmantel.
Alchemillo-Matricarietum s [v. arab. alke-melih = Sinau, mlat. matricaria = Kamille], Assoz. der ↗Aperetalia spicae-venti.
Älchen s, kleine Fadenwürmer, Benennung nach der schlängelnden (aalähnl.) Bewegung. 1) Die an od. in Pflanzen lebenden Vertreter der ↗*Tylenchida,* bedeutende landw. Schädlinge. 2) Einige in faulendem Substrat lebende *Rhabditida*: ↗Essigälchen.
Älchenkrätze, *Nematodenfäule, Wurmfäule,* Nematoden-Krankheit der Kartoffel mit schorfähnl. Symptomen; Schädling ist das Stengelälchen *Ditylenchus destructor*.
Alcidae [norw.], die ↗Alken.
Alcinae [Mz.; v. lat. alcinus = vom Elch], die ↗Elchhirsche.
Alciopidae [Mz.; v. gr. alkē = Stärke, ops = Gesicht], Fam. der *Phyllodocida* (Stamm Ringelwürmer) mit mehreren Gatt. (vgl. Tab.); 4–30 cm lange, glasklare, räuber. Bewohner des Pelagials mit 2 großen

alcyon- [v. gr. alkyonion = Meereshohltier].

ald- [Abk. aus Acetaldehyd; v. lat. acetum = Essig; Aldehyd: Abk. aus alcohol dehydrogenatus].

Alcyonaria
Familien:
Cornulariidae
Haimeidae
↗Orgelkorallen
(Tubiporidae)
↗Weichkorallen
(Alcyonidae)

Aldehyd
(R = H oder organischer Rest)

Alciopidae
Gattungen:
Alciopa
Alciopina
Asterope
Vanadis

Linsenaugen, einästigen Parapodien u. blattförmig verbreiterten Rücken- u. Bauchcirren; bei den Weibchen sind vordere Rückencirren zu blasenförm. Receptacula seminis umgebildet. Aus der Adria bekannt sind *Alciopa cantrainii* u. *Vanadis formosa*. *Alciopina parasitica* wird 3 cm lang, im Jugendstadium Endoparasit im Gastrovascularsystem der Rippenqualle *Cydippe*.
Alcyonaria w [v. *alcyon-*], Ord. der *Octocorallia* (Achtstrahlige Korallen); ihre Vertreter sind sessil; das Ektoderm bildet Kalknadeln (0,01–10 mm Länge), die in die Mesogloea wandern u. dort verschmelzen können. Hierher gehören u. a. die 3–10 mm langen Einzelpolypen der Fam. *Haimeidae* (z. B. *Haimea*). Bei den Vertretern der Fam. *Cornulariidae* (z. B. *Cornularia, Clavularia*) erzeugt der aus der Planulalarve hervorgehende Primärpolyp ein waagerecht der Unterlage aufliegendes Stolonengeflecht. Weitere wichtige Fam. sind die *Tubiporidae* (Orgelkorallen) u. die *Alcyonidae* (Weichkorallen).
Alcyonellea [Mz.; v. *alcyon-*], U.-Ord. der ↗Moostierchen.
Alcyonidae [Mz.; v. *alcyon-*], die ↗Weichkorallen.
Alcyonidium s [v. *alcyon-*], das Gallert-↗Moostierchen.
Alcyonium s [v. gr. *alcyon-*], Gatt. der ↗Weichkorallen; bekanntester Vertreter ist die ↗Tote Mannshand.
Aldabrachelys w, U.-Gatt. der Landschildkröten; ↗Riesenschildkröten.
Aldarsäuren, die ↗Zuckersäuren.
Aldehyde [Mz.; Name von J. v. Liebig gebildet aus *al*cohol *dehyd*rogenatus], die ersten Oxidationsprodukte primärer Alkohole. Alle A. sind durch die *Aldehydgruppe* charakterisiert. Sie haben häufig angenehmen, obst- od. blumenart. Geruch. Aldehydgruppen kommen in vielen Zuckermolekülen vor (↗Aldosen). Sie sind Reaktionspartner bei Aldolkondensationen, wie der Vereinigung v. Glycerinaldehyd-3-phosphat mit Dihydroxyacetonphosphat zu Fructose-1,6-diphosphat während der Gluconeogenese. Hydrogenierung von A.n führt zu primären Alkoholen, wie bei der alkohol. Gärung, bei der Acetaldehyd in Äthanol umgewandelt wird. Oxidation v. Aldehydgruppen führt zu organ. Säuren, wie bei der Umwandlung v. aktivem Acetaldehyd zu aktivierter Essigsäure während der Glykolyse.
Aldehydsäuren [v. *ald-*], Carbonsäuren, die neben der Carboxylgruppe noch eine Aldehydgruppe tragen; einfachste Aldehydsäure ist die Glyoxylsäure.
Alderia w [ben. nach dem Zoologen J. Alder, 1792–1867], Gatt. der Schlundsack-

Aldolase

schnecken. *A. modesta* hat etwa 1 cm langen, abgeflachten Körper ohne Gehäuse, blaßbraun mit grünen, braunen u. weißen Flecken; kein Herz, Blutzirkulation durch Pulsationen der Rückenanhänge; verträgt Salzgehalte von 5–36‰; weitverbreitet in Nordsee, Atlantik u. Pazifik.

Aldolase *w* [v. *ald-], Enzym der Glykolyse, das die Spaltung v. Fructose-1,6-diphosphat in Dihydroxyacetonphosphat u. Glycerinaldehyd-3-phosphat katalysiert. Das Enzym katalysiert auch die Umkehrreaktion (Aldolkondensation) im Verlauf der Gluconeogenese. Neben diesem als Aldolase A bezeichneten Enzym, das vorwiegend im Muskel vorkommt, gibt es in Leber u. Niere Aldolase B; diese spaltet neben Fructose-1,6-diphosphat auch Fructose-1-phosphat, wobei Glycerinaldehyd u. Dihydroxyacetonphosphat entstehen.

Aldolkondensation *w* [Kw. Aldol aus *Ald*ehyd u. Alkoh*ol*], Reaktion zw. Aldehyden (vgl. Formelbeispiel) bzw. zw. Aldehyden u. Ketonen:

$$R_1-CH_2-CHO + \underset{H}{\overset{R_2}{C}}H-CHO \rightleftarrows R_1-CH_2-\underset{H}{\overset{OH}{C}}-\underset{}{\overset{R_2}{C}}H-CHO$$

R_1 und R_2 = H oder Alkylreste; bei den A.en der Zucker sind R_1 und R_2 hydroxylierte u. z. T. auch phosphorylierte Alkylreste; ebenso ist die CH_2-Gruppe hydroxyliert. Das Reaktionsprodukt der A. zw. Aldehyden ist ein Aldehydalkohol *(Aldol)*. Der Reaktionstyp der A. kommt im Zellstoffwechsel u.a. vor bei der Synthese v. Fructose-1,6-diphosphat aus Dihydroxyacetonphosphat und Glycerinaldehyd-3-phosphat (Umkehr der Aldolasereaktion im Rahmen der Gluconeogenese).

Aldosen [Mz.; v. *ald-], Klasse v. Zuckermolekülen mit endständiger Aldehydgruppe, wie bei Glycerinaldehyd, Ribose, Glucose. Untergruppen der A. sind je nach Länge des Kohlenstoffgerüsts die Aldotriosen, Aldotetrosen, Aldopentosen usw. Ggs.: Ketosen.

ald- [Abk. aus Acetaldehyd; v. lat. acetum = Essig; Aldehyd: Abk. aus alcohol dehydrogenatus].

Aldosteron

Aldosen – Ketosen

Unter den Zuckern werden als Gruppen unterschieden die *Aldosen* (z. B. Glucose) mit einer Aldehydgruppe am C-Atom 1 und die *Ketosen* (z. B. Fructose) mit einer Ketogruppe an einem inneren C-Atom, meistens am C-Atom 2; die Endung *-ulose* kennzeichnet Ketosen.

Aldose (Glucose), eine Aldohexose)
Ketose (Fructose, eine Ketohexose)

Aldosteron *s* [v. *ald-, gr. stear = Fett], *18-Oxocorticosteron,* Mineralocorticoid aus dem steroidogenen Adrenalgewebe (Zona glomerulosa der Nebennierenrinde), das der Homöostase des Elektrolyt- u. Wasserhaushalts der Nieren sowie der Schweiß-, Speichel- u. Verdauungsdrüsen dient. 1954 gelang die Strukturaufklärung durch Simpson, 1956 die Synthese durch Vischer. A. kommt in den Wirbeltierklassen Amphibien, Reptilien, Vögel u. Säuger vor; bei vielen Nichtsäugern, insbes. den Fischen, tritt Cortisol an die Stelle des A.s als wichtigstes Mineralocorticoid. Der Bluttiter beim Menschen beträgt 0,03 μg/ 100 ml bei einer Tagesproduktion von 100 μg und einer Halbwertszeit von 30 Min. A. steigert in der Niere die tubuläre Resorption von Na^+ und H_2O und deren Begleitionen Cl^- und HCO_3^-. Ebenso fördert A. in entgegengesetzter Richtung die K^+- und H^+-Sekretion. Bei A.mangel steigt die NaCl-Konzentration des Schweißes stark an, so daß es bei Hitzebelastung zu erhebl. Salzverlusten kommen kann. Im Zuge der Hitzeadaption wird als Folge einer erhöhten A.sekretion weniger NaCl mit dem Schweiß abgegeben. A. verstärkt außerdem die Erregbarkeit der glatten Gefäßmuskulatur gegenüber konstriktor. Reizen und unterstützt dadurch die blutdrucksteigernde Wirkung von Angiotensin II.

Aldotetrosen [Mz.; v. *ald-, gr. tetra- = vier-], Klasse v. Zuckermolekülen mit vier C-Atomen und endständiger Aldehydgruppe, wie Erythrose u. Threose.

Aldotriosen [Mz.; v. *ald-, gr. tri- = drei-], Klasse v. Zuckermolekülen mit drei C-Atomen u. endständiger Aldehydgruppe; einziger Vertreter der A. ist der Glycerinaldehyd. [die ↗Wasserfalle.

Aldrovanda *w* [ben. nach U. Aldrovandi],
Aldrovandi, *Ulisse,* it. Arzt, * 11. 9. 1522 Bologna, † 4. 5. 1605 ebd.; nach Erlernung des Kaufmannsberufs u. jurist. u. philosoph. Studien Studium der Medizin, ab 1560 Prof. in Bologna; berühmt durch seine genauen systemat. Beobachtungen v. Pflanzen, Tieren u. Mineralien, die in mehreren bebilderten Werken niedergelegt sind. Bes. die 3bändigen „Ornithologia", Teil einer insgesamt 11bändigen „Historia animalium", trugen zur Erweiterung der Gesnerschen Tierkunde bei u. wurden berühmt. In seiner „Historia Monstrorum" findet sich eine Versammlung der damals als existent angesehenen Fabelwesen (Kentaur, Satyr, Chimäre u.v.a.). A. begr. 1568 den Botan. Garten in Bologna, einen der ersten seiner Art.

alecithale Eier [v. gr. a- = nicht, lekithos = Dotter], Eizellen ohne Dottervorrat (z. B. Mensch). ↗Furchung.

Alectona, Gatt. der ↗Bohrschwämme.
Alectoria w [v. gr. alektoris = Helmbusch, eigtl. Hahnenkamm], Gatt. der ↗Parmeliaceae, ↗Bartflechten.
Alectoris w [v. gr. alektoris = Henne], Gatt. der ↗Steinhühner.
Alectoronsäure w, ↗Flechtenstoffe.
Alectra w [v. gr. alektros = ohne Bett, Lager], Gatt. der Braunwurzgewächse, die mit ca. 50 Arten in Indien, Afrika, S-Amerika u. Australien beheimatet ist. *A. parasitica* wird in der ind. Volksmedizin traditionell gg. Lepra angewendet; das als Droge benutzte Rhizom dieser vollparasitisch auf einer *Vitex*-Art lebenden Pflanze enthält vermutlich ein bislang nicht näher bekanntes Alkaloid.
Alectura w [v. gr. alektōr = Hahn, oura = Schwanz], Gatt. der ↗Großfußhühner.
Alepisauridae [Mz.; v. gr. a- = nicht, lepis = Schuppe, lat. auris = Ohr], die ↗Lanzenfische.
Alepocephaloidei [Mz.; v. gr. a- = nicht, lepos = Schuppe, kephalos = Kopf], die ↗Glattkopffische.
Aleppobeule [ben. nach der syr. Stadt Aleppo], die ↗Orientbeule.
Aleppo-Kiefer w [ben. nach der syr. Stadt Aleppo], *Pinus halepensis,* ↗Kiefer.
Alerce w [span., = Lärche], *Alerze,* die ↗Fitzroya (cupressoides). [ler.
Alestes m [gr., = Müller], Gatt. der ↗Salm-
Alethopteris w [v. gr. alēthēs = wahr, pteris = Farn], Gatt. der ↗Medullosales.
Aleuren [v. *aleur-], die ↗Aleurosporen. [cherlinge.
Aleuria w [v. *aleur-], die ↗Orangenbe-
Aleuriosporen [Mz.; v. *aleur-, gr. spora = Same], die ↗Aleurosporen.
Aleurites m [gr., = aus Weizenmehl], Gatt. der Wolfsmilchgewächse, im trop. u. warm-gemäßigten O-Asien beheimatet; Samen mit hohem Ölgehalt, liefern *Tungöl,* das zur Herstellung v. Ölpapier u. der chines. Regenschirme genutzt wird.
Aleurodina w [v. *aleuro-, gr. dinē = Wirbel], *Aleyrodina,* Mottenläuse, Mottenschildläuse, Schildmotten, Schmetterlingsläuse, Weiße Fliegen, U.-Ord. der Pflanzensauger; in Mitteleuropa nur 1 Fam. mit ca. 15 Arten. Die Imagines sind ca. 2 mm groß, die Flügel in der Ruhe dachförmig übereinandergelegt u. ohne Verbindung zw. Vorder- u. Hinterflügel; die Hinterbeine sind als Sprungbeine ausgebildet. Die Körperoberfläche ist mit Wachsstaub eingepudert; dadurch erscheinen die Imagines weiß. Die Fortpflanzung der A. geschieht durch befruchtete Eier od. durch Parthenogenese. Das Weibchen setzt die Eier auf der Unterseite v. Blättern in kreisförm. Anordnung ab, aus denen nacheinander mehrere Larvenstadien ent-

aleur-, aleuro- [v. gr. aleuron = Mehl], in Zss.: Mehl-.

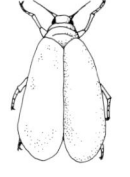

Aleurodina
Weiße Fliege *(Trialeurodes vaporariorum)*, Imago mit Gelege

Algen
Klassen:
↗Braunalgen *(Phaeophyceae)*
↗Chloromonadophyceae
↗Chrysophyceae
↗Cryptophyceae
↗Euglenophyceae
↗Grünalgen *(Chlorophyceae)*
↗Haptophyceae
↗Kieselalgen *(Bacillariophyceae)*
↗Prasinophyceae
↗Pyrrhophyceae
↗Rotalgen *(Rhodophyceae)*
↗Xanthophyceae

stehen, die der Imago kaum ähneln u. ungeflügelt sind. Die Imago schlüpft aus einem dosenförm. Puparium. Die A. schädigen Kultur- und Zierpflanzen weniger durch den Saftentzug, sondern durch Pilzbefall des zuckerhalt. Kots, der auf die Blätter tropft. Mitteleuropäische Arten sind: Die Weiße Fliege *(Trialeurodes vaporariorum),* häufig auf Zimmerpflanzen, die Orangenfliege *(Dialeurodes citri)* u. die Olivenlaus *(Aleurolobus olivinus)* im Mittelmeerraum.
Aleuron s [gr., = Mehl], durch Wasserentzug ausgefälltes und z. T. auskristallisiertes Reserveprotein der Pflanzen; kommt bes. in vielen Samen und in Fruchtwänden vor. Viele kleine, im Plasma verteilte, proteinreiche Vakuolen werden durch den Wasserentzug zu starren rundl. *Aleuronkörnern;* die zuerst ausfallenden Globuline bilden meist einen Kristalloiden, der dann v. einer amorphen albuminhalt. Grundmasse umgeben ist.
Aleuronschicht [gr., = Mehl], eigene Gewebsschicht in Samen od. Fruchtwänden, die häufig v. Reservezellen mit Aleuronkörnern gebildet wird.
Aleuroplasten [Mz.; v. *aleuro-, gr. plastos = geformt], spezielle Bez. für Protein (Aleuron) speichernde Leukoplasten in manchen Epidermiszellen u. in vielen Samen v. Pflanzen.
Aleurosporen [Mz., v. *aleuro-, gr. spora = Same], *Aleuren, Aleuriosporen, Aleurien, Aleuriokonidien,* vegetative Pilzsporen (Thallokonidien), die end- od. seitenständig an Hyphen gebildet, aber meist nicht abgelöst, sondern erst nach Zerfall der Trägerzelle freigesetzt werden. A. sind typisch für einige Dermatophyten (Hautpilze, z. B. *Microsporum*).
Alexine [Mz.; gr. alexein = abwehren], 1) von H. Buchner so, später von P. Ehrlich *Komplement* ben. Schutzstoffe des Blutserums, die nicht durch vorherige Immunisierung erworben werden. A. lösen zus. mit einem AmboZeptor Bakterien auf. 2) ↗Phytoalexine.
Alfalfa w [span., v. arab. al-façfáça = Schneckenklee], südam. Name der Luzerne, ↗Schneckenklee.
Alfoncino m [span. Spottname für Alfons], *Beryx splendens,* ↗Schleimköpfe.
Algen [Mz.; v. lat. alga = Seetang], *Phycophyta,* Abt. des Pflanzenreichs mit 12 Klassen (vgl. Tab.). A. sind kernhaltige (eukaryotische), photoautotrophe ein- od. vielzellige Thallophyten mit in der Regel einzelligen Geschlechtsorganen (Gametangien) u. Sporenbehältern (Sporangien); dazu gehören noch einige wenige, sekundär chlorophyllos gewordene Arten. Die Fortpflanzungszellen (Gameten, Spo-

ALGEN I–II
Organisationstypen bei Algen

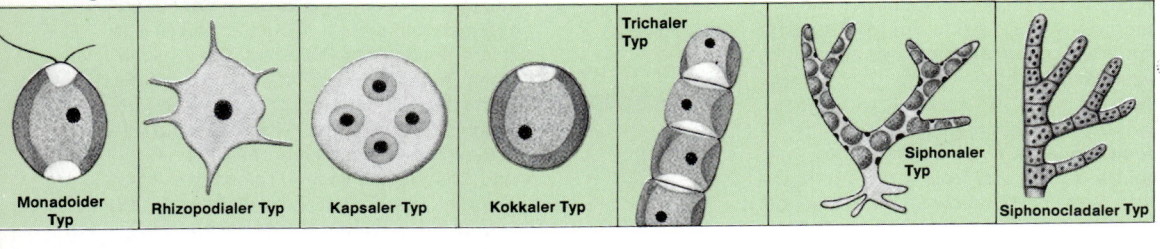

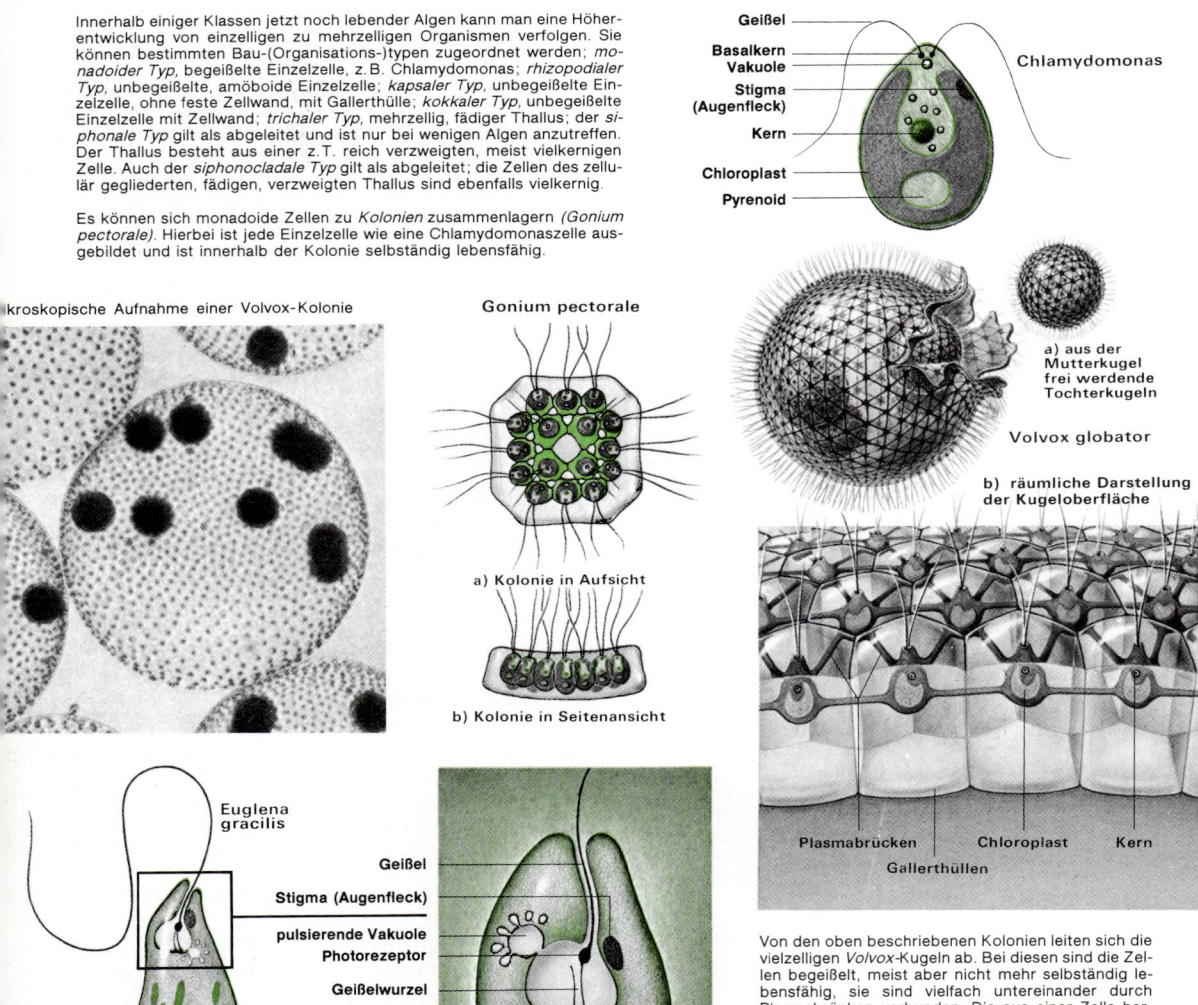

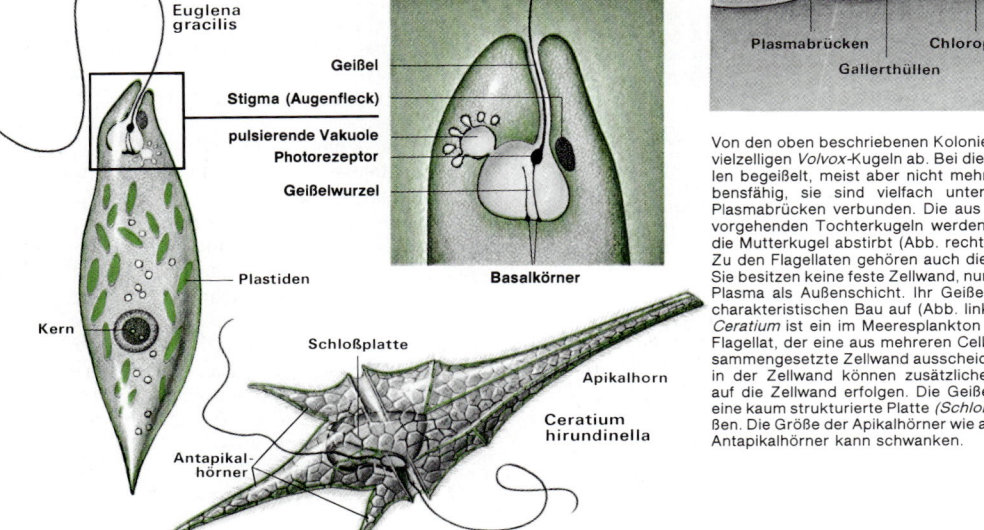

Monadoider Typ — **Rhizopodialer Typ** — **Kapsaler Typ** — **Kokkaler Typ** — **Trichaler Typ** — **Siphonaler Typ** — **Siphonocladaler Typ**

Innerhalb einiger Klassen jetzt noch lebender Algen kann man eine Höherentwicklung von einzelligen zu mehrzelligen Organismen verfolgen. Sie können bestimmten Bau-(Organisations-)typen zugeordnet werden; *monadoider Typ*, begeißelte Einzelzelle, z.B. Chlamydomonas; *rhizopodialer Typ*, unbegeißelte, amöboide Einzelzelle; *kapsaler Typ*, unbegeißelte Einzelzelle, ohne feste Zellwand, mit Gallerthülle; *kokkaler Typ*, unbegeißelte Einzelzelle mit Zellwand; *trichaler Typ*, mehrzellig, fädiger Thallus; der *siphonale Typ* gilt als abgeleitet und ist nur bei wenigen Algen anzutreffen. Der Thallus besteht aus einer z.T. reich verzweigten, meist vielkernigen Zelle. Auch der *siphonocladale Typ* gilt als abgeleitet; die Zellen des zellulär gegliederten, fädigen, verzweigten Thallus sind ebenfalls vielkernig.

Es können sich monadoide Zellen zu *Kolonien* zusammenlagern *(Gonium pectorale)*. Hierbei ist jede Einzelzelle wie eine Chlamydomonaszelle ausgebildet und ist innerhalb der Kolonie selbständig lebensfähig.

Chlamydomonas: Geißel, Basalkern, Vakuole, Stigma (Augenfleck), Kern, Chloroplast, Pyrenoid

Mikroskopische Aufnahme einer Volvox-Kolonie

Gonium pectorale
a) Kolonie in Aufsicht
b) Kolonie in Seitenansicht

Volvox globator
a) aus der Mutterkugel frei werdende Tochterkugeln
b) räumliche Darstellung der Kugeloberfläche — Plasmabrücken, Chloroplast, Kern, Gallerthüllen

Euglena gracilis: Geißel, Stigma (Augenfleck), pulsierende Vakuole, Photorezeptor, Geißelwurzel, Plastiden, Kern, Basalkörner

Ceratium hirundinella: Schloßplatte, Apikalhorn, Antapikalhörner

Von den oben beschriebenen Kolonien leiten sich die vielzelligen *Volvox*-Kugeln ab. Bei diesen sind die Zellen begeißelt, meist aber nicht mehr selbständig lebensfähig, sie sind vielfach untereinander durch Plasmabrücken verbunden. Die aus einer Zelle hervorgehenden Tochterkugeln werden erst frei, wenn die Mutterkugel abstirbt (Abb. rechts und Photo). Zu den Flagellaten gehören auch die *Euglena*-Arten. Sie besitzen keine feste Zellwand, nur ein verfestigtes Plasma als Außenschicht. Ihr Geißelpol weist einen charakteristischen Bau auf (Abb. links). Die Gattung *Ceratium* ist ein im Meeresplankton weitverbreiteter Flagellat, der eine aus mehreren Celluloseplatten zusammengesetzte Zellwand ausscheidet. Durch Poren in der Zellwand können zusätzliche Auflagerungen auf die Zellwand erfolgen. Die Geißeln treten durch eine kaum strukturierte Platte *(Schloßplatte)* nach außen. Die Größe der Apikalhörner wie auch die Zahl der Antapikalhörner kann schwanken.

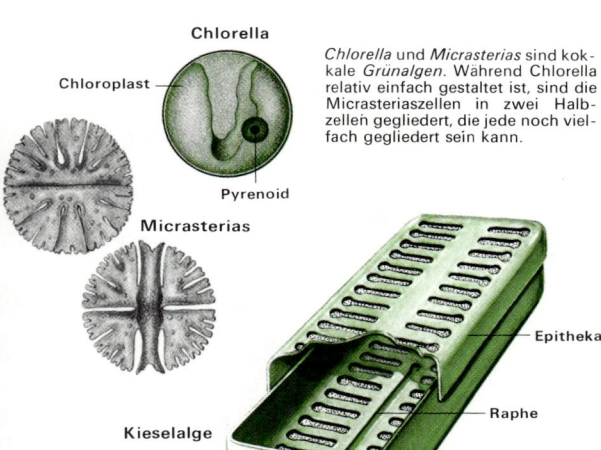

Chlorella

Chlorella und *Micrasterias* sind kokkale *Grünalgen*. Während Chlorella relativ einfach gestaltet ist, sind die Micrasteriaszellen in zwei Halbzellen gegliedert, die jede noch vielfach gegliedert sein kann.

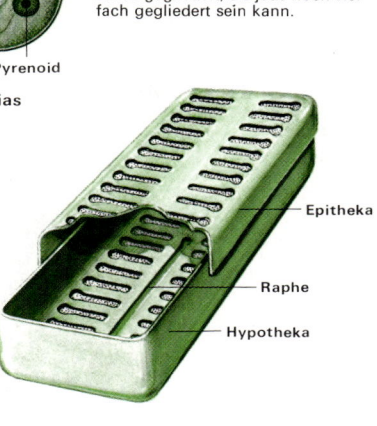

- Chloroplast
- Pyrenoid

Micrasterias

Kieselalge
schematischer Aufbau der Zellwand

- Epitheka
- Raphe
- Hypotheka

Die *Diatomeen (Kieselalgen)* sind kokkale Algen *(Bacillariophyceae)*. Ihre zweiteilige Zellwand greift wie Deckel und Unterteil einer Schachtel übereinander *(Epi- und Hypotheka)*. Im Süßwasser kommen überwiegend langgestreckte Zellarten vor, die auf Deckel- und Bodenseite häufig eine Rinne besitzen *(Raphe)* und sich bewegen können. Im Meer bilden centrale Diatomeen einen großen Teil des Planktons. Diese besitzen alle keine Raphe, ihre Aufsichtsgestalt ist rundlich, dreieckig, seltener länglich. Die Cellulosezellwand ist von Poren durchbrochen. Durch Kieselsäureausscheidungen werden auf diese z.T. artspezifische Strukturen aufgelagert (Photo oben, Diatomeen aus dem Pazifik).

Bei anderen kokkalen *Grünalgen*, so den *Spirogyra*- und *Zygnema*-Arten, bleiben nach der Teilung die Tochterzellen an ihren Querwänden verklebt und bilden so vielzellige, fädige Kolonien.

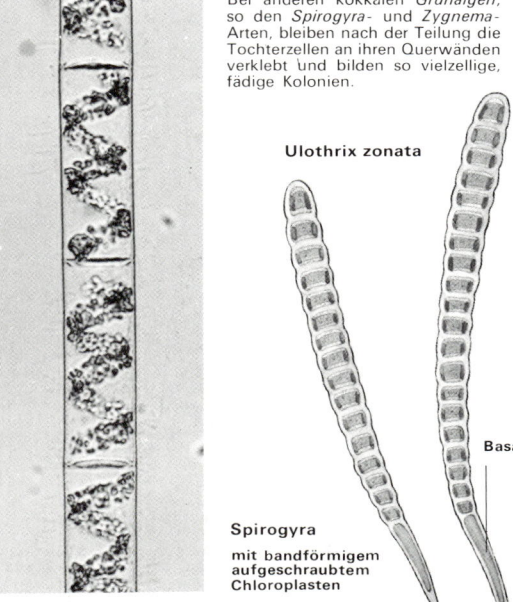

Ulothrix zonata

Basalzelle

Spirogyra
mit bandförmigem aufgeschraubtem Chloroplasten

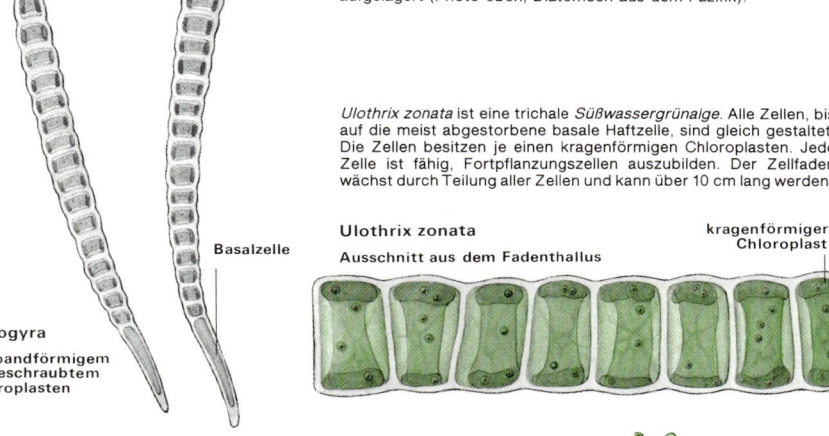

Ulothrix zonata ist eine trichale Süßwassergrünalge. Alle Zellen, bis auf die meist abgestorbene basale Haftzelle, sind gleich gestaltet. Die Zellen besitzen je einen kragenförmigen Chloroplasten. Jede Zelle ist fähig, Fortpflanzungszellen auszubilden. Der Zellfaden wächst durch Teilung aller Zellen und kann über 10 cm lang werden.

Ulothrix zonata
Ausschnitt aus dem Fadenthallus

kragenförmiger Chloroplast

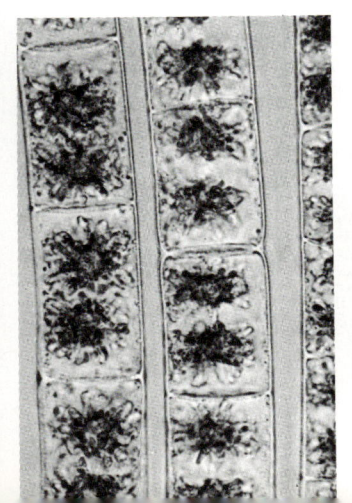

Acetabularia und *Vaucheria* sind siphonale Algen. Acetabularia besitzt ein schirmartig erweitertes Thallusoberteil und kann bis 10 cm groß werden. Der Thallus von Vaucheria besteht nur aus einer schlauchförmigen vielkernigen, verzweigten Zelle.

Acetabularia mediterranea

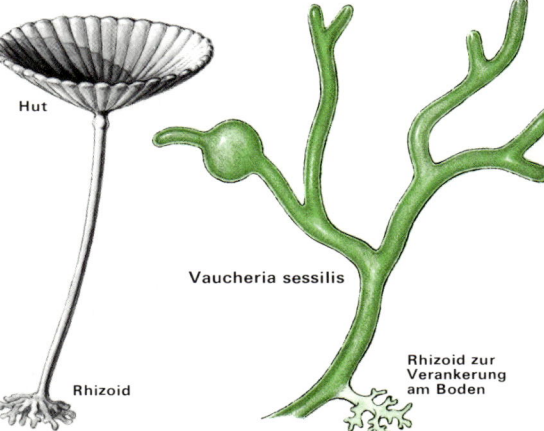

- Hut
- Rhizoid

Vaucheria sessilis

Rhizoid zur Verankerung am Boden

Zygnema
mit sternförmigen Chloroplasten

ALGEN III

Laminaria saccharina (Zuckertang)

Phylloid

Cauloid

Rhizoid

Ausschnitt aus einem Phylloid

Markregion — Rindenregion

Trompetenzelle

Die *Laminaria*-Arten *(Braunalgen)* gehören mit zu den größten Algen. Der Thallus kann mehrere Meter lang werden und ist in Phylloid, Cauloid und Rhizoid gegliedert. Er besteht, besonders im Bereich des Cauloids, aus Gewebe, das durch Verschleimen der Längswände, vor allem im inneren Rinden- und Markbereich, zu einem Scheingewebe aus fadenartigen Zellreihen wird, die durch eine ausgeschiedene Substanz verkleben. Im Mark werden einige Zellreihen weitlumiger ausgebildet; ihre Verbindungswände sind porenartig durchbrochen. Diese Zellstränge dienen zur Reservestoffleitung und werden wegen ihrer Form als Trompetenzellen bezeichnet.

Ectocarpus tomentosus (fädige Braunalge)

Chara polyacantha

Ulva lactuca

Nuculus

Globulus

Andere *Braunalgen* sind mehrfädig ausgebildet und durchweg kleiner, wie z. B. die in der Nordsee häufigen *Ectocarpus*-Arten.

Der Meeressalat *(Ulva lactuca)* ist eine in mehrere blattartige Thalluslappen aufgegliederte *Grünalge*. Der wenig differenzierte Thallus ist zart und wird vielfach als Gemüsepflanze oder als Suppenbeilage verwendet. Diese Alge wächst vor allem in flachen Küstengewässern.

Batrachospermum moniliforme

Ausschnitt aus dem Thallus

Zentralfadenstrang — Karposporophyt

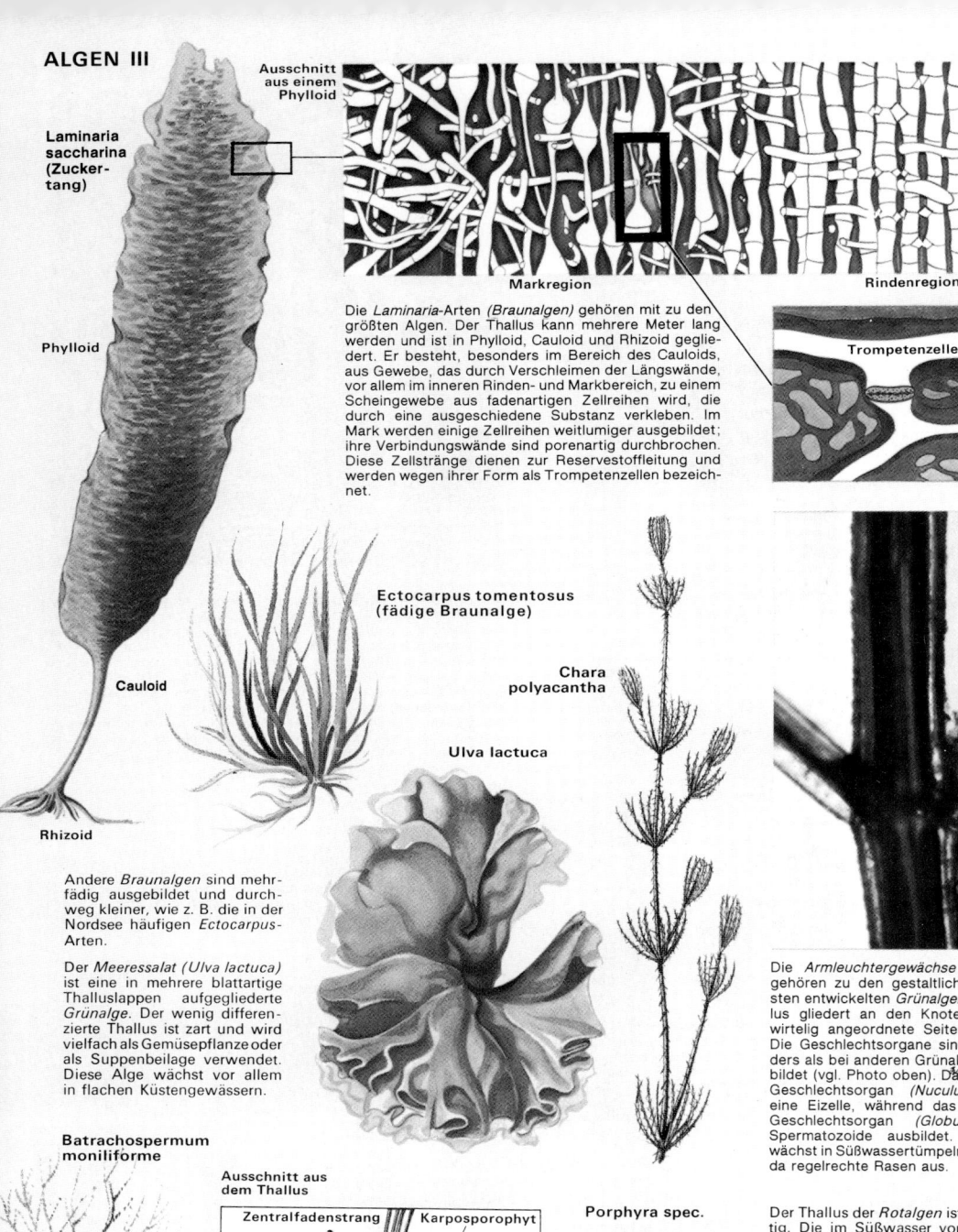

Porphyra spec.

Die Armleuchtergewächse *(Charales)* gehören zu den gestaltlich am höchsten entwickelten *Grünalgen*. Der Thallus gliedert an den Knoten mehrere wirtelig angeordnete Seitentriebe ab. Die Geschlechtsorgane sind ganz anders als bei anderen Grünalgen ausgebildet (vgl. Photo oben). Das weibliche Geschlechtsorgan *(Nuculus)* enthält eine Eizelle, während das männliche Geschlechtsorgan *(Globulus)* viele Spermatozoide ausbildet. Die Alge wächst in Süßwassertümpeln und bildet da regelrechte Rasen aus.

Der Thallus der *Rotalgen* ist vielgestaltig. Die im Süßwasser vorkommende Froschlaichalge *(Batrachospermum moniliforme)* besitzt einen zentralen Zellfadenstrang, von dem in Abständen büschelig Seitenfäden abgehen. Auf diesen Seitenfäden werden die Geschlechtsorgane ausgebildet. Nach der Befruchtung entwickeln sich hier nestartige Sporenlager *(Karposporophyt)*. Einen zarten Thallus besitzen durchweg alle *Meeresrotalgen*. Einige, so z. B. die *Porphyra*-Arten, sind blattartig, ähnlich wie der Meeressalat, ausgebildet. Sie werden in Asien als Gemüse gegessen und vielfach in flachen Meeresbuchten regelrecht angebaut.

Algen

ren) sind meist begeißelt; der Geißelbau ist gleich dem anderer Eukaryoten. Meist werden 2 Geißeln ausgebildet, die nach vorn (Zuggeißel), seltener nach hinten (Schubgeißel) gerichtet sind. Sie können gleich (isokont) od. ungleich lang (heterokont) sein, dabei glatt u. peitschenartig auslaufen (Peitschengeißel) od. mit Flimmerhaaren (Flimmergeißel) besetzt sein. Viele einzellige A. scheiden keine feste Zellwand aus, sondern besitzen nur eine feste, periphere, proteinreiche cytoplasmat. Außenschicht (Pellicula, Periplast). Die meisten A.zellen sind v. einer festen Zellwand umgeben, bestehend aus einer gelartigen, leicht verschleimenden, nicht kristallinen Grundsubstanz (meist Pectin), die in ein kristallines, meist fibrilläres Grundgerüst eingelagert ist. Strukturbildende Makromoleküle des Grundgerüstes sind überwiegend Cellulose, seltener Xylane od. Mannane. Häufig sind die Zellwände durch Inkrustation mit amorpher Kieselsäure (↗Kieselalgen) od. Calcium- bzw. Magnesiumcarbonaten (↗Dasycladales) verhärtet. Als weitere Wandsubstanzen können Hemicellulose, Alginsäure (bei Braun-A.) od. Agar (bei Rot-A.) eingelagert sein. Für die systemat. Gliederung der A. werden neben der Farbstoffzusammensetzung der Plastiden u. der Reservestoffe auch morpholog., cytolog. u. entwicklungsgeschichtl. Merkmale benutzt sowie die chem. Zusammensetzung der Zellwände. Das derzeitige System der A. ist noch ein provisorisches System, das in den nächsten Jahrzehnten, unter Berücksichtigung stammesgeschichtl. Zusammenhänge, noch vielfache Änderungen erfahren wird; z.Z. spielen u.a. die Plastidenfarbstoffe eine wesentl. Rolle bei der Klassifizierung (vgl. Tab.). Innerhalb der Klassen erfolgt die weitere Gliederung vielfach nach morpholog. Merkmalen. Dieses Einteilungsprinzip ist v.a. auf A. Pascher (ehem. Prof. in Prag) zurückzuführen. Er stellte u.a. fest, daß innerhalb einzelner Klassen gleiche morpholog. Formen auftreten; darauf begr. er seine Theorie der Parallelentwicklung einzelner, monophylet. A.klassen. Danach leiten diese sich v. flagellatenähnl., monadalen Ausgangsformen ab u. erfuhren über mehrere Organisationsstufen eine morphologisch-anatom. Höherentwicklung. Diesen Organisationsstufen kommt vielfach der taxonom. Wert eines Ordnungsmerkmals zu.

Organisationsstufen:

1. *Monadoide* Organisationsstufe: die Zellen dieser A. besitzen auch während der vegetativen Phase eine od. mehrere Geißeln; die Zellen sind v. einer Pellicula od. festen Zellwand umhüllt.

2. *Rhizopodiale* od. *amöboide* Organisationsstufe: einzellige A. ohne feste Zellwand u. Geißel; bewegen sich amöboid, bilden u.a. Pseudopodien zur Nahrungsaufnahme.

3. *Kapsale* od. *palmelloide* Organisationsstufe: einzellige A. ohne feste Zellwand u. Geißel; stets v. einem Gallertmantel eingehüllt; Tendenz zur Koloniebildung.

4. *Kokkale* Organisationsstufe: unbewegl., unbegeißelte einzell. A. mit fester Zellwand; Tendenz zur Koloniebildung.

5. *Trichale* Organisationsstufe: einkernige Zellen zu einfachen od. verzweigten Fäden vereinigt.

6. *Siphonale* od. *coenoblastische* Organisationsstufe: vielkernige (polyenergide), blasen- od. schlauchförm. A. Mitunter wird noch eine weitere Organisationsstufe aufgeführt, die aber selten vorkommt, die

7. *Siphonocladale* Organisationsstufe: sie leitet sich v. der siphonalen Organisationsstufe ab, und zwar durch zelluläre Gliederung eines polyenergiden, schlauchförm. Thallus. Die Zellen dieser Organisationsstufe sind ebenfalls vielkernig.

Fortpflanzung der A.: Die meisten A. können sich sowohl vegetativ (asexuell) wie sexuell fortpflanzen. Grundlage der *vegetativen Fortpflanzung* ist die Mitose. Das hat zur Folge, daß stets erbgleiche Nachkommen entstehen. Die einfachste Form

Farbstoffe der Algen	Chloromonadophyceae	Haptophyceae	Cryptophyceae	Pyrrhophyceae	Euglenophyceae	Chlorophyceae	Prasinophyceae	Chrysophyceae	Xanthophyceae	Bacillariophyceae	Phaeophyceae	Rhodophyceae
Chlorophylle												
Chlorophyll a	+	+	+	+	+	+	+	+	+	+	+	+
b					+	+	+					
c	+	+	+	+				+	+	+	+	
Phycobiliproteine												
Phycocyanine			+									+
Phycoerythrine			+									+
Carotine												
α-Carotin			+									
β-Carotin	+	+		+	+	+	+	+	+	+	+	+
Xanthophylle												
Alloxanthin			+									
Diadinoxanthin	+			+				+	+			
Diatoxanthin								+	+			
Fucoxanthin		+						+		+	+	
Heteroxanthin									+			
Lutein						+	+					+
Neoxanthin						+						
Peridinin				+								
Vaucheriaxanthin									+			
Violaxanthin						+					+	
Zeaxanthin						+		+				+

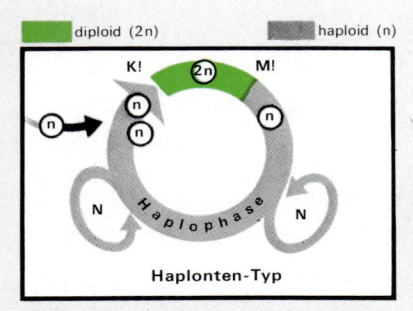

diploid (2n)　　haploid (n)

Haplonten-Typ

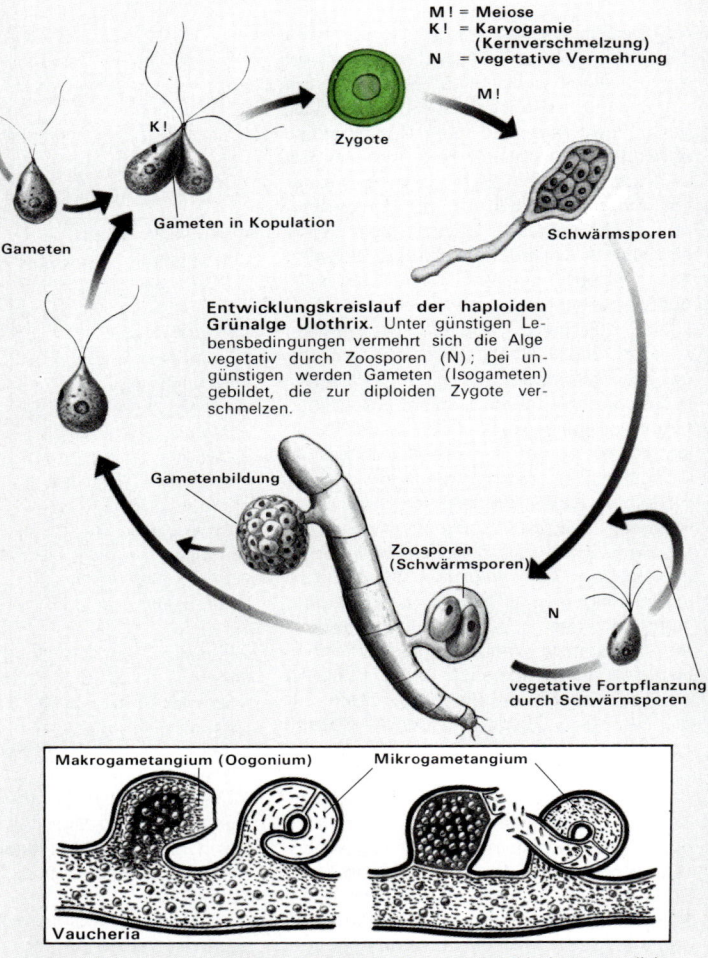

M ! = Meiose
K ! = Karyogamie (Kernverschmelzung)
N = vegetative Vermehrung

Zygote
Gameten in Kopulation
Gameten
Schwärmsporen
Gametenbildung
Zoosporen (Schwärmsporen)
vegetative Fortpflanzung durch Schwärmsporen

Entwicklungskreislauf einer haploiden Pflanze (Haplont). Die haploide Pflanze kann sich vegetativ vermehren (Nebenkreisläufe N). Die unter bestimmten (meist schlechten) Lebensverhältnissen ausgebildeten Geschlechtszellen (Gameten) verschmelzen (K!) zu der diploiden dickwandigen Zygote, die vielfach eine Überdauerungsaufgabe hat. Bei der Zygotenkeimung läuft die Meiose (M!) ab, so daß die frei werdenden Zellen wieder haploid sind.

Entwicklungskreislauf der haploiden Grünalge Ulothrix. Unter günstigen Lebensbedingungen vermehrt sich die Alge vegetativ durch Zoosporen (N); bei ungünstigen werden Gameten (Isogameten) gebildet, die zur diploiden Zygote verschmelzen.

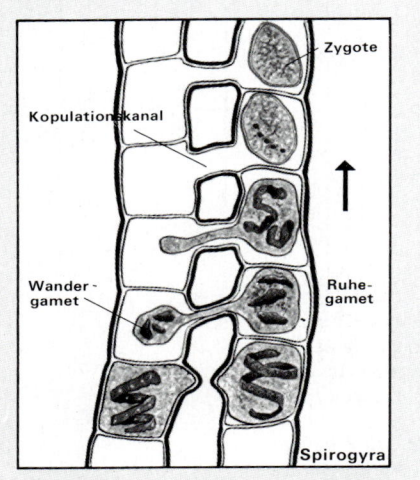

Zygote
Kopulationskanal
Wandergamet
Ruhegamet
Spirogyra

Makrogametangium (Oogonium)　　Mikrogametangium
Vaucheria

Die haploide Jochalge *Spirogyra* bildet keine begeißelten Gameten. Über eine Befruchtungsbrücke (Kopulationskanal) gelangen Gameten zweier benachbarter Algenfäden zueinander und verschmelzen zu einer Zygote. Beim Auskeimen der Zygote findet die Meiose statt.

Vaucheria sessilis, eine einzellige fädige Alge, bildet die Geschlechtsorgane dicht nebeneinanderliegend aus. In dem weiblichen Geschlechtsorgan (Oogonium) wird eine Eizelle ausgebildet. Das »hörnchenartig« aufgerollte männliche Geschlechtsorgan (Mikrogametangium) entläßt Gameten, die zu der Eizelle schwimmen. Im Inneren des Oogoniums kommt es zur Zygotenbildung.

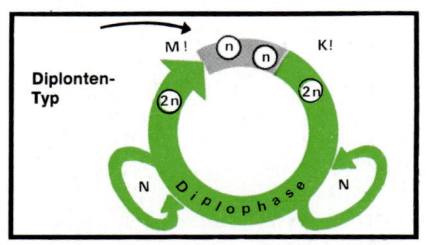

Diplonten-Typ

Gametenbildung
Zellpaarung
geschlechtsreife Zellen
Auxozygoten

Die Pflanze ist hier diploid; sie kann sich in der Diplophase auch vegetativ vermehren (N). Haploid sind nur die Gameten, die durch Meiose (M!) in der Pflanze gebildet werden und bald (K!) zur Zygote verschmelzen. Diese wächst mitotisch zu einer neuen Pflanze aus.

Zu den wenigen Diplonten im Pflanzenreich gehören die Kieselalgen *(Diatomeen)*. Bei den pennaten Diatomeen erfolgt die sexuelle Fortpflanzung durch Isogamie (Abb. rechts). Dabei lagern sich 2 geschlechtsreife Zellen aneinander, in denen die Meiose (M!) abläuft. Meist degenerieren 2 der 4 haploiden Kerne jeder Zelle, die 2 verbliebenen werden zu Gametenkernen. Es erfolgt ein Überkreuzaustausch der unbegeißelten Gameten zwischen den Zellen (Ruhegamet, Wandergamet). Die Zygoten wachsen stark heran (Auxozygoten), ehe sie eine festere Zellwand ausscheiden.

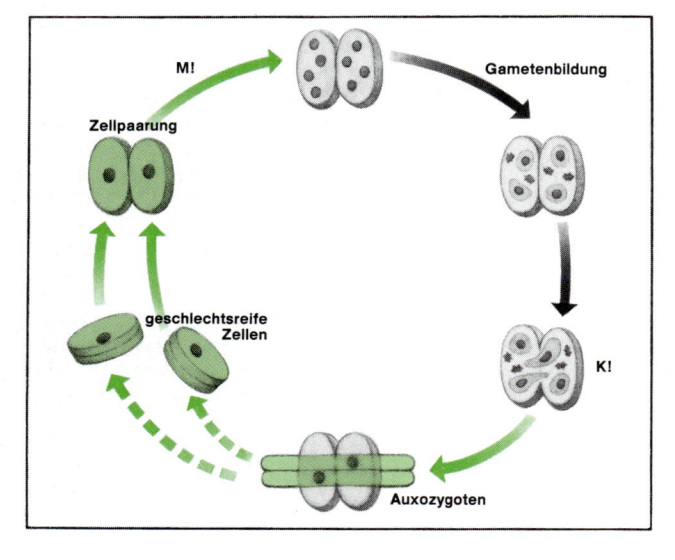

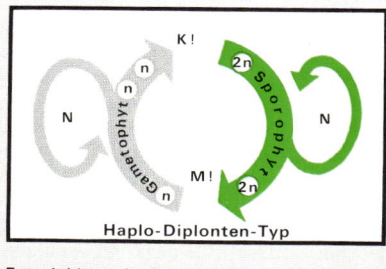

ALGEN IV–V

Entwicklungskreislauf einer Pflanze mit Generationswechsel (Haplo-Diplonten)

Die meisten Algen und Pilze und alle Moose, Farne und Samenpflanzen besitzen einen Entwicklungszyklus mit zwei Generationen, die sich u.a. in den Fortpflanzungskörpern, aus denen sie hervorgehen und die sie abgeben, unterscheiden. In der Regel wechseln sich eine haploide Gametophytengeneration und eine diploide Sporophytengeneration ab. Befruchtung (K!) und Meiose (M!) sind zeitlich und räumlich getrennt. Vielfach ist jede der Generationen in der Lage, sich vegetativ fortzupflanzen (N).

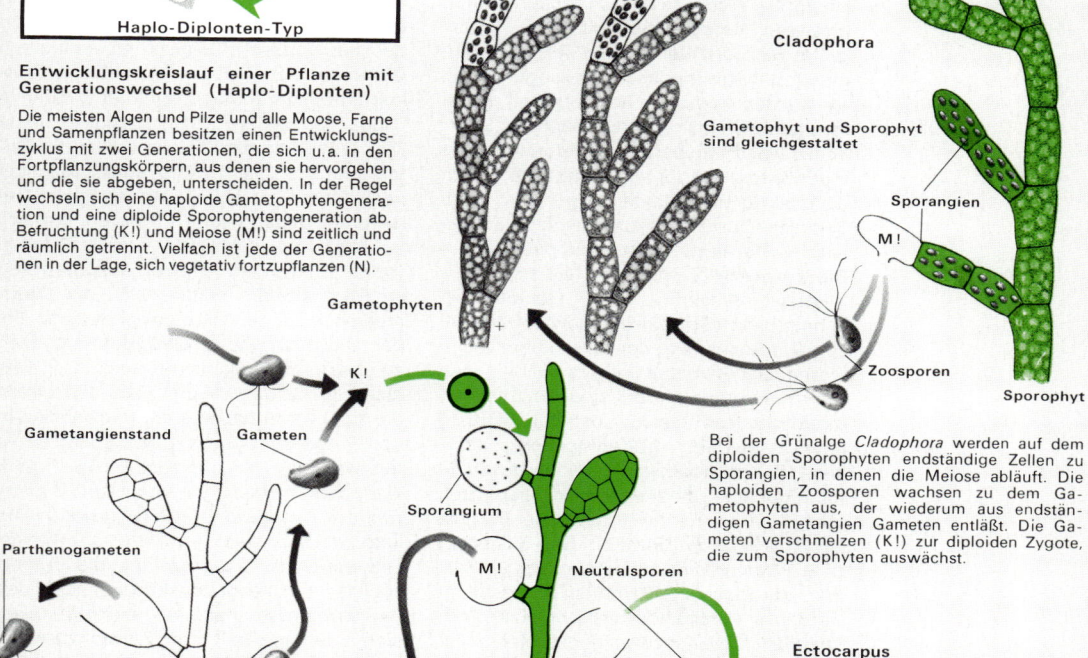

Bei der Grünalge *Cladophora* werden auf dem diploiden Sporophyten endständige Zellen zu Sporangien, in denen die Meiose abläuft. Die haploiden Zoosporen wachsen zu dem Gametophyten aus, der wiederum aus endständigen Gametangien Gameten entläßt. Die Gameten verschmelzen (K!) zur diploiden Zygote, die zum Sporophyten auswächst.

Die Braunalge *Ectocarpus* hat einen Generationswechsel, dessen Gametophyten- und Sporophytengeneration nahezu gleich gestaltet sind. Beide Generationen können sich vegetativ fortpflanzen, der Gametophyt durch haploide Parthenogameten, die ohne Verschmelzung zu neuen Pflanzen heranwachsen können, der Sporophyt durch mitotisch entstandene, diploide Neutralsporen.

Die getrenntgeschlechtliche Rotalge *Polysiphonia* bildet drei verschiedene Generationen aus. Die von männlichen Gametophyten gebildeten, nicht freibeweglichen Gameten *(Spermatien)* werden zum weiblichen Geschlechtsorgan *(Karpogon)* getrieben. Hier bleiben sie an einem langen Fortsatz, der *Trichogyne*, kleben und befruchten anschließend die Eizelle. Aus dem weiblichen Geschlechtsorgan entsteht ein wenigzelliger, diploider *Karposporophyt* (2. Generation), der auf dem Gametophyten heranwächst und von dessen Zellen eingehüllt wird. Er gliedert mitotisch Karposporen ab, die nach Freiwerden zum diploiden Tetrasporophyten (3. Generation) auswachsen. Auf diesem werden durch Meiose in den Sporangien haploide Sporen gebildet, aus denen Gametophyten hervorgehen.

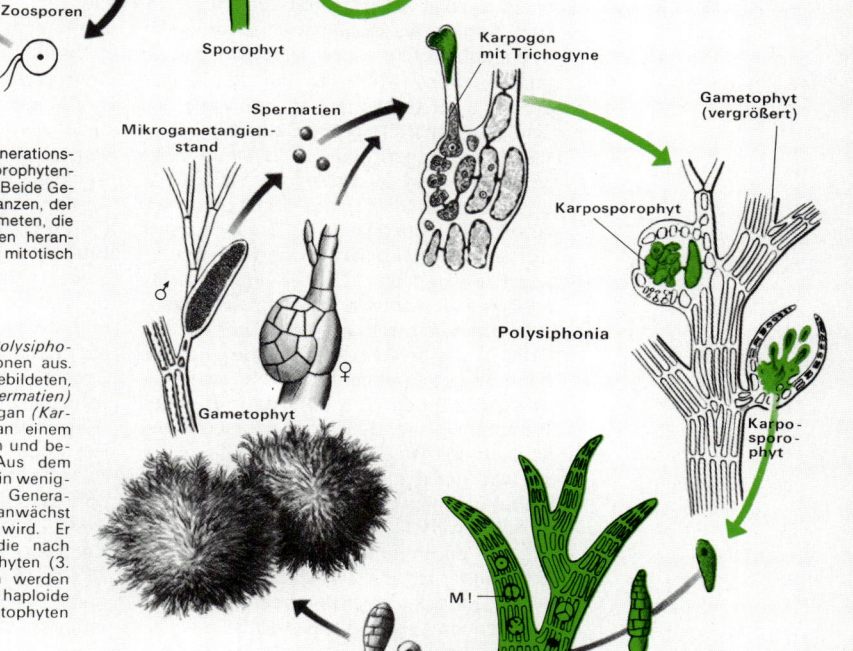

ist die Zweiteilung *(Schizotomie)*. Nach der Mitose erfolgt eine weitgehend äquale Teilung des Protoplasten, so daß aus einer Mutterzelle zwei nahezu gleich große Tochterzellen entstehen. Vielfach bleibt dabei von der Mutterzelle kein Rest übrig, man spricht dann auch v. der „potentiellen Unsterblichkeit" dieser Einzeller. Einen größeren Propagationswert hat die *Schizogonie*. Hierbei laufen in einer Zelle (Sporangium) mehrere mitotische Teilungen ab, u. es werden mehrere Tochterzellen (Sporen) gebildet, die nach Aufreißen der Sporangienwand frei werden u. heranwachsen. Eine weitere Art der vegetativen Fortpflanzung ist der Zerfall mehrzelliger A. in wenigerzellige Teile, die ihrerseits durch Zellteilung wieder heranwachsen können.

Die *sexuelle Fortpflanzung* teilt sich in die beiden Teilschritte der Gametenverschmelzung (Syngamie) und der Meiose. Je nach Ausbildung der miteinander fusionierenden Gameten unterscheidet man zw. a) *Isogamie,* hierbei sind die Gameten morphologisch gleich gestaltet (können aber trotzdem getrenntgeschlechtlich sein); b) *Anisogamie,* die beiden begeißelten Gameten sind unterschiedlich groß und c) *Oogamie,* die ♀ Geschlechtszelle ist unbeweglich (Eizelle). Bei Einzellern (z. B. *Chlamydomonas*) können die einzelligen Individuen zu Gameten umgestimmt werden u. miteinander verschmelzen *(Hologamie)*. Viele Einzeller u. alle Mehrzeller bilden in einer Zelle (Gametangium) mehrere Gameten aus, so daß pro Individuum mehrere u. kleinere Geschlechtszellen gebildet werden *(Merogamie)*. Die Syngamie kann folglich als isogame, anisogame od. oogame Merogamie bzw. Hologamie erfolgen. Für das Auffinden der konträrgeschlechtl. Gameten haben bei vielen A. Gametenlockstoffe große Bedeutung. Das Verschmelzungsprodukt zweier Geschlechtszellen ist die Zygote. Sie hat bei Süßwasser-A. häufig die Funktion eines Überdauerungskörpers. Entsprechend dick u. widerstandsfähig wird die Zygotenwand ausgebildet. Die A. können gemischtgeschlechtlich *(monözisch)* sein, d. h., auf dem gleichen Thallus werden sowohl ♂ wie ♀ Gameten gebildet, od. sie können getrenntgeschlechtlich sein *(diözisch),* d. h., ein Thallus bildet nur einen Gametentyp aus. Bei Diözie erfolgt die Geschlechtsbestimmung genotypisch, d. h., sie wird genet. durch eine entsprechende Chromosomenverteilung bestimmt. Bei Monözie wird die Anlage der Geschlechtsorgane durch andere, äußere Faktoren gesteuert, sie ist modifikatorisch (phänotypisch). Bezüglich ihrer Individualentwicklungszyklen (Ontogenie) sind die A. Haplonten od. Haplo-Diplonten, d. h. A. mit einem Generationswechsel, seltener Diplonten. Diese Ontogenien sind bestimmt durch die zeitl. und räuml. Aufeinanderfolge der beiden Teilprozesse der sexuellen Fortpflanzung, Syngamie u. Meiose. Die ursprünglichere Ontogenieform ist sicher die der *Haplonten*. Hierbei durchläuft der Organismus seine vegetative Phase in der Haplophase (n), also mit einfachem Chromosomensatz. Die Gameten entstehen mitotisch, u. nach erfolgter Syngamie bildet sich die Zygote als einzige diploide (2n) Entwicklungsphase innerhalb der Ontogenie aus. Die Zygote entwickelt sich nach Ablauf der Meiose weiter, in der Regel unter Bildung von (n) Sporen. Haplonten sind viele einzellige A. u. viele Grün-A. (sowie einige niedere Pilze). Diplonten sind im Pflanzenreich selten (z. B. die Diatomeen od. bei den Pilzen *Saprolegnia*). Bei den *Diplonten* wächst die Zygote mitotisch zu einem (2n) Organismus aus, der in Verbindung mit der Meiose Gameten bildet, die zur Zygote fusionieren. Hierbei sind in der Gesamtontogenie lediglich die Gameten haploid (n). Die meisten A. (wie Pilze u. alle höheren Pflanzen) sind *Haplo-Diplonten,* d. h., während ihrer Individualentwicklung werden zwei (od. mehr, ↗Rot-A.) Generationen ausgebildet, die unterschiedl. Fortpflanzungskörper ausbilden (Generationswechsel). Allgemein wechselt sich eine haploide (n) *Gametophyten-* mit einer diploiden (2n) *Sporophyten*-Generation ab. Die beiden Teilschritte der sexuellen Fortpflanzung sind hier zeitlich u. räumlich getrennt. Nach Syngamie der v. Gametophyten abgegebenen Geschlechtszellen wächst die Zygote zum Sporophyten aus, auf dem in Sporangien, in Verbindung mit der Meiose, Sporen gebildet werden, die sich zum Gametophyten weiterentwickeln. Dieser „Generationswechsel" ist bei Pflanzen allg. mit einem Kernphasenwechsel (n, 2n) verbunden (heterophasischer Generationswechsel). Die beiden Generationen können gleichgestaltet (isomorpher Generationswechsel) od. unterschiedlich gebaut sein (heteromorpher Generationswechsel). Häufig sind die morpholog. Unterschiede so groß, daß Sporophyten u. Gametophyten als verschiedene Arten beschrieben wurden. Die Gametophyten sind gemischtgeschlechtlich (monözisch) od. getrenntgeschlechtlich (diözisch). Das häufig hierfür verwendete Begriffspaar „isothallisch-heterothallisch" ist irreführend.

Verbreitung u. Vorkommen der A.: Knapp 71% der Erdoberfläche sind v. Meeren bedeckt; v. dem verbleibenden Festlandteil entfallen ca. 3% auf freie Wasserflächen,

Vorkommen und relative Verteilung der wichtigsten Algenklassen

	ungefähre Artenzahl	Vorkommen im Süßwasser/Festland	Vorkommen im Meerwasser
Chlorophyceae (Grünalgen)	7000	+ + + +	+
Bacillariophyceae (Kieselalgen)	6000	+ + +	+ + +
Rhodophyceae (Rotalgen)	4000	+	+ + + +
Phaeophyceae (Braunalgen)	1500	(+)	+ + + +
Chrysophyceae	1000	+ +	+ + + +
Dinophyceae	1000	+	+ + + +
Euglenophyceae	1000	+ + + +	+
Xanthophyceae	500	+ + + +	+
Cryptophyceae	120	+	+

Schnee- od. Eisfelder. Ein Vergleich der Verteilung der Arten zeigt, daß im Meerwasser v. a. die Braun- u. Rot-A. sowie die *Dino-* u. *Chrysophyceae* vorherrschen, während im Süßwasser u. auf dem Festland die Grün-A. u. *Xanthophyceae* verbreitet sind (vgl. Tab.). A. können nahezu überall auf der Erdoberfläche vorkommen, sowohl in perennierenden wie auch auf nur zeitweise feuchten Standorten, in Trockengebieten, in heißen Quellen wie auf Eis u. Schnee. Nach ihren Lebensansprüchen u. ökolog. Standortbedingungen kann man sie in folgende Formenkreise gliedern:
a) Plankton: Ein Sammelbegriff für alle im Wasser passiv treibenden Organismen, dazu gehört auch das Phytoplankton, aus einzelligen od. koloniebildenden A. b) Neuston: darunter versteht man A., die unter Ausnutzung der Oberflächenspannung des Wassers in od. auf der Wasseroberfläche leben, meist nur zeitweise; leben sonst planktisch. c) Benthos: hierzu gehören alle am Grund oder an untergetauchten Gegenständen festsitzende A. d) A. der Fließgewässer, sind eine Lebensgemeinschaft benthischer u. auch planktischer A., die in Fließgewässern u. a. charakterist. Biozönosen bilden (↗Saprobiensystem). e) Aerophyten, außerhalb des Wassers lebende Luft-A., die Wasser aus der Atmosphäre aufnehmen. f) Thermale A., u. a. in heißen Mineralquellen (Temp. z. T. über 50° C) lebende A. g) Kryophyten, A., die auf Schnee u. Eis leben. h) Epibionten, A., die auf anderen Pflanzen (epiphytisch) od. auf Tieren (epizooisch) festgewachsen leben. i) Symbiontische A., innerhalb anderer Organismen lebende A.
Die *wirtschaftl. Bedeutung* der A. ist erheblich größer als allg. angenommen wird. Sie haben eine wesentl. Bedeutung für die biol. Abwasserreinigung; die Plankton-A. sind die wichtigsten Primärproduzenten für energiereiche, organ. Substanzen in den Nahrungsketten der Meere u. Binnen-

seen. Schon seit alters her werden u. a. Meeres-A. als Düngemittel verwendet. Weitere wirtschaftl. Bedeutung ↗Kieselalgen, ↗Grünalgen, ↗Rotalgen, ↗Braunalgen. Über die stammesgeschichtl. Entwicklung weiß man mangels geringer fossiler Funde wenig. Man nimmt an, daß es vor 1 Mrd. Jahren eukaryotische A. gab, die sich sehr wahrscheinlich aus prokaryotischen Vorläufern entwickelten. Gesicherte Hinweise gibt es z. Z. nicht. B.

Lit.: *Drebes, G.:* Marines Phytoplankton, eine Auswahl der Helgoländer Planktonalgen. Stuttgart 1974. *Fott, B.:* Algenkunde. Stuttgart 1971. *Van den Hoek, Ch.:* Algen. Einführung in die Phykologie. Stuttgart 1978. *Round, F. E.:* Biologie der Algen. Stuttgart ²1975. *Tait, R. V.:* Meeresökologie. Stuttgart ²1981. *Urania Pflanzenreich.* Bd. 1: Niedere Pflanzen. Leipzig – Jena – Berlin ²1977. R. B.

Algenblüte ↗Wasserblüte.

Algenfarn, *Wasserlinsen-Farn, Azolla,* überwiegend tropisch-subtropisch verbreitete, heterospore Wasserfarne; einzige Gatt. der Fam. *Algenfarngewächse (Azollaceae)* mit ca. 6 Arten, teilweise auch mit dem Schwimmfarn in der Fam. der Schwimmfarngewächse i. w. S. zusammengefaßt. Die A.e sind kleine, verzweigte Schwimmpflanzen mit echten Wurzeln u. zweizeilig angeordneten, tief zweilapp. Blättchen; dabei dienen die sich dachziegelartig überdeckenden Oberlappen der Assimilation u. beherbergen in einer Höhlung der Unterseite das Luftstickstoff bindende Cyanobakterium *Anabaena azollae* als Symbiont. Die ♂ u. kleineren ♀ Sori (letztere enthalten nur 1 Megasporangium mit 1 Megaspore) entstehen nebeneinander an den untergetauchten Unterlappen eines Blättchens u. werden v. einem Auswuchs (Sporokarpwand, Becherindusium) umschlossen. In den Mikrosporangien bilden Tapetumzellen eine schaumige Masse, die die Mikrosporen zu mehreren, mit Widerhäkchen (Glochidien) versehenen „Massulae" zusammenfaßt; ebenfalls eine Bildung der Tapetumschicht ist der Schwimmkörper der Megaspore u. deren warziges Epispor, an dem sich die Widerhäkchen der Massulae verfangen. Aus der keimenden Megaspore entwickelt sich ein kleiner, kaum ergrünender schwimmender ♀ Gametophyt, der im unteren, Reservestoffe speichernden Teil v. Epispor umschlossen bleibt. – Die Fossilgeschichte der Gatt. reicht zurück bis in die Kreide, im Mindel-Riß-Interglazial kam sie auch in Europa vor, wo sie offenbar erst durch die Riß-Eiszeit verdrängt wurde. Als Aquarien- u. Gartenpflanzen gelangten durch den Menschen gg. Ende des 19. Jh. erneut 2 Arten nach W-, Mittel- und S-Europa: der aus dem gemäßigt-subtrop. Amerika stammende Große A. *(A. filiculoides)* u. der sel-

Algengifte

alg- [v. lat. alga = Seetang], in Zss.: Algen-.

tenere, weil wärmebedürftigere Kleine A. (*A. caroliniana;* Heimat: subtrop. N-Amerika). Beide Arten finden sich meist zus. mit Wasserlinsen in nährstoffreichen, langsam fließenden Gewässern (↗Lemnetea) in wintermilden Gebieten Europas.

Algengifte, in Algen gebildete Stoffwechselprodukte, die in größeren Mengen u. a. von Tieren als Nahrung aufgenommen, bei diesen zu Vergiftungserscheinungen führen können; es sind meist Wasserblüte verursachende planktische Algen; im Süßwasser häufig Blaualgen, z. B. der Gatt. *Anabaena, Aphanizomenon;* v. Fischen gefressen, verursachen sie bei diesen Lähmungserscheinungen; der Flagellat *Prymnesium parvum* kann bei Massenauftreten durch Ausscheidung eines extrazellulären Giftes zum Fischsterben führen. Im Meer ist es v. a. die Massenentwicklung einiger Dinoflagellaten (10^4–10^5 Individuen pro ml; bedingt rote Vegetationsfärbung, red tides), die in größeren Mengen v. Krebsen, Fischen, Muscheln als Nahrung aufgenommen, bei diesen zu toxischen Erscheinungen führen; im Golf von Mexiko sind es v. a. die Arten *Gymnodinium brevis* und *G. monilata,* an der Westküste Amerikas u. a. *Gonyaulax apiculata;* letztere enthält das Gift *Saxitonin,* das 160 000mal wirksamer als Cocain ist; der Genuß v. Muscheln, die sich davon ernährten, kann für den Menschen tödlich sein.

Algenkulturen, Aufzucht v. Algen für 1) wiss. Untersuchungen od. als Unterrichtsobjekte, meist Laborkulturen von ein- od. wenigzelligen Blau- und Grünalgen; 2) zur wirtschaftl. Nutzung, u. a. Massenkulturen im Freiland v. proteinhaltigen Mikroalgen, z. B. *Spirulina, Chlorella,* deren Verwendung zur menschl. Ernährung kaum möglich sein wird (↗Grünalgen); v. a. in China, Japan u. einigen tropisch-pazifischen Inseln Aufzucht v. Makroalgen im Meer als Nahrungsmittel (↗Grün-, ↗Braun-, ↗Rotalgen) od. zu anderer wirtschaftl. Nutzung; ↗Agar, ↗Carrageen(an), ↗Alginsäure.

Algenmatten, auf der Wasseroberfläche treibende, flächendeckende Ansammlungen v. Blaualgen (z. B. *Nostoc, Spirulina*) od. Grünalgen (z. B. *Zygnemataceae*).

Algenpilze, 1) *Phycomyces,* veraltete Bez. für einfache, schlauchförm., unseptierte, mehrkernige Niedere Pilze (pilzähnl. Protisten), die nicht miteinander verwandt sind u. daher heute in mehreren Kl. aufgeteilt werden (vgl. Tab.). Die Kl. der Jochpilze wird heute bei den Höheren Pilzen eingeordnet. 2) A. i. e. S., die ↗Oomycota (Oomycophyta).

Algensäure, die ↗Alginsäure.

Algenschicht, Zone, in der in Flechtenlagern die Algen konzentriert sind.

Algilit s [v. *alg-, gr. lithos = Stein], aus Süßwasseralgen (u. a. *Cladophora, Rhizoclonium*) hergestelltes, feuerfestes Baumaterial.

Alginsäure w [v. *alg-], *Algensäure,* Polysaccharid aus den Zellwänden v. Braunalgen, das aus wechselnden Anteilen v. Mannuronsäure u. Guluronsäure zusammengesetzt ist. In Form v. Salzen (*Algi-*

Alginsäure

D-Mannuronsäure — L-Guluronsäure

nate) wird A. durch alkal. Extraktion v. Braunalgen im industriellen Maßstab gewonnen u. aufgrund ihrer gelierenden Eigenschaften in der Lebensmittel- u. Pharmaindustrie eingesetzt.

Algizide [Mz.; v. *alg-, lat. -cidus = -tötend], chem. Mittel zur Bekämpfung v. Algen, z. B. in Badeeinrichtungen, Wasserbehältern, Gewächshäusern, Gärten u. im Haushalt. Die Wirkstoffe sind u. a. organ. Chlorverbindungen u. quarternäre Ammoniumverbindungen.

Algologie w [v. *alg-, gr. logos = Kunde], Teilgebiet der Botanik, das sich mit der Biologie der Algen befaßt.

Algonkium s [ben. nach den Algonkin-Indianern], *Proterozoikum,* lithostratigraph. Einheit des Präkambriums, die das Kambrium diskordant (Assyntische Gebirgsbildung) unterlagert u. vom liegenden Archaikum durch die Diskordanz der Laurentischen Orogenese abgegrenzt ist. Besteht vorwiegend aus metamorphen Sedimenten. Zwischen Alt- u. Jung-A. erfolgte der Algonkische Umbruch. Der Name A. wurde 1889 von Ch. Walcott (1850–1927) für das Gebiet der USA eingeführt; er leitet sich her aus dem Wohngebiet der Algonkin-Indianer u. fand später auch Anwendung u. a. in Europa. Die Korrelation so entfernter Gebiete ist wegen Fossilarmut des A.s schwierig. 1955 hat die American Commission on Stratigraphical Nomenclature den Namen A. ebenso verworfen wie das Synonym Proterozoikum (Emmons 1887), das heute dennoch häufige Anwendung findet. Richtige Bez. sollte lauten: Jüngeres Präkambrium. Zeitdauer des A.s ca. 2 Mrd. Jahre (2620–570 Mill. Jahre vor heute).

Algophytikum s [v. *alg-, phytikos = die Pflanzen betreffend], *Eophytikum,* Zeitalter der Algen, Zeitraum von über 2 Mrd. bis ca. 400 Mill. Jahre vor heute.

Algyroides, Gatt. der Echten ↗Eidechsen.

Alhagi m [arab.], Gatt. der ↗Hülsenfrüchtler.

Algenpilze

Heutige Aufteilung der Algenpilze *(Phycomyces)* in die Klassen:
- ↗ Flagellatenpilze (Chytridiomycetes)
- ↗ Hyphochitriomycetes
- ↗ Jochpilze (Zygomycetes)
- ↗ Oomycetes (Eipilze)

Alieni [Mz.; lat., = die Fremden], *Irrgäste*, Tiere, die zufällig in einen ihnen fremden u. völlig anders gearteten Lebensraum geraten bzw. diesen zufällig durchqueren (Durchzügler). Ggs. mit zunehmender Biotopzugehörigkeit: *Vicini* (Nachbarn), *Hospites* (Besucher), *Indigenae* (Eingeborene).

Aligrimma, Gatt. der ↗Grimmiales.

Alinotum s [v. gr. a- = nicht, linōtos = mit einem Faden gebunden], Teil des Pterothorax der Insekten. ↗Insektenflügel.

aliphatische Verbindungen [v. gr. aleiphar = Öl, Fett], organ. Verbindungen mit geraden od. verzweigten Kohlenstoffketten; einfachster Vertreter ist das Methan. Ggs.: aromatische Kohlenwasserstoffe.

Alisma s [gr., = Froschkraut], der ↗Froschlöffel.

Alismataceae [Mz.; v. gr. alisma = Froschkraut], die ↗Froschlöffelgewächse.

Alismatidae [Mz.; v. gr. alisma = Froschkraut], U.-Kl. der Einkeimblättrigen Pflanzen mit 4 Ord. (vgl. Tab.). Die A. werden auch als *Helobiae* bezeichnet, dann jedoch teilweise als Ord. gefaßt u. die *Triuridales* als eigene Sippe abgetrennt. Bei den A. handelt es sich um Wasser- bzw. Sumpfpflanzen mit einerseits primitiven, andererseits stark abgeleiteten Merkmalen. Im Wurzelbereich finden sich oft sehr eigenache Tracheen. Die urspr. ↗Blütenformel P3+3 A3+3 G∞ wird innerhalb der U.-Kl. bis zu P0 A1 und P0 G1 mit diklinen Blüten reduziert. Allg. werden Balg- od. Nußfrüchte ausgebildet. Die A. leiten mit ihrer einfachsten Ord., den Froschlöffelartigen, zu den *Magnoliidae* über.

Alizarin [v. span. alizar = Kachelfries], *1,2-Dihydroxyanthrachinon,* zur Gruppe der Anthrachinone gehörender roter Beizenfarbstoff; fr. aus der Wurzel der Krapp-Pflanze *(Rubia tinctorum)* gewonnen, heute synthetisch herstellbar; als Farbstoff nicht mehr bedeutend.

Alkaleszens-Dispar-Gruppe [v. *alkali, lat. dispar = ungleich], med. Trivialbezeichnung für einige Biotypen u. Serotypen v. ↗*Escherichia coli.*

Alkali s [v. *alkali-; Bw. *alkalisch*], die Hydroxide v. A.metallen (NaOH, KOH), v. Erdalkalimetallen, wie Ca(OH)$_2$, in geringerem Maße auch v. anderen Metallen. Sie dissoziieren in wäßriger Lösung zu den entsprechenden Metallionen (Na$^+$, K$^+$, Ca^{2+}) u. Hydroxidionen (OH$^-$): letztere bewirken oberhalb einer Konzentration von 10^{-7}m (m = molar, 1 m = 1 Mol/l) die *alkalische Reaktion,* wobei Konzentrationen zwischen 10^{-7} und 10^{-3}m (pH-Werte zwischen 7 und 11) als schwaches A., Konzentrationen von 10^{-3} bis 1 m (pH-Werte zwischen 11 und 14) als starkes A.

alkali- [v. arab. alqaliy = salzhaltige Asche der Salicornia], in Zss.: alkalisch.

Alismatidae
Ordnungen:
↗Froschbißartige *(Hydrocharitales)*
↗Froschlöffelartige *(Alismatales)*
↗ *Najadales*
↗ *Triuridales*

Alizarin

bezeichnet werden. A.en spalten die Ester v. Carbonsäuren, weshalb A.behandlung v. Fetten zur Bildung v. Glycerin u. den A.salzen der Fettsäuren, den Seifen, führt. Auch die Phosphorsäureester von RNA (jedoch nicht von DNA) werden durch A. gespalten, wobei aus RNA die Mononucleotidbausteine in Form v. Ribonucleosid-3'- u. -2'-phosphaten frei werden. Proteine und DNA werden durch A. denaturiert, wobei jedoch die entfalteten Peptidketten bzw. DNA-Einzelstränge intakt bleiben. Ggs.: Säure.

Alkaliböden [v. *alkali-], Salzböden mit einer Na$^+$-Sättigung der Kationenaustauscher (Tonminerale) > 15–20%. A. werden unterteilt in Weißalkali-(Salz-Alkali-, Solontschak-)Böden mit oberflächl. Salzausblühungen und pH-Werten bis 8,5 und Schwarzalkali-(Natrium-, Solonetz-)Böden mit niedrigerem Salzgehalt, aber ebenfalls hoher Na$^+$-Sättigung der Austauscherkomplexe. Schwarzalkaliböden verwandeln sich bei Befeuchtung in einen zäh-plastischen Sumpf mit sehr ungünstiger Bodenstruktur u. stark alkal. Reaktion (bis zu pH 11).

Alkalimetrie w [v. *alkali-, gr. metrein = messen], Verfahren der Maßanalyse zur Bestimmung der Konzentration v. Hydroxidionen (gleichbedeutend mit dem Alkaligehalt), z.B. in Körpersäften, im Boden u.a. biologischen Systemen. Dabei wird durch Zugabe v. sauer reagierenden Lösungen bekannter Konzentration (z.B. 0,1-n-Salzsäure) bis zum Äquivalenzpunkt, bei dem das Gemisch gleichviel Alkali u. Säure enthält, der zu ermittelnde Alkaligehalt der betreffenden Flüssigkeit od. Aufschlämmung gemessen. Ggs.: Acidimetrie. [ten.

Alkalipflanzen [v. *alkali-], die ↗Basiphy-

Alkalireserve [v. *alkali-], veraltete Bez. für ↗Standardbicarbonat.

alkalische Reaktion w [v. *alkali-], ↗Alkali.

Alkaloide [Mz.; v. *alkali-, gr. -oeidēs = -ähnlich], in der Natur vorkommende, in der Regel heterocyclische organ. Verbindungen mit einem od. mehreren Stickstoffatomen. Die bas. Natur u. die Eigenschaft, sich wie Alkalien mit Säuren zu Salzen zu verbinden, haben den A.n ihren Namen gegeben. Die A. umfassen mehrere Tsd. bekannte, hauptsächlich pflanzl. Verbindungen mit meist komplizierten Molekülstrukturen. Die Abgrenzung der A. zu anderen stickstoffhalt. Verbindungen ist oft schwierig. Viele A. sind optisch aktiv, überwiegend linksdrehend; die meisten sind farblos u. kristallin. *Vorkommen*: Hauptquelle der A. sind höhere Pflanzen, jedoch sehr selten Einkeimblättrige. Die weitaus größte Zahl der A. stammt aus Zweikeim-

Alkaloide

alkali- [v. arab. al-qualīy = salzhaltige Asche der Salicornia], in Zss.: alkalisch.

Alkaloide blättrigen, unter denen wiederum bestimmte Familien gehäuft A. enthalten, z. B. die Mohn-, Nachtschatten-, Hahnenfuß-, Sauerdorn-, Röte-, Erdrauch-, Hundsgift-, Doldengewächse u. Schmetterlingsblütler. Aber auch in Mikroorganismen u. in Tieren wurden A. gefunden (z. B. in Salamandern, Kröten, Fischen, marinen Würmern, Gliederfüßern). Oft treten strukturverwandte A. in systematisch nahestehenden Pflanzen auf (Haupt- u. Neben-A.), z. B. Atropin u. Scopolamin in Nachtschattengewächsen. Nicotin dagegen ist als weitverbreitetes Alkaloid auch innerhalb weiter entfernter Pflanzenfamilien anzutreffen. A. werden aufgrund ihrer hohen Stabilität im Stoffwechsel oft als Endprodukte akkumuliert; sie können in allen Pflanzenteilen vorkommen, werden aber oft in gewissen, von Fall zu Fall verschiedenen Organen gehäuft angetroffen (z. B. in Samen, Rinden, Wurzeln, Blättern, Früchten), während gleichzeitig die übrigen Teile der betreffenden Pflanze alkaloidfrei sein können. Ein Beispiel ist die Kartoffel, deren Knolle völlig alkaloidfrei ist, während die oberird. Pflanzenteile Solanin enthalten u. deshalb giftig sind. Auch muß der Syntheseort der A. nicht der Ort der Akkumulation sein; z. B. wird Nicotin in den Wurzeln der Tabakpflanze gebildet, in den Sproß transportiert u. in den Blättern akkumuliert. Meist sind die A. salzartig an Pflanzensäuren (z. B. Oxal-, Essig-, Milch-, Apfel-, Wein-, Citronen- u. Aconitsäure) gebunden u. im Zellsaft der Vakuole gelöst. Eine Selbstvergiftung verhindert die Pflanze durch bes. Exkretzellen, z. B. die Milchröhren der Mohngewächse, deren Absonderungsprodukt, der Milchsaft, neben anderen Substanzen viele A. enthält, z. B. das Morphin. Einteilung: A. können, je nach zugrundeliegendem C-N-Gerüst, verschiedenen chem. Gruppen zugeordnet werden. Viele Alkaloidgruppen werden nach der Pflanzenfamilie od. Tiergruppe bezeichnet, in der sie vorkommen; die meisten A. tragen Trivialnamen (Zusammenfassung wicht. Alkaloidgruppen mit Beispielen s. Tab.). Biosynthese: A. sind Endprodukte des Sekundärstoffwechsels u. werden, wie ihre große Zahl u. strukturelle Verschiedenheit vermuten läßt, über eine Vielzahl v. Biosynthesewegen gebildet. Ausgangssubstanzen sind oft bekannte Stoffwechselprodukte, z. B. Tyrosin, Tryptophan, Phenylalanin, Lysin, Ornithin, Anthranilsäure, Isoprenoide, Isopentenylpyrophosphat. Ein Beispiel für Konvergenz auch bei Biosynthesen stellt das Coffein dar, das sowohl beim Tee- als auch beim Kaffeestrauch auftritt, jedoch jeweils über verschiedene Wege gebildet wird. Funktion: Die Funktion der A. ist weitgehend unbekannt, v. a., weil A. nicht lebensnotwendig sind. Normalerweise alkaloidhalt. Pflanzen können auch alkaloidfrei gezüchtet werden, ohne irgendwelche Eigenschaften einzubüßen. Vereinzelt scheinen A. als Schutz gg. Pflanzenfresser od. (manche Pyridinalkaloide) als Vorstufen für Nicotinsäure, die in Form von NAD Cosubstrat vieler enzymat. Reaktionen ist, zu dienen. Da Stickstoff ein wichtiger u. oft begrenzender Faktor des Pflanzenstoffwechsels ist u. in der Regel durch Überführung in Substanzen des Stickstoffpools wiederverwertet wird, ist eine Funktion der A. als Abfallstoffe aus ökonom. Gründen unwahrscheinlich. Bedeutung: Alkaloidhaltige Pflanzenextrakte zählen zu den ältesten Drogen der Menschheit (z. B. Opium). Sie wirken spezifisch auf bestimmte Zentren des Nervensystems. Die meisten A. sind starke Giftstoffe, z. B. Strychnin, Coniin, Nicotin, v. denen jedoch viele in ent-

Alkaloide

C-N-Grundgerüste	Beispiele für Vorkommen	einzelne Vertreter
Piperidin	Schierling (Conium-A.)	Coniin
	Granatapfelbaum (Punica-A.)	Isopelletierin
	Mauerpfeffer (Sedum-A.)	Sedamin
Pyridin	Tabak (Nicotiana-A.)	Nicotin, Anabasin
	Betelnußpalme (Areca-A.)	Arecolin
	Enzian (Gentiana-A.)	Gentianin
Tropan	Tollkirsche (Belladonna-A.)	Atropin, Scopolamin
	Cocastrauch (Coca-A.)	Cocain, Tropacocain
Purin, methylierte Xanthine	Kaffeebohnen, Kolanüsse, Teeblätter	Coffein, Theobromin, Theophyllin
Indol	Strychnos-Arten (Calebassencurare-A.)	Mavacurin
	Strychnos-Arten (Strychnos-A.)	Strychnin
	Mutterkornpilz (Mutterkorn-A.)	Ergotamin
	Rinde trop. Bäume (China-A.)	Chinin
Chinolin	Penicillium	Viridicatin
	Rinde trop. Bäume (China-A.)	Chinin
Isochinolin	Chondodendron (Topf- u. Tubocurare-A.)	Tubocurarin
	Mohngewächse (Papaver-A., Opium-A.)	Morphin, Codein, Papaverin
	Herbstzeitlose (Colchicum-A., nicht heterocyclisch)	Colchicin
Steroide (Abb. zeigt Steroidgerüst)	Nachtschattengewächse (Solanum-A.)	Solanin, Tomatin
	Salamander (Salamander-A.)	Samandarin (tier. Alkaloid)
Terpene	Dendrobium (Dendrobium-A.)	Dendrobin

sprechender Dosis als Heilmittel dienen, z. B. *Morphin, Chinin, Atropin.* Andere wiederum werden als Anregungsmittel in Kaffee *(Coffein),* Tee (Coffein u. *Theophyllin)* u. Kakao (Coffein u. *Theobromin)* od. als Betäubungs- u. Rauschmittel (Halluzinogene) verwendet. Hierher gehören z. B. *Lysergsäure*-Derivate u. das *Psilocybin.* Neben der Toxizität mancher A. ist auch die euphorisierende Wirkung beim Menschen eine Gefahr, da sie, z. B. besonders bei *Morphin* u. *Cocain,* zu Gewöhnung u. Sucht führt. E. F.

alkalophil [v. *alkali-, gr. philos = Freund], *alkaliliebend, kalkliebend,* 1) ↗ Kalkpflanzen. 2) Mikroorganismen, die Biotope (Böden, Gewässer) mit alkal. pH-Wert bevorzugen od. obligat zum Wachstum benötigen; a.e Arten (Stämme) sind in allen Mikroorganismen-Gruppen (Bakterien bis Pilze) vertreten; biotechnologisch wichtig als Lieferanten v. Enzymen für Katalysen in alkal. (basischen) Lösungen.

Alkalose *w* [v. *alkali-], krankhafte Verschiebung des Blut-pH-Wertes über 7,41; verursacht z. B. durch Verlust von H⁺-Ionen nach starkem Erbrechen von saurem Magensaft, medikamentös u. durch zu starkes Abatmen von CO_2 (Hyperventilation). Folge: Tetanie bzw. Hyperventilationstetanie durch Übererregbarkeit der Muskeln. ↗ Acidose.

Alkane [Mz.; v. *alk-], Sammelbez. für gesättigte Kohlenwasserstoffe der Paraffinreihe, allg. Bruttoformel C_nH_{2n+2} (n = 1 ...). Wichtige Vertreter: Methan, Äthan, Propan, Butan usw. Von den höheren Gliedern (ab n = 4) gibt es zahlr. Isomere mit Verzweigungen des Kohlenstoffgerüsts.

Alkanna *w* [it. v. arab. al-ḥenna = Hennastrauch], Gatt. der Rauhblattgewächse, die mit ca. 30 Arten im ges. Mittelmeergebiet verbreitet ist. Am bekanntesten ist *A. tinctoria* (A.wurzel), eine Halbrosettenstaude mit zahlr. aufsteigenden, 10–20 cm langen, dicht grauhaarigen Sprossen u. blauen, in Wickeln stehenden Blüten. Die Wurzeln dieser Art sind v. einer purpurnen bis violettbraunen Rinde umgeben, die das färbende *Alkannin* (*Alkannarot*) enthält, einziger Vertreter der pflanzl. Naphthochinone, der noch als Beizenfarbstoff u. Indikator verwendet wird.

Alkansäuren [v. *alk-], die ↗ Fettsäuren.

Alkaptonurie *w* [v. *alkali-, gr. aptein = erfassen, ouron = Harn], durch genet. Defekt des Enzyms Homogentisinsäure-Oxidase bedingte Anomalie des menschl. Stoffwechsels. Aufgrund des Defekts kann Homogentisinsäure, ein Zwischenprodukt beim Abbau v. Phenylalanin u. Tyrosin, im Körper nicht abgebaut werden u. wird daher im Urin ausgeschieden. Erkennbar ist

alk-, Kurzw. v. Alkyl [v. arab. al-kuhl = schwarzes Antimonpulver; feine Substanz], ein Kohlenwasserstoffrest.

Alkane
(die ersten Glieder)

Methan	(CH_4)
Äthan	(C_2H_6)
Propan	(C_3H_8)
Butan	(C_4H_{10})
Pentan	(C_5H_{12})
Hexan	(C_6H_{14})
Heptan	(C_7H_{16})
Octan	(C_8H_{18})
Nonan	(C_9H_{20})
Decan	$(C_{10}H_{22})$
Undecan	$(C_{11}H_{24})$
Dodecan	$(C_{12}H_{26})$
Tridecan	$(C_{13}H_{28})$
Tetradecan	$(C_{14}H_{30})$
Pentadecan	$(C_{15}H_{32})$
Hexadecan	$(C_{16}H_{34})$
Heptadecan	$(C_{17}H_{36})$
Octadecan	$(C_{18}H_{38})$
Nonadecan	$(C_{19}H_{40})$
Eikosan	$(C_{20}H_{42})$

Alkene
(die ersten Glieder)

Äthen	
(Äthylen)	(C_2H_4)
Propen	(C_3H_6)
Buten	(C_4H_8)
Penten	(C_5H_{10})
Hexen	(C_6H_{12})

Alkine
(die ersten Glieder)

Äthin	
(Acetylen)	(C_2H_2)
Propin	(C_3H_4)
Butin	(C_4H_6)

Alkanna

Die A.wurzel, die schon im Altertum als Heilmittel galt, wurde ihres Gerbstoffgehalts wegen bei Diarrhöe u. zur Behandlung v. Wunden u. Hautkrankheiten eingesetzt; heute wird nur noch ihr Farbstoff zum Färben v. Arzeimitteln, Fetten, Ölen, Kosmetika, Textilien u. a. verwendet.

A. an Dunkelfärbung (Melanin-Pigment-Bildung) des Urins nach Alkalizusatz od. Einwirkung v. Luftsauerstoff. Die A. verursacht keine Beschwerden.

Alken, *Alcidae,* Fam. der Wat- und Möwenvögel mit 13 Gatt. (vgl. Tab.) u. 43 Arten; schwarz-weiße, ans Meer gebundene Tauchvögel mit kurzem Hals, kurzen, schmalen, unter Wasser auch zum Rudern verwendeten Flügeln; an Land haben sie eine aufrechte Haltung durch weit hinten ansetzende Beine. Mit den Pinguinen sind sie trotz gewisser äußerl. Ähnlichkeit nicht näher verwandt. Verbreitung in der Arktis u. Subarktis, wenige Arten kommen in den gemäßigten Breiten vor, fehlen auf der Südhalbkugel völlig (dort v. den Pinguinen

Alken

Wichtige Gattungen:
Gryllteiste *(Cepphus)*
Krabbentaucher *(Plautus)*
↗ Papageitaucher *(Fratercula)*
↗ Riesenalk † *(Pinguinus)*
Tordalk *(Alca)*
↗ Trottellumme *(Uria)*

vertreten). Bis auf den ausgestorbenen ↗ Riesenalk *(Pinguinus impennis,* B Polarregion II) können alle Arten fliegen. Sie erbeuten tauchend als Nahrung Fische, Tintenfische, Krebse u. andere Meerestiere; brüten in z. T. riesigen Kolonien, meist an Klippen u. steilen Felsküsten; 1 Ei, bei manchen Arten 2 Eier. Die Jungen der frei brütenden Arten verlassen den Brutplatz, noch ehe sie fliegen können, u. stürzen sich v. den Klippen ins Meer. Der Krabbentaucher *(Plautus alle,* B Polarregion I) ist mit 20 cm Länge einer der kleinsten A. In Dtl. kommt auf Helgoland neben der ↗ Trottellumme *(Uria aalge)* auch der bis 40 cm große Tordalk *(Alca torda,* B Europa I) vor. Die etwa 35 cm große Gryllteiste *(Cepphus grylle,* B Europa I), schwarz mit weißem Flügelfeld u. roten Füßen, nistet einzeln in Höhlen. ↗ Papageitaucher.

Alkene [Mz.; v. *alk-], *Alkylene, Olefine,* ungesättigte Paraffinkohlenwasserstoffe mit einer C-C-Doppelbindung der allg. Bruttoformel C_nH_{2n}. Von den höheren Gliedern (ab n = 4) gibt es zahlr. Isomere mit Verzweigungen des Kohlenstoffgerüsts. Das einfachste Alken, das Äthylen (Äthen), ist ein Pflanzenhormon.

Alkine [Mz.; v. *alk-], *Acetylene,* ungesättigte aliphat. Kohlenwasserstoffe mit einer C-C-Dreifachbindung im Molekül, allg. Bruttoformel C_nH_{2n-2}; Alkinsäuren (z. B. Isansäure, Diatren) findet man bes. in Korbblütlern.

Alkmaria

Alkmaria, Gatt. der *Ampharetidae* (Stamm Ringelwürmer); in Nord- u. Ostsee kommt A. *romijni* vor, höchstens 8 mm lang, weißlich-bräunlich, auch im Brackwasser anzutreffen.

Alkohol-Dehydrogenase w, Enzym, das in Hefen beim letzten Schritt der alkohol. Gärung Acetaldehyd zu Äthanol hydriert, wobei das NADH+H$^+$-System die Reduktionsäquivalente liefert. Das Enzym katalysiert auch die Umkehrreaktion, die Dehydrierung v. Alkohol (Name), wobei NAD$^+$ als Wasserstoffakzeptor dient. A.n kommen außer in Hefen, wo sie wegen der alkohol. Gärung v. bes. biotechnolog. Bedeutung sind, auch in vielen anderen Organismen vor. A. aus Leber bewirkt den Abbau v. Äthanol, – der auch unter normalen physiolog. Bdingungen mit der Nahrung aufgenommen wird (z.B. vergorene Früchte u.a.) –, aber auch v. längerkettigen Alkoholen zu den entspr. Aldehyden. Unter der Wirkung einer A. aus der Netzhaut des Auges erfolgt die für den Sehvorgang erforderl. Regenerierung v. Retinal zu Retinol. A.n enthalten im aktiven Zentrum Zn^{2+}-Ionen u. zählen deshalb zu den Metalloproteinen. Leber-A. ist ein aus zwei Polypeptiden aufgebautes Protein, wovon zwei sehr ähnliche genet. bedingte Varianten E und S existieren; dies führt zu den drei Leber-Isoenzymen v. Typ EE, ES und SS. Der A.-Typ EE setzt vorzugsweise niedermolekulare Alkohole wie Äthanol um, während der Typ SS größere Spezifität für Alkohole der Steroidreihe zeigt. Der Hybridtyp ES zeigt Mischspezifität.

Alkohole [v. arab. al-kuhl = schwarzes Antimonpulver; feine Substanz], Kohlenwasserstoffe, in denen ein od. mehrere Wasserstoffatome durch die Hydroxylgruppe (OH-Gruppe) ersetzt sind. Eine mit einem vierbindigen Kohlenstoffatom verbundene OH-Gruppe wird daher allg. als *alkoholische Gruppe* bezeichnet. *Einwertige A.* haben eine OH-Gruppe, wie Methylalkohol od. Äthylalkohol, *mehrwertige A.* haben zwei od. mehr OH-Gruppen, z.B. der dreiwertige Alkohol Glycerin C$_3$H$_5$(OH)$_3$. Vier- bis sechswertige A. sind mit den Zuckern nahe verwandt. A. mit wenigen Kohlenstoffatomen (C-Atomen) sind flüssig, leicht flüchtig u. mit Wasser mischbar. Einwertige A. mit 4–10 C-Atomen sind ölig, von 11 C-Atomen pro Molekül an sind sie bei Zimmertemp. fest. Bindet das C-Atom, an dem die OH-Gruppe hängt, außer dieser noch zwei Wasserstoffatome, so handelt es sich um einen *primären Alkohol*, bindet es nur ein H-Atom, so ergibt sich ein *sekundärer Alkohol*, bindet es kein H-Atom, so ergibt sich ein *tertiärer Alkohol*. Chemisch sind A. reaktionsfähig; sie reagieren mit Säuren unter Wasserabspaltung zu den Estern; mit Oxidationsmitteln od. in Gegenwart v. Wasserstoffakzeptoren u. Dehydrogenasen bilden sich aus A.n Aldehyde (aus primären A.n), Ketone (aus sekundären A.n) u. – durch weitere Oxidation – organ. Säuren (aus primären A.n). Beispiele für natürlich vorkommende reine A. (d.h. A., die außer der alkohol. Gruppe keine anderen funktionellen Molekülgruppen enthalten) sind Äthanol, Glycerin u. die im Bienenwachs in veresterter Form vorkommenden Fett-A. Darüber hinaus kommen alkohol. Gruppen in zahlr. anderen Verbindungen, bes. in den Zuckern, in den Hydroxysäuren, wie Milchsäure, Apfelsäure, Weinsäure u. Citronensäure, in den Carotinoiden, wie Retinol, u. in Steroiden (Steroid-A.) vor. Die A. Äthanol u. Propanol werden in der Analytik zur Fällung v. Nucleinsäuren sowie zur Trocknung u. Konservierung v. tierischen u. pflanzl. Stoffen eingesetzt.

Alkohole
(Die freien Enden der Bindungsstriche sind von H-Atomen besetzt)

Einwertige Alkohole (Monole)
a) primäre Alkohole (Beispiele)
  Methanol
  Äthanol

b) sekundäre Alkohole (Beispiel)
  Propanol-2

c) tertiäre Alkohole (Beispiel)
  2-Methylpropanol-2

Mehrwertige Alkohole (Polyole)
a) Diole (Beispiele)
  Äthandiol
  Propandiol-1,3

b) Triole (Beispiel)
  Propantriol

alkoholische Gärung, *Äthanolgärung*, Umwandlung v. Glucose in Äthanol (Äthylalkohol) u. Kohlendioxid im anaeroben Stoffwechsel vieler Organismen. Hauptproduzenten v. Äthanol sind Hefen, bes. Stämme v. *Saccharomyces cerevisiae,* aber auch *Aspergillus-, Fusarium-* u. *Mucor-*Arten. Bei der a.n G. wird Glucose wie in der ↗ Glykolyse (od. Milchsäuregärung) bis zum Pyruvat (Brenztraubensäure) abgebaut; v. Pyruvat wird anschließend Kohlendioxid abgespalten; es entsteht Acetaldehyd, der durch NADH (aus der Glykolyse) zu Äthanol reduziert wird; das oxidierte NAD$^+$ steht dann wieder als Wasserstoffakzeptor in der Glykolyse zur Verfügung. Die summarische Gleichung der a.n G. (C$_6$H$_{12}$O$_6$ → 2 C$_2$H$_5$OH + 2 CO$_2$) wurde bereits von J.L. Gay-Lussac (1815) aufgestellt. Die bei dieser Reaktion freiwerdende Energie (88 kJ/mol) wird z.T. in der Zelle in Form von ATP gespeichert, das in Substratstufenphosphorylierungen entsteht; der größte Teil wird als Wärme freigesetzt. Die optimale Gärtemp. liegt

Alkoholische Gärung in Hefen

Die letzten Teilschritte der a.n G. (Teilschritte v. Glucose bis Pyruvat ↗ Glykolyse)

Glucose ↓ *Glykolyse*
Pyruvat (CH$_3$-CO-COO$^-$)
Thiaminpyrophosphat / Pyruvat-Decarboxylase → H$^+$, → CO$_2$
Acetaldehyd (CH$_3$-CHO)
Alkohol-Dehydrogenase ← H$^+$ + NADH, → NAD$^+$
Äthanol (CH$_3$-CH$_2$-OH)

zwischen 30 und 37°C; der Zuckergehalt sollte 20–25% nicht überschreiten; die obere Grenze der Gärfähigkeit liegt bei 30–32%. Wichtigstes Nebenprodukt der a.n G. ist Glycerin, das durch bes. Kulturmethoden auch als Hauptprodukt gewonnen werden kann (Neubergsche Vergärungsformen). Die ersten Befunde (F. T. Kützing, 1836; Th. Schwann, 1837; C. Cagniard de la Tour, 1838), daß die a. G. durch sehr kleine Pflanzen („Zuckerpilze") verursacht wird, fanden keine Anerkennung, u. die biol. Theorie der Gärung wurde v. den führenden Chemikern jener Zeit (J. J. Berzelius, F. Wöhler, J. Liebig) heftig bekämpft. Erst durch die Untersuchungen von L. Pasteur (1860) setzte sich die Erkenntnis durch, daß Gärungen biol. Stoffumwandlungen sind. E. Buchner (1897) stellte jedoch fest, daß die Reaktion auch im Zellsaft zerriebener Zellen stattfindet u. zeigte damit zum ersten Mal, daß komplexe biochem. Prozesse zellfrei ablaufen können. Die gesamten notwendigen Enzyme wurden als *Zymase* bezeichnet. Bakterien können ebenfalls Äthanol aus Zuckern bilden. Bis auf wenige Ausnahmen (z. B. *Sarcina ventricula*) werden aber andere Wege der a.n G. bestritten als in Hefen (↗Milchsäuregärung, ↗Entner-Doudoroff-Weg, ↗Zymomonas). – Die a. G. ist wahrscheinlich die älteste biochem. Umwandlung, die der Mensch beherrschen lernte u. zur Herstellung alkohol. Getränke nutzte (Bier, Wein, vgl. Genesis 9,20). Schon in vorgeschichtl. Zeit wurde die a. G. in bes. Behältern (Tongefäße, Nußschalen, Lederbeutel usw.) angesetzt u. damit die ersten techn. Verfahren auf mikrobiol. Grundlage erfunden, ohne daß die Ursache der Umwandlung bekannt war. Heute werden biotechnologisch Hefen u. Bakterien nicht nur zur Bereitung alkohol. Getränke verwendet, sondern auch zur Herstellung v. reinem Äthanol u. Glycerin eingesetzt. Als Rohstoffe dienen Produkte mit vergärbaren Zuckern od. mit Inhaltsstoffen (Stärke, Cellulose), die sich durch enzymat. oder chem. Behandlung in Zucker umwandeln lassen. Durch die Suche nach alternativen, erneuerbaren Energieträgern hat in neuerer Zeit die Umwandlung v. Biomasse in Äthanol verstärkt an Bedeutung gewonnen, bes. als Zusatz zu Benzin (↗Bioenergie). *G. S.*

Alkoholreihe, Abfolge ansteigender Alkoholkonzentrationen, mit denen biol. Präparate zum vorsichtigen Entwässern stufenweise behandelt werden; damit wird ein Zerreißen u. Schrumpfen der zuvor meist fixierten Gewebe verhindert; vielfach verwendete Methode zur Herstellung histolog. u. elektronenmikroskop. Präparate.

Alkylgruppe w [v. *alk-], die Gruppe C_nH_{2n+1}, deren einfachste Glieder die Methyl- (n = 1) u. die Äthylgruppe (n = 2) sind. Die Einführung von A.n (bei Stoffwechselreaktionen, z. B. die Übertragung der Methylgruppe mit Hilfe v. S-Adenosylmethionin) bezeichnet man als *Alkylierung*.

alkylierende Substanzen, chem. Verbindungen, die Alkylreste (meist Methyl- od. Äthylgruppen) auf einen Reaktionspartner übertragen können; Unterteilung in *monofunktionelle a. S.* (Dimethylsulfat, Äthylmethansulfonat), die nur eine Alkylgruppe übertragen können, u. *bifunktionelle a. S.* (Senfgas, Stickstofflost, Cyclophosphamid, Mitomycin C), die zur Quervernetzung zw. mehreren Molekülen od. auch mehreren Teilen eines Makromoleküls führen können. A. S. wirken häufig cancerogen u. mutagen durch ihre Reaktion mit DNA. *Äthylmethansulfonat* erzeugt z. B. Transitionen, indem es Äthylgruppen an das N-Atom 7 des Guanins abgibt, das dann mit Thymin anstatt mit Cytosin paart. *Mitomycin C* wird in der Krebschemotherapie eingesetzt.

Allantochorion s [v. *allanto, gr. chórion = Stelle] ↗Chorioallantois.

Allantoin s [v. *allanto-], in Blut u. Harn v. Tieren, aber auch in Zellsäften v. Pflanzen auftretendes Abbauprodukt v. Harnsäure. Bei den meisten Säugern, Insekten u. Schnecken ist A. das Endprodukt des Purinabbaus, das aus Harnsäure in einem Schritt in Ggw. von Uricase entsteht u. im Harn ausgeschieden wird. In Bakterien, Fischen u. Amphibien wird A. durch das Enzym *Allantoinase* zu *Allantoinsäure* abgebaut. Bei bestimmten Fischen ist letztere Endprodukt u. damit Ausscheidungsform des Purinabbaus, während bei anderen Fischen, bei Amphibien u. Bakterien weiterer Abbau zu Harnstoff erfolgt. In bestimmten Pflanzen (Ureidpflanzen) ist A. zusammen mit Allantoinsäure Bestandteil des lösl. Stickstoffpools.

Allantois w [v. *allanto-], bei den Amnioten (Reptilien, Vögel, Säuger) Ausstülpung des embryonalen Darms. Bei den Sauropsiden (Reptilien, Vögel) liegt die A. dem Chorion innen an u. dient dem Gasaustausch durch die poröse Eischale. Das Lumen speichert als embryonaler Harnsack Exkrete in fester Form (Harnsäure). Bei Säugetieren (außer Monotremen u. Beuteltieren) wird der Embryo über die Blutgefäße der A. ernährt (↗Placenta).

Allantoiskreislauf m [v. *allanto-], *Umbilicalkreislauf*, Teil des embryonalen Blutgefäßsystems der Amnioten, in dem die Allantois (mit dem Chorion) ein Atmungsorgan bildet. Durch den Allantoisstiel treten die Aortae allantoideae (umbelicales),

Allantoiskreislauf

alk-, Kurzw. v. Alkyl [v. arab. al-kuhl = schwarzes Antimonpulver; feine Substanz], ein Kohlenwasserstoffrest.

allanto- [v. gr. allas, Gen. allantos = Wurst], in Zss.: Wurst-, wurstförmiger Sack.

Allantoin

Allantoinsäure

Allantoisplacenta

allanto- [v. gr. allas, Gen. allantos = Wurst], in Zss.: Wurst-, wurstförmiger Sack.

allel- [v. gr. allēlōs = gegenseitig], in Zss.: gegenseitig, Wechsel-.

allerg- [v. gr. allōs = anders, ergon = Werk, Handlung].

Allensche Proportionsregel
Beispiele: die Ausbildung der Ohren bei Elefanten und Mammut sowie bei fuchsartigen Raubtieren

Afrikanischer Elefant

Indischer Elefant

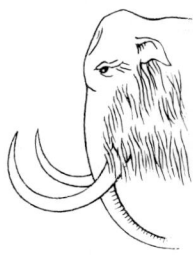

Mammut

die am Hinterende der Aorta dorsalis entspringen, u. die Venae allantoideae, die in frühen Stadien in den Sinus venosus eintreten, später jedoch Anschluß an das Blutgefäßsystem der Leber finden. Bei Säugern transportieren sie neben Sauerstoff die v. der Placenta aufgenommenen Nährstoffe.

Allantoisplacenta w [v. *allanto-, gr. plakous, Gen. plakountos = Kuchen], ↗ Placenta, gebildet aus der mütterl. Uterusschleimhaut u. zwei Embryonalhüllen, dem Chorion u. der Allantois. Die A. ist charakteristisch für die *Eutheria*. Ggs.: Dottersackplacenta.

Alleculidae [Mz.], ↗ Pflanzenkäfer.

Allee's Prinzip [ben. nach dem am. Zoologen W. C. Allee, 1885–1955]; Wachstum u. Überlebensrate v. Populationen gruppenbildender Arten, bes. solcher mit sozialer Organisation, sind nach A. P. bei mittlerer Populationsgröße optimal. Nachteile, die gegenüber kleineren Populationen durch gesteigerte intraspezif. Konkurrenz auftreten, werden bis zu einer bestimmten maximalen Populationsgröße durch den aus der Gruppenbildung resultierenden erhöhten Überlebenswert überwogen. Unter gleichen Gesichtspunkten läßt sich auch eine Betrachtung menschl. Stadtgemeinschaften durchführen.

Allel s [v. *allel-], *alleler Erbfaktor;* A.e sind Zustandsformen v. ↗ Genen, die durch Mutation ineinander übergeführt werden können, z. B. Wildtyp-A. u. mutierte A.e eines Gens. Verschiedene A.e eines Gens sind vergleichbar mit verschiedenen (durch Mutation, also letztlich Änderung der Nucleotidsequenz von DNA) fixierten Schalterstellungen. *Multiple Allelie* liegt vor, wenn Gene in vielen A.en vorkommen, was in der Regel beobachtet wird. Bei diploiden Organismen liegen alle Chromosomen (außer den Geschlechtschromosomen) in zweifacher Ausführung vor (homologe Chromosomen). Auf ident. Abschnitten homologer Chromosomen liegen entweder völlig ident. Gene, was gleichbedeutend ist mit dem Vorliegen gleicher A.e des betreffenden Gens *(Homozygotie)*; die beiden auf ident. Chromosomenabschnitten liegenden Gene können jedoch aufgrund v. Mutationen verschieden sein, d. h. als verschiedene A.e vorliegen *(Heterozygotie)*. Auf molekularer Ebene ist prinzipiell jede Veränderung der Nucleotidsequenz eines Gens gleichbedeutend mit der Bildung eines eigenen A.s. Nach dieser molekularen Definition ist für jedes Gen eine enorme Vielzahl von A.en möglich. Die phänotypisch beobachtbare Vielzahl, die man häufig bei multipler Allelie beobachtet, liegt jedoch weit darunter (bis zu 50 A.e werden für einzelne Gene gefunden). Die Ursache dieser Diskrepanz liegt darin, daß viele molekular definierte A.e (Einzelaustausch, Deletionen, Insertionen v. Basen eines Gens) zum gleichen Phänotyp des betreffenden Gens, bes. häufig zum Ausfall der betreffenden Genfunktion, führen.

Alleldrift w [v. *allel-] ↗ Gendrift.

Allelhäufigkeit w [v. *allel-], *Allelenfrequenz,* die Häufigkeit, mit der bestimmte Allele in einer Population vertreten sind. Die Änderung von A.en durch natürl. Selektion gilt als eine der Hauptursachen der Evolution. ↗ Populationsgenetik.

Allelie w [v. *allel-], Bez. für genet. Sachverhalte, die auf die Existenz v. Allelen zurückzuführen sind. ↗ Allel.

Allelopathie w [v. *allel-, gr. pathos = Leiden], die Ausscheidung organ. Verbindungen v. einer Pflanze zur Unterdrückung artfremder Pflanzen. Es handelt sich um Phenolderivate, Alkaloide, Glykoside, Cumarinderivate, äther. Öle u. Äthylen. Bei Mikroorganismen spricht man v. Antibiose.

Allensche Proportionsregel w [äl^{e}n; ben. nach dem am. Zoologen J. A. Allen, 1838–1921], *Allensche Regel,* 2. Klimaregel, die besagt, daß bei verwandten Säugetier-Arten od. -Rassen die exponierten Körperteile (wie Schwänze u. Ohren) in kalten Gebieten relativ kürzer ausgebildet sind als in wärmeren Gebieten. Beispiele (vgl. Abb.): der Eisfuchs mit sehr kleinen Ohren, der Rotfuchs mit mittelgroßen u. der Wüstenfuchs mit sehr großen Ohren. Die mächtigen Ohren des Afrikanischen Elefanten (Gesamtoberfläche 8 m^2) dienen geradezu der Wärmeregulation u. werden bei großer Hitze weit abgestellt u. durch

Eisfuchs der arktischen Zone

Rotfuchs der gemäßigten Zonen

Wüstenfuchs der subtropischen Zonen

Bewegung ventiliert (bei niedrigeren Temperaturen u. bei Regen hingegen ruhig gehalten u. dem Körper angelegt); die des Indischen Elefanten sind auffallend kleiner; bes. kleine Ohren aber hatte das Mammut, das in der Eiszeit die kalten Steppen u. Tundren der Nordhalbkugel bewohnte. Die A. P. ist streng wiss. nur im Artbereich anwendbar.

Allergene [Mz.; v. *allerg-, gr. genesis = Erzeugung], Bez. für diejenigen Antigene, die für die Auslösung einer anaphylakt. oder allerg. Reaktion verantwortlich sind (z. B. Pollen, Tierhaare, Staub, Nahrungs- u. Arzneimittel; ↗ Allergie); A. sind solche Immunogene, die v. a. die Bildung v. IgE-Antikörpern (Reagine) auslösen.

Allergie w [v. *allerg-], *Überempfindlichkeit, allergische Reaktion,* von dem östr. Kinderarzt C. Pirquet (1874–1929) 1906 geprägter Begriff, um einen Zustand abnormer Reaktivität gg. ein Fremdantigen zu bezeichnen. Allerg. Reaktionen sind beim Menschen häufig. Sie folgen auf die Sensibilisierung u. den Kontakt mit bestimmten Antigenen *(Allergenen)*, gg. die das Individuum mit der Bildung v. IgE-Antikörpern antwortet. Viele Allergene kommen als suspendierte Staubpartikel vor u. sensibilisieren bereits in sehr geringen Mengen. Allerg. Individuen scheinen mit bes. kräftiger IgE-Bildung gg. die geringen Mengen an Allergenen zu reagieren, welche in Kontakt mit Schleimhäuten (z. B. der Nase u. des unteren Atmungstrakts) od. der Haut geraten. Die *Sensibilisierung* des Individuums besteht nun darin, daß die mit Hilfe v. Lymphocyten gebildeten IgE-Antikörper im Blut an den basophilen Granulocyten od. im Gewebe an den Mastzellen v. spezif. IgE-Rezeptoren gebunden werden. Zahlr. Granula im Innern der Mastzellen enthalten aggressive Vermittlersubstanzen, die bei der Allergenabwehr wirken. Wichtige solcher Mediatorsubstanzen sind Histamin, Heparin, Bradykinin u. Serotonin (vasoaktive Amine). Auf diese Phase der Sensibilisierung, während der bei einem potentiellen Allergiker bes. viele solcher Mastzellen angelegt werden, folgt die eigentl. *allergische Reaktion.* Sie bedeutet gewissermaßen eine Fehlreaktion des Körpers, ein Überschießen des Immunsystems. Die neu eindringenden Allergene werden durch die entsprechenden IgE-Antikörper auf der Zelloberfläche der Mastzellen gebunden u. vernetzt; dies hat jedoch die Degranulation der Mastzellen zur Folge: sie schütten die in den Granula gespeicherten Mediatorstoffe via Exocytose aus u. setzen damit die allerg. Schleimhautreaktionen in Gang. Die kapillaren Blutgefäße werden erweitert (Ödem), die Schleimdrüsen werden zu ge-

Allergie
Eine gezielte Vorbeugung u. Behandlung des Allergikers setzt die genaue Kenntnis des Allergens voraus (Hauttest). Die nächstliegende Möglichkeit zur Milderung od. gar Beseitigung der Beschwerden wäre die Ausschaltung des Allergens, was bei A. gegen z. B. Hundehaare od. Bettfedern möglich, für den Pollenallergiker jedoch problematisch ist. Hier versucht man, das Immunsystem zu *desensibilisieren,* d. h. die Produktion von IgG-Antikörpern anzuregen, die das Allergen bereits binden, bevor es das IgE auf den sensibilisierten Mastzellen erreichen kann. Eine weitere Möglichkeit liegt in der medikamentösen Behandlung; so verhindern z. B. β-adrenerge Wirkstoffe wie Adrenalin u. Isoproterenol die Histaminfreisetzung. Sie aktivieren die membrangebundene Adenylat-Cyclase u. führen dadurch zu einer Anhebung der intrazellulären cAMP-Konzentration, die ihrerseits die Histaminfreisetzung verhindert. Eine andere Gruppe v. Medikamenten (Dinatrium-chromglycat, Diäthylcarbamazin) umgeben die Mastzellen wie ein Schutzschild u. verhindern so, daß sie beim Kontakt mit dem Allergen Histamin ausschütten. Schließlich würde eine wiss. abgesicherte Pollenflugvorhersage die Prophylaxe u. Therapie für Pollenallergiker erheblich erleichtern.

steigerter Sekretproduktion angeregt (Nasenlaufen, Augentränen), u. die glatte Muskulatur des Bronchialtrakts verkrampft. Zu den lokalen allerg. Reaktionen gehören die allergische Rhinitis (Heuschnupfen), das Bronchialasthma u. das Nesselfieber (Urticaria). Die häufigsten Allergene der allerg. Rhinitis sind Blütenpollen v. Windblütlern. In der BR Dtl. sind ca. 2 Mill. Menschen Pollenallergiker. Als bes. schwere Folge einer allerg. Reaktion ist der ↗ anaphylaktische Schock (Gefäßschock) anzusehen. *B. L.*

Allergosen [Mz.; v. *allerg-], Krankheiten, die auf ↗ Allergie beruhen: Heuschnupfen, Bronchialasthma, Entzündungen der Haut (Nesselsucht, Ekzeme usw.) u. der Schleimhaut (Darm, Augenbindehaut), auch die rheumat. Krankheiten (kollagene Krankheiten) werden hierzu gerechnet. Auslösende Stoffe (Allergene) sind Pollen, Tierhaare, Staub, Nahrungsmittel *(alimentäre A.),* wie Eier, Fisch, Erdbeeren, ferner Arzneimittel. Behandlung: Vermeidung der als Allergene erkannten Substanzen, Versuch der Desensibilisierung, Gaben v. Antihistamin- u. Cortisonpräparaten, ACTH, Calcium.

Allermannsharnisch ↗ Lauch.

Allerödzeit, *Allerödinterstadial, Allerödschwankung,* ben. nach dem Ort Allerød nordwestlich v. Kopenhagen, spätglaziale Wärmeschwankung der Weichsel-Eiszeit (Pleistozän) zw. Älterer u. Jüngerer Tundrenzeit (10000–8800 v. Chr.); deshalb auch als Interstadial bezeichnet; Periode mit geschlossenem Birken-Kiefern-Wald *(Birken-Kiefern-Zeit)* in Mitteleuropa. Parallelisierung gleichaltriger Torflager u. Lößprofile wird erleichtert durch Einlagerung v. vulkan. Bimsstuffen aus dem Gebiet des Laacher Sees (Eifel).

Allesfresser, die ↗ Omnivoren.

Alles-oder-Nichts-Gesetz, Abk. *AoN;* ↗ Aktionspotentiale zeigen einen konstanten, sich autoregenerativ wiederholenden Ablauf von Membranpotentialänderungen. Zur Auslösung dieser Vorgänge muß lediglich einmal ein kritisches Schwellenpotential überschritten werden, dessen absoluter Betrag keinen Einfluß auf die Amplitudenhöhe des Aktionspotentials hat. Diese Tatsache der Konstanz des Aktionspotentials wird als Alles-oder-Nichts-Gesetz bezeichnet.

Allethrin s [Kw.], synthet. hergestelltes Insektizid, chemisch eng verwandt mit Cinerin I, einem Hauptbestandteil des Pyrethrums; aromatisch riechendes Öl, das in Wasser unlöslich, in Alkohol u. Äther dagegen leicht löslich ist. A. wird seit seiner ersten künstl. Synthese immer häufiger angewandt, da es auch gegen DDT-resi-

Allgemeinerregung

alligator [engl., v. span. el lagarto = Eidechse].

Alligatoren

Gattungen:
Alligatoren
(Alligator)
Brillenkaimane (Caiman)
Mohrenkaimane (Melanosuchus)
Glattstirnkaimane (Paleosuchus)

stente Insekten wirkt u. für Menschen u. warmblütige Haustiere nach bisherigen Erkenntnissen ungiftig ist. Einsatz in Form v. Pulver u. Aerosolbomben.

Allgemeinerregung, Zustand des Nervensystems eines Wirbeltieres, der v. der Formatio reticularis im Stammhirn gesteuert wird u. der die Aktivitätsbereitschaft, die Aktivität des Großhirns u. über vegetative Reflexe auch den körperl. Zustand bestimmt. In der Ethologie wird die A. vor allem als ein Faktor betrachtet, von dem die Aktivitätsbereitschaft abhängt. Außerdem wird der Begriff in der Streßforschung benutzt. In der Psychologie wurde versucht, aus den Funktionen der A. eine Theorie der Emotionen abzuleiten: Eine Emotion bestünde danach aus einer Erhöhung der A. sowie aus einer kognitiven Interpretation, die die Erregung deutet. In der Humanethologie wird diese Vorstellung nicht geteilt, dort werden die subjektiv erfahrbaren Emotionen als Ausdruck sowohl der A. als auch verschiedener spezif. Bereitschaften betrachtet.

Alliaria w [v. lat. allium = Knoblauch], die ↗ Knoblauchrauke.

Allicin s [v. lat. allium = Knoblauch], $H_2C=CH–CH_2–S(O)–S–CH_2–CH=CH_2$, Inhaltsstoff des Knoblauchs (Allium sativum) u. für dessen typ. Geruch verantwortlich; A. wirkt hautreizend u. bakteriostatisch sowohl gg. grampositive als auch gramnegative Bakterien; seine Bildung aus der Aminosäure Alliin (geruchlos u. ohne antibakterielle Wirkung) wird durch das Enzym Alliinase katalysiert.

Alligatoren [Mz.; v. *alligator], Alligatoridae, Fam. der Krokodile mit 4 Gatt. (vgl. Tab.)␣u.␣7␣Arten;␣unterscheiden␣sich␣v. den übrigen Krokodilen durch das Eingreifen des größeren 4. Unterkieferzahns in eine seitlich geschlossene Oberkiefergrube, so daß er bei geschlossenem Maul äußerlich nicht sichtbar ist; kleine, vollständig verknöcherte Bauchschilder. A. ernähren sich v. Fischen u. bis mittelgroßen Säugetieren; außer dem südasiat., bis knapp 2 m langen China-Alligator (Alligator sinensis) alle im trop. und subtrop. Amerika beheimatet. Zur Gatt. der eigentlichen A. gehören ferner der Mississippi-Alligator (A. mississippiensis, B Nordamerika IV; Gesamtlänge 3 m, selten bis 6 m) aus dem SO der USA; durch Verfolgung (bes. Lederindustrie) selten geworden; wird deshalb bereits oft in Farmen gehalten. Bei den übrigen A., den Kaimanen, ist die Nasenöffnung (im Ggs. zu den eigentlichen A.) nicht durch eine Knochenspange unterteilt. Die beiden Arten der ca. 2 m großen Brillenkaimane (Krokodilkaiman, Caiman crocodilus, B Südamerika III; bzw. Breitschnauzenkaiman, C. latirostris) haben zw. den Augen eine knöcherne Querleiste; sie bewohnen stehende od. sehr langsam fließende Gewässer. Der bis 4,6 m lange Mohrenkaiman (Melanosuchus niger) ist im Amazonas- u. Orinocobecken verbreitet; als Nahrung dienen auch größere Säugetiere. Höchstens 1,4 m Länge erreichen die 2 Arten der Glattstirnkaimane (Brauen-Glattstirnkaiman, Paleosuchus palpebrosus, u. Keilkopf-Glattstirnkaiman, P. trigonatus), die kleinsten Krokodile, mit einer bes. harten Hautknochen-Panzerung; besiedeln schnellfließende Gewässer, auch mit steinigem Untergrund.

Alligatorfisch m [v. *alligator], Lepisosteus tristoechus, ↗ Knochenhechte.

Alligatorhaie [Mz.; v. *alligator], die ↗ Nagelhaie. [gatoren.

Alligatoridae [Mz.; v. *alligator], die ↗ Alli-

Alligatorsalamander m [v. *alligator, gr. salamandra = Salamander], **1)** die ↗ Waldsalamander. **2)** die ↗ Baumsalamander.

Alligatorschildkröten [v. *alligator], Chelydridae, Fam. der Halsberger-Schildkröten mit den beiden Gatt. Schnappschildkröten u. Geierschildkröten mit je einer Art. A. sind am. Süßwasserbewohner, aber schlechte Schwimmer; Bauchpanzer stark rückgebildet; Oberseite des großen Kopfes, dunkel- bis graubrauner Rückenpanzer u. der lange Schwanz häufig mit hornigen Höckern u. stacheligen Schuppen besetzt. Die Schnappschildkröte (Chelydra serpentina, B Nordamerika VII) lebt am Grunde der Binnengewässer v. südöstl. Kanada bis Ecuador in mehreren U.-Arten; Gewicht ca. 15 kg; Rückenpanzer bis 40 cm lang; angriffslustig, wird gelegentlich dem Menschen durch Bisse gefährlich; ernährt sich v. a. von Wasservögeln, Fischen, Reptilien u. Aas; Weibchen legt in selbstgegrabene, etwa 10 cm tiefe Löcher ca. 20 Eier, die Jungen schlüpfen nach ca. 3 Monaten. Die wesentlich größere Geierschildkröte (Macroclemys temminckii, Gewicht bis 100 kg; Panzerlänge bis 75 cm) ist nur im SO der USA beheimatet; die kräftigen Kiefer sind hakenförmig gekrümmt („Geierschnabel"); lauert im Bodenschlamm mit aufgerissenem Maul nach Beute (Fische); auf der Zunge rötl., wurmähnl., sich regelmäßig bewegender Fortsatz als „Köder"; Gelege mit bis zu 44 Eiern.

Alliinase w [v. lat. allium = Knoblauch] ↗ Allicin.

Allium s [lat., = Knoblauch], der ↗ Lauch.

Allochorie w [v. *allo-, gr. choros = Platz], Fremdverbreitung, d. h., die Verbreitung v. Früchten u. Samen über deren Entstehungsort hinaus erfolgt durch Kräfte, die außerhalb der Mutterpflanze liegen (z. B. Wind, Wasser, Tiere). Die durch A. verbreiteten Pflanzen heißen *Allochoren.* Ggs.: Autochorie.

allochthon [v. *allo-, gr. chthōn = Erde], nicht am Fundort beheimatet; gilt für Gesteine u. Lebewesen; biozönologisch: v. außen in die Biozönose eingetragen, z. B. zugeführtes Laub in Gewässern. Ggs.: autochthon.

allochthoner Boden [v. *allo-, gr. chthōn = Erde], an anderer Stelle entstandener Boden; oft Bez. für ↗Auenböden aus andernorts vorverwittertem Bodenmaterial.

allodapisch [v. gr. allodapos = fremd, anderweitig], von K. D. Meischner 1962 geprägte Bez. für in Tongesteine eingelagerte detrit. Kalke pelag. Ursprungs, deren fossiler Organismengehalt mit Fremdelementen der Flachsee vermischt ist.

Allodiploïdie w [v. *allo-, gr. diplois = doppelt], *Amphiploidie,* kommt durch Kreuzung zw. verschiedenen Arten (AA × BB) zustande; ergibt meist sterile Bastarde (AB) wegen der Schwierigkeiten in der Meiose. Gelegentlich aber kann das Endprodukt der Meiose statt einer Tetrade eine „Dyade" aus 2 diploiden Gameten (AB)(AB) sein. Bei deren Zusammentreffen kann ein tetraploides Individuum der genet. Konstellation AABB entstehen, ein *Additionsbastard.* ↗Allopolyploidie.

Alloenzyme [Mz.; v. *allo-, gr. en = in, zymē = Sauerteig], die ↗Allozyme.

Allogamie w [v. *allo-, gr. gamos = Hochzeit], *Xenogamie,* Fremdbestäubung bei Blütenpflanzen, Bestäubung zw. Blüten verschiedener Individuen der gleichen Art. ↗Bestäubung.

Allogromia w [v. *allo-], Gatt. der ↗Foraminifera.

Allohippus m [v. *allo-, gr. hippos = Pferd], † Gatt. zebriner Pferde in Europa u. Asien. *A. stenonis* aus dem Ältestpleistozän (Villafranchium) gilt als der älteste altweltl. Einhufer u. als Stammform der zebrinen wie caballinen Pferde.

Allokarpie w [v. *allo-, gr. karpos = Frucht], Fruchtbildung, die aufgrund einer Fremdbestäubung (↗Allogamie) erfolgt.

Allolactose w [v. *allo-, lat. lac, Gen. lactis = Milch], das Disaccharid 1-6-0-β-D-Galactopyranosyl-D-glucose, intrazelluläres Umwandlungsprodukt v. Lactose, das aufgrund seiner Bindung an den Lactoserepressor als der natürl. Induktor des Lactoseoperons angenommen wird.

Allolobophora w [v. *allo-, gr. lobos = Lappen, -phoros = tragend], Gatt. der *Lumbricidae* (Regenwürmer). In Dtl. häufige bis relativ häufige Arten: *A. rosea,* 2,5–8 cm lang, rot, in den verschiedensten Bodenarten, weit verbreitet, rein parthenogenetisch. *A. oculata,* 3,5–7,5 cm lang, rot, im Grundschlamm der Flüsse u. in wasserdurchtränkten Böden der Bachufer. *A. longa,* 12–16 cm lang, grau od. braun, in Garten- u. Ackerböden, hin und wieder auch limnisch; in Gefangenschaft gehaltene Tiere erreichten ein Alter v. über 10 Jahren. *A. limicola,* 9 cm lang, rot, Hinterkörper mehr od. weniger grau, an sumpfigen Stellen u. den Ufern der Gewässer. *A. jenensis,* bis 7,5 cm lang, Vorderkörper rot, Hinterkörper bleicher, in Wiesen- u. Gartenböden. *A. chlorotica,* 5–7 cm lang, gelblich, grünlich, rötlich, in feuchten u. nassen Böden fetter Gartenerde, auch in feuchtem, faulendem Laub. *A. parva,* 2 bis 4 cm lang, bräunlich-rot, in Dtl. eingeschleppt.

Allometabola [v. *allo-, gr. metabolē = Veränderung], Metamorphosetyp der Insekten, Untergruppe der ↗Neometabola.

Allometrie w [v. *allo-, gr. metrein = messen], *allometrisches Wachstum;* das Größenverhältnis einzelner Körperteile od. Organe verschieden großer Tiere eines Verwandtschaftskreises zeigt häufig, daß die Maße der betrachteten Organe in einem anderen Proportionsverhältnis zueinander stehen als die Gesamtgrößen der miteinander verglichenen Tiere. Derartige A.n können auftreten: a) während der Individualentwicklung (Ontogenese) zw. mehreren Altersstadien einer Art *(ontogenetische A.),* b) zw. gleich alten, aber im Rahmen der innerartl. Variabilität unterschiedlich großen Individuen einer Spezies *(intraspezifische A.),* c) zw. Vertretern mehr od. weniger nahe verwandter Arten, die sich aber in der Durchschnittsgröße deutlich unterscheiden *(interspezifische A.).* (Treten diese interspezifischen A.n nicht bei gleichzeitig, nebeneinander lebenden Arten auf, sondern in phylogenet. Reihen, so wird auch von *evolutionären A.n* gesprochen.) Der quantitative Vergleich von A.n wird über die von O. Snell 1891 entwickelte *A.gleichung* möglich. – A.n sind v.a. funktionell u. entwicklungsphysiologisch zu verstehen. So reifen einige Organsysteme schneller als andere (positiv allometr. Wachstum), da sie schon früh in der Individualentwicklung ihre Funktion erbringen müssen. Beispielsweise ist das Neugeborene des Riesenkänguruhs mit relativ weitentwickelten Armen ausgestattet, die in krassem Ggs. zu den nur winzigen Beinen stehen. Nach der Geburt muß das Jungtier, das in einem sehr unreifen Zustand zur Welt kommt, aber sofort durch das Bauchfell der Mutter in den Beutel klettern, wozu es die voll funktionsfähigen Arme gebraucht. Bei starken Größenunterschieden innerhalb einer Art können

Allometrie

allo- [v. gr. allos = ein anderer], in Zss.: ander-, fremd-.

Allometrie

Die *A.gleichung* von O. Snell lautet:

$$y = b \cdot x^a$$

Logarithmiert, geht sie in die Gleichung einer Geraden über:

$$\log y = a \log x + \log b$$

Dabei ist *y* die Organ- oder Körperteilgröße, *x* die entsprechende Bezugsgröße (Körpergröße); *b* kennzeichnet alle Einflüsse, die außer der Körpergröße *x* die Teilgröße *y* beeinflussen (Integrationskonstante). Der Exponent *a* bestimmt den größenabhängigen Anteil von *y* an *x* (Steigung der Geraden). Bei $a > 1$ wächst das betrachtete Organ (bzw. Körperteil) schneller als die Bezugsgröße *(positive A.).* Umgekehrt ist die Größenzunahme des Organs bei $a < 1$ geringer als die der Vergleichsgröße *(negative A.).* Wenn $a = 1$, nehmen Organ u. Bezugsgröße im gleichen Verhältnis zu; es liegt nicht A., sondern *Isometrie* vor.

Allomixis

bestimmte Organe z. B. nicht den ganzen Umfang der Größenänderung mitmachen, ohne wesentl. Funktionen einzubüßen. Bes. deutlich ist dies am Beispiel der Haushunde zu sehen, deren Körpergewicht in den Grenzen von 1,5–60 kg schwankt (Verhältnis 1:40), das Hirngewicht dagegen nur zw. 50 und 150 g (1:3). Reduktion des Hirngewichts unter einen bestimmten Grenzwert würde den Verlust wichtigster Steueru. Schaltfunktionen bewirken u. ist daher ausgeschlossen, während das Körpergewicht viel weiter vermindert werden kann. Ebenso finden interspezifische A.n vor allem funktionelle Erklärungen, z. B. das Verhältnis v. Körpergröße zu Querschnitt der tragenden Extremitäten. Das Gewicht eines Tiers wächst mit dem Volumen in der dritten Potenz (des Radius), während die Tragfähigkeit der Extremitäten mit der Fläche, also in der zweiten Potenz, wächst. Daher müssen große Tiere relativ dickere Extremitäten haben als kleine Tiere eines entsprechenden Anpassungstypus.

Allomixis w [v. *allo-, gr. mixis = Vermischung], Verschmelzung zweier getrenntgeschlechtl. Gameten v. verschiedenen Individuen.

Allomone [Mz.; v. *allo-, gr. hormān = antreiben], niedermolekulare Wirkstoffe, die, nach außen oft durch bes. Duftdrüsen abgeschieden, Signalwirkung zw. Individuen verschiedener Art ausüben (im Ggs. zu den *Pheromonen*, die zw. Individuen derselben Art wirken) u. die für den produzierenden Organismus v. Vorteil sind, z. B. die Wehrsekrete vieler Insekten od. des Stinktiers.

Allomyces m [v. *allo-, gr. mykēs = Pilz], Gatt. der ↗ Blastocladiales.

allopatrische Artbildung w [v. *allo-, gr. patria = Abkunft], ↗ Artbildung.

allopatrische Bastardierung w [v. *allo-, gr. patria = Abkunft], beschreibt die Kreuzung v. Individuen zweier früher geographisch separierter Populationen in einer Kontaktzone (Bastardzone).

Allophäne [Mz.; v. *allo-, gr. phainesthai = erscheinen], im Ggs. zu den Autophänen (Merkmale, die nur durch zelleigene Genexpression bewirkt werden) solche Erbmerkmale, deren Entstehung in Zellen durch Genwirkungen v. außen bewirkt wird. Um den Allophän-Charakter eines Merkmals aufzudecken, können bei Tieren Transplantationen dienen, durch die Gewebe einer ⊖-Mutante (⊖ = Ausprägung eines bestimmten Erbmerkmals fehlt) mit ⊕-Gewebe verbunden werden. Man kann so prüfen, ob die Wirkung eines bestimmten Gens, das der Mutante fehlt, durch einen Stoff aus dem ⊕-Gewebe des Transplantats ersetzt werden kann.

Allorrhizie (1)
(am Beispiel der Ricinus-Keimpflanze)
Die am Embryo gebildete *Hauptwurzel* bleibt auch später erhalten und bildet endogen *Seitenwurzeln*. Das Wurzelsystem besteht also aus morphologisch verschiedenen Wurzeln. Vorkommen: Dikotylen.

Homorrhizie
Sämtliche Wurzeln der (adulten) Pflanze sind morphologisch gleichwertige *Nebenwurzeln*.

a. *primäre Homorrhizie*
Erste Wurzelanlage entsteht seitlich am Embryo (unipolarer Embryo); von Anfang an werden nur sproßbürtige Wurzeln gebildet. Vorkommen: Pteridophyten.

b. *sekundäre Homorrhizie* (2)
Am hier bipolaren Embryo wird eine Hauptwurzel angelegt, die im Keimlingsstadium noch kurze Zeit funktionsfähig bleibt (vgl. Abb. 2: Keimpflanze von *Echinochloa*, Gräser). Dann stirbt jedoch die Hauptwurzel ab und wird durch sproßbürtige Nebenwurzeln ersetzt. Vorkommen: Monokotylen.

allo- [v. gr. allos = ein anderer], in Zss.: ander-, fremd-.

Allophryne [v. *allo-, gr. phrynē = Kröte], Gatt. der Laubfrösche, zuweilen auch als eigene Fam. *Allophrynidae* aufgefaßt; 1 Art, *A. ruthveni*, ein krötenähnl. Baumfrosch im NO Südamerikas.

Alloploïdie w [v. *allo-, gr. -ploos = -fach], die ↗ Allopolyploidie.

Allopolyploïdie w [v. *allo-, gr. polys = viel, -ploos = -fach], *Alloploidie* im Ggs. zur Autopolyploidie (Vervielfachung gleicher Chromosomensätze) eine Art der Euploidie, bei der es in allen Zellen eines Organismus zur Vervielfachung kompletter, aber aus verschiedenen Arten stammender Chromosomensätze kommt. Kreuzungen zw. verschiedenen Arten (AA × BB) ergeben in der Regel sterile AB-Bastarde (allodiploide od. amphiploide Bastarde), weil es fast immer zu Schwierigkeiten bei der Parallelkonjugation homologer Chromosomen in der Meiose kommt. Nach einer A.sierung dagegen erhält jedes Chromosom wieder einen homologen Partner (AABB; ↗ Allodiploidie), die Meiose kann wieder normal ablaufen; solche polyploidisierten Artbastarde können fertil sein. Ein Beispiel für derartige Additionsbastarde od. amphidiploide Bastarde ist der Kohl-Rettich-Bastard, den man aus *Brassica oleracea* u. *Raphanus sativus* (beide je 2 × 9 Chromosomen) erhält; der allotetraploide *Raphanobrassica*-Bastard besitzt 2 × 18 Chromosomen (AABB). Auch die Evolution des Kultur-↗ Weizens ist unter Polyploidisierung des beim Einkreuzen der Wildgräser entstandenen sterilen Artbastarde zur jetzigen allohexaploiden Form (AABBDD) verlaufen. ⬛ Mutationen.

Allopora w [v. *allo-, gr. poroi = Poren], Gatt. der ↗ Stylasteridae.

Allosterie

Allorrhizie w [v. *allo-, gr. rhiza = Wurzel], *Verschiedenwurzeligkeit,* liegt vor, wenn das Wurzelsystem einer Pflanze v. der schon am Embryo angelegten Hauptwurzel u. den daran endogen hervorwachsenden Seitenwurzeln gebildet wird. Da Hauptwurzel u. Seitenwurzeln verschieden entstehen, werden sie morphologisch verschieden gewertet. A. kommt bei den Gymnospermen und urspr. auch bei allen Dikotylen vor. Ggs.: *Homorrhizie* (Gleichwurzeligkeit).

Allosorus m [v. *allo-, gr. sōroi = Sporenhäufchen] ↗ Rollfarn.

Allosterie w [v. *allo-, gr. stereos = fest], Eigenschaft vieler aus mehreren Untereinheiten zusammengesetzter Proteine, in mehr als einer – häufig zwei – stabilen Konformation der Gesamtstruktur vorzukommen. Proteine dieser Eigenschaft werden *allosterische Proteine* genannt. Die Umwandlung v. einer zur anderen Konformation wird als *allosterische Umwandlung* od. *allosterischer Effekt* bezeichnet. Sie wird durch niedermolekulare Stoffe *(allosterische Effektoren)* bewirkt, die im Fall v. allosterisch regulierten Enzymen *(allosterische Enzyme)* nicht identisch mit Substratmolekülen sind u. die an anderen Stellen der Enzymstruktur als die Substratmoleküle, also nicht im aktiven Zentrum, binden. Obwohl die Bindungen der Effektoren nicht im aktiven Zentrum erfolgen, können die mit der Effektorbindung einhergehenden Konformationsänderungen eine Aktivierung od. eine Inaktivierung des aktiven Zentrums u. damit eine Aktivierung bzw. Hemmung der betreffenden Enzyme, Transportproteine, Regulatorproteine usw. bewirken. Die Aktivierung eines allosterischen Proteins durch einen allosterischen Effektor wird als *allosterische Aktivierung* od. *positiver allosterischer Effekt* bezeichnet. Demgegenüber nennt man die Hemmung eines allosterischen Proteins durch einen allosterischen Effektor *allosterische Hemmung* (s. Abb.) od. *negativen allosterischen Effekt.* Die Bindestelle eines allosterischen Proteins für das Effektormolekül wird als *allosterisches Zentrum* (im Ggs. zum *aktiven Zentrum,* der Bindestelle für Substrate) bezeichnet. – Allgemein können mit Hilfe allosterischer

Substratsättigungskurve eines allosterischen Enzyms (beeinflußt v. einem allosterischen Aktivator u. einem allosterischen Inhibitor).

In dem gezeigten Beispiel ist das Enzym bei einer Substratkonzentration v. $1 \cdot 10^{-3}$ mol/l ohne Effektor zu 50% gesättigt, mit Aktivator jedoch zu nahe 100%, mit Inhibitor nur zu etwa 10%. Entsprechend verändert sich die Menge an umgesetztem Substrat pro Zeiteinheit. Auf diese Weise kann die Aktivität eines allosterischen Enzyms durch das Wechselspiel der allosterischen Aktivatoren u. Inhibitoren reguliert werden. Die Wirkung der Effektoren wird häufig durch die Verschiebung der Halbsättigungskonzentrationen (im Beispiel von $1 \cdot 10^{-3}$ mol/l ohne Effektor zu ca. $0.3 \cdot 10^{-3}$ mol/l mit Aktivator u. zu $2.7 \cdot 10^{-3}$ mol/l mit Inhibitor) beschrieben.

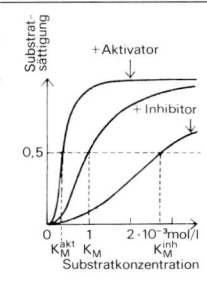

allo- [v. gr. allos = ein anderer], in Zss.: ander-, fremd-.

Schematische Darstellung der allosterischen Endprodukthemmung (Feedback-Regulation, Abb. unten)

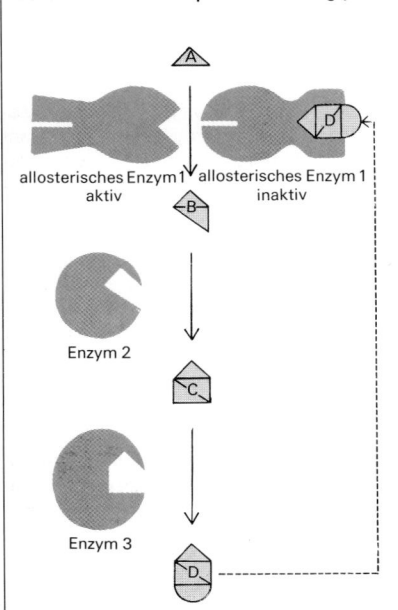

Das erste Enzym einer Reaktionskette, ein allosterisches Enzym, wird von dem Endprodukt der gesamten Reaktionskette gehemmt.

Beispiel einer allosterischen Endprodukthemmung

Ein Beispiel für eine allosterische Endprodukthemmung ist die Bildung von Cytidintriphosphat (CTP), das aus Carbamylphosphat und Aspartat über eine Reihe von Reaktionsschritten entsteht. Das erste an seiner Synthese beteiligte Enzym, die Aspartat-Transcarbamylase, ist ein allosterisches Enzym, das durch CTP, also das Endprodukt des ganzen Reaktionsweges, gehemmt wird.

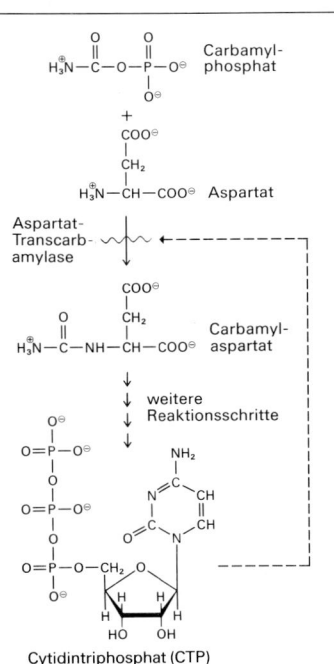

Cytidintriphosphat (CTP)

Allosterie

Allosterische Effekte bei der Biosynthese der aromatischen Aminosäuren

➡ Endproduktförderung
➡ Endprodukthemmung

allo- [v. gr. allos = ein anderer], in Zss.: ander-, fremd-.

Allosterische Regulationen im Energiestoffwechsel
Antrieb ⊞ und Hemmungen ⊟ von Reaktionsschritten durch ADP, NAD$^+$ und ATP, NADH.

Effekte die Aktivitäten v. Proteinen (katalyt. Aktivitäten v. Enzymen, Bindeaktivitäten v. Transportproteinen od. Regulatorproteinen) durch Kleinmoleküle reguliert werden, die stereochemisch nicht mit den entsprechenden Substratmolekülen u. damit auch nicht mit den entsprechenden aktiven Zentren der betreffenden Proteine verwandt sind. Allosterisch regulierte Proteine sind daher im Stoffwechsel der Zelle weit verbreitet und v. großer Bedeutung. Häufig katalysieren allosterische Enzyme den ersten Schritt einer Biosynthesekette u. werden durch das Endprodukt der betreffenden Biosynthesekette allosterisch inhibiert *(allosterische Endprodukthemmung)*. So wird z. B. bei der Biosynthese der aromat. Aminosäuren die Aktivität v. Chorismatmutase durch Phenylalanin bzw. Tyrosin allosterisch gehemmt (s. Abb.). Ebenso wird Aspartat-Transcarbamylase, das erste Enzym der Pyrimidinnucleotidsynthese, durch das Endprodukt Cytidintriphosphat gehemmt (□ 117). Endprodukte *paralleler* Stoffwechselwege (z. B. Tryptophan bei Chorismatmutase) können dieser Hemmung entgegenwirken, indem sie als positive allosterische Effektoren die entsprechenden Enzymaktivitäten stimulieren. Weitere Beispiele allosterischer Regulation v. Enzymaktivitäten finden sich im Energiestoffwechsel (s. Abb.), wobei außer dem ersten Schritt auch Folgeschritte reguliert werden und an zwei Stellen antagonist. Wirkung zw. AMP und ADP einerseits und ATP andererseits beobachtet wird. Ein durch Sauerstoffbindung an Hämoglobin induzierter allosterischer Effekt liegt dem ↗ Bohr-Effekt zugrunde u. dokumentiert die Bedeutung der A. für Transportproteine. Auch bei Membranproteinen, z. B. bei Adenylat-Cyclase, konnten allosterische Umwandlungen beobachtet werden. Bei der Regulation v. Genaktivitäten unterliegt die Bindestärke v. Regulatorproteinen (Repressoren bzw. Aktivatoren) an die entsprechenden DNA-Signalstrukturen (Operatoren, Cap-Bindestellen) einer allosterischen Regulation (↗ Genregulation). – Ggs. von A. ist die *Isosterie;* z. B. wird bei isosterischer Enzymhemmung die Bindung v. Substratmolekülen direkt im aktiven Zentrum durch Kompetition mit Molekülen, die dem Substrat ähnlich sind – oft mit dem Reaktionsprodukt –, gehemmt (↗ kompetitive Hemmung, ↗ Produkthemmung).

Allotetraploïdie *w* [v. *allo-, gr. tetraploos = vierfach], ↗ Allopolyploidie.
Alloteuthis *w*, die ↗ Zwergkalmare.
Allotheria [Mz.; v. *allo-, gr. thērion = Tier], werden als U.-Kl. der Säuger den *Prototheria, Eotheria* u. *Theria* gegenübergestellt. Einziges Taxon der A. sind die ↗ *Multituberculata* (Jura – Eozän).
allothigen [v. gr. allōthi = anderswo, -genēs = entstanden] heißen Komponenten, die außerhalb eines Bezugskörpers (Organismus, Gestein) entstanden sind. Ggs.: authigen.
allotrop [v. gr. allotropōs = anders], Bez. für die unterste der drei Stufen, mit der die Anpassung der Insekten an die Blumen-

nahrung u. die Anpassung der Blumen an den Insektenbesuch beschrieben wird. A.e Insekten sind kurzrüßlige Dipteren, Hymenopteren, Coleopteren, Neuropteren, Orthopteren u. Hemipteren, d. h. Insekten mit wenig spezialisierten Mundwerkzeugen für den Blütenbesuch. Entsprechend können a.e Blüten durch die verschiedensten kurzrüßligen Insekten besucht werden, d. h., ihre Nektarien liegen sehr offen; z. B. Efeu, Schirmblütler.

allotroph [v. *allo-, gr. trophē = Ernährung], werden Organismen genannt, die sich anderer als der durch Photosynthese od. aus organ. Stoffen bereitgestellten Nahrung bedienen, beispielsweise chemolithotrophe Organismen (z. B. Bakterien, die anorgan. Substrate, wie H_2, NH_3, H_2S, zum Energiegewinn verwerten).

Allotypen [Mz.; v. gr. allotypos = anders geformt], **1)** die ↗ Allozyme. **2)** in der Taxonomie ein ↗ Typus-Exemplar, das das jeweils andere Geschlecht (komplementär zu dem des ↗ Holotypus) kennzeichnet. ↗ Paratypus.

Alloxacin s [v. *allo-, gr. oxalis = Sauerampfer], heterocyclische Verbindung, zusammengesetzt aus Pteridin u. ankondensiertem Benzolring; das isomere *Isoalloxacin* (ein H-Atom sitzt an N_{10} statt an N_1, die C = N-Doppelbindung erstreckt sich dafür zu N_1) bildet den Grundbaustein der Flavine u. Flavinnucleotide.

Allozyme [Mz.; v. *allo-, gr. zymē = Sauerteig], *Alloenzyme, Allotypen,* Enzyme, die v. einem Genlocus codiert werden, für den es mehrere Allele gibt. A. sind durch Gelelektrophorese voneinander zu trennen. Von dem Enzym Alkohol-Dehydrogenase sind zwei A. (A und B) bekannt, die sich in ihrer Substratspezifität unterscheiden; A verarbeitet Äthanol, Isopropanol, n-Butanol u. Cyclohexanol besser als B, wohingegen B bei höheren Temp. stabiler ist als A. Ggs.: Isoenzyme.

Alluvialböden [Mz.; v. lat. alluvium = Anschwemmung], die ↗ Auenböden.

Alluvium s [lat., = Anschwemmung], alte Bez. für ↗ Holozän.

Allylsenföl s [v. lat. allium = Knoblauch], $H_2C = CH - CH_2 - N = C = S$, farblose bis gelbl. Flüssigkeit mit sehr scharfem Geruch; reizt zu Tränen u. ist unverdünnt sehr giftig; A. ist, glykosidisch gebunden, in Samen der schwarzen Senfpflanze enthalten; es wird heute synthetisch hergestellt; Anwendung als Insektengift, Keimungshemmstoff, Hautreizmittel (Senfwickel).

Almrausch, volkstüml., bayerisch-östr. Bez. für die ↗ Alpenrose.

Alnetea glutinosae [Mz., v. lat. alnus = Erle, glutinosus = klebrig], *Grauweiden-Gebüsche und Schwarzerlen-Bruchwälder,* Kl. der Pflanzenges. mit 1 Ord. *(Alnetalia glutinosae)* u. 2 Verb. (vgl. Tab.). Eutrophe, fast rein aus Schwarzerle aufgebaute Laubwälder auf Böden mit hochanstehendem, wenig schwankendem, aber meist langsam ziehendem, basenreichem Grundwasser. Die herangeführten Basen neutralisieren die v. anaerob lebenden Bodenorganismen erzeugten Säuren u. ermöglichen so eine weitgehende Zersetzung der organ. Pflanzenreste durch Bakterien u. Regenwürmer. Der in der Regel mindestens 10–20 cm mächtige Bruchwaldtorf *(Bruchwaldfehn)* aus Holz u. Zapfenresten läßt demzufolge kaum noch Pflanzenstrukturen erkennen. Im zeitigen Frühjahr, noch vor Beginn der Vegetationsperiode, kann es zu Überschwemmung u. länger anhaltender Vernässung der Bestände kommen. Die nachfolgende, zumindest oberflächl. Abtrocknung der Böden ist allerdings im Hinblick auf die Stickstoffmineralisation u. die Sauerstoffversorgung wesentl. Voraussetzung für die Ansiedlung der flachwurzelnden Schwarzerle. Die häufiger in tieferen Bodenschichten anzutreffenden Torfschichten aus Seggen- u. Schilfresten lassen auf eine Entstehung des Erlen-Bruches auf ehemaligen Niedermoorstandorten, etwa im Zuge einer Seenverlandung, schließen. Auch im Bruchwald selbst läßt der hochanstehende Grundwasserspiegel anstelle typischer Laubwaldarten im Unterwuchs Sumpfpflanzen der Naßwiesen u. Röhrichte aufkommen. Die meist lichtliebenden Arten wurden durch den ehemal. Niederwaldbetrieb zusätzlich gefördert. Da die Bestände nach heutigen Gesichtspunkten forstwirtschaftlich wertlos sind, werden die Erlenbrüche häufig entwässert, wodurch nährstoffreiche, humose, land- wie forstwirtschaftlich günstige Böden entstehen, naturschützerisch wertvolle Feuchtbiotope jedoch verlorengehen. Die Mantelgesellschaft der Erlen-Bruchwälder wird v. Grauweiden-Gebüschen des Verb. *Salicion cinereae* gebildet, die jedoch möglicherweise in eine eigene Kl. gehören.

Alnetum incanae s [v. lat. alnus = Erle, incanus = fast grau], *Grauerlen-Auewald,* Assoz. der Auewälder *(↗ Alno-Padion).* Montane Laubwaldges. auf kalkhaltigen, sand- u. schotterreichen Auerohböden der Alpen u. des Alpenvorlandes. Die Bestände werden vom mittleren Hochwasserstand noch erreicht, gehören also in den Bereich der Weichholz-Aue. Obwohl die sommerlichen Überflutungen dem Boden kaum Stickstoff zuführen, ist der Standort nährstoff-, insbes. nitratreich, da *Alnus* (Erle) durch Symbiose mit Actinomyceten in Wurzelknöllchen Luftstickstoff zu bin-

Alnetum incanae
Alnetea glutinosae

Ordnung:
Alnetalia glutinosae
(Bruchwälder u. -weidengebüsche)

Verbände:
Alnion glutinosae
(Erlen-Bruchwälder)
Salicion cinereae
(Grauweiden-Gebüsche, Moorweiden-Gebüsche)

allo- [v. gr. allos = ein anderer], in Zss.: ander-, fremd-.

Alnetum viridis

Alno-Padion

Wichtige Assoziationen:
↗ *Alnetum incanae* (Grauerlen-Auewald)
↗ *Carici (remotae)-Fraxinetum* (Bach-Eschenwald)
↗ *Pruno-Fraxinetum, Alno-Fraxinetum* (Traubenkirschen-Eschen-Auewald)
↗ *Querco-Ulmetum minoris, Fraxino-Ulmetum* (Eichen-Ulmen-Auewald, Hartholz-Aue)
↗ *Stellario-Alnetum glutinosae* (Eschen-Schwarzerlenwald, Schwarzerlen-Galeriewald, submontaner Bach-Eschen-Erlen-Auewald)

den vermag. Wegen ihrer Bedeutung als Uferschutz blieben die Grauerlen-Auewälder bislang streckenweise erhalten; da jedoch vielfach die Gewässer vollständig freigehauen werden, sind auch sie recht selten geworden.

Alnetum viridis *s* [v. lat. alnus = Erle, viridis = grün], Assoz. der ↗ Betulo-Adenostyletea.

Alnion glutinosae *s* [v. lat. alnus = Erle, glutinosus = klebrig], Verb. der ↗ Alnetea glutinosae.

Alno-Fraxinetum *s* [v. lat. alnus = Erle, fraxinus = Esche] ↗ Pruno-Fraxinetum.

Alno-Padion *s* [v. lat. alnus = Erle, gr. pados = Traubenkirsche], *Alno-Ulmion, Auewälder, Erlen-Eschen-Auewälder,* Verb. der mesophytischen Laubmischwälder *(Fagetalia sylvaticae).* Grundwassernahe, regelmäßig überflutete Laubmischwälder an Bach- u. Flußläufen. In Abhängigkeit v. Meereshöhe, geolog. Untergrund des Flußeinzugsgebietes, Körnung des Sediments, Überflutungshäufigkeit u. -termin sowie Grundwassertiefe, Bodenwasserhaushalt u. Bewirtschaftung ist eine Vielzahl unterschiedlicher Ges. ausgebildet (vgl. Tab.). [xerol.

Alnulin *s* [v. lat. alnus = Erle], das ↗ Tara-

Alnus *w* [lat., =] die ↗ Erle.

Aloë *w* [gr., v. hebr. 'ahālīm = Aloeholz], Gatt. der Liliengewächse mit ca. 250 Arten in den Trockengebieten Afrikas u. der Arab. Halbinsel. Die sukkulenten Blätter stehen gewöhnlich in einer dichten Rosette, die, je nach Art, auf dem Boden sitzt od. auf einfachen od. verzweigten Stämmen in die Höhe gehoben ist. Die größten A.-Arten werden mehr als 15 m hoch. Kennzeichnend für die A. ist, daß die jungen Blätter der Endknospe ganz dicht anliegen. Der unterständ. Fruchtknoten ist ein weiteres Unterscheidungsmerkmal gegenüber der ihr manchmal ähnlich sehenden Agave. Vögel sind die Hauptbestäuber der nektarreichen Blüten. Die roten, gelben od. weißl., oft grün gebänderten Einzelblüten sind meist in einfachen Trauben angeordnet. Aus dem eingedickten Saft *(Aloeharz)* der Blätter vieler A.-Arten, bes. der *A. verna, A. perryi, A. ferox, A. africana, A. succotrina* (B Afrika II), wird die Droge *Aloin* gewonnen, die heute noch als Abführmittel u. in der Leberheilkunde eingesetzt wird. Aloeharz, versetzt mit konzentrierter Salpetersäure, ist ein Farbstoff. Als Zimmerpflanzen findet man oft die weiß-quergebänderte *A. variegata* (Tiger-A., B Afrika VII), *A. verrucosa* und *A. ferox.*

Aloëemodin *s*, ein Dihydroxyanthrachinonderivat; Inhaltsstoff aus Aloe mit stark abführender Wirkung.

Aloidis *w*, die ↗ Korbmuscheln.

Alopecosa *w* [v. gr. alōpēx = Fuchs], Gatt. der ↗ Wolfspinnen.

Alopecurus *m* [v. gr. alōpēkouros =], der ↗ Fuchsschwanz.

Alopex [gr., = Fuchs], Gatt. der ↗ Füchse.

Alopiidae [Mz.], die ↗ Drescherhaie.

Alosa *w* [v. spätlat. alausa = kleiner Moselfisch], die ↗ Alsen.

Alouattinae [Mz.], die ↗ Brüllaffen.

Alpaka *s* [span. alpaca, aus dem Quechua], *Pako, Lama guanicoë pacos,* Haustierform des Guanako (nach W. Herre); das schafgroße A. wird auf den Hochsteppen der Anden in großen Herden halbwild gehalten u. ist als Wollieferant *(A.wolle)* geschätzt. ↗ Lamas. B Südamerika VI.

Alpenampfer-Fluren, *Rumicion alpini,* Verb. der ↗ Artemisietalia.

Alpenapollo, *Parnassius phoebus,* ↗ Apollofalter.

Alpenazalee, *Alpenheide, Gemsheide, Loiseleuria,* Gatt. der *Ericaceae* mit der einzigen Art *L. procumbens;* 3–15 cm hoher, reich verzweigter, dichte Teppiche bildender Spalierstrauch mit kleinen, schmal-elliptischen, ledrigen, am Rande eingerollten, immergrünen Blättchen u. glockenförm., 5zipfligen, rosa Blüten, die zu 2–5 in Doldentrauben zusammenstehen. Die arktisch-alpine Pflanze mit zirkumpolarer Verbreitung in der arkt. Tundra u. der alpinen Stufe der Gebirge gemäßigter Zonen ist, wie ihre Begleitflora, acidophytisch u. wächst auf sauer-humosen, nährstoff- u. basenarmen Standorten v. der Waldgrenze bis in die nivale Stufe. Charakterpflanze des *Loiseleurio-Vaccinietums* bzw. des *Arctostaphylo-Loiseleurietums.*

Alpenbock, *Rosalia alpina,* Art der Bockkäfer-Fam. *Cerambycidae;* hellblau, mit samtschwarzen Querbinden, ca. 22–36 mm groß, über die Gebirge S-Europas u. Kleinasiens verbreitet, in Dtl. nur in Württemberg u. Oberbayern anzutreffen. Seine Larve entwickelt sich in abgestorbenen Buchen, mit Vorliebe in noch stehenden, sonnenbeschienenen Stämmen, aber auch in großen Stubben. Die Käfer finden sich zur Paarung ab Aug. auf sonnigen Buchenstämmen ein. Der A. steht unter Naturschutz. [krähen.

Alpendohle, *Pyrrhocorax graculus,* ↗ Berg-

Alpendost, *Adenostyles,* Gatt. der Korbblütler, mit 4 Arten in den Gebirgen Europas u. Kleinasiens beheimatet. Die ausdauernden, ziemlich hochwüchsigen (bis ca. 1,5 m) Pflanzen besitzen wechselständige, herz- oder nierenförmige, gezähnte Laubblätter u. rote, violette od. weiße, aus Röhrenblüten bestehende Köpfchen, die in Doldenrispen angeordnet sind. Der Gemeine oder Kahle A. *(A. glabra),* der in

Alpenpflanzen

Schuttfluren sowie steinigen Bergwäldern vorkommt, u. der Graue A. *(A. alliariae)*, der in Hochstaudenfluren u. an Waldrändern beheimatet ist, gehören dem endemisch-alpischen Florenelement an u. sind in der subalpinen u. alpinen Stufe allg. verbreitet.

Alpenfettweide, *Poion alpinae,* Verb. der ↗ Trifolio-Cynosuretalia.

Alpenflühvogel, volkstümliche Bez. für die Alpenbraunelle, ↗ Braunellen.

Alpengärten, Gärten im Hochgebirge, in denen zu wiss. Zwecken Alpenpflanzen angepflanzt u. beobachtet werden.

Alpenglöckchen, *Soldanella,* die ↗ Troddelblume.

Alpenhase, der ↗ Schneehase.

Alpenheide, *Loiseleuria,* die ↗ Alpenazalee.

Alpenhelm, *Bartschie, Bartsia,* Gatt. der Braunwurzgewächse mit etwa 30 Arten, v. denen 24 in S-Amerika u. 6 in Europa u. N-Afrika heimisch sind. Der Gemeine A. *(B. alpina)* ist über das arkt. Europa, Asien, Amerika u. die Mittel- u. Hochgebirge Mitteleuropas verbreitet. Die ausdauernde Pflanze ist 5–10 cm hoch, besitzt einen kriechenden Wurzelstock u. einen behaarten Stengel, dessen unterste Blätter zu schuppenförm. Niederblättern ausgebildet sind. Die eiförm. Laubblätter sind oberwärts meist trübviolett überlaufen, u. die Blüten stehen in einer fast kopfigen Ähre in den Achseln v. Tragblättern; die dunkelviolette Krone besitzt eine helmförm. Ober- u. 3lapp. Unterlippe. Standorte sind Quellmoore od. frische bis feuchte alpine Steinrasen. Der A. gehört zu den grünen Halbschmarotzern, deren junge Pflanzen Saugwurzeln ausbilden, um die Wurzeln benachbarter Pflanzen anzuzapfen.

Alpenkalksteinrasen, *Seslerietalia variae,* Ord. der ↗ Seslerietea variae.

Alpenkrähe, *Pyrrhocorax pyrrhocorax,* ↗ Bergkrähen.

Alpenlattich, *Brandlattich, Homogyne,* Gatt. der Korbblütler mit 3 in den Gebirgen Europas beheimateten Arten. Die ausdauernden, krautigen Pflanzen besitzen grundständige, lang gestielte, rundl., herz- od. nierenförm., am Rand gekerbt-gezähnte Laubblätter u. hellviolette bis purpurne Blütenköpfe mit walzenförm. Hülle u. die Kronzipfel überragenden Staubbeuteln. Der in den Gebirgen Mittel- u. S-Europas heimische Grüne A. (Gemeiner A., *H. alpina*) ist eine Pflanze der Silicat-Magerrasen, des Zwergstrauchgestrüpps u. des subalpinen Fichtenwaldes. Sehr selten ist in Dtl. der ostalpine Filzige A. *(H. discolor).* Er wächst in Schneeböden u. Schneetälchen der alpinen Stufe u. gehört nach der ↗ Roten Liste zu den „potentiell gefährdeten" Arten.

Alpendost (Adenostyles)

Alpenhelm (Bartsia alpina)

Alpenmaßlieb, *Aster bellidiastrum, Bellidiastrum michelii,* Art der Gatt. *Aster;* ausdauernde, 10–40 cm hohe Pflanze mit grundständ. Rosette aus eiförm., vorn grob gezähnten Laubblättern u. einem blattlosen dicht behaarten Stengel, der einen einzelnen, margeritenart., 2–4 cm breiten Blütenkopf mit gelben Scheiben- u. weißen, rötl. od. violetten Zungenblüten trägt. Die kalkliebende Pflanze wächst v. a. auf offenen Sumpfhumusböden u. in subalpinen Blaugrashalden. Die Splitterareale außerhalb der Alpen sind Reliktvorkommen.

Alpenmaus, die ↗ Schneemaus.

Alpenmolch, *Triturus alpestris,* ↗ Molche.

Alpenpflanzen, Pflanzen der Alpen u. alpinen Gebirge, die ihre Verbreitung oberhalb der geschlossenen Waldgrenze haben u. an die dortigen extremen Lebensbedingungen, wie intensive Sonneneinstrahlung mit hohem UV-Anteil, ausgeprägte Temperaturwechsel u. niedrige Temperaturen, intensive Windeinwirkung u. kurze Vegetationszeit, angepaßt sind. Sie konnten sich erst nach der Entstehung der Alpen im Tertiär aus Tieflandsippen entwickeln. Je nach Standort findet man in Mitteleuropa typ. Gesellschaften: in der unteren alpinen Stufe die Zwergstrauchgesellschaften mit dem Zwergwacholder u. den Rhododendron- u. Heidelbeer-*(Vaccinium-)*Arten, an anderen Standorten verschiedene Weidenarten, die Silberwurz u. die Alpenazalee. In Mulden, in denen sich Wasser u. Nährstoffe sammeln, findet man Hochstaudenfluren mit so bekannten Arten wie Eisenhut, Alpendost u. Milchlattich. Typisch für die alpine Stufe sind die Rasengesellschaften, die auch als „Urwiesen" bezeichnet werden, da sie nicht durch menschl. Einfluß entstanden sind. Ihr Verbreitungsgebiet ist durch den rodenden Menschen stark erweitert worden. Kennzeichnend sind Pflanzen mit stark entwickelten Blattrosetten, Polsterwuchs u. kurzen Stengeln (z. B. Enziangewächse, Steinbrecharten, Primelgewächse). Man unterscheidet verschiedene Gesellschaftsverbände; 1) auf Kalk: die alpischen Blaugrasrasen auf trokkenen Rendzinen, die Rostseggenrasen auf frischeren Mergelhängen u. die Nacktriedrasen auf windexponierten u. daher schneefreien Kuppen u. Graten; 2) auf Silicat: die Krummseggenrasen, die v. a. in der hochalpinen u. nivalen Stufe der Zentralalpen zu finden sind. An Stellen, auf denen der Schnee lange liegen bleibt u. die im Sommer ständig v. Schmelzwasser durchflossen werden, bilden sich die Schneetälchengesellschaften aus, deren typ. Vertreter die Alpenglöckchen sind. Auf Schutthalden entstehen die Schutthaldengesell-

Alpenrachen

schaften. Auslesende Faktoren an diesem Standort sind mechan. Beanspruchung der Wurzeln, Feinerdearmut u. daher geringe Wasserspeicherkraft u. häufige Verletzung. Hier wachsen z. B. alpines Täschelkraut, alpiner Mohn, Alpenleinkraut u. alpines Weidenröschen. B .

Alpenrachen, *Tozzia,* Gatt. der Braunwurzgewächse mit 2 Arten. Der Gemeine A. *(T. alpina)* ist ein ausdauerndes, bis 50 cm hohes Kraut mit gegenständ., eiförm., spitzen, grob gesägten, glänzenden Laubblättern u. in lockeren end- oder seitenständ. Trauben sitzenden Blüten, deren goldgelbe Krone eine purpurn punktierte Unterlippe besitzt. Der A. wächst in den höheren Voralpen u. Alpen auf Quellfluren, entlang v. Bächen u. im Hochstaudengebüsch, vorwiegend auf kalkhaltigem Untergrund.

Alpenrose, *Rhododendron,* mit ca. 1200 Arten größte Gatt. der Heidekrautgewächse, die v. a. in den Gebirgen Zentral- u. SO-Asiens (SW-China, östl. Himalaja, Neuguinea u. Japan), aber auch im gemäßigten N-Amerika u. Europa beheimatet ist u. dort vielfach das Bild der Vegetation prägt. A.n sind meist immergrüne Sträucher od. Bäume mit wechselständ., ganzrand., oft ledrigen Blättern u. violetten, roten, gelben od. weißen, einzeln od. in reichblüt., endständ. Doldentrauben zusammenstehenden Blüten, mit 4–5 häufig verwachsenen Kronblättern. Blätter wie Blüten sind oft mit hellen od. braunen, drüsigen Schuppenhaaren besetzt. Manche Arten der A., z. B. die in Portugal, Kleinasien u. im Kaukasus heimische Pontische A. *(R. ponticum),* enthalten das giftige *Andromedotoxin,* ein Diterpen, das nicht nur in den Blättern, sondern auch im Nektar der Pflanze enthalten sein kann. Vergiftungen durch entsprechenden Honig („Gifthonig") sind bereits seit dem Altertum bekannt. Zahlr. Rhododendronarten werden wegen ihrer prächtigen Blüten als Ziersträucher gezüchtet. Die in erster Linie von *R. maximum* (östl. N-Amerika) und *R. arboretum* (Zentralhimalaja) abstammenden immergrünen Hybriden sind im allg. winterhart, gedeihen jedoch bes. gut in regenreichen, wintermilden Gebieten. Die meist kleinblättrigen, laubwerfenden Rhododendron-Sträucher werden im allg. als *Azaleen* bezeichnet; zu ihnen gehören u. a. *R. molle* (orange blühend), *R. luteum* (gelb blühend) u. auch die seit langem kultivierte, nicht winterharte, während des Winters im Zimmer in vielen verschiedenen Farbtönen v. weiß bis dunkelviolett blühende Topfazalee; sie soll durch zahlr. Kreuzungen aus der in China u. Japan heim. Art *R. simsii* entstanden sein, die um 1800 zum ersten Mal nach Europa gelangte. Bei uns heim. Rhododendron-Arten sind: *R. hirsutum,* die Behaarte A., ein auf meist kalkreichem Substrat lebender, bis 1 m hoher Strauch mit immergrünen, eiförm., ledrigen, beiderseits grünen, langhaarig bewimperten, ca. 2 cm langen Blättern u. leuchtend hellroten, glockig-trichterförm., außen mit gelbl. Drüsenschuppen besetzten, zu 3–10 in endständ. Doldentrauben zusammenstehenden Blüten, sowie die auf humosen, kalkarmen Böden wachsende Rostrote A. (*R. ferrugineum,* B Alpenpflanzen), deren an den Zweigenden büschelig gehäufte, nicht bewimperte, am Rande eingerollte, bis 4 cm lange Blätter unterseits mit zunächst gelbgrünen, später rostroten Drüsenschuppen besetzt sind. Die Blüten dieser Art sind dunkelrot bis purpurn u. besitzen keine Drüsenschuppen. Beide A.n sind ein klass. Beispiel für edaphische Vikarianz, d. h. die räuml. Ablösung einer Art durch eine andere, eng verwandte, jedoch an andere Bodenverhältnisse angepaßte Art. Sie stehen in Dtl. unter Naturschutz u. sind in lichten Wäldern nahe der Waldgrenze sowie in Zwergstrauchheiden bis ca. 2500 m Höhe anzutreffen. Die Behaarte A. gilt als Charakterart des *Rhododendro-Mugetums,* die Rostrote A. als Charakterart des *Rhododendro-Vaccinietums.* Während erstere im wesentlichen auf das mitteleur. Alpensystem beschränkt ist, kommt letztere auch in einigen Gebirgen S-Europas vor.

Alpenrosenäpfel, Gallen auf *Rhododendron ferrugineum,* die durch *Exobasidium rhododendrii* (Ord. Exobasidiales) hervorgerufen werden.

Alpenrosen-Gesellschaft, *Rhododendro (ferruginei)-Vaccinietum,* Assoziation des ↗ Rhododendro-Vaccinion.

Alpensalamander, *Salamandra atra,* naher Verwandter des Feuersalamanders (Fam. *Salamandridae*), aber kleiner als dieser (Länge bis 16 cm) u. ganz schwarz, ohne Flecken; Haut glänzend, mit Querfurchen an den Rumpfseiten, Ohrdrüsen stark hervortretend; Männchen schlanker als Weibchen. Lebt in den Alpen in 700–3000 m Höhe, tagsüber meist unter Steinen verborgen. Die Paarung erfolgt auf dem Land, ähnlich wie beim Feuersalamander, Tragzeit 2 bis 3 Jahre. Es entwickeln sich stets nur 2 Embryonen, in jedem Uterus einer,

Alpensalamander *(Salamandra atra)*

Alpenpflanzen

1 Spinnwebenhauswurz *(Sempervivum arachnoideum)*, **2** Gletscherhahnenfuß *(Ranunculus glacialis)*, **3** Alpenaster *(Aster alpinus)*, **4** Alpennelke *(Dianthus alpinus)*, **5** Silberwurz *(Dryas octopetala)*, **6** Steinröschen *(Daphne striata)*, **7** Zwergprimel *(Primula minima)*, **8** Bündner Alpenmohn *(Papaver rhaeticum)*, **9** Breitblättriger Enzian *(Gentiana kochiana)*, **10** Schwarzes Kohlröschen *(Nigritella nigra)*, **11** Rostblättrige Alpenrose *(Rhododendron ferrugineum)*, **12** Edelweiß *(Leontopodium alpinum)*, **13** Alpenklee *(Trifolium alpinum)*, **14** Zwergmannsschild *(Androsace chamaejasme)*, **15** Echter Speik *(Valeriana celtica)*, **16** Alpenglöckchen *(Soldanella alpina)*, **17** Alpenleinkraut *(Linaria alpina)*.

Alpenscharte

Alpentiere

montane und subalpine Stufe

Tannenhäher *(Nucifraga caryocatactes)*
Auerhuhn *(Tetrao urogallus)*
Steinadler *(Aquila chrysaetos)*
Natterwurz-Perlmutterfalter *(Clossiana titania)*

montane bis einschließlich alpine Stufe

Ringdrossel *(Turdus torquatus alpestris)*
Bergeidechse *(Lacerta vivipara)*
Kreuzotter *(Vipera berus)*

subalpine und alpine Stufe

Murmeltier *(Marmota marmota)*
Schneehase *(Lepus timidus)*
Kolkrabe *(Corvus corax)*
Alpendohle *(Pyrrhocorax graculus)*
Mornellregenpfeifer *(Eudromias morinellus)*
Alpensalamander *(Salamandra atra)*
Alpenapollofalter *(Parnassius phoebus)*

alpine und subnivale Stufe

Steinbock *(Capra ibex ibex)*
Gemse *(Rupicapra rupicapra)*
Schneemaus *(Microtus nivalis)*
Alpenschneehuhn *(Lagopus mutus)*
Schneefink *(Montifringilla nivalis)*
Heller Alpenbläuling *(Albulina orbitulus)*
Eismohrenfalter *(Erebia pluto)*
Alpenhummel *(Bombus alpinus)*

nivale Stufe

Gletscherflinkläufer *(Trechus glacialis)*
Gletscherfloh *(Isotoma saltans)*

die als vollentwickelte Jungtiere geboren werden. Die intrauterinen Larven (mit sehr langen Kiemen u. funktionstücht. Sinnesorganen) ernähren sich zuerst v. Geschwistereiern, später v. zerfallendem Zellmaterial, das v. einer spezialisierten Zona trophica der Uteri geliefert wird.

Alpenscharte, *Saussurea,* Gatt. der Korbblütler mit ca. 250 Arten. Ausdauernde, kraut. Gewächse mit oft filzig behaarten, wechselständ. Laubblättern u. einzeln oder traubig stehenden, blauen od. violetten Blütenköpfchen. Hauptsächlich in den zentralasiat. Hochgebirgen beheimatet, sind nur wenige Arten auch in N-Amerika, Australien u. Europa zu finden. Am bekanntesten ist hier die Echte A. *(S. alpina),* eine 20–40 cm hohe Staude, deren violett-rote, duftende Blütenköpfchen zu 5–10 in Doldentrauben zusammenstehen. Sie wächst meist vereinzelt in alpinen u. hochalpinen Rasen- u. niederen Zwergstrauchgesellschaften v. a. in wind- u. schneegefegten Gratlagen u. liebt kalkarme Böden. Charakterart des *Elynetums.* Ebenfalls in den Alpen zu finden sind die nach der ↗ Roten Liste „potentiell gefährdete" Zweifarbige A. *(S. discolor)* u. die „stark gefährdete" Zwerg-A. *(S. pygmaea);* ihre Standorte sind steinige Matten, Felsschutt od. Felsspalten.

Alpentiere, Sammelbez. für v. a. in den Alpen vorkommende Tierarten. Die Artenzusammensetzung ist stark geprägt v. den pleistozänen Eiszeiten. Nur wenige präglaziale Formen, von denen viele aus innerasiat. Gebirgen nach der tertiären Auffaltung der Alpen eingewandert waren, konnten die extremen Klimaschwankungen in den Gebieten der gletscherfrei gebliebenen „massifs de refuge" überstehen. Beispiele finden sich v. a. unter den wenigen vagilen, widerstandsfähigeren Bodenbewohnern, darunter Schnecken, wie *Cylindrus obtusus,* od. unter den Käfern z. B. Vertreter der Carabiden-Gatt. *Trechus.* Der Inselcharakter der Rückzugsgebiete führte bei solchen Formen häufig zu einer Differenzierung der voneinander isolierten Teilpopulationen. Eine Ausbreitungsschranke stellen die Alpen auch für die Süßwasserfauna dar. Fische wie Nase *(Chondrostoma nasus)* u. Laube *(Alburnus alburnus)* der nördl. Flüsse werden südl. der Alpen durch *Ch. soetta* u. *A. alborella* vertreten. Etliche der heutigen Arten gelangten während der Eiszeiten aus arkt. Gebieten in die südlicheren Hochgebirge. Beim Rückgang der Gletscher bildeten sich dann die charakterist. Arealdisjunktionen heraus. Tundrenelemente wie Ringdrossel, Schneehase u. Schneehuhn kommen heute arkto-alpin verbreitet vor, während Bewohner der Taiga, wie der Tannenhäher od. der Perlmutterfalter *Clossiana titania,* den boreo-alpinen Verbreitungstyp repräsentieren. Im Zuge dieser Faunenverschiebungen gelangten viele Arten auch in die anderen westpaläarkt. Gebirge. So drang das Murmeltier aus Mittelasien über die Karpaten in die Alpen u. bis in die Pyrenäen vor. Gemse u. Schneehuhn besiedeln ebenfalls die Pyrenäen. Zu den sog. A.n zählen somit Arten völlig unterschiedl. Ursprungs. Außerdem bieten die Wälder bis zur subnivalen Stufe Tieren verschiedenster Gruppen noch Lebensmöglichkeiten, deren Hauptverbreitungsgebiet die angrenzenden Areale tieferer Lagen sind. Sie können somit nicht als A. bezeichnet werden, auch wenn sie wie der Gemeine Regenwurm bis auf 2600 m Höhe vorkommen können. Hierher zurückgezogen haben sich infolge menschl. Einflusses Auerhuhn, Kolkrabe, Steinadler u. vorübergehend der Luchs. Erst beim Überschreiten der alpinen Höhenstufe, gekennzeichnet durch den Übergang vom Wald zum offenen Gelände der Matten u. Dikotylen-Polster, treten Arten stärker in Erscheinung, die ausgezeichnet durch bes. Anpassungen an das Areal als eigentl. A. bezeichnet werden können. Der Alpensalamander u. als einzige Reptilien Bergeidechse u. Kreuzotter konnten als vivipare Formen in diese Region vordringen. Unter den Insekten finden sich in dieser Stufe bes. häufig die mit einem haarähnl. Pelz ausgestatteten Hummeln u. unter den Schmetterlingen dunkle Formen, wie die Mohrenfalter der Gatt. *Erebia.* Ihre stärkere Pigmentierung soll einer verbesserten Wärmeabsorption dienen. Aber auch die helleren Arten, wie Alpenbläuling u. Alpenapollo, sind noch bis in 3000 m Höhe zu sehen. Auffallend ist das Fehlen der Radnetzspinnen, deren Bauwerke den mit steigender Höhe zunehmenden Windstärken nicht mehr standhalten sollen. Das zahlenmäßige Zurücktreten der Fluginsekten mag hierfür einen weiteren Grund liefern. Dem extremen, monatelangen Winter entziehen sich etliche Arten durch jahreszeitl. Wanderungen. Der Mornellregenpfeifer überwintert in Nordafrika, der Schneefink zieht wie die Gemse lediglich in die bewaldete Zone hinab, während die Alpendohle häufig scharenweise bis in die Täler vordringt. Alpenmurmeltier u. Schneemaus hingegen bleiben in der alpinen Stufe. Beide ziehen sich unter die temperaturisolierende Schneedecke zurück, das Murmeltier, um in der Familiengruppe Winterschlaf zu halten, während die kleine Schneemaus aktiv bleibt und sich von ihrem Vorratslager, aber auch von frischen

Wurzeln ernährt. Die saisondimorphen Alpenschneehase u. Alpenschneehuhn, die wie die Gemse durch bes. Ausgestaltung der Trittflächen vor dem Einsinken in den Schnee bewahrt werden, entziehen sich dem Blick durch ihre weiße Tarntracht. Nachdem Luchs u. Wolf sowie Bart- u. Gänsegeier ausgerottet sind, bleiben nur wenige zu täuschende Räuber, wie die letzten bei der Jagd flach über den Boden streichenden Steinadler. Im Ggs. zur schneefreudigen Gemse bevorzugt der Alpensteinbock, ein äußerst gewandter Kletterer, die aperen Stellen der steilsten Felswände. Fast ausgerottet, gelang es, ihn im Gebiet des Gran Paradiso wirksam zu schützen u. später andernorts auch wiedereinzubürgern. Ebenso beeindruckend einer der Kleinsten, der Gletscherfloh, ein Collembole, der sein ganzes Leben auf Schnee u. Eis zubringt. Der behaarte, schwarz gefärbte Winzling ernährt sich v. a. von Pollenstaub, der mit den Aufwinden aus den Nadelwäldern nach oben gelangt. Er selbst stellt die Beute zahlreicher räuber. Milben (z. B. *Bdellidae*) dar. Viel bedrohlichere Gefahren als der strengste Winter birgt für die meisten Arten der zunehmende Tourismus. Ruhestörungen u. einschneidende Landschaftsveränderungen bedrohen den Fortbestand ihres Lebensraums. H. F.

Alpenveilchen, *Cyclamen,* Gatt. der Primelgewächse, ist mit ca. 20 Arten in den Alpen und insbes. im östl. Mittelmeergebiet bis nach Transkaukasien beheimatet. Die niedrige, ausdauernde Staude besitzt einen knolligen, kugel- bis scheibenförm., v. einer Korkschicht od. von Haaren umgebenen Wurzelstock u. grundständ., langgestielte, herz- bis nierenförm., oft ledrige, am Rande schwach gekerbte Laubblätter. Ihre dunkelgrüne Oberseite weist meist charakteristische hellgrüne bis silbrige, durch Lufträume im Palisadengewebe hervorgerufene Muster auf, während die Unterseite oftmals rötlich gefärbt ist. Die langgestielten, einzeln stehenden, oftmals stark duftenden, nickenden, meist erst nach mehreren Wachstumsperioden erscheinenden Blüten sind weiß od. rosa bis purpurfarben u. besitzen eine am Grund zu einer kugeligen Röhre verwachsene Krone mit 5 lanzettl., scharf zurückgeschlagenen Zipfeln. Die großen Samen werden durch Ameisen verbreitet (Myrmekochorie). Einzige in Dtl. vorkommende A.-Art ist das seltene u. daher geschützte, in der ↗Roten Liste als „potentiell gefährdet" eingestufte Europäische A. *(C. purpurascens, C. europaeum)*, das an warmen, eher schattigen Stellen in den Laubmischwäldern der Alpen, auf steinigen, humusreichen Kalkböden zu finden ist. Blütezeit sind der Spätsommer u. Frühherbst. Der Wurzelstock des Europäischen A.s ist wegen des darin enthaltenen Saponins *(Cyclamin)* sehr giftig. Einige Arten des A.s werden seit langem als Zierpflanzen kultiviert. Die heute in verschiedenen Kultursorten weit verbreiteten Topfpflanzen stammen hauptsächlich v. dem im östl. Mittelmeergebiet u. Kleinasien beheimateten *C. persicum* ab. Diese Hybriden besitzen größere Blüten mit bisweilen gewellten, gefransten od. gezähnten Kronblättern u. blühen im Ggs. zu anderen Arten im Winter u. Frühjahr. Im Garten kultiviert wird u. a. auch das aus dem Mittelmeergebiet stammende Neapolitanische A. *(C. neapolitanum)*. B Europa XX.

Alpha-Blocker, *Alpha-Rezeptoren-Blocker,* spezifische, zu den Sympathikolytika gehörende Pharmaka, die in niedrigen Konzentrationen die Wirkung der Catecholamine Noradrenalin, Adrenalin u. Isoproterenol auf adrenerge Rezeptoren der glatten Muskelzelle selektiv blockieren. Die Blockade der Alpha-Rezeptoren an der Gefäßwand hebt die vasokonstriktor. Effekte auf. Typischer A. ist Phenoxybenzamin.

Alpha-Herpesviren U.-Fam. *Alphaherpesvirinae* der ↗Herpesviren.

Alphastrahlen [v. *alpha-], α-Strahlen, Korpuskularstrahlung aus doppelt positiv geladenen Heliumatomkernen *(Alphateilchen,* $_2^4 He$), entstehen natürlich beim radioaktiven Zerfall u. werden künstlich z. B. aus Neptunium-, Plutonium-, Fermium-Isotopen u. in Teilchenbeschleunigern erhalten. 1 Gramm reines Radium sendet pro Sekunde $3,7 \cdot 10^{10}$ Alphateilchen mit der Energie 4,9 Mill. Elektronvolt (MeV) u. einer Geschwindigkeit v. 15000 km/s aus. Reichweite in Luft wenige cm. Künstl. A. haben Energien v. einigen 100 MeV u. Geschwindigkeiten in der Nähe der Lichtgeschwindigkeit. Aufgrund ihres hohen Ionisierungsvermögens wirken A. auf biol. Gewebe schädigend; ihre ↗relative biol. Wirksamkeit (RBW) beträgt 20. Sie lassen sich durch Stoffe hoher Dichte, z. B. Blei od. Eisen, abschirmen. Der Nachweis von A. erfolgt z. B. durch photograph. Schicht, Nebelkammer, Szintillation, Zählrohr.

Alphatier [v. *alpha-], Individuum, das in einer sozialen Rangordnung den obersten Platz einnimmt.

Alphaviren [v. *alpha-, lat. virus = Gift], Arbovirus-Gruppe A, Gatt. *Alphavirus* der ↗Togaviren.

Alpheus *m* [ben. nach dem gr. Fluß(gott) Alpheios], die ↗Knallkrebse.

alpidische Ära, bezeichnet nach dem Alpengebirge eine weltweite Gebirgsfaltung

alpidische Ära

alpha- [v. gr. alpha (α) = A, als gr. Zahlzeichen = 1].

Alpenveilchen

Schon geringe Mengen des im Wurzelstock des A.s enthaltenen Saponins führen zu Erbrechen, Magenschmerzen u. Durchfällen; bei größeren Mengen kommen Krämpfe u. Lähmungen hinzu, wobei Atemlähmung zum Tode führen kann.

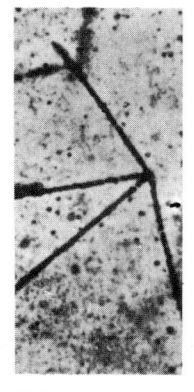

Alphastrahlen

Alphaspuren in Kernphotoplatte

alpin

zw. der oberen Trias (vor ≈ 195 Mill. Jahren) bis heute; Hauptfaltungsphasen im Alttertiär.

alpin, Bez. für die Höhenstufe oberhalb der alpinen Waldgrenze bis zur nivalen Stufe.

alpine Baumgrenze, Höhenlinie, an der die maximale Wuchshöhe der Bäume unter die mittlere Schneehöhe sinkt u. die alpine Stufe beginnt. Nach neuerer Auffassung war die a. B. ursprünglich identisch mit der Waldgrenze, da vor dem Eingriff des Menschen (anders als im Bereich der polaren Waldgrenze) keine offenen Bestände oder einzelne Baumgruppen existierten. Die Verjüngung der Bäume im Bereich der Waldgrenze erfolgt häufig durch Ausläufer oder wurzelnde Äste u. nicht durch Samen. In den Zentralalpen bilden Arve u. Lärche bei etwa 2400 m die a. B., in den niederschlagsreichen Nordalpen die Fichte bei etwa 2000 m.

alpine Blaugras-Halden ↗ Seslerion variae.

alpine Böden ↗ arktische Böden.

alpine Hochstaudenfluren, *Adenostylo-Cicerbitetum,* Assoz. der ↗ Betulo-Adenostyletea.

alpine Kalkrasen ↗ Seslerietea variae.

alpine Täschelkraut-Halde, *Thlaspietum rotundifolii,* Assoz. der ↗ Thlaspietalia rotundifolii.

alpine Trias, von F. v. Hauer 1853 geprägte Bez. für die pelagische Faziesausbildung der triadischen Gesteine im Bereich der alpinen Geosynklinale. Ggs.: überwiegend kontinentale Fazies der germanischen ↗ Trias.

Alpinia *w* [ben. nach dem it. Bot. P. Alpini, 1553–1617], *Galgant,* mit ca. 250 Arten größte Gatt. der Ingwergewächse, verbreitet überwiegend im trop. Asien. Zu dieser Gatt. gehören beliebte u. in den Tropen weit verbreitete Zierpflanzen. Die bekannteste ist *A. speciosa* mit langem, überhängendem Blütenstand, weißer Blütenhülle u. gefärbtem Labellum (bestehend aus 2 verwachsenen, reduzierten Staubblättern). Von medizin. Bedeutung ist *A. officinarum* (B Kulturpflanzen VIII), der Echte Galgant, der aus S-China stammt u. dort, sowie in Thailand, angebaut wird. Das Rhizom enthält *Galangin* u. *Alpinol,* 2 scharfschmekkende Stoffe, außerdem äther. Öle. Man bereitet daraus ein Gewürz, das einen wicht. Bestandteil v. Magenlikören u. Curry bildet.

Alpinum *s,* Steingarten an beliebigem Standort zur Beobachtung u. Pflege v. Alpenpflanzen. ↗ Alpengärten.

alpisch, in der alpinen Höhenstufe der Alpen (ohne andere eur. Hochgebirge) vorkommend.

Alraune *w* [ahd. alrūn(a), wahrscheinlich v. alb = Kobold, Alp u. runen = heiml. reden,

Alraune
Die stark gift. *Mandragora officinarum,* die insbes. die Alkaloide Atropin, Hyoscyamin, Scopolamin enthält, war schon den alten Ägyptern bekannt u. spielte im antiken Griechenland sowie im Mittelalter eine bedeutende Rolle in Heilkunst u. Magie. Ihre narkotisierende Wirkung war Anlaß zur Verwendung als Beruhigungs- u. Betäubungsmittel. Die v.a. durch Atropin u. Hyoscyamin hervorgerufenen Erregungszustände mit Halluzinationen (Fliegen, Gespenstersehen usw.) u. die sexuell stimulierenden Eigenschaften der Droge führten zu ihrer Anwendung als Liebestrank (Aphrodisiakum) u. Zaubermittel (Bestandteil v. Hexensalben). Aus den oftmals menschenähnlich gestalteten A.wurzeln schnitzte man Figuren (A.männlein u. -weiblein), die als Abwehrmittel gg. böse Geister angesehen u. daher als glückbringende Zaubermittel gehandelt wurden.

Alraunwurzel

Alraune aus „Hortus sanitatis", deutsch 1485

flüstern (Hinweis auf mag. Wirkung der Pflanze)], *Mandragora,* Gatt. der Nachtschattengewächse mit 4–6 Arten, deren Areal sich v. Mittelmeerraum über SW-Asien bis zum Himalaja erstreckt. Von bes. Interesse ist die in Europa u. dem Nahen Osten heim. *M. officinarum,* eine ausdauernde kraut. Pflanze mit einer 60–90 cm langen, bis 4 cm dicken, meist gabelig gespaltenen Wurzel u. rosettenförmig angeordneten, kurzstiel., breit-eiförm., bis ca. 30 cm langen Blättern sowie gestielten, ca. 3 cm langen, grünlich-weißen, 5zipflig-glockenförm., Blüten, aus denen etwa tomatengroße, stark duftende gelbe Beeren entstehen. B Mediterranregion IV.

Alsen, *Alosa,* Gatt. der Heringe mit ca. 5 Arten; diese heringsähnl. Schwarmfische mit radiär gestreiften Kiemendeckeln leben an den Küsten nördl. Meere u. steigen zum Laichen in die Flüsse auf (anadrome Wanderfische). In eur. Binnengewässern (im Rhein bis Basel) erschienen fr. regelmäßig die ca. 50 cm lange Alse od. der Maifisch *(A. alosa)* u. die etwas kleinere Finte *(A. fallax);* beide haben seitlich schwarze Flekken, die Alse 1–5, die Finte 6–10; vorwiegend durch Wasserverschmutzung sind beide heute selten. B Fische III.

Alsia *w* [v. gr. alsos = Hain, Wald], Gatt. der ↗ Leucodontaceae.

Alsodes *m* [gr., = buschig], Gatt. der Südfrösche (U.-Fam. *Telmatobiinae);* mehrere mittelgroße (40–65 mm) Arten, krötenähnlich, aber mit glatter Haut, die in den Anden Chiles u. Argentiniens in 1500–2500 m Höhe an u. in Bächen, Quellen u. Seen leben. Früher wurden die A. in die Gatt. *Eupsophus* gestellt. Männchen mit auffallenden, schwarzen, hornigen Dornen auf der Oberseite der beiden ersten Finger u. an der Brust. Eier werden im Wasser unter Steinen abgelegt. Über die Biologie der A. ist wenig bekannt.

Alsophila *w* [v. gr. alsos = Hain, Wald, philē = Freundin], Gatt. der ↗ Cyatheaceae.

Alstroemeria *w* [ben. nach dem schwed. Botaniker C. Alströmer, 1736–94], Gatt. der ↗ Amaryllisgewächse.

Altaimaral, asiat. U.-Art des ↗ Rothirschs.

Alter ↗ Lebensdauer.

Altern, in biol. Sicht jede nicht reversible Veränderung im Bereich der Lebensvorgänge als Funktion der Zeit. Da solche Veränderungen während des gesamten Lebens stattfinden, spricht man auch v. *Biomorphose* (M. Bürger) als einer Veränderungsreihe, die das Leben v. der Keimzelle bis zum Tod umfaßt. Wenn auch verschiedentlich synonym gebraucht, sollte der Begriff *Seneszenz* v. dem des A.s getrennt u. mit ihm nur die Periode degenerativer Veränderungen u. funktioneller

Verluste in höherem Lebensalter (im allg. nach der Reproduktion) bezeichnet werden. Die *Phänomenologie des A.s* ist für viele Lebewesen detailliert bekannt, z.B. der vorprogrammierte Ablauf von A. u. Absterben bei einer einjährigen *Pflanze*: In strikter Reihenfolge folgen Keimung des Samens, Heranwachsen zur Adultform u. Blüte aufeinander u. sofort nach dem Fruchten u. erfolgreicher Ausbildung der neuen Samen das Absterben der Pflanze. Greift man experimentell in den Verlauf dieses Programms ein, indem man z.B. das Fruchten durch Abpflücken der Blüten verhindert, so läßt sich die Lebensdauer der Pflanze wesentlich verlängern. Auch der Lebensverlauf mehrjähriger Pflanzen unterliegt einem solchen Programm: Das zweijährige Bilsenkraut etwa gelangt nur zur Blütenbildung, wenn es einer Kälteperiode ausgesetzt (vernalisiert) wurde. Wird es nun im Gewächshaus bei gleichmäßig hoher Temp. kultiviert, so kann es jahrelang vegetativ weiterwachsen, da das entscheidende Signal zur Alterung, das offenbar v. den Blüten od. jungen Früchten ausgeht, ausbleibt. Altert u. stirbt bei den eben erwähnten *hapaxanthen Pflanzen* nach erfolgreichem Blühen u. Fruchten das gesamte Individuum, so ist bei den *pollakanthen Pflanzen* der Alterungsprozeß auf bestimmte Organe beschränkt (z.B. herbstl. Laubfall bei sommergrünen Pflanzen). Doch auch bei den langlebigen baumart. Angio- u. Gymnospermen ist die maximale ↗Lebensdauer des gesamten Organismus recht präzise definiert. Schon die hier zu beobachtenden großen Unterschiede beim maximal erreichbaren Alter der Bäume (beim Mammutbaum bis über 4000 Jahre) stützen die Annahme, daß diese biol. Größe im Genom der Organismen verankert ist. Einige Botaniker zählen die Bäume zu den potentiell unsterbl. Organismen. Mit dem Kambium besitzen diese eine teilungsaktive Zellschicht, die nach außen u. innen permanent Zellen abgibt, u. an den Spitzen sämtl. Haupt- u. Seitentriebe sowie im Wurzelbereich befinden sich meristemat. Zellen. Auch ein mehrere tausend Jahre alter Mammutbaum wächst also noch, u. die Nadeln u. Früchte, die ein solcher Baum jährlich produziert, gleichen denen junger Bäume u. zeigen keine Alterungssymptome. Über Stecklinge od. Pfropfreiser lassen sich schließlich wieder „junge" Pflanzen ziehen, deren teilungsfähige Zellagen mit Teilen des alten Baumes sozusagen identisch sind. Viele Obstsorten werden so seit vielen Jh. vermehrt. Als Beispiel für potentiell unsterbl. Organismen werden häufig Einzeller aus dem Pflanzen- u. Tierreich sowie die Prokaryoten angeführt. (Dies ist jedoch nicht ganz zutreffend, weil es sich bei den Teilungsprodukten nicht um dasselbe Individuum, sondern um seine ungeschlechtlich erzeugten Nachkommen handelt.) Sind aber nach einer Teilung v. Einzellern die neu entstandenen Zellen nicht identisch (z.B. Knospung bei Hefen), so sind auch hier A. und Tod realisiert: Die Teilungsaktivität der Mutterzelle hört nach maximal 20 Teilungen auf, u. sie stirbt ab. Bei *Tieren* ist vom A. und Tod immer der Gesamtorganismus betroffen, wenngleich einzelne Organe früher altern können (z.B. Genitaltrakt weibl. Säuger). Wie bei den hapaxanthen Pflanzen findet man bei vielen Tierarten eine enge Kopplung zw. Fortpflanzung, A. und Tod (Beispiele: Lachs u. Aal, auch viele Insekten sterben unmittelbar nach Befruchtung bzw. Eiablage). Vor allem Wirbeltiere durchlaufen jedoch mehrere Fortpflanzungszyklen u. betreiben ausgedehnte Brutpflege. Diesem biol. Bedürfnis der Jungenaufzucht scheinen Alterungsvorgang bzw. Zeitpunkt des Todes angepaßt zu sein. Auch beim *Menschen* kann man eine solche Korrelation beobachten: Nach dem Klimakterium bleiben noch etwa 20 Jahre, um die spät geborenen Kinder aufzuziehen. Von zentralem Interesse in der *A.sforschung (Gerontologie)* ist die Frage nach der Möglichkeit, die Lebensspanne der Organismen zu verlängern. Neben Beispielen aus dem Pflanzenreich liegen auch positive Ergebnisse v. Tierversuchen vor. Man muß hierbei allerdings strikt unterscheiden zw. einer Verlängerung der Lebensspanne aufgrund einer verminderten Alterungsrate u. einer Verlängerung, die auf einer verminderten alterungsabhängigen Anfälligkeit gegenüber Krankheiten beruht. Nur in ganz wenigen Ausnahmen konnte tatsächlich die Geschwindigkeit der Alterungsvorgänge verlangsamt werden, etwa bei Unterkühlungsversuchen mit wechselwarmen Tieren (reduzierter Stoffwechsel). Ähnliches gilt für McCays Versuche an Ratten, die durch qualitativ vollwertige, quantitativ u. kalorienmäßig verminderte Diät eine Verdoppelung der Lebensdauer der Versuchstiere erzielten. Da auch der Eintritt der Geschlechtsreife verzögert wurde u. nicht alle Organe langsamer alterten (z.B. Knochen u. Augen nicht), ist diese *Theorie vom reduzierten Stoffwechsel* eher als massive Wachstumshemmung zu interpretieren. Auch die heute beobachtbare höhere Lebenserwartung des Menschen (z.B. in den USA doppelt so hoch wie vor 100 Jahren) kann nicht als Zunahme des Höchstalters gedeutet werden. Vielmehr hat die Wahrscheinlichkeit zuge-

Altern beim Menschen

Eine ganze Palette v. diagnost. Parametern, die mit dem A. beim Menschen einhergehen, sind allg. geläufig. So zielt etwa die alte Volksweisheit, daß der Mensch so alt sei wie seine Arterien, auf die Tatsache hin, daß mit fortschreitendem A. die Schlagadern durch Ablagerungen v. Fett (Lipoproteine) u. Kalk starr u. spröde werden. Die daraus resultierende Arteriosklerose führt schließlich irreversibel zum A. und Tod. Auch Organe mit nicht mehr teilungsfähigen Zellen, wie Nervenzellen, u. solche Organe, die v. außen nach innen wachsen u. den Ausfall zentraler Strukturen nicht ersetzen können, erleiden sukzessive Dauerveränderungen (z.B. Rippenknorpel, Augenlinse). Allg. nehmen die voll funktionstüchtig. Gewebe und elast. Elemente im alternden Organismus ab, während der Bindegewebsanteil zunimmt. Die Körpergröße sowie das Gewicht vieler Organe v. zentraler Bedeutung (Leber, Niere, Lunge, Gehirn, Muskulatur) nehmen ab, das Herz hypertrophiert oft. Durch Verknöcherung der Rippenknorpel u. Veränderungen der Wirbelsäule vermindert sich das Fassungsvermögen der Lunge. Die Haut erleidet strukturelle Veränderungen, die Wundheilung braucht länger. Weiterhin auffallend sind Zerfall des Gebisses, Ergrauen u. Ausfallen der Haare. – Das *geistige A.* ist wesentlich differenzierter zu beurteilen, als es häufig getan wird. Statt eines Leistungsabfalls wird bei vielen Menschen eine Leistungsverschiebung beobachtet. Überdies ist die geistige Schaffenskraft im Alter stärker als vorher vom allg.

Altern

Gesundheitszustand u. der sozialen Umgebung abhängig. Eine Rolle spielen Ausgangsbegabung, Schulbildung, Lernerfahrung, berufl. Training, stimulierende Umgebung. Der Leistungsabbau ist abhängig v. der ursprüngl. Leistungsstärke. Ältere Menschen benötigen mehr Zeit, um zu optimalen Leistungen zu gelangen; die Fähigkeit, zu verallgemeinern, nimmt ab und damit die Ichbezogenheit zu, die Reaktionszeiten sind erhöht, das Kurzzeitgedächtnis nicht, aber das Langzeitgedächtnis geschwächt. Die Merkfähigkeit ist beim gesunden alten Menschen wenig verändert, aber sehr labil gegenüber der Umwelt (Krankheitseinflüsse). Sprachliche Leistungen sind ebenso wie kreative Fähigkeiten kaum beeinträchtigt.

nommen, ein hohes Alter zu erreichen (Abnahme der Säuglings- u. Kindersterblichkeit u. Infektionskrankheiten, verbesserte Hygiene u. med. Versorgung). Eine Reihe v. Tierversuchen haben aber gezeigt, daß die Applikation bestimmter Stoffe eine Lebensverlängerung bewirkt: Centrophenoxin verlängert das Leben v. Ratten u. Mäusen um 30–40% (möglicherweise aufgrund der Funktionserhaltung v. Gehirnzellen durch Abbau des Alterspigments Lipofuscin). Antioxidantien (Oxidation verhindernde chem. Verwandte des Vitamins E) wirken auf Labortiere lebensverlängernd (sollen Entstehung schädl. zellulärer Abfallprodukte verhindern); Heparin (Mittel gg. Blutgerinnung) ließ Ratten um 90% älter werden als Kontrolltiere. Ob sich jedoch mit diesen u. einer Reihe weiterer Stoffe (u. a. bestimmte Aminosäuren, Hormone) auch das Leben des Menschen beeinflussen läßt, ist ungewiß; auch ist wegen der Gefahr gravierender Nebenwirkungen ihre therapeut. Eignung zweifelhaft. Überdies sind alle diese u. ähnl. Versuche, auch an Wirbellosen, nicht unwidersprochen geblieben. Die in der Presse kursierenden angebl. Höchstalter v. Menschen (120–140 Jahre) werden v. seriösen Gerontologen skeptisch betrachtet; der nachgewiesenermaßen älteste Mensch bisher ist 115 Jahre alt geworden. *A.stheorien*: Die Vielzahl der Befunde u. der daraus resultierenden Theorien, die in neuerer Zeit zur kausalen Erklärung des A.s formuliert wurden, läßt sich in zwei unterschiedl. Konzepte einordnen: Einerseits nimmt man ein Programm für den Alterungsprozeß an, das genetisch fixiert sei; andererseits wollen die Verfechter der Katastrophentheorie (s. u.) das A. mit zunehmenden u. schließlich nicht mehr korrigierbaren Entgleisungen des Stoffwechsels erklären. Die zur ersten Kategorie zählende *Theorie der artspezifisch begrenzten Teilbarkeit v. Zellen (genet. Programmtheorie)* hat bislang wohl größte Bedeutung erlangt: Anfang der 60er Jahre konnte L. Hayflick (USA) experimentell nachweisen, daß menschl. Fibroblasten in Gewebekultur auch unter optimalen Bedingungen nach ca. 50 Teilungsschritten ihre Teilungsaktivität einstellen u. absterben. Weiterhin konnte man zeigen, daß eine Korrelation zw. Alter des Spenders u. Anzahl der Zellteilungen in Kultur besteht (embryonale Zellen fast noch 50 Teilungen, Fibroblasten aus älteren Personen nur noch wenige Teilungen). Auch die artspezif. mittlere Lebenserwartung u. die Anzahl der in Kultur durchlaufenen Teilungsschritte zeigen eine Korrelation (Galapagos-Schildkröte, Lebenserwartung 150 Jahre: 110 Teilungen; Mensch, 74 Jahre: 50 Teilungen; Maus, 3,5 Jahre: 20 Teilungen). Diese mit Fibroblasten durchgeführten Experimente sind für das A. des Gesamtorganismus allerdings nur von beschränkter Aussagekraft. Weiterhin ist die *Abnützungstheorie ("wear-and-tear-theory")* zu nennen, nach der die letztlich genetisch gesteuerte Substanz eines Organismus nach einem gewissen Abnützungsgrad nicht mehr funktionstüchtig bleibt. Bereits mit dieser zuletzt gen. Auffassung haben wir uns der *Katastrophentheorie* des Alterns i. w. S. zugewandt. In diese Richtung gehört auch die weitbeachtete *Mutationstheorie*, die besagt, daß sich somatische Mutationen mit der Zeit in den Zellen eines Organismus akkumulieren, bis sie in zunehmendem Maße zur Mißregulation des Stoffwechsels führen. Experimentell wird dies durch Bestrahlungsversuche (verursachen Chromosomenanomalien) gestützt, die vorzeitiges A. bei Versuchstieren induzieren. (Dies gilt allerdings nicht für Insekten u. andere Tiere, die insgesamt postmitotische Zellen besitzen.) Dabei war die Anzahl der Mutationen, die durch Röntgenbestrahlung erzwungen werden mußten, bis zu 20mal größer als die Anzahl der Mutationen, die sich im normalen Leben der Versuchstiere ereignen. Gegen die Mutationstheorie spricht auch der gesetz-

Auf den Alterungsprozeß beschleunigend oder verlangsamend wirkende Faktoren

Faktoren	beschleunigend	verlangsamend
Erbfaktoren	Genetisch bedingte Frühalterung	Genetisch bedingte Spätalterung und Langlebigkeit
Konstitution	Übergewicht, Fettleibigkeit, athletischer Körperbau, Überwiegen des Sympathikus	Normalgewicht oder mäßiges Untergewicht, leptosomer Körperbau, Überwiegen des Vagus
Rasse (sehr unsicher)	Naturvölker, kleinwüchsige Rassen	Großwüchsige Rassen, asketische Typen (Kaukasier)
Geschlecht	Männliches Geschlecht in den wirtschaftlich hochentwickelten Ländern, weibliches Geschlecht in Agrargesellschaften ("Entwicklungsländern") und bei Naturvölkern	Weibliches Geschlecht in den wirtschaftlich hochentwickelten Ländern, männliches Geschlecht in den wirtschaftlich unterentwickelten Agrargesellschaften und bei Naturvölkern
Klima	Kontinentalklima, heißes oder feuchtwarmes Klima	Gemäßigtes bis kaltes Meeresklima, Küstennähe oder Mittelgebirge
Wohnort	Industriezentren, Slums, Dörfer mit hohem Anteil landwirtschaftlicher Bevölkerung	Kleinstadt oder Dorf mit geringem Anteil landwirtschaftlicher Bevölkerung
Bevölkerungsdichte	Geringe oder extrem große Dichte	Mittlere bis relativ große Dichte
Familienstand	Ledig, geschieden	Verheiratet
Soziale Situation	Armut, geringe Bildung, ungesicherte berufliche Situation (Arbeitslosigkeit oder unstetige Arbeit), kurzer oder überhaupt kein Urlaub	Wohlstand, höhere Schulbildung, gesicherter Arbeitsplatz bzw. berufliche Unabhängigkeit, ausgewogener Rhythmus von Arbeit und Erholung, geregelter langer Urlaub
Beruf	Ungelernte Arbeiter, Kleinbauern, Bergleute, Gastwirte und Kellner, in Wechselschicht Arbeitende	Selbständige Handwerker, Kaufleute und Unternehmer, Beamte, Geistliche, Wissenschaftler
Krankheiten	Mangelhafte Ernährung (vitamin- und eiweißarm, übermäßig fettreich), Infektionskrankheiten, chronische Vergiftungen, Süchte, Alkohol- und Nikotinmißbrauch	Vernünftige Ernährung, keine Infektionskrankheiten, keine Süchte, Nichtraucher, vermutlich leichter Alkoholkonsum

mäßig verlaufende Alterungsprozeß z. B. einjähriger Pflanzen; innerhalb eines Jahres können sich unmöglich so viele Mutationen anhäufen. Auch läßt sich die stark variierende Lebenserwartung verschiedener Tier- u. Pflanzenarten nicht erklären, denn Mutationen ereignen sich spontan u. jeweils mit derselben relativen Wahrscheinlichkeit. Eine ähnl. Sichtweise hat die *Katastrophentheorie* i. e. S. (nach ihrem Beschreiber auch *Orgel-Hypothese* genannt), die eine zunehmende Fehlerrate bei der Proteinsynthese annimmt, was dann den Zusammenbruch des Zellstoffwechsels auslösen soll. Demnach sollten in den Zellen älterer Menschen mehr Fehler bei der Proteinsynthese gemacht werden als in denen jüngerer Menschen. Die sich in Gewebekultur unbegrenzt teilenden Krebszellen, die offenbar keiner Alterung unterliegen, sollten sich jedoch durch extrem niedrige Fehlerquoten auszeichnen. Es wurde jedoch eine gleiche Fehlerrate festgestellt, unabhängig davon, ob die Zellen von menschl. Feten, Jugendlichen od. Erwachsenen stammten; sogar Zellen v. Patienten, die an frühzeitiger Alterung litten *(Progerie)*, hatten die gleiche Fehlerrate. Bei Krebszellen dagegen war die Fehlerrate bei der Proteinsynthese weit höher als bei nicht entarteten Zellen. Eine modifizierte Katastrophentheorie stellten Hart u. Setlow vor, nach der A. auf der *abnehmenden Fähigkeit zur DNA-Reparatur* beruhen soll: Zellkulturen langlebiger Tiere besitzen eine höhere DNA-Reparatur-Kapazität als solche kurzlebiger Arten. Auch bei menschl. Progerie-Patienten war die DNA-Reparaturfähigkeit signifikant reduziert. Auch eine *Schwächung des Immunsystems* (das aber keinesfalls allen Tieren zukommt) als auslösender Faktor für das A. wird diskutiert. Hierfür sprechen Versuche, bei denen älteren Mäusen Knochenmark (Sitz der Stammzellen des Immunsystems) v. jungen Artgenossen implantiert wurde; die Lebensdauer dieser Tiere erhöhte sich signifikant. Die *Theorie der Autoimmunität* besagt, daß die Fähigkeit des Immunsystems, körpereigene v. -fremden Strukturen zu unterscheiden, mit zunehmendem Alter abnimmt, möglicherweise ausgelöst durch fehlerhaft synthetisierte Proteine. Diese Theorie könnte somit als Sonderfall der Mutationstheorie verstanden werden. Der chron. Gelenkrheumatismus beim Menschen beruht wahrscheinlich auf einer solchen Entgleisung des Immunsystems. Fehlverhalten des Immunapparats ist jedoch nicht generell zur Erklärung des A.s geeignet, da nur die Wirbeltiere über ein hochentwickeltes Immunsystem verfügen. Einige weitere Theorien sind eher zur Beschreibung der Folgen des Alterungsprozesses als ihrer Ursachen geeignet, wie etwa die *Kollagentheorie* (Verzar): Kollagen der Säugetiere nimmt im Alter an Menge zu u. liegt dann in anderer Beschaffenheit vor; die Kollagenanhäufung kann z. B. zum Abwürgen v. Kapillarsystemen führen u. so Sauerstoffmangel bewirken u. Mißfunktionen erzeugen. Die typische Altershaut (senile Elastose) ist eine Folge der Wasserverarmung u. quantitativen Änderungen dieser Skleroproteide. Allgemeingültigkeit hat auch diese Theorie nicht, da viele Organismen kein Kollagen besitzen u. trotzdem altern. Die genet. Programmtheorie wird wohl den bekannten Tatsachen des A.s am ehesten gerecht. Jedoch verdeutlichen auch alle anderen aufgeführten Theorien die vielen Möglichkeiten, mit denen in das komplizierte Wechselspiel der Stoffwechselprozesse schädigend od. letal eingegriffen werden kann. A. ist demnach ein hochgradig komplexer, multikausaler Vorgang. Überdies wird es immer unwahrscheinlicher, daß alle Organismen den gleichen A.sprozessen unterliegen.

Lit.: *Comfort, A.*: The Biology of Senescence. Edinburgh/London ³1979. *Platt, D.*: Biologie des Alterns. Stuttgart 1976. B. L./K.-G. C.

Alternanth<u>e</u>ra *w* [v. lat. alternus = abwechselnd, gr. anthēros = blühend], Gatt. der ↗Fuchsschwanzgewächse.

Altern<u>a</u>nz *w* [v. lat. alternare = abwechseln], Wechsel in der Ertragshöhe bei Reben u. bei Obstbäumen, hier bes. beim Kernobst, der durch erblich festgelegte Innenfaktoren u. durch Außenfaktoren, wie das Klima, bedingt wird. So kann z. B. ein reicher Fruchtbehang einen Mangel an Assimilaten verursachen, der seinerseits zu einer geringeren Anlage v. Blütenknospen führt. Um einen mittleren, in jedem Jahr etwa gleich bleibenden Ertrag zu erzielen, dünnt man in diesem Fall die Blüten rechtzeitig aus u. verhindert somit die Ausbildung eines reichen Fruchtbehanges.

Altern<u>a</u>nzregel *w* [v. lat. alternare = abwechseln], Regel in der Blattstellungslehre: die Blätter der aufeinanderfolgenden Knoten einer Samenpflanze stehen genau über den Zwischenräumen zw. den Blättern des voraufgehenden Knotens.

Altern<u>a</u>ria *w* [v. lat. alternus = abwechselnd], Formgatt. der *Moniliales* (Fungi imperfecti); die etwa 50 weitverbreiteten Arten sind Saprobier u. Parasiten vorwiegend auf Pflanzen. A. bildet ein unscheinbares Substratmycel u. lockere, schmutzigbraune, olivgrüne od. schwarze Lufthyphen. Die einzelnen od. in Gruppen stehenden, kurzen, meist unverzweigten, dickwand. Konidienträger entstehen aus

Alternariafäule

porenförm. Öffnungen in der Zellwand (Porosporae). Sie tragen große, erst einzellige, annähernd runde, später mehrzellige, längs- u. querseptierte, unregelmäßig keulenförm. Konidien, die kurze Ketten bilden. Wichtige parasit. Arten sind: *A. solani,* Erreger der Dürrfleckenkrankheit *(A.fäule)* an Kartoffel u. Tomate; *A. brassicae,* die Ursache für Kohl- u. Rapsschwärze. *A. tenuis* kann bei Menschen Allergien auslösen. *A. solani* bildet die *A.säure,* die am Gewebe höherer Pflanzen Nekrosen bewirkt u. wahrscheinlich ein wichtiger Faktor in der Pathogenese des Pilzes ist.

Alternariafäule w [v. lat. alternus = abwechselnd], *Hartfäule,* an Kartoffeln verursacht durch den Pilz *Alternaria solani;* auf den Knollen bilden sich eingesunkene, dunkle Stellen, die scharf v. gesundem Gewebe abgegrenzt sind u. unter denen das Knollenfleisch schwarzbraun, trocken u. hart wird. *A. solani* befällt auch Tomaten. Am Kraut bewirkt der Pilz die ↗ Dürrfleckenkrankheit. Die Übertragung erfolgt durch Konidien im Bestand. Die Pilze überwintern an befallenen Pflanzenrückständen, Unkräutern u. den Knollen.

alternativer Landbau, eine Form des Anbaus, bei dem die bekannten Umweltbelastungen (wie Grundwassergefährdung, Gewässereutrophierung, Rückstände in Nahrungsmitteln) des konventionellen Landbaus vermieden werden sollen. Ein landw. Betrieb wird also als ein Ökosystem mit geschlossenem Stoffkreislauf angesehen. Der Nährstoffentzug durch die Ernte wird ersetzt durch Gründüngung, Gaben v. Stallmist, Kompost u. organ. Düngern natürl. Herkunft (synthet. Mineraldünger werden nicht verwendet). Es werden keine chem. Schädlingsbekämpfungsmittel eingesetzt. Die Bekämpfung v. Unkraut erfolgt mechanisch, durch Abflämmen u. geeigneten Fruchtwechsel. Pilzkrankheiten und tier. Schadformen werden durch folgende Maßnahmen bekämpft. 1) geeignete Mischkulturen: bestimmte Pflanzen wirken abwehrend gegen Schädlinge anderer Pflanzen (z. B. Zwiebel/Möhre, Schutz gegen Möhrenfliege; Kohl/Schnittsalat, Schutz gegen Erdflöhe; Tomaten/Kohl, Schutz gegen Kohlfliege); 2) Verwendung v. Pflanzenpflegemitteln zur Stärkung der Kulturpflanzen; 3) biotechn. od. biol. Schädlingsbekämpfung zur Unterstützung der biol. Regulation; 4) Schädlingsbekämpfungsmittel pflanzl. Herkunft, die schnell abgebaut werden, z. B. Rainfarn, Wermut, Pyrethrum; sie sind allerdings Kontaktgifte wie die chem. synthetischen Mittel u. können auch die Nützlinge angreifen. Zentrales Thema des a. L.s ist die Erhaltung der Bodenfruchtbarkeit.

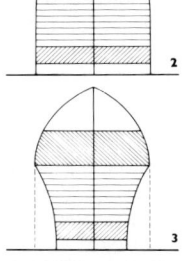

Grundformen der Altersgliederung

1 wachsende Bevölkerung (Pyramide),
2 stationäre Bevölkerung (Glocke),
3 schrumpfende Bevölkerung (Urne)

Alternative Landbaumethoden. 1) *Biologisch-dynamische Wirtschaftsweise*: begründet von R. Steiner 1924 in dem v. ihm abgehaltenen landw. Kursus bei Breslau, in einer Zeit, in der der synthetisch erzeugte Stickstoffdünger den Markt zu beeinflussen begann. Die Methode nimmt eine Sonderstellung ein, da sie im anthroposoph. Gedankengut Steiners verankert ist. Der Einfluß des Kosmos auf die Lebensvorgänge (Mondphasen u. -stellung, Sonnenbahnen) nimmt einen breiten Raum ein. Beratungsinstitution ist der Forschungsring für biologisch-dynamische Wirtschaftsweise in Darmstadt. 2) *Organisch-biologischer Landbau* v. Müller u. Rusch, eine in der Schweiz nach dem 2. Weltkrieg entwickelte Methode ohne anthroposoph. Gedankengut, deren wiss. Grundlagen über die Bodenfruchtbarkeit v. Rusch erarbeitet wurden. Im Unterschied zur biologisch-dynamischen Wirtschaftsweise wird keine Mistkompostierung durchgeführt, die Gründüngung spielt eine entscheidende Rolle, jede entbehrl. Bodenbearbeitung soll unterbleiben, inbes. tiefes Pflügen. Beratungsinstitution ist die Fördergemeinschaft organisch biologischer Landbau in Heiningen. 3) Arbeitsgemeinschaft für naturgemäßen Qualitätsanbau v. Obst u. Gemüse *(ANOG)* von L. Fürst. Da es sich überwiegend um Obstbau handelt, bei dem Schadpilze u. -insekten eine relativ größere Rolle spielen als bei anderen Kulturpflanzen, werden hier gewisse Pestizide zugelassen. Es wird eine Kontrolle der Produkte durchgeführt, um sicherzugehen, daß sie keine Rückstände enthalten. 4) In Frankreich: *Methode von C. Aubert.* Das anthroposoph. Gedankengut spielt keine Rolle. Aubert legt bes. Wert auf die Bedeu-

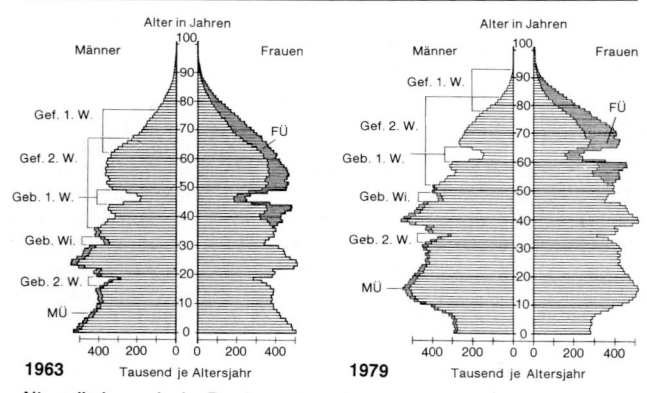

Altersgliederung in der Bundesrepublik Deutschland 1963 und 1979

Wie schnell sich die A. einer Bevölkerung verändern kann, zeigt die Gegenüberstellung der A. in der BR Dtl. von 1963 und 1979: Die eher einer Glockenform entsprechende A. (1963) ist in eine Urnenform (1979) übergegangen, die die Tendenz der abnehmenden Bevölkerung in der BR Dtl. widerspiegelt.

MÜ = Männerüberschuß, FÜ = Frauenüberschuß, Gef. 1.W. (2.W.) = Gefallene des 1. (2.) Weltkriegs, Geb. 1.W. (2.W.) = Geburtenausfall im 1. Weltkrieg (Ende des 2. Weltkriegs), Geb. Wi = Geburtenausfall während der Wirtschaftskrise um 1932.

tung der standortgerechten Bodenbearbeitung u. eine ausgewogene Fruchtfolge mit vielfachem Fruchtwechsel. Wichtig ist die Zufuhr organ. Stoffe, natürl., mineral. Dünger sowie einiger Schädlingsbekämpfungsmittel, die im Notfall erlaubt sind. 5) In Großbritannien u. USA: *Howard-Balfour-Landbau.* Charakteristisch sind spezielle Kompostierungsverfahren u. längere Grünlandphasen innerhalb der Fruchtfolge. 6) In der Schweiz fördert seit 30 Jahren die schweizer. Gesellschaft für biol. Landbau den schadstofffreien Anbau. Lit.: *Aubert, C.*: Organischer Landbau. Stuttgart 1981. *Bick, H.*: Funkkolleg Mensch u. Umwelt, Studieneinheit 17, Alternativer Landbau, 1981. *Heynitz, K. v., Merckens, G.*: Das biologische Gartenbuch. Stuttgart ³1982. *Koepf, H., Petterson, B., Schaumann, W.*: Biologisch-dynamische Landwirtschaft. Stuttgart 1980. *Meyer, R.*: Rudolf Steiner Anthroposophie: Herausforderung im 20. Jh. Stuttgart 1978. *Schmid, O., Henggeler, S.*: Biologischer Pflanzenschutz im Garten. Aarau 1981. S. M.

Alternativzyklen, unterschiedliche, meist umweltabhängige Entwicklungswege bei Parasiten. Der Saugwurm *Polystomum* bildet z. B. nach Anheftung an Außenkiemen des Wirts (Kaulquappe) in 3–4 Wochen neotene Zwergindividuen, nach Anheftung an Innenkiemen älterer Kaulquappen in 3 Jahren große Adulttiere.

Altersforschung ↗ Altern.

Altersaufbau ↗ Altersgliederung.

Altersbestimmung, Festlegung eines unbekannten Lebensalters. 1) Biol.: bei Pflanze u. Tier meist nur nach Schätzung möglich; recht genaue A. erlauben die Jahresringe (↗ Dendrochronologie) u. die Astquirle bei Bäumen, die Zuwachs-Streifen bei Muscheln u. Schnecken, die Schuppenringe u. Gehörsteine bei Fischen, die Farbe u. der Zustand der Beinhaut beim Geflügel, das Aussehen u. die Funktion der Gewebe u. Organe, die Hornringe bei Rindern (nach jedem Kalb) u. Gemsen. Wichtiges Erkennungsmerkmal bei Haus- u. Wildtieren ist der Zustand der Zähne, die bei älteren Tieren charakterist. Abnutzungserscheinungen zeigen. 2) Geol.: ↗ Geochronologie.

Altersblätter, die ↗ Folgeblätter.

Altersgliederung, auf menschl. bzw. tier. Populationen bezogene Angabe der momentanen Geschlechts- u. Alterszusammensetzung (in Jahren). Beim Menschen wird die A. aus Volkszählungsdaten statistisch bestimmt u. kann durch Longitudinalstudien (Fortschreibungen) aktualisiert werden. Die Ergebnisse derartiger Erhebungen werden entweder tabelliert od. graphisch als *Alterspyramide* wiedergegeben. An der Struktur der A. od. Form der Alterspyramide lassen sich histor. Ereignisse (Kriegsverluste, Epidemien, Bevölkerungswanderungen) ablesen; ferner kön-

Alterskrankheiten
Beispiele:
Altersdiabetes
Emphysem
Schwerhörigkeit
Arteriosklerose
Katarakt
Osteoporose
Arthrose
Alterspsychose
Prostatahypertrophie
Alterssichtigkeit

Altlungenschnecken
Überfamilie *Ellobioidea*
1. Fam. *Ellobiidae* (Auswahl)
Gehäuse eiförmig bis zylindrisch, Mündung mit Falten, ihr Außenrand verdickt od. gezähnt
↗ *Ellobium:* indopazif. Küsten
↗ Höhlenschnecken *(Zospeum):* Karsthöhlen Europas
↗ Mausohrschnecken *(Ovatella):* Küsten v. Mittelmeer u. O-Atlantik
↗ *Melampus:* Küsten warmer Meere
↗ Zwergschnecken *(Carychium):* nördl. Hemisphäre
2. Fam. *Otinidae*
Gehäuse ohrförmig, sehr klein, Endwindung groß, Mündung ohne Bewehrung; Tiere der Gezeitenzone
Otina: Küsten Großbritanniens u. Frankreichs

nen sie als Planungsgrundlagen für sozialstaatl. Maßnahmen dienen (Anteil der Erwerbstätigen, Auszubildenden, Erwerbslosen). Aus der Form der Alterspyramide kann man überdies erkennen, ob eine Bevölkerung wächst („echte" Pyramide), stagniert (Glockenform) od. schrumpft (Zwiebel- od. Urnenform). ↗ Bevölkerungsentwicklung.

Alterskrankheiten, Erkrankungen, deren Auftreten in zunehmendem Alter „wahrscheinlicher" wird. Spezifische A. gibt es nicht. Bei Menschen über 75 Jahren nimmt die Wahrscheinlichkeit, eine „Alterserkrankung" zu bekommen, wieder ab. Mit den speziellen A. befaßt sich die *Geriatrie.*

Alterspigment, *Abnutzungspigment,* Anhäufungen gelblich-brauner Pigmentkörnchen im Plasma mancher, vornehmlich dauerbelasteter od. nicht mehr teilungsfähiger Zellen vielzelliger Organismen (Nervenzellen, Herzmuskelzellen, Schilddrüse). Die A.e bestehen aus Lipiden (Lipofuscin), färben sich mit Silber- (Argyrophilie) u. Osmiumsalzen u. stellen vermutlich unabbaubare Restkörper v. Lysosomen dar.

Alterspyramide ↗ Altersgliederung.

Altersresistenz, bessere Widerstandskraft älterer Wirtstiere gg. Parasiten. Verantwortlich hierfür können z. B. die erst spät entwickelte Fähigkeit zur Antikörperbildung, physiolog. Änderungen (parasitenschädl. Enzyme, stärkere Schleimproduktion im Darm) od. größere Stabilität der Wirtszellen sein.

Altersringe, die ↗ Jahresringe.

Althaea *w* [gr. althaia = wilde Malve], der ↗ Eibisch.

Altingia *w* [ben. nach dem dt. Orientalisten J. Alting, 1618–79], Gatt. der ↗ Zaubernußgewächse.

Altirana *w* [v. lat. altus = hoch, rana = Frosch], Gatt. der Echten Frösche; eine kleine (ca. 25 mm) Art in den Hochebenen Tibets u. W-Chinas; nah verwandt mit der chines. Gatt. *Nanorana.*

Altlungenschnecken, *Archaeopulmonata,* Ord. der Lungenschnecken mit der einzigen Überfam. *Ellobioidea;* Tiere mit spiraligem, meist rechtsgewundenem Gehäuse, die Übergangsformen zw. den Vorderkiemern u. den höheren Wasserlungenschnecken darstellen: die für Vorderkiemer typ. Kreuzung der Längsnervenstränge (Pleuroviszeralkonnektive) wird bei den Gatt. der A. fortschreitend aufgehoben, die Ganglien werden konzentriert.

Altruismus *m* [v. it. altrui = ein anderer], 1) uneigennütziges menschl. Handeln zum Wohl anderer. Ggs.: ↗ Egoismus. 2) In der Soziobiologie Bez. für uneigennützig anmutendes tier. Verhalten, z. B. für die Mithilfe älterer Jungtiere bei der Pflege der

Altschnecken

nächsten Brut od. gegenseitige Hilfe v. Mitgliedern einer Tiergruppe bei der Verteidigung gg. Freßfeinde. Nach modernen evolutionstheoret. Vorstellungen müssen solche Verhaltensweisen jedoch einen Selektionsvorteil auch für den Helfer bedeuten, z. B. die Mithilfe bei der Brutpflege dadurch, daß mit dem Einsatz für die verwandten jüngeren Geschwister das eigene Erbgut (das die Anlage zum „Helfen" umfaßt) gefördert wird (Gesamtfitness). Auch die Hilfe gg. Freßfeinde muß wirklich gegenseitig sein (reziproker A.), wenn sie sich in der Stammesgeschichte einer Art entwickeln soll. Da die soziobiol. Definition v. A. der umgangssprachl. Bedeutung nicht nur widerspricht, sondern diese umkehrt, muß der Begriff als falsch gewählt gelten. Trotz seiner momentanen Gängigkeit sollte er durch die Bez. „Hilfsverhalten" od. „Helferverhalten" ersetzt werden.

Altschnecken, *Archaeogastropoda, Diotocardia,* Ord. der Vorderkiemerschnecken mit zahlr. altertüml. Merkmalen: oft 2 Herzvorhöfen, 2 beidseitig gefiederten Kiemen u. 2 Nieren; Gehäuse innen meist mit Perlmutterschicht. Die 3 Überfam. ↗ Schlitzkreiselschnecken, ↗ Balkenzüngler u. ↗ Kreiselschnecken sind überwiegend marin, vom Flachwasser bis in die Tiefsee; die 4. Überfam. ↗ Nixenschnecken lebt im Meer, im Süßwasser u. auf dem Lande; ihre terrestr. Arten zeigen zahlr. Konvergenzen zu den Landlungenschnecken. A. sind seit dem oberen Kambrium bekannt. Die meisten paläozoischen Gastropoden waren A.

Altsteinzeit, *Paläolithikum,* umfaßt sämtl. Geräteindustrien der eiszeitl. fossilen Menschen v. der Frühen A. (Frühpaläolithikum), deren Anfänge im unteren Altpleistozän noch ungeklärt sind (↗ Archäolithikum), die Ältere A. (Altpaläolithikum) mit den Faustkeilindustrien (↗ Abbevillien, ↗ Acheuléen) bis zur Jüngeren A. (Jungpaläolithikum), die mit dem Pleistozän vor ca. 10 000 Jahren endete (↗ Aurignacien, ↗ Magdalénien).

Altwasser, durch Begradigung oder Flußverlegung abgetrennter „toter" Teil des alten Flußbetts. Viele Altwässer sind wertvolle Feuchtgebiete u. enthalten seltene u. schutzwürdige Biotope mit stark gefährdeter Tier- u. Pflanzenwelt.

Altweibersommer, eine v. den Wetterstatistiken seit 200 Jahren nachweisbare u. in Bauernregeln seit einigen Jhh. bekannte frühherbstl. Schönwetterperiode, die bes. im kontinentalen Klimabereich auftritt. Seinen Namen hat der A. von den vielen dünnen Fäden, die in dieser Zeit in der Luft schweben. Sie erscheinen, von Nebel und Tau benetzt, wie Perlschnüre. Der alte Volksglaube sah darin ein Gespinst der Schicksalsgöttinnen, das Christentum ein Zeichen Gottes u. der hl. Maria, weshalb die Fäden in S-Deutschland auch „Mariengarn" od. „Marienfaden" genannt werden. Produziert werden diese Fäden von Millionen von Jungspinnen u. erwachsenen Kleinspinnen (bes. Baldachinspinnen u. Zwergspinnen), die bes. in dieser Zeit an Fäden durch die Luft schweben *(Ballooning)*. Dieses Verhalten dient der Ausbreitung der Spinnen. Sie erklettern zunächst einen exponierten Punkt, nehmen eine charakterist. Stellung ein (tip-toe-Verhalten) u. lassen Spinnfäden austreten. Sobald die Fäden ihr Gewicht tragen, schweben sie an diesem Fadenfloß davon. Der Flug ist rein passiv, kann also nicht gesteuert werden.

Altweltaffen, die ↗ Schmalnasen.

Altweltgeier, *Aegypiinae,* Greifvögel aus der Fam. der Habichtartigen. Die meisten A. sind kurzschwänzig u. besitzen lange, breite Flügel, die eine Spannweite bis 2,7 m erreichen u. hervorragend zum Segeln geeignet sind. Die charakterist. Körpermerkmale lassen die Anpassung an das Ausweiden großer Tierkadaver erkennen. Kopf u. Hals sind oft unbefiedert (nackt). Der kräftige lange Schnabel ist am Ende mit einem kurzen Reißhaken versehen, die Füße sind stämmig, die Krallen relativ kurz u. stumpf u. eignen sich kaum zum Fangen lebender Beute. Der Schlund besitzt einen großen Kropf, der in gefülltem Zustand wie ein Sack hervortritt. Beim Aufsuchen v. Nahrung spielt das Geruchsvermögen keine Rolle, die Sehschärfe übertrifft diejenige aller anderen bisher untersuchten Vögel. Die visuelle Auflösung ist etwa doppelt so hoch wie beim Menschen. Die meisten A. sind gesellige Aasfresser der offenen Landschaft, einige fressen auch Abfall od. greifen in seltenen Fällen auch lebende Tiere an. Die Beute wird beim Segeln in großer Höhe erspäht, u. zwar nicht nur direkt, sondern auch mittelbar durch Beobachten des Verhaltens anderer Geier od. kleinerer Vögel, wie Milane u. Krähen, die ein Aas entdeckt haben. Die Bevorzugung bestimmter Körperteile (Muskelfleisch, Innereien, Haut, Knochen) durch verschiedene Geierarten ergibt eine gewisse Rollenverteilung beim Vertilgen eines Kadavers. Bei innerartl. Kämpfen mit Imponiergesten, Flügel-, Fuß- u. Schnabelhieben spielen wechselnde, von individuellen Hunger bestimmte Hierarchien eine Rolle. Die A. sind im südl. Europa, in Afrika u. Asien verbreitet; in Amerika werden sie ökologisch v. den Neuweltgeiern *(Cathartidae)* vertreten, mit denen sie jedoch nicht näher verwandt sind. Die A. brüten in Fels- od. Baumhorsten, legen 1–3 Eier u. werden

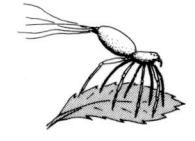

Altweibersommer
Spinne beim „tip-toe-Verhalten"

Altweltgeier
Bekannte Arten:
Bartgeier *(Gypaetus barbatus)*
Dünnschnabelgeier *(Gyps indicus)*
Gänsegeier *(Gyps fulvus)*
Mönchsgeier *(Aegypius monachus)*
Ohrengeier *(Torgos tracheliotus)*
Schmutzgeier *(Neophron percnopterus)*
Sperbergeier *(Gyps rueppellii)*

erst nach mehreren Jahren fortpflanzungsreif. In Europa sind die A. vielfach in ihrem Bestand gefährdet. – Der Gänsegeier *(Gyps fulvus)* wird bis 104 cm groß und hat einen langen, fast unbefiederten Hals, der nach dem Wühlen in Eingeweiden leicht zu reinigen ist; er kommt als Felsbewohner häufig am Rand v. Gebirgen vor; lebt im Mittelmeerraum u. in SW-Asien; besucht im Sommer auch die östr. Alpen. Ähnlich sind der afr. Sperbergeier *(G. rueppellii)* u. der ind. Dünnschnabelgeier *(G. indicus)*. Dunkler u. noch etwas größer ist der Mönchsgeier od. Kuttengeier *(Aegypius monachus)* mit ähnl. Verbreitungsgebiet wie der Gänsegeier, über den er am Fraßplatz dominiert; mit einer Spannweite bis 2,7 m ist er der größte altweltliche flughige Vogel. Nackte rote Hautfalten an der Kopfseite besitzt der graubraune, in N- und S-Afrika beheimatete Ohrengeier *(Torgos tracheliotus)*. Der Bartgeier *(Gypaetus barbatus,* [B] Mediterranregion II) wird bis 114 cm groß; Schwanz u. Flügel sind schlanker als bei den anderen A.n; Nahrungsspezialist, frißt v.a. Muskelfleisch u. Knochen frischtoter Wirbeltiere; läßt Knochen u. auch Schildkröten aus großer Höhe auf Felsplatten fallen, so daß sie zersplittern; in Europa selten geworden; nach Ausrottung in den Alpen laufen zur Zeit Projekte zur Wiedereinbürgerung. Der Schmutzgeier *(Neophron percnopterus,* [B] Mediterranregion II) ist relativ klein (bis 66 cm), schwarz-weiß, die Jungvögel sind braun; lebt im Mittelmeerraum, SW-Asien, N- und O-Afrika; besorgt vielfach in Ortschaften die Abfallbeseitigung; frißt auch Eier, läßt in O-Afrika sogar Steine auf Straußeneier fallen, bis die Schale zerbricht.

Alucitidae [Mz.; v. gr. a = nicht, lat. lux, Gen. lucis = Licht] ↗Orneodidae.

Alula *w* [v. lat. ala = Flügel], **1)** *Calyptra, Flügelschüppchen,* membranöser Lappen am Hinterende der Flügelbasis (Jugalfeld) beim ↗Insektenflügel. **2)** bei Vögeln der ↗Daumenfittich.

Aluminium *s* [v. lat. alumen = Alaun], chem. Zeichen Al, ein Spurenelement ohne bisher bekannte spezif. Funktion im Stoffwechsel der höheren Pflanzen; A. ist für Farne u. Schachtelhalme lebensnotwendig, bes. hoch ist der Gehalt von A. im Teestrauch; A. ist Bestandteil des Bodens u. wirkt dort bei zu hoher Konzentration als Wurzelgift. Die Funktion v. A. im tier. Stoffwechsel ist biochem. kaum erforscht.

Alumosilicate [Mz.; v. lat. alumen = Alaun, silex = Kieselstein], Feldspäte, in deren Gitter die vierwertigen Siliciumionen z. T. durch dreiwertige Aluminiumionen ersetzt sind (isomorpher Ersatz). Dabei entstehen überschüssige, negative Ladungen, die durch zusätzl. Einbau v. Natrium-, Kaliumod. Calciumionen ausgeglichen werden. Nach Verwitterung bilden sich aus ihnen Tonminerale.

Altweltgeier
1 Gänsegeier *(Gyps fulvus),* oben Flugbild;
2 Mönchsgeier *(Aegypius monachus)*

alveol- [v. lat. alveolus = Mulde, Napf], in Zss.: Napf-, Mulden-.

alveolar [v. *alveol-], höhlenförmig.
alveoläre Drüse [v. *alveol-], die ↗azinöse Drüse.

Alveolarluft *w* [v. *alveol-], Gasgemisch in den am Gasaustausch in der Lunge beteiligten Alveolen. Die alveolare Konzentration des Sauerstoffs beträgt 14 Vol.%, die des Kohlendioxids 5,6 Vol.%; der Rest besteht aus Stickstoff u. einem geringen Anteil v. Edelgasen. Die Bestimmung der Konzentrationen erfolgt nach dem Verfahren v. Scholander, wobei die Atemgase chemisch absorbiert werden u. die Volumenabnahme direkt verfolgt werden kann.

Alveole *w* [v. lat. *alveol-], *Lungenbläschen,* gasgefüllte Endkammer der Lungen, in der der Gasaustausch mit dem Blut erfolgt. Die A. hat 0,1–0,2 mm $\varnothing$ und wird v. einem dichten Kapillarnetz umgeben, durch das venöses Blut v. der aus der rechten Herzhälfte entspringenden Aorta pulmonalis strömt. Hier erfolgt durch Diffusion der Austausch der Atemgase, wobei das Blut Sauerstoff aus dem Gasraum der A. aufnimmt und einen Teil des Kohlendioxids abgibt. Das sauerstoffangereicherte Blut gelangt über die Venae pulmonales in die linke Herzhälfte. [B] Atmungsorgane I.

Alveolinen [Mz.; v. *alveol-], *Alveolinidae, Alveolinellidae,* riesenwüchsige, imperforate Foraminiferen (bis 10 cm Größe) von spindelförm., ellipt. oder kugel. Gestalt; die Schale bildet eine kompliziert gekammerte Spirale; zeitl. Verbreitung: diskontinuierlich von oberer Kreide bis rezent, deshalb wird Polyphylie für möglich gehalten; im Eozän gesteinsbildend *(A.kalk).* Heutige A. leben in seichten Meeren (Zooxanthellen) des Indopazifik im Bereich v. Korallenriffen.

Alysiella *w,* Gatt. der ↗Leucotrichales.
Alyssum *s* [v. gr. alysson = Heilpflanze gegen Hundebisse], das ↗Steinkraut.
Alytes *m,* ↗Geburtshelferkröte.
AM, Abk. für ↗Auslösemechanismus.
Amadinen [Mz.; v. span. amado = geliebt], *Amadina,* Gatt. der ↗Prachtfinken.
Amaltheus *m* [ben. nach der Nymphe Amaltheia], (de Montfort 1808), † Nominatgatt. der unterjurassischen Ammoniten-Fam. *Amaltheidae;* ausgezeichnet durch Zopfkiel u. einfache, etwas sichelförm. Rippen, engnabelig, oft hochmündig u. mit Spiralstreifen bedeckt; verbreitet über die Alte u. Neue Welt. Vorkommen: Lias (oberes Pliensbachium). Leitform für Lias δ_1 ist *A. margaritatus;* namengebend für die Amaltheen-Schichten.

Amandava, Gatt. der ↗Prachtfinken.

Amandibulata

Amandibulata [Mz.; v. gr. a- = nicht, lat. mandibula = Kiefer], *Arachnata, Kieferlose,* Abt. der ↗ *Euarthropoda,* die sie zus. mit den ↗ *Mandibulata* bilden. Sie besitzen keine zu spezif. Kauwerkzeugen (Mandibel) differenzierte Extremitäten. Die Gruppe umfaßt die nur fossil bekannten ↗ *Trilobitomorpha* u. die ↗ *Chelicerata.*

Amanita w, Gatt. der ↗ Wulstlingsartigen Pilze mit den tödlich giftigen Knollenblätterpilzen (↗ Giftpilze).

Amanitaceae [Mz.; v. gr. amanitai = Erdschwämme], die ↗ Wulstlingsartigen Pilze.

Amanitine [Mz.; v. gr. amanitai = Erdschwämme], Untergruppe der ↗ Amatoxine, der wichtigsten Giftstoffe des Grünen Knollenblätterpilzes.

Amarant m [v. gr. amarantos = unverwelklich], der ↗ Fuchsschwanz.

Amaranthaceae, die ↗ Fuchsschwanzgewächse.

Amaranthin s, roter Farbstoff aus der Gruppe der Betacyane, dem Betanin strukturell ähnlich, trägt jedoch statt Glucose ein Disaccharid glykosidisch gebunden; kommt in einigen ↗ Fuchsschwanzgewächsen *(Amaranthaceae)* vor, z. B. in *Celosia argentea;* findet Verwendung als Diuretikum, Adstringens und gg. Hauterkrankungen.

Amaranthus m, der ↗ Fuchsschwanz.

Amarauchaeta, Gatt. der ↗ Stemonitales.

Amaroucium, *Seespeck,* Gatt. der Seescheiden, dt. Name v. weißgrauen, zähen Mantel mancher Arten; siedeln als Kolonien (Synascidien) auf Tangen, Seegras, Muscheln u. felsigem Untergrund; mehrere Einzeltiere haben eine gemeinsame Kloake, die eine Bruttasche bilden kann. *A. proliferum* ist eine häufige Art mit mediterranborealer Verbreitung u. bildet klumpenförm. Kolonien mit roter Färbung der Einzeltiere. *A. conicum* ist eine der größten Seescheidenkolonien (Höhe ca. 20 cm, ⌀ ca. 15 cm).

Amaryllidaceae [Mz.; ben. nach der schönen Hirtin Amaryllis], die ↗ Amaryllisgewächse.

Amaryllidaceenalkaloide, Gruppe kompliziert gebauter Phenylisochinolinalkaloide, die ausschließlich in Amaryllisgewächsen *(Amaryllidaceae)* zu finden ist; Hauptalkaloid ist das *Galanthamin,* das u. a. im Schneeglöckchen *(Galanthus nivalis)* vorkommt u. als Hemmstoff der Acetylcholin-Esterase wirkt.

Amaryllisgewächse [Mz.; ben. nach einer schönen Hirtin der gr. Literatur], *Narzissengewächse, Amaryllidaceae,* Fam. der Lilienartigen mit ca. 75 Gatt. u. 1100 Arten v. a. in warmgemäßigten u. subtrop. Breiten. Die meisten A. besitzen eine Zwiebel, nur wenige ein Rhizom. Aus einer v.

Amaryllisgewächse
Wichtige Gattungen:
Amaryllis
Blutblume *(Haemanthus)*
↗ Clivie *(Clivia)*
Inkalilie *(Alstroemeria)*
Jakobslilie *(Sprekelia)*
↗ Knotenblume *(Leucojum)*
↗ Narzisse *(Narcissus)*
Pankrazlilie *(Pancratium)*
Ritterstern *(Hippeastrum)*
↗ Schneeglöckchen *(Galanthus)*
Vallota

Ritterstern *(Hippeastrum equestre),* Blütenschäfte bis 40 cm hoch

Jakobslilie *(Sprekelia formosissima),* Blüten scharlachrot

Blutblume *(Haemanthus)*

schwertförm. Blättern gebildeten Blattrosette ragt ein kräftiger Blütenschaft mit wenigen bis zahlr. doldenartig angeordneten Blüten; ↗ Blütenformel: meist radiär, P3 + 3 A3 + 3 G($\bar{3}$). Die Frucht ist eine fachspaltige Kapsel od. eine fleischige Beere. Benannt ist die Fam. nach der in Kapland heim. Gatt. *Amaryllis* (B Afrika VI) mit nur 1 Art: *A. belladonna.* Ihre Zwiebel enthält das giftige Alkaloid *Bellamarin.* Die in vielen Varietäten vorkommende, spätblühende Art mit riemenförm., rinnigen Blättern besitzt einen 40–80 cm hohen, kräftigen Blütenschaft. Die großen, trichterförm., rosaroten od. rosaweißen, süß duftenden Blüten erscheinen vor den Blättern im Herbst. Wie bei den meisten A.n geschieht die Vermehrung durch Samen od. Tochterzwiebeln. Aus S-Amerika stammt die im Winter blühende Gatt. *Vallota.* Ihr ca. 25 cm langer Blütenschaft trägt große feurig zinnoberrote Blüten. Eine völlige Wachstumsruhe gibt es bei Vallota nicht. Der Ritterstern *(Hippeastrum)* blüht rosa bis rot zu unterschiedl. Jahreszeiten je nach Art. Einen großen Wert legen die Züchter auf den charakterist. Mittelstreifen der Kronblätter. Die Jakobslilie *(Sprekelia)* mit 1 Art *(S. formosissima)* wurde um 1600 aus Mexiko eingeführt. Die Blütenform ähnelt einem Kreuz; 3 oder 6 ca. 10 cm lange Kronblätter zeigen nach oben, 3 nach unten. Die etwas anspruchsvolle Zimmerpflanze verlangt einen warmen sonnigen Platz u. blüht im Herbst. Die Gatt. Blutblume *(Haemanthus)* fällt durch einen leuchtend rotblühenden Blütenkopf auf, der aus vielen, etwa 2 cm großen Blüten mit der typ. Struktur der A. zusammengesetzt ist. Aus den am Rande gewellten Blättern lassen sich Stecklinge ziehen. Bei einem hellen warmen Standort kommt die Pflanze im Sommer zum Blühen. Auf den it. Stränden wächst zw. Salzpflanzen u. Hartgräsern *Pancratium maritimum,* eine sehr seltene Art der Gatt. Pankrazlilie *(Pancratium).* Eine beliebte, gelb-weiß blühende Zierpflanze ist *P. illyricum,* die auf Korsika u. Sardinien beheimatet ist. Sie bevorzugt volle Sonne u. braucht wenig Wasser. Die Gatt. Inkalilie *(Alstroemeria)* aus Chile besitzt einen sympodialen Wurzelstock, bis 5 cm lange Blätter, einen beblätterten Blütenstiel u. lila od. weißgelbe, purpurrot gefleckte, etwa 5 cm breite Blüten. Eingeborene nutzen die stärkehaltige Wurzel als Nahrungsmittel. Einige Kulturformen sind Zimmerpflanzen. B Südamerika VI.

Amathia w, Gatt. der ↗ Moostierchen.

Amathusiidae [v. gr. Amathousia, ein Beiname der Aphrodite], indo-austr. verbreitete Tagfalter-Fam. mit knapp 100 Arten; mit den Morpho- u. Augenfaltern verwandt.

Auf der Unterseite der breiten, 65–150 mm spannenden, meist blau od. bräunlich gefärbten Flügel charakterist. Augenflecken; A. sind nur mäßige Flieger; sie sind überwiegend dämmerungsaktiv od. bevorzugen den Schatten des Waldes, einige Arten sind sogar nachtaktiv; typ. Niederungsbewohner, saugen gerne an überreifem Obst. Die Larven zieren oft Kopfhörner, lange Borsten u. Schwanzgabeln; sie leben gesellig an Palmen, Bambus u. a. Monokotyledonen.

Amatidae [wohl v. lat. amatus = geliebt, wohlgefällig], Fam. der Schmetterlinge, die ↗Widderbären.

Amatoxine, Gruppe der neben den Phallotoxinen wichtigsten Giftstoffe des Grünen (*Amanita phalloides*) u. des Weißen Knollenblätterpilzes *(A. verne)* sowie einiger Schirmlinge (kleine *Lepiota*-Arten) u. Häublinge (Gatt. *Galerina*). Die einzelnen Vertreter der A., wie α-, β-, γ- und ε-*Amanitin, Amanin* u. *Amanullin,* leiten sich v. einem gemeinsamen dicycl. Octapeptid

Amatoxine

	R_1	R_2	R_3	R_4
α-Amanitin	OH	OH	NH_2	OH
β-Amanitin	OH	OH	OH	OH
γ-Amanitin	OH	H	NH_2	OH
Amanin	OH	OH	OH	H
Amanullin	H	H	NH_2	OH

durch Variation funktioneller Seitengruppen ab. Sie inhibieren spezifisch das Enzym RNA-Polymerase II aus Eukaryoten u. damit die Synthese von m-RNA. Über 90% der tödlich verlaufenden Pilzvergiftungen sind auf die A. und Phallotoxine des Grünen Knollenblätterpilzes u. verwandter Arten zurückzuführen.

Amaurobiidae [Mz.; v. gr. amaurobios = in der Dunkelheit lebend], die ↗Finsterspinnen.

Amazona *w* [ben. nach dem Fluß Amazonas], Gatt. der ↗Papageien.

Amazonasdelphin, *Inia, Inia geoffrensis,* ein vorwiegend im flachen Wasser des oberen Amazonas, in den Flüssen in Guayana u. im Orinocogebiet lebender Vertreter der Flußdelphine mit großen u. breiten Brustflossen u. bes. großer Schwanzflosse; bis 130 Zähne, Borsten an der Schnauze; Körperlänge bis 2,1 m. Wegen seiner Zutraulichkeit wird der A. in vielen am. Zoos gehalten.

Amazonenameise *w* [v. gr. Amazona = Amazone, Kriegerin], *Polyergus rufescens,* ↗Schuppenameisen.

Amber *m* [v. arab. 'anbar = graue Ambra], ↗Ambra.

Amberbaum [v. arab. 'anbar = graue Ambra], *Liquidambar,* Gatt. der ↗Zaubernußgewächse.

Amber-Codon *s*, das Terminations-Codon bzw. Nonsense-Codon UAG. Das A. kann durch Punktmutation, ausgehend v. den Codonen UAU (Tyr), UCG (Ser), UGG (Trp), UUG (Leu), AAG (Lys), GAG (Glu) und CAG (Glu), in m-RNA eingeführt werden. Der durch die Einführung eines A.s bewirkte vorzeitige Kettenabbruch der Proteinsynthese kann entweder durch eine Rückmutation od. durch eine Amber-Suppressor-Mutation rückgängig gemacht werden. Die willkürl. Bezeichnung „Amber" (engl. Bernstein) geht auf den Entdecker v. Amber-Mutationen (die sich nachträglich als auf A.en basierend erwiesen) zurück. ↗Amber-Suppressor.

Amber-Mutation *w*, Punkt-Mutation, durch die ein Amber-Codon in eine messenger-RNA eingeführt wird. Eine A. wirkt sich durch den vorzeitigen Kettenabbruch in der Synthese des betreffenden Proteins aus, wodurch ein biologisch inaktives Protein-Fragment entsteht. Ein Organismus, der in einem Gen od. in mehreren Genen eine A. aufweist, wird *Amber-Mutante* genannt.

Amber-Suppressor *m*, Gen, dessen Produkt in der Zelle die Wirkung v. ↗Amber-Mutationen unterdrückt u. dadurch phänotypisch rückgängig macht; in Gegenwart eines A.s werden daher selbst in Stämmen mit Amber-Mutationen vollständige u. damit biologisch aktive Proteine synthetisiert. A.en sind mutierte t-RNA-Gene. Die resultierende Veränderung der t-RNA besteht in der Regel in einem Basenaustausch im Anticodon der entspr. t-RNA-Spezies, wodurch das ↗Amber-Codon als Aminosäure-Codon (statt als Signal für den Kettenabbruch) abgelesen werden kann.

Ambiguität *w* [v. lat. ambiguitas = Zweideutigkeit], bei dem Prozeß der Translation erfolgender Einbau verschiedener Aminosäuren an einem bestimmten Codon (z. B. neben Phenylalanin Inkorporation auch anderer Aminosäuren an UUU-Tripletts); verursacht durch mutative Veränderungen bestimmter Proteinuntereinheiten der Ribosomen od. durch Einwirkung v. Streptomycin auf Ribosomen; kann die Kompensation v. Punktmutationen bewirken; Ggs.: Degeneration des genetischen Codes.

Ambivalenz w [v. lat. ambiguus = nach beiden Seiten, valere = wert sein], **1)** Genetik: Fähigkeit mancher Gene, sich für den Organismus sowohl zum Vor- als auch zum Nachteil auszuwirken; volle A. bedeutet, daß sich auch im heterozygoten Zustand beide Wirkungen (im gleichen Umfang) zeigen. **2)** Ethologie: gleichzeitige unterschiedl. Bewertung einer Situation od. eines Reizes, die zum Konflikt zw. verschiedenen Verhaltenstendenzen führt; z. B. wirkt die Begegnung eines Tieres mit einem unbekannten Artgenossen häufig ambivalent: Es werden sowohl Flucht- als auch Kontakt- u. Angriffstendenzen aktiviert.

Amblycera [Mz.; v. *ambly-, gr. keras = Horn], Fam.-Gruppe der ↗ Haarlinge.

Amblyomma [v. *ambly-, gr. omma = Auge], die ↗ Buntzecken.

Amblyopsidae [Mz.; v. *ambly-, gr. opsis = Sicht], Fam. der ↗ Barschlachse.

Amblyphrynus m [v. *ambly-, gr. phrynos = Kröte], Gatt. der Südfrösche, gehört wahrscheinlich zur U.-Fam. *Telmatobiinae;* eine mittelgroße (ca. 50 mm) Art, *A. ingeri,* die mit ihrem breiten Kopf an Hornfrösche erinnert, kommt in den Anden Kolumbiens vor.

Amblypoda [Mz.; v. *ambly-, gr. pous, Gen. podos = Fuß], von E. D. Cope 1884/85 als † U.-Ord. der Huftiere *(Ungulata)* eingeführte paläogene, auf N-Amerika u. Asien beschränkte Gruppe, die nach heutiger Einsicht Taxa heterogener Herkunft vereinigt: *Pantolambdidae (Pantodonta), Cryptodontidae* u. *Dinoceratidae.* A. waren die größten Landsäugetiere ihrer Zeit. Als prominentester Vertreter gilt das heute den *Dinocerata* zugeordnete *Uintatherium* aus dem mittleren Eozän von N-Amerika; es erreichte Elefantengröße u. Nashornähnlichkeit wegen 6 Knochenprotuberanzen auf Nasalia, Maxillaria u. Parietalia.

Amblypygi [Mz.; v. *ambly-, gr. pygē = Steiß], die ↗ Geißelspinnen.

Amblyrhynchus m [v. *ambly-, gr. rhygchos = Schnabel, Schnauze], Gatt. der Leguane; ↗ Meerechse.

Amblystegiaceae [Mz.; v. *ambly-, gr. stege = Bedeckung], Moos-Fam. der *Hypnobryales* mit ca. 5 Gatt., die vorwiegend holarktische Sumpfbewohner sind und wärmere Regionen meiden. Eine Charakterart für kalkhalt. Quellflüsse und kalkhalt. Bäche ist *Cratoneuron commutatum;* sie ist an der Kalktuffbildung beteiligt. In arkt. Regionen sind die Gatt. *Amblystegium, Calliergon, Scorpidium* u. *Drepanocladus* verbreitet. Während *Calliergon* u. *Scorpidium* häufig eine Massenvegetation in feuchten Tundren entwickeln, ist *Drepanocladus uncinatus* in Trockentundren verbreitet.

Amblystoma s [v. *ambly-, gr. stoma = Mund], ältere Schreibweise für *Ambystoma,* ↗ Querzahnmolche.

Amboß, *Incus,* das mittlere der drei ↗ Gehörknöchelchen im Mittelohr der Säugetiere.

Ambra w [v. arab. 'anbar = graue Ambra], *Amber,* graue, wachsartige, aromatisch riechende Masse; in Darm u. Harnblase gebildetes Ausscheidungsprodukt des Pottwals, das in der Parfümerie verwendet wird; galt im Mittelalter als Aphrodisiakum.

Ambrosia w [gr., = Götterspeise], **1)** die ↗ Ambrosie. **2)** *A. pilze,* „Nahrung der Götter", im 19. Jh. Benennung der unbekannten Substanz, die die Bohrgänge v. Splintholzkäfern (↗ A. käfer) auskleidet u. ihnen als Nahrung dient. A. pilze sind ektosymbiont. Pilze (Hefen, Fungi imperfecti, Schlauchpilze), z. B. *Endomycopsis, Ambrosiozyma.* Die Käfer fördern das Wachstum der A. pilze durch Kot u. a. Ausscheidungsprodukte; sie bilden eine stabile Lebensgemeinschaft. **3)** *A. pilze i. w. S.,* Bez. für alle v. Insekten gezüchteten Pilze, die als Nahrung dienen (↗ Pilzgärten).

Ambrosiakäfer [v. gr. ambrosia = Götterspeise], Käferarten, deren Larven v. einem Pilzrasen (↗ *Ambrosia*) leben, der die Wohnröhrenwand im Holz lebender Arten auskleidet; diese Pilze werden von den Mutterkäfern gezüchtet. Hierher gehören der Bohrkäfer (*Hylecoetus dermestoides*), Werftkäfer, die Kernkäfer (*Platypodidae*) u. die A. (*Xyleborini* u. *Xyloterini*) innerhalb der Borkenkäfer (U.-Fam. *Ipinae*). A. sind Holzbrüter, deren Fraßgänge bis in die tieferen Schichten des Holzes gehen. Dabei kann das Gangsystem ausschließlich vom ♀ angelegt worden sein (bei *Xyleborus*-Arten), das auch von den Larven nur als Weidegang benutzt wird, od. auch die Larven fressen v. den Ei-Nischen aus kurze, leitersprossenart. Gänge, an deren Ende sie sich auch verpuppen (z. B. *Xyloterus lineatus*). ♂♂ sind am Brutgeschäft höchstens durch Auswerfen v. Bohrmehl beteiligt. Die ♀♀ stellen den Muttergang her u. halten ihn sauber, regulieren sogar die Luftfeuchtigkeit, damit die v. ihnen ausgesäten Pilze gedeihen. Die Pilze sind vermutlich stets artspezifisch, „falsche" Pilze werden entfernt; sie werden v. Mutterkäfer aus dem Darm ausgewürgt od. (nach anderen Autoren) aus speziellen Pilzsporen-Depots (*Mycetangien*) in Form v. Hauttaschen an der Halsschildbasis abgegeben. Die nährstoffreichen Enden (*Konidien*) der Pilze werden v. den Larven, meist auch von den Jungkäfern abgeweidet. Die Pilzfäden im Holz werden häufig allmählich schwarz,

---

Ambivalenz

ambly- [v. gr. amblys = stumpf], in Zss.: stumpf-.

Amblystegiaceae

Gattungen:
Amblystegium
Calliergon
Cratoneuron
Drepanocladus
Scorpidium

so daß die Gänge sich schwarz abheben („Schwarzer Wurm"). Bei Arten mit flugunfähigen ♂♂ *(Xyleborus)* findet die Begattung schon im Geburtsbau statt od. in Nachbarbauten. Ungleicher Holzbohrer, *X. (Anisandrus) dispar,* ♂ 2 mm, flugunfähig, ♀ 3 – 3,5 mm; polyphag in Laubholz, seltener auch Nadelholz; Brutbild dreidimensional, an die radiale Einbohrröhre schließen sich quer zur Faser liegende, den Jahresringen folgende Verzweigungen an, die sich später senkrecht dazu in 1–2 cm lange Brutstollen verzweigen; die Larven fressen keine eigenen Gänge; gelegentlich arger Schädling in Apfel- u. Pflaumenbäumen. Eichenholzbohrer, Kleiner schwarzer Wurm *(X. monographus),* ♂ 2 – 2,5 mm, ♀ 2,6 – 3,2 mm; Entwicklung v. a. in frisch geschlagenem Eichenholz; Brutgang bis tief ins Holz, geweihartig verzweigt, keine Leitersprossen. Saxesens Holzbohrer *(X. saxeseni),* ♂ 1,7 – 1,9 mm, ♀ 2 – 2,4 mm; sehr polyphager Pilzzüchter; der Muttergang wird v. Larven u. Jungkäfern zu flachen, in Holzfaserrichtung stehenden, umfangreichen Plätzen erweitert; Larven u. Jungkäfer helfen beim Sauberhalten der Höhle; nicht selten entstehen durch Verschmelzung benachbarter Familienplätze volkreiche Gemeinschaften (einmal über 2300 Tiere!); gelegentlich schädlich in Obstanlagen. Bei den *Xyloterus*-Arten beteiligen sich beide Geschlechter am Brutgeschäft. Das ♀ nagt die radiale Eingangsröhre, anschließend etwa dem Jahresringverlauf folgende Brutstollen, in denen abwechselnd oben u. unten die Eier in Nischen einzeln abgelagert werden. Die Larven entwickeln sich in dem allmählich größer werdenden Larvenstollen, Jungkäfer schlüpfen durch das Einbohrloch der Eltern. Buchen-A., Buchen-Nutzholzborkenkäfer *(Xyloterus domesticus),* 3,1 bis 3,8 mm, v. a. in Buche. Eichen-A., Eichen-Nutzholzborkenkäfer *(X. signatus),* 3,5 bis 4 mm, polyphag an Laubhölzern, v. a. Eiche. Nadelholz-A., Gemeiner Nutzholzborkenkäfer *(X. lineatus = Trypodendron lineatum),* 3 – 3,4 mm, brütet in Fichte u. anderen Nadelhölzern, befällt auch geschälte Stämme.

Ambrosie w [v. gr. ambrosia = Götterspeise], *Ambrosia,* Gatt. der Korbblütler mit ca. 20, vorwiegend in N-Amerika beheimateten Arten, ist einjährig, 20–100 cm hoch, dicht grauzottig behaart u. besitzt 1–2fach gefiederte, auf der Oberseite dunkel-, auf der Unterseite graugrüne Laubblätter. Die grünlich-gelben Blütenköpfe besitzen keine Zungenblüten u. werden v. Wind bestäubt. Die A. wächst auf Äckern, Brachen, Schuttplätzen u. Wegrändern. Einige ihrer Arten leben adventiv auch in Europa, z. B. *A. elatior (A. artemisiifolia),* die Beifuß-Ambrosie.

Ambrosiozyma w [v. gr. ambrosios = unsterblich, zymē = Sauerteig], Gatt. der ↗ Echten Hefen.

Ambulacralgefäßsystem, *Wassergefäßsystem,* flüssigkeitsgefülltes Röhrensystem der ↗ Stachelhäuter, das vom Hydrocoel (Mesocoel) gebildet wird u. über das Axocoel mit dem Meerwasser in Verbindung steht. Das A. besteht aus einem um den Mund gelegenen Ringkanal und 5 Radiärkanälen, die sich der 5strahligen Radiärsymmetrie der Stachelhäuter einfügen. Die Radiärkanäle *(Ambulacren)* geben seitlich paarige Abzweigungen ab, die nach kurzem oberflächenparallelem Verlauf zur Körperdecke umbiegen u. schlauchförmige, muskularisierte Tentakel bilden, die *Ambulacralfüßchen.* An den Umbiegungsstellen der Seitenkanälchen finden sich häufig mit Muskulatur versehene *Ampullen.* Kontraktion dieser Ampullen preßt Flüssigkeit aus dem A. in die Füßchen, die sich auf diese Art strecken. Umgekehrt ermöglicht Kontraktion der Füßchenmuskulatur ein Rückziehen der Füßchen u. Füllen der Ampullen. Dem A. u. den Ambulacralfüßchen kommen so wichtige Aufgaben bei der Fortbewegung u. Nahrungsaufnahme sowie bei Atmung, Exkretion u. Reizaufnahme zu. B Stachelhäuter.

Ambystomatidae [Mz.; v. gr. ambyx = Becher, stoma = Mund] ↗ Querzahnmolche.

Amebelodon m [v. America, gr. belos = Wurfgeschoß, odōn = Zahn], (Barbour 1927), † Altelefant *(Mastodon, Trilophodon)* aus dem mittleren Pliozän von N-Amerika, dessen Stoßzähne im Unterkiefer stark verlängert u. zu einer Art Schaufel umgestaltet sind; diese könnte zum Graben im Sand od. Schlamm gedient haben.

Ameisen, *Emsen, Formicoidea,* Über-Fam. der Hautflügler mit 8 Fam. u. insgesamt ca. 6000 (nach anderen Angaben bis 12000) Arten, davon ca. 200 Arten in Europa. Die A. sind soziale, staatenbildende, je nach Art u. Geschlecht 0,8 mm bis 6 cm große, dunkel bis hellgelb gefärbte Insekten. Der Hinterleib ist wie bei allen ↗ *Apocrita* durch eine Einschnürung v. der Brust abgesetzt. Dieses Hinterleibstielchen ist je nach Art verschieden ausgebildet u. verleiht den A. eine sehr gute Gelenkigkeit. Der Kopf trägt gekniete, meist elf- bis zwölfgliedrige Antennen, auf denen Sinnesorgane für Geruch, Geschmack u. Feuchtigkeit lokalisiert sind. Zwei Komplexaugen sowie unterschiedlich viele Nebenaugen sind für die Orientierung v. Bedeutung. Die vielfältig ausgebildeten Mandibeln können zum Nahrungserwerb u. als Waffe gebraucht werden. Ein Giftstachel kann bei vielen A.

Ambrosiakäfer
↗ Werftkäfer *(Lymexylidae)*
↗ Klopfkäfer *(Anobiidae)*
↗ Kernkäfer *(Platypodidae)*
Borkenkäfer *(Scolytidae):*

Ipinae, Xyleborini

Ungleicher Holzbohrer *(Xyleborus dispar)*
Eichenholzbohrer *(Xyleborus monographus)*
Saxesens Holzbohrer *(Xyleborus saxeseni)*

Ipinae, Xyloterini

Buchen-A. *(Xyloterus domesticus)*
Eichen-A. *(Xyloterus signatus)*
Nadelholz-A. *(Xyloterus lineatus)*

Ameisen
Wichtige Familien, Unterfamilien und Gattungen:

Bulldoggameisen *(Myrmeciidae)*
↗ Drüsenameisen *(Dolichoderidae)*
↗ Knotenameisen *(Stachelameisen, Myrmicidae)*
↗ Blattschneiderameisen *(Attini)*
↗ Schuppenameisen *(Formicidae)*
↗ Weberameisen *(Oecophylla)*
↗ Stechameisen *(Poneridae)*
↗ Treiberameisen *(Dorylidae)*

AMEISEN I–II

Ameisen sind staatenbildende Insekten aus der Ordnung der Hautflügler. Ihre Staaten bestehen aus 3 Kasten: Arbeiterinnen, die in der Mehrzahl sind, Weibchen (Königinnen) und Männchen. Die jungen Geschlechtstiere sind geflügelt und schwärmen im Frühjahr aus dem Staat. Nach der Begattung stirbt das Männchen, die Königin wirft die Flügel ab, gründet einen neuen Staat und beginnt Eier zu legen.

Die geschlüpften Arbeiterinnen bauen das Nest (unten ein Hügelnest) aus, in deren verschiedenen Kammern sie die Versorgung der Eier, Larven und Puppen übernehmen.

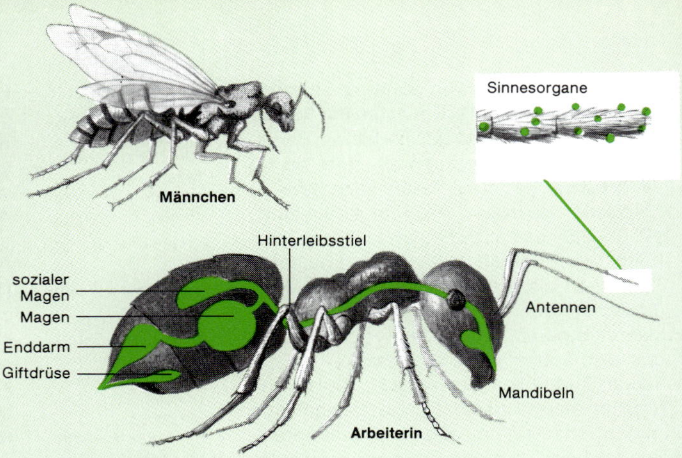

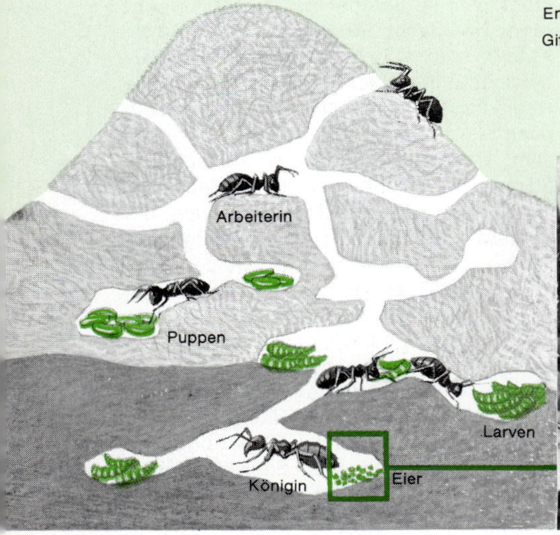

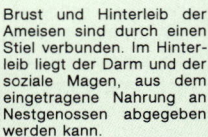

Brust und Hinterleib der Ameisen sind durch einen Stiel verbunden. Im Hinterleib liegt der Darm und der soziale Magen, aus dem eingetragene Nahrung an Nestgenossen abgegeben werden kann.
In Abb. links legt die Königin gerade ein Ei, das von einer Arbeiterin übernommen wird.

funktionell durch Drüsen ersetzt sein, die Feinden u. Beutetieren A.säure u. andere Gifte in Wunden spritzen, die mit den Mandibeln beigebracht wurden. Der Kropf (sozialer Magen) im Hinterleib ermöglicht Speicherung, Transport u. Abgabe v. Nahrung an Artgenossen. – Die A. bilden *Kasten,* die sich morphologisch als auch in ihren Aufgaben im A.staat unterscheiden. Im voll entwickelten Staat legt nur die *Königin* die Eier. Werden sie durch den in der Königin gespeicherten ♂ Samen befruchtet, entwickeln sich daraus A. der *Arbeiterinnen*-Kaste, deren Ovarien verkümmern. Jahreszeitlich determiniert (bei uns im Frühjahr) legt die Königin auch Eier mit verdichtetem Plasma an einem Eipol, die entweder unbefruchtet bleiben u. dann zu A. der *Männchen*-Kaste werden, od. aber befruchtet u. nach dem Schlüpfen mit einem bes. Futtersaft der Arbeiterinnen gefüttert, sich zu A. der *Weibchen*-Kaste, den jungen *Königinnen,* entwickeln. Die jungen Geschlechtstiere sind geflügelt u. verlassen in der Regel den Staat. Nach der Begattung, die meist außerhalb des Nestes stattfindet, stirbt das Männchen, während das Weibchen einen Platz für eine neue Staatsgründung sucht u. die Flügel abwirft. Sein Hinterleib wächst dann zur Eiproduktion erheblich heran. Die 3 Kasten (Arbeiterinnen, Männchen, Königinnen) unterscheiden sich gemäß ihren Aufgaben auch im Aufbau des Gehirns, das bei den kurzlebigen Männchen am geringsten entwickelt ist. Bei vielen A. (z. B. der Gatt. *Pheidole*) können bes. die Köpfe u. Mandibeln der Arbeiterinnen morphologisch unterschiedlich gestaltet sein, so daß es mehr als 3 Kasten gibt. So gibt es *Soldaten* mit bes. kräftigen Mandibeln zur Bewachung des Nestes u. Zerkleinerung grober Nahrung. Der A.staat wird v. einer begatteten Königin gegründet, die die erste Brut alleine versorgen muß. Dabei ist sie oft monatelang völlig isoliert u. nimmt keine Nahrung zu sich. Einige Arten nehmen bereits Arbeiterinnen des alten Staates zur Nestgründung mit. Es gibt auch Arten, deren Königinnen in die Staaten anderer Nester eindringen; dabei kann die fremde Königin abgetötet u. deren Volk „versklavt" werden. Diese sog. Hilfs-A. ernähren dann die Brut der eingedrungenen Königin (bei einigen *Formica*-Arten). Dieser Sozialparasitismus führt dann zu gemischten Völkern, bei denen das Wirtsvolk stirbt. Das Wirtsvolk kann aber auch durch den Raub v. Puppen anderer Völker am Leben erhalten bleiben, wie bei der Amazonenameise *(Polyergus rufescens)*. Wenn die Wirts-Königin nicht getötet wird od. die jungen

Oben: Eine Ameise veranlaßt Blattläuse, zuckerhaltigen Kot abzugeben, den sie aufnimmt. Rechts ist eine *Blattschneiderameise* dargestellt, die ein Blattstück zum Nest trägt. Dort werden mit zerkauten Blättern Pilzzuchten gedüngt.

Die Arbeiterinnen vollführen auch alle Aufgaben außerhalb des Nestes. Viele Arten leben räuberisch; rechts hat eine Ameise eine Schmetterlingsraupe erlegt.

Bei Kämpfen zwischen verschiedenen Ameisenarten wird der Gegner mit Sekreten aus der Giftdrüse bespritzt (links).

Die *Wanderameisen* in Afrika und Südamerika leben nomadisch. Zu Tausenden ziehen sie umher und fressen alles, was nicht rechtzeitig fliehen kann. In Abb. rechts überquert ein Zug einen Wasserlauf.

Königinnen das alte Nest erst gar nicht verlassen, kommt es zu Völkern mit mehreren Königinnen (*polygyne* Völker). Der *Nestbau* ist je nach Art sehr unterschiedlich. Es gibt verzweigte Erdlöcher, Nisthaufen auf der Erde, wie bei den heim. Roten Wald-A., Nester in ausgehöhlten Pflanzenteilen wie Dornen, Stengeln (↗Ameisenpflanzen) u. Baumstämmen, Nester in Bäumen aus Karton bei der Gatt. *Crematogaster*, aus Erdteilchen bei der Gatt. *Camponotus* („Hängende Gärten") u. Nester aus gewobenen Blättern bei den Weber-A. Die Nester bestehen aus mehreren Kammern, in denen Vorräte gespeichert u. die Brut versorgt werden. Aus den Eiern schlüpft nach wenigen Tagen eine Made, die bei den meisten Arten auf die Zufuhr v. flüssiger, vorverdauter Nahrung durch die Arbeiterinnen angewiesen ist. Nach ca. 2 Wochen verpuppt sich die Larve, aus der Puppe schlüpft nach weiteren 2 Wochen das adulte Tier. Diese Zeiträume schwanken je nach Art, Ernährungsbedingungen u. Klima. Die Entwicklungsstadien vollziehen sich in verschiedenen Kammern, so daß die Brut im Nest oft umhergetragen wird. Die Anzahl der Individuen schwankt im voll entwickelten Nest zw. einigen Hundert u. 20 Mill., wobei die Arbeiterinnen den weitaus größten Anteil stellen. Die Aufteilung der Aufgaben auf die Arbeiterinnen ist unterschiedlich spezialisiert u. flexibel; dabei vollführt ein Individuum während seines Lebens nie immer nur die gleiche, aber auch nie alle Arbeiten. Durch plötzl. Ereignisse, wie Unwetter, Angriff v. Feinden od. Zerstörung am Nest, kann die gerade ausgeführte Tätigkeit sofort umgestellt werden; so werden z. B. die Puppen (oft fälschlich als *A.eier* bezeichnet) v. den Arbeiterinnen in Sicherheit gebracht. Die Aufgaben, die ständig anfallen, sind Pflege der Eier u. Puppen, Fütterung der Larven, Reinigung u. Bau des Nestes („Innendienst") sowie Herbeischaffen v. Nahrung, Verteidigen u. Bewachen des Nestes („Außendienst"). Wichtig für die Brut ist die Regelung des *Nestklimas*. Dies kann schon bei der Anlage des Nistplatzes berücksichtigt werden; das Nestgefüge kann auch später noch z. B. durch Bau zusätzl. Ausgänge zur Kühlung verändert werden. Zum Aufheizen können z. B. die Arbeiterinnen sich in der Sonne aufwärmen u. diese Energie im Nest wieder abgeben. Die Temp. im Nestinnern wird dadurch konstantgehalten. Das *Alter* eines Staates ist v. maximalen Alter der Königin abhängig; dies beträgt z. B. bei der Roten Waldameise 15 bis 20 Jahre, polygyne Staaten können länger bestehen. Die Arbeiterinnen

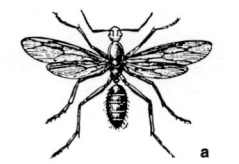

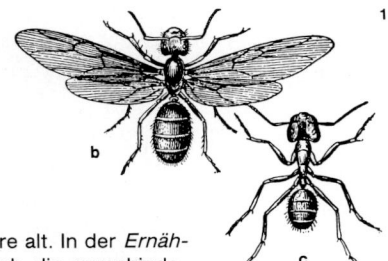

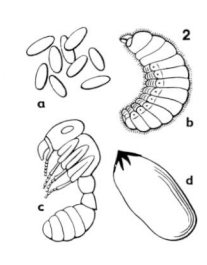

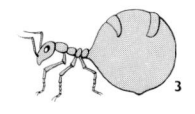

Ameisen

werden nur 2 bis 3 Jahre alt. In der *Ernährung* unterscheiden sich die verschiedenen A.arten beträchtlich. Während ursprünglich A. Räuber sind, spielt für abgeleitete Arten pflanzl. Nahrung eine immer größere Rolle. Viele Arten veranlassen Blattläuse u. Zikaden durch taktile Reize, Honigtau abzugeben, den die A. aufnehmen *(Trophobiose);* das „Nutzvieh" wird dafür v. den A. gegen Blattlausfeinde beschützt ([B] Symbiose). Die Blattschneider-A. der Gatt. *Atta* züchten sogar in ihren Nestern einen Pilz, den sie mit eingetragenen u. zerkauten Blättern düngen und von dem sie sich ausschließlich ernähren. Die jungen Königinnen nehmen beim Auszug aus dem Nest etwas Pilzmycel mit. Viele Arten bevorraten Pflanzensamen, wie die Ernte-A., die in S-Europa u. Amerika erhebl. Mengen Getreide in ihre Vorratskammern holen können. Manche Pflanzen sind auf die Verbreitung durch A. angewiesen (↗Myrmekochorie), indem statt des Samens ein ölhalt. Anhängsel *(Elaiosom)* zum Fraß angeboten wird. Bei manchen nordam. Honig-A. wird der Hinterleib einiger Arbeiterinnen durch Aufnahme v. Honigtau in den sozialen Magen zu einer prallen Kugel aufgebläht. Diese lebenden Honigtöpfe hängen an der Decke bes. Nestkammern als Vorrat. Die Individuen eines Volkes stehen in vielfältiger *sozialer Beziehung* zueinander. Eingetragene Nahrung wird aus dem sozialen Magen sowohl angeboten als auch v. anderen A. erbettelt; ist eine Beute für eine einzelne Ameise zu groß, lockt sie andere zur Hilfe herbei; bemerken bes. Wächter einen Eindringling, werden andere A. aus dem Innern des Nestes alarmiert. Alle diese sozialen Verhaltensweisen werden durch angeborenes Verhalten od. Duftstoffe ausgelöst; sie sind nicht Produkt eines vernunftbegabten Handelns. Die Mitglieder eines Volkes erkennen sich am Geruch, andere A. und Insekten werden sofort angegriffen. Vom Schutz u. der Nahrung, die der Staat bietet, profitieren auch viele andere Insekten. Diese ↗Ameisengäste verschaffen sich Zugang, ohne als Eindringlinge erkannt zu werden. Sehr gut ausgebildet ist bei den A. der *Orientierungssinn.* Ähnlich wie die Honigbiene berechnen sie durch den Sonnenstand die Richtung zum

Ameisen
1 Kasten der Ameisen: **a** Männchen, **b** Weibchen (entflügelt „Königin"), **c** Arbeiterin. **2** Entwicklung der Ameisen: **a** Eier, **b** Larve, **c** nackte, **d** versponnene Puppe („Ameisenei"). **3** Honigameise mit Honigtopf.

heimischen Bau. Der tageszeitlich wechselnde Sonnenstand wird dabei durch eine „innere Uhr" kompensiert. Hinzu kommt das Erinnerungsvermögen an Landmarken. Insbes. im Dunkeln spielt die geruchl. Orientierung an Duftstraßen, die mit bes. Duftdrüsen angelegt werden, eine große Rolle. Diese „A.straßen" duften je nach Qualität u. Quantität der Nahrung unterschiedlich stark. – Die A. besiedeln fast alle Biotope der Erde; für den Menschen sind sie von erhebl. Bedeutung. Als Vertilger v. Schadinsekten ist die Rote Waldameise dem Menschen nützlich; die Inhaltsstoffe der Giftdrüsen werden als Heilmittel verwendet u. die Honigtöpfe mancher Arten gegessen. Weitaus bedeutender sind die A. jedoch als Schädlinge des Menschen. In Mitteleuropa sind sie in Häusern u. Gärten u. beim Naschen an Vorräten meist nur lästig, auch die Blattlaushaltung richtet selten großen Schaden an. In den Tropen jedoch können A. zur existentiellen Bedrohung für den Menschen werden, wenn Blattschneider-A. in wenigen Stunden eine Plantage entlauben, Ernte-A. einen großen Teil der Getreideernte in ihren eigenen Speichern verschwinden lassen u. ein Strom hunderttausender Treiber-A. alles Lebendige vernichtet u. frißt, was nicht rechtzeitig fliehen kann. Zu den ursprüngl. Fam. gehören die Bulldogg-A. in Australien, deren Sozialleben noch weniger ausgeprägt ist u. die (wie die Fam. der Stachel-A.) noch einen Giftstachel besitzen. [B] 138, 139.

Lit.: *Dumpert, K.:* Das Sozialleben der Ameisen. Berlin 1978. *Gosswald, K.:* Unsere Ameisen. 2 Bde. Stuttgart 1955. *Schmid, F. R.:* Wunderwelt der Ameisen. Stuttgart 1980. *G. L.*

Ameisenbären, *Myrmecophagidae,* in Mittel- und S-Amerika lebende Fam. der Nebengelenktiere mit 3 Gatt. mit je 1 Art; A. gehören zum Lebensformtyp der ↗Ameisenfresser bzw. Termitenfresser. In Anpassung an diese spezielle Ernährungsweise zeigt ihr Körperbau einige merkwürdig erscheinende Besonderheiten: Der Kopf der A. endet in einer lang ausgezogenen, röhrenförm. Schnauze mit einer schmalen, winzigen Mundöffnung; die Kiefer der A. sind völlig zahnlos (↗Zahnarme). Spitzhackenart. Krallen an den Vorderextremitäten dienen zum Aufbrechen der Termitenbauten; eine bis zu 60 cm lange, wurmförm. Zunge mit klebr. Speichelüberzug leckt die Insekten auf, die beim Einziehen der Zunge an Hornpapillen des Gaumendachs abgestreift werden. Der Große Ameisenbär *(Myrmecophaga tridactyla)* erreicht die Größe eines Schäferhunds u. trägt eine auffallende, bis 40 cm lange Schwanzfahne; er lebt als Bodenbe-

Großer Ameisenbär *(Myrmecophaga tridactyla)* mit Jungtier auf dem Rücken

wohner in der buschbestandenen Savanne v. Costa Rica bis zum Gran Chaco in N-Argentinien. Gegen seine Feinde (Jaguar, Puma) verteidigt er sich wehrhaft mit den Krallen seiner Vorderextremitäten; er streift tagsüber, die Nase dicht am Boden, durch die Savanne auf der Suche nach Ameisennestern u. Termitenbauten; eine Tagesration kann aus bis zu 30 000 Ameisen u. Termiten bestehen. Das Weibchen bringt nach 6 Monaten Tragzeit nur 1 Junges zur Welt u. ernährt es an den 2 brustständigen Zitzen. Das Junge, das erst mit 2 Jahren völlig ausgewachsen ist u. selbst auf Nahrungssuche geht, wird lange Zeit v. der Mutter auf dem Rücken getragen. Der Tamandua *(Tamandua tetradactyla),* nur etwa halb so groß wie der Große Ameisenbär, ist teils baum-, teils bodenbewohnend. Sein Verbreitungsgebiet deckt sich weitgehend mit dem des Großen A.; als Lebensraum bevorzugt er Waldränder u. Baumsavannen. Der Tamandua sucht vorwiegend nach Baumameisen u. -termiten. Der nur etwa eichhorngroße Zwergameisenbär *(Cyclopes didactylus)* ist ganz an das Baumleben angepaßt; er besitzt einen muskulösen Wickelschwanz mit am Ende nackter Greiffläche. Sein Vorkommen erstreckt sich über die Waldgebiete Mittelamerikas bis nach Bolivien u. Zentralbrasilien; wie der Tamandua ist auch er nachtaktiv u. lebt im wesentlichen v. Baumameisen; tagsüber schläft er eingerollt in einer Asthöhle od. Baumhöhle verborgen. B Südamerika V.

Ameisenbeutler, *Myrmecobiidae,* Fam. der Beuteltiere mit nur 1 Art, dem Numbat *(Myrmecobius fasciatus),* ein rattengroßes Beuteltier mit buschigem Schwanz, das im S und SW Australiens beheimatet ist. Der A. repräsentiert innerhalb der Ord. der Beuteltiere den Lebensformtyp des ↗Ameisenfressers u. Termitenfressers u. zeigt daher das Phänomen der Gebißrückbildung (hier: 50 kleine, schwache, rückgebildete Zähne) u. eine lange, dünne, weit vorstreckbare Zunge zum „Angeln" der Insekten. Das Weibchen ist deutlich kleiner

Ameisenfresser
↗Ameisenbären *(Myrmecophagidae,* S-Amerika)
↗Ameisenbeutler *(Myrmecobiidae,* austr. Region)
↗Ameisenigel *(Tachyglossidae,* austr. Region)
↗Erdferkel *(Orycteropus,* Afrika)
↗Schuppentiere *(Manidae,* Asien u. Afrika)

Ameisengäste
Mimanomma spectrum, ein Käfer aus der Fam. der Kurzflügler

als das Männchen u. hat keinen Beutel. Die im Vergleich zu placentalen Säugern gleichsam als Embryonen zur Welt kommenden Jungen klammern sich, solange sie noch an den Zitzen mitgeführt werden, an einem struppigen Haarfeld fest, das die 4 Zitzen umgibt. Über die Lebensweise der A. gibt es kaum Freilandbeobachtungen; aus Gefangenschaftsbeobachtungen weiß man, daß die A. im Ggs. zu den meisten anderen Beuteltieren tagaktive Tiere sind. Ihre Existenz ist durch die Ausbreitung der landfremden Füchse u. Dingos in Australien stark gefährdet. B Adaptive Radiation.

Ameiseneier, volkstüml., falsche Bez. für die Puppen der ↗Ameisen.

Ameisenfischchen, *Atelura,* ↗Silberfischchen.

Ameisenfresser, *Myrmekophagen,* Bez. für Säugetiere, die sich hpts. von Ameisen u. Termiten ernähren. Trotz unterschiedlicher systemat. Stellung zeichnen sich die auf verschiedenen Erdteilen beheimateten A. durch konvergent entwickelte gemeinsame Merkmale aus: Kräftige Vorderpfoten zum Aufbrechen v. Bäumen u. Termitenhügeln, eine lange u. klebrige Zunge zum Auflecken der Insekten u. Rückbildung der Zähne kennzeichnen den „Lebensformtyp" des Ameisenfressers.

Ameisengärten, Baumnester der Gatt. *Camponotus* aus der Familie der ↗Schuppenameisen.

Ameisengäste, *Myrmekophilen,* Tiere (bes. Insekten), die sich mehr od. weniger ständig in Ameisennestern aufhalten; bekannt sind ca. 3000 Arten aus verschiedenen Gruppen (T 142). Die A. werden in 3 Gruppen eingeteilt: Die räuberischen A. *(Synechthren)* ernähren sich v. Ameisen u. deren Brut u. werden v. diesen feindlich verfolgt, hierzu gehören viele Spinnen sowie Käfer. Die geduldeten Einmieter *(Synöken)* leben in der Regel v. den Abfällen, Exkrementen u. Leichen des Ameisenstaates; sie werden v. den Ameisen nicht beachtet; hierzu einige Silberfischchen, Springschwänze, Fliegenlarven, Ameisengrillen und bes. Käfer. Die Synöken sind durch verschiedene Anpassungen vor den Ameisen sicher. Manche sind durch Gehäuse u. Köcher schwer v. den Ameisen anzugreifen, z. B. die Larve der Motte *Hypophrictoides dolichoderella* u. des Käfers *Clytra quadripunctata.* Andere ahmen den typ. Geruch eines Ameisenstaates nach od. ähneln ihren Wirten im Verhalten u. Aussehen. Zu diesen Ameisen-Mimetikern gehören Käfer der Gatt. *Mimanomma,* die den Zug der Wanderameisen begleiten, od. die Ameisengrillen. Die echten A. *(Symphilen)* bieten den Ameisen öl- od. zuckerhalt. Ausscheidungen an, die oft

Ameisengrillen

von bes. Organen gebildet werden. Bei den Fühlerkäfern *(Paussidae)* sind die ganzen Fühler dazu umgebildet, andere A. haben bes. Borsten, bei deren taktiler Reizung Honigtau abgegeben wird. Die Ameisen lecken den Saft auf u. tragen die A. bisweilen im Nest umher, was an das Brutpflegeverhalten erinnert. Zu den Symphilen gehören auch die Raupen einiger Bläulinge u. einige Kurzflügler.

Ameisengrillen, *Myrmecophilidae,* Fam. der ↗Grillen; in Mitteleuropa nur eine Art *Myrmecophila acervorum,* 2–4 mm groß, ungeflügelt, ohne Zirp- und Hörvermögen; die A. leben in den Nestern v. Ameisen u. ernähren sich dort; Fortpflanzung meist parthenogenetisch.

Ameisenigel, *Schnabeligel, Echidna, Tachyglossidae,* Fam. der eierlegenden Kloakentiere mit den 2 Gatt. Kurzschnabeligel *(Tachyglossus)* u. Langschnabeligel *(Zaglossus),* deren insgesamt 5 Arten sich auf Australien, Neuguinea u. Tasmanien verteilen; nächstverwandt mit dem Schnabeltier. A. sind plump erscheinende Tiere mit einer Körperlänge zw. 40 und 80 cm, behaart u. oberseits bestachelt; sie können sich wie unsere Igel kugelförmig einrollen. Die schnabelförm. u. im Querschnitt runde Schnauze ist hornüberzogen u. trägt eine enge Mundspalte. Zunge Ameisen, Termiten u. Insekten aufleckt. A. besitzen keine Zähne, statt dessen Hornleisten am Gaumen zum Zerquetschen der Nahrung. Sie repräsentieren unter den Kloakentieren den Lebensformtyp des ↗Ameisenfressers u. Termitenfressers. Weibliche A. entwickeln vorübergehend eine Bruttasche in Bauchmitte, in die 2 mit Haarbüscheln ausgestattete Milchfelder münden. Das Muttertier steckt die frischgelegten Eier in die Bruttasche. Nach 7–10 Tagen schlüpfen die nur 12 mm großen Jungen; sie werden in der Bauchtasche getragen u. lecken die aus den Milchdrüsen abgesonderte Milch v. den Haaren ab. Nach 6–8 Wochen haben sich ihre Stacheln entwickelt, u. sie werden nun in eine Art Nest abgelegt. Mit 1 Jahr wiegen sie bereits 2,5–6 kg u. sind geschlechtsreif. A. gehören zu den wenigen Säugetieren, die über 50 Jahre alt werden können. Man trifft sie nicht selten in Zoos, wo sie sich gelegentlich auch fortpflanzen. B Australien IV.

Ameisenjungfern, *Myrmeleonidae,* Fam. der Netzflügler; ca. 300 Gatt. mit ca. 3000 Arten, davon in Mitteleuropa 4–5; 3–6 cm lange, libellenähnl. Insekten mit 6–8 cm Flügelspannweite (in der Ruhe dachartig auf den Rücken gelegt); die Fühler sind keulenartig verdickt. Häufigste Art ist *Myrmeleon formicarius,* fliegt im Sommer

Ameisengäste
Beispiele:
Synechthren
  Myrmedonia funesta (Fam. Kurzflügler)
Synöken
  Atelura formicaria (↗Silberfischchen)
  ↗Ameisengrillen
  Larven der Gatt. *Clytra* (↗Blattkäfer)
  Larve von *Hypophrictoides dolichoderella*
  Larve von *Microdon mutabilis* (Fam. Schwebfliegen)
  Mimanomma spectrum (Fam. Kurzflügler)
  ↗Rosenkäfer der Gatt. *Cetonia*
  Weißer Springschwanz *(Cyphoderius albinus)* (Fam. ↗Laufspringer)
Symphilen
  Amphotis marginata (Fam. Glanzkäfer)
  ↗Kurzflügler der Gatt. *Atemeles*
  Larven einiger ↗Bläulinge
  Claviger testaceus (Fam. ↗Keulenkäfer)
  ↗Fühlerkäfer *(Paussidae)*
  ↗Kurzflügler der Gatt. *Lochemusa* (Büschelkäfer)
  Solenopsia imitatrix (↗Chalicidoidea)

Ameisenigel
Arten:
Australien-Kurzschnabeligel *(Tachyglossus aculeatus)*
Tasmanien-Kurzschnabeligel *(Tachyglossus setosus)*
Barton-Langschnabeligel *(Zaglossus bartoni)*
Bruijn-Langschnabeligel *(Zaglossus bruijni)*
Bubu-Langschnabeligel *(Zaglossus bubuensis)*

in der Dämmerung. Die räuberisch lebenden Larven *(Ameisenlöwen)* sind in Mitteleuropa ca. 2 cm lang, reich beborstet u. haben kräftige Fangzangen. Die Larven mancher Arten bauen Fangtrichter, indem Sandkörner mit dem Kopf nach außen geschleudert werden, sie selbst sitzen eingegraben im Trichtergrund u. fangen mit den

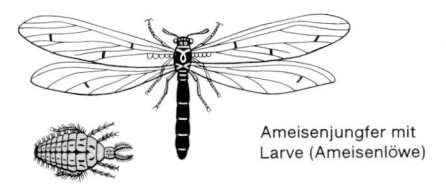

Ameisenjungfer mit Larve (Ameisenlöwe)

herausragenden Zangen (aus Mandibel u. Maxille gebildet) Insekten (nicht nur Ameisen), die zufällig in den Trichter geraten. Das Beutetier wird mit den Zangen festgehalten u. durch Injektion eines Sekrets getötet, verdaut u. ausgesaugt. Die Larve überwintert in Mitteleuropa bis zur Verpuppung zweimal. Zur Verpuppung spinnt sie mit einem aus den Malpighischen Gefäßen stammenden Sekret Sandkörner zu einem Kokon zusammen. Bei den Larven sind Mitteldarm u. Enddarm getrennt. Exkremente werden während des Larvenlebens gespeichert u. erst v. der Imago abgegeben. B Insekten I.

Ameisenkäfer, 1) *Scydmaenidae,* Fam. der *Polyphaga,* überwiegend kleine u. kleinste (1–2 mm, daher auch Zwergkäfer) Bodenbewohner aus der Verwandtschaft der Kurzflügler; manche Arten haben eine oberfläche. Ähnlichkeit mit Ameisen u. sind sogar mit ihnen vergesellschaftet (z. B. *Scydmaenus*). In Mitteleuropa ca. 70 Arten in 10 Gatt. Die meisten Arten dürften spezialisierte Milbenräuber (daher auch „Milbenkäfer") sein, die sogar die spiegelglatten, sehr harten Moosmilben *(Oribatei)* mit Hilfe spezialisierter Mundteile knacken können: Sie haben teilweise hierfür Saugnäpfe an der Unterlippe entwickelt, mit denen sie die kugeligen Milben festhalten, um sie mit ihren scharfen Mandibeln wie mit einem Dosenöffner aufzuschneiden. Die Larven haben eine ähnl. Lebensweise. Wichtige Gatt. in Mitteleuropa sind: *Cephennium* (ca. 10 Arten), *Neuraphes* (ca. 23 Arten), *Stenichnus* (ca. 9 Arten) u. *Euconnus* (ca. 15–20 Arten). **2)** Ameisenbuntkäfer, *Thanasimus formicarius,* ↗Buntkäfer.

Ameisenlöwe, Larve der ↗Ameisenjungfern.

Ameisenpflanzen, *Myrmekophyten,* Bez. für einige tropische Blütenpflanzenarten, die in Hohlräumen ihrer Knollen, Blattdornen od. Stengel die Nester bestimmter Ameisenarten beherbergen. In wenigen

Fällen ist nachgewiesen, daß die Ameisen Pflanzenschädlinge abwehren. Einige A. bieten ihren Gästen Nahrungskörperchen an: sog. *Beltsche Körperchen* an den Spitzen der Blattfiedern von Akazienarten od. die eiweiß- u. fetthaltigen *Müllerschen Körperchen* an der Blattstielbasis der südam. Imbauwa *(Cecropia).* Dementsprechend gelten A. u. ihre Gäste als Beispiel einer Symbiose.

Ameisensäure, *Methansäure,* HCOOH, das erste Glied der homologen Carbonsäuren H(CH$_2$)$_n$COOH (n=0), das jedoch im Ggs. zu den restl. Gliedern (n≧1) reduzierend wirkt. Oxidationsprodukt des Methylalkohols bzw. des Formaldehyds; farblose, stechend riechende Flüssigkeit; zieht auf der Haut Blasen; in der Natur weit verbreitet (Ameisen, Bienenstachel, Brennessel, Tannennadeln, Früchte, Schweiß). Aktive A. ist identisch mit Formyltetrahydrofolsäure. Die Salze u. Ester der A. heißen *Formiate.*

Ameisensäuregärung
Formiat-(Ameisensäure-) Bildung in *Escherichia coli* aus Pyruvat u. der weitere Abbau zu Kohlendioxid u. Wasserstoff. Die A. ist Teil einer gemischten Säuregärung.

Glucose
↓ *Glykolyse*
Pyruvat
+ CoA ↓ Pyruvat-Formiat-Lyase

Acetyl-CoA → Formiat
– CoA | + Phosphat → Formiat-Hydrogen-Lyase
Acetylphosphat
→ ADP
→ ATP
Acetat | CO$_2$ | H$_2$

Ameisensäuregärung, Gärungstyp, bei dem Formiat (Ameisensäure) als charakterist. Endprodukt auftritt. Wichtige Bakterien mit einer A. sind die Vertreter der fakultativ anaeroben *Enterobacteriaceae (Escherichia coli).* In der A. wird unter Luftabschluß Glucose aus Pyruvat, wie in der Glykolyse, abgebaut; dann spaltet jedoch die Pyruvat-Formiat-Lyase Pyruvat in Acetyl-CoA u. Formiat, das sich anhäufen kann, meist jedoch durch die Formiat-Hydrogen-Lyase weiter in CO$_2$ und H$_2$ umgewandelt wird. Da in diesem anaeroben Stoffwechsel aus Pyruvat noch weitere Säuren entstehen, wird dieser Gärungstyp heute meist als ↗gemischte Säuregärung od., wenn zusätzlich 2,3-Butandiol als Endprodukt gebildet wird, als Butandiol-Gärung bezeichnet.

Ameisenspinne, *Myrmarachne,* Gatt. der Springspinnen; in ganz Europa ist *M. formicaria* weit verbreitet, deren Habitus einer

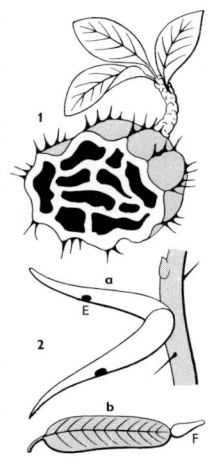

Ameisenpflanzen
1 Schnitt durch eine Sproßknolle von *Myrmecodia;* **2** Ameisenakazie, **a** hohle Dornen (E von Ameisen gebohrte Eingangsöffnung), **b** Futterkörper (F = Beltsches Körperchen) an einem Fiederblättchen.

Mitteleuropäische Ameisenspinnen
↗Springspinnen *(Salticidae)*
  Myrmarachne formicaria
  Leptorchestes berolinensis
  Synageles venator
  Synageles hilarulus
↗Plattbauchspinnen *(Drassodidae)*
  Callilepis nocturna
↗Sackspinnen *(Clubionidae)*
  Micaria pulicaria

Ameisenspinne *Myrmarachne formicaria* (♂)

Amerikahirsche
↗Andenhirsche *(Hippocamelus)*
↗Pudus *(Pudu)*
↗Spießhirsche *(Mazama)*
↗Weißwedelhirsche *(Odocoilus)*

Ameise zum Verwechseln gleich ist. Auch die Bewegung ist einer Ameise ähnlich, da die Tiere das vordere Beinpaar stets anheben u. als „Fühler" einsetzen. Die Männchen haben riesige Chelicerengrundglieder.

Ameisenspinnen, Webspinnen verschiedenster Verwandtschaft, die „Ameisenhabitus" haben; insgesamt mehrere hundert Arten. Hierbei handelt es sich wahrscheinlich in den meisten Fällen um eine ↗Batessche Mimikry (Schutzmimikry). Nur von *Callilepis nocturna* ist bekannt, daß sie auf Ameisen als Beute spezialisiert ist, so daß hier eine „Angriffsmimikry" vorliegen könnte. In Mitteleuropa ahmen Vertreter der Springspinnen, der Sackspinnen u. der Plattbauchspinnen Ameisen nach. In den Tropen ist das Phänomen weit verbreitet. Von einer trop. Sackspinne *(Castianeira rica)* ist bekannt, daß verschiedene Häutungsstadien verschiedenen im selben Biotop lebenden Ameisenarten ähneln, entsprechend der jeweiligen Körpergröße. Auch Männchen u. Weibchen imitieren verschiedene Ameisenarten.

Ameisenverbreitung, die ↗Myrmekochorie.

Ameisenvögel, *Formicariidae,* Fam. der Singvögel mit 224 Arten; 8–35 cm große, meist bodenlebende Insektenfresser der trop. Wälder in S- und Mittelamerika; manche Arten folgen den Zügen v. Wanderameisen.

Ameisenwespen, die ↗Spinnenameisen.
Ameiven, *Ameiva,* Gatt. der ↗Schienenechsen.
Amelanchier [v. frz. amélanchier = Felsenmispel], die ↗Felsenbirne.
Amelie w [v. gr. a- = nicht, melos = Glied], Fehlen v. Gliedmaßen (↗Fehlbildungen) als Folge v. Störungen in der Embryonalentwicklung.
Amelioration w [v. frz. amélioration = Verbesserung], in der Landw. die Verbesserung des Ackerbodens.
Ameloblasten [Mz.; v. gr. ameilichos = unerweichlich, hart, blastanein = bilden], die ↗Adamantoblasten.
Amensalismus m [v. gr. a- = nicht, lat. mensalis = Tisch...], eine Art des Zusammenlebens zweier Arten a und b, bei der a einen negativen Einfluß auf b, aber b keinen Einfluß auf a ausübt.
Amentiferae [Mz.; v. lat. amentum = Riemen, Schleife, -fer = -tragend], die ↗Hamamelidaceae.
Amerikahirsche, *Odocoileini,* ebenso wie die Rehe *(Capreolini)* eine Gatt.-Gruppe der Trughirsche *(Odocoileinae).*
Amerikanische Bohrmuschel, *Petricola pholadiformis,* Art der Blattkiemer, eine Muschel mit dünner, langgestreckter, wei-

Amerikanische Schabe

ßer Schale mit radiären Rippen u. konzentr. Streifen; die Skulptur bildet vorn raspelart. Leisten, mit deren Hilfe mechanisch in Ton u. Torf gebohrt wird; aus ihrer Heimat an der atlant. Küste N-Amerikas wurde sie um 1890 wahrscheinlich mit importierten Austern an die Kanal- u. Nordseeküsten verschleppt, wo sie jetzt die häufigste Flachwasser-Bohrmuschel ist.

Amerikanische Bohrmuschel *(Petricola pholadiformis)*, Schalenklappen bis 8 cm lang

Amerikanische Schabe, *Periplaneta americana,* ↗ Hausschaben.

Ames-Test *m* [äⁱms], ein schneller, billiger Test zur Bestimmung der Mutagenität (Karzinogenität) chem. Verbindungen. Untersuchungsobjekt ist eine Defektmutante v. *Salmonella typhimurium,* die unter dem Einfluß v. Mutagenen zum normal wachsenden Wildtyp zurückverwandelt wird. Der Testansatz (histidinfrei) enthält noch Rattenleberhomogenat, um den menschl. Stoffwechsel zu simulieren u. so auch Abbauprodukte der untersuchten Substanz zu erfassen. Der A. ist meist der erste Test in einer Untersuchungsserie. Um alle mutagenen u. karzinogenen Stoffe zu erkennen, müssen noch andere Mutagenitätstests angeschlossen werden.

Ametabola [Mz.; v. gr. ametabolos = unveränderlich], ben. nach dem Metabolietyp (↗ Metamorphose) der Insekten, bei dem keine od. nur eine graduelle Verwandlung abläuft. Man teilte die Insekten früher ein in 1) Ametabola: Insekten ohne Verwandlung, hierher die Urinsekten, heute als Teilgruppe *Epimetabola* innerhalb der *Palaeometabola* geführt; 2) *Hemimetabola*: Insekten mit unvollkommener Verwandlung; 3) *Holometabola*: Insekten mit vollkommener Verwandlung.

Ametabolie *w* [v. gr. ametabolos = unveränderlich], ↗ Metamorphose.

Amia *w*, der ↗ Schlammfisch.

Amicetine, Pyrimidinantibiotika (Nucleosidantibiotika) aus *Streptomyces*-Arten; *Amicetin A,* aus *S. fasciculatus* und *S. vinaceus-drappus,* besitzt bakteriostat. Wirkung bes. gegen grampositive Bakterien; *Amicetin B* (Plicacetin) aus *S. plicatus* wird als Vorstufe v. Amicetin A betrachtet u. hat eine schwächere Wirkung als dieses. Beim Abbau der A. entsteht die Pyrimidinverbindung Cytimidin.

Amide, neben den in biol. Systemen nicht vorkommenden Metall-A.n, die sich durch Ersatz eines Wasserstoffatoms v. Ammoniak durch Metall (z. B. NH₂Na = Natriumamid) ableiten, bes. die *Säure-A.,* in denen 1, 2 oder 3 Wasserstoffatome v. Ammoniak durch Acylgruppen ersetzt sind. Dementsprechend unterscheidet man zwischen *primären A.n* $RCONH_2$, *sekundären A.n* $(RCO)_2NH$ u. *tertiären A.n* $(RCO)_3N$. In Biomolekülen kommen vor allem primäre A.,

Aminoacyl-Adenylsäure

die sich v. Carbonsäuren u. primären Aminen ableiten, vor. Charakteristisch für sie ist die *Amid(o)gruppe* R–CO–NH–R'. Z. B. enthalten die Aminosäuren Asparagin, Glutamin u. N-Formylmethionin Amidgruppen. Die Verknüpfung benachbarter Aminosäurereste innerhalb v. ↗ Proteinen erfolgt ebenfalls über Amidbindungen. Auch zykl. Amidgruppierungen (Lactame), z. B. in Cyclopeptiden od. bei Penicillin, kommen in der Natur vor. [sche.

Amiiformes [Mz.], Ord. der ↗ Knochenfi-

Amine, Derivate des Ammoniaks; durch Ersatz von 1, 2 oder 3 Wasserstoffatomen v. Ammoniak (NH_3) durch einen Alkyl- od. Arylrest entstehen *primäre, sekundäre* od. *tertiäre A.;* z. B. ist CH_3NH_2 (Methylamin) ein aliphat. Amin, $C_6H_5NH_2$ (Anilin) ein aromat. Amin. In der Natur sind A. in Form v. *biogenen A.n,* Aminosäuren, Nucleinsäurebasen, vielen Vitaminen, Alkaloiden u. a. heterocycl. Verbindungen weit verbreitet. ↗ Aminogruppe.

Aminierung *w*, allg. die Einführung der Aminogruppe $-NH_2$ in eine organ. Verbindung. Im Stoffwechsel erfolgt durch reduktive A. die Umwandlung v. Ammoniak u. α-Ketosäuren zu den entspr. α-Aminosäuren. Z. B. wird in Mitochondrien α-Ketoglutarsäure in Gegenwart v. Ammoniak zu Glutaminsäure umgewandelt; die Giftwirkung v. Ammoniak beruht u. a. auf dieser Reaktion, da damit α-Ketoglutarsäure dem Citronensäurezyklus entzogen wird u. so die mitochondriale Atmung, die an den Citronensäurezyklus gekoppelt ist, zum Erliegen kommt. Neben der reduktiven A. ist im Stoffwechsel die ↗ Transaminierung von bes. Bedeutung.

Aminoacyl-Adenylsäuren, *Aminoacyl-Adenylate,* aktivierte Aminosäuren, Abk. *Aminoacyl-AMP,* bilden sich aus den proteinogenen Aminosäuren und ATP als energiereiche Zwischenprodukte bei der Aktivierung v. Aminosäuren. Die Aminoacylreste von A. werden im Folgeschritt auf t-RNA – unter Freisetzung von AMP – übertragen, wobei sich Aminoacyl-t-RNA bildet. Beide Schritte, die Bildung von A. u. die Übertragung des Aminoacylrests auf t-RNA, werden durch Aminoacyl-t-RNA-Synthetasen katalysiert.

Aminoacyl-AMP *s,* Abk. für die ↗ Aminoacyl-Adenylsäuren.

Aminoacylreste, die v. den Aminosäuren abgeleiteten einwertigen Gruppen
$$R-CH_2-CO-.$$
$$|$$
$$NH_2$$
Von den 20 in Proteinen vorkommenden Aminosäuren leiten sich 20 verschiedene A. ab, die, gekoppelt an AMP (↗ Aminoacyl-Adenylsäuren) u. an t-RNA (↗ Aminoacyl-t-RNA), aktivierte Zwischenstufen der

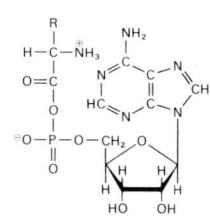

Aminosäuren beim Aufbau der Proteine darstellen.

Aminoacyl-t-RNA, bildet sich aus den 20 in Proteinen vorkommenden Aminosäuren durch Kopplung an die für die jeweiligen Aminosäuren spezifischen t-RNAs, wobei ATP mit jeweils einer der 20 Aminosäuren zunächst zu Aminoacyl-Adenylsäure unter Pyrophosphatabspaltung umgesetzt wird u. in der Folgereaktion der Aminoacylrest v. Aminoacyl-Adenylsäure auf t-RNA unter Bildung von A. übertragen wird. Dabei wird je ein Aminoacylrest esterartig am 2′- od.

Aminoacyl-t-RNA
Bindung von Aminosäuren an die 3′-Position des terminalen Adenosins von t-RNA (Bildung von Aminoacyl-t-RNA)

Bei der Aminosäureaktivierung zur Proteinsynthese wird jede der 20 in Proteinen vorkommenden Aminosäuren mit der 2′- od. 3′-Hydroxylgruppe des terminalen Adenosins einer t-RNA verestert. Die veresterten Aminosäuren können leicht zw. der 2′-OH-Gruppe u. der 3′-OH-Gruppe der Ribose hin u. her wandern, reagieren aber im Ribosom alle aus der 3′-Bindung weiter. Man beachte, daß das terminale Adenosin nur eines der 70–80 Nucleoside der Gesamt-t-RNA-Struktur (↗ Alanin-t-RNA) repräsentiert u. daher weit überproportioniert dargestellt ist.

3′-Terminus (CCA-Ende) der entsprechenden t-RNA-Spezies gebunden. Die in Form von A. gebundenen Aminosäuren besitzen ein ähnlich hohes Gruppenübertragungspotential wie Aminoacyl-Adenylsäuren u. werden daher wie letztere als aktivierte Aminosäuren bezeichnet. Die Aminosäurereste von A. reagieren bei der Proteinsynthese zu Polypeptiden u. Proteinen. Dabei werden die einzelnen A.-Spezies, programmiert durch die Codonen v. m-RNA über die Codon-Anticodon-Wechselwirkung, am Ribosom in der für jedes Protein spezif. Reihenfolge gebunden. Diese Bindung erfolgt in der A.-Bindungsstelle des Ribosoms. Anschließend wird der Peptidylrest einer Peptidyl-t-RNA, gebunden in der benachbarten P-Bindungsstelle des Ribosoms, auf den Aminoacylrest von A. übertragen, wodurch die wachsende Peptidkette um eine Aminosäure verlängert ist. Nach Einschleusung einer weiteren A. (entsprechend dem nachfolgenden Codon von m-RNA) wiederholt sich dieser Vorgang zyklisch so lange, bis ein Terminationscodon die Proteinsynthese abbricht. Bereitstellung u. Bindung von A. sind daher zentrale Einzelschritte im Translationsprozeß.

Aminoacyl-t-RNA-Synthetasen, Enzyme, durch welche die Bindung der 20 proteinogenen Aminosäuren an t-RNA zu Aminoacyl-t-RNA katalysiert wird. Als Energiequelle für diese als Aminosäureaktivierung bekannte Reaktion dient ATP, das in AMP u. Pyrophosphat gespalten wird, wobei Aminoacyl-Adenylsäuren als Zwischenstufen durchlaufen werden. Für jede der 20 Aminosäuren existiert eine eigene Aminoacyl-t-RNA-Synthetase. Umgekehrt ist jede Aminoacyl-t-RNA-Synthetase spezifisch für nur eine der 20 Aminosäuren, kann diese jedoch meist auf mehrere t-RNAs (sog. Isoakzeptoren) übertragen. Durch die hohe Spezifität der A. bezüglich der einzelnen Aminosäuren u. t-RNA-Spezies, die unter der katalyt. Wirkung der A. aneinandergekoppelt werden, wird letztlich die korrekte Translation von m-RNA in Aminosäuresequenzen gewährleistet. Die Translationssysteme der Zellorganellen (Mitochondrien u. Chloroplasten) besitzen jeweils einen eigenen Satz von A., der sich von den A. des Cytoplasmas in vielen Eigenschaften – jedoch nicht in den Spezifitäten für die Aminosäuren und t-RNAs – unterscheidet.

p-Aminobenzoesäure, Abk. *PAB,* Bestandteil bzw. Vorstufe (Provitamin) der Folsäure; Sulfonamide sind Strukturanaloga der p-A. u. verhindern durch kompetitive Hemmung den Einbau von p-A. in Folsäure, woraufhin die wachstumshemmende Wirkung der Sulfonamide auf Bakterien beruht. Im Ggs. zu Bakterien können höhere Organismen Folsäure nicht selbst aufbauen u. müssen diese daher als Vitamin v. außen aufnehmen; damit entfällt für sie eine Hemmung des p-Aminobenzoesäure-Einbaus in Folsäure, weshalb Sulfonamide für Zellen höherer Organismen ohne schädl. Wirkung sind.

Aminobernsteinsäure, ↗ Asparaginsäure.

γ-Aminobuttersäure, Abk. *GABA* [engl. gamma amino butyric acid], $H_2N–CH_2–CH_2–CH_2–COOH$, eine nicht proteinogene Aminosäure; inhibitorischer Neurotransmitter an Synapsen im Zentralnervensystem, bei Krebstieren auch an neuromuskulären Synapsen; kann zur Behandlung v.

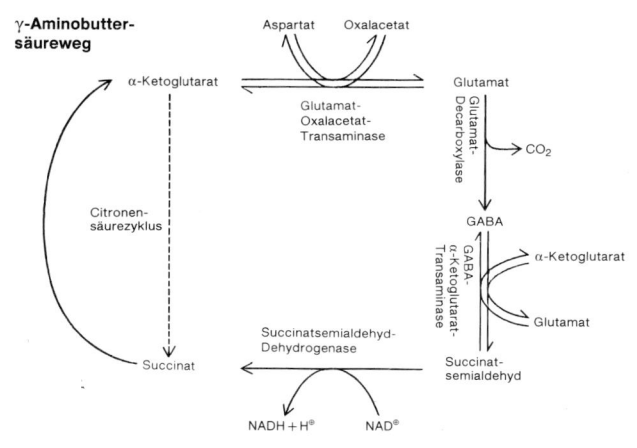

γ-Aminobuttersäureweg

Aminocarbonsäuren

Epilepsien eingesetzt werden. γ-A. entsteht im γ-*Aminobuttersäureweg*, einem Nebenweg des Citronensäurezyklus, durch Decarboxylierung v. Glutamat u. wird durch Transaminierung sowie anschließende Oxidation wieder abgebaut. Auch Basidiomyceten u. Streptomyceten können γ-A. bilden, hier aus Guanidinobuttersäure unter Abspaltung v. Harnstoff.

Aminocarbonsäuren, die ↗ Aminosäuren.

Aminoende, der ↗ Aminoterminus.

Aminoessigsäure, das ↗ Glycin.

Aminoglucose, das ↗ Glucosamin.

α-Aminoglutarsäure, die ↗ Glutaminsäure.

Aminogruppe, die chemisch einwertige, basisch reagierende Gruppe -NH$_2$, die charakteristisch für primäre Amine u. Amide ist; Bestandteil v. biogenen Aminen, Aminosäuren, Nucleinsäurebasen, Vitaminen, Alkaloiden u. zahlr. anderen Naturstoffen. Unter physiolog. Bedingungen (pH 7–8) liegen A.n, bes. die aliphatischen A.n der biogenen Amine u. Aminosäuren, in protonierter Form, d. h. als -NH$_3^+$ *(Ammoniumgruppe),* vor.

δ-Aminolävulinsäure, eine δ-Aminosäure, H$_2$N–CH$_2$–CO–CH$_2$–CH$_2$–COOH, ein Zwischenprodukt bei der Synthese der Porphyrine u. beim Succinat-Glycin-Zyklus.

Aminopeptidasen, Gruppe v. Proteasen, durch welche Peptide u. Proteine, vom Aminoterminus ausgehend, schrittweise zu den Aminosäuren hydrolysiert werden. Aufgrund dieser Eigenschaft sind A., bes. die Leucin-Aminopeptidase, Hilfsmittel zur Aminosäuresequenzanalyse.

α-Aminopropionsäure, das ↗ Alanin.

2-Aminopurin *s*, mutagenes Agens, das die Bildung v. Transitionen auslöst. Seine Wirkung beruht auf dem Einbau in DNA (nach Umwandlung in der Zelle zu 2-A.-Desoxynucleosidtriphosphat), wobei es sowohl mit Thymin als auch mit Cytosin des elterl. DNA-Strangs paaren kann (Einbaufehler). Bereits in DNA eingebautes 2-A. führt bei weiteren Replikationsrunden zum Einbau v. Thymin u. Cytosin in die komplementären Positionen v. Tochterstrang-DNA (Replikationsfehler) u. bewirkt so Mutationsauslösung auch in den Folgegenerationen.

p-Aminosalicylsäure, ein Sulfonamid, synthet. Strukturanalogon zur p-Aminobenzoesäure u. wirkt daher antagonistisch gg. diese bei der Biosynthese der Folsäure.

Aminosäureaktivierung, die Umwandlung v. Aminosäuren zu ↗ Aminoacyl-Adenylsäuren u. zu ↗ Aminoacyl-t-RNA, wobei ATP zu AMP u. Pyrophosphat gespalten wird. Die A.s-Reaktionen stellen die Anfangsschritte bei der Proteinsynthese dar. Beide Reaktionsschritte werden v. ↗ Aminoacyl-t-RNA-Synthetasen katalysiert.

$$1 \quad \text{R}-\overset{NH_2}{\underset{H}{C}}-\overset{O}{\underset{}{C}}\text{OH}$$

L-α-Aminosäuren (allg. Formel)

$$2 \quad \text{R}-\overset{NH_3^\oplus}{\underset{H}{C}}-\overset{O}{\underset{}{C}}\text{O}^\ominus$$

L-α-Aminosäuren (zwitterionische Form)

L-α-Aminosäuren
(allgemeine Formel)
R = H (Glycin) oder organischer Rest
1 Säureform, **2** zwitterionische Form

Aminosäuren

Die 20 Aminosäurebausteine der Proteine
(In Klammern die Drei- bzw. Ein-Buchstaben-Abkürzungen)

Neutrale A.:
Glycin (Gly, G)
Alanin (Ala, A)
Valin (Val, V)
Leucin (Leu, L)
Isoleucin (Ile, I)
Prolin (Pro, P)
Phenylalanin (Phe, F)
Tyrosin (Tyr, Y)
Tryptophan (Trp, W)
Serin (Ser, S)
Threonin (Thr, T)
Cystein (Cys, C)
Methionin (Met, M)
Asparagin (Asn, N)
Glutamin (Gln, Q)

Saure A. (mit negativer Ladung in der Seitenkette):
Aspartat, Asparaginsäure (Asp, D)
Glutamat, Glutaminsäure (Glu, E)

Basische A. (mit positiver Ladung in der Seitenkette):
Lysin (Lys, K)
Arginin (Arg, R)
Histidin (His, H)
(positive Ladung nur unterhalb pH 7)

Nichtproteinogene Aminosäuren

Vorstufen bzw. Abbauprodukte v. proteinogenen Aminosäuren:
β-Alanin
γ-Aminobuttersäure
Citrullin
Cystathionin
Diaminopimelinsäure
Dihydroxyphenylalanin
Homoserin
Ornithin
Sarkosin

Aminosäureanalysator, Apparat zur automat. Bestimmung der Aminosäurezusammensetzung v. Peptiden u. Proteinen. Letztere werden dazu in einem ersten Schritt durch starke Säurebehandlung od. Proteasen vollständig zu den Aminosäuren abgebaut. Die entstehenden Aminosäuregemische werden anschließend durch den A. zu den 20 proteinogenen Aminosäuren aufgetrennt, wobei deren relative Mengen automatisch bestimmt werden. Die Auftrennung der Aminosäuregemische erfolgt durch Säulenchromatographie an Kationenaustauschern, die quantitative Bestimmung der einzelnen Aminosäuren durch Messung der Farbintensität der Ninhydrinreaktion.

Aminosäureaustausch, der durch einen Basenaustausch der Nucleotidsequenz v. DNA bedingte Austausch einer Aminosäure in dem v. der betreffenden DNA codierten Protein. A.e sind daher die Konsequenz v. Punktmutationen u. führen häufig zu defekten Funktionen der betreffenden Proteine, bes. wenn die ausgetauschten Aminosäuren innerhalb der aktiven Zentren od. anderer für die Funktion wichtiger Bereiche der betreffenden Proteine liegen. So hat der A. Glu → Val in Position 6 der β-Kette v. Hämoglobin - bedingt durch einen Basenpaaraustausch TA → AT in der entsprechenden Position des β-Globin-Gens – die Bildung v. Sichelzellhämoglobin zur Folge.

Aminosäure-Decarboxylasen, pyridoxalhaltige Enzyme, welche die Decarboxylierung v. Aminosäuren katalysieren. Von bes. Bedeutung sind die aromatische A. v. Nervenzellen, da diese die Decarboxylierung aromat. Aminosäuren, z. B. v. Histidin zu Histamin bzw. v. Dihydroxyphenylalanin zu Dopamin, bewirkt u. damit für die Synthese v. Catecholaminen verantwortlich ist.

Aminosäuren, *Aminocarbonsäuren,* Carbonsäuren mit einer od. mehreren Aminogruppen, die entspr. ihrer Position zur Carboxylgruppe als α-, β-, γ- usw. A. bezeichnet werden. Von wenigen Ausnahmen abgesehen, sind A. in Wasser gut löslich u. liegen in wäßrigen Lösungen zwischen pH 4 und 9 als Zwitterionen vor (s. Abb.). Bisher kennt man aus der belebten Natur über 260 verschiedene A., wobei jedoch den 20 in Proteinen vorkommenden A. *(proteinogene A.,* vgl. B) bes. Bedeutung zukommt. Letztere sind α-A. und besitzen am α-Kohlenstoffatom – mit Ausnahme v. Glycin – ein asymmetr. Zentrum mit L-Konfiguration. Jeder proteinogenen Aminosäure sind durch den ↗ genetischen Code mindestens ein Codon, meist jedoch mehrere Codonen, zugeordnet; dadurch kann die Sequenz der Codonen v. m-RNA,

Chemische Struktur der zwanzig in Proteinen vorkommenden Aminosäuren

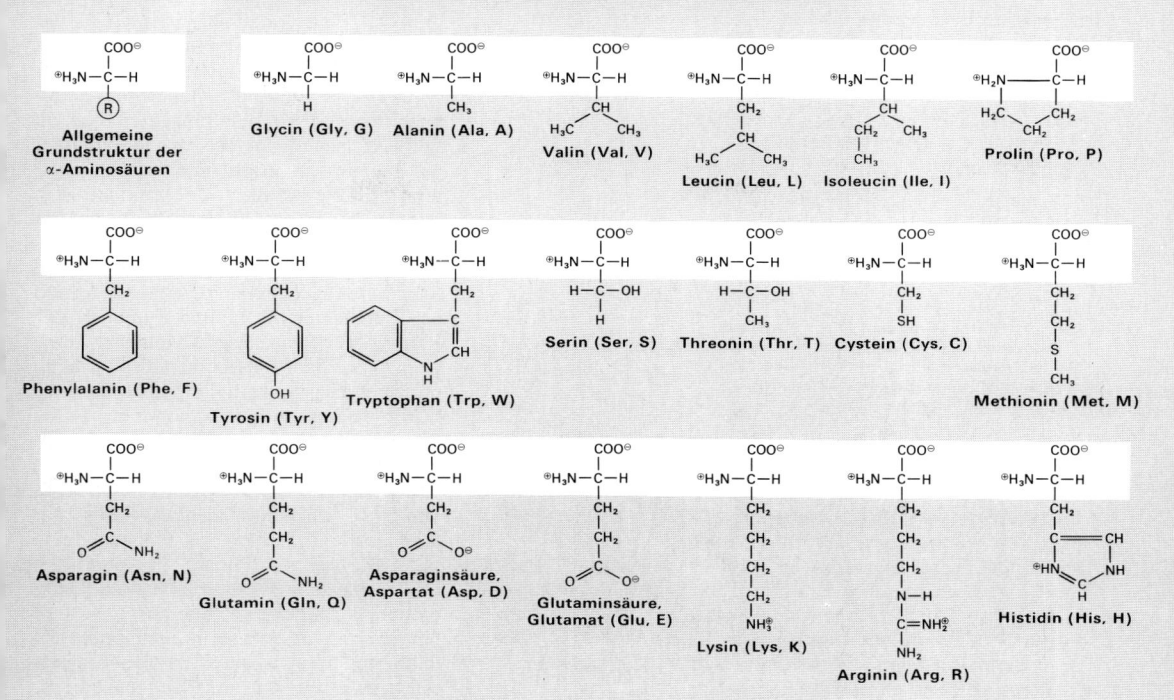

Allgemeine Grundstruktur der α-Aminosäuren, Glycin (Gly, G), Alanin (Ala, A), Valin (Val, V), Leucin (Leu, L), Isoleucin (Ile, I), Prolin (Pro, P), Phenylalanin (Phe, F), Tyrosin (Tyr, Y), Tryptophan (Trp, W), Serin (Ser, S), Threonin (Thr, T), Cystein (Cys, C), Methionin (Met, M), Asparagin (Asn, N), Glutamin (Gln, Q), Asparaginsäure, Aspartat (Asp, D), Glutaminsäure, Glutamat (Glu, E), Lysin (Lys, K), Arginin (Arg, R), Histidin (His, H)

Alle in der Natur vorkommenden Proteine sind aus wechselnden Anteilen nur dieser zwanzig α-Aminosäuren zusammengesetzt. Bezogen auf ihr *optisch aktives* α-C-Atom liegen sie nahezu immer nur in der *L-Konfiguration* vor, damit steht in dieser Formel-Darstellung ihre $NH_3^\oplus$-Gruppe nach links, ihre $COO^\ominus$-Gruppe nach oben. Man kann an den Aminosäuren in ihrer gemeinsamen Grundstruktur ein für den Protein-Kettenaufbau verwendetes *Grundglied* und daneben eine wechselnde *Seitenkette* R unterscheiden. Entsprechend ihrem tatsächlichen Verhalten in neutralen Lösungen sind sie in ihrer sogenannten *Zwitterionen-Form* dargestellt, und ebenso entspricht die angegebene Form der Seitengruppen bei den polaren Aminosäuren dieser Umgebung (beim Histidin dominiert die proton-beladene Form der Seitenkette nur unterhalb von pH = 7,5). Hinter den Namen sind die drei- und einbuchstabigen Abkürzungen angegeben.

---

die letztlich durch die Nucleotidsequenz der entspr. Gene bestimmt wird, in die Reihenfolge der A. *(Aminosäuresequenz)* der entspr. Proteine übersetzt werden (↗Translation). Die Aktivierung der proteinogenen A. zum Einbau in Proteine erfolgt durch Überführung in die 20 verschiedenen ↗Aminoacyl-Adenylsäuren u. ↗Aminoacyl-t-RNAs. – Die proteinogenen A. werden in *neutrale A.* (keine Ladung in der Seitenkette), *saure A.* (negative Ladung in der Seitenkette) u. *basische A.* (positive Ladung in der Seitenkette) eingeteilt. Innerhalb der neutralen A. wird die Klasse der A. mit hydrophiler bzw. polarer Seitenkette (Cystein, Serin, Threonin, Tyrosin, Asparagin, Glutamin) v. der Klasse der A. mit hydrophober bzw. apolarer Seitenkette (Alanin, Glycin, Isoleucin, Leucin, Methionin, Phenylalanin, Prolin, Tryptophan, Valin) unterschieden. Phenylalanin, Tryptophan u. Tyrosin werden unter dem Begriff der *aromatischen A.* zusammengefaßt; diese zeigen frei od. gebunden in Proteinen charakterist. UV-Absorption bei 280 nm u. bilden damit die Grundlage zur qualitativen bzw. halbquantitativen Bestimmung v. Pro-

Homologe v. proteinogenen Aminosäuren

Acetidin-2-carbonsäure
α, β-Diaminobuttersäure
α, β-Diaminopropionsäure
Homoarginin
Homocystein
N-Methyltyrosin
Piperidin-2-carbonsäure
Sarkosin

Hormonvorstufen

Dihydroxyphenylalanin
5-Hydroxytryptophan

Hemmstoffe, Antagonisten

Acetidin-2-carbonsäure
Albizziin
Azaserin
Canavanin
Hypoglycin
Indospicin
Piperidin-2-carbonsäure
Selenocystathionin

teinen über die Messung der UV-Absorption. – Der Nachweis einzelner freier A. erfolgt bes. durch die Farbreaktion mit Ninhydrin; diese Reaktion ist spezifisch für α-A. und führt zur Bildung eines blauen Farbstoffs mit für die jeweilige Aminosäure charakterist. Tönung; die quantitative Bestimmung v. aus Proteinhydrolysaten stammenden, komplexen Aminosäuregemischen durch den Aminosäureanalysator erfolgt mit Hilfe der Ninhydrin-Reaktion. Weitere Aminosäurereagenzien sind Dinitrofluorbenzol u. Phenylsenföl (↗Edmanscher Abbau); beide werden jedoch vorzugsweise zur Identifizierung N-terminaler A. bei der Aminosäuresequenzanalyse v. Proteinen eingesetzt u. haben für den Nachweis freier A. nur begrenzte Bedeutung. – Der Mensch u. Säugetiere können nicht alle proteinogenen A. selbst aufbauen, so daß ein Teil, die Gruppe der *essentiellen A.*, durch die Nahrung aufgenommen werden muß (⊞ 148). Die Synthese der proteinogenen A. – bei Mensch u. Tier der nichtessentiellen A., bei Pflanzen u. Mikroorganismen aller A. – erfolgt durch Transaminierung der entspr. α-Keto-

Aminosäuren

Aminosäuren	
nicht-essentielle	essentielle
Alanin	Arginin*
Arginin*	Histidin
Asparagin	Isoleucin
Aspartat	Leucin
Cystein	Lysin
Glutamat	Methionin
Glutamin	Phenylalanin
Glycin	Threonin
Prolin	Tryptophan
Serin	Valin
Tyrosin	

* Der Syntheseweg zum Arginin (bzw. zur Vorstufe Ornithin) hat sich bei einem Teil der Tiere erhalten, bei anderen nicht. In manchen Fällen ist er zwar vorhanden, reicht quantitativ aber nicht aus.

säuren (s. Abb.) mit Glutamat als Aminogruppen-Donor. Glutamat selbst entsteht durch direkte reduktive Aminierung v. α-Ketoglutarat mit Ammoniak. Beim Abbau werden die proteinogenen A. in einem ersten transaminierenden Schritt zu den entspr. α-Ketosäuren umgewandelt, wobei der Aminostickstoff auf α-Ketoglutarat unter Bildung v. Glutamat übertragen wird. Letzteres kann durch dehydrierende Desaminierung unter der Wirkung v. Glutamat-Dehydrogenase zu Ammoniak u. α-Ketoglutarat gespalten werden. Das Gleichgewicht Glutamat $\xrightleftharpoons[\text{NADH}]{\text{NAD}^+}$ $NH_3 + $ α-Ketoglutarat nimmt daher eine Schlüsselstellung bei Aus- u. Einschleusung v. Ammoniak in die Aminogruppen der A. ein. – Die A. Alanin, Aspartat u. Glutamat stehen über ihre Ketosäuren (Pyruvat, Oxalacetat, α-Ketoglutarat) direkt mit dem Citratzyklus in Verbindung; dazu gehören auch Asparagin u. Glutamin, da diese durch Hydrolyse der Säureamidgruppe in Aspartat u. Glutamat übergeführt werden können. Die α-Ketosäuren weiterer A. werden durch zusätzl., z.T. komplizierte Folgereaktionen in den Citratzyklus eingeschleust (s. Abb.) u. können über den Gluconeogenese-Weg letztlich in Kohlenhydrate (Glucose, Glykogen) umgewandelt werden. Diese Gruppe von A. wird daher unter dem Begriff der *glucogenen* od. *glucoplastischen A.* zusammengefaßt

Bildung von Aminosäuren aus Ketosäuren

1 Einige *Aminosäuren* und ihre zugehörigen *Ketosäuren*.
2 Aminosäuren entstehen aus den zugehörigen Ketosäuren durch den Einbau einer Aminogruppe. Diese entstammt in einer Austauschreaktion, der sog. Transaminierung, dem *Glutamat* (Anion der Glutaminsäure), das dabei selbst in das α-*Ketoglutarat* übergeht.
3 Das Glutamat schließlich kann in direkter Aminierung durch die im Wasser gelösten Ammoniumionen entstehen (Glutamat-Synthetase-Reaktion).

(s. Abb.). Ihnen gegenüber stehen A., die ebenfalls in Folgereaktionen, ausgehend v. den entspr. α-Ketosäuren, zu Acetoacetyl-Coenzym A u. Acetyl-Coenzym A abgebaut werden u. auf diesem Wege in Fettsäuren umgewandelt werden können. Sie können im Zuge dieser Reaktionen auch zu Ketonkörpern wie Acetoacetat u. dessen Decarboxylierungsprodukt Aceton umgesetzt werden u. werden deshalb unter dem Begriff der *ketogenen* od. *ketoplastischen A.* zusammengefaßt. – Aufgrund der Bausteine, die für die Synthese der Kohlenstoffgerüste der einzelnen A. verwendet werden, unterscheidet man die in der Abb. dargestellten Familien. Diese enthalten neben den proteinogenen A. als Endprodukte auch nichtproteinogene A. als Zwischenprodukte (z.B. Homoserin bei den Synthesen v. Isoleucin, Methionin u. Threonin, Diaminopimelinsäure bei der Synthese v. Lysin) od. als Folgeprodukte (z.B. Citrullin u. Ornithin, die über den Harnstoffzyklus mit Arginin in Verbindung stehen). – Manche proteinogenen A. können nach ihrem Einbau in bestimmte Proteine modifiziert werden; zu diesen gehören z.B. Lysin, das im Fischkollagen zu δ-Hydroxylysin umgewandelt wird, Tyrosin, das im Thyreoglobulin der Schilddrüse zu Triiodthyronin umgesetzt wird, u. Prolin, das im Kollagen weitgehend als Hydroxyprolin vorliegt. Auch diese durch nachträgl. Modifikationen im Proteinverband entstehenden A. werden zu den proteinogenen A. gerechnet, wenngleich sie in der Codontabelle nicht aufgeführt werden, da ihre Codierung durch Codonen der entspr. unmodifizierten A. erfolgt. – Die *nichtproteinogenen A.* (T 146) bilden mit den über 240 bisher nachgewiesenen Vertretern die zahlenmäßig größte Gruppe. Sie werden bes. zahlreich in Pflanzen gefunden; ihre Strukturen sind sehr unterschiedlich. Die L-α-Aminoformen überwiegen, jedoch enthält z.B. das Mureingerüst der bakteriellen Zellwände die D-α-A. D-Alanin u. D-Glutamat, u. unter den Nicht-α-Formen sind bes. das β-Alanin u. die γ-Aminobuttersäure zu nennen. In vielen Fällen sind nichtproteinogene A. Analoge v. proteinogenen A. Niedere Homologe des Lysins sind 2,3-Diaminopropionsäure u. 2,4-Diaminobuttersäure, ein höheres Homologes v. Arginin ist das Homoarginin; auch v. Prolin finden sich sowohl niedere (↗ Acetidin-2-carbonsäure) wie höhere (Piperidin-2-carbonsäure) Homologe. Manche Strukturen unterscheiden sich v. denen der proteinogenen A. nur geringfügig durch Hydroxylierungen (Dihydroxyphenylalanin, 5-Hydroxytryptophan) od. Methylierungen (N-Methyltyrosin). Andere

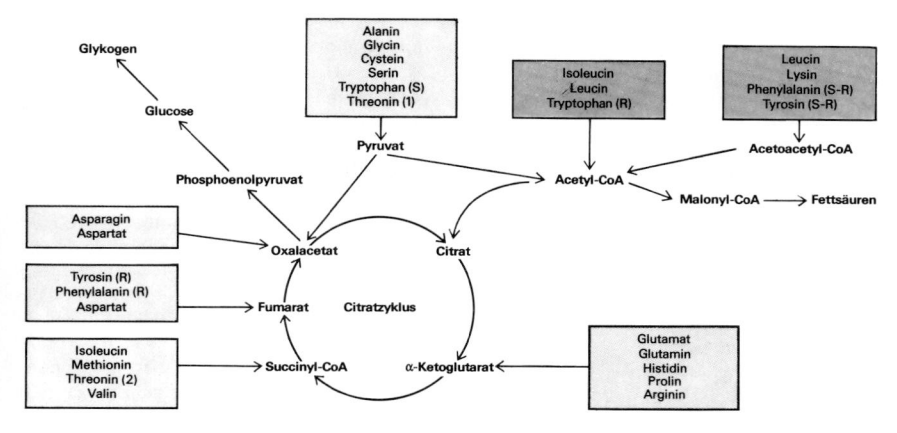

Aminosäuresequenz

Abbau von Aminosäuren

Die Kohlenstoffgerüste der Aminosäuren werden umgestaltet u. an verschiedenen Stellen in die Endoxidation mit einbezogen. Aus den glucogenen Aminosäuren (hellere Kästchen) ist die Netto-Kohlenhydratsynthese möglich, aus den ketogenen (dunklere Kästchen) dagegen eine Netto-Fettsäuresynthese.
Für das Threonin gibt es zwei verschiedene Abbauwege (1,2), beim Tryptophan ist zwischen Ring (R) und Seitenkette (S) unterschieden, ähnlich bei Phenylalanin und Tyrosin.

enthalten ungewöhnl. funktionelle Gruppen (u. a. Äthylen-, Acetylen-, Cyclopropan-, Guanidoxy-, Diazo-Gruppen) oder ungewöhnl. heterocyclische Ringsysteme (u. a. Furan, Pyrimidin, Isoxazolin). Vom Cystein leiten sich Formen ab, deren Schwefelatome durch Selenatome ersetzt sind, wie im Selenocystathionin od. im Methylenoselenocystein. Viele nichtproteinogene A. sind giftig, da sie aufgrund ihrer strukturellen Ähnlichkeit mit den proteinogenen A. als Aminosäureantagonisten wirken u. dadurch zu spezif. Stoffwechselstörungen führen (↗Acetidin-2-carbonsäure). Auch der bakteriostatischen und Antitumorwirkung des ↗Azaserins liegt ein Aminosäureantagonismus zugrunde. Einige nichtproteinogene A. fungieren als Zwischenprodukte bei Synthese od. Abbau der proteinogenen A. oder als Zwischenprodukte bei der Purin- u. Harnstoffbildung. Speziell in menschl. und tier. Organismen üben einige nichtproteinogene A. spezifische Funktionen aus, wie Dihydroxyphenylalanin u. 5-Hydroxytryptophan als Zwischenstufen bei der Bildung v. Hormonen u. γ-Aminobuttersäure als Neurotransmitter. Im Ggs. zu diesen u. a., jedoch insgesamt wenigen Beispielen sind die physiolog. Funktionen der meisten nichtproteinogenen A. nicht wirklich verstanden. Neben der Schutzwirkung der giftigen nichtproteinogenen pflanzl. A. gegenüber Freßfeinden, die jedoch in Einzelfällen durch spezielle biochem. Mechanismen der jeweiligen Freßfeinde aufgehoben sein kann, werden v. a. Depotfunktionen in Betracht gezogen. Nichtproteinogene A. treten in bestimmten Pflanzenfamilien gehäuft auf u. eignen sich daher als taxonom. Marker. – Mehrere A., darunter auch die proteinogenen A. Glycin, Alanin, Glutamat, Valin u. Prolin, wurden im Innern des Murchison-Meteoriten gefunden, was als Beweis für die extraterrestrische u. daher wahrscheinliche abiogene Bildung von A. angesehen wird. ↗Miller-Experiment. *H. K.*

Aminosäure-Oxidasen, flavinhaltige Enzyme, welche die Oxidation v. α-Aminosäuren zu α-Ketosäuren mit Hilfe v. Luftsauerstoff katalysieren.

Aminosäuresequenz, die schriftartige Reihenfolge der 20 proteinogenen Aminosäuren in Peptiden u. Proteinen. 1953 gelang F. Sanger erstmals die Ermittlung einer vollständigen A. (des Insulins). Unter ständiger Verfeinerung der Methoden sind seitdem Hunderte von A.en analysiert worden,

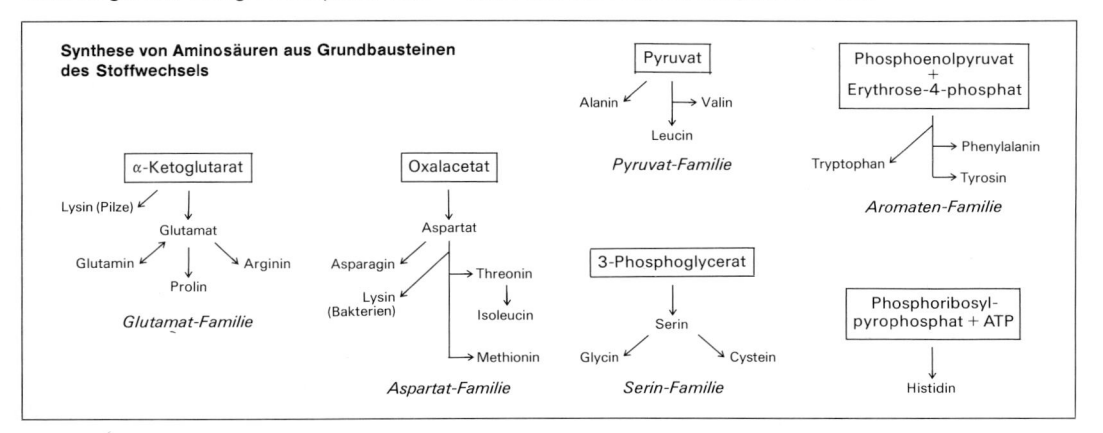

Aminosomen

so daß die *A.-Analyse* heute eine der wichtigsten Methoden der Proteinforschung darstellt. Die A. ist genetisch festgelegt durch die *Nucleotidsequenz* der betreffenden Gene bzw. der v. den Genen transkribierten m-RNA (↗*genetischer Code*, ↗*Translation*). Die A. als rein lineare Verknüpfung der einzelnen Aminosäuren ist identisch mit der *Primärstruktur* v. Peptiden u. Proteinen. Durch sie sind letztlich auch die höheren, dreidimensionalen Strukturen (Sekundär-, Tertiär- u. Quartärstrukturen) u. damit auch die verschiedensten Funktionen der Proteine determiniert. Durch Vergleich von A.en möglichst ubiquitär vorkommender Proteine, z. B. der Cytochrome od. Globine, lassen sich Verwandtschaftsbeziehungen auf molekularer Ebene ableiten.

Aminosomen [Mz.], Speichergranula enthaltende Cytosomen der Mastzellen v. etwa 0,5 μm ⌀; als charakterist. Inhaltsstoffe enthalten die A. biogene Amine, z. B. Histamin, das in den Granula an das saure Mucopolysaccharid Heparin gebunden vorliegt. Die Histaminausschüttung durch Exocytose (Degranulation) aus den Mastzellen löst allerg. Reaktionen aus (↗Allergie). Wegen ihres Gehalts an saurem Heparin lassen sich die A. bevorzugt mit bas. Farbstoffen anfärben.

Aminoterminus [Bw. *aminoterminal*], *Aminoende, N-Terminus,* das die freie α-Aminogruppe tragende Ende eines Peptids, Polypeptids od. Proteins. In der konventionellen Schreibweise v. Aminosäuresequenzen entspricht der A. dem Bereich des linken Endes bzw. der am linken Ende stehenden Aminosäure. Die Bezeichnung A. wird auch in Fällen angewandt, in denen die endständige Aminogruppe modifiziert (z. B. zur N-Formyl- od. N-Acetylgruppe) ist. Ggs.: Carboxylterminus.

Aminozucker, Monosaccharide, in denen eine Hydroxylgruppe durch die Aminogruppe ersetzt ist. Die wichtigsten Vertreter sind Glucosamin, Galactosamin u. das in Neuraminsäure enthaltene Mannosamin, die, meist in N-acetylierter Form als N-Acetylgalactosamin, N-Acetylglucosamin, N-Acetylneuraminsäure, Bestandteile v. Antibiotika, Blutgruppensubstanzen, Zellwänden, Chitin u. bindegewebsspezif. Proteoglykanen (Hyaluronsäure, Chondroitin u. a.) sind.

Amitose *w* [v. gr. a- = nicht, mitos = Faden], Kernfragmentation od. hantelförm. Durchschnürung des Zellkerns in mehrere erbungleiche Teilstücke, wobei im Ggs. zur Mitose weder Chromosomen noch Kernspindel sichtbar werden. A. kommt z. B. bei der Teilung des Großkerns von Ciliaten vor, tritt in hochdifferenzierten Geweben wie Leber u. Niere auf u. ist eine Alterserscheinung bei einigen Pflanzen.

Amixie *w* [v. gr. amixia = Isolierung], das Nichtzustandekommen v. Paarungen zw. Individuen einer Art; der Zustand der A. wird durch verschiedene Isolationsmechanismen aufrechterhalten u. kann zur ↗Artbildung führen. Ggs.: Panmixie.

Ammenbienen, junge Honigbienen, die vom 3.–5. Tag nach dem Schlüpfen ältere Larven mit einem Brei aus Pollen u. Honig füttern. Während dieser Zeit reift ihre paarige Kopfspeicheldrüse (Schlund- od. Pharynxdrüse) heran, so daß sie vom 6.–10./12. Tag die jungen Maden mit körpereigenem Futtersaft versorgen u. so zu Brutammen in des Wortes eigtl. Bedeutung werden.

Ammengeneration *w,* diejenige Generation bei einer Metagenese, die sich vegetativ (amiktisch) fortpflanzt, z. B. Salpen.

Ammenhaie, *Orectolobidae,* Fam. der Haie mit 12 Gatt. und ca. 25 Arten; leben nur in trop. und subtrop. Meeren meist an flachen Küsten u. haben 2 auffällige Gruben zw. den Nasenöffnungen u. den Lippen, an denen vorn jeweils ein dicker Bartfaden sitzt; etwa die Hälfte der Arten sind lebendgebärend. Hierzu gehören der bis 4 m lange, meist an der am. Ostküste vorkommende Atlantische Ammenhai *(Ginglyostoma cirratum),* der bis 3 m lange, gefleckte Australische Ammenhai od. Wobbegong *(Orectolobus maculatus),* der pazifische, bis 3,5 m lange, auf hellbraunem Grund dunkelgestreifte Zebrahai *(Stegostoma fasciatum),* der vorwiegend Krebse u. Weichtiere frißt, u. der 1 m lange, harmlose Teppichhai *(Crossorhinus tentacularis)* vor den westl. und südl. Küsten Australiens.

Ammern, *Emberizidae,* Fam. der Sperlingsvögel mit 197 Arten; mit den Finken nah verwandt, besitzen einen kräftigen Schnabel. A. bewohnen hauptsächlich offene Kulturlandschaft mit Gebüsch. Die Männchen sind meist kontrastreicher u. bunter gefärbt als die Weibchen. Die A. ernähren sich v. Sämereien, im Sommer großteils auch v. Insekten, mit denen auch die Jungen gefüttert werden. Sie nisten auf dem Boden oder im niedrigen Gebüsch; 3–6 Eier, die typische Fleckungen u. Schnörkellinien aufweisen; oft 2 Bruten pro Jahr. In Europa ist am häufigsten die Goldammer *(Emberiza citrinella),* Kopf u. Unterseite gelb, rostbrauner Bürzel; charakteristischer Gesang: „zizi zizizi zieh"; streift nach der Brutzeit in großen Trupps umher (B Europa XVIII, B Vogeleier I). Die nach der ↗Roten Liste „gefährdete" Grauammer *(E. calandra)* ist mit 18 cm Länge die größte A.; 1 Männchen hat oft mehrere Weibchen (Polygamie). Vor allem in S-Eu-

Ammern
Bekannte Arten:
Goldammer *(Emberiza citrinella)*
Grauammer *(Emberiza calandra)*
Ortolan *(Emberiza hortulana)*
Rohrammer *(Emberiza schoeniclus)*
Schneeammer *(Plectrophenax nivalis)*
Zaunammer *(Emberiza cirlus)*
Zippammer *(Emberiza cia)*

Rohrammer *(Emberiza schoeniclus)*

ropa verbreitet sind die Zaunammer *(E. cirlus)* u. die unterseits zimtbraun gefärbte Zippammer *(E. cia,* B Mediterranregion II); beide Arten sind „vom Aussterben bedroht", sie besiedeln bevorzugt Obstgelände u. trockenwarme Hänge, z. B. Weinberge. Der „stark gefährdete" Ortolan *(E. hortulana),* die Gartenammer, ist über fast ganz Europa verbreitet, kommt aber nirgendwo häufig vor; melancholischer Gesang aus weichen Pfeiftönen. Die Rohrammer *(E. schoeniclus)* besiedelt zur Brutzeit Schilf und Gebüsch in Gewässernähe; Männchen mit schwarzem Kopf u. schwarzer Kehle, Weibchen im ganzen streifig braun; kurze stotternde Gesangsstrophe. Die schwarz-weiße Schneeammer *(Plectrophenax nivalis)* bewohnt die Tundra, felsige Küsten u. Hochgebirge des Nordens u. überwintert an den Meeresküsten, seltener im Binnenland auf Feldern (B Europa II).

Ammi *s* [gr., = Kümmel; aus dem Ägypt.], Gatt. der ↗ Doldenblütler.

Ammocoetes *m* [v. gr. ammos = Sand, koitē = Lager], Larve der ↗ Neunaugen.

Ammodytidae [Mz.; v. gr. ammodytēs = Sandkriecher], die ↗ Sandaale.

Ammoniak *s* [v. *ammon-], NH_3, farbloses Gas v. charakterist. stechendem Geruch, das sich in Wasser unter Bildung des Gleichgewichts $NH_3 + H_2O \rightleftharpoons NH_4^+ + OH^-$ löst; dieses liegt weitgehend auf der linken Seite, weshalb A. zu den schwachen Basen zählt. In neutralen u. sauren Lösungen wird das Gleichgewicht durch Abfangen der OH^--Ionen weitgehend auf die rechte Seite verschoben; daher liegt A. in zellulären Systemen fast ausschließlich als NH_4^+-Kation *(Ammoniumion)* vor. A. entsteht bei der Fäulnis stickstoffhalt. Verbindungen (z. B. im Stallmist), als Endprodukt der biol. Nitratreduktion u. der Stickstoff-Fixierung sowie als Ausscheidungsprodukt des Stickstoffs bei ammonotelischen Tieren (Tintenfische, marine Muscheln, Krebse u. a.); auch Desaminierungen v. Aminosäuren, Purinen u. Pyrimidinen führt zur Bildung von A. A. bewirkt bei der Bildung v. Eierschalen der Vögel u. von Schneckenhäusern die Neutralisation von CO_2 zu CO_3^{2-}-Ionen u. damit die Vereinigung mit Ca^{2+}-Ionen zu festem $CaCO_3$ (Kalk). In den Nierentubuli v. Säugern wird A. zur Neutralisation auszuscheidender Säuren bes. aus Glutamin, aber auch aus anderen Aminosäuren gebildet. In den meisten Organen, bes. im Zentralnervensystem u. Muskel der Tiere, wirkt A. als starkes Zellgift, da es mit α-Ketoglutarat zu Glutamat reagiert u. dadurch α-Ketoglutarat dem Citratzyklus entzieht, was zur Störung des Energiestoffwechsels führt (↗ Aminierung). Die Giftigkeit von A. beruht zudem auf pH-Verschiebungen u. Schädigungen der Zellmembran. Durch Überführung von A. in die Speicher- bzw. Transportformen Asparagin u. Glutamin (durch ATP-verbrauchende Reaktionen v. A. mit Aspartat bzw. Glutamat) od. durch Überführung in die Ausscheidungsformen Harnstoff, Harnsäure, Allantoin wird die Giftwirkung von A. verhindert *(A.-Entgiftung).* Für Pflanzen ist Stickstoff eine wachstumsbegrenzende Komponente, weshalb die Ausscheidung entfällt und u. a. auch Allantoin u. Allantoinsäure zu den A.-Speicherformen u. gleichzeitig A.-Entgiftungsprodukten zählen. Die Einschleusung von A. in den Stoffwechsel erfolgt durch die verschiedenen Reaktionen der A.-Assimilation (↗ Assimilation). In zahlr. Stoffwechselreaktionen (z. B. beim Harnstoffzyklus) greift A. nach vorheriger ATP verbrauchender Umwandlung zu Carbamylphosphat od. Glutamin ein, weshalb die letzteren als aktiviertes A. aufgefaßt werden können. In Pflanzen u. Mikroorganismen kann A. durch Addition an Fumarat zu Aspartat in den Stoffwechsel eingeschleust (u. ausgeschleust, da die Reaktion reversibel ist) werden. Durch Vereinigung von A. mit Phosphor-, Salpeter-, Salz- od. Schwefelsäure entstehen wichtige Düngemittel. Die biol. Umwandlung von A. zu Salpeter ist schon seit dem Mittelalter ausgenutzt worden. Das bei der Kompostierung v. Stallmist an steinernen Dunggruben auskristallisierende Salz („sal petrae") diente zur Herstellung v. Schießpulver. A. wird als Bestandteil der Uratmosphäre u. der Ursuppen angenommen u. war vermutlich ein wichtiges Ausgangsprodukt präbiotischer Synthesen während der Chemoevolution.

Ammoniakassimilation, die ↗ Ammoniumassimilation.

Ammoniakdünger, die ↗ Ammoniumdünger.

Ammoniakfixierung, die ↗ Ammoniumassimilation.

Ammoniakoxidation ↗ Nitrifikation.

Ammonifikation [v. *ammon-], biol. Freisetzung des Ammoniums aus stickstoffhalt. Verbindungen (z. B. Proteinen) durch zahlr. Pilze u. Bakterien (Bazillen, Pseudomonaden u. a.) in einer Reihe v. Reaktionen (↗ Desaminierung). Das Ammonium wird wieder v. vielen Organismen assimiliert od. durch nitrifizierende Bakterien zum Nitrat oxidiert (↗ Stickstoffkreislauf). In abwasserbelasteten Gewässern u. unter anaeroben Bedingungen kann es sich anreichern.

Ammoniotelie *w* [v. *ammon-, gr. telos = Ziel] ↗ ammonotelische Tiere.

Ammonit *m* [ben. nach Zeus Ammōn, der

ammon- [ben. nach Ammōnion, einem Heiligtum des Gottes Ammōn in der Oase Siwa; Fundort von „ammonitischem" Salz].

ammon- [ben. nach Ammōnion, einem Heiligtum des Gottes Ammōn in der Oase Siwa; Fundort von „ammonitischem" Salz].

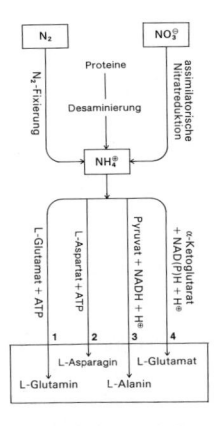

mit Widderhörnern dargestellt wurde], **1)** allgemeine Bez. für Repräsentanten der ↗*Ammonoidea*, die über eine ammonitische Lobenlinie verfügen. Verbreitung: Jura u. Kreide. **2)** ↗Ammonshorn.

ammonitische Lobenlinie w, unterscheidet sich v. der goniatit. und ceratit. ↗Lobenlinie durch blattartig gezackte Loben u. Sättel. ↗Ammonoidea.

Ammonium s [v. *ammon-], *Ammoniumion, Ammoniumkation,* NH_4^+, die protonierte Form des ↗Ammoniaks u. damit das eigentl. Substrat der ammoniakumsetzenden Stoffwechselreaktionen; als positiv geladene Molekülgruppe verhält sich das A. in vielen chem. Reaktionen wie ein Alkalimetallion (Na^+, K^+) u. bildet z. B. die den Alkalisalzen sehr ähnl. *Ammoniumsalze.* Dagegen üben bei vielen Stoffwechselreaktionen u. zellulären Prozessen einwertige Kationen, wie das A., spezifische Wirkungen aus (z. B. als Aktivatoren für Enzyme od. beim Ionentransport insbes. durch die Membranen v. Nervenzellen), so daß sie sich nur begrenzt wechselseitig ersetzen od. verdrängen können.

Ammoniumassimilation [v. *ammon-], *Ammoniakassimilation* od. *-fixierung;* die meisten Mikroorganismen u. grünen Pflanzen können mit Ammonium (NH_4^+) als alleiniger Stickstoffquelle wachsen. Einige Aminosäuren werden durch eine direkte Aminierung, die meisten durch eine Transaminierung gebildet. Die Überführung v. anorgan. Stickstoff in Aminosäuren verläuft immer über Ammoniumionen. Die wichtigsten Aminierungen sind die Bildung v. Glutamat aus 2-Oxoglutarat und v. Glutamin aus Glutamat.

Ammoniumdünger [v. *ammon-], *Ammoniakdünger,* anorgan. Stickstoffdünger, der das Element N in Form v. Ammoniak NH_3 od. Ammoniumsalz NH_4^+ enthält. Hierzu zählen die Verbindungen NH_3 in flüssiger Form (82,2% N), Ammoniumsulfat (20,6% N), Ammoniumchlorid (24% N), Ammoniumphosphate u. Ammoniumschönit (10% N, 15% MgO).

Ammoniumhydrogencarbonat [v. *ammon-], *Ammoniumbicarbonat,* $(NH_4)HCO_3$, dient als Stickstoffdünger u. ist Bestandteil des Hirschhornsalzes.

Ammoniumnitrat [v. *ammon-], *Ammonsalpeter,* NH_4NO_3, anorgan. Stickstoffdünger; kann wegen der Explosionsgefahr jedoch nicht rein, sondern nur in Mischungen verwendet werden.

Ammoniumoxidierer [v. *ammon-], ↗nitrifizierende Bakterien.

Ammoniumpflanzen, die ↗Säurepflanzen.

Ammoniumphosphat [v. *ammon-], von Bedeutung als Düngemittel ist das *sekundäre A.* $(NH_4)_2HPO_4$, das *Diammoniumhydrogenphosphat,* da es sowohl Stickstoff als auch Phosphor enthält.

Ammoniumsulfat [v. *ammon-], chem. $(NH_4)_2SO_4$, Anwendung als Stickstoffdünger u. in der Biochemie zur Proteinfällung, bes. bei der *fraktionierten A.fällung.*

Ammoniumsuperphosphat [v. *ammon-], anorgan. Phosphatdünger, bei dem Phosphat aus Schwefelsäureaufschluß gewonnen wird (16–20% P_2O_5).

Ammonoidea [Mz.; ben. nach Zeus Ammōn, der mit Widderhörnern dargestellt wurde], (Zittel 1884), *Ammonoideen, Ammoniten i.w.S.,* ausschließlich fossil überlieferte *Cephalopoda* (Kopffüßer) mit bilateralsymmetr., überwiegend planspiraler Außenschale *(Ectocochlia),* randständigem, engem Sipho u. randlich gewellten Kammerscheidewänden (Septen); Siphonalduten meist nach vorn gerichtet; Anfangskammer spiral, hocheiförmig od. queroval u. ohne Narbe; Nabellücke nicht ausgebildet; vermutlich vierkiemig (tetrabranchiat). Großer Formenreichtum (über 1500 Gatt.), große Evolutionsgeschwindigkeit u. morpholog. Vielfalt weisen den A. die Rolle wichtiger Leitfossilien zu. Verbreitung: Devon – Kreide. – Der *Weichkörper* ist weitgehend unbekannt. Einzelfunde lassen erwarten, daß die Anzahl der Tentakel (8 oder 10?) weitaus geringer war als bei *Nautilus* (= 94) u. damit den Dibranchiaten ähnlich. Spuren v. federart. Kiemen sind nachgewiesen, über ihre Anzahl (2 oder 4) besteht Unklarheit. Die Radula der A. trug 7 Zähnchen in jeder Reihe (im Ggs. zu *Nautilus* = 13). Anaptychus u. Aptychus werden neuerdings als Kieferapparat interpretiert. Er soll nicht beißende, sondern schaufelartige u. zugleich schützende Funktion gehabt haben. Oesophagus mit Drüsenanhang, Kropf u. Magen gelten als fossil belegt. Für den Besitz eines Tintenbeutels mit vorwärts gerichtetem Ausführgang werden Indizien genannt. Der Weichkörper war meist gestreckter und „wurmförmiger" als bei Nautilus, ausgestattet mit langen Retraktormuskeln. Organ. Membranen sollen Septen u. innere Schalenwand ausgekleidet haben. Die Kammern waren wahrscheinlich veränderbar mit Gas und/ oder Flüssigkeit erfüllt. Dem Sipho wird auftriebsregelnde Funktion zugeschrieben. – Die *Schale* der A. war leichter gebaut als die v. *Nautilus.* Primär aragonitisch, ist sie diagenetisch oft in Calcit umgewandelt. Sie gliedert sich in eine äußere u. eine innere Prismenschicht, die eine Perlmutterschicht einschließen, aus der auch die Septen bestehen. Der Schalenzuwachs erfolgte rhythmisch am Mundsaum (Peristom); er ist äußerlich an den Anwachsstreifen erkennbar, die meist den

Ammoniumassimilation

Wichtigste Wege der Überführung von *anorgan.* Stickstoffverbindungen und molekularem Stickstoff (Distickstoff) in *organ.* Bindung. Enzyme: **1** L-Glutamin-Synthetase, **2** L-Asparagin-Synthetase, **3** L-Alanin-Dehydrogenase, **4** L-Glutamat-Dehydrogenase.

Ammonoidea

Ammonoidea
Rekonstruktion eines Ammoniten mit Aptychus

A. einnehmen, führt eine Hauptlinie im Unterdevon weiter zu den eingerollten A. *(Bactrites – Lobobactrites – Cyrtobactrites – Anetoceras – Mimagoniatites – Anarcestes)*. Seitenzweige verfolgen ähnl. Entwicklungstendenzen, aber auch schon erste Regressionen, z.B. Entrollung der Spirale. An der Wende Devon/Karbon erleidet die A.-Entwicklung eine erste Zäsur: *Clymenien* u. andere Taxa sterben aus, *Goniatitida* u. *Prolecanitida* entfalten sich, aber nur die letzteren überleben den Fau-

Verlauf des selten unverletzt erhaltenen Peristoms widerspiegeln. Die Mündung kann mit Ohren, Rostrum od. Verengungen „verziert" sein. Einschnürungen im Bereich des Phragmocons gelten als period. Wachstumsstillstände. Die Wohnkammer ist meist länger als bei Nautilus u. erreicht eineinhalb Umgänge. Ab dem Oberdevon waren die Septen in der Medianebene opisthocoel gewölbt u. laterad in typ. Weise gewellt (Lobenlinie). Der Sipho ist bei den Clymenien am Innen-, bei den übrigen A. am Außenrand befestigt. Bei paläozoischen Formen zeigen die Siphonalduten überwiegend nach rückwärts (retrosiphonat), bei jüngeren nach vorwärts (prosiphonat). Frei gespannte Conchiolin-Lamellen sollen eine zusätzl. Kammerung innerhalb der Kammern bewirkt haben. Die Schalenskulptur besteht in vielfältigen Mustern v. Rippen, Knoten, Dornen, Spirallinien, Kiel(en), Kielfurchen usw. – *Ontogenie:* Da bei A. alle Entwicklungsstadien der Schale theoretisch erhalten bleiben, ist es bei günstiger Fossilisation möglich, die Kammern rückschreitend bis hin zur Anfangskammer (Protoconch) abzutragen. Umfangreiche Studien haben gezeigt, daß sich bei vergleichender Betrachtung v. Protoconch, Septengestalt, Septenfolge u. Entwicklung der Lobenlinie wesentliche Rückschlüsse auf die Stammesgeschichte der A. ziehen lassen. Die Durchmesser der Protoconche schwanken zw. 0,75 und 0,4 mm. Das erste Septum (Proseptum) schließt das Embryonalstadium mit einer Einschnürung ab. Eine zweite Einschnürung in der Mitte des ersten Umgangs wird als Abschluß eines Veliger-artigen Larvenstadiums gedeutet. Bestimmungen des Isotopenverhältnisses $^{18}O/^{16}O$ im Aragonit der Septenfolge gestatten die Zuordnung der Septen zu den jahreszeitl. Temperaturverhältnissen der Umwelt u. liefern damit Hinweise auf die Wachstumsgeschwindigkeit der A.-Gehäuse (z.B. 12 Septen pro Jahr). – *Phylogenie:* Die A. wurzeln in gestreckten (longiconen) *Nautiliden (Sphaerorthocerataceae)*. Über die *Bactriten,* die eine Zwischenstellung zw. Nautiliden und

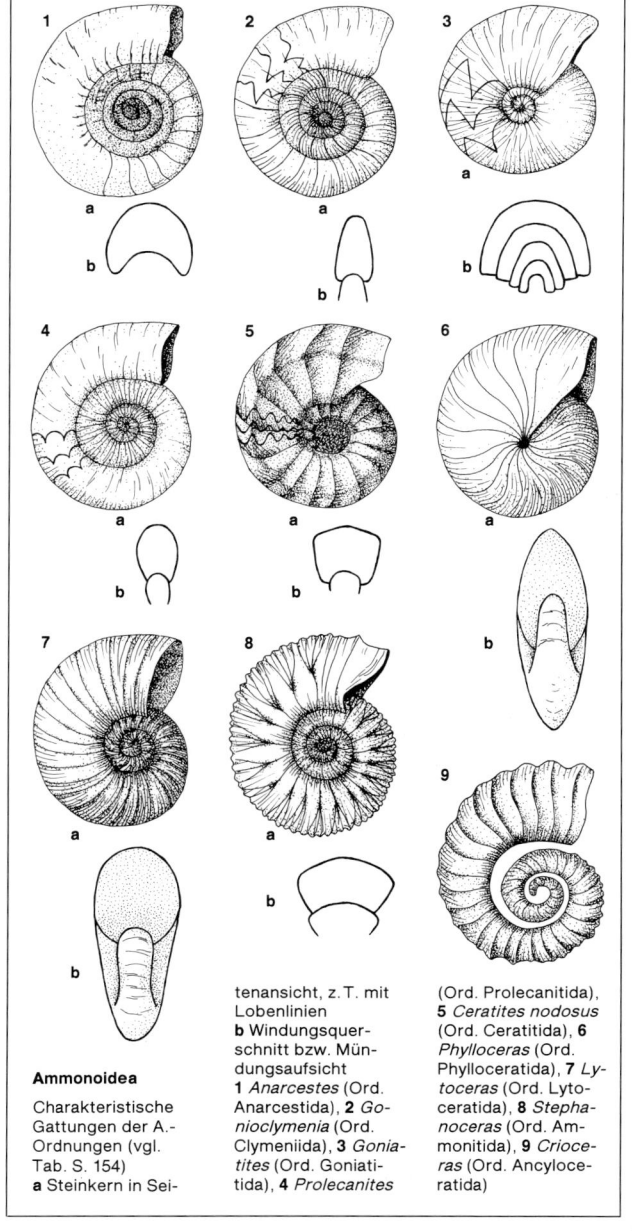

Ammonoidea
Charakteristische Gattungen der A.-Ordnungen (vgl. Tab. S. 154)
a Steinkern in Seitenansicht, z.T. mit Lobenlinien
b Windungsquerschnitt bzw. Mündungsaufsicht
1 *Anarcestes* (Ord. Anarcestida), **2** *Gonioclymenia* (Ord. Clymeniida), **3** *Goniatites* (Ord. Goniatitida), **4** *Prolecanites* (Ord. Prolecanitida), **5** *Ceratites nodosus* (Ord. Ceratitida), **6** *Phylloceras* (Ord. Phylloceratida), **7** *Lytoceras* (Ord. Lytoceratida), **8** *Stephanoceras* (Ord. Ammonitida), **9** *Crioceras* (Ord. Ancyloceratida)

ammonotelische Tiere

nenschnitt an der Wende Perm/Trias mit wenigen Taxa. *Ceratiten,* bereits im Mittelperm erscheinend, sind mit 8 Superfamilien die beherrschenden Vertreter der A. in der Triaszeit. Eine erneute Krise an der Wende Trias/Jura läßt nur die schon ins Oberperm zurückreichenden *Phylloceraten* überleben. Als Wurzelform der im Jura einsetzenden *Ammoniten i.e.S.* gilt der untertriadische *Leiophyllites.* Die Ursache für die Neuentfaltung der A. könnte in dem weltweiten Meeresvorstoß zu Beginn der Jurazeit liegen. In ihr erreichen die A. den Höhepunkt ihrer Entwicklung. Ein Meeresrückzug gg. Ende der Jurazeit fällt zus. mit erneuter Veränderung der A.-Fauna. Die Kreidezeit ist gekennzeichnet v. rekurrierenden Erscheinungen in der Entwicklung der A., z. B. Auflösung der geschlossenen Schalenspirale (Heteromorphie). –
Die *Lebensweise* der A. ist in der Lit. ebenso unterschiedlich interpretiert worden wie die Vorstellungen über Weichkörper u. Schalenfunktion. Neuere, keineswegs widerspruchsfreie Untersuchungen sehen die A. als Bewohner der Ozeane bis in 1000 m Tiefe bei täglicher vertikaler Standortveränderung. Ausnahmen könnten in flachere Epikontinentalmeere vorgedrungen sein. Die gewellten Septen – je intensiver gewellt, um so angepaßter an größere Wassertiefe – sollen weitaus wirkungsvoller auf stärkere Wasserdrucke ausgelegt gewesen sein als bei *Nautilus.* Zu aktivem Schwimmen waren die A. nur unvollkommen befähigt; ihre instabile Schwimmlage schließt Fortbewegung nach dem Rückstoßprinzip (jet-propulsion) offenbar aus. Fossile Mageninhalte ließen erkennen, daß Foraminiferen, Ostracoden und Crinoiden als Nahrung gedient haben. Brachiopoden, Crustaceen u. Fische kommen ebenfalls in Betracht. Kleine Aptychen in Mageninhalten wurden als Anzeichen von Kannibalismus gedeutet. Im Solnhofener Plattenkalk häufig vorkommende fossile Kotschnüre (*Lumbricaria* v. Münster), bisher meist Würmern od. Fischen zugeschrieben, sind wahrscheinlich Exkremente von A. ⇗ Ammonshorn.

Lit.: *Lehmann, U.:* Ammoniten. Ihr Leben und ihre Umwelt. Stuttgart 1976. *Quenstedt, F. A.:* Die Ammoniten des Schwäbischen Jura. 3 Bde. Stuttgart 1973/74. (Nachdruck der Ausg. 1883–88). *Schlegelmilch, R.:* Die Ammoniten des süddeutschen Lias. Stuttgart 1976. S. K.

ammonotelische Tiere [v. *ammon-, gr. telos = Ziel], *Ammoniakausscheider,* Tiere aquatischer od. feuchter Biotope, die das aus dem Proteinstoffwechsel anfallende primäre Endprodukt Ammoniak in Verbindung mit verschiedenen Anionen ausscheiden (*Ammoniotelie,* im Ggs. zu ureotelischen u. uricotelischen Tieren).

Ammonoidea
Systematik
Verbreitet u. von praktischem Wert ist die Gliederung der A. nach den Hauptmerkmalen der Lobenlinie, die zugleich einer groben zeitl. Einordnung entspricht:
Goniatitische Lobenlinie (L.) = Goniatiten (*Palaeoammonoidea,* Devon – Perm); ceratitische L. = Ceratiten (*Mesoammonoidea,* Trias); ammonitische L. = Ammoniten i. e. S. (*Neoammonoidea,* Jura bis Kreide). Nachteilig ist die taxonom. Unschärfe dieser Gliederung. Deshalb folgt man heute meist einer differenzierteren Einteilung, deren Rangordnung unterschiedlich bewertet wird; z. B.:
Unterklasse *Ammonoidea*

Ordnungen:

Anarcestida (unteres bis oberes Devon)
Clymeniida (oberes Devon I–VI)
Goniatitida (mittleres Devon – oberes Perm)
Prolecanitida (oberes Devon – obere Trias)
Ceratitida (Perm bis Trias)
Phylloceratida (untere Trias – obere Kreide)
Lytoceratida (Lias bis Kreide)
Ammonitida (Lias bis obere Kreide)
Ancyloceratida (Malm – untere Kreide)
Die Ceratiten im herkömml. Sinne schließen die jüngeren Prolecaniten u. älteren Phylloceraten ein.

Ammophiletea
Ordnung:
Ammophiletalia
Verbände:
Ammophilion (Strandhafer-Weißdünen)
Honkenio-Agropyrion, Agropyro-Honkenion (Strandquecken-Vordünen)

Hierzu zählen Protozoen, Schwämme, Hohltiere, nichtparasit. niedere Würmer, fast alle Weichtiere (außer einigen Schnecken), Ringelwürmer, Krebstiere einschl. landbewohnender Isopoden (Asseln), einige im Süßwasser lebende Insektenlarven (*Aeschna, Eristalis*), Stachelhäuter, Knochenfische u. Amphibienlarven.

Ammonsalpeter [v. *ammon-], das ⇗ Ammoniumnitrat.

Ammonshorn s, volkstümliche Bez. für Ammonit (⇗ *Ammonoidea*), abgeleitet v. der Ähnlichkeit mancher Ammonshörner mit Widderhörnern (z. B. *Arietites*). A.-Funde wurden in der vorwiss. Epoche für Darstellungen des widderköpfigen Gottes Zeus Ammon gehalten. In ältesten Abb. bei J. Bauhinus (Wunderbrunnen Boll, 1599) werden Ammonshörner als Geißhorn od. Scherhorn bezeichnet.

Ammophila w [v. *ammo-, gr. philē = Freundin], 1) der ⇗ Strandhafer. 2) Gatt. der ⇗ Grabwespen.

Ammophiletea w [v. *ammo-, gr. philētēs = Freund], *Strandhafer-Dünengesellschaften,* Klasse der Pflanzenges. mit 1 Ord. (*Ammophiletalia*) und 2 Verb. (vgl. Tab.). Charakterges. der eur. Sandküsten oberhalb der Springtide-Hochwasserlinie mit bes. Bedeutung für die Entstehung, Entwicklung u. Erhaltung der Dünenlandschaft (⇗ Lebendverbau). Flugsandfangende u. -festigende Hochgräser u. Dünenpioniere mit niedr. Begleitern schaffen die Voraussetzung für die Bodenentwicklung u. ermöglichen die Ansiedlung v. Kleingrasdünen, Strauch- u. Waldges. im Hinterland. Artenarme, lockere Herden der salztoleranten, ausdauernden Strandquecke (*Agropyron junceum*) u. deren Begleiter bilden Ges. aus dem Verb. des *Honkenyo-Agropyrion* (Agropyro-Honkenion) u. lassen zunächst niedr., breite *Primär-, Embryonal-* od. *Vordünen* entstehen. Bei steter Sand- u. damit Nährstoffzufuhr wachsen diese über den Grundwasserspiegel hinaus u. süßen aus. Es entstehen *Sekundärdünen* od. *Weißdünen,* auf denen die lockere Strandquecken-Pioniergesellschaft v. dichten Horsten salzfliehender Dünengräser verdrängt wird. Anfangs besteht diese Strandhafer-Ges. (Verb. *Ammophilion arenariae*) in Mitteleuropa nur aus Strandhafer (*Ammophila arenaria*) u. Strandroggen (*Elymus arenarius*) mit wenigen Begleitarten. Bei weiterem Anwachsen der Sekundärdüne bleibt dieses *Elymo-Ammophiletum typicum* auf die Luvseite beschränkt, wo stete Sandzufuhr erfolgt. Auf die Leeseite gesellen sich verschiedene Kleingräser u. winterharte Kräuter hinzu u. bilden die Rotschwingel-Strandhafer-Düne (*Elymo-Ammophiletum* *festucetosum*). Der weitere Verlauf der Vegetationsentwicklung ist v. der Auslaugung des Bodens abhängig, wird also mitbestimmt v. Kalkgehalt des Sandes sowie v. Neigung u. Exposition der Dünenhänge.

Ammotragus *m* [v. *ammo-, gr. tragos = Bock], der ↗ Mähenspringer.

Ammotrypane *w* [v. *ammo-, gr. trypanē = Bohrer], Gatt. der ↗ Opheliidae.

Amniocentese *w* [v. gr. amnion = Embryonalhülle, kentēsis = Stechen], eine Technik, die es erlaubt, in der 14. bis 16. Woche der Schwangerschaft durch Punktion der Fruchtblase durch die Bauch- u. Gebärmutterwand (geringste Infektionsgefahr) Zellen der wachsenden Frucht zu gewinnen, die frei in der Amnionflüssigkeit schwimmen. Diese Zellen, die dem fetalen Gewebe entstammen u. daher dessen Genotyp besitzen, werden durch Zentrifugation angereichert u. in Kultur genommen. Bereits an der zellfreien Amnionflüssigkeit kann man Aufschluß über bestimmte Eigenschaften des Feten gewinnen; so ist z. B. der Grad der Gefährdung eines Rhesus-positiven Feten durch eine Rhesus-negative Schwangere an der Menge der Hämoglobin-Abbauprodukte feststellbar. Auch genet. Defekte lassen sich bereits an der Amnionflüssigkeit feststellen, z. B. die Mucopolysaccharidose, ein fast immer zum Tode des betroffenen Kindes führender Enzymdefekt. Weit wichtiger ist jedoch die Untersuchung der eigentlichen fetalen Zellen. Nach ca. 2–3 Wochen können die daraus entstandenen Zellklone auf ihren Chromosomensatz geprüft werden, wobei z. B. die Trisomie 21 od. größere Chromosomen-Aberrationen eindeutig erkennbar sind. Die *pränatale Diagnose* ist jedoch nicht nur auf solche, am Karyotyp erkennbare genet. Defekte beschränkt, sondern es sind auch eine Reihe von sog. biochem. Defekten mit Hilfe v. ausgefeilten Techniken an den kultivierten fetalen Zellen feststellbar, z. B. das *Lesch-Nyhan-Syndrom,* das auf einen Defekt eines am Nucleotidstoffwechsel beteiligten Enzyms zurückzuführen ist, das *Xeroderma pigmentosum,* das auf dem Defekt v. DNA-Reparaturenzymen beruht, u. die seltene *Ahorn-Sirup-Krankheit,* die durch den Defekt einer Enzymgruppe verursacht wird, die am Aminosäureabbau beteiligt ist. Bei der A. muß jeweils das Risiko für Mutter u. Frucht abgewogen werden gg. das Risiko einer genetisch defekten Geburt. Die A. erscheint überall dort angeraten, wo ein Elternteil aus genetisch vorbelasteten Familien stammt bzw. es bereits ein Kind mit einer pränatal diagnostizierbaren Erbkrankheit zur Welt gebracht hat; prinzipiell auch bei

ammon- [ben. nach Ammōnion, einem Heiligtum des Gottes Ammōn in der Oase Siwa; Fundort von „ammonitischem" Salz].

ammo- [v. gr. ammos = Sand], in Zss.: Sand-.

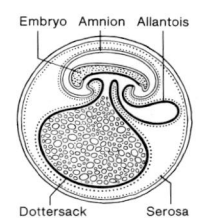

Embryo Amnion Allantois

Dottersack   Serosa

Amniota

Amnioten-Ei (z. B. Reptil) Der Embryo ist vom Amnion umhüllt. Die Allantois fungiert als Harnsack und Atmungsorgan.

amöb-, amoeb- [v. gr. amoibē = die Wechselhafte].

Müttern nach dem 40. Lebensjahr, da in diesem Alter die Häufigkeit chromosomaler Defekte steil ansteigt.

Amnion *s* [gr., = Schafhaut, Embryonalhülle], bei den ↗ Amniota innerste der Embryonalhüllen, welche den Embryo u. Fruchtwasser enthält u. über den Nabelstrang in die embryonale Körperwand übergeht.

Amnionfalte [v. gr. amnion = Embryonalhülle], kreis- od. halbmondförm. Auffaltung embryonaler Epithelien zur Bildung der Embryonalhüllen.

Amnionhöhle [v. gr. amnion = Embryonalhülle] ↗ Amniota.

Amniota [Mz.; v. gr. amnion = Embryonalhülle], *Amnioten,* Gruppe v. Wirbeltieren (Reptilien, Vögel, Säuger), bei denen der sich entwickelnde Embryo schützende Embryonalhüllen (Amnion u. Chorion = Serosa) bildet u. sich in einer mit Amnionflüssigkeit (Fruchtwasser) gefüllten *Amnionhöhle* entwickelt. Dadurch wurden die A. in ihrer Entwicklung unabhängig vom Wasser; Ggs.: Anamnia.

Amöben [Mz.; v. *amöb-], Sammelbez. für 2 Ord. der Wurzelfüßer, die ↗ Nacktamöben *(Amoebina)* u. die Schalenamöben (↗ Testacea).

Amöbenruhr [v. *amöb-], *Amöbendysterie, Amöbiasis,* tropische u. subtropische, durch den Rhizopoden ↗ Entamoeba *(histolytica)* hervorgerufene Parasitose. Die Übertragung erfolgt durch Trinkwasser od. nicht frisch aufgekochte Speisen, die die widerstandsfähigen Cysten des Parasiten enthalten. Eine Inkubationszeit ist nicht genau bestimmbar, da eine nicht symptomatische Infektion des Darms jahrelang bestehen kann. Der Krankheitsbeginn ist schleichend ohne Fieber mit blutig schleimigen Stuhlentleerungen. Nach Bildung der gefährl. Gewebsform (Magna-Form) können Dickdarmdurchbrüche u. Abszesse in der Leber u. anderen Organen auftreten.

Amöbiasis *w* [v. *amöb-], die ↗ Amöbenruhr.

amöboide Bewegung, kriechend-fließende Fortbewegung (Geschwindigkeit einige μm/s) auf dem Untergrund mit Hilfe v. Pseudopodien bei Amöben, aber auch bei Leukocyten, Fibroblasten u. den Plasmodien der Schleimpilze. Bei *Amoeba proteus* kommt die a. B. durch kontinuierl. Cytoplasmaströmung zustande, die am physiolog. Hinterende (Uroid) beginnt u. am vorderen Zellpol endet. Die ständige Transformation v. *Ektoplasma* (stationäres, peripheres Cytoplasma) im Uroidbereich sowie umgekehrt Endo- in Ektoplasma am Vorderende führt durch den damit verbundenen Materialtransport zu einer aktiven

Amoeba

Fortbewegung der Zelle. Die a. B. wird auch mit einem durch permanente Endocytose verursachten Membran-Turnover in Verbindung gebracht. Die Beteiligung v. Actin- u. Myosinfilamenten an der a.n B. gilt als ziemlich sicher. Die genaue Funktion der Mikrofibrillen *(Gleitfasermodell)* ist nicht bekannt. Man nimmt an, daß durch lokale Kontraktion der Plasmamembran ein Druckgefälle entsteht, das durch eine entsprechende lokal begrenzte Nachgiebigkeit der Plasmamembran aufrechterhalten wird. Diese Nachgiebigkeit wird u. U. durch Membranneusynthese erzielt. Entlang dem Druckgefälle erfolgt dann eine Plasmaströmung, die zur Ausbildung von Pseudopodien führt.

Amoeba w [v. *amoeb-], artenreiche Gatt. der Nacktamöben; ihr Körper kann an allen Stellen lappenförmige Lobopodien bilden. Eine der häufigsten u. bekanntesten Arten ist *A. proteus (Chaos diffluens),* ein bis 600 µm großer Allesfresser, der sich bes. von Bakterien u. Pantoffeltierchen ernährt u. dementsprechend in leicht fauligen, bakterienreichen Tümpeln lebt. Andere Arten kommen auch in Sümpfen u. auf Wasserpflanzen vor.

Amoebidium s [v. *amoeb-], Gatt. der ↗Trichomycetes.

Amoebina [v. *amoeb-], die ↗Nacktamöben.

Amoebocyten [Mz.; v. *amoebo-, gr. kytos = Höhlung], *Wanderzellen,* freibewegliche, der Verdauung u. dem Nahrungstransport dienende Zellen insbes. der Schwämme, aber auch z. B. bei Holothurien (Seewalzen); Nahrungsaufnahme (durch Phagocytose) u. Lokomotion erfolgen mittels Protoplasmaströmung, indem Zellfortsätze (Pseudopodien) ausgestülpt u. wieder eingeschmolzen werden.

Amoeboflagellaten [Mz.; v. *amoebo-, lat. flagellare = geißeln], die ↗Geißelamöben.

Amoebotaenia w [v. *amoebo-, gr. tainia = Bandwurm), Gatt. der ↗Cyclophyllidea.

Amolops m [v. gr. a- = nicht, mōlōps = Schwiele, Beule], die ↗Kaskadenfrösche.

Amoreuxia w [ben. nach dem frz. Naturforscher P. J. Amoreux, † 1824], Gattung der *Cochlospermaceae* (Nierensamengewächse) mit ca. 8 Arten; vom südl. Teil der USA bis Peru verbreitet.

Amoria w [v. gr. a- = nicht, morion = Teil, Glied], Gatt. der Walzenschnecken, mit länglich-ovalem Gehäuse, das einfarbig od. mit dunklen Flecken u. Streifen versehen ist; Spindel mit Falten, kein Deckel; etwa 20 Arten in austr. Meeresgebieten.

amorph [v. gr. amorphos = ohne Gestalt], formlos, gestaltlos, unregelmäßig geformt; ohne feste Gestalt sind z. B. Amöben u. die Plasmodien v. Schleimpilzen.

amöb-, amoeb- [v. gr. amoibē = die Wechselhafte].

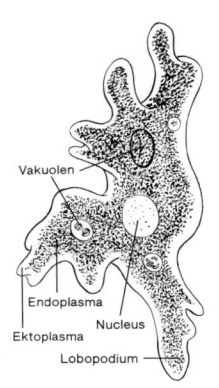

Amoeba proteus

amoebo- [v. gr. amoibos = wechselhaft, abwechselnd], in Zss.: Wechsel-.

Sauerampfer *(Rumex acetosa)*

Amorphophallus m [v. gr. amorphos = unförmig, phallos = männl. Glied], Gatt. der ↗Aronstabgewächse.

AMP, Abk. für Adenosinmonophosphat.

Ampfer, *Rumex,* Gatt. der Gänsefußgewächse, mit etwa 200 Arten vorwiegend in den gemäßigten Zonen verbreitet; ca. 20 Arten kommen in Dtl. vor. Innerhalb der Fam. lassen sich die A.-Arten eindeutig durch die ↗Blütenformel P3+3 A6+3° G3), die häufig nach der Blüte als sog. Valven verdickten od. vergrößerten inneren Perigonblätter, die pinselförm. Narbe u. die 3kantige Nuß ansprechen. Sehr häufig ist in Dtl. der Sauer- od. Wiesen-A. *(R. acetosa),* eine zirkumpolar verbreitete Art. An seinen lockeren, rötl. Blütenständen u. den pfeilförm. Stengelblättern ist er gut zu erkennen. Er ist eine typ. Pflanze der frischen, nährstoffreichen Wiesen, kommt aber auch an Ufern od. Wegen vor (Charakterart der Kl. Molinio-Arrhenateretea). Der Sauer-A. gilt als Stickstoffzeiger. Im zeitigen Frühjahr wird er teilweise als Wildsalat gesammelt; wegen seines hohen Oxalatgehalts (der Genuß größerer Mengen in frischem Zustand führt beim Vieh zu Erbrechen u. Durchfall) wird er v. den Tieren kaum gefressen u. kann nur als mäßige Futterpflanze gelten. Der Schild-A. *(R. scutatus),* mit oft blaugrünen, rundl. Blättern u. spießförm. Blattgrund, wächst bes. auf bewegten, basenreichen Geröllfluren der Gebirge. Früher wurde die Art als „Französischer Spinat" gepflanzt u. genutzt; sie ist daher mancherorts verwildert zu finden. Der Schild-A. war als *Herba acetosa romana* einmal offizinell. In den Alpen, im Hochschwarzwald u. anderen hohen Mittelgebirgen kommen in der Umgebung v. Viehhütten auffallend mastige Hochstaudenfluren, sog. Lägerfluren, vor, die v.a. vom Alpen-A. *(R. alpinus)* gebildet werden. Der Alpen-A. gilt daher als Charakterart der Assoz. *Rumicetum alpini.* Die Pflanze, mit (für A.-Arten) auffallend breiten Blättern, weist auf bes. gute Stickstoffversorgung hin. Man findet sie auch an aufgegebenen Höfen, wo sie sich durch ihre starken Speicherwurzeln extrem lange halten kann. Obwohl v. Vieh meist gemieden, wird der Alpen-A. in Graubünden als Schweinefutter angebaut. Der Garten-A. od. „Englische Spinat" *(R. patientia)* ist eine selten als Gemüsepflanze angebaute Art, die an frischen Ruderalstellen verwildert wächst, ihre Heimat aber im ostmediterranen bis gemäßigt-kontinentalen Raum hat. Der Stumpfblättrige A. *(R. obtusifolius)* u. der Krause A. *(R. crispus)* sind zwei in Dtl. heimische A., die u. a. in Unkrautruren u. an Ruderalstellen wachsen. Anders als die meisten anderen Arten der Gatt. ist der Hain-A. *(R. sanguineus)* eine Halbschattenpflanze, die in feuchten Waldgesellschaften vorkommt. Häufig steht er z. B. an nassen Waldwegen od. Waldgräben. Sein Blütenstand ist nur am Grunde beblättert.

Amphar<u>e</u>tidae [Mz.], eine vor allem nord. Fam. der *Terebellidae* (Stamm Ringelwürmer) mit mehreren Gatt. (vgl. Tab.); der Körper besteht aus 2 Tagmata mit im allg. 20–40, selten (bei *Melinna*) mehr Segmenten; der Vorderkörper ist durch zahlr., mit je einer Wimperrinne versehene Tentakeln gekennzeichnet, die in den Mund eingezogen werden können, sowie 3–4 Paar langer dorsaler Fadenkiemen u. je einen seitl. Fächer goldfarbener, häufig als Paleen ausgebildeter Borsten. Der Hinterkörper trägt Parapodien, deren Ventraläste zu Wülsten mit kammart. Haken umgebildet sind. Als Grundbewohner leben die A. in Röhren, die so im Sediment stecken, daß meist nur das Vorderende der Röhren etwas über die Bodenoberfläche hinausragt. Die Röhren bestehen aus einer Kittsubstanz, an die Fremdkörper angeklebt werden. Die Kittsubstanz wird von Hautdrüsen der Bauchseite des Wurms abgesondert. Nahrung erhalten die Tiere, indem sie mit ihren aus der Röhre weit herausgestreckten Tentakeln das organ. Material des Sediments abtasten u. in der Wimperrinne zum Mund flimmern. Die Wülste u. Haken der Parapodien werden als Steigeisen zur Auf- u. Abwärtsbewegung in der Röhre eingesetzt. Der Wurm kann aber auch jederzeit seine Röhre verlassen u. sich durch Horizontalschlängeln schwimmend fortbewegen. Bekannteste Art der Gatt. *Ampharete* ist *A. acutifrons;* sie wird bis 8 cm lang u. ist Bewohner aller Substrate.

Amphetam<u>i</u>ne [Mz.; v. *amphi-], zu den Weckaminen gehörende, chemisch mit Adrenalin u. Ephedrin verwandte Psychopharmaka (z. B. Amphetamin, Metamphetamin); stimulieren an noradrenergen u. dopaminergen Nervenendigungen die Freisetzung v. Noradrenalin bzw. Dopamin u. hemmen deren Wiederaufnahme. A. wirken antidepressiv u. regen die Herztätigkeit an; für eine begrenzte Zeit führen A. zu einer Steigerung der geist. und körperl. Leistungsfähigkeit (Doping); sie werden auch als Appetitzügler eingesetzt. Die euphorisierende Wirkung kann Süchtigkeit induzieren; daher fallen A. unter das Betäubungsmittelgesetz.

Amphi<u>a</u>nthus *m* [v. *amphi-, gr. anthos = Blume], Gatt. der ↗Mesomyaria.

amphiatl<u>a</u>ntisch [v. *amphi-, gr. atlantikos = atlantisch], Bez. für Pflanzen- u. Tierarten, die auf beiden Seiten des Atlantik vorkommen.

Ampharetidae
Wichtige Gattungen:
Alkmaria
Ampharete
Amphicteis
Anobothrus
Melinna
Sosane
Süßwasser:
Hypania
Hypaniola
Lysippides

$$H-\underset{\underset{CH_2}{|}}{\overset{\overset{CH_3}{|}}{C}}-NH_2$$

Amphetamin

amphi- [v. gr. amphi = auf beiden Seiten, z. B. amphibios = im Wasser und auf dem Lande lebend; auch = rings herum, z. B. amphitheatron = Rundtheater], in Zss. meist: zwei-, beid-, doppel-.

Amph<u>i</u>bien [Mz.; v. gr. amphibios = im Wasser und auf dem Land lebend], *Lurche, Amphibia,* Kl. der Wirbeltiere mit 3 rezenten Ord.: ↗Schwanzlurche *(Urodela),* ↗Blindwühlen *(Gymnophiona),* beide auch als *Urodelomorpha* zusammengefaßt, u. ↗Froschlurche *(Anura).* Die A. sind die ursprünglichsten u. waren die ersten Tetrapoda. Sie haben viele Primitivmerkmale u. können aufgrund ihrer Embryonalentwicklung zus. mit den Fischen als *Anamnia* den *Amniota* gegenübergestellt werden.

Anatom. u. physiolog. Charakteristika: Die Haut der A. ist warzig, rauh u. trocken od., häufiger, glatt u. feucht u. niemals mit Schuppen, Haaren od. Federn bedeckt. Nur die Haut der Blindwühlen enthält kleine, verborgene Schuppen. Die äußere Schicht wird regelmäßig gehäutet; sie ist so dünn, daß sie keinen Verdunstungsschutz bildet. Charakteristisch sind zahlr. Drüsen: Schleimdrüsen, die die Haut feucht halten, u. Giftdrüsen, deren Sekrete Infektionen verhindern bzw. bei vielen Arten einen Schutz gg. Feinde bilden (↗A.-gifte); die Hautalkaloide der Farbfrösche, Kröten, Salamander u. v. a. sind hochwirksame Neurotoxine. Drüsen liegen in der Haut verteilt od. an bes. Stellen, Hautleisten bzw. Drüsenfeldern, konzentriert. Auffällig sind bei vielen Salamandern, Kröten u. manchen Laubfröschen große Ohr-(Parotoid-)drüsen hinter den Augen u. über den Ohren. Die Cutis enthält zahlr. Pigmentzellen. Manche A. gehören zu den farbenprächtigsten Wirbeltieren, u. viele Arten sind zu raschem Farbwechsel fähig. Die Haut der A. ist so dünn u. über die Arteria cutanea so gut durchblutet, daß sie für den Gasaustausch eine große Bedeutung hat. Außerdem ist sie wichtigstes Organ für den Wasserhaushalt. A. verdunsten an der Luft ständig Wasser. Sie trinken nicht, sondern ersetzen verlorenes Wasser, indem sie an nassen Stellen od. im Wasser dieses über die Haut aufnehmen. Wasser kann in Lymphsäcken unter der Haut u. vor allem in der Harnblase gespeichert u. durch die Harnblasenwand wieder in den Körper aufgenommen werden. Dieser Prozeß wird durch Hormone der Neurohypophyse, v. a. Arginin-Vasotocin, gesteigert. Die Abhängigkeit der A. vom Wasser wird dadurch verstärkt, daß ihre Exkretionsprodukte Ammoniak (bei Larven) u. Harnstoff sind (Ausnahme: Makifrösche), die in wäßriger Lösung ausgeschieden werden müssen. A. sind im allg. empfindlich gegenüber Meerwasser. Nur wenige Arten (z. B. *Rana cancrivora,* die Kreuz- u. Wechselkröte) tolerieren Brackwasser; sie können den osmot. Druck ihrer Körperflüssigkeiten durch Anreicherung

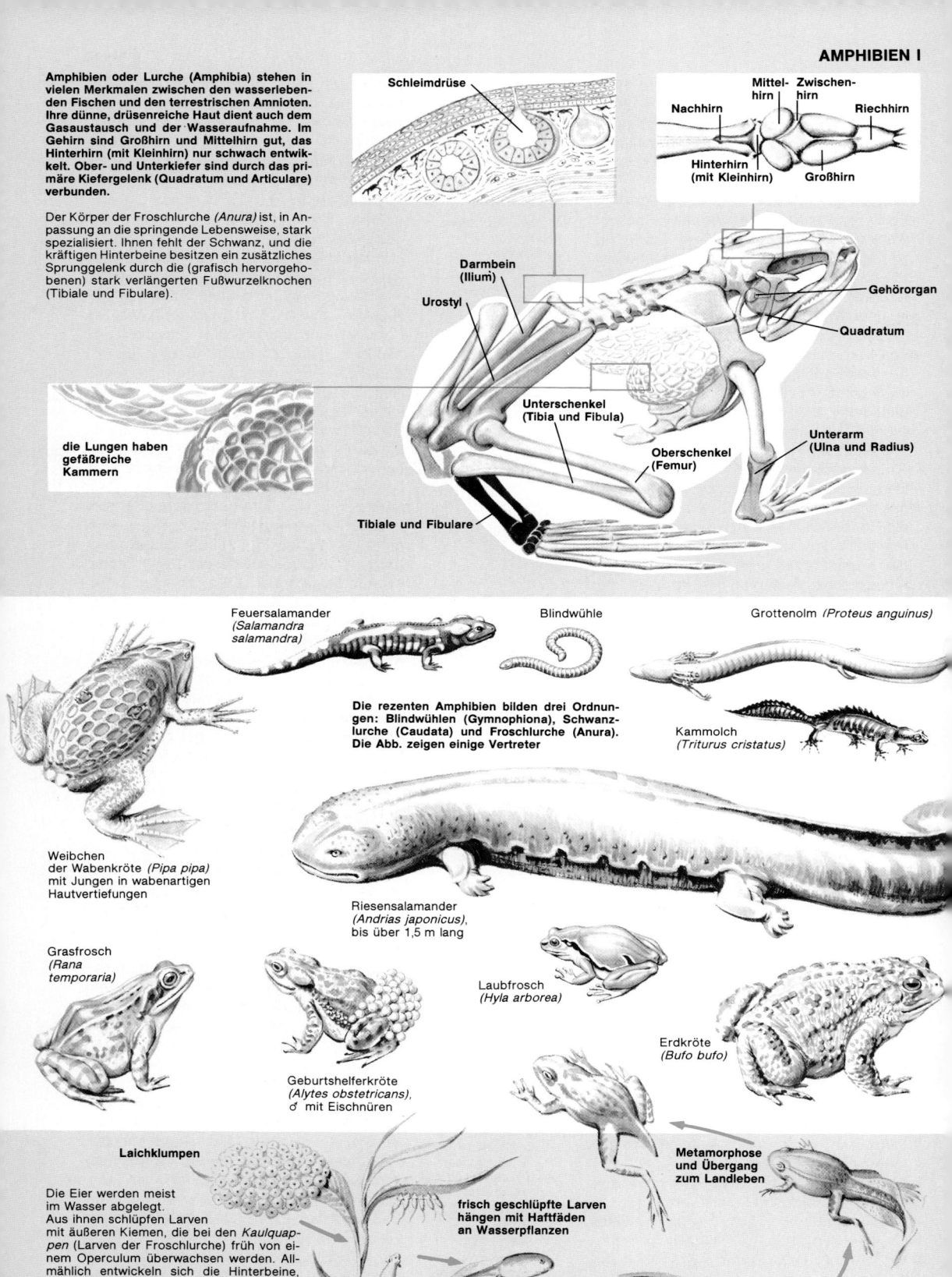

AMPHIBIEN I

Amphibien oder Lurche (Amphibia) stehen in vielen Merkmalen zwischen den wasserlebenden Fischen und den terrestrischen Amnioten. Ihre dünne, drüsenreiche Haut dient auch dem Gasaustausch und der Wasseraufnahme. Im Gehirn sind Großhirn und Mittelhirn gut, das Hinterhirn (mit Kleinhirn) nur schwach entwickelt. Ober- und Unterkiefer sind durch das primäre Kiefergelenk (Quadratum und Articulare) verbunden.

Der Körper der Froschlurche *(Anura)* ist, in Anpassung an die springende Lebensweise, stark spezialisiert. Ihnen fehlt der Schwanz, und die kräftigen Hinterbeine besitzen ein zusätzliches Sprunggelenk durch die (grafisch hervorgehobenen) stark verlängerten Fußwurzelknochen (Tibiale und Fibulare).

Schleimdrüse

Nachhirn — **Mittelhirn** — **Zwischenhirn** — **Riechhirn**
Hinterhirn (mit Kleinhirn) — **Großhirn**

Darmbein (Ilium)
Urostyl
Gehörorgan
Quadratum
Unterschenkel (Tibia und Fibula)
Oberschenkel (Femur)
Unterarm (Ulna und Radius)
Tibiale und Fibulare

die Lungen haben gefäßreiche Kammern

Feuersalamander (Salamandra salamandra)
Blindwühle
Grottenolm *(Proteus anguinus)*

Die rezenten Amphibien bilden drei Ordnungen: Blindwühlen (Gymnophiona), Schwanzlurche (Caudata) und Froschlurche (Anura). Die Abb. zeigen einige Vertreter

Kammolch (Triturus cristatus)

Weibchen der Wabenkröte *(Pipa pipa)* mit Jungen in wabenartigen Hautvertiefungen

Riesensalamander *(Andrias japonicus)*, bis über 1,5 m lang

Grasfrosch (Rana temporaria)

Laubfrosch (Hyla arborea)

Erdkröte (Bufo bufo)

Geburtshelferkröte (Alytes obstetricans), ♂ mit Eischnüren

Metamorphose und Übergang zum Landleben

Laichklumpen

Die Eier werden meist im Wasser abgelegt. Aus ihnen schlüpfen Larven mit äußeren Kiemen, die bei den *Kaulquappen* (Larven der Froschlurche) früh von einem Operculum überwachsen werden. Allmählich entwickeln sich die Hinterbeine, während die Vorderbeine erst kurz vor der Metamorphose das Operculum durchbrechen. Dann verläßt der Jungfrosch das Wasser und resorbiert den Schwanz.

frisch geschlüpfte Larven hängen mit Haftfäden an Wasserpflanzen

Kaulquappe

© FOCUS

Amphibien

mit Harnstoff bzw. NaCl variieren u. den intrazellulären osmot. Druck konstanthalten. Die gleiche Fähigkeit haben A. trockener Biotope; ihr Wasserverlust in trockener Luft ist so hoch wie bei Arten aus feuchten Lebensräumen (Ausnahme: Makifrösche), aber sie tolerieren einen stärkeren Wasserverlust. – Der Blutkreislauf der A. ist ursprünglicher als der höherer Wirbeltiere. Das Herz hat 2 Vorhöfe; die Kammer ist noch nicht durch eine Scheidewand geteilt, Lungen- u. Körperkreislauf sind nur teilweise getrennt. Beide Aortenbögen sind ausgebildet u. funktionell. – Im Skelett unterscheiden sich rezente A. von fossilen. Der Schädel fossiler A. (Stegocephalen) war kompakt, ähnlich dem der Crossopterygier, ihrer wasserlebenden Vorfahren. Bei rezenten A. ist der Schädel abgeflacht u. vereinfacht; viele Knochen sind reduziert. Der Schädel wird mit 2 Condyli v. nur einem umgestalteten Wirbel, dem Atlas, getragen. Die Wirbel der rezenten A. entstehen auf unterschiedl. Weise. Die hülsenart. Wirbel der *Urodelomorpha* werden durch Verknöcherung des die Chorda umgebenden Bindegewebes gebildet; sie entsprechen dem Interzentrum. Die Wirbelkörper der Froschlurche sind knorpelig vorgebildet u. entsprechen dem Pleurozentrum. Je nach der Lage der Gelenkpfannen aufeinanderfolgender Wirbel, unterscheidet man acoele, procoele, opisthocoele u. amphicoele; ihr Vorkommen hat eine große Bedeutung für das System, v. a. der Froschlurche. Die Zahl der Wirbel ist verschieden. Schwanzlurche besitzen zw. 30 u. 100; ihre Zahl kann im Laufe des Lebens zunehmen. Bei Froschlurchen ist die Zahl geringer. Auch die Rippen sind reduziert; am besten blieben sie bei Blindwühlen erhalten. Bei Froschlurchen findet man nur in den ursprüngl. Fam. Rippenreste. Schulter- u. Beckengürtel fehlen bei den beinlosen Blindwühlen. Rezente A. haben an der Hand maximal 4 Finger. – Da Rippen u. ein Diaphragma zw. Brust- u. Bauchhöhle fehlen, müssen die einfachen, wenig alveolär gegliederten Lungen dadurch ventiliert werden, daß Luft vom Mundraum bei geschlossenen Nasenlöchern in die Lunge gepreßt wird. A.-Larven u. neotene Schwanzlurche atmen mit Kiemen, Lungen, mit der Mundhöhle u. über die Haut, adulte A. nur über die 3 letzteren Organe. Bei der Mundhöhlenatmung hebt u. senkt sich der Mundboden ständig. Dabei wird die Luft in den Nasen auch olfaktorisch geprüft. Die Bedeutung der Lungenatmung ist temperaturabhängig; bei tiefen Temp., z. B. in kalten Bergbächen od. beim Winterschlaf, kann auf sie verzichtet werden. Die Plethodontiden haben die Lungen reduziert. – Der Lebenslauf der A. wird durch ihre wassergebundene Fortpflanzung bestimmt. Die Geschlechter treffen sich zur Eiablage am od. im Wasser. Die v. einer Gallerthülle umgebenen Eier werden primär u. bei den meisten Froschlurchen äußerlich, im Wasser besamt. Ihnen entschlüpfen fischähnl., beinlose Larven mit äußeren Kiemen. Erst spät werden in der Metamorphose die Kiemenspalten geschlossen. – Viele A. sind langlebig. Kröten u. Geburtshelferkröten wurden in Gefangenschaft bis 30, Feuersalamander bis 50, Riesensalamander bis zu 60 Jahre alt. A. ernähren sich v. Insekten, Würmern, kleinen Wirbeltieren, Mollusken u. ä., die mit Hilfe der oft vorn angewachsenen, vorschnellbaren Zunge od., im Wasser, durch Saugschnappen erbeutet werden. Nur die Larven der meisten Froschlurche, die *Kaulquappen,* sind phytophag. A. besitzen einfache, homodonte, polyphyodonte Zähne auf den Kieferknochen u. am Mundhöhlendach, dem Vomer. Bei rezenten A. haben sie eine ringförmige Schwachzone nahe ihrer Basis. – Sinnesorgane sind gut entwickelte Augen und, v. a. bei Schwanzlurchen, die Geruchsorgane. Wasserlebende A. u. ihre Larven besitzen Seitenlinienorgane, die bei einigen (z. B. Krallenfröschen u. Wabenkröten) wichtiger als der Gesichtssinn sind. Froschlurche, bei denen die akust. Kommunikation wichtig ist, haben Gehörorgane mit einem äußeren Trommelfell u. 2 Mittelohrknochen, der Columella (Stapes) und dem Operculum, das nur bei A. vorkommt. Schwanzlurche besitzen kein Trommelfell; ihre Columella zieht vom Squamosum zum ovalen Fenster. Bei Blindwühlen ist das Mittelohr zurückgebildet; beide nehmen v. a. Substratvibrationen wahr. – Die *Verwandtschaft* der rezenten A. ist unklar. Die ersten Tetrapoden gingen im Devon an Land u. besaßen eine große Formenfülle. Der Anschluß der rezenten Ord. an fossile ist nicht belegt. Aufgrund der Wirbelentstehung werden die *Urodelomorpha* v. manchen Autoren an die † *Lepospondyli,* die Froschlurche dagegen an die † *Rachitomi,* einem Seitenzweig der † *Labyrinthodonta,* angeschlossen. Die rezenten A. wären danach polyphyletisch. Von Huene leitet die Froschlurche von den † *Porolepiformes,* die Schwanzlurche von den † *Osteolepiformes* ab; beides sind Crossopterygier (Quastenflosser). Andere Autoren bewerten die gemeinsamen Merkmale (Zahnbau, Hand mit 4 Fingern, 2 Gehörknochen u. a.) stärker u. stellen die rezenten Ord. als *Lissamphibia* allen fossilen gegenüber. – *Verbreitung:* A. haben wegen ihrer Empfindlichkeit gegenüber Meerwasser eine

Amphibien

Ordnungen:
↗ Blindwühlen *(Gymnophiona)*
↗ Froschlurche *(Anura)*
↗ Schwanzlurche *(Urodela)*

Amphibiengifte

beschränkte Ausbreitungsfähigkeit. Die Schwanzlurche sind holarktisch und in der Regel auf kühle Regionen beschränkt. Nur die Schleuderzungensalamander drangen über Mittelamerika in die Neotropis vor. Blindwühlen sind zirkumtropisch verbreitet; die Froschlurche besiedeln alle Kontinente u. viele Inseln. Wenige sind anthropogen verbreitet worden (z.B. Aga u. Krallenfrosch). *Ökologie:* A. sind unvollständig ans Landleben angepaßt u. meist auf feuchte Lebensräume beschränkt. Viele leben nachtaktiv u. entziehen sich so der Gefahr einer Austrocknung. Nur einige wasserlebende u. solche des immerfeuchten Regenwaldes sind tagaktiv (z.B. Wasserfrosch, Farbfrösche und *Elosiinae*). Einige Arten findet man jedoch in fast allen terrestr. Lebensräumen bis zu Steppen u. Halbwüsten (z.B. Schaufelfüße, Wasserreservoir- u. Makifrösche), wo sie durch spezielle physiolog. und vor allem etholog. Anpassungen leben können. Andere Arten sind durch unterschiedl. Brutpflegemethoden bis zur Viviparie in der Fortpflanzung unabhängig v. Wasser geworden. Dagegen sind manche A. aus verschiedenen Linien zum permanenten Wasserleben übergegangen, bei Schwanzlurchen oft in Zshg. mit Neotenie. A., bes. die arten- u. individuenreichen Froschlurche, haben eine große ökolog. Bedeutung, einerseits als Predatoren v. Insekten, andererseits als Nahrung für viele andere Tiere. – *Wirtschaftl. Bedeutung:* Als Predatoren v. Insekten setzt man v.a. Kröten (z.B. Aga) zur biol. Schädlingsbekämpfung ein. Große Frösche werden in vielen Ländern gegessen u. einige Arten (Amerikanischer Ochsenfrosch, Europäischer Wasserfrosch) sogar in Froschfarmen gezüchtet. Die größte Bedeutung haben A. für die biol. und med. Forschung, u. große Mengen lebender A. werden als Laboratoriumstiere verwendet. Das Gift mancher Farbfrösche wird von kolumbian. Indianern zur Herstellung v. Giftpfeilen benutzt. B 158, 162.

Lit.: *Arnold, E. N., Burton, J. A.:* Reptiles and Amphibias of Britain and Europe. London 1978. *Cochran, D. M., Wermuth, H.:* Amphibien. In: Knaurs Tierreich in Farben. München 1961. *Freytag, E.:* Klasse Amphibia, Lurche, In: rororo Tierwelt, Urania Tierreich. Hamburg [4]1974. *Freytag, E.:* Die Lurche. In: Grzimeks Tierleben. dtv, München [2]1980. *Goin, C. J., Goin, O. B., Zug, G. R.:* Introduction to Herpetology. San Francisco [3]1978. *Porter, K. R.:* Herpetology. Philadelphia 1972. *Webb, J. E., Wallwork, J. A., Elgood, J. H.:* Guide to living Amphibians. London 1981.   P. W.

Amphibiengifte, Giftstoffe v. chemisch sehr unterschiedl. Natur aus Kröten (*Bufotenine, Bufotoxine*), Salamandern, Molchen (*Tarichatoxine*), Fröschen (*Batrachotoxine*). A. sind Bestandteile v. Wehrsekreten u. schützen ihre Produzenten sowohl gg. Freßfeinde als auch durch ihre bakterizide bzw. fungizide Wirkung gg. mikrobiellen Befall.

Amphibienoocyte *w*, Eizelle der Amphibien, zellbiol. interessant v. a. wegen ihrer Fähigkeit, eine sehr hohe Anzahl v. Ribosomen zu synthetisieren. Diese sowie mRNAs werden „auf Vorrat" produziert, um dann bei der durch die Befruchtung des Eies eingeleiteten Keimesentwicklung zur Verfügung zu stehen. Bes. eingehend wurde die Synthese ribosomaler Nucleinsäuren (r-RNAs) für die Oogenese des Krallenfrosches *Xenopus* untersucht. Der Kern junger Oocyten enthält neben der chromosomalen DNA auch große Mengen ribosomaler DNA (r-DNA). Diese r-DNA ist für die Bildung der zahlr. (1000–2000) Nucleolen u. damit aller Ribosomen im Oocyten-Plasma verantwortlich; sie stellt eine enorme Anhäufung ribosomaler Gene dar u. steuert die Synthese der 28S- und 18S-r-RNA (neben zahlr. Proteinen sind 3 verschiedene r-RNA-Spezies am Ribosomenaufbau beteiligt: 28S-, 18S-, 5S-r-RNA). Auch in normalen Körperzellen liegen diese r-RNA-Gene redundant (etwa 1000fach) vor. In der A. findet aber eine massive weitere Vermehrung durch Genamplifikation statt: so enthält die *Xenopus*-Oocyte 2 Mill. Kopien der r-RNA-Gene. Die Gene für die 5S-r-RNA und die t-RNAs werden nicht amplifiziert. Bei maximaler Syntheserate entstehen etwa $1{,}8 \cdot 10^7$ Ribosomen pro Min.; die reife Oocyte besitzt dann 10^{12} Ribosomen (somatische Zelle: $3 \cdot 10^6$), die innerhalb ca. einer Woche entstehen. Diese immense Anzahl wird dann während der Furchung auf etwa 30 000 Zellen der Gastrula verteilt; bis zu diesem Stadium enthält der Keim nur mütterl. Ribosomen. Ohne Genamplifikation wären zur Synthese der erforderlichen 10^{12} Ribosomen einer reifen A. 15 Jahre nötig.

amphibisch [v. gr. amphibios =], im Wasser und auf dem Lande lebend.

Amphibola *w* [v. gr. amphibolē = Fischernetz], Gatt. der Wasserlungenschnecken, mit rundl. Gehäuse u. altertüml. Merkmalen: Deckel, Hypobranchialdrüsen und Osphradien sind vorhanden, die Entwicklung verläuft über ein planktisches Veligerstadium; Lungenhöhle mit Wasser gefüllt; kommt im Brackwasser v. Buchten u. Flußmündungen Australiens u. Neuseelands vor.

Amphibolis *w* [v. gr. amphibolē = Fischernetz], Gatt. der Cymodoceaceae.

Amphibolurus *m* [v. gr. amphibolē = Netz, oura = Schwanz], Gatt. der Agamen.

Amphicoela [v. *amphi-, gr. koilos = ausgehöhlt, vertieft] Froschlurche.

---

amphi- [v. gr. amphi = auf beiden Seiten, z.B. amphibios = im Wasser und auf dem Lande lebend; auch = rings herum, z.B. amphitheatron = Rundtheater], in Zss. meist: zwei-, beid-, doppel-.

amphicoele Wirbel [v. *amphi-, gr. koilos = ausgehöhlt, vertieft], an ihrem vorderen u. hinteren Ende ausgehöhlte ↗Wirbel.

Amphictenidae [Mz.; v. *amphi-, gr. ktenes = Kämme], die ↗Pectinariidae.

Amphicyonidae [Mz.; v. *amphi-, gr. kyōn = Hund], individuen- u. formenreiche fissipede Raubtier-Fam. des Tertiärs (oberes Eozän – unteres Pliozän) in der Alten u. Neuen Welt; neuerdings in zwei U.-Fam. geteilt: *Amphicyoninae* mit bärenartigen (ursiden) Extremitäten u. *Daphoeninae* mit katzenartigen (feliden) Extremitäten. Das Gebiß ist in beiden Gruppen hundeartig (canid), Ohrkapsel u. venöser Kreislauf weisen sogar Anklänge an Schleichkatzen (viverrid) u. Hunde auf. Diese Merkmalskombination rückt die A. in die Nähe der Stammgruppe moderner Carnivora (Raubtiere) u. spricht für die Zusammenfassung in einer eigenständigen Fam.; zuvor meist als U.-Fam. entweder den Caniden (Hundeartigen) od. Ursiden (Bären) zugeordnet. Die Aufspaltung der A. in zwei Hauptäste vollzog sich wahrscheinlich schon im mittleren Eozän; im Mittel-Oligozän setzte Formenreichtum ein, z. B. *Pseudocyonopsis, Brachycyon, Cynelos, Amphicyon* (Typus-Gatt.), *Arctamphicyon, Megamphicyon* u. a. – Die A. werden im Ökosystem als vielgestaltige Gruppe v. a. die Rolle der stammesgeschichtlich jüngeren Bären u. Hunde gespielt haben. Ihre Größe lag zw. Fuchs u. Kodiak-Bär; einige dürften vorwiegend auf Bäumen gelebt haben, die meisten waren Lauftiere.

Amphidinium *s* [v. gr. amphidinein = drehen], Gatt. der ↗Gymnodiniales.

Amphidiscophorida [v. *amphi-, gr. diskophoros = den Diskus tragend], U.-Kl. der *Hexactinellida* (Glasschwämme); gekennzeichnet durch ein gewundenes Kanalsystem mit Geißelkammern v. unregelmäß. Form; ihren Namen verdanken sie den Mikroskleriten, die als Amphidisken ausgebildet sind.

Amphidisken [Mz.; v. *amphi-, gr. diskos = Scheibe], Skelettnadeln (Sklerite) bestimmer Schwämme *(Spongillidae, Amphidiscophorida)*; bestehen aus Kieselsäure u. verdanken ihren Namen der Tatsache, daß ihre Achse an beiden Enden eine pilzhutförm. Scheibe trägt. ↗Gemmula.

Amphidromus *m* [v. gr. amphidromos = umlaufend, strudelförmig], Gattung der *Camaenidae*, in SO-Asien beheimatete Baumschnecken mit rechts- od. linksgewundenem, meist eiförm., glattem u. oft prächtig gefärbtem Gehäuse; rollen Blätter zusammen, in die sie ihre Eier hineinlegen.

Amphigastrien [Mz.; v. *amphi-, gr. gastrion = Magen, Bauch], die bei den meisten Arten der *Jungermanniales* (Ord. der Lebermoose) zu den zwei flankenständigen „Blättchen"-Reihen hinzutretende, bauchständige Reihe kleinerer u. anders ausgeformter „Moosblättchen"; fälschlich auch „Bauchblätter" gen., obwohl sie mit dem Blatt der Kormophyten nichts gemeinsam haben.

Amphignathodon *w* [v. *amphi-, gr. gnathos = Kiefer, odōn = Zahn], Gatt. der ↗Beutelfrösche.

Amphigonie *w* [v. *amphi-, gr. gonē = Erzeugung], *sexuelle Fortpflanzung*, Fortpflanzung durch Verschmelzung zweier getrenntgeschlechtlicher Gameten.

amphikarp [v. *amphi-, gr. karpos = Frucht], Bez. für solche Pflanzen, die sowohl oberird. als auch unterird. Früchte entwickeln; dabei gelangen die unterird. sich entwickelnden Früchte durch geotropes Wachstum der Blütenstiele in den Boden. Häufig tritt ein Zshg. zw. Amphikarpie u. der Ausbildung kleistogamer u. chasmogamer Blüten an ein u. derselben Pflanze auf (z. B. *Viola*-Arten).

Amphilina *w*, Gatt. der ↗Bandwürmer.

Amphilonche *w* [v. *amphi-, gr. logchē = Spitze], Gatt. der ↗Acantharia.

Amphimallus *m*, ↗Junikäfer.

Amphimelania *w* [v. *amphi-, gr. melas = dunkelfarbig, schwarz], Gatt. der *Melaniidae*, mittelgroße Süßwasserschnecken mit conchinigem Deckel; 2 Arten im südöstl. Kärnten, Dalmatien u. Spanien.

Amphimixis *w* [v. *amphi-, gr. mixis = Mischung], von A. Weismann geprägter Begriff für die Verschmelzung männl. und weibl. Geschlechtszellen (Gameten), die v. verschiedenen Individuen stammen (also Fremdbefruchtung). Der Begriff umfaßt sowohl die Plasmaverschmelzung (Plasmogamie) als auch (vor allem) die Kernverschmelzung (Karyogamie). Ggs.: ↗Automixis.

Amphineura [v. *amphi-, gr. neura = Sehne], *Aculifera*, zusammenfassende Bez. für die ↗Wurmmollusken u. die ↗Käferschnecken; die A. haben je ein Paar pedaler u. lateraler Nervenstränge, die sich am Hinterende zu einem Ring vereinigen.

Amphinomidae [Mz.; wohl v. gr. amphinōman = umherbewegen], Fam. der *Amphinomida* (Stamm Ringelwürmer) mit mehreren Gatt. (vgl. Tab.); Bodenbewohner mit kleinem Kopflappen (Prostomium) u. einfachen, teils gesägten od. gabelförmigen Borsten.

amphinotische Verbreitung [v. *amphi-, gr. notos = Süden]; Gruppen wie die Beuteltiere, deren Vorkommen auf austr. und südam. Areale beschränkt ist, werden als amphinotisch bezeichnet. Ihr Verbreitungsbild ist somit das einer typ. Arealdisjunktion. Verbindungen zw. dem austr. und

---

Amphicyonidae
Zahnformel:
$\dfrac{3\text{–}2\ 1\ 4\ 3}{3\text{–}2\ 1\ 4\ 3}$

---

amphi- [v. gr. amphi = auf beiden Seiten, z. B. amphibios = im Wasser und auf dem Lande lebend; auch = rings herum, z. B. amphitheatron = Rundtheater], in Zss. meist: zwei-, beid-, doppel-.

Amphinomidae
Wichtige Gattungen:
Amphinome
Chloeia
Euphrosine
Eurythoe
Hermodice
Notopygos

AMPHIBIEN II

1 Laubfrosch *(Hyla arborea);* **2** Wasserfrosch *(Rana esculenta);* **3** Feuersalamander *(Salamandra salamandra);* **4** Erdkröte *(Bufo bufo);* **5** Grasfrosch *(Rana temporaria);* **6** Knoblauchkröte *(Pelobates fuscus);* **7** Geburtshelferkröte *(Alytes obstetricans);* **8** Fadenmolch *(Triturus helveticus),* **a** Weibchen, **b** Männchen; **9** Bergmolch, Alpenmolch *(Triturus alpestris),* Männchen; **10** Bergunke, Gelbbauchunke *(Bombina variegata);* **11** Kammolch *(Triturus cristatus),* **a** Weibchen, **b** Männchen; **12** Streifenmolch, Teichmolch *(Triturus vulgaris),* **a** Weibchen, **b** Männchen; **13** Grottenolm *(Proteus anguinus).*

südam. Kontinent, wie sie noch bis ins Alttertiär über die Antarktis bestanden und die dann im Zuge der Kontinentalverschiebung zerbrachen, dürften hierfür den Ursprung gegeben haben.

Amphioxus *m* [v. *amphi-, gr. oxys = spitz], das ↗ Lanzettfischchen.

amphipathisch [v. *amphi-, gr. pathikos = empfindend], *amphiphil,* Bez. für Moleküle, die aus zwei funktionellen Teilen aufgebaut sind. So setzen sich z. B. die Phospholipide (wichtige Komponenten der Lipidfraktion einer Biomembran) aus einem polaren Kopf- u. einem hydrophoben Schwanzteil zusammen; a. sind auch Cerebroside, Monoacylglyceride u. Glykolipide aufgebaut. Solche a.en Moleküle ordnen sich als Lipiddoppelschicht immer so an, daß die polaren Gruppen nach außen, die hydrophoben nach innen orientiert sind.

amphipazifisch [v. *amphi-, nlat. Oceanus Pacificus = Pazifik], Pflanzen- u. Tierarten, die auf beiden Seiten des Pazifik vorkommen.

Amphiphyt *m* [v. *amphi-, gr. phyton = Gewächs], Pflanze, die bei hohem Wasserstand als Wasserpflanze lebt, also mit völlig od. teilweise untergetauchten Sproßteilen; ohne Wasser sieht sie dagegen wie eine Landpflanze (z. B. Tannenwedel, Wasserknöterich).

Amphipithecus *m* [v. *amphi-, gr. pithēkos = Affe], fossiler Primate (Affe) unsicherer systemat. Stellung; bezieht sich auf ein Unterkieferfragment mit drei Backenzähnen aus dem Obereozän v. Burma; wird als möglicher Vorfahr der *Catarrhini* (altweltl. Schmalnasenaffen) diskutiert.

Amphiploïdie *w* [v. *amphi-, gr. -plois = -fach], die ↗ Allodiploidie.

amphipneustisch [v. *amphi-, gr. pneustikos = zum Atmen gehörend], Bez. für solche Insektenlarven *(Amphipneustia),* deren Tracheenöffnungen (Stigmen) an der Hinterbrust (Metathorax) u. den Hinterleibssegmenten 5–7 verschlossen sind; hierher gehören u. a. wasserlebende u. parasit. Larven der Zweiflügler (Dipteren).

Amphipoda [Mz.; v. *amphi-, gr. pous, Gen. podos = Fuß], die ↗ Flohkrebse.

Amphiporus *m* [v. *amphi-, gr. poroi = Poren], Gatt. der *Monostilifera* (Stamm Schnurwürmer); *A. lactifloreus* ist 4–10 cm lang, bandförmig flach, weißlich, rötlich od. grau, besitzt zahlr. Augen in 2 seitl. Reihen; Vorkommen in der Nordsee: Helgoland, Kieler Bucht zw. Wasserpflanzen. Weitere Arten *A. exilis* u. *A. pulcher.*

Amphiprion *m* [v. *amphi-, gr. priōn = Säge], die ↗ Anemonenfische.

Amphisbaenia *w* [v. gr. amphisbaina = Schlange, die vor- und rückwärts kriecht], die ↗ Doppelschleichen.

Amphistegina [v. *amphi-, gr. stegē = Bedeckung, Dach] ↗ Großforaminiferen.

amphistomatisch [v. gr. amphistomos = mit doppeltem Mund], Bez. für solche Blätter, die sowohl auf der Blattoberseite wie auf der Blattunterseite Spaltöffnungen (Stomata) ausgebildet haben. Ggs.: hypostomatisch, epistomatisch.

Amphistylie *w* [v. *amphi-, gr. stylos = Griffel], Sonderform der Aufhängung des Kieferbogens am Neuralschädel, bei der neben zwei gelenkigen Verbindungen zw. Oberkieferknorpel u. Hirnschädel ein zusätzl. Element des nächstfolgenden Kiemenbogens des Hyomandibulare an der Befestigung beteiligt ist. A. findet sich bei einigen Haien.

Amphitheca *w* [v. *amphi-, gr. thēkē = Behälter], morphogenetische Gliederung der Belemniten-Schale durch H. Müller-Stoll (1936) in Architheca, Endotheca und A. Die A. entsteht zuletzt u. besteht aus Rostrum u. Epirostrum. ↗ Belemniten.

Amphitheriidae [Mz.; v. *amphi-, gr. thērion = Tier], (Owen 1846), † Fam. primitiver Säuger aus dem mittleren Jura (Bathonien) v. England, die allein auf der Gatt. *Amphitherium* (Blainville 1838) beruht; Skelett lückenhaft bekannt, Unterkiefer mit der Zahnformel 4J, 1C, 4P, 7–8M. Die dreispitzigen Molaren verfügen bereits über eine Art Talonid; Mandibel mit ausgeprägtem Proc. angularis. Neuerdings sieht man in den A. die Stammgruppe der adaptiven *Pantotheria.*

Amphitokie *w* [v. *amphi-, gr. tokos = Geburt, Nachkommenschaft], ↗ Parthenogenese.

Amphitonie *w* [v. *amphi-, gr. tonos = Spannung], flankenständig geförderte Verzweigung der plagiotropen (horizontal angeordneten) Seitenzweige 1. Ord., so daß die Seitenzweige 2. und höherer Ord. alle in einer Ebene liegen. Ober- od. unterseitige Verzweigungsanlagen fehlen also od. sind nur schwach ausgebildet (z. B. Nadelbäume).

Amphitragulus *m* [v. *amphi-, gr. tragos = Bock], (Pomel 1846), † primitiver geweihloser Hirsch mit säbelartigen oberen Caninen, 4 Prämolaren u. Palaeomeryxfalte an den unteren Molaren; Schädel ohne Tränengrube u. Ethmoidallücke. Hasen- bis Rehgröße. Verbreitung: oberes Oligozän – unteres Miozän v. Europa.

Amphitrema *s* [v. *amphi-, gr. trēma = Loch], Gatt. der ↗ Testacea.

amphitrich [v. *amphi-, gr. thrix, Gen. trichos = Haar], Typ der ↗ Begeißelung. ☐ Bakteriengeißel.

Amphitrite *w* [ben. nach der gr. Meeresgöttin], Gatt. der *Terebellidae* (Stamm Ringelwürmer); *A. johnstoni* ist 15–25 cm

---

amphi- [v. gr. amphi = auf beiden Seiten, z. B. amphibios = im Wasser und auf dem Lande lebend; auch = rings herum, z. B. amphitheatron = Rundtheater], in Zss. meist: zwei-, beid-, doppel-.

Amphiuma

lang, besteht aus 90–100 Segmenten u. lebt in U-förmigen Gängen, die 2–3mal so lang sind wie ihr Körper.

Amphiuma, Gatt. der ↗ Aalmolche.

Amphiumidae, die ↗ Aalmolche.

Amphodus *m* [v. *amphi-, gr. odous, Gen. odontos = Zahn], alter, ungült. Name für die Laubfrosch-Gatt. ↗ *Phyllodytes.*

Amphora *w* [lat., = Krug], Gatt. der ↗ Naviculaceae.

Amphoriscidae [Mz.; v. gr. amphoriskos = kleiner Krug], Schwamm-Fam. der *Heterocoela;* bekannte Art *Amphoriscus gregorii,* ist 5–8 cm hoch, flaschen- od. krugförmig, braun, Leucon-Typ, kommt im Mittelmeer vor.

Amphotericin B *s* [v. gr. amphoteroi = beide], Antibiotikum aus *Streptomyces nodosus;* sehr aktiv gg. verschiedene pathogene Pilze u. Hefen (*Candida albicans, Dermatophytes);* wird wegen seiner Toxizität u. seinen Nebenwirkungen nur bei lebensbedrohl. Umständen verabreicht.

Ampicillin, D-α-*Aminobenzylpenicillin,* ein halbsynthet. Penicillinderivat mit antibiot. Wirkung sowohl gg. grampositive als auch gramnegative Bakterien, da die polare Aminogruppe das Eindringen auch in Zellwände v. gramnegativen Bakterien ermöglicht. Die häufig beobachtete Resistenz v. Bakterien gg. A. beruht auf einem A.-Resistenzgen, das auf einem Plasmid lokalisiert ist. Das Produkt dieses Gens, das Enzym β-Lactamase, inaktiviert das A. durch Spaltung des β-Lactamrings. Plasmid-DNA-Moleküle mit Resistenzgenen sind unentbehrl. Werkzeuge für die Techniken der molekularen Genetik, wo sie als Vektoren zum Klonieren v. DNA-Fragmenten dienen. Das A.-Resistenzgen dient in der Gentechnologie häufig als Indikator, um die Anwesenheit eines Plasmids in der Wirtszelle zu testen (Bakterien sind A.-resistent) bzw. um die erfolgte Aufnahme eines in dieses Gen insertierten DNA-Fragments (Verlust der A.-Resistenz) zu prüfen.

Amplitude *w* [v. lat. amplitudo = Umfang, Größe], Differenz zw. maximalem (od. minimalem) Funktionswert u. dem Gleichwert od. Niveau einer regelmäßigen Schwingung, d. h. die maximale Abweichung aus der „Ruhelage"; bei biol. Oszillationen häufig auch die Differenz zw. maximalem u. minimalem Funktionswert.

Ampullarius [lat., = Flaschenmacher], die ↗ Apfelschnecken.

Ampulle *w* [v. lat. ampulla = Flasche], **1)** sackartige Auftreibung eines jeden Bogengangs im Labyrinth (Innenohr) der Wirbeltiere. In diesen hinein ragt die mit Sinneszellen besetzte Crista ampullaris. Die Sinneshaare dieser Zellen sind in einer gallertartigen Kappe, der Cupula, einge-

amphi- [v. gr. amphi = auf beiden Seiten, z. B. amphibios = im Wasser und auf dem Lande lebend; auch = rings herum, z. B. amphitheatron = Rundtheater], in Zss. meist: zwei-, beid-, doppel-.

R = Gentiobiose-Rest

Amygdalin

bettet. Bogengänge, A. und Cupula sind funktionelle Organe des Gleichgewichtssinns. **2)** sternförmige Ausstülpungen der kontraktilen Vakuolen des Pantoffeltierchens. In den A.n wird die v. den Nephridialkanälen abgeschiedene Flüssigkeit gesammelt, bevor diese in die kontraktile Vakuole abgegeben wird. **3)** kontraktile Gefäße am Ende der Füßchenkanäle in der Leibeshöhle der Stachelhäuter. Über einen Schlauch haben die A.n mit den Ambulacralfüßchen Verbindung u. stehen im Dienste der Lokomotion. **4)** kontraktile Gefäße (akzessorische Herzen) im Kopf u. Thorax v. Insekten. Sie unterstützen die gerichtete Hämolymphzirkulation im dorsalen Thorax- u. Kopfbereich. **5)** bei lebendgebärenden Säugetieren abdominales Ende des Eileiters (Tuba uterina), der sich trichterförmig zur Bauchhöhle hin öffnet. Uteruswärts verengt sich die A. zu einem engen Tubus u. mündet mit einem Ostium in der Uterushöhle. In der A. findet in der Regel die Befruchtung des Eies statt, das dann innerhalb von 4–5 Tagen in den Uterus transportiert wird.

Amsel, *Turdus merula,* bekanntester Vertreter aus der Fam. der Drosseln; 25 cm groß, Männchen schwarz mit gelbem Schnabel, Weibchen u. Jungvögel braun mit schwacher Fleckung. Die A. war fr. ein reiner Waldvogel, heute vielerorts verstädtert; bei „Stadt-A.n" häufiges Auftreten v. Albinos od. Teilalbinos. Das Männchen trägt abwechslungsreichen, melodisch flötenden Gesang v. erhöhter Stelle aus vor. Im Winterhalbjahr sammeln sich A.n an gemeinsamen Schlafplätzen. Die Nahrung besteht aus Würmern, Schnecken, Insekten u. reifem Obst. Nest auf Bäumen, in Sträuchern, oft auch an Gebäuden; 2 Bruten pro Jahr mit je 4–5 grünlichen, rostrot gefleckten Eiern. B Europa XIII.

Amusium *s* [v. lat. amussium = waagerechte, glattpolierte Scheibe], Gatt. der *Pectinoidea* (↗ Kammuscheln), Muscheln mit runden, dünnen u. ungleichartigen Klappen, die auch verschiedenfarbig sind; sie leben im Indopazifik u. in der Karibischen See.

Amygdalin *s* [v. gr. amygdalinos = von Mandeln], ein bes. in bitteren Mandeln, aber auch in den Samen anderer Früchte vorkommendes Glykosid, das durch verdünnte Salzsäure (Magensaft) od. durch Enzyme wie Emulsin in Glucose, Benzaldehyd u. Blausäure gespalten wird; A. gehört daher zu den sog. cyanogenen Glykosiden u. bewirkt, daß schon der Genuß v. 60 Bittermandelkernen für einen Erwachsenen tödlich sein kann.

Amygdalose *w* [v. gr. amygdalē = Mandel], die ↗ Gentiobiose.

Amylasen [Mz.; v. *amyl-], Verdauungsenzyme, durch die Oligosaccharide der Kettenlänge 3 u. größer sowie Polysaccharide an α-1,4-glykosidischen Bindungen hydrolytisch gespalten werden. Die im Tier- u. Pflanzenreich weitverbreiteten α-A. sind *Endo-A.*, d. h., sie spalten an allen Positionen der Polysaccharidketten, wobei die Spaltung jedoch nur bis zu den entsprechenden Disaccharideinheiten (Maltose im Falle v. Glykogen) erfolgt, da letztere – auch wenn sie α-1,4-glykosidische Bindungen wie Maltose enthalten – zu kurzkettig sind, um als Substrat umgesetzt zu werden. Dagegen sind die vorzugsweise in den keimenden Samen der Pflanzen vorkommenden β-A. *Exo-A.* u. spalten Polysaccharide schrittweise v. nichtreduzierenden Ende ausgehend. Auch hier sind die entsprechenden Disaccharide Hauptprodukte, jedoch entstehen, hier wie auch bei den von α-A. katalysierten Spaltungen, aufgrund v. Verzweigungen bzw. Ungeradzahligkeit der Polysaccharidketten in geringer Menge auch Trisaccharide bzw. Monosaccharide. Die physiolog. Bedeutung der A. liegt bei Mensch u. Tier im Abbau v. Polysacchariden der Nahrung. Stärke, unverzweigt als Amylose bzw. verzweigt als Amylopektin, u. Glykogen aus Leber- u. Muskelfleisch sind z. B. die Haupt-Kohlenhydrate der menschl. Nahrung u. werden durch A. des Speichelsafts u. des Bauchspeicheldrüsensekrets abgebaut. Die physiolog. Bedeutung der pflanzl. A. liegt bes. im Abbau v. Speicherkohlenhydraten während der Samenkeimung.

Amylobacter s [v. *amylo-, gr. baktron = Stab], veraltete Bez. für stärkeabbauende ↗Clostridien.

Amylodextrine [Mz.; v. *amylo-, lat. dexter = rechts] ↗Dextrine.

Amyloidose w [v. *amyl-], Einlagerung von

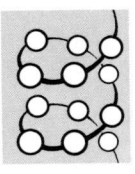

amyl-, amylo- [v. gr. amylon = Stärkemehl], in Zss.: Stärke-.

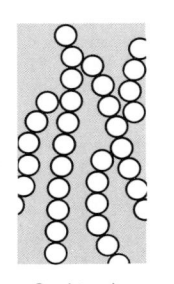

Struktur des Amylopektins

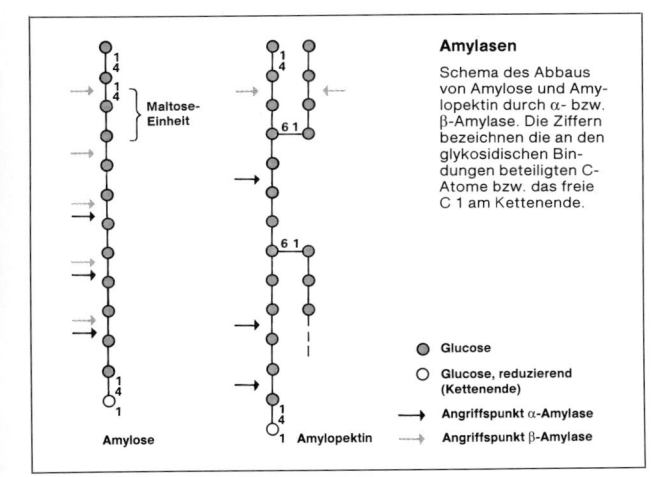

Amylasen
Schema des Abbaus von Amylose und Amylopektin durch α- bzw. β-Amylase. Die Ziffern bezeichnen die an den glykosidischen Bindungen beteiligten C-Atome bzw. das freie C 1 am Kettenende.

● Glucose
○ Glucose, reduzierend (Kettenende)
→ Angriffspunkt α-Amylase
⇒ Angriffspunkt β-Amylase

Struktur der Amylose

Amyloid, eines patholog. Protein-Polysaccharid-Komplexes, bes. in Milz, Leber u. Nieren nach chron. Entzündungen, z. B. Tuberkulose, chron. Osteomyelitis; führt zur Zerstörung des normalen Gewebes; therapeutisch nicht beeinflußbar.

Amylopektin s [v. *amylo-], aus mehreren tausend Glucoseeinheiten aufgebautes wasserunlösl. Polysaccharid, das neben den α-1,4-glykosidischen auch α-1,6-glykosidische Bindungen aufweist. Letztere bewirken die Verzweigungen der Polysaccharidketten. Diese erfolgen durchschnittlich an jeder 8. oder 9. Glucoseeinheit des linearen Hauptstrangs u. führen zu in sich wieder α-1,4-glykosidisch aufgebauten Seitenketten mit durchschnittl. Länge von 20 Glucoseeinheiten. A. ist gemeinsam mit ↗Amylose Hauptbestandteil der pflanzl. ↗Stärke u. ist daher eines der wichtigsten Nahrungspolysaccharide. Mit Iod reagiert A. zu der für Stärke charakterist. rotvioletten Einschlußverbindung.

Amyloplasten [Mz.; v. *amylo-, gr. plastos = geformt], Stärkebildner, spezialisierte farblose Plastiden (Leukoplasten) in Speicherorganen (z. B. Kartoffel), die metabolisch u. osmotisch aktive Monosaccharide in inaktive Stärkemoleküle umwandeln u. auf Dauer speichern. Schon lichtmikroskopisch lassen sich A. wegen der charakterist. Doppelbrechung der Stärkekörner im Polarisationsmikroskop bzw. durch histochem. Nachweis der Stärke (Iod-Iodkali) leicht identifizieren.

Amylose w [v. *amyl-], aus mehreren hundert Glucoseeinheiten aufgebautes, wasserlösl. Polysaccharid, das ausschließlich α-1,4-glykosidische Bindungen enthält u. daher im Ggs. zu ↗Amylopektin linear aufgebaut ist. A. ist gemeinsam mit Amylopektin ein Hauptbestandteil der pflanzl. ↗Stärke u. daher eines der wichtigsten Nahrungspolysaccharide (↗Amylasen). Die Glucoseeinheiten sind innerhalb von A. zu Spiralen angeordnet, in deren Hohlräumen sich Iodmoleküle zu der für Stärke charakterist., intensiv blauen Einschlußverbindung einlagern können. Diese Farbreaktion zus. mit der durch Amylopektin u. Iod hervorgerufenen Rotviolettfärbung wird häufig als Nachweisreaktion für Stärke verwendet *(Iodstärkereaktion).*

Amylum s [v. gr. amylon = Stärkemehl], die ↗Stärke.

Amyrin s [v. gr. a- = nicht, myron = wohlriechendes Öl], pentacycl. Triterpen aus Pflanzen; die weitverbreiteten α- und β-A.e besitzen ein gemeinsames Grundgerüst, das sich vom Picen ableitet; beide treten frei, verestert u. als Aglyka v. Triterpensaponinen auf; α-A. findet man in vielen Balsamen u. Milchsäften (z. B. im Löwen-

Amytal
zahn), β-A. *(α-Viscol)* in Mistelblättern, Traubenkernöl u. in Kautschuk u. Guttapercha liefernden Pflanzen, aber auch im Manila-Elemi-Harz u. im Wachs der Baumwollblätter. [kette.
Amytal, ein Hemmstoff der ↗Atmungs-
Anabaena *w* [v. gr. anabainein = aufsteigen], *Schnurfaden,* Gatt. fadenförm. Cyanobakterien mit interkalarer Zellteilung. Wenn kein gebundener Stickstoff vorhanden ist, entwickeln sie Heterocysten; einige Formen bilden Akineten, u. einige planktische Arten enthalten Gasvakuolen; wahrscheinlich treten keine echten Hormogonien auf, so daß sie sich dadurch v. der Gatt. *Nostoc* unterscheiden (↗Oscillatoriales, ↗Cyanobakterien). Etwa 100 Arten, v.a. im Süßwasser, wo sie oft eine Wasserblüte verursachen können *(A. flos-aquae).* Die scheidenlosen, meist vereinzelten, gleichbreiten Fäden sind nicht durch Gallerthüllen verbunden (Ggs.: *Nostoc);* sie können zu schraubig gewundenen *(A. spiroides)* od. zu „schnurgeraden" Fäden auswachsen *(A. elliptica).* Wichtige Stickstoffixierer sind *A. oryzae,* die in bewässerten Reisfeldern große Bedeutung haben, u. *A. azollae,* die symbiontisch in Blatthöhlungen des Wasserfarns *Azolla* leben (andere A.-Symbiosen ↗Nostoc). – A.-Arten sind wichtige biol. und biochem. Untersuchungsobjekte (Photosynthese, N_2-Fixierung); möglicherweise werden sie in Zukunft als billige Biomasselieferanten zur Biogasproduktion u. zu einer phototrophen Wasserstoffbildung genutzt werden können.

Anabaenopsis *w* [v. gr. anabainein = aufsteigen, opsis = Aussehen], Gatt. der ↗Oscillatoriales.
Anabantoidei [Mz.; v. gr. anabantes = die Hinaufsteigenden], die ↗Labyrinthfische.
Anabasin *s* [v. gr. anabasis = Aufstieg, Anstieg], *Anabasein, 2-(3-Pyridyl-)piperidin,* Pyridinalkaloid aus *Nicotiana*-Arten, hpts. aus *Nicotiana glauca* u. *Anabasis aphylla* (asiat. Gänsefuß) gewonnen, aber auch in marinen Schnurwürmern u. in der Giftdrüse nordam. Ameisen nachgewiesen; besitzt nicotinähnl. Giftwirkung u. findet Verwendung als Insektizid.
Anabasis *w* [gr., = Aufstieg, Anstieg], Gatt. der Gänsefußgewächse mit etwa 15 Arten, in Steppen- u. Wüstengebieten der Alten Welt vorkommend. Die Pflanzen besitzen gegliederte Zweige mit gegenständ., oft nur schuppenförm. Blättern. Die ausdauernden Kräuter u. kleinen Holzgewächse sind ein typ. Teil der Vegetation v. Salz- u. Gipsböden. Als Futterpflanze (unter der arab. Bez. „bagel") für Dromedare haben die A.-Arten lokal Bedeutung. Wichtig ist das Alkaloid ↗Anabasin als Inhaltsstoff.

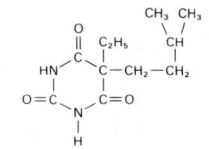

Amytal
Das Barbiturat A. hemmt in der Atmungskette den Elektronenfluß von NADH auf Ubichinon.

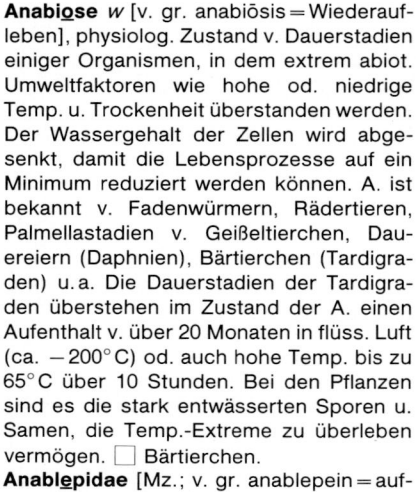

Anacyclus
Die brennend scharf schmeckende Droge der Pflanze enthält Inulin, ätherisches Öl u. ein Harz, in dem Pyrethrin I u. II enthalten sind; sie wird seit alters her gg. Zahnschmerzen angewendet u. ist daher auch in Mundwässern enthalten. Da Pyrethrin bes. auf Insekten stark toxisch wirkt, wird es auch als Insektizid eingesetzt.

Anabiose *w* [v. gr. anabiōsis = Wiederaufleben], physiolog. Zustand v. Dauerstadien einiger Organismen, in dem extrem abiot. Umweltfaktoren wie hohe od. niedrige Temp. u. Trockenheit überstanden werden. Der Wassergehalt der Zellen wird abgesenkt, damit die Lebensprozesse auf ein Minimum reduziert werden können. A. ist bekannt v. Fadenwürmern, Rädertieren, Palmellastadien v. Geißeltierchen, Dauereiern (Daphnien), Bärtierchen (Tardigraden) u.a. Die Dauerstadien der Tardigraden überstehen im Zustand der A. einen Aufenthalt v. über 20 Monaten in flüss. Luft (ca. $-200°C$) od. auch hohe Temp. bis zu $65°C$ über 10 Stunden. Bei den Pflanzen sind es die stark entwässerten Sporen u. Samen, die Temp.-Extreme zu überleben vermögen. ☐ Bärtierchen.
Anablepidae [Mz.; v. gr. anablepein = aufblicken], die Fisch-Fam. ↗Vieraugen.
anabole Wirkung *w* [v. gr. anabolē = Aufwurf], 1) Stimulierung der Proteinsynthese durch ↗Androgene. Zum Aufbau von zusätzl. Muskelgewebe werden synthet. Steroide *(Anabolika)* verabreicht, die anabol, aber wenig androgen wirken. Anwendung bei Hochleistungssportlern u. -sportlerinnen *(Doping).* Das Gesundheitsrisiko besteht bei Frauen in der Gefahr der Virilisierung, bei männl. Personen in vorzeitiger Pubertät, Hemmung der Spermatogenese u. allg. im Eintreten v. Überlastungsschäden an Sehnen, Bändern u. Gelenken. Ggs.: katabole Wirkung der Glucocorticoide. 2) Auch das adenohypophysäre Wachstumshormon übt eine a. W. aus, indem mit dem Ansatz v. Protein die Stickstoffausscheidung vermindert wird.
Anabolie *w* [v. gr. anabolē = Aufwurf], ↗Prolongation.
Anabolika [Mz.; v. gr. anabolikos = aufwerfend] ↗anabole Wirkung.
Anabolismus *m* [v. gr. anabolē = Aufwurf; Bw. *anabolisch*], die Gesamtheit der aufbauenden Stoffwechselreaktionen bzw. Biosynthesen. Ggs.: Katabolismus.
Anacampseros *m* [v. gr. anakampserōs = Pflanze, die verlorene Liebe zurückbringt], Gatt. der ↗Portulakgewächse.
Anacamptis *w* [v. gr. anakamptos = umgekehrt, umgebogen], die ↗Hundswurz.
Anacardiaceae [Mz.; gr. ana = nach Art von, kardia = Herz], die ↗Sumachgewächse.
Anacridium *s* [v. gr. an- = nicht, akridion = kleine Heuschrecke], Gattung der ↗Catantopidae.
Anacyclus *m,* aus dem Mittelmeergebiet stammende Gatt. der Korbblütler. *A. officinarum* (Deutscher Bertram) ist ein einjähr., bis 30 cm hohes Kraut mit doppelt fiederteil. Laubblättern u. meist einzeln stehen-

den kamillenähnl. Blütenköpfen. Die Pflanze liefert die *Radix pyrethri germanici* (Bertramwurzel), die wie die *Radix pyrethri romani* (von *A. pyrethrum*, Röm. Bertram) pharmazeut. Anwendung findet.

Anacystis [v. *ana-, gr. kystis = Blase] ↗ Chroococcales.

anadrome Fische [Mz.; v. gr. anadromos = aus dem Meer in die Flüsse hinaufziehend], Brackwasser- od. Meeresfische, die zum Laichen in die Flüsse aufsteigen, z. B. Lachse, Störe, Alsen, Hechtlinge, Stichlinge u. Stinte. Sie sind in der Lage, ihren Wasserhaushalt den stark voneinander abweichenden Bedingungen im Süß- u. Salzwasser anzupassen (euryhaline Formen). Man nimmt an, daß sie urspr. Süßwasserfische waren, die das Meer als Futterquelle benutzten, u. daß die Eier u. Jungfische der a.n F. die Umstellung auf den hohen Salzgehalt des Meeres noch nicht bewältigen können. Umgekehrt ziehen *katadrome Fische* zum Laichen v. Süßwasser ins Meer, z. B. die Aale.

anaerob [v. *anaerob], unter Ausschluß v. Luft (genauer Sauerstoff) ablaufend; Ggs.: aerob.

anaerobe Atmung w [v. *anaerob], *anaerobe Zellatmung*, in vielen Bakteriengruppen eine Form des Gewinns v. Stoffwechselenergie unter anaeroben Bedingungen (Ggs.: Gärung). Beim Substratabbau werden die freiwerdenden Elektronen (Wasserstoff) über elektronen- bzw. wasserstoffübertragende Komponenten an Stelle von O_2 von anderen Elektronenakzeptoren aufgenommen; anorgan. Verbindungen (z. B. NO_3^-, NO_2^-, SO_4^{2-}, S, CO_3^{2-}) können nur v. Bakterien als Elektronenakzeptoren verwendet werden; eine a. A. mit Fumarat läßt sich auch bei Eukaryoten nachweisen (↗ Fumaratatmung). Durch die a. A. wird das Substrat weitgehend oxidiert, u. der Energie-(ATP-)Gewinn für die Zelle ist höher als bei einem reinen Gärungsstoffwechsel. Außerdem können auch Endprodukte des Gärungsstoffwechsels (z. B. Essig- u. Milchsäure) als Substrat verwertet werden. Die zur ATP-Synthese führenden Reaktionen entsprechen den Reaktionen, die an der Atmungskette mit Sauerstoff als Elektronenakzeptor ablaufen; man benennt daher die a. A. auch nach ihrem Akzeptor. Eine „echte" Atmungskette liegt jedoch nur bei der Nitratatmung der fakultativ anaeroben Denitrifizierer vor. Die a. A. ist ökologisch, in den Stoffkreisläufen, u. wirtschaftlich v. sehr großer Bedeutung.

Anaerobier [Mz.; v. *anaerob], *Anaerobionten*, Organismen, die dauernd od. zeitweise in Abwesenheit v. molekularem Sauerstoff (O_2) leben können. Man unter-

ana- [v. gr. ana = auf, hinauf; wieder], in Zss.: auf, hinauf-, seltener: wieder-.

anaerob [v. gr. an- = nicht, aer = Luft, bios = Leben], ohne Luft(sauerstoff) lebend.

Anaerobe Atmungstypen von Bakterien
Nitrat-Atmung (Denitrifizierer)
Sulfat-A. (Sulfatreduzierer)
Schwefel-A. (Schwefelreduzierer)
Carbonat-A. (acetogene Bakterien)
Carbonat-A. (methanbildende [methanogene] Bakterien)
Fumarat-A. (succinogene Bakterien)
Eisen- u. Mangan-A. (wahrscheinlich)

Anaerobier
Wichtige Gruppen obligat anaerober Bakterien
Clostridien
methanbildende Bakterien
acetogene Bakterien
Sulfatreduzierer
Schwefelreduzierer
Pansen- u. viele Darmbakterien
phototrophe Bakterien (einige Gruppen)

Anaerobier
Zur Gruppe der *fakultativen A.* gehören außer vielen Bakterien eine Vertreter der Nematoden (Fadenwürmer), Trematoden (Saugwürmer), Cestoden (Bandwürmer), Acanthocephalen (Kratzer), Anneliden (Ringelwürmer), Echiuriden (Igelwürmer), Sipunculiden (Spritzwürmer), Mollusken (Weichtiere) u. einige im Wasser lebende Insektenlarven. Ebenso zählen verschiedene Elasmobranchier dazu, insbes. Bewohner der Tiefsee.

Anaerobiose

scheidet obligate A. u. fakultative A. Beide Begriffe werden in der Mikrobiologie u. Zoologie jedoch verschieden verwendet. In der Mikrobiologie zählen zu den *obligaten A.n* nur jene Organismen, für die molekularer Sauerstoff eine schädigende od. abtötende Wirkung besitzt. Demzufolge ist die Wirkung von O_2 auf Bakterien mit einem obligaten Anaerobiosestoffwechsel unterschiedlich: mäßig empfindl. (moderate) Formen werden durch geringe O_2-Konzentration nicht abgetötet, wachsen aber nur unter Luftausschluß; die strikten (strengen, extremen) A. können dagegen schon durch Spuren von O_2 geschädigt u. in kurzer Zeit abgetötet werden, so daß besondere Anzuchtmethoden erforderlich sind (↗ Aerobier, ↗ Hungate Technik). In der Zoologie dagegen gehören zu den obligaten A.n auch jene Organismen, die Sauerstoff tolerieren, aber aufgrund ihres modifizierten Enzymmusters ihre Energie ausschließlich über anaerobe Stoffwechselwege gewinnen können. Zu den obligaten A.n zählen einige endoparasitisch lebende Wirbellose, wie der Spulwurm (*Ascaris*) od. der Leberegel (*Fasciola*). Die *fakultativen A.* werden in der Mikrobiologie in 2 Gruppen unterteilt: a) Organismen, die beim Vorkommen von O_2 ihre Stoffwechselenergie zum Wachsen in der Atmung gewinnen u. beim Fehlen von O_2 auf anaerobe katabole Stoffwechselwege umschalten (z. B. *Enterobacteriaceae*), und b) aerotolerante Organismen (fakultative Aerobier), die auch in Anwesenheit von O_2 wachsen, aber keine Atmung, sondern nur einen Gärungsstoffwechsel ausführen können (z. B. Milchsäurebakterien). Die Benennung „fakultative A." ist für diejenigen aeroben Mikroorganismen umstritten, die wie Hefen u. andere Pilze unter O_2-freien Bedingungen einen anaeroben Stoffwechsel durchführen, aber zu keinem langdauernden Wachstum fähig sind. In der Zoologie zählen zu den fakultativen A.n alle Tiere, die anaerobe Perioden überleben können. Dabei ist nur die Möglichkeit des Überlebens von Bedeutung u. nicht, ob die Tiere wachsen od. welchen Stoffwechsel sie betreiben. Fakultative A. findet man hpts. unter den im Wasser od. im Bodenschlamm v. Gewässern lebenden Wirbellosen, die in diesem Biotop häufig einem stark erniedrigten od. fehlenden Angebot ausgesetzt sind (↗ Anaerobiose).

Anaerobiose w [v. gr. an- = nicht, aër = Luft, biösis = Leben], *Anoxybiose*, Leben ohne Sauerstoff bei Mikroorganismen u. Tieren. Typische v. *Mikroorganismen* besiedelte Biotope ohne Sauerstoff finden sich im Schlamm v. Gewässern, in Seen in der Hypolimnion-Schicht unterhalb der

Anaerobiose

Sprungschicht, in Faultürmen v. Kläranlagen, im Darm u. Pansen v. Tieren. Ferner entsteht örtliche A. in Situationen, in denen der Sauerstoff durch mikroaerophile od. fakultativ anaerobe Mikroorganismen verbraucht wird. Mikroorganismen, bes. Bakterien, können unter A. in einer Vielzahl unterschiedl. Stoffwechselwege Energie gewinnen, wobei man im wesentlichen 3 Prozesse des A.stoffwechsels unterscheidet: den Gärungsstoffwechsel (↗ Gärung), die ↗ anaerobe Atmung u. die anoxygene Photosynthese der ↗ phototrophen Bakterien. In der anaeroben Nahrungskette werden die organ. Substrate (z. B. Cellulose, Stärke) bis zu CO_2 u. Methan (↗ methanbildende Bakterien) od. bei Vorliegen v. Sulfat bis zu CO_2 u. H_2S abgebaut (↗ Sulfatreduzierer). Bei Tieren unterscheidet man 2 Formen der A., die biotopbedingte A. u. die funktionsbedingte A. Biotopbedingte A. liegt dann vor, wenn Tiere in einem Biotop mit geringem od. fehlendem Sauerstoffangebot leben u. diesen nicht verlassen können. Die biotopbedingte A. betrifft viele im Wasser lebende Wirbellose, da der Sauerstoffgehalt des Wassers auch bei Sättigung nur 5% des Luftsauerstoffs beträgt u. darüber hinaus in Abhängigkeit von Temp., Umschichtung u. Mikroorganismenfauna starken Schwankungen unterworfen ist. Die Perioden der A. können Stunden, Tage od. Wochen anhalten. Eine andere biotopbedingte A. liegt für die kiemenatmenden Bewohner des Wattenmeeres vor, das in einem regelmäßigen 6-Stunden-Rhythmus trockenfällt u. dessen Boden v. sauerstoffzehrenden Mikroorganismen besiedelt ist. Neben dieser zeitweilig auftretenden biotopbedingten A. sind einige Endoparasiten der Wirbeltiere einem ständigen, vollkommenen Sauerstoffmangel ausgesetzt. Die funktionsbedingte A. tritt bei exzessiver Muskelaktivität ein, wenn einzelne Gewebe nicht mehr ausreichend mit Sauerstoff versorgt werden. Sie ist charakteristisch für Organismen, die sich schnell fortbewegen können u. dauert, da sie die Folge einer bes. individuellen Aktivität darstellt, nur kurze Zeit an. Die anaerobe Energiegewinnung in Form von ATP erfolgt bei Tieren, die einer biotopbedingten A. ausgesetzt sind, unter Bildung v. Succinat u. den flüchtigen Fettsäuren Acetat u. Propionat. Der Bildung v. Lactat kommt unter diesen Bedingungen, im Ggs. zur funktionsbedingten A., keine od. nur geringe Bedeutung zu. Bei der in der Regel nur kurzfristigen funktionsbedingten A. kann ATP auf 3 verschiedenen Wegen bereitgestellt werden: durch Spaltung v. energiereichen Phosphagenen (z. B. Argininphosphat, Kreatinphosphat), durch Umsetzung von 2 ADP zu ATP und AMP od. durch den Abbau v. Glykogen zu Lactat. Letzteres ist charakteristisch für die Muskeln der Wirbeltiere od. auch für einige schnell bewegl. Krebstiere u. Insekten. Eine Sonderform der anaeroben Energiegewinnung stellt in

---

Anaerobiose

Eine Reihe von wirbellosen Tieren ist in der Lage, ihren Stoffwechsel an lange Zeiten ohne Sauerstoff anzupassen (Anaerobiosestoffwechsel). Bis zum Phosphoenolpyruvat verläuft in der Situation der Anaerobiose die Glykolyse nach dem üblichen Schema. Der weitere Abbauweg der Glucose nimmt unterschiedliche Richtungen, wovon die Lactatbildung nur eine Möglichkeit ist. In jedem Fall wird NAD^+ gebildet, das die Glykolyse weiter antreibt, u. ATP, das für energieverbrauchende Reaktionen in der Zelle genutzt wird.

PK = Pyruvat-Kinase
PEPCK = Phosphoenolpyruvat-Carboxykinase
ITP = Inosintriphosphat
ADH = Alkohol-Dehydrogenase
LDH = Lactat-Dehydrogenase
ODH = Octopin-Dehydrogenase

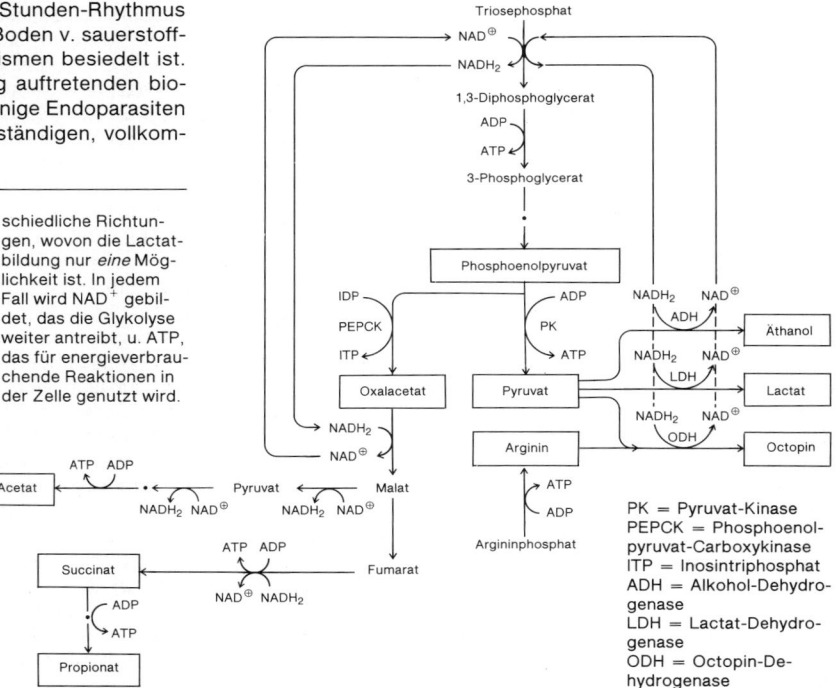

diesem Zshg. die Octopingärung einiger Tintenfische u. Kammuscheln dar. Bei extremer Muskelarbeit kondensieren diese das bei hohem glykolyt. Durchsatz entstehende Pyruvat mit dem bei der Spaltung v. Argininphosphat gebildeten Arginin zu Octopin. Eine Ausnahme anaerober Energiegewinnung bei Tieren dürfte die Alkoholgärung einiger Zuckmückenlarven darstellen. Diese Gärungsform kann auch im roten u. weißen Muskelgewebe v. Goldfischen unter extremen künstl. Bedingungen ablaufen. *G. S. / H. W.*

Anaeroplasma *s* [v. gr. an- = nicht, aër = Luft, plasma = Gebilde], Gatt. der ↗Mycoplasmen.

Anagallis *w* [gr., =], das ↗Gauchheil.

Anagenese *w* [v. *ana-, gr. genesis = Entstehung], beschreibt den phylogenet. Entwicklungsvorgang der Höherentwicklung, der zur Komplikation u. Rationalisierung in Form u. Funktion v. Organen u. Strukturen führt u. meist mit einer zunehmenden Unabhängigkeit v. der Umwelt verbunden ist. Die großen Bauplanänderungen, die zu neuen Klassen u. Stämmen im Organismenreich führen, sind oft mit A. verbunden. Die A. kann zu „dominanten Typen" (Huxley 1948) führen; die Dominanz der warmblütigen Vögel u. Säuger über die übrigen Landwirbeltiere (Amphibien u. Reptilien) zeigt dies eindrucksvoll.

Anaitides [ben. nach Anaitis, eine altpers. Göttin], Gatt. der *Phyllodocidae* (Stamm Ringelwürmer); die 15 cm lange u. aus bis zu 200 Segmenten bestehende *A. mucosa* sondert als Feindschutz große Mengen v. Schleim ab u. wird so v. Anthozoen (Blumentieren), Krebsen u. Fischen als Nahrung nicht genutzt; *A. maculata* gehört zu jenen kalten u. arktisch-borealen Arten, die als Bewohner des Eu- u. Sublitorals sowohl im N-Pazifik wie im N-Atlantik vorkommen.

Anakonda *w* [indian.], *Eunectes murinus*, gelblich-graubraune Boaschlange mit 2 Reihen großer, ovaler, dunkler Flecken; bis ca. 9 m lang u. über 150 kg schwer; das längste heute lebende Kriechtier; bewohnt v. a. die Sümpfe u. Flüsse des Orinoco- u. Amazonasbeckens; ernährt sich hpts. von Landtieren (Säugetiere, Vögel), die sich am Ufer aufhalten. Weibchen bringt pro Wurf über 30 vollentwickelte Junge zur Welt, deren Größe bei der Geburt bereits ca. 70 cm beträgt. Wesentl. kleiner bleibt mit ca. 3,25 m Länge die Süd-A. *(E. notaeus)* in den Flüssen Paraguays. B Südamerika II.

anal [v. *anal-], zum ↗Anus gehörig.

Analbeutel *m* [v. *anal-], ↗Analdrüsen.

Analbuminämie *w* [v. gr. an- = nicht, lat. albumen = Eiweiß, gr. haima = Blut], Fehlen der ↗Albumine im Serum.

Analdrüsen [Mz.; v. *anal-], *Afterdrüsen*, dem Anus (After) zugeordnete Drüsen, die ein fettes, oft stinkendes Sekret absondern; kommen in verschiedener Ausbildung bei vielen Tiergruppen (z. B. Insekten: Raupen, Käfer; Wirbeltieren: Amphibien, Nagetiere, Raubtiere) vor; bes. stark ausgeprägt bei Säugetieren, die sich geruchlich orientieren. A. haben wichtige Funktionen im Markierungs- u. Sexualverhalten, bei der Kommunikation zw. Artgenossen u. der Verteidigung (z. B. Stinkdrüse der Stinktiere). Beutelförmige Drüsen *(Analbeutel)* können das Sekret sammeln und, falls sie mit einer Muskulatur versehen sind, weit verspritzen. Die Sekrete der A. finden z. T. in Heilkunde u. Parfümherstellung Verwendung (Moschus).

Analfeld *s* [v. *anal-], *Axillarfeld, Jugalfeld*, unterster Abschnitt des ↗Insektenflügels.

Analgesidae [Mz.], die ↗Gefiedermilben.

Analklappen [v. *anal-], *Afterklappen*, Skleritreste des 11. Abdominalsegments der Insekten; man unterscheidet 1 dorsale (Epiproct) u. 2 laterale (Paraproct) A.

Analogie beschreibt die strukturelle ↗Ähnlichkeit, die durch gleiche Anforderung des Lebensraums od. der Funktion unabhängig v. jeder phylogenet. Verwandtschaft zustande kommt. A. ist eine Anpassungsähnlichkeit, die auf weitgehend gleichartiger Selektionswirkung beruht. Eindrucksvolles Beispiel paralleler Selektionswirkung ist die *Konvergenz*. Die sehr ähnlich gebauten Linsenaugen der Wirbeltiere u. der Kopffüßer, der „Fischkörper" der Haie, Wale, Pinguine u. Ichthyosaurier u. die auf ähnl. Form des Nahrungserwerbs beruhende morpholog. Ähnlichkeit v. Mauersegler u. Schwalbe (B Konvergenz) sind überzeugende Beispiele für Konvergenzentwicklungen. – Auf ähnl. Funktion beruhende strukturelle Ähnlichkeit ist aber nicht nur auf nicht homologe Strukturen beschränkt. Auch homologe Strukturen können sekundär durch parallele Selektionswirkung unabhängig voneinander eine Anpassungsähnlichkeit erhalten. Solche auf homologen Strukturen beruhende A.n werden *Homoiologien* genannt. Die in verschiedenen Insektengruppen auftretenden Grabbeine bzw. Fangbeine u. die zu Flugeinrichtungen umgebildeten Vorderextremitäten der Vögel, Fledermäuse u. Flugsaurier sind Homoiologien; als Extremitäten sind sie jeweils homolog, als Grab- bzw. Fangbeine od. als Flügel dagegen analog. Manchmal führt die ähnl. Lebensweise nicht näher verwandter Organismenarten nicht nur zu einer Ähnlichkeit einzelner Strukturen, sondern erfaßt die gesamte Erscheinung; dann spricht man v. *Lebensformtypen*.

ana- [v. gr. ana = auf, hinauf; wieder], in Zss.: auf, hinauf-, seltener: wieder-.

anal- [v. lat. anus = After], in Zss.: After-.

Analogie – eine Erkenntnis- und Wissensquelle

Der aus dem Griechischen stammende Ausdruck *Analogie* bedeutet allgemein Entsprechung, Ähnlichkeit oder richtiges (gleiches) Verhältnis. Zwei oder mehrere Gegenstände werden als *analog zueinander* bezeichnet, wenn sie aufgrund ihrer Ähnlichkeit miteinander vergleichbar sind. Der Begriff Analogie spielt in verschiedenen Wissenschaften und in der Philosophie eine wichtige Rolle. Seine philosophiehistorische Diskussion geht auf die Antike (Platon, Aristoteles) zurück. Zum einen sind in der Geschichte der Wissenschaften neue Erkenntnisse wiederholt durch *Analogieschlüsse* gewonnen worden, zum anderen hat der Begriff Analogie in der Kennzeichnung verschiedener Objekte aus unterschiedlichen Bereichen der Wirklichkeit seine Anwendung gefunden. Das Prinzip des Analogieschlusses besteht darin, von der Ähnlichkeit zweier (oder mehrerer) Gegenstände in einigen ihrer Glieder auf Gleichheit oder Ähnlichkeit dieser Gegenstände auch im Hinblick auf weitere nicht bekannte Glieder zu schließen. Der Analogieschluß ist somit ein Wahrscheinlichkeitsschluß: Hinter ähnlichen Strukturen erwartet man ähnliche Bedingungen, der Erkenntnis von analogen Merkmalen von Systemen folgt meist der Schluß auf ihre funktionelle Gleichartigkeit. Daher ist die Analogie eine Erkenntnis- bzw. Wissensquelle, der Analogieschluß ein bedeutsames heuristisches Prinzip.

Entsprechend ihrer allgemeinen Differenzierung kommt die Analogie in der biologischen Forschung in zweifacher Weise zur Geltung: Erstens als *erkenntnislogisches Prinzip* (Analogieschluß), zweitens in der Charakterisierung der *Ähnlichkeit* von Systemen als ein Begriff der beschreibenden und vergleichenden Biologie. Beide Aspekte der Analogie sind aber in der Biologie eng miteinander verknüpft.

In Anlehnung an M. Bunge unterscheiden wir generell zwei Typen der Analogie: die *Wesens-Analogie* und die *strukturelle Analogie*. Systeme sind ihrem Wesen nach analog, wenn sie auf die gleichen ursächlichen Bedingungen zurückzuführen sind, d. h., die sie bedingenden *Komponenten* (Faktoren) entsprechen einander. Die strukturelle Analogie bezeichnet demgegenüber lediglich eine *Formähnlichkeit*. Der Zusammenhang dieser beiden Typen der Analogie läßt sich im Bereich des Organischen leicht plausibel machen. Es zeigt sich, daß in ihrer Form analoge Systeme (Organismen oder Teilstrukturen von Organismen) auf ähnliche Entwicklungsbedingungen (Evolutionsbedingungen) zurückführbar sind. Man spricht dabei von *konvergenter* Evolution oder *Konvergenz*: Die Ähnlichkeiten in der äußeren Erscheinungsform bestimmter Lebewesen sind durch ähnliche (oder gleiche) Selektionsmechanismen, d. h. durch ähnlichen (oder gleichen) Selektionsdruck bedingt worden. Anders ausgedrückt: Konvergenz ist die im Laufe der Evolution zunehmende Ähnlichkeit von Strukturen, die ursprünglich nur wenig Ähnlichkeit aufweisen. In *Entwicklungslinien* dargestellt, zeigen sich diese wirklich konvergierend; man erkennt so auch deutlich den Unterschied zur Parallelbildung.

In der Morphologie bzw. vergleichenden Anatomie repräsentiert die Analogie somit eine der biologischen Ähnlichkeitsformen, sie ist gewissermaßen die Umkehrung der *Homologie*. Während als *homolog* all jene Strukturen (Funktionen, Verhaltensweisen) bezeichnet werden, die in der Stammesgeschichte aus identischem Ursprung entstanden sind und deren Ähnlichkeit – sofern sie oberflächlich überhaupt noch erkennbar ist – im Verlaufe der Evolution durch *Divergenz* (durch unterschiedlichen Selektionsdruck) stark abgeschwächt werden kann (wie z. B. im Falle der Wirbeltierextremitäten), meint man mit analogen Strukturen (Funktionen, Verhaltensweisen) solche, die nicht gleiche Ursprünge haben, jedoch einander sehr ähnlich wurden. Diese Ähnlichkeit kann bis zur fast vollkommenen Entsprechung gehen. Analoge Merkmale bei verschiedenen Organismen lassen sich also nicht aus äquivalenten Merkmalen in einer gemeinsamen stammesgeschichtl. Ahnform ableiten.

Die Morphologie und vergleichende Anatomie kennt zahlreiche Beispiele für die Analogie. Zu den klassisch gewordenen Beispielen zählt die stromlinienförmige Körperform der an das Leben im Wasser und damit an die Bewegungsweise des Schwimmens angepaßten Wirbeltiere. Da sich der stromlinienförmige Körperbau für das Leben im Wasser offenbar bestens bewährt hat, ist er in mehreren Klassen der Wirbeltiere entwickelt worden (Fische, Ichthyosaurier, Delphine, Pinguine). Ein weiteres Beispiel sind auch die Flügel von Insekten und Vögeln: Obwohl diese Strukturen hinsichtlich ihres Aufbaus voneinander grundverschieden sind, ist wegen der gleichen von ihnen zu erfüllenden Funktion eine äußerliche Ähnlichkeit gegeben.

Die Analogie läßt sich verstehen als unabhängige Anpassungen von Strukturen an

Die Rolle der Analogie in der Philosophiegeschichte

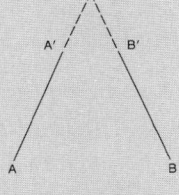

Die konvergierenden Entwicklungslinien AA′ und BB′

Analogie in der Biologie

Beispiele für die Analogie

Wesens-Analogie und strukturelle Analogie

spezielle Lebensräume und spezielle Anforderungen der Umwelt sowie der Lebensweise von Organismen als Resultat weitgehend gleicher Funktionen. So findet sich bei verschiedenen Tierstämmen und -klassen die erwähnte „Fischgestalt", die infolge kriechender Fortbewegungsweise entstandene „Wurmgestalt" (Aale, Blindschleichen, Schlangen) oder bei verschiedenen Säugetierordnungen die „Maulwurfsgestalt" usw. Hierbei handelt es sich um *Lebensformtypen*, d. h. also, ein Lebensformtypus stellt die Gesamtheit analoger Teilstrukturen dar, die dem Körperbau jener Organismen zugrunde liegt.

Den Rahmen für eine Erklärung der Analogie im Körperbau der Organismen liefert mithin die Selektionstheorie Darwins. „Ansonsten beschreibt die Analogie in ihren elementaren Schritten das einzige, was die uns bekannten Evolutionsmechanismen in der Phylogenie der Organismen als gewiß voraussehen lassen. Denn welche Extremitäten-Form immer zum Schwimmen eingesetzt wird, sie wird zum Ruder werden, welche Körperform schnell durchs Wasser muß, sie wird zur Fischform werden" (R. Riedl).

Ihre Extreme erreichen analoge Strukturen (Funktionen, Verhaltensweisen) in dem als *Mimikry* bekannten Sonderfall von *Schutzanpassungen*. Man denke dabei beispielsweise an die Orchidee *Ophrys apifera*, die eine Bienenweibchen-Attrappe bildet, oder die Fangheuschrecke *Idolum diabolicum*, die eine Blume nachahmt. Alle diese Anpassungserscheinungen haben einen bestimmten Selektionsvorteil für die fragliche Spezies und sind daher ebenfalls vor dem Hintergrund der Evolutions- bzw. Selektionstheorie zu erklären.

Insgesamt erweist sich die *Erkenntnis* von Analogie in der beschreibenden und vergleichenden Biologie von großer Wichtigkeit. Der Analogieschluß z. B. in Anbetracht einander sehr ähnlicher Körperformen von Lebewesen lautet, wie aus Vorhergehendem deutlich wird: Da stammesgeschichtlich miteinander nicht näher verwandte Lebewesen im gleichen Lebensraum sehr ähnliche Erscheinungsbilder aufweisen, muß dahinter das gleiche ursächliche Prinzip vermutet werden. Von der Erkenntnis einer strukturellen Analogie schließen wir somit auf das Vorliegen einer Wesens-Analogie, eine Ähnlichkeit von Strukturen im gleichen Vergleichsrahmen legt eine Ähnlichkeit von ursächlichen Bedingungen (Faktoren) nahe. Allerdings sind dem Analogieschluß auch Grenzen gesetzt: Aus dem Umstand beispielsweise, daß verschiedene Planeten eine Ähnlichkeit mit der Erde aufweisen, folgt nicht zwingend, daß alle der Erde analoge Planeten auch belebt sind.

Erkenntnis- und wissenschaftstheoretisch von Bedeutung sind in der Biologie – wie auch in anderen (Natur-)Wissenschaften – die *Analogie-Modelle*. Ein Analogie-Modell ist „die Veranschaulichung von Zusammenhängen in einem bestimmten Wirklichkeitsbereich durch bereits bekannte Zusammenhänge anderer Wirklichkeitsbereiche" (F. M. Wuketits). So dienen dem Biologen z. B. zur Veranschaulichung von Bewegungsmechanismen bei Tieren *mechanische* bzw. *kinematische* Modelle. Das „Original", also der lebende Organismus, wird dabei ersetzt durch eine technische Konstruktion. Eine solche Vorgangsweise ist heuristisch zweifelsohne sehr wertvoll. Allerdings sind Modell und Original niemals identisch, das Modell ist vielmehr stets nur ein vereinfachtes Abbild des Originals, eines Organismus.

Bei der Konstruktion von Analogie-Modellen folgt man im wesentlichen nachstehendem Prinzip: Man konstruiert aus den bekannten Gliedern des Originals eine Abbildung desselben und ergänzt die nicht bekannten Glieder im Modell aufgrund hypothetischer Annahmen. Man simuliert so die Funktion(en) des Originals und zieht Rückschlüsse vom Modell auf das Original. Verschiedene Phänomene, die sich am lebenden Organismus nicht direkt beobachten lassen, können anhand der Simulation im Modell daher rekonstruiert werden. Der Analogieschluß lautet dabei: Wenn das Modell unter gegebenen Bedingungen auf bestimmte Weise funktioniert, muß auch das Original unter denselben Bedingungen eine zumindest ähnliche Funktionsweise zeigen. Die Grenzen des Analogieschlusses sind jedoch dadurch gegeben, daß ein Modell dem zu repräsentierenden Wirklichkeitsbereich niemals vollkommen entsprechen kann. Analogie-Modelle verhalten sich zu jenem Wirklichkeitsbereich im Sinne der strukturellen Analogie. Denn die Bedingungen, unter denen sie die Wirklichkeit simulieren sollen, sind zwar den jeweiligen *natürlichen* Bedingungen entsprechend, aber diese Bedingungen sind stets *künstlich* geschaffen.

Lit.: *Bunge, M.*: Scientific Research II. Berlin – Heidelberg – New York 1967. *Hanson, E. D.*: Animal Diversity. Englewood Cliffs 1972. *Lorenz, K.*: Analogy as a Source of Knowledge. In: Science 185, 1974. *Riedl, R.*: Die Ordnung des Lebendigen. Hamburg – Berlin 1975. *Weingartner, P.*: Analogy Among Systems. In: Dialectica 33, 1979. *Wuketits, F. M.*: Die sieben Formen der biologischen Ähnlichkeit. In: Biol. in unserer Zeit 7, 1977. *Wuketits, F. M.*: Biologische Erkenntnis: Grundlagen und Probleme. Stuttgart – New York 1983.

Franz M. Wuketits

Analogieforschung, wird durch das Wesen des Analogisierens bestimmt. Ohne Rücksicht auf die stammesgeschichtl. Herkunft werden strukturelle ↗ Ähnlichkeiten erfaßt, die auf ähnl. oder gleicher Funktion beruhen. Daher wird die A. nur wenig zur Klärung stammesgeschichtl. Zusammenhänge beitragen können. In der Erforschung der Umweltbeziehungen der Arten kommt der A. eine zentrale Stellung zu, denn im Mittelpunkt ökolog. Betrachtungen stehen Leistungsplananalysen, die weitgehend auf dem Studium der Analogien beruhen (Koepcke). Die A. beruht auf einer ganz anderen Betrachtungsweise biol. Phänomene, als sie bei der Erschließung phylogenet. Zusammenhänge üblich ist, wo Bauplananalysen vorgenommen werden, die auf dem Studium von ↗ Homologien beruhen. Mit Hilfe von Konvergenzen ermittelt die A. ähnliche Selektionsdrucke; Analogien („Prinzip-Analogien" nach Wickler) geben häufig Aufschluß darüber, welche Funktion ein Merkmal hat und von welcher Bedeutung diese ist.

Analpapillen [Mz.; v. *anal-, lat. papilla = Warze], osmoregulatorisch wirksames Organ der Larven v. Mücken *(Culex, Aedes, Chironomus)*, Libellen *(Libellula, Aeschna)* u. Käfern *(Helodes)*. Die A. umgeben als blattförm. Ausstülpungen den After, ihr Lumen bleibt mit dem Mixocoel verbunden. Über eine Cl⁻-Ionenpumpe werden aktiv Cl⁻-Ionen aus dem Wasser absorbiert, wobei zum Ladungsausgleich Alkaliionen mitgezogen werden. Da bei Süßwassertieren die Körperflüssigkeit hyperosmotisch zum Außenmedium ist, kann auf diese Weise der laufende Ionenverlust aus dem Körper kompensiert werden. Süßwasserlarven, die nicht zur aktiven Salzresorption befähigt sind, müssen mittels einer undurchlässigen Cuticula unnötigen Salzverlust vermeiden.

Analraife, die ↗ Cerci.

Analyse [Ztw. *analysieren*], allg. die Zergliederung eines Gegenstands, Stoffes, einer Struktur in seine Teile bzw. eines Vorgangs in seine Teilprozesse. In der Chemie Zerlegung eines Stoffes od. Stoffgemisches in seine Bestandteile, um die Art *(qualitative A.)* u. die Menge *(quantitative A.)* der darin vorhandenen Grundstoffe oder Verbindungen zu erkennen. Man unterscheidet je nach Verfahren z. B. *Maß-A., Gewichts-A., Elementar-A., Gas-A.,* Chromatographie, Kolorimetrie, Potentiometrie, *Spektral-A., thermische A., Tüpfel-A.* In der Biologie, bes. in der Molekular- u. Zellbiologie, werden diese Verfahren in großem Umfang eingesetzt, z. B. bei der A. von Produkten aus Stoffwechselreaktionen, v. Zellkomponenten, zur Feststellung der Zu-

ana- [v. gr. ana = auf, hinauf; wieder], in Zss.: auf, hinauf-, seltener: wieder-.

anal- [v. lat. anus = After], in Zss.: After-.

Formen der Anämie
1) *Aplastische A.,* gestörte Bildung der Zellen im Knochenmark als angeborener Schaden od. durch toxische Substanzen, z. B. Benzol, Tetrachlorkohlenstoff od. radioaktive Strahlen. 2) *Akute Blutungs-A.,* z. B. bei Magenblutungen, schweren Verletzungen (normochrome A., HbE = 32 pg; HbE = Eisengehalt des einzelnen Erythrocyten, Norm: 32 ± 3 pg [pg = Picogramm = 10^{-12}g]) od. *chronische A.,* z. B. Blutungen aus kleinen Wunden im Magen-Darm-Trakt (hypochrome A., HbE < 32 pg). 3) *Eisenmangel-A.* bei mangelnder Eisenzufuhr (Vegetarier od. chronischer Blutverlust, hypochrome A., HbE < 32 pg). 4) *Perniciöse A.,* durch Mangel an Vitamin B 12 verursachte Reifungsstörung der Erythrocyten. Führt zur Bildung v. hyperchromen (HbE > 32 pg) Megaloblasten. Ursachen: Fehlen des Intrinsic Faktors bei chronisch-atrophischer Gastritis, nach Magenentfernungen od. durch Befall des Magen-Darm-Trakts durch den Fischbandwurm. 5) *Hämolytische A.,* Verkürzung der normalen Lebensdauer der Erythrocyten durch Hämolyse. 6) A. im Gefolge v. Knochenmarkserkrankungen, z. B. Leukämie, Osteomyelofibrose.

sammensetzung v. Böden, tier. und pflanzl. Produkten. Von bes. biologischer Bedeutung ist die *Sequenz-A.* von Nucleinsäuren u. Proteinen. Ggs.: Synthese.

Anamerie w [v. *ana-, gr. meros = Teil], Form der Individualentwicklung einiger Arthropodengruppen (Gliederfüßer); am häufigsten u. deutlichsten bei Krebsen, aber auch bei Tausendfüßern u. Urinsekten. Die aus dem Ei schlüpfenden Larvenstadien besitzen im Ggs. zum ausgewachsenen Tier noch nicht die volle Zahl v. Körpersegmenten. Erst bei der Postembryonalentwicklung werden die fehlenden Körpersegmente ausgebildet. In der ursprüngl. Form der *regelmäßigen A.* der Krebse schlüpft aus dem Ei eine Larve mit nur 3 extremitätentragenden Segmenten *(Nauplius)*. In den folgenden Entwicklungsschritten wird v. Kopf nach hinten fortschreitend jeweils ein Segment neu angelegt u. bei den Häutungen in Funktion genommen. Bei der *unregelmäßigen A.* werden dagegen weiter hinten liegende Segmente in ihrer Entwicklung gegenüber vorderen gefördert u. erreichen früher als diese eine funktionsfähige Form der Ausbildung. Dies muß im Zshg. mit Sonderspezialisationen an bestimmte Lebensumstände während der Larvalperiode gesehen werden. Die Extremitäten der Larvalstadien müssen während der A. einen Funktionswandel durchlaufen, da zunächst nur wenige Extremitäten für viele zu erfüllende Funktionen zur Verfügung stehen. Erst wenn die Entwicklung abgeschlossen ist, können die Extremitäten die Funktion übernehmen, für die sie jeweils spezialisiert sind. So dienen die 1. und 2. Antennen der Nauplien als Schwimmbeine, während sie beim ausgewachsenen Krebs als Träger v. Tastsinnesorganen ausgebildet sind.

Anämie w [v. gr. anaimia = Blutleere], *Blutarmut,* Verminderung des ↗ Hämoglobins der Erythrocyten; Norm bei Männern 14–18 g% (g/100 ml Blut), bei Frauen 12–15 g%. Symptome der A. je nach Ausmaß: Blässe, Müdigkeit, Schwäche, Kopfschmerzen, Herzklopfen, Blutdruckabfall, Ohnmacht.

anamnestische Reaktion w [v. gr. anamnēstikos = sich zurückerinnernd], Wiederanstieg der Serumantikörperkonzentration nach erneutem Kontakt mit demselben Antigen. Die Immunantwort erfolgt nach einer kürzeren Lag-Phase, erreicht einen höheren Antikörpertiter u. hält länger an. Damit wird das Antigen eliminiert, bevor es zu einer Infektion kommt. Therapeutisch angewandt bei der aktiven Immunisierung durch Schutzimpfung; in der Diagnostik kann eine einmal überstandene Infektionskrankheit nachgewiesen werden.

Ananasgewächse

Anamnia [Mz.; v. gr. an- = nicht, amnion = Embryonalhülle], *Anamniota,* Wirbeltiere, deren Embryonen Keimhüllen (Amnion, Serosa, Allantois) fehlen, die hinsichtlich der Fortpflanzung also an ein feuchtes Milieu gebunden sind. Zu ihnen gehören die Kieferlosen od. Rundmäuler, die Fische u. Amphibien. Ggs.: ↗ Amniota.

Anamorph *s* [v. gr. anamorphein = umgestalten], die asexuelle Nebenfruchtform v. Pilzen.

Anamorphose *w* [v. gr. anamorphōsis = Umwandlung], eine Entwicklungsform v. Gliedertieren, bei der im Ggs. zur Epimorphose die Jungtiere unvollständig aus dem Ei schlüpfen u. erst im Laufe der postembryonalen Entwicklung die noch fehlenden Körperglieder auf die arteigene Anzahl ergänzen. Beispiele sind die meisten Krebse, einige Tausendfüßer u. wenige Insekten *(Protura).*

Ananas *w* [indian.], Gatt. der Ananasgewächse mit 5 Arten, in Brasilien, Paraguay u. Guayana beheimatet. Die großen Bodenpflanzen besitzen eine aus steifen, bestachelten Laubblättern zusammengesetzte Rosette. Nach wenigen Jahren vegetativen Wachstums schiebt sich aus ihrer Mitte ein mit stachl. Hochblättern besetzter Schaft heraus. An seiner Spitze sitzen in der Achsel v. Tragblättern die Blüten eines insgesamt zapfenförm. Blütenstands. Aus den Fruchtknoten, den Tragblättern u. der verdickten Blütenachse bildet sich durch Verwachsen der fleisch. Gesamtfruchtstand aus. Die „A.frucht" ist ihrer Natur nach also keine Einzelfrucht, sondern ein Beerenfruchtverband. Die obersten, blütenlosen Hochblätter erscheinen laubblattartig u. bilden den auffäll. Schopf an der Spitze der „A.frucht". Nach der Fruchtausbildung stirbt der Haupttrieb ab, u. die Pflanze setzt ihre vegetative Entwicklung mit Seitentrieben fort. Diese entspringen aus den Achseln grundständ. Seitenblätter. Die Kultur-A. *(Ananas comosus)* wird heute in den trop. Gebieten der ganzen Welt angebaut. Nach 1–2 Jahren vegetativen Wachstums – wichtig sind gleichmäßig hohe Temp. u. Luftfeuchtigkeit – geht die Pflanze zur Blütenbildung über. An einer Pflanze gewinnt man meist 2 Ernten, die 1. vom Haupttrieb, die 2. von den Seitentrieben. Nach der 2. Ernte werden die Pflanzen über Seitentriebe od. die Laubblattschopfe der Fruchtstände vermehrt, die sich in Erde bald bewurzeln. Die Kultur-A. bildet in der Regel keine Samen mehr aus. Piña (span. = Pinie) wird die A. wegen der zapfenähnl. Fruchtstände auch genannt, die hpts. zu Konserven u. Saft verarbeitet werden. 1980 wurden 7,7 Mill. t A. geerntet;

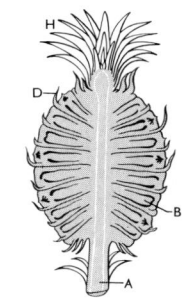

Ananas
Längsschnitt durch den Fruchtstand (Beerenfruchtstand, B Früchte)
A Fruchtstandachse,
B einzelne Beere,
D Deckblätter,
H Blattschopf aus Hochblättern

Ananasgewächse
Wichtige Gattungen:
↗ Aechmea
↗ Ananas
Billbergia
Bromelia
Guzmania
Neoglaziovia
Pitcairnia
Puya
Tillandsia
↗ Vriesia

Ananasgewächse
1 *Tillandsia,*
2 *Puya raimondii*

Hauptanbaugebiete: Thailand (1,5 Mill. t), VR China (0,9 Mill. t), USA (0,6 Mill. t), Brasilien, Philippinen u. Mexiko (je etwa 0,57 Mill. t). Neben den Fruchtständen werden, bes. auf den Philippinen, auch die Blattfasern der A. genutzt. Sie werden als „Pina-Fasern" gehandelt, aus denen man den *A.batist* gewinnt. B Kulturpflanzen VI.

Ananasartige, *Bromeliales,* Ord. der *Commelinidae* mit nur einer Fam., den ↗ Ananasgewächsen. Die A.n, eine stammesgeschichtlich alte Sippe, stehen systematisch zw. den Lilienartigen einerseits u. den *Commelinales* u. Binsenartigen andererseits.

Ananasgalle, der Ananasfrucht ähnl. Galle an Fichten. Wird v. Blattläusen der Gatt. *Sacchiphantes* erzeugt u. ist eine zusammengesetzte Triebgalle, d.h., mehrere Blattläuse bewirken nebeneinanderliegende Wucherungen des Fichtentriebs.

Ananasgewächse, *Bromelien, Bromeliaceae,* einzige Fam. der Ananasartigen mit etwa 50 Gatt. (vgl. Tab.) u. 2000 Arten, in der trop. bis warm-gemäßigten Zone Amerikas verbreitet; eine Art *(Pitcairnia feliciana)* kommt in W-Afrika vor. A. sind in der Regel Rosettenpflanzen mit steifen, häufig zugespitzten, lanzettl. Blättern, die an der Basis gefärbt sein können. Der Blattrand ist meist bedornt. Viele A. haben einen kurzen Sproß, der nur als Blütenschaft auswächst. Der endständ. Blütenstand ist vielgestaltig: Ähren, Trauben od. Köpfchen kommen vor. Auffallend sind die oft bunt gefärbten Hochblätter, aus deren Achseln die radiären Blüten entspringen. Die ↗ Blütenformel der A. ist K3 C3 A6 G(3), der Fruchtknoten kann ober- od. unterständig sein. Die Früchte sind meist Kapseln mit geflügelten od. mit Haarschopf versehenen Samen, die v. Wind, od. Beeren, die durch Tiere verbreitet werden. Die ↗ *Ananas,* namengebende Art der Fam., bildet jedoch einen Sammelfruchtstand aus. – Innerhalb der A. gibt es eine Reihe v. Anpassungen an Trockenheit. Die am wenigsten spezialisierte Gruppe der A., die U.-Fam. *Pitcairnoideae,* besteht vorwiegend aus Bodenpflanzen, die noch ein voll ausgebildetes Wurzelsystem besitzen. Sie verfügen lediglich über Haare auf den Blättern, um die Verdunstung herabzusetzen. In diese Gruppe gehören die Arten der Gatt. *Pitcairnia* u. *Puya.* Die U.-Fam. *Tillandsioideae* besteht v. a. aus Epiphyten. Die Wurzeln sind teilweise zurückgebildet od. nur noch als Haftorgane ausgebildet, wie bei *Tillandsia usneoides,* einer Pflanze, die, auf Bäumen wachsend, einer Bartflechte *(Usnea)* ähnlich sieht; *T. recurvata* kommt sogar auf Telegraphendrähten vor. Alle Arten der Gatt. *Tillandsia* besitzen graugrüne

Anaphase

ana- [v. gr. ana = auf, hinauf; wieder], in Zss.: auf, hinauf-, seltener: wieder-.

Anaphase

Die Centromeren werden in der A. durch Vermittlung der Spindelfasern in Richtung auf die Pole verschoben. Wegen der in der Metaphase erzielten Anordnung der Chromosomen ist gewährleistet, daß die beiden Chromatiden eines Chromosoms jeweils nach verschiedenen Polen hin bewegt werden. Während der A.-Bewegung eilen die Centromeren voraus, während die Chromosomenarme äquatorwärts zurückhängen. Man unterscheidet die *Anaphase A* – die durch Mikrotubuli vermittelte Bewegung der Chromosomen zu den Polen hin – von der *Anaphase B* – dem eigentl. Auseinanderweichen der Pole.

Schuppen auf den Blättern, die teilweise ausschl. für die Versorgung der Pflanze mit Wasser u. Nährstoffen sorgen. Diese aus toten Zellen aufgebauten Schuppen dehnen sich bei Befeuchtung aus, saugen das Wasser auf u. geben es dann über ihre Basis an die lebenden Blattzellen ab. Tillandsien werden bei uns gern in Warmhäusern gezogen. Bei den *Tillandsioideae* wie auch in der U.-Fam. *Bromelioideae* findet man Pflanzen mit verbreiterten, überlappenden Blattbasen, so daß dort Wasser gespeichert werden kann. Adventivwurzeln od. besondere Blatthaare (Trichome) nehmen das Wasser auf; die echten Wurzeln sind weitgehend zurückgebildet. In den Wasserspeichern findet man eine reiche Flora u. Fauna, u. a. auch Larven v. *Anopheles*-Mücken, die Malaria verbreiten können („Bromelienmalaria"). – Wegen ihrer auffallenden Blütenstände werden einige A. als Zierpflanzen gehalten. Sie sind meist Epiphyten, wie *Guzmania* u. *Billbergia*. Einige der A. werden landw. genutzt, bes. die Ananas; Arten der Gatt. *Puya* (bis 9 m hohe Schopfbäume), u. a. *P. raimondii*, die Charakterpflanze der Hochanden, dienen zur Herstellung v. Korkersatz u. Gummi. Verschiedene Arten liefern Nutzfasern, u. a. *Tillandsia usneoides* das sog. vegetabil. Roßhaar als Polstermaterial u. *Neoglaziovia variegata* die Caroafaser für Netze, Angelschnüre usw. *R. W.*

Anaphase *w* [v. gr. *ana-, gr. phasis = Erscheinung], auf die Metaphase folgender, relativ kurzer (2–20 Min.) Abschnitt der ↗ Mitose, der der gleichmäßigen Verteilung der Chromosomen auf die Tochterzellen dient.

anaphylaktischer Schock *m* [v. *ana-, gr. phylaktikos = beschützend], *Anaphylaxie,* selten auftretende, sehr schwerwiegende allerg. Reaktion; häufig iatrogenen Ursprungs (z. B. Penicillin), aber auch durch Bienen- od. Wespenstiche verursacht. Die zellulären Ereignisse zur Auslösung des a. S. sind denen beim „Heuschnupfen" (↗ Allergie) vergleichbar: Produktion v. IgE-Antikörpern, deren Anheftung an Mastzellen u. nach erneutem Kontakt mit demselben Antigen explosive Degranulation der Mastzellen unter Freisetzung v. Mediatoren. Bei deren massiver Ausschüttung kommt es zum a. S., der sich in einer Verengung der Bronchialmuskulatur, Erbrechen, heftigen Hautrötungen, Ödemen im Nasen-Rachen-Bereich und in sehr schweren Fällen im manchmal tödlich verlaufenden Gefäßkollaps äußert.

Anaplasmataceae [Mz.; v. gr. anaplasma = Umbildung], Fam. der Rickettsien, zellwandlose, meist um 0,4 μm kleine, kokkenförm. obligate Parasiten in (auf) roten Blutkörperchen od. im Blutplasma v. Huftieren, Vögeln u. Wirbeltieren, wo sie eine Anämie verursachen können. Im Ggs. zu Mykoplasmen u. L-Formen der Bakterien sind sie nicht zellfrei kultivierbar. A. kommen in warmen Gegenden, bes. Tropen u. Subtropen, vor. Die Übertragung erfolgt durch Arthropoden (Zecken, Läuse u. Flöhe). *Anaplasma*-Arten sind die Erreger v. Rinder-*Anaplasmosen* (fieberhafte Seuchen bei Hausrindern v. a. Argentiniens u. S-Afrikas) u. wurden fr. als Protozoen angesehen. *Aegyptianella*-Arten parasitieren in Vögeln.

Anaplerose *w* [v. gr. anaplērōsis = Ergänzung], *anaplerotische Reaktion, Auffüllreaktion,* Neusynthese v. Stoffen, die innerhalb zykl. Stoffwechselreaktionen (Citratzyklus, Harnstoffzyklus u. a.) in bestimmten Konzentrationen erforderlich sind. Zum Beispiel käme der Ablauf des Citratzyklus durch die laufende Umwandlung α-Ketoglutarat → Glutamat oder Oxalacetat → Aspartat – bes. bei Mangel der beiden Aminosäuren Glutamat u. Aspartat – allmählich zum Erliegen. Durch die Carboxylierung v. Pyruvat zu Oxalacetat kann jedoch die Konzentration v. Oxalacetat zu der für den Ablauf des Citratzyklus erforderl. Höhe ständig aufgefüllt werden. Neben diesem Hauptauffüllweg kann bei proteinreicher Nahrung od. bei hohen Aspartat- bzw. Glutamatkonzentrationen im Außenmedium auch die Umkehr der obengenannten Reaktionen (Bildung von Oxalacetat aus Aspartat bzw. von α-Ketoglutarat aus Glutamat) zur A. des Citratzyklus führen. Dieses Beispiel zeigt, daß anaplerot. Reaktionen an verschiedenen Punkten zykl. Stoffwechselreaktionen eingreifen können u. daß die tatsächlich ablaufenden Auffüllreaktionen der jeweiligen Stoffwechsellage des betreffenden Organismus angeglichen sein können. Eine Folge v. Nachfüllreaktionen wird als *anaplerotische Sequenz* (od. Nachfüllbahn) bezeichnet.

Anapsida [Mz.; v. gr. an- = nicht, apsis = Gewölbe], U.-Kl. der Reptilien ohne Schläfenfenster mit den Ord. † *Cotylosauria* (oberes Karbon – obere Trias), † *Mesosauria* (Karbon – Perm) und *Chelonia* (Trias bis heute).

anapsider Schädeltyp *m* [v. gr. an- = nicht, apsis = Gewölbe], ursprünglicher Schädeltyp † paläozoischer Reptilien, der bei vollständigem Deckknochenmuster keine Schläfenfenster zeigt. ↗ Anapsida.

Anaptychus *m* [v. gr. anaptychos = weit zu öffnen], (Oppel 1856), einteiliger, meist horniger u. leicht auswärts gebogener Deckel zum Schutz der Schalenmündung v. paläozoischen u. liassischen *Ammonoidea;* A. wird gelegentlich – wenig überzeu-

gend – als Unterkiefer der Ammoniten gedeutet. ↗Aptychus, ↗Ammonoidea.
Anarrhichadidae [Mz.; v. gr. anarrhichasthai = emporklettern], die ↗Seewölfe.
Anas w [lat., = Ente], Gatt. der ↗Schwimmenten.
Anasca [Mz.; v. gr. an- = nicht, askos = kl. Schlauch], U.-Ord. der ↗Moostierchen.
Anaspidacea [v. *anaspid-], Krebs-Ord. der Syncarida, mit nur 2 Fam. (Anaspididae u. Koonungidae) und 4 Arten, 3 in Tasmanien, 1 in S-Australien. Langgestreckte, urtüml. Krebse ohne Carapax, aber mit

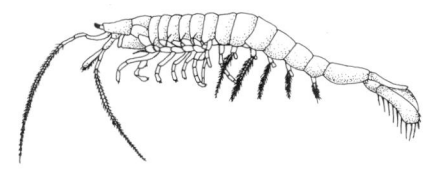

Anaspidacea
Paranaspides lacustris aus dem Great Lake von Tasmanien, Länge ca. 5 cm

Cephalothorax aus dem Kopf u. 1 Thorakomer; A. tragen gleichartige Pereiopoden mit Endo- u. Exopodit, 5 Paar Pleopoden mit großem Exo- u. winzigem Endopodit u. 1 Paar Uropoden; gestielte Komplexaugen (fehlen bei den Koonungidae) u. Statocysten im Grundglied der 1. Antennen sind vorhanden. Die A. legen ihre Eier frei u. einzeln ab u. heften sie an Pflanzen od. Steine; daraus schlüpfen fertige Jungtiere. *Anaspides tasmaniae* (bis 5 cm) kommt in Tasmanien in Quellen, Flüssen u. Tümpeln bis 1100 m Höhe vor, im Schlamm u. an Pflanzen, frißt Detritus. Ähnlich ist *Paranaspides*. *Micraspides* u. *Koonunga* sind nur 8 bis 9 mm lang; *Koonunga* lebt in S-Australien in einem Sumpfgebiet.

anaspid- [v. gr. an- = nicht, aspis = Schild].

Anaspidea [Mz., v. *anaspid-], *Breitfußschnecken*, Ord. der Hinterkiemer mit 4 Fam. (vgl. Tab.), Meeresschnecken mit meist v. Mantel völlig bedeckter Schale; sie schwimmen mit Seitenlappen des Fußes (Parapodien) u. ernähren sich v. Algen; leben in warmen Meeren.

Anaspidea
Familien:
Dolabellidae
Dolabriferidae
↗Notarchidae
↗Seehasen
(Aplysiidae)

Anaspides [v. *anaspid-], Gatt. der ↗Anaspidacea.
Anastatica w [v. gr. anastatos = auferstanden; die vertrocknete Pflanze lebt nach Befeuchtung scheinbar wieder auf (hygroskop. Bewegung); sie gilt daher seit den Kreuzzügen als Symbol der Auferstehung], *Rose v. Jericho, A. hierochuntica*, zur Fam. der Kreuzblütler gehörig, besiedelt die Wüstengebiete N-Afrikas und Vorderasiens. Das einjähr. niedrige, schon am Grunde ästige Kraut verholzt bei der Reife. Nach dem Abfallen der Blätter biegen sich die Äste beim Austrocknen zu einem kugel. Gebilde zusammen, das leicht entwurzelt u., vom Winde erfaßt, als sog. Steppenroller über dem Wüstenboden dahintreibt u. dabei seine Samen ausstreut.

Anastatica,
oben geschlossen

Anästhesie w [v. gr. anaisthēsia = Unempfindlichkeit], *Schmerzunempfindlichkeit*, med. Verfahren zur künstl. ↗Betäubung. *Örtliche* od. *lokale A.* erfolgt durch Einspritzung eines Lokalanästhetikums (z. B. Xylocain) in das Gewebe, in den Bereich v. Nervensträngen (Plexus-A., Leitungs-A.) od. in den Rückenmarkskanal (Lumbal-A.). Die Lehre v. der A. ist die *Anästhesiologie*. *Allgemeine A.* ↗Narkose.
Anastomose w [v. gr. anastomōsis = Öffnung], *arteriovenöse A.*, direkte Verbindung zw. kleinen Arterien u. Venen der Haut, Lunge, Niere u. verschiedener Hormondrüsen, durch die der Blutstrom kurzgeschlossen wird, ohne über ein Kapillarnetz zu gelangen. Im Wandepithel der A. sind ringförmig Muskelzellen angeordnet, so daß bei Bedarf der Durchgang geöffnet od. geschlossen werden kann. Zur Entlastung des Herzens sind im Ruhezustand viele A.n erweitert. A.n erfüllen ferner thermoregulator. Funktionen in Fingern, Zehen u. Ohrläppchen.
Anastomus m [v. *ana-, gr. stoma = Mund], Gatt. der ↗Störche.
Anastrophe w [gr., = Umkehrung], *Blütezeit, Epakme, Typogenese, Virenzperiode*, einleitende Phase des nach Schindewolf auch als *Typostrophe* bezeichneten gesamten phylogenet. Ablaufs der Entwicklung eines Typus. Die A. ist gekennzeichnet durch rasche Entstehung eines neuen Merkmalskomplexes u. dessen rasche Entfaltung u. Ausgestaltung. ↗Adaptive Radiation.
Anatidae [Mz.; v. lat. anas, Gen. anatis = Ente], die ↗Entenvögel.
Anatinae [Mz.; v. lat. anas, Gen. anatis = Ente], die ↗Enten.
Anatomie w [v. gr. anatomē = Zerschneidung], die Lehre v. Bau der Organismen. Dabei versucht man durch Zergliederung des pflanzl., tier. bzw. menschl. Körpers Einblick in die Gestalt, Lage, Bau u. Beschaffenheit der Körperteile, Organsysteme, Organe, Gewebe u. Zellen zu erhalten. Die A. wird im allg. als Teilgebiet der ↗*Morphologie* angesehen, doch ist die Abgrenzung fließend u. wird in der Botanik u. Zoologie nicht gleich gehandhabt. Die A. wird in mehrere Arbeitsgebiete untergliedert. So werden neben der *Human-A.* die *Pflanzen-* u. *Tier-A.* unterschieden. Im Ggs. zur A. des gesunden Körpers beschäftigt sich die *pathologische A.* mit den krankhaften Veränderungen der Körperteile. Der *makroskopischen A.*, die ohne opt. Hilfsmittel arbeitet, steht die Lupe, Licht- u. Elektronenmikroskop einsetzende *mikroskopische A.* gegenüber, die den Feinbau der Organe, Gewebe u. Zellen bis zu den Makromolekülen hinunter erforscht u. den

175

anatrop

Anschluß an die Biochemie knüpft. Über die *beschreibende* od. *deskriptive A.* versucht die *systematische A.* nach vergleichend anatomischen, entwicklungsgeschichtlichen u. funktionellen Gesichtspunkten die Organe, Gewebe u. Zellformen des Körpers zu höheren Systemen zusammenzufassen. Die *topographische A.* befaßt sich mit den Lageverhältnissen der Organsysteme, Organe u. Körperteile zueinander. Die *vergleichende A.* versucht die Verschiedenheiten, Gleichwertigkeiten (↗Homologie), Funktionsänderungen u. die damit einhergehenden Abwandlungen u. Übergänge der Organe, Organsysteme u. Gewebe im Vergleich verschiedener Organismengruppen herauszuarbeiten u. ist daher eine wichtige Teildisziplin der Evolutionsbiologie. In der anatom. Wissenschaft hat man sich schon 1895 auf eine international einheitl. Nomenklatur festgelegt, die jeweils entsprechend den Bedürfnissen u. Fortschritten dieses Wissenschaftszweiges angepaßt u. ausgebaut wird.

anatrop [v. gr. anatropē = Umsturz], Bez. für die umgekehrte Lage der Samenanlage bezüglich der Placenta u./od. des Funiculus bei vielen Samenpflanzen.

Anauxotrophie w [v. gr. anauxos = nicht wachsend, trophē = Ernährung], die ↗Prototrophie.

Anax m [gr., = Herrscher], Gatt. der ↗Edellibellen.

Ancalochloris w [v. gr. agkalos = Bündel, chlōros = gelbgrün], Gatt. der ↗phototrophen Bakterien.

Ancalomicrobium s [v. gr. agkalos = Bündel, mikros = klein, bios = Leben], Gatt. der ↗sprossenden Bakterien.

Anchinoidae [Mz.; ben. nach Anchinoē, der mytholog. Tochter des Flußgottes Nil], Schwamm-Fam. der *Poecilosclerida; Anchinoe tenacior* bildet dünne, fleischige Krusten von 1–150 cm² Flächenausdehnung, graublau, kommt im Halbschatten v. Steinunterseiten u. Höhlen in 1–7 m Tiefe vor.

Anchistropus m [v. gr. agkistron = Angelhaken, pous = Fuß], der ↗Polypenfloh.

Anchovis w [anschowiß; v. port. anchova = Sardelle], die Europäische ↗Sardelle.

Anchusa w [v. gr. agchousa = färbende Ochsenzunge (Pflanze)], die ↗Ochsenzunge.

Ancilla w [lat., = Magd], etwa 30 Arten umfassende Gatt. der Olivenschnecken, Gehäuse bis 10 cm hoch, mit hohem, spitzem Apex; Vorkommen in trop. und subtrop. Meeren.

ancistropegmat [v. gr. agkistron = Angelhaken, pēgma = Gerüst], heißen die einfachsten Armgerüste v. Brachiopoden. Sie bestehen aus jeweils nur zwei kurzen, hakenförmig gebogenen Fortsätzen (Cruren) an der Basis des Schloßfortsatzes; charakteristisch für *Rhynchonellida* (mittleres Ordovizium – rezent); bei *Pentamerida* (mittleres Kambrium – oberes Devon) Cruren verschmolzen zu Cruralium.

Ancistrum s [v. gr. agkistron = Angelhaken], Gatt. der ↗Thigmotricha.

Ancorina w [v. lat. ancora = Anker], Schwamm-Gatt. der *Stellettidae;* bekannte Art *A. cerebrum,* klumpen- od. ballenförmig; kommt auf schlammigem Sandgrund bis zu 30 m Tiefe im Mittelmeer vor.

Ancyloceras s [v. *ancylo-, gr. keras = Horn], heteromorpher Ammonit der Unterkreide mit lockerer Spirale der Anfangswindungen, geradem Zwischenteil u. hakenartig umgebogener Endwindung; Verbreitung: Eurasien, N-Amerika.

ancylopegmat [v. *ancylo-, gr. pēgma = Gerüst], heißen solche Armgerüste v. Brachiopoden, die aus zwei frei in den Mantelraum hängenden Schleifen bestehen. Nach Verlauf der Schleifen unterscheidbar: 1. *centronellide Armgerüste* mit einfacher gerundeter Schlinge (oberes Silur – mittleres Devon), 2. *terebratulide Armgerüste* mit kurzer, median eingestülpter Schlinge (oberes Silur – rezent), 3. *terebratellide Armgerüste* mit schalenlanger, eingestülpter Schlinge (Trias?, Lias – rezent). A.e Armgerüste kennzeichnen die *Terebratulida* (oberes Silur – rezent).

Ancylopoda [Mz.; v. gr. agkylopous = krummfüßig], (Cope 1884), † Gruppe tertiärer Unpaarhufer; Name A. ist jüngeres Synonym von *Chalicotherioidea* Gill 1882.

Ancylostoma s [v. *ancylo-, gr. stoma = Mund], der ↗Hakenwurm.

Ancylus m [v. *ancyl-], Gatt. der Flußmützenschnecken mit napfförm. Gehäuse, dessen Apex nach hinten rechts gebogen ist. *A. fluviatilis* hat 7 mm langes, 3 mm hohes Gehäuse, die Mantelhöhle ist rückgebildet, die Atmung erfolgt über die Haut; nahezu sessile Tiere, die vor allem in fließenden Gewässern an Steinen sitzen u. sich vom Algen-Aufwuchs ernähren; Vorkommen Europa.

ancyl-, ancylo- [v. gr. agkylos = gekrümmt, gebogen].

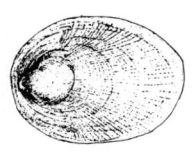

Ancylus fluviatilis

Ancylussee m [v. *ancyl-], postglaziale Phase der Ostseegeschichte, ca. 6200 bis 5500 v. Chr. Infolge einer Hebung im Gebiet v. Schonen u. Schließung der mittelschwed. Pforte wird das Randmeer zum Binnensee u. süßt allmählich aus. Sedimente dieser Zeit enthalten die heute noch lebende Flußnapfschnecke ↗*Ancylus (fluviatilis).*

Ancyrocephalus m [v. gr. agkyra = Anker, kephalē = Kopf], Gatt. der ↗Monogenea.

Andel, *Puccinellia,* der ↗Salzschwaden.

Andel-Rasen, *Puccinellion maritimae,* Verb. der ↗Asteretea tripolii.

Andenbär, der ↗Brillenbär.

Andenfrösche, *Andenpfeiffrösche,* Bez. für Südfrösche der Gatt. *Telmatobius,* i.w.S. des Tribus *Telmatobiini* (U.-Fam. *Telmatobiinae*) mit den Gatt. *Batrachophrynus* (2 Arten), *Caudiverbera* (1 Art), *Telmatobufo* (1 Art) u. *Telmatobius* (über 30 Arten). Alle A. haben kräftige Beine, große Füße mit Schwimmhäuten u. sind gute Schwimmer. Die Arten der Gatt. *Telmatobius* werden neuerdings in 2 Gruppen aufgeteilt. Die südliche od. patagonische Gruppe mit kleinen (25 bis 50 mm) Arten, die teils aquatisch, teils terrestrisch sind, wird in die neue Gatt. *Atelognathus* gestellt; sie leben am Ostrand der Anden bis in 4000 m Höhe in Argentinien u. Chile in der Nähe von od. in Quellen, Flüssen u. Seen. Die nördliche od. Andengruppe enthält größere (bis 20 cm), vorwiegend aquatische Frösche, die in den hochgelegenen Seen und Flüssen (bis 4500 m) der Anden, z.T. unter Schnee u. Eis, in Peru, Bolivien, Chile u. Argentinien leben; es sind breite Formen mit flachen Köpfen. Der berühmte Titicacaseefrosch *(T. culeus),* die größte Art, ist vollständig aquatisch; seine Lungen sind reduziert, er atmet mit seiner faltigen Haut. Ähnlich in Gestalt u. Lebensweise sind der große (über 20 cm) Helmkopf *(Caudiverbera caudiverbera)* in hochgelegenen Seen zw. 30 und 40° s.Br. in Chile, die Gatt. *Batrachophrynus* in Peru u. *Telmatobufo* in Chile. *T. culeus* u. *Batrachophrynus* werden v. der lokalen Bevölkerung gegessen.

Andenhirsche, *Hippocamelus,* in den südam. Anden lebende Gatt. der Trughirsche mit 2 Arten: Nordandenhirsch od. Peruanischer Gabelhirsch *(H. antisiensis)* u. Südandenhirsch od. Huemul *(H. bisulcus);* etwa rehgroße Hochgebirgstiere; leben in 3000–4000 m Höhe; Geweih meist nur gabelig. Der Huemul, neben dem Kondor auf dem Wappen v. Chile, gilt heute als nahezu ausgerottet.

Andenschakal, *Magellanfuchs, Dusicyon culpaeus,* zur Gruppe der Kampffüchse rechnender Wildhund S-Amerikas; Kopfrumpflänge 52–120 cm, Rücken grau mit schwarzen Streifen an der Mittellinie; Nahrung: Nagetiere, Vögel, Echsen, Feldhasen u. Schaflämmer. [früchtler.

Andira *w* [indian.], Gatt. der ↗Hülsen-

Andiroba *w* [v. einer Indianerspr. Brasiliens], das Holz v. ↗Pterocarpus.

Andorn, *Marrubium,* Gatt. der Lippenblütler mit ca. 30 Arten, die über ganz Zentralasien bis ins Mittelmeergebiet verbreitet sind; eingebürgert wächst der A. auch in N- und Mitteleuropa sowie in N- und S-Amerika. Die ausdauernden, meist weißfilzig behaarten Kräuter besitzen lanzettl., durch stark vortretende Netznerven runzelige, gekerbte od. gesägte Laubblätter u. in Scheinquirlen stehende Blüten, deren Kelch mit starren, dorn. Zähnen ausgestattet ist. Bes. zu erwähnen ist der weiß blühende Gemeine A. *(M. vulgare),* der fr. als Heilpflanze kultiviert wurde u. heute verwildert als wärmeliebender Stickstoffzeiger an Wegrändern, Mauern, auf Schuttplätzen u. trockenen Wiesen wächst.

Andosole, dunkle Böden aus jungen, vulkan. Aschen mit A-C-Profil. Wegen meist hoher Austauschkapazität u. günstiger physikal. Eigenschaften sind sie gute Pflanzenstandorte; der A.-Horizont ist meist mächtig u. humusreich. Verbreitung: Mittelamerika u. nördl. S-Amerika, Chile, O-Afrika, S-Japan, aber auch in gemäßigten od. kalten Klimazonen.

Andrangium *s* [v. gr. anēr, Gen. andros = Mann, aggeion = Gefäß], Kurzform v. Androgametangium, Zellen, in denen ♂ Geschlechtszellen (Gameten) gebildet werden.

Andreaeidae [Mz.], *Klaffmoose,* U.-Kl. der Laubmoose mit nur 1 Ord. *(Andreaeales)* und 1 Fam. *(Andreaeaceae)* mit ca. 120 Arten; lichtliebende Polstermoose, die weltweit, insbes. in Gebirgsregionen, auf Silicatgestein verbreitet sind. Charakteristisch für die A. sind die setalosen Sporophyten, deren Kapsel sich durch 4–6 Längsrisse öffnet. Bei vielen Arten, z.B. *Andreaea rupestris,* gibt es monözische u. diözische Sippen.

Andrena *w* [v. gr. anthrēnē = Waldbiene], die ↗Sandbienen.

Andrenidae [Mz.; v. gr. anthrēnē = Waldbiene], Fam. der Hautflügler, in Mitteleuropa ca. 6 Gatt. Die A. gehören zu den beinsammelnden Bienen; zu den wichtigsten Gatt. zählen die Sandbienen *(Andrena),* die Zottel- od. Trugbienen *(Panurgus),* die auch Erdnester bauen, sowie einige Gatt. der Kuckucksbienen, z.B. die Wespenbienen *(Nomada).*

Andrias *m* [gr., = Bildsäule], Gatt. der ↗Riesensalamander.

Andrias scheuchzeri *m* [v. gr. andrias = Bildsäule; ben. nach dem schweizer. Arzt u. Naturforscher J.J. Scheuchzer, 1672–1733], (Holl 1831), *Riesensalamander,* von Scheuchzer 1726 als „homo diluvii testis", d.h. als Zeugnis „des in der Sintflut untergegangenen Menschengeschlechts", beschriebenes fossiles Skelett aus der oberen Süßwassermolasse von Öhningen/Bodensee (Obermiozän). 1811 erkannte G. de Cuvier die Urodelennatur *(Urodela* = Schwanzlurche) des Fundstücks. Später in Dtl., Östr. und der ČSSR ent-

Andorn

Die thymianartig duftende Pflanze enthält äther. Öl sowie Gerb- u. Bitterstoff. Letzterer, das *Marrubiin,* wirkt sekretionsfördernd auf die Drüsen der Atemwege (daher Anwendung von A. bei chron. Bronchitis, Asthma u. Husten), steigert die Leberfunktion u. hilft bei Magendarmerkrankungen.

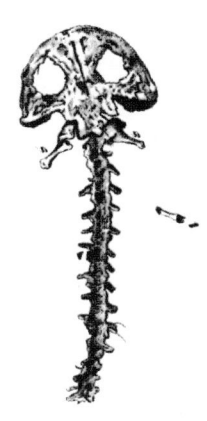

Andrias scheuchzeri

Androctonus

deckte Reste verteilen sich auf den Zeitraum Oberoligozän bis Untermiozän. Nach dem Skelettbefund gehören alle der gleichen Art an, ebenso wie zwei rezente Vertreter in O-Asien: *A. s. japonicus* in Japan und *A. s. davidianus* in China. Diese sind als Relikte einer einst ausgedehnteren Verbreitung über ganz Eurasien anzusehen. Sie leben in Bächen partiell neotenisch und erreichen 130 cm Körperlänge. In N-Amerika lebt der kleinere Schlammteufel: *Cryptobranchus alleganiensis*.

Androctonus *m* [v. gr. androktonos = Menschen tötend], Gatt. der ↗ Buthidae.

Androdiözie *w* [v. *andro-, gr. dis = zweifach, oikia = Haus], die ♂ (mikrosporophyllaten) und ♀ (Zwitter-)Blüten sind auf verschiedenen Pflanzen verteilt.

Androgameten [Mz.; v. *andro-, gr. gametēs = Gatte], Bez. für ♂ Geschlechtszellen.

Androgamone [Mz.; v. *andro-, gr. gamos = Hochzeit, hormōn = antreibend], ↗ Befruchtungsstoffe.

Androgene [Mz.; v. *andro-, gr. gennan = erzeugen], *androgene Hormone*, männl. Keimdrüsenhormone (Sexualhormone), die chemisch zu den C_{19}-Steroiden gehören u. deren wichtigste *Testosteron* u. *Androstendion* sind. Die Biosynthese erfolgt in den Leydigschen Zellen des Hodens u. in der Nebennierenrinde, ausgehend v. endogen gebildetem Cholesterin, das zu Pregnonolon abgebaut wird. Von diesem aus sind zwei parallele Wege zum Testosteron möglich, die im Organismus beide beschritten werden (↗ Steroidhormone). Die Steuerung der Hormonbildung erfolgt v. der Hypophyse, die auf die Tubuli seminiferi des Hodens wirkt. Abgebaut werden die A. in der Leber zu Androsteran, 3-Hydroxy-3β-androstan-17-on und 5β-Androstan-3,17-dion, die als Glucuronide od. Sulfate ausgeschieden werden. A. bewirken die Ausbildung der männl. Geschlechtsorgane u. der sekundären Geschlechtsmerkmale sowie die Prägung des „psychischen" Geschlechts. Eine kontinuierl. Produktion ist für die Reifung der Spermien u. die Tätigkeit der akzessor. Drüsen (Prostata, Samenblasen) erforderlich. Eine allg. Stoffwechselwirkung besteht in einer Stimulierung der Proteinsynthese (↗ anabole Wirkung).

Androgenese *w* [v. *andro-, gr. genesis = Entstehung], experimentell erzeugte Entwicklung eines Individuums mit ausschließlich väterl. Erbanlagen (*Andromerogon*) aus einer besamten Eizelle, deren eigener Kern entfernt wurde.

Androgynie *w* [v. gr. androgynos = Zwitter], 1) Ausbildung v. Staub- u. Fruchtblättern in einer Blüte; diese Blüten werden

andro- [v. gr. anēr, Gen. andros = Mann].

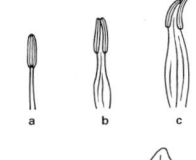

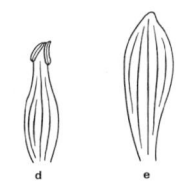

Andropetalen
Übergangsformen zwischen Staubblatt (a) und Kronblatt (e) bei *gefüllten Blüten* der Seerose (*Nymphaea*) als Modell für die Entstehung von Kronblättern aus dem Staubblattbereich.

Andropogonoideae
Wichtige Gattungen:
Bartgras
(*Andropogon*)
↗ *Coix*
↗ *Cymbopogon*
↗ Mais (*Zea*)
↗ Mohrenhirse
(*Sorghum*)
↗ *Vetiveria*
↗ Zuckerrohr
(*Saccharum*)

auch als zwittrig, hermaphrodit od. *monoklin* bezeichnet. Im Ggs. dazu die *diklinen* Blüten, bei denen die Blüten entweder nur Staub- oder Fruchtblätter enthalten.
2) Scheinzwittrigkeit bei genotypisch männl. Tieren u. Menschen; trotz voll ausgebildeter männl. Geschlechtsorgane treten auch typische weibl. Geschlechtsmerkmale auf (der Mann fühlt sich psychisch als Frau, sein Körperbau erhält weibl. Züge durch Fettentwicklung, runde Hüften u. spärl. Bartwuchs). A. ist abzugrenzen v. echter Zwittrigkeit (Hermaphroditismus). Der entsprechende Zustand bei Frauen wird als *Gynandrie* bezeichnet.

Androgynophor *m* [v. gr. androgynos = Zwitter, -phoros = -tragend], in die Länge gestreckter Abschnitt zw. Kron- u. Staubblättern, so daß die Staub- u. Fruchtblätter über die Blütenhülle emporgehoben sind (z. B. Passionsblume).

Androkonien [Mz.; v. *andro-, gr. konia = Staub], die ↗ Duftschuppen.

Andromeda *w* [ben. nach Andrŏmeda, Gestalt der griech. Mythologie], die ↗ Rosmarinheide.

Andromerogon *s* [v. *andro-, gr. meros = Teil, gonē = Erzeugung], ↗ Androgenese.

Andromonözie *w* [v. *andro-, gr. monos = allein, oikia = Haus], die ♂ (mikrosporophyllaten) und ♀ (Zwitter-, mixosporophyllaten) Blüten kommen auf der gleichen Pflanze vor.

Andropetalen [Mz.; v. *andro-, gr. petalon = Blatt], Bez. für die Blüten- od. Kronblätter, die bei der Differenzierung der Blütenhülle in Kelch u. Krone im Staubblattbereich entstehen, wie es z. B. modellartig die Bildung zusätzl. Blütenblätter bei gefüllten Blüten zeigt; Beispiele: Seerose, Rose.

Andropogonoideae [Mz.; v. *andro-, gr. pōgōn = Bart], U.-Fam. der Süßgräser mit ca. 100 Gatt. (vgl. Tab.); die meist 2blütigen Ährchen stehen fast immer in Paaren: ein gestieltes u. ein sitzendes hat ♀ Blüte. Namengebende Gatt. ist das Bartgras (*Andropogon* od. *Bothriochloa*); das Gemeine Bartgras (*B. ischaemum*) ist ein Fingerährengras trockenster Standorte im Xerobromion mit kurzen Rhizomen; die Ährchen haben eine feine gekniete Granne; der Blattgrund trägt einen Haarkranz.

Androsace *s* [v. gr. androsakes =], der ↗ Mannsschild.

Androsacetalia alpinae *w* [v. gr. androsakes = Mannsschild], *Silicatschuttfluren*, Ord. der Steinschuttfluren (↗ *Thlaspietea rotundifolii*). Pflanzenges. der kalkarmen, relativ feuchten u. bald zur Ruhe kommenden Schutthalden mit 2 nach Höhenstufen differenzierten Verb.: dem in der subalpinen-nivalen Stufe der Alpen herrschenden Verb. des *Androsacion alpinae,* dessen Ges. Ruheschutt z. B. auf Moränen in Gletschervorfeldern bevorzugen, u. dem wenig bedeutsamen Verb. des *Galeopsion segetum* in submontaner-montaner Höhenstufe, dessen Lebensraum z. T. vom Menschen erweitert od. neu geschaffen wurde.

Androsacetalia vandellii w [v. gr. androsakes = Mannsschild], Ord. der ↗ Asplenietea rupestria.

Androspermien [Mz.; v. *andro-, gr. spermeion = Same], männl. Keimzellen mit männchenbestimmenden Erbanlagen, z. B. dem Y-Chromosom.

Androsporen [v. *andro-, gr. spora = Same], Bez. für spermatozoidähnl. Zoosporen einiger Arten der Gatt. *Oedogonium,* die nicht zur Befruchtung befähigt sind; sie wachsen zu wenigzelligen Fäden, den Zwergmännchen, aus, in deren oberster Zelle erst die befruchtungsfähigen ♂ Geschlechtszellen gebildet werden.

Androstan s [v. *andro-], Grundkörper der männl. Sexualhormone mit einer trans-Verknüpfung von 4 hydroaromat. Ringen zu einem C_{19}-Steransystem. ↗ Androgene.

Androstendion s [v. *andro-], Steroidhormon, von der Nebennierenrinde freigesetztes ↗ Androgen.

Androsteron s [v. *andro-, gr. stear = Fett], Steroidhormon, Inaktivierungsprodukt der ↗ Androgene aus der Leber mit noch erhebl. androgener Wirksamkeit; erster androgener Wirkstoff, der synthetisiert wurde (A. Butenandt).

Andrözeum s [v. *andro-, gr. oikos = Hauswesen], Gesamtheit der Staubblätter einer Blüte.

Andrya, Gatt. der ↗ Cyclophyllidea.

Anecta w [v. gr. a- = nicht, nektos = schwimmend], ältere systematische Bez. für eine Teilgruppe der ↗ Staatsquallen, die keine Schwimmglocken besitzen; hierher gehört u. a. die ↗ Portugiesische Galeere.

Aneides [Mz.; v. gr. aneideos = gestaltlos], die ↗ Baumsalamander.

Anelasmocephalus m, Gatt. der ↗ Brettkanker.

Anemia w [v. gr. an- = nicht, heima = Decke], Gatt. der ↗ Schizaeaceae.

Anemochorie w [v. gr. anemos = Wind, choreia = Tanzen], *Windverbreitung,* Verbreitung v. Samen u. Früchten durch den Wind.

Anemogamie w [v. gr. anemos = Wind, gamos = Hochzeit], *Anemophilie, Windblütigkeit,* die Bestäubung v. Blüten durch den Wind, der den Pollen auf die Narben bringt. Merkmale anemogamer Blüten sind eine hohe Pollenproduktion (↗ Schwefelregen), Pollen ohne Pollenkitt u. große frei lie-

Androsacetalia alpinae
Verbände:
Androsacion alpinae
(subalpine-nivale Silicatschuttges.)
Galeopsion segetum
(submontan-montane Silicatschuttges.)

andro- [v. gr. anēr, Gen. andros = Mann].

OCH₃

Anethol

gende, oft gefiederte Narben (Oberflächenvergrößerung), die häufig einen Bestäubungstropfen absondern. Windblütige Pflanzen stehen meist in großen individuenreichen Beständen. Man unterscheidet *primäre* A. (z. B. Nadelhölzer) u. *sekundäre* A. (z. B. Gräser), die sich v. Insektenblütigkeit ableitet. Eine bekannte anemogame Pflanze ist der Haselstrauch *(Corylus avellana).* 1 Kätzchen produziert ca. 200 Millionen Pollenkörner. Im Schnitt kommen ¼ Million Pollenkörner auf 1 Eizelle.

Anemone w [gr., =], das ↗ Windröschen.

Anemonenfische [v. gr. anemōnē = Windröschen], *Clownfische, Amphiprion,* Gatt. sehr auffällig gefärbter, ca. 10 cm langer, indopazif. Riffbarsche *(Pomacentridae)* mit etwa 10 Arten; halten sich vorwiegend zw. den Fangarmen großer Seeanemonen der Gatt. *Stoichactis* auf, deren sonst giftiges, kleinfische lähmendes Nesseln durch Hautschutzstoffe der A. verhindert wird. Bekannte Aquarienfische sind der 6 cm lange Orange-Anemonenfisch (A. *percula,* ⓑ Fische VIII), der 12 cm lange, orangerote Glühkohlenfisch (A. *ephippium)* mit einer weißen Kopfbinde u. schwarzen Flanken u. der braunorange gefärbte, 10 cm lange Zweibinden-Anemonenfisch (A. *bicinctus)* aus dem Roten Meer.

Anemonia w [v. gr. anemōnē = Windröschen], Seerosen-Gatt. der ↗ Endomyaria; hierher gehört die im Mittelmeer häufige ↗ Wachsrose.

Anemonin s [v. gr. anemōnē = Windröschen], *Anemonenkampfer, Pulsatillenkampfer,* $C_{10}H_8O_4$, Umwandlungsprodukt des giftigen *Anemonols,* antibiotisch wirksam; besitzt Lactonstruktur u. ist in Hahnenfußgewächsen u. Küchenschelle *(Pulsatilla)* enthalten; dient als krampflösendes, schmerzlinderndes Mittel.

Anemophilie w [v. gr. anemos = Wind, philia = Freundschaft], die ↗ Anemogamie.

Anemotaxis w [v. gr. anemos = Wind, taxis = Ordnung, Reihe], aktive Ortsbewegung v. Organismen, die nach der Luftströmung ausgerichtet ist.

Anencephalie w [v. gr. an- = nicht, enkephalos = Gehirn], Fehlbildung bei Amnioten: Abbau der Gehirnanlage nach unvollständigem Verschluß des Neuralrohrs.

Anethol s [v. gr. anēthon = Dill, lat. oleum = Öl], *p-Methoxypropenylbenzol,* wichtigster Bestandteil (≈ 90%) der äther. Öle aus Anis, Sternanis u. Fenchel; findet wegen seines süßl. Anisgeruchs Verwendung in der Parfümerie u. Likörfabrikation, hat aber aufgrund seiner sekretolyt. Wirkung auch med. Bedeutung.

Anethum s [v. gr. anēthon =], der ↗ Dill.

Aneuploïdie w [v. gr. an- = nicht, eu = gut,

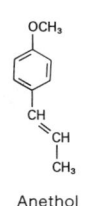

diploîs = zweifach], Fehlen od. Überzähligkeit einzelner Chromosomen eines diploiden Chromosomensatzes. Aneuploide Individuen entstehen durch fehlerhafte Meiosen, z.B. durch Nicht-Trennung eines homologen Chromosomenpaares *(nondisjunction)*. Der Verlust eines Chromosoms *(Monosomie)* ist meist letal. Ein bekanntes Beispiel für überzählige Chromosomen ist der Stechapfel (normal: 2 × 12 Chromosomen); alle 12 mögl. *trisomen* Fälle wurden gefunden u. phänotypisch unterschieden. Auf A. beruhen auch verschiedene krankhafte Störungen der menschl. Entwicklung, z.B. das *Down-Syndrom (Trisomie 21, Mongolismus)*.

Aneuraceae [Mz.; v. gr. a- = nicht, neuros = Sehne, Faser], Fam. der *Metzgeriales* mit nur 3 Gatt., v.a. auf der Südhalbkugel u. in den Tropen verbreitete Lebermoose. Von der artenreichen u. vielgestaltigen Gatt. *Riccardia* kommen in Europa nur sehr wenige Arten vor; sie besitzen u.a. deutlich differenzierte Geschlechtschromosomen. Die artenarme Gatt. *Aneura* wurde wegen des unterschiedl. Baus der Seta von *Riccardia* abgetrennt; *A. pinguis* kann sich saprophytisch ernähren. In sumpfigen Wäldern NW-Europas kommt die farblose Gatt. *Cryptothallus* vor, die sich mittels Pilzen nur saprophytisch ernährt.

Aneurin s, das ↗ Thiamin.

Aneurophyton s [v. gr. a- = nicht, neuros = Sehne, Faser, phyton = Gewächs], Gatt. der ↗ Progymnospermen.

Anfangskammer, Bez. für die zuerst gebildete Kammer vielkammeriger Schalen. Bei 1. vielkammerigen (polythalamen) Foraminiferen, A. = Proloculum; 2. tetrabranchiaten Cephalopoden, A. = Protoconch, er hat immer charakterist. Gestalt (kegelförmig, kugelig oder oval), seine Mündung markiert nach Ausscheiden des ersten Septums (Proseptum) die früheste Lobenlinie (Prosutur), das Innere der A. wird v. fleischigen Prosipho durchzogen; 3. dibranchiaten Cephalopoden, A. = Bursa primordialis, besteht nur aus Stratum callosum.

Anfinsen [änfinß°n], *Christian Boehmer,* am. Biochemiker, * 26. 3. 1916 Monessen (Pa.); Prof. in Cambridge (Mass.), seit 1963 in Bethesda (Md.); klärte die molekulare Struktur und die Wirkungsweise des Enzyms Ribonuclease auf; erhielt für diesen wesentl. Beitrag zur Enzymchemie 1972 zus. mit S. Moore und W. H. Stein den Nobelpreis für Chemie.

Anfractus *m* [lat., = Krümmung], *Umgang,* eine Windung des Schneckenhauses.

Angara-Land s, *Angaria* (E. Suess 1901), nach dem sibir. Fluß Angara ben. präkambrischer Kern N-Asiens.

Angaria *w*, die ↗ Delphinschnecken.

angeboren, 1) in der med. Anthropologie: seit der Geburt vorhanden, bei der Geburt bereits beobachtbar, z.B. „angeborene Mißbildungen"; a. in diesem Sinn muß nicht „erblich" bedeuten, wird aber häufig auf erbl. Merkmale eingeschränkt. **2)** in der Biol. auf genet. Information zurückgehend, im Ggs. zu auf Information zurückgehend, die im individuellen Leben eines Organismus einwirkte. A.e Merkmale beruhen auf stammesgeschichtlich entstandener, erworbene Merkmale auf lebensgeschichtlich (ontogenetisch) entstandener Information. Diese Definition ist bes. im Fall des a.en Verhaltens zu beachten, da stammesgeschichtlich entwickeltes Verhalten keineswegs bereits bei der Geburt vorhanden sein muß. So ist z.B. das Balzverhalten der Vögel weitgehend angeboren im Sinne v. erfahrungsunabhängig, es wird jedoch nur v. erwachsenen Tier gezeigt. Der Unterschied zw. der *Reifung* a.en Balzverhaltens u. dem *Erlernen* eines erfahrungsabhängigen Verhaltens liegt im verschiedenen Ursprung der nötigen Information.

angeborene Lerndisposition, auf erbl. Verhaltenstendenzen beruhende bes. Lernfähigkeit eines Tieres, z.B. die ↗ Prägung.

angeborener auslösender Mechanismus, Abk. *AAM,* ein informationsverarbeitendes Teilsystem („Reizfilter") des zentralen Nervensystems, das angeborenermaßen dazu imstande ist, bestimmte Reizkonstellationen als ↗ Auslöser zu erkennen u. auf ihr Auftreten hin die adäquaten Verhaltensweisen zu aktivieren. Die innere Struktur u. die Funktionsweise eines AAM sind nur in wenigen Fällen teilweise bekannt, wie beim „Fliegendetektor" im Sehsystem des Frosches. In den meisten Fällen wird die Existenz eines AAM indirekt erschlossen. Der Weg dazu verläuft über ↗ Attrappenversuche (B Attrappenversuch, B Auslöser). Durch die Variation v. Attrappen läßt sich auch zeigen, daß der AAM die einzelnen Elemente einer Reizkonstellation auf sehr einfache Weise verrechnet, manchmal nur durch Addition (↗ Reizsummenregel). Wird die auslösende Reizkonstellation dagegen durch Lernen mit einer Reaktion verbunden (erworbener auslösender Mechanismus, EAM), so gehen die einzelnen Teile der Erfahrung auf kompliziertere Weise in die Auslösung der Reaktion ein. Es kann z.B. zu Generalisierung od. zu einem Transfer kommen. Auch beim Menschen gibt es AAMs, die jedoch durch die ungeheure menschl. Lernfähigkeit selten als direkte Vermittler einer Reaktion erkennbar sind. ↗ Schlüsselreize beim Menschen.

Ch. B. Anfinsen

angeborene Verhaltensweise, auf genetisch weitergegebene, stammesgeschichtlich entstandene Information zurückgehendes Verhalten (↗angeboren). Ggs.: das individuell erworbene, erlernte Verhalten, das durch Engramme gespeichert wird u. ontogenetisch entstehen muß.
Angelglied ↗Cardo. [↗Engelwurz.
Angelica w [mlat., herba angelica=], die
Angina w [lat., = Halsbräune, v. gr. agchein = verengen], entzündl. Rötung u. Schwellung des Rachenrings mit schmerzhaften Schluckstörungen u. Kloßgefühl, hervorgerufen durch Viren od. Bakterien. Sonderformen als Folge v. Diphtherie, Mononucleose, Syphilis.
Angina pectoris w [v. gr. agchein = verengen, lat. pectus, Gen. pectoris = Brust], *Stenokardie,* anfallsweise auftretendes, schmerzhaftes Engegefühl hinter dem Brustbein als Folge einer Minderdurchblutung der Herzkranzgefäße, oft mit Ausstrahlung in den linken Arm. Häufig Vorbote eines Herzinfarkts.
Angiographie w [v. *angio-, gr. graphein = schreiben], Darstellung v. Blutgefäßen im Röntgenbild durch Kontrastmittel.
angiokarp [v. *angio-, gr. karpos = Frucht], Bez. für die Geschlossenheit der Fruchtkörper bei den Bauchpilzen. Erst nach der Sporenreife platzt die Hülle (Peridie) in oft charakterist. Weise auf. Beispiele: Boviste, Erdsterne.
Angiologie w [v. *angio-, gr. logos = Kunde], Lehre v. den Blut- u. Lymphgefäßen.
Angiopteris w [v. *angio-, gr. pteris =Farn], Gatt. der ↗Marattiales.
Angiospermae [Mz.; v. gr. (en)aggeiospermos=Samen in Kapseln enthaltend], die ↗Bedecktsamer.
Angiospermenzeit, das ↗Känophytikum.
Angiotensin s [v. *angio-, lat. tensus = gespannt], *Angiotensin II,* sehr stark wirksame vasokostriktorische Substanz (Octapeptid), die einen Anstieg des arteriellen Blutdrucks bewirkt. Außerdem stimuliert sie in der Nebennierenrinde die Freisetzung v. Aldosteron; möglicherweise Neurotransmitterfunktion im Zentralnervensystem. A. entsteht im Blut aus *Angiotensinogen* durch enzymat. Einwirkung des in der Niere gebildeten Renins.
Anglerfischartige, die ↗Armflosser.
Anglerfische, ↗Armflosser mit einem Angelorgan für Beutetiere, z. B. Seeteufel u. ↗Tiefseeangler.
Anglosaurus m, Gatt. der Sand-↗Schildechsen.
Angoratiere, auf Langhaarigkeit (Wollertrag, Aussehen) gezüchtete Haustierrassen, ben. nach der türk. Stadt Ankara; z. B. Angorakaninchen, -katzen u. -ziegen.
Angriff, Verhalten aus dem Bereich der ↗Aggression, das den Gegner mit Schmerz, Verletzung od. Tötung bedroht. Der A. eines Tieres kann auf Angst (Fluchtbereitschaft) beruhen u. dadurch zustande kommen, daß der Gegner eine kritische Distanz nicht eingehalten hat. Der A. eines dominanten Tieres auf einen unterlegenen Artgenossen od. der A. eines Raubtieres auf seine Beute sind dagegen durch Frustration bzw. Hunger motiviert.
Angriffshemmung, Hemmung des Angriffs auf einen Artgenossen durch den Einsatz bes. Signale, meist v. Demutsgebärden. I. w. S. kann v. einer A. gesprochen werden, wenn ein Angriff durch bestimmte Schlüsselreize gehemmt wird, z. B. wenn der Angriff eines Raubtieres auf eine Beute durch plötzl. heftige Bewegungen des Beutetieres unterbrochen wird. ↗Aggressionshemmung.
Angst, erlebensmäßiger Ausdruck der Fluchtbereitschaft bei Tier u. Mensch (↗Bereitschaft). Daß höhere Tiere bedrohl. Situationen auch subjektiv erleben, also „Angst" im menschl. Sinn haben, läßt sich nicht beweisen, erscheint aber plausibel. Die A. als menschl. Grundbefindlichkeit (z. B. A. vor dem Tod) hat also biol. Wurzeln, läßt sich aber nicht auf biol. Zusammenhänge reduzieren. In der Psychologie wird die A. von der Furcht vor konkreten Bedrohungen unterschieden.

Angst

angio- [v. gr. aggeion = Gefäß], in Zss.: Gefäß-.

Angst – Philosophische Reflexionen über ein biologisches Phänomen

Nach altem germanischem Mythos schlingt sich um den Horizont der Welt die Mitgard-Schlange. Alles Sein auf der Welt ist belastet durch die bedrängende Existenz dieser Schlange, die alles Leben einengt. Unser Sein in der Welt ist wesentlich bestimmt durch Bedrohung und erweist sich durchgehend als Angst: Unser Atemraum ist eingeengt, das Blickfeld beschnitten, unsere Reichweite begrenzt, die

Phänomenologische Aspekte

Zeitdauer geprägt, unser Schicksal ungewiß, aller Sinn in Frage gestellt.
Mitten im Abgrund des Daseins tritt etwas Furchtbares auf, ein fürchterliches Phänomen, das wir nicht erfassen, nicht begreifen, uns nicht vorstellen können. Alle Künste, alles Schöne, alle Heiterkeit, sie sind nur darauf aus, dieses Fürchterliche zu bannen, zu vergessen, zu stilisieren, zu ertragen.

Angst

Das Wort *Angst* weist schon etymologisch auf eine ebenso geistige wie physiologische Befindlichkeit hin, auf Enge, Würgen, Beklemmung, auf etwas Fremdes, das uns trifft und „in Angst jagt". Die Sprache ist höchst aufschlußreich für das Phänomen Angst in allen seinen Dimensionen. *Angst* geht über das althochdeutsche *angust* auf das lateinische *angustia* zurück, was sowohl räumliche Enge als auch geistige Bedrängnis bedeutet. Unterschieden wird im Lateinischen zwischen *angor* als Würgen und Beklemmung, Angst als einmaliger Gemütsbewegung, und *anxietas* als andauernder Verfassung. Angst enthält somit im Grunde nichts anderes, als was wir bereits seinem Lautsinne entnehmen können, nämlich: Engegefühl, Beklemmung, Bedrängung (Wandruszka, 1950).

Unser Welt-Entwurf verzerrt sich, und schon haben wir Angst. Wir entsprechen nicht mehr der Wirklichkeit, und schon wird uns bange. Wir versagen vor einer Aufgabe, und schon fühlen wir uns schuldig. Wir erinnern uns eines Schreckens, und schon zittert die Furcht nach. Wir bedenken den kommenden Tag, und schon werden wir mutlos. Nicht, daß diese Angst etwas Konkretes meinte, auf etwas Bedenkliches gerichtet sei; sie offenbart sich vielmehr aus sich selbst und zeigt sich als allgemeine Befindlichkeit des Daseins. Angst ist der Begleiter jedes Gleichgewichtsverlustes, ist demnach dauernd in uns, da wir uns wesentlich in einem labilen Habitus vorfinden. Angst ist offensichtlich das Merkmal eines nichtangepaßten Weltentwurfes.

„Das ganze Dasein ängstigt mich, von der kleinsten Mücke bis zu den Geheimnissen der Inkarnation." So *S. Kierkegaard* in seinen Tagebüchern. Angst ist nach Kierkegaard „der Schwindel der Freiheit" (Begriff der Angst II, 2). Angst ist „die Wirklichkeit der Freiheit als Möglichkeit für die Möglichkeit. Man wird so beim Tier keine Angst finden, eben weil es in seiner Natürlichkeit nicht als Geist bestimmt ist" (Begriff der Angst I, 5). Angst erscheint hier als ein rein geistiges Phänomen, daher allein dem Menschen, seiner existentiellen Verfallenheit wie seinem Hoffen auf Heil, vorbehalten. Die Welt im Ganzen begegnet uns als Schauplatz der Ängstigung wie der Hoffnung, nach den Worten der Hl. Schrift: „In der Welt habt ihr Angst (gr.: thlipsis; lat.: pressura, tribulatio), aber seid getrost, Ich habe die Welt überwunden" (Joh 16,33). Bis dahin aber liegt die ganze Schöpfung darnieder in einer ungeduldigen Sehnsucht, einem ängstlichen Harren (Röm 8, 19).

In einer Tiergeschichte „Woher das Böse auf der Welt kommt", läßt *L. Tolstoi* den Hirsch sprechen: „Alles Böse auf der Welt kommt von der Angst. Denn es ist unmöglich, sich nicht zu fürchten. Es braucht im Wald nur ein Zweiglein zu knacken, ein Blättlein zu raschen, schon zitterst du am ganzen Leib vor Angst, das Herz beginnt zu klopfen, nichts als aufspringen willst du und davonlaufen, was die Beine hergeben ... Keine Rast und keine Ruhe. Alles Böse kommt von der Angst."

Gleichwohl müssen wir zugeben, daß in biologischer Sicht das Phänomen Angst immer nur analogiter betrachtet werden kann, immer als anthropomorph erscheint. Die Redensart vom „Angsthasen" hat lediglich metaphorische Bedeutung. Angst im engeren Sinne bleibt ein Anthropologikum, was uns nicht davon abhalten sollte, den Bereich des Biologischen nunmehr systematischer abzuschreiten und deutlicher zu differenzieren.

Die Angst als eine physiologische Reaktion des Organismus deutet uns bereits an, „daß Angstzustände mit Vorgängen im autonomen Nervensystem und mit der Ausschüttung von Adrenalin einhergehen" (R. May). Zum biologischen Mängelwesen gehört die Urängstigung, das Phänomen einer *Vitalangst*. Diese Angst kann als ein *Urinstinkt* betrachtet werden, der in allen höher organisierten Lebewesen zu beobachten ist, so daß zumindest die Frage erlaubt ist, ob nicht auch das Tier „Angst" habe.

Wir kennen den „panischen Schrecken", wobei Pan wiederum „die Natur" nur personifiziert. „Die Natur der Dinge hat nämlich allen Lebendigen Schrecken eingeflößt und ein Grausen, das zur Bewahrung ihres Lebens und Wesens dient, indem es die hereinbrechenden Übel meidet und vertreibt." So *A. Schopenhauer* in seinen „Aphorismen zur Lebensweisheit", wo es weiter heißt: „Übrigens ist das Charakteristische des panischen Schreckens, daß er seiner Gründe sich nicht deutlich bewußt ist, sondern sie mehr voraussetzt als kennt, ja zur Not geradezu die Furcht selbst als Grund der Furcht geltend macht."

Hier bereits ergeben sich Schwierigkeiten, zwischen *Angst* und *Furcht* deutlicher zu unterscheiden. Furcht bezieht sich auf einen konkreten Gegenstand, der einem bedrohlich vorkommt, Angst hingegen ist eher eine Grundbefindlichkeit, die Grundstimmung des Daseins. Angst ist gegenstandslos, diffus, subjektgebunden; Furcht ist objektbezogen, gerichtet, feststellbar. Immer aber setzen Angst wie Furcht das gesamte Nervensystem in Aufruhr, ohne daß man zwischen Körperli-

---

Etymologie des Wortes Angst

Angst erscheint immer anthropomorph

K. Jaspers (Philosophie [1948] 522) unterscheidet die „sehende Angst des denkenden Menschen" von der „blinden Angst des Tieres". Angst „bleibt gegenstandslos als das alles durchdringende Bewußtsein der versinkenden Endlichkeit". Er schließt: „Ohne Angst bleibt die als Daseinsbedingung notwendige Tätigkeit der Vorsorge aus, zu heftige Angst stört sie wieder. Lebensfürsorge durch vorausdenkende Berechnung mindert die Daseinsangst; man möchte objektive Sicherheit".

Der Unterschied zwischen Furcht und Angst

Angst in biologischer Sicht

chem und Seelischem unterscheiden kann. Überall in der freien Natur, wo Feinde ständig drohen, kann aber auch die Furcht so umfassend werden, daß sie in die allgemeine Stimmung von Angst übergehen kann.

Das Tier ist in der Regel Bedrohungen verschiedener Intensitätsgrade ausgesetzt, die eindeutig zu Angstreaktionen führen (vgl. M. Meyer-Holzapfel), aber auch – analog dem Schmerz – eine biologische Warnfunktion übernehmen. Im biologischen Aspekt handelt es sich somit stets um die gleiche Antriebsstruktur (P. Leyhausen). *Phobische* Reaktionen finden sich denn auch bereits bei niederen Lebewesen. Jede Verschlechterung der Lebensbedingungen allein schon führt zu Ausweichen und Flucht. Das Tier ist daher durch ständiges „Sichern" auf ein Verhalten angelegt, das auf die Erwartung einer Gefahr „gespannt" ist, ohne auf ein bestimmtes Objekt „gerichtet" zu sein.

Tiere mit Angstreaktionen

Aus den Attrappenversuchen von K. Lorenz ergibt sich, daß vielen Tieren ein *Feindschema* angeboren ist. Chemische *Schreckstoffe* lösen eine spezifische Schreckreaktion aus (K. v. Frisch, Pfeifer, H. Hediger). Das Tier lebt in ständiger „ängstlicher" Bereitschaft, und diese „Angst" ist äußerst lebenswichtig. K. Lorenz zeigt sich davon überzeugt, daß seit „Äonen immer in der Naturgeschichte diejenigen die besten Überlebenschancen hatten, die sich am meisten fürchteten". Man hat an Wildkaninchen experimentell einen *Schreckbasedow* hervorrufen können (W. Eickhoff). Bei Hunden wird eine *Furchtkrankheit (Fright disease)* beschrieben, die mit Erregung, Heulen, Beißsucht und Davonrennen einhergeht (E. Frauchiger).

Feindschema und Angstbereitschaft

Das Tier erscheint in seiner gefahrvollen Freiheit dauernd „eingeklinkt" in den Funktionskreis der Fluchtbereitschaft, während es in die Funktionskreise des Beuteerwerbs oder der Sexualität nur periodisch „eingeklinkt" ist. Selbst im Schlaf bleibt das Tier in seinem Fluchtkreis befangen und damit in die Atmosphäre der Angst eingeschlossen (H. Hediger). Die moderne Verhaltensforschung nimmt an, daß die Evolution den Tieren eine *Angstproduktion* gleichsam angezüchtet habe, die jeweils der *Gefährdung* entspricht, unter der eine Art *überleben* muß (P. Leyhausen). Bei zahlreichen Tierarten ist die Instinkterregung *Angst* permanent vorhanden und so „hochgespannt", daß die entsprechende Motorik fast allen Handlungen beigemischt ist (H. Hediger, 1959). Die der Angsterregung zugeordneten Instinktbewegungen äußern sich denn auch als: Dauerwachsamkeit, Scheuen, Sichern, als Flucht oder in Warnrufen.

Die dominierenden Angstsymptome

Unter den Angstsymptomen dominieren auffallend rein somatische Phänomene wie: Tremor, Blässe, Schweißausbrüche, Pupillenerweiterung, Tachykardie, Tachypnoe, Sträuben der Haare, Harn- und Stuhldrang, allergische Erscheinungen u. a. Die physischen Begleiterscheinungen betreffen vorwiegend den sympathischen Teil des vegetativen Nervensystems und sind in der *Substantia reticularis* des Hirnstammes lokalisiert. Ängstliche Reaktionen lassen sich ferner durch Reizung der hinteren hypothalamischen Region stimulieren; sie lassen sich ausschalten durch Eingriffe an den dorso-medialen Kernen des Thalamus wie auch durch chirurgische Eingriffe am Stirnhirn *(präfrontale Leukotomie)*.

Was beim Menschen als *Angst* verbalisiert wird, erscheint somit im tierischen Verhalten allenthalben als analog ablesbar. Das reicht hin bis in die auch im Tierreich beobachtete *Trennungsangst*, die wiederum darauf hinweist, daß körperliche Nähe in einem Anhänglichkeitsverhalten „gesucht" und Trennung „gefürchtet" wird. Mit Recht haben W. und W. v. Baeyer (1973) von einer *Biologie der Angst* gesprochen. Zweifellos besteht hier eine „kreatürliche Gemeinsamkeit", die auf den vitalen Schutz vor Gefahren ausgerichtet ist. In Situationen stärkster Bedrohung tritt bei manchen Arten darüber hinaus eine *Angstlähmung* ein, die mit einer Akinese (Totstellreflex) einhergeht. Angst vor allgemeiner Bedrohung, darin eingeschlossen eine generelle Fluchtstimmung, bestimmt nicht nur die tierische Organisation, sondern auch als tierisches Verhalten. Sie ist als der Affekt bezeichnet worden, dem im Tierreich die beherrschende Bedeutung zukommt (H. Hediger, 1959).

Eine „Biologie der Angst"

Zum Problem der Daseins-Angst

Das Phänomen *Angst* erscheint unter den verschiedensten Aspekten und erlaubt keine verbindliche Definition. Angst hat vielerlei Gestalten: Nil pluriformius timore! Wir können sie betrachten aus dem Aspekt der Theologie und der Philosophie, der Soziologie und der Psychologie, der Pathologie oder der Ethik. Wir fanden *Angst* in den verschiedensten Dimensionen biologischer Bereiche, ein Urphänomen also, das dann doch wiederum allein dem menschlichen Dasein vorbehalten scheint.

Angst als Krankheit der Ich-Befangenheit

Im existentiellen Bereich ist diese Angst immer wieder als die „Krankheit der Ich-Befangenheit" erlebt worden, die dann aber auch als eine wegweisende Erschütterung, als heilsame Krise erfahren werden kann. Angst in dieser Sicht wird daher beschrieben als eine der „großen Erwecke-

Angst

rinnen des Menschengeschlechts"; sie hat zum Ziel: „unsere Erweckung und Verwirklichung, unsere Wiederherstellung und Ernüchterung, sie hat *uns* zum Ziel" (W. Michel). Angst ist keine private Angelegenheit mehr, sondern ein allgemeines Phänomen, wobei es den Anschein hat, als habe die „Angstkapazität als die basale Grundstörung" (Karin Horney) in jüngster Zeit zugenommen, als sei die Angst so etwas wie „die abendländische Krankheit" (A. Künzli).

Angst befällt uns heimlich, und sie läßt etwas Unheimliches zurück; sie macht uns verlassen und „läßt uns schweben, weil sie das Seiende im Ganzen zum Entgleiten bringt" (M. Heidegger). Es ist die Unheimlichkeit als solche, die uns Angst macht, das Gefühl, daß wir nicht Heimat haben können und damit auch keine Gehaltenheit, wobei uns immer wieder Heimweh überfällt.

Was aber wäre der Grund solcher Angst? Was uns Angst macht, ist die entsetzliche Beziehungslosigkeit einer unheimlichen, einer autonomen Welt. Die Vertrauenslosigkeit ist der Grund der Angst. Warum aber haben wir das Vertrauen verloren? Warum können wir Vertrauen nicht geben, nicht machen, nicht halten? Warum sind wir so verstimmt, so versagend, warum stimmt etwas nicht mehr? Wenn wir dies zu sagen vermöchten, wüßten wir auch den Grund der Angst. Wenn wir darauf eine Antwort wüßten, würden wir uns nicht mehr fürchten.

In einem Grimmschen Märchen wird berichtet von einem, der auszog, das Fürchten zu lernen. *S. Kierkegaard* hat dieses Abenteuer als etwas bezeichnet, das jeder zu bestehen hat: „Angst haben zu lernen, damit er nicht verloren sei, entweder dadurch, daß ihm nie angst gewesen ist, oder dadurch, daß er in der Angst versinkt; wer daher gelernt hat, auf die rechte Weise Angst zu haben, der hat das Höchste gelernt" (Begriff der Angst, V).

Wir haben aus einem unermeßlich erscheinenden Themenkreis nur einige Aspekte herausgegriffen und gegen den biologischen Kernbereich abzugrenzen versucht. Wir können nicht eingehen auf weiterführende Phänomene, wie die „Angst des Kindes" oder „Angst in der Kunst". Ausgeklammert bleiben alle psychopathologischen Angst-Erscheinungen, alle empirischen Feldstudien ethnologischer Natur, alle transkulturellen Beobachtungen, zumal diese nur analogiter in einen Vergleich mit der Tierwelt gebracht werden könnten. Verzichten müssen wir auch auf alle unbewußten Erscheinungen um das Angst-Phä-

K. Jaspers über Angst:
... die eigentliche Angst ist die, die sich für das Letzte hält, aus der kein Weg mehr ist ...
Der Sprung aus der Angst zur Ruhe ist der ungeheuerste, den der Mensch tun kann. Daß er ihm gelingt, muß seinen Grund über die Existenz des Selbstseins hinaus haben; sein Glaube knüpft ihn unbestimmbar an das Sein der Transzendenz.
Erst die Angst, die den Sprung zur Ruhe findet, vermag auch rückhaltlos die Wirklichkeit zu sehen.
(Philosophie [1948] 877)

Abgrenzung und Ausblick

nomen. *S. Freud* hat alle Ängste von der Urangst des „Geburtstraumas" abzuleiten versucht und damit wiederum – über den biologischen Ansatz hinaus – auch die geistige Existenz in Anspruch genommen. Nicht eingehen können wir auf die verschiedensten Formen jener Angstbewältigung, die von der Psychohygiene über die Staatenbildung bis in die kultischen Bereiche der Hochreligionen reicht.

Was uns beim Umgang mit der Angst als einem biologischen wie anthropologischen Grundproblem bleibt, ist das „Phänomen Angst" nicht nur als Grundstimmung einer *insecuritas humana,* sondern auch als Mittel wahrhafter Existenzerhellung, als eine Möglichkeit humaner Lebensführung, die aber immer wieder auch ihre Grenzen findet.

Lit.: *Baeyer, W. von* und *W. von Baeyer-Katte*: Angst. Frankfurt 1973. *Benedetti, G. et alii*: Die Angst. Studien aus dem C. G. Jung-Institut, Bd. 10. Zürich – Stuttgart 1959. *Bilz, R.*: Studien über Angst und Schmerz. Frankfurt 1974. *Cannon, W. B.*: Körperliche Veränderungen bei Schmerz, Hunger, Furcht und Wut. New York 1929. *Ditfurth, H. von*: Aspekte der Angst. Starnberger Gespräche 1964. Stuttgart 1965. *Eickhoff, W.*: Schilddrüse und Basedow. Beiträge zur Histo-Morphologie und Funktion der Schilddrüse verschiedener freilebender Tiere. Stuttgart 1949. *Frauchiger, E.*: Grundriß zu einer vergleichenden Psychopathologie des Menschen und der Tiere. Zschr. Menschenkunde u. Zentralbl. Graphol. 21 (1957) 47–76. *Freud, S.*: Hemmung, Symptom und Angst. In: Ges. Schriften, Bd. 14. London 1944. *Gebsattel, V. E. von*: Anthropologie der Angst. In: Prolegomena einer medizinischen Anthropologie. Berlin – Göttingen – Heidelberg 1954. *Häfner, H.*: Angst. Furcht. In: Historisches Wörterbuch der Philosophie. Hg. Joachim Ritter. Bd. 1. Darmstadt 1971. *Hediger, H.*: Die Bedeutung der Flucht im Leben des Tieres und in der Beurteilung tierischen Verhaltens im Experiment. Die Naturwiss. 25 (1937) 185–188. *Hediger, H.*: Die Angst des Tieres. In: Die Angst. S. 7–33. Zürich 1959. *Heidegger, M.*: Was ist Metaphysik? Frankfurt 1949. *Hellner, H.*: Über die Angst. Gedanken eines Chirurgen. Stuttgart 1969. *Jaspers, K.*: Allgemeine Psychopathologie. Berlin, Heidelberg, New York, [8]1965. *Kielholz, P. (Hg.)*: Angst, psychische und somatische Aspekte. Bern – Stuttgart 1967. *Kierkegaard, S.*: Der Begriff der Angst. München 1976. *Künzli, A.*: Die Angst als abendländische Krankheit. Zürich 1948. *Lader, M. H.*: The Nature of Anxiety. Brit. J. Psychiatry 121 (1972) 481–491. *Leyhausen, P.*: Zur Naturgeschichte der Angst. Politische Psychologie 6 (1967) 94–112. *Lorenz, K.*: Die angeborenen Formen möglicher Erfahrung. Zschr. Tierpsychologie 5 (1943) 235–409. *Lorenz, K. und P. Leyhausen*: Antriebe tierischen und menschlichen Verhaltens. München 1968. *May, R.*: The Meaning of Anxiety. New York 1950. *Meyer-Holzapfel, M.*: Unsicherheit und Gefahr im Leben höherer Tiere. Schweiz. Zschr. Psych. u. Anwendungen 14 (1955) 171–194. *Michel, W.*: Gestalten der Angst. In: Die Kreatur 1 (1926) 17–30. *Neumann, J.*: Leben ohne Angst. Stuttgart 1942. *Panse, F.*: Angst und Schreck. Stuttgart 1952. *Pfister, O.*: Das Christentum und die Angst. Zürich 1944. *Schopenhauer, A.*: Aphorismen zur Lebensweisheit. Stuttgart 1941. *Wandruszka, M.*: Angst und Mut. Stuttgart 1950.

Heinrich Schipperges

Ångström s, Kurzzeichen Å, gesetzl. nicht mehr zulässige Längeneinheit: 1 Å = 10^{-10} m = 0,1 nm (Nanometer).

Anguidae [Mz.; v. lat. anguis = Schlange], die ⁊ Schleichen.   [Echten ⁊ Aale.]

Anguillidae [Mz.; v. lat. anguilla = Aal], die

Anguilliformes, die ⁊ Aalartigen Fische.

Anguillula w [v. lat. anguilla = Aal], früherer Gatt.-Name des ⁊ Essigälchens.

Anguimorpha [v. lat. anguis = Schlange, gr. morphē = Form], *Schleichenartige,* Zwischen-Ord. der Echsen mit den 3 Fam. ⁊ Schleichen, ⁊ Ringelschleichen, ⁊ Hökkerechsen.

Anguina w [v. lat. anguinus = schlangenartig], Gatt. der ⁊ Tylenchida.

Anguis w [lat., = Schlange], die ⁊ Blindschleiche.

Angulare s [v. lat. angularis = winklig, ekkig], bei allen Wirbeltieren außer den Säugern ein Deckknochen des Unterkiefers. Bei Säugetieren erfährt das A. einen Funktionswandel u. wird als Boden für das Mittelohr u. den äußeren Gehörgang dem Schädel angegliedert (dort als *Tympanicum* bezeichnet).

Angulus m [lat., = Winkel], Gatt. der Plattmuscheln, mit bis 25 mm langen, dünnen Klappen v. ovalem Umriß u. tiefer Mantelbucht; wichtig als Nahrung für Plattfische. *A. fabula* ist die häufigste Plattmuschel der Deutschen Bucht, wo sie sich bis 6 cm tief in Sand eingräbt; Verbreitung O-Atlantik v. Norwegen bis zum Mittelmeer.

angustisellat [v. lat. angustus = eng, sella = Sessel], heißen ovale Anfangskammern (Protoconche) v. trias- bis kreidezeitl. *Ammonoidea,* deren Prosutur durch einen v. Lateralloben stark eingeengten Externsattel gekennzeichnet ist.

Angustmycine [Mz.; v. lat. angustus = eng, gr. mykēs = Pilz], Purinantibiotika (Nucleosidantibiotika) aus verschiedenen *Streptomyces*-Arten. *Angustmycin A (Decoyinin)* wirkt spezifisch gg. Mykobakterien; der Mechanismus beruht auf der Hemmung der Bildung v. 5-Phosphoribosyl-1-pyrophosphat bei der Purinbiosynthese. *Angustmycin C (Psicofuranin)* besitzt antibakterielle u. antitumorale Aktivität u. hemmt spezifisch die XMP-Aminase (XMP = Xanthosin-5′-monophosphat) bei der Synthese v. Adenylsäure aus XMP.

Anhaloniumalkaloide, *Kaktusalkaloide,* Tetrahydroisochinolinalkaloide aus Kakteen (Mexiko, Texas, N-Amerika) mit schwacher narkot. Wirkung; Beispiele sind Meskalin, Hordenin (Anhalin), Pellotin, das eine dem Acetylcholin ähnl. krampfauslösende Wirkung zeigt, Pilocerin, ein Oligomeres, aus mehreren A.n durch Phenoloxidation verknüpft, u. Lophophorin mit der höchsten Toxizität unter den A.n.

Anhaloniumalkaloide
Die Anhaloniumbase Anhalonidin

Anhangsorgane, allgemeine Bez. für Fortsätze v. Organismen, bei Flechten z. B. in Verwendung für alle algenfreien Fortsätze am Thallus, so Cilien oder Rhizinen.

Anheftungsorgane, *Adhäsionsorgane, Haft- u. Klammerorgane,* Strukturen, die der festen Verankerung v. Parasiten am od. im Wirt dienen. Hierzu gehören Saugnäpfe u. Sauggruben bei Saug- u. Bandwürmern, saugglockenart. Mundhöhle bei Rundwürmern u. Haken bei parasit. Würmern, Läusen, Muschellarven u. ä. Auch Mundwerkzeuge parasitärer Arthropoden (Zecken, Flöhe) sorgen für festen Sitz am Wirt.

Anhimidae, die ⁊ Wehrvögel.

Anhingidae, die ⁊ Schlangenhalsvögel.

Anhydride [Mz.; v. gr. anhydros = wasserlos], *Säureanhydride,* durch Wasserabspaltung zw. zwei gleichen od. verschiedenen *(gemischte A.)* Säuren entstehende Verbindungen. Die anhydridische Bindung ist energiereich u. besitzt dadurch ein hohes Gruppenübertragungspotential. Moleküle mit anhydridischen Gruppen sind daher als aktivierte Verbindungen des Zellstoffwechsels weit verbreitet. Zum Beispiel liegen v. Phosphorsäure abgeleitete anhydridische Gruppen in den Nucleosiddiphosphaten u. Nucleosidtriphosphaten vor; gemischte A. zw. Phosphorsäuregruppen u. den Aminosäuren bzw. Fettsäuren kommen in Aminoacyl-Adenylsäuren bzw. Acyl-Adenylsäuren vor. APS u. PAPS sind gemischte A. zwischen Phosphorsäure u. Schwefelsäure.

Anhydrophryne w [v. gr. anhydros = wasserlos, phrynē = Kröte], Gatt. der Echten Frösche; nur 1 Art, *A. rattrayi;* kleine, kaum 2 cm lange, rötlichbraune bis schwärzl. Bewohner des Bodenstreu südafr. Wälder; ohne Spannhäute zw. Fingern u. Zehen; Männchen mit knorpelig harter Schnauzenspitze, mit der es Nester für die terrestr. Eier aushebt; Entwicklung direkt, ohne Larven.

Ani, *Crotophaga ani,* ⁊ Kuckucke.

Aniba ⁊ Rosenholz.

Aniliidae, die ⁊ Rollschlangen.

animalcules, *kleine Tiere,* histor. Benennung v. mikroskopisch kleinen Organismen (Bakterien, Protozoen u. a.) durch A. van Leeuwenhoek (1632–1723), der Regen-, Schnee- u. anderes Wasser, Pfefferaufguß sowie Zahnbeläge mit selbstgebauten Mikroskopen untersuchte; a. war auch die Bez. für die v. ihm u. seinem Schüler Hamm (1677) entdeckten „Samentierchen" (Spermatozoen). Leeuwenhoeks Hypothese über ihre Entwicklung diente den *Animalculisten* als Grundlage ihrer Präformationslehre.

animaler Pol, *Eipol,* an dem die Richtungskörper in der Meiose entstehen; er kann später spezifische Strukturen ausbilden, beim Seeigelkeim z. B. einen schlanken Wimperschopf. Bei telolecithalen Eiern ist der a. P. dotterarm u. liefert die Zellen für die meisten Organanlagen. ↗ Furchung.

animales Nervensystem, *animalisches Nervensystem,* dem Willen unterworfener Teil des Nervensystems, der zw. Umwelt u. Organismus vermittelt; ist für die Aufnahme v. Sinneseindrücken u. Aktivierung der Skelettmuskulatur zuständig. Diesem gegenüber steht das *autonome* od. *vegetative Nervensystem,* das nicht od. nur bedingt vom Willen beeinflußt werden kann.

animale Viren, v. engl. „animal viruses" abgeleitete Bez. für ↗ Tierviren.

Animalisierung *w,* Veränderung des embryonalen Entwicklungsablaufs, so daß diejenigen Anlagen überbetont werden, die dem animalen Bereich zugehören (animaler Pol). Bei einem z. B. durch Rhodanid-Ionen animalisierten Seeigelkeim wird der animale Wimperschopf zu ausgedehnt angelegt, während der Urdarm klein bleibt od. ganz fehlt. Ggs.: Vegetalisierung, Vegetavisierung.

Anion *s,* ein einfach od. mehrfach negativ geladenes u. daher im elektr. Feld zur Anode wanderndes Ion, z. B. das Chlorid-A. Cl^-, das Sulfat-A. SO_4^{2-} u. die A.en der organ. Säuren. Negativ geladene Molekülgruppen *(anionische Gruppen)* sind Bestandteile zahlr. wichtiger Stoffwechselprodukte, z. B. das Carbonsäure-A. in den Fettsäuren u. Aminosäuren, A.en von Phosphorsäureestern in den Nucleotiden u. Nucleinsäuren. Letztere besitzen innerhalb jeder Molekülkette bes. viele anionische Gruppen (ein Phosphorsäurediester-A. pro Nucleotidbaustein), weshalb Nucleinsäuren zu den Poly-A.en gezählt werden. Aus Gründen der Elektroneutralität können A.en immer nur gepaart mit positiv geladenen Ionen *(Kationen)* isoliert werden. In wäßrigen Lösungen, also auch innerhalb v. lebenden Zellen, können Anionen-Kationen-Paare jedoch leicht austauschen. Bei Strukturformeln anionisch (bzw. kationisch) aufgebauter Moleküle od. bei deren Reaktionsgleichungen werden daher die kationischen (bzw. anionischen) Partner häufig nicht berücksichtigt.

Anionenaustauscher, Ionenaustauscher, bei denen eine kationische Gruppe kovalent an eine feste unlösl. Matrix (z. B. Cellulose) gebunden ist, während das neutralisierende Anion nur ionisch gebunden u. daher durch andere Anionen austauschbar ist. Die Chromatographie an A.n *(Anionenaustausch-Chromatographie)* ist ein wichtiges Hilfsmittel zur Analyse v. Proteinen u. Nucleinsäuren bzw. v. deren Komponenten, den Peptiden, Aminosäuren, Oligonu-

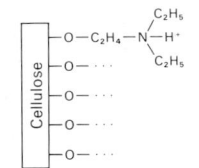

Anionenaustauscher
Aufbau der *DEAE-Cellulose*

aniso- [v. gr. anisos = ungleich], in Zss.: ungleich-.

Anisomyaria
Überfamilien:
Austerartige *(Ostreoidea)*
Kammuschelartige *(Pectinoidea)*
Miesmuschelartige *(Mytiloidea)*
Perlmuschelartige *(Pterioidea)*
Sattelmuschelartige *(Anomioidea)*

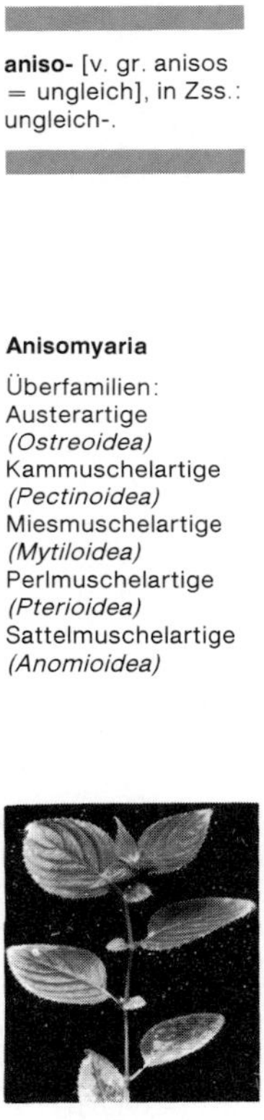

Beispiel einer Anisophyllie

cleotiden u. Mononucleotiden. Bes. häufige Verwendung als A. findet *DEAE-Cellulose;* bei dieser bildet Cellulose die unlösl. Matrix, deren Hydroxylfunktionen mit der kationischen Diäthylaminoäthyl- (engl. diethylaminoethyl, daher die Abk. DEAE) Gruppe $-CH_2-CH_2-NH^+-(CH_2-CH_3)_2$ ätherartig verknüpft sind.

Anis *m* [v. gr. anison = Dill], *Pimpinella anisum,* ↗ Bibernelle.

Anisandrus *m* [v. gr. anisos = ungleich, anēr, Gen. andros = Mann], älterer Gatt.-Name für *Xyleborus* (Holzbohrer), eine Gattung der ↗ Borkenkäfer, ↗ Ambrosiakäfer.

anisodont [v. *aniso-, odous, Gen. odontos = Zahn] ↗ heterodont.

Anisogamie *w* [v. *aniso-, gr. gamos = Hochzeit], Fortpflanzung mit Hilfe von *Anisogameten:* männl. und weibl. Gameten sind ungleich groß od. nur physiologisch *(physiologische A.)* verschieden.

anisognath [v. *aniso-, gr. gnathos = Kinnbacke] ↗ isognath.

Anisokotylie *w* [v. *aniso-, gr. kotylē = Becher], Bez. für die bei einigen zweikeimblättrigen Pflanzenarten ungleiche Ausbildung der beiden Keimblätter. Neuere Beobachtungen machen es wahrscheinlicher, daß die Einkeimblättrigkeit der einkeimblättrigen Bedecktsamer als Folge einer zunehmenden A. entstanden ist.

Anisolpidium *s* [v. *aniso-, gr. olpis = kleine lederne Flasche], Gatt. der ↗ Hypochytriomycetes.

Anisomyaria [Mz.; v. *aniso-, gr. mys = Muskel], U.-Ord. der *Filibranchia* mit 5 Überfam. (vgl. Tab.); Muscheln, bei denen der vordere Schließmuskel klein ist od. ganz fehlt; Mantel offen, ohne Siphonen.

Anisophyllie *w* [v. *aniso-, gr. phyllon = Blatt], Bez. für die an erwachsenen Pflanzen in unmittelbarer Nachbarschaft od. sogar am gleichen Knoten sich in der Größe unterscheidende Blattausbildung. Unterscheiden sich solche Blätter dagegen deutlich in ihrer Gestalt, spricht man v. *Heterophyllie.*

Anisopoda [v. *aniso-, gr. pous, Gen. podos = Fuß], die ↗ Scherenasseln.

Anisopodidae [Mz.; v. *aniso-, gr. pous, Gen. podos = Fuß], die ↗ Fenstermücken.

Anisoptera [v. *aniso-, gr. pteron = Flügel], U.-Ord. der ↗ Libellen.

Anisostylie *w* [v. *aniso-, gr. stylos = Griffel], die ↗ Heterostylie.

Anisothecium *s* [v. *aniso-, gr. thēkion = Behältnis], Gatt. der ↗ Dicranaceae.

Anisotomie *w* [v. *aniso-, gr. tomē = Schnitt], ↗ dichotome Verzweigung.

anisotonische Lösungen [Mz.; v. *aniso-, gr. tonos = Spannung], Lösungen, die entweder geringeren *(hypotonisch)* od.

höheren *(hypertonisch)* osmot. Wert als die v. ihnen umgebene Zelle haben; Ggs.: *isotonisch* = Lösungen gleichen osmot. Wertes.

Anisotropie w [v. *aniso-, gr. tropē = Wendung], Kennzeichen biol. Objekte, nicht nach allen Richtungen des Raums die gleichen morpholog., funktionalen oder opt. Eigenschaften aufzuweisen. So besitzen viele Eier v. Tieren, u. a. die v. Seeigeln und Amphibien, einen animalen u. einen vegetativen Pol und lassen demnach eine Symmetrieebene definieren. Pflanzl. Zellwände sind gewöhnlich optisch anisotrop u. lassen auf diese Weise die Vorzugsrichtung der Cellulosefibrillen erkennen.

Anisus m [v. gr. anisos = ungleich], Gatt. der Tellerschnecken, mit dünn-scheibenförm. Gehäuse, lebt in Gräben u. Tümpeln v. Europa, N-Afrika u. N-Asien.

Ankerwirkung, (R. Richter), Bez. aus der Biostratonomie für die Bewegungsbehinderung driftender Organismenreste durch (ankerartige) körpereigene Fortsätze; meist angewendet auf Muscheln. Bei Desmodontiern (z. B. *Mya arenaria*) führt die A. des Ligamentlöffels der linken Schalenklappen zu einer Frachtsonderung gegenüber isolierten rechten Klappen.

Ankistrodesmaceae [Mz.; v. gr. agkistron = Angelhaken, desma = Band], Fam. der *Chlorococcales,* einzellige Grünalgen mit langgestreckten, spindelförmig gebogenen Zellen, leben einzeln od. in Kolonien; die häufigste Art, *Ankistrodesmus falcatus,* hat spitz zulaufende, schwach gebogene schmale Zellen, die sich zu mehrzelligen Kolonien zusammenlagern. *Selenastrum* ähnelt *Ankistrodesmus,* die Zellen sind aber sichelförmig.

Ankömmlinge, die ↗Adventivpflanzen.

Ankylosauria [v. gr. agkylos = krumm, saura = Eidechse], Reptilien der Kreidezeit, U.-Ord. der ↗Ornithischia.

Ankylostomiasis w [v. gr. agkylos = krumm, stomion = Mund], die ↗Hakenwurmkrankheit.

Ankyra w [v. gr. agkyra = Anker], Gatt. der ↗Characiaceae.

Ankyrin s [v. gr. agkyra = Anker], peripheres Membranprotein auf der Innenseite der Erythrocytenmembran, relative Molekülmasse 210 000; vermittelt als Bestandteil des Cytoskeletts zw. dem Anionencarrier, einem integralen Membranprotein, und dem Heterodimer Spektrin.

Anlage, 1) die Fähigkeit lebender Wesen, durch Erbfaktoren bestimmte, noch nicht entwickelte Eigenschaften auszubilden: äußere Merkmale, z. B. Größe, Wuchs, Körperbedeckung; innere Merkmale, z. B. psych. Leistungen. Beim Menschen untersucht bes. die Zwillingsforschung, was A. u. was Erziehung bzw. Anpassung ist. **2)** Disposition für eine bestimmte Krankheit, z. B. die „diabet. A.". **3)** *präsumptive A., zukünftige A.,* in der Entwicklungsbiol. Keimareale vor ihrer sichtbaren Abgrenzung, welche sich später zu bestimmten Organen od. Geweben differenzieren. Ein Plan solcher auf den Keim projizierter Areale wird als *Anlagenplan* bezeichnet.

Anmoor, *Anmoorgley,* Boden mit hoch anstehendem Grund- od. Stauwasser, oft Übergangsstadium bei der Verlandung eines Niedermoors. Profilaufbau: A_h-(G_o)-G_r (↗Bodenhorizonte). Der bis zu 40 cm mächtige, schwarzgraue Oberboden (A_h) enthält als Humusform *Anmoorhumus,* der wegen zersetzungshemmender, anaerober Bedingungen zu 15–30 Gewichtsprozent aus organ. Substanz besteht.

Anmoorgesellschaften, *Sphagnetalia compacti,* Ordnung der ↗Oxycocco-Sphagnetea.

annealing [^{e}niling; engl., = tempern], die Vereinigung zweier komplementärer Nucleinsäureketten (DNA od. RNA) zu den entsprechenden Doppelsträngen durch gemeinsames Erhitzen u. langsames Abkühlen der wäßrigen Lösungen. ↗Hybridisierung.

Annelida [Mz.; v. lat. annellus = Ringlein], die ↗Ringelwürmer.

Annellokonidie w [v. lat. annellus = Ringlein, gr. kōnion = Zapfen], eine Blastokonidie, die häufig bei Fungi imperfecti zu finden ist. ↗Konidien.

Annidation w [v. lat. ad = zu, nach, nidus = Nest], bei Beuteltieren u. den placentalen Säugetieren das Festsetzen des befruchteten Eies in der Uterusschleimhaut.

Anniellidae, die ↗Ringelschleichen.

Annonaceae [Mz.], *Rahmapfelgewächse,* eine der größten Fam. der Magnolienartigen mit 120 Gatt. und ca. 2000 Arten; weltweit in trop. Regenwäldern verbreitet. Sämtl. Arten verholzen; als Lebensformen kommen Bäume, Sträucher u. Kletterpflanzen vor. Die Blätter sind nebenblattlos, meist ungeteilt, ganzrandig u. zweizeilig angeordnet. Die meist monoklinen Blüten entspringen häufig direkt dem Stamm (Cauliflorie). Viele Arten zeigen noch ursprüngliche Merkmale, z. B. eine langgestreckte Blütenachse u. viele schraubig angeordnete Staubblätter. Das Perianth mit seinen meist 3 Wirteln mit je 3 Blütenhüllblättern ist dagegen als abgeleitet anzusehen. Der unterste Wirtel ist als Kelch, die beiden anderen sind als Krone ausgebildet. Nach der Ausbildung des Gynözeums können 2 U.-Fam. unterschieden werden: Die *Annonoideae* sind gekennzeichnet durch meist zahlr., schraubig angeordnete, unverwachsene Fruchtblätter.

aniso- [v. gr. anisos = ungleich], in Zss.: ungleich-.

Annuelle

Genutzt werden v. a. die saft. Sammelfrüchte (einzelne Beeren mit der saft. Blütenachse verwachsen: Sammelbeeren) v. Arten der Gatt. *Annona*. Wichtige Arten sind: *A. cherimola* (Cherimoya), *A. muricata* (Sauersack, Stachelannone), *A. reticulata* (Ochsenherz) und *A. squamosa* (Rahmapfel, Süßsack). Diese Arten stammen alle aus Amerika, werden inzwischen aber auch in anderen trop. Gebieten angebaut. Das Fruchtfleisch ist weich u. breiig, die Früchte können bis zu 2 kg schwer werden. Die Früchte zweier Arten der Gatt. *Xylopia*, *X. aethiopica* u. *X. aromatica*, werden als Pfefferersatz verwendet. Aus den Blüten der durch offene Fruchtblätter ausgezeichneten *Cananga odorata* wird das in der Parfüm-Ind. verwendete *Ilang-Ilang-Öl* gewonnen. *Makassaröl* entsteht durch Eintauchen der Blüten in Kokosnußöl. Die U.-Fam. *Monodoroideae* besteht aus nur 2 Gatt., die sich durch untereinander zu 1 Fruchtknoten verwachsene Fruchtblätter auszeichnen. Dazu gehört die aus W-Afrika stammende *Monodora myristica*, aus deren Samen ein als *Kalebassenmuskat* bekanntes Gewürz gewonnen wird.

Annuelle *w* [v. frz. annuel = jährlich; Bw. *annuell*], einjährige Pflanzen, die innerhalb eines Jahres v. der Keimung bis zur Samenreife gelangen u. die ungünstige Jahreszeit als Samen überdauern. Ggs.: Mehrjährige.

Annularia *w* [v. lat. annularius = Ring-], Gatt.-Name für bestimmte Blattformen der ↗ Calamitaceae.

annulosiphonat [v. lat. annulus = Ring, gr. siphōn = Röhre], heißen fossile Nautiliden, deren weiter Siphonalkanal durch organogene ringförm. Kalkausscheidungen (Obstruktionsringe) sukzessive eingeengt wurde.

Annulus *m* [lat., = Ring], **1)** ringförm. Muskelfeld, das den Weichkörper v. Nautilus mit der Schale verbindet; im Schaleninnern als ringförm., schwache, v. zwei Wülsten begrenzte Erhebung sichtbar. **2)** oktagonal angeordnete elektronendichte Region in der Kernhülle, die jede Kernpore begrenzt; setzt sich aus 8 Untereinheiten zus. und verstärkt als Ringwulst den Porenrand (⌀ 60 nm). Der lichte Durchmesser der Pore wird durch den A. beträchtlich eingeschränkt (15 nm). Dieser *Zentralkanal* wird in der lebenden Zelle häufig von einem *Zentralgranulum* ausgefüllt, das ebenso wie die A.untereinheiten aus Ribonucleoprotein besteht.

Anoa *m* [indones.], *Gemsbüffel*, *Bubalus depressicornis*, das kleinste u. urtümlichste aller heute noch lebenden Wildrinder; Kopfrumpflänge ca. 160 cm, Schulterhöhe 60–100 cm. Der A. lebt in 2, möglicherweise auch 3 U.-Arten ausschließlich in den Sumpfwäldern auf Celebes u. ist aufgrund intensiver Bejagung v. der Ausrottung bedroht.

anomal- [v. gr. anōmalos = ungleich, unregelmäßig].

Anobiidae [Mz.; v. gr. anō = nach oben, bios = Leben], die ↗ Klopfkäfer.

Anodonta *w* [v. gr. anodous = zahnlos], die ↗ Teichmuscheln.

Anoestrus *m* [v. gr. an- = nicht, oistros = Brunft], „Unbrunft", Intervall sexueller Ruhe zw. zwei Oestrus-(Brunft-)Zyklen bei Säugetieren od. aber auch das fortdauernde Ausbleiben der Brunft bei reifen Tieren.

Anolis, *Saumfinger*, formenreichste Gatt. der Leguane mit ca. 160 Arten; im trop. u. subtrop. Amerika (südl. der Appalachen bis S-Brasilien einschl. der Westind. Inseln) beheimatet; bis 60 cm lange (Schwanz fast ⅔ der Gesamtlänge), schlanke, vorwiegend insektenverzehrende Baum- u. Strauchkletterer mit hakenbesetzten Haftpolstern an der Unterseite der vorletzten Finger- u. Zehenglieder; auffälliges Imponierverhalten durch aufspreizbaren, gelegentlich mehrfarbigen Kehlsack; auch ein aufrichtbarer Nacken- od. Rückenkamm kann vorhanden sein. A. leben oft in großer Zahl auf engem Raum beisammen u. sind beliebte Terrarientiere (z. B. der Rotkehl-A., *A. carolinensis,* B Nordamerika IV).

Anomala *w* [v. gr. anōmalos = ungleich, unregelmäßig], Gatt. der ↗ Blatthornkäfer.

Anomalepis, Gatt. der ↗ Blindschlangen.

Anomalie *w* [v. gr. anōmalia = Ungleichheit], Abweichung v. der normalen Form, z. B. Fehlbildung (Mißbildung), oder v. der Norm abweichendes Verhalten.

Anomalodesmacea [Mz.; v. *anomal-, gr. desma = Band], *Zahnlose Muscheln*, U.-Ord. der Blattkiemer mit 9 Fam. in 2 Überfam. (vgl. Tab.); Schloßband meist mit einem Kalkstück, die Klappen sind dünn, ungleich u. bei einigen Arten stark reduziert, Scharnier mit schwachen od. ohne Zähne; die meist zwittrigen Arten leben grabend, seltener bohrend, u. nur im Meer.

Anomalopidae [Mz.; v. *anomal-, gr. ōpē = Aussehen, Blick], die ↗ Laternenfische.

Anomaluridae [Mz.; v. *anomal-, gr. oura = Schwanz], die ↗ Dornschwanzhörnchen.

Anomia *w*, die Zwiebel- od. ↗ Sattelmuscheln.

Anomocoela ↗ Froschlurche.

Anomodontia, † U.-Ord. der *Therapsida*, meist herbivore Vertreter; Beispiel: *Moschops capensis* Broom aus der permotriadischen Karrooformation S-Afrikas; Verbreitung: Perm – Trias.

Anomopoda [Mz.], Überfam. der ↗ Wasserflöhe.

Anomalodesmacea
Überfamilie Büchsenmuschelartige *(Pandoroidea)*
Familien:
↗ Büchsenmuscheln *(Pandoridae)*
Cleidothaeridae
Laternulidae, ↗ *Laternula*
Lyonsiidae
Myochamidae
Periplomatidae
↗ Rippenmuscheln *(Pholadomyidae)*
Thraciidae, ↗ *Thracia*

Überfamilie Gießkannenmuschelartige *(Clavagelloidea)*
Familie:
↗ Gießkannenmuscheln *(Clavagellidae)*

Anomura, *Mittelkrebse,* Abt. der *Reptantia* (Ord. *Decapoda*); vermitteln in der Gestalt zw. den langschwänzigen Krebsen (z. B. *Astacura*) u. den kurzschwänzigen Krabben *(Brachyura).* Das Pleon ist ventrad eingeschlagen, der Habitus sehr mannigfaltig. Manche A. erinnern an Krabben; es sind aber entweder deutl. Uropoden vorhanden, od. das Pleon ist asymmetrisch. Meist ist das letzte Pereiopodenpaar in der Kiemenhöhle verborgen. Die 1. Antennen sind meist kurz, ähnlich denen der Krabben, die 2. lang u. mit einem schuppenförm. Exopoditen versehen. Zu den A. zählen ca. 1400 Arten; am bekanntesten sind die Einsiedlerkrebse.

anonymer Verband, Tiergesellschaft, deren Mitgl. sich nicht individuell kennen, sondern die durch die anziehende Wirkung sozialer Signale (soziale Attraktion) zusammengehalten wird. Ein Fischschwarm wird z. B. durch die anziehenden u. ausrichtenden Färbungs- u. Bewegungssignale der Artgenossen gebildet. Bei Schwärmen dieser Art kann die Koordination der Bewegungen der Einzelindividuen sehr hoch sein, ohne daß individuelle Signale an einen Artgenossen gegeben werden (z. B. Starenschwarm). Ein a. V. kann offen od. geschlossen sein, d. h., er kann jedem Artgenossen offen stehen od. nur solche zulassen, die über bestimmte Verbandsmerkmale verfügen. Die erwähnten Fisch- od. Vogelschwärme sind offen, ebenso Brutkolonien v. Möwen od. von Mauerbienen usw. Dagegen haben Verbände v. Ratten od. Mäusen einen spezif. Geruch, u. anders riechende Artgenossen werden bekämpft. Die hochentwickelten Insektenstaaten (Bienenstock, Ameisenbau) stellen ebenfalls geschlossene anonyme Verbände dar. Der a. V. muß einerseits v. der bloßen Aggregation unterschieden werden, die durch Umwelteinflüsse (u. nicht durch Reize vom Artgenossen) zustande kommt. Auf der anderen Seite unterscheidet er sich v. den individualisierten Verbänden (geschlossenen Gruppen), die auf der individuellen Kenntnis der Gruppenmitglieder beruhen.

Anopheles *m* [v. gr. anóphelēs = unnütz, schädlich], *Fiebermücke, Gabelmücke,* Gatt. der ↗Stechmücken; 1,5 cm großes, weltweit verbreitetes Insekt. Die Weibchen ernähren sich durch Blutsaugen an Wirbeltieren u. übertragen durch den Stich die ↗Malaria *(Malariamücke);* die Männchen stechen nicht. Noch im Mittelalter kam der A. auch in Mitteleuropa Bedeutung als Überträgerin der Malaria zu; seit Ende des 2. Weltkriegs ist hier kein Fall mehr bekannt geworden. Gründe dafür sind wahrscheinlich Klimaverschiebungen u. Trok-

Anomura
Wichtige Familien:
Coenobitoidea
 ↗Einsiedlerkrebse
 (Pylochelidae,
 Diogenidae)
 Landeinsiedlerkrebse *(Coenobitidae)*
Paguroidea
 ↗Einsiedlerkrebse
 (Paguridae)
 ↗Steinkrabben
 (Lithodidae)
Galatheoidea
 ↗Furchenkrebse
 (Galatheidae)
 ↗Porzellankrabben
 (Porcellanidae)
Hippoidea
 ↗Sandkrebse
 (Albuneidae,
 Hippidae)

anonymer Verband
offene anonyme Verbände:
Schulen v. Hochseefischen
Vogelschwärme
Weideherden v. Huftieren
Brutkolonien v. Vögeln u. Insekten
Manche Jagdgemeinschaften, z. B. Fischgemeinschaften v. Pelikanen

geschlossene anonyme Verbände:
Sippen v. Kleinnagern (Ratten- u. Mäuseverbände)
Insektenstaaten
Wohnverbände bei Wüstenasseln, die in gemeinsamen Erdhöhlen leben

Anoplura
Wichtige Familien und Arten:
Haematopinidae
 Hundelaus *(Linognathus setosus)*
 Rinderlaus *(Haematopinus eurysternus)*
 Schweinelaus *(Haematopinus suis)*
Pediculidae
 ↗Filzlaus *(Phthirus pubis)*
 ↗Kleiderlaus *(Pediculus corporis)*
 ↗Kopflaus *(Pediculus capitis)*

Anopheles

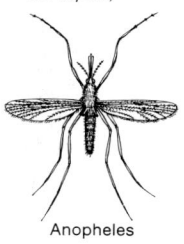

kenlegungen, die die Entwicklung der A. u. der Malaria einengten. Die Eier der A. schwimmen auf der Wasseroberfläche stehender Gewässer u. kleinster Pfützen, die Larven hängen unter Ausnutzung der Oberflächenspannung mit Hilfe von fächerartigen Haaren waagrecht unter der Wasseroberfläche u. ernähren sich durch Einstrudeln kleiner Nahrungspartikel.

Anopla *w* [gr., = unbewaffnet], U.-Kl. der Schnurwürmer, umfaßt die beiden Ord. *Palaconemertini* u. *Heteronemertini;* Rüssel ohne Giftstachel, Zentralnervensystem in der Epidermis od. der Muskelschicht.

Anoplocephala *w* [v. gr. anoplos = unbewaffnet, kephalē = Kopf], Gatt. der ↗Cyclophyllidea.

Anoplopomatidae [Mz.; v. gr. anoplos = unbewaffnet, pōma = Deckel], die ↗Schwarzfische.

Anoplura [Mz.; v. gr. anoplos = unbewaffnet, oura = Schwanz], *Siphunculata, Echte Läuse,* U.-Ord. der Tierläuse, weltweit mit ca. 300 Arten verbreitete Insekten; ausnahmslos Parasiten der Säugetiere u. des Menschen, v. deren Blut sie sich ernähren. Die A. sind höchstens 6 mm groß u. reich beborstet. Zum Blutsaugen haben die A. einen kegelförm. Kopf mit kleinen Zähnchen zum Anraspeln der Haut. Die eigentlichen Mundwerkzeuge sind stechend-saugend u. kompliziert gebaut. Anpassungen an das parasit. Leben sind starke Klammerbeine zum Festkrallen im Haarkleid des Wirts u. ein abgeplatteter Körper mit festem Chitinpanzer. Das Blut des Wirts wird in 8 bis 15 Min. pro „Mahlzeit" mit rhythmischen Pumpbewegungen in den dehnbaren Mitteldarm befördert, wo es mit Hilfe endosymbiont. Mikroorganismen verdaut wird; Nahrungsmangel wird nur kurz ertragen. Die ganze Entwicklung verläuft auf dem Wirt; das Weibchen ist größer als das Männchen u. klebt die Eier (Nissen) in das Haarkleid des Wirts; es werden 3 Larvenstadien durchlaufen. Die A. spielen als Krankheitserreger eine große Rolle. Die am Menschen parasitierenden Arten aus der Fam. der *Pediculidae* sind die Kopflaus *(Pediculus capitis),* die Kleiderlaus *(Pediculus corporis)* u. die Filzod. Schamlaus *(Phthirus pubis).* Der größte Teil der bekannten Arten kommt auf Huf- u. Nagetieren vor, bes. auf Haustieren, wie die Schweinelaus *(Haematopinus suis)* u. die Rinderlaus *(Haematopinus eurysternus)* aus der Fam. der *Haematopinidae.* Bei Hunden kommt zuweilen die Hundelaus *(Linognathus setosus)* vor. Bei Walen u. Seekühen fehlen die A. ganz, bei Robben jedoch gibt es Arten, die Luftblasen in speziellen Schuppen mitnehmen, wenn die Robben tauchen.

Anoptichthys *m* [v. gr. anoptos = blind, ichthys = Fisch], der blinde Höhlen- ↗ Salmler.

anorganisch, Sammelbez. für die chem. Elemente außer dem Kohlenstoff, für die kohlenstofffreien Verbindungen (mit Ausnahme der Kohlenstoffoxide CO_2 und CO sowie der Carbonate u. Carbide) u. für Systeme od. Prozesse der unbelebten Natur. In der a.en Chemie werden ca. 50 000 a.e Verbindungen beschrieben. Neben den a.en Verbindungen Wasser, Kohlendioxid u. Sauerstoff (O_2), die v. zentraler Bedeutung für fast alle biol. Systeme sind, üben bes. Salze u. deren Ionen als Aktivatoren für Enzyme, bei osmot. Prozessen, bei der Nervenleitung od. in Ökosystemen wichtige biol. Funktionen aus. Ggs.: organisch.

anorganische Dünger, in der Natur vorkommende (z. B. Kalkmergel, Phosphate, Chilesalpeter) od. synthetisch gewonnene Salze, die einen od. mehrere der Hauptpflanzennährstoffe N, P, K (Stickstoff, Phosphor, Kalium) enthalten.

Anorgoxidation, die ↗ Chemolithotrophie.

Anormogenese *w* [v. gr. a- = nicht, lat. norma = Regel, gr. genesis = Entstehung], vom normalen abweichender Entwicklungsverlauf.

Anorthoploïdie *w* [v. gr. an = nicht, orthos = gerade, richtig, diplois = zweifach], eine Form der Autopolyploidie, bei welcher der einfache Chromosomensatz ungeradzahlig vervielfacht ist. A. kommt bes. bei hochgezüchteten Kulturpflanzen, wie der Zuckerrübe (triploid) u. dem Gravensteiner Apfel (ebenfalls triploid), vor, die dann nur noch vegetativ vermehrt werden können. Bei Amphibien wurden allerdings fertile Triplonten gefunden.

Anorthospirale *w* [v. gr. an = nicht, orthos = gerade, richtig, speira = Windung], eine aus den beiden Chromatiden eines Chromosoms zusammengesetzte Doppelspirale; die Trennung der beiden Chromatiden im Verlauf einer Kernteilung ist bei der A. im Ggs. zur Orthospirale ohne vorherige Entspiralisierung möglich.

Anosmie *w* [v. gr. anosmos = geruchlos], Fehlen des Geruchssinns; Tiere, bei denen der Geruchssinn verkümmert ist (z. B. Vögel), werden *Anosmaten* genannt.

Anostomidae [Mz.; v. gr. anō = empor, nach oben, stoma = Mund], Fam. der ↗ Salmler.

Anostraca [Mz.; v. gr. an- = nicht, ostrakon = Schale], *Kiemenfußkrebse, Kiemenfüßer,* U.-Kl. der Krebstiere (od. Ord. der *Branchiopoda*) mit ca. 175 Arten. Urtüml., weichhäut. Tiere mit langgestrecktem Körper ohne Carapax. Auf den Kopf folgen 11 (selten 17 bis 19) Thorakomeren mit gleichartig gestalteten Blattfüßen u. ein beinloses Abdomen aus 8 Segmenten, das mit einer Furca endet. Die beiden vordersten Abdominalsegmente sind verschmolzen u. tragen die Geschlechtsöffnungen. Der Kopf trägt große, gestielte Komplexaugen u. Naupliusaugen. Die 1. ↗ Antennen sind kurz u. dünn, die 2. viel größer u. bei den Männchen zu mächtigen, bizarren Klammerorganen umgestaltet, den sog. Stirnfortsätzen, die oft geweihartig verzweigt sind. Die Mandibeln sind einfache Endite ohne Palpen, die Maxillen sind klein und reduziert. Die meisten Arten sind 1 bis wenige cm lang, *Branchinecta gigas* in N-Amerika erreicht 10 cm. Die A. schwimmen langsam mit dem Rücken nach unten; bei Gefahr können sie sich mit einem Schlag des Abdomens zur Seite schnellen. Beim Schwimmen schlagen die Blattfüße eines Paares synchron, u. von hinten nach vorn verlaufen Bewegungswellen über die hintereinander liegenden Beinpaare. Dabei wird gleichzeitig Plankton filtriert, das über eine ventrale Nahrungsrinne nach vorn unter die große Oberlippe u. schließlich in den Mund gebracht wird. Alle Arten bewohnen Extrembiotope: das Salinenkrebschen *Artemia salina* Salzseen u. Salinen, die meisten anderen Arten ephemere Gewässer, Schmelztümpel u. ä. Ihre Eier können (u. müssen) austrocknen; sie fallen nach der ersten Gastrulationsphase in eine Diapause. Werden sie überschwemmt, entwickelt sich innerhalb weniger Tage ein Nauplius, der über zahlr. Metanaupliusstadien heranwächst u. dann in einer Metamorphose die larvale Bewegungsweise (Antriebsorgan ist die 2. Antenne) auf die adulte umstellt. Die Adulten leben nur wenige Wochen. Bei der Paarung umklammert das Männchen das Weibchen mit seinen modifizierten 2. Antennen u. führt einen seiner beiden Penes in die weibl. Geschlechtsöffnung. Die mit einer festen Schale umgebenen Eier werden zunächst in einer Erweiterung der Genitalsegmente getragen, bevor sie herausfallen. *Chirocephalus (Siphonophanes) grubei* ist in Mitteleuropa eine Frühjahrsart, die gleich nach der Schneeschmelze auftritt, *Branchipus stagnalis* eine Sommerart, die v. April bis Sept. vorkommen kann. *Tanymastix lacunae,* in Mitteleuropa nur im Eichener See bei Schopfheim, entwickelt sich bei Temperaturen unter 16 °C.

Anotheca *w, Kronenlaubfrosch,* Gattung der Beutelfrösche; nur eine Art, *A. spinosa;* mittelgroße (60 bis 75 mm) Laubfrösche, deren Kopfhaut zusammen mit dem Schädeldach verknöchert ist und zahlreiche Dornen trägt; im Ggs. zu anderen Beutelfröschen ohne Bruttasche; die Eier werden in wassergefüllte Blattachseln v.

Anostraca
Familien und wichtige Gattungen:
Branchinectidae
 Branchinecta
Artemiidae
 Artemia (*A. salina,* ↗ Salinenkrebschen)
Branchipodidae
 Branchipus
 Tanymastix
Chirocephalidae
 Chirocephalus
 Siphonophanes
Streptocephalidae
 Streptocephalus
Polyartemiidae

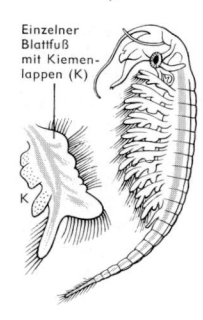

Einzelner Blattfuß mit Kiemenlappen (K)

Blattfußkrebs
(*Branchipus*)

Bromelien u. in Baumlöcher abgelegt; die Larven ernähren sich v. Froscheiern u. Kaulquappen.

Anotopteridae [Mz.; v. gr. an = nicht, nōtos = Rücken, pterygion = Flosse], Fam. der ↗Laternenfische.

Anoxie [v. gr. an- = nicht, lat. oxygenium = Sauerstoff], *Sauerstoffmangel;* da der Gehirn- u. Herzstoffwechsel ihre Energie hpts. aus oxidativen Abbauprozessen beziehen, führt eine Unterbrechung der Sauerstoffzufuhr infolge Mangels an energiereichen Phosphaten rasch zu Funktionsstörungen. Im Gehirn wird z. B. die Übertragung der Speicherinhalte vom Kurzzeit- zum Langzeitgedächtnis verhindert. Beim Herzen treten bei normaler Körpertemperatur nach 30 min andauernder A. irreversible Strukturveränderungen des Myokards auf (Wiederbelebungszeit). Wird die Stoffwechselintensität durch Kühlung verringert, läßt sich dieser Zeitpunkt hinauszögern, ein Verfahren, das z. B. in der Herzchirurgie Anwendung findet.

Anoxybiose *w* [v. gr. an- = nicht, lat. oxygenium = Sauerstoff, gr. bios = Leben], die ↗Anaerobiose.

anoxygene Photosynthese *w*, bakterielle Photosynthese unter anaeroben Bedingungen, in der kein molekularer Sauerstoff (O_2) entsteht (↗phototrophe Bakterien); Ggs.: *oxygene Photosynthese* der Cyanobakterien u. grünen Pflanzen, in der O_2 frei wird (↗Photosynthese).

Anpassung; Organismen sind im Gegensatz zu unbelebten Systemen dadurch ausgezeichnet, daß sie „zweckmäßig" und planvoll aufgebaut sind. Diese planvolle Konstruktion können Lebewesen nur dadurch aufrechterhalten, indem sie ständig ihrer Umwelt Energie entnehmen. Lebewesen besitzen im Ggs. zu unbelebten Objekten eine Umwelt. Mit dieser Umwelt stehen Lebewesen in Wechselbeziehung. Daher müssen Organismen über Eigenschaften verfügen, die ihnen diese Wechselbeziehung mit ihrer Umwelt gestatten. Eigenschaften, die Lebewesen diese lebenserhaltende Auseinandersetzung mit den unterschiedlichsten Umweltbedingungen gestatten, nennt man A.en *(Adaptationen).* A.en haben Funktionen, sie erfüllen einen „Zweck". A.en sind aber durch keine finalistische, sondern eine a-posteriori-Zweckmäßigkeit ausgezeichnet; sie sind das Ergebnis vorausgegangener Selektion. Die Selektion ist ein statistischer Prozeß, in dem eine A. auf ihren *A.swert* überprüft wird. Besitzer von A. mit höherem A.swert werden von der Selektion bevorzugt. Bevorzugt bedeutet in diesem Zshg., daß der Träger einer A. mit höherem A.swert mit größerer Wahrscheinlichkeit Nachkommen hervorbringen kann, als der Träger einer A. mit geringerem A.swert. Individuen mit der besseren A. werden in der Population der nächsten Generation relativ häufiger sein; besser angepaßt bedeutet auch einen höheren Grad an Ökonomisierung, d. h. letztlich eine ökonomischere Nutzung der Umwelt. Eine A. (Phän) wird durch die Selektion, die vom „äußeren" Milieu ausgeht, herausgebildet. Dieser „äußeren A." ist die „innere A." der zahlr. Gen-Wechselwirkungen (Epigenotypus) unterlegt. Der A.swert eines Gens hängt damit nicht nur von seinem unmittelbaren Beitrag zu einem Phän ab, sondern auch von seinem eignungssteigernden Einfluß auf andere Gene. Der A.swert eines Phänotypus wird durch den Epigenotypus bestimmt. Der „Zweck" einer A. ist die Fortpflanzung und damit die Weitergabe der einer A. zugrundeliegenden genet. Information. Damit eine Art mit ihren A.en erhalten bleibt, darf der Informationsfluß von Generation zu Generation nicht abreißen. ↗Adaptation.

Anpassungswert, der ↗Adaptationswert.

Anredera, Gatt. der ↗Basellaceae.

Anreicherung, die ↗Akkumulierung.

Anreicherungshorizont, durch Verlagerungsprozesse mit Humus, Ton, Eisen-, Mangan- od. Aluminiumverbindungen, Carbonaten od. Salz angereicherter ↗Bodenhorizont.

Anreicherungskultur, *Elektivkultur,* Kultur v. Mikroorganismen in selektiver Nährlösung, durch die eine bestimmte Art od. physiol. Gruppe gegenüber der Begleitflora angereichert wird. Anschließend od. nach weiteren Flüssigkulturen erfolgt ein Ausstrich auf feste Nährböden, v. denen sich die angereicherten Mikroorganismen als *Reinkultur* isolieren lassen. Selektive Bedingungen werden durch die Zusammensetzung des Nährmediums u. bestimmte Kulturbedingungen erreicht: Wahl der Energie-, Kohlenstoff- u. Stickstoffquelle, der Gasphase, des pH-Werts, der Temperatur, durch Hemmstoffzusätze u. a. Faktoren. A.en sind von S. Winogradsky und M. W. Beijerinck zur Isolierung v. physiolog. Bakteriengruppen aus Boden u. Wasser eingeführt worden; in der med. Diagnostik wichtig zur Identifizierung bestimmter pathogener Bakterien, z. B. Salmonellen aus Fäkalien, wobei die Begleitflora durch Zusatz von bes. Hemmstoffen unterdrückt wird. [↗Schildbäuche.

Ansauger, *Lepadogaster bimaculatus,*

Anser *m* [lat., = Gans], Gatt. der ↗Gänse.

Anseranas *w* [v. lat. anser = Gans, anas = Ente], Gatt. der ↗Entenvögel.

Anseriformes [Mz.; v. lat. anser = Gans, -formis = -förmig], die ↗Gänsevögel.

Anserinae

antenn- [v. lat. antemna = Segelstange].

Anserinae [Mz.; v. lat. (aves) anserinae = Gänsevögel], die ↗ Gänse.
Anseropoda w [v. lat. anser = Gans, gr. pous, Gen. podos = Fuß], der ↗ Gänsefußstern.
Ansiedler, die ↗ Adventivpflanzen.
Ansonia, die ↗ Zirpkröten.
Ansteckung ↗ Infektion.
Anstellhefe, *Stellhefe, Impfhefe,* Suspension v. Hefe-Reinkulturen, die zur Beimpfung der Produktionsfermenter zur industriellen Herstellung v. Back- u. Futterhefe, zum Bierbrauen u. zur Weinbereitung dienen. Die Vermehrung der A. erfolgt meist stufenweise in bes. Anstellbottichen od. belüfteten Fermentern mit zunehmend größerem Volumen. In neueren Verfahren wird die A. in kontinuierl. Kultur vermehrt. Es werden verschiedene Heferassen verwendet, die dem jeweiligen Zweck bes. angepaßt sind. [sten.
Antagonist *m*, Gegenspieler des ↗ Agoni-
Antamanid, cyclo-(-Pro-Phe-Phe-Val-Pro-Pro-Ala-Phe-Phe-Pro-), cycl. Dekapeptid, das in kleinen Mengen im Grünen Knollenblätterpilz *(Amanita phalloides)* vorkommt u. die tödl. Giftwirkung v. Phalloidin u. Gesamtpilzextrakt aufzuheben vermag, wenn es mindestens gleichzeitig dem Körper zugeführt wird.
antarktische Region ↗ Polarregion.
antarktisches Florenreich, Begriff aus der Biogeographie, mit dem die Pflanzenwelt der Südspitze S-Amerikas, der Antarktis u. der subatlant. Inselwelt bezeichnet wird. Es handelt sich um den Rest einer ehemals reicheren zirkumpolaren, weiter nach S verbreiteten Flora. Kennzeichnend sind die immerfeuchten, moos- u. farnreichen Gebirgswälder S-Amerikas, in denen die Gatt. *Nothofagus* (Südbuche) vorherrschend ist, sowie die eigenartigen Hartpolsterpflanzen der waldfreien Inselgruppen.
Antarktisfische, *Notothenioidei,* U.-Ord. der Barschartigen Fische mit 4 Fam. und ca. 55 Arten; sie leben fast alle im südl. Eismeer bei Temp. um + 4°C, haben auf jeder Seite nur 1 Nasenloch, keine harten Flossenstrahlen, u. die Bauchflossen stehen vor den Brustflossen. Hierzu gehören die meist langgestreckten, am Grund lebenden Antarktisdorsche *(Nototheniidae)* u. die schuppenlosen, weißl. Eisfische *(Channichthyidae),* denen seltsamerweise die roten Blutkörperchen fehlen; diese recht trägen Bodenfische transportieren den Sauerstoff gelöst im Blutplasma; A. sind v. a. für Pinguine u. Robben wichtige Beutetiere.
Anteclipeus *m* [v. lat. ante = vor, clipeus = Schild], *Anteclypeus,* membranöses Verbindungsstück, das an der Kopfkapsel der Insekten den Kopfschild (Clipeus) mit der vor diesem gelegenen Oberlippe (Labrum) verbindet.
Antedon *w*, Gatt. der ↗ Haarsterne.
Antenella *w* [v. *antenn-], Gatt. der ↗ Plumulariidae.
Antennae [Mz.; v. *antenn-], die zweiten Antennen, das zweite Fühlerpaar der Krebstiere.
Antennapedia *w* [v. *antenn-, lat. pes, Gen. pedis = Fuß], homöotische Mutante der Taufliege *Drosophila,* bei der die Antennen ganz od. teilweise durch Beinstrukturen ersetzt sind.
Antennaria *w* [v. *antenn-], das ↗ Katzenpfötchen.
Antennarioidei [Mz.; v. *antenn-], die ↗ Fühlerfische.
Antenne *w* [v. *antenn-], umgangssprachlich *Fühler* gen., ein Paar fühlerförmiger Anhänge am zweiten Kopfsegment des Grundbauplans der *Euarthropoda* (Gliederfüßer). Aufgrund serialer Homologie mit den Extremitäten der nachfolgenden Segmente (Ontogenie, Innervierung, Muskulatur) können die A.n von echten Beinen abgeleitet werden. Die Umwandlung des vordersten Extremitätenpaares zu A.n ist phylogenetisch nur im Zshg. mit der Kopfbildung (Cephalisation) in der Stammgruppe der Euarthropoda zu verstehen. Aufgrund der Ausbildung eines vorderen Körperpols (Kopf), der bei der gerichteten Fortbewegung des Tieres als erstes Kontakt zu der Umwelt aufnimmt, werden die Sinnesorgane an dieses Körperende verlagert, die zur Aufnahme v. Umweltinformation geeignet sind. Dazu gehört auch die Ausbildung des ersten Beinpaares zu tastenden Sinnesorganen, die taktile Information über die Umweltbeschaffenheit erfassen. In analoger Weise findet man bei einigen Polychaeten (vielborstige Ringelwürmer) fühlerförm. Anhänge; diese sind aber als Auswüchse des Kopflappens (Akron) nicht mit den A.n der Arthropoden zu homologisieren u. sollten besser als *Fühler (Palpen)* bezeichnet werden. Die A.n werden embryonal als hinter dem Mund gelegene Extremitätenknospen angelegt, im Verlauf der Individualentwicklung aber an eine auf der Frontseite des Kopfes gelegene Stellung verlagert. Dem Grundbauplan der Euarthropoda am nächsten stehen die † *Trilobitomorpha (Arachnata),* deren A.n, aus gleichförm. Gliedern aufgebaut, bei halbvergrabener Lebensweise dem Substrat auflagen. Die *Chelicerata* (Skorpione, Spinnen, Milben usw.) als heute lebende Vertreter der Arachnata besitzen keine A.n mehr. In der zweiten großen Entwicklungslinie der Euarthropoda, bei den *Mandibulata* (Krebse, Tausendfüßer, Insekten), sind dagegen die A.n Träger

Antennenwelse

Antennen

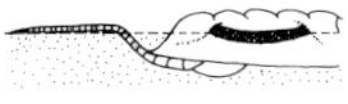

1 Schema der A.haltung bei † *Trilobitomorpha*.

Spezialisierung der Krebs-A.: **2** *Ergasilus spec.*, an Fischkiemen parasitierender Kleinkrebs, dessen zweite A. zu Klammerorganen umgebildet sind; **3** die ersten A. der ♂ von *Dendrocephalus denticornis* sind zu Klammerorganen entwickelt, mit denen die ♀ während der Kopulation festgehalten werden. **4a** Glieder-A. der Insekten *(myocerate A.)*, **b** Geißel-A. der Insekten *(amyocerate A.)*.

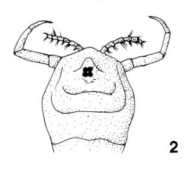

5 Grundformen der Insekten-A.: **a** borstenförmig, **b** rosenkranzförmig, **c** einseitig gezähnt, **d** doppelseitig gekämmt, **e** und **f** keulenförmig, **g** gekniet, **h** blätterförmig.

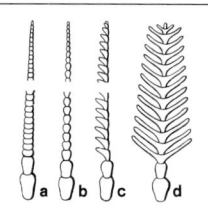

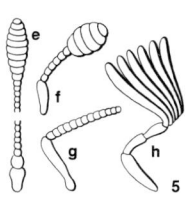

Sonderanpassungen der Insekten-A.: **6** A. des Taumelkäfers *(Gyrinus spec.)* als Oberflächenwellenrezeptor: Wellen auf der Wasseroberfläche (a) bewirken eine Auslenkung der ersten beiden A.glieder (b) gegen die Geißel (c), die aufgrund ihrer Trägheit eine stabile Lage im Raum einnimmt. Durch Laufzeitdifferenzmessung zw. beiden A. sind äußerst genaue Orientierung u. Ortung v. Beutetieren möglich. **7** A. im Dienst der Atmung beim Wasserkäfer *Hydrous piceus:* Diese Wasserkäfer tragen beim Tauchen eine Luftblase als Luftreservoir auf der Ventralseite des Körpers. Die Erneuerung des Reservoirs geschieht an der Wasseroberfläche, indem die halbbogenförmige A. **(b)** an je eine Rinne der Kopfkapsel **(a)** gehalten werden. So entsteht eine Röhre, durch die Luft in das Reservoir gelangen kann.

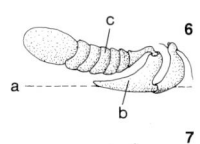

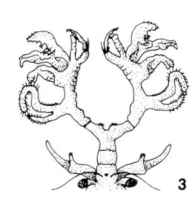

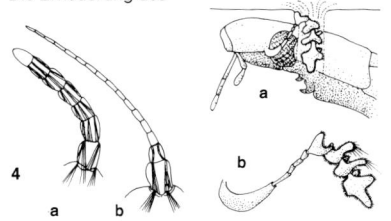

antenn- [v. lat. antemna = Segelstange].

wichtiger Sinnesorgane (Tast- u. Chemorezeption), haben aber zum Teil auch extreme andersartige Spezialisationen erfahren. Kennzeichnend für die Gruppe der Krebse ist die Ausbildung des zweiten Kopfextremitätenpaares als *zweite A.n* (im Ggs. zur ersten A. oft als Spaltfuß zu erkennen). Schon bei ursprüngl. Krebsgruppen sind beide A.npaare mannigfachen Umbildungen unterworfen. *Tracheata* (Tausendfüßer u. Insekten) besitzen nach der Rückbildung des zweiten A.npaares nur noch die ersten A.n. Dabei sind Tausendfüßer u. zwei Gruppen der Urinsekten *(Collembola, Diplura)* durch einen ursprünglicheren Bau der A., die *Glieder-A.* oder *myocerate A.*, gekennzeichnet. Bei dieser enthalten alle A.nglieder eigene Muskulatur, die sie gegeneinander beweglich macht. *Thysanura* u. geflügelte Insekten besitzen als gemeinsames abgeleitetes Merkmal die *Geißel-A.* (amyocerate A.). Nur das erste A.nglied, der *Scapus*, besitzt hier Muskulatur, die am zweiten A.nglied, dem *Pedicellus*, angreift u. diesen gegenüber dem Scapus bewegen kann. Alle anderen A.nglieder, die *Flagellomeren*, sind frei v. Muskulatur u. die Geißel nur passiv gegen die ersten beiden A.nglieder beweglich. Die ursprüngl. Form der Insekten-A. muß man sich als gleichförmig, aus zylindr. Geißelgliedern, aufgebaut denken. Entsprechend den vielfältigen Lebensweisen der Insekten wurden auch die A.n in zahlr. verschiedene Formen abgewandelt. Die Geißel-A. trägt im Pedicellus das *Johnstonsche Sinnesorgan*, das Auslenkungen der Geißel gegenüber der A.nbasis messen kann u. in abgewandelter Form als Geschwindigkeitsmesser während des Fluges, als Schallrezeptor od. bei Insekten, die an der Wasseroberfläche leben, als Oberflächenwellenrezeptor dient. M. St.

Antennendrüse, der Exkretion dienendes umgebildetes Metanephridium einiger höherer Krebse (Euphausiaceen, Mysidaceen, Dekapoden, Amphipoden) an der Basis des 2. Fühlerpaares mit coelomatischem Anteil, das durch Druckfiltration den Primärharn bereitet. Eine Reabsorption v. Wasser u. Salzen erfolgt im Nephridialkanal.

Antennenpigmente [v. *antenn-], *akzessorische Pigmente*, Photosynthesepigmente, die Licht absorbieren u. die Anregungsenergie einem photochemisch aktiven Chlorophyll (od. Bakteriochlorophyll), dem Reaktionszentrumchlorophyll (R-Chl., R-BChl.) zuführen (↗Photosynthese, ↗phototrophe Bakterien, ↗Cyanobakterien). A. sind verschiedene Chlorophyll- od. Bakteriochlorophyll-Proteinkomplexe, Carotinoide u. Phycobiline. Jedes photosynthetische R-Chl. ist v. einer großen Anzahl lichtsammelnder A. umgeben; so kommen auf ein R-Chl. ca. 300 Antennen-Chlorophylle.

Antennenwelse [v. *antenn-], *Pimelodidae*, arten- u. gattungsreiche Fam. der Welse; diese südam., vorwiegend nachtaktiven Süßwasserwelse haben meist 3 Paar lange, bewegl. od. steif nach vorn gerichtete, antennenart. Barteln, eine große Fettflosse u. sind schuppenlos. Hierzu gehören der plattköpf., bis 60 cm lange Spatelwels *(Sorubium lima)*, der in einer Höhle bei São Paulo lebende Blinde Antennenwels *(Typhlobagrus kronei)*, der bis 40 cm lange Fadenwels *(Rhamdia sapo)* mit langem erstem Bartelpaar u. der nur 7 cm lange, auf rötlichgelbem Grund dunkel gefleckte Hummelwels *(Microglanis parahybae)*.

antho- [v. gr. anthos = Blüte, Blume], in Zss.: Blumen-, Blüten-.

Antennulae [Mz.; v. *antenn-], die ersten Antennen, das vorderste Fühlerpaar der Krebstiere.

Antheliaceae [Mz.; v. gr. anti = gegen, hēlios = Sonne], Fam. der *Jungermanniales* mit nur einer, in arktisch-alpinen Schneetälchen bipolar verbreiteten Gatt. *Anthelia*. Diese Moose vertragen lange Schneebedeckung; die foliosen Thalli sind mit den nadelförm. Kristallen des Diterpens 16α-Hydroxykauran bedeckt.

Anthelmintika [Mz.; v. gr. anti = gegen, helminthes = Eingeweidewürmer], Überbegriff für Mittel gg. Wurmerkrankungen.

Anthemis w [gr., = Blume], die ↗ Hundskamille.

Antheraea, Gatt. der ↗ Pfauenspinner.

Anthere w [v. gr. anthēros = blühend], *Staubbeutel*, Bez. für den Teil des ↗ Staubblatts, der die beiden Theken aus je zwei verwachsenen Pollensäcken u. deren sterilen Verbindungsabschnitt (Konnektiv) enthält u. sich v. der Stielzone, dem Filament od. Staubfaden, absetzt.

Antherenkultur w [v. gr. anthēros = blühend], die Kultivierung v. unreifen Pollenkörnern samt Staubbeutel, um für Forschung u. Züchtung haploide Pflanzen zu erhalten. Dabei erfolgt die Regeneration aus der vegetativen Zelle des im Pollenkorn sich bildenden ♂ Gametophyten, während die generative Zelle abstirbt. Bisher war man hpts. bei Tabakpflanzen erfolgreich.

Anthericum s [v. gr. antherikos = Stengel des Asphodill; Name eines Zwiebelgewächses], die ↗ Graslilie.

Antheridiogen s, ein Phytohormon, das sich v. den Gibberellinen ableitet u. biochemisch zu den Diterpenoiden gehört. Es bewirkt auch noch in sehr starker Verdünnung die Ausbildung v. Antheridien. A. wurde aus dem Farn *Anemia phyllitidis* isoliert u. konnte auch in anderen Farnfamilien nachgewiesen werden.

Antheridiol s, ein auch bei sehr starker Verdünnung noch wirksames Steroidhormon, das als erstes pflanzl. Sexualhormon aus dem Wasserpilz *Achlya bisexualis* isoliert wurde. A., das beständig vom wachsenden weibl. Mycel ausgeschieden wird, löst die Bildung der Antheridienhyphen aus u. macht diese (zus. mit einem anderen Hormon C) chemotropisch reaktionsfähig. Weiter ist es ein essentieller Faktor bei der Bildung der Antheridien u. stimuliert das männl. Mycel zur Sekretion eines Hormons B, das die Bildung v. Oogonieninitialen veranlaßt.

Antheridium s [v. gr. anthēros = blühend], Bez. für die Form eines Gametangiums, das bewegl. Mikrogameten (Spermatozoide od. Spermien) erzeugt. Solche Gametangien sind männlich differenzierte Geschlechtsorgane und werden auf dem Gametophyten gebildet. Antheridien kommen bei bestimmten Algen sowie bei allen Moosen u. Farnpflanzen vor. Bei den Samenpflanzen sind sie im Zshg. mit der starken Reduktion der Gametophytengeneration zurückgebildet. Im Ggs. zu dem A. der Algen besitzt das A. der Moose u. Farnpflanzen in Anpassung an das Landleben eine äußere Zellschicht aus sterilen Zellen.

Anthese w [v. gr. anthēsis = Blüte], Entwicklungsabschnitt der Blüte v. Beginn der Knospenentfaltung bis zum Beginn des Verblühens.

Anthicidae [Mz.; v. gr. anthikos = blumenartig], die ↗ Blumenkäfer.

Anthidium s [v. gr. anthos = Blüte, Blume], Gatt. der ↗ Megachilidae.

Anthium s [v. gr. anthos = Blume, Blüte], *Blume*, bestäubungsbiologisch funktionelle Einheit der Samenpflanzen; besteht aus 1 Blüte (Staub- u. Fruchtblätter) mit den blattanalogen Blütenblättern od. ist aus mehreren Blüten zusammengesetzt, z.B. die Cyathien der Wolfsmilchgewächse od. die Blütenköpfchen der Korbblütler.

Antho [v. *antho-*], Schwamm-Gatt. der *Clathriidae*; *A. involvens* bildet flache Polster mit rauher Oberfläche von 2–120 cm^2 Flächenausdehnung, Farbe rot, orangerot, gelb; Vorkommen selten, doch dann in großen Mengen an gut durchströmten Stellen lichtarmer Steinunterseiten u. an Höhlenwänden, in 1–5 m Tiefe im Mittelmeer und NO-Atlantik.

Anthocerotales [Mz.; v. *antho-*, gr. kērōtos = mit Wachs überzogen], *Hornmoose*, Ord. der Lebermoose mit nur 2 Fam., den *Notothyladaceae* u. der artenreichen Fam. der *Anthocerotaceae*. Deren undifferenzierter, flächiger Thallus wird bis einige cm groß. Die Zellen besitzen meist nur 1 pyrenoidhalt. Chloroplasten. Auf der Thallusunterseite befinden sich neben den Rhizoiden funktionslose Spaltöffnungen, in deren – mit Schleim gefüllten – Atemhöhlen häufig Blaualgen der Gatt. *Nostoc* endophytisch leben. Die Geschlechtsorgane werden auf der Thallusoberseite angelegt. Das ungestielte, hornart. Sporogon wird bis 3 cm lang, es platzt bei Reife v. der Spitze her mit 2 Längsklappen auf. Im Ggs. zu allen anderen Moosen wächst das Sporogon mittels eines basal gelegenen Meristems, u. die Meiosen im Archespor laufen, v. der Spitze beginnend, sukzedan ab. Die A. sind kalkmeidende Arten. *Anthoceros punctatus* kommt häufig auf feuchten, lehmigen u. sauren Böden vor. Sie sind frostempfindlich u. überdauern mit Sporen. Die Arten der Gatt. *Phaeoceros* ähneln *Anthoceros*, sie können sich aber

vegetativ durch Knollenbildungen fortpflanzen. Die Arten der Gatt. *Dendroceros* leben epiphytisch.
Anthocharis w [v. *antho-, gr. charis = Liebreiz], Gatt. der ⇗Weißlinge.
Anthocoridae [Mz.; v. *antho-, gr. koris = Wanze], die ⇗Blütenwanzen.
Anthocyane [Mz.; v. *antho-, gr. kyanos = blauer Farbstoff], weitverbreitete, zu den Flavonoiden gehörende Pflanzenfarbstoffe, deren Grundgerüst das Flavyliumkation (s. Abb.) ist. Aufgrund verschiedener Hydroxylgruppen in den Positionen 3, 5, 7, 3′, 4′, 5′ sowie teilweiser Methylierung u. Glykosylierung dieser Hydroxylgruppen leiten sich über 100 A. ab. Durch Säure- od. Enzymeinwirkung können die Zuckerkomponenten der A. abgespalten werden; die entstehenden Aglykone sind die instabilen *Anthocyanidine* (Farbstoffkomponenten der A.). Dem Hydroxylierungsgrad in Ring B des Grundgerüsts entsprechend unterscheidet man die drei Aglykon-Grundtypen *Pelargonidin* (4′-Hydroxy), *Cyanidin* (3′,4′-Dihydroxy) u. *Delphinidin* (3′,4′,5′-Trihydroxy), von denen sich die Mehrzahl der A. durch Glykosylierungen vorzugsweise an der Hydroxylgruppe der Position 3 (seltener 5 bzw. 3 und 5) ableiten. Als Zuckerkomponenten werden die Monosaccharide Glucose, Galactose, Rhamnose, seltener Xylose, Arabinose od. Di- u. Trisaccharide gefunden. A. sind lösl. Bestandteile des Cytoplasmas u. der Vakuole v. Pflanzenzellen. Die Reichhaltigkeit der durch A. bewirkten Farbintensitäts- u. Farbqualitätsabstufungen bei Blüten u. Früchten höherer Pflanzen ist durch Variation v. Menge, Art u. Mischungsverhältnissen der einzelnen A., aber auch durch das Zusammenwirken mit anderen Farbstoffen der Flavonfamilie bedingt. Darüber hinaus beeinflußt auch der pH-Wert des Zellsafts die Farbausprägung der A., da diese innerhalb bestimmter pH-Bereiche (ähnlich wie Säure/Base-Farbindikatoren) Farbumschläge zeigen. In sauren Zellsäften überwiegt die Rotfärbung der A. (z. B. im Rotkohl), während in alkal. Zellsäften die Violett- u. Blautöne vorherrschen (Rittersporn, Kornblume, Blaubeere). [B] Genwirkketten II.
Anthokladium s [v. *antho-, gr. klados = Zweig], eine bes. Form des ⇗Blütenstands.
Antholyse w [v. *antho-, gr. lysis = Lösung], Bez. für die bei einigen Pflanzenarten gelegentlich auftretende Umwandlung v. Blütenorganen in grüne Blätter. Dabei liegt eine Rückdifferenzierung des Vegetationskegels in die vegetative Phase zugrunde, deren Ursachen aber noch unbekannt sind.

antho- [v. gr. anthos = Blüte, Blume], in Zss.: Blumen-, Blüten-.

1

2

Anthocyane

1 Flavyliumkation, das Grundgerüst der A. 2 Aufbau verschiedener A. Pfeile: Glykosylierungspositionen bei Anthocyanen, freie Hydroxylgruppen bei Anthocyanidinen.
$R_1 = OH; R_2, R_3 = H$: *Pelargonidin*
$R_1, R_2 = OH; R_3 = H$: *Cyanidin*
$R_1, R_2, R_3 = OH$: *Delphinidin*

Anthomastus m [v. *antho-, gr. mastos = Wölbung, Hügel], Gatt. der ⇗Weichkorallen.
Anthomedusae [Mz.; v. *antho-, Medousa = eine der Gorgonen], artenreiche U.-Ord. der *Hydroidea* (Stamm Nesseltiere); Medusengeneration mit meist hochglockigen, freischwimmenden Medusen, die keine Statocysten ausbilden; die Gonaden entwickeln sich am Mundrohr; fast alle Arten marin, nur wenige im Süßwasser. Die entsprechenden Polypen werden als ⇗*Athecatae* bezeichnet (s. dort die Familien).
Anthomyiidae [Mz.; v. *antho-, gr. myia = Fliege], die ⇗Blumenfliegen.
Anthonomium s [v. gr. anthonomos = Blumen abweidend], die ⇗Blütenmine.
Anthonomus m [v. gr. anthonomos = Blumen abweidend], Gatt. der ⇗Stecher.
Anthophilie w [v. *antho-, gr. philia = Freundschaft], die ⇗Zoogamie.
Anthophora w [v. gr. anthophoros = Blumen tragend], Gatt. der ⇗Apidae.
Anthophysa w [v. *antho-, gr. physa = Blase], Gatt. der ⇗Ochromonadaceae.
Anthophyta [Mz.; v. *antho-, gr. phyton = Pflanze], „Blütenpflanzen", eine andere Bez. für die Samenpflanzen, da deren Sporophylle fast immer an Kurzsprossen mit begrenztem Wachstum zusammenstehen, also eine Blüte bilden.
Anthoscopus m [v. *antho-, gr. skopos = Späher], Gatt. der ⇗Beutelmeisen.
Anthoxanthum s [v. *antho-, gr. xanthos = gelb], das ⇗Ruchgras.
Anthozoa [Mz.; v. *antho-, gr. zōon = Lebewesen], *Blumentiere, Blumenpolypen*, Kl. der *Cnidaria* (Nesseltiere) mit ca. 6000 Arten. A. sind stets solitäre od. stockbildende Polypen, eine Medusengeneration tritt nicht auf. Alle Vertreter sind marin u. fast alle sessil; der größte Polyp, *Stoichactis spec.*, erreicht 1,5 m ⌀. Die Polypen haben einen charakterist. Bau: der Gastralraum ist durch Trennwände (Septen, Mesenterien, Sarcosepten) in Gastraltaschen geteilt, die oral an einem nach innen ragenden, schlitzförm. enden. Mundrohr ein. Im Mundrohr schlagen 1–2 Wimperstraßen (Siphonoglyphen), die zus. mit den Flimmerepithelien der Mesenterien stets einen Wasserstrom durch den Polypen erzeugen (Atmung, Exkretion). Beute wird mit den Tentakeln gefangen, dem Mund zugeführt u. in den Gastraltaschen verdaut. Dabei spielen die gekräuselten, frei bewegl. Ränder der Mesenterien (Mesenterialfilamente) als Produzenten der Verdauungsenzyme eine wichtige Rolle. Die Anordnung der entodermal gebildeten Muskeln an den Septen ist bilateralsymmetrisch. Zwischen Längsmuskelpaket u. Mesente-

Anthracen

rialfilament liegen jeweils in der Mesogloea des Septums die Geschlechtszellen. Sie gelangen bei der Reife in den Gastralraum u. von dort nach außen. Bei manchen Arten findet im Gastralraum Brutpflege statt. Neben geschlechtl. ist ungeschlechtl. Fortpflanzung durch Knospung häufig. Viele A. sind skelettbildend u. tragen zum Entstehen v. Korallenriffen bei. Nach der Ausbildung von 8 od. 6 (als Basiszahl) Septen unterscheidet man die U.-Kl. ↗*Hexacorallia* u. ↗*Octocorallia*.

Anthracen *s* [v. gr. *anthra-], aus 3 Benzolringen aufgebaute farblose bis gelbe Kohlenwasserstoffverbindung; Gewinnung aus Steinkohlenteer; Rohstoff für Alizarin- u. Indanthrenfarbstoffe.

Anthrachinone [Mz.; v. *anthra-], bes. in Pflanzen u. niederen Pilzen weitverbreitete Klasse v. Farbstoffen, die sich v. Grundgerüst des *Anthrachinons* ableiten. Die wichtigsten pflanzl. A. sind Alizarin, Emodin, Morindon, Purpurin u. Rhein. In Insekten kommen die A. Carminsäure, Kermessäure u. Laccainsäure vor. Einige A. haben Bedeutung als Farbstoffe (Alizarin) bzw. als pflanzl. Pharmaka.

Anthracosauria [Mz.; v. *anthra-, gr. sauros = Eidechse], † Ord. der U.-Kl. *Labyrinthodontia* mit den beiden U.-Ord. *Embolomeri* u. *Seymouriamorpha*; aus ihnen haben sich die Reptilien entwickelt. Verbreitung: Karbon – unteres Perm.

Anthracotherien [Mz.; v. *anthra-, gr. thêrion = Tier], *Anthracotheriidae*, Kohlentiere, nennt man häufig in Braunkohlenablagerungen gefundene † Paarhufer mit bunoselenodontem Gebiß in stark verlängerter, schweineartiger Schnauze, flußpferdartigen Extremitäten und dem allgemeinen Habitus großer Schweine. Die A. bewohnten feuchte Wälder u. Moore der Braunkohlenzeit. Aus ihnen könnten die Hippopotamen hervorgegangen sein. Verbreitung: ? oberes Eozän, unteres – mittleres Oligozän v. Europa und N-Amerika, Miozän v. Asien, Pliozän v. N-Afrika, bis Pleistozän in S- und O-Asien.

anthra- [v. gr. anthrax, Gen. anthrakos = Kohle].

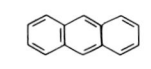

Anthracen

Anthrachinon

Anthranilsäure

Anthracotherioidea [Mz.], Flußpferdeartige, Überfam. der nichtwiederkäuenden Paarhufer *(Nonruminantia);* einzige Fam. die ↗Flußpferde.

Anthraknose *w* [v. gr. anthrax, Gen. anthrakos = Kohle, nosos = Krankheit], die Brennfleckenkrankheit u. andere pflanzl. Pilzkrankheiten, bei denen scharf abgegrenzte (schwarze) Verfärbungen u. nekrotische Flecken auf Blättern u./od. Früchten auftreten.

Anthranilsäure *w* [v. *anthra-, port. anil = indigo], *ortho-Aminobenzoesäure*, Ausgangsprodukt bei der Biosynthese v. Tryptophan, wobei A. in einem ersten Schritt zus. mit Phosphoribosylpyrophosphat zu N-Phosphoribosyl-A. reagiert. A. bildet sich jedoch auch beim Abbau v. Tryptophan, hier jedoch über N-Formylkynurenin als Zwischenprodukt.

Anthrax [gr. = Kohle], **1)** Gatt. der ↗Wollschweber. **2)** der ↗Milzbrand.

Anthrenus *m* [v. gr. anthrēnē = Waldbiene], Gatt. der ↗Speckkäfer.

Anthribidae [Mz.; v. gr. anthos = Blüte, tribein = reiben, abnutzen], die ↗Breitrüßler.

Anthriscus *m* [v. gr. anthriskos = Kranzblume], ↗Kerbel.

Anthroceridae, die ↗Widderchen.

Anthropisches Prinzip

Die Naturwissenschaftler haben gelernt, daß es sinnlos ist, danach zu fragen, warum die auf unserer Welt herrschenden Naturgesetze so sind, wie sie sind, denn diese Frage ist naturwissenschaftlich nicht zu beantworten. Antworten darauf sind Aussagen des Glaubens. Wissenschaftler beschäftigen sich deshalb mit Einzelheiten und Ausschnitten der gesamten Wirklichkeit und enthalten sich einer Beurteilung und Bewertung des Ganzen.

Der so lange verlorengegangene und vermißte ganzheitliche Denkansatz in der Naturwissenschaft ist nur möglich, wenn ein willkürliches oder fiktives Element ausgewählt und zum Maßstab erklärt wird. Es ist kein Rückschritt in vorkopernikanisches Denken, wenn man, vom Menschen ausgehend, fragt, inwieweit seine Existenz nur möglich ist, weil die Welt so ist, wie sie ist.

Ein ganzheitlicher Denkansatz in der Naturwissenschaft

Das *anthropische Prinzip*, 1961 zuerst geprägt von dem amerikanischen Physiker Robert H. Dicke (Princeton), wendet diese Betrachtung systematisch auf verschiedene Zweige der Wissenschaft an. In seiner stärksten Form könnte dieses Prinzip zu folgendem Schluß führen: Das Universum, in dem wir leben, ist das einzig vorstellbare, in dem intelligentes Leben existieren kann. Am weitesten gediehen sind die Untersuchungen in der Astrophysik, Kosmologie und Kernphysik, wo die Beziehungen zwischen den Vorgängen und den fundamentalen Kräften und Naturkonstanten oft direkt zu erkennen sind.

Noch weniger angewendet wird dieses Prinzip in der Biologie, wo die Fragen nach spezifischen Eigenschaften der Lebewesen bis hin zur Evolution der Intelligenz des Menschen zur Diskussion stehen.

anthropisches Prinzip

Mit dem anthropischen Prinzip leistet die Naturwissenschaft einen Beitrag zur Neubewertung der Rolle des Menschen im Kosmos. Sie knüpft damit an eine jahrtausendealte Diskussion über das Selbstverständnis des Menschen an, das aus dem Weltbild der Antike – der Mensch zusammen mit der Erde Zentrum und Krone der Schöpfung – bis zur Moderne eine mehrstufige Desillusionierung erfahren hat. Kopernikus, Kepler und Galilei bewiesen, daß die Erde nicht der Mittelpunkt des Kosmos ist. Darwins Evolutionstheorie zeigte auf, daß auch der Mensch, die „Krone der Schöpfung", in kleinen Schritten in einem durch Selektion der jeweils bestangepaßten Lebensformen gesteuerten Evolutionsprozeß aus tierischen Ahnenformen, die letztlich bis zu den ersten Einzellern zurückreichen, hervorgegangen ist. Freuds Psychoanalyse machte klar, wie sehr der „freie Wille" des Menschen vom Unterbewußten, vom Über-Ich, von frühkindlichen Erfahrungen und Verdrängtem eingeengt wird.

Ein Beitrag zur Neubewertung der Rolle des Menschen im Kosmos

Als Mittel der Gesamtbeurteilung des Seins liefert das anthropische Prinzip insgesamt eine metaphysikalische Betrachtungsweise. Sie enthält aber eine naturwissenschaftliche Frage der Form: Wie muß das Universum aufgebaut sein, um intelligente Lebewesen (wie den Menschen) hervorzubringen? Wäre die Existenz des Menschen, der über die Welt nachdenkt, auch möglich, wenn diese Welt anders wäre, mit anderen Naturgesetzen und einer anderen Entwicklung? Die Antwort darauf lautet zusammengefaßt: Zum ersten war das ganze Universum an der Entwicklung des intelligenten Lebens beteiligt; der Mensch wurde „aus den Sternen" geboren, und seine Geschicke reichen zurück bis zum Anfang der Welt, dem sogenannten Urknall. Zum zweiten: Die Naturgesetze mußten im wesentlichen genau so sein, wie sie sind, um Leben, so wie wir es kennen, hervorzubringen.

Eine metaphysikalische Betrachtungsweise

Wie begründet man solche Behauptungen?
Dazu ein Beispiel aus der Kosmologie und der Frage nach dem Alter des Universums, das heute auf ca. 20 Milliarden Jahre geschätzt wird. Die kosmische Expansionsgeschwindigkeit des sich ausdehnenden Universums und die Stärke der Schwerkraft, die die Expansion verzögert, mußten in einem äußerst präzisen Verhältnis zueinander gestanden haben. Wäre am Ende der ersten Sekunde nach dem Urknall die Expansionsgeschwindigkeit nur um ein Tausendmilliardstel geringer gewesen, dann wäre das Universum bereits nach fünfzig Millionen Jahren wieder kollabiert.

Ein Beispiel aus der Kosmologie

Umgekehrt hätte eine zu schnelle Expansion das Entstehen der Galaxien wie auch unserer Milchstraße verhindert. In beiden Fällen hätte Leben nicht entstehen können.

Ein zweites Beispiel aus der Astrophysik: die Entstehung der schweren chemischen Elemente. Diese werden im Innern heißer Sterne durch Kernverschmelzung „erbrütet" und anschließend in einer Explosion, einem sogenannten Supernovaausbruch, ins Weltall geschleudert und so an die interstellare Materie verteilt, aus der sich neue Sterne und Planeten bilden. Nur die leichtesten Atome, Wasserstoff und Helium, sind schon im Urknall entstanden. Wenn nicht viele hundert Millionen Supernovaausbrüche allein in der Milchstraße genügend Rohstoffmengen an schweren Elementen angelegt hätten, gäbe es kein Leben auf der Erde. Jedes Kalium-, Eisen- oder Sauerstoffatom in unserem Körper hat Hunderte, wenn nicht Tausende Supernovakreisläufe miterlebt, bevor es im solaren Urnebel kondensierte, aus dem vor rund 4,7 Milliarden Jahren Sonne und Erde entstanden. Somit hängt unsere Existenz empfindlich von den Verhältnissen unter den bekannten Naturkräften ab, die den Supernovamechanismus ermöglichen.

Ein Beispiel aus der Astrophysik

In der Biologie findet das anthropische Prinzip wenig Anwendung, weil viele Lebensprozesse in ihrer Abhängigkeit von allgemeinen Naturkräften und Naturkonstanten wegen ihrer Komplexität noch nicht hinreichend verstanden sind. Gewisse Anhaltspunkte bieten jedoch einige chemische und biochemische Tatsachen, die im Verhältnis zwischen biologischer Funktion und Naturkonstanten eine besondere Rolle spielen:
– die Rolle des Wassers für die Existenz des Lebens;
– die Natur der chemischen Bindungen;
– die Funktion lebenswichtiger Nährstoffe und
– die Wirkung der Enzyme.

Das anthropische Prinzip in der Biologie

Es sei hier stellvertretend nur auf die „anthropische" Bedeutung des Wassers eingegangen. Die Existenz des Lebens hängt auf mehrere Arten vom Wasser und seinen ganz besonderen Eigenschaften ab. Die Rolle des Wassers ist zentral – als Lösungsmittel, als Nährstofftransporteur und als chemischer Reaktionspartner. Da Wasser den größten Teil der Planetenoberfläche bedeckt, stand es bei der Evolution lebender Systeme und ihrer weiteren Entwicklung im Überfluß zur Verfügung.
Die zwei Wasserstoffatome (H) des Wassermoleküls (H_2O) bilden mit dem Sauerstoff (O) ein Molekül, dessen elektrische Ladung ungleich verteilt ist. Das macht das

Die anthropische Bedeutung des Wassers

anthropisches Prinzip

H_2O-Molekül zu einem elektrischen Dipol. Dieser unscheinbare physikalische Umstand hat dramatische Folgen. Er macht das Wasser so universell chemisch und biochemisch einsatzfähig: wegen der Polarität umgeben sich Ionen mit Wasserhüllen und werden dadurch löslich; Wasser transportiert Nährstoffe und Abfallstoffe in Zellen; Wasser ist an der Photosynthese beteiligt; Wasser kann viel Wärme aufnehmen, dadurch erwärmt sich das Plasma einer Zelle nur geringfügig, auch wenn in ihm exotherme Reaktionen ablaufen; wegen seiner hohen Verdunstungswärme (2 Megajoule [= 500 Kilokalorien]/Liter) können sich Biosysteme gut mit Wasser kühlen. Wenn Wasser gefriert, vergrößert es sein Volumen. Deshalb schwimmt Eis auf dem Wasser und nicht am Grund der Seen und Meere; bei 4 Grad Celsius wird Wasser am dichtesten, und bei 46 Grad Celsius läßt es sich am schwersten zusammendrücken; es verdampft und schmilzt bei Temperaturen, die für eine nichtmetallische Substanz, zusammengesetzt aus leichten Atomen, ungewöhnlich hoch liegen.

Die winkelige Form des H_2O-Moleküls wird hauptsächlich durch die gegenseitige elektrische Abstoßung der acht äußeren Hüllenelektronen bestimmt. Diese bilden vier Elektronenpaare, zwei „freie" und zwei an die H-Atome gebundene, die sich an vier Ecken eines Tetraeders anordnen. Hätte die elektrische Kraft einen anderen Wert, so würde sich der Abstand der Atome im H_2O-Dreieck, aber auch die chemische Bindung, die Winkelanordnung und damit auch die chemische Wirkung und die Polarität verändern. Obwohl es schwierig ist, quantitative Angaben zu machen, ist deutlich, daß sich die elektrische Kraft nur innerhalb bestimmter, vermutlich sehr enger Grenzen verändern dürfte, um nicht die vielfältigen Funktionen zu gefährden, die dem Wasser in lebendigen Systemen zukommen. Offen muß hier noch bleiben, ob bei so veränderten Fundamentalkonstanten nicht andere chemische Verbindungen (Ammoniak?, Methan?, Schwefelwasserstoff?, Schwefeldioxid?, Fluorwasserstoff?, Kohlendioxid?) an die Stelle von Wasser rücken könnten. Doch erscheint dies unwahrscheinlich, da die relevanten Faktoren zusätzlich durch viele andere kosmische und astrophysikalische Bedingungen (Sternentwicklung!) eingeschränkt sind.

Ein Wesenszug biologischer Evolution ist es, daß die Systeme im Laufe ihrer Entwicklung zunehmend komplexer werden (dies ist eine „Gratwanderung", möglich nur in einem engen Temperaturbereich zwischen der Tieftemperaturwelt der Kristalle und festen Körper einerseits und der Hochtemperaturwelt der heißen Gase andererseits). Jedes Lebewesen stellt ein hierarchisches System dar, zusammengesetzt aus Teilsystemen, die über ein gewisses Maß an Selbstregulation verfügen, jedoch so miteinander verschaltet sind, daß Selbstregulation und hierarchische Kontrolle sich ergänzen.

Hierarchische Organisation biologischer Systeme

Biologische Systeme sind hierarchisch organisiert in Atome-Moleküle-Organellen-Zellen-Organe-Organismen-Gruppen-Gesellschaften und eingefügt in eine Welt, die von den Elementarteilchen über die Kristalle, über die Planeten, Sterne, Galaxien, galaktischen Superhaufen bis zum Kosmos reicht. Die biologischen Systeme nehmen darin eine Sonderstellung ein zwischen der atomaren Welt des Mikrokosmos und der makroskopischen Welt schwerkraftdominierter Systeme. Das Zusammenspiel von genau vier Fundamental-

Die vier Grundkräfte der Natur
(Kraft im Sinne von „Wechselwirkung")

Kraft	Stärke	Wirkung	
starke Kernkraft	1	hält Kernteilchen zusammen *Atomkern*	
elektromagnetische Kraft	10^{-2}	Bewegung der Elektronen und Atomkerne *Atome*	Mikrokosmos
schwache Kernkraft	10^{-5}	Austausch von Elektronen *Moleküle*	
Schwerkraft (Gravitation)	10^{-39}	Einflüsse der Himmelskörper aufeinander	Makrokosmos

kräften der Natur scheint nach heutigem Kenntnisstand unerläßlich gewesen zu sein, sparsam und reichhaltig zugleich, um dem biologischen System diese Zwischenstellung zu ermöglichen – in den engen Grenzen ihrer vielfältigen Querbeziehungen, die das anthropische Prinzip bereits identifiziert hat. Der Mensch, so zeigt sich, ist kein geographisch zentraler, aber ein integraler Bestandteil des physikalischen Universums. Diese „Einheit der Natur", in der fast jede lokale Bedingung (auf der Erde) eng mit dem gesamten kosmischen Geschehen verknüpft ist und von ihm abhängt, mag einmalig sein. Jedenfalls wirkten sowohl die Naturgesetze als auch der besondere Evolutionsablauf im Netzwerk relativer Kraftverhältnisse in fast einmaliger Weise zusammen, um Leben und Intelligenz hervorzubringen. Ob es andere, gleichermaßen „erfolgreich" aufeinander abgestimmte Naturgesetze geben könnte, entzieht sich unserer Kenntnis. Das an-

Anthropometrie

thropische Prinzip führt zu der Hypothese, daß jeder andere denkbare Kosmos unbelebt wäre. Die subtile Mischung aus Einfachheit und Komplexität, aus kosmischen, „anthropisch" relevanten Zufällen und evolutionären Zwangsläufigkeiten macht diese Hypothese zumindest plausibel. Da wir noch nicht einmal alle Voraussetzungen für das irdische Leben und das Besondere der menschlichen Intelligenz genau erkannt haben, muß diese Frage offenbleiben.

Ist jeder andere denkbare Kosmos unbelebt?

Lit.: *Breuer, R.:* Das anthropische Prinzip – Der Mensch im Fadenkreuz der Naturgesetze. München 1981.

Reinhard Breuer

Anthropochorie w [v. *anthropo-, choreia = Tanz], Verbreitung v. Samen u. Früchten durch den Menschen. Die v. Menschen verbreiteten Pflanzen *(Anthropophyten)* u. Tiere *(Anthropozoen)* werden zus. als Anthropochoren bezeichnet.

anthropogen [v. *anthrōpo-, gr. -genēs = geworden], vom Menschen beeinflußt od. geschaffen.

Anthropogenetik w [v. *anthropo-, gr. genetēs = Erzeuger, Erzeugter], die ↗Humangenetik.

Anthropogenie w [v. gr. anthrōpogenēs = Mensch geworden], *Anthropogenese,* Lehre v. der Entstehung u. Abstammung des Menschen.

Anthropoidea [Mz.; v. *anthropo-, gr. -oeidēs = ähnlich], U.-Ord. der Primaten, umfaßt die Breitnasenaffen der Neuen Welt *(Platyrrhini)* u. die Schmalnasenaffen der Alten Welt *(Catarrhini).*

Anthropoides m [v. *anthropo-, gr. -oeidēs = ähnlich], Gatt. der ↗Kraniche.

Anthropologie w [v. *anthropo-, gr. logos = Kunde], die Lehre vom Menschen; geht begrifflich auf Aristoteles zurück. Abgesehen v. der geisteswissenschaftlichen Seite der A. (Philosophische A., Psychologische A., Kultur-A., Theologische A., Pädagogische A.), beschäftigt sich die naturwissenschaftlich-biologisch orientierte A. mit der körperl. Konstitution u. dem Verhalten *(Anthropobiologie, Humanbiologie),* der Abstammung *(Paläo-A.)* u. der Erbbiologie des Menschen *(Humangenetik),* einschl. der angeborenen Stoffwechselkrankheiten *(Medizinische A.).* Humanbiologie und Paläo-A. werden, v. a. im angelsächs. Sprachgebrauch, auch als *Physische A.* od. *Somatologie* zusammengefaßt u. der Soziokulturellen A. gegenübergestellt, welche Archäologie u. Ethnologie umfaßt. Zwischen der geisteswissenschaftlichen u. der naturwissenschaftlichen A. vermitteln die Sozial-A. (einschl. der Demographie od. Bevölkerungsbeschreibung) u. die Ethnologie od. Völkerkunde, welche die soziolog. Gliederung der heutigen Menschheit in ihren ökolog., ökonom. und geogr. Zusammenhängen behandeln. Zwischen Physischer A. und Humangenetik steht die *Rassenkunde,* welche die Populationsdifferenzierungen des Menschen auf konstitioneller u. genetischer Basis

(Populationsgenetik) untersucht. Eine wichtige prakt. Aufgabe der A. besteht in erbbiol. Vaterschaftsnachweisen u. der Früherkennung v. Erbkrankheiten (Beratung der Eltern).

Lit.: *Gadamer, H.-G., Vogler, P.* (Hg.): Neue Anthropologie. 6 Bde. Stuttgart 1972–75. *Heberer, G., Schwidetzky, I., Walter, H.* (Hg.): Anthropologie, Stuttgart 1971. *Saller, K.:* Leitfaden der Anthropologie. Stuttgart ²1964. *Wendt, H.* (Hg.): Kindlers Enzyklopädie Der Mensch. 10 Bde. Zürich, ab 1982.

Anthropometrie w [v. *anthropo-, gr. metrein = messen], Methodik der Vermessung des menschl. Körpers u. Skeletts auf der Basis exakt definierter Meßpunkte u. Meßstrecken. Im einzelnen unterscheidet man die *Somatometrie,* welche Messungen an Kopf u. Körper betrifft, u. die *Osteometrie,* die Vermessung des Skeletts, wobei differenziert wird zw. Messungen an Körperknochen (Osteometrie i. e. S.) u. Schädelmessungen *(Craniometrie).* Von großer Bedeutung ist bei allen Messungen, Vergleichen und Abb. die Orientierung des Schädels in der Ohr-Augen-Ebene (OAE), die nach einer entsprechenden Verständigung von 1884 auch als *Frankfurter Ebene* od. *Frankfurter Horizontale* bezeichnet wird. Ein Schädel ist dann in der OAE orientiert, wenn sich die tiefsten Punkte beider Augenhöhlen u. der höchste Punkt einer Ohröffnung bzw. die höchsten Punkte beider Ohröffnungen u. der tiefste Punkt einer Augenhöhle in der Waagerechten befinden. Auf die OAE gründen sich bestimmte Normen der Ausrichtung u. Darstellung v. Körper, Kopf od. Gesicht, wobei man zw. Vorderansicht (Norma frontalis), Seitenansicht (N. lateralis, rechts = dextra, links = sinistra), Hinteransicht (N. occipitalis), Oberansicht (N. verticalis) u. Unteransicht (N. basalis bzw. basilaris) unterscheidet. Hinzu kommt als Mittelschnitt die N. sagittalis. Verwendete Geräte sind Stangen-, Taster- u. Gleitzirkel, Bandmaß, Winkelmesser (Goniometer) u. Gaumenmeßgerät (Palatometer). Der verzerrungsfreien Schädelabb. dient der Dioptograph; für Schädelmessungen wird ein Kubuskraniophor verwendet. Für exakte Vergleiche gibt es spezielle Haar-, Augen- u. Hautfarbentafeln. ↗Biometrie.

Lit.: *Martin, R., Saller, K.:* Lehrbuch der Anthropologie. Bd. 1. Stuttgart 1957. *Karolyi, L. v.:* Anthropometrie. Stuttgart 1971.

anthropo- [v. gr. anthrōpos = Mensch], in Zss.: Menschen-, durch Menschen.

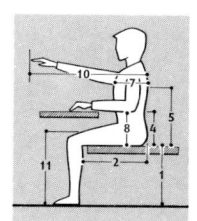

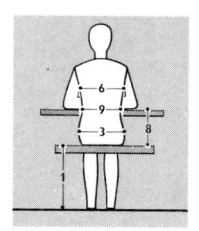

Anthropometrie
Anwendung der A. zur Ableitung von Körpermaßen, die z. B. für die Schulbankherstellung Bedeutung haben. **1** Sitzflächenhöhe, **2** Sitztiefe, **3** Sitzbreite, **4** Rückenlehne – Wölbungshöhe, **5** Rückenlehne – Oberkante, **6** Lehnenbreite (= Brustbreite in Höhe der unteren Schulterblattspitze), **7** Brusttiefe (lichte Banktiefe), **8** Tischhöhe (Vorderkante), **9** Tischbreite, **10** Banktiefe, **11** Zwischenbodenhöhe

Anthropomorphismus–Anthropozentrismus

„Anthropomorphismus" wird oft kurz mit „Vermenschlichung" übersetzt, ist aber genauer – z. B. gegenüber „Humanisierung" – als Resultat der intellektuellen Operation der Übertragung menschlicher Gestalt, Eigenschaften und menschlichen Verhaltens auf nichtmenschliche Wesen zu bestimmen. Der Anthropomorphismus galt in den vergangenen Jahrhunderten vor allem als theologisches Problem und wird auch heute noch von vielen Autoren nur als solches behandelt. Doch tatsächlich tritt er als Phänomen und als Problem im Zusammenhang bewußter Pflege von Bezugssystemen auf, die nicht die natürliche Sprache und die „Erfahrungswelt" des gesunden Menschenverstandes sind bzw. sein sollen. Darüber hinaus dürfte er zukünftig allgemein auch in nichtreligiösen Zusammenhängen stärker hervortreten aufgrund der fortgesetzten Anhebung der Abstraktionslagen in den Naturwissenschaften bei gleichzeitigem öffentlichem Druck, deren Verfahren und Ergebnisse zu plausibilisieren, sowie aufgrund des zunehmenden Bedürfnisses, Dialogbrücken zwischen den Natur- und den Geisteswissenschaften zu schlagen.

Auswahl typischer anthropomorpher Begriffe in der Biologie: Kampf ums Dasein, Überlebens*strategie*, Überlebens*wert*, Altruismus, Rivale, Kommentkampf, Ritualisierung, Balztanz, Liebesspiel usw.

Die Versuche, gedanklich kontrolliert mit Anthropomorphismen, aber auch mit Formen des Anthropozentrismus umzugehen, können aus den in Theologie und außertheologischer Religionskritik mit jener Übertragungsoperation gemachten Erfahrungen Lehren ziehen. Neben der verbreiteten Differenzierung von *physischem* und *psychischem* sowie der Unterscheidung von *explizitem* und *latentem* Anthropomorphismus erweist sich die von Kant eingeführte Bestimmung von *symbolischem* und *dogmatischem* Anthropomorphismus als hilfreich.

Als eindrucksvollste Beispiele für Anthropomorphismen werden im euroamerikanischen Kulturbereich noch immer die Götterwelt des griechischen Polytheismus in den Darstellungen Homers und Hesiods sowie biblische, vor allem alttestamentliche Aussagen über Gott genannt.

Anthropomorphismus als theologisches und außertheologisches Problem

a) „Die ‚olympischen Götter' bilden ein Geschlecht mit vielen Verzweigungen, zusammengesetzt aus Männern u. Frauen, die in ihren Liebes- und Kriegsinteressen, ihren Abenteuern u. Familienzerwürfnissen der irdischen Adelsgesellschaft sehr ähnlich sind" (van der Leeuw, RAC). Im direkten Gegenzug gegen anthropomorphisierende Darstellung der Götter hat eine philosophisch gebildete Religiosität in bis heute wirksamer Weise optiert: „herrscht doch nur ein einziger Gott, unter Göttern und Menschen der Größte, weder an Aussehen den Sterblichen ähnlich noch an Gedanken" (Xenophanes, frg. B 23), damit physischem wie psychischem Anthropomorphismus in der Religion grundsätzlich Absage erteilend. Diese Abwendung von den olympischen Göttern, vom religiösen Entwurf einer Gesellschaft „ewiger Menschen" (Aristoteles) prägte die Vorstellung vom notorisch der Kritik bedürftigen Anthropomorphismus, verstellte aber einen gelassenen Umgang mit den Erfordernissen religiöser Darstellung sowie die klare Erfassung von außerreligiösen Anthropomorphismen.

b) Zahlreiche vor allem alttestamentliche Aussagen über Gott haben dazu Anlaß gegeben, die von Xenophanes vorbildgebend formulierte Anthropomorphismus-Kritik gegen den jüdischen und den christlichen Glauben zu wenden bzw. diese Kritik zu einem selbstkritischen Element der Theologie werden zu lassen. Die Rede von Gottes Angesicht, von seinen Augen und Ohren, von Mund und Nase Gottes, von seiner Hand, seinem Herzen usw. (bes. Exodus, Psalmen, Jesaja) wurde als drastische Hervorbringung physischer Anthropomorphismen und damit als Ausdrucksweise unreifen religiösen Vorstellens und Denkens angesehen, das zu kritisieren und zu verändern sei. Unsicherer verliefen die kritischen Reaktionen auf die psychischen Anthropomorphismen (Gottes Wille, Liebe usw.). Wurde doch die innertheologische Anthropomorphismus-Kritik beständig von der Frage begleitet, wie Gott und sein Wirken den Menschen angemessen zu vermitteln sei, wenn nicht mehr von der anthropomorphisierenden Rede der Bibel Gebrauch gemacht würde. („Aller Anthropomorphismus hängt ja mit unserem Bedürfnis zusammen, die Konkretheit der Begegnung in ihrer Bezeugung zu wahren." Buber.)

Kurzschlüssig wäre es zu meinen, daß dieses Problem von einer radikalen Religionskritik gelöst worden sei, die von der Unvermeidbarkeit der Verwendung von Anthropomorphismen auf die Unsinnigkeit religiöser Rede überhaupt geschlossen hat. Die Fragen nämlich, ob nur Anthropomorphismen Zugänglichkeit und Verständlichkeit bestimmter Aussagen über nichtmenschliche Sachverhalte gewährleisten oder ob im Interesse an gebietsspezifischer Sachgemäßheit notwendig gegen den Gebrauch von Anthropomorphismen vorzugehen ist, treten heute nur schwach variiert auch im außertheologischen Kontext auf.

Innerhalb christlicher Theologie ist dieses Diskussionsniveau bereits in zweifacher Hinsicht überboten worden. Man hat einerseits bezweifelt, daß Anthropomorphismen wirklich vermieden werden würden, wenn in der Rede von Gott an die Stelle der sinnfälligen Ausdrücke (Mund, Hände, aber auch Erbarmen, Zorn, Reue usw.) abstraktere (Sein, absoluter Geist, Sinn usw.) oder mit Negationen verbundene Ausdrücke (Unbegreiflichkeit, Unendlichkeit u. ä.) treten würden (Barth). Andererseits ist darauf hingewiesen worden, daß die Bestimmung der Menschen zu Gottes Ebenbild, die in Jesus Christus, dem Mensch gewordenen Gott, erkannt und angenommen werden kann, die christliche Theologie zur Verwendung von Anthropomorphismen geradezu nötigt (Barth, Jüngel). Aufgabe christlicher Theologie ist die Unterscheidung christologisch begründeter Anthropomorphismen von religiösen Selbstdarstellungen und Wunschbildern des Menschen. Auf dieser Basis kann die Theologie die außertheologische Religionskritik (z. B. L. Feuerbachs) positiv aufnehmen, aber auch einer Vergottung des natürlichen Menschen, die seine Verfallenheit an den Tod und das Böse verkennt, entgegenwirken. Aus der neueren theologischen Entwicklung lassen sich Folgerungen im Blick auf strukturähnliche Problemlagen in anderen Wissenschaften ziehen.

Anthropomorphe Darstellungen – vor allem des Verhaltens – in den „klassischen" Tierfabeln bis zu Brehm's Tierleben und Hermann Löns: der mutige *Löwe, der* schlaue *Fuchs, das* dumme *Kamel, der* stolze *Hahn, die* fleißige *Biene, der* störrische *Esel usw.*

Die kritische Sensibilität der Religionskritik gegenüber der Verwendung physischer und psychischer Anthropomorphismen wiederholt sich auf der Ebene der Wissenschaft. Im Namen verschiedener Sachgemäßheiten wird die Verwendung direkter und indirekter Anthropomorphismen planmäßig reduziert. Besonders in Biologie und Soziologie tritt der Ausdruck Anthropomorphismus als Reizwort und vage Warnung auf, die darauf abstellt, Interferenzen von wissenschaftlichem Beobachtungsbereich und alltäglicher menschlicher Erfahrungswelt auszuschalten. Das Präsenthalten der diffusen Gefahr des Anthropomorphismus wirkt als Regulativ auf eine fingierte Sachgemäßheit hin. Problematisch wird diese Regulierung, sobald sich das Pathos der Sachgemäßheit aus einer affektiven Wendung gegen Anthropomorphismen speist. Den Versuch nämlich, physische und psychische Anthropomorphismen auf den Bereich der Dichtung beschränken oder gar in den bloßer Hirngespinste verbannen zu wollen, erkennt man gegenwärtig als Illusion eines unrealistischen Aufklärertums. Wir erkennen, daß

Formen von Anthropomorphismus und Anthropozentrismus in Wissenschaft und Kultur

uns gedankliche und sprachliche Mittel fehlen, die *praktische physische Anthropozentrik,* die das Leben auf diesem Planeten bestimmt, zu erfassen und zu beschreiben. Dies zeigt sich in aller Unbeholfenheit z. B. in den Reaktionen der Kultur auf die Bedrohung durch ökologische Großkonflikte. In Anthropomorphismen, die an alttestamentliche Aussagen erinnern, spricht man zwar nicht mehr vom „Jubel der Berge" und von der „Freude der Zedern des Libanon", wohl aber vom „Sterben der Bäume" und vom „Leiden der Natur".

Ohne hinreichende Ausdrucksmittel stehen wir ferner in der Ablösungskrise des auf den individuellen Beobachter und das menschliche Bewußtsein zentrierten *psychischen Anthropozentrismus,* der das Denken der Neuzeit bestimmte (Blumenberg). Das ich- und personzentrierte Weltbild, das nach der kopernikanischen Revolution an die Stelle des geozentrischen Weltbilds trat (Elias), wird gegenwärtig durch relativistische und vielperspektivische Weltvorstellungen abgelöst. Vergeblich sucht eine verunsicherte, über Orientierungskrisen klagende Kultur nach Plausibilisierungen dieses Geschehens, da sie nicht auf gepflegte und entwicklungsfähige *explizite Anthropomorphismen* zurückgreifen kann, um Formen von *latentem Anthropozentrismus* zu erfassen.

Die Wendung gegen eine naive Anthropomorphismus-Kritik darf freilich nicht deren Ethos der Sachlichkeit preisgeben. Kant hat versucht, dieses Ethos mit der Unterscheidung von *symbolischem* und *dogmatischem Anthropomorphismus* zu retten. Während wir den symbolischen Anthropomorphismus, der aber „nur die Sprache und nicht das Objekt selbst angeht" (Prolegomena, A 175), nicht vermeiden können, müssen wir den dogmatischen Anthropomorphismus unbedingt verhindern, der z. B. Gott *selbst* Verstand und Willen beilegt. Aufgrund unserer Welterschließung durch die Sprache und aufgrund der Beschaffenheit unserer Sprache reden wir von Gott und seinem Verhältnis zur Welt, „*als ob* sie das Werk eines höchsten Verstandes und Willens sei" (ebd.). Diese begrenzte Rechtfertigung der (symbolischen) Anthropomorphismen bei gleichzeitiger Stabilisierung des Ethos der Sachlichkeit erscheint heute fragwürdig, weil uns eine sprachtranszendente Gegenständlichkeit unglaubwürdig geworden ist. Hängt aber das, was wir als Wirklichkeit erfahren, von unseren (theorie-)sprachlichen Zugriffsweisen ab und können diese von Menschen geschaffenen Sprachen Anthropomorphismen nicht vermeiden, so gerät die Anthropomorphismus-Kritik in

Anthroponose

eine Krise. Sie stößt auf eine scheinbar nicht negierbare, latente Anthropozentrik. Diese Anthropozentrik ist von einer merkwürdigen Gestalt. Da wir in verschiedenen Sprachen, in verschiedenen Symbolsystemen Wirklichkeit erfassen, müssen wir von einer unbestimmten Mannigfaltigkeit von Zentrierungen ausgehen, was es schwierig macht, Anthropomorphismen noch klar zu bestimmen. Die Sensibilität für eine vielgestaltige, ubiquitäre Anthropozentrik geht gegenwärtig einher mit dem Empfinden der Ohnmacht, diese in Anthropomorphismen darstellen und wahrnehmen zu können.

Lit.: Barth, K.: Die Kirchliche Dogmatik II/1. Zürich⁶1982. Christ, F.: Menschlich von Gott reden. Das Problem des Anthropomorphismus bei Schleiermacher, Einsiedeln/Köln/Gütersloh 1982 (283ff. Liste von Enzyklopädie- und Lexikonartikeln zu den Stichwörtern Anthropomorphismus, Anthropomorphiten, Anthropologie und Anthropopathie). Heberer, G. (Hg.); Die Evolution der Organismen. Bd. I, 76–80. Stuttgart ³1967. Jevons, F. B.: Art. Anthropomorphism, in: Encyclopaedia of Religion and Ethics, Hg. J. Hastings, Bd. I, Edinburgh/New York 1908, 573ff. Jüngel, E.: Gott als Geheimnis der Welt. Zur Begründung der Theologie des Gekreuzigten im Streit zwischen Theismus und Atheismus. Tübingen ⁴1982. Kant, I.: Prolegomena zu einer jeden künftigen Metaphysik, die als Wissenschaft wird auftreten können, Kants Werke, Akademie-Ausgabe Bd. IV. Kuitert, H. M.: Gott in Menschengestalt. München 1967. van der Leeuw, G.: Art. Anthropomorphismus, in: Reallexikon für Antike und Christentum I (RAC), 1950, 446ff. Rahner, K.: Art. Anthropozentrik, in: Lexikon für Theologie und Kirche, Bd. I, Freiburg 1957, 632ff.

Michael Welker

antho- [v. gr. anthos = Blüte, Blume], in Zss.: Blumen-, Blüten-.

anthropo- [v. gr. anthrōpos = Mensch], in Zss.: Menschen-, durch Menschen.

anti- [v. gr. anti = gegen], in Zss.: gegen.

Anthroponose w [v. *anthropo-, gr. nosos = Krankheit], Krankheit, die nur v. Mensch zu Mensch übertragen wird; z. B. Lepra, Befall mit Menschenlaus. ↗Anthropozoonosen.

Anthropophilie w [v. *anthropo-, gr. philia = Freundschaft], Bevorzugung menschl. Blutes u. menschl. Behausungen („Synanthropie") durch blutsaugende Arthropoden.

Anthropophyten [Mz.; v. *anthropo-, gr. phyton = Gewächs], ↗Anthropochorie.

Anthroposphäre w [v. *anthropo-, gr. sphaira = Kugel], der v. Menschen gestaltete Lebensraum in der Biosphäre.

Anthropozoen [Mz.; v. *anthropo-, gr. zōon = Lebewesen], ↗Anthropochorie.

Anthropozoonosen [Mz.; v. *anthropo-, gr. zōon = Lebewesen, nosos = Krankheit], Infektionserkrankungen, die Mensch u. Tier befallen können u. wechselseitig übertragbar sind, z. B. Brucellosen, Leptospirosen, gewisse Formen der Tuberkulose, Trichinellose.

Anthuridea [Mz.; v. *antho-, gr. oura = Schwanz], U.-Ord. der Asseln mit der einzigen Fam. *Anthuridae;* merkwürdige marine Asseln mit fast drehrundem Körper u. seitlich gestellten Beinen, mit beißenden und z. T. stechenden Mundwerkzeugen. A. leben in Wurmröhren, Schwämmen od. selbstgegrabenen Schlammröhren, die sie nur nachts zur Nahrungssuche verlassen. Gatt. sind u. a. *Cyathura* u. *Anthura. C. carinata* (bis 27 mm) lebt in Nord- u. Ostsee unter Steinen. Biologie wenig bekannt, Weibchen wandeln sich im Winter in Männchen um.

Anthurium s [v. oura = Schwanz], Gatt. der ↗Aronstabgewächse.

Anthurus m [v. *antho-, gr. oura = Schwanz], Gatt. der ↗Blumenpilze.

Anthus m, die ↗Pieper.

Anthyllis w, der ↗Wundklee.

Antiadrenergika [Mz.; v. *anti-, lat. ad = bei, ren = Niere, gr. ergon = Tätigkeit], die ↗Sympathikolytika.

Anti-A(B)-Agglutinine [Mz.], gegen die Blutgruppenantigene A bzw. B gerichtete Antikörper, die zur Agglutination der Erythrocyten führen. ↗AB0-System.

Antiandrogene [Mz.; v. *anti-, gr. aner, Gen. andros = Mann, gennan = erzeugen], synthet. Steroide, die am Erfolgsorgan die ↗Androgene kompetitv hemmen.

Antiarchi [Mz.; v. *anti-, gr. archos = Vornehmster, hier i. S. v. Anus], in ihrem Aussehen an heutige Panzerwelse erinnernde † *Placodermi* des Devons mit ventral abgeflachtem Kopf- u. Brustpanzer; ventral liegende Mundöffnung, dorsal mit Pinealorgan u. 2 Nasenlöchern nahe den beiden Orbiten; vorn ein Paar gegliederter „Brustflossen" (↗Arthropterygium); Hinterrumpf meistens schuppig, mit heterozerker Schwanzflosse. A. waren bodenliegende od. kriechende Süßwasserbewohner.

Antiaris w [javan. antjar = Upasbaum; daraus gewonnenes Pfeilgift], Gatt. der Maulbeergewächse, die mit 4 baumförm. Arten im trop. Afrika, auf Madagaskar u. in S-Asien verbreitet ist. Der in SO-Asien heim. Upasbaum (*A. toxicaria*) ist eine Giftpflanze, deren Milchsaft die Glykoside *Antiarin* u. *Antiosidin* enthält. Das auf die Herzmuskulatur wirkende Gift wird zum Vergiften v. Pfeil- u. Speerspitzen (Ipo-Pfeilgift) verwendet.

Antiauxine [Mz.; v. *anti-, gr. auxein = heranwachsen lassen] ↗Auxinantagonisten. [↗Ovulationshemmer].

Antibabypille, volkstümliche Bez. für

Antiberiberivitamin s [v. *anti-, malaiisch beriberi = steifer Gang], das ↗Thiamin.

Antibiogramm s [v. *anti-, gr. bios = Leben, gramma = Schrift], Ergebnis einer Prüfung v. Krankheitskeimen auf ihre Antibiotikaempfindlichkeit. Diese Resistenzbe-

Antibiotika

stimmung in vitro ist für eine gezielte Antibiotika-Therapie unbedingt notwendig. Wichtige Methoden für ein A. sind der ↗Reihenverdünnungstest, der ↗Agardiffusionstest u. photometrische Wachstumstests in flüssigen od. halbfesten Medien mit einer od. zwei bestimmten Konzentrationen eines Antibiotikums.

Antibiose w [v. *anti-, gr. biōsis = Leben], *Antibiosis,* (Pasteur, 1877; Vuillemin, 1889), Wachstumshemmung od. Abtötung einer Mikroorganismenart durch eine andere; i. w. S. Beziehung v. Partnern verschiedener Artzugehörigkeit zum Vorteil des einen u. Nachteil des anderen; die A. i. e. S. ist keine bloße Nährstoffkonkurrenz, sondern wird durch besondere, v. den *Antibionten* ausgeschiedene Stoffe (z. B. Antibiotika) verursacht. Ggs.: Probiose, Symbiose.

Antibiotika [Mz., v. *anti-, gr. biotikos = zum Leben gehörig], niedermolekulare Stoffwechselprodukte v. Mikroorganismen, die in geringer Konzentration das Wachstum v. anderen Mikroorganismen hemmen od. sie abtöten (urspr. Definition, modif. nach Waksman, 1941); es sind keine Enzyme od. andere komplexe Proteine. Zu den A. werden heute auch chemisch modifizierte od. durch Biotransformation veränderte Derivate (↗Chemotherapeutika). A.) u. einige chem. Nachsynthesen gerechnet (↗Chemotherapeutika). Meist nennt man A. auch die antibiotisch wirksamen sekundären Stoffwechselprodukte aus höheren Tieren u. Pflanzen (↗Phytoalexine). A. (i. e. S.) werden v. Actinomyceten, anderen Bakterien u. Pilzen als sekundäre Stoffwechselprodukte gebildet. Die meisten A. stammen v. *Streptomyces-* Arten (ca. 65%), die aus dem Boden isoliert wurden. Die Bedeutung der A. für den produzierenden Mikroorganismus ist noch nicht geklärt; möglicherweise dienen sie zur Unterdrückung v. Konkurrenten im Boden. Die Zahl der isolierten A. wird auf ca. 6000 geschätzt; davon sind ca. 100 (einschl. der halbsynthet. A.) in der Medizin anwendbar. Die A. gehören unterschiedlichsten Stoffklassen an. Ihre Einteilung ist nicht einheitlich; oft erfolgt sie nach praktisch-medizin. Gesichtspunkten od. nach der chem. Struktur. *Anwendung:* A. werden hpts. zur Bekämpfung bakterieller u. pilzl. Krankheitserreger v. Mensch u. Tier eingesetzt. Sie finden auch pharmakologische Anwendung als Immunorepressiva u. als Cytostatika in der Antitumortherapie. *Pflanzenschutz-A.* (z. B. Blasticidin S, Kasugamycin, Validamycin) werden hpts. zur Pilzbekämpfung (Fungizide) u. z. T. gegen bakterielle Brandkrankheiten eingesetzt. A. dienen auch zur Nahrungsmittelkonservierung (soweit v. den Ländern zugelassen). *Fütterungs-A.* od. *nutrive A.* (z. B. Bambermycin, Virginiamycin, Monensin) führen zu einer besseren Futterverwertung u. einer schnelleren Gewichtszunahme (Masthilfsmittel). *Wirkungsmechanismen:* A. hemmen das Wachstum v. Mikroorganismen reversibel (z. B. als Bakteriostatika, Fungistatika) od. töten sie ab, oft abhängig v. der Konzentration (z. B. als Bakterizide, Fungizide). Die Hemmung ist meist selektiv mit einem charakterist. Wirkungsspektrum; entweder werden bestimmte Mikroorganismen-Gruppen *(Engspektrum-A.)* od. viele unterschiedl. Formen *(Breitband-A.)* geschädigt. Die wichtigsten Wirkungsmechanismen, auch bei den therapeutisch verwendeten A., sind: a) Hemmung der Zellwandsynthese, b) Wirkung auf die Cytoplasmamembran, c) Hemmung der Protein- sowie Nucleinsäuresynthese (Hemmung v. Translation, Transkription u. Replikation). Weitere Wirkungen: Störungen des Atmungsstoffwechsels (Entkoppler, ↗Atmungskette) u. des Eisentransports (bei Bakterien) sowie die Funktion als Antimetaboliten. *Nebenwirkungen:* Sehr viele A. sind für den Menschen außerordentlich toxisch; aber auch die pharmazeutisch anwendbaren A. können, bes. bei einer Langzeittherapie od. wenn höhere Konzentrationen gegeben werden müssen, schädigende, in Einzelfällen tödl. Nebenwirkungen haben, z. B. allerg. Reaktionen bis zum (seltenen) tödl. anaphylakt. Schock, Nieren-Leberschäden, neurotox. Reaktionen, Gehör- u. Zahnschäden, Hemmung des Knochenwachstums. *Resistenz:* In den letzten 25 Jahren traten zahlr. gegen A. resistente Bakterienstämme auf. Es wurden einfachresistente u. immer häufiger mehrfach-(poly-, multipel-)resistente Stämme (bes. gramnegativer Bakterien) gefunden, die die Bekämpfung bestimmter Krankheiten sehr erschweren (Hospitalismus). Die Gene für die mehrfache A.-Resi-

---

Wichtige Resistenzmechanismen von Mikroorganismen gegen Antibiotika

Wirkortresistenz: Wirkort (z. B. Enzym, Ribosomenprotein) wird so verändert, daß er A.-unempfindlich wird

Aufnahmeresistenz: die Durchlässigkeit der Zellhüllen für das A. wird so verändert, daß das A. nicht od. nur vermindert eindringen kann

Ersatzenzym-Bildung: die blockierte Stoffwechselreaktion wird durch ein anderes, A.-resistentes Enzym übernommen (by-pass)

Inaktivierung des A. durch enzymat. Modifikation od. Spaltung

Überschußproduktion: verstärkte Bildung v. Enzymen od. Zwischenprodukten über die Menge, die v. A. inaktiviert werden kann

---

anti- [v. gr. anti = gegen], in Zss.: gegen.

Wichtige Gattungen von Antibiotikabildnern
(in Klammern Anteil der A.-Bildung in %)

Pilze (ca. 25%)
  Penicillium
  Aspergillus
  Acremonium
  (= Cephalosporium)
  Pleurotus
Streptomyceten
(ca. 65%)
u. a. *Bakterien*
(ca. 10%)
  Streptomyces
  Nocardia
  Micromonospora
  Bacillus

Einteilung der Antibiotika nach therapeutischen Klassen

β-Lactame
  Penicilline
  Cephalosporine
Aminoglykoside
Tetracycline
Makrolide
(Polyen-A.)
Anthracycline
Ansamycine
(Rifampicine)
Peptid-A.
(Polypeptid-A.)

Einteilung der Antibiotika nach ihrer chemischen Struktur
(nach Berdy, 1974)

Kohlenhydrat-A.
Makrocyclische Lactone
Chinone u. verwandte A.
Aminosäuren- u. Petid-A.
(β-Lactam-A.)
N-haltige heterocyclische A.
(Nucleosid-A.)
O-haltige heterocyclische A.
(Polyäther-A.)
Alicyclische A.
(Cycloheximid, Steroid-A.)
Aromatische A.
(Chloramphenicol)
Aliphatische A.
(Fosfomycine)

ANTIBIOTIKA

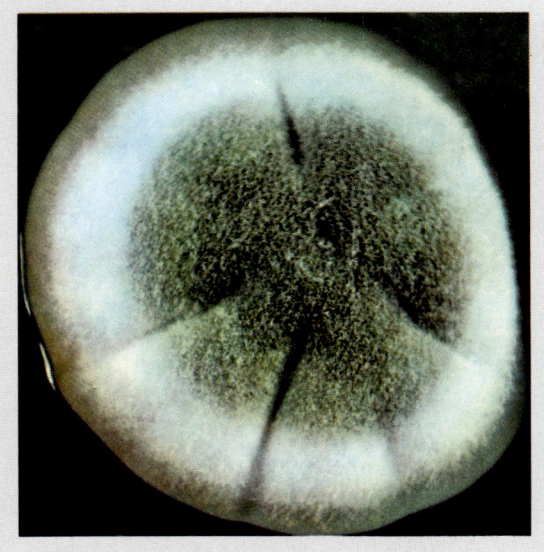

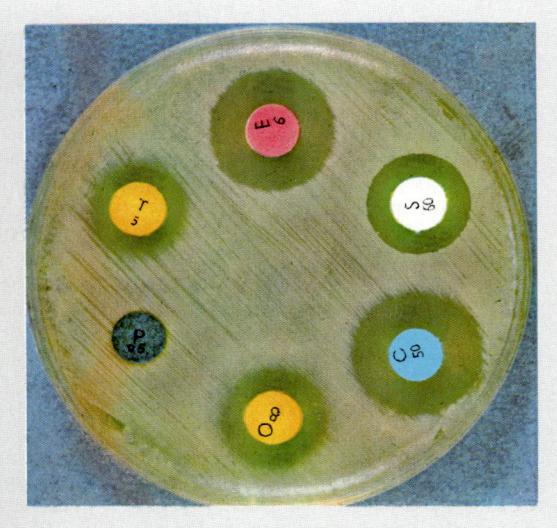

Antibiotika werden in der Chemotherapie gegen Infektionskrankheiten eingesetzt. Es sind niedermolekulare Substanzen biologischer Herkunft, die hauptsächlich von Mikroorganismen (Pilze, Actinomyceten u. a. Bakterien) gebildet werden und schon in geringer Konzentration andere Mikroorganismen im Wachstum hemmen. Es gibt Antibiotika, die gegen viele Erreger wirksam sind (Breitbandantibiotika, z. B. Penicilline, Tetracycline), und Antibiotika, die nur ein begrenztes Wirkungsspektrum zeigen (Tab. unten).

Penicillin war das erste mit großem Erfolg angewandte Antibiotikum. Da die heutigen Penicillinderivate ein weites Wirkungsspektrum aufweisen und wenige negative Nebenwirkungen auftreten, gehören sie noch immer zu den wichtigsten Antibiotika. Schimmelpilze (*Penicillium*-Arten) sind die Hauptproduzenten; die Abb. oben links zeigt die typische Kolonie eines *Penicillium*-Pilzes auf einem festen Nährboden. Zur großtechnischen Penicillin-Herstellung werden die Pilze in belüfteten Flüssigkeitskulturen (Submersverfahren) in riesigen Fermentern (40 000–200 000 l) angezogen.

Für eine gezielte therapeutische Anwendung der Antibiotika muß die *Empfindlichkeit* (bzw. *Resistenz*) des Krankheitserregers geprüft werden. Im *Agardiffusionstest* läßt sich die Wirkung verschiedener Antibiotika auf bestimmte Bakterien leicht feststellen: Die zu prüfenden Bakterien werden auf einem festen Nährboden ausgestrichen, Papierblättchen mit verschiedenen Antibiotika auf seine Oberfläche aufgelegt (Scheibchentest) und die Bakterien eine Zeitlang bebrütet. Das Antibiotikum diffundiert in den Nähragar, und die wirksamen Antibiotika hemmen das Wachstum oder töten die Bakterien ab; das erkennt man an den klaren Hemmhöfen um die Blättchen in dem sonst trüben Bakterienrasen. Nach dem Durchmesser des Hemmhofs kann auch die wirksame Antibiotika-Konzentration bestimmt werden. In der Abb. zeigt sich eine hohe Empfindlichkeit das Bacillus für Chloramphenicol (C_{50}); Penicillin (P_{05}) ist dagegen nicht wirksam.

In der Tabelle ist das Wirkungsspektrum einiger wichtiger Antibiotika angegeben
(1 = fungizid,
2 = fungistatisch,
3 = trichomonazid wirkend).

Zeichenerklärung:
- empfindlich
- nicht empfindlich
- zweifelhaft
- keine Angaben

	Jahr der Entdeckung	bakteriostatisch	bakterizid	tuberkulostatisch	antimykozid	Grampositive Kokken	Gramnegative Kokken	Grampositive Stäbchen	Gramnegative Stäbchen	Strahlenpilze	Mykobakterien	Spirochäten	Hefen u. a. Pilze	Rikkettsien	(Viren)	Protozoen
Aminosidin	1959															
Amphomycin	1953															
Amphotericin B	1955				1											
Bacitracin	1943															
Benzylsenföl	1956															
Chloramphenicol	1947															
Colistin	1950															
Cycloserin	1955															
Erythromycin	1952															
Framycetin	1947															
Griseofulvin	1939(46)				2											
Kanamycin	1957															
Neomycin	1949															
Novobiocin	1955															
Nystatin	1950				1											
Oleandomycin	1952															
Paromomycin	1962															
Penicilline	1929(39)															
Polymyxin B	1947															
Ristocetin	1962															
Spiramycin	1954															
Streptomycine	1943															
Tetracycline	1948															
Trichomycin	1952				2,3											
Tyrothricin	1939															
Vancomycin	1955															
Variotin	1959				2											
Viomycin	1951															
Xanthocillin	1948															

stenz (bis gegen 8 A.) sind in der Regel auf Resistenz-Plasmiden lokalisiert. Hauptursache für den starken Anstieg der antibiotikaresistenten Keime war ihre Anreicherung durch die unkritische, zu häufige Anwendung bei harmlosen Krankheiten, der vorbeugende Gebrauch u. die Selektion in Tieren durch den Futterzusatz v. A. aus der Humanmedizin. Die Resistenzeigenschaften u. die Empfindlichkeit der Keime gg. bestimmte A. werden im standardisierten ↗ Agardiffusionstest *(Antibiogramm)* u. ↗ Reihenverdünnungstest (minimale Hemmstoffkonzentration) bestimmt. *Herstellung:* Die meisten A. werden in Großfermentern (50–150[300]m³) in statischer Kultur u. semisynthetisch hergestellt, nur ausnahmsweise vollsynthetisch (Chloramphenicol). Die Weltproduktion liegt z. Z. bei mehr als 100 000 t/Jahr mit einem geschätzten Umsatz v. über 10 Mrd. DM. Ziele bei der A.-Forschung sind: höhere Aktivität, eine verbesserte Verträglichkeit mit verminderter Toxizität u. weniger Nebenwirkungen, ein breiteres Wirkungsspektrum od. höhere Selektivität gg. bestimmte Erreger u. verbesserte pharmakokinet. Eigenschaften. Die Modifikation der A. kann durch chem. u. enzymat. Veränderungen, durch Mutasynthese, durch Protoplastenfusion u. (in Zukunft) auch durch gentechnische Methoden erfolgen. – *Geschichte:* Die antibiot. Wirkung v. Organismen auf andere Organismen (Antibiose) war bereits im Mittelalter bekannt. Grünes, mit Schimmelpilzen infiziertes Brot diente als Wundheilmittel. 1877 beobachteten L. Pasteur u. J. Joubert die hemmende Wirkung „gewöhnl." Bakterien auf Milzbranderreger. Die eigtl. Ära der A. begann jedoch mit der Beobachtung von A. Fleming, daß sich um *Penicillium*-Kolonien, die zufälligerweise auf seine mit *Staphylococcus aureus* beimpften Platten gekommen waren, Hemmhöfe im Bakterienrasen gebildet hatten (↗ Penicillin). Die Bedeutung dieses Antibiotikums für die Humanmedizin wurde jedoch erst 1939/40 durch H. W. Florey u. E. B. Chain voll erkannt. 1941 erfolgten die ersten therapeut. Versuche u. 1942 in den USA bereits die klin. Erprobung. Die gezielte Suche v. S. A. Waksman u. Mitarbeitern nach therapeutisch anwendbaren A. führte zur Entdeckung neuer A., wie des Streptomycins (1943/44) u. des Neomycins (1948/49), aus Streptomyceten. B .

Lit.: *Brauss, F. W.* (Hg).: Antibiotika-Taschenbuch. Deisenhofen ²1978. *Walter, A.:* Antibiotika-Fibel. Stuttgart ⁵1975. *Zähner, H.:* Biologie der Antibiotika. Berlin 1965. G. S.

Antiboreal *s* [v. *anti-, lat. borealis = nördlich], Begriff aus der Biogeographie, mit dem die Litoralfauna (Tierwelt der Schelfgürtel) der südafr., südaustr., peruan. und südam. Region sowie der Kerguelenregion bezeichnet wird.

Anticholinergika [Mz.; v. *anti-, gr. cholos = Galle, ergon = Werk], Substanzen, die gg. Acetylcholin wirken, z. B. Atropin u. seine Derivate.

Anticholin-Esterasen [Mz.; v. *anti-, gr. cholos = Galle], *Acetylcholin-Esterase-Hemmer,* chem. Substanzen, welche die Wirkung der Acetylcholin-Esterase inhibieren. Carbamidsäureester wie Physostigmin u. einige synthetische Abkömmlinge hemmen die Acetylcholin-Esterase reversibel, wohingegen die vielfach im Pflanzenschutz verwendeten Phosphorsäureester sowie die Nervengase Tabun, Sarin u. Soman das Enzym irreversibel blockieren. Eine solche irreversible Inhibierung führt zur Anhäufung v. Acetylcholin im Organismus u. löst somit eine permanente Erregung an den cholinergen Synapsen aus, was schließlich den Tod durch Atemlähmung u. Herzstillstand zur Folge hat.

Anticodon *s*, Sequenz von 3 Nucleotiden in t-RNA, die beim Translationsprozeß mit einem Codon von m-RNA durch Basenpaarung in Wechselwirkung tritt. Jede t-RNA-Spezies besitzt ein für sie – bzw. für die an t-RNA zu bindende Aminosäure – charakteristisches A. Das A. zusammen mit je 2 ungepaarten Nucleotiden zu beiden Seiten bildet die aus insgesamt 7 ungepaarten Nucleotiden bestehende A.-*Schleife* von t-RNA.

Anticytokinine ↗ Cytokininantagonisten.

Antidiurese *w* [v. *anti-, gr. diouretikos = harntreibend], die v. dem aus der Neurohypophyse abgegebenen Hormon ↗ Adiuretin bewirkte Harnkonzentrierung in der Niere. Bei hohem Wasserbedarf des Körpers ist die distale Rückresorptionsrate im Tubulusapparat groß, so daß ein geringvolumiger, konzentrierter Harn produziert wird. 99–99,5% des Primärharnvolumens werden rückresorbiert. Im Ggs. dazu werden bei starker Flüssigkeitsaufnahme ein verdünnter Harn u. ein hohes Harnvolumen ausgeschieden (Wasserdiurese).

antidiuretisches Hormon *s* [v. *anti-, gr. diouretikos = harntreibend], das ↗ Adiuretin.

Antidorcas *w*, der ↗ Springbock.

Antienzyme [Mz.; v. *anti-], Sammelbegriff für Peptide, Proteine u. Antikörper, durch welche die Aktivität v. Enzymen, bes. von Proteasen, spezifisch gehemmt wird. Die Hemmung erfolgt in der Regel durch Bindung zw. dem Antienzym u. dem betreffenden Enzym. A. werden entweder spontan gebildet, wie die im Tier- u. Pflanzenreich

---

Angriffsorte einiger wichtiger Antibiotika

Zellwand
  Penicilline
  Cephalosporine
  Vancomycin
Cytoplasmamembran
  Polymyxine
  Bacitracin
  Vancomycin
Replikation (DNA-Synthese)
  Nalidixinsäure
  Novobiocin
Transkription
  Rifampicin
Translation
  Tetracyclin
  Chloramphenicol
  Kanamycin
  Neomycin
  Streptomycin
  Erythromycin

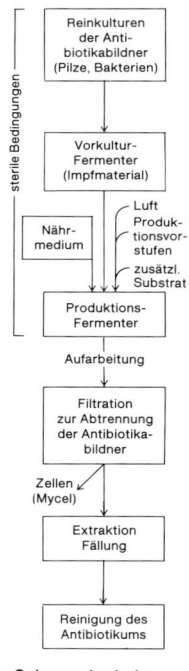

---

sterile Bedingungen

Reinkulturen der Antibiotikabildner (Pilze, Bakterien)
↓
Vorkultur-Fermenter (Impfmaterial)
↓
Nährmedium → Luft, Produktionsvorstufen, zusätzl. Substrat
↓
Produktions-Fermenter
↓
Aufarbeitung
↓
Filtration zur Abtrennung der Antibiotikabildner
↓
Zellen (Mycel)
↓
Extraktion Fällung
↓
Reinigung des Antibiotikums

Schema der industriellen Herstellung von Antibiotika

---

anti- [v. gr. anti = gegen], in Zss.: gegen.

Antigen-Antikörper-Reaktion

weitverbreiteten Proteinase-Inhibitoren, od. sie entstehen als Antikörper in menschl. und tier. Organismen nach Eindringen artfremder Enzymproteine. A. sind bes. in Darmparasiten (Rundwürmer) gefunden worden; daß sie diese tatsächlich gegen Verdauungsenzyme schützen, ist noch nicht bewiesen.

Antigen-Antikörper-Reaktion, Abk. *AAR;* die Immunisierung mit einem *Antigen* führt zur Produktion spezif. ↗*Immunglobuline (Antikörper).* In einer AAR lagern sich diese mit dem Antigen zu Antigen-Antikörper-Komplexen zus., wobei komplementäre Strukturen der beiden Reaktionspartner über nicht-kovalente Bindungen miteinander in enge Wechselwirkung treten. Diese *Primärreaktion* kann als Ausbildung eines Gleichgewichts zw. freiem Antigen u. freiem Antikörper auf der einen Seite u. gebundenem Antigen u. Antikörper (Komplex) auf der anderen Seite betrachtet werden (Massenwirkungsgesetz). Als *sekundäre AAR,* die aufgrund der Bildung v. Antigen-Antikörper-Komplexen ablaufen, sind z. B. zu nennen: ↗Agglutination v. antigenhaltigen Partikeln durch Antikörper, ↗Lyse von antigenhaltigen Zellen od. Organismen, Komplement-Bindung (Komplement-System), Immobilisierung beweg]. Zellen. Die exquisite Spezifität der AAR hat dazu geführt, sie als Nachweissystem für Proteine (u. andere antigene Moleküle), zu ihrer Identifizierung u. zellulären Lokalisation in vielen Bereichen außerhalb der eigentl. Immunologie einzusetzen, so z. B. in der Molekularbiologie, Biochemie u. Zellbiologie. Die wichtigsten auf AAR beruhenden Nachweissysteme sind: Agardiffusionstest, Immunelektrophorese, Radioimmunoassay (RIA), Immunfluoreszenz, Immunelektronenmikroskopie.

Antigendrift *w* [engl. drift = Treiben], kleinere Antigenveränderungen bei ↗Influenzaviren.

Antigene [Mz.; v. gr. antigennan = dagegen erzeugen], Bez. für Substanzen, die nach Eindringen in einen Organismus eine spezif. Immunantwort induzieren. Die Definition eines Antigens ist rein empirisch u. nur davon abhängig, ob eine Immunantwort stimuliert wird od. nicht. Je fremder eine Substanz für einen Organismus, desto besser wird die Immunantwort stimuliert; umgekehrt werden Substanzen, die mit denen des Individuums sehr nahe verwandt od. gar identisch sind, keine Immunantwort hervorrufen. *Vollständige A.* (↗*Immunogene*) können sowohl eine Immunantwort induzieren als auch mit den Produkten dieser Antwort *(Antikörper)* reagieren; *unvollständige A.* (↗Haptene) sind Substanzen v. geringer relativer Molekül-

Antigene
Für Kohlenhydrate u. Proteine konnte die Größe der antigenen Determinanten dadurch ermittelt werden, daß man die minimale Größe einer bestimmten Polypeptid- od. Zuckerkette maß, die für die Hemmung einer Präzipitationsreaktion benötigt wurde. Am Dextran-System (Dextran als Antigen) ermittelte man, daß eine Antigenbindungsstelle Platz für ein Hexasaccharid (relative Molekülmasse = 990) bieten muß; analoge Untersuchungen an Polypeptiden zeigten, daß hier 4–8 Aminosäuren pro Antigenbindungsstelle aufgenommen werden müssen. Daraus kann man die Dimension einer antigenen Determinante, die zur Antikörperbindungsstelle eine komplementäre Struktur aufweisen muß, extrapolieren (3,5 × 1 × 0,6 nm).

masse, die allein keine Immunantwort induzieren können, aber durch Kopplung an größere Moleküle immunogen werden können. Die unterschiedlichsten chem. Verbindungen wirken als A. Die am besten untersuchten A. sind Proteine u. Polysaccharide, die in lösl. Form od. als Teil komplexer Strukturen (z. B. Bakterienzellwand) stark immunogen wirken. Lipide u. Nucleinsäuren sind, wenn überhaupt, sehr schwache A. Vollständige A. haben im allg. eine hohe relative Molekülmasse *(M)*. Aber auch natürlich vorkommende Substanzen mit relativ niedrigem *M*, z. B. Ribonuclease ($M = 14000$), Insulin (6000) u. Glucagon (2600), sind immunogen. Die Bindungsstellen auf den A.n, die mit den korrespondierenden Antikörpern reagieren *(antigene Determinanten),* sind kleiner als die Bereiche, die die Bildung der Antikörper induzieren. Für die Immunogenität eines Antigens wichtige Faktoren sind 1. die Beziehungen zw. den Determinanten, die von *T-Zellen,* u. solchen, die von *B-Zellen* erkannt werden, u. 2. die Aufnahme des Antigens durch ↗Makrophagen. Im Falle eines Antigens v. hoher chem. Komplexität ist es eher zu erwarten, daß das Individuum kooperierende Lymphocyten besitzt, die einige u. die Determinanten erkennt. Deswegen wirken z. B. synthet. Homopolymere aus L-Aminosäuren selten immunogen. Polymere aus zwei od. mehr Aminosäuren können jedoch eine Immunantwort auslösen. Man nimmt heute übereinstimmend an, daß die Diversität der chem. Zusammensetzung einen wichtigen Faktor bei der Immunogenität darstellt. Die starke immunogene Wirkung großer komplexer A. liegt darin begründet, daß sie v. Makrophagen sehr gut aufgenommen werden, während sich kleine (nur schwach immunogene) A. dieser Aufnahme entziehen können. Kommt es zu einer Immunantwort gg. körpereigene A. *(↗Autoantigene)*, so spricht man v. *Autoimmunität,* die als Zusammenbruch der Toleranz gg. körpereigene Strukturelemente aufzufassen ist (↗*Autoimmunkrankheiten*). Als *Alloantigen* bezeichnet man ein Antigen, das v. einem anderen Individuum derselben Art abstammt. Solche A. sind als Ergebnis des genet. Polymorphismus aufzufassen. Als Beispiele lassen sich die Blutgruppen-A. des ↗AB0- und RH-Systems aufführen sowie die Histokompatibilitäts-A., die das Immunsystem prompt stimulieren u. deren Erforschung in neuerer Zeit u. a. wegen der Zunahme v. Organtransplantationen beim Menschen bes. bedeutend ist. B. L.

Antigenshift *w* [-schift; engl. shift = Wechsel], größere, sprunghafte Antigenveränderungen bei ↗Influenzaviren.

Antigenvariation, wiederholte Änderung der Antigene (Glykoproteine) an der Oberfläche (im surface coat) einiger einzelliger Parasiten (Trypanosomatiden). Durch die Änderung entzieht sich der mit neuen Antigenen ausgerüstete Populationsteil zeitweise dem Angriff der Wirtsantikörper u. kann sich vermehren. Die Änderungen erfolgen oft in ganz bestimmter Sequenz. Es ist noch umstritten, wie weit sie vom Vorhandensein v. Wirtsantikörpern abhängig sind u. welche genet. Vorgänge ihnen zugrunde liegen.

Antigibberelline [Mz.; v. *anti-, lat. gibber = Höcker, Buckel], ↗Gibberellinantagonisten.

antihämophiler Faktor [v. *anti-, gr. haima = Blut, philos = freundlich], ein zur Blutgerinnung notwendiges Glykoprotein, dessen erblich bedingter Mangel Ursache der Bluterkrankheit ist.

antihämorrhagisches Vitamin s [v. *anti-, gr. haimorrhagia = Blutsturz], das ↗Phyllochinon.

Antihistaminika [Mz.; v. *anti-, gr. histion = Gewebe], *Histamin-Antagonisten,* therapeutisch wirksame Substanzen, die mit der Aktivität des bei allerg. Reaktionen freigesetzten Histamins interferieren u. dadurch geeignet sind, dessen Wirkung unter Kontrolle zu halten. Der Effekt der A. beruht auf der Konkurrenz mit Gewebereceptoren um Histamin. Daraus ergibt sich, daß A. nicht ausreichend kompetitiv wirken können, um eine völlige Befreiung v. den Symptomen zu gewährleisten. ↗Allergie.

antiklin [v. gr. antiklinein = dagegen neigen], die Zellteilungsebene liegt senkrecht zur Oberfläche des betreffenden Gewebes od. Organs; Ggs.: periklin.

Antikoagulantien [Mz.; v. *anti-, lat. coagulans = gerinnend], blutgerinnungshemmende Substanzen, wie das in Leber, Lunge, Herz, Muskel u. Blut vorkommende Heparin, das intra- u. extravasal die Blutgerinnung verhindert; ebenso kompetitiv wirkende Antagonisten des Vitamins K, wie Dicumarol, Marcumar u. Indandione, die auch therapeutisch eingesetzt werden. Sie bewirken die Bildung eines nicht aktivierbaren Prothrombins, so daß der Gerinnungsvorgang blockiert ist. Weitere A. sind Antithrombin III, ein Plasmaprotein, das den für die Blutgerinnung erforderl. Thrombingehalt niedrig hält, sowie Hirudin, einige Schlangengifte mit Antithrombokinaseaktivität u. das im Speichel der Stechfliege enthaltene Tabanin.

Antikörper [v. *anti-], *Gammaglobuline,* Proteine, die spezifisch mit einem Antigen reagieren. Spezifische A. stellen eine bes. Gruppe v. ↗*Immunglobulinen* dar, die als Ergebnis antigener Stimulation produziert werden. Wegen der großen Zahl antigener Spezifitäten muß das Individuum in der Lage sein, eine große Vielfalt von A.-Molekülen zu produzieren. Immunglobuline besitzen ein Ausmaß an Heterogenität, wie es in anderen Proteinen nicht vorkommt; gleichzeitig weisen sie aber auch strukturelle Ähnlichkeiten auf. ↗Monoklonale A.

Antillenfrösche, *Antillenpfeiffrösche, Eleutherodactylus,* Gattung der Südfrösche (U.-Fam. *Telmatobiinae*); kleine bis mittelgroße (bis 9,5 cm), elegante, sehr unterschiedlich gefärbte u. gezeichnete, langbeinige Frösche, die mit ca. 400 Arten v. den Südstaaten N-Amerikas (z. B. der Gewächshausfrosch, *E. ricordi planirostris,* ca. 3 cm, eingeschleppt in Florida, u. der Bellfrosch, *E. augusti latrans,* bis 9,5 cm, in Arizona, Neumexiko. u. Texas) bis nach Argentinien verbreitet sind. Viele haben verbreiterte Zehenscheiben u. erinnern damit u. mit ihrer Kletterfähigkeit an Laubfrösche; andere, bodenlebende Arten, ähneln jungen Springfröschen. Sehr unterschiedl. Rufe; der Coqui *(E. coqui)* aus Puerto Rico hat einen 2silbigen Ruf, die Co-Silbe dient als Revierruf, für ihre Frequenzen sind die Männchen empfindlicher, die Qui-Silbe lockt paarungsbereite Weibchen an. Alle A. legen terrestr. Eier, die z. T. vom Männchen bewacht u. befeuchtet werden; daraus schlüpfen fertig entwickelte Jungfrösche, die die Eihüllen mit einem echten Eizahn sprengen, der später abgeworfen wird. A. bewohnen, mit Ausnahme sehr trockener Lebensräume, die gesamte Neotropis, v. den Tiefebenen bis hoch ins Gebirge.

Antilocapra w [v. gr. anthalōps = Antilope, lat. capra = Ziege], der ↗Gabelbock.

Antilocapridae [Mz.], die ↗Gabelhorntiere.

Antilopen [Mz.; v. gr. anthalōps = Antilope], ältere Sammelbez. für diejenigen Wiederkäuer, die hornumkleidete Stirnwaffen tragen u. früher weder zu den Schafen od. Ziegen noch zu den Rindern gerechnet wurden. A. gehören nach heutiger Systematik ganz verschiedenen U.-Fam. der Hornträger an; sie können Hasen- (z. B. Böckchen) bis Pferdegröße (z. B. Elenantilope) haben u. sind alle gute Läufer. Die meisten A. leben in Afrika (u. a. Gnu, Kudu, Kuh-, Oryx-, Schirrantilopen), einige aber auch in Asien (z. B. Saiga-, Hirschziegenantilope). Eine bes. systemat. Stellung nimmt der am. ↗Gabelbock („Gabelantilope") ein. [B] 208, [B] Afrika II.

Antilopinae [Mz.], die ↗Springantilopen.

Antimetaboliten, *Antistoffe,* chem. Verbindungen synthet. oder natürl. Ursprungs, durch die einzelne Stoffwechselreaktionen spezifisch gehemmt werden. Sie wirken meist aufgrund ihrer chem. Ähnlichkeit

anti- [v. gr. anti = gegen], in Zss.: gegen.

Antigen-Antikörper-Reaktion (schematisch)

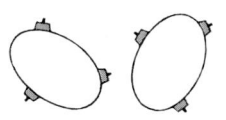

Antigenmoleküle (z. B. Proteine, Bakterien) dunkle Stellen symbolisieren spezifische Erkennungsstellen für Antikörpermoleküle.

Antikörpermolekül dunkle Stellen sind komplementär zu den Erkennungsstellen der Antigenmoleküle.

Antigen-Antikörper-Komplex Der Antikörper ist zweiwertig, das Antigen kann mehrwertig sein.

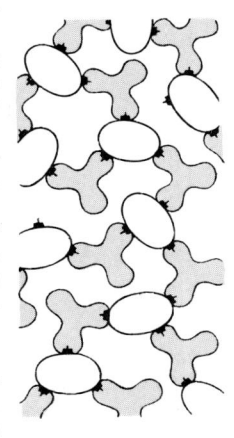

Unlösliches Antigen-Antikörper-Netz (Präzipitat)

Antimutagene

Antilopen:

1 Nilgauantilope *(Boselaphus tragocamelus)*, **2** Springbock *(Antidorcas marsupialis)*, **3** Elenantilope *(Taurotragus oryx)*, **4** Rappenantilope *(Hippotragus niger)*, **5** Großer Kudu *(Tragelaphus strepsiceros)*, **6** Ostafrikanischer Spießbock *(Oryx gazella beisa)*, **7** Grantgazelle *(Gazella granti)*, **8** Säbelantilope *(Oryx gazella dammah)*

Antimycin A

anti- [v. gr. anti = gegen], in Zss.: gegen.

durch Verdrängung der umzusetzenden Stoffwechselprodukte *(Metaboliten)* v. den aktiven Zentren der entsprechenden Enzyme; an diesen können sie zwar gebunden, aber aufgrund der Strukturverschiedenheit nicht umgesetzt werden (kompetitive Enzymhemmung). In anderen Fällen werden A. von den entsprechenden Enzymen auch umgesetzt u. führen so zur Anhäufung zellfremder Stoffe, die, frei od. eingebaut in makromolekulare Strukturen, ebenfalls zu Fehlfunktionen u. damit zu vermindertem Wachstum bzw. Absterben der betreffenden Zellen führen. Zahlreiche A. sind chem. Analoga v. Aminosäuren (z. B. Azaserin), Purinen (z. B. 8-Azaguanin) u. Pyrimidinen. Die Wirkung vieler Arzneimittel, z. T. auch v. Antibiotika (z. B. von Puromycin), beruht auf ihrer Funktion als Antimetaboliten.

Antimutagene [Mz.; v. *anti-, lat. mutare = verändern, gr. gennan = erzeugen], Substanzen, die den Mutagenen entgegenwirken u. die spontane od. induzierte Mutationsrate herabsetzen. Als A. wirken Alkohole (Äthanol, Glycerin), das natürlich vorkommende Enzym Katalase sowie stark reduzierende Substanzen, z. B. Natriumdithionit (Natriumhyposulfit).

Antimycin A *s* [v. *anti-, gr. mykēs = Pilz], Antibiotikum, das in der ↗Atmungskette den Elektronentransport u. in der Photosynthese die zyklische Photophosphorylierung hemmt.

Antimykotikum *s* [v. *anti-, gr. mykēs = Pilz], Substanz (Medikament), die speziell gegen Pilze wirksam ist; Antibiotika zur Behandlung v. Pilzinfektionen sind z. B. Griseofulvin, Fungizidin, Amphotericin B, Nystatin, Actidion u. Ketoconazol; als Desinfektionsmittel werden Iod, Thymol, verschiedene Farbstoffe (Gentianaviolett, Malachitgrün), Schwefel u. a. Substanzen angewandt.

Antiparallelität, die Orientierung der Einzelstränge doppelsträngiger Nucleinsäuren (DNA-, RNA-Doppelstränge sowie aus einem DNA- u. einem RNA-Strang aufgebaute Doppelstränge) zueinander. Auch bei der intramolekularen Faltung einzelsträngiger RNA (t-RNA, r-RNA) zu den entsprechenden Sekundärstrukturen (z. B. der Kleeblattstruktur von t-RNA) sind die gepaarten Bereiche durch die A. der sich gegenüberliegenden Nucleotidsequenzen gekennzeichnet. Bei Sekundärstrukturen v. Proteinen wird A. (jedoch auch Parallelität) der Peptidketten bei den sog. Faltblattstrukturen beobachtet.

Antipatharia w, die ↗ Dörnchenkorallen.

Antiperniziosafaktor m [v. *anti-, lat. perniciosa = die Schädliche], das ↗ Cobalamin.

Antipoden [Mz.; v. gr. antipodes = Gegenfüßler], Bez. für die drei od. mehr Zellen im *Embryosack* (Megagametophyten) der Angiospermen-Samenanlage, die dem Eiapparat (Eizelle zus. mit den beiden Synergiden) gegenüberliegen. Die A.-Zellen dienen v. a. der Ernährung des Embryosacks.

Antiport m [v. *anti-, lat. portare = tragen], *Austauschtransport, Austauschdiffusion,* Membrantransportsystem, das den Austausch eines Substratmoleküls außen gg. ein anderes innen ermöglicht; damit ist kein Nettotransport verbunden. Gut untersuchte Beispiele für A.-Systeme sind der ↗ Adenylattranslokator der inneren Mitochondrienmembran u. der ↗ Phosphattranslokator der inneren Hüllmembran der Plastiden.

antirachitisches Vitamin, das ↗ Calciferol.

Antirrhinum [v. gr. antirrhinon = Gauchheil], das ↗ Löwenmaul.

Antirrhinumtyp m [v. gr. antirrhinon = Gauchheil], bei *Antirrhinum* (Löwenmaul) gefundene „Mischzellen", die sowohl grüne als auch farblose Plastiden enthalten; Pflanzen des A.s sind Mutanten mit Photosynthesedefekt, der durch das Fehlen eines Chlorophyll-a-bindenden Proteins des Photosystems I bedingt ist.

Antisaprobität w [v. *anti-, gr. sapros = faul, bios = Leben], Begriff aus dem Saprobiensystem v. Sladecek u. Sramek-Husek (1956), in dem alle Verunreinigungsgrade u. -arten berücksichtigt werden. Er bezeichnet Eigenschaften von toxischen, von Bakterien nicht abbaubaren Abwässern.

Antisterilitätsvitamin, das ↗ Tocopherol.

Antitermination w [v. *anti-, lat. terminatio = Begrenzung], die Aufhebung der Wirkung v. Terminationssignalen der Transkription durch Attenuation od. durch antiterminierende Proteine. So bewirkt das vom Gen N des Bakteriophagen λ codierte Protein (zus. mit weiteren spezif. DNA-Signalstrukturen) die A. der sehr frühen Transkription von λ-DNA. Konsequenz dieser A. ist die Erweiterung der transkribierten Bereiche jenseits der ursprüngl. Terminationspunkte u. damit eine Expression der hinter den Terminationspunkten liegenden Gene. Auch die durch Attenuation bewirkte A. führt zur Expression der hinter dem ursprüngl. Terminationssignal liegenden Gene. A. ist als Regelmechanismus bei der Expression bakterieller Operonen mehrfach beobachtet worden u. scheint daher – zumindest für bakterielle Systeme – von allg. Bedeutung zu sein. Bei der Expression v. Genen höherer Organismen konnte A. bisher nicht nachgewiesen werden.

Antithamnion s [v. *anti-, gr. thamnion = Strauch], Gatt. der ↗ Ceramiales.

Antitoxine [Mz.; v. *anti-, gr. toxikon = (Pfeil)gift], veraltete Bez. für eine Gruppe v. Antikörpern, die bestimmte Giftstoffe (Toxine) binden u. dadurch unwirksam machen können. A. wurden v. E. von Behring 1890 als Ursache der Immunisierung entdeckt u. als Heilserum gg. Diphtherie erstmals zur Anwendung gebracht.

Antitranspirantien [Mz.; v. *anti-, lat. trans = hindurch, spirare = atmen], Substanzen, die Pflanzen bei Wasserstreß vor übermäßiger Transpiration schützen. Endogen wirkt Abscisinsäure (ABA) reduzierend auf die Stomataöffnung; exogen z. B. durch Aufsprühen v. Phenyl-Quecksilberacetat (PMA). PMA hemmt die Photosynthese u. erhöht dadurch die CO_2-Konzentration, wodurch sekundär die Stomata schließen. Da die Wachstumshemmung überwiegt, besteht kein wirtschaftl. Interesse. PMA ist in hoher Konzentration toxisch u. stellt durch den Quecksilbergehalt eine gefährl. Umweltbelastung dar.

Antitrichia w, Gatt. der ↗ Leucodontaceae.

Antivitalstoffe [v. *anti-, lat. vitalis = zum Leben gehörend], meist nur in Spuren vorkommende, in ihrer Gesamtheit aber die menschl. Gesundheit beeinträchtigende Substanzen, z. B. bestimmte chem. Konservierungsmittel, Insektizide, Detergentien u. Abgase. Von bes. Bedeutung sind A., die nachgewiesenermaßen die Krebsentstehung fördern. Ggs.: Vitalstoffe.

Antivitamine, Stoffe, die aufgrund ihrer Vitamin- oder Vitaminvorläufer-ähnlichen Struktur antagonistisch zu Vitaminen wirken.

Antizoea w [v. *anti-, gr. zöïa = Leben], Larvenform der Heuschreckenkrebse mit auffällig breitem Carapax u. Carapax-Hinterrandstacheln.

Antrieb, Wirkung einer ordnenden u. koordinierenden Instanz in der Verhaltenssteuerung der Tiere, die die Verhaltensweisen eines Funktionskreises in sinnvoller Weise aktiviert u. fördert. Die Verhaltensweisen des Funktionskreises „Nahrungserwerb" werden z. B. durch den Nahrungstrieb (subjektiv als Hunger erlebt) aktiviert. Jeder Antrieb entsteht durch die Verrechnung sog. antriebsbezogener Außen- u. Innenreize (Eingänge) u. wirkt durch Signale,

anti- [v. gr. anti = gegen], in Zss.: gegen.

die er für die antriebsbezogenen Reaktionen bereitstellt (Ausgänge). Die Betrachtungsweise des A.s als eine verrechnende Instanz des Gehirns (kybernet. Auffassung) trat geschichtlich an die Stelle v. Vorstellungen, in denen der A. als eine Energie od. als eine Substanz aufgefaßt wurde (energieanaloge Triebtheorie, hormonelle Triebtheorie). Die den A. hervorbringende Verrechnungsinstanz wurde nicht nur abstrakt erschlossen, sondern ließ sich bei Wirbeltieren als Zentrum des Zwischenhirns (im Hypothalamus) identifizieren. Bei Insekten, Krebsen usw. gibt es ähnl. Instanzen mit möglicherweise anderer innerer Struktur. Die Abgrenzung der Bez. A. von ähnl. Begriffen (Motivation, Bereitschaft, Trieb) ist schwierig (↗Bereitschaft).

Anubispavian *m* [ben. nach dem hundsköpfigen ägypt. Gott Anubis], *Grüner Babuin, Papio anubis,* bekanntester Vertreter der Steppenpaviane od. Babuine; relativ große u. kräftig gebaute Pavianart, Kopfrumpflänge bis zu 100 cm. Der A. kommt in mehreren U.-Arten v. Mitteltansania bis Äthiopien u. über Nigeria hinaus nach Westen vor; in den afr. Nationalparks ist er noch zahlreich anzutreffen. A.e leben in großen Herden v. oft 50–100 Tieren tagaktiv u. vorwiegend am Boden; Bäume suchen sie zur Nahrungsaufnahme, bei Gefahr u. zum Schlafen auf. B Afrika III.

Anucleobionten [Mz.; v. gr. a- = nicht, lat. nucleus = Kern, gr. bioōn = lebend], die ↗Akaryobionten.

Anulus [lat., = Ring], ringförm. Gebilde in der Anatomie u. Morphologie. **1)** bei Pilzen die Reste der Hülle (Velum) als ringförm. Hautlappen am Stiel v. Fruchtkörpern. **2)** bei Moosen die unterhalb des Deckelrandes v. Sporangium liegende schmale, kranzförm. Zone. Die Zellen dieser Zone sprengen zur Reifezeit den Deckel durch aufquellende Schleime ab. **3)** bei Farnen die bogenförmig das Sporangium umfassende Zellreihe mit stark verdickten Radial- u. Basalwänden. Durch Wasserabgabe übt sie zunächst einen tangentialen Zug aus u. reißt damit das Sporangium an der vorgebildeten Stelle (Stomium) auf. Danach krümmt sie sich auf. Durch plötzl. Lufteinbruch in die Zellen wirken die beim Aufkrümmen gespannten Basalwände wie eine Feder u. schleudern die Sporen aus (Kohäsionsmechanismus). **4)** in der zool. Anatomie Bez. für ringförmig ausgebildete Organe od. Organteile, Nerven-, Muskel-, Gefäß- od. auch Knochenringe.

Anura [Mz.; v. gr. an- = nicht, oura = Schwanz], die ↗Froschlurche.

Anus *m* [lat., = Fußring, After; Bw. *anal*], *After, Darmausgang,* liegt bei frei bewegl. Tieren in der Regel an dem dem Munde abgewandten Körperende. Bei vielen Tieren mündet der Darm nicht direkt nach außen, sondern zunächst gemeinsam mit Harnleiter u. Genitalsträngen in eine ↗Kloake, die sich nach außen öffnet. Bei den ↗Deuterostomiern geht der A. aus dem ↗Urmund hervor.

Anwelksilage ↗Silage.

Äon *m* [v. gr. aiōn = Zeitdauer], *Aeon,* Großabschnitt der Erdgeschichte: Kryptozoikum, Phanerozoikum.

Aorta *w* [v. gr. aortē = Schlagader], großes, v. Herzen wegführendes Gefäß, das den größten Teil aller anderen Arterien des Kreislaufsystems versorgt. **1)** Im Grundbauplan der Chordatiere führt ein unpaares, ventral gelegenes Längsgefäß, die A. ventralis, v. Herzen kommend in den Kiemenbereich. V. dieser steigen dort Arterien in den Kiemenbögen auf (Kiemenbogenarterien, Aortae branchiales, ↗Arterienbogen) u. münden dorsal in zwei Längsgefäßen, den paarigen Aortae dorsales. Kopfwärts gehen diese in die gleichfalls paarigen Arteriae carotides internae über u. versorgen den Kopf; die kopfwärts gerichtete Fortsetzung der A. ventralis bildet die A. carotis interna, die ebenfalls an der Versorgung des Kopfes beteiligt ist. Schwanzwärts verschmelzen die paarigen Aortae dorsales zu einer unpaaren A. dorsalis, welche die Versorgung der Rumpf- u. Eingeweidearterien übernimmt. Die im Schwanz verlaufende Fortsetzung der A. dorsalis ist die A. caudalis. **2)** A. des Menschen: *große Körperschlagader,* die den gesamten Körperkreislauf mit Blut versorgt. Sie entspringt aus der linken Herzkammer u. zieht zunächst aufwärts (Pars ascendens), um im *Aortenbogen* (Arcus aortae) nach caudal umzubiegen u. längs der Wirbelsäule bis vor den vierten Lendenwirbel zu führen (Pars descendens). **3)** Die A. der Gliederfüßer ist ebenfalls ein v. Herzen wegführendes Gefäß. Da die Gliederfüßer ein offenes Blutgefäßsystem besitzen, mündet die A. frei, meist im Kopfbereich. Sie stellt hier einen Teil des Herzens dar, da sie ontogenetisch aus den gleichen Organanlagen gebildet wird wie das Herz (dorsale Medialwände der Coelomsäcke); nur fehlen ihr die Muskulatur u. die Einströmöffnungen (Ostien) für das Blut. Krebse besitzen häufig eine vordere (A. anterior) u. eine hintere (A. posterior) Verlängerung des Herzrohres, während bei Insekten nur eine A. anterior ausgebildet ist.

Aortenbogen *m* [v. gr. aortē = Schlagader], *Arcus aortae,* jener Teilbereich der ↗Aorta, der v. dem zunächst kopfwärts gerichteten (Pars ascendens) zu dem caudal führenden (Pars descendens) Abschnitt überleitet. Der A. wird bei allen Tetrapoden (Vierfüßern) phylogenetisch v. vierten ↗ Arterienbogen hergeleitet. Amphibien u. Reptilien besitzen paarige A., während bei Vögeln der linke A. reduziert wird u. nur der rechte bestehen bleibt u. bei Säugetieren umgekehrt der rechte A. verschwindet u. der linke erhalten bleibt.

Aortenwurzel w [v. gr. aortē = Schlagader], bei Wirbeltieren herznahe Region der Aorta mit mehreren Schichten elast. Bindegewebes, die die systol. Druckwellen des Herzens auffangen (Windkesselfunktion) u. in eine gleichmäßige Blutzirkulation umwandeln. ↗ Arterienbogen.

Aotes [v. gr. aōtein = schlafen], die ↗ Nachtaffen.

Apamin s [v. lat. apis = Biene], Komponente des ↗ Bienengifts; stark basisches Peptid aus 18 Aminosäuren, ein Toxin, dessen Wirkungsschwerpunkt am Zentralnervensystem liegt; es schädigt Nervenzellen irreversibel. Nach dem Stich gelangt A. ins Bindegewebe und schädigt dort Plasma- u. Mastzellen. Über die Blutbahn wird es zu den anderen Wirkungszentren weitergeleitet. Wegen seines hohen Anteils an hydrophoben Aminosäureresten (>50%) u. seiner kugeligen Molekülgestalt kann es die ↗ Blut-Hirn-Schranke überwinden u. ins Zentralnervensystem eindringen.

Aparasphenodon m, Gatt. der ↗ Panzerkopffrösche.

Apatele w [v. gr. apatēlos = betrügerisch], Gatt. der ↗ Eulenfalter.

Apatura w [v. gr. apatē = Täuschung], Gatt. der ↗ Fleckenfalter.

Apeltes m, Gatt. der ↗ Stichlinge.

AP-Endonuclease, Abk. für *Apurin-* bzw. *Apyrimidin-Endonuclease,* ein Reparaturenzym, das neben Stellen in der DNA, an denen eine Purin- od. Pyrimidinbase fehlt, Einzelstrangschnitte in die Zucker-Phosphat-Kette setzen kann u. damit Reparaturprozesse solcher Stellen einleitet; danach können weitere DNA-Reparaturenzyme die fehlerhafte Stelle beseitigen u. durch Einbau intakter Nucleotide die Einzelstranglücke wieder auffüllen.

Apera w [v. gr. apēros = unversehrt], der ↗ Windhalm.

Aperea w [v. lat. aper = wildes Schwein], *Cavia aperea,* ↗ Meerschweinchen.

Aperetalia spicae-venti w [v. gr. apēros = unversehrt, lat. spica = Ähre, ventus = Wind], *acidophytische Getreideackerfluren, Halmfruchtunkrautges., Windhalmfluren,* Ord. der Ackerunkrautges. (*↗ Stellarietea mediae*) mit 2 Verb. Unkrautges. der bodensauren Windgetreideäcker mit einer Vielzahl v. Kältekeimern; dadurch bei letzter Bodenbearbeitung im Spätherbst od. Vorfrühling begünstigt, wenn noch keine Konkurrenten der wärmebedürftigen ↗ *Polygono-Chenopodietalia* das Wachstum behindern. Die Lämmerunkraut-Fluren (Verb. *Arnoseridion*) gedeihen auf extrem nährstoffarmen u. sauren Sandböden in humidem, atlantisch-subatlant. Klima. Sie sind heute durch Umstellung auf Zuckerrübenanbau nach Aufkalken u. Düngen der Böden stark bedrängt. Etwas nährstoffreichere, aber ebenfalls noch sauer reagierende Lehm- u. Tonböden werden v. Ackerfrauenmantel-Fluren *(Aphanion)* besiedelt. Weit verbreitet ist die Kamillen-Ges. *(Alchemillo-Matricarietum).*

aperiodische Arten, Pflanzen, deren Entwicklung über mehrere Jahre ausgedehnt ist u. während des Winters auf einem beliebigen Stadium unterbrochen wird. Die für die Tundra typischen a.n A. sind somit unabhängig v. kurzen Sommer, z. B. die Cruciferen-Art *Braya humilis.*

Apertur w [v. lat. apertura = Öffnung], *numerische A.,* Kennzahl für Mikroskopobjektive u. damit wichtige physikal. Größe in der Lichtmikroskopie; Maß für das höchstmögl. Auflösungsvermögen. Die numerische A. ist gleich $n \cdot \sin \alpha$ (n = Brechungsindex des Mediums zw. Objekt u. Objektiv, α = halber Öffnungswinkel des Objektivs); sie läßt sich aus physikal. Gründen kaum über den Wert 1,7 hinaus steigern.

Apertura w [lat., = Öffnung], anatom. Bez. für Öffnung, z. B. für die Öffnung der Schneckengehäuse.

Aperzeit w [v. lat. apertus = offen, schneefrei], die schneefreie Zeit des Jahres; im Hochgebirge an windexponierten Stellen z. T. auch im Winter auftretend

apetal [v. gr. a- = nicht, petalon = Blatt], Bez. für die Blüten der Angiospermen ohne Blütenkrone; a. heißt aber eigtl. das urspr. Fehlen einer Krone, das bisher nicht einwandfrei nachgewiesen werden konnte. Dagegen ließ sich in vergleichenden Untersuchungen zeigen, daß viele Angiospermenblüten durch Verlust der Krone sekundär vereinfacht, also *apopetal* sind.

Apex m [lat., = Spitze], allg. der Scheitel od. die Spitze eines Körperteils od. Organs. **1)** in der Bot. der Scheitel- od. Spitzenanteil v. Wurzel od. Sproßachse, der das *Apikalmeristem* umfaßt. **2)** die Spitze des Schneckengehäuses; der A. wird meist noch während der Embryonalentwicklung gebildet u. unterscheidet sich oft in der Struktur, manchmal auch in der Windungsrichtung v. den später entstehenden Umgängen; bei einigen Arten wird der A. während des Heranwachsens der Schnecke abgestoßen u. das Gehäuse durch eine sekundäre Platte verschlossen (↗ *Rumina).*

Aperetalia spicae-venti
Verbände:
Aphanion arvensis, Aperion (Ackerfrauenmantel-Fluren, acidophytische Lehmackerfluren) *Arnoserion, Arnoseridion* (Lämmerunkraut-Fluren, Sandackerfluren).

Apfelbaum, *Malus,* Gatt. der Rosengewächse mit ca. 30 Arten. Genet. Anteil am Gartenapfel *(M. domestica)* haben u. a. der Holz-A. *(M. sylvestris,* Europa u. W-Asien), der Splitt- od. Doucin-A. *(M. mitis),* der Johannis- od. Paradies-A. *(M. pumila,* Europa u. O-Asien), der Pflaumenblättrige A. *(M. prunifolia),* der Korallen-A. *(M. floribunda,* Japan) u. der Kirschapfel *(M. baccata,* O-Asien). Die Kultivierung des Garten-A.s wird nachweislich seit dem Neolithikum betrieben; in der röm. Kaiserzeit bereits 23 Sorten beschrieben; Höhepunkt der Herauszüchtung v. Sorten im 18. u. 19. Jh. Heute mit 7000 (nach anderen Angaben bis 20 000) Sorten u. einer Jahresweltproduktion von ca. 23 Mill. t Äpfeln die wichtigste Obstsorte der kühlgemäßigten Zonen Europas (v. a. Deutschlands u. Frankreichs), Amerikas, Asiens u. Australiens. – Der A. ist durch wechselständ. Laubblätter charakterisiert, die klein gekerbt-gesägt, eiförmig u. meist zugespitzt sind. Nach Laubausbruch erscheinen rosa überlaufene Blüten in kurzgestielten, armblüt. Doldentrauben; 2–5 an der Basis verwachsene Griffel, 15–20 Staubblätter; Flachwurzler; meist selbststeril; Vermehrung durch Pfropfung auf Johannis- od. Holzapfel als Unterlage. Standortsansprüche: gemäßigtes Klima mit ausreichender Luftfeuchtigkeit u. Wintertemperaturen unter dem Gefrierpunkt (Brechen der Knospenruhe), aber ohne Spätfröste. Gedeiht auf ausreichend tief entwässerten, nährstoff- und basenreichen Böden. Die eigentl. Frucht, die dem „Kerngehäuse" entspricht, ist eine Sammelbalgfrucht, umgeben v. fleischig gewordenen Kelchgrund u. Blütenachse (⃞B Früchte, ⃞B Kulturpflanzen VII). Großfrüchtige Sorten sind meist triploid. Die *Apfelsorten* wurden früher im Dielschen System in 15 „Gruppen" geordnet, die Einteilung erfolgt nach Reifezeit, Form, Farbe, Beschaffenheit der Schale u. des Fruchtfleisches, Geschmack u. Geruch. Bezeichnungen aus dem Dielschen System wurden u. a. für die Sorten „Renette" u. „Calville" übernommen; heute Charakterisierung der Äpfel nach Verwendungszweck, d. h., es wird unterschieden zw. Tafelobst, Kochäpfeln, Mostäpfeln u. Zierbäumen (z. B. Kirsch-A. u. Korallen-A.). Inhaltsstoffe des Apfels: Wasser 84,4%, Invertzucker 8%, stickstofffreie Substanzen 3,3%, Rohfaser 1,9%, Apfel- u. Citronensäure 0,7%, Saccharose 0,4% u. a. Der nach Sorte schwankende Vitamin-C-Gehalt beträgt 3–35 mg pro 100 g. Bei Lagerung v. Äpfeln ist zu beachten, daß Äthylenbildung frühreifer Äpfel die Reifung spätreifer Sorten vorzeitig stimuliert. Das *A.holz* ist härter als das Holz des Birnbaums u. wird in der Holzbildhauerei u. für Holzschnitte genutzt. Y. S.

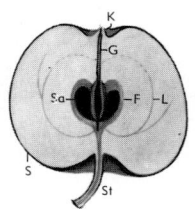

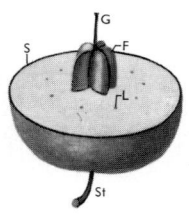

Apfelbaum
Der *Apfel* ist eine Scheinfrucht; oben Längsschnitt, unten Fruchtblätter, zur Hälfte freipräpariert. K Kelch (Reste der Blütenhülle), G Griffel, F Fruchtblätter, Sa Samen, L Leitbündel, St Stiel, S Schale. Jedes Fruchtblatt bildet für sich einen Balg; die Blütenachse umwächst die pergamentartigen Fruchtblätter, die in ihrer Gesamtheit das Kerngehäuse bilden, und liefert den fleischigen Teil der Frucht und die Schale. Der Apfelstiel ist der verholzte Blütenstiel.

L-Apfelsäure

Apfelblattsauger, *Apfelblattfloh, Apfelsauger, Psylla mali,* ↗ Psyllina.
Apfelblütenstecher, *Anthonomus pomorum,* ↗ Stecher.
Apfelflechte ↗ Peltigera.
Apfelfruchtstecher, *Rhynchites bacchus,* ↗ Stecher.
Apfelgespinstmotte, *Yponomeuta malinellus,* ↗ Gespinstmotten.
Apfelmehltau, Pilzkrankheit der Apfelbäume; der Erreger *Podosphaera leucotricha* ist ein Echter Mehltaupilz. Die befallenen Blätter v. jungen Trieben sind kurz nach dem Austrieb mit einem weißen, mehlartigen Belag überzogen, sie rollen sich nach oben ein u. fallen ab. Die Übertragung erfolgt durch Konidien beim Austrieb der Blätter u. durch Ascosporen während des Sommers. Im Spätsommer wächst das Mycel in die sich neu bildenden Knospen ein, wo es überwintert u. im Frühjahr mit den austreibenden Blättern auswächst.
Apfelmoos, *Bartramia pomiformis,* ↗ Bartramiaceae.
Apfelsägewespe, *Hoplocampa testudinea,* ↗ Tenthredinidae.
Apfelsäure, *Äpfelsäure, Monohydroxybernsteinsäure,* als L-Form in unreifen Äpfeln, Quitten, Stachelbeeren, Trauben, Lauch u. a. vorkommende Dicarbonsäure. Ihre Ester u. Salze werden *Malate* genannt. A. ist Zwischenprodukt im Citratzyklus u. im Glyoxylatzyklus sowie Anhäufungsprodukt im diurnalen Säurerhythmus dickblättriger (sukkulenter) Pflanzen.
Apfelschnecken, *Kugelschnecken, Blasenschnecken, Ampullarius,* Gatt. der Ampullariidae (Ordnung Mittelschnecken), Schnecken mit großem, kugeligem Gehäuse u. dünnem Deckel, die an das amphib. Leben in trop. Süßgewässern angepaßt sind: ihre Mantelhöhle ist in eine rechte Kiemen- u. eine linke Lungenkammer unterteilt; v. den beiden Nackenlappen ist der linke zu einem ausstreckbaren Atemrohr umgestaltet, das rüsselartig zur Wasseroberfläche gestreckt werden u. so Atemluft einholen kann. Ein Fortsatz des Mantelrandes fungiert beim männl. Tier als Penis; die Eikapseln werden dicht über der Wasseroberfläche angeheftet. Die großen A. und ihre Verwandten werden im Amazonasgebiet u. in SO-Asien gegessen, die Gehäuse als Souvenirs verkauft. Südamerikanische A. sind interessante Aquarientiere, brauchen jedoch viel pflanzl. Nahrung.
Apfelschorf ↗ Kernobstschorf.
Apfelsine, Frucht des A.nbaums, ↗ Citrus.
Apfelstecher, *Rhynchites auratus,* ↗ Stecher.

Apfelwickler, *Cydia (Laspeyresia, Carpocapsa) pomonella,* häufiger, weltweit verbreiteter bzw. verschleppter Schmetterling der Fam. der Wickler; Flugzeit in Mitteleuropa Mai – Aug. in 1–2 Generationen; Vorderflügel (Spannweite 16 mm) blaugrau, schwarzbraun quergewellt, am Ende mit schwarzem u. rotgoldenem Fleck; dämmerungsaktiv, tags an Baumstämmen ruhend. Das Weibchen findet die Wirtspflanze (Apfel, Birne, Pflaume, Quitte, Eßkastanie, Walnuß) offenbar mit Geruchssinn u. legt bis 100 Eier einzeln an Fruchtknoten, Blätter u. Zweige ab. Bei Kernobst frißt sich die nach 2 Wochen schlüpfende, fleischfarbene Larve („Obstmade") zum Gehäuse durch, wovon sie sich neben dem Fruchtfleisch ernährt; die mit Kot gefüllte Einbohrstelle verrät die Anwesenheit einer Raupe. Meist fallen die „wurmstichigen" Früchte vorzeitig ab. Die Larven lassen sich an einem Gespinstfaden zum Boden hinab u. spinnen sich dort od. in Borkenritzen am Stamm in einem weißen, festen Kokon ein; Verpuppung nach der Überwinterung darin, der Falter schlüpft nach einem Monat. Der A. kann in Obstbaumkulturen große Schäden anrichten, Befallsprognose mit Pheromonfallen (angelockte Männchen) möglich; neben teuren Giftspritzungen bekämpft man den A. auch durch Auflesen v. Fallobst, Fanggürtel aus Wellpappe od. Stroh am Stamm (Überwinterung!), den Eiparasiten *Trichogramma spec.* (Schlupfwespe) u. durch Ausbringen v. Meisennistkästen.

Apfelwickler *(Cydia pomonella)*

aphaneropegmat [v. gr. a- = nicht, phaneros = offenbar, deutlich, pēgma = Gerüst], heißen Brachiopoden ohne Armgerüst (alle *Inarticulata, Palaeotremata,* z. T. *Strophomenida*).

Aphanes *m* [gr. = unsichtbar, verborgen], ↗Frauenmantel.

Aphaniptera [v. *aphan-, gr. pteron = Flügel], die ↗Flöhe.

Aphanisie [v. *aphan-], ↗Rekapitulation.

Aphanius *m* [v. *aphan-], Gatt. der ↗Kärpflinge.

Aphanizomenon *s,* Gatt. der ↗Oscillatoriales.

Aphanocapsa *w* [v. *aphano-, gr. kapsa = Kapsel], Gatt. der ↗Chroococcales.

Aphanolejeunea *w* [v. *aphan-; ben. nach dem belg. Botaniker A. L. S. Lejeune, 1779–1858], Gatt. der ↗Lejeuneaceae.

Aphanomyces *m* [v. *aphano-, gr. mykēs = Pilz], Gatt. der ↗Wasserschimmelpilze.

Aphanothece, Gatt. der ↗Chroococcales.

Aphantopus, Gatt. der ↗Augenfalter.

Aphasmidia [Mz.], früherer Name der *Adenophorea,* eine der beiden U.-Kl. der ↗Fadenwürmer.

Aphelandra *w* [v. gr. aphelēs = glatt, ein-

aphan-, aphano- [v. gr. aphanēs = unsichtbar, verborgen].

Aphroditidae
Wichtige Gattungen:
↗Aphrodite
Hermonia
Laetmonice

fach, anēr, Gen. andros = Mann, bot. Anthere (Antheren sind einfächerig u. unbewehrt)], Gatt. der *Acanthaceae* mit ca. 100, im wärmeren Amerika beheimateten Arten. Die Sträucher od. Kräuter besitzen meist große, glänzend grüne, elliptisch zugespitzte, oft buntgeaderte Laubblätter und endständ., auch verzweigte Blütenähren mit dicht dachziegelartig stehenden, oft leuchtend gefärbten Hochblättern (Brakteen), in deren Achseln die weißen, gelben od. roten Blüten sitzen. Verschiedene A.-Arten werden ihres dekorativen Aussehens wegen als Zierpflanzen kultiviert; bes. zu nennen ist die in vielen Sorten gezüchtete Zimmerpflanze *A. squarrosa* (Glanzkölbchen).

Aphelenchoides *m* [v. gr. aphelēs = glatt, einfach, egchos = Lanze, Pfeil], Gatt. der ↗Tylenchida.

Aphelocheiridae [Mz.; v. gr. aphelēs = glatt, einfach, cheir = Hand], die ↗Grundwanzen.

Aphetohyoidea [Mz.; v. gr. aphetos = frei, hoidis = Zungenbein], die ↗Placodermi.

Aphidiidae, die ↗Röhrenläuse.

Aphidiidae, die ↗Blattlauswespen.

Aphidina, die ↗Blattläuse.

aphidivor, von Blattläusen sich ernährend, z. B. Marienkäfer u. ihre Larven, Florfliegen.

Aphis, Gatt. der ↗Röhrenläuse.

Aphodius *m* [v. gr. aphodos = Stuhlgang], Gatt. der ↗Mistkäfer.

Aphomia *w* [v. gr. aphomoios = unähnlich], Gatt. der ↗Zünsler.

aphotische Region *w* [v. gr. aphōtistos = lichtlos], die lichtfreie Zone des Meeres, die je nach Klarheit des Wassers zw. 200 und 1000 m Tiefe beginnt.

Aphredoderidae [Mz.], Fam. der ↗Barschlachse.

Aphrodite *w* [ben. nach der gr. Göttin der Schönheit], Gattung der ↗*Aphroditidae* (Stamm Ringelwürmer); *A. aculeata* (Seemaus) ist ca. 10–20 cm lang, 4–6 cm breit u. besteht aus ca. 40 Segmenten; sie lebt auf Schlickböden, als Räuber u. Aasfresser; die Beute wird mit Hilfe der sklerotisierten Cuticula des Vorderdarmes zerrieben.

Aphroditidae [Mz.; ben. nach Aphrodite, der gr. Göttin der Schönheit], *Seeraupen,* Fam. der *Phyllodocida* mit 9 Gatt. (vgl. Tab.); relativ kurze u. breite Ringelwürmer, deren Parapodien dorsal flache Elytren tragen, die sich dachziegelartig an- u. übereinanderlegen u. so den gesamten Rücken abdecken. Die Borsten sind einfach, die dorsalen meist fein u. bilden zus. mit Schlick u. Detritus einen Borstenfilz über der Elytrendecke. Die A. haben keine Kiemen, atmen folglich über die Haut, u.

Aphthoviren

zwar in gleicher Weise unter Mithilfe der Elytrendecke wie die *Polynoidae*. Der Rüssel dieser Fleischfresser kann mit rudimentären Kiefern ausgerüstet sein, mit denen ein Zupacken u. Abreißen, jedoch kein Kauen der Beute möglich ist.

Aphthoviren [Mz.], Gatt. *Aphthovirus* der ↗ Picornaviren.

Aphyllie *w* [v. gr. aphyllos = blattlos], die vollständige Unterdrückung der Ausbildung v. Laubblättern, z. B. bei Rutensträuchern u. Kakteen.

Aphyllophorales [Mz.; v. gr. a- = nicht, phyllophoros = blatttragend], die ↗ Nichtblätterpilze.

Aphyocharax *m*, Gatt. der ↗ Salmler.

Aphyosemion *s*, die ↗ Prachtkärpflinge.

Apiaceae [Mz.; v. lat. apiacius = zum Eppich, Sellerie gehörend], die ↗ Doldenblütler.

Apiales [Mz.; v. lat. apium = Eppich, Sellerie], ↗ Umbellales.

Apicomplexa, in der neuen parasitolog. Lit. verwendetes Synonym für die *Sporozoa;* sie umfassen sowohl die *Gregarinida*, *Coccidia* u. *Toxoplasmida* als auch die *Piroplasmida*. Alle Vertreter zeichnen sich durch charakterist. apikale Strukturen aus, die nur im Elektronenmikroskop zu sehen sind.

Apidae [Mz.; v. lat. apis, Gen. apidis = Biene], *Echte Bienen,* Fam. der Hautflügler, in Mitteleuropa ca. 70 Arten in mehreren Gatt. (vgl. Tab.). Die A. ernähren sich wie alle ↗ *Apoidea*, zu denen sie gehören, v. Nektar u. Pollen, den sie entweder im Kropf od. häufiger an den Hinterbeinen (Beinsammler) eintragen. Die sozialen Gatt. wie ↗ Honigbienen *(Apis)* u. ↗ Hummeln *(Bombus)* haben dazu spezielle Sammeleinrichtungen. Weitere wichtige Gatt. sind die Pelzbienen od. Schnauzenbienen *(Anthophora),* die bei uns vorkommenden 12 Arten sind stark behaart, mit langem Saugrüssel u. kompliziert gebautem Erdnest; die Langhornbienen *(Eucera)* mit bes. beim Männchen stark verlängerten Antennen u. ebenfalls mit Erdnestern; die großen, schwarz-blau glänzenden Holzbienen *(Xylocopa),* die hpts. im Mittelmeerraum u. in Afrika vorkommen, wo sie die dort fehlenden Hummeln „vertreten", u. keinen Sammelapparat besitzen; die Keulhornbienen *(Ceratina),* mit kurzen am Ende verdickten Antennen, klein u. metallisch glänzend; außerdem einige Gatt., die in die Nester der bisher gen. Arten eindringen u. dort ihre Eier ablegen. Zu diesen Kuckucksbienen gehören die Trauerbienen *(Melecta)* u. die Fleckenbienen *(Crocisa),* die in der Regel bei Pelzbienen parasitieren. In Hummelnester schmuggelt sich die ihrem Wirt zum Verwechseln ähnelnde

Apidae
Wichtige Gattungen:
Fleckenbienen *(Crocisa)*
Holzbienen *(Xylocopa)*
↗ Honigbienen *(Apis)*
↗ Hummeln *(Bombus)*
Keulhornbienen *(Ceratina)*
Langhornbienen *(Eucera)*
Pelzbienen od. Schnauzenbienen *(Anthophora)*
Pracht- od. Goldbienen *(Euglossa)*
Schmarotzerhummeln *(Psithyrus)*
Trauerbienen *(Melecta)*

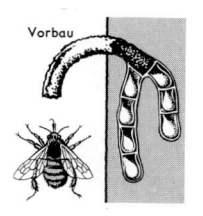

Pelzbiene am Nest, rechts geöffnete Brutwaben in der Lehmwand

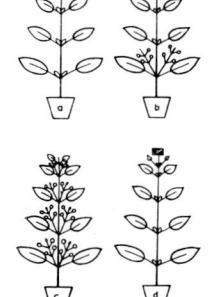

apikale Dominanz

Das Wachstum der Seitenknospen kann völlig (a) oder nur teilweise (b) unterdrückt werden. Die a. D. erlischt, wenn man die Sproßspitze entfernt (c). Die Sproßspitze läßt sich durch β-Indolylessigsäure (IES) ersetzen (d): die a. D. wird wieder hergestellt. Damit erweist sich IES als einer der Faktoren der a.n D.

Schmarotzerhummel *(Psithyrus)* ein. Einige Arten dieser Gatt. sind auf wenige Hummelarten spezialisiert, andere haben ein breites Wirtsspektrum. Da Schmarotzerhummeln ihre Brut v. den Arbeiterinnen des Wirtsvolkes ernähren lassen, sammeln sie keinen Pollen u. haben auch keinen Sammelapparat. Auffällig bunt gefärbt sind die trop. Pracht- od. Goldbienen *(Euglossa)* mit sehr langem Rüssel.

Apidium *s* [ben. nach Apis, dem heiligen Stier von Memphis/Ägypten], fossiler Primate (Affe) aus dem Oligozän der Oase Fayum, südwestlich v. Kairo; ca. 30–32 Mill. Jahre alt; wird zu den *Catarrhini* (Schmalnasenaffen) gestellt; hat die Zahnformel $\frac{2133}{2133}$. A. ist durch zahlr. Gebiß- u. einige Knochenfragmente belegt; aufgrund seines Kauflächenmusters als mögl. Vorfahr v. *Oreopithecus* diskutiert.

Apidologie [v. lat. apis, Gen. apidis = Biene, gr. logos = Kunde], die Lehre v. den Bienen, i. e. S. v. der ↗ Honigbiene u. der Imkerei. ↗ Bienenzucht.

Apigenidin *s* [v. lat. apis = Biene, gr. gennan = erzeugen], ein vorwiegend in den ↗ Anthocyanen v. *Gesneria*-Blüten auftretendes Anthocyanidin.

Apigenin *s* [v. lat. apis = Biene, gr. gennan = erzeugen], ↗ Flavone.

Apiin *s* [v. lat. apis = Biene], ↗ Flavone.

apikal [v. lat. apex = Spitze], den ↗ Apex eines Organs betreffend, an dieser Stelle od. in Richtung dieser Stelle gelegen od. auf sie bezogen.

apikale Dominanz *w* [v. lat. apex = Spitze, dominare = beherrschen], Unterdrückung des Auswachsens v. Achselknospen durch die Apikal- od. Gipfelknospe über Wechselwirkungen v. Phytohormonen.

Apikalmeristem *s* [v. lat. apex = Spitze, gr. meristos = geteilt], *Scheitelmeristem,* die Gruppe teilungsfähiger (meristematischer) Zellen an den äußersten Spitzen v. Sproßachse u. Wurzel. Die A.e leiten sich v. dem ursprünglich ausschl. aus embryonalen, d. h. teilungsfähigen Elementen bestehenden Embryo ab. Mit der Größenzunahme des Embryos beschränkt sich schon früh das Teilungswachstum auf Sproß- u. Wurzelscheitel. [telzelle.

Apikalzelle [v. lat. apex = Spitze] ↗ Schei-

Apiocrinus Miller *m* [v. gr. apion = Birne, krinon = Lilie], in Jura u. Unterkreide häufig auftretende Seelilie (Crinoide, Stachelhäuter) mit verdickter Wurzel, langem rundem Stiel mit Centrodorsale u. birnenförm. Kelch auf monozyklischer Basis; in den Alpen gesteinsbildend *(Crinoidenkalke).*

Apion *s*, Gatt. der ↗ Rüsselkäfer.

Apios *w* [gr., = Birnbaum], Gatt. der ↗ Hülsenfrüchtler.

Apis w [lat., = Biene], die ⁊Honigbienen.
Apistobranchidae [Mz.; v. gr. apistos = unzuverlässig, bragchia = Kiemen], Fam. der *Spionida* (Stamm Ringelwürmer); Vorderende mit 2 langen Tentakeln; *Apistobranchus tullbergi*, Eiszeitrelikt in der westl. Ostsee.
Apistogramma s, Gatt. der ⁊Buntbarsche.
Apium s [lat., =] ⁊Sellerie.
Aplacentalia [Mz.; v. gr. a- = nicht, lat. placenta = Kuchen], diejenigen Säugetiere, die keine leistungsfähige Placenta (Mutterkuchen) als Versorgungsorgan zw. Embryo u. mütterl. Organismus ausbilden: Kloakentiere (*Monotremata*) u. Beuteltiere (*Marsupialia*). Ggs.: Placentalia.
Aplacophora [Mz.; v. gr. a- = nicht, plax, Gen. plakos = Platte, -phoros = -tragend], der U.-Stamm der ⁊Wurmmollusken, deren Epithel eine Cuticula mit Kalkstacheln, jedoch keine Kalkplatten bildet.
Aplanogameten [Mz.], unbegeißelte Geschlechtszellen (Gameten).
Aplanosporen [Mz.], unbegeißelte, einzellige Fortpflanzungskörper (Sporen) der Algen u. Pilze.
Aplastodiscus m [v. gr. aplastos = ungeformt, diskos = Scheibe], Gatt. der ⁊Laubfrösche.
Aplexa w [v. gr. a- = nicht, lat. plexus = geflochten], Gatt. der Blasenschnecken, in Mitteleuropa vertreten durch die Moosblasenschnecke (*A. hypnorum*): Gehäuse oval-spindelförmig, linksgewunden, stark glänzend, 13 mm hoch; lebt in Tümpeln u. Gräben.
Aplocheilichthys m [v. *aplo-, gr. cheilos = Lippe, ichthys = Fisch], Gatt. der ⁊Kärpflinge.
Aplodinotus m [v. *aplo-, gr. dinōtos = gedreht], Gatt. der ⁊Umberfische.
Aplodontidae [Mz.; v. *aplo-, gr. odous, Gen. odontos = Zahn], die ⁊Stummelschwanzhörnchen.
Aplysia w [v. gr. aplysis = Schmutz], die ⁊Seehasen (Meeresschnecken).
Aplysiidae, Fam. der *Dendroceratida* (Baumfaserschwämme), durch den Besitz v. Skelettfasern gegenüber den skelettlosen *Halisarcidae*, der zweiten Fam. der Baumfaserschwämme, ausgezeichnet; *Aplysilla rosea* ist 12 cm hoch, baumförmig verzweigt, rot; kommt von der Gezeitenzone bis über 600 m Tiefe im Mittelmeer u. östl. Atlantik bis Arktis vor.
apneustisch [v. gr. apneustos = atemlos], Insekten, die keinerlei Tracheen od. Atemöffnungen (Stigmen) besitzen; sie atmen durch die Haut. Zu diesen *Apneustia* zählen meist Klein- u. Kleinstformen, wie die Beintastler (*Protura*), Junglarven v. Wasserwanzen u. viele Springschwänze.

apochlamydeisch [v. *apo-, gr. chlamys = Mantel] ⁊achlamydeisch.
Apocrita [Mz.; v. gr. apokritos = abgesondert], U.-Ord. der ⁊Hautflügler; die A. haben zw. dem ersten u. zweiten Segment des Hinterleibs (Abdomen) eine Einschnürung, die Wespentaille; die Weibchen besitzen teils einen Legeapparat, teils einen Wehrstachel (⁊Aculeata).
Apocynaceae [Mz.; v. gr. apokynon = Hundsgift (eine Pflanze)], die ⁊Hundsgiftgewächse.
apod [v. *apod-], Bez. für Insektenlarven ohne Füße am Thorax; hierzu gehören v. a. die Maden z. B. der Fliegen.
Apoda [Mz; v. *apod-], 1) Ord. der ⁊Seewalzen. 2) die ⁊Blindwühlen.
Apodem s [v. *apo-, gr. dēmos = Fetthaut], höckerförmig vorspringende u. daher mit größerer Oberfläche versehene Muskelansatzstelle eines Hartteilskeletts; bei Gliederfüßern röhrenförm. Einfaltungen des Außenskeletts.
apodemisch [v. gr. apodēmein = reisen, wandern], Bez. für Tiere u. Pflanzen, die auch außerhalb ihres ursprüngl. Verbreitungsgebietes vorkommen, häufig z. B. bei Ausbreitung durch den Menschen. Ggs.: endemisch.
Apodemus m [v. *apo-, gr. apodēmos = auf Wanderschaft], die ⁊Wald- und Feldmäuse.
Apoderus m, Gatt. der ⁊Blattroller.
Apodidae [Mz.; v. *apod-], die ⁊Segler.
Apodiformes [Mz.; v. *apod-, lat. forma = Gestalt], die ⁊Seglerartigen.
Apoenzym s, *Apoferment*, Proteinanteil eines Enzyms, v. dem ein Cofaktor bzw. Coenzym entfernt wurde. A. und Coenzym ergeben zus. das aktive Holoenzym.
Apoferritin s [v. *apo-, lat. ferrum = Eisen], Eisenspeicherprotein bei Mensch, Tier u. Pflanze („Phytoferritin"); komplexiert in den Zellen der Darmschleimhaut v. Wirbeltieren das resorbierte Eisen. Die Quartärstruktur des A.s wird durch 20 gleichart. Protomeren gebildet, die die Ekken eines Pentagondodekaeders besetzen (relative Molekülmasse 480000). In die hohlkugelige Quartärstruktur (Käfigstruktur) kann eine Eisenmicelle, $Fe(OH)_3$, eingelagert werden (⁊Ferritin).
Apogamie w [v. *apo-, gr. gamos = Hochzeit], ⁊Apomixis.
Apogonidae [Mz.; v. gr. a- = nicht, pōgōn = Bart], Fam. der ⁊Sonnenbarsche.
Apoidea [Mz.; v. lat. apis = Biene, gr. -oeidēs = ähnlich], *Bienen i. w. S., Blumenwespen, Immen*, Überfam. der Hautflügler mit 6 Fam. (vgl. Tab.) u. ca. 20 000 Arten, in warmen, trockenen Gebieten. Insekten verschiedener Größe u. mit meist dichter Behaarung. Die A. ernähren sich v. Nektar

Apoidea

aplo- [v. gr. haploos = einfach], in Zss.: einfach-.

apo- [v. gr. apo = von, ab, weg], in Zss.: ab-, weg-, fort- u. ä.

apod- [v. gr. apous, Gen. apodos = ohne Fuß].

Apoidea
Familien:
⁊Andrenidae
⁊Apidae (Echte Bienen)
⁊Megachilidae (Bauchsammelbienen)
⁊Meliponinae (Stachellose Bienen)
⁊Schmalbienen (Halictidae)
⁊Seidenbienen (Colletidae)

apo- [v. gr. apo = von, ab, weg], in Zss.: ab-, weg-, fort- u. ä.

Apollofalter (Parnassius apollo)

u. Pollen der Blütenpflanzen; beides wird in der Regel v. den Weibchen bzw. Arbeiterinnen zur Ernährung der Larven ins Nest eingetragen. Zum Nahrungstransport haben die A. spezielle Vorrichtungen entwickelt: Der Nektar wird mit verschieden langen, leckend-saugenden Rüsseln aus dem Blütengrund in den Honigmagen (sozialer Magen) gepumpt. Der Pollen wird direkt v. den Staubgefäßen aufgenommen oder v. der Körperoberfläche abgestreift („Putzen") u. dann entweder am Bauch (Bauchsammler) od. an den Hinterbeinen zu Paketen verklebt (Beinsammler). Den brutparasitierenden Arten fehlen diese Sammeleinrichtungen ganz, da sie keinen Pollen sammeln, ebenso den Männchen aller Arten. Der Pollen wird im Nest gespeichert und hpts. zur Ernährung der Larven benutzt. Zum Auffinden der Tracht verfügen die A. über hochentwickelte Augen, Riechsinn und bes. die sozialen A. (z. B. ↗Honigbiene) über hohes Lern- u. Kommunikationsvermögen. Die meisten A. leben solitär; soziale Staaten sind unabhängig voneinander bei den *Halictidae* u. den *Apidae* entstanden. Aus unbefruchteten Eiern entstehen Männchen, aus befruchteten Eiern Weibchen.

apokarp [v. *apo-, gr. karpos = Frucht], getrenntfrüchtig, ↗chorikarp.

apokrine Sekretion *w* [v. gr. apokrinein = absondern, lat. secretio = Absonderung], Art der ↗Sekretion, bei der sich der äußere, mit Sekret gefüllte Endabschnitt einer Drüsenzelle abschnürt *(apokrine Drüsen,* z. B. Duftdrüsen der Säuger). Anschließend regeneriert sich die Zelle, so daß der Vorgang öfters wiederholbar ist.

apolar, 1) Chemie: nicht polar, Eigenschaft v. Molekülen od. Molekülgruppen, deren Dipolmoment gleich od. fast Null ist; biologisch wichtige a.e Verbindungen sind die Neutralfette u. viele Lipide; a.e Seitengruppen sind z. B. Bestandteile der a.en Aminosäuren Leucin, Valin, Phenylalanin. **2)** Biol.: ohne Pol od. Fortsatz, z. B. fortsatzlose embryonale Nervenzelle.

Apollofalter [ben. nach Apollo = röm. Gott der Schönheit], U.-Fam. *Parnassiinae* der Ritterfalter mit etwas über 30 paläu. nearktisch, v. a. in den Gebirgen verbreiteten Arten; Flügel spärlich weiß od. gelbl. beschuppt, daher durchscheinend, Adern dunkler, typischerweise schwarze u. rote Tupfen vorhanden. 3 einheim. Vertreter: Der Apollo *(Parnassius apollo)* besitzt nördl. der Alpen, wo er bis 2000 m Höhe anzutreffen ist, in Mitteleuropa nur noch lokale Vorkommen (z. B. unteres Moseltal, fränk. und schwäb. Jura) in tieferen Lagen; bevorzugt warme u. felsige Hänge auf Kalk. Die 65–80 mm spannenden Falter saugen an Disteln, Knautien, Skabiosen u. ä., fliegen langsam gleitend im heißen Sonnenschein; um die Mittagszeit suchen die Männchen die am Boden sitzenden Weibchen u. hinterlassen nach der Paarung am Hinterleibsende der Partnerin eine Kopulationstasche (Sphragis), die aus einem erhärteten Sekret der Geschlechtsanhangsdrüsen besteht, womit zwar eine weitere Kopulation durch ein anderes Männchen verhindert wird, nicht jedoch die Eiablage. Das Weibchen legt bis zu 250 Eier, in denen die entwickelten Räupchen überwintern, die im zeitigen Frühjahr schlüpfen u. anfangs gesellig an *Sedum album* u. *S. telephium* leben. Die hübschen samtschwarzen, kurz behaarten Raupen haben beiderseits eine Reihe orangener Flecken u. blaue Warzen auf dem Rücken; Verpuppung in einem lockeren Gespinst am Boden; die Falter fliegen v. Juni – Aug. in einer Generation. Durch übertriebenes Sammeln der sich in Grundfarbe, Größe u. Ausprägung der verschiedenen Zeichnungselemente unterscheidenden lokalen Rassen haben auch „Liebhaber" zum alarmierenden Rückgang dieses schönen Schmetterlings beigetragen; weiterhin ist er durch Biozideinsatz (Weinbau), Zerschneidung u. Zerstörung der Lebensräume nach der ↗Roten Liste „stark gefährdet" od. mancherorts sogar ausgestorben, obwohl er schon lange unter Naturschutz steht! Dem *P. apollo* ähnlich ist der in höheren Gebirgslagen (1500 bis 2600 m) fliegende (Hoch-)Alpenapollo *(P. phoebus),* der bei uns in kleinen Kolonien im Juli – Aug. auf feuchten Stellen in der Mattenregion vorkommt. Die Larve gleicht der vorigen, lebt aber an *Saxifraga aizoides*. Diese Art ist wie auch die folgende streng geschützt u. „stark gefährdet". Dem Schwarzen Apollo *(P. mnemosyne)* fehlen die roten Flecken; er tritt in Mitteleuropa überwiegend im Mittelgebirge u. den Alpen bis 1500 m auf; die Falter fliegen v. Mai bis Juli auf feuchten Waldwiesen; die Larven leben an Lerchenspornarten; neben den schon beim Apollo genannten Gefährdungsursachen ist der Schwarze Apollo durch Forst- u. Grünlandintensivierung bedroht. [B] Insekten IV. *H. St.*

Apollon *m* [ben. nach dem gr. Gott], Gatt. der Tritonshörner, indopazif. Schnecken, deren Gehäuse mit Längswülsten u. spiraligen Knotenreihen versehen ist; 9 Arten, leben meist im Flachwasser, einige in Korallenriffen.

Apomeiose *w* [v. gr. apomeiōsis = Verringerung], Ausbleiben einer Reduktionsteilung (Meiose) im Fortpflanzungszyklus v. Pflanzen; dabei können bei höheren Pflanzen diploide Eizellen entstehen.

Apomixis w [v. *apo-, gr. mixis = Mischung], bei Pflanzen die Entwicklung eines Embryos ohne Befruchtung, z. B. bei den Farnen aus einer vegetativen Zelle des Gametophyten *(Apogamie)* od. aus der unbefruchteten Eizelle *(Parthenogenese)*. Bei Angiospermen gibt es 2 Formen der A., die *vegetative Fortpflanzung* z. B. durch Ausläufer, Knollen (↗asexuelle Fortpflanzung) u. die *Agamospermie*, die Bildung eines Samens mit Embryo ohne Befruchtung. Das ist möglich durch *Diplosporie;* hierbei entsteht durch Ausfall od. Störung der Meiose eine diploide Embryosackzelle, aus der ein Embryosack mit diploiden Synergiden u. diploider Eizelle hervorgeht; der Embryo entwickelt sich aus der Eizelle (Parthenogenese) od. einer Synergide; bei *Aposporie* geht der Embryosack mit diploiden Zellen aus einer Nucelluszelle hervor, es wird keine Megaspore (Embryosackzelle) angelegt; bei der *Adventivembryonie* entwickelt sich der Embryo direkt aus einer Nucelluszelle od. Zellen des inneren Integuments. Häufig werden mehrere Embryonen innerhalb einer Samenanlage gebildet (Polyembryonie, z. B. bei *Citrus*).

Apomorphie w [v. *apo-, gr. morphē = Form, Gestalt], im Sinne der phylogenet. Systematik die Erscheinung des Auftretens abgeleiteter *(apomorpher)* Merkmale. Ggs.: Plesiomorphie. ↗Systematik.

Aponogetonaceae [Mz.], Fam. der *Najadales,* mit einer Gatt. *(Aponogeton)* u. etwa 45 Arten in den trop. Gebieten der Alten Welt, in S-Afrika u. N-Australien verbreitet. Aus einem die Trockenzeit überdauernden Rhizom entspringen die rosettenförmig angeordneten Blätter, die in 2 Ausbildungen vorhanden sind: lineale „Jugendblätter" u. jeweils folgende, in Stiel u. Spreite gegliederte Blätter; diese schwimmen manchmal auf der Wasseroberfläche. Die ↗Blütenformel ist v. Art zu Art sehr unterschiedlich (P0–6 A6 u. mehr G2–9); die ährigen Blütenstände ragen aus dem Wasser empor. Die Rhizome einiger Arten sind eßbar. *A. fenestralis* wird wegen der dekorativen Blätter, die nur noch aus netzförm. Nervengerüst bestehen, als Aquarienpflanze gehandelt u. ist deshalb in der madagass. Heimat v. Aussterben bedroht.

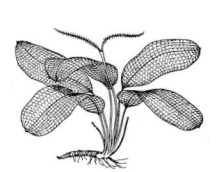

apopetal [v. *apo-, gr. petalon = Blatt] ↗apetal.

Apophysen [Mz.; v. gr. apophysis = Auswuchs], Kalkplatten bei bestimmten Weichtieren. 1) Bei Käferschnecken: vom Vorderrand der 2. bis 8. Platte nach vorn unter die vorangehende Platte greifende A. od. Suturalplatten, durch eine Bucht getrennt u. nur aus 2 Schalenschichten aufgebaut. 2) Bei Bohrmuscheln *(Pholadidae)*: schmaler, v. der Wirbelregion aus nach innen ziehender Kalkfortsatz, an dem Muskeln u. ein Teil der Eingeweide befestigt sind.

Apophyten [Mz.; v. gr. apophytein = Ableger machen], einheimische Pflanzen, die ihren Lebensraum mit Hilfe des Menschen ausdehnen u. auf anthropogene Standorte übersiedeln konnten.

Apoplast m [v. *apo-, gr. plastos = geformt], Bez. für den freien Diffusionsraum der Zellwände sowie das Lumen der Xylemelemente; der A. umgibt den *Symplasten* (Verband der durch Plasmodesmen miteinander verbundenen Protoplasten). Bei den höheren Landpflanzen ist

apo- [v. gr. apo = von, ab, weg], in Zss.: ab-, weg-, fort- u. ä.

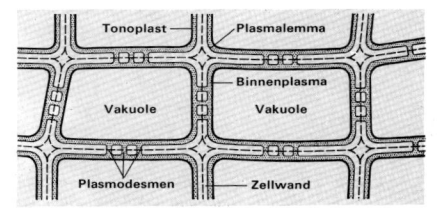

Apoplast
Querschnitt durch ein pflanzl. Gewebe (schematisch). Der Apoplast (von gestrichelten Linien durchzogene weiße Bereiche) wird durch den gesamten Raum der Zellwände gebildet. Wegen des geringen Diffusionswiderstands, den das relativ lockere Maschenwerk der Cellulosefibrillen kleinen Molekülen entgegensetzt, bezeichnet man diesen Bereich auch als freien Diffusionsraum.

der A. gegen die Atmosphäre durch eine wasserundurchläss. Hülle (Cuticula, Periderm) abgedichtet. Im Bereich der Wurzelhaare ist der A. jedoch offen für die wäßrige Phase der Umgebung. Der freie Diffusionsraum der äußeren Wurzelschichten endet an der Endodermis, wo der Caspary-Streifen die freie Diffusion zw. dem A.en des Cortex u. dem A.en des Zentralzylinders stark einschränkt.

Apoprotein s [v. *apo-, gr. prōton = das erste], Proteinanteil eines zusammengesetzten Proteins; im Falle eines zusammengesetzten Enzymproteins ist das A. identisch mit dem Apoenzym.

Aporia w, Gatt. der ↗Weißlinge.

Aporina w, Gatt. der ↗Cyclophyllidea.

Aporogamie w, Pollenschlauchwachstum durch Chalaza od. Integumente der Samenanlage mit nachfolgender Befruchtung.

Aporrhais m [v. gr. aporrhaiein = rauben], der ↗Pelikansfuß (Flügelschnecke).

Aporrhegmen [Mz.; v. gr. aporrhēgma = Abriß], Bez. für die im Darm durch bakterielle Zersetzung der Aminosäuren entstehenden Produkte, wie Cadaverin, Histamin, Valerian- u. Bernsteinsäure.

Aposporie w, ↗Apomixis.

Apostomea [Mz.; v. *apo-, gr. stoma = Mund, Öffnung], marin lebende Wimpertierchen der Ord. *Holotricha;* ihr Körperbau u. ihre Entwicklung sind durch parasit. Lebensweise stark verändert; sie leben z. B. im Gastralraum v. Seerosen od. in der Exuvialflüssigkeit v. Einsiedlerkrebsen.

aposymbiontisch [v. *apo-, symbioōn = zusammenlebend], ohne Symbionten lebend.

Aponogetonaceae
Aponogeton fenestralis

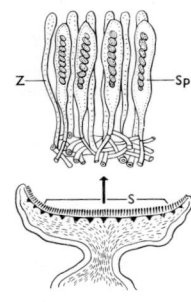

Apothecium

Apothecium
Apothecium einer Flechte (Längsschnitt), darüber vergrößerter Teil der Sporenschicht (Hymenium). S Sporenschicht mit Sp Sporenschläuchen (Asci) und Z sterilen Zellfäden (Paraphysen).

aqua- [v. lat. aqua = Wasser], in Zss.: Wasser-, mit dem Wasser zusammenhängend.

Aquarienfische (Familien und Gattungen häufig gehaltener A.)

A. aus tropischen und subtropischen Süßgewässern *(Warmwasser-A.)*

↗ Salmler *(Alestes, Anoptichthys, Aphyocharax, Astyanax, Gymnocorymbus, Hemigrammus, Hyphessobrycon, Pristella)*
↗ Neonfische *(Cheirodon, Paracheirodon)*
↗ Beilbauchfische *(Gasteropelecus)*
↗ Bärblinge *(Brachydanio, Danio, Rasbora, Tanichthys)*
↗ Barben *(Labeo, Puntius)*
↗ Prachtschmerlen *(Botia)*

Apothecium s [v. gr. apothēkē = Speicher, Lager], offener, becher- bis schüsselförm. Fruchtkörper (↗ Ascoma) der Schlauchpilze *(Ascomycetes)*, bei dem das Sporenlager frei liegt. Schlauchpilze mit A. werden in der Gruppe der *Discomycetes* zusammengefaßt. Die Formähnlichkeit allein sagt jedoch nichts über die Verwandtschaft der Gattungen aus. In Flechten sind oft A.-bildende Pilzpartner zu finden.

Apothekerskink, *Scincus scincus,* ein ca. 20 cm langer, walzenförm. Sandskink in den Wüstengebieten N-Afrikas u. Arabiens; Oberseite gelblichbraun mit dunklen Querbändern; sein getrocknetes u. pulverisiertes Fleisch galt als „Heilmittel" gg. vielerlei Beschwerden u. als Aphrodisiakum.

Appendicularia w [v. lat. appendicula = kleines Anhängsel], die ↗ Copelata.

Appendix w [lat., = Anhängsel], blind endendes Anhängsel eines inneren Organs. Appendices pyloricae der Teleosteer (Knochenfische i. e. S.) sind taschenförm. Ausstülpungen des proximalen Endes des Verdauungstrakts, die der Nahrungsresorption dienen. A. vermiformis (Blinddarmfortsatz, Wurmfortsatz) ist ein Anhängsel des Blinddarms und A. epididymidis ein solches des Nebenhodens (bei vielen Wirbeltieren).

Appetenz w [v. lat. appetentia = Verlangen, Sucht], Tendenz zur Durchführung eines bestimmten Verhaltens; Stärke der Bereitschaft, ein Verhalten auszuführen. Die A. wird meist als direkte Funktion v. Antriebs- u. Bereitschaftsstärken betrachtet; sie läßt sich u. a. durch die Beobachtung v. ↗ Appetenzverhalten erschließen.

Appetenzverhalten s [v. lat. appetentia = Verlangen, Sucht], Verhalten, das eine Endhandlung vorbereiten soll u. damit die Möglichkeiten schafft, einen Antrieb zu befriedigen. Ein hungriges Raubtier, das nicht sofort Beute findet, fängt z. B. an, sein Jagdrevier zu durchstreifen. Entdeckt es eine Beute, nähert es sich ihr gezielt, fängt, tötet u. frißt sie. Der Beutefang u. das Fressen stellen antriebssenkende Endhandlungen dar, während die Beutesuche u. die Annäherung die erste u. die zweite Phase des A.s bilden. Wird ein A. durch die entsprechenden inneren Bedingungen (z. B. Hunger) angeregt, folgt häufig eine ungerichtete, dann eine gerichtete Phase des Verhaltens. Die erste Phase dient dazu, das Objekt der Endhandlung erreichbar zu machen (Suche der Beute, Suche nach dem Sexualpartner), die zweite Phase beginnt mit dem Auffinden des Objekts.

Appositionsauge s [v. lat. appositio = Zusatz], spezieller Bau- u. Funktionstyp des ↗ Komplexauges der Insekten u. Krebse.

Appositionswachstum s [v. lat. appositio = Zusatz], allg. Wachstum durch Anlagerung v. Baumaterial v. außen her *(Apposition)* an eine bereits bestehende Struktur. **1)** Bot.: das Dickenwachstum pflanzl. Zellwände; die neuen Zellwandschichten werden v. Protoplasten auf die älteren Schichten aufgelagert. Ggs.: Intussuszeption. ↗ Akkrustierung. **2)** Zool.: z. B. die Knorpelbildung, wobei Bindegewebszellen der Knorpelhaut sich in Knorpelzellen umwandeln u. der Knorpel an Größe zunimmt; ebenso die Knochenbildung.

Appressorien [Mz.; v. lat. appressus = angedrückt], Bez. für Pflanzenteile, die sich dicht an Objekte anlegen; z. B. 1) gewisse Pilzhyphen im Thallus einiger Flechtenarten, die sich eng an die Algenzellen anschmiegen, jedoch nicht in diese eindringen. 2) die Haftscheiben v. Efeu od. Wilden Wein.

Aprasia w [gr., = Mangel], Gatt. der ↗ Flossenfüße.

Aprikose, Frucht des A.nbaums, ↗ Prunus.

APS, Abk. für Adenosinphosphosulfat.

Apsilus m, Gatt. der Rädertiere, ↗ Cupelopagis.

APS-Reductase, die ↗ Adenylsulfat-Reductase.

Aptenodytes m [v. gr. aptēn = nicht flugfähig, dytēs = Taucher], Gatt. der Pinguine, u. a. der ↗ Kaiserpinguin.

Apterie w [v. gr. apteros = flügellos], Flügellosigkeit bei Insekten; man unterscheidet primäre Flügellosigkeit *(Apterygota = Urinsekten)* u. sekundären Verlust der Flügel (Flöhe, Glühwürmchen, Läuse u. a.). Ggs.: *Makropterie* (makropter), voll geflügelt; Zwischenstufen: *Mikropterie* (mikropter), Kleinflügeligkeit; *Stenopterie* (stenopter), Schmalflügeligkeit.

Apterien [Mz.; v. gr. apteros = flügellos], die ↗ Federraine.

Apteronotidae [Mz.; v. gr. apteros = flügellos, nōtos = Rücken], die Schwanzflossen-↗ Messeraale.

Apterygiformes [Mz.; v. gr. apterygos = ungeflügelt, lat. forma = Gestalt], die ↗ Kiwivögel.

Apterygota [Mz.; v. gr. a- = nicht, pterygōtos = gefiedert], *Apterygogenea,* die ↗ Urinsekten.

Apterylose w, gleichmäßige Hautbefiederung bei einigen Vögeln (z. B. Pinguinen). Ggs.: Pterylose.

Apteryx w [v. gr. a- = nicht, pteryx = Feder, Flügel], Gatt. der ↗ Kiwivögel.

Aptychus m [v. gr. a- = nicht, ptychēs = Falten], vielfach in Verbindung mit Ammonitengehäusen stets ausgebreitet gefundene Calcitplatte v. muschelschalenähnl.

Gestalt; die beiden spiegelbildlich gleichen Hälften zeigen Anwachsstreifung u. spezif. Skulptur. Schindewolf (1958) sah im A. einen faltbaren, der Kopfkappe des Nautilus homologen Schalendeckel, der dem vorderen Fußabschnitt v. Cephalopoden zuzuordnen sei; eine zusätzl. Funktion als Höhensteuer beim Schwimmen käme in Betracht. U. Lehmann (1972) deutete den A. als primär schaufelförm. Unterkiefer von Neoammoniten, der sekundär Deckelfunktion erlangt haben könnte. Verbreitung: Dogger bis Unterkreide. ↗ Anaptychus, □ Ammonoidea.

Apurinsäuren, Nucleinsäuren (bes. DNA), aus denen die Purinbasen Adenin u. Guanin durch Säurebehandlung entfernt wurden, deren Ribose-Phosphat-Ketten jedoch noch intakt sind.

Apus *m* [v. gr. apous = fußlos], Gatt. der ↗ Segler.

apyren [v. gr. apyrēnos = kernlos], Bez. für Spermien ohne Chromatin.

Apyrimidinsäuren, Nucleinsäuren (bes. DNA, aus denen die Pyrimidinbasen Cytosin u. Thymin (bzw. Uracil bei RNA), z. B. durch Hydrazin- od. Hydroxylaminbehandlung, entfernt wurden, deren Ribose-Phosphat-Ketten jedoch noch intakt sind.

Aquakultur *w* [v. *aqua-, lat. cultura = Anbau], *Wasserkultur,* Zucht wirtschaftlich bedeutender, im Wasser lebender Pflanzen u. Tiere unter den bestmöglichen ökolog. Verhältnissen (z. B. Rot- u. Braunalgen zur Agargewinnung, Forellen-, Karpfen- u. Austernzucht).

äquale Furchung [v. lat. aequalis = gleichartig], Teilung der Eizelle in gleichgroße Furchungszellen (↗ Furchung). Ggs.: inäquale Furchung.

äquale Teilung [v. lat. aequalis = gleichartig], die Bildung zweier gleich großer, meist physiologisch gleichartiger Tochterzellen durch Teilung einer Zelle.

Aquarienfische, vorwiegend kleine tropische, prächtig gefärbte Fische aus verschiedenen Familien der Knochenfische (über 500 Arten), die sich über längere Zeit in Aquarien halten u. in vielen Fällen auch züchten lassen. Sie eignen sich bes. gut zur Beobachtung v. Verhaltensweisen u. spielen deshalb in der vergleichenden Verhaltensforschung eine wichtige Rolle (z. B. ↗ Buntbarsche). Am häufigsten werden trop. Süßwasserfische in Warmwasseraquarien gehalten, doch sind auch zahlr. kleine, bunt gefärbte od. bizarr aussehende Meeresfische beliebte A. Schwer od. nicht züchtbare A. werden regelmäßig durch Wildfänge ergänzt (z. B. mehrere Panzerwelse der Gatt. *Corydoras*). Von einigen bes. häufigen A.n (z. B. ↗ Goldfisch u. ↗ Guppy) sind zahlreiche Form-. und Farbvarietäten gezüchtet worden. B 220, 221.

Aquarium *s* [v. *aqua-], Wasserbecken mit durchsichtigen Scheiben zur Zucht, Pflege u. Beobachtung v. Wassertieren (↗ Aquarienfische) u. -pflanzen. Je nach Wassertemperatur unterscheidet man Warm- od. Kaltwasseraquarien, je nach Salzkonzentration Süß- u. Salzwasseraquarien.

Aquaspirillum *s* [v. *aqua-, gr. speira = Windung], wasserstoffoxidierendes Bakterium aus der Gruppe der spiralförmigen u. gekrümmten Bakterien.

aquatic weed [ᵉkwätik ᵘi:d; engl., = Wasserunkraut], Bez. für Wasserpflanzen der Gatt. *Eichhornia, Pistia, Salvinia, Elodea* u. *Hydrilla,* die sich in den Tropen oft explosionsartig auf großen Wasserflächen ausbreiten können. Sie kommen bes. auf Stauseen, in Bewässerungsanlagen u. Flüssen vor, wo sie durch ihr Massenauftreten die Verdunstung um das 3–8fache erhöhen, Fischlaichplätze, Selbstreinigungskraft u. Regulationsfähigkeit der Gewässer zerstören u. die Schiffahrt behindern. Mit dem epidem. Ausbreiten der südam. Wasserhyazinthe *(Eichhornia crassipes)* mit bis zu 5000 Samen jährlich (15 Jahre keimfähig!) u. bis zu 600 Ablegern in nur 4 Monaten beschäftigt sich eine eigene Zeitschrift (Hyacinth Control Journal). Eichhornia besiedelte z. B. in nur 3 Jahren 1600 km des Kongo-Flußlaufs, ausgehend v. einem Vorkommen bei Léopoldville (1953), dem heutigen Kinshasa. In ihrer Heimat im Amazonasgebiet kommt aus noch weitgehend ungeklärten Gründen kein Massenauftreten vor.

Äquationsteilung [v. lat. aequatio = Gleichmachen], liegt vor, wenn bei einer Zellteilung genetisch gleiches Material auf die beiden Tochterzellen verteilt wird; z. B. ist die mitotische Kernteilung eine exakte Ä. (↗ Mitose); die resultierende Zellteilung kann jedoch durchaus inäqual sein (inäquale Zellteilung). Auch der zweite Teil der Meiose, wenn nach der Trennung der homologen Chromosomenpaare diese mitoseartig in Einzelchromatiden aufgetrennt werden, wird mitunter als Ä. bezeichnet. Wegen der vorausgegangenen „crossing-over" ist diese Bez. hier jedoch zu vermeiden.

aquatisch [v. lat. aquaticus =], im Wasser lebend.

Äquatorialebene [v. lat. aequator = Gleichmacher], Symmetrieebene zw. den Spindelpolen (↗ Mitose), in die sich die Centromeren der einzelnen Chromosomen während der Prometaphase einordnen; die Chromosomenarme ragen auf diesem Stadium noch polwärts aus der Äquatorialebene heraus.

↗ Schmerlen *(Acanthophthalmus)*
↗ Welse *(Kryptopterus)*
↗ Panzerwelse *(Corydoras)*
↗ Kärpflinge *(Aphanius, Cynolebias, Cyprinodon, Gambusia)*
↗ Prachtkärpflinge *(Aphyosemion, Nothobranchius)*
↗ Bachlinge *(Rivulus)*
↗ Schwertträger *(Xiphophorus)*
↗ Guppy *(Poecilia)*
↗ Glasbarsche *(Chanda)*
↗ Schützenfische *(Toxotes)*
↗ Nanderbarsche *(Monocirrhus, Nandus)*
↗ Buntbarsche *(Aequidens, Apistogramma, Cichlasoma, Hemichromis, Nannacara, Nannochromis, Symphysodon, Steatocranus)*
↗ Maulbrüter *(Haplochromis)*
↗ Prachtbarsche *(Pelmatochromis)*
↗ Segelflosser *(Pterophyllum)*
↗ Makropoden *(Macropoda)*
↗ Kampffische *(Betta)*
↗ Fadenfische *(Colisa, Trichogaster)*
↗ Guramis *(Trichopsis)*

A. aus europäischen Süßgewässern *(Kaltwasser-A.)*
↗ Hundsfische *(Umbra)*
↗ Elritzen *(Phoxinus)*
↗ Moderlieschen *(Leucaspius)*
↗ Bitterlinge *(Rhodeus)*
↗ Stichlinge *(Gasterosteus)*

A. aus warmen Meeren *(Meeres-A.)*
↗ Seepferdchen *(Hippocampus)*
↗ Rotfeuerfische *(Pterois)*
↗ Borstenzähner od. Schmetterlingsfische *(Chaetodon, Chelmon, Heniochus, Pomacanthus)*
↗ Riffbarsche *(Pomacentrus)*
↗ Anemonenfische *(Amphiprion)*
↗ Lippfische *(Coris, Crenilabrus, Labrus)*
↗ Drückerfische *(Balistes, Rhineacanthus)*
↗ Kofferfische *(Ostracion)*
↗ Igelfische *(Diodon)*

Blinder Höhlensalmler
(Anoptichthys jordani)

Rotflossensalmler
(Aphyocharax rubripinnis)

Leuchtfleckensalmler
(Hemigrammus ocellifer)

Roter von Rio
(Hyphessobrycon flammeus)

Rosensalmler
(Hyphessobrycon rosaceus)

Blutsalmler
(Hyphessobrycon callistus)

Trauermantelsalmler
(Gymnocorymbus ternetzi)

Guppy
(Poecilia reticulata, Lebistes reticulatus)

Keilfleckbarbe
(Rasbora heteromorpha)

Schwertträger
(Xiphophorus helleri)

Echter Neon
(Paracheirodon innesi)

Viergürtelbarbe, Sumatrabarbe
(Puntius tetrazona, Barbus tetrazona)

Kap Lopez
(Aphyosemion australe)

Papageienplaty
(Xiphophorus variatus)

Metallpanzerwels
(Corydoras aeneus)

Stieglitzsalmler
(Pristella riddlei)

Zebrabärbling
(Brachydanio rerio)

Brokatbarbe
(Puntius schuberti)

Kardinalfisch
(Tanichthys albonubes)

Maskendornauge
(Acanthophthalmus kuhli)

AQUARIENFISCHE I–II

Paradiesfisch
(*Macropodus opercularis*)

Kampffisch
(*Betta splendens*)

Blauer Fadenfisch
(*Trichogaster trichopterus sumatranus*)

Roter Zwergfadenfisch
(*Colisa lalia*)

Vielfarbiger Maulbrüter
(*Haplochromis multicolor*)

Großer Segelflosser, Skalar
(*Pterophyllum scalare*)

Mosaikfadenfisch
(*Trichogaster leeri*)

Maskenbuntbarsch
(*Cichlasoma meeki*)

Schmetterlingsbuntbarsch
(*Apistogramma ramirezi*)

Zwergbuntbarsch
(*Apistogramma agassizi*)

Äquatorialplatte [v. lat. aequator = Gleichmacher], *Metaphasenplatte;* während der Metaphase werden die beiden Schwesterchromatiden (↗Mitose) bzw. die Tetraden der Homologenpaare (Metaphase I der ↗Meiose) in der ↗Äquatorialebene zur Ä. angeordnet.

Äquatorialsubmergenz w [v. lat. aequator = Gleichmacher, submergere = untertauchen], vertikale Arealverschiebung kälteliebender Meerestiere im Bereich der Tropen, bei der die in den höheren Breiten der Nord- u. Südhalbkugel bevorzugten Oberflächengewässer gemieden werden u. der Äquator in tieferen, kühleren Wasserschichten unterwandert wird; z.B. bewohnt der Ruderfußkrebs *Rhincalanus nasutus* nördlich von 40° n. Br. und südlich von 30° s. Br. das atlant. Oberflächenwasser, zwischen 10° n. Br. und 10° s. Br. tritt er nur unterhalb von 1000 m auf.

Äquatorium s [v. lat. aequator = Gleichmacher], entsprechend einem trop. Gewächshaus ein Warmhaus für trop. Tiere.

Äquidistanzregel w [v. lat. aequidistans = gleich weit voneinander entfernt], besagt in der Blattstellungs-Lehre, daß die Winkelabstände der Blattanlagen bei einer Pflanzenart in der Regel untereinander gleich sind. Die Folge ist eine gleichmäßige Verteilung der Blätter um die Sproßachse.

äquifazial [v. lat. aequus = gleich, facies = Aussehen], Bez. für Blätter mit im Querschnitt gleicher Ober- und Unterseite, d. h., die Abfolge der Gewebe v. außen nach innen ist auf die der Leitbündel gleich. Man unterscheidet nach der Blattform ä.es Flachblatt, ä.es Rundblatt und ä.es Nadelblatt. Ggs.: bifazial.

Aquifoliaceae [Mz.; v. lat. aquifolium = Stecheiche, Stechpalme], die ↗Stechpalmengewächse.

Aquila w [lat., = Adler], Gatt. der ↗Adler.

Aquilaria [v. lat. aquila = Adler], Gatt. der ↗Seidelbastgewächse. [↗Akelei.

Aquilegia w [v. mlat. aquile(g)ia =], die

Äquinoktialblumen [v. lat. aequinoctialis = Tag- und Nachtgleiche], Pflanzen, deren Blüten sich periodisch (meist täglich) öffnen u. schließen.

äquipotentiell [v. lat. aequus = gleich, potentia = Vermögen, Macht], mit gleichen Fähigkeiten (Potenzen) versehen; Eigenschaft v. Zellen od. meist embryonalen Geweben, die noch nicht einseitig zur Bildung bestimmter Organe determiniert sind.

Äquivalenz w [v. lat. aequus = gleich, valentia = Stärke], in der Genetik die Gleichwertigkeit v. Kreuzungen, bei denen Merkmale unter den Partnern vertauscht sind; z.B. werden die Kreuzungen a b$^+$ × a$^+$ b und a$^+$ b$^+$ × a b als *äquivalente Kreuzungen* bezeichnet.

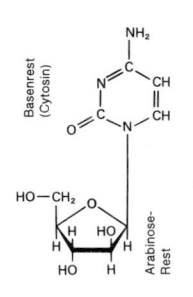

Arabinonucleoside
Das Arabinonucleosid *Arabinofuranosylcytosin.* Andere A. besitzen an Stelle v. Cytosin die Basen Uracil, Thymin od. Adenin.

L-Arabinose

Ara m [aus dem Tupi-Guarani Brasiliens], Gatt. der ↗Papageien.

Ära w [v. lat. aera = Zeitalter], *Aera,* Erdzeitalter, geochronolog. Zeitraum zw. Äon u. Periode, z. B. Paläozoikum = Erdaltertum.

Araban s [v. lat. (cummi) Arabicum = arab. Gummi], aus 1,5- und 1,3-glykosidisch verknüpften L-Arabinose-Bausteinen aufgebautes verzweigtes, hochmolekulares Polysaccharid; im Pflanzenreich weit verbreiteter Bestandteil v. Hemicellulosen.

Arabidetalia coeruleae [Mz.; v. mlat. arabis = arab. Pflanze, Kresse, lat. caeruleus = blau], Ord. der ↗Salicetea herbaceae.

Arabidion [v. mlat. arabis = arab. Pflanze, Kresse], Verb. der ↗Salicetea herbaceae.

Arabidopsis w [v. mlat. arabis = arab. Pflanze, Kresse, gr. opsis = Aussehen], die ↗Schmalwand.

Arabinonucleoside, Nucleoside, in denen der Riboserest durch den Arabinofuranosylrest ersetzt ist. A. mit verschiedenen Pyrimidinen als Basenkomponenten werden vielfach in Schwämmen gefunden, daher werden die Pyrimidin-A. auch als *Spongonucleoside* bezeichnet. Arabinofuranosyladenin aus *Streptomyces antibioticus* ist ein Vertreter der Purin-A. A. wirken in phosphorylierter Form antagonistisch gegenüber den als Nucleinsäurebausteine verwendeten Nucleotiden. Sie inhibieren dadurch die Nucleinsäuresynthese u. als Folge davon das Wachstum sich rasch teilender Zellen.

Arabinose w, aus 5 C-Atomen aufgebauter Zucker mit Aldehydgruppe, eine Aldopentose; in geringer Menge ist A. Baustein vieler Polysaccharide, bes. der Hemicellulosen, die Bestandteile pflanzl. Zellwände sind. Auch in Form v. Glykosiden, z.B. in den Saponinen, ist A. weit verbreitet.

Arabinose-Operon, Abk. *ara-Operon,* Abschnitt auf der DNA v. *Escherichia coli,* der eine Gruppe benachbarter Gene des Arabinose-Stoffwechsels sowie die zugehörigen Kontrollelemente umfaßt. Die Strukturgene des A.s codieren für die Enzyme L-Ribulokinase *(ara B),* L-Arabinose-Isomerase *(ara A)* u. L-Ribulose-5-phosphat-4-Epimerase *(ara D);* die drei Gene werden in Form einer polycistronischen m-RNA transkribiert. Weiterhin enthält das A. eine Sequenz, die in entgegengesetzter Richtung abgelesen wird u. für die Synthese eines Regulatorproteins *(ara C)* verantwortlich ist. Dieses Regulatorprotein wirkt in Abwesenheit von Arabinose als Repressor, indem es an den Arabinose-Operator *(ara O)* bindet u. so die Transkription der Strukturgene verhindert (negative Genregulation). Demgegenüber wirkt in Gegen-

Arabinose-Operon

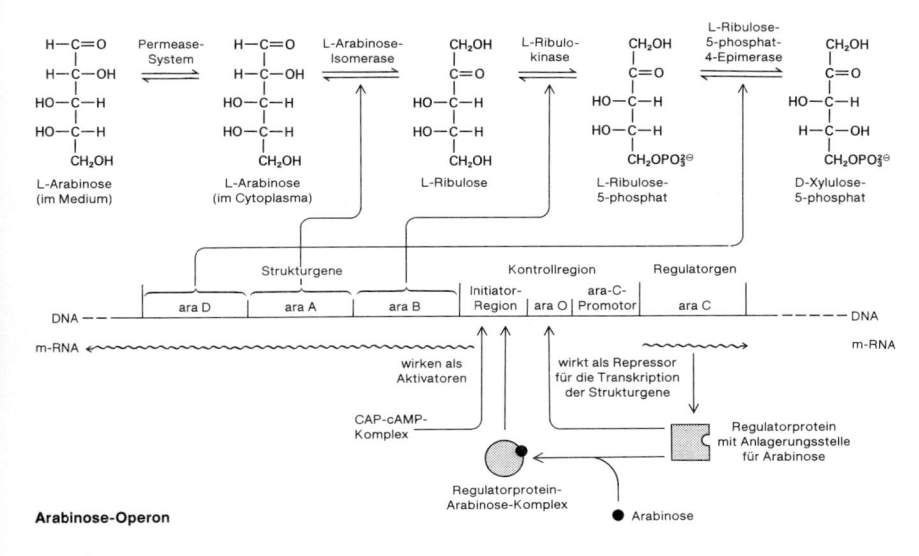

wart v. Arabinose das Regulatorprotein als Aktivator, da ein Komplex zw. Regulatorprotein u. Arabinose an die Initiator-Region, die den Promotor für die Strukturgene enthält, bindet u. dadurch die Synthese der BAD-Genprodukte anregt (positive Genregulation). Voraussetzung für diese Stimulierung ist die Anlagerung des CAP-cAMP-Komplexes an die Initiator-Region. Da sich der CAP-cAMP-Komplex nur bei niedriger Glucose-Konzentration bildet, werden die Arabinose abbauenden Enzyme nur bei Fehlen v. Glucose bereitgestellt.

Arabis w [mlat., = arab. Pflanze, Kresse], die ↗ Gänsekresse.

Arabit m, *Arabitol*, bes. in Grünalgenflechten weitverbreiteter Zuckeralkohol. Das Primärassimilat der Flechtenalge (Ribit) wird v. Flechtenpilz aufgenommen u. zu A. epimerisiert; dieser wird dann zu Mannitol umgewandelt.

Araceae [Mz.; v. gr. aron = Natterwurz, Zehrwurz], die ↗ Aronstabgewächse.

Arachidonsäure w [v. lat. arachidna = unterirdische Platterbse], $\Delta^{5,8,11,14}$-*Eikosantetraensäure*, 4fach ungesättigte, z. T. essentielle Fettsäure (gelegentlich zum Vitamin F gerechnet, kann aber bei vorhandener Linolsäure synthetisiert werden) mit 20 C-Atomen; findet sich als Esterkomponente in Fischtran u. tier. Phospholipiden.

Arachinsäure w [v. gr. arachidna = unterird. Platterbse], *n-Eikosansäure*, gesättigte Fettsäure mit 20 C-Atomen; als Bestandteil v. Glycerolipiden in der Natur weit verbreitet, liegt aber meist nur in geringer Konzentration vor. Sonnenblumenöl, Sojaöl, Milchfett u. Erdnußöl enthalten bis zu 3% A., bezogen auf den Gesamtfettsäuregehalt.

Arachis w [v. gr. arachidna = unterird. Platterbse], die ↗ Erdnuß.

Arachnata [Mz.; v. gr. arachnē = Spinne], die ↗ Amandibulata.

Arachnia w [v. gr. arachnion = Spinnennetz], Gatt. der ↗ Actinomycetaceae.

Arachnida [Mz.; v. gr. arachnē = Spinne], die ↗ Spinnentiere.

Arachnoidea w [v. gr. arachnoeidēs = spinnenartig], *Spinngewebshaut, Spinnwebhaut*, Bez. für die mittlere der drei das Gehirn u. Zentralnervensystem umgebenden Hirnhäute der Säugetiere. ↗ Gehirnhäute.

Arachnologie w [v. gr. arachnē = Spinne, logos = Kunde], *Araneologie,* Wiss., die sich mit den Spinnentieren befaßt.

Aradidae [Mz.; v. span. arador = Pflüger; Krätzmilbe], die ↗ Rindenwanzen.

Araeocerus m [v. gr. araios = dünn, eng, keras = Horn], Gatt. der ↗ Breitrüßler.

Araeolaimus m [v. gr. araios = dünn, eng, laimos = Kehle, Schlund], Gatt. mariner Fadenwürmer; namengebend für die wohl künstliche Ord. *Araeolaimida* mit ca. 20 Fam.

Araeoscelidia [Mz.; v. gr. araios = eng, dünn, skelis = Hüfte, Hinterbein], ↗ Protorosauria.

Arales [Mz.; v. gr. aron = Natterwurz, Zehrwurz], die ↗ Aronstabartigen.

Araliaceae [Mz.; wohl aus einer Indianersprache Kanadas], die ↗ Efeugewächse.

Araliales [Mz.; wohl aus einer Indianersprache Kanadas], ↗ Umbellales.

Aralie w [wohl aus einer Indianerspr. Kanadas], *Aralia*, Gatt. der ↗ Efeugewächse.

Aramidae, die ↗ Rallenkraniche.

Aranea w [lat., = Spinne], ↗ Araneus.

Araneae [Mz.; lat., = Spinnen], die ↗ Webspinnen.

Araneidae

Araneus
Häufig in Deutschland vorkommende Kreuzspinnen der Gattung *Araneus*
Eichenblatt-Radspinne (*A. ceropegius*)
Heideradspinne (*A. adiantus*)
↗ Kreuzspinne i. e. S., Gartenkreuzspinne (*A. diadematus*)
↗ Kürbisspinne (*A. cucurbitinus*)
Marmorierte Kreuzspinne (*A. marmoreus*)
Schilfradspinne (*A. cornutus*)
Spaltenkreuzspinne (*A. umbraticus*)

arauca-, arauka- [ben. nach der chilen. Provinz Arauco].

Araucaria
Erdgeschichtlich erscheinen die Araukarien sehr früh. Wahrscheinlich reichen sie bis in die obere Trias, sicher aber bis in den Jura zurück u. können damit als lebende Fossilien gelten. Eindrucksvoll sind v. a. die vermutlich spätjurassischen Zapfenfunde von *A. mirabilis* aus Patagonien. Zumindest im Mesozoikum kennt man Funde auch v. der N-Hemisphäre (z. B. aus N-Amerika u. Europa), etwa ab dem Tertiär bleibt die Gatt. aber ausschließlich auf die S-Halbkugel beschränkt.

Araucaria araucana (Andentanne, Chiletanne) mit ♀ Zapfen (verkleinert)

Araneidae [Mz.; v. lat. aranea = Spinne], die ↗ Radnetzspinnen.
Araneologie w [v. lat. aranea = Spinne, gr. logos = Kunde], die ↗ Arachnologie.
Araneus m [lat., = Spinne], *Aranea, Epeira*, Kreuzspinnen i.w.S., artenreiche Gatt. der Radnetzspinnen, die mit ca. 800 Arten weltweit verbreitet ist; die Arten sind an ihren spezifischen Netzen zu erkennen; allein in Dtl. gibt es ca. 30 Arten, zu denen die bekanntesten Spinnen überhaupt gehören.
Arapaima [indian.] ↗ Knochenzüngler.
Araschnia w [v. gr. arachnē = Spinne], Gatt. der ↗ Fleckenfalter, einziger einheimischer Vertreter das ↗ Landkärtchen.
Ärathem s [v. lat. aera = Zeitalter, thema = Setzung], *Aerathem*, chronostratigraph. Ausdruck für Schichtenstoß vom zeitl. Umfang einer Ära.
Araucaria w [v. *arauca-], *Araukarie, Südtanne*, Gatt. der *Araucariaceae* mit 15–20 Arten in S-Amerika u. dem australischozean. Raum. Die A. bilden immergrüne, im Alter bis hoch hinauf astfreie Bäume, deren Äste oft in auffälligen Scheinquirlen stehen; die schraubig angeordneten Blätter sind breit nadelförmig mit mehreren parallelen Nerven od. linealisch-pfriemlich.

Bezüglich der Blütenverhältnisse herrscht Diözie vor. Die großen, zapfenförmigen ♂ Blüten entsprechen mit ihren zahlr. Pollensäcken pro Staubblatt dem *Araucariaceae*-Typ. Beim ♀ Zapfen dominiert die Deckschuppe, mit der die reduzierte Samenschuppe („Ligularschuppe") u. die nur in Einzahl gebildete Samenanlage weitgehend verwächst. Bei der Reife zerfällt der Zapfen; mit Ausnahme von *A. bidwillii* dient aber als Diaspore nicht der Same, sondern der erhärtete Verwachsungskomplex aus Deckschuppe, Samenschuppe u. Same, der also ein den nußähnl. Trockenfrüchten analoges Gebilde darstellt. Die rezenten Arten lassen sich nach dem Blattbau, der Hypokotylform u. der Art der Keimung in 2 durch Übergänge verbundene Sektionen einteilen. Die Sektion *Columbea*, charakterisiert durch flache, mehrnervige Blätter, hypogäische Keimung u. verdicktes Hypokotyl, enthält als typ. Form die in Chile u. SW-Argentinien zw. 37° und 40° s. Br. beheimatete *A. araucana* (*A. imbricata*, Andentanne, Chiletanne). Diese durch ihre lanzettlich-dreieckigen, scharf stechenden Blätter gut kenntl. Art wird 35–40 m hoch (♂ Pflanzen sind kleiner) u. bildet, teils in Reinbeständen, teils zus. mit der Südbuche *Nothofagus*, im Küstengebirge v. Chile u. an den Andenhängen in Höhenstufen zw. 600 und 1800 m die urzeitlich anmutenden „Araukarienwälder". Da die Andentanne gutes Nutzholz für Möbel u. Furniere liefert, sind die Bestände v. a. auf chilen. Seite durch jahrzehntelangen Raubbau stark dezimiert. Verwendung finden neben dem Holz auch die eßbaren, fett- u. eiweißreichen Samen („Pinones"). Eine weitere südam. Art ist *A. angustifolia* (*A. brasiliana*, „Pinheiro"), die sich v. der Andentanne durch schmälere Blätter unterscheidet. Sie bildet im südbrasilian. Bergland zw. 600 und 1800 m ausgedehnte „Araukarienwälder" u. ist einer der forstwirtschaftlich wichtigsten Bäume Brasiliens, dessen Holz ebenfalls für Möbel u. Furniere verwendet wird; die intensive Nutzung führte aber auch hier zu einer drast. Abnahme der Bestände. Ihre Samen waren lange Zeit eine wichtige Nahrung für die Ureinwohner u. werden noch heute auf den Märkten verkauft. Ebenfalls zur Sektion Columbea gestellt wird die auf die niederschlagsreichen, trop.-subtrop. Küstenregionen v. Queensland (Australien) beschränkte *A. bidwillii* (Bunya-Bunya-Baum). Meist schmale, einnervige Blätter, ein dünnes Hypokotyl u. epigäische Keimung kennzeichnen die Sektion *Eutacta*, zu der die v. der Norfolk-Insel stammende *A. heterophylla* (*A. excelsa*, Norfolktanne, Zimmertanne) gehört. Die Art wird in ihrer Heimat bis über 60 m hoch, besitzt schmale, sichelförmig einwärtsgebogene, ca. 1,5 cm lange Blätter u. wird oft als Zimmerpflanze kultiviert. *A. cunninghamii* ist auf Neuguinea u. die Küstenregionen v. Queensland u. Neusüdwales beschränkt; zahlr. endemische Arten kommen in Neukaledonien vor, wo die Gatt. ihren größten Artenreichtum erreicht. [B] Südamerika IV.
Araucariaceae [Mz.; v. *arauca-], *Araukariengewächse*, Fam. der Nadelgehölze mit den zwei Gatt. *Araucaria* u. *Agathis* u. insgesamt ca. 35 Arten auf der Südhalbkugel. Die A. sind immergrüne Bäume mit breiten oder nadelart. schraubig an Langtrieben stehenden Blättern. Die Tracheiden des

Sekundärholzes zeigen noch die ursprüngl. ↗araucaroide Tüpfelung, Harzgänge kommen ausschließlich in der Rinde vor. Die Blüten sind diklin u. meist diözisch verteilt. Die zapfenförm. ♂ Blüten bestehen aus zahlr. schraubig gestellten Staubblättern, an deren Unterseite mehrere (5–20) freie Pollensäcke hängen; die Pollen besitzen keine Luftsäcke. Im Ggs. zu den Verhältnissen bei den Kieferngewächsen werden die ♀ Zapfen überwiegend aus den Deckschuppen gebildet, die Samenschuppe ist bei *Araucaria* zu einer mit der Deckschuppe mehr od. weniger verwachsenen „Ligularschuppe" reduziert u. fehlt bei *Agathis* ganz; der Komplex aus Deck- u. Samenschuppe trägt nur 1 Samenanlage. Da die Schuppen des bestäubungsreifen Zapfens nur sehr wenig spreizen, keimen die Pollen bereits auf deren äußeren Spitzen. Kompensiert werden die Schwierigkeiten aus dieser großen räuml. und zeitl. Distanz zw. Bestäubung u. Befruchtung durch die Entwicklung eines sich reich verzweigenden Pollenschlauchs, der sich offenbar aus dem heranwachsenden Zapfen ernährt. – Die A. bilden ein sehr altes, sicher bereits aus der oberen Trias bekanntes Taxon, das im Mesozoikum auch in Europa u. Grönland vertreten war u. im Jura seine größte Radiation erfuhr. Etwa ab der Kreide nahmen die Zahl der Taxa u. die geogr. Verbreitung kontinuierlich ab. Heute ist die Fam. auf die Südhemisphäre beschränkt mit Schwerpunkt in der „Araukarien-Provinz" (O-Australien, Norfolk-Insel, Neukaledonien), fehlt aber in Afrika.

araucaroide Tüpfelung [v. *arauca-], *araucarioide Tüpfelung*, ein ursprüngl. Typ der Anordnung der Hoftüpfel bei der auf die Südhalbkugel beschränkten Fam. der ↗*Araucariaceae*. Die Tracheiden des Sekundärholzes zeigen eine bienenwabenartige Anordnung.

Araukarie *w* [v. *arauka-], die ↗Araucaria.

Araukariengewächse [v. *arauka-], die ↗Araucariaceae.

Arbacia *w* [angebl. ben. nach Arbakes, König v. Medien], der Schwarze ↗Seeigel.

Arbeitskern, Bez. für den Funktionszustand des Zellkerns während der Interphase (↗Zellzyklus, B Mitose). Die Chromosomen liegen im A. in stark aufgelockerter Form vor (im Ggs. zur ↗Mitose), eine Voraussetzung für ihre Aktivität (Synthese v. Genprodukten) im Zellstoffwechsel.

Arbeitsphysiologie, *Leistungsphysiologie*, Teilbereich der angewandten Humanphysiologie, Arbeits- u. Sportmedizin mit enger Beziehung zur Umweltphysiologie. Untersucht werden physiol. Parameter wie Bau- und Energiestoffwechsel des menschl. Organismus bei Belastung durch körperl. (sportl.) Arbeit u. psycholog. Gesichtspunkte hinsichtlich der Berufsarbeit mit dem Ziel, die Wechselwirkung zw. Mensch u. Arbeitsplatz zu ermitteln u. das Wohlbefinden des Menschen am Arbeitsplatz zu optimieren.

Arbeitsteilung, in vielen Tiergruppen im Zshg. mit Sozialverhalten, Staaten- od. Koloniebildung zu beobachtende Erscheinung. So bestehen *Hohltierkolonien* häufig aus morpholog. verschieden differenzierten Einzeltieren („Personen"), die unterschiedl. Funktionen im *Tierstock* erfüllen. Es können ausschl. dem Nahrungserwerb dienende Nährpolypen (*Trophozoide*) mit langen, kräftigen Tentakeln v. reinen Wehrpolypen (*Dactylozoide*) mit kurzen, aber nesselbestückten Tentakeln unterschieden werden. Die Erzeugung der Geschlechtsprodukte od. der Medusengeneration ist auf die Geschlechtspolypen (*Gonozoide*) beschränkt. Diesen fehlen Tentakeln, Mundöffnung u. Darm, sie bestehen ausschl. aus Geschlechtsorganen u. werden v. den Nährpolypen miternährt. Die höchste Form der Differenzierung zeigen die Staatsquallen (*Siphonophora*) unter den Hohltieren. Man kann Schwimm-, Deck-, Tast-, Magen-, Gonaden- u. reine Verbindungstiere unterscheiden. Der Tierstock bildet hier eine übergeordnete Einheit, deren „Organe" die Einzeltiere darstellen. Bei den koloniebildenden Moostierchen (*Bryozoa*) sind vergleichbare Differenzierungen in Autozoide, Gonozoide u. der Verteidigung u. dem Putzen dienende *Avicularien* u. *Vibracularien* zu finden. Auch bei den hochsozialen u. *staatenbildenden Insekten* (Termiten, Ameisen, Bienen, Wespen) sind im Zshg. mit der A. morpholog. Unterschiede zw. den auf verschiedene Aufgaben spezialisierten Individuen (Kasten) entstanden. Meist ist eine Königin als einziges Geschlechtstier auf die Fortpflanzung spezialisiert. Die Ovarien sind dann zu gewaltiger Größe herangewachsen, so daß sie den größten Teil des Körpers einnehmen. Die anderen

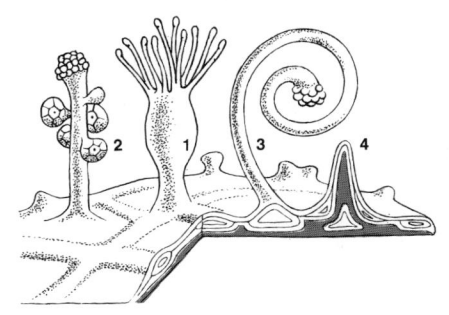

Arbeitsteilung

Arbeitsphysiologie

Herzfrequenz einer gut trainierten Hausfrau während eines Vormittages

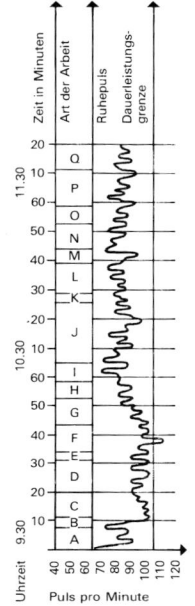

A: Kinderzimmer reinigen
B: Betten wegräumen
C: Störung
D: Wohn-Schlafzimmer reinigen
E: Waschmaschine vorbereiten
F: Bad reinigen
G: Flur reinigen
H: Küche aufräumen
I: Kinderbetreuung
J: Geschirr spülen, abtrocknen u. aufräumen
K: Kinderbetreuung
L: Kocharbeiten, Kartoffel schälen
M: aufräumen
N: Kinderbetreuung
O: Wäsche abhängen
P: Brief lesen, Paket öffnen, zusammenlegen und aufräumen
Q: Wäsche schleudern, Weg z. Trockenraum

Arbeitsteilung

Morphologisch verschieden differenzierte Tiere eines Tierstocks von *Hydractinia echinata* (Hydrozoa)
1 Nährpolyp, **2** Geschlechtspolyp, **3** Wehrpolyp. Die Polypen (Einzelpersonen) stehen auf einer Grundplatte, der auch harte Stacheln (**4**) entspringen (Artname!).

Arber

Tiere des Staates erfüllen dann Aufgaben als Arbeiter, Soldaten, Ammen, Nahrungsspeicher usw. Dies ist auch meist mit der Ausbildung v. Baueigentümlichkeiten in den einzelnen Kasten verbunden. So besitzen Soldaten sehr kräftige Kiefer (Mandibeln), bedornte Kopffortsätze u. sind viel größer als z. B. die Arbeiter. Auch *Wirbeltiere* mit hoch entwickeltem Sozialverhalten zeigen arbeitsteilige Gruppenstrukturen. A. ist hier jedoch nicht mit morpholog. Unterschieden verbunden u. beruht nicht auf genetisch vorgegebenen Differenzierungsschritten. Vielmehr wird die A. dadurch erreicht, daß die Individuen in Abhängigkeit v. Alter, Geschlecht, sozialem Status usw. verschiedene soziale Rollen einnehmen. Diese Rollendifferenzierung wird weitgehend durch individuelles Lernen erreicht. Die höchste Form der A. auf dieser Grundlage hat der Mensch entwickelt. Sie ist bei ihm jedoch nicht ausschließl. mit den Begriffen der natürl. Evolution zu erklären, sondern wird v. gesellschaftl. u. traditionsbildenden Faktoren beeinflußt. Die Differenzierung vollzieht sich hier in den benutzten Werkzeugen (Technik).

Arber, *Werner,* schweizer. Mikrobiologe, * 3. 6. 1929 Gränichen; 1959–70 Prof. in Genf, ab 1971 in Basel; erhielt für seine Entdeckung der Restriktionsenzyme, mit denen die Erbsubstanz DNA in bestimmte Bruchstücke gespalten werden kann (v. Bedeutung u. a. für die Genmanipulation), zus. mit D. Nathans und H. O. Smith 1978 den Nobelpreis für Medizin.

Arboretum *s* [lat., = Baumpflanzung], eine Anpflanzung v. Holzgewächsen, insbes. von nicht einheimischen Arten, zum Studium ihrer Lebensbedingungen.

arboricol [v. lat. arbor = Baum, colere = bewohnen], auf dem Baum lebend.

Arbor vitae *w* [lat., = Baum des Lebens], *Lebensbaum,* Bez. für das Gesamtbild eines Medianschnitts durch das menschl. Kleinhirn. Die Konturen dieses Schnitts ähneln dem Bild des Lebensbaums *(Thuja occidentalis).*

Arboviren [Mz.], *Arborviren,* Viren, die durch blutsaugende Arthropoden (Gliederfüßer) zw. empfänglichen Wirbeltieren übertragen werden (arthropod-borne viruses). Als A. werden mehr als 350 verschiedene Viren bezeichnet, die hpts. vier verschiedenen Fam. von RNA-Viren angehören: ↗ Bunyaviren, ↗ Reoviren, ↗ Rhabdoviren u. ↗ Togaviren. Die A. vermehren sich in den als Vektor dienenden Insekten (Mücken, Zecken), ohne zu einer Erkrankung zu führen, u. werden durch Biß od. Stich auf Wirbeltiere übertragen. Das infizierte Wirbeltier ist entweder festes Glied im Infektionszyklus der A. oder zufälliger Wirt, der für die Aufrechterhaltung des viralen Lebenszyklus keine Bedeutung hat. Infektionen mit A. können beim Menschen fieberhafte Erkrankungen, hämorrhagische Fieber u. Encephalitiden hervorrufen.

Arbovirus-Gruppe A, Gatt. *Alphavirus* der ↗ Togaviren.

Arbovirus-Gruppe B, Gatt. *Flavivirus* der ↗ Togaviren.

Arbuskeln [Mz.; v. lat. arbuscula = Bäumchen], büschelig verzweigte Haustorien (Saugorgane) v. bestimmten Mykorrhizapilzen in der Wirtszelle.

Arbutin *s* [v. lat. arbutus = Erdbeerbaum], Glykosid aus Blättern v. Erika- u. Rosengewächsen sowie Bärentraubenblättern; A. wird unter der Wirkung v. Emulsin in seine Bestandteile Hydrochinon und D-Glucose zerlegt; die Oxidationsprodukte des so freigesetzten Hydrochinons verursachen die herbstl. Schwarzfärbung mancher Obstbäume; wegen seiner desinfizierenden Wirkung wird A. medizinisch eingesetzt.

Arbutus *w* [lat., =], der ↗ Erdbeerbaum.

Arca *w* [lat., = Kasten, Arche], Gatt. der ↗ Archenmuscheln.

Arcella *w* [lat., = Kästchen], häufige u. artenreiche Gatt. der Schalenamöben (↗ *Testacea);* sie haben eine Schale aus organ. Substanz, die keinerlei Fremdkörper enthält u. deren Oberfläche durch Leisten in sechseckige Felder unterteilt ist; aus der zentralen Schalenöffnung ragen Lobopodien; Vertreter der Gatt. A. leben im Süßwasser, bes. in Mooren. Bekannteste Art ist *A. vulgaris,* die Uhrglasamöbe od. Hosenknopfamöbe.

Archachatina *w* [v. gr. archaios = alt, achatēs = Achat], Gatt. der Achatschnecken, mit bis 18 cm hohem Gehäuse, rechts- od. linksgewunden; verbreitet in W-, S- und O-Afrika.

Archaebakterien [Mz.; v. *archae-, gr. baktērion = Stäbchen], verschiedentlich auch *Metabakterien* od. *Mendocutes* genannt, Bez. für eine Gruppe prokaryotischer Organismen, die wie Bakterien aussehen, sich jedoch im Aufbau wichtiger Makromoleküle der Zelle so stark v. den „normalen Bakterien" unterscheiden wie diese ihrerseits v. den Eukaryoten. Es wurde daher vorgeschlagen (C. R. Woese, 1977), die Prokaryoten zu unterteilen in das Ur-Reich der A. u. das Ur-Reich der „Eubakterien", in das alle übrigen Prokaryoten (einschl. der Cyanobakterien) eingeordnet werden. Der Name A. soll darauf hinweisen, daß sie Merkmale besitzen, die den Bedingungen, die wahrscheinlich während der Frühgeschichte des Lebens auf der Erde geherrscht haben, angepaßt

---

archae-, archaeo- [v. gr. archaios = alt, ursprünglich], in Zss.: alt-, ur-.

W. Arber

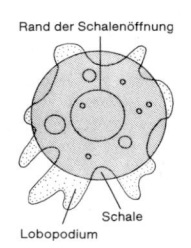

Rand der Schalenöffnung
Schale
Lobopodium

Arcella (von oben)

Archaebakterien

Physiologische Gruppen und Ordnungen:

↗ Methanbildende Bakterien
 1. *Methanococcales*
 2. *Methanobacteriales*
 3. *Methanomicrobiales*

obligat ↗ halophile (salzliebende) Bakterien
 4. *Halobacteriales*

thermoacidophile (wärme- und säureliebende) Bakterien
 5. *Thermoplasmales*
 6. *Sulfolobales* (↗ schwefeloxidierende Bakterien)
 7. ↗ *Thermoproteales* (↗ Sulfat- und ↗ Schwefelreduzierer)

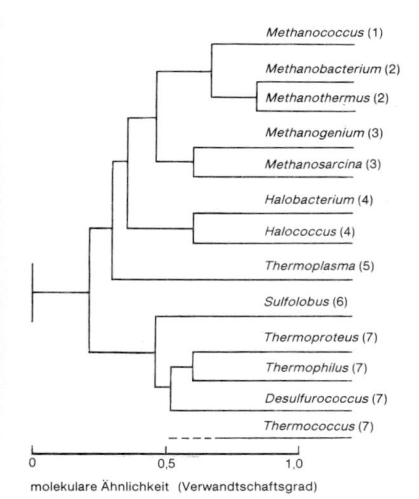

Archaeopteris

Methanococcus (1)
Methanobacterium (2)
Methanothermus (2)
Methanogenium (3)
Methanosarcina (3)
Halobacterium (4)
Halococcus (4)
Thermoplasma (5)
Sulfolobus (6)
Thermoproteus (7)
Thermophilus (7)
Desulfurococcus (7)
Thermococcus (7)

0   0,5   1,0
molekulare Ähnlichkeit (Verwandtschaftsgrad)

Archaebakterien
"Natürlicher" (molekularer) Stammbaum wichtiger *A.-Gattungen,* deren Verwandtschaft nach der Ähnlichkeit der 16S-r-RNA (S_{AB}-Wert) u. der DNA bestimmt wurde (1,0 = maximale Ähnlichkeit, ca. 0,1 = nicht miteinander verwandt). Die Zahlen in Klammern geben die entsprechenden Ordnungen an (vgl. Tab. S. 226, modifiziert nach Zillig, 1982).

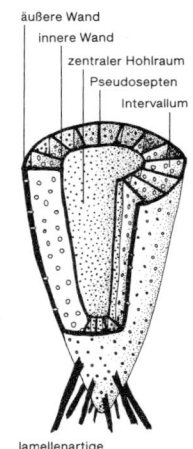

scheinen, u. die schon in archaischen prokaryotischen Zellen vorgekommen sein könnten. Die A. wachsen meist unter ungewöhnl., heute als extrem angesehenen Lebensbedingungen. Es sind bereits 4 physiolog. Gruppen dieser Bakterien bekannt, die als Relikte aus der Urzeit des Lebens angesehen werden können (vgl. Tab.). Wichtige Unterscheidungsmerkmale zw. Eubakterien u. A. sind: 1. die Zusammensetzung u. Anordnung der Bausteine in Untereinheiten der ribosomalen RNA (hpts. 16S-r-RNA); 2. der Aufbau der RNA-Polymerase u. Komponenten der Translation; 3. die Zellwände enthalten kein Murein u. sind sehr unterschiedlich zusammengesetzt; der andere Aufbau der Zellwände u. eines Teils des genet. Systems zeigt sich auch darin, daß verschiedene Antibiotika keine Hemmwirkung haben (z. B. Penicillin, Chloramphenicol, Kanamycin, Rifampicin); 4. die Membranlipide enthalten, an Stelle der Fettsäureglycerinester normaler Bakterien, Glycerinäther mit verzweigten Ketten (Isoprenoidlipide, ↗ Bakterienmembran); 5. A. weisen bes. Stoffwechselwege auf u. enthalten z. T. ungewöhnl. Coenzyme. Die Ähnlichkeit im Aufbau der 16S-r-RNA (S_{AB}-Wert) zw. den einzelnen Prokaryoten-Arten kann als Grundlage einer „natürlichen" Klassifikation (molekularen Taxonomie) dienen. Der auf diese Art gewonnene „molekulare Stammbaum" deckt sich nur z. T. mit den bisherigen Ansichten über die Verwandtschaft der Prokaryoten. Die molekularen Untersuchungen brachten außerdem überraschende, neue Erkenntnisse über die verwandtschaftl. Beziehungen zw. den Entwicklungslinien der Prokaryoten, den einzelnen Bakteriengruppen und zw. Pro- u. Eukaryoten (↗ Progenot, ↗ Prokaryoten, ↗ Thermoplasma).

äußere Wand
innere Wand
zentraler Hohlraum
Pseudosepten
Intervallum

lamellenartige exothekale Auswüchse

Archaeocyathiden
Schematische Darstellung eines typischen Archaeocyathiden, z. T. aufgeschnitten. – In N-Amerika u. Australien sind A. wichtige Leitfossilien für das Unterkambrium, für Unter- u. Mittelkambrium in Eurasien.

archae-, archaeo- [v. gr. archaios = alt, ursprünglich], in Zss.: alt-, ur-.

Archaeobatrachea [Mz.; v. *archaeo-, gr. batracheios = zum Frosch gehörig], ↗ Froschlurche.

Archaeocalamites *m* [v. *archaeo-, gr. kalamos = Rohr], *Asterocalamites,* Gatt. fossiler *Equisetales* des Oberdevon u. Unterkarbon, meist in eine eigene Fam. *(Archaeocalamitaceae)* gestellt. Die Stämmchen von A. zeigen bereits sekundäres Dickenwachstum u. erreichen mehrere cm ⌀. Von den *Calamitaceae* unterscheidet sich die Gatt. v. a. durch die an den Nodien geradlinig durchlaufenden Leitbündelstränge u. durch die dichotom gegabelten Blättchen, die entsprechend dem Leitbündelverlauf in superponierten Wirteln stehen; ferner fehlen den Sporangienähren, wie bei den heutigen *Equisetaceae,* die zwischengeschalteten sterilen Blattwirtel.

Archaeocyathiden [Mz.; v. *archaeo-, gr. kyathos = Becher], *Archaeocyatha,* † marine Tiergruppe zweifelhafter systemat. Stellung, die seit Vologdin (1937) als bes. Stamm gewertet wird. Die heute in kalkiger Erhaltung vorliegenden Skelette haben überwiegend kegelförm. bis zylindr. Gestalt v. meist geringerer Höhe als 10 cm; wurzelartige Auswüchse dienten der Befestigung am Meeresboden. Bei wenigen Formen ist nur eine Wand vorhanden (*Monocyathus* u. a.), sonst schließen je eine äußere u. innere Wand einen Zwischenraum (Intervallum) ein, der durch radial gestellte „Pseudosepten" u. horizontale „Pseudoböden" in sehr kompliziert gebaute Kammern zerlegt sein kann. Die Innenwand schließt einen zentralen Hohlraum ein. Wände, Pseudosepten u. Pseudoböden sind v. Poren durchsetzt, die, ähnlich den Schwämmen, das Durchströmen v. Kammern u. Zentralhöhle ermöglicht haben. Manche Baumerkmale legen Beziehungen zu Schwämmen u./od. Hohltieren nahe.

Archaeocyten [Mz.; v. *archaeo-, gr. kytos = Höhlung, Zelle], totipotente Zellen der ↗ Schwämme.

Archaeogastropoda [Mz.; v. *archaeo-, gr. gaster = Magen, Bauch, pous, Gen. podos = Fuß], die ↗ Altschnecken.

Archaeognatha [Mz.; v. *archaeo-, gnathos = Kiefer], ↗ Felsenspringer.

Archaeoptera [Mz.; v. *archaeo-, gr. pteron = Flügel], *Urflügler,* fossile Stammgruppe der geflügelten Insekten *(Pterygota).* Hierzu gehört das älteste Fossil der Pterygota, *Eopterum devonicum,* aus dem oberen Devon v. Uchta (Komi-Republik, UdSSR) mit noch starren, unbewegl. Flügeln.

Archaeopteris *w* [v. *archaeo-, gr. pteris = Farn], Gatt. der ↗ Progymnospermen.

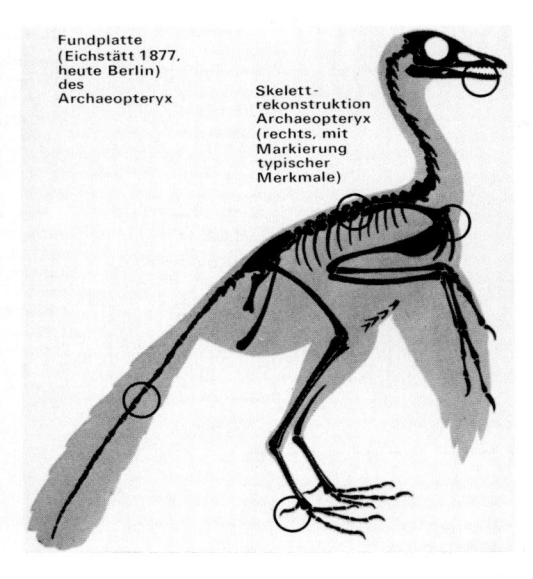

Archaeopteryx

Fundplatte (Eichstätt 1877, heute Berlin) des Archaeopteryx

Skelettrekonstruktion Archaeopteryx (rechts, mit Markierung typischer Merkmale)

Archaeopteryx
Archaeopteryx lithographica H. v. Meyer aus dem oberen Weißjura von Bayern

archae-, archaeo- [v. gr. archaios = alt, ursprünglich], in Zss.: alt-, ur-.

arch-, arche-, archi- [v. gr. archē = Anfang; Herrschaft], in Zss.: anfangs-, ur-, ober-, haupt-; mitunter auch als Ableitungsform v. archaios [*archae-] eingesetzt.

Archaeopteryx w [v. *archaeo-, gr. pteryx = Feder, Flügel], *Archaeornis, Urvogel,* geolog. ältester, † Vogel, belegt in 5 Exemplaren aus dem lithograph. Schiefer des oberen Malm v. Solnhofen/Eichstätt; 1979 wurde ein weiteres aus dem südind. Jura signalisiert. A. weist ein Mosaik reptil- u. vogelhafter Merkmale auf u. gilt deshalb als Bindeglied (connecting link) zw. beiden Gruppen. *Reptilmerkmale:* Reptilartiges Gehirn, bezahnte Kiefer (auch noch bei Vögeln der Kreide), freie bekrallte Finger, fehlende Carina, langer Reptilschwanz aus freien Wirbeln u. a. *Vogelmerkmale:* Federn, Furcula, Tarsometatarsus (Verwachsung im Alter?), nach hinten gerichtete Großzehe, pneumatisierte Knochen u. a. Einzige Art: *A. lithographica* H. v. Meyer. ↗ Additive Typogenese.

Archaeopulmonata [Mz.; v. *archaeo-, lat. pulmones = Lungen], die ↗ Altlungenschnecken.

Archaeornis m [v. *archae-, gr. ornis = Vogel], der ↗ Archaeopteryx.

Archaeornithes [Mz.; v. *archae-, gr. ornithes = Vögel], † U.-Kl. der Altvögel (Ggs.: *Neornithes* = Neuvögel); einzige Gatt. ↗ Archaeopteryx; Abstammung v. *Archosauria*.

Archaeosigillaria w [v. *archaeo-, lat. sigillaria = kl. Figuren, Zeichen], vom Mitteldevon bis ins Unterkarbon verbreitete Gatt. der *Protolepidodendrales;* die vermutlich krautigen Pflanzen mit schraubig gestellten Nadelblättchen u. noch flachen Blattpolstern leiten vielleicht zu den Siegelbaumgewächsen über.

Archaeosperma s [v. *archaeo-, gr. sperma = Same], Gatt.-Name für die ältesten Samen aus dem Oberdevon. Die etwa 4–5 mm langen Samen (bzw. Samenanlagen, da keine Angaben über die Embryoentwicklung vorliegen) besitzen ein apikal zerschlitztes Integument u. werden zu je vier v. zwei halbkreisförmig sich gegenüberstehenden, distal langzerschlitzten Cupulen eingehüllt. Vermutlich gehören diese Samen zu Pflanzen aus der Gruppe der Progymnospermen.

Archäeuropa s [v. *archae-], *Archaeoeuropa, Archeuropa, Ureuropa,* nach H. Stille (1920) die präkambrisch „konsolidierten", d. h. durch Gebirgsbildungen zum Festlandsblock erstarrten Teile des heutigen N- und O-Europa (Fennosarmatia).

Archaïkum s [v. gr. archaikos = altertümlich], *Archäikum, Archäozoikum,* von J. D. Dana (1872) vorgeschlagene Ausdrücke für alle präkambrischen Gesteine; heute oft als älterer Abschnitt des Präkambriums dem Proterozoikum vorangestellt; Gesteine älter als 2,6 Mrd. Jahre.

Archallaxis w [v. *arch-, gr. allaxis = Vertauschung], grundlegende Abänderung des Entwicklungsablaufs auf frühen Stadien, z. B. linkswindende gegenüber rechtswindenden Schnecken, die sich schon im Drehsinn der Spiralfurchung unterscheiden. ↗ Prädetermination.

Archangiaceae [Mz.; v. *arch-, gr. aggeion = Gefäß], Fam. der *Myxobacterales* aus der Gruppe der gleitenden Bakterien; die fruchtkörperbildende Gatt. *Archangium* kann Cellulose abbauen; kommt im Boden, auf Mist u. an Baumrinde vor.

Archanodon m [v. *arch-, gr. anodous = zahnlos], Howse 1878, der U.-Kl. *Palaeoheterodonta* angehörige † Süßwassermuschel des Devon bis Unterkarbon v. Europa und N-Amerika; ähnlich *Anodonta*.

Archanthropinen [Mz.; v. *arch-, gr. anthrōpinos = menschlich], Gruppe v. Urmenschen, welche die ↗ Australopithecinen u. den ↗ *Homo erectus* (Pithecanthropinen) umfaßt. Bei den A. beginnt die Nutzung des Feuers.

Archäolithikum *s* [v. *archaeo-, gr. lithikos = die Steine betreffend], angebl. Steinwerkzeugindustrie (Pseudoartefakte?), älter als die ↗Altsteinzeit; ins ausgehende Jungtertiär zu datieren.

Archäophyten [Mz.; v. *archaeo-, gr. phyton = Gewächs], Adventivpflanzen, die sich meist schon seit prä- u. frühhistor. Zeit, spätestens aber seit 1600 im Gebiet befinden u. heute fester Bestandteil der Flora sind. Ggs.: Neophyten.

Archäophytikum *s* [v. *archaeo-, gr. phytikos = die Pflanzen betreffend], *Eophytikum, Algophytikum,* die Urzeit in der Geschichte der Pflanzenwelt, vom Archaikum bis zum Ende des Ordovizium; bisher nur Algen nachgewiesen.

Archäozoïkum *s* [v. *archaeo-, gr. zōikos = die Tiere betreffend], das ↗Archaikum.

Archaster *m* [v. *archae-, gr. astēr = Stern], *A. typicus,* einer der häufigsten Seesterne des Indopazifik; im Ggs. zu allen anderen Seesternen mit Kopulation.

Archegoniaten [Mz.; v. gr. archegonos = die Entstehung verursachend], Sammelbez. für die Moose u. Farnpflanzen, die auf dem Gametophyten Archegonien ausbilden. Da sich bei einigen Gruppen der Samenpflanzen noch vereinfachte Archegonien beobachten lassen, werden gelegentlich die Spermatophyten in die Sammelbez. einbezogen.

Archegonium *s* [v. gr. archegonos = die Entstehung verursachend], Bez. für das ♀ Geschlechtsorgan auf den Gametophyten der Moose u. Farnpflanzen. Archegonien sind winzige flaschenförm. Gebilde mit einem sog. Bauch- u. einem Halsteil. Sie lassen sich v. den eizellenbildenden Gametangien (Oogonien) der Algen ableiten. In Anpassung an das Landleben besitzen sie eine, selten auch mehrere äußere Zellschichten aus sterilen Zellen. Diese äußere Wand umschließt im Bauchteil eine große Zentralzelle, die sich vor der Reife in die *Eizelle* u. in eine am Grunde des Halses gelegene *Bauchkanalzelle* teilt, u. im Halsteil die *Halskanalzellen.* Bei den Moosen finden sich stets mehrere Halskanalzellen, bei den meisten Farnpflanzen aber nur eine. Hals- u. Bauchkanalzelle haben nur noch Anlockungsfunktion, sie verquellen zur Reifezeit u. entlassen Gamone zur Anlockung der Spermatozoide. Spermatozoid u. Eizelle vereinigen sich im A. zur Zygote. Bei den Samenpflanzen wird das A. entsprechend der Reduktion des Game-

archae-, archaeo- [v. gr. archaios = alt, ursprünglich], in Zss.: alt-, ur-.

arch-, arche-, archi- [v. gr. archē = Anfang; Herrschaft], in Zss.: anfangs-, ur-, ober-, haupt-; mitunter auch als Ableitungsform v. archaios [*archae-] eingesetzt.

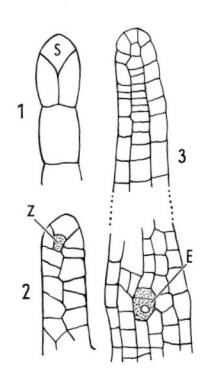

Archegonium
Archegoniumentwicklung eines Laubmooses mit Hilfe einer Scheitelzelle S. Die Eizelle E entsteht aus der Zentralzelle Z

tophyten immer stärker zurückgebildet, bis es ganz fehlt.

Archencephalon *s* [v. *arch-, gr. egkephalon = Gehirn], *Urhirn,* die entwicklungsgeschichtl. Vorstufe des Vor- und Mittelhirns, im Ggs. zum Deuterencephalon nicht v. der Chorda unterlagert.

Archenmuscheln [v. lat. arca = Kasten, Arche], *Arcidae,* U.-Ord. Reihenzähner, Ord. Fadenkiemer, Muscheln mit ovaler bis trapezförm. Schale u. breitem Rückenfeld mit erhobenen Wirbeln; die Schalenhaut ist oft mit Borsten od. Lamellen besetzt; auf dem Scharnier stehen zahlr., gleichartige Zähnchen. Die A. heften sich oft mit dem Byssus an Steinen u. Schalen fest; ihre Fadenkiemen sind durch Wimpern lose verbunden. Die Arche Noahs *(Arca noae)* hat etwa 10 cm lange, fast rechteckige, bauchige Klappen mit Radiärrippen; ihre Schalenhaut ist meist mit kurzen Haaren besetzt; sie ist im Mittelmeer u. im O-Atlantik verbreitet u. wird v. der Küstenbevölkerung gegessen. Die Bärtige Archenmuschel *(A. barbata)* wird nur etwa 7 cm lang, hat mehr ellipt. Schalen mit Gitterskulptur u. ist behaart; ihre Verbreitung stimmt mit der der Arche Noahs überein. Die ältesten A. sind bekannt aus dem Jura, in der Trias noch fraglich. Fossil u. rezent ca. 1300 Arten in zahlr. Gattungen.

Archenteron *s* [v. *arch-, gr. enteron = Darm, Eingeweide], *Urdarm,* in der Embryonalentwicklung Einstülpung, welche bei der Gastrulation entsteht. Die so entstandene Urdarmwand entwickelt sich in der Regel zu den Keimblättern Entoderm u. Mesoderm.

Archephemeropsis *w* [v. *arch-, gr. ephēmeros = einen Tag dauernd, opsis = Aussehen], Gatt. der ↗Ephemeropsidaceae.

Archespor *s* [v. *arche-, gr. spora = Same], innere Zellschichten der Sporangienanlagen bei den Moosen, Farn- u. Samenpflanzen, aus denen sich die Sporenmutterzellen u. weiter unter meiotischer Teilung die Sporen bilden. Bei den angiospermen Samenpflanzen erfährt das A. des Megasporangiums (Nucellus der Samenanlage) eine starke Reduktion über wenigzellige Anlagen bis hin zu einer einzigen Zelle.

Archetypus *m* [v. gr. archetypos = zuerst geprägt, Urbild], Typusbegriff der ↗idealistischen Morphologie, stellt ein v. der Realität abstrahiertes Schema der gemeinsamen Eigenschaften einer Organismengruppe dar, die in einer systemat. Einheit zusammengefaßt wird. Im Sinne der platon. Ideenlehre verkörpert der A. die reine Idee der Organisation jener Organismen, deren nur unvollkommene Abbilder („Metamorphosen") die lebenden Tiere u. Pflan-

Archiacanthocephala zen darstellen. Der Begriff des A. besitzt heute nur noch wissenschaftshistor. Bedeutung.

Archiacanthocephala [Mz.; v. *archi-, gr. akantha = Stachel, Dorn, kephalē = Kopf], Ord. der ↗ *Acanthocephala,* ausgezeichnet durch den Besitz eines Exkretionssystems (Protonephridien) u. einen durch eine Längsfalte in dorsales u. ventrales Fach geteilten Ligamentsack; zahlr. weltweit verbreitete Arten, unter ihnen die größten bekannten Formen; vornehmlich Darmparasiten v. Säugetieren. *Macracanthorhynchus (Gigantorhynchus) hirudinaceus* (40–100 cm) im Schwein, selten im Menschen, Zwischenwirt: Engerlinge v. Maikäfer u. Rosenkäfer, verursacht Darmentzündungen, Bauchschmerzen, allg. Unwohlsein; *Moniliformis moniliformis* u. *M. dubius* (4–11 cm) in Ratten, Mäusen, Eichhörnchen, Hunden u. Katzen, selten im Menschen, Zwischenwirte: Küchenschaben, Mehlkäferlarven, verursachen Durchfälle, u. U. starke Bauchschmerzen; *Mediorhynchus mikracanthus* verbreitet im Darm v. Singvögeln.

Archiannelida [Mz.; v. *archi-, lat. anellus = kl. Ring], Ord. der *Polychaeta* mit 5 Fam. (vgl. Tab.); kleine Ringelwürmer, meist ohne, selten mit reduzierten Parapodien u. einfachen Borsten. Die Bauchseite ist eine bewimperte Kriechsohle, trägt Wimperringe od. gar eine Wimperrinne. Wahrscheinlich handelt es sich um eine künstl. Gruppe v. in Anpassung an das Leben im Sandlückensystem (Mesopsammal) sekundär vereinfachten Formen. Da einige eine auffallende Ähnlichkeit mit Larven anderer *Polychaeta (Polytrocha)* zeigen, hat man sie auch als durch Neotänie entstanden betrachtet.

Archibenthal s [v. *archi-, gr. benthos = Tiefe], Bodenregion des Meeres v. kontinentalen Schelf (200 m) bis zu 1000 m Tiefe.

Archicephalon s [v. *archi-, gr. kephalē = Kopf], Kopflappen (↗ Akron) der *Articulata* (Gliedertiere), trägt die Augen als Sinnesorgane mit dem ihnen zugeordneten Ganglion, dem *Archicerebrum.* Ein äußerlich erkennbares A. besitzen viele Ringelwürmer. Bei höher entwickelten Gliedertieren ist das A. nicht mehr als eigener Bezirk zu erkennen, sondern wird bei der Kopfbildung (↗ Cephalisation) in den Aufbau des Kopfes mit einbezogen.

Archicerebrum s [v. *archi-, lat. cerebrum = Gehirn], Ganglion bzw. Gehirnteil des Akrons bzw. Prostomiums der *Articulata* (Gliedertiere). Bei den Gliederfüßern ist es zus. mit dem *Prosocerebrum* (1. Segment des Kopfes) zum *Protocerebrum* als 1. Abschnitt des Oberschlund-

arch-, arche-, archi- [v. gr. archē = Anfang; Herrschaft], in Zss.: anfangs-, ur-, ober-, haupt-; mitunter auch als Ableitungsform v. archaios [= alt, ursprünglich] eingesetzt.

Archiannelida
Familien:
↗ *Dinophilidae*
↗ *Nerillidae*
↗ *Polygordiidae*
↗ *Protodrilidae*
↗ *Saccocirridae*

Archicoelomatentheorie
Entwurf eines phylogenetischen Systems im Rahmen des Archicoelomatenkonzepts (nach Osche u. Siewing)

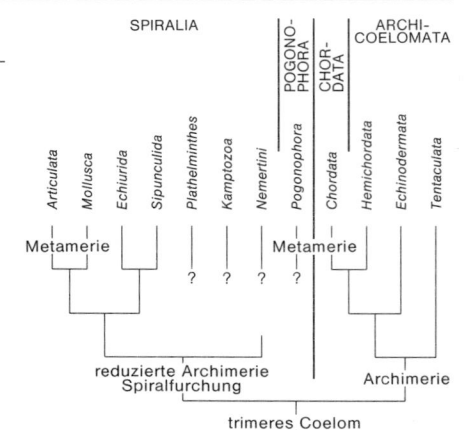

ganglions verschmolzen. Es innerviert vor allem die Facetten- (Komplex-) u. Medianaugen.

Archicoelomata [Mz.; v. *archi-, gr. koilos = hohl], die Gruppen v. Metazoen, deren Körper *archimer* gegliedert ist, was im Ggs. zu einer metameren Gliederung (↗Metamerie) bedeutet, daß sie heteronom in 3 jeweils mit Coelom ausgestattete Abschnitte, in ein *Prosoma* mit Proto-, ein *Mesosoma* mit Meso- u. ein *Metasoma* mit Metacoel unterteilt sind. Derart gegliedert sind die *Hemichordata, Tentaculata* u. *Echinodermata.*

Archicoelomatentheorie [v. *archi-, gr. koilos = hohl], die auf Masterman (1898) u. W. Ulrich (1951) zurückgehende u. in den letzten Jahren bes. von R. Siewing (1976, 1980) als Archicoelomatenkonzept vertretene, jedoch keineswegs unwidersprochene (H.-E. Gruner, 1980) Auffassung, nach der die den diploblastischen *(Porifera, Cnidaria, Ctenophora)* gegenüberstehenden triploblastischen Metazoa, die nach dieser Theorie alle als Coelomaten angesehen werden, in 3 Großgruppen zu gliedern sind: die *Archicoelomata, Chordata* u. *Spiralia.* Als kleinere systemat. Einheit werden ihnen die *Pogonophora* zur Seite gestellt. Damit wird der von C. Grobben (1908) vorgenommene u. heute vielfach beibehaltene, jedoch höchst fragwürdig gewordene Großeinteilung der Triploblasten in Proto- u. Deuterostomier durch eine überzeugendere Vorstellung ersetzt. Nach Siewing sind aus archimeren (↗Archicoelomata) Vorfahren die rezent auch noch archimer gegliederten u. folglich so ben. *Archicoelomata* hervorgegangen. Als Abzweigung v. den *Hemichordata* werden die *Chordata* gedeutet, deren Segmentierung auf einer Metamerie des Metacoels beruht, deren ursprüngl. Formen aber noch Anklänge an Archimerie erkennen lassen. Durch Rückbildung der Archimerie u. gleichzeitige Entwicklung der Spiral-Quartett-4d-Furchung sind die nach ihr bezeichneten *Spiralia* entstanden. Zu den Spiralia zählen neben den metameren *Articulata* u. *Mollusca* auch die *Echiurida* u. die *Sipunculida. Plathelminthes, Nemertini* u. *Kamptozoa* werden als Seitenzweige der Spiralia angesehen, indem bei ihnen das Coelom als vollständig od. teilweise reduziert vermutet wird. Die in ihrem Vorderkörper archimer gegliederten, in ihrem Hinterkörper, allerdings aufgrund eines v. Anneliden- u. Chordatentyp fundamental abweichenden Segmentierungsmodus, metameren *Pogonophora* glaubt Siewing am besten an der Wurzel der Spiralia ableiten zu können. Die Stellung der *Chaetognatha, Nemathelminthes* u. *Priapulida* ist noch ungeklärt.

Lit.: Gruner, H.-E. (Hrsg.): Lehrbuch der Speziellen Zoologie. Begr. von A. Kaestner. Band I, Wirbellose Tiere. S. 15–156. Siewing, R. (1976): Probleme und neuere Ergebnisse zur Großsystematik der Wirbellosen. Vh. Dt. Zool. Ges. Hamburg, 59–83. Siewing, R. (1980): Das Archicoelomatenkonzept. Zool. Jb. Anat. 103, 439–482. *D. Z.*

Archidiales [v. *archi-], *Urmoose,* Ord. der Laubmoose (U.-Kl. *Bryidae*), umfaßt nur die Fam. *Archidiaceae;* A. sind Erdmoose, die nackte, vegetationsarme Biotope bevorzugen; ihr Sporogon besitzt keine Columella u. öffnet sich durch Verwesung (Kleistokarpie). Die Gatt. *Archidium* ist weltweit verbreitet, so z. B. *A. alternifolium*. Die Arten der Gatt. *Lorentziella* besitzen extrem große (bis über 100 μm) Sporen u. können mittels Rhizoiden überdauern.

Archidiskodon *m* [v. *archi-, gr. diskos = Scheibe, odōn = Zahn], (Pohlig 1885), † Elefanten-Gatt. des Ältestpleistozäns v. Europa u. darüber hinaus mit extrem hohem Schädel (hypsocephalisch) u. langen, gebogenen Stoßzähnen. Die Backenzähne zeichnen sich aus durch relativ kurze u. breite Kronen mit geringer Lamellenzahl (maximal 15), kräftigem Schmelzblech u. dicken Zementintervallen. Eur. Charakterform war *A. meridionalis* (Nesti), dessen Gesamtkörperlänge (einschl. Stoßzähne) 6,80 m, die Körperhöhe 3,50 m erreichen konnte. Das Tier war an gemäßigt-warmes Klima angepaßt und v. a. in S-Europa heimisch. Es gilt als Vorfahr der kaltzeitlichen Mammute *(Mammuthus trogontherii* und *M. primigenius)*. Deshalb wird der Name A. vielfach durch *Mammuthus* ersetzt.

Archidium *s* [v. *archi-], Gatt. der ↗ Archidiales.

Archidoris *w* [v. *archi-, Dōris, gr. Meeresgottheit], die ↗ Sternschnecken.

Archigenese *w* [v. *archi-, gr. genesis = Entstehung], *Archigenesis,* die ↗ Urzeugung.

Archigetes *m*, Gatt. der ↗ Pseudophyllidea.

Archigonie *w* [v. *archi-, gr. goneia = Zeugung], die ↗ Urzeugung.

Archilochus *m* [ben. nach dem gr. Dichter Archilochos, 7. Jh. v. Chr.], Gatt. der ↗ Kolibris.

Archimedes *m* [ben. nach dem gr. Naturforscher Archimedes, um 287–212 v. Chr.], Owen 1842, zu den *Gymnolaemata* gehörige † Bryozoen-Gatt. des jüngeren Paläozoikums mit schraubenförm. zentraler Achse.

archimer ↗ Archicoelomata.

Archimetabola *w* [v. *archi-, metabolē = Verwandlung], Metamorphosetyp der Insekten, Untergruppe der ↗ Heterometabola.

Archimetamerie *w* [v. *archi-, gr. meta = nach, meros = Teil], in der von A. Remane vertretenen *Gastraltaschenhypothese* über die Entstehung des Coeloms stellt die A. den ursprünglichsten Zustand in der Evolution der sekundären Leibeshöhle dar. Drei Coelomräume, die sich v. Gastraltaschen eines Polypen ableiten lassen, bilden die Leibeshöhle dieser trimer gegliederten Tiere (unpaares Protocoel, paariges Meso- und Metacoel). Eine der A. entsprechende Untergliederung der Leibeshöhle findet man heute bei *Echinodermata* (Stachelhäuter), *Tentaculata* u. *Hemichordata.* ↗ Enterocoeltheorie, ↗ Coelom.

Archimycetes [Mz.; v. *archi-, gr. mykētes = Pilze], *Urpilze,* früher Kl. von Pilzen mit zellwandlosen, nackten Pilzformen, die bei Schleimpilzen *(Myxomycota)* u. Niederen Pilzen *(Chytridiomycota)* vorkommen. Da diese verschiedenen Pilzgruppen phylogenetisch keinen gemeinsamen Ursprung haben, wird diese Kl.-Einteilung nicht mehr aufrechterhalten.

Archinephros *m* [v. *archi-, gr. nephros = Niere], ↗ Nephridien.

Archipallium *s* [v. *archi-, lat. pallium = Mantel, Hülle], ↗ Gehirn.

Archipterygium *s* [v. *archi-, gr. pterygion = kl. Flügel], die ↗ Urflosse.

Archipterygota [Mz.; v. *archi-, gr. pterygōtos = gefiedert], Teilgruppe der geflügelten Insekten *(Pterygota).* Unter diesem Begriff wird Verschiedenes verstanden. 1) Ältere Klassifizierung der Insekten in *A.* (mit einziger Ord. Eintagsfliegen) u. in *Metapterygota* (Libellen u. übrige *Pterygota* = ↗ *Neoptera*). 2) Klassifizierung in *A.* (Eintagsfliegen u. Libellen) u. in *Neopterygota.* 3) Hypothet. Stammgruppe der *Pterygota;* dann ist A. identisch mit ↗ Archaeoptera.

Architaenioglossa [Mz.; v. *archi-, gr. tainia = Band, glōssa = Zunge], ↗ Cyclophoroidea.

Architaenioglossa

arch-, arche-, archi- [v. gr. archē = Anfang; Herrschaft], in Zss.: anfangs-, ur-, ober-, haupt-; mitunter auch als Ableitungsform v. archaios [= alt, ursprünglich] eingesetzt.

Architectonicidae

arch-, arche-, archi-
[v. gr. archē = Anfang; Herrschaft], in Zss.: anfangs-, ur-, ober-, haupt-; mitunter auch als Ableitungsform v. archaios [= alt, ursprünglich] eingesetzt.

arct-, arcto-
[v. gr. arktos = Bär, Norden].

Architectonicidae [Mz.], die ↗ Perspektivschnecken.
Architeuthis w [v. *archi-, gr. teuthis = Tintenfisch], die ↗ Riesenkalmare.
Architheca w [v. *archi-, gr. thēkē = Behältnis], nannte Müller-Stoll (1936) die morphogenetisch älteste Schalenschicht (Anfangskammer u. Stratum callosum) der Conothec der ↗ Belemniten.
Architomie w [v. *archi-, gr. tomē = Schnitt], eine polycytogene ungeschlechtl. Form der Fortpflanzung, bei der das Muttertier in Tochterindividuen aufgeteilt wird u. die Organe der Jungtiere erst nach der Abtrennung v. Muttertier entstehen. Beispiel: der Ringelwurm *Ctenodrilus serratus*. ↗ Paratomie.
Archoophora w [v. *arch-, gr. ōophoros = Eier tragend], Gruppe von Ord. der Strudelwürmer, die durch drei als ursprünglich anzusehende Eigenschaften ausgezeichnet sind: ein einheitl., also nicht in Keim- u. Dotterstock geteiltes Ovarium, entolecithale Eier u. Spiralfurchung. Umfaßt die *Macrostomida, Acoela, Catenulida* u. *Polycladida*. Ggs.: *Neophora*.
Archosauria [Mz.; v. *arch-, gr. sauros = Eidechse], U.-Kl. der Reptilien mit den Ord. † *Thecodontia* (oberes Perm bis Trias), *Crocodilia* (obere Trias – heute), † *Pterosauria* (Jura – Kreide), † *Saurischia* (obere Trias – Kreide), † *Ornithischia* (obere Trias – Kreide). Die beiden letzten Ord. werden oft als *Dinosauria* zusammengefaßt.
Archostemmata [Mz.; v. *arch-, stemmata = Kränze], Unterordnung der ↗ Käfer.
Arcidae, die ↗ Archenmuscheln.
Arcifera [Mz.; v. lat. arciferus = Bogenträger], ↗ Froschlurche.
Arcopagia w [v. lat. arcus = Bogen, gr. pagios = fest], Gatt. der Plattmuscheln. *A. balaustina* hat 15 mm breite, rundlich-eiförmige, konzentrisch gestreifte Klappen mit rosa Radialbändern; lebt im Mittelmeer.
Arctica w [v. gr. arktikos = nördlich], die ↗ Islandmuschel.
Arctiidae [Mz.; v. *arct-], die ↗ Bärenspinner.
Arction s [v. gr. arktion = Klette], Verb. der ↗ Artemisietalia.
Arctium s [v. gr. arktion =], die ↗ Klette.
Arctocephalus m [v. *arcto-, kephalē = Kopf], Gatt. der ↗ Seebären.
Arctocyoninae [Mz.; v. *arcto-, kyōn = Hund], (Giebel 1885), † U.-Fam. der Urraubtiere (*Creodonta*) ohne differenziertes Brechscherengebiß; Nominat-Gatt. *Arctocyon* de Blainville 1841 aus dem oberen Paläozän von Fkr.; Repräsentanten bis wolfsgroß, mit schmalem Hirnschädel u.

starkem Occipitalkamm; Gebiß bärenähnlich omnivor; Gliedmaßen lang u. schlank, Hand u. Fuß 5strahlig, plantigrad, Endphalangen hufartig. Da viele Merkmale der A. an die damaligen Huftiere erinnern, werden die A. mitunter den *Condylathra* bzw. *Deltatheridia* zugeordnet.
Arctoidea [Mz.; v. gr. *arcto-, -oeidēs = ähnlich], *Marder- und Bärenartige*, Überfam. der Landraubtiere mit den Fam. der Marder, Kleinbären, Katzenbären u. Großbären.
Arctonoë w, ↗ Polynoidae.
Arctostaphylos w [v. *arcto-, staphylē = Traube], die ↗ Bärentraube.
Arcturidae [Mz.; v. *arct-, oura = Schwanz], Fam. der *Valvifera*, räuberische

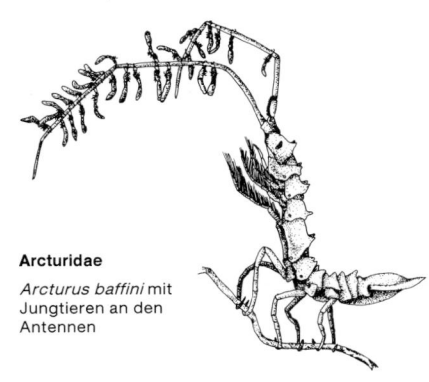

Arcturidae
Arcturus baffini mit Jungtieren an den Antennen

Asseln, z. B. *Astacilla pusilla* (bis 27 mm lang), in der Nordsee, mit stark verlängertem 4. Pereiomer. Die Tiere klammern sich mit den letzten 3 Pereiopodenpaaren an Zweigen v. Hydrozoenkolonien o. ä. fest u. richten den vorderen Teil des Körpers auf. Die stark verlängerten 2. Antennen u. die 4 vorderen Pereiopoden bilden eine Art Fangkorb. Erbeuten vorbeischwimmende Kleinkrebse u. a.
Arcyria w [v. gr. arkys = Netz], Gatt. der ↗ Trichiaceae.
Ardeidae [Mz.; v. lat. ardea =], die ↗ Reiher.
Ardisia w [v. gr. ardis = Pfeilspitze], in den Tropen (außer Afrika) beheimatete Gatt. der *Myrsinaceae* mit ca. 250 Arten, die vorzugsweise im Unterwuchs dichter Berg- u. Monsunwälder leben. A. zeichnet sich durch eine bunte od. gescheckte Laubfärbung aus, die oft noch durch eine wein- bis rostrote Behaarung ergänzt wird. Einige Arten, z. B. die wegen ihres hübschen Wuchses, der weißen Blütentrauben u. scharlachroten Beeren als Zierpflanze kultivierte *A. crenata* (Spitzblume), leben in Symbiose mit Bakterien, die in den knotenförm. Auswüchsen der Blätter vorkommen.
Area w [lat., = Fläche], **1)** bei vielen Muscheln mehr od. weniger deutlich abge-

setztes, halbmondförmiges u. abweichend skulpturiertes Feld hinter dem Wirbel beider Klappen. 2) bei articulaten Brachiopoden dreieckiges, abweichend skulpturiertes Feld zw. Schloßrand u. Wirbel der Stielklappe, z. T. beider Klappen.

Areal s [v. lat. area = Fläche], **1)** Wohngebiet v. Pflanzen- u. Tiersippen; man unterscheidet *geschlossene A.e,* wenn die Umgrenzung der Fundorte einer Sippe eine einheitliche Fläche bildet, und *disjunkte A.e,* wenn das A. aus mehreren Teilflächen besteht. Die kleinste Einheit ist das Artareal. **2)** in der Entwicklungsbiol. Teilfläche eines frühen Entwicklungsstadiums; topograph. Begriff, im Ggs. zum physiolog. Begriff *morphogenetisches Feld.*

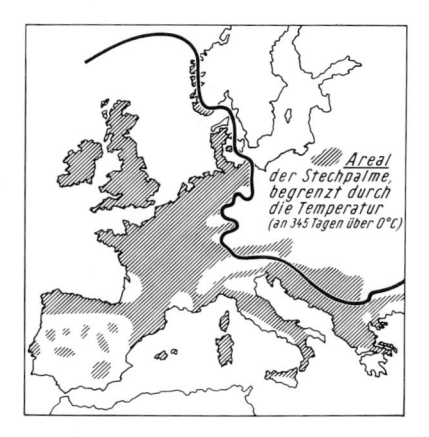

Areal der Stechpalme, begrenzt durch die Temperatur (an 345 Tagen über 0°C)

Areal
Die Begrenzung des Areals der Stechpalme ist gleichzeitig die Grenze zwischen ozeanischem (links) und kontinentalem (rechts) Klima in Europa

Arealaufspaltung, *Disjunktion,* liegt vor, wenn die Umgrenzung der Fundorte einer Sippe mehrere Teilflächen ergibt. Diese können gleich groß sein, od. es können ein Hauptgebiet u. mehrere kleinere Teilgebiete *(Exklaven)* vorhanden sein. Außerhalb des Areals vorkommende einzelne Fundorte einer Art können sog. *Vorposten* sein. Dieses Verbreitungsmuster kommt am ehesten bei Pflanzen offener Standorte, wie Wegränder, Bach- u. Flußränder, Brachflächen od. bei Vogelverbreitung vor. Meist entsteht eine A. jedoch, wenn ein ehemals zusammenhängendes Verbreitungsgebiet einer einheitl. Population in getrennte Teilgebiete gespalten wird u. das Zwischengebiet unter den heute herrschenden Bedingungen weder besiedelt noch übersprungen werden kann. So haben z. B. die Eiszeiten in Mitteleuropa A.en bestimmter Arten gebracht. Die A. ist eine wesentl. Voraussetzung für die geogr. Artbildung.

Arealausweitung, Ausdehnung des Verbreitungsgebiets einer Gruppe. Eine A. kann erfolgen aufgrund der Ausbreitungsfähigkeit einer Art, der Änderung ökolog. Bedingungen, des Wegfalls v. Ausbrei-

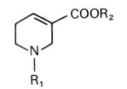

Arecaalkaloide
Grundgerüst der A.
Guvacin ($R_1 = R_2 = H$)
Guvacolin ($R_1 = H$, $R_2 = CH_3$)
Arecolin ($R_1 = R_2 = CH_3$)
Arecaidin ($R_1 = CH_3, R_2 = H$)

Arecidae
Ordnungen:
↗ Aronstabartige *(Arales)*
↗ Cyclanthales
↗ Palmenartige *(Arecales)*
↗ Rohrkolbenartige *(Typhales)*
↗ Schraubenbaumartige *(Pandanales)*

arena- [v. lat. arena = Sand, Kampfplatz].

tungsschranken u./od. der Verbreitung od. Verschleppung durch den Menschen.

Arealkarte, kartograph. Darstellung der Verbreitung systemat. Einheiten v. Pflanzen u. Tieren.

Arealkunde, *Chorologie,* befaßt sich mit der Beschreibung u. Erklärung der Verbreitungsgebiete einzelner systemat. Einheiten v. Pflanzen u. Tieren.

Arealtyp, *Geoelement,* Arten od. andere systemat. Einheiten, die die gleichen geogr. Verbreitungsgrenzen u. in den gleichen Gebieten ihre größte Häufigkeit haben. Die Tatsache, daß man mehreren Arten einen A. zuordnen kann, spricht für gemeinsame Ursachen bei der Entstehung eines solchen Arealtyps. [palme.

Areca w [aus dem Tamil], die ↗ Betelnuß-

Arecaalkaloide, Pyridinalkaloide, die aus Betelnüssen, den öl- u. gerbstoffreichen Samen der Betelnußpalme *(Areca catechu),* gewonnen werden. Hauptalkaloid ist das *Arecolin.* Wegen ihrer stimulierenden Wirkung ist die Droge als Genußmittel v. Bedeutung (↗ Betelnußpalme).

Arecaceae [Mz.; aus dem Tamil], die ↗ Palmen. [menartigen.

Arecales [Mz.; aus dem Tamil], die ↗ Pal-

Arecidae [Mz.; aus dem Tamil], *Spadiciflorae,* U.-Kl. der einkeimblättrigen Pflanzen mit 5 Ord. (vgl. Tab.). Die unscheinbaren Blüten sind meist dreigliedrig zyklisch gebaut u. stark vereinfacht (dikline Blüten, Reduktion der Zahl der Blütenorgane). Im allg. sind sie zu einem v. einem auffäll. Hochblatt (Spatha) umgebenen Blütenstand (Spadix) zusammengefaßt. Die Fruchtknoten sind gewöhnlich coenokarp, enthalten nur wenige Samenanlagen u. bilden Schließfrüchte: Beeren, Steinfrüchte od. Nüsse.

Arecolin s ↗ Arecaalkaloide.

Arenabalz w [v. *arena-], Form der ↗ Balz, bei der die Männchen einer Tierart sich an bestimmten Orten versammeln u. sich dort um die Kopulation mit den herangelockten Weibchen bemühen. Die A. ist bes. von Vögeln bekannt, z. B. v. vielen Arten der Paradiesvögel, v. Birkhahn u. v. Kampfläufer. Die A. führt dazu, daß sich bei den Männchen durch sexuelle Selektion auffällige Sexualsignale (Prachtkleider) entwickeln, wie die überlangen Schwanz- od. Kopffedern der Paradiesvogel-Männchen. Die Weibchen sind dagegen meist unauffällig, sie brüten u. ziehen auch die Jungen alleine auf. Die Männchen v. Arenavögeln beteiligen sich nicht an der Brutpflege.

Arenaria w [v. *arena-], **1)** das ↗ Sandkraut. **2)** die ↗ Steinwälzer.

Arenaviren [Mz.], Fam. der RNA-Viren mit der Gattung *Arenavirus.* Die Viruspartikel (⌀ 50–300 nm, mittlerer ⌀ 110

Arenga

bis 130 nm) sind rund bis pleomorph, besitzen eine Hülle u. enthalten mehrere elektronenoptisch dichte Granula, bei denen es sich wahrscheinlich um Ribosomen der Wirtszelle handelt. Diese Granula gaben den A. ihren Namen (v. lat. arenosus = sandig). In den Virionen werden 5 verschiedene einzelsträngige RNAs gefunden, davon 2 virusspezifische mit relativen Molekülmassen v. $1,1 - 1,6 \cdot 10^6$ u. 2,1 bis $3,2 \cdot 10^6$. Die viralen RNAs besitzen Minusstrang-Polarität u. werden durch eine Transkriptase in komplementäre RNAs transkribiert, die als m-RNAs dienen. Die natürl. Wirte der A. sind Nagetiere, bei denen sie häufig zu chron. Infektionen führen. Die A. wurden fr. zu den ↗ Arboviren gerechnet, sie sind jedoch nicht auf eine Übertragung durch Arthropoden angewiesen. *Junin-* und *Machupo-Virus* sind die Erreger hämorrhagischer Fieber beim Menschen; das *Lymphocytäre-Choriomeningitis-Virus (LCM-Virus)* führt bei Mäusen zur lymphocytären Choriomeningitis, einer Erkrankung, die zu den „slow"-Virusinfektionen gerechnet wird. Eine Übertragung des LCM-Virus auf den Menschen ist selten, die Infektion verläuft meist milde, in seltenen Fällen jedoch schwer u. sogar tödlich. Im Ggs. zu den anderen A. ist das für den Menschen äußerst virulente *Lassa-Virus* v. Mensch zu Mensch übertragbar (↗ Lassa-Fieber). Das *Pichinde-Virus* führt beim Menschen zu keiner Erkrankung; mit ihm wurden v. a. die Untersuchungen zur Molekularbiologie der A. durchgeführt.

Arenga *w* [wohl aus einer Sprache der Molukken], Gatt. der ↗ Palmen.

Arenicola *w* [v. *arena-, lat. colere = graben], Gatt. der ↗ Arenicolidae.

Arenicolidae [Mz.; v. *arena-, lat. colere = graben], Familie der *Capitellidae* (Stamm Ringelwürmer) mit 4 Gatt.; Körper in 2 oder 3 Tagmata gliedert, Segmente sekundär geringelt; leben in Grabgängen u. sind Substratfresser. Einziger Vertreter der A. an den dt. Küsten ist *Arenicola marina* (Sandpier, Watt- od. Köderwurm). Er wird bis zu 20 cm lang u. ist durch 19 Borstenpaare auf den Segmenten 3 bis 21 u. im allg. 13 durch Hämoglobin rot gefärbte Kiemenpaare auf den Segmenten 7 bis 19 gekennzeichnet. Die Sauerstoffaffinität seines Hämoglobins ist mehr als zehnmal so hoch wie die des menschl. Hämoglobins, was als Anpassung an ein Leben im Sandboden zu verstehen ist.

arenikol [v. *arena-, lat. -cola = Bewohner], *sandbewohnend,* eigtl. „im Strand grabend", wie z. B. der Wattwurm *(Arenicola marina);* Bez. für den Habitat eines Tieres.

Areole *w* [v lat. areola = kl. Fläche], Bez. für die halbkugelförm. Haar- u./od. Dornenpolster bei den Kakteen, die aufgrund v. Übergangsformen als reduzierte, im Wachstum stehengebliebene Seitensprosse anzusehen sind. Neben den Blattdornen trägt die A. häufig auch mit Widerhaken versehene Stacheln.

Arg, Abk. für Arginin.

Argali, *Altai-Wildschaf, Ovis ammon ammon,* im innerasiat. Hochgebirge lebende, bes. große U.-Art des Wildschafs (Körperhöhe der Widder bis 125 cm) mit starken u. eigenartig gewundenen Hörnern.

Argania, Gatt. der *Sapotaceae* mit der einzigen Art *A. spinosa (A. sideroxylon),* die in SW-Marokko landschaftsbestimmende, lichte Trockenwälder bildet. Die knorr. Bäume besitzen an ihren bedornten Zweigen kleine ledr. Laubblätter u. bilden etwa olivengroße, leuchtend gelbe Früchte (Beeren), aus deren 1–2 relativ kleinen Samen in Marokko ein nußartig schmeckendes Speiseöl gepreßt wird, das auch zur Seifenherstellung dient. Ihr Holz gehört wegen seiner Härte u. großen Dichte zu den sog. Eisenhölzern, die als Bau- u. Werkholz (Möbelherstellung) sehr geschätzt werden.

Argasidae [Mz.], die ↗ Lederzecken.

Argemone *w* [gr., = Schamkraut, mohnartige Pflanze], Gatt. der ↗ Mohngewächse.

Argentea *w* [lat., = die Silberne], silbern od. gelbgrün irisierende Membran im Auge vieler Fische am Außenrand der Aderhaut.

Argenteohyla *w* [v. lat. argenteus = silbern, gr. hylē = Wald], Gatt. der ↗ Panzerkopffrösche.

Argentinidae [Mz.], die Fisch-Fam. ↗ Glasaugen.

Argidae [Mz.; v. gr. argēeis = glänzend, weißschimmernd], Fam. der ↗ Hautflügler; bis 10 mm große, dunkel od. metallisch gefärbte Blattwespen mit dreigliedr. Antennen. Die oft bunten Larven (Afterraupen) fressen an verschiedenen Pflanzen; schädlich wird zuweilen die Nähfliege *(Arge rosae)* an Rosen, deren Triebe sich durch das Gelege verkrümmen u. nicht aufblühen; die Larven fressen an den Rosenblättern.

Arginase *w,* ↗ Arginin.

Arginin *s,* Abk. *Arg* oder *R,* eine α-Aminosäure, praktisch in allen Proteinen enthalten u. Bestandteil des bei vielen Wirbellosen vorkommenden Phosphagens ↗ Argininphosphat, reagiert aufgrund der Seitenkette basisch u. gehört deshalb zur Gruppe der bas. Aminosäuren. A. bildet

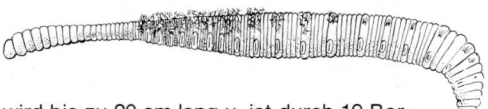

Argali (Ovis ammon ammon)

Arenaviren
Arten:
Lymphocytäre-Choriomeningitis-Virus
Lassa
Tacaribe-Komplex:
 Amapari
 Junin
 Latino
 Machupo
 Parana
 Pichinde
 Tacaribe
 Tamiami
Die im Tacaribe-Komplex zusammengefaßten A. sind serologisch miteinander verwandt.

Arenicolidae
Köderwurm (Wattwurm)
Arenicola marina

arena- [v. lat. arena = Sand, Kampfplatz].

sich außer durch Proteinabbau bes. als Zwischenprodukt des ⁊Harnstoffzyklus. Dort entsteht es aus Argininobernsteinsäure, um anschließend zu Ornithin u. Harnstoff hydrolytisch gespalten zu werden. Diese Spaltung wird durch eine bei ureotelischen Tieren bes. aktive *Arginase,* ein Leberenzym, katalysiert. Im Ggs. zu landlebenden Ureotelieren (Säugetiere, Frösche, z. T. Schildkröten) kommt Arginase bei ureotelischen Fischen (marine Elasmobranchier: Haie, Rochen) außer in der Leber auch in anderen Organen vor u. ermöglicht hier die Osmoregulation durch Erzeugung hoher Harnstoffkonzentrationen im Blut. Das im Kollagen der Schafswolle enthaltene A. ermöglicht aufgrund seiner bas. Seitenkette die Bindung saurer Farbstoffe u. ist damit Grundlage für die Wollfärbung.

Argininobernsteinsäure, *Argininosuccinat,* Zwischenprodukt bei der Harnstoffbildung (⁊Harnstoffzyklus); entsteht ATP-abhängig aus Asparaginsäure u. Citrullin unter Wasserabspaltung u. reagiert weiter unter Spaltung zu Arginin u. Fumarsäure.

Argininosuccinat, die anionische Form der ⁊Argininobernsteinsäure

Argininphosphat, Phosphagen, energiereiches Phosphat vieler Wirbelloser, das unter Katalyse der Argininphospho-Kinase aus Arginin und ATP gebildet wird: Arg + ATP ⇌ Arg-P + ADP. Die Reaktion ist reversibel, wobei das Gleichgewicht auf der Seite des ATP liegt. A. ist eine Energiereserve, die schnell mobilisierbar ist, um ATP zu regenerieren. Durch Speicherung des ATP in Argininphosphat wird ein günstiges ATP/ADP-Verhältnis aufrechterhalten. ⁊Anaerobiose.

Argiope *w* [ben. nach einer Nymphe der gr. Mythologie], Gatt. der Radnetzspinnen, deren Vertreter große Netze mit Stabilimenten bauen; bei allen Arten sind die Männchen bedeutend kleiner als die Weibchen u. werden in der Regel nach der Begattung gefressen; die Eier werden in einem kunstvollen beutelart. Kokon abgelegt; die Gatt. ist bes. in den Tropen verbreitet. Bis Mitteleuropa dringt nur die gelb-schwarz-weiß gemusterte ⁊Wespenspinne (*A. bruennichi*) vor, im Mittelmeergebiet ist zusätzlich *A. lobata* mit auffallend gelapptem Hinterleib häufig.

Argiopidae [Mz.; ben. nach Argiope, einer Nymphe der gr. Mythologie], die ⁊Radnetzspinnen.

Arginin (zwitterionische Form)

Argininobernsteinsäure

Argiope bruennichi

Argobuccinum *s* [v. gr. argos = hellschimmernd, lat. bucinum = Posaunenschnecke, Seetrompete], Gatt. der Tritonshörner, Meeresschnecken mit ovalem bis spindelförmigem, mit knotigen Längs- u. Spiralreihen bedecktem Gehäuse, auf jedem Umgang 2 abgeflachte Längswülste. *A. argus* kommt bis 155 m Tiefe vor den Küsten S-Afrikas, S-Australiens u. Neuseelands vor.

Argonauta *m* [lat., = Argonaut, Teilnehmer an der frühgr. Expedition nach Kolchis], die ⁊Papierboote (Kopffüßer).

Argon-Kalium-Methode ⁊Geochronologie.

Argulus *m*, Gatt. der ⁊Fischläuse.

Argusfasan *m* [ben. nach Argos, in der gr. Mythologie der hundertäugige Bewacher der Io, dessen Augen später auf dem Pfauenschwanz erschienen], ⁊Pfaufasanen.

Argusfische [ben. nach Argos, Gestalt der gr. Mythologie], *Scatophagidae,* artenarme Fam. der Barschartigen Fische; leben oft in großen Schwärmen im Meer-, Brack- u. Süßwasser der Küstengebiete des trop. Indopazifik u. haben einen scheibenförm. Körper mit winzigen Schuppen u. kleinem Kopf; fressen u. a. organ. Abfälle (*Scatophagus* bedeutet Kotfresser). Hierzu gehört der bis 30 cm lange Argusfisch (*S. argus),* der als Jungfisch oft in Aquarien gehalten wird.

Argynnis *w* [Beiname der Aphrodite nach ihrem Geliebten Argynnos], die ⁊Perlmutterfalter.

Argyrodes *w* [v. gr. argyros = Silber], Gatt. der ⁊Diebsspinnen.

Argyroneta *w* [v. gr. argyros = Silber, nētos = gesponnen], die ⁊Wasserspinne.

Argyroxiphium *s* [v. gr. argyros = Silber, xiphion = Schwertchen], *Silberschwert,* Gatt. der Korbblütler mit wenigen Arten, die in nur noch kleinen Beständen als Endemiten auf Hawaii leben. Die Pflanzen bilden nach 7–20jährigem Wachstum einen mitunter 3 m in die Höhe ragenden Blütenstand u. sterben nach der Fruchtreife ab.

Ariadna *w* [ben. nach Ariadne, der myth. kret. Königstochter], Gatt. der ⁊Dunkelspinnen.

Arianta *w*, Gatt. der *Helicidae,* mittelgroße Landlungenschnecken. Die Gefleckte Schnirkelschnecke (*A. arbustorum*) hat ein kugeliges, mit feinen Spirallinien bedecktes, bis 25 mm breites Gehäuse, meist braun, mit einem Band u. Flecken; lebt bevorzugt in feuchten Wäldern u. Gebüschen; bildet in den Alpen Zwergformen; verbreitet in Mittel- und Nordeuropa.

Aricidea *w* [ben. nach Aricia, einer Nym-

Ariciidae
phe der röm. Mythologie], Gatt. der ↗ Paraonidae.
Ariciidae [Mz.; ben. nach Aricia, einer Nymphe der röm. Mythologie], die ↗ Orbiniidae.
arid [v. lat. aridus = trocken], Bez. für Klimate, in denen die potentielle Verdunstung die jährl. Niederschläge übertrifft. Bemerkenswert bei allen a.en Gebieten ist die große Veränderlichkeit der Regenmenge in den einzelnen Jahren. Die a.en Gebiete der Erde bedecken zus. 35% der Erdoberfläche. Man unterscheidet *semiaride, aride* u. *extrem aride* Gebiete. In semiariden Gebieten übersteigt im Jahresdurchschnitt die Verdunstung die Niederschläge, in weniger als der Hälfte der Monate kann jedoch die Niederschlagsmenge höher als die Verdunstung sein (z. B. Steppen der gemäßigten Zone, klimatisch Savannen). Zu den extrem ariden Gebieten zählen die Kernwüsten; es sind im allg. heiße Gebiete, bei denen der Jahresniederschlag unter 200 mm liegt u. die potentielle Verdunstung über 2000 mm. Beispiele sind die subtrop. Wüsten Sahara, Namib, Mohave Desert, vorderasiat. Wüsten.
Arietites *m* [v. lat. aries = Widder], (Waagen 1869), schwer zu definierende † Nominat-Gatt. der liassischen Ammoniten-Fam. *Arietitidae;* Schale evolut gewunden u. mit einfachen, fast geraden Rippen besetzt (daher das „widderhornartige" Aussehen); medianer Kiel mit beiderseitiger Furche, Windungsquerschnitt mehr od. weniger gerundet-quadratisch. *A. bucklandi*, Leitform für Lias α_3, erreichte 65 cm ⌀.
Arillus *m* [v. span. arillo = Ring], *Samenmantel*, die große, fleischige od. trockenhäutige Hülle, die bei einigen Pflanzenarten am Grunde der Samenanlage entsteht u. den Samen oft zum großen Teil umgibt; dient der Samenverbreitung. Beispiele: Eibe, Pfaffenhütchen, Weiße Seerose.
Arion *m* [ben. nach einem Sänger der gr. Mythologie], Gatt. der ↗ Wegschnecken.
Ariophanta [v. Arion, einem Sänger der gr. Mythologie, phainein = zeigen, scheinen], Gatt. der *Ariophantidae,* Landschnecken mit gedrückt-rundlichem, linksgewundenem Gehäuse, bis 45 mm ⌀; lebt in Indien u. auf den Nikobaren.
Arista *w* [lat., = Granne, Ähre], Rückenborste am 3. Antennenglied der höheren ↗ Fliegen.
Aristolochia *w* [gr., =], die ↗ Osterluzei.
Aristolochiaceae [Mz.; v. gr. aristolochia = Osterluzei], die ↗ Osterluzeigewächse.
Aristolochiales [Mz.; v. gr. aristolochia = Osterluzei], die ↗ Osterluzeiartigen.
Aristolochiasäuren, aromat. Nitroverbindungen aus *Aristolochia*-Arten; wurden erstmals 1851 aus den Wurzeln der Oster-

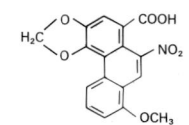

Aristolochiasäure I

Aristoteles

arct-, arcto-
[v. gr. arktos = Bär, Norden].

luzei *(Aristolochia clematitis)* in reiner Form isoliert; als Pflanzeninhaltsstoffe gehören sie zu den ältesten Arzneimitteln der Menschheit (Zulassung 1981 wegen Möglichkeit cancerogener Wirkung vom Bundesgesundheitsamt widerrufen). A. steigern die Phagocyteseaktivität der Leukocyten.
Aristolochia-Typ *m* [v. gr. aristolochia = Osterluzei], eine Form des ↗ sekundären Dickenwachstums.
Aristoteles, griech. Philosoph, neben Platon der bedeutendste Philosoph der Antike, * 384 v.Chr. Stagira (Thrakien) als Sohn des Arztes Nikomachos, † 322 v.Chr. Chalkis. Schüler Platons in der athen. Akademie. Aufbauend auf Platon gelingt A. v. wenigen Grundbegriffen aus eine streng. systemat. Bewältigung des damaligen Wissens. Er gilt als Begr. v. Zoologie u. Physiologie. Die Welt teilt sich für A. nicht in die sinnl. u. geistige, wie bei Platon, sondern ist ein einziger Kosmos des Geistes u. der Materie. Daher geschieht die Erkenntnis nicht durch Anamnese, sondern durch Abstraktion. Bewegungs- u. Ordnungszentrum dieser gemischten Welt ist Gott als das sich selbst denkende Denken (noesis noeseos). Neben zahlr. philosoph. Werken sind auch einige naturwiss. Schriften des A. überliefert (in der Slg. v. *Andronikos*), darunter *Physik, Von der Seele, Vom Leben der Tiere,* das über 400 Tierarten beschreibt, *Vom Himmelsgebäude, Die Meteorologie* u. a.
Aristotelia *w* [ben. nach dem griech. Philosophen u. Naturforscher Aristoteles], Gatt. der ↗ Elaeocarpaceae.
Arius *m* [v. gr. areios = kriegerisch], Gatt. der ↗ Welse.
Arizona-Gruppe ↗ Salmonellen.
Arjona, Gatt. der ↗ Sandelholzgewächse.
arktisch-alpin, disjunkter Verbreitungstyp mit Teilarealen nördlich der polaren Waldgrenze u. in den eur. Hochgebirgen oberhalb der alpinen Waldgrenze; in der Regel entstanden durch Zerlegung eines im Hochglazial geschlossenen Areals zw. den Eisschilden.
arktisch-alpine Windheiden ↗ Cetrario-Loiseleurietea.
arktische Böden, *Råmark,* Rohböden der Kältewüsten u. der Hochgebirge *(alpine Böden)* mit (A)-C-Profil. In gemäßigten Breiten sind a. B. gelegentlich als fossile od. Reliktböden der Eiszeiten anzutreffen. Der Oberboden ist oft flachgründig u. steinig, im Untergrund herrscht meist Dauerfrost (Permafrostböden). Die physikal. Verwitterung durch Frost (Kryoturbation) prägt die Bodenentwicklung u. hinterläßt auffällige Strukturen. Es entstehen Frostmusterböden wie Würge-, Tropfen-, Stein-

ring-, Girlanden- u. Brodelböden. An Hängen sammelt sich Frostschutz.

arktische Region ↗ Polarregion.

arktische Zone, Gebiet nördl. der polaren Waldgrenze, geprägt durch lange, kalte Winter u. kurze, kühle Sommer; Vegetationszone der ↗ Tundra.

arktoalpine Formen, Arten, die sowohl in der arkt. Tundra als auch in der alpinen Stufe mittel- u. südeur. Hochgebirge beheimatet sind, also ein disjunktes, arktisch-alpines Areal aufweisen. Während der pleistozänen Eiszeiten wurden arkt. wie auch alpine Arten ins mitteleur. Tiefland abgedrängt. Im Verlauf der postglazialen Erwärmung gelangten einige arkt. Vertreter sowohl wieder nach N als auch in die der Tundra klimatisch ähnl. Gebirgsstufe. Ebenso folgten alpine Arten dem zurückweichenden Eis in beide Gebiete nach. ↗ boreoalpin.

Arktogaea w [v. *arcto-, gr. gaia od. gē = Erde], *Arktogäa,* Begriff aus der Biogeographie, der nach Sclater u. Wallace (1859) die Räume N-Amerika, Eurasien, Afrika, arab. Inselwelt, Indien u. Hinterindien umschreibt. Nach neueren Kenntnissen wird die A. in 2 Hauptgebiete, die *Holarktis* (N-Amerika u. Eurasien) u. die *Paläotropis* (Afrika südlich der Sahara, Madagaskar u. vorgelagerte Inseln, Indien u. Hinterindien), aufgeteilt.

arktotertiäre Formen, Bez. für Arten u. Gatt., die noch im Tertiär in den nördl. Gebieten der Holarktis verbreitet waren. Mit dem Absinken der Temp. verschob sich im ausgehenden Miozän die subtrop. Klimazone dieser Bereiche u. mit ihr die Vegetation nach S. Diese hier in einem mehr od. weniger gemäßigten Klima lebenden pliozänen Pflanzen- u. Tiergemeinschaften wurden zum Ursprung v. Flora u. Fauna der heutigen temperierten Laubmischwälder Asiens, Europas u. N-Amerikas. Einen Beweis hierfür liefert die v. O. Heer erstmals als „Flora fossilis arctica" (1868–83) beschriebene, in den heutigen Polargebieten gefundene fossile Flora. Sie enthält zahlr. Gatt. der heutigen gemäßigten Zone. In Mitteleuropa führten die pleistozänen Eiszeiten zum Aussterben vieler a.r F., da die in O-W-Richtung verlaufenden Hochgebirge u. das Mittelmeer als Ausbreitungsschranke wirkten.

Arm, v. a. funktionelle Bez. für Halte- u. Greiforgane. Die paarigen vorderen Extremitäten der Wirbeltiere werden als A.e bezeichnet, wenn sie nicht als Lauf-, sondern als Greif- u. Halteorgane ausgebildet sind. Dies ist bei sich biped bewegenden Organismen der Fall, speziell beim Menschen u. den Menschenaffen, aber auch beim Känguruh od. vielen baumlebenden Tieren.

arktoalpine Formen
Beispiele arktisch-alpiner Tiere
Arten alpinen Ursprungs:
Ringdrossel *(Tordus torquatus)*
Wasserpieper *(Anthus spinoletta)*
Arten arktischen Ursprungs:
Alpenschneehuhn *(Lagopus mutus)*
Lappländ. Augenfalter *(Erebia lapponica)*

Beispiele arktisch-alpiner Pflanzen
Silberwurz *(Dryas octopetala)*
Gletscherhahnenfuß *(Ranunculus glacialis)*
Alpenbärentraube *(Arctostaphylos alpina)*
Alpenheide *(Loiseleuria procumbens)*
Krautweide *(Salix herbacea)*

Armflosser
Unterordnungen:
Seeteufel *(Lophioidei)*
↗ Fühlerfische *(Antennarioidei)*
↗ Tiefseeangler *(Ceratioidei)*

arktotertiäre Formen
Beispiele v. Gattungen der fossilen Flora, die heute auch noch im temperierten Europa vertreten sind:
Weide *(Salix),* Kiefer *(Pinus),* Birke *(Betula),* Hasel *(Corylus),* Ulme *(Ulmus)*

Nur noch in N-Amerika vertreten sind:
Sumpfzypresse *(Taxodium),* Mammutbaum *(Sequoia)*

Nur noch in O-Asien vertreten sind:
Ginkgo, Cercidiphyllum

Sowohl in N-Amerika als auch in O-Asien kommen vor:
Magnolia, Tulpenbaum *(Liriodendron),* Fenchelholzbaum *(Sassafras),* Schierlingstanne *(Tsuga),* Hickory *(Carya)*

I. ü. S. spricht man auch bei Greiforganen wirbelloser Tiere von A.en, so z. B. bei den Tentakeln der Seeanemonen u. der Tintenfische. ↗ Extremitäten.

Armadillidium s [v. span. armadillo = Gürteltier], Gatt. der ↗ Landasseln.

Armeekrabben, *Grenadierkrabben, Mictyridae;* Fam. der *Brachyura;* nur 1 Gatt., *Mictyris longicarpus* (ca. 2 cm), besiedelt die Gezeitenzone indopazif. Küsten u. erscheint bei Niedrigwasser in ungeheuren Mengen u. in dichten Formationen auf dem Strand od. Schlickwatt; bei Hochwasser vergraben; ernähren sich vom obersten Schlickbelag.

Armeria w, die ↗ Grasnelke.

Armerion maritimae s, Verb. der ↗ Asteretea tripolii.

Armflosser, *Anglerfischartige, Lophiiformes,* Ord. der Knochenfische mit 3 U.-Ord. (vgl. Tab.) und über 225 Arten. A. sind plumpe, oft durch warzige, lappenart. Auswüchse der schuppenlosen Haut krötenhaft wirkende Bodenfische mit großem Mund, zum Kriechen taugl., armart. Brustflossen u. einem oft stark verlängerten, bewegl. ersten Rückenflossenstrahl, dessen angelköderartig verdickte Spitze zum Anlocken v. Beutetieren dient *(Illicium);* die Beute wird durch plötzl. Öffnen des Riesenmauls eingesaugt. Zur U.-Ord. Seeteufel *(Lophioidei)* gehört nur die Fam. Seeteufel od. Anglerfische *(Lophiidae)* mit ca. 10 Arten; sie leben in allen trop. u. gemäßigten Meeren u. werden bis 2 m lang; bekanntester Vertreter ist der meist ca. 50 cm, aber bis 1,7 m lange Atlantische Seeteufel *(Lophius piscatorius,* B Fische II) mit 2/3 der Körperlänge breitem, flachem Kopf, einem riesigen, nach oben gerichteten Maul u. einer vorn durch einen fleischigen Hautlappen wurmartig verdickten Angel; er lebt an den Küsten des Atlantik, der Nordsee u. des Mittemeers bis in 1000 m Tiefe u. frißt alle mittelgroßen Meerestiere einschließlich Tauchvögel; seine bis 1 Mill. Eier legt er in ca. 30 cm breiten, bis 10 m langen, violetten Schleimbändern ab; er wird wirtschaftlich genutzt u. kommt ohne Kopf u. Haut als *Forellenstör* in den Handel.

Armfühler, die ↗ Tentaculata.

Armfüßer, die ↗ Brachiopoden.

Armgerüst, *Brachialapparat, Brachidium,* bei den meisten Brachiopoden ausgebildete kalkige Stützen der Kiemenarme (Lophophoren) von charakteristischer Gestalt (↗ aphaneropegmat, ↗ ancistropegmat, ↗ ancylopegmat, ↗ helicopegmat); das A. entspringt auf der Armklappe.

Armiger m [lat., = waffentragend], Gatt. der Tellerschnecken, mit flach-scheibenförm. Gehäuse, bis 3 mm ⌀, glatt od. mit

Armilla

häutigen, am Rand überstehenden Rippchen; lebt in Tümpeln mit reicher Vegetation; Verbreitungsgebiet Europa.

Armilla w [lat., = Armband], *Anulus superus, Manschette,* Reste des Velum universale am Stiel bestimmter ↗Blätterpilze.

Armillariella w [v. lat. armilla = Armband], ↗Hallimasch.

Armillifer m [v. lat. armilla = Armband, -fer = -tragend], Gatt. der ↗Pentastomida.

Arminacea [Mz.], Ord. der Nacktkiemer, Meeresnacktschnecken, teils mit, teils ohne Rückenanhänge, oft prächtig gefärbt; weltweit verbreitet, im Mittelmeer vertreten durch Arten der Gatt. *Armina, Janolus* u. *Hero,* letztere auch vor den brit. Küsten.

Armleuchteralgen, Gatt. der ↗Charales.

Armleuchteralgen-Gesellschaften ↗Charetea.

Armmolche, *Sirenidae,* Fam. der Schwanzlurche, U.-Ord. *Sirenoidea* (zuweilen als eigene Ord. *Meantes* geführt); graue, aalähnl., wasserlebende Tiere mit Vorderbeinen u. äußeren Kiemen; Hinterbeine u. Beckengürtel fehlen; Oberkieferknochen sind, ebenso wie Zähne, nicht vorhanden; der Mund ist mit Hornschneiden bewehrt. A. leben in Gräben, Seen u. Teichen in SO Nordamerikas u. ernähren sich v. Insekten, Krebsen, Fischen u. Würmern, gelegentlich auch v. Pflanzen. Wandern zuweilen über Land, graben sich, wenn die Gewässer austrocknen, im Schlamm ein u. bilden eine erhärtende Schleimhülle. Paarung unbekannt; da Kloakendrüsen fehlen, kann wohl keine Spermatophore gebildet werden; Eier werden einzeln an Pflanzen geheftet. 2 Gatt., 3 Arten mit mehreren Rassen: *Siren lacertina* (bis 1 m) v. Virginia bis Florida; *S. intermedia* (bis 60 cm) v. Süd-Carolina bis Florida; beide haben 4 Zehen u. 3 Kiemenspalten. *Pseudobranchus striatus* (bis 25 cm), mit nur 3 Zehen u. 1 Paar Kiemenspalten, längsgestreift, in Südgeorgien u. Florida.

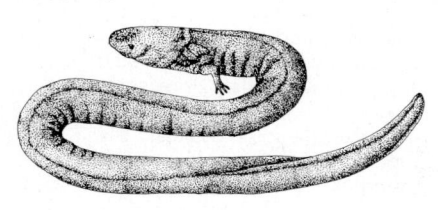

Armmolch (*Siren lacertina*)

Armoracia w [lat., =], der ↗Meerrettich.

Armpalisaden, 1) die v. der langgestreckten Zellform des Palisadenparenchyms abweichenden Palisadenzellen, die breiter sind u. armartige Auswüchse besitzen (Beispiel: Holunder u.a. Geißblattgewächse). 2) die Zellen im chloroplastenreichen Palisadengewebe im Nadelblatt der Nadelhölzer, die im Querschnitt leistenartige Einstülpungen der Zellwand aufweisen.

Armschwingen, die großen Schwungfedern des Unterarms bei Vögeln; die Anzahl der Federn schwankt sehr je nach Flügellänge: Albatros 37, die meisten Singvögel 9–10.

Armträger, die ↗Pogonophora.

Armwirbler, *Phylactolaemata, Lophopoda,* U-Kl. der ↗Moostierchen.

Arnaudoria, Gatt. der ↗Chytridiales.

Arni m [v. einer ind. Sprache], *Bubalus arnee arnee,* eine U.-Art des ↗Wasserbüffels.

Arnika w [volkstüml. Entstellung v. gr. ptarmikē = Nieskraut], *Wohlverleih, Arnica,* Gatt. der Korbblütler, die mit ca. 30 Arten in den nördl. gemäßigten Breiten, v.a. aber in N-Amerika, beheimatet ist. In Europa sind die arktische *A. alpina, A. angustifolia* (S-Frankreich u. Spanien) u., als einzige mitteleurop. Art, *A. montana* (Bergwohlverleih) zu finden. Letztere ist eine 20 bis 70 cm hohe, ausdauernde, aromatisch duftende Pflanze mit horizontalem Rhizom u. gegenständigen, gg. die Basis des Stengels rosettenförmig zusammengedrängten, eiförmigen, oberseits flaumig behaarten Laubblättern sowie einem meist einzeln stehenden, 4–8 cm breiten, flaumig behaarten Blütenkopf, dessen Röhrenblüten wie die sie umgebenden Zungenblüten dunkel orangegelb gefärbt sind. *A. montana* wächst vorzugsweise im Gebirge auf kalkarmen, ungedüngten Böden, wie z.B. mageren Bergwiesen, Heiden u. trockenen Hochmooren bis in eine Höhe von ca. 2600 m. Die geschützte, giftige Pflanze wird nach der ↗Roten Liste als „gefährdet" eingestuft. [B] Blütenstände.

Arnika

Seit alters her wird A. als Heilmittel genutzt. Sie enthält neben äther. Ölen, Inulin, Bitter- u. Gerbstoffen noch eine Reihe weiterer, chemisch bislang nicht näher untersuchter Wirkstoffe. Bei äußerl. Anwendung wirkt verdünnte A.-Tinktur entzündungshemmend u. wundheilend; sie wird daher bei äußeren Verletzungen sowie bei Zahnfleisch- u. Munderkrankungen eingesetzt. Höhere Konzentration von A.-Tinktur führt allerdings zu Reizungen sowie Schädigungen der Haut u. Schleimhäute. Bei innerl. Anwendung können zu hohe Dosen zu Atemlähmung u. Herzstillstand mit Todesfolge führen. Die Wirkung von A. auf das vegetative Nervensystem hat eine Abnahme der Darmtätigkeit sowie eine starke Erregung des Uterus zur Folge; letztere erklärt auch die frühere Anwendung von A. als Abortivum.

Arnoglossus m [v. gr. arnos = Schaf, glōssa = Zunge], Gatt. der ↗Butte.

Arnoseridion s [v. gr. arnos = Schaf, seris = eine Art Endivie], *Arnoserion,* Verb. der ↗Aperetalia spicae-venti.

Arolium s [v. gr. arein = zusammenfügen, verbinden], Haftstruktur am Prätarsus des Insektenbeins.

Aromastoffe [v. gr. arōma = Gewürz], wohlschmeckende u. wohlriechende natürl. od. synthet. Stoffgemische, bes. aus Pflanzen (z.B. Fenchel, Kalmus, Zimt, Lorbeer, Vanille, Ingwer, Safran u.a.) u. meist aus äther. Ölen. Komponenten der A. sind Kohlenwasserstoffe, Terpene, Ketone, Phenoläther, Ester u. schwefelhalt. Stoffe. Im Kaffeearoma konnten z.B. 600 bis 700 Einzelverbindungen nachgewiesen werden. Oft werden die A. enzymatisch freigesetzt. Auch Gewürzauszüge gehören zu den A.n, nicht aber Riechstoffe für z.B. Parfümerie.

aromatische Verbindungen [v. gr. arōmatikos = gewürzhaft], *Aromaten,* urspr. Bez. für alle stark riechenden Kohlenwasserstoffe, heute Bez. für Benzol, dessen Abkömmlinge u. Kondensationsprodukte sowie heterocycl. Verbindungen mit in der Regel drei – bei fünfgliedrigen Ringen zwei – konjugierten Doppelbindungen pro Ring. A. V. sind in der Natur weit verbreitet, u. a. in Form der aromat. Aminosäuren, der Nucleinsäurebasen, zahlr. Coenzyme, Steroide u. Farbstoffe (Anthocyane, Azulene, Chlorophylle, Hämine, Melanine).

Aromia *w* [v. gr. arōma = Gewürz, wohlriechender Stoff], Gatt. der ↗Bockkäfer.

Aromorphose *w* [v. gr. aros = Nutzen, morphōsis = Gestaltung], progressive Evolution auf morphologisch-physiolog. Ebene, die bei der Entstehung v. Großgruppen zu Bauplanänderungen führt, z. B. Entstehung des Insektenbauplans aus Anneliden-ähnlichen Vorfahren. Ggs.: *Idioadaptation.* Den Begriffen liegt die Annahme zugrunde, daß diese beiden Arten der Evolution prinzipiell unterschiedlich verlaufen.

Aronstab, *Arum,* mediterran-vorderasiat. verbreitete Gatt. der Aronstabgewächse mit ca. 12 Arten. In Dtl. ist *A. maculatum,* der Gefleckte A., ein häufiges, frühblühendes Kraut (April–Mai) frischer u. nährstoffreicher Laubwälder (Ordnungscharakterart der *Fagetalia*). Typisch sind seine – allerdings nur bei einer U.-Art gefleckten – pfeilförm. Blätter u. das helle grünl. Hochblatt (Spatha). Dieses umschließt den unteren Teil des Blütenkolbens kesselförmig u. öffnet sich im oberen Teil, so daß die bräunlich violette, kolbig verdickte Spitze der Blütenstandachse sichtbar ist. Der Blütenstand der A.s ist nach dem sog. Kessel- od. Gleitfallenprinzip aufgebaut u. stellt eine komplexe Einrichtung zur Sicherung der Bestäubung dar: an der Basis des Blütenstands sitzen die ♀ Blüten; darüber folgen auf einige sterile die ♂ Blüten. Der Kesselausgang ist reusenartig durch haarförmig verlängerte, sterile Blüten verschlossen. Die verdickte Kolbenspitze entwickelt unter Stärkeverbrauch einen aasähnl. Geruch, der Fliegen u. Käfer anlockt. Bei einem Landeversuch auf der mit abwärtsgerichteten Papillen u. einem dünnen Ölfilm versehenen Oberfläche der Spatha fallen sie durch die Reusenhaare in das Innere des Kessels. Daraus können sie sich erst befreien, wenn die Reusenhaare u. Papillen nach erfolgter Bestäubung durch mitgebrachten Pollen welken. Beim Verlassen des Kessels nehmen die Insekten den Pollen der erst jetzt gereiften ♂ Blüten mit. Die Blätter des A.s sterben im Laufe des Sommers ab; dadurch fallen im Herbst die leuchtend roten Fruchtstände

Blüte des Aronstabs *(Arum)*

Aronstabgewächse
Wichtige Gattungen:
Amorphophallus
↗Aronstab *(Arum)*
Dieffenbachia
Dracontium
Fensterblatt *(Monstera)*
Flamingoblume *(Anthurium)*
Goldkeule *(Orontium)*
↗Kalmus *(Acorus calamus)*
Montrichardia
Philodendron
↗Schlangenwurz *(Calla)*
Stylochiton
Symplocarpus
↗Taro *(Colocasia esculenta)*
Wassersalat *(Pistia)*

bes. auf. Bei *A. italicum* ist eine aktive Aufheizung des Spatha-Innenraums durch starke, stoffwechselbedingte Erwärmung der keulenförm. Blütenstandachse nachgewiesen (↗Atmungswärme). Früher dienten die stärkereichen Rhizome des giftigen A.s nach gründl. Abkochen als Nahrungsmittel.

Aronstabartige, *Arales, Spathiflorae,* Ord. der *Arecidae* mit den beiden Fam. ↗Aronstabgewächse u. ↗Wasserlinsengewächse. Die vorwiegend krautigen Arten zeichnen sich durch einen oft v. auffälligem Hochblatt umgebenen, kolbenart. Blütenstand aus, der v. unscheinbaren Einzelblüten gebildet wird. Die Wasserlinsengewächse sind jedoch sowohl im vegetativen als auch im Blütenbau extrem vereinfacht. So besteht ihr Blütenstand nur noch aus wenigen, stark reduzierten Einzelblüten. In ihrem vegetativen Bau zeigen sie jedoch eine deutl. Ähnlichkeit mit den Keimlingen der zu den Aronstabgewächsen gehörenden Gatt. *Pistia.* Auch tritt schon innerhalb der Aronstabgewächse eine Tendenz zur Vereinfachung der Blüten u. Reduzierung ihrer Anzahl auf, die auf ihre Verwandtschaft mit den Wasserlinsengewächsen hinweist.

Aronstabgewächse, *Araceae,* Fam. der Aronstabartigen, mit etwa 2000 Arten in 110 Gatt. in den gesamten Tropen verbreitet, jedoch mit einigen Arten bis in gemäßigte Zonen vorkommend. Bei uns sind ↗Aronstab, ↗Schlangenwurz u. ↗Kalmus heimisch. Die A. sind überwiegend krautig u. besitzen häufig Knollen od. Rhizome als unterird. Speicherorgane. Viele Arten leben als Schlingpflanzen od. Epiphyten in trop. Regenwäldern. Die Blätter der A. können ganzrandig bis mehrfach gefiedert sein. Ungewöhnlich für einkeimblättrige Pflanzen ist das häuf. Vorkommen v. Netzod. Fiedernervatur. Bei kletternden od. epiphyt. Arten erfüllen die zahlreich auftretenden Adventivwurzeln mehrere Funktionen: kurze, vom Licht weg wachsende dienen als Haftwurzeln, Luftwurzeln ermöglichen eine Wasseraufnahme aus der Atmosphäre, bei Epiphyten können sich Wurzeln über 30 m verlängern, um Nährstoffe aus dem Boden aufzunehmen. Der Bau des Blütenstands ist sehr kennzeichnend: kleine, monokline od. dikline Blüten sind an einem Kolben angeordnet, der meist v. einem großen, auffälligen Hochblatt (Spatha) umgeben ist. – Einige Abwandlungstendenzen innerhalb der A.: Ursprünglich sind monokline Blüten mit Blütenhüllblättern (z. B. Kalmus); abgeleitet sind dikline Blüten ohne Blütenhülle. Spezielle Anpassungen an Fliegenbestäubung durch morpholog. Bau u. Entwicklung v. Geruchsstoffen

Aronstabgewächse

(Aasgeruch) finden sich z. B. beim Aronstab. Viele A. werden genutzt: so werden stärkereiche Speicherorgane zu Nahrungsmitteln verarbeitet, z. B. Taro; viele Arten werden auch lokal in trop. Gegenden zur Empfängnisverhütung verwendet. – Eine ganze Reihe unserer bekanntesten Zierpflanzen gehören zu den A.n, so z. B. die als „Fensterblatt" ([B] Südamerika I) bekannte *Monstera deliciosa* (fälschlich oft als „Philodendron" bezeichnet), deren Blattuntergliederung durch Schlitze od. Spalten durch ein Absterben v. Gewebeteilen im frühen Jugendstadium zustande kommt. Die dekorativen Zimmerpflanzen aus der Fam. der A. bevorzugen einen hellen, aber nicht direkt besonnten Standort; die Erde sollte stets feucht, jedoch nicht zu naß gehalten werden. Die Fruchtstände von *M. deliciosa* werden in ihrer mittelam. Heimat gegessen, bei uns blüht sie jedoch nur selten. Auch aus der Gatt. *Philodendron* werden viele Arten kultiviert; sie zeichnen sich durch herz- bis spießförm., oft marmorierte, aber nicht untergliederte Blätter aus u. sind häufig kletternde Pflanzen. Viele Vertreter der Gatt. *Dieffenbachia,* zu der zahlr. Zierarten u. -varietäten mit weiß-grünen Blättern gehören, sind sehr giftig (Alkaloide); bekannt ist aus ihrer Heimat die Verwendung im Kriegs-, aber auch zu Heilzwecken. Einige Arten werden auch speziell ihrer dekorativen Blüten wegen kultiviert; so fallen z. B. verschiedene Arten der Gatt. *Anthurium* (Flamingoblume) durch große, rote, rosa od. weiße Hochblätter auf ([B] Südamerika VII). Eine sehr beliebte Zimmerpflanze ist auch *Zantedeschia aethiopica* ([B] Afrika VII), fälschlich oft als *Calla* (↗Schlangenwurz) bezeichnet. Eine große, weiße Spatha umgibt den gelben Blütenstandskolben. Sie stammt aus im Sommer eintrocknenden Sumpfgebieten S-Afrikas u. benötigt auch bei uns eine Trockenzeit (etwa Juni–Juli). Die Goldkeule *(Orontium aquaticum)* ist eine aus N-Amerika stammende Wasserpflanze mit unscheinbarer Spatha, aber auffallendem, goldgelbem Blütenkolben. Eine Wasserpflanze, die man häufig in Aquarien findet, ist der Wassersalat *(Pistia stratiotes).* Er kann als reine Schwimmpflanze gedeihen, verankert jedoch gerne seine Wurzeln in der Erde. Der Wassersalat ist in den Tropen weit verbreitet u. kann ein übles Unkraut (↗aquatic weed) darstellen. Im generativen Bereich zeichnet er sich durch starke Reduktion aus: der Kolben enthält nur noch je 1 ♂ und 1 ♀ Blüte. – Viele A. haben lokale Bedeutung als Nahrungslieferanten od. Arzneipflanzen: so z. B. die in SO-Asien u. NW-Amerika verbreitete Art *Symplocarpus foetidus,* deren Wurzeln u. Rhizome bei Indianern als Heilmittel, aber auch als Grundlage zur Brotherstellung dienen, u. deren Blätter als Gemüse gegessen werden. Verzehrt werden auch die Knollen der neotrop. Gatt. *Dracontium* u. der paläotrop. Gatt. *Amorphophallus.* Bei beiden Gatt. entwickelt sich nur 1 Blatt pro Jahr; dieses kann aber, ebenso wie der Blütenstand, riesige Ausmaße erreichen. Beispiele sind die in Nicaragua heimische *D. gigas* sowie der auf Sumatra vorkommende *A. titanum* mit über 30 kg schweren Knollen. Die Arten der Gatt. *Montrichardia* sind baumförm. Pflanzen der Sümpfe des trop. Amerika; gegessen werden Fruchtkolben u. Wurzeln von *M. arborescens,* die auch als Heilmittel dienen, während aus *M. linifera* Fasern für Tauwerk u. Textilien gewonnen werden. Als Kuriosität ist die afr. Gatt. *Stylochiton* erwähnenswert, deren Blütenstand sich zum größten Teil geschützt unter der Erde befindet; nur eine kleine Öffnung dient als oberird. Zugang für Insekten. A. G.

Arracacia w [v. gr. arrēn = männlich, akakia = ägypt. Schotendorn], Gatt. der ↗Doldenblütler.

Arrauschildkröte, *Podocnemis expansa,* Art der Schienenschildkröten; mit ca. 75 cm Panzerlänge eine der größten Süßwasserschildkröten; im Flußgebiet des Orinoco u. Amazonas beheimatet; brauner, dunkelgefleckter Rückenpanzer hinten breiter als vorn, Bauchpanzer heller; ernähren sich hpts. von Pflanzenstoffen; wandern in großen Scharen zur Paarungszeit; die auf Sandinseln u. am Flußufer gemeinsam v. vielen Weibchen abgelegten Eier (Größe der Jungen bei der Geburt ca. 7 cm) werden in großer Zahl von den Indios eingesammelt.

Arrhenatheretalia [Mz.; v. *arrhen-, gr. athēr = Halm, Granne], Ord. der Fettwiesen (Kl. der ↗Molinio-Arrhenatheretea) mit 2 Verb. In subozeanisch-submeridionalem Klima Mitteleuropas finden sich auf mittleren potentiellen Waldstandorten v. der submontanen Höhenstufe bis ins Flachland die artenreichen Wiesenges. des Glatthafers (*Arrhenatherion*). Bes. reich differenziert sind sie in SW-Dtl. u. im schweizer Mittelland, wo sie bei warmem Regionalklima nicht nur mäßig trockene bis frische Standorte, sondern auch Böden mit hohem Grundwasserstand besiedeln. Nach SW und NW klingen sie aus, im kontinentalen Mittel- und O-Europa fehlen sie ganz. Die ehemals übl. Bewirtschaftung durch Düngung mit Stallmist u. zweimal. Mahd läßt ein artenreiches Gefüge aus Mittel- u. Obergräsern sowie hochwüchsigen Kräutern u. Leguminosen entstehen. Durch häufigeren Schnitt, stärkere Dün-

Arrhenatheretalia
Verbände:
Arrhenatherion
(Glatthafer-Wiesen)
Trisetion flavescentis
(Goldhafer-Wiesen)

arrhen-, arrheno- [v. gr. arrhēn = männlich], in Zss.: männlich-.

gung oder gelegentl. Beweidung werden die Bestände zwar ertragreicher, aber artenärmer. Sie sind heute durch intensive Mähweidenutzung, aber auch durch Brachlegung immer mehr gefährdet. Mit steigender Meereshöhe ändert sich die Artenzusammensetzung der Wiesenges. Bedingt durch eine kürzere Vegetationsperiode, höhere Niederschläge u. Bodenauswaschung sowie meist geringere Wirtschaftsintensität, treten der anspruchsvolle Glatthafer u. seine Begleiter immer mehr zurück. Genügsamere, weniger wüchsige Mittelgräser und Kräuter nehmen ihre Stelle ein. Der Übergang ist gleitend, so daß zwischen den Glatthafer-Wiesen der tieferen Lagen u. den Goldhafer-Wiesen *(Trisetion)* der montanen bis subalpinen Stufe die Berg-Glatthafer-Wiesen *(Arrhenatheretum montanum)* vermitteln. Reine u. typisch ausgebildete Goldhafer-Wiesen finden sich erst in der hochmontanen Stufe. Je nach Intensität der Bewirtschaftung können sie mit anderen Grünlandges. verzahnt sein. Hohe Nährstoffzufuhr überführt sie in mastige, krautreiche Hochstaudenfluren (z. B. *Utrico-Aegopodietum*). Bei extensiver Bewirtschaftung findet hingegen auf Silicat eine Durchdringung mit Borstgras-Rasen (↗*Nardetalia*), auf Kalk mit Blaugras-Heiden (↗*Seslerion variae*) statt.

Arrhenatherum *s* [v. *arrhen-, gr. athēr = Halm, Granne], der ↗ Glatthafer.

Arrhenius, *Svante,* schwed. Physikochemiker, * 19. 2. 1859 Gut Wyk bei Uppsala, † 2. 10. 1927 Stockholm; ab 1895 Prof. in Stockholm, seit 1905 Dir. des Nobelinstituts für physikal. Chemie ebd.; Entdecker der Gesetze der elektrolyt. Dissoziation (1887), Begr. der Lehre der chem. Reaktionen in wäßriger Lösung (Ionentheorie), Arbeiten zur Reaktionskinetik (*A.-Gleichung,* 1889) u. kosm. Physik (1903); erhielt 1903 den Nobelpreis für Chemie.

Arrhenogenie *w* [v. gr. arrhenogenēs = männl. Geschlechts], Entstehung ausschließlich männlicher Nachkommen aufgrund geschlechtschromosomengebundener Faktoren, die bei Homozygotie (z. B. bei ♀ = xx) letal wirken. Ggs.: Thelygenie.

Arrhenotokie *w* [v. gr. arrhenotokos = männl. Junge gebärend], ↗Parthenogenese.

Arrhizophyten [Mz.; v. gr. arrhizos = ohne Wurzeln, phyton = Gewächs], wenig übl. Bez. für die wurzellosen Lagerpflanzen *(Thallophyten)* einschl. den Moosen, die man den dann als *Rhizophyten* bezeichneten Kormophyten gegenüberstellt.

Arrhythmie *w* [v. gr. arrhythmia = Mangel an Übereinstimmung], Unregelmäßigkeit im rhythmischen Ablauf eines Vorgangs,

arrhen-, arrheno- [v. gr. arrhēn = männlich], in Zss.: männlich-.

S. Arrhenius

i. e. S. Unregelmäßigkeit des Herzschlags, Herzrhythmusstörung.

Art, *Spezies,* die einzige taxonom. Kategorie, deren Grenzen zu anderen gleichrangigen Kategorien objektiv feststellbar ist, v. a. bei bisexuell sich fortpflanzenden A.en. Im Ggs. zu fr. typologisch definierten A.en, die nach einem „typischen Individuum" beschrieben sind, wird heute die A. unter Berücksichtigung der Merkmalsvariabilität als Stichprobe aus einer Population charakterisiert. Die Populationen der A.en sind die Einheiten, an denen sich die Evolution abspielt. Es gibt verschiedene Möglichkeiten die A. zu definieren. Am exaktesten ist der „biologische Artbegriff", die *Biospezies:* Eine Biospezies ist eine Gruppe sich tatsächlich od. potentiell kreuzender natürl. Populationen, die v. anderen durch ↗Isolationsmechanismen reproduktiv isoliert sind (also nicht verbastardieren). Die Angehörigen einer A. bilden demnach eine Fortpflanzungsgemeinschaft, zw. ihnen besteht Genfluß, sie haben Anteil an einem ↗Genpool. Dieser Biospeziesbegriff ist nur bei (wenigstens gelegentlich, ↗Heterogonie) sich bisexuell fortpflanzenden Gruppen anwendbar. Bei sich ausschl. parthenogenetisch (z. B. die *Bdelloidea* unter den *Rotatoria*) od. ungeschlechtlich (asexuell) (viele Bakterien u. Cyanobakterien, manche Samenpflanzen, wie *Hieracium-* u. *Rubus-*A.en z. B.) fortpflanzenden Gruppen (↗Agamospezies), aber auch bei manchen Samenpflanzen, bei denen A.bastardierung bei der A.bildung eine Rolle spielt (↗Allopolyploidie) u. Bastardschwärme (Hybridschwärme) auftreten, ist der Biospeziesbegriff nicht anwendbar. Auch für fossile A.en läßt sich die Möglichkeit fruchtbarer Fortpflanzung zw. bestimmten Individuen natürlich nicht nachweisen. Die A. läßt sich daher allgemeiner als sog. *Morphospezies* definieren. Als Morphospezies faßt man die Gesamtheit aller Individuen zusammen, die in ihren wesentl. Merkmalen (auch denen des Verhaltens u. der Physiologie) untereinander (u. mit ihren Nachkommen) übereinstimmen. Dabei müssen die zur A.trennung verwendeten Merkmale eine Diskontinuität aufweisen (während sie zw. den Individuen ein u. derselben A. kontinuierlich variieren). Die Übereinstimmung der Individuen einer A. beruht bei bisexueller Fortpflanzung auf dem Genfluß zw. den Individuen, bei Agamospezies dagegen auf der Tatsache, daß die in diesen Taxa zusammengefaßten Einheiten dieselbe ↗ökologische Nische bilden u. daher einer gleichgerichteten stabilisierenden Selektion unterliegen. Das gilt natürlich auch für die Biospezies, so daß die A. auch eine öko-

Artacama

log. Einheit darstellt. – Der Unterschied zw. Zwillings-A.en kann außerordentlich gering sein. Viele A.en sind in mehreren geogr. oder ökolog. Unterarten (Subspezies, Rassen) gegliedert; man spricht dann von polytypischen Arten. G. O.

Artacama, Gatt. der ↗ Terebellidae.
Artamidae [Mz.], die ↗ Schwalbenstare.
Artaufspaltung ↗ Artbildung.
Artbastardierung ↗ Allopolyploidie, ↗ Artbildung.
Artbildung, *Speziation*; es werden zwei verschiedene Modi der A., die *Artumwandlung* (phyletische Evolution) u. die *Artaufspaltung*, unterschieden. Da sich über sehr lange Zeiträume die Umwelt u. damit die Selektionskräfte ändern u. in Populationen neue Mutationen u. Rekombinationen des genet. Materials auftreten, kommt es zu allmähl. Artumwandlung. Diese führt zu keiner Vermehrung gleichzeitig lebender Arten. Beim zweiten A.smodus, der Aufspaltung einer Art in zwei neue Arten, kommt es zur Vergrößerung der Artenzahl. Grundvoraussetzung für eine A. auf diese Weise ist die Verhinderung des Genflusses zw. Teilpopulationen, was in der Regel durch eine geogr. Sonderung (Separation) erreicht wird. Das Ergebnis einer solchen Separation ist eine auf ungleicher Allelenverteilung, unterschiedl. Mutationen u. verschiedenen Selektionskräften beruhende Merkmalsdivergenz in den beiden Teilpopulationen. Kommt es nach sekundärer Überlappung der allopatrischen Populationen in der Sympatrie zur Ausbildung v. Isolationsmechanismen, so sind zwei neue Arten (geschlossene genet. Systeme) entstanden. Einen solchen A.smechanismus nennt man *allopatrische A*. Kommt es zur spontanen genet. Isolation v. einzelnen Individuen innerhalb einer Population, so nennt man dies *sympatrische A*. Am Anfang der sympatrischen A. stehen nicht wie bei der allopatrischen A. Populationen, sondern Einzelindividuen. Sympatrische A. durch Polyploidie spielt bei Pflanzen eine wichtige Rolle, ist aber im Tierreich wegen der dort verbreiteten genotyp. Geschlechtsbestimmungsmechanismen von geringer Bedeutung. Kommt es nach erfolgter A. zum Zusammenbruch v. Isolationsmechanismen, so führt das zu Artbastardierung, die bei Pflanzen durch nachfolgende Polyploidisierung des Bastards (Allopolyploidie) erneut zur genet. Isolation gegenüber den Ausgangsarten u. damit zur sympatrischen A. führt. B Rassen- und Artbildung.

Artdichte, die ↗ Artendichte.
Artefakt s [v. lat. arte factum = mit Kunst gemacht], *Kunstprodukt*. 1) Bez. für Steine, Knochen u. ä., aus urgeschichtl. Perioden, an denen menschl. Bearbeitung erkennbar ist; Technik (Ausführung) wichtig für Zuordnung zu den einzelnen Kulturstufen. 2) absichtlich od. unabsichtlich herbeigeführte Veränderung an einem biochem., cytolog. od. histolog. Präparat, die nicht den ursprünglich in der Zelle vorhandenen nativen Zustand wiedergibt. 3) Krankheitserscheinungen, die sich jemand selbst beigebracht hat. 4) allg.: ein Sachverhalt, der auf einer Täuschung beruht.
Artemia w, Gatt. der ↗ *Anostraca*, mit *A. salina*, dem ↗ Salinenkrebschen.
Artemisia w [gr., = Beifuß, als Pflanze der Göttin Artemis], der ↗ Beifuß.
Artemisietalia w [v. gr. artemisia = Beifuß], Ord. der Kletten- u. Lägerfluren (Kl. der Beifuß-Ges., ↗ *Artemisietea vulgaris*). Ausdauernde, nitrophytische Ruderalges. mittlerer, meist siedlungsnaher Standorte mit 2 nach ihren Klimaansprüchen verschiedenen Verb. In den tieferen Lagen finden sich Ges. des *Arction*, z. B. die häufig auf Müll. Bauschutt, auf Trümmergrundstücken u. an Straßenböschungen anzutreffenden Beifuß-Gestrüppe *(Tanaceto-Artemisietum)* ab. aber die typ. Dorfruderalges. des Guten Heinrich *(Ballota-Chenopodietum)* an stärker gedüngten Dorfstraßen u. Mauerfüßen. Sie ist heute infolge v. Dorfstraßensanierungen mit Gehsteigen, Asphaltierung bis an die Hausmauern u. Überbauung der Straßengräben kaum mehr auffindbar. Im Hochgebirge finden sich im Bereich der Ställe, aber auch an den Lagerplätzen des Viehs auf den Bergweiden die mastigen Lägerfluren des Alpenampfers *(Rumicion alpini)*, der v. Rindvieh gemieden, v. Ziegen u. Schweinen aber gefressen wird. Kotanreicherungen, oft über Jahrhunderte hinweg, haben hier zu extremen Nährstoffanreicherungen geführt. So halten sich die Lägerfluren auch nach Aufgabe der Bewirtschaftung hartnäckig, vorausgesetzt, man mäht sie nicht häufiger u. entfernt das Mähgut. Floristisch ähneln sie den subalpin-alpinen Hochstaudenfluren *(Adenostylo-Cicerbitetum,* ↗ *Betulo-Adenostyletea)*.

Artbildung

Artumwandlung zeigen die fünf Stadien aus einer kontinuierlichen evolutiven Abwandlungsreihe der Gehäuseform der Wasserschnecke *Viviparus*, wie sie fossil in übereinanderliegenden Schichten des Pliozäns gefunden wurden. Das älteste Schneckenhaus (ganz links) sieht vollkommen anders aus als das jüngste (ganz rechts), die Zwischenformen aber stellen einen lückenlosen Zusammenhang zwischen den Extremformen her.

Artemisietalia

Verbände:
Arction (Kletten-Fluren)
Rumicion alpini (Alpenampfer-Fluren, Lägerfluren)

Artemisietea vulgaris w [v. gr. artemisia = Beifuß, lat. vulgaris = gemein], *ausdauernde Stickstoffkrautfluren, Beifuß-Gesellschaften,* Kl. der Pflanzenges.; üppige perennierende Staudenges. auf verschiedensten Standorten mit guter Nährstoff- u. Wasserversorgung (vgl. Tab.).

Artemisietum maritimae s [v. gr. artemisia = Beifuß, lat. maritimus = See-], Assoz. der ↗ Asteretea tripolii.

Artendichte, *Artdichte, Artenabundanz,* Zahl der Arten pro Flächen- od. Raumeinheit, am besten als Mittelwert der Zählung in mehreren Bezugseinheiten ausgedrückt. Arten mit hoher u. Arten mit niedriger Individuenzahl werden gleich stark berücksichtigt. Die A. hängt hpts. von der Zahl der ökolog. Nischen in einem Biotop ab; bei Umweltbelastung ist sie geringer als unter natürl. Verhältnissen („Artenfehlbetrag").

Artenkombination, durch ähnl. Standortsansprüche bedingtes, gemeinsames Auftreten bestimmter Arten, das zur Aufstellung eines biol. Gesellschaftssystems verwendet werden kann.

Artenmannigfaltigkeit ↗ Diversität.

Artenpaare, 1) zwei verschiedene Arten, die aus einer Stammart meist durch geogr. Trennung (z. B. während der Eiszeit) entstanden sind. Viele leben heute in großen Teilen ihres Verbreitungsgebiets ohne Verbastardierung miteinander, z. B. Sommer- u. Wintergoldhähnchen, Garten- u. Waldbaumläufer, Grün- u. Grauspecht. ↗ Zwillingsarten. **2)** bei Flechten Paare v. morphologisch identischen, nur in den Fortpflanzungsorganen unterschiedenen Arten. Die eine Art (Primärart) entwickelt regelmäßig Fruchtkörper u. pflanzt sich mit Hilfe v. Sporen fort, die andere (Sekundärart) besitzt keine od. nur sehr selten Fruchtkörper u. pflanzt sich mit vegetativen Diasporen (Soredien, Isidien) fort. Die Sekundärart, die sich v. der Primärart ableitet, ist meist weit verbreitet, die Primärart, die bei der Fortpflanzung auf das Zusammentreffen ihrer Sporen mit der passenden Alge angewiesen ist, ist oft nur auf ein kleines Gebiet beschränkt. Das Konzept der A. ist v. großem Wert für die Aufklärung der stammesgeschichtl. Differenzierung v. Flechtengruppen.

Artenreichtum ↗ Diversität.

Artenschutz, Schutz aller v. Aussterben bedrohten Pflanzen- u. Tierarten. Der wirtschaftende Mensch, insbes. der des industriellen Zeitalters, greift immer stärker in den natürl. Ablauf der Evolution ein. Nach den v. der IUCN (↗ A.abkommen) begonnenen Untersuchungen sind in der BR Dtl. 30–40% aller Farn- u. Blütenpflanzen (in der Umgebung v. Großstädten sogar 50%) u. 30% aller Wirbeltierarten gefährdet. Die gefährdeten Arten werden in der ↗ *Roten Liste* aufgeführt. Gefährdungsursachen sind u. a. Nutzungsänderungen (Entwässerungen, Aufgabe bestimmter Feldfrüchte, Überbauung), Düngung u. Pestizidanwendung, Trockenlegung v. Mooren, Eutrophierung u. Verschmutzung v. Gewässern, Lärm u. direkte Nutzung. – Die Arten stehen in vielfältigen Beziehungen zueinander u. zu ihrer Umwelt, d. h., A. kann in der Praxis nur *Biotopschutz* u. *Biozönosenschutz* bedeuten. Beim Biotop- bzw. Biozönosenschutz ist es wichtig, die vorhandenen Stoffflüsse mit der Umgebung nicht zu verändern. Es ist außerdem zu bedenken, daß viele der heute gefährdeten Systeme erst durch spezielle Bewirtschaftungs- u. Nutzungsmethoden entstanden sind (z. B. Streunutzung bei Feuchtwiesen, extensive Nutzung v. Kalkmagerrasen, Heidewirtschaft). Entfällt die Art der Bewirtschaftung, verändert sich das System in Richtung der potentiell natürl. Vegetation. Die Biotopkartierung, d. h. eine Inventarisierung aller vorhandenen Lebensräume u. ihrer Lebensgemeinschaften, ist eine wertvolle Grundlage zur Aufstellung von A.programmen, die für sinnvolle Planungen (z. B. bei der Schaffung v. Ersatzbiotopen u. Ausweisung v. Naturschutzgebieten) unbedingt erforderlich sind. A. bedeutet, daß das genet. Potential einer Art erhaltenbleibt u. gegebenenfalls künftig auch der menschl. Nutzung (z. B. Nahrung, Heilmittel, Schädlingsbekämpfung, Forschung) zur Verfügung steht.

Artenschutzabkommen, *Washingtoner A.,* engl. *CITES,* int. Abkommen zur Einschränkung des Handels mit bedrohten Arten freilebender Pflanzen u. Tiere u. den Produkten dieser Tiere. Das A. wurde am 3. 3. 1973 in Washington abgeschlossen. Die BR Dtl. hat 1975 dieses Übereinkommen als erstes EG-Land ratifiziert u. 1976 in Kraft gesetzt. Bisher (1983) gehören 77 Vertragsstaaten dem A. an. Das Generalsekretariat des A.s wird am Sitz der Naturschutz-Union IUCN in Gland/Schweiz verwaltet im Auftrag des Umweltschutzprogrammes der Vereinten Nationen u. aus Beiträgen der Mitgliedsstaaten des UN-Umweltfonds finanziert. Die Artenlisten od. Anhänge sind das eigentl. Kernstück des A.s. In Anhang I werden die stark bedrohten Arten aufgeführt, die nur zu wiss. Zwecken eingeführt werden dürfen u. vom kommerziellen Handel ausgeschlossen sind. Es besteht eine doppelte Kontrolle: für die Einfuhr sind Importgenehmigungen u. die Ausfuhrgenehmigungen des Herkunftslandes erforderlich. In Anhang II werden die stark bedrohten Arten aufgeführt,

---

Artemisietea vulgaris
Wichtige Ordnungen:
↗ *Artemisietalia* (Alpenampfer-Fluren, Kletten- u. Lägerfluren, ausdauernde Stickstoffkrautfluren)
Calystegietalia (Uferstauden- u. Schleierges.)
↗ *Glechometalia* (nitrophytische Saum- u. Verlichtungsges.)
Onopordetalia (ausdauernde Ruderalges., Eseldistelges.)

Artenschutzabkommen
Nach Statistiken des Generalsekretariats des Washingtoner A.s (1980) werden pro Jahr 700 t Rohelfenbein (50 000–60 000 Elefanten), 500 000 gefleckte Wildkatzenfelle, 2 Millionen Krokodil- u. Schlangenhäute, Hunderttausende lebende Reptilien, etwa 1 Million Papageien u. ca. 50 Millionen Pflanzen aus- u. eingeführt. In der BR Dtl. werden 60% aller gehandelten Pelzfelle importiert; 1980 waren es 409 000 Stück Wildkatzenfelle, davon 25 000 Ozelots, 45 000 Luchse, 72 000 Kleinfleckkatzen, 131 000 chin. Leopardkatzen.

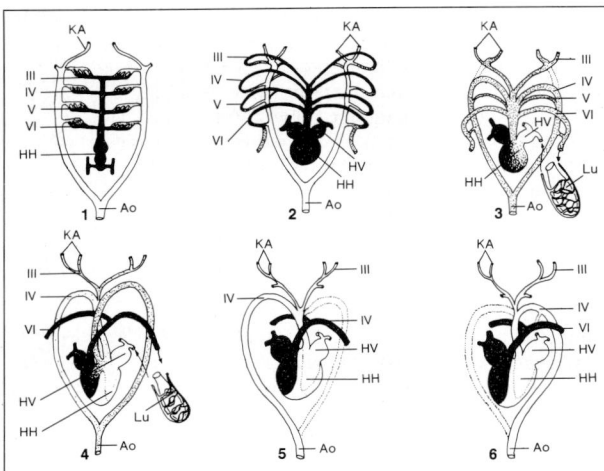

Arterienbogen
Die Abb. zeigt eine schemat. Darstellung der Arterienbögen bei verschiedenen Wirbeltieren.
1 Knochenfisch: durch jedes der 4 Kiemenpaare verläuft ein A., der in den Kiemen das respiratorische Epithel bildet. **2** Amphibienlarve: Anlage der A. wie beim Knochenfisch, doch ohne respiratorische Aufgabe. **3** Salamander: die A. I u. II sind reduziert. **4** Reptil: weiter fortgeschrittene Differenzierung der A. V ist zusätzlich reduziert, VI wird zur Lungenarterie. **5** Vogel: der linke Ast des IV. A.s wird reduziert, der rechte Ast zur großen Körperschlagader. **6** Säugetier: der rechte Ast des IV. A.s wird reduziert, funktionell bleibt nur der linke.
I–VI = Numerierung der A., Ao = Aorta, KA = Kopfarterien, HH = Herz (Hauptkammer), HV = Herz (Vorhof), Lu = Lunge

die nur mit der Ausfuhrgenehmigung der Herkunftsländer eingeführt werden dürfen. In Anhang III können Vertragsparteien Arten nennen, die auf ihrem Territorium geschützt sind. – Etwa 1700 Wirbeltierarten u. viele tausend Pflanzenarten fallen unter den Schutz des A.s, das bis 1984 im gesamten Bereich der Europäischen Gemeinschaft Gültigkeit erlangen soll.

Artenschwärme, eine Gruppe nah verwandter Arten, die heute im gleichen Areal nebeneinander leben; entstehen z. B. bei der ↗ Artbildung in Süßwasserseen u. der Archipel-Speziation. Die Gammariden (Vertreter der Flohkrebse) des ↗ Baikalsees und die Cichliden (Buntbarsche) des Tanganjikasees sind typische Beispiele für Artenschwärme.

Arterenol s [v. gr. artēria = Arterie], das ↗ Noradrenalin.

Arterien [Mz.; v. gr. artēria = Arterie], *Schlagadern,* Gefäße, in denen das Blut od. die Hämolymphe v. Herzen in den Körper fließt, Bez. unabhängig davon, ob sauerstoffreiches (arterielles) od. -armes (venöses) Blut transportiert wird. In der *Lungenarterie* (Lungenschlagader) der Vögel u. Säugetiere z. B. fließt venöses, in den *Lungenvenen* arterielles Blut. Die A.wand ist bei Säugetieren aus 3 Schichten aufgebaut, der aus Endothelzellen u. kollagenen Fasern bestehenden Tunica intima *(In-*

Arterienbogen
Eine dem Grundbauplan weitgehend gleichende Anlage von sechs A. findet man bei Haien. In allen anderen Klassen der Wirbeltiere finden im Zusammenhang mit dem Übergang zur Lungenatmung kompliziertere Umgestaltungen u. Reduktionen statt. Das dritte Bogenpaar übernimmt hier den Anschluß der dorsalen Kopfarterien; das vierte versorgt als *Aortenbogen* den Körperkreislauf. Der sechste A. bildet mit seinem Anfangsstück die *Lungenarterien.* Sein distales Verbindungsstück mit den dorsalen Aorten wird zum *Ductus arteriosus Botalli,* ein nur im embryonalen Kreislauf funktionelles Gefäßstück, das den Lungenkreislauf kurzschließt.

tima), der mit zirkulär angeordneten glatten Muskelzellen ausgestatteten Tunica media u. der aus kollagenen u. elast. Fasern gebildeten Tunica externa *(Adventitia).* Ihrer Funktion im Gefäßsystem entsprechend, variiert der relative Anteil an elast. Elementen u. Muskelfasern in der A.wand. So besitzen die großen herznahen A. (v. a. die ↗ Aorta) mit ↗ Windkesselfunktion eine stärkere Dehnbarkeit, die mehr peripheren A. dagegen sind durch einen zunehmenden Anteil an Muskelfasern gekennzeichnet. Die Ernährung der A. erfolgt z. T. durch Diffusion aus dem Lumen, z. T. durch kleine Gefäße, die Vasa vasorum.

Arterienbogen; im Grundbauplan der Chordatiere verbinden die Arterienbögen als ursprünglich durchlaufende Gefäße dorsale u. ventrale Aorten. Die Zahl der A. richtet sich nach der Anzahl der Kiemenbögen (beim Lanzettfischchen >50, Rundmäuler ca. 15, Haie 6). Im Grundbauplan kiefertragender Wirbeltiere werden 6 A. angelegt. Das Anlagemuster ist sehr konservativ u. wird in der Embryonalentwicklung aller Klassen weitgehend beibehalten. Daher ist es möglich, die in den einzelnen Gruppen teilweise stark abgewandelte Organisation der A. miteinander zu homologisieren.

Arterienverkalkung, die ↗ Arteriosklerose.

Arteriolen [Mz.; v. gr. artēria = Arterie], die kleinsten ↗ Arterien, von denen unmittelbar die Kapillaren abgehen. Beim Menschen haben sie 0,02–0,06 mm ∅; mittlere Strömungsgeschwindigkeit des Blutes 0,2 bis 0,3 cm/s bei einem mittleren Druck von 35–70 mmHg (47–94 mbar).

Arteriosklerose w [v. gr. artēria = Arterie, sklēros = trocken, hart], *Atheromatose, Arterienverkalkung,* häufigste Erkrankung der Blutgefäße, gekennzeichnet durch chronisch fortschreitende Ablagerung v. pathologischen Stoffwechselprodukten, die zu Gewebswucherungen und zum Wandumbau führt. Folge sind Verhärtung und Elastizitätsverlust der Fasern und Einengung des Gefäßlumens; meist im hohen Alter. Als Ursache werden angenommen: familiäre Disposition, Bluthochdruck, Zuckerkrankheit, Schilddrüsenunterfunktion, Fettstoffwechselstörungen wie Hyperlipidämie, Hypercholesterinämie, Nicotin, entzündl. Veränderungen, z. B. Syphilis, „Stress". Die Entwicklung geht über eine Schwellung der Intima (↗ Arterien) mit Einlagerung v. Lipoproteinen zur reversiblen Lipoidose. Bei Fortschreiten des Prozesses kommt es zur irreversiblen Sklerose (Verhärtung) mit Vermehrung des Bindegewebes u. zur Ablagerung v. Cholesterinkristallen (Atherom). Die Folgen der A. sind Durchblutungsstörungen, Thrombenbildungen u. Geschwüre. Je nach Lokalisation führt die A. zu Organschädigungen, z.B. Herzinfarkt bei Sklerose der Koronargefäße, Hirninfarkt, Demenz bei Befall der Hirnarterien, Nierenschrumpfung bei Befall der Nierenarterien, Schmerzen in den Beinen, Gangrän bei Befall der Beinarterien. In der westl. Welt ist die A. mit ihren Folgeerkrankungen die häufigste Todesursache.

Arterkennung, Identifikation v. Artgenossen im Vergleich zu Angehörigen anderer Tierarten, feststellbar durch unterschiedl. Reaktionen gegenüber Artgenossen u. Artfremden. Die A. ist z.B. zur Identifikation v. Rivalen bei der Balz, zum Erkennen eines Geschlechtspartners usw. notwendig. Es gibt sowohl A. über erbl. Mechanismen als auch über Lernprozesse (↗Prägung). Der A. dienen opt., akust., olfaktor. u./od. taktile Reize; sie verhindert Verbastardierung (↗Isolationsmechanismen).

Arthoniaceae, *fleckfrüchtige Flechten*, Flechten(pilz)-Fam. der *Arthoniales*, mit 4 Gatt. und ca. 600 Arten, enthalten auch einige unlichenisierte Pilze; Krustenflechten mit meist einförm. Lager u. runden bis unregelmäßig gelappten od. verzweigten Fruchtkörpern ohne od. mit rudimentärem Gehäuse, v.a. in den Tropen u. den gemäßigten Zonen verbreitet. Die Gatt. *Arthonia* (ca. 500 Arten, in Mitteleuropa 35) besitzt querseptierte, zwei- bis mehrzellige Sporen, *Arthothelium* (ca. 80, in Mitteleuropa 2 Arten) mauerförm. Sporen.

Arthoniales, Ord. größtenteils lichenisierter Pilze *(Ascomycetes)* mit 4 Fam. (vgl. Tab.), Krustenflechten, selten Strauchflechten, mit runden, gelappten, länglichen od. verzweigten Fruchtkörpern, bitunicaten Schläuchen mit dickwandigem Exoascus, dicken, verzweigten Paraphysoiden, zweizelligen bis mehrfach querseptierten od. mauerförm. Sporen u. protococcoiden od. *Trentepohlia*-Algen; weltweit verbreitet, Schwerpunkt in den Tropen u. Subtropen.

Arthopyrenia w, Gatt. der *Pleosporaceae*, ↗Pseudosphaeriales.

Arthothelium s, Gatt. der ↗Arthoniaceae.

Arthrobacter s [v. *arthro-, gr. baktron = Stab], Gatt. obligat aerober Bodenbakterien mit unsicherer systemat. Einordnung (↗coryneforme Bakterien); meist grampositive, mesophile, unregelmäßige bis verzweigte Stäbchen, die im Alter kokkenförmig werden (pleomorph). Sie verwerten organ. Substrate im Atmungsstoffwechsel, können aber keine Cellulose abbauen; einige Arten oxidieren auch Methanol und H₂ (↗wasserstoffoxidierende Bakterien). A. hat keinen Gärungsstoffwechsel u. keine Nitratatmung, obwohl Nitrat im Boden zu Nitrit reduziert wird. In vielen hu-

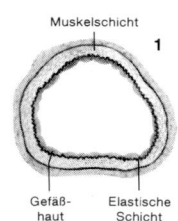

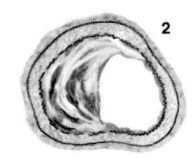

Muskelschicht **1**

Gefäßhaut   Elastische Schicht

2

Arteriosklerose
Querschnitt 1 durch eine gesunde Arterie, 2 durch eine erkrankte Koronararterie des Herzens mit arteriosklerotischem Herd (streifig-diffuse Lipoidablagerungen)

Arthoniales
Wichtige Familien:
↗ *Arthoniaceae*
↗ *Opegraphaceae*
↗ *Roccellaceae*

arthro- [v. gr. arthron = Glied, Gelenk], in Zss.: Glieder-, Gelenk-.

musreichen Böden scheint A. mengenmäßig der Hauptvertreter der autochthonen Bodenflora zu sein u. eine Austrocknung eine Zeitlang zu überleben. A.-Arten kommen auch im Wasser, auf Pflanzen u. im Belebtschlamm der Kläranlagen vor. Eine wichtige Art ist *A. globiformis;* biotechnologisch werden einige Stämme zur Aminosäureproduktion (z.B. Ornithin), bei der Steroidbiotransformation zu einer speziellen Dehydrierung *(A. simplex)* u. großtechnisch, als immobilisierte Zellen, zur Umwandlung v. Glucose zu Fructose (Glucose-Isomerase-Reaktion) eingesetzt.

Arthrobotrys w [v. gr. arthron = Gelenk, Glied, botrys = Traube], ↗räuberische Pilze.

Arthrobranchien [Mz.; v. gr. arthron = Gelenk, Glied, bragchia = Kiemen], ↗Decapoda.

Arthroderma s [v. *arthro-, gr. derma = Haut], Gatt. der ↗Onygenales.

Arthrodesmus m [v. *arthro-, gr. desmos = Band], Gatt. der ↗Desmidiaceae.

Arthrodira [Mz.; v. *arthro-, gr. deira = Hals], *Coccostei, Nackengelenktiere,* Ord. der Panzerfische *(Placodermi),* bei deren Vertretern der knöcherne Kopf- u. Brustpanzer auf jeder Seite des Nackens durch ein Kugelgelenk beweglich verbunden waren; hintere Körperregion nackt. Die bis 9 m Länge erreichenden A. besaßen knöcherne Kiefer, Seitenlinienorgane, paarige Brust- u. Bauchflossen, eine heterozerke Schwanzflosse u. wohl auch Rücken- u. Afterflossen. Im Laufe ihrer Entwicklung gingen sie unter Größenzunahme u. Reduzierung des Panzers v. Süßwasser über ins Meer. Verbreitung: Devon.

Arthrokonidien [Mz.; v. *arthro-, gr. konis, Gen. konidos = Staub], *Arthrosporen, Oidien,* pilzliche Thallokonidien, die durch nachträgl. Septierung u. Zergliederung vorher gebildeter Hyphen entstehen; A. dienen wie die Blastokonidien der Verbreitung.

Arthroleptella w [v. *arthro-, gr. leptos = zart, dünn], Gatt. der *Ranidae* (Echte Frösche); 2 kleine (2 bis 3 cm) bräunl. Arten in S-Afrika; leben in der Nähe v. Flüssen od. Wasserfällen in feuchtem Moos. Die Männchen rufen verborgen im Moos wie ein zirpendes Insekt. Wenige große Eier werden in feuchter Vegetation am Boden abgelegt; dort bleiben auch die terrestrischen Larven u. metamorphosieren rasch, ohne zu fressen.

Arthroleptis w [v. *arthro-, gr. leptos = zart, dünn], Gatt. der ↗Langfingerfrösche.

Arthropitys w [v. *arthro-, gr. pitys = Fichte], Gatt. der ↗Calamitaceae.

Arthropoda [Mz.; v. *arthro-, gr. pous, Gen. podos = Fuß], die ↗Gliederfüßer.

Arthropodaria

Arthropodaria w [v. *arthro-, gr. pous, Gen. podos = Fuß], *Barentsia,* Gatt. der ↗Kamptozoa.

Arthropodenviren [v. *arthro-, gr. pous, Gen. podos = Fuß], zusammenfassende Bez. für verschiedene Viren: 1) Viren ohne Wirtswechsel, die ausschließlich Insekten u. andere Gliedertiere infizieren („echte" A., insektenpathogene Viren); 2) Viren mit einem Wirtswechsel, die sich in Arthropoden (Gliederfüßern) vermehren u. durch diese (Zikaden, Blattläuse, Mücken, Zecken) auf Pflanzen od. Wirbeltiere übertragen werden (↗Arboviren). Insektenpathogen sind u.a. Baculoviren, Entomopoxviren (Insekten-Pockenviren), Densoviren (Insekten-Parvoviren) und Cytoplasmapolyeder-Viren, die zu den Reoviren gehören. Charakteristisch für viele „echte" A. ist das Vorhandensein v. Einschlußkörpern, in denen die Virionen eingelagert sind (occluded viruses). Besonders A. mit Einschlußkörpern wurden bereits zur biol. Bekämpfung v. Schadinsekten eingesetzt, da die Einschlußkörper für die Virionen einen guten Schutz gegen inaktivierende Umwelteinflüsse bieten.

Arthropodin s [v. *arthro-, gr. pous, Gen. podos = Fuß], Protein in den Schalen v. Seepocken; stimuliert das Festsetzen metamorphosereifer Larven, was zur Ansammlung vieler Individuen führt. ↗Rankenfüßer.

Arthropodium s [v. *arthro-, gr. podion = Füßchen], die gegliederte Extremität der Gliederfüßer *(Euarthropoda).*

Arthropterygium s [v. *arthro-, gr. pterygion = kleiner Fügel], gepanzerte Körperanhänge v. ↗Antiarchi in der Position v. Brustflossen, denen sie jedoch nicht homolog sind.

Arthrosporen [Mz.; v. *arthro-, gr. spora = Same], die ↗Arthrokonidien.

Arthroxylon s [v. *arthro-, gr. xylon = Holz], Gatt. der ↗Calamitaceae.

Articulare s [v. lat. articularis = das Gelenk betreffend], Ersatzknochen des Unterkiefers, der zus. mit dem *Quadratum,* einem Knochen des Oberkiefers, bei Fischen, Amphibien, Reptilien u. Vögeln das primäre Kiefergelenk bildet. Säugetiere besitzen ein andersartig aufgebautes sekundäres Kiefergelenk. Die Knochen des primären Kiefergelenks erfahren bei diesen einen extremen Funktionswandel u. werden als Gehörknöchelchen (A. = Hammer, Q. = Amboß) in den Dienst des schalleitenden Apparats des Mittelohrs gestellt.

Articulata [Mz.; v. lat. articulatus = gegliedert], **1)** die ↗Gliedertiere. **2)** U.-Ord. der *Stenostomata,* ↗Moostierchen. **3)** *Testicardines,* U.-Kl. der ↗Brachiopoden. **4)** U.-Kl. der ↗Crinoidea.

arthro- [v. gr. arthron = Glied, Gelenk], in Zss.: Glieder-, Gelenk-.

Articulatae [Mz.; v. lat. articulatus = gegliedert], die ↗Schachtelhalme.

Artiodactyla [Mz.; v. gr. artios = geradzahlig, daktylos = Finger], die ↗Paarhufer.

Artischocke w, *Cynara scolymus,* zur Fam. der Korbblütler gehörige, den Disteln nahe verwandte, bis 2 m hohe ausdauernde Kulturpflanze mit mächtigen rosettenartig angeordneten, fiederteil., fast stachellosen Blättern u. bis 15 cm großen, einzeln stehenden Blütenköpfen, deren hellviolette Röhrenblüten v. großen starren Hüllblättern umgeben sind. Zum Verzehr dienen, roh od. gekocht, die dicken Böden der noch geschlossenen Blütenstände u. die fleischigen Basen der inneren Hüllblätter.

Artischocke
1 Artischocke *(Cynara scolymus),*
2 Blütenkopf der A., **a** von außen, **b** aufgeschnitten.

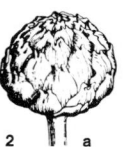

Anbaugebiete der 3–4 Jahre ertragsfähigen A. sind v. a. die Mittelmeerländer Italien, Spanien u. Frankreich; die Weltproduktion betrug 1979 ca. 1,3 Mill. t. Die Wildform der schon im alten Ägypten kultivierten u. heute in verschiedenen Kultursorten vorkommenden A. ist unbekannt. Der A. jedoch sehr nahe verwandt ist die aus S-Europa und N-Afrika stammende Kardone od. Gemüse-A. *(C. cardunculus),* deren fleischige Blattstiele z. B. durch Zusammenbinden der Blätter gebleicht u. dann als Salat od. Gemüse verzehrt werden. Von pharmazeut. Interesse sind einige cholesterinsenkende Inhaltsstoffe der A. ⬚B Kulturpflanzen V.

Artmächtigkeit
Bei pflanzensoziologischen Aufnahmen wird die Artmächtigkeit für jede Art in folgender Weise wiedergegeben:

r:	1	Individuum	in der Aufnahmefläche	
+:	2–5	Individuen	in der Aufnahmefläche	Deckung < 5%
1:	6–50	Individuen	in der Aufnahmefläche	Deckung < 5%
2m:	über 50	Individuen	in der Aufnahmefläche	Deckung < 5%
2a:	beliebige	Individuenzahl	in der Aufnahmefläche	Deckung 5 – 15%
2b:	beliebige	Individuenzahl	in der Aufnahmefläche	Deckung 16 – 25%
3:	beliebige	Individuenzahl	in der Aufnahmefläche	Deckung 26 – 50%
4:	beliebige	Individuenzahl	in der Aufnahmefläche	Deckung 51 – 75%
5:	beliebige	Individuenzahl	in der Aufnahmefläche	Deckung 76 – 100%

Artmächtigkeit, Zahl der Individuen einer Art bzw. die v. ihr bedeckte Fläche *(Deckung).*

Artocarpus m [v. gr. artos = Brot, karpos = Frucht], Gatt. der Maulbeergewächse mit ca. 50 Arten; die bekanntesten sind der ↗Brotfruchtbaum u. der ↗Jackfruchtbaum.

Artogeia, Gatt. der ↗Weißlinge.

artspezifisches Verhalten, *arttypisches Verhalten,* beobachtbares Verhalten od. Verhaltenselement, das eine Art v. anderen Arten unterscheidet. In der Balz der Entenvögel sind z. B. viele Bewegungselemente bei mehreren Arten ähnlich, aber es gibt immer auch artspezif. Bewegungen. A. V. ist in der Regel angeboren od. durch ↗Prägung erworben.

Artspezifität ↗Wirtsspezifität.

Artumwandlung ↗Artbildung.

Arum *s* [v. gr. aron = Natterwurz, Zehrwurz], der ↗Aronstab.

Aruncus *m* [lat., =], der ↗Geißbart.

Arundo *w* [lat., = Rohr, Schilf], Gatt. der Süßgräser (U.-Fam. *Pooideae*) mit 6 mediterranen bis ostasiat. Arten; bis 5 m hohe Gräser der Ufer u. Sümpfe mit behaarten Deckspelzen. Das Pfahlrohr od. Spanische Rohr *(A. donax)* wird, aus dem Orient stammend, seit langem kultiviert; vielseitige Verwendung, u. a. für Zäune, Flechtwerk, Rebstöcke und bes. Musikinstrumente.

Arve *w* [v. lat. arva = Ackerfeld, Flur], *Pinus cembra,* ↗Kiefer.

Arven-Alpenrosen-Gesellschaft, *Larici-Cembretum, Rhododendro-Vaccinietum cembretosum,* ↗Rhododendro-Vaccinion.

Arven-Wälder, subalpine A., ↗Rhododendro-Vaccinion.

Arvicola *m* [v. lat. arva = Ackerfeld, Flur, -cola = Bewohner], die ↗Schermäuse.

Arzneimittelpflanzen, *Arzneipflanzen, Heilmittelpflanzen, Heilpflanzen,* Pflanzen, die zur Herstellung v. Medikamenten u. zu anderen med. Zwecken verwendet werden. Sie enthalten meist eine Vielzahl v. Wirksubstanzen u. sind daher als Droge od. isoliert als Wirkstoff anzuwenden. Im 1. Jh. n. Chr. schrieb der griech. Arzt Dioskurides eines der wichtigsten Arzneibücher im modernen Sinne mit dem Titel „Materia medica", das einen entscheidenen Einfluß auf den abendländ. Kulturkreis hatte. Zu Beginn der Neuzeit bemühte man sich um genaue Analysen der Inhaltsstoffe der A. u. die Beobachtung ihrer Wirkungsweise. Die *Phytotherapie* entstand als eine wiss. begründete Heilmethode. *Giftpflanzen,* wie Fingerhut *(Digitalis), Strophanthus* u. Tollkirsche *(Belladonna),* sind unentbehrl. Lieferanten hochwirksamer Arzneimittel geworden. Das Studium alter Kulturen u. ihrer Verwendung v. Heil- u. Giftpflanzen hat zu wertvollen med. Erkenntnissen geführt; z. B. enthält die Gatt. *Rauwolfia* (Schlangenholz), in Indien u. Afrika beheimatet, Reserpin, ein wichtiges Beruhigungs- u. Blutdrucksenkungsmittel, *Strophanthus,* ebenfalls eine afr. Pflanze, enthält das Herzglykosid Strophanthin, die in Afrika beheimatete Kalabar-Bohne beinhaltet Physostigmin, eine in der Augenheilkunde wichtige Substanz, u. schließlich stammt das bewährte Malariabekämpfungsmittel Chinin aus der Rinde verschiedener *Cinchona*-Arten. Aber auch die zur Behandlung chron., nervöser u. funktioneller Leiden verwendeten einheim. Pflanzen mit milder Wirkung, wie Kamille, Hopfen, Melisse, Baldrian, Holunder u. Weißdorn, gewinnen gegenüber synthet. Mitteln mit zahlr. Nebenwirkungen wieder zunehmend an Bedeutung. [B] Kulturpflanzen X–XI.

Asarum *s* [v. gr. asaron =], die ↗Haselwurz.

Asbestfaserung, Altersdegeneration v. hyalinem Knorpelgewebe (↗Bindegewebe). Die A. ist im Knorpelquerschnitt als irisierend fleckige Zeichnung sichtbar u. erscheint im mikroskop. Bild als asbestartig faserige Streifung in der klar-gallertigen Interzellularsubstanz des Knorpels. Sie entsteht durch Demaskierung der Kollagenfibrillen infolge Wasserverarmung, Entquellung u. Kalkanlagerung.

Ascalaphidae [Mz.], die ↗Schmetterlingshafte.

Ascaphidae [Mz.], Fam. der Urfrösche mit nur 1 Art, dem Schwanzfrosch *(Ascaphus truei),* ein bis 50 mm langer, unscheinbar gefärbter Frosch, der in den kalten, klaren, rasch fließenden Strömen u. Bergbächen im westl. N-Amerika u. Kanada lebt, tiefe Temp. um 5° C benötigt u. nur bei starkem Regen oder in sehr dunklen Nächten an Land geht. Das Männchen hat einen kurzen, schwanzart. Anhang (Name): die ausgestülpte Kloake, die als Kopulationsorgan dient; innere Besamung. Eier werden im Laufe des Sommers perlschnurartig unter Steinen abgelegt; Larven mit saugnapfart. Haftstrukturen u. merkwürdig röhrenförmig ausgezogenen Nasenlöchern. Die Männchen sind stumm.

Ascariasis *w* [v. gr. askaris = Eingeweide-, Spulwurm], *Ascaridiasis,* durch den ↗Spulwurm *Ascaris lumbricoides* hervorgerufene Erkrankung (Parasitose).

Ascaridia *w* [v. gr. askarides = Spulwürmer], der Hühner-↗Spulwurm.

Ascaridida [Mz.; v. gr. askarides = Spulwürmer], Ord. der ↗Fadenwürmer, ben. nach der Gatt. *Ascaris* (↗Spulwurm); Wirbeltier-Parasiten; umfaßt 5 Superfam. (vgl. Tab.).

Ascaris *w* [v. gr. askaris = Eingeweide-, Spulwurm], der ↗Spulwurm.

Äsche *w, Europäische Ä., Thymallus thymallus,* ein meist 30 cm, doch bis 55 cm langer, nord- und mitteleur. Lachsfisch ([B] Fische X), der als Standfisch in schnellflie-

Ascaphidae
Der Schwanzfrosch
Ascaphus truei
(Männchen)

Ascaridida
Superfamilien:
Ascaridoidea
(40 Gatt.)
Subuluroidea
(11 Gatt.)
Heterakoidea
(16 Gatt.)
Seuratoidea
(30 Gatt.)
Cosmocercoidea
(42 Gatt.)
Bis vor kurzem wurden auch die etwa 140 Gatt. der *Oxyurida* zu den A. gestellt.

Aschelminthes

asco- [v. gr. askos = Schlauch], in Zss.: Schlauch-.

ßenden, klaren, unverschmutzten Flüssen (↗Äschenregion) u. im N auch in Seen vorkommt; die etwas nach Thymian riechende Ä. wird v. Sportanglern sehr geschätzt. Im nördl. Amerika u. Asien ist die etwas größere Arktische Ä. (T. arcticus) beheimatet.

Aschelminthes [Mz.; v. gr. askos = Schlauch, helminthes = Würmer], die Rund- od. Schlauchwürmer, ↗Nemathelminthes.

Aschenanalyse, Methode zum quantitativen Nachweis der anorgan. Bestandteile einer Pflanze nach Verbrennung des organ. Anteils. Bei der *mikroskopischen A.* (Mikroveraschung, Schnittveraschung) wird z. B. auf einem Objektträger pflanzl. oder tier. Gewebe bis zur Verbrennung der organ. Substanzen erhitzt. Der Aschenrückstand läßt dann die Gewebestrukturen erkennen *(Aschenbild, Spodogramm)* u. gestattet den histochem. Nachweis der anorgan. Substanzen.

Äschenregion, untere Zone der Gebirgsbäche in Mitteleuropa, in der die ↗Äsche als Leitfisch auftritt. Die Ä. schließt sich flußabwärts an die Forellenregion an, beide zus. werden als *Salmoniden-* od. *Bergbachregion* bezeichnet.

Aschersonia *w* [ben. nach dem dt. Gärtner P. Ascherson, 1834–1913], Gatt. der ↗Sphaeropsidales. [ten Trüffel.

Aschion *s* [gr.,=Trüffel], Gatt. der ↗Ech-

Aschoff, *Ludwig,* dt. Pathologe, * 10. 1. 1866 Berlin, † 24. 6. 1942 Freiburg i. Br.; 1903 Prof. in Marburg, seit 1906 in Freiburg. Entdeckte 1904 die rheumat. Granulome des Herzmuskels (A.-Knötchen) u. leitete damit die moderne Erforschung der Morphologie des Gelenkrheumatismus ein; 1905 zus. mit dem Japaner S. Tawara (1873–1952) Erstbeschreibung des Reizleitungssystems des Herzens *(Aschoff-Tawara-Knoten,* ↗Atrioventrikularknoten). Entdeckte 1906 die Bedeutung der Cholesterinester, 1913 das reticuloendotheliale System; grundlegende Arbeiten über die Appendicitis u. Arteriosklerose.

Ascidia *w* [v. gr. askidion = kleiner Schlauch], Gattung der ↗Seescheiden, ↗Monascidien.

Ascidiacea [Mz.; v. gr. askidion = kleiner Schlauch], *Ascidien,* die ↗Seescheiden.

Asclepiadaceae [Mz.], die ↗Schwalbenwurzgewächse.

Asclepias *w* [ben. nach Asklepios, gr. Gott der Heilkunst], *Schwalbenwurz, Seidenpflanze,* Gatt. der Schwalbenwurzgewächse, die mit ca. 80 Arten in N-Amerika u. Mexiko beheimatet ist. Hiervon werden *A. curassavica, A. incarnata, A. syriaca* und *A. tuberosa* seit langem als Zierpflanzen gezogen, wobei sich bes. *A. incarnata* und *A. tuberosa* als ausgezeichnete Bie-

L. Aschoff

nenfutterpflanzen bewährt haben. *A. syriaca,* eine bis 3 m hohe Staude mit eiläng., ganzrand., zugespitzten, ca. 20 cm langen Laubblättern u. doldigen, blattachselständigen, zw. den Blättern versteckten Blütenständen aus trübpurpurnen wohlriechenden Blüten, besitzt in einer dicken, länglichen, zugespitzten, stachel. Balgkapsel zahlr. Samen, aus derem weißlichen, seidig glänzenden Haarschopf die sog. vegetabilische Seide gewonnen werden kann. Die glänzenden, sehr zähen Rindenfasern der Pflanze wurden zur Herstellung v. Geweben u. Papier verwendet.

Ascobolaceae [Mz.; v. *asco-, gr. bōlos = Klumpen, *Kotlinge,* Fam. der Becherpilze, ↗Dungpilze.

Ascochyta *w* [v. *asco-, gr. chytos = gegossen, flüssig], Formgatt. der ↗*Sphaeropsidales* (Fungi imperfecti) mit wichtigen phytopathogenen Arten, den Erregern von Brennfleckenkrankheiten an Erbsen *(A. pisi* und *A. pinodella)* sowie der Sprühfleckenkrankheit an Bohnen *(A. boltshauseri).*

Ascocorticiaceae [Mz.; v. *asco-, lat. corticius = aus Rinde bestehend], Fam. der *Helotiales* (Schlauchpilze) mit primitivem, hypotheciumart. Geflecht, auf dem das Hymenium mit sehr kleinen Asci liegt. Der *Schlauch-Rindenpilz (Ascocorticium anomalum)* lebt saprophytisch auf Holz od. Rinde (Kiefer, Lärche) mit kleinen, unauffälligen, grau-weißl. od. auch rötl. Flecken, die zu kleinflächigen, abhebbaren Überzügen zusammenwachsen.

ascogen [v. *asco-, gr. genēs=entstanden], *ascusbildend,* ↗Ascogon.

Ascoglossa [Mz.; v. *asco-, gr. glōssa = Zunge], die Sackzüngler od. ↗Schlundsackschnecken.

Ascogon *s* [v. *asco-, gr. gonos=Abstammung, Zeugung], *Ascogonium,* ein- od. mehrzelliges, vielkerniges, weibliches Geschlechtsorgan (Gametangium) der Schlauchpilze. Normalerweise entwickeln sich nach der Verschmelzung mit dem männl. Geschlechtsorgan (Antheridium) aus dem A. die dikaryot. *ascogenen Hyphen,* an denen die Asci entstehen. Bei homothallischen (monözischen) Arten bilden sich die weibl. und männl. Geschlechtsorgane am selben Mycel, bei heterothallischen (diözischen) Formen entwickeln sie sich v. Hyphen, die aus geschlechtlich unterschiedlich determinierten Ascosporen entstehen.

Ascokarp *m* [v. *asco-, gr. karpos = Frucht], das ↗Ascoma.

Ascolichenes [Mz.; v. *asco-, gr. leichēn = Flechte], ↗Ascomyceten-Flechten.

Ascoma *s* [v. *asco-], *Ascokarp,* Fruchtkörper der Schlauchpilze, in dem sich die

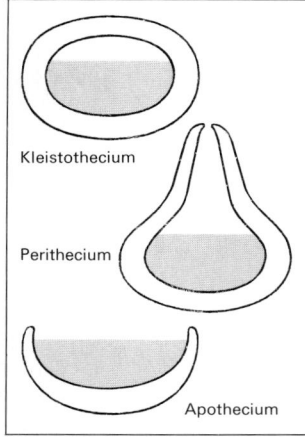

Ascoma (Fruchtkörper) der Schlauchpilze (Ascomyceten)

Die Fruchtkörper der Ascomyceten bestehen zu ihrem Hauptteil aus haploidem Gametophytenmycel, während die dikaryotischen Hyphen bzw. die Asci (Sporophyt mit Sporangien) in der Regel viel geringer entwickelt sind und vom Gametophyten ernährt werden. Zudem bildet sich ein Fruchtkörper stets nur im unmittelbaren Anschluß an eine Befruchtung. Bei den Ständerpilzen (Basidiomyceten) ist dies anders. Die Haupttypen der Ascomyceten-Fruchtkörper sind *Kleistothecium* (allseits geschlossen), *Perithecium* (mit präformierter Öffnung) und *Apothecium* (offen, becher- bis schüsselförmig).

Asci entwickeln. Art u. Entwicklung des A. dienen zur systemat. Einteilung der Echten Schlauchpilze (U.-Kl. *Ascomycetidae*), die Formähnlichkeit sagt aber nichts über die verwandtschaftl. Beziehungen aus. Plectomyceten bilden im wesentlichen *Kleistothecien,* Discomyceten entwickeln *Apothecien,* Pyrenomyceten in der Regel *Perithecien* u. Loculoascomyceten perithecium- und apotheciumähnliche Fruchtkörper (Pseudoperithecium, Pseudoapothecium). Die Asci können ascolocular in Kammern (Loculus) des Fruchtkörpergeflechts od. ascohymenial in einem Hohlraum angelegt werden, dessen Wand v. einem Geflecht ascogener Hyphen ausgekleidet ist.

Ascomyceten-Flechten [v. *asco-, gr. mykētes = Pilze], taxonomisch unkorrekt auch *Ascolichenes* gen., Flechten, deren Pilzkomponente ein Ascomycet ist. Rund ein Drittel der Ascomyceten ist lichenisiert. Über 99% der Flechtenarten enthalten Ascomyceten, u. zwar Angehörige der U.-Kl. *Ascomycetidae;* die meisten gehören zur Gruppe der ascohymenialen Pilze, nur wenige zu den ascolocularen Pilzen. Im Ggs. zum weitaus überwiegenden Teil der Ascomyceten entwickeln die A. ausdauernde, v. Substrat differenzierte Thalli u. ausdauernde Fruchtkörper (Ascokarpe). Viele A. pflanzen sich vegetativ fort u. entwickeln nur noch ausnahmsweise Fruchtkörper. Über die sexuelle Fortpflanzung ist weit weniger bekannt als bei den unlichenisierten Ascomyceten. Die Eingliederung der A.pilze in ein Pilzsystem bereitet derzeit noch erhebl. Schwierigkeiten. Der weitaus größte Teil der A.pilze ist eine stammesgeschichtlich alte Gruppe, die heute isoliert steht; nur wenige Flechtenfam. zeigen enge verwandtschaftl. Beziehungen zu den nicht lichenisierten Pilzen.

Ascomycetes [Mz.; v. *asco-, gr. mykētes = Pilze], die ↗Schlauchpilze.

Ascomycetidae
Unterteilung:
I. Nach dem Bau des Ascus
  1) Protunicatae
  2) Eutunicatae
    a) Unitunicatae-Operculatae
    b) Unitunicatae-Inoperculatae
    c) Bitunicatae
oder
II. Nach der Fruchtkörperform
  1) Plectomycetes (Plectomycetaceae)
  2) Discomycetes (Discomycetaceae)
  3) Pyrenomycetes (Pyrenomycetaceae)
  4) Loculoascomycetes (Loculomycetaceae) (= Bitunicatae)

asco- [v. gr. askos = Schlauch], in Zss.: Schlauch-.

Ascomycetidae [Mz.; v. *asco-, gr. mykētes = Pilze], U.-Kl. der Schlauchpilze *(Ascomycetes)* mit über 45 000 Arten; davon leben etwa 16 000 als Flechtenpilze in Symbiose mit Algen; die übrigen sind Saprobien od. Parasiten auf Pflanzen, Tieren u. a. Pilzen. Die vegetative Phase der A. besteht aus einem haploiden Mycel; die sexuelle Hauptfruchtform entwickelt sich aus ascogenen Hyphen in Fruchtkörpern (Ascomata); die dikaryotischen Hyphen werden dabei durch die vegetativen, haploiden Hyphen ernährt. Zur Unterscheidung der über 20 Ord. der A. dienen: die Entwicklung u. der Aufbau der Ascomata, der Ascusbau, die Nebenfruchtform u. das biol. Verhalten. Die Ord. werden aus prakt. Gründen zu Gruppen (Überord.) zusammengefaßt; es kann dabei hauptsächlich der Ascusbau od. die Fruchtkörperform zur Unterteilung dienen; keine der beiden in der Tab. aufgeführten Unterteilungsarten sagt aber für sich allein etwas über die verwandtschaftl. Beziehungen der Ord. untereinander aus.

Ascomycota [v. *asco-, gr. mykētes = Pilze], Abt. der Pilze, die durch ihre schlauchförm. Hauptfruchtform, den *Ascus,* charakterisiert sind. Zu den A. gehören etwa 46 000 Pilzarten. Ihre morpholog. und physiolog. Eigenschaften sowie die Nährstoffansprüche sind sehr unterschiedlich. Die A. werden in 2 Kl. unterteilt: die ↗*Endomycetes (Hemiascomycetes)* u. die ↗Schlauchpilze *(Ascomycetes).*

Ascomycotina [v. *asco-, gr. mykētes = Pilze], ↗Echte Pilze.

Ascontyp *m* [v. *asco-], die einfachste der 3 Organisationsformen der ↗Schwämme; dadurch gekennzeichnet, daß nur ein einheitlicher, schlauchförmiger, v. Kragengeißelzellen vollständig ausgekleideter Gastralraum ausgebildet ist.

Ascophora [Mz.; v. gr. askophoros = Schläuche tragend], U.-Ord. der ↗Moostierchen, mit Ascus.

Ascophyllum *s* [v. *asco-, gr. phyllon = Blatt], Gatt. der ↗Fucales.

Ascopodaria *w* [v. *asco-, gr. pous, Gen. podos = Fuß], *Barentsia,* Gatt. der ↗Kamptozoa.

Ascorbinsäure *w* [v. gr. a- = nicht, mlat. scorbutus = Skorbut], L-*Ascorbinsäure, Vitamin C, antiskorbutisches Vitamin;* chemisch v. C_6-Gerüst der Hexosen (über Glucuronsäure) abgeleitetes wasserlösl. ↗Vitamin, das sich bes. in frischem Obst u. Gemüse findet. Die Salze der A. sind die *Ascorbate.* Mangel an A. verursacht *Skorbut,* eine Avitaminose, die durch Schädigung der Blutgefäße, Haut- und Schleimhautblutungen sowie schmerzhafte Gelenkschwellung u. Zahnfleischentzündun-

ASEXUELLE FORTPFLANZUNG I–II

Lebewesen haben die Fähigkeit, neue Individuen der gleichen Art hervorzubringen. Bei der asexuellen (vegetativen oder ungeschlechtlichen) Fortpflanzung werden Zellen oder größere Teile des elterlichen Organismus abgetrennt, die dann unmittelbar zu Tochterindividuen heranwachsen. Sie sind also mit dem Elternorganismus genetisch identisch.
Eine vegetative Vermehrung von *einzelligen* Tieren oder Pflanzen kann durch Zwei- oder Mehrfachteilung erfolgen, so etwa bei der *Amöbe* (Abb. rechts). Bei dem Geißeltierchen *Trypanosoma* entstehen durch Längsteilung einer Mutterzelle zwei Tochterzellen. Bei der einzelligen Grünalge *Chlorella* bilden sich nach mehrfachen mitotischen Teilungen des Zellkerns in einer Mutterzelle bis zu acht kleinere Tochterzellen aus. Durch Aufreißen der Zellwand der Ursprungszelle werden diese frei.

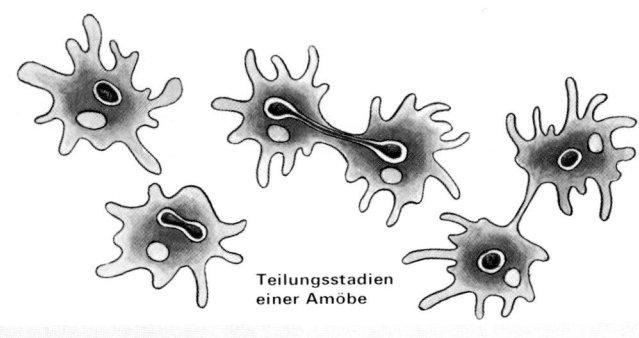

Teilungsstadien einer Amöbe

Sporangium
Zoospore
Ulothrix

Bei *Algen* und niederen *Pilzen* erfolgt eine vegetative Vermehrung häufig durch begeißelte, einzellige Sporen, die *Zoosporen*. Sie entstehen, wie hier bei der fädigen Grünalge *Ulothrix* (Abb. links), meist zu mehreren in einer besonderen Zelle, dem *Sporangium*. Der Kern der Sporangiumzelle teilt sich zuvor mehrere Male mitotisch, so daß die frei werdenden Sporen alle das gleiche Erbgut mitbekommen. Die Sporen setzen sich an einem geeigneten Standort fest und wachsen zu einer neuen Pflanze aus.

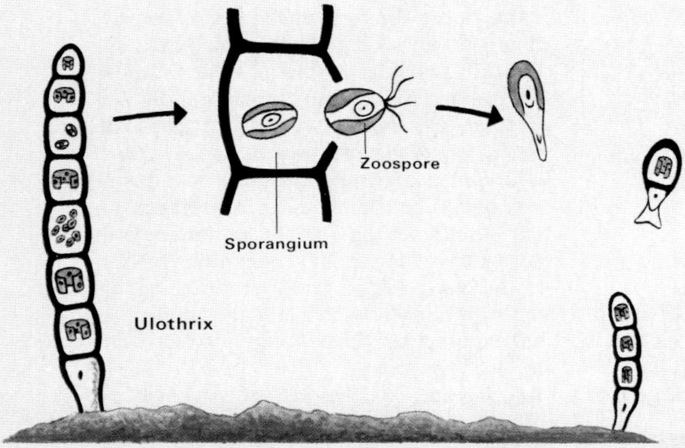

Eine vegetative Vermehrung bei höheren Pflanzen kann u. a. durch Abtrennung einzelner Organteile erfolgen. Bei den *Dahlien* (Abb. unten) sind es reservestoffreiche *Wurzelknollen*, bei der *Kartoffel Sproßknollen*, die — isoliert von der Mutterpflanze — zu neuen Pflanzen heranwachsen können. Bei den *Irispflanzen* kann sich das *Rhizom (Erdsproß)* verzweigen. Von der Mutterpflanze abgelöste Seitensprosse können selbständig weiterwachsen.

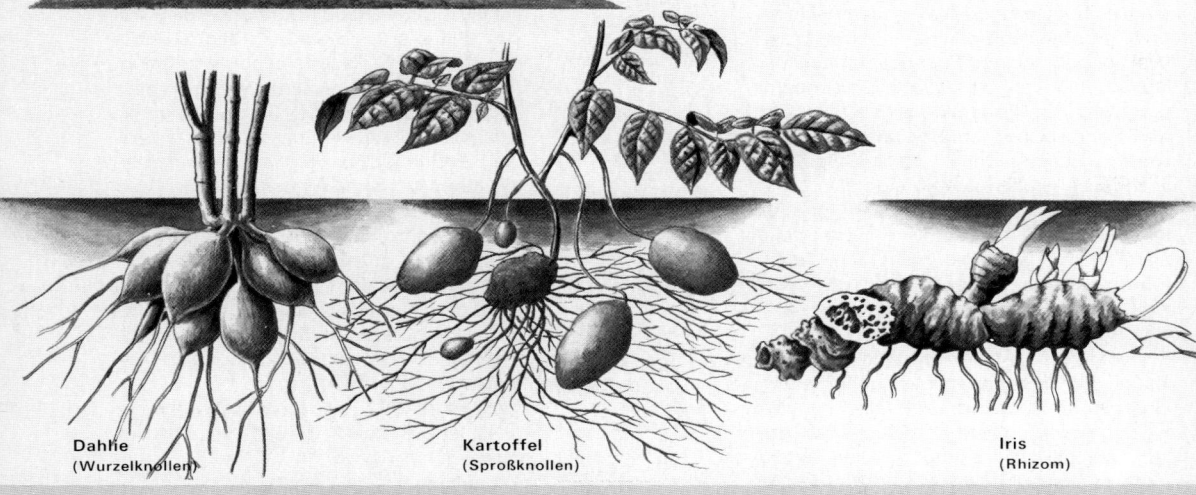

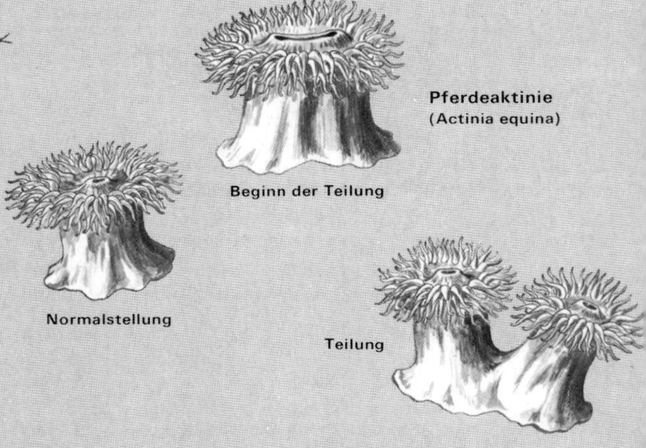

Dahlie (Wurzelknollen)
Kartoffel (Sproßknollen)
Iris (Rhizom)

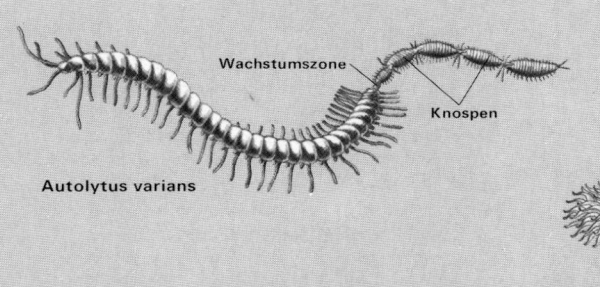

Autolytus varians
Wachstumszone
Knospen

Pferdeaktinie (Actinia equina)
Beginn der Teilung
Normalstellung
Teilung

Asexuelle Fortpflanzung kommt bei *vielzelligen* Tieren seltener vor als bei Pflanzen. Der Meeresringelwurm *Autolytus* z.B. bringt durch Sprossung am Hinterende neue Individuen hervor. Asexuelle Fortpflanzung ist bei vielen Hohltieren die Regel; so kann sich z.B. eine *Seerose (Pferdeaktinie)* längsteilen.

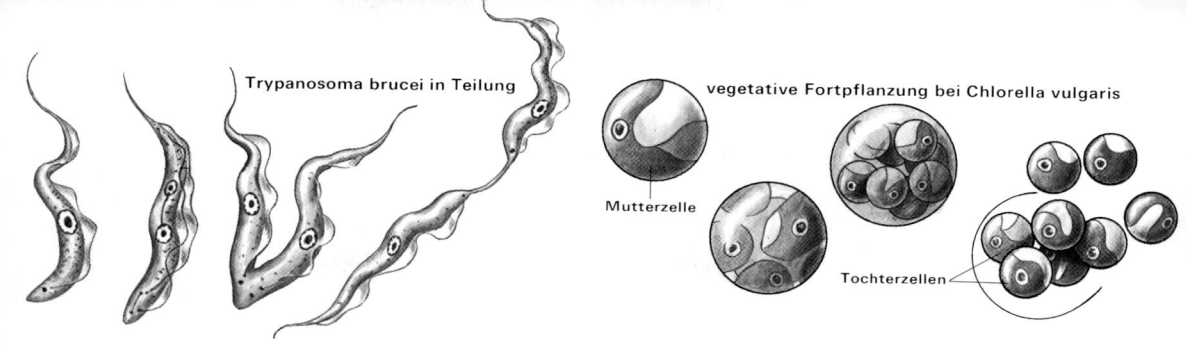

Trypanosoma brucei in Teilung

vegetative Fortpflanzung bei Chlorella vulgaris

Mutterzelle

Tochterzellen

Ähnliche vegetative Vermehrungskörper wie die Brutpflänzchen sind die *Brutzwiebeln*, die sich z. B. in den Blattachseln der *Tigerlilie* entwickeln.

Viele Zwiebelgewächse, z. B. der *Knoblauch (Allium sativum)*, bilden kleine Brutzwiebeln aus, hier auch *Zehen* genannt. *Küchenzwiebeln (Allium cepa)* und *Tulpen* beispielsweise werden nur durch Brutzwiebeln vermehrt.

Zwiebel mit Brutzwiebel

Querschnitt

Brutzwiebeln

Bryophyllum

Tigerlilie

Knoblauch

Brutpflanze

Bryophyllum, eine beliebte Zimmerpflanze, bildet an den Blatträndern zahlreiche *Brutpflänzchen* aus. Sie besitzen schon kleine Wurzeln und Blättchen, so daß sie, nach dem Abfallen, auf dem Boden gleich weiterwachsen können.

Sehr stark vermehren und verbreiten sich die *Erdbeeren* durch Ausläuferbildungen. Diese sind Seitensprosse, die horizontal auf der Erdoberfläche wachsen, wobei sich die Sproßinternodien ausgiebig strecken. An den Sproßknoten bilden sich Blätter und Wurzeln aus, die zu neuen Pflanzen auswachsen können.

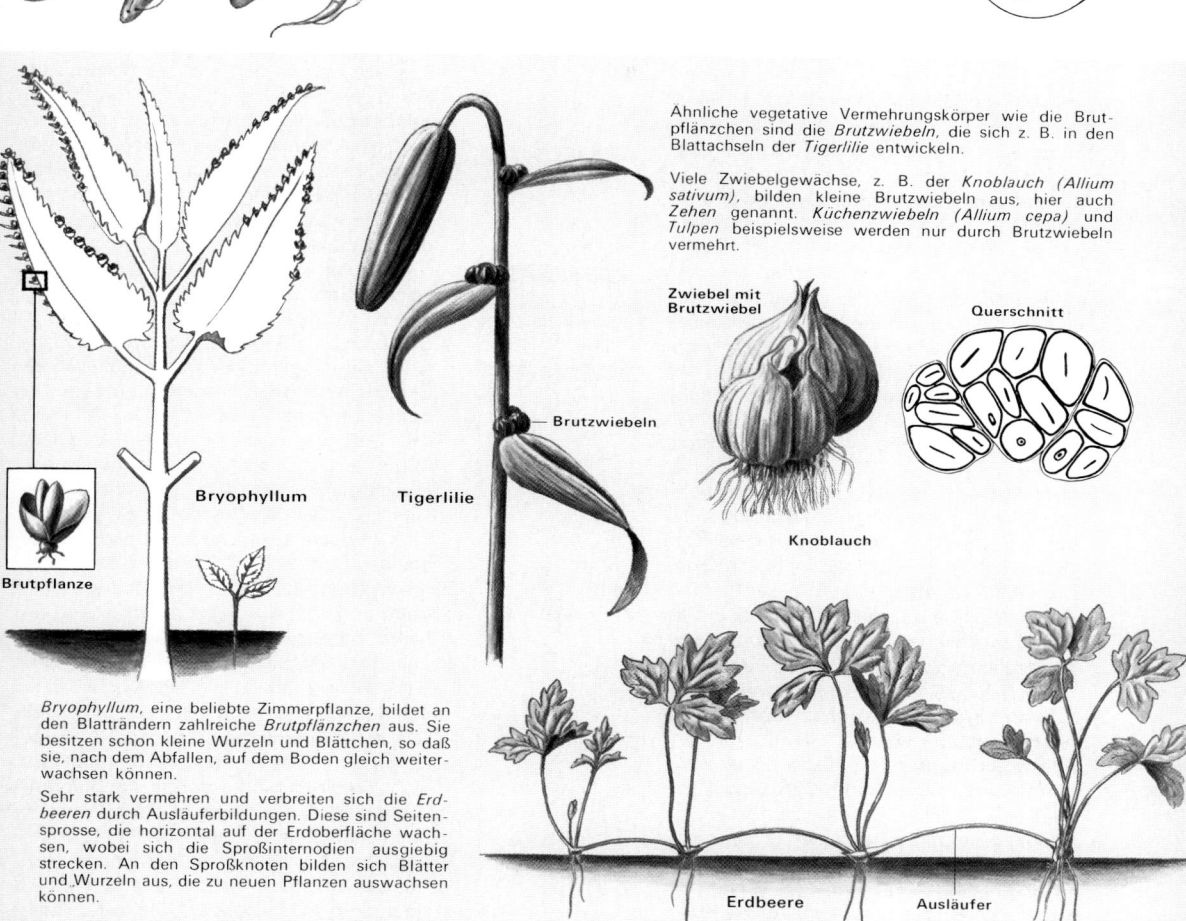

Erdbeere   Ausläufer

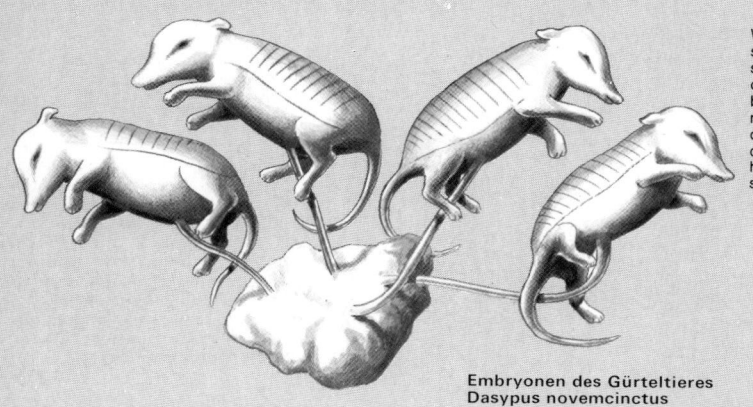

Wirbeltiere und andere hochentwickelte tierische Vielzeller können sich meist nicht ungeschlechtlich fortpflanzen. Eine Ausnahme bildet die *Polyembryonie* mancher Säugetiere, bei der ein aus Geschlechtszellen entstandener Embryo in einem frühen Entwicklungsstadium in zwei oder mehrere Teile zerfällt, so daß *eineiige Zwillinge* oder *Mehrlinge* entstehen können. Polyembryonie ist bei amerikanischen *Gürteltieren* (Abb. links) die Regel.

Embryonen des Gürteltieres
Dasypus novemcinctus

Ascoscleroderma

Technische Herstellung von L-Ascorbinsäure

D-Sorbit →(½ O₂, H₂O, *Acetobacter suboxidans*)→ L-Sorbose →(chemische Umwandlung)→ L-Ascorbinsäure

gen gekennzeichnet ist; auch die Abwehrkraft gegen Infektionskrankheiten wird durch A.mangel herabgesetzt. Die meisten Säugetiere können A. ausgehend von D-Glucuronat über drei Zwischenstufen selbst aufbauen. Lediglich beim Menschen, Menschenaffen u. beim Meerschweinchen fehlt das Enzym für den dritten Reaktionsschritt, so daß diese auf Zufuhr von A. durch die Nahrung angewiesen sind. Der tägl. Bedarf für den Menschen liegt mit 75 mg erheblich höher als für andere Vitamine. A. wirkt als Reduktionsmittel u. geht in Ggw. von *A.-Oxidase,* einem kupferhaltigen Enzym, u. Sauerstoff in die dehydrierte Form der *Dehydro-A.* über. Diese Umwandlung ist im Stoffwechsel für bestimmte enzymat. Hydroxylierungen, z. B. für die Umwandlung von Prolin zu Hydroxyprolin im Kollagen, v. Bedeutung. Die techn. Herstellung von A. geht aus v. Glucose u. deren chem. Umwandlung in den Zuckeralkohol D-*Sorbit;* dieser wird mikrobiologisch durch *Acetobacter suboxidans* zu L-*Sorbose* oxidiert, welche anschließend in mehreren chem. Schritten zu A. umgewandelt wird.

Ascoscleroderma s [v. *asco-, gr. sklērodermos = mit harter Haut], Gatt. der ↗ Onygenales.

Ascospermophora [v. *asco-, gr. spermophoros = Samen tragend], ↗ Doppelfüßer.

Ascosphaera w [v. *asco-, gr. sphaira = Kugel], Gatt. der *Ascosphaerales,* einer völlig isoliert stehenden, kleinen Ord. der Schlauchpilze; in der Entwicklung bestehen gewisse Ähnlichkeiten zu einigen *Eurotiales* u. *Microascales;* A. apis parasitiert in Bienenlarven (Kalkbrutkrankheit).

Ascosporen [v. *asco-, gr. spora = Samen], entstehen nach einer Reduktionsteilung durch endogene freie Zellbildung im Ascus (Sporenschlauch) u. dienen der Vermehrung. A. sind Meiosporen der Schlauchpilze (Ascomyceten); meist werden 8, seltener 4, 16 od. mehr A. im Ascus ausgebildet. Sie können sich artspezifisch unterschiedlich entwickeln u. sind außerordentlich vielgestaltig. Es gibt einkernige od. mehrkernige A., die durch Teilung der haploiden Kerne entstehen; eine anschließende Septierung kann zu einer Unterteilung in mehrere Zellen führen. Weitere Unterscheidungsmerkmale sind Form, Größe, Färbung (meist durch Melanine), eine Ausbildung v. Schleimhüllen, schleimigen Anhängseln od. Wandmustern auf den A. Das Restplasma des Ascus kann außerdem als Exospor der Sporenwand aufgelagert sein. Die Keimung erfolgt durch Keimporen od. Keimspalten. Manchmal keimen die A. schon innerhalb des Ascus mit Sproßzellen, od. es bilden sich Konidien.

Ascostroma s [v. *asco-, gr. strōma = Lager], ein Ascoma aus pseudoparenchymat. oder prosenchymat. haploidem Pilz-Stroma mit Höhlungen, in dem sich ein od. mehrere Asci entwickeln; Vorkommen bei den *Loculoascomycetes.*

Ascotricha w [v. *asco-, gr. triches = Haare], Gatt. der ↗ Microascales.

Ascus m [Mz.: Asci; v. gr. askos = Schlauch], 1) *Sporenschlauch,* schlauchförm. Sporangium (Meiosporangium) der Schlauchpilze (Ascomyceten), in dem Ascosporen gebildet werden. Der A. kann sich unterschiedlich entwickeln. In einem übl. Entwicklungsgang wachsen nach der Plasmogamie aus dem befruchteten ♀ Geschlechtsorgan (Ascogon) die *ascogenen Hyphen* aus, in die die konträrgeschlechtl., haploiden Zellkerne paarweise einwandern u. durch eine Querwandbildung abgeteilt werden. Erst an diesen dikaryotischen, ernährungsphysiologisch unselbständigen ascogenen Hyphen werden die Asci gebildet. In der Regel wachsen auch nach der Befruchtung des Ascogons aus dem Ascogonstiel haploide Zellen zu einem Hyphengeflecht aus, das sich zum Fruchtkörper formt. Die Differenzierung der Asci erfolgt hauptsächlich nach dem Hakentyp; abgewandelte Bildungen sind der Schnallen- (↗ Ständerpilze), Ketten-, Knospen- u. Stielzellentyp. Im A. erfolgen typischerweise 1. die Verschmelzung der haploiden Kerne, 2. die Reduktionsteilung in 4 haploide Kerne, 3. eine

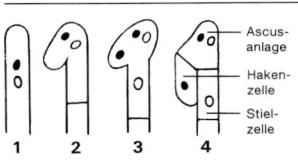

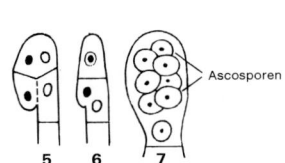

asco- [v. gr. askos = Schlauch], in Zss.: Schlauch-.

Ascusbildung bei Ascomyceten (Schlauchpilze) (schematisch)

Im typischen Fall krümmt sich die dikaryotische Endzelle (1) mit der Spitze nach rückwärts (2), so daß für den zweiten Kern ein eigener Zellraum entsteht. Nach gleichzeitig ablaufenden Mitosen (3) werden die jeweiligen Tochterkerne durch Zellwände abgetrennt *(Hakenzelle, Stielzelle)* (4). Die Hakenzelle vereinigt sich wieder mit der Stielzelle zu einer dikaryotischen Zelle (5), in der Spitzenzelle, dem *Ascus,* findet Karyogamie (6), anschließend die Meiose statt, die zu 8 *Ascosporen* (Meiosporen) führt (7).

weitere mitotische Teilung u. die Differenzierung der Ascosporen. Die Freisetzung der Ascosporen ist unterschiedlich u. abhängig v. der Ascuswand, nach deren Aufbau u. Öffnungsmechanismus die Schlauchpilze in die *Protunicatae* u. die *Eutunicatae* mit den Untergruppen der *Uni-* u. *Bitunicatae* eingeteilt werden. **2)** bei Moostierchen der mit Meerwasser gefüllte Kompensationssack der *Ascophora,* der die Ausstülpung des Polypids ermöglicht.

Ascute w [v. gr. a- = nicht, lat. scutum = Schild], Gatt. der ↗ Clathrinidae.

asellat [v. gr. a- = nicht, lat. sella = Sattel], von Branco (1879) geprägte Bez. für die einfachste Nahtlinie der ersten Wohnkammer auf der Anfangskammer (Prosutur) devonischer Goniatiten, die seiner Ansicht nach eine gerade Linie darstellt. Nach Schindewolf (1929) verfügt die a.e Prosutur über je einen flachen Intern- u. Externsattel, die einen seichten Lateralollobus einschließen.

Asellota, U.-Ord. der Asseln, bei denen die Pleonsegmente vom 2. od. 3. an (seltener alle) zus. mit dem Telson zu einem großen Pleotelson verschmolzen sind; kauende Mundwerkzeuge. Zahlr. Familien, z. B. die *Asellidae* mit der ↗ Wasserassel (*Asellus aquaticus*) u. die *Parasellidae* mit *Jaera albifrons* (ca. 5 mm) in Nord- u. Ostsee u. *J. sarsi* als Relikt in der Donau. *Macrostylis galatheae* (Fam. *Macrostylidae*) wurde im Philippinengraben in 10 000 m Tiefe gefunden. Sehr merkwürdig gestaltet ist *Munnopsis typica* (Fam. *Munnopsidae*): sie wird 18 mm lang, ihre 2. Antennen und 3. und 4. Pereiopoden erreichen die mehrfache Körperlänge; lebt im Atlantik auf weichem Schlamm.

Asellus *m* [lat., = Eselchen], Gatt. der *Asellidae* (U.-Ord. ↗ *Asellota*) mit *A. aquaticus,* der ↗ Wasserassel.

asexuelle Fortpflanzung, *vegetative Fortpflanzung, ungeschlechtliche Fortpflanzung;* charakteristisch für diese Art der Fortpflanzung ist, daß die Fortpflanzungskörper mitotisch v. einem Mutterorganismus abgegliedert werden u. in ihren genet. Anlagen diesem entsprechen. Die a. F. ist also nicht mit der Neu- bzw. Rekombination v. Erbanlagen verknüpft. **1)** Bei *Pflanzen* ist die a. F. weit verbreitet; man unterscheidet hierbei zw. einer vegetativen Fortpflanzung a) durch Zerfall od. Teilung, b) durch bes. Keimzellen od. Sporen und c) durch ↗ Apomixis. – a) Die einfachste Form ist bei einzelligen Organismen die Zweiteilung *(Schizotomie),* dabei geht das Mutterindividuum völlig in die beiden Tochterindividuen auf; es können auch innerhalb der Zellwand mehrfache Teilungen ablaufen *(Schizogonie),* so daß aus einem ursprünglich einzelligen Individuum mehrere Tochterindividuen hervorgehen. Viele mehrzellige, fädige Organismen (*Oscillatoria, Nostoc, Ulothrix* u.a.) wie auch viele höher organisierte thallöse Meeresalgen (z. B. *Caulerpa, Sargassum*) od. Flechten u. Moose können sich durch Thallusfragmente vermehren. Bei mehrjähr. höheren Pflanzen kann es durch Absterben älterer Sprosse, insbes. verzweigter Rhizome, zur vielfachen Aufteilung einer Ursprungspflanze kommen (*Anemone, Convallaria*), desgleichen dienen Ausläufer (Erdbeere) der Vermehrung. Einige Pflanzen bilden vielzellige Brutkörper od. Brutknospen, die direkt zur Vermehrung u. Verbreitung (z. B. die Braunalge *Sphacelaria* od. das Lebermoos *Marchantia*) od. zunächst zur Überwindung ungünstiger Lebensbedingungen dienen (Kartoffelknollen, Überwinterungsknospen z. B. von *Utricularia*). Andere Pflanzen bilden an oberird. Organen Brutsprosse od. Bulbillen, z. B. in den Blattachseln (*Dentaria bulbifera*) od. an den Blatträndern (*Bryophyllum calicynum*) (unechte Viviparie). – b) Viele Algen u. Pilze vermehren sich durch Abgliederung einzelliger, mitotisch entstandener Keimzellen, der Sporen. Sie können einzeln od. zu mehreren in einem Sporangium gebildet od. exogen (bei vielen Pilzen) abgegliedert werden. Meist sind sie einkernig, seltener zweikernig (z. B. Uredosporen bei *Puccinia*) od. vielkernig (z. B. *Vaucheria*). **2)** Bei *Tieren* liegt a. F. u.a. bei der mitotischen Teilung von Einzellern (Protozoen), Entwicklung v. Medusen aus Polypen, Knospung bei Polypen (*Hydra*), Würmern u. Manteltieren vor. Bei mehrzelligen Tieren geht die a. F. nie von Einzelzellen aus, ist also, im Ggs. zu den Verhältnissen bei Pflanzen, nie cytogen. (Wechsel zw. a.r F. u. bisexuell. Fortpflanzung ↗ Metagenese.) Bei höheren Tieren ist a. F. nicht bekannt (Ausnahme: Polyembryonie beim Gürteltier). A. F. ist nicht zu verwechseln mit unisexueller Fortpflanzung (Parthenogenese). Ggs.: sexuelle Fortpflanzung. B 250, 251.

Ashbya *w* [äschbia], Gatt. der Echten Hefen; Erreger v. Krankheiten an Haselnüssen, Tomaten, Bohnen u. Baumwollkapseln (*A. gossypii* = *Spermophthora gos.*); *A. gos.* wird auch biotechnologisch zur Gewinnung v. Riboflavin (Vitamin B_2) genutzt.

Asien [v. assyr. *aszu* = Osten, Sonnenaufgang], größter Kontinent der Erde, umfaßt mit 44,3 Mill. km² (mit UdSSR u. dem eur. Anteil der Türkei) 1/12 der Erdoberfläche bzw. 35% der Landfläche der Erde. Von N nach S erstreckt sich das asiat. Festland über 8600 km v. der Lenamündung bis Singapur u. von W nach O über 11 000 km vom

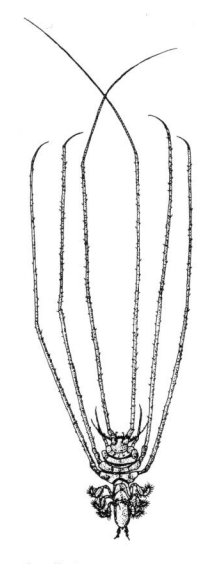

Asellota
Munnopsis typica in Schwimmhaltung

Asellota
Einige Familien:
Asellidae
Macrostylidae
Munnopsidae
Parasellidae

ASIEN I

Tundra

Boreale Nadelwaldzone (Taiga)

Gebirge

Die Taiga Asiens ist das größte Waldgebiet der Erde. Es bildet einen Teil des Nadelwaldgürtels, der sich über die ganze nördliche Halbkugel zwischen der Tundra im Norden und den Mischwald- und Laubwaldgebieten im Süden erstreckt. In der Taiga dominieren Kiefern, Fichten und Lärchen. Die Fauna ähnelt in groben Zügen der von Nordeuropa.

Sibirische Zirbelkiefer *(Pinus sibirica)*

Sibirische Lärche *(Larix sibirica)*

Erbsenstrauch *(Caragana arborescens)*

Bruch-Weide *(Salix fragilis)*

Sibirische Tanne *(Abies sibirica)*

Zobel *(Martes zibellina)*

Gleithörnchen, Flughörnchen, Ljutaga *(Pteromys volans)*

Ringelgans *(Branta bernicla)*

Kragenente *(Histrionicus histrionicus)*

Eichhörnchen *(Sciurus vulgaris)*

© FOCUS

ASIEN II

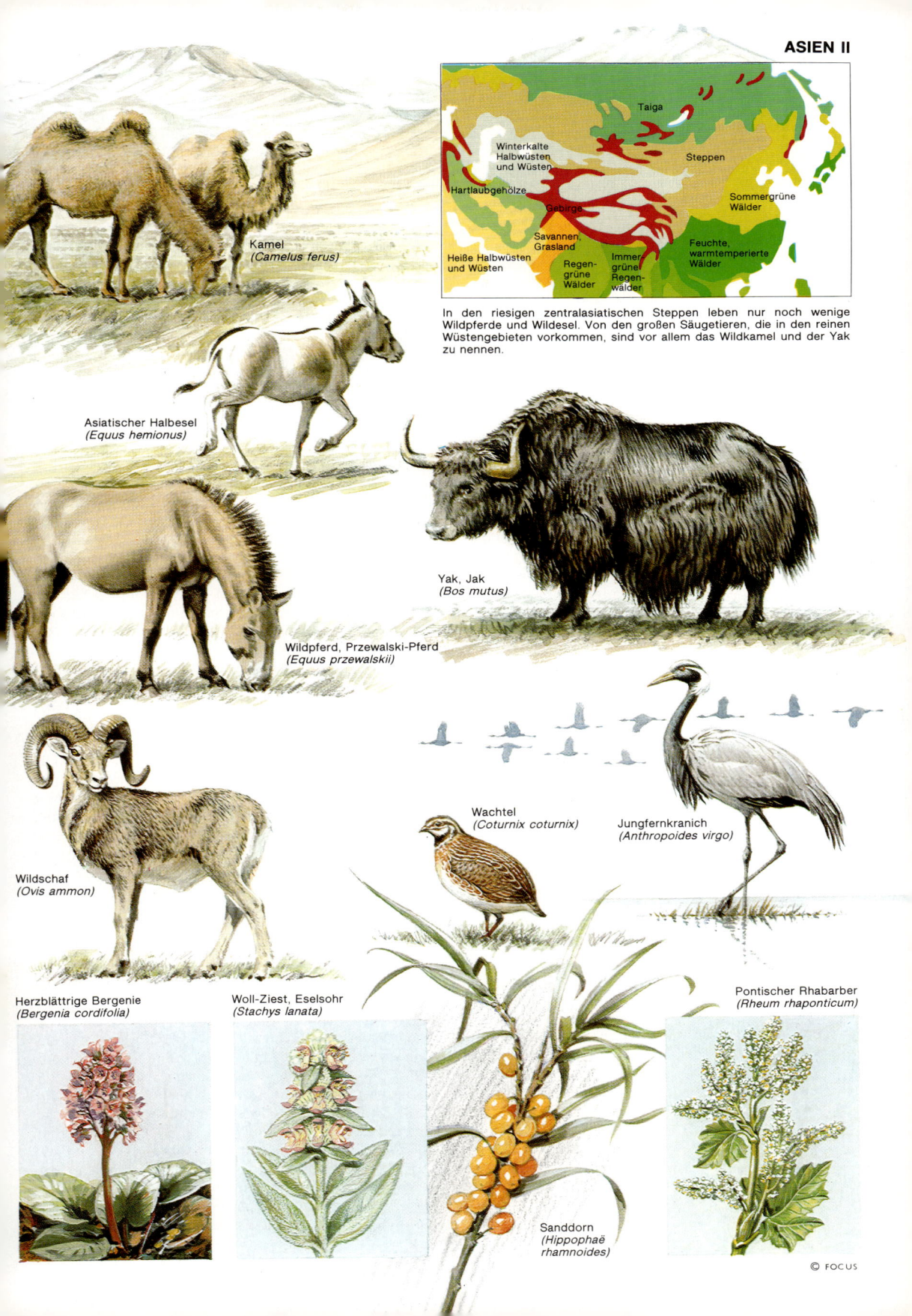

In den riesigen zentralasiatischen Steppen leben nur noch wenige Wildpferde und Wildesel. Von den großen Säugetieren, die in den reinen Wüstengebieten vorkommen, sind vor allem das Wildkamel und der Yak zu nennen.

Kartenlegende: Taiga, Winterkalte Halbwüsten und Wüsten, Steppen, Hartlaubgehölze, Gebirge, Sommergrüne Wälder, Savannen, Grasland, Heiße Halbwüsten und Wüsten, Regengrüne Wälder, Immergrüne Regenwälder, Feuchte, warmtemperierte Wälder

Kamel (*Camelus ferus*)

Asiatischer Halbesel (*Equus hemionus*)

Wildpferd, Przewalski-Pferd (*Equus przewalskii*)

Yak, Jak (*Bos mutus*)

Wildschaf (*Ovis ammon*)

Wachtel (*Coturnix coturnix*)

Jungfernkranich (*Anthropoides virgo*)

Herzblättrige Bergenie (*Bergenia cordifolia*)

Woll-Ziest, Eselsohr (*Stachys lanata*)

Sanddorn (*Hippophaë rhamnoides*)

Pontischer Rhabarber (*Rheum rhaponticum*)

© FOCUS

Asien

Asien

Oberfläche: Für den Umriß A.s sind 6 Halbinseln bestimmend: Kleinasien, Arabien, Vorderindien, Hinderindien, Korea u. Kamtschatka. Zusammen mit den zw. ihnen liegenden Meeren gliedern sie den Festlandsblock. Die Ostflanke A.s ist in Inseln aufgelöst: Malaiische Inselwelt, Philippinen, japan. Inseln. Etwa ⅔ der Fläche sind Gebirge. Faltengebirge, die im Gebirgsknoten des Pamir („Dach der Welt") zusammenstoßen, bilden das Rückgrat des Kontinents. Sie erreichen im Himalaya vielfach die 8000-m-Grenze. In West- u. Zentral-A. umschließen sie große Hochebenen: Anatolien, Hochland v. Tibet, Gobi. Gewaltige Tafelländer verschiedener Höhenlage schließen sich an: Arabien, Vorderindien, Sibirien, die v. Riesenströmen entwässert werden: Euphrat u. Tigris, Indus, Ganges u. Brahmaputra, Lena u. Ob, Hoangho u. Jangtsekiang.

Einige Vertreter der asiatischen Fauna

Arktische Tundra

Eisfuchs *(Alopex lagopus)*
Halsbandlemming *(Dicrostonyx torquatus)*
Sibir. Lemming *(Lemmus sibiricus)*
Tundra-Ren *(Rangifer tarandus sibiricus)*
Schnee-Eule *(Nyctea scandiaca)*
Alpenschneehuhn *(Lagopus mutus)*
Als Zugvögel:
  Odinshühnchen *(Phalaropus lobatus)*
  Ohrenlerche *(Eremophila alpestris)*
  Spatelraubmöwe *(Stercorarius pomarinus)*

Ural bis Wladiwostok. Mit Europa bildet A. als Eurasien eine geschlossene Landmasse. Die geogr. Grenze zw. beiden verläuft am Ostfuß des Urals, entlang dem Uralfluß, dem Kasp. Meer u. über den Kaukasus. Von Afrika ist A. nur durch den Suezkanal u. den Grabenbruch des Roten Meeres geschieden. Im SO beginnt mit Neuguinea die Welt der Südsee.

Pflanzenwelt

Der weit überwiegende Teil Asiens gehört pflanzengeographisch zur ↗Holarktis u. ist deshalb floristisch relativ einheitlich. Lediglich der kleinere Südteil des Kontinents erreicht (bei etwa 30° n. Br.) das Gebiet der ↗Paläotropis u. trägt damit eine grundsätzlich abweichende Vegetation. Allerdings hat die gewaltige eurasiat. Landmasse Anteil an allen Klimatypen der Erde u. ist demgemäß in eine Vielzahl ganz unterschiedl. Vegetations-Formationen gegliedert.

Arktische Tundrazone. Die Tundra im N der eurasiat. Landmasse ist Teil einer größeren, polumgreifenden, vegetationskundlich aber weitgehend einheitl. arkt. Zone. Das Klima dieses riesigen Gebiets ist sehr unterschiedlich u. reicht v. ausgeglichenen ozeanisch-arkt. Bedingungen bis zum sommerwarmen, aber äußerst winterkalten kontinental-arkt. Klima mit Permafrostböden. Jenseits einer oft mehrere hundert Kilometer breiten Verzahnungszone mit dem borealen Nadelwald, der sog. Waldtundra, ist die eigentl. Tundra aufgrund der kurzen Vegetationsdauer baumlos und wird von Zwergbirken od. Zwergweiden beherrscht. Die endlose Weite dieser Zwergstrauchtundra wird nur an trockeneren, höhergelegenen u. winters schneefrei geblasenen Standorten v. großen Flecken der äußerst frosthartren Windheideflechten unterbrochen, an tieferen u. deshalb länger schneebedeckten Stellen dagegen v. ausgedehnten Moosrasen. Wegen des tiefen Sonnenstands sind steile Südhänge klimatisch bes. begünstigt. Sie tragen, ähnlich wie die früh durch Schmelzwässer ausapernden Flußufer, eine eigene, reichere Vegetation. Im N der Tundrazone nimmt die Bedeutung der Zwergsträucher mit kürzer werdender Vegetationsdauer immer weiter ab, u. die Vegetationsdecke wird allmähl. lückig. Deckung u. Artenzahl werden immer geringer, bis schließlich vor der Grenze zur arkt. Eiswüste die reine Moos- u. Flechtentundra erreicht ist. Insgesamt beträgt die Fläche der baumlosen eurasiat. Tundra 3 Mill. km². Bei den meisten Pflanzen der Tundra verteilen sich die Anlage der Blüte u. die Reifung der Samen auf 2 oder mehr Jahre. Oft werden die Blütenknospen im Vorjahr angelegt u. überdauern dann 8–10 Monate in voll entwickeltem Zustand bei strengstem Frost. Bei anderen Arten zieht sich die Entwicklung ohne erkennbaren Einfluß der Tageslänge über mehrere Jahre hin (aperiod. Arten), wobei die Pflanzen beim Einbruch der kalten Jahreszeit nur in ihrer Entwicklung steckenbleiben. Samenverbreitung und Bestäubung erfolgen fast ausschl. durch den Wind. Wegen der geringen Einstrahlung u. der ungünstigen Temp. ist die Phytomasseproduktion trotz der langen Tage während der Sommermonate mit etwa 3 t/ha nur sehr gering. Entsprechend klein ist die Tragfähigkeit der Tundra für größere Wild- od. Nutztierherden (Rentiere).

Boreale Nadelwaldzone. An die baumlose Tundra schließt sich im S der breite Gürtel der borealen Nadelwälder an, eine der größten Vegetationszonen der Erde überhaupt. Die Wälder dieser Zone werden beherrscht v. Fichten *(Picea abies* im W, die nahe verwandte *P. obovata* im O), die nur auf trockeneren Standorten durch Kiefern ergänzt od. verdrängt werden. Erst im extrem kontinentalen Gebiet O-Sibiriens wird der typ. dunkle Fichtenwald (Taiga) durch sommergrüne Lärchenwälder ersetzt. Der Herrschaftsbereich der Fichte beginnt in der Baumtundra, wo mit etwa 30 Tagen über 10°C die untere Grenze des Baumwuchses überschritten wird. Nur im niederschlagsreichen, ozean. Westteil bilden nicht Fichten, sondern Birken die polare Baumgrenze. Im östl. Teil werden die Fichten allmählich durch Lärchen *(Larix sibirica* bzw. *L. darhurica*) u. eine kontinentale Schwesterart der Arve *(Pinus sibirica)* abgelöst; stellenweise dringen hier auch Birken, Weiden od. Ebereschen bis zur polaren Waldgrenze vor. Die Taiga Sibiriens ist das größte zusammenhängende Waldgebiet der Erde; im N licht, von Birkenbeständen, Naturwiesen u. Felswüsten durchsetzt, im S in die kontinentale Baumsteppe od. die boreo-nemorale Laubwald-Mischwaldzone übergehend. Dazwischen liegen über 20–25 Breitengrade riesige Wälder v. beeindruckender Einheitlichkeit, der überwiegende Teil davon auf Permafrostböden. Der Wasserabfluß aus den weithin ebenen u. sommers nur oberflächlich auftauenden Flächen ist stark gehemmt; daher sind große Gebiete der borealen Zone v. Moorwald (Sumpftaiga) oder regelrechten baumfreien Hochmooren bedeckt. Wird das Klima trockener u. kontinentaler, so vermag die Kiefer diese nährstoffarmen Hochmoore zu besiedeln; daher verläuft am Südrand der borealen Nadelwaldzone ein breiter Bereich baumbestandener Waldhochmoore. Die standörtlich günstigen Flächen des borealen Nadelwaldes sind heute z. T. in Kulturland umgewandelt. Zwar ist die Artenpalette beschränkt, doch sind sichere Erträge bei Roggen, Hafer u. Kartoffel möglich.

Steppe. An die boreale Zone schließt sich im S im eur. Teil der eurasiat. Landmasse eine breite boreo-nemorale Mischwaldzone aus Nadelhölzern u. Breitlaubgehölzen an. Sie beginnt dort, wo bei einer Vegetationsdauer v. mehr als 120 Tagen über 10°C Existenzmöglichkeiten für Breitlaubgehölze gegeben sind, in Skandinavien bei etwa 60° n. Br. Nach O wird diese Mischwaldzone immer schmaler, bis sie schließlich etwas östlich des Urals v. der Waldsteppe abgelöst wird, einer Übergangszone zur reinen, baumfreien Grassteppe. Die Waldsteppe ist ein großfeldriges Mosaik aus Laubwäldern u. Wiesensteppen, dessen Verteilungsmuster v. Niederschlag und v. der Durchlässigkeit der Böden bestimmt wird. Auf gut durchlässigen Böden mit günstigem Wasserhaushalt können noch Laubbäume (Eichen, Espen) gedeihen, während auf den schlecht drainierten Flächen bereits die reine Grassteppe dominiert. Beim Übergang v. der ozean. boreo-nemoralen Mischwaldzone zur kontinentalen Steppenzone werden die Niederschläge immer geringer, die Temperaturgegensätze zw. Sommer u. Winter aber größer, gleichzeitig jedoch die Jahresdurchschnittstemperatur immer niedriger. Damit sind die entscheidenden Vegetationsbedingungen der Steppe angedeutet: Eine aufgrund der Winterkälte u. Sommertrockenheit baumfreie u. deshalb v. Gräsern beherrschte Pflanzenformation, meist über der charakterist. und von ihr geschaffenen Schwarzerde. Im natürl. Zustand sind diese Grassteppen v. beeindruckender Blütenpracht, die allerdings aufgrund der Sommertrockenheit bereits im Juli ihr Ende findet. Heute sind die riesigen Flächen der Grassteppe weitgehend in Ackerland verwandelt. Die günstigen Böden u. die in der Regel noch ausreichenden Niederschläge machen sie zum fruchtbarsten Teil der asiat. Sowjetunion. Im südl. Teil der Steppenzone verändert sich der Aspekt: Federgräser (*Stipa*-Arten) treten stärker hervor, u. die weniger dürreharten Kräuter verschwinden. Bei sinkenden Niederschlägen nimmt die Dichte der Vegetationsdecke immer weiter ab, bis schließlich mit dem Auftreten v. Wermut-(*Artemisia*-)Arten der Übergang zur Halbwüste erreicht ist. Charakteristisch für die Pflanzen der weiten Steppengebiete ist der Lebensformtypus des „Steppenläufers", bei dem Fruchtstände u. Reste des Stengels als kugel. Gebilde erhalten bleiben u., vom Wind getrieben, über große Entfernungen gerollt werden.

Wüsten und Halbwüsten. Die Zone der Halbwüsten unterscheidet sich v. der Steppe durch das Zurücktreten der Federgräser (*Stipa*) u. die Vorherrschaft v. xeromorphen Halbsträuchern, die eine lückige, diffus verteilte Vegetation bilden. Diese Halbwüstenzone folgt als relativ schmaler Streifen v. Ural aus nach O zunächst etwa dem 50. Breitenkreis u. biegt dann in der äußeren Mongolei scharf nach S um. Letzte Vorposten der Steppenvegetation finden sich in feuchteren, aber nicht verbrackten Senken, während die häufig auftretenden salzbeeinflußten Solonezböden eine eigene, salzertragende u. v. Wermut-(*Artemisia*-)Arten dominierte Pflanzendecke tragen. An der Grenze zur eigentl. Wüste geht die scheinbar regellose Verteilung der Pflanzen in ein truppweises, lokales Auftreten v. Pflanzen in Erosionsrinnen, Senken usw. über. An diesen Stellen fließt das Regenwasser bei den seltenen Starkregen zus. u. durchfeuchtet das Profil bis weit hinab, so daß an solchen Stellen auch in der Wüste nicht spezialisierte Pflanzen mit weit ausgreifendem Wurzelwerk gedeihen können. Die asiat. Wüsten unterscheiden sich v. den subtrop. v. a. durch die Winterkälte, die in den zentralasiat. Wüsten (Gobi, Ala Shan, Bei Shan, Takla-Makan usw.) zus. mit extremer Trockenheit auftritt. Die mittelasiat. Wüsten erhalten dagegen noch zyklonale Winterniederschläge v. Atlantik her, so daß hier der Boden im Frühjahr in der Regel durchfeuchtet ist u. dann für kurze Zeit v. einer Flut v. Geophyten od. kurzlebigen Annuellen überzogen wird. Während diese sog. Ephemerenwüste in der übrigen Zeit des Jahres völlig tot erscheint, gibt es in den Sandwüsten mit ihrem etwas günstigeren Wasserhaushalt neben den schnell wieder verschwindenden Arten des Frühjahrs eine Reihe von charakterist. Sträuchern, die bis in den Herbst hinein ausdauern (*Haloxylon persicum*, Weißer Saksaul, *Calligonium*-Arten usw.). Seit Karakulschafe die fr. in diesen Gebieten heim. Wildschafe u. Wildpferde verdrängt haben, besteht die Gefahr, daß die Vegetation, z. B. um Wasserstellen, zerstört wird u. dadurch vegetationslose Wanderdünen (Barchane) entstehen. Die zentralasiat. Wüsten erhalten ihren Niederschlag v. den Ausläufern des ostasiat. Sommermonsuns, deshalb fehlen hier die Frühlingsephemeren der mittelasiat. Wüsten. Große Sommerhitze, gepaart mit Winterkälte und z. T. verschwindend gerin-

Asien

Boreale Nadelwaldzone

Nordelch *(Alces alces alces)*
Schneehase *(Lepus timidus)*
Polarrötelmaus *(Clethrionomys rutilus)*
Burunduk *(Eutamias sibiricus)*
Eichhörnchen *(Sciurus vulgaris)*
Gewöhnl. Gleithörnchen *(Pteromys volans)*
Wolf *(Canis lupus)*
Zobel *(Martes zibellina)*
Europäischer Seidenschwanz *(Bombycilla garrulus)*
Fichtenkreuzschnabel *(Loxia curvirostra)*
Sibir. Tannenhäher *(Nucifraga caryocatactes)*
Unglückshäher *(Perisoreus infaustus)*
Gänsesäger *(Mergus merganser)*
Singschwan *(Cygnus cygnus cygnus)*
Sperbereule *(Surnia ulula)*
Bartkauz *(Strix nebulosa)*
Dendrolimus superbus sibiricus u. D. spectabilis (Schadschmetterlinge aus der Gruppe der Spinner)

Steppe

Saiga-Antilope *(Saiga tatarica)*
Kropfgazelle *(Gazella subgutturosa)*
Steppentarpan *(Equus przewalskii gmelini)*
Przewalskipferd *(E. p. przewalskii)*
Steppenmurmeltier, Bobak *(Marmota bobak)*
Zwergziesel *(Citellus pygmaeus)*
Langschwänziger Ziesel *(C. eversmanni)*
Steppenlemming *(Lagurus lagurus)*
Feldhamster *(Cricetus cricetus)*
Steppenadler *(Aquila nipalensis)*
Großtrappe *(Otis tarda)*
Feldlerche *(Alauda arvensis)*
Scheltopusik *(Ophisaurus apodis)*

Indischer Paradiesschnäpper *(Terpsiphone paradisi)*

Gebirgsketten und Hochländer erstrecken sich quer über den asiatischen Kontinent. In den östlichen Gebieten des Himalaya leben immer noch Vertreter des berühmten Großen Panda. Im allgemeinen weisen die Hochländer eine reiche Vegetation auf.

Großer Panda, Bambusbär *(Ailuropoda melanoleuca)*

Jungfernrebe *(Parthenocissus tricuspidata)*

Silberfasan *(Gennaeus nycthemerus)*

Goldfasan *(Chrysolophus pictus)*

Weißer Maulbeerbaum *(Morus alba)*

Wisterie, Glyzine *(Wisteria sinensis)*

Rhododendron japonicum

Flammendes Herz *(Dicentra spectabilis)*

Echter Jasmin *(Jasminum nudiflorum)*

Gardenie *(Gardenia jasminoides)*

Forsythie *(Forsythia suspensa)*

Wachsblume *(Hoya carnosa)*

Tigerlilie *(Lilium tigrinum)*

Morgenländischer Lebensbaum *(Thuja orientalis)*

ASIEN III–IV

Zu den berühmtesten Bäumen Ostasiens gehört der Ginkgo (Abb. links); in China wird er als heilig angesehen (Tempelbaum). Sowohl in China als auch in Japan ist die Artenvielfalt besonders von kleineren Vögeln auffallend.

Buntmeise
(*Parus varius*)

Ginkgo
(*Ginkgo biloba*)

Mandarinente
(*Aix galericulata*)

Japanschnäpper
(*Cyanoptila cyanomelana*)

Narzißschnäpper
(*Ficedula narcissina*)

Steineibe
(*Podocarpus neriifolia*)

Venusschuh
(Zuchtform)
(*Paphiopedilum*)

Kriechender Steinbrech
(*Saxifraga sarmentosa*)

Sikahirsch
(*Cervus nippon*)

Kartoffel-Rose (*Rosa rugosa*)

Kragenbär
(*Ursus thibetanus,
Selenarctos thibetanus*)

Serau
(*Capricornis sumatraënsis*)

© FOCUS

Asien

Halbwüsten und Wüsten

Arten des saharo-indischen Trockengürtels:
Sandkatze *(Felis margarita)*
Kap-Hase *(Lepus capensis)*
Senegalflughuhn *(Pterocles senegallus)*
Steinlerche *(Ammomanes deserti)*
Wüstenwaran *(Varanus griseus)*

Arten der mittel- u. zentralasiat. Gebiete:
Asiat. Wildesel *(Equus hemionus)*
Trampeltier *(Camelus ferus)*
Kurzschwanzgazellen *(Procapra spec.)*
Gelbziesel *(Citellus fulvus)*
Rauhfuß-Springmaus *(Dipus sagitta)*
Sibir. Springmaus *(Allactaga sibirica)*
Erdhase *(Alactagulus pygmaeus)*
Sandflughuhn *(Pterocles orientalis)*
Bärtige Krötenkopfagame *(Phrynocephalus mystaceus)*

Zentralasiatische Hochgebirge

Schneeleopard *(Uncia uncia)*
Wildschaf *(Ovis ammon)*
Wildyak *(Bos mutus)*
Sibir. Steinbock *(Capra ibex sibirica)*
Schraubenziege, Markhor *(C. falconeri)*
Himalayamurmeltier *(Marmota himalayana)*
Schneegeier *(Gyps himalayensis)*
Bartgeier *(Gypaëtus barbatus)*
Haldenhuhn *(Lerwa lerwa)*
Königshühner *(Tetraogallus spec.)*
Alpendohle *(Pyrrhocorax graculus)*
Himalaya-Krötenkopfagame *(Phrynocephalus theobaldi)*
Himalaya-Grubenotter *(Agkistrodon himalayanus)*

gen Niederschlägen, haben zur Folge, daß die Kerngebiete dieser Wüstenzone (Takla-Makan, Tsaidam, Gobi) weitgehend vegetationslos bleiben. Erst in den Randgebieten und in der Übergangszone zur Steppe treten Sträucher *(Caragana, Hedysarum)*, Gräser *(Lasiagrostis)* od. Salzpflanzen auf *(Kalidium, Nitraria)*.

Sommergrüne Laubwälder. Der Einflußbereich des Monsunklimas am Ostrand der eurasiat. Landmasse gehört etwa zw. dem 28. Breitengrad u. der Nordgrenze Chinas zum Gebiet der sommergrünen (nemoralen) Laubwälder, eine Zone, die sich (allerdings wesentlich schmaler) bis auf die jap. Inseln fortsetzt. Aufgrund der klimat. Vorzüge wurde das ostasiat. Laubwaldgebiet schon früh zu einem dicht besiedelten Kulturland, so daß heute auf großen Flächen kaum noch Reste der urspr. Laubwaldvegetation existieren. Größere zusammenhängende Laubwälder sind vorwiegend in Gebieten mit ungünstigem Relief, v. a. aber in Berglagen, erhalten geblieben. Hier mischen sich, allerdings mit nach N immer weiter absinkender Untergrenze, Nadelhölzer in die Laubwaldbestände, bis schließlich das Amurgebiet, die Übergangszone zum borealen Nadelwald, erreicht ist.

Immergrüne Laubwälder. Der südöstl. Teil Chinas gehört etwa ab dem Jangtsekiang zur Zone der immergrünen Laubwälder („Lorbeerwälder"). Auch hier ist die natürl. Vegetationsdecke heute weitgehend durch die Inkulturnahme der Böden beseitigt, wenn auch nicht ganz in dem Ausmaß wie im Gebiet der sommergrünen Laubwälder. Die ursprünglich sehr reiche Vegetation, in der viele unserer Zierpflanzen beheimatet sind (z. B. Kamelie, Kerrie usw.), nimmt weiter nach S immer deutlicher subtrop. Züge an u. ist bes. in den zertalten Gebirgsländern von beeindruckender Vielfältigkeit. Hier trifft man in den Tallagen auf Wälder trop. Charakters od. Anbauflächen entsprechender Kulturpflanzen (Yams, Batate, Bananen usw.), während an den Talhängen immergrüne u. darüber sommergrüne Laubwälder zu finden sind, die schließlich v. Gebirgsnadelwäldern mit vielen endem. Arten *(Cunninghamia, Cephalotaxus, Sterculia)* u. der alpinen Vegetation der Gipfellagen abgelöst werden.

Halbimmergrüne und regengrüne Wälder. Im Einflußbereich länger anhaltender Monsunniederschläge liegt die Zone der halbimmergrünen (d. h. im Unterwuchs auch zur Trockenzeit belaubten) Regenwälder u. der vollständig laubwerfenden Monsunwälder. Sie bilden die potentielle natürl. Vegetation großer Teile Hinterindiens, aber auch der vorderindischen Landmasse, wenngleich hier der weitaus überwiegende Teil in Kulturland, in Dornsavanne od. anthropogen bedingte Halbwüste verwandelt ist. Insgesamt wird der Vegetationscharakter auf dem ind. Subkontinent durch die von O nach NW abnehmenden Niederschlagsmengen bestimmt, die nicht nur Zusammensetzung u. Aufbau der Wälder, sondern auch ihre Anfälligkeit gg. Brand u. menschl. Eingriffe bedingen. Wichtigstes Nutzholz dieser Wälder ist der Teakbaum *(Tectona grandis);* daneben liefern aber auch weitere Arten *(Dalbergia, Cedrala, Terminalia)* wirtschaftl. bedeutende Hölzer. In Assam hat sich auf Kosten der Wälder seit dem Beginn des 19. Jh. der Teeanbau stark ausgebreitet. Er ist hier bis in die Tallagen möglich, während der Tee in Sri Lanka erst in 1000–2000 m Höhe gedeiht. Reis, Sesam, Jute, Batate, Baumwolle, Mango und Kokospalme haben im übrigen Teil des Subkontinents schon lange ihren Platz erobert. Zu ihnen gesellt sich in jüngerer Zeit eine wachsende Zahl v. Kulturpflanzen aus eher gemäßigten Breiten (Weizen, Mais usw.).

Tropischer Regenwald. Sumatra, Borneo, die Philippinen, Teile von Hinterindien u. Sri Lanka sowie die W-Küste des ind. Subkontinents sind vom immergrünen trop. Regenwald bedeckt. Er gehört im SW des Gebiets zu den artenreichsten u. üppigsten der Erde. Meist sind die fast undurchdringl. Bestände in mehrere Kronenstockwerke gegliedert u. von zahlr. Lianen u. Epiphyten durchsetzt. An den Küsten werden die Regenwälder oft von Mangrovebeständen umsäumt; auch sie sind im Bereich der malaiischen Inselwelt bes. artenreich. Das Vorkommen der Regenwälder ist beschränkt auf Gebiete mit hohen Niederschlägen (2000–4000 mm) ohne ausgeprägte Trockenzeit, aber mit gleichmäßig hoher Temp. (kein Monat unter 18 °C). Dauern die Trockenzeiten länger als 2–3 Monate od. verringern sich allmählich die Durchschnittstemperaturen in den höheren Lagen der Gebirge, werden die immergrünen Regenwälder von Saisonregenwäldern (Monsunwäldern) bzw. den durch Baumfarne u. Epiphyten gekennzeichneten Gebirgs-Nebelwald abgelöst.

Tierwelt

Asien hat Anteil an zwei tiergeograph. Regionen. Südlich v. Jangtsekiang u. Himalaya sowie östlich der Wüste Tharr erstreckt sich bis in die indones. Inselwelt die ↗*Orientalis*. Die Gebiete im N und W sind Teil der ↗*Paläarktis*. Die Grenze zw. beiden ist in S-China unscharf. Ähnl. Über-

Asien

gangsgebiete bestehen zw. Orientalis u. austral. Region (↗Wallacea) u. zw. Orientalis u. Äthiopis im Bereich des saharo-indischen Trockengürtels. Aufgrund ihrer ökolog. Ansprüche u. Potenz lassen sich die verschiedenen Arten mehr od. weniger eindeutig bestimmten Biomen zuordnen.

Arktische Tundra. Angesichts der extremen Umweltbedingungen gibt es nur wenige Arten, deren Verbreitung auf den Tundrengürtel beschränkt ist. Ausgeprägte gegenseitige Abhängigkeiten u. in deren Folge häufig große Schwankungen der Populationsdichten sind kennzeichnend. Im Winter finden Kleinsäuger unter der Schneedecke Schutz vor Kälte u. eine – wenn auch kärgliche – Pflanzenkost. Das Tundra-Ren, einziger größerer Pflanzenfresser, zieht in die südlicher gelegenen Randgebiete der Wälder, wo es leichter an die unter dem Schnee verborgene Rentierflechte (Cladonia rangiferina) gelangt. Das Fehlen v. echten Winterschläfern, die Armut an bodenbewohnenden Wirbellosen – was wiederum das Fehlen v. Insektenfressern erklärt –, all dies ist Folge des Dauerfrostbodens. Im Sommer bewirkt die behinderte Versickerung die Bildung v. Schmelzwasseransammlungen, die zur Brutstätte v. Myriaden v. Stechmücken werden. Nach der Rückkehr der Zugvögel aus ihren Winterquartieren u. mit dem Vordringen etlicher Waldformen belebt sich das Bild für wenige Monate.

Boreale Nadelwaldzone. Die üppigere Vegetation bietet einer weit artenreicheren Fauna Lebensraum u. Nahrung. Entscheidende Bedeutung für die Populationsdichten zahlr. Arten gewinnt direkt u. indirekt die Samenproduktion der Koniferen. In Jahren geringer Samenproduktion weisen Eichhörnchen u. Rötelmäuse weit geringere Fortpflanzungsraten auf als in Jahren normaler Produktivität. Mit einer gewissen zeitl. Verzögerung wirkt sich dies auf ihre Raubfeinde wie Zobel u. etliche Greifvögel aus. Period. Schwankungen sind nicht selten. Zum Winter hin wandern, abgesehen v. einigen Zugvögeln, nur wenige Tiere ab. Lediglich innerhalb ihres Lebensraums ziehen manche bei Nahrungsverknappung in andere Gebiete. Viele Kleinsäuger ziehen sich unter die Schneedecke zurück, die unter sich auch Nahrung für Insektenfresser birgt. In großer Zahl werden Vorratslager der begehrten Samen angelegt, während Elche u. andere große Pflanzenfresser auf Rinde, Zweige u. Flechten ausweichen. Die relative Einförmigkeit des Waldbestands in seiner Artenzusammensetzung begünstigt v. a. in südlicheren Gebieten das Massenauftreten v. Schadinsekten.

Steppe. Baum- u. strauchlos erlaubt die Steppe ein im wesentlichen an den Erdboden gebundenes Leben. So sind unter den Vögeln Bodenbrüter vorherrschend (z. B. Steppenadler); die Säuger sind durch eine große Zahl kleiner, in unterird. Bauten lebender Herbivoren vertreten. Die aufgeworfenen Erdhügel der Kolonien der Steppenmurmeltiere u. Ziesel können geradezu landschaftsbestimmend werden. Durch die Auflockerung u. Umschichtung des Erdreichs u. seine Anreicherung mit Humus tragen die Nager wesentlich zur Fruchtbarkeit des Bodens bei. Wo die Steppe in Weiden u. Ackerland umgewandelt ist, kann Massenauftreten zu schweren Ernteeinbußen führen. Die in Herden lebenden großen Pflanzenfresser (Wildpferd, Kropfgazelle, Saiga-Antilope – eiszeitlich auch in Mitteleuropa vorkommend) konnten sich kaum gg. den Menschen behaupten. Wie Wisent u. Ur, Bewohner der Waldsteppe, sind sie ausgestorben od. ziehen sich immer weiter in aridere Gebiete zurück. Gelegentlich auftretende winterbedingte Massensterben, „Dschud" genannt, können zum Verschwinden einzelner der isoliert lebenden kleinen Populationen führen.

Wüsten und Halbwüsten. Abhängig v. den lokalen klimat. Verhältnissen durchsetzen sich beide Biome mosaikartig, was eine deutl. Trennung unmöglich macht. Ein solch ausgedehntes Mosaik v. Wüsten u. Halbwüsten erstreckt sich v. der nordafr. Atlantikküste bis nach N-Indien. Dieser saharo-indische Trockengürtel wird v. einigen Arten (Sandkatze, Kap-Hase) in weiten Teilen besiedelt. Hierdurch wird der tiergeograph. Übergangscharakter des Gebiets deutlich, das zw. Äthiopis einerseits sowie Orientalis u. Paläarktis andererseits vermittelt. Die Fauna zeigt die typ. Anpassungen an die Bedingungen der ganzjährig heißen Wüste. Die Tiere der zentral- u. mittelasiat. Wüsten müssen außer den hohen Sommertemperaturen, die in typ. Weise durch Dämmerungs- u. Nachtaktivität umgangen werden, auch den äußerst kalten Wintern trotzen. Die in zahlr. Arten vertretenen Springmäuse (Dipodidae) legen daher bes. tief in den Boden hinabreichende Bauten an. Der Gelbziesel hält neben einem Sommer- auch noch einen Winterschlaf. Wanderfähige Großformen wie Wildesel, Kurzschwanzgazellen u. Trampeltiere (nurmehr Herden verwilderter Hauskamele) ziehen in lebensgünstigere angrenzende Gebiete.

Zentralasiatische Hochgebirge. Großteils umgeben u. durchzogen v. Wüsten u. Halbwüsten, eiszeitlich weitgehend vergletschert, weisen die Gebirge Zentral-

Szetschuan

Goldstumpfnase (Rhinopithecus roxellanae)
Kleiner Panda, Katzenbär (Ailurus fulgens)
Großer Panda (Ailuropoda melanoleuca)
Weißlippenhirsch (Cervus albirostris)
Gebirgsbachspitzmaus (Nectogale elegans)
Stummelschwanzspitzmaus (Anourosorex squamipes)
Temminck-Satyrhuhn (Tragopan temminckii)
Grünschwanzglanzfasan (Lophophorus lhuysii)

Sommergrüne Laubwälder

Davidshirsch (Elaphurus davidianus)
Sikahirsch (Cervus nippon)
Chines. Reh (Capreolus capreolus bedfordi)
Wasserreh (Hydropotes inermis)
Chines. Hase (Lepus sinensis)
Chines. Zwerghamster (Cricetulus griseus)
Père-Davids-Wühlmäuse (Eothenomys spec.)
Chines. Blindmull (Myospalax psilurus)
Chines. Ringfasan (Phasianus colchicus torquatus)
Bartrebhuhn (Perdix dauuricae)
Halsbandkrähe (Corvus torquatus)
Maulwurfsgrille (Gryllotalpa spec.)

Immergrüne und regengrüne Wälder

Muntjak (Muntiacus muntjak)
Schopfhirsch (Elaphodus cephalophus)
Pferdehirsch (Cervus unicolor)
Gaur (Bos gaurus)
Banteng (Bos javanicus)
Kiangsi-Rothund (Cuon alpinus lepturus)
Chines. Nasenotter (Agkistrodon acutus)
Binturong (Arctictis binturong)

ASIEN V

Taiga
Steppen
Sommergrüne Wälder
Feuchte, warmtemperierte Wälder

Aus Ostasien stammen eine ganze Reihe unserer bekanntesten Zierpflanzen, -bäume und -sträucher. Zu ihnen zählen neben der Japanischen Zierkirsche vor allem die Hortensien und Chrysanthemen.

Japanische Zierkirsche (Prunus serrulata)

Japanische Aukube (Aucuba japonica)

Magnolie (Magnolia denudata)

Indische Chrysantheme (Chrysanthemum indicum)

Kerrie, Goldröschen (Kerria japonica)

Kamelie (Camellia japonica)

Hortensie (Hydrangea macrophylla)

Funkie (Hosta sieboldiana)

Japanische Astilbe (Astilbe japonica)

Schildblume, Schusterpalme (Aspidistra elatior)

Sommeraster (Callistephus hortensis)

Zimmeraralie (Fatsia japonica)

Japanzeder, Sicheltanne (Cryptomeria japonica)

ASIEN VI

Banyanbaum
(*Ficus bengalensis*)

Der tropische Gürtel Asiens umfaßt Vorder- und Hinterindien sowie den Malaiischen Archipel. Große Teile Indiens werden von regengrünen Wäldern bedeckt, die in einigen Gebieten in Savannen oder Grasland übergehen. Der immergrüne Regenwald im Westen weist einen dichten Baumbestand mit einer oft undurchdringlichen Bodenvegetation auf. Er beherbergt eine reiche Fauna mit einer Vielzahl von Amphibien, Schmetterlingen und Vögeln.

Gibbon
(*Hylobates lar*)

Tohabaum (*Amherstia nobilis*)

Indische Lotosblume
(*Nelumbo nucifera*)

Dendrobium nobile

Rhesusaffe
(*Macaca mulatta*)

Leopard, Schwärzling
(*Panthera pardus*)

Lippenbär
(*Melursus ursinus*)

Streifenhyäne
(*Hyaena hyaena*)

Begonie, Schiefblatt
(*Begonia rex*)

Tiger (*Panthera tigris*)

© FOCUS

Asien

Chines. Kurzschwanzstachelschwein *(Acanthion subcristatum)*
Chines. Ohrenschuppentier *(Manis pentadactyla)*
sowie dessen bevorzugte Beute, die Termiten *Coptotermes formosanus* u. *Cyclotermes formosanus*
Rötelsperling *(Passer rutilans)*
Bankivahuhn *(Gallus gallus)*
Saruskranich *(Grus antigone)*
Silberfasan *(Gennaeus nycthemerus)*

Tropischer Regenwald

Orang-Utan *(Pongo pygmaeus)*
Gibbon *(Hylobates spec.)*
Nasenaffe *(Nasalis larvatus)*
Plumplori *(Nycticebus coucang)*
Koboldmaki *(Tarsius spec.)*
Spitzhörnchen (u. a. *Tupaia spec.)*
Sumatra-Nashorn *(Dicerorhinus sumatrensis)*
Java-Nashorn *(Rhinoceros sondaicus)*
Schabrackentapir *(Tapirus indicus)*
Wasserbüffel *(Bubalus arnee)*
Schönhörnchen *(Callosciurus spec.)*
Riesengleitflieger, Flattermaki *(Cynocephalus spec.)*
Bülbüls *(Pycnonotus spec.)*
Schneidervogel *(Orthothomus sutorius)*
Dschungeltimalien *(Trichastoma spec.)*
Pittas *(Pitta spec.)*
Braunkehlnektarvogel *(Anthreptes malacensis)*
Doppelhornvogel *(Buceros bicornis)*
Flugdrachen *(Draco spec.)*
Borneotaubwaran *(Lanthanotus borneensis)*
Asiat. Lanzenottern *(Trimeresurus spec.)*
Goldschlange *(Chrysopelea ornata)*
Netzpython *(Python reticulatus)*
Ruderfrösche *(Rhacophorus spec.)*
Rotohrfrosch *(Rana erythraea)*
Engmundfrösche *(Microhylidae)*
Landblutegel *(Haemadipsa spec.)*

asiens eine artenarme, durch einen bes. in hohen Lagen großen Endemitenanteil ausgezeichnete Fauna auf. Zu den wenigen bekannteren Arten zählen Wildjak, Schneeleopard, Haldenhuhn u. Königshühner. Die tieferen Lagen sind im N von zahlr. Formen der Tundra bewohnt. Am regenreichen S- u. SO-Rand des Himalaya bietet eine in charakterist. Stufung v. regengrünem Laubwald bis zum Nadelwald auftretende Vegetation vielfältigere Lebensmöglichkeiten. Eine Sonderstellung nimmt das bergige Hochland W-Chinas (Szetschuan) ein. Neben oriental. u. paläarkt. Arten lebt hier eine große Zahl autochthoner Formen. Die Bambusdickichte in Höhen zw. 2000 u. 3000 m bilden den Lebensraum v. Kleinem u. Großem Panda sowie verschiedenen ursprüngl. Spitzmäusen u. der Goldstumpfnase, einer durch ein bes. dichtes Fell geschützten Nasenaffenart.
Sommergrüne Laubwälder. Diese heute nahezu reine Kulturlandschaft wird v. Formen besiedelt, die unseren mitteleur. Formen in erstaunlicher Weise ähneln. Zahlreich sind körnerfressende Vögel sowie Hasen u. Nagetiere, die aber v. unseren mitteleur. artlich verschieden sind. Großsäuger wie Davids- u. Sikahirsch od. der in mehreren Unterarten ehemals über weite Teile Asiens verbreitete Tiger konnten nur in Restbeständen überleben. Die Region der
Immergrünen Laubwälder ist, abgesehen v. unzugängl., bergigen Gebieten, in ähnlicher Weise durch Inkulturnahme verändert. Wo sich der natürl. Waldfauna südlich des Jangtsekiang noch Lebensmöglichkeiten bieten, fällt das Vorherrschen oriental. Formen (z. B. Chin. Ohrenschuppentier) auf. Charakteristisch sind einige relativ ursprüngl. Vertreter der Hirsche, wie das Wasserreh u. eine chin. Unterart des Muntjak.
Halbimmergrüne und regengrüne Wälder. Die offenen, reichen Unterwuchs aufweisenden Wälder bieten größeren Huftieren günstige Lebensmöglichkeiten. Etliche Wildrinderarten sind hier beheimatet, in deren Gesellschaft das Bankivahuhn, die Stammform des Haushuhns, anzutreffen ist. Auch Rinder wurden zu Haustierformen herangezüchtet, z. B. der in sumpfigem Gelände lebende Asiat. Wasserbüffel sowie Gaur u. Banteng, aus denen die domestizierten Formen Gayal u. Balirind entstanden. In den dichteren Wäldern Indochinas, in denen schon die zu den Primaten zählenden Spitzhörnchen verbreitet sind, bis in die Gebiete des Tropischen Regenwaldes finden sich in steigender Zahl unter vielen Tiergruppen typ. Baumbewohner. Gleitflieger,

Kletterer u. Hangler turnen durch die Stockwerke des Waldes, dessen Kronenbereich v. Vögeln u. Schmetterlingen beherrscht wird. Die ausgeprägte Konstanz v. Luftfeuchte u. Temp. ermöglichte vielen, nur geringe Landanpassungen vorweisenden Gruppen die Entwicklung v. Landformen. Unter diesen dürften die planarienähnlich an Stämmen und auf dem Blattwerk der Bäume umherkriechenden, himmelblau mit gelben Tupfen gefärbten Regenwurmverwandten der Gatt. *Pheretima* zu den wundersamsten Erscheinungen zählen. Anders als in den Wäldern der gemäßigten Zonen, erlangen hier Ameisen u. Termiten als Zersetzer größte bodenbiolog. Bedeutung. Zahlr. phylogenetisch ursprüngl. Formen (Schabrackentapir, Sumatra-Nashorn, Koboldmaki, Taubwaran) sind ein weiteres Kennzeichen dieses alten Lebensraums.

Lit.: *Walter, H.*: Die Vegetation Osteuropas, Nord- und Zentralasiens. Stuttgart 1974. *Walter, H.*: Vegetation und Klimazonen. Stuttgart ⁴1979. *Beazely, M.* (Hg.): Weltatlas der Tierlebens. Amsterdam 1974. *Mertens, R.*: Die Tierwelt des tropischen Regenwaldes. Frankfurt 1948. *Müller, P.*: Tiergeographie. Stuttgart 1976. *Pfeffer, P.*: Kontinente in Farben - Asien. München 1969. *Seitz, A.*: Als Naturforscher durch die Erdteile. Frankfurt 1951. *Tischler, W.*: Einf. in die Ökologie. Stuttgart ²1979. A. B. /H. F.

Asilidae [Mz.; v. lat. asilus = Viehbremse], die ↗ Raubfliegen.

Asio *w* [lat. asio oder axio = Ohreule], Gatt. der ↗ Eulen.

Asiphonecta *w*, ältere, systemat. Bez. für eine Teilgruppe der Staatsquallen, die an der Spitze einen Gasbehälter tragen, Schwimmglocken besitzen und deren Stamm einen kurzen, breiten Sack bildet; hierher gehört u. a. die Gatt. *Rhodalia* (↗ *Physophorae*).

Äskulapnatter *w* [ben. nach Aesculapius, dem röm. Gott der Heilkunst], *Elaphe longissima,* Art der ↗ Kletternattern; bis 2 m lange, schlanke, oberseits glänzend braune, unterseits rahmfarbene, ungiftige Schlange; in Mittel- (in Dtl.: Schlangenbad im Taunus, südl. Odenwald, Wiesental bei Lörrach, Donaugebiet bei Passau) u. S-Europa sowie W-Asien beheimatet; bevorzugt trockenes, sonniges, meist steiniges od. mit Gebüsch bestandenes Gelände sowie lichte Laubwälder. Sehr wärmebedürftig, klettert ausgezeichnet; ernährt sich hpts. v. Mäusen, in der Jugend v. Eidechsen; größte deutsche Schlange. Weibchen legt 5–8 weiße, längl. Eier; Junge bis 20 cm lang. Nach der ↗ Roten Liste „vom Aussterben bedroht". B Reptilien II.

Asn, Abk. für Asparagin.

Asokabaum *m* [ben. nach dem ind. König Ashoka, 3. Jh. v. Chr.], *Saraca asoca,* ↗ Hülsenfrüchtler. [tat.

Asp, Abk. für Asparaginsäure bzw. Aspar-

Aspa**lathus** *m* [v. gr. aspalathos = stacheliges Pfriemkraut], Gatt. der ↗ Hülsenfrüchtler.

Aspara**gin** *s* [v. gr. asparagos = Spargel], Abk. *Asn, Asp · NH₂* oder *N*, eine der 20 proteinogenen L-α-Aminosäuren. Ursprünglich im Spargel *(Asparagus)* entdeckt, findet sich A. sowohl frei wie auch in Proteinen gebunden in allen Organismen. Die Synthese von A. erfolgt unter der katalyt. Wirkung des Enzyms *A.-Synthetase* u. unter ATP-Spaltung aus Asparaginsäure u. Ammoniak, weshalb A. bei den Pflanzen zu den Speicherformen, bei Tieren zu den Entgiftungsprodukten des Ammoniaks gerechnet wird. Die Spaltung von A. zu Asparaginsäure u. Ammoniak wird durch das Enzym *Asparaginase* katalysiert. Aufbau u. Spaltung von A. sind über Asparaginsäure u. deren Umwandlung in Oxalacetat letztlich an den Citratzyklus gekoppelt.

Asparagin (zwitterionische Form)

Aspara**ginsäure** [v. gr. asparagos = Spargel], *Aminobernsteinsäure*, Abk. *Asp* oder *D*, eine der 20 proteinogenen L-α-Aminosäuren, die aufgrund der Carbonsäure der Seitenkette zu den sauren Aminosäuren gerechnet wird. Die anionische Form der A. wird als *Aspartat* (die Salze als Aspartate) bezeichnet. A. bildet sich durch Transaminierung aus Oxalacetat; die Umkehrreaktion führt zum Abbau von A. und damit zur Einschleusung des C₄-Gerüsts in den Citratzyklus. In einem für Pflanzen u. Mikroorganismen spezif. Abbauweg wird A. durch das Enzym *Aspartase* zu Fumarat u. Ammoniak gespalten; diese reversible Reaktion kann jedoch bei Ammoniaküberschuß auch zur Bildung von A. führen. A. reagiert im Rahmen des Harnstoffzyklus mit Citrullin zu Argininsuccinat, wodurch die Aminogruppe von A. letztlich zu einer der Amidgruppen des Harnstoffs umgewandelt wird. Auch die N₁-Position der Purine, die 6-Aminogruppe des Adenins u. die N₁-Position der Pyrimidine leiten sich v. der Aminogruppe der A. ab. ↗ Aspartat-Transcarbamylase.

Asparaginsäure (zwitterionische Form, Aspartat)

Aspa**ragus** *m* [v. gr. asparagos = junger Trieb, Spargel], der ↗ Spargel.

Aspa**rtase** *w*, ↗ Asparaginsäure.

Aspa**rtat** *s*, ↗ Asparaginsäure.

Asparta**t-Transcarbamylase** *w*, Enzym, das den ersten Schritt bei der Synthese v. Pyrimidin-Nucleotiden lenkt, wobei Carbamyl-Aspartat aus Carbamylphosphat u. Aspartat entsteht. Die Aktivität des Enzyms wird durch CTP, das Endprodukt der Synthesekette, gedrosselt. Diese Endprodukthemmung beruht auf einer allosterischen Umwandlung des (allosterischen) Enzyms A.-T. ☐ 117.

Aspe, *Populus tremula*, ↗ Pappel.

Aspe**kt**, das jahreszeitlich bedingte Erscheinungsbild einer Pflanzengesellschaft, meist bestimmt v. wenigen, aber bes. auffallenden od. massenhaft auftretenden Arten (Löwenzahn, Herbstzeitlose). Durch ständige Beobachtung der Pflanzengemeinschaft während eines Jahres erhält man die *A. folge* (z. B. Frühjahrs-, Sommer-, Herbst-A.).

Aspergillo**se** *w* [v. lat. aspergere = hinspritzen, hinstreuen], durch Schlauchpilze der Gatt. ↗ *Aspergillus* hervorgerufene Infektionskrankheit bei Tieren (v. a. Vögeln), seltener auch beim Menschen; führt vorwiegend zu Erkrankungen der Atmungsorgane, tritt aber auch an Haut u. anderen Organen auf; Behandlung durch Antimykotika.

Aspergillus *m* [v. lat. aspergere = hinspritzen, hinstreuen], *Gießkannenschimmel*, Formgatt. der *Moniliales;* in der Biotechnologie u. Phytopathologie die nicht korrekte, aber übliche Bez. für Schlauchpilze aus der Ord. *Eurotiales* (s. u.), deren Nebenfruchtformen Konidien vom A.-Typ ausbilden: A.-Arten haben ein wattig-filziges, farbloses bis lebhaft gefärbtes, septiertes Mycel. Die sehr vielen, kräftigen, manchmal mehrere mm langen, typ. Konidienträger entstehen jeweils aus einer Hyphenzelle, der Fußzelle, die sich verzweigt u. eine senkrechte Hyphe bildet. Die Konidien sind einzellig, meist kugelförmig mit stachel. Oberfläche u. verleihen durch ihre Farbe (z. B. schwarz, grün, oliv, braun) der Kolonie ihre typ. Färbung. Zahlreiche A.-Arten bilden eine geschlechtl. Vermehrungsphase mit kugel- od. eiförmigen, meist lebhaft gefärbten, festen ↗ Ascoma aus; die zahlr. Asci enthalten meist 8 Ascosporen. Nach den Nomenklaturregeln müssen die Hauptfruchtformen eine gesonderte Gatt.-Bez. erhalten: So sind die Vertreter der *A.-glaucus*-Gruppe die Nebenfruchtform v. *Eurotium-*, die der *A.-nidulans*-Gruppe v. *Emerciella*- u. die der *A.-fumigatus*-Gruppe v. *Neosartorya*-(Sar-

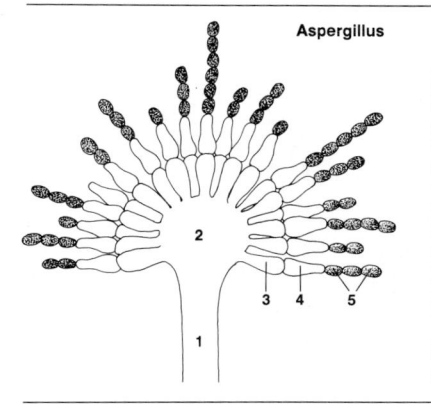

Aspergillus

Typischer Konidienträger der Formgatt. Aspergillus (Gießkannenschimmel) Der Konidienträger **(1)** bildet am Ende ein Bläschen **(2**, Vesikel), an der Oberfläche, oben od. allseitig entspringen Sterigmata **(3**, Metulae); auf diesen primären Sterigmata können noch sekundäre Sterigmata **(4**, Phialiden) aufsitzen, von denen die Konidien **(5)** in Ketten abgeschnürt werden. Bei einigen Arten sitzen die Phialiden direkt auf der Anschwellung des Trägers.

ASIEN VII

Teakbaum *(Tectona grandis)*

Der Teakbaum aus den Wäldern Südasiens liefert das wichtigste Bauholz dieser Gebiete. Von den großen Säugetieren sind besonders der Indische Elefant, der Schabrackentapir und das Indische Panzernashorn zu nennen, das heute nur noch in wenigen Schutzgebieten lebt.

Indischer Elefant *(Elephas maximus bengalensis)*

Lederschildkröte im Meer *(Dermochelys coriacea)*

Schabrackentapir *(Tapirus indicus)*

Indisches Panzernashorn *(Rhinoceros unicornis)*

Gangesgavial *(Gavialis gangeticus)*

Gaur *(Bos gaurus)*

Gayal *(Bos gaurus frontalis)*

Wasserbüffel *(Bubalus arnee)*

Psittacula spec.

Brahminenweih *(Haliastur indus)*

Koromandel-Häherkuckuck *(Clamator coromandus)*

Brillenschlange *(Naja naja)*

Indischer Mungo *(Herpestes edwardsi)*

Doppelhornvogel *(Buceros bicornis)*

Blauer Pfau *(Pavo cristatus)*

ASIEN VIII

Der Malaiische Archipel ist zum größten Teil vom tropischen Regenwald bedeckt. Er gehört in diesem Gebiet zu den artenreichsten und üppigsten der Erde. Die Abbildung links zeigt einen Banteng unter einem Bambusdickicht, im Vordergrund eine *Rafflesia arnoldii*, die größte Einzelblüte auf der Erde, und rechts einige Kannenpflanzen *(Nepenthes)*, die zu den fleischfressenden Pflanzen gehören.

Feuchte, warmtemperierte Wälder
Regengrüne Wälder
Immergrüne Regenwälder

Buntnessel (*Coleus blumei*)

Netzpython (*Python reticulatus*)

Chinesischer Roseneibisch (*Hibiscus rosa-sinensis*)

Nasenaffe (*Nasalis larvatus*)

Flugdrache (*Draco volans*)

Koboldmaki (*Tarsius spec.*)

Komodowaran (*Varanus komodoensis*)

Orang-Utan (*Pongo pygmaeus*)

Salangane (*Collocalia spec.*)

Seeschlange (*Laticauda laticauda*)

Schuppentier (*Manis spec.*)

Bankivahuhn (*Gallus gallus*)

© FOCUS

Asperugo

aspid-, aspido- [v. gr. aspis, Gen. aspidos = Schild], in Zss.: Schild-.

Asperulo-Fagion
Wichtige Assoziationen:
↗ *Abieti-Fagetum* (Buchen-Tannenwald, montaner Tannen-Kalkbuchenwald)
Asperulo-Fagetum (Waldmeister-Buchenwald)
↗ *Lathyro-Fagetum* (frischer Kalk-Buchenwald, Platterbsen-Buchenwald)
Melico-Fagetum (Perlgras-Buchenwald)

torya-)Arten aus der Ord. *Eurotiales*. Die ca. 150 A.-Arten sind weltweit verbreitet u. durch mannigfalt. Stoffwechselleistungen ausgezeichnet. Sie zersetzen pflanzl. und tier. Produkte. Die osmophile *A.-glaucus*-Gruppe (mit grünen Konidien) wächst auch auf Nahrungsmitteln mit höherer Salz- od. Zuckerkonzentration. *A. flavus* bildet bes. auf fetthalt. Früchten (Nüsse, Erdnüsse) die stark leberschädigenden u. krebsauslösenden *Afla*toxine; durch befallenes Futter werden Pilzvergiftungen (Mykotoxikosen) bei Haustieren hervorgerufen. *A. fumigatus* ist der wichtigste Erreger der *Aspergillose* u. kann auch Allergien auslösen. Andererseits werden A.-Arten seit Jt. zur Herstellung v. Nahrungsmitteln genutzt u. haben heute auch große Bedeutung in der Biotechnologie: Bei der Produktion v. Saké in Japan u. vieler oriental. Nahrungsmittel (z. B. Sojasauce, Miso) dient *A. oryzae* zum Aufschluß v. Stärke u. Proteinen. Amylasen, Pectinasen, Proteinasen u. a. Enzyme werden auch aus den Pilzen gewonnen u. bei der Traubensaftherstellung (Trübungsbeseitigung) sowie in der Leder- u. Textilindustrie eingesetzt. Viele Säuren lassen sich biotechnologisch mit A. gewinnen, z. B. Citronensäure, Gluconsäure (*A. niger*) u. Itaconsäure (*A. itaconicus*). A.-Arten werden bei der Biotransformation in der Carotinoid- u. Steroidsynthese eingesetzt; auch proteinhaltige Biomasse aus polymeren Kohlenhydraten (Stärke, Cellulose, Chitin) läßt sich mit A. gewinnen. Es gibt ferner Antibiotikaproduzenten, z. B. *A. fumigatus* (Fumigatin) u. *A. flavus* (Aspergillsäure).

Asperugo w [lat., = Klebkraut], das ↗Scharfkraut.

Asperula w [v. lat. asper = rauh], der ↗Meister.

Asperulo-Fagion s [v. lat. asper = rauh, fagus = Rotbuche], *Eu-Fagion, Mull-Buchenwälder, Waldmeister-Buchenwälder*, U.-Verb. der Buchenwälder (↗*Fagion sylvaticae*). Kalk-Buchenwälder auf frischen, gut durchlüfteten, skelettreichen, oberflächlich entkalkten Mullböden mit mäßigem Tongehalt. Bei reger Aktivität der Bodenbakterien findet die Stickstoffmineralisation vorwiegend als Nitrifikation statt. Die schwer zersetzbare Buchen-Laubstreu ist jedoch bis zum Frühjahr noch nicht vollständig zersetzt, wodurch Bodenmoose weitgehend unterdrückt werden. Bei mäßig warmem, subozeanisch bis schwach subkontinental getöntem Klima findet sich v. der kollinen bis in die montane Höhenstufe eine Vielzahl unterschiedl., von *Fagus sylvatica* (Rotbuche) beherrschter Assoz. (vgl. Tab.): In den meisten Tiefebenen u. im Hügelland siedelt bei subatlant. Klima der durch wärmeliebende Arten gekennzeichnete Perlgras-Buchenwald *(Melico-Fagetum)*. In kontinental getönten Gebieten, z. B. im östl. Alpenvorland, fehlt auf entsprechenden Standorten das Perlgras *(Melica uniflora)*, so daß man hier vom *Asperulo-Fagetum* spricht. Das Wuchsoptimum der Buche ist allerdings erst in der unteren Bergstufe erreicht. Hier finden sich die frischen Kalkbuchenwälder od. Platterbsen-Buchenwälder des ↗*Lathyro-Fagetum*. Mit steigender Höhe nimmt der Anteil der Tanne (Weißtanne, *Abies alba*) im Baumbestand zu, bis in der montanen Stufe der Buchen-Tannenwald (↗*Abieti-Fagetum*) zur Ausbildung gelangt. In hochmontaner Lage, wo die wärmebedürftige Tanne langsam ausfällt, schließen in ozeanisch getöntem Klima die hochstaudenreichen Bergahorn-Buchen-Mischwälder des Unterverb. ↗*Aceri-Fagion* an.

Asphodill *m* [v. gr. asphodēlos = Asphodill, weißes Liliengewächs], *Affodill, Asphodelus*, mediterrane Gatt. der Liliengewächse mit ca. 10 Arten. Einige der meterhohen Stauden mit weißen Blüten werden bei uns als Zierpflanzen im Freien gehalten. Der weiße A. *(A. albus)*, meist auf Friedhöfen, ist ein Symbol der Trauer. B Kulturpflanzen XI.

Aspiciliaceae [Mz.], Flechten(pilz)-Fam. der *Lecanorales*, mit 4 Gatt. und ca. 130 Arten, umfassen bis auf wenige Ausnahmen krustige, mitunter randlich gelappte Flechten mit mehr od. weniger eingesenkten lecanorinen Apothecien, großen, einzelligen Sporen u. protococcoiden od. *Trentepohlia*-Algen; ganz überwiegend Gesteinsbewohner. *Aspicilia* (ca. 100 Arten) ist hpts. in kühlen u. trocken-warmen Gebieten verbreitet, in Wüsten kommen kleinstrauchige Formen vor. *Ionaspis*-Arten (ca. 25) sind überwiegend Gebirgsflechten u. leben z. T. amphibisch.

Aspidiaceae [Mz.; v. gr. aspidion = Schildchen], die ↗Wurmfarngewächse.

Aspidisca *w* [v. gr. aspidiskē = Schildchen], artenreiche Gatt. der *Hypotricha*, Wimpertierchen mit schildkrötenartigem Habitus u. starrer Pellicula; Wimpern u. Cirren sind stark reduziert; manche Arten spielen eine Rolle zur Bestimmung der Gewässergüteklassen (↗Saprobiensystem).

Aspidistra *w* [v. *aspid-], Gatt. der ↗Liliengewächse.

Aspidites *m* [gr., = schildbewehrt], Gatt. der ↗Pythonschlangen.

Aspidobothrea *w* [v. *aspido-, gr. bothros = Grube], *Aspidobothria*, Ord. der Saugwürmer; 1 bis wenige mm lang, oval od. lanzettförmig, Vorderende ohne Saugnapf, jedoch mit am Grunde einer trichterförm. Vertiefung liegenden Mundöffnung.

Die Bauchseite ist v. einer großen, durch Quer- u. Längsleisten in einzelne Sauggruben aufgeteilten Haftscheibe bedeckt. Die Entwicklung erfolgt über ein einfaches Larvenstadium mit Mund- und z.T. auch Bauchsaugnapf. A. sind Parasiten im Darm v. Fischen u. Schildkröten oder in Mantel, Perikard od. Nieren v. Muscheln u. Schnekken. Bekannteste Art ist *Aspidogaster conchicola*, 2,5–3 mm lang u. bis zu 1 mm breit; in Perikard u. Nieren v. Fluß- u. Teichmuscheln.

Aspidobranchia [Mz.; v. *aspido-, gr. bragchia = Kiemen], alter Name der ↗ Altschnecken.

Aspidochirota [Mz.; v. *aspido-, gr. cheir = Hand], Ord. der ↗ Seewalzen.

Aspidodrilus *m* [v. *aspido-, gr. drilos = Regenwurm], Gatt. der ↗ Enchytraeidae.

Aspidogaster *m* [v. *aspido-, gr. gastēr = Magen], Gatt. der ↗ Aspidobothrea.

Aspidorhynchiformes [Mz.; v. *aspido-, gr. rhygchos = Rüssel, lat. forma = Gestalt], Ord. der *Holostei;* Vorkommen: Jura-Kreide.

Aspidosiphon *m* [v. *aspido-, lat. sipho = Spritze], Gatt. der *Sipunculida* (Spritzwürmer), deren Arten sich durch einen exzentr. Rüsselansatz u. den Besitz je eines cuticulären Schildchens am Hinterende u. in der Afterregion auszeichnen. Letzteres dient dem Verschluß der Wohnröhre. Mehrere Arten verbreitet an allen Atlantik- u. Mittelmeerküsten, meist in leeren Mollusken- od. Polychaetenröhren u. in Korallenstöcken.

Aspisviper *w* [v. gr. aspis = Giftschlange, Viper], *Juraviper, Vipera aspis*, Art der Vipern; gedrungene, bis 75 cm lange, kurzschwänzige, auch für den Menschen gefährl. Giftschlange mit mehreren U.-Arten; oberseits grau- bis rötlichbraun mit dunklen Querbändern, die teilweise zu einem Zickzackband verschmelzen können; Bauchseite schwärzlichgrau od. graugelblich; Schwanzspitze unterseits gelb bis orangerot; Kopf breit, fast dreieckig; Schnauzenspitze aufgestülpt. Lebt in den Pyrenäen (bis ca. 2450 m), in Fkr., Italien (nicht im S), der Schweiz u. ganz vereinzelt in Dtl. (südl. Schwarzwald); die wärmebedürftige A. bevorzugt felsiges Gelände, sonnige Waldränder u. Lichtungen; ernährt sich hpts. v. Mäusen, die Jungtiere v. Eidechsen. Bei Bedrohung bissiges Tag- u. Nachttier; bewegt sich langsam; verfällt Okt. bis April in Kältestarre; wird oft mit der Kreuzotter verwechselt. Paarungszeit Apr./Mai; lebendgebärend, im Aug./Sept. 4–18 Junge von 15–20 cm Länge. Nach der ↗ Roten Liste „vom Aussterben bedroht".
[B] Reptilien III.

Aspius, Gatt. der Weißfische, ↗ Rapfen.

Asplanchna *w* [v. gr. asplagchnos = ohne Eingeweide], planktisch lebende, räuber. Gatt. der Rädertiere (Fam. *Asplanchnidae*, Ord. *Monogononta*) mit großem, sackförm. u. fußlosem Körper; verbreitet in stehenden Süßgewässern.

Asplenia̲ceae [Mz.; v. gr. asplēnon = Milzkraut], die ↗ Streifenfarngewächse.

Asplenietea rupestria *w* [v. gr. asplēnon = Milzkraut, lat. rupestris = Felsen-], *Felsspalten- und Mauerfugengesellschaften*, Kl. der Pflanzenges. mit 2 mitteleur. Ord. u. weiteren Ord. im Mittelmeerraum. Der Standort bietet nur wenig Feinerde, d. h. sehr geringen Wurzelraum u. Wasservorrat. Mit steigender Höhenlage im Gebirge sind die Spalten schattenseitiger Felswände immer länger vereist, so daß schließlich im nivalen Klima nur mehr die der Sonne zugewandten Seiten eine Besiedlung zulassen. Da Schneeschutz hier fehlt, müssen die Felsspaltenbewohner *(Chasmophyten)* einerseits im Winter harte Fröste ertragen, während andererseits die starke Einstrahlung bes. im Frühling u. Herbst Trockenresistenz erfordert. Daher werden häufig mit Sickerwasser versorgte Spalten unter Felsüberhängen besiedelt, die Strahlungs- u. Verdunstungsschutz gewähren. In tieferen Lagen, wo auch die standörtlich ausgeglicheneren, schattigen Felsspalten Lebensraum bieten, herrscht ausgeprägte expositionsabhängige Differenzierung in verschiedene Ges. Darüber hinaus gliedert die chem. Beschaffenheit des Gesteins die Kl. in die Ord. der Silicat- u. Serpentinfelsspaltenges. *(Androsacetalia vandellii)* u. in die Ord. der Kalkfelsspaltenges. *(Potentilletalia caulescentis)*. Hierher gehört in Mitteleuropa auch die Kalkflora in den Mörtelfugen v. Mauern, selbst wenn sie aus kristallinen od. sandigen Steinen errichtet sind. Im Mittelmeerraum ist sie in Form einer eigenen Kl. reich entfaltet (↗ *Parietarietea judaicae*).

Asplenium *s* [v. gr. asplēnon = Milzkraut], der ↗ Streifenfarn.

Asp · NH_2, Abk. für Asparagin.

A-S-Profil, Gliederung eines Stauwasserbodens (↗ Pseudogley) in A- (humoser Oberboden) u. S-Horizont (Stauwasserhorizont); der S-Horizont unterliegt aufgrund wechselnder Vernässung u. Austrocknung einmal mehr oxidierenden, einmal eher reduzierenden Bedingungen, was eine Rostfleckenbildung bzw. Marmorierung zur Folge hat.

Assala, *Python sebae*, der ↗ Felsenpython.

Assapan, *Glaucomys volans*, ↗ Gleithörnchen.

Asseln, *Isopoda*, Ord. der *Peracarida* (Über-Ord. der *Malacostraca*). A. sind mit über 4000 Arten eine ökologisch sehr viel-

---

Asseln

Asplenietea rupestria
Wichtige Ordnungen: *Androsacetalia vandellii* (Silicatfelsspaltenges.) *Potentilletalia caulescentis* (Kalkfelsspalten- u. Mauerfugenges.)

aspid-, aspido- [v. gr. aspis, Gen. aspidos = Schild], in Zss.: Schild-.

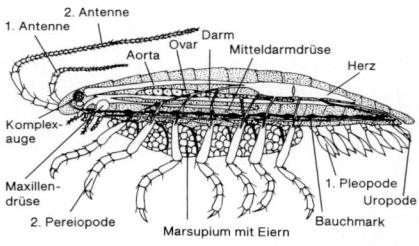

Asseln

Asseln Schema einer weiblichen Assel mit Marsupium mit Eiern

Asseln Unterordnungen und wichtige Familien:
Gnathiidea
  Gnathiidae
Microcerberidea
  Microcerberidae
↗ Anthuridea
  Anthuridae
↗ Flabellifera
  ↗ Cirolanidae
  ↗ Bohrasseln (Limnoriidae)
  ↗ Fischasseln (Aegidae, Cymothoidae)
  ↗ Kugelasseln (Sphaeromidae)
↗ Valvifera
  Idotheidae
  ↗ Arcturidae
↗ Asellota (ca. 20 Fam.)
  ↗ Wasserasseln (Asellidae)
  Parasellidae
  Macrostylidae
  Munnopsidae
Phreatoicidea
  Amphisopidae
  Phreatoicidae
↗ Landasseln (Oniscoidea, Oniscidea)
  Ligiidae
  Trichoniscidae
  Oniscidae
  Porcellionidae
  Armadillidiidae
  Armadillidae
  Tylidae
↗ Epicaridea
  Bopyridae
  Entoniscidae
  Cryptoniscidae

Asselspinnen Einige Gattungen:
Dodecolopoda
Nymphon
Pallene
Pentanymphon
Pentapycnon
Pycnogonum

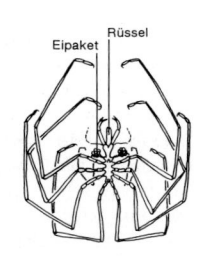

Asselspinne

gestalt. Krebsgruppe. Sie besiedeln das Meer v. den Küsten bis zur Tiefsee, sind in mehreren Linien ins Süßwasser eingedrungen, u. die Vertreter der U.-Ord. *Oniscoidea* sind zu echten Landtieren geworden, die sogar Halbwüsten bewohnen. Neben Pflanzenfressern, Räubern, Aas- u. Detritusfressern sind mehrfach Parasiten entstanden, so die ↗ Fischasseln u. die ↗ *Epicaridea,* die z. T. kaum noch wie Krebstiere aussehen. Auch in ihrer Gestalt sind die A. mannigfaltig. Die meisten Arten sind dorsoventral abgeflacht; der Körper erscheint durchgehend segmentiert, d. h., es fehlt ein Carapax, u. der Cephalothorax enthält außer dem Kopf mit sitzenden, ungestielten Augen nur 1, maximal 2 Thorakomeren. Das vorderste Thorakopodenpaar ist als Maxillipeden ausgebildet, die folgenden 7 Paare sind untereinander gleiche Schreitbeine ohne Exopoditen. Der Körper ist oft seitlich verbreitert durch pleurotergiähnl. Epimeren od. häufiger „Pseudepimeren", die aus mit dem Rumpf verwachsenen, verbreiterten Coxen der Beine hervorgegangen sind. Pleon u. Uropoden sind verschieden gestaltet. Häufig sind ein od. mehrere, im Extremfall alle Pleonsegmente mit dem Telson zu einem großen Pleotelson verschmolzen. Die Pleopoden sind breite, blattart. Spaltbeine, die als Kiemen, bei vielen marinen Arten auch als Schwimmbeine dienen. Sie liegen dachziegelartig übereinander, wobei die kräftigeren Exopodite die weichhäut. Endopodite schützen. Bei den *Valvifera* sind die Uropoden deckel- od. schranktürartig u. bilden einen in der Ruhe abgeschlossenen Kiemenraum. Bei vielen *Oniscoidea* besitzen die Pleopoden Luftatmungsorgane. – Die meisten A. sind klein, wenige mm bis cm, nur *Bathynomus giganteus* aus der Tiefsee erreicht 35 cm. A. besitzen primär 2 Paar Antennen. In vielen Gruppen zeigen die 1. Antennen die Tendenz zur Reduktion, oft bis auf winzige Reste. Bei solchen Arten verschwinden auch die Antennalglomeruli, charakteristische Schaltstellen im Deutocerebrum, die die v. den Antennen gelieferten Sinneseindrücke verarbeiten. Statt ihrer entwickeln sie Glomeruli im Tritocerebrum. Der Darm der A. ist fast vollständig ektodermal; während der Embryonalentwicklung verlängert sich das Proctodaeum, bis es fast an den Kaumagen stößt, u. vom Entoderm bleiben nur die Mitteldarmdrüsen. Exkretionsorgane sind Maxillendrüsen. Das Herz mit 2, bei terrestr. Arten 1 Ostienpaar, liegt, entsprechend der Lage der Atmungsorgane, größtenteils im Pleon. Viele A. sind getrenntgeschlechtlich. Die Geschlechtsbestimmung ist meist genotypisch, oft ohne Ausbildung spezialisierter Geschlechtschromosomen. Andere A. sind proterandrische, seltener protogyne Zwitter, u. die parasit. *Bopyridae* haben eine phänotyp. Geschlechtsbestimmung. Bei der Paarung wird das Sperma mit den modifizierten vorderen Pleopoden in die weibl. Geschlechtsöffnung eingeführt. Immer ist der Endopodit des 2. Pleopoden als Kopulationsorgan ausgebildet; bei vielen Arten dienen die beiden ersten Pleopoden als Gonopoden. Die meist dotterreichen Eier entwickeln sich in dem für alle *Peracarida* charakterist. Marsupium, das erst nach der Paarung in einer Parturialhäutung entsteht. Den Jungtieren fehlt zunächst noch das 7. Pereiopodenpaar (Mancastadium). Es erscheint z. B. bei *Porcellio* nach der 3. postembryonalen Häutung. Bei vielen parasitischen A., die im adulten Zustand z. T. kaum noch an Krebstiere erinnern, sind die Jungtiere zunächst asselartig u. können mehrere Larvenstadien durchlaufen (z. B. Epicaridium-Stadium, Cryptoniscium-Stadium). Einige Bohr- u. Kugel-A. sind v. wirtschaftl. Bedeutung als Holzschädlinge. *P. W.*

Asselspinnen, *Pantopoda,* Kl. der *Chelicerata* unsicherer phylogenet. Stellung mit ca. 500 marinen Arten, in dt. Küstengewässern ca. 15 Arten. Die Tiere haben einen stabförm. langen Rumpf, der Cheliceren, Pedipalpen u. 4–9 Paar Laufbeine trägt u. ein kurzes Opisthosoma. Die größte Art ist *Dodecolopoda mawsoni* mit einer Rumpflänge von 6 cm u. einer Spannweite von 50 cm. Die meisten anderen Arten sind viel kleiner. Die inneren Organe liegen im Rumpf u. entsenden Ausläufer in die Beine (Darm, Gonaden); das Vorderende trägt einen Saugrüssel u. dorsal einen Augenhügel. Über die Biologie der A. ist noch wenig bekannt. Sie leben v. Küstenbereich bis in die Tiefsee in allen Meeren, bes. häufig in antarkt. Gewässern, auf Hydrozoenstökken, Octocoralliern, Schwämmen u. Tangen. Ihre Nahrung besteht u. a. aus weichhäutigen Hydroidpolypen, Medusen u. Mollusken, die ausgesaugt werden. A. sind getrenntgeschlechtlich. Bei der Paarung übernimmt das Männchen die aus der weibl. Geschlechtsöffnung quellenden Eier u. kittet sie mit einem Sekret an einem speziellen Extremitätenpaar (Oviger) fest; die schlüpfenden Larven werden v. Männchen mehr oder weniger lang getragen.

Asselspinner, die ↗Schildmotten.

asse**mbly** *s* [ässembl¦; engl., =], Zusammenlagerung einzelner, meist makromolekularer Komponenten zu Strukturen höherer Ordnung, wie z. B. zu den Multienzymkomplexen, Ribosomen, Nucleosomen, Fibrillen, Membranen u. Viruspartikeln. In der Regel vollzieht sich das assembly spontan *(self-assembly)* u. in einer bestimmten Reihenfolge der sich anlagernden Einzelkomponenten, so daß definierte assembly-Zwischenstufen häufig isolierbar sind. Bes. gut untersucht ist das assembly bei Ribosomen (ausgehend von r-RNA u. ribosomalen Proteinen) sowie bei Viruspartikeln. Bei letzteren findet der Zusammenbau v. Virionen aus den Virusproteinen u. der Virusnucleinsäure während der Virusreifung als einer der letzten Schritte einer Virusinfektion statt. Bei komplex aufgebauten Viren, wie dem Bakteriophagen T4 (B Bakteriophagen I), besteht das a. aus einer Vielzahl aufeinanderfolgender Reaktionsschritte, wobei in getrennten Reaktionen erst Kopf, Schwanz u. Schwanzfibern zusammengebaut werden, bevor das a. des kompletten Virions erfolgt. Ggs.: dissembly. B Genwirkketten I.

Assimilate ↗Assimilation.

Assimilation *w* [v. lat. assimilatio = Angleichung], die Überführung körperfremder Ausgangsstoffe in körpereigene Substanzen im Rahmen der meist endergon. Prozesse des Stoff- u. Energiestoffwechsels (Ggs.: *Dissimilation*). Die organ. Substanzen aus der A. heißen *Assimilate*. Sie werden zur Bildung v. Substanzen für Wachstum u. Vermehrung u. zum Aufbau v. Speicherstoffen benötigt, die als Vorstufen im Baustoffwechsel u./od. zum Energiegewinn benutzt werden können. 1) Die *A. autotropher Zellen*, v. a. grüner Pflanzen, aber auch v. Cyanobakterien (Blaualgen) u. einigen anderen Bakterien, erfolgt aus *anorgan*. Ausgangssubstanzen (z. B. CO_2, H_2O, NH_3), ein anabol. Prozeß, dessen Energiebedarf aus der Umwandlung v. Lichtenergie (Photosynthese, Photolithotrophie) gedeckt wird. Einige Bakterien können die benötigte Stoffwechselenergie auch durch Oxidation v. anorgan. Substraten bereitstellen (Chemolithotrophie). Für alle Lebewesen v. großer Bedeutung sind die assimilator. Fähigkeiten autotropher Organismen zur Fixierung u. Reduktion von Kohlendioxid (↗Photosynthese, ↗Kohlendioxid-A.), Stickstoff (↗Stickstoff-A., ↗assimilatorische Nitratreduktion) u. Sulfat (↗Sulfat-A., ↗assimilatorische Sulfatreduktion). 2) Die *A. heterotropher Zellen* (Tiere, Pilze, die meisten Bakterien) erfolgt aus *organ*. Substanzen der Nahrung (Proteine, Fette, Kohlenhydrate) im Rahmen zahlr. Umbauprozesse, deren Energiebedarf aus der Dissimilation gedeckt wird. Da die Fähigkeit v. Tieren zur Synthese u. zum Umbau organ. Moleküle nur begrenzt ist, gibt es für sie viele essentielle organ. Stoffe, so z. B. die essentiellen Aminosäuren u. die Vitamine.

Assimilationsgewebe, 1) Gesamtbez. im physiologisch-anatom. Sinne für alle Gewebe, bei denen eine der Hauptfunktionen die Photosynthese ist; 2) i. e. S. das chloroplastenführende Gewebe in der Sporenkapsel bei den Moosen.

Assimilationsstärke ↗Photosynthese.

Assimilatoren, chloroplastenreiche, photosynthetisch aktive Thallusabschnitte einiger siphonaler Grünalgen (z. B. *Caulerpa, Bryopsis*) bzw. die Zellsäulen in den Luftkammern einiger Lebermoose (z. B. ↗*Marchantia*).

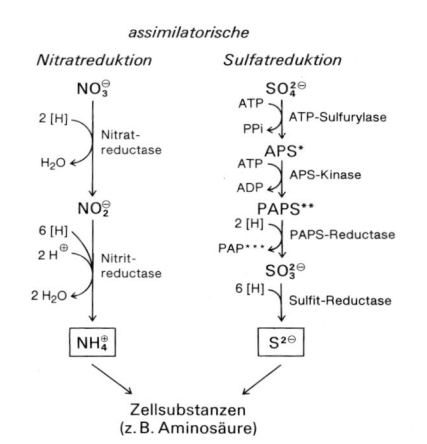

assimilatorische
Nitratreduktion   *Sulfatreduktion*

$NO_3^{\ominus}$ → 2[H], Nitratreduktase, H_2O → $NO_2^{\ominus}$ → 6[H], 2$H^{\oplus}$, Nitritreduktase, 2H_2O → $NH_4^{\oplus}$

$SO_4^{2\ominus}$ → ATP, PPi, ATP-Sulfurylase → APS* → ATP, ADP, APS-Kinase → PAPS** → 2[H], PAP***, PAPS-Reduktase → $SO_3^{\ominus}$ → 6[H], Sulfit-Reduktase → $S^{2\ominus}$

→ Zellsubstanzen (z. B. Aminosäure)

APS* = Adenosin-5'-phosphosulfat
PAPS** = Phosphoadenosin-5'-phosphosulfat
PAP*** = Phosphoadenosin-5'-phosphat

assimilatorische Nitrat- und Sulfatreduktion

assimilatorische Nitratreduktion, Reduktion v. Nitrat u. Nitrit zu Ammonium für die Biosynthese v. Aminosäuren u. a. stickstoffhaltigen Verbindungen der Zelle. Die a. N. kann v. den meisten Mikroorganismen u. den grünen Pflanzen ausgeführt werden. In Bakterien liegen die notwendigen Enzyme in der Regel im Cytoplasma gelöst vor. In grünen Pflanzen läuft die Nitratreduktion zu Nitrit auch im Cytoplasma, die anschließenden Reduktionen jedoch in Chloroplasten, direkt durch die Photosynthese, od. in Proplastiden der Wurzeln ab. Die Bildung v. Ammonium aus Nitrat erfordert viel Reduktionskraft, die als NAD(P)H (Pilze, viele Bakterien) od. als reduziertes Ferredoxin (grüne Pflanzen u. Bakterien) angeliefert wird.

assimilatorischer Quotient ↗Photosynthese.

assimilatorische Sulfatreduktion, Reduktion v. Sulfat zu Sulfid für die Biosynthese

Assiminea

v. schwefelhaltigen Aminosäuren (z. B. Cystein). Die a. S. kann in grünen Pflanzen u. in fast allen Bakterien ablaufen. Die Umsetzung wird durch zwei energieverbrauchende Aktivierungsschritte eingeleitet; es bildet sich mit 2 ATP Adenosinphosphosulfat u. dann Phosphoadenosinphosphosulfat, ehe die Reduktionen über Sulfit zu Sulfid ablaufen. ☐ 271.

Assiminea w, Gatt. der *Assimineidae* (Überfam. *Littorinoidea*), kleine Schnecken mit eikegelförm. Gehäuse; leben in brackigen Gebieten oberhalb der Hochwasserlinie an den Küsten Europas, Afrikas u. Asiens; da sie Luft atmen, ist die Kieme völlig reduziert; der Penis der Männchen entspringt median in der Nackenregion. *A. grayana*: das Gehäuse der Weibchen ist 7 mm hoch, das der Männchen kleiner, glänzend braungelb od. rotbraun; leben auf Außendeichwiesen der Nordseeküsten, bis zu 20 000 Individuen/m², ernähren sich v. Diatomeen; die Weibchen legen ca. 37 000 Eier, aus denen nach Einschwemmung ins Meer planktotrophe Veliger hervorgehen.

Assoziation w [v. lat. associare = verbinden], **1)** grundlegende Einheit in der Vegetationskunde, die eine weitgehend ähnl. Artenkombination aufweist mit mindestens einer regelmäßig wiederkehrenden *Charakterart* u. ihren typ. *Begleitpflanzen* v. mehr als 60% Stetigkeit. Man kann die A. weiter untergliedern in *Subassoziationen*, standortsbedingte Untereinheiten, z. B. trockene, mittlere u. frische Bestände. Diese grenzen sich voneinander durch bestimmte Artengruppen ab, die scharfen Indikatorwert haben, z. B. Feuchte- od. Trockenzeiger. Solche Arten werden als *Differential*- od. *Kennarten* bezeichnet; sie können in anderen Gesellschaften als Charakterarten auftreten. Mehrere A.en können aufgrund gemeinsamer Charakterarten zu einem *Verband* u. mehrere Verbände zu einer *Ordnung* zusammengefaßt werden. Die höchste übl. Einheit ist die *Klasse*. **2)** In der Psychologie Verbindung v. zwei Begriffen, so daß der eine die Bewußtwerdung des anderen nach sich zieht. In der *Ethologie* allgemeiner: Die Verknüpfung v. zwei Erregungsmustern im zentralen Nervensystem eines Tieres, so daß durch Eingabe des ersten Musters in das informationsverarbeitende System das zweite mit aktiviert werden kann. Die Muster-A. bildet ein allgemeines Prinzip des Lernens im tier. Nervensystem, das sich darin z. B. v. „Lernen" eines Computers unterscheidet. **3)** In der Chemie, ↗ Aggregation.

Assoziationsfelder, Areale der Hirnrinde, die der Informationsverarbeitung v. Sinneseindrücken dienen *(sensorische A.)*. Zu diesen gehören u. a. das akust. und opt. Assoziationsfeld u. beim Menschen das Lesezentrum. Die A. sind mit ihren zugehörigen *Projektionsfeldern*, die ihrerseits mit den entsprechenden Sinnesorganen in Verbindung stehen, wie auch bestimmten Kernen des Thalamus verbunden. Neben diesem spezifisch sensorischen System existiert das unspezifisch sensorische System, das durch entsprechende Verschaltungen die Großhirnrinde insgesamt aktiviert. Dieses dient damit der Aufrechterhaltung des Bewußtseins u. der Bewußtseinshelligkeit.

Assoziationskoeffizient ↗ S_{AB}-Wert.

Assoziationszentren, früher gebräuchl. Begriff für bestimmte Hirnregionen, die für die Steuerung komplizierter Bewegungsabläufe, wie Sprechen, Schreiben, zuständig sein sollten. Neuere Untersuchungen zeigen, daß bei der Bildung derart. Impulsmuster auch die Informationsverarbeitung anderer Hirngebiete beteiligt ist. Man spricht deshalb v. einem *Assoziationssystem*, das die entsprechenden Assoziationsprozesse auslöst.

Astacidae [Mz.; v. gr. astakos, eine Meerkrebsart] ↗ Flußkrebse.

Astacilla w [v. gr. astakos, eine Meerkrebsart], Gatt. der ↗ Arcturidae.

Astacin s, ↗ Astaxanthin.

Astacura [v. gr. astakos = eine Meerkrebsart, oura = Schwanz], Abt. der Zehnfußkrebse *Reptantia*, mit den bekannten langschwänzigen Krebsen wie Hummer u. Flußkrebs; manchmal mit den *Palinura* als *Macrura* zusammengefaßt; ca. 700 Arten im Meer u. Süßwasser. A. haben ein kräftiges Pleon mit seitl. Epimeren u. einem breiten Schwanzfächer. Wegen ihres schweren, kräftig gepanzerten Körpers u. der relativ kleinen Pleopoden können sie jedoch nicht schwimmen. Die Kiemen sind Trichobranchien. Die *Nephropoidea* besitzen Scheren an den 3 vorderen Pereiopodenpaaren; zu ihnen gehören viele Krebse von wirtschaftl. Bedeutung (Speisekrebse). Die *Thalassinoidea* werden oft auch zu den *Anomura* gestellt.

Astacura
Wichtige Familien:
Nephropoidea
↗ Hummer *(Nephropidae = Homaridae)*
↗ Flußkrebse *(Astacidae, Parastacidae, Austroastacidae)*
Thalassinoidea
↗ Maulwurfskrebse *(Thalassinidae, Callianassidae)*

Astacus m [v. gr. astakos, eine Meerkrebsart], Gatt. der ↗ Flußkrebse.

Astarte w [ben. nach der oriental. Mondgöttin Astarte], Muschel-Gatt. der *Astartidae* (U.-Ord. Verschiedenzähner), Vorkommen vorwiegend in kalten nord. Meeren; in der Nordsee 3 Arten mit konzentrisch gestreiften, bis 3 cm langen Schalen; auf Weichböden.

Astasia w [gr. = Unbeständigkeit], Gatt. der *Phytomonadina (Euglenophyceae)*; entspricht im Körperbau ↗ *Euglena*, hat aber keine Plastiden u. kein Stigma.

Astaxanthin s [v. gr. astakos = eine Meereskrebsart], ein zur Gruppe der Xanthophylle gehörendes Carotinoid, als roter Farbstoff im Tierreich weit verbreitet, bes. bei Krebsen u. Stachelhäutern, aber z. B. auch in Vogelfedern u. in der Fuß- u. Beinhaut des Flamingos u. anderer Vögel (durch gefressene Krebse bedingt). Nativ liegt A. entweder in freier Form als roter Farbstoff, als Ester (z. B. als Dipalmitat) od. als blaues, grünes od. braunes Chromoprotein vor. Der im Panzer des Hummers *(Astacus)* enthaltene intensiv blauschwarze Farbstoff *(Crustacyanin)* besteht aus einem A.-Protein-Komplex, aus dem bei Denaturierung des Proteins (Kochen) das A. freigesetzt u. zum ebenfalls roten *Astacin* oxidiert wird. Auch in Eizellen liegen A.-Protein-Komplexe als Speichersubstanz vor (z. B. *Ovoverdin*: grünes Speicherprotein in Krebseiern, Komplex aus A. und einem Lipoprotein; *Ovorubin*: rotes Protein in Molluskeneiern, Komplex aus A. und einem Glykoprotein).

Astaxanthin (Strukturformel)

Aster w [v. gr. astēr = Stern; Sternblume], weltweit verbreitete Gatt. der Korbblütler mit über 500, untereinander meist sehr nahe verwandten u. daher oft schwer zu unterscheidenden, zu Bastardierungen neigenden Arten, v. denen über die Hälfte in Mittel- und N-Amerika beheimatet ist. Die ein- bis zweijähr. Kräuter od. ausdauernden Halbsträucher besitzen wechselständ., sitzende od. gestielte, meist ungeteilte Laubblätter. Die kleinen, mittelgroßen od. großen, einzeln stehenden od. zu reichblütigen Rispen od. Ebensträußen vereinigten Blütenköpfe bestehen aus röhrigen, zwittrigen, häufig gelben Scheibenblüten sowie zungenförm., weibl., einreihig angeordneten Randblüten. Die meist zusammengedrückten Früchte besitzen einen aus rauhen Borsten gebildeten Pappus. Von den etwa 10 in Europa heimischen A.-Arten kommen 5 in Dtl. vor. Auf trockenen Wiesen u. an Felsen ist die Alpen-A. (*A. alpinus,* B Europa XX) mit meist violettblauen (seltener rosa od. weißen) Zungen- u. gelben Scheibenblüten in einzeln stehenden Blütenköpfen zu finden. Bei der im Saume sonniger Gebüsche u. lichter Wälder vorkommenden Berg- od. Kalk-A. (*A. amellus*) sind die Zungenblüten ebenfalls meist blaulila, die Blütenköpfe stehen hier jedoch in einer ebensträußigen Traube. Das in Quellmooren, lichten Wäldern u. an schattig-feuchten Standorten (Felsen) wachsende Alpenmaßliebchen (*A. bellidiastrum*) besitzt weiße bis rötliche Zungenblüten. Bei der Gold-A. (*A. linosyris*), einer auf Heidewiesen und an sonnigen, trockenen, oft steinigen, buschigen Stellen wachsenden typischen Steppenpflanze, fehlen die Zungenblüten im allgemeinen. Die zu einer dichten, endständ. Doldentraube vereinten Blütenköpfe bestehen lediglich aus goldgelben Röhrenblüten. Ebenfalls in einer endständ. Doldentraube stehende Blütenköpfe besitzt die an eur. Meeresküsten u. an salzhaltigen Stellen des Binnenlands wachsende Strand-A. (*A. tripolium,* B Europa I); Zungenblüten hellblau od. lila, selten weiß. Außer der zweijähr. Strand-A. sind alle genannten A.-Arten ausdauernde, mehr oder weniger kalkliebende Pflanzen, die z. T. auch als Zierpflanzen kultiviert werden. Die meisten der im Spätsommer u. Herbst in den Gärten blühenden Herbst- od. Stauden-A.n gehören jedoch zu den aus N-Amerika stammenden Arten *A. novae angliae, A. novi belgii* (B Nordamerika VII) sowie *A. salignus*. Diese über 1 m hohen, ausdauernden Pflanzen besitzen oberwärts trugdoldig verästelte Stengel mit länglich-lanzettl. Blättern u. zahlr. in rispigen Trugdolden stehenden, teilweise gefüllten Blütenköpfen mit weißen, rosaroten, lila, violetten u. blauen Zungenblüten. Vielfach eingeschleppt od. verwildert, haben sie sich an Flußufern od. in feuchten Gebüschen mancherorts eingebürgert. Für den Gärtner von bes. Bedeutung sind neben den Herbstastern auch die Sommer- od. ↗ Gartenastern.

aster-, astero- [v. gr. astēr = Stern; auch Sternblume], in Zss.: Stern-.

Asteraceae [Mz.; v. *aster-], einzige Fam. der *Asterales* (Korbblütige), die ↗ Korbblütler.

Asterales [Mz.; v. *aster-], *Korbblütige*, Ord. der *Magnoliatae (Dicotyledoneae),* der als einzige Fam. die ↗ Korbblütler angehören.

Asteren [Mz.; v. *aster-], morpholog. Begriff für die aus Mikrotubuli aufgebauten Polstrahlen, die sternförmig um die Centriolen angeordnet sind. Im häufigsten Fall ist jeder der beiden Spindelpole (↗ Mitose) v. einem Centriolenpaar besetzt, das v. hier aus die Bildung der A.strahlung induziert *(Amphiastraltyp)*. Bei den meisten Samenpflanzen, vielen Pilzen, Moosen u. Farnen fehlen Centriolen; A. werden nicht ausgebildet, u. die Spindel endet in diesem Fall stumpf *(Anastraltyp)*.

Asteretea tripolii [Mz.; v. *aster-, gr. tripolion, eine auf Klippen wachsende Pflanze], *Salzmarschrasen, Salzrasen, Wattwiesen,* Kl. der Pflanzenges. mit 1 Ord. *(Glauco-Puccinelletalia)* und 2 Verb. Artenarme Halophytenges. zw. mittlerem Tidehochwas-

Asteriacites

Asteretea tripolii
Ordnung:
Glauco-Puccinelletalia
Verbände:
Armerion maritimae (Grasnelken-Ges., Strandnelken-Rasen)
Puccinellion maritimae (Andel-Rasen)

aster-, astero-
[v. gr. astēr = Stern; auch Sternblume], in Zss.: Stern-.

Asteridae
Ordnungen:
↗ Braunwurzartige *(Scrophulariales)*
↗ Enzianartige *(Gentianales)*
↗ Glockenblumenartige *(Campanulales)*
↗ Kardenartige *(Dipsacales)*
↗ Korbblütlerartige *(Asterales)*
↗ Krappartige *(Rubiales)*
↗ Lamiales
↗ Polemoniales
↗ Wegerichartige *(Plantaginales)*

ser u. oberer Sturmflutgrenze, entlang der eur., jap. und nordam. Flachküsten. Entsprechend der Überflutungshäufigkeit u. dem Salzgehalt des Bodens läßt sich eine Zonierung v. Meer zum Land feststellen. Die meernahe, oberste Wattzone zw. der Linie des mittleren Tidehochwassers u. der des Springtidehochwassers wird v. Andel-Rasen *(Puccinellion maritimae)* eingenommen. Der Andel, der die starken Schwankungen im Salz- u. Wassergehalt dieses periodisch überfluteten Standortes gut erträgt, ist ein guter Sedimentfänger. So treibt er die Auflandung des Watts zur Marsch voran. Die Andel-Rasen sind wichtige Futterflächen für die im Außendeichland weidenden Schafe. Sie liefern eiweißreiches Heu u. können den Ertrag einer guten Futterwiese erreichen. Bei Auflandung über die Springtidehochwasserlinie hinaus, aber immer noch im Einzugsbereich der Sturmfluten, siedeln sich Ges. des Grasnelken-Verb. *(Armerion maritimae)* an. Ihre Arten vertragen nur mäßige Salzkonzentrationen. Auf diesen besser durchlüfteten, meist sandigeren Böden, die durch sporad. Überschwemmungen mit nährstoffreichem Schlick versorgt werden, ist das natürl. produktionsbiol. Optimum im Außendeichland erreicht. Bei Beweidung gehen die Salzschwingel- od. Strandnelken-Rasen *(Armerietum maritimae)* in Bottenbinsen-Rasen od. Strandbinsen-Weiden *(Juncetum gerardii)* über. Sind zw. dem Grünland noch Priele vorhanden, so werden ihre mit organ. Getreibsel angereicherten sand. Ränder v. hohen, nitrophilen, salztoleranten Staudenges., dem Strandwermut-Gestrüpp *(Artemisietum maritimae)*, besiedelt.

Asteriacites *m* [v. gr. asterias = sternförmig], (Schlotheim 1820), *Ichnogenus,* kleine, seesternförm. Eindrücke auf Schichtflächen sandiger fossiler Ablagerungen (Ordovizium – Tertiär) mit teilweise erkennbaren Skelettstrukturen; von Seilacher (1953) als Ruhespuren (Cubichnia) v. See- u./od. Schlangensternen gedeutet.

Asterias *m* [gr., = sternförmig], der Gemeine ↗ Seestern.

Asteridae [Mz.; v. *aster-], U.-Kl. der *Magnoliatae (Dicotyledoneae)*, die die am stärksten abgeleiteten sympetalen Ord. umfaßt (vgl. Tab.). Neben vielfach radiären treten bes. dorsiventrale, fast durchweg hochspezialisierte u. an Zoogamie angepaßte Zwitterblüten auf; verschiedentlich werden auch Pseudanthien gebildet. Die A. besitzen nur einen einzigen, mit den Kronblättern alternierenden Staubblattkreis, dessen Staubblätter fast immer mit der Krone verwachsen sind; die Zahl der Fruchtblätter ist gering, oftmals nur 2.

Asteriidae [Mz.; v. gr. asterias = sternförmig], Fam. der Seesterne, mit dem ↗ Eisseestern, Blauen ↗ Seestern, Gemeinen ↗ Seestern u. dem ↗ Ockerstern.

Asterina *w*, der ↗ Fünfeckstern.

Asterinidae [Mz.; v. *aster-], Fam. der Seesterne, mit dem ↗ Fünfeckstern, ↗ Gänsefußstern u. ↗ Netzstern.

Asteriomyzostomidae [Mz.; v. *aster-, myzan = saugen, stoma = Mund], Fam. der *Pharyngidea* (Stamm Ringelwürmer); die Epidermis ihres querovalen, cirrenlosen Körpers trägt eine Cuticula; als Sinnesorgane sind 4 Paar Lateralorgane ausgebildet; ein Rüssel fehlt; der Darm ist in 2 Paar Divertikel aufgespalten, die Hoden sind in viele Follikel verzweigt; die Tiere sind simultane Hermaphroditen. Die Gatt. *Asteriomyzostomum* lebt endoparasitisch im Mitteldarm v. Seesternen.

Asterionella *w* [v. gr. asterios = gestirnt], Gatt. der ↗ Fragilariales.

Asteriscus *m* [v. gr. asteriskos = Sternchen], kanarisch-mediterrane Gatt. der Korbblütler mit ca. 12 Arten, zu denen *A. sericeus,* das Kanarische Edelweiß, ein niedriger, seidig behaarter Halbstrauch der trockenen Hügelstufe der Kanar. Inseln, und *A. pygmaeus,* die echte „Rose von Jericho", gehören. Letztere, eine einjährige, stengellose, nur wenige cm hohe Pflanze, ist über die Wüstengebiete N-Afrikas und W-Asiens verbreitet u. vermag ihre Fruchtköpfe mit Hilfe hygroskop. Bewegungen der Hüllblätter bei Trockenheit zu schließen und bei Feuchtigkeit wieder zu öffnen.

Asterocalamites *m* [v. *astero-, gr. kalamos = Rohr], ↗ Archaeocalamites.

Asterochelys *w* [v. *astero-, gr. chelys = Schildkröte], U.-Gatt. der ↗ Landschildkröten.

Asterococcaceae [Mz.; v. *astero-, gr. kokkos = Kern, Beere], Fam. der *Tetrasporales,* einzellige, chlamydomonasähnliche, aber geißellose Grünalgen, die meist in größeren, geschichteten Gallertlagern vereinigt sind; eine häufige Art in Torfmooren ist *Asterococcus superbus;* in Seen ist *Pseudosphaerocystis lacustris* (*Gemellicystis neglecta*) eine weitverbreitete Planktonart.

Asteroidea [Mz.; v. gr. asteroeidēs = sternförmig], die ↗ Seesterne.

Asteroideae [Mz.; v. gr. asteroeidēs = sternförmig], U.-Fam. der ↗ Korbblütler.

Asterolecaniidae [Mz.; v. *astero-, gr. lekanion = Teller], Familie der ↗ Schildläuse.

Asterophilidae [Mz.; v. *astero-, gr. philos = Freund], Fam. der Zungenlosen, Schnecken, die endoparasitisch in Seesternen leben u. stark umgestaltet sind:

das Weibchen hat einen etwa nierenförm. Körper; ein Scheinmantel umhüllt einen Hohlraum, in dem das Männchen lebt; die Entwicklung verläuft über Veliger, die die verwandtschaftl. Zuordnung ermöglichen; Vorkommen an asiat. Pazifikküsten.

Asterophora [v. *astero-, gr. -phoros = tragend], die ↗Zwitterlinge.

Asterophrys *w* [v. *aster-, gr. ophrys = Braue], Gatt. der ↗Engmaulfrösche.

Asterophyllites *m* [v. *astero-, gr. phyllon = Blatt], Gatt.-Name für bestimmte Beblätterungsformen der ↗*Calamitaceae*.

Asterotheca *w* [v. *astero-, gr. thēkē = Behältnis], Gatt.-Name für bestimmte Fruktifikationsformen fossiler ↗*Marattiales*.

Asteroxylon *s* [v. *astero-, gr. xylon = Holz], Gatt. der *Protolepidodendrales*, erstmals aus dem verkieselten Torf v. Rhynie (Unterdevon) beschrieben. A. besitzt ca. 50 cm hohe, mehr od. weniger monopodial verzweigte Stämmchen mit zentraler, im Querschnitt sternförm. Aktinostele (Name!) u. Ring- u. Schraubentracheiden; die oberird. Achsen sind dicht mit schuppenförm. „Blättchen" (Emergenzen) bedeckt, an deren Basis „Blattspurstränge" enden. Aufgrund der nach neueren Beobachtungen lateral „blattachselständigen" Sporangien wird A. nicht mehr zu den Psilophyten gestellt, sondern repräsentiert offenbar ein Bindeglied zw. diesen u. den Bärlappen. Die „Beblätterung" scheint die Emergenzentheorie (Entstehung der Bärlapp-Mikrophylle aus Emergenzen) zu stützen. B Farnpflanzen III.

Asterozoa [Mz.; v. *astero-, gr. zōon = Lebewesen], Oberbegriff für die beiden Stachelhäuter-Kl. ↗Seesterne u. ↗Schlangensterne.

Ästheten [Mz.; v. gr. aisthētēs = wahrnehmend], in die äußere Schalenschicht eingebettete Sinnesorgane der Käferschnecken; können aus einer od. mehreren Sinneszellen zusammengesetzt sein; bei einigen trop. Arten sind sie zu Schalenaugen umgewandelt.

Asticcacaulis, ↗sprossende Bakterien u./ od. solche mit Anhängseln.

Astigmatismus *m* [v. gr. a- = nicht, stigma = Punkt], richtungsabhängiger Brechkraftunterschied der Augenlinse. Dieser Abbildungsfehler ist dadurch bedingt, daß die Cornea-(Hornhaut-)oberfläche nicht ideal sphärisch, sondern meist in vertikaler Richtung etwas stärker gekrümmt ist als in horizontaler Richtung: v. einem Punkt ausgehende Strahlen werden nicht in einem Bildpunkt, sondern in zwei senkrecht zueinander stehenden Linien abgebildet. Ein Brechkraftunterschied bis 0,5 Dioptrien wird als *physiologischer* A. bezeichnet, da er durch neurale Leistungen ausgeglichen wird. Stärkerer A. kann z. B. durch Zylinderlinsen korrigiert werden.

Astilbe *w* [v. gr. a- = nicht, stilbē = Glanz], *Scheingeißbart*, Gatt. der Steinbrechgewächse mit ca. 35 Arten; Verbreitungsschwerpunkte sind vom Himalaya bis Japan u. Malesien. Merkmale dieser Stauden sind gefingerte Blätter, in Rispen zusammengefaßte Blüten, deren Kronblätter häufig reduziert sind od. fehlen; oberständ. Fruchtknoten aus verwachsenen Fruchtblättern. Hybriden u. a. der Arten *A. japonica* und *A. chinensis* var. *davidii* sind beliebte Freilandzierpflanzen mit pyramidenförm., weiß, rosa, lila bis dunkelroten Blütenrispen. Die Gatt. *A.* wird fälschlich als *Spiraea* bezeichnet. B Asien V.

Ästivation *w* [v. lat. aestivare = den Sommer verbringen], **1)** *Knospendeckung*, Bez. für die Art des Übereinandergreifens der Blattränder eines Blattzyklus in der Knospe höherer Pflanzen; z. B. ist die Ä. *gedreht*, wenn ein Blatt mit seinem Rand nur einseitig das Nachbarblatt bedeckt, *offen*, wenn keine Bedeckung vorhanden ist. **2)** *Übersommerung*, ein der Überwinterung vergleichbarer Ruhezustand bei Vögeln (Kalifornischer Ziegenmelker) u. Insekten heißer u. trockener Biotope mit langer Photoperiode. So weist z. B. die Libelle *Tetragoneura cynosura* eine verzögerte Entwicklung im Aug. u. Sept. auf, die erst durch kürzere Tageslängen zum Abschluß kommt. Viele Insekten zeigen ähnl. Anpassungen wie überwinternde, nämlich eine verminderte Respiration, einen geringeren Wassergehalt u. eine Akkumulation v. Lipiden u. ungesättigten Fettsäuren.

Astolonata [Mz.; v. gr. a- = nicht, lat. stolo = Wurzelsproß], U.-Ord. der ↗Kamptozoa.

Astomata [Mz.; v. gr. a- = nicht, stoma = Mund], Wimpertierchen der Ord. *Holotricha*, die keinen Zellmund haben; leben als Parasiten od. Kommensalen in der Leibeshöhle u. im Darm bes. von Oligochaeten, manche Arten entwickeln Haftorganelle; die Nahrung diffundiert über die gesamte Oberfläche, die Fortpflanzung erfolgt häufig durch terminale Knospung, dabei ist Kettenbildung möglich. *Steinella uncinata* ist ein Gewebe- u. Darmparasit v. Planarien mit saugnapfartiger Vertiefung u. 2 Haken am Vorderende.

Astraea *w* [v. gr. astraios = gestirnt], Gatt. der Turbanschnecken, mit kegelförm. Ge-

---

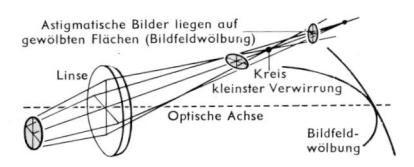

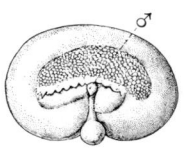

Asterophilidae
Asterophila japonica: Das nierenförm. Weibchen beherbergt im Scheinmantel das Zwerg-Männchen (♂).

Blühende *Astilbe*

aster-, astero- [v. gr. astēr = Stern; auch Sternblume], in Zss.: Stern-.

Astigmatismus „Sturmsches Konoid" einer astigmatischen Abbildung

Astraeus

häuse, das an der Peripherie der Endwindung meist gekielt ist u. dort oft Stacheln trägt; zahlr. Arten leben in warmen Meeren, meist auf Hartböden. Die Stachelschnecke *(A. rugosa)* ist 4 cm hoch, mit knotigen Spiral- u. oft schuppenart. Zuwachsstreifen; Verbreitungsgebiete Mittelmeer, O-Atlantik v. Baskenland bis zu den Kanaren.

Astraeus *m* [v. gr. astraios = gestirnt], Gatt. der ↗ Wettersterne.

Astragalus *m* [v. gr. astragalos =], der ↗ Tragant.

Astrangia *w* [v. gr. astron = Stern, aggeion = Gefäß], Gatt. der ↗ Steinkorallen.

Astrantia *w* [v. gr. astron = Stern], die ↗ Sterndolde.

Astrilde, Gruppe der ↗ Prachtfinken.

Astrobiologie [v. *astro-, gr. bios = Leben, logos = Kunde], die ↗ Kosmobiologie.

Astrocopus *m* [v. *astro-, gr. skopos = Wächter], Gatt. der Drachenfische, ↗ Himmelsgucker.

Astrocyten [Mz.; v. *astro-, gr. kytos = Höhlung, Hohlraum], *Makroglia,* Hauptbestandteil der Gliazellen ektodermalen Ursprungs, die die Neuronen v. Hirn u. Rückenmark als Nähr- u. Stützzellen umgeben. Ferner wird diesen eine Funktion bei der Aufrechterhaltung der extrazellulären K^+-Konzentration sowie der Aufnahme v. Überträgersubstanzen aus dem Extrazellulärraum zugesprochen.

Astroides

Ausschnitt aus einem Stock der Sternkoralle *Astroides calycularis,* Polypen verschieden weit eingezogen, rechts Längsschnitt durch einen Polypen.

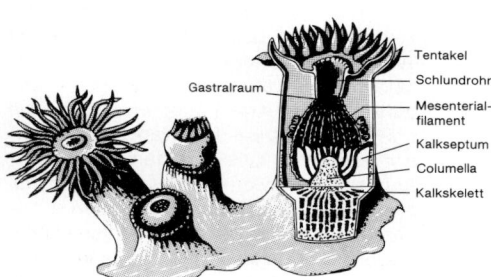

Astroides *m* [v. gr. astroeides = sternartig], Gatt. der Steinkorallen mit leuchtend orangefarbenen Polypen, die im Mittelmeer vorkommt u. massive Blöcke u. Krusten bildet. Häufigste Art ist dort *A. calycularis,* die Sternkoralle.

Astronesthidae, die ↗ Großmünder.

Astropecten *m* [v. *astro-, lat. pecten = Kamm], der ↗ Kamm-Seestern.

Astrophorida [Mz.; v. gr. astrophoros = sterntragend], Schwamm-Ord. der *Tetractinomorpha* mit ingesamt 6 Fam. (vgl. Tab.); in der Rindenschicht liegen meist radiär angeordnete Megasklerite, im Innern Mikrosklerite in Form v. Astern, Oxen u. Rhabden.

astro- [v. gr. astron = Sternbild, Gestirn], in Zss.: Stern-.

asymmetrisches Kohlenstoffatom

Astrophorida

Wichtige Familien:
↗ *Chondrosiidae*
↗ *Geodiidae*
↗ *Stellettidae*
↗ *Theneidae*

Astrophytum *s* [v. *astro-, gr. phyton = Gewächs], Gattung der ↗ Kakteengewächse.

Astrorrhizae [Mz.; v. *astro-, gr. rhizai = Wurzeln], (Carter 1880), *Astrorhizae,* sternförm. Systeme v. Furchen auf der Oberfläche, insbes. auf Mamelonen von ↗ Stromatoporen (†); ursprünglich für stellate Systeme von Stolonen – homolog den Stolonen der Hydrorrhiza von Hydractinien – gehalten, wurden sie 1969 von Jordan als Spuren von Bohrorganismen gedeutet.

Astrotaxis *w* [v. *astro-, gr. taxis = Anordnung], *astronomische Orientierung,* räuml. Orientierung freibewegl. Lebewesen mit Hilfe der Sonne od. der Sterne, z. B. bei zahlr. Zugvögeln u. bei der Honigbiene. Voraussetzung ist eine zentralnervöse Verrechnung des Tagesgangs der Gestirne u. eine entsprechende Korrektur der Winkeleinstellung bei der Zielansteuerung. Die notwendige Zeitmessung wird durch die physiologische Uhr ermöglicht. ↗ Bienensprache, ↗ Chronobiologie.

Astspanner, der ↗ Birkenspanner.

Ästuar *s* [v. lat. aestuarium = Flußmündung], Mündungstrichter eines Flusses an Gezeitenküsten; der Salzgehalt des Wassers schwankt ständig mit Ebbe u. Flut. Es bilden sich hier ganz spezif. Lebensgemeinschaften aus; euryöke Süß- u. Salzwassertiere leben neben Arten, die an den Salzgehalt optimal angepaßt sind. Über das Ä. können Salzwassertiere ins Süßwasser einwandern.

Astyanax *m* [ben. nach dem Sohn Hektors von Troja], Gatt. der ↗ Salmler.

Astylosternus *m* [v. gr. astylos = ohne Säule, sternon = Brust], der ↗ Haarfrosch.

asymmetrisches Kohlenstoffatom, Kohlenstoffatom, dessen 4 Wertigkeiten durch 4 verschiedene Radikale od. Atome abgesättigt sind u. die daher in 2 zueinander spiegelbildlich verschiedenen Konfigurationen vorkommen. Asymmetr. Kohlenstoffatome sind in zahlr. Naturstoffen bes. in den Aminosäuren u. Zuckern, Proteinen, Polysacchariden u. Nucleinsäuren weit verbreitet u. sind Ursache der Drehung des polarisierten Lichts (optische Aktivität). Die absoluten Konfigurationen asymmetr. Kohlenstoffatome (D- oder L-Form) werden durch Korrelation mit den beiden Konfigurationen (D- und L-) des ↗ Glycerinaldehyds (□) definiert.

asymmetrische Synthese, *stereospezifische Synthese,* die Synthese v. Verbindungen mit einem od. mehreren asymmetr. Kohlenstoffatomen, wobei vorzugsweise od. ausschließlich eine der beiden mögl. (D- oder L-)Konfigurationen des asymmetr. Kohlenstoffatoms entsteht. Aufgrund des asymmetr. Aufbaus v. Enzymen (der wiederum eine Konsequenz des Aufbaus aus ausschließlich L-Aminosäuren ist) u. speziell aufgrund der Asymmetrie der aktiven Zentren der Enzyme sind alle enzymkatalysierten Reaktionen des Stoffwechsels, soweit sie die Bildung asymmetr. Kohlenstoffatome betreffen, stereoselektiv u. damit hundertprozentig asymmetrische Synthesen.

asymmetrische Verbindungen, chem. Verbindungen mit einem od. mehreren asymmetr. Kohlenstoffatomen.

Asymmetron *s* [v. gr. asymmetros = nicht zusammenpassend], Gatt. der *Branchiostomidae* mit 6 Arten, nächst verwandt dem ↗Lanzettfischchen i. e. S.; Gonaden nur auf der rechten Körperseite, die rechte Metapleuralfalte geht in den unpaaren Flossensaum über; das vordere Chordaende ist abgerundet.

Asynapsis *w* [v. gr. a- = nicht, synapsis = Verbindung], teilweises od. vollständiges Ausbleiben der Chromosomenpaarung in der ersten meiotischen Teilung, wodurch es zu einer variablen Anzahl ungepaarter Chromosomen (Univalente) in der Metaphase kommt. A. kann sowohl modifikativ als auch genetisch bedingt sein od. durch mangelnde strukturelle Homologie der Chromosomen entstehen. Die zufallsgemäße Aufteilung der ungepaarten Chromosomen führt zu hypo- od. hyperploiden Gameten, was im Extremfall völlige Sterilität des betroffenen Organismus bewirken kann.

Atavismus *m* [v. lat. atavus = Urahn], relativ selten bei einzelnen Individuen einer Art auftretende Abweichungen („Rückschläge") in der Ausbildung v. Eigenschaften, die den Merkmalsausprägungen v. Ahnenformen mehr␣weniger entsprechen. Beispiele für Atavismen sind: Entwicklung v. Dreihufigkeit beim rezenten Pferd, das v. dreizehigen Vorfahren abstammt; Auftreten radiärsymmetr. Blüten bei Arten mit zygomorphen Blüten, so die Bildung v. ↗Pelorien beim Löwenmäulchen; beim Menschen treten als Atavismus u. a. auf: ein kleiner, äußerlich hervortretender Schwanzfortsatz am Ende der Wirbelsäule, fellartige Ausbildung der Körperbehaarung, Ausbildung überzähliger Milchdrüsen *(Hypermastigie)* entlang einer Linie („Milchleiste"), die v. der Achselhöhle zur Leistenregion reicht – eine Situation, wie sie im „Gesäuge" vieler Säugetiere (z. B. Schwein, Hund) zu finden ist. Bezüglich der Entstehungsursachen kann man unterscheiden: a) *Mutativer A.:* Hierbei werden durch spontane Erbänderungen (Mutationen) entweder eine genet. Situation wie bei einer Ahnenform wiederhergestellt (Rückmutation) od. dadurch

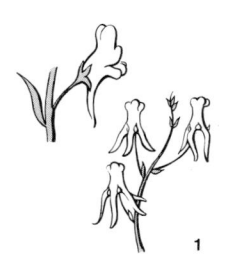

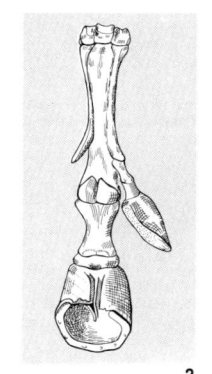

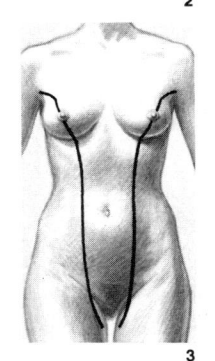

Atavismus

1 Pelorienbildung beim Gemeinen Leinkraut *(Linaria vulgaris)*, oben normale Blüte. **2** Linker Vorderfuß eines Hauspferdes, der anstelle eines Griffelbeins (Rudiment eines seitl. Zehenstrahls) als A. auf einer Seite eine wohlentwickelte Zehe mit einem kleinen Huf trägt. **3** Während der Fetalphase bilden sich beim Menschen zwei Milchleisten. Beim Menschen entwickelt sich auf dieser Milchleiste nach der Geburt meist nur je eine Brust. Bei vielen Säugetieren werden dagegen auf jeder Seite mehrere Brustdrüsen ausgebildet.

bislang reprimierte (latente) Gene wieder aktiviert (↗Genregulation). b) *Hybrid-A.:* Durch Bastardierung nahe verwandter Arten können Genkombinationen entstehen, die die Merkmalsausbildung v. Ahnenformen bedingen. c) *A. in Form v. Hemmungsmißbildungen:* durch Störungen in der Embryonalentwicklung können dort nur vorübergehend auftretende Organbildungsstadien, die ursprüngliche Merkmale rekapitulieren (↗Rekapitulation, ↗biogenetische Grundregel), an der weiteren Differenzierung gehindert werden u. so am fertigen Organismus erhalten bleiben (persistieren). Hierher gehören beim Menschen gelegentlich auftretende Halsfisteln, die persistierenden „Kiemenspalten" eines embryonal angelegten ↗Kiemendarms entsprechen.

Atelinae [Mz.], die ↗Klammerschwanzaffen.

atelische Bildungen [v. gr. a- = nicht, telos = Ziel], *Exzessivbildungen, Überspezialisierungen, Luxusbildungen,* solche Strukturen, die scheinbar für einen Organismus ohne Bedeutung sind, also keinen Anpassungscharakter zu besitzen, ja sogar in manchen Fällen *(hypertelische Bildungen)* zweckwidrig zu sein scheinen. Als a. B. oder hypertelische Bildungen sind solche Strukturen bezeichnet worden, deren funktionelle Bedeutung unklar geblieben ist. Mächtig entwickelte Eckzähne sind unabhängig bei verschiedenen fossilen Säugetieren aufgetreten, beim Raubbeutler *(Thylacosmilus)*, beim Säbeltiger *(Smilodon)* u. bei der Säbelkatze *(Dinictis)*. Auch das eine Spannweite von über 3 m aufweisende Geweih des Riesenhirschs *(Megaloceros)* ist als hypertelische Bildung gedeutet worden. Heute sind diese Strukturen einer selektionistischen Deutung zugänglich. Solche „exzessiven" Bildungen können bei Arten, deren Männchen untereinander um Weibchen kämpfen, durch die Wirkung der intrasexuellen Selektion entstehen; dabei fördert die Selektion Imponierstrukturen, durch die Kämpfe schon als „Drohduelle" entschieden werden können. Bei Hühner- u. Paradiesvögeln treten im männl. Geschlecht extrem entwickelte Prachtkleider auf; hier fördert die intersexuelle Selektion „Hypertelien", die die Aufgabe haben, den Geschlechtspartner fortpflanzungsbereit zu machen. Solche a. B. wirken als „übernormale" Reize u. rufen stärkere Reaktionen hervor; dadurch werden bisher unverstandene Strukturen durch sexuelle Zuchtwahl deutbar. [B] 278.

Atelognathus *m* [v. gr. atelēs = unvollständig, gnathos = Kinnbacke], Gatt. der ↗Andenfrösche.

Smilodon　Thylacosmilus

Dinictis

atelische Bildungen

Eine starke exzessive Entwicklung des oberen Eckzahns ist mehrfach in der Evolution der Säugetiere unabhängig erfolgt, nämlich bei *Thylacosmilus*, einem Raubbeuteltier aus dem Miozän Südamerikas, bei *Dinictis*, einer Säbelkatze aus dem Miozän und Pliozän, und bei *Smilodon*, dem Säbeltiger mit seinen riesigen Eckzähnen; er ist erst in der Eiszeit ausgestorben.
Man beachte bei *Thylacosmilus* und *Dinictis* die konvergente Entwicklung eines Unterkieferfortsatzes als Schutz für den „Säbelzahn".
Der *Riesenhirsch Megaloceros giganteus* (rechts) lebte während der Eiszeit in Europa und starb im Spätglazial aus. Das exzessive Geweih hatte eine Spannweite von über 3,50 m. Zahlreiche Skelette dieser Art haben sich in irischen Mooren erhalten.

Atemfrequenz

Die A. ist je nach Tierart sehr unterschiedlich u. unterliegt außerdem starken individuellen Schwankungen:

Mensch	10– 20
(Neugeborenes)	30– 80
Schildkröte	2– 5
Pferd	10– 16
Hund	11– 38
Huhn	12– 30
Rind	15– 30
Kaninchen	38– 60
Meerschweinchen	70–100
Maus	84–230

Atemgifte

Prozentualer Anteil des Kohlenmonoxidhämoglobins am Gesamthämoglobin

normal	1%
Raucher	3%
nach Lungenzug	10%
Taxifahrer	40%

Atelopus *m* [v. gr. atelēs = unvollständig, pous = Fuß], die ↗Stummelfußfrösche.

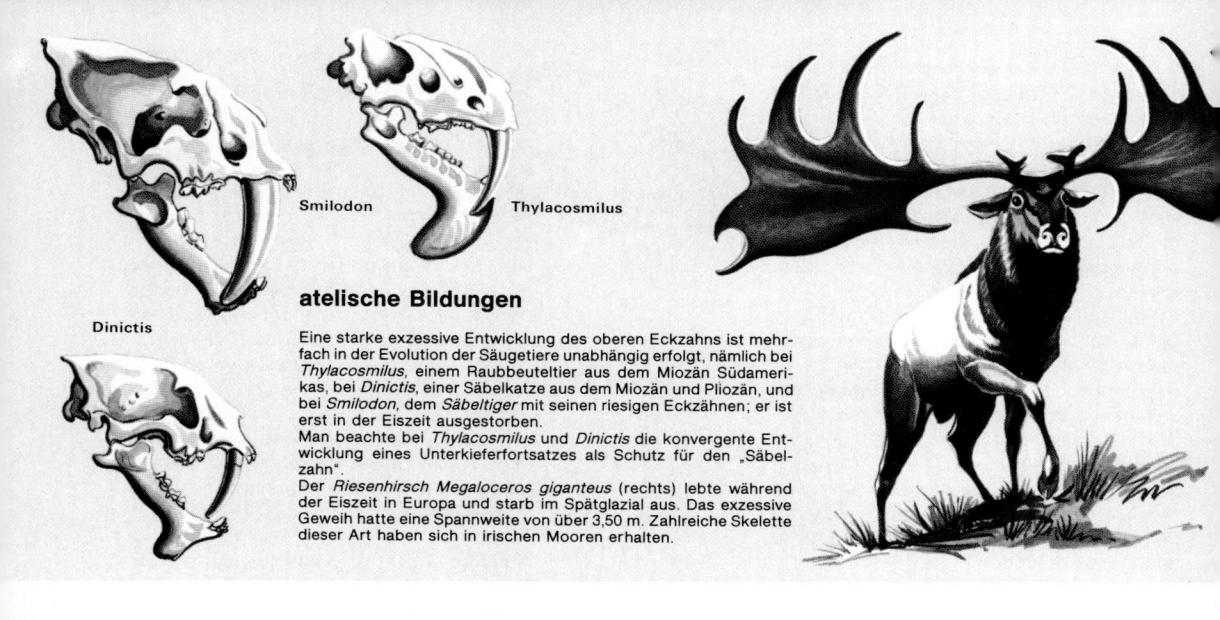

Atelura *w* [v. gr. atelēs = unvollständig, oura = Schwanz], ↗Silberfischchen.

Atemfrequenz, Zahl der Atemzüge pro Minute, beim erwachsenen Menschen in Ruhe etwa 15 (Mittelwert).

Atemgastransport, Sauerstoffzufuhr u. Abtransport des Stoffwechselendprodukts CO_2, um den oxidativen Abbau der Nährstoffe in der tier. Zelle zu gewährleisten. Zur Überwindung größerer Entfernungen im Organismus dienen Ventilationseinrichtungen (↗Atmung, ↗Atmungsorgane) u. Transportsysteme (↗Blutkreislauf).

Atemgifte, 1) *Hemmstoffe* der ↗Atmungskette. **2)** *Hämoglobingifte* wie Kohlenmonoxid (CO), das eine höhere Affinität zum Hämoglobin (Hb) hat als Sauerstoff (O_2). Damit wird bereits bei sehr niedrigen CO-Partialdrücken Hb in CO-Hb *(Kohlenmonoxidhämoglobin)* umgewandelt u. für den Sauerstofftransport blockiert. Ferner wird CO etwa 200mal langsamer als O_2 aus der Hb-Bindung freigesetzt. Stärkere *Kohlenmonoxidvergiftungen* können durch künstl. Beatmung (möglichst mit reinem O_2) u. Bluttransfusionen (Ersatz des blockierten Blutes durch für den O_2-Transport freies Hb) behandelt werden.

Atemhöhle, 1) in der Bot. Bez. für den häufig bes. großen Interzellularraum im Blatt, der sich hinter den Spaltöffnungen befindet. **2)** in der Zool. die ↗Mantelhöhle der Mollusken.

Atemloch, 1) *Atemporus, Porus branchialis,* Öffnung, durch die bei Amphioxus (Lanzettfischchen) u. Ascidien (Seescheiden) das verbrauchte Atemwasser aus dem Peribranchialraum nach außen entleert wird. **2)** *Stigma, Peritrema,* Atemöffnung des Tracheensystems der *Tracheata* (Tracheentiere = Insekten u. Tausendfüßer). **3)** *Spiraculum,* das ↗Spritzloch.

Atemminutenvolumen, Abk. *AMV,* Produkt aus dem *Atemvolumen* (d. i. das bei einem normalen Atemzug ausgewechselte Luftvolumen) u. der ↗*Atemfrequenz.* Das AMV kann dem physiolog. Zustand des Organismus angepaßt werden u. steigt bei vermehrtem Sauerstoffbedarf (z. B. bei sportl. Betätigung), indem sowohl Atemvolumen wie -frequenz erhöht werden. Beim Menschen bewirkt eine Erhöhung des pCO_2 (Kohlendioxid-Partialdrucks) von 40 auf 45 mmHg (53 bzw. 60 mbar) eine Verdopplung des AMV (↗Atmungsregulation).

Atemöffnung, röhrenförm. Öffnung in dem schon mit einer recht wasserdichten Cuticula ausgestatteten Abschlußgewebe über den Luftkammern bei einigen thallösen Lebermoosen; A.en dienen analog zu den ↗Spaltöffnungen dem Gas- u. Wasserdampfaustausch, können aber die Wasserdampfabgabe noch nicht regulieren.

Atemvolumen, ↗Atmung, ↗Atemminutenvolumen.

Atemwurzeln, Organe von u. a. Mangrovepflanzen (z. B. *Avicennia, Sonneratia*), die der zusätzl. Sauerstoffversorgung der Pflanze in den trop. u. sauerstoffarmen Küstensümpfen dienen. Die A. besitzen luftdurchlässige Bezirke im Korkgewebe, die unbenetzbar u. deshalb wasserundurchlässig sind. Bei hohem Wasserstand tauchen die A. unter. Der Sauerstoff in den Interzellularen wird durch Atmung verbraucht, u. das Kohlendioxid entweicht sofort ins Wasser. Es entsteht ein Unterdruck, der beim Auftauchen aus dem Wasser durch die Sauerstoff enthaltende Luft sofort wieder ausgeglichen wird. Deshalb schwankt der Sauerstoffgehalt der Interzellularen zw. 10–20%.

Atemzentrum ↗ Atmungsregulation.

Atentaculata [Mz.; v. gr. a- = nicht, tentare = tasten, fühlen], U.-Kl. der Hohltiere, bildet zus. mit den ↗ *Tentaculifera* die Kl. Rippenquallen. A. sind tentakellos u. besitzen einen breiten Pharynx, der fast den ganzen mützenförm. Körper ausfüllt. Der Gastralraum ist nur klein u. an den Aboralpol verdrängt. Beute wird mit dem Pharynx aufgenommen u. mit Giftsekret gelähmt. Die unter den Wimperrippen verlaufenden Kanäle des Gastrovascularsystems zweigen sich stark in miteinander kommunizierende Äste auf, welche die Mesogloea durchziehen. Muskulatur ist bes. an der Mundöffnung stark entwickelt. Die A. bilden nur eine Ord., die ↗ *Beroidea*. Bekannteste Vertreter sind die ↗ Melonenquallen.

AT-Gehalt, der in Prozent der Gesamtbasenpaare ausgedrückte Anteil v. Adenin-Thymin-Basenpaaren doppelsträngiger DNA, wobei sich AT-G. und GC-Gehalt zu 100% ergänzen. Aufgrund der Basenpaarungsregeln (A = T und G = C) ist durch den AT-G. die ↗ Basenzusammensetzung doppelsträngiger DNA eindeutig festgelegt (z. B. bedeutet ein AT-G. von 44%, daß die betreffende DNA je 22% v. Adenin- u. Thyminbasen u. dementsprechend je 28% v. Guanin- u. Cytosin-Basen besitzt), womit der AT-G. ein indirektes Maß für die Basenzusammensetzung ist. Je höher der AT-G. doppelsträngiger DNA ist, desto niedriger ist die Übergangstemperatur (sog. Schmelzpunkt T_s) v. doppelsträngigen zum einzelsträngigen Zustand. Durch Bestimmung von T_s kann daher der AT-G. (bzw. GC-Gehalt) leicht ermittelt werden. AT-G.e bzw. Basenzusammensetzungen wurden häufig zur Charakterisierung v. DNA herangezogen. Da jedoch durch den AT-G. der Informationsgehalt von DNA nicht erfaßt wird, werden DNAs heute zunehmend durch die viel weiterreichende Nucleotidsequenzanalyse charakterisiert.

Athalamia *w* [v. gr. a- = nicht, thalamos = Lager], Gatt. der ↗ Cleveaceae.

Athamantha *m* [ben. nach dem myth. Athamas], die ↗ Augenwurz.

Äthanal *s* [v. *äthan-], der ↗ Acetaldehyd.

Äthanalsäure [v. *äthan-], die ↗ Glyoxylsäure.

Äthandicarbonsäure *w* [v. *äthan-, gr. di- = zwei-, lat. carbo = Kohle], die ↗ Bernsteinsäure.

Äthandisäure [v. *äthan-, gr. di- = zwei-], die ↗ Oxalsäure.

Äthanol *s* [v. *äthan-], *Äthylalkohol, Weingeist,* gewöhnlich *Alkohol* gen., C_2H_5OH, wasserklare, farblose, scharfschmekkende, brennbare u. bei 78°C siedende

äthan- [v. gr.. aithēr = obere, feine Luftschicht].

Gehalt an Äthanol (Äthylalkohol)

Bier	3–5%
Weiß- und Rotwein	6–10%
Schaumwein	9–12%
Korn	20–30%
Schnaps, Branntwein	30–50%
Wodka	40–50%
Rum u. Arrak	50–60%
Whisky	55–65%

Athecatae (Anthomedusae)

Familien:
↗ Capitata
  ↗ Branchiocerianthidae
  ↗ Cladonemidae
  ↗ Corynidae
  ↗ Eleutheriidae
  ↗ Milleporidae
  ↗ Margelopsidae
  ↗ Pennariidae
  ↗ Tubulariidae
↗ Filifera
  ↗ Bougainvilliidae
  ↗ Clavidae
  ↗ Eudendriidae
  ↗ Hydractiniidae
  ↗ Pandeidae
  ↗ Rathkeidae
  ↗ Stylasteridae
  ↗ Hydrariae

Flüssigkeit; mischt sich mit Wasser, Äther, Chloroform, Glycerin, äther. Ölen. Reines od. fast reines Ä. ist ein relativ starkes Gift. Es wird durch die Magen- u. Darmwand (im Dünndarm nach 1–2 Stunden) aufgenommen u. wandert im Körper bes. in die Nerven- u. Gehirnzellen. 24–60 mg Ä. sind stets im menschl. Blut vorhanden; 7–8‰, oft schon 3‰, sind tödlich. Trinkalkohol wird meist durch Vergärung (↗ alkoholische Gärung) zucker- od. stärkehaltiger Naturstoffe gewonnen. Durch Vergärung erhält man meist 15- bis 20%iges Ä. Höhere Volumenprozente werden durch Destillation erreicht. Technisch wird Ä. besonders aus Kartoffeln od. aus Holz, vorwiegend aus Ablaugen der Papierfabrikation durch Gärung u. anschließende Destillation gewonnen (Sulfitsprit). Ä. findet Verwendung als Fällungsmittel, zur Isolierung v. Nucleinsäuren sowie als Konservierungsmittel für tier. und pflanzl. Präparate. Außer zur Bereitung alkohol. Getränke wird Ä. zur Essigherstellung, für kosmet. Zwecke, für Arzneien u. in der Technik eingesetzt.

Äthanolamin [v. *äthan-], *Aminoäthanol, Colamin,* $H_2N-CH_2-CH_2-OH$, ein biogenes Amin, das sich durch Decarboxylierung v. Serin bildet; Ä. ist andererseits eine Vorstufe v. Cholin, in das es durch drei SAM-abhängige Methylierungsschritte umgewandelt wird (SAM = S-Adenosylmethionin).

Äthanolgärung [v. *äthan-], die ↗ alkoholische Gärung. [säure.

Äthanolsäure [v. *äthan-], die ↗ Glykol-

Äthansäure [v. *äthan-], die ↗ Essigsäure.

Athecatae [Mz.; v. gr. a- = nicht, thēkē = Behälter], artenreiche U.-Ord. der *Hydroidea* (Stamm Nesseltiere); die Polypen bilden keine Peridermhüllen um die Hydranthen aus. Die entsprechenden Medusen werden als ↗ *Anthomedusae* bezeichnet. Die systemat. Einteilung ist schwierig u. häufig schwer durchschaubar, da, historisch bedingt, die Polypen oft in andere Fam. gestellt wurden als die Medusen.

Athekanephria *w* [v. gr. a- = nicht, thēkē = Behälter, nephros = Niere], Ord. der ↗ *Pogonophora* (Bartwürmer) mit freien, nicht v. einer Aussackung des dorsalen Blutgefäßes umhüllten Nierenkanälchen (Coelomodukten).

Athelia *w,* ↗ Basidiomyceten-Flechten.

Äthen *s,* das ↗ Äthylen.

Athene *w* [ben. nach der gr. Göttin der Weisheit, deren Symbol die Eule ist], Gatt. der ↗ Eulen.

Äther *m* [v. gr. aithēr = obere, feine Luftschicht], Sammel-Bez. für Anhydride der Alkohole, charakterisiert durch die Äthergruppe R_1-O-R_2, in der R_1 und R_2 organ.

Atherinidae Reste sind, die auch identisch sein können, wie im Diäthyläther $H_3C-CH_2-O-CH_2-CH_3$. Ä. entstehen, wenn sich zwei gleiche od. verschiedene Alkohole unter Wasseraustritt verbinden (einfache bzw. gemischte Ä.). Volkstümlich wird unter Ä. *Diäthyläther* verstanden, eine mit Wasser nicht mischbare, farblose u. leichtentzündl. Flüssigkeit, die sich zur Extraktion u. Reinigung lipophiler Zellbestandteile u. zur Narkose eignet. Ä.-Gruppen, wie z. B. die Methoxygruppe H_3C-O-R, kommen bes. in Zuckern und aromat. Naturstoffen vor.

Atherinidae [Mz.; v. gr. atherinē = grätenreicher Fisch], die ↗ Ährenfische.

Atherinoidei [Mz.; v. gr. atherinē = grätenreicher Fisch, -oeidēs = -ähnlich], die ↗ Ährenfischähnlichen.

Atheris w [v. gr. athēreis = stachlig], Gatt. der ↗ Vipern.

ätherische Öle, flüchtige, bei gewöhnl. Temperatur meist flüssige, stark riechende Pflanzeninhaltsstoffe, die als natürl. Riechstoffe in Heilkunde, Kosmetik u. Technik Anwendung finden. Über 1000 ä. Ö. sind bekannt; viele werden medizinisch verwendet. Sie finden sich meist in Sekretbehältern der Pflanzen. Ä. Ö. werden gewonnen: a) durch Auspressen der betr. Pflanzenteile; b) durch Destillation mit Wasser od. Wasserdampf; c) durch Extraktion mit Äther od. Schwefelkohlenstoff; d) durch Extraktion mit fetten Ölen. Hauptbestandteile der ä.n Ö. sind Terpene wie Geraniol (Geraniumöl), Limonen (Zitronenöl), Menthol (Pfefferminzöl), Pinen (Terpentinöl), Campher (Campheröl), Carvon (Kümmelöl), ferner Alkohole, Ketone, Phenole, Säuren, Ester u. Lactone.

Atherix w, Gatt. der ↗ Schnepfenfliegen.

Athermopause w [v. gr. a- = nicht, thermos = warm, pausis = Aufhören], Ruhezustand bei Insekten, der nicht durch Temp., sondern durch andere ökolog. Faktoren wie Licht, Feuchtigkeit u. Nahrungsmangel verursacht wird.

Atheromatose w, die ↗ Arteriosklerose.

Äthidiumion, ein kation. Heterocyclus, der meist in Form des Salzes Äthidiumbromid eingesetzt wird. Ä.en fluoreszieren im UV-Licht u. interkalieren mit doppelsträngiger DNA und RNA, wobei die Fluoreszenz gelöscht wird. Aufgrund dieser Eigenschaften werden Ä.en zur Sichtbarmachung von DNA (und RNA, sofern sie doppelsträngig ist) unter UV-Bestrahlung eingesetzt, eine Technik, die bes. bei der Auftrennung u. Isolierung von DNA-Restriktionsfragmenten durch Gelelektrophorese große Bedeutung im Rahmen der Gentechnologie erlangt hat. Die Interkalation mit doppelsträngiger DNA bewirkt ein teilweises Zurückdrehen der Doppelhelixwindungen; dieser Effekt wird zur quantitativen Bestimmung v. Supertwists ringförm. Doppelstrang-DNA herangezogen. Aufgrund der Interkalation wirken Ä.en stark mutagen, wobei vorzugsweise Deletionen u. Insertionen einzelner od. weniger Nucleotide u. damit Rastermutationen ausgelöst werden.

Äthidiumion

Äthiopis

BEISPIELE ENDEMISCHER GRUPPEN
Röhrenzähner (*Tubulidentata*)
Klippschliefer (*Hyracoidea*)
Buschbabies (*Galagidae*)
Sandgräber (*Bathyergidae*)
Otterspitzmäuse (*Potamogalidae*)
Rüsselspringer (*Macroscelididae*)
Goldmulle (*Chrysochloridae*)
Dornschwanzhörnchen (*Anomaluridae*)
Flußpferde (*Hippopotamidae*)
Giraffen (*Giraffidae*)
Schimpansen (*Pan*)
Gorillas (*Gorilla*)
Meerkatzen (*Cercopithecus*)
Stummelaffen (*Colobus*)
Pottos (*Perodicticus*)
Paviane (*Papio*)
Afrikanische Elefanten (*Loxodonta*)
Doppelhornnashörner (*Diceros*)
Afrikanische Büffel (*Syncerus*)
Echte Zebras (*Hippotigris*)
Mausvögel (*Coliiformes*)
Strauße (*Struthionidae*)
Sekretäre (*Sagittariidae*)
Schuhschnäbel (*Balaenicipitidae*)
Turakos (*Musophagidae*)
Baum- und Sichelhopfe (*Phoeniculinae*)
Madenhackerstare (*Buphaginae*)
Gürtelechsen (*Cordylidae*)
Wendehalsfrösche (*Phrynomeridae*)
Kurzkopffrösche (*Brevicipinae*)
Krallenfrösche (*Xenopus*)
Flösselhechtverwandte (*Polypteriformes*)
Nilhechte (*Mormyriformes*)
Afrikanische Lungenfische (*Protopterus*)
Peripatopsis (Stummelfüßergatt.)

Äthiopis, *äthiopische Region*, tiergeographische Region, umfaßt SW-Arabien u. Afrika südlich v. Atlas u. Sahara. Die heute als Ausbreitungsschranke wirkende Sahara erweist sich als Übergangsgebiet zw. Ä. u. *Paläarktis*. Eng sind die faunist. Beziehungen zur *Orientalis*, mit der die Ä. zur *Paläotropis* zusammengefaßt wird. Zw. diesen Faunenregionen bestanden verschiedentlich breite Landverbindungen, wodurch ein Austausch ermöglicht wurde. Im Tertiär war Afrika v. Eurasien durch einen Arm des Tethys-Meeres isoliert. Während dieser Zeit entwickelten sich hier z. B. die Säugetier-Ord. der Rüsseltiere (*Proboscidea*), Schliefer (*Hyracoidea*), Rüsselspringer (*Macroscolecidea*) u. die Altweltaffen (*Catarrhini*). Die Rüsselspringer sind heute mit Ausnahme einer Art (*Elephantulus rozeti* in NW-Afrika) auf die Ä. beschränkt, während z. B. Rüsseltiere u. Altweltaffen auch die Orientalis erreichten. Infolge einer Hebung der Landmassen im Bereich Vorderasiens kam es im mittleren Tertiär zu einer breiten Landverbindung zw. Ä. u. Orientalis, über die solche Einwanderungen möglich waren. Aus Asien drang auf diese Weise ein Großteil der heute so charakterist. Säuger der afr. Savanne ein, wie die *Giraffiden*, die Hornträger (*Bovidae*), Vorfahren der heutigen Nashörner (*Rhinocerotidae*), u. die Ahnen der Pferdeartigen (*Equidae*) sowie die der Strauße (*Struthioniformes*). Im Pliozän waren sich die beiden Faunen somit sehr viel ähnlicher als heute. Das Pleistozän mit seinen Wechseln v. Warm- u. Kaltzeiten brachte für die trop. Regionen ebenfalls tiefgreifende Klimaveränderungen. Pluvialzeiten führten jeweils zur Ausdehnung der Regenwälder u. Seen u. zur Isolierung der Savannen. Hieraus erklärt sich das auf die nördl. od. südl. Trockensavannen beschränkte Vorkommen verschiedener Gruppen. Die N-S-Unterschiede sind jedoch nicht so groß, als daß eine eigene, der *Capensis* entsprechende Tierregion abgegrenzt wurde. Zum anderen ermöglichten die Pluvialzeiten nördl. Waldformen das Eindringen in die eingeengte Sahara, was im heutigen Reliktvorkommen holarkt. Arten in den Gebirgsstöcken Tibesti, Hoggar od. Aïr sowie im Hochland v. Äthiopien deutlich wird. Beim Abklingen des feuchten Klimas wurden auch Oasen zu Rückzugsgebieten für einige Arten, z. B. den Seefrosch *(Rana ridibunda)* u. die Große Perleidechse *(Lacerta lepida).* Mit den inter- u. postpluvialen Ausdehnungen der Savannengebiete drangen umgekehrt äthiop. Tiere ins paläarkt. N-Afrika vor. Felszeichnungen im Gebiet der Sahara u. altägypt. Darstellungen zeigen, wie noch in histor. Zeit in diesem Gebiet Elefanten, Giraffen, Antilopen, Löwen u. Leoparden mit holarkt. Formen wie Hirschen, Bären u. Wildschweinen sich zu einer eigentüml. äthiopisch-paläarkt. Mischfauna verbanden. Die Ausdehnung der Wüstengürtel führte schließlich zu einer weitestgehenden Unterbindung dieses Faunenaustauschs. Gleiches gilt für das Grenzgebiet zur Orientalis, wo die Trennung durch die pleistozäne Aufwölbung des iran. Hochlands verschärft wurde. Viele der für die Paläotropis endemischen Familien bildeten vikariierende Gattungen, so z. B. die Menschenaffen *(Pongidae)* mit Gorilla *(Gorilla)* u. Schimpanse *(Pan)* bzw. dem oriental. Orang-Utan *(Pongo)* od. die Elefanten *(Elephantidae)* mit dem afr. *Loxodonta* bzw. dem ind. *Elephas.* Nur einige Wüstenbewohner, z. B. die Sandkatze *(Felis margarita)* od. der Kap-Hase *(Lepus capensis),* sind über das gesamte saharo-indische Trockengebiet verbreitet. Die postglaziale Austrocknung führte des weiteren zur Verkleinerung des Gesamtareals des trop. Regenwalds sowie zu dessen reliktärer Aufsplitterung, bes. im mittleren u. östl. Zentralafrika. ↗ Afrika.

Lit.: de Lattin, G.: Grundriß der Zoogeographie. Jena 1967. *Rensch, B.:* Verteilung der Tierwelt im Raum. In Handbuch der Biologie, Bd. 5. *Thenius, E.:* Grundzüge der Faunen- und Verbreitungsgeschichte der Säugetiere. Stuttgart 1980.   H. F.

Athiorhodaceae [Mz.; v. gr. a- = nicht, theion = Schwefel], veraltete Bez. für die *Rhodospirillaceae* (schwefelfreie Purpurbakterien), eine Fam. der ↗ phototrophen Bakterien.

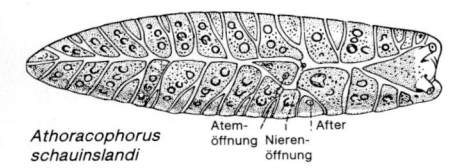

Athoracophorus schauinslandi

Athoracophorus *m* [v. gr. a- = nicht, thōrakophoros = ein Skelett tragend], Gatt. der *Tracheopulmonata,* Schnecken, deren Gehäuse bis auf wenige Reste in der Rückenhaut reduziert ist u. die durch Büschellungen atmen; leben an Bäumen u. Kräutern auf Neuseeland.

Äthylalkohol [v. *äthyl-, arab. al-kuhl = Antimonpulver; feine Substanz], das ↗ Äthanol.

BEISPIELE EKDEMISCHER GRUPPEN
Großbären *(Ursidae)*
Kleinbären *(Procyonidae)*
Hirsche *(Cervidae)*
Kamele *(Camelidae)*
Biber *(Castoridae)*
Maulwürfe *(Talpidae)*
Wühlmäuse *(Microtinae)*
Wildschweine *(Sus)*
Leguane *(Iguanidae)*
Grubenottern *(Crotalidae)*
Schwanzlurche *(Urodela)*
Laubfrösche *(Hylidae)*
Krötenfrösche *(Pelobatidae)*
Hummeln *(Bombinae)*

äthyl- [v. gr. aithēr = obere, feine Luftschicht].

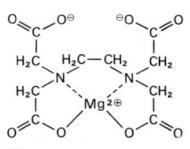

Äthylendiamintetraacetat

Komplex zw. Mg²⁺ u. Äthylendiamintetraacetat

Äthylenoxid

Äthylmethansulfonat

Äthyläther *m* [v. *äthyl-, gr. aithēr = obere, feine Luftschicht], *Diäthyläther,* ↗ Äther.

Äthylen *s* [v. *äthyl-], *Äthen, Fruchtreifungshormon,* $H_2C = CH_2$, ein gasförm. Phytohormon, das in großen Mengen bes. bei Keimpflanzen u. reifen Früchten zu finden ist. Seine Wirkung ist sehr vielfältig u. von Pflanze zu Pflanze verschieden. Ä. beschleunigt die Fruchtreifung u. den Fruchtfall sowie das Altern v. Blüten u. Blättern. Die Biosynthese des Ä.s erfolgt aus Methionin u. kann durch Auxin u. Phytochrom stimuliert werden, wohingegen Ä. auf die Auxinproduktion hemmend wirkt. Exogen wird Ä. zur Beschleunigung der Fruchtreife, bes. bei Citrusfrüchten, Bananen u. Äpfeln, angewandt, die in geschlossenen Räumen begast werden. Auch zur Beeinflussung des Blattfalls od. zur Anregung der Blütenbildung bei Zierpflanzen wird Ä. eingesetzt. Um die schlechte Anwendbarkeit des Gases im Freien zu umgehen, werden meist lösl. Substanzen *(Ä.abspalter)* verwendet. Sie werden leicht v. den Pflanzen aufgenommen, u. beim Abbau im Gewebe entwickelt sich Ä.

Äthylendiamintetraacetat *s,* Abk. (engl.) *EDTA,* synthet. komplexbildendes Agens zur Bindung v. zweiwertigen Metallionen wie Mg^{2+}, Ca^{2+}, Zn^{2+} u. a. Da zahlr. Enzyme zweiwertige Metallionen zur Aktivität brauchen, bewirkt Ä. häufig Inaktivierung v. Enzymen u. damit Blockierung der entsprechenden enzymat. Reaktionen; darauf beruht die Giftwirkung von Ä. Die Hemmbarkeit v. Stoffwechselreaktionen oder v. zellulären Prozessen durch Ä. dient als Kriterium für die Beteiligung zweiwertiger Metallionen entweder als Reaktionskomponenten od. als Bausteine der beteiligten Komponenten.

Äthylenoxid *s, Oxiran,* ein starkes Zellgift, das sowohl vegetative Zellen als auch Sporen abtötet; A. addiert Wasser, Alkohole, primäre Amine usw.; es wird im Gemisch mit Stickstoff od. Kohlendioxid zur Sterilisation v. Nahrungsmitteln, Pharmaka, Geräten u. Apparaten u. als Insektizid verwendet.

Äthylmethansulfonat *s,* einer der Hauptvertreter der alkylierenden Agenzien u. als solcher sehr wirksames mutagenes Agens. Ä. äthyliert vorwiegend die N-7-Position des Guanins. Die nach enzymat. od. spontaner Abspaltung des 7-Alkylguanins aus dem DNA-Strang entstehende Lücke ist Ursache für spätere Replikationsfehler. Hauptursache für die Mutationsauslösung des Ä.s ist jedoch eine Alkylierung der O-6-Position v. Guanin bzw. der O-4-Position v. Thymin, wodurch deren Basenpaarungseigenschaften verändert werden; dies führt während der Replikation zu Fehlern, deren Endresultat vorwiegend Transitionen sind.

Athyriaceae [Mz.; v. gr. athyros = ohne Tür], die ↗Frauenfarngewächse.

Athyrium s [v. gr. athyros = ohne Tür], der ↗Frauenfarn.

Atlanta w, Gatt. der Kielfüßer, Hochseeschnecken mit spiral. Gehäuse, das durch einen Deckel verschlossen werden kann; Vorderfuß flossenartig verbreitert u. mit Sauggrube, die das Festhalten an Pflanzen u. Tieren ermöglicht; in warmen Meeren verbreitet. A. peroni kommt im Herbst im küstennahen Plankton des Mittelmeeres vor, laicht im Okt./Nov.

Atlanthropus m, nicht mehr gebräuchl. Gatt.-Bez. für nordafr. *Homo-erectus*-Funde (Ternifine, Rabat, Sidi-Abderhaman); heute: *Homo erectus mauretanicus*.

Atlantikum s [v. gr. Atlantikos = atlantisch], geolog. Zeitabschnitt des Holozäns zw. 5500 und 2500 v.Chr., sog. *Mittlere Wärmezeit* mit ozeanischem („atlantischem") Klima zw. Boreal u. Subboreal; in Skandinavien lagen die Temp. um ca. 2,5° C höher als heute, u. die baumlose Tundra in N-Eurasien war fast verschwunden. Auch in Mitteleuropa lagen die Temp. höher: Ausbreitung wärmeliebender Pflanzen u. Anstieg der Waldgrenze. Herrschaft des Eichenmischwaldes, deshalb auch *Eichenmischwaldzeit* genannt; im Klimamaximum erscheint die Linde; häufige Moorbildung. Das A. ist zeitgleich mit einem Teil der Mittleren u. dem Beginn der Jüngeren Steinzeit.

atlantische Floren- und Faunenelemente, Pflanzen- u. Tierarten, die ihre Hauptverbreitung in den atlant. Gebieten haben, v. denen aber einige im westl. Mitteleuropa vorkommen, z. B. *Genista anglica, Erica tetralix, Lobelia dortmanna, Ilex aquifolium*, als atlant. Wirbeltier der Fadenmolch *(Triturus helveticus)*. Häufiger sind hingegen subatlant. Elemente, wie *Rosa arvensis, Genista pilosa, Digitalis purpurea*, unter den Tieren die Kreuzkröte *(Bufo calamita)* u. die Geburtshelferkröte *(Alytes obstetricans)* sowie zahlr. an hohe Luftfeuchtigkeit gebundene Insekten.

atlantische Region, wird als Bez. einer tiergeograph. Region nur bezügl. der Abyssalfauna verwendet. Das trop. Reich der Litoralfauna umfaßt u. a. die sehr unterschiedl. ost- und westatlant. Regionen. Unter der terrestr. Lebewelt werden lediglich ↗atlantische Floren- und Faunenelemente unterschieden.

Atlantoidea, *Heteropoda*, die ↗Kielfüßer, pelagisch lebende Mittelschnecken des Meeres.

Atlas m [ben. nach dem mytholog. Träger des Himmelsgewölbes], 1. Halswirbel der Landwirbeltiere *(Tetrapoda)* mit Gelenkpfannen (bei Reptilien nur eine) für die Gelenkfortsätze (Condyli) des Hinterhaupts, ermöglicht eine Nickbewegung des Schädels. Bei den *Amniota* (Reptilien, Vögel, Säugetiere) ist der A. oft ringförmig u. so gestaltet, daß er in Verbindung mit dem spezialisierten 2. Halswirbel (↗Axis) auch eine Drehbewegung des Schädels erlaubt.

Atlasfink ↗Prachtfinken.

Atlashirsch, *Cervus elaphus barbarus*, U.-Art des ↗Rothirschs.

Atlasspinner, *Attacus atlas*, ↗Pfauenspinner.

Atlas-Zypresse ↗Tetraclinis (articulata).

Atmobios m [v. gr. atmos = Dampf, bios = Leben], alle Organismen, die auf Landpflanzen od. Landtieren leben, z. B. Gallwespen, Holzkäfer u. Parasiten.

Atmosphäre w [v. gr. atmos = Dampf, sphaira = Kugel], allg. Gashülle eines Himmelskörpers, i. e. S. die *Lufthülle der Erde (Erd-A.)* mit folgendem Aufbau: die Höhe der unteren A.nschicht, der *Troposphäre*, ist v. verschiedenen Faktoren (u. a. geogr. Breite) abhängig und beträgt zw. 8 und 17 km; in ihr spielt sich im wesentlichen das Wetter ab. Darüber erstrecken sich die *Strato-* u. *Mesosphäre*, ab ca. 100 km bis etwa 500 km Höhe die D-, E- u. F-Schicht der in wechselnder Zusammensetzung aus Molekülen, Atomen u. Ionen bestehenden *Ionosphäre* mit ausgeprägter elektr. Leitfähigkeit. Der Luftdruck nimmt mit wachsender Höhe zuerst stark (Halbierung in ca. 5,5 km Höhe) u. dann immer langsamer (exponentiell) ab, ohne deutl. Grenze zum interplanetar. Raum. Das Gasgemisch (trockene) Luft ist bis etwa 100 km Höhe wegen turbulenter Durchmischung näherungsweise konstant *(Homosphäre)* u. besteht aus folgenden permanenten Komponenten: 78 Vol% Stickstoff, 21% Sauerstoff, 1% Argon, andere Edelgase u. Kohlendioxid. Das Maximum der UV-absorbierenden ↗Ozonschicht liegt in ca. 25 km Höhe. Hinzu kommen aus natürlichen u. anthropogenen Quellen in unterschiedl. Mengen gasförmige, flüssige u. feste Luftbeimengungen (↗Aerosol). Der Wasserdampf in der Troposphäre, der für viele atmosphär. Prozesse entscheidend ist (Wolkenbildung, Niederschlag, Verdunstung, Strahlung usw.), ist sehr variabel u. nimmt mit wachsender Höhe schnell ab.

Atmung, zusammenfassende Bez. für alle Prozesse, die die Aufnahme molekularen Sauerstoffs in den tier. und pflanzl. Organismus, seinen Transport in die Körperzelle und seine Oxidation zu Wasser über die in den Mitochondrien lokalisierte ↗A.skette sowie die Produktion u. Abgabe

v. Kohlendioxid bewerkstelligen. Von der *äußeren A.* (Gaswechsel, *Respiration*), d. i. die Aufnahme v. Sauerstoff (O_2) u. Abgabe v. Kohlendioxid (CO_2), wird die *innere A.* (⤻Zell-A., *Dissimilation*), d. i. die Verarbeitung des O_2 in der Zelle, unterschieden. Innere u. äußere A. hängen eng miteinander zusammen, da die abbauenden Stoffwechselvorgänge, die zum Energiegewinn der Zelle führen, insgesamt oxidativer Natur sind. Die A.sintensität eines Tieres ist daher ein Maß für die ⤻Stoffwechselintensität, ausgedrückt durch den Verbrauch von ml $O_2/(g \times h)$ (⤻Respirometrie). Sie ist v. den verschiedensten inneren u. äußeren Faktoren (Lebensraum, Lebensweise, Aktivität, Größe, Temperatur, Entwicklungszustand) abhängig. – Der Primärprozeß der äußeren A. besteht immer in einer Diffusion u. ist an ein Gaspartialdruckgefälle gebunden. Die Diffusionsgeschwindigkeit hängt v. verschiedenen Parametern (Diffusionsfläche, Partialdruckgefälle bzw. Konzentrationsgradienten, Diffusionsstrecke) ab. Das Ficksche Diffusionsgesetz (⤻Diffusion) beschreibt die Zusammenhänge quantitativ. Im Tierreich sind vielfältige Einrichtungen entwickelt worden, die dem Antransport von O_2 an die Gasaustauschfläche u. dem Abtransport von CO_2 dienen: ⤻A.sorgane bzw. solche Organe, die den Weitertransport der Atemgase im Körper übernehmen (⤻*Blutkreislauf*), oft mit Antriebsvorrichtung (⤻*Herz*). Je nach Leistungsfähigkeit von A.sorganen u. Blutkreisläufen wird das Partialdruckgefälle an der Austauschfläche mehr od. weniger groß gehalten u. damit die Diffusion erleichtert. Die Austauschfläche selbst zeichnet sich häufig durch eine starke Oberflächenvergrößerung aus (Lungenalveolen, -bronchiolen, Kiemenblättchen). Die beiden *Atemmedien* Luft u. Wasser sind in unterschiedl. Weise für den Gaswechsel geeignet u. verlangen entsprechende Anpassungen. Die Gaszusammensetzung der Luft ist im Ggs. zu der des Wassers weitgehend konstant. Die einzelnen Partialdrücke addieren sich dabei zum Gasgesamtdruck, wobei noch der temperaturabhängige Anteil des Wasserdampfes zu berücksichtigen ist. Die Zusammensetzung der Gase im Atemmedium Wasser wird durch ihre Löslichkeit, die Temperatur, vorhandene Salze u. die Intensität des Luftaustausches bestimmt. An der Luft-Wasser-Grenzschicht sind die Partialdrücke, nicht aber die Gaskonzentrationen, gleich, was auf der unterschiedl. Löslichkeit der Gase in Wasser beruht. Wegen der geringen Löslichkeit von O_2 und der hohen von CO_2 in Wasser ist die O_2-Versorgung für Wassertiere, dagegen die CO_2-Abgabe für Landtiere das größere Problem. Wassertiere, insbes. sessile, besitzen häufig Strudeleinrichtungen, die dann sowohl dem O_2-Antransport als auch dem Nahrungserwerb dienen. Bei *kleinen Wasserbewohnern* reichen reine Diffusionsprozesse aus, um den O_2-Bedarf zu decken (Einzeller, Hohltiere, Plattwürmer, Schnurwürmer, Rädertierchen, Fadenwürmer, eine Reihe v. Ringelwürmern, Moostierchen, Larven mariner Tiere u.a.). Schwämme werden v. einem Kanalsystem durchzogen, das Nahrung und O_2 in alle Bereiche des oft sehr großen Tierstocks führt, die eigentliche A. erfolgt ebenfalls durch Diffusion. *Größere Wasseratmer* müssen durch Ventilation ihr Atemwasser erneuern, was oft erhebl. Leistungen erfordert (bei Fischen ca. 30% des Ruheumsatzes gegenüber 2–3% des Atemumsatzes beim Menschen). Einige wasserbewohnende Tiere (Lungenfische, Aale, Krebse) sind fakultative bis obligate Luftatmer geworden. Ihre Anpassungen stehen modellhaft für den phylogenet. Übergang zur *Luft-A.* Neben den Kiemen u. der Haut werden bei diesen Tieren die Mundhöhle, die Kiemenhöhle bzw. die Carapaxhöhle bei Krebsen, der Darm od. die Schwimmblase zum Atmen benutzt, auch echte Lungen sind schon ausgebildet (⤻A.sorgane). Stark durchblutete Epithelien kleiden die Atemhöhlen aus u. dienen der O_2-Aufnahme, das CO_2 wird bei all diesen Arten weiterhin im wesentlichen über die Haut u. die Kiemen abgegeben. Die einfachste Form der Luft-A. besteht ebenfalls in einer reinen Diffusion, so z.B. bei Fadenwürmern u. kleinen Insekten (z.B. Collembolen). Bei größeren Tieren werden die A.sorgane (Lungen, Tracheen) durch Bewegungen der Thorax- bzw. Abdominalmuskulatur ventiliert. Unter den *Lungenatmern* sind zwei Ventilationstypen zu unterscheiden. Beide dienen nicht der Erzeugung eines kontinuierl. Stroms des Atemmediums wie bei den Kiemen, sondern dem Austausch eines bestimmten Volumens des Atemmediums. Bei der *Druckventilation* (Frosch) wird Luft durch Gaumen- u. Schluckbewegungen in die Lunge gepreßt. Diese Kehl-A. der Amphibien, die dem Luftschlucken der Lungenfische noch sehr ähnlich ist, wird als die ursprünglichste Form der A. angesehen. Bei der *Saugventilation* (Vögel, Säuger) wird ein Unterdruck durch Vergrößerung des Brustkorbs während des Einatmens erzeugt. Dieses kann durch *Rippen-* od. *Brust-A.* (costale A.) mit einer Hebung der Rippenbögen od. durch *Zwerchfell-A.* (abdominale A.) mit einem Absenken des in den Thoraxraum hereinragenden

Atmung

Zwerchfells geschehen. Beide A.stypen gemeinsam ventilieren die *Säugerlunge.* Die fr. geäußerte Annahme, daß Frauen mehr dem costalen, Männer dem abdominalen A.styp angehören, hat sich als irrig erwiesen. Vielmehr ist der A.styp vom physiolog. Zustand (Alter mit eingeschränkter Thoraxbeweglichkeit, Schwangerschaft mit verstärkter Costalatmung) u. Bekleidungsmoden (Korsett) abhängig. Bei Vögeln bewirkt ein Absenken des Brustbeins (Sternum) zusammen mit einer Erweiterung der Rippenbögen die Volumenvergrößerung des Brustkorbs. Die genauen Druck- u. Volumenbeziehungen, die sich unter Berücksichtigung der elast. Atemwiderstände v. Lunge u. Thorax ergeben, werden in der *Atemmechanik* quantitativ erfaßt. Abgesehen v. einer willkürl. Ausatmung (Exspiration), ist bei Säugern die Einatmung (Inspiration) ein aktiver Vorgang, die Exspiration dagegen weitgehend passiv, andere Tiere (Vögel u. Schildkröten) atmen aktiv aus u. ein. Die koordinierten Atembewegungen werden zentralnervös reguliert (↗ Atmungsregulation). Der normalerweise regelmäßigen A. von Vögeln u. Säugern mit je nach Körperbelastung, Alter, Größe u. Konstitution unterschiedl. Frequenz steht die intermittierende A. v. Reptilien, Amphibien u. Insekten mit period. „bursts" gegenüber. Die *Atemkapazität* ist für die menschl. Lunge genau untersucht u. durch verschiedene Kenngrößen charakterisiert: Unter Ruhebedingungen erfolgen pro Minute etwa 15 Atemzüge, während deren beim Erwachsenen etwa 0,5 l Luft aufgenommen werden *(Atemzugvolumen, Atemvolumen).* Forcierte Inspiration vermehrt die aufgenommene Luft (Atemvolumen + Einatmungsreservevolumen), eine entsprechende Luftmenge kann bei maximaler Exspiration zusätzlich zur normalen A.sluft ausgeatmet werden *(Ausatmungsreservevolumen).* Auch nach maximaler Exspiration bleibt noch Luft in der Lunge zurück *(Residualvolumen)* u. dient als Luftpuffer gegenüber zu starken Partialdruckschwankungen der Atemgase. Diese Luftreserve entweicht erst bei einem Lungenkollaps. Aus der Summe v. Atemzug-, Einatmungsreserve- u. Ausatmungsreservevolumen ergibt sich die maximal bewegbare Lungenluftmenge *(Vitalkapazität);* Residualvolumen u. Vitalkapazität zus. ergeben die *Totalkapazität.* K.-G. C.

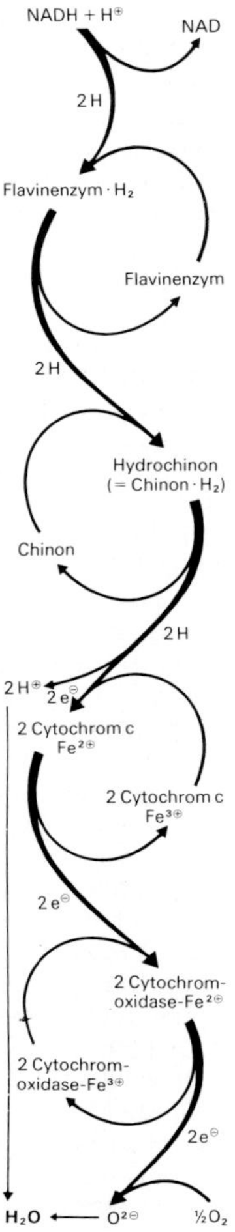

Atmungsentkoppler ↗ Atmungskette.

Atmungsenzyme, die Enzyme der ↗ Atmungskette.

Atmungskette, die aus zahlr. Einzelschritten aufgebaute Kette v. chem. Redoxreaktionen, die durch ein Multienzymsystem der inneren Mitochondrienmembran (bzw. bei prokaryot. Mikroorganismen der Cytoplasmamembran) katalysiert wird u. in deren Verlauf die aus den organ. Verbindungen des Zellstoffwechsels in Form von NADH anfallende Wasserstoff mit Sauerstoff zu Wasser oxidiert wird. Die direkte Oxidation v. Wasserstoff (bekannt als Knallgasreaktion: $2H_2 + O_2 \rightarrow 2H_2O$) verläuft explosionsartig u. ist daher als zelluläre Energiequelle nicht geeignet. Durch die A. wird die Knallgasreaktion in zahlr. unter physiolog. Temperaturen ablaufende Einzelschritte zerlegt, wodurch die freiwerdende Energie in kleinen u. daher durch die Zelle kontrollierbaren bzw. durch Überführung in ATP verwertbaren Portionen anfällt. Die A. ist das Herzstück der Zellatmung bzw. des Energiestoffwechsels, da die Hauptmenge des ATPs durch die sog. *A.nphosphorylierung* gebildet wird. Die wichtigsten Einzelschritte der A. sind in Schema 1 zusammengefaßt; Ausgangssubstrat ist NADH, das in zahlr. Reaktionen des Zellstoffwechsels anfällt u. (zus. mit einem Proton (H^+)) als gebundener Wasserstoff aufzufassen ist. In einem ersten Schritt wird Wasserstoff v. NADH (zus. mit einem Proton) auf ein Flavinenzym (FMN) übertragen, das dabei in den reduzierten Zustand (Flavinenzym · H_2) übergeht; v. diesem wird Wasserstoff auf Coenzym Q, ein Chinon, übertragen, das dabei in den reduzierten Zustand eines Hydrochinons (Chinon · H_2) übergeht. In den nun folgenden Redoxreaktionen werden anstelle v. Wasserstoffatomen Elektronen als Reduktionsäquivalente weitergegeben. Bei der Reaktion v. hydriertem Coenzym Q mit 2 Molekülen Cytochrom c in der oxidierten Form (Fe^{3+}) werden auf letztere je ein Elektron unter Ausbildung der reduzierten Form (Fe^{2+}) übertragen, wobei gleichzeitig Wasserstoff in Form v. Protonen frei wird; v. reduziertem Cytochrom c (Fe^{2+}) werden Elektronen mit Hilfe v. Cytochromoxidase (identisch mit Cytochrom a_3), deren Eisenatom dabei vorübergehend ebenfalls in den reduzierten

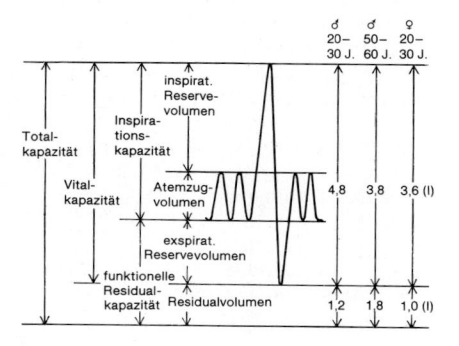

Atmungskette (Schema 1)
Übersicht über die Hauptreaktionen der Atmungskette

Atmung
Volumina und Kapazitäten der menschlichen Lunge. Die Kenngrößen, wie Vitalkapazität und Residualvolumen, hängen von Geschlecht und Alter ab

Atmungskette

Atmungskette (Schema 2)

Die Stufen der Atmungskette als schrittweise Zunahme des Redoxpotentials und schrittweise Abnahme der freien Energie. Beim Abfall der Elektronen von einer Atmungskettenstufe zur anderen und auf die Stufe O_2/H_2O (I → II → III → O_2) reicht die Änderung der freien Energie aus, um ATP zu bilden. (I) – (III) = ATP-Bildungsstellen. Die gestrichelten Pfeile geben die Hemmstellen einiger Zellgifte an. (NAD = Nicotinamidadenindinucleotid; FMN = Flavinmononucleotid; FeS-Pr = Eisen-Schwefel-Proteine; Cyt = Cytochrome; ATP = Adenosintriphosphat, Q = Coenzym Q).

Zustand Fe^{2+} übergeht, auf molekularen Sauerstoff übertragen, wobei das kurzlebige u. nicht faßbare O^{2-}-Anion entsteht, das sich mit Protonen zu Wasser, dem Endprodukt der Zellatmung, vereinigt. Charakteristisch für diese Kaskade v. Redoxreaktionen ist der ständige Wechsel zw. oxidierter u. reduzierter Form der einzelnen Komponenten des Multienzymkomplexes. Die einzelnen Komponenten der A. *(A.nträger)* sind so hintereinandergeschaltet, daß sie bezüglich ihrer Redoxpotentiale stufenweise ein Gefälle v. hoher Elektronegativität (entsprechend einer hohen Reduktionskraft v. NADH) zu niedriger Elektronegativität (entsprechend dem bereits schwach elektropositiven Cytochrom a_3 mit schwacher Reduktionskraft) durchlaufen. Eine Übersicht über diese schrittweise Zunahme des Redoxpotentials gibt Schema 2, in dem weitere Einzelkomponenten der A. (FeS-Pr, ein Eisen-Schwefel-Protein, die Cytochrome a, b_k, b_T und c) enthalten sind, die aus Gründen der Übersichtlichkeit in Schema 1 nicht aufgeführt sind. Die Verteilung der A.nträger bezüglich der inneren mitochondrialen Membran zeigt Schema 3. Das Multienzymsystem ist räumlich so angeordnet, daß der Kaskadenlauf der Reduktionsäquivalente (Wasserstoff bzw. Elektronen) zugleich ein Zickzackweg innerhalb der Membran ist, in dessen Verlauf sich ein Protonengradient zw. der Innen- u. Außenseite des Mitochondriums ausbildet. Ein Defizit an Protonen im mitochondrialen Innenraum entsteht z. B. durch den Verbrauch v. Protonen bei der NADH-Oxidation (erster Schritt der A.) u. bei der Vereinigung von (½) O_2 mit 2 Protonen (letzter Schritt der A.). Gleichzeitig werden Protonen während der Redoxreaktion des Coenzyms Q mit Cytochrom b_k (aber auch durch andere, z. T. noch hypothet. Glieder der A.) in den Außenraum (Intracristae-Raum) transportiert. Nach der v. P. D. Mitchell aufgestellten Hypothese ist der durch die A. über der inneren Mitochondrienmembran entste-

Atmungskette (Schema 3)

In der Atmungskette werden durch die Redoxkomponenten in alternierender Folge Wasserstoff ($H^+ + e^-$) und Elektronen (e^-) transportiert, so daß in jeder „Schleife" zwei Protonen nach außen abgegeben werden (bei Bakterien ins Medium, bei Mitochondrien in den Intracristaeraum). Dadurch bildet sich über der Membran ein pH-Gradient aus. An bestimmten Stellen der Membran (Kopplungsstellen, ATP-ase) können die Protonen von außen mit den OH-Ionen von innen zusammentreten; dabei wird Energie frei. Dieser Ausgleich des Gradienten ist nach der chemiosmotischen Hypothese mit der Bildung von ATP gekoppelt. Abkürzungen: Cyt a–c = Cytochrome, Cyt a_3 (Cytochrom a_3) ist identisch mit der in Schema 1 aufgeführten Cytochromoxidase; FeS-Pr = Eisen-Schwefel-Protein; FMN = Flavinmononucleotid; Q = Coenzym Q; Z = hypothetischer H-Überträger.

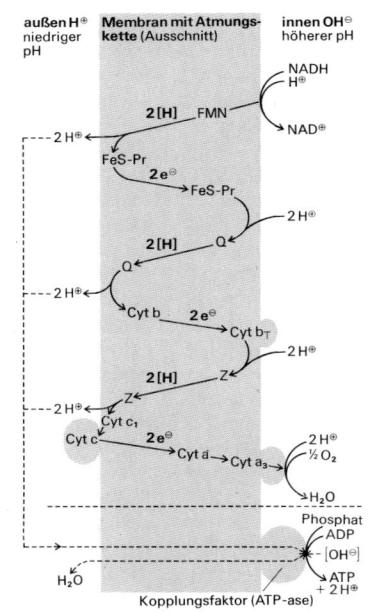

Der heute weitgehend akzeptierten *chemiosmotischen Hypothese* (Mitchell), die in vielen Einzelheiten noch der experimentellen Bestätigung bedarf, stehen zwei weitere Hypothesen zur A.nphosphorylierung gegenüber. In einer dieser Hypothesen wird ein – bislang nicht nachweisbares – energiereiches chem. Zwischenprodukt postuliert, dessen Spaltung mit der Phosphorylierung v. ADP zu ATP gekoppelt ist *(chemische Hypothese)*. In einer weiteren Hypothese werden energiereiche Konformationen v. A.nträgern postuliert, wobei die ATP-Bildung an die Entspannung zu energieärmeren Konformationen gekoppelt ist *(Konformations-Hypothese)*.

hende Protonengradient zur Bildung v. ATP aus ADP u. Phosphat im Rahmen der A.nphosphorylierung erforderlich u. gewährleistet so letztlich die Umwandlung eines hohen Anteils der durch die Zellatmung freiwerdenden Energie in ATP *(chemiosmotische Hypothese).* – Durch spezif. Hemmstoffe („Atemgifte") kann die A. an bestimmten Stellen blockiert werden, was wesentlich zur Analyse v. Einzelschritten der A. beigetragen hat. Z. B. hemmen Rotenon, Amytal u. Barbiturat die Übertragung v. Wasserstoff v. NADH auf den FMN-Komplex; das Antibiotikum Antimycin blockiert die Weitergabe v. Elektronen aus Coenzym Q auf Cytochrome; Cyanidionen u. Kohlenmonoxid inhibieren den Elektronentransport von Cytochrom c auf Cytochrom a. Als *A.nentkoppler (Atmungsentkoppler)* werden dagegen Stoffe bezeichnet, durch welche die Reaktionen der A. selbst zwar nicht beeinflußt werden, durch die jedoch die Kopplung der ATP-Synthese, u. damit die A.nphosphorylierung, gehemmt wird. In Anwesenheit v. Entkopplern, zu denen u. a. Arsenat, Dicumarol, Dinitrophenol, Valinomycin u. Thyroxin gerechnet werden, läuft die Zellatmung gleichsam im Leerlauf, also ohne Bildung v. für die Zelle verwertbarer Energie in Form v. ATP, ab. Schließlich gibt es auch Hemmstoffe wie die Antibiotika Oligomycin u. Rutamycin, durch welche die in der Mitochondrienmembran lokalisierte ATP-Synthase, welche unmittelbar die ATP-Synthese katalysiert, blockiert wird. Unter physiolog. Bedingungen bzw. in intakt isolierten Mitochondrien ist die Kopplung zwischen der A. u. der ATP-Synthese wechselseitig; d. h., nicht nur hängt einerseits die ATP-Synthese v. Ablauf der Reaktionen der A. ab; vielmehr können umgekehrt auch nur dann Reduktionsäquivalente durch die A. geschleust werden, wenn eine ausreichend hohe Konzentration v. ADP vorliegt bzw. wenn die ATP-Konzentration durch fortwährenden ATP-Transport aus dem Mitochondrieninnenraum in die übrigen Kompartimente der Zelle unter einer gewissen Grenze gehalten wird. Diese „Rückkopplung" der A. an die ATP-Synthese wird als *zelluläre Atmungskontrolle* bezeichnet. – Die durch die A. freiwerdende Energie fällt zu etwa 60% als Wärme an, während maximal 40% gebunden als ATP u. in dieser Form als für den Zellstoffwechsel weiter verwertbare Energie auftreten. Die Ausbeute v. ATP wird häufig durch den sog. *P/O-Quotienten* charakterisiert, der angibt, wieviel mol ATP pro Grammatom Sauerstoff-($\frac{1}{2}O_2$-)Verbrauch gebildet werden. Für jedes Sauerstoffatom bzw. für jeweils 2 Reduktionsäquivalente (2 H-Atome), die ausgehend v. NADH die ganze A. durchlaufen, können 3 mol ATP gebildet werden (P/O-Quotient = 3). Die Wasserstoffatome v. Succinat werden nicht über NADH, sondern durch Übertragung auf Coenzym Q in die A. eingeschleust; sie durchlaufen daher nur eine verkürzte A. u. ermöglichen so die Synthese v. nur 2 mol ATP (P/O-Quotient = 2). In Gegenwart v. Entkopplern nähert sich der P/O-Quotient dem Nullwert. Winterschlafende Tiere zeigen bei insgesamt stark verminderter Atmung einen relativ niedrigen P/O-Quotienten, wodurch eine Verschiebung zugunsten höherer Wärmeproduktion auf Kosten v. ATP-Synthese erreicht wird. Aufgrund dieser natürl. Entkopplung kommt es bes. während des Erwachens aus dem Winterschlaf im braunen Fettgewebe zu einer intensiven chem. Thermogenese. *H. K.*

Atmungskettenentkoppler, *Atmungsentkoppler,* ↗ Atmungskette.

Atmungskettenphosphorylierung, *oxidative Phosphorylierung,* die an die Reaktionen der ↗ Atmungskette gekoppelte Phosphorylierung v. ADP zu ATP.

Atmungsorgane, mehr od. weniger spezialisierte Körperpartien wasser- u. landbewohnender Tiere, die dem Transport v. Sauerstoff (O_2) an eine respiratior. Oberfläche u. der Abgabe des im Zellstoffwechsel gebildeten Kohlendioxids (CO_2) an das umgebende Medium dienen. Bei kleineren Tieren im wäßrigen bzw. feuchten Milieu dient die gesamte Körperoberfläche als alleiniges „Atemorgan" *(Hautatmer).* Ebenso sind die Hohltiere, die z. T. große Formen hervorbringen (Medusen), ausschl. Hautatmer; sie haben durch ihre Tentakeln eine große Oberfläche u. insgesamt eine sehr niedrige Stoffwechselintensität. Auch bei Tieren mit spezialisierten A.n wird die Haut-↗ Atmung nicht aufgegeben; sie deckt z. B. beim Aal noch 60% (u. ermöglicht seine Landwanderungen bei Temperaturen unter 15° C), bei Süßwasserschnecken 50% (akzessorische Atmung). Viele Ringelwürmer atmen über das Integument u. transportieren O_2 in einem geschlossenen Blutkreislauf ab, so daß ein relativ hohes Partialdruckgefälle an der Diffusionsstrecke aufrechterhalten wird. Innerhalb der Amphibien spielt die Hautatmung generell eine wichtige Rolle, bei niedrigen Temperaturen (Überwinterung) reicht sie allein zur O_2-Versorgung aus. Manche Salamander besitzen sekundär reduzierte Lungen u. atmen über die Haut, ihre Mundhöhlenschleimhaut ist bes. gut durchblutet. Innerhalb der landbewohnenden Tiere geht der Anteil der Hautatmung zurück auf Werte um 2,5–10% (Fliegenlar-

Atmungsorgane

ven) bzw. 1,5–2% (Mensch) u. darunter (behaarte Säugetiere). Eine Ausnahme bilden hier die Fledermäuse, die wegen ihrer stark vaskularisierten Flughäute an dieser Stelle bis zu 12% CO_2 abgeben. Innerhalb verschiedener Tiergruppen (Oligochaeten, Seeigel, Fische) gibt es Formen mit *Darmatmung*. So erzeugt *Tubifex* insbes. bei reduziertem O_2-Angebot wellenförm. Bewegungen mit seinem aus dem Schlamm herausragenden Hinterende u. nimmt O_2-reicheres Wasser in seinen Darm auf. Verschiedene Fische, die im Schlamm leben, schlucken Luft u. geben sie nach dem Gaswechsel im Mitteldarm durch den After wieder ab. Weitere unspezialisierte Orte des Gasaustausches sind die *Ambulacralfüßchen* der Seeigel u. Seesterne. Seewalzen zeigen eine bes. Form der Darmatmung. Sie besitzen als fein verästelte Ausstülpungen des Enddarms sog. *Wasserlungen*, durch die Wasser, das über die Kloake aufgenommen wurde, mittels Kontraktionen v. Ringmuskulatur gepreßt wird. Durch Verengung der „Lungen" wird im Ausatemvorgang das Wasser wieder in die Kloake gepreßt. Als spezialisierte A. bei Wassertieren sind *Kiemen* weit verbreitet. Sie sind als gut durchblutete respirator. Ausstülpungen u. Anhänge der verschiedensten Körperpartien bei Ringelwürmern, Krebsen, Weichtieren, Amphibienlarven, Manteltieren u. Fischen entwickelt worden. Die Kiemen der Polychaeten bestehen aus Hautausstülpungen dorsal v. den Parapodien; sie umfassen entweder alle Körpersegmente od. nur einzelne Regionen. Einige sessile Polychaeten haben *Tentakeln* ausgebildet *(Sabella)*; diese dienen dann sowohl der Atmung als auch der Nahrungsbeschaffung. Sessile Polychaeten erneuern überdies periodisch das Wasser in ihren Wohnröhren, da bei ihnen auch die Hautatmung eine Rolle spielt. Die Kiemen (Ctenidien) der Weichtiere, die bei Muscheln u. Schnecken mit Cilien besetzt sind u. in einer bei diesen Gruppen ebenfalls bewimperten Mantelhöhle liegen, werden v. einem gerichteten Wasserstrom umspült. Bes. die stark vergrößerten Kiemen der Muscheln dienen zusätzlich dem Transport v. Nahrungsteilchen, wobei ein Kompromiß zw. hoher Strudelleistung (Nahrung) u. meist nicht sehr hoher O_2-Ausnutzung (Atmung) gefunden werden muß. Bei Tintenfischen wird ein Atemstrom durch Muskelkontraktion der hinteren Mantelhöhlenwand hervorgerufen, der an den dort gelegenen Kiemen vorbeiströmt. Die Muskelkontraktion beim Auspressen des Wassers aus der Mantelhöhle wird gleichzeitig zur Fortbewegung genutzt (Rückstoßprinzip). Die Kiemen der höheren Krebse sitzen dem Basalglied (Coxopodit) der Laufbeine auf, gelegentlich entspringen zusätzl. Kiemen an der Basis anderer Extremitäten. Sie werden vom Carapax, der eine *Atemhöhle* bildet, umschlossen. Mittels eines in die Atemhöhle hereinragenden Anhangs der zweiten Maxille (Scaphognathit), der wie eine Wippe um seine Querachse schaukelt, wird ein Wasserstrom erzeugt, dessen Richtung v. der Bauchseite zw. den Beinen u. Kiemen zur Rückenseite u. nach vorn abknickend bis zur Austrittsöffnung verläuft. Durch Änderung des Scaphognathitenschlags kann der Wasserstrom periodisch umgekehrt werden u. reinigt dann die Kiemen v. anhaftenden Partikeln (Strandkrabbe u. andere Krebse). Die Kiemen der Fische werden durch blattförm. Ausstülpungen des die Kiemenbögen umgebenden Entoderms gebildet (Kiemenblätter), senkrecht zu den Kiemenblättern ist das Entoderm zu zahlr. Duplikaturen gefaltet (Kiemenlamellen), innerhalb deren feinste Blutgefäße (Arteriolen) in Form eines „Wundernetzes" (↗*Rete mirabile*) angeordnet sind. Wasserströmung u. Blutströmung verlaufen im Gegenstrom u. ermöglichen so eine effektivere Ausnutzung des im Wasser vorhandenen O_2 (↗*Gegenstromprinzip*). Kiemen sind nicht nur respiratorisch tätig, sondern dienen auch der ↗Exkretion. Bei den Knochenfischen ist der Kiemenraum v. einem Deckel (Operculum) umschlossen, der schwanzwärts in einer dünnen elast. Membran ausläuft (Branchiostegalmembran). Knorpelfische besitzen nach außen offene Kiemenspalten. Während der Ventilation der Kiemen wirken Druck- u. Pumpmechanismen in harmon. Weise zusammen. Schnelle Schwimmer (Makrelen) haben die Fähigkeit zur aktiven Ventilation mehr od. weniger stark verloren; sie schwimmen mit offenem Mund u. erzeugen auf diese Weise den notwendigen Wasserstrom an den Kiemenblättern. Eine Anzahl v. Insekten bzw. deren Larven besitzen mit *Tracheen* durchzogene Körperanhänge, durch die der O_2 unmittelbar in das *Tracheensystem* diffundiert: *Tracheenkiemen* bei Eintagsfliegen-, Steinfliegen-, Köcherfliegen- u. Libellenlarven (Tracheenatmung, s. u.). Die *Lungen* als charakteristische A. der landbewohnenden Tiere werden durch eine in den Körper – u. nicht wie bei den Kiemen nach außen – verlagerte, stark vergrößerte respirator. Membran gebildet. Sie sind generell mit einer feuchten Oberfläche ausgekleidet, durch die Gase diffundieren u. auch Wasserdampf abgegeben werden kann. Morphologisch verschieden gestaltet als Einstülpungen der Körperoberfläche (Spinnen-

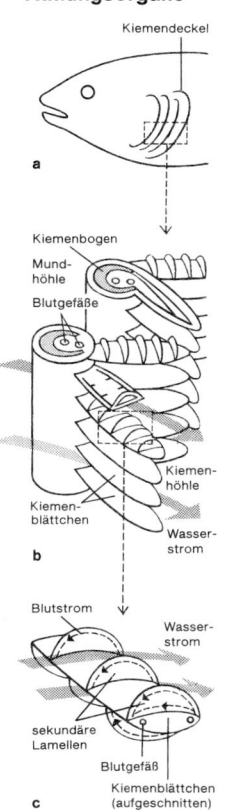

Atmungsorgane

Schematische Darstellung der Anatomie v. Fisch-*Kiemen*, welche das Gegenstromprinzip (v. Wasser- u. Blutströmung) verdeutlicht, das eine effektive Ausnutzung des im Wasser vorhandenen Sauerstoffs ermöglicht.

ATMUNGSORGANE I

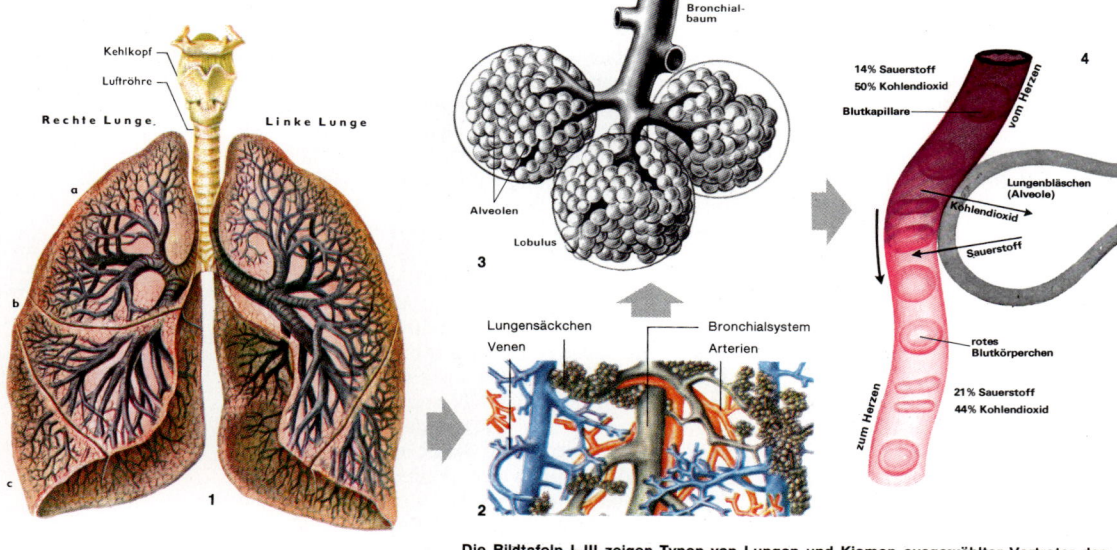

Lungen
Menschliche Lunge (1, mit freigelegten Bronchialverzweigungen, **a** Ober-, **b** Mittel-, **c** Unterlappen) mit stufenweise vergrößerten Orten (2, 3, 4) des Gasaustausches.

Die Bildtafeln I–III zeigen Typen von Lungen und Kiemen ausgewählter Vertreter des Tierreichs, dabei sind Lungen die charakteristischen Atmungsorgane landbewohnender Tiere. Sie werden durch eine in den Körper – und nicht wie bei den Kiemen nach außen – verlagerte, stark vergrößerte respiratorische Membran gebildet, durch die der Gasaustausch stattfindet. Kiemen sind als gut durchblutete Ausstülpungen und Anhänge der verschiedensten Körperpartien bei verschiedenen Tieren unabhängig voneinander entwickelt worden.

Kiemen und Tracheen
Die Kiemen beim Fisch dienen, wie bei vielen anderen Wassertieren, zusätzlich dem Abtransport von Exkreten. Abb. oben zeigt die Atembewegung beim Fisch: **a** Einatmung, **b** Ausatmung.

Nur während des *Larvenlebens* im Wasser bilden Amphibien Kiemen aus (Abb. oben: Larve des amerikanischen *Axolotl*).

Die spiraligen Kiemen (links) des *Meerespolychäten Spirographis* sind auch Strudelorgan zur Nahrungsgewinnung.

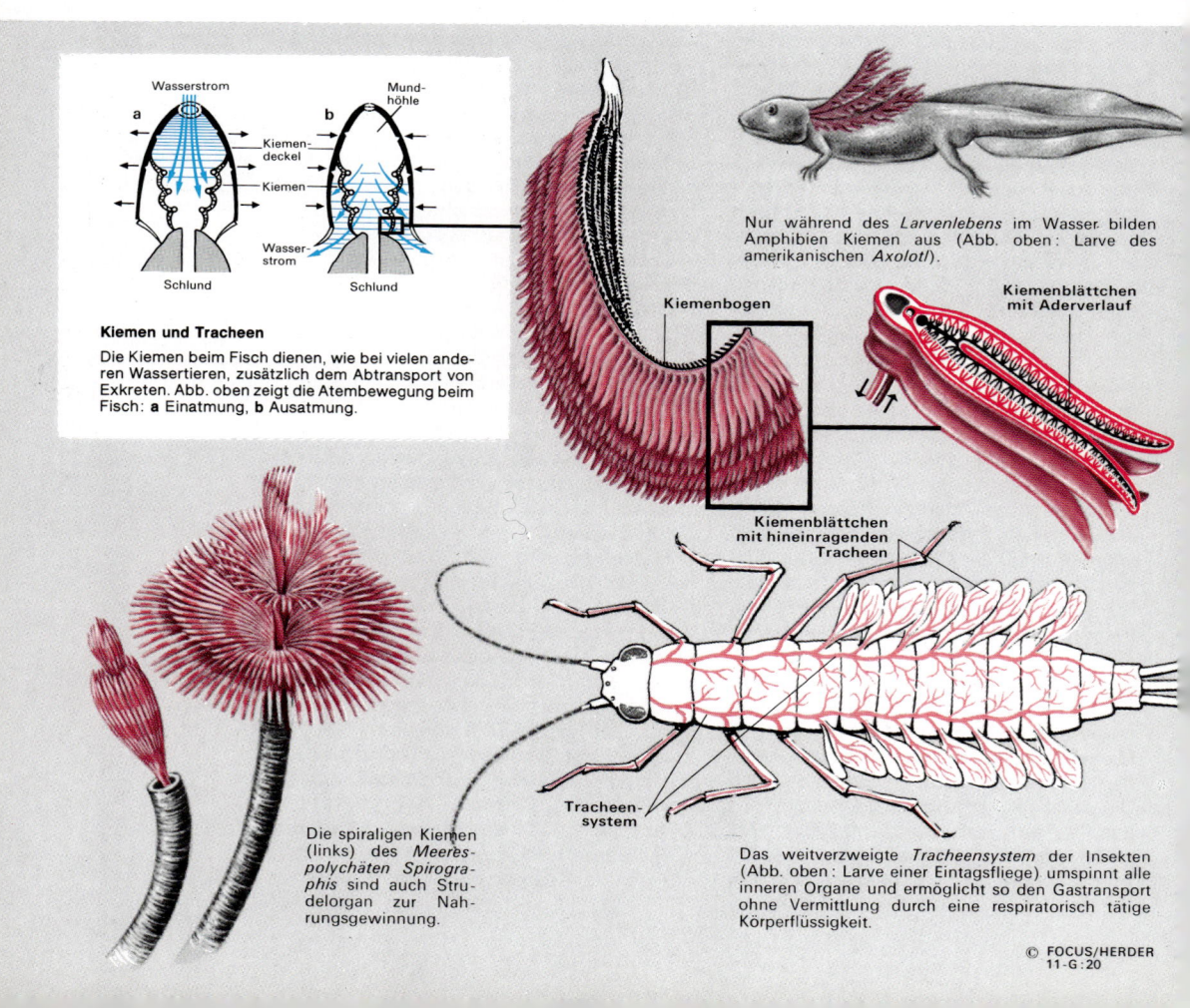

Das weitverzweigte *Tracheensystem* der Insekten (Abb. oben: Larve einer Eintagsfliege) umspinnt alle inneren Organe und ermöglicht so den Gastransport ohne Vermittlung durch eine respiratorisch tätige Körperflüssigkeit.

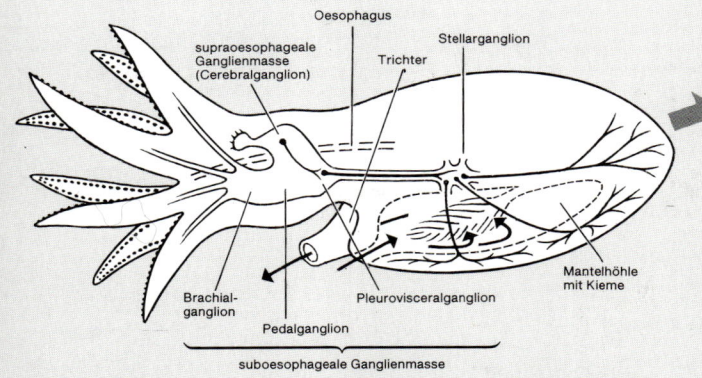

ATMUNGSORGANE II

Die *Kiemen* der höheren Krebse sitzen den Coxopoditen der Laufbeine auf. Das Wasser strömt in die Atemhöhle (Pfeile) und am beweglichen Scaphognathiten, der einen Wasserstrom erzeugt, wieder heraus. Ein Teil des Carapax, der die Kiemenhöhle bedeckt, ist in der Abb. weggelassen.

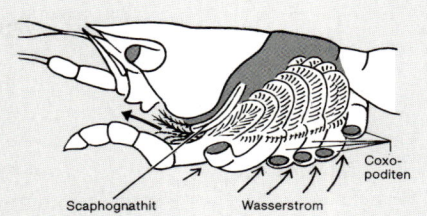

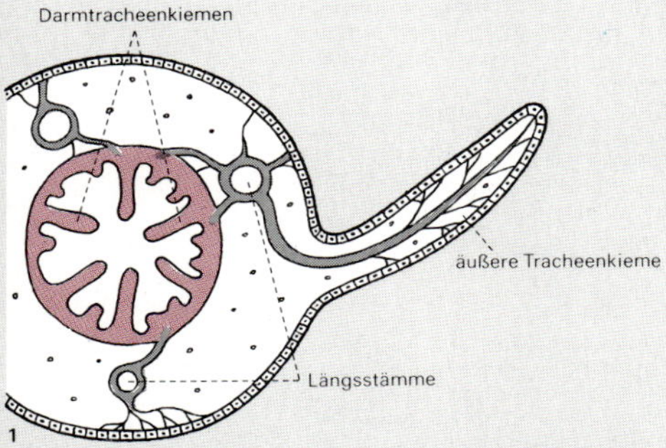

Abb. oben zeigt die in der Mantelhöhle gelegenen *Kiemen* eines Tintenfisches. Zudem ist die Innervierung der Muskeln in diesem Bereich dargestellt, durch deren Kontraktion ein Atemstrom (dünne Pfeile) erzeugt und die Fortbewegung bewerkstelligt wird (breiter Pfeil).

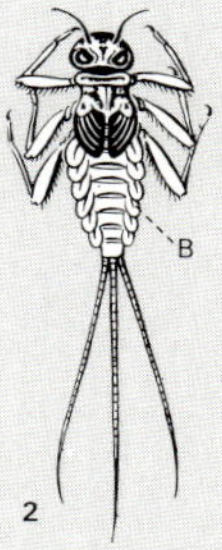

Tracheenkiemen. Die *inneren Tracheenkiemen* (Darmkiemen) der Libellenlarven sind zusammen mit einer *äußeren Tracheenkieme* einer Eintagsfliegenlarve kombiniert (**1**). Die äußere Tracheenkieme entspricht einem Kiemenblättchen (B) am Hinterleib der in (**2**) abgebildeten Eintagsfliegenlarve.

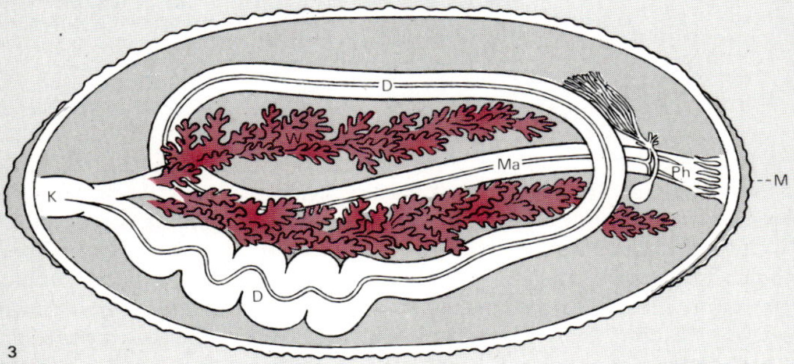

3 *Wasserlungen* (W) einer Seewalze (M = Mund, Ph = Pharynx, Ma = Magen, D = Darm, K = Kloake). **4** Ableitung der *Fächerlunge* aus kiementragender Extremität bei Spinnen. **5**, **6** *Tracheenlunge* in einer Hinterleibsextremität bei Kellerasseln. **6** Querschnitt durch **5**.

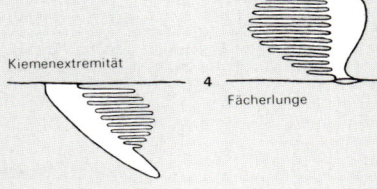

Bei wasserbewohnenden Insektenlarven sind Kiemen und Tracheen zu sog. *Tracheenkiemen* vereinigt. Das sind bei Larven von Köcher-, Stein- und Eintagsfliegen schlauch- oder blattförmige Anhänge an Hinterleib oder Beinen *(äußere Tracheenkiemen)* oder bei Libellenlarven Einfaltungen der Wand des Enddarms *(innere Tracheenkiemen = Darm- oder Rectalkiemen)*. In jedem Fall sind sie von einem dichten Tracheennetz durchzogen (**1** und **2**).
Bildungen des Enddarms sind auch die *Wasserlungen* der Seegurken oder Seewalzen unter den Stachelhäutern. Sie entspringen in Form zweier außerordentlich stark aufgefächerter Schläuche an der Kloake (**3**). Während des Atmungsvorgangs ist die Mündung des Darms in die Kloake geschlossen. Das Wasser wird in die Kloake eingelassen, indem sich der After öffnet und der Lungeneingang schließt. Durch die Kontraktion von Ringmuskulatur wird die Kloake voll Wasser gesaugt, das dann, nachdem sich der After geschlossen hat, in die Lungen hineingepreßt wird. Bei der Ausatmung verengen sich die Wasserlungen und treiben so das Wasser in die sich dadurch erweiternde Kloake. Der Lungeneingang schließt sich, und das Wasser wird ausgestoßen.
Bei den Spinnentieren haben sich auf dem Weg vom Wasser- zum Landleben die Kiemen direkt zu Luftatmungsorganen, *Kiemenlungen (Fächerlungen, Fächertracheen)*, umgebildet, indem die Abdominalbeine mit den Kiemen in den Körper eingezogen wurden. Dabei blieben die Kiemenlamellen voll erhalten, ihre Zwischenräume wurden zu Luftschächten. Ursprüngliche Formen wie die Skorpione haben 4 Paar, die echten Spinnen dagegen nur noch 2 oder 1 Paar Fächerlungen. Daneben kommen bei den Spinnen die üblichen Röhrentracheen vor, die entweder aus den Fächerlungen hervorgegangen oder aber Neubildungen sind (**4**).
Als *Tracheenlungen* werden die Atemorgane der Landasseln bezeichnet. Durch tiefe Einstülpungen an den Hinterleibsextremitäten ist ein Luftsack entstanden, von dem aus verästelte und blind endende Röhren in den bluterfüllten Binnenraum der Extremität ziehen (**5** und **6**).

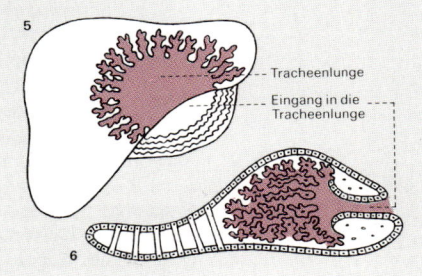

ATMUNGSORGANE III

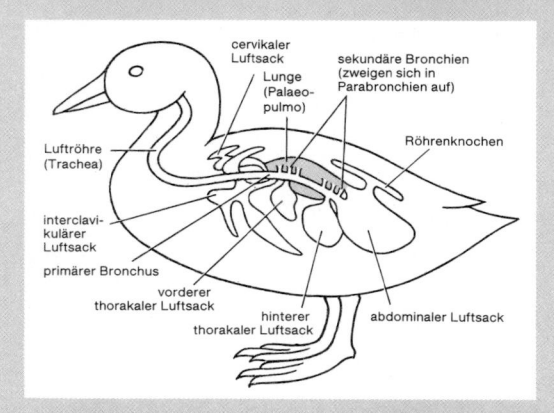

Bildbeschriftung links: cervikaler Luftsack, Lunge (Palaeopulmo), sekundäre Bronchien (zweigen sich in Parabronchien auf), Röhrenknochen, Luftröhre (Trachea), interclavikulärer Luftsack, primärer Bronchus, vorderer thorakaler Luftsack, hinterer thorakaler Luftsack, abdominaler Luftsack

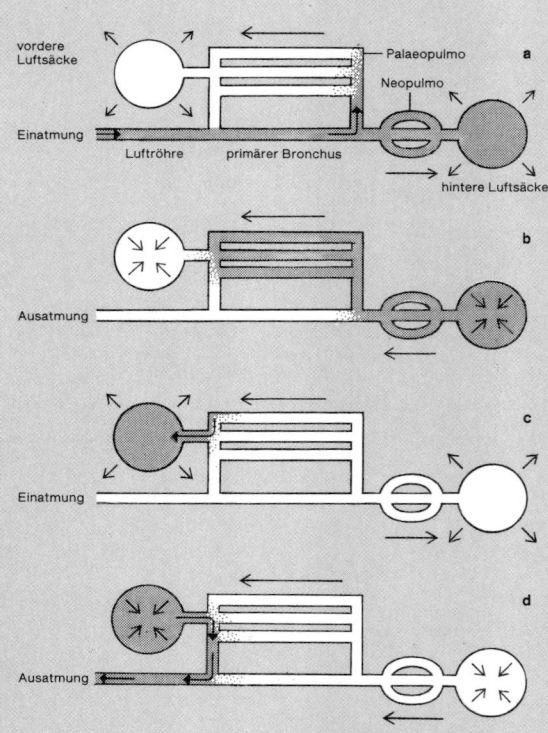

Bildbeschriftung rechts: vordere Luftsäcke, Palaeopulmo, Neopulmo, Einatmung, Luftröhre, primärer Bronchus, hintere Luftsäcke, Ausatmung (a, b, c, d)

Vogellunge

Die Vogellungen besitzen auffällig große *Luftsäcke* als Ausstülpungen des Bronchienstamms, die bis zu 80% der gesamten Körperhöhle einnehmen (Abb. oben). Sie stehen ferner mit den hohlen Röhrenknochen in Verbindung. Die eigentliche Lunge *(Palaeopulmo)* ist relativ klein (nur etwa ein Zehntel des Volumens der Lungen von Säugetieren vergleichbarer Größe) und ist fest und weitgehend inkompressibel in die Rippen eingefügt. Die Gasaustauschfläche ist dagegen durch die Ausbildung von *Parabronchien,* die nicht wie die Alveolen der Säugerlungen blind geschlossen sind und daher in einer Richtung von Luft durchströmt werden können, um ein Vielfaches größer. Die Parabronchien verzweigen sich in feinste Luftkapillaren, die eng mit Blutkapillaren umsponnen sind und die Orte des Gasaustausches bilden. Insgesamt entsteht so ein schwammartiges Gewebe mit sehr kurzen Diffusionsstrecken. Im Gegensatz zu den Lungenalveolen mit 300 bis 1000 μm Durchmesser beträgt der Durchmesser der Luftkapillaren 3 bis 10 μm. Vor den hinteren Thorakal- und Abdominalsäcken verzweigt sich der primäre Bronchus extensiv und bildet eine „sekundäre Lunge" *(Neopulmo).* Die ganze Einrichtung erinnert funktionell an die Kiemen der Fische.

Die Funktion dieses hervorragend an hohe Flugleistungen – insbesondere in großen Höhen mit geringem Sauerstoff-Partialdruck – angepaßten Systems ist noch immer nicht bis ins einzelne geklärt. Die Schemata zeigen aber, wie man sich den Vorgang vereinfacht vorzustellen hat, wobei die dunklen Areale den jeweiligen Ort der Luft eines einzelnen Atemzugs während zweier Respirationszyklen angeben: Der größte Teil der Luft eines Atemzugs **(a)** gelangt zunächst in die hinteren Luftsäcke, beim Ausatmen **(b)** dann durch die Lungen und Parabronchien, beim nächsten Einatmen **(c)** in die vorderen Luftsäcke und beim nächsten Ausatmen **(d)** durch die Luftröhre (Trachea) nach außen. (Während der Ausatmung **(d)** befindet sich also bereits die Luft eines neuen Respirationszyklus auf dem Weg durch die Lungen **(b)**). Luft fließt daher ständig in einer Richtung durch die Lungen, wobei die Luftsäcke als Blasebälge fungieren.

tiere, Kellerasseln), Auskleidung der Mantelhöhle (Lungenschnecken), Kiemenhöhle (landbewohnende Krebse) od. Ausstülpungen des Vorderdarms (Wirbeltiere), kann man physiologisch zw. Diffusionslungen u. Ventilationslungen unterscheiden. Auch die *Gasblasen* der Fische, ebenfalls Abfaltungen des Vorderdarms, aber primär hydrostat. Organe, können, da sie häufig mit O_2 gefüllt sind, Lungenfunktion übernehmen, insbes. bei mangelndem O_2-Angebot im Wasser. Reine Diffusionslungen sind die *Fächerlungen* der Spinnen u. Skorpione, die in den Hinterkörper (Opisthosoma) hineinragen u. aus dem Atemvorhof u. einer mit Chitin ausgekleideten Atemtasche bestehen, sowie der an den Hinterleibsextremitäten gelegene sog. weiße Körper *(Tracheenlunge)* der Landasseln. Die Lungen der Lungenschnecken werden durch Bewegungen des Atemlochs und Kontraktionen v. Muskeln am Boden der Atemhöhle langsam ventiliert, bei den landbewohnenden Krebsen (Palmendieb) sorgt der noch vorhandene Scaphognathit für die Ventilation. Echte Ventilationslungen treten erstmalig bei einigen Fischen (Lungenfischen) u. generell bei Tetrapoden auf. Ihre inneren Oberflächen werden mit zunehmender Höherentwicklung der Wirbeltiere immer stärker vergrößert bis hin zu den *alveolären Lungen* der Säugetiere. Die gesamte Diffusionsfläche der menschl. Lunge nimmt etwa 100 m^2 ein. Die *Vogellungen* sind in spezieller Weise differenziert u. an eine hohe O_2-Ausnutzung angepaßt. Bes. der Flug in großen Höhen mit geringen O_2-Partialdrücken wird dadurch erleichtert. Die Ventilation wird hier nicht durch Veränderung des Lungenvolumens, sondern durch die Blasebalgfunktion der zahlr. *Luftsäcke,* die an die Bronchialäste angeschlossen sind u. sich bis in hohe Röhrenknochen hereinziehen, bewirkt. Der Luftstrom wird dabei so gelenkt, daß die Parabronchien der Lungen sowohl bei der Inspiration als auch bei der Exspiration gleichsinnig durchströmt werden. *Tracheen* als A. sind bei Onychophoren, Insekten, verschiedenen Spinnen, Diplopoden u. Chilopoden verbreitet. Sie bestehen aus einem äußeren Epithel, das v. der dort sehr dünnen äußeren Cuticula des Außenskeletts überzogen wird. Die Tracheenröhren sind durch spiralig, ring- od. netzförmig angeordnete Chitinverdickungen versteift. Sie verzweigen sich in feinste *Tracheolen,* die den gesamten Körper durchziehen und z. B. bis in die (Flug-)Muskulatur unmittelbar in die Nähe der Mitochondrien ragen. Bienen u. viele andere Insekten haben zusätzl. Luftsäcke in Vorder- u. Hinterkörper. Der Transport der Atemgase in den Tracheolen wird durch Diffusion besorgt. Mit der Außenwelt stehen die Tracheen – sofern sie nicht als *Tracheenkiemen* (s. o.) ausgebildet sind – durch oft muskulär verschließbare *Stigmen* in Verbindung (↗ Atmungsregulation). Die Tracheen können entweder durch die normale Körperbewegung des Tieres od. durch rhythmische Kontraktionen des Körpers (Abdominalpumpe vieler Insekten) mit entsprechendem Anstieg des Drucks in der Hämolymphe zusammengepreßt werden u. sich dann durch ihre Eigenelastizität wieder ausdehnen. Hierdurch wird eine gewisse Ventilation erreicht. Der aktive Vorgang ist also die Exspiration. Über eine regelmäßige Abfolge des Öffnens u. Schließens verschiedener Stigmen wird bei einigen Insekten eine definierte Strömungsrichtung des Atemgases aufrechterhalten (Heuschrecken, Schaben). Verschiedene Insekten (Wasserkäfer, Wasserwanzen) u. die Wasserspinne können, obwohl reine Tracheenatmer (keine Tracheenkiemen), längere Zeit unter Wasser bleiben, indem sie eine Luftblase an ihrem Körper mittransportieren. Aus einer solchen *physikalischen Kieme* wird O_2 entnommen u. diffundiert aus dem Wasser nach. Da der Stickstoffpartialdruck aber in der Blase höher als im umgebenden Wasser ist, diffundiert N_2 aus der Blase heraus und muß – oft erst nach Stunden – erneuert werden, indem das Tier auftaucht. Entsprechende Luftblasen, die zw. dicht stehenden feinsten wasserabstoßenden Härchen auf dem Hinterleib ausgespannt u. wegen der hohen Grenzspannung zw. Wasser u. Luft inkompressibel sind, werden als *Plastron* bezeichnet. Insekten mit einer als Plastron ausgebildeten physikal. Kieme können auch als Luftatmer ständig unter Wasser leben (z. B. Wasserwanze *Aphelocheirus*). Auch verschiedene Insekteneier im Wasser besitzen eine schwammartige Oberflächenstruktur, die als Plastron fungiert.

B 288, 289, 290.   K.-G. C.

Atmungspigmente, *Sauerstofftransportpigmente, respiratorische Proteine,* Blutfarbstoffe, die den Transport des Sauerstoffs über längere Strecken übernehmen. Bekannt sind 4 Typen von A.n, bei denen es sich durchweg um Proteide handelt. Deren prosthetische Gruppe besitzt einen Metallatom-Kern, der für die Sauerstoffbindung verantwortlich ist. Am besten untersucht u. am meisten verbreitet ist das Chromoproteid ↗ *Hämoglobin,* das bei Wirbeltieren an Erythrocyten (rote Blutkörperchen) gebunden u. bei Wirbellosen frei in der Hämolymphe *(Chironomus*-Larven, Wasserlungenschnecken, *Tubifex)* od. in Coelomocyten (Seegurken) vorkommt. Hämoglobin besitzt ein Porphyrinringsystem mit einem zweiwertigen Eisenatom als Zentralatom. Ebenfalls mit einem Eisen-Porphyrinringsystem ausgestattet ist das grüne ↗ *Chlorocruorin* (z. B. bei Borstenwürmern), das immer in der Hämolymphe gelöst ist. Ein weiteres eisenhaltiges Protein ist das ↗ *Hämerythrin,* das keine Häm-Gruppe besitzt; das zweiwertige Eisenatom ist direkt an der Polypeptidkette angelagert. Hämerythrin kommt immer nur in Blutzellen vor u. ist im desoxygenierten („sauerstoffentladenen") Zustand farblos, im oxygenierten violett. Man findet es bei Sipunculiden (Spritzwürmer), Priapuliden (Rüsselwürmer), Brachiopoden (Armfüßer) u. Polychaeten (Borstenwürmer). Das blaue ↗ *Hämocyanin* schließlich hat mehrere Kupferionen an die Polypeptidkette angelagert u. ebenfalls keinen Porphyrinring. Es ist charakteristisch für Mollusken (Weichtiere), verschiedene Malacostraken (höhere Krebse) und Skorpione sowie Xiphosuren (Schwertschwänze). Die physiolog. Bedeutung der A. liegt darin, daß sie bei normalem Luftdruck an den Atmungsorganen molekularen Sauerstoff aufnehmen u. diesen bei niedrigem Sauerstoffpartialdruck an den Orten des Sauerstoffverbrauchs wieder freisetzen.

Atmungsquotient, der ↗ respiratorische Quotient.

Atmungsregulation, Anpassung der Leistung v. ↗ Atmungsorganen an geänderte Faktoren des inneren Milieus od. des Atemmediums, oft verbunden mit einer zusätzl. Anpassung des Kreislaufs. Zu den wichtigsten Parametern, die eine Änderung der Atemtätigkeit herbeiführen, gehören der Sauerstoff(O_2)- bzw. Kohlendioxid-(CO_2-)partialdruck (pO_2 bzw. pCO_2) im Organismus od. im Atemmedium, pH-Wert-Verschiebungen (zum Teil hervorgerufen durch gelöstes Kohlendioxid, nach: $CO_2 + H_2O \rightleftharpoons H_2CO_3 \rightleftharpoons H^+ + HCO_3^-$) sowie (von Wirbeltieren bekannt) *unspezif. Atmungsantriebe,* wie Warm- u. Kaltreize, Änderung der Körpertemp., Schmerz, Hormone. Bei den meisten Tieren sind die ge-

Atmungsregulation

nauen Mechanismen der A. nur unzulänglich bekannt. Ein regelnder Einfluß des pO_2 ist für Seewalzen, Polychaeten, Oligochaeten, Weichtiere, Krebse u. Wirbeltiere nachgewiesen worden; er scheint bei niederen Tieren wichtiger als eine Partialdruckverschiebung des CO_2 zu sein. Bei Seegurken fördert ein verminderter O_2-Gehalt die kloakale Pumpleistung u. stoppt sie, wenn die Luftsättigung des Wassers unter 60% abfällt. Röhrenbewohnende Polychaeten ventilieren ihre Röhre kontinuierlich statt intermittierend bei vermindertem O_2-Angebot, bevor sie bei zu niedrigen Werten in ↗ Anaerobiose übergehen. *Tubifex* streckt seinen Hinterleib weit aus dem Schlamm u. erhöht seine rhythmischen Körperbewegungen, bis sie durch sehr hohe pCO_2-Werte gehemmt werden. Bei Muscheln bestimmt der O_2-Gehalt des Wassers die Cilienbewegungen der Kiemen; auch hier gibt es einen Übergang zur Anaerobiose, während der die Schalen fest geschlossen werden. Der Tintenfisch *Octopus* verstärkt in dieser Situation die Pumpbewegungen der kiementragenden Mantelhöhle, ebenso wie die Strandkrabbe u. andere Krebse die Schlagfrequenz des Scaphognathiten, der vor der Kiemenhöhle liegt, verstärken. Gleichzeitig führt O_2-Mangel bei Krebsen zu einer Verminderung der Herzfrequenz *(Bradykardie)*. Insekten haben Schließmuskeln an den Tracheenausgängen (Stigmen), die wahrscheinlich durch CO_2 beeinflußt werden. Bei hohem pCO_2 können sie sich nicht mehr schließen. Auch sinkender pO_2 unterbindet den Schließmechanismus. Allerdings sind bisher relativ wenig vergleichende Untersuchungen zur A. der Insekten durchgeführt worden. Genauer bekannt ist die zyklische CO_2-Abgabe, die wahrscheinlich aus der Notwendigkeit, Wasserverluste aus den Tracheen zu begrenzen, entstanden ist. Man unterscheidet 3 Phasen der *Stigmenbewegungen:* 1) plötzliche Öffnung mit CO_2-Abgabe; 2) Stigmenverschluß, O_2-Einstrom ist noch möglich, da ein leichter Unterdruck durch verbrauchtes O_2 entsteht; 3) kurze, Sekunden andauernde Öffnungen der Stigmen, während dieser u. der vorigen Phase steigt der pCO_2 u. löst schließlich wieder Phase 1 aus. Die Zyklusdauer ist dabei artabhängig sehr verschieden zw. Stunden u. Minuten. Für alle diese Regelmechanismen sind *Schrittmacherzentren* im Bauchmark wahrscheinlich und z. T. nachgewiesen worden. Die neurale Kontrolle geht z. B. beim Tintenfisch vom hinteren Teil des Unterschlundganglions aus. Niedrige O_2-Partialdrücke erhöhen bei Fischen das Ventilationsvolumen u. reduzieren die Schlagfrequenz des Herzens, wobei aber das Schlagvolumen erhöht ist. Hohe CO_2-Partialdrücke vertiefen die Atmung bei niedriger Frequenz; sie wird damit der Kußmaul-

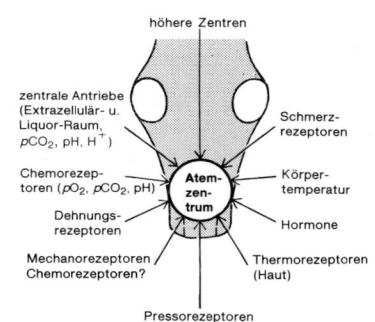

Atmungsregulation
Spezifische und unspezifische Reize wirken auf das Atemzentrum und beeinflussen Atemfrequenz und -tiefe

Atmungsregulation
Druckverhältnisse u. Stigmenbewegung bei der Tracheenatmung einer Insektenpuppe *(Hyalophora)*

schen Atmung der Säuger, die bei stark übersäuertem Blut entstehen kann (s. u.), ähnlich. Das *Atemzentrum* der Wirbeltiere liegt im Nachhirn *(Medulla oblongata)* u. ist bei Säugern u. Vögeln in ein Inspirations- u. Exspirationszentrum unterteilt. Zumindest das Inspirationszentrum ist spontanaktiv. Geregelt werden die Atemtiefe, Atemfrequenz u. Atemform (letztere z. B. bei Lauterzeugungen), wobei periphere Rezeptoren, die v. a. auf Erniedrigung des pO_2, und chemisch empfindliche Strukturen im Nachhirn, die v. a. auf den pCO_2 oder die H^+-Ionenkonzentration ansprechen, eine wichtige Rolle spielen. Für die *A. der Säuger* ergibt sich damit ein weitgehend überschaubares Regelsystem: Der zentrale Atemrhythmus wird durch eine wechselseitige Entladung inspiratorischer und exspiratorischer Neuronen, die sich gegenseitig hemmen, hervorgerufen. Die Erregung der beiden Neuronentypen wird wahrscheinlich dadurch zeitlich begrenzt,

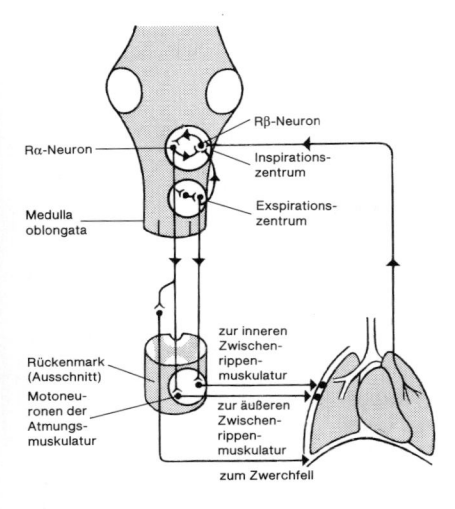

Atmungsregulation
Verschaltung der hemmenden und erregenden Neuronen im Inspirations- und Exspirationszentrum mit dem Regelkreis des Hering-Breuer-Reflexes

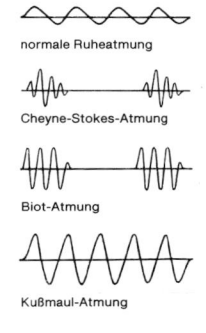

Atmungsregulation
Atmungsformen unter pathologischen Bedingungen, z. B. bei Schädigungen des Atemzentrums

daß zus. mit der Aktivierung der inspiratorischen Neuronen (Rα-Neuronen) zwischengeschaltete Neuronen (Interneuronen, Rβ-Neuronen) aktiviert werden, die über hemmende Synapsen im Sinne eines Rückkopplungsmechanismus mit den Rα-Neuronen verschaltet sind. Je stärker die Rβ-Neuronen aktiviert werden, desto größer wird ihr hemmender Einfluß auf die Rα-Neuronen, womit dann aber wieder die Aktivierung der Rβ-Neuronen vermindert wird. Die Rβ-Neuronen werden zusätzlich über Dehnungsrezeptoren in Luftröhre, Bronchien u. Bronchiolen aktiviert, d.h., durch Dehnung der Lungen wird die Atmung gehemmt *(Hering-Breuer-Reflex)*. Damit werden auch die Atemtiefe gesteuert u. eine Überdehnung der Lunge verhindert. Die peripheren Chemorezeptoren, die der Atmungsregulation dienen, befinden sich an der Halsschlagader am sog. *Carotissinus* (Glomus caroticum) u. an den großen Lungenaorten; sie melden eine Abnahme des pO_2 an das Atemzentrum. Dagegen werden die H$^+$-Ionenkonzentration u. der pCO_2 im wesentlichen direkt an der Medulla gemessen, die dazu mit chemisch empfindlichen Bereichen ausgestattet ist. CO_2-Partialdruck und H$^+$-Ionenkonzentration wirken zwar unterschiedlich stark stimulierend auf das Atemzentrum, dennoch ist wahrscheinlich der adäquate Reiz allein die H$^+$-Ionenkonzentration im Extrazellulärraum der entsprechenden Medullabereiche. Da CO_2 wesentlich schneller ins (Medulla-)Gewebe diffundiert, reizen die bei der Hydrogencarbonatbildung entstandenen H$^+$-Ionen (s.o.) eher das Atemzentrum als H$^+$-Ionen aus anderen Quellen (saure Stoffwechselendprodukte). Die Antwort auf eine Erhöhung des pCO_2 *(Hyperkapnie)* besteht in einer Steigerung des *Atemzeitvolumens*, d.i. die Menge verat-meter Luft in l/min. Sie wird erreicht durch Steigerung des Atemzugvolumens u. der Atemfrequenz *(Hyperventilation)*. Ab einer bestimmten pCO_2-Zunahme macht sich ein subjektives Gefühl der Atemnot *(Dyspnoe)* bemerkbar, bei noch höheren pCO_2-Werten wird das Atemzentrum gehemmt *(Asphyxie)*. Eine Erniedrigung des pO_2 *(Hypoxie)* wird ebenfalls mit einer Erhöhung des Atemzeitvolumens beantwortet, der Effekt ist aber im Gegensatz zur pO_2-Wirkung bei niederen Tieren (s. o.) normalerweise gering. Schließlich hängen Atmungsantrieb u. Muskelarbeit eng zusammen. Es wird angenommen, daß Erregungsleitungen v. Bewegungszentren zum Atemzentrum ziehen u. dieses bei Beginn der Muskeltätigkeit automatisch aktivieren. Die normale Ruheatmung wird unter bestimmten physiolog. pathophysiolog. Bedingungen (z. B. Schädigung des Atemzentrums) durch andere, z. T. irreguläre Atemformen abgelöst. Als solche sind bekannt: die *Cheyne-Stokes-Atmung*, charakterisiert durch eine Reihe von tiefen Atemzügen, gefolgt von einem kurzen Atemstillstand *(Apnoe)*, ferner die ähnl. *Biot-Atmung*, die nach Hirnverletzungen, u. die *Kußmaul-Atmung*, die bei starker Übersäuerung des Blutes (z. B. infolge eines Diabetes) auftritt. K.-G. C.

Atmungswärme, entsteht bei Pflanzen als Nebenprodukt der Dissimilation, z. B. Thermogenese (Wärmeproduktion) im Appendix des Kolbens (Spadix) vieler Aronstabgewächse (bei *Arum italicum* etwa 20 °C über Umgebungstemp.); im Dienste der Anlockung v. Insekten zur Bestäubung.

Atokie w, ↗ Epitokie.

Atoll s [aus einer ind. Sprache], ↗ Riff.

Atolla w, Gatt. der ↗ Tiefseequallen.

Atom s [v. gr. atomos = letzter unteilbarer Baustein der Materie], urspr. die Idee antiker Philosophen (Demokrit von Abdera) v. unteilbar kleinsten Bausteinen der Materie; seit J. Dalton Bez. für das kleinste Teilchen eines chem. Elements; mehrere A.e verbinden sich zu Molekülen bzw. Kristallen; zus. mit den Isotopen sind über 1500 verschiedene A.arten bekannt. Die natürlich vorkommenden A.arten sind durch sukzessive Kernfusionen aus Wasserstoffkernen (Protonen) u. Heliumkernen (α-Teilchen) während der *atomaren Evolution* im Innern v. bis zu 1500 Mill. Grad heißen Sternen entstanden. A.e sind mit chem. Methoden nicht teilbar. Sie bestehen aus einem positiv geladenen A.kern und einer aus negativen Elektronen gebildeten A.hülle. Die Hauptmasse des Atoms (10^{-25}–10^{-27} kg) ist im Kern vereinigt, um den die Elektronen (Gesamtmasse 1/1837 bei H bis 1/4760 bei U der Kernmasse) in

atomare Evolution

Ellipsenbahnen kreisen, deren Form v. Energiezustand der A.e abhängig ist. Die Zahl der Elektronen beim neutralen A. ist gleich der Ordnungszahl des betreffenden chem. Elements. A.e, deren Hüllenladungszahl ungleich der Kernladungszahl ist, heißen *Ionen*. A.kerne bestehen aus *Nukleonen,* nämlich den positiv geladenen *Protonen* (ihre Zahl ist gleich der Ordnungszahl) u. elektrisch neutralen *Neutronen,* die aneinander gebunden sind. Da die elektr. Felder von A.kern und A.hülle theoretisch unbegrenzt sind, kann man freien A.en keine bestimmte Größe zusprechen; im Verband, z. B. im Kristall, ergeben sich aus den A.abständen Beträge v. 10^{-8} cm. Die wichtigsten A.e biol. Moleküle sind Wasserstoff, Kohlenstoff, Sauerstoff, Phosphor u. Schwefel.

atomare Evolution ↗ Atom.

Atomgewicht, die relative ↗ Atommasse.

Atommasse, *relative A.,* unkorrekte Bez. *Atomgewicht,* Abk. *M,* das Verhältnis der Masse eines Atoms zum 12. Teil der Masse des Kohlenstoffisotops ^{12}C (früher: zum 16. Teil der Masse des am häufigsten vorkommenden Sauerstoffisotops ^{16}O), also der Quotient μ/u der Masse μ eines Atoms u. der *atomaren Masseneinheit* $u = 1{,}661 \cdot 10^{-27}$ kg. Aus den relativen A.n der Atome eines Moleküls kann dessen *relative Molekülmasse* („Molekulargewicht") berechnet werden, sofern die chem. Formel bekannt ist.

ATP, Abk. für Adenosintriphosphat.

ATP-ADP-AMP-System, zentrales System des Energiestoffwechsels zur Speicherung von Energie durch Umwandlung (Phosphorylierung) von AMP in ADP und bes. von ADP in ATP. [asen.

ATPasen, Abk. für Adenosintriphosphat-

ATP-Phosphataustausch, reversible Austauschreaktion, bei welcher der endständige Phosphatrest von ATP gg. (radioaktiv markiertes) freies Phosphat ausgetauscht wird:

pppA + p̂ ⇌ p̂ppA + p (pppA = ATP; p = Phosphat).

Der ATP-P. wird v. Mitochondrien katalysiert u. ist durch Dinitrophenol od. Oligomycin hemmbar. Dem ATP-P. liegen als Teilreaktionen die ATP-Spaltung (zu ADP u. Phosphat) u. die ATP-Synthese (aus ADP u. Phosphat) zugrunde. Der ATP-P. ist v. biochemisch-techn. Bedeutung für die Synthese u. in γ-Position mit radioaktivem ^{32}P markiertem ATP, das für die Analyse von ATP verbrauchenden Reaktionen vielfach eingesetzt wird.

Atractaspis *w* [v. gr. atraktos = Spindel, aspis = Giftschlange], Gatt. der ↗ Vipern.

Atractylosid *s, Atractylat,* schwefelhaltiges toxisches Glykosid aus *Atractylis*

Atom

Aufbau der A.e verschiedener Elemente aus einem Kern (bestehend aus *Protonen* u. *Neutronen*) u. einer wechselnden Anzahl ihn umgebender *Elektronen*

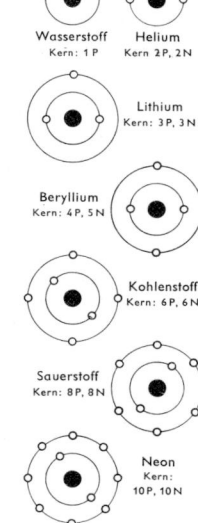

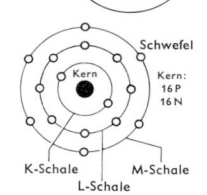

Wasserstoff Kern: 1 P
Helium Kern: 2 P, 2 N
Lithium Kern: 3 P, 3 N
Beryllium Kern: 4 P, 5 N
Kohlenstoff Kern: 6 P, 6 N
Sauerstoff Kern: 8 P, 8 N
Neon Kern: 10 P, 10 N
Natrium Kern: 11 P 12 N
Schwefel Kern: 16 P 16 N
K-Schale   M-Schale
L-Schale
P = Proton   N = Neutron

Atropin

gummifera, einer Mittelmeerdistel, das den ↗ Adenylattranslokator der inneren Mitochondrienmembran in spezif. Weise stark hemmt.

Atranorin *s* [v. lat. ater = schwarz], ↗ Flechtenstoffe.

Atrazin *s,* Gebrauchsname des als Basis für viele Herbizide dienenden 2-Chlor-4-äthylamino-6-isopropylamino-1,3,5-triazins; A. hemmt die Photosynthese am Photosystem II; Unkrautbekämpfung im Mais-, Spargel-, Tomaten- u. Kartoffelanbau.

Atrichornithidae [Mz.; v. gr. atrichos = haarlos, ornithes = Vögel], die ↗ Dickichtvögel.

Atrichum *s* [v. gr. atrichos = haarlos], Gatt. der ↗ Polytrichaceae.

Atrioventrikularklappen [v. lat. atrium = Vorhof, ventriculus cordis = Herzkammer], *Segelklappen,* Herzklappen zw. den Vorhöfen u. Kammern des ↗ Herzens, die während der Systole die Ventrikel gg. die Vorhöfe abdichten.

Atrioventrikularknoten [v. lat. atrium = Vorhof, ventriculus cordis = Herzkammer], *Vorhofknoten, Aschoff-Tawara-Knoten,* sekundäres Automatiezentrum des Herzens v. Fischen, Vögeln, Amphibien u. Säugetieren; bei Fischen u. Amphibien in der Nähe der Segelklappen gelegen, bei Vögeln u. Säugetieren an der Grenze zw. rechtem Vorhof u. Kammer. Der A. übernimmt bei Ausfall des primären Automatiezentrums dessen Funktion, arbeitet aber langsamer.

Atriplex *s* [lat., =], die ↗ Melde.

Atrium *s* [lat., = Vorhof], Vorhof des ↗ Herzens.

Atromentin, ein ↗ Benzochinon.

atrop [v. gr. atropos = unwandelbar], Bez. für die aufrechte Lage der ↗ Samenanlage bezüglich der Placenta u./od. des Funiculus bei vielen Samenpflanzen; ↗ anatrop, ↗ campylotrop.

Atropa *w* [v. *atrop-], die ↗ Tollkirsche.

Atropetalia belladonnii *w* [v. *atrop-, it. belladonna = Tollkirsche], Ord. der ↗ Epilobietea angustifolii.

atrophieren [v. gr. atrophia = Auszehrung], in der Individualentwicklung Rückbildung eines Organs, z. B. Rückbildung der Muskulatur nach Knochenbruch in der stillgelegten Extremität.

Atropida [Mz.; v. *atrop-], U.-Ord. der ↗ Psocoptera.

Atropin *s* [v. *atrop-], giftiges Alkaloid aus der Tollkirsche *(Atropa belladonna)* u. vielen anderen Nachtschattengewächsen. A. hemmt die Wirkung des Parasympathikus u. erregt in großen Gaben den Sympathikus. Die Folgen sind erweiterte Pupillen, samtige Augen, Trockenheit v. Mund u. Kehle u. Rötung des Gesichts.

Atroscin s [Kw. aus Atropin u. Hyoscin], das ↗Scopolamin.

atrypid [v. gr. a-=nicht, trypē=Loch], Form des helicopegmaten Armgerüsts der Brachiopoden-Gatt. *Atrypa*: Primärlamellen parallel dem Rand der Armklappe.

Atta [ben. nach einem röm. Familiennamen mit der Bedeutung „hüpfenden Ganges"], Gatt. der ↗Blattschneiderameisen.

attachment [ᵃtätschmᵉnt; engl.], ↗Adsorption.

attachment-site [ᵃtätschmᵉnt ßait; engl.], *Anheftungsstelle,* bestimmte Bereiche in bakteriellen Genomen, an denen bevorzugt Rekombinationsvorgänge od. Integrationen v. Transposonen, Plasmiden u. temperenten Phagen stattfinden.

Attacidae [Mz.; v. gr. attakos=kurzflügelige Heuschrecke], die ↗Pfauenspinner.

Attagenus m, Gatt. der ↗Speckkäfer.

Attenuation w [v. lat. attenuatio=Abschwächung], die unter bestimmten Umständen im Verlauf der ↗Attenuatorregulation vorkommende Schwächung od. Auslöschung der Transkriptions-Termination innerhalb der Leitsequenz v. Operonen der Aminosäure-Biosynthese.

Attenuator m [v. lat. attenuare=abschwächen], Regulationselement einiger Operonen der Aminosäure-Biosynthese; Bereich innerhalb der Leitsequenz (engl. leader) zw. Promotor-Operator-Region u. erstem Strukturgen, an dem die Synthese der polycistronischen m-RNA bei Anwesenheit v. mit dem Endprodukt der Biosynthesekette beladener t-RNA zum Abbruch kommt. Die A.sequenz zeichnet sich durch eine G/C-reiche invertierte Sequenzwiederholung (engl. inverted repeat) u. einen darauffolgenden A/T-reichen Abschnitt aus; dies sind Eigenschaften prokaryotischer Terminatoren der Transkription. ↗Attenuatorregulation.

Attenuatorregulation w [v. lat. attenuare=abschwächen, regulare=regeln], ein bes. gut im Tryptophan-Operon von *Escherichia coli* untersuchter, aber auch in den Histidin-, Leucin-, Phenylalanin- u. Threonin-Operonen beobachteter Mechanismus der Transkriptionsregulation. Noch während der Transkription der Leitsequenz im Operon beginnt an einem Startcodon (AUG) die Synthese eines Leitsequenz-Peptids. Auf diese Weise führt die Zelle eine „Probe-Translation" durch, die mit der später erfolgenden Translation des Strukturgenbereichs nicht direkt in Verbindung steht, sondern nur den Sinn hat, die Kon-

atrop- [v. Atropos, in der gr. Mythologie die den Lebensfaden abschneidende Parze].

Attenuatorregulation im Tryptophan-Operon von E. coli

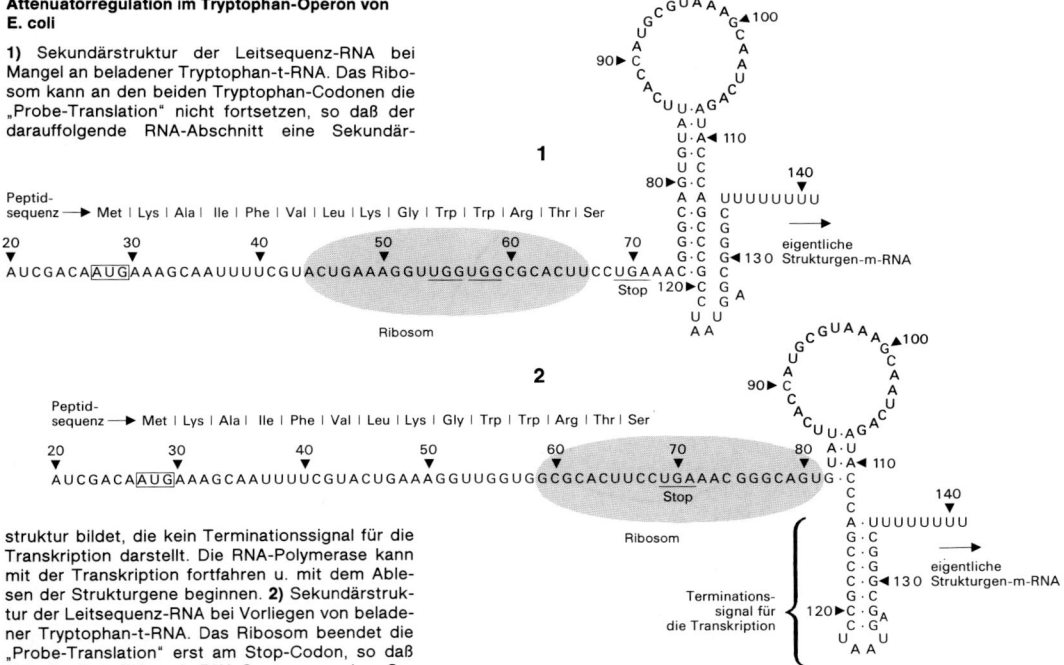

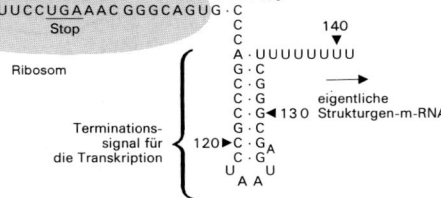

1) Sekundärstruktur der Leitsequenz-RNA bei Mangel an beladener Tryptophan-t-RNA. Das Ribosom kann an den beiden Tryptophan-Codonen die „Probe-Translation" nicht fortsetzen, so daß der darauffolgende RNA-Abschnitt eine Sekundärstruktur bildet, die kein Terminationssignal für die Transkription darstellt. Die RNA-Polymerase kann mit der Transkription fortfahren u. mit dem Ablesen der Strukturgene beginnen. **2)** Sekundärstruktur der Leitsequenz-RNA bei Vorliegen von beladener Tryptophan-t-RNA. Das Ribosom beendet die „Probe-Translation" erst am Stop-Codon, so daß sich die darauffolgende RNA-Sequenz zu einer Sekundärstruktur falten kann, die ein Terminationssignal für die Transkription darstellt. Als Folge wird der Transkriptionsvorgang vorzeitig unterbrochen (RNA-Polymerase verläßt die DNA), u. die Strukturgene gelangen nicht zur Expression.

zentration der mit dem Endprodukt der Biosynthese beladenen t-RNA zu messen. Bei Fehlen dieser beladenen t-RNA (d. h. bei Mangel an der entsprechenden Aminosäure) beendet das Ribosom die Synthese des Leitsequenz-Peptids an der Stelle, wo in der Leitsequenz-RNA eine Häufung v. Codonen (mindestens zwei) für die jeweilige Aminosäure (Trp, His, Leu, Phe oder Thr) auftritt. Die darauffolgende RNA kann sich nun zu einer Sekundärstruktur falten, die kein Terminationssignal für die Transkription enthält. RNA-Polymerase wird dadurch bei der Transkription nicht angehalten u. beginnt mit dem Ablesen der Strukturgene. Liegen dagegen mit dem Endprodukt der Biosynthese beladene t-RNA-Moleküle vor, so setzt das Ribosom die Translation auch an einer Stelle mit mehreren Codonen für die jeweilige Aminosäure fort u. beendet sie erst an einem Stop-Codon (UGA). Dadurch kann die RNA sich nicht zu der oben erwähnten Sekundärstruktur falten. Sie bildet unter Verwendung der im Attenuator vorgegebenen invertierten Sequenzwiederholung eine abweichende Struktur, die ein Terminationssignal für die Transkription darstellt. Dies bedeutet, daß die Gene für die Enzyme der Biosynthesekette nicht abgelesen werden, wenn das Endprodukt bereits vorliegt. Neben Repression bzw. Induktion bietet die A. eine weitere Möglichkeit zur Steuerung der Transkription.

attenuierte Viren [Mz.; v. lat. attenuatus = abgeschwächt], vermehrungsfähige, in ihrer Virulenz abgeschwächte Viren; werden als Lebendimpfstoffe zur Schutzimpfung gg. verschiedene Viruserkrankungen eingesetzt (beim Menschen z. B. gegen Poliomyelitis, Masern, Mumps u. Röteln).

Attich *m*, *Sambucus ebulus*, ↗ Holunder.

Attidae [Mz.; ben. nach dem röm. Familiennamen Atta mit der Bedeutung „hüpfenden Ganges"], die ↗ Springspinnen.

Attini [Mz.; ben. nach dem röm. Familiennamen Atta mit der Bedeutung „hüpfenden Ganges"], die ↗ Blattschneiderameisen.

Attrappe, im Experiment der Verhaltensforschung eingesetzte Reize od. Reizkombinationen (↗ A.nversuch), die erkennbar machen sollen, welche davon Schlüsselreize bzw. Auslöser darstellen.

Attrappenversuch, Versuch mit künstl. Reizmustern, durch den ermittelt werden soll, welche Einzelreize u. Merkmale für die Auslösung u. Steuerung eines Verhaltens als Schlüsselreize Bedeutung haben. In der Regel lassen sich nur angeborene Verhaltensweisen durch Attrappen auslösen (↗ angeborener auslösender Mechanismus). B 297, B Auslöser.

Atubariidae [Mz.; v. gr. a- = nicht, lat. tuba = Röhre], Fam. der ↗ *Hemichordata* (Kl. *Pterobranchia,* Flügelkiemer); im Ggs. zu den übrigen Pterobranchia bauen die A. keine Wohnröhren.

Atun *m*, eine ↗ Schlangenmakrele.

Atyidae [Mz.; ben. nach Atys, einem König der gr. Mythologie], *Süßwassergarnelen,* Fam. der *Decapoda* (Zehnfußkrebse), ca. 140 Arten, die fast ausschließlich im Süßwasser in trop. Ländern leben; nur wenige Arten im Brackwasser. Charakterist. Merkmal sind die zu Pinseln umgewandelten Scherenfüße, mit denen Detritus v. Wasserpflanzen abgefegt wird. Manche unterird. Arten sind blind. In Europa *Atyaephyra desmaresti,* z. B. in der Rhône, in Dtl. wahrscheinlich eingeschleppt im Rhein u. Nebenflüssen, ca. 3 cm lang.

Atypidae [Mz.], die ↗ Tapezierspinnen.

Atypus *m*, artenarme Gatt. der Tapezierspinnen; die einzigen orthognathen Spinnen, die in Mitteleuropa vorkommen; 3 Arten: *A. piceus, A. affinis* und *A. muralis.* Die Körperlänge beträgt 1–2 cm. Sie leben in 20–90 cm tiefen Erdröhren, die mit Spinnseide austapeziert werden; v. Eingang zieht sich ein mit Erde getarnter,

Atypus
Prinzip des Beutefangs mit einem Gespinstschlauch (zur Demonstration aufgeschnitten)

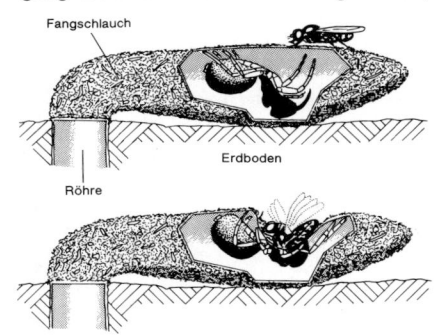

blind geschlossener Gespinstschlauch ca. 15 cm über die Erde; Beute, die sich auf den Schlauch setzt, wird v. innen mit den kräftigen Chelicerenklauen ergriffen u. in die Röhre gezogen. Angeblich sollen auch Regenwürmer gefressen werden. Die Weibchen sind zeitlebens in ihrer Röhre, die Männchen sind während der Paarungszeit vagant. Die Paarung findet in der Röhre des Weibchens statt. Juvenile Stadien zeigen „Ballooning" (↗ Altweibersommer) u. sorgen damit für die Verbreitung. Die Entwicklung bis zur erwachsenen Spinne dauert 4 Jahre; die Adulten sind mehrjährig.

Atys *w* [ben. nach Atys, einem König der gr. Mythologie], Gatt. der *Atyidae* (Ord. Kopfschildschnecken), Gehäuse länglicheiförmig, dünnwandig u. ohne Deckel, Fuß mit Seitenlappen; lebt in warmen Meeren, *A. diaphana* im Mittelmeer.

ATTRAPPENVERSUCH

Möwenküken verfügen über ein bestimmtes Verhalten, das einen Altvogel zum Hervorwürgen von Futter veranlaßt. Sie betteln ihre Eltern an, indem sie gegen deren Schnabel picken. Diese Bettelbewegung ist ihnen angeboren, denn sie reagieren in dieser Weise schon auf den ersten Möwenkopf, den sie in ihrem Leben zu sehen bekommen.

Hier interessieren die Reize, die diese Pickreaktion auslösen. Sie lassen sich analysieren, wenn man verschiedene vereinfachte Attrappen eines Möwenkopfes auf ihre auslösende Wirkung prüft. Als Maß für die auslösende Wirkung gilt die Zahl der Pickreaktionen des Kükens gegen die Attrappe in einer bestimmten Zeit (z. B. 30 Sekunden).

Auslösende und richtende Reizwirkung. Die längliche Form und die gelbe Farbe des elterlichen Schnabels sowie der rote Fleck am Vorderende des Unterschnabels sind auslösende Reize *(Schlüsselreize)* für die Bettelreaktion des frischgeschlüpften Silbermöwenkükens. Diese Reize haben aber auch einen Einfluß auf die Richtung der ausgelösten Bewegung. — An einer flachen Kartonattrappe wurde der rote Schnabelfleck auf die Stirn verlegt (5). Der Ort, gegen den die Küken das erste Mal pickten, wurde registriert. 74 Küken pickten nach dem roten Fleck, 70 gegen die untere Spitze des gelben Schnabels. — *Daß* die Küken pickten, geht auf die *auslösende* Wirkung der Reize, *wohin* sie pickten, auf die *richtende* Wirkung der gebotenen Reize zurück.

Das Reiz-Summen-Phänomen. Die verschiedenen Schlüsselreize, aus denen sich die auslösende Reizsituation für eine Bewegung zusammensetzt, bieten nicht einfach verschiedene Möglichkeiten für die Auslösung der gleichen Reaktion. Die Wirkungen aller werden vielmehr im Auslösemechanismus zusammengefaßt und verrechnet, in manchen Fällen werden sie einfach addiert.
An der Bettelreaktion von Lachmöwenküken wurde das Zusammenspiel der auslösenden Wirkungen der Attrappenform und Farbe untersucht. Stabförmige Attrappen lösen das Picken besser aus als runde und rote besser als graue. Im Diagramm (1–4) erkennt man, daß die Wirkung der roten Farbe (r) zur Wirkung einer grauen Attrappe addiert wird, wenn man diese rot bemalt. Vergleicht man auch die Effekte der beiden roten oder der beiden grauen Attrappen miteinander, so sieht man den Einfluß der Stabförmigkeit (f), der zur bisherigen Wirkung der runden Attrappe addiert wird.

Die übernormale Attrappe. Wenn die Einzelwirkungen von Schlüsselreizen summiert werden, ermöglicht dies, eine künstliche Reizsituation zu schaffen, die die natürliche in ihrer auslösenden Wirkung übertrifft. Der spitze rote Stab mit den drei weißen Ringen (7) löst bei Silbermöwenküken durchschnittlich mehr Pickreaktionen pro Zeiteinheit aus als eine naturgetreue dreidimensionale Attrappe eines Möwenkopfes (6).

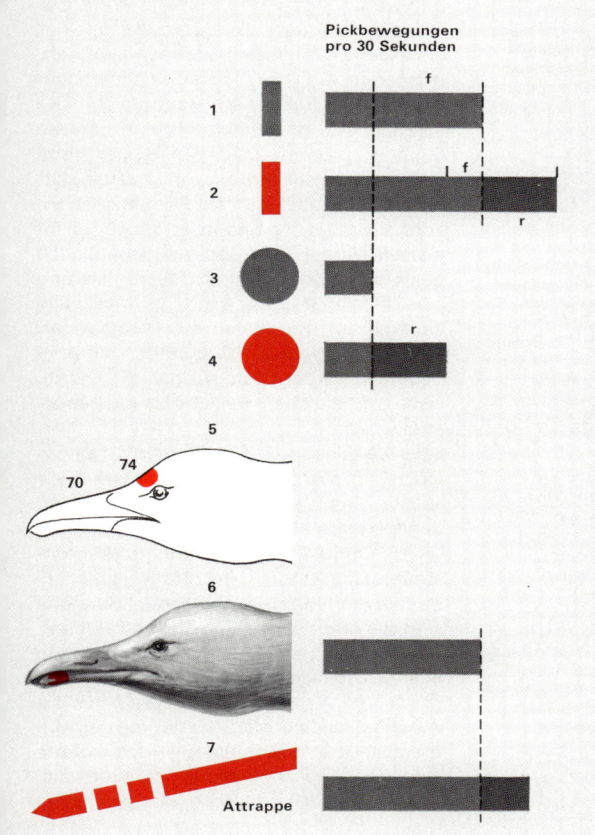

Atzeln

Atzeln [v. ahd. agaza = Elster], ↗Stare.

Aubergine w [obärsehin; über frz. aubergine aus arab.-pers. al-bādin-jān = Tollapfel, Eierapfel], *Eierfrucht, Solanum melongena,* einjährige, bis zu 100 cm hohe, kraut. Pflanze mit lang gestielten, gelappten bis oval-eiförmigen, unterseits filzig behaarten Blättern und ca. 3 cm breiten, bläulichen bis violetten Blüten. Aus dem oberständ. Fruchtknoten entsteht eine bis 30 cm lange u. 10 cm dicke, mehr od. minder kugelige, eiförm. oder längl., bis 1 kg schwere Beere v. elfenbeinweißer od. dunkelpurpurner bis schwarzer Farbe. Das Innere der Frucht weist keine Fächerung auf, sondern ist mit einem weißlich-grünlichen, schwammart., relativ saftarm erscheinenden Gewebe ausgefüllt, in das die flachen, 2–4 mm breiten, bräunl. Samen eingebettet sind. Die aus dem trop. Hinterindien stammende Pflanze kam wahrscheinlich durch die Araber im 13 Jh. nach Europa. Heute wird sie in einer Vielzahl v. Sorten bes. in Asien u. dem Mittelmeerraum kultiviert u. liefert mit ihren Früchten ein weltweit geschätztes, schmackhaftes Gemüse, das v.a. gekocht od. gebraten verzehrt wird. Die Weltproduktion belief sich 1979 auf 4,3 Mill. t; Hauptproduzenten sind China, Japan, die Türkei, Italien u. Ägypten. [B] Kulturpflanzen V.

Aubrieta w [ben. nach dem frz. Blumen- u. Tiermaler C. Aubriet, 1665–1742], *Aubrietie, Blaukissen,* Gatt. der Kreuzblütler mit ca. 12 Arten. Einige sind beliebte Zierpflanzen für Rabatten, Steingärten sowie Fels- u. Mauerspalten. Bes. zu nennen ist die in

Aubrieta deltoidea,
a blühender, b unfruchtbarer Sproß

den Gebirgen Siziliens, in S-Griechenland u. Kleinasien beheimatete u. seit Beginn des 18. Jh. in Mitteleuropa kultivierte *A. deltoidea,* eine ausdauernde, 10–20 cm hohe, lockerrasig wachsende Pflanze mit kurzen Stengeln, einfachen, längl., grob gesägten, grau behaarten Laubblättern u. langgestielten, relativ großen, lilablauen od. purpurvioletten Blüten. Blütezeit: Frühjahr bis Frühsommer, bisweilen Herbst. Die winterharte A. liebt sonnige Standorte u. durchlässige, kalkhaltige Gartenerde.

Auchenorhyncha [Mz.; v. gr. auchēn = Hals, rhygchos = Rüssel], die ↗Zikaden. ↗Pflanzensauger.

Auenböden
Je nach Art und Zs. der Sedimente u. nach Entwicklungsstand werden verschiedene Typen von A. unterschieden (↗Bodenhorizonte):
Rambla (Auenrohboden), aus grobkörn. Sedimenten im Einzugsbereich der Gebirge, (A)-C-Profil, beginnende Ausbildung eines dünnen, humosen Oberbodens, Vegetation spärlich.
Paternia (Auenranker), mit A_h-C-Profil, humushaltiger, mit Verwitterungsprodukten angereicherter, dünner Oberboden über kalkarmen, unverwitterten Grobsedimenten.
Borowina (Auenrendzina), ebenfalls mit A_h-C-Profil, entwickelt sich an trockeneren Standorten aus lockeren Kalksedimenten; Oberboden grauschwarz u. deutlich ausgebildet.
Tschernitza (Schwarzerdeartiger Auenboden), mit mächtigem, humosem, grauschwarzem, kalkhaltigem A_h-Horizont über kalkreichem, dem Grundwassereinfluß unterliegendem CG_o/CG_r-Horizont.
Vega (autochthoner Brauner Auenboden), meist nach Eindeichung u. ohne Überflutungseinfluß am Ort der Ablagerung tief verwitterter, verbraunter Boden mit A_h-B_v-G_o-Profilaufbau, wegen der Ähnlichkeit mit Braunerden auch als Auenbraunerde bezeichnet.
Allochthoner Brauner Auenboden (allochthone Vega), besitzt zw. einem humosen Oberboden (A_h-Horizont) u. einem grundwasserbeeinflußten G_o-Horizont einen M-Horizont aus andernorts vorverwittertem Material, das nach Erosion erneut sedimentierte; einheitlich braun gefärbt.

Aucoumea, Gatt. der ↗Burseraceae.

auct., in der Taxonomie gebräuchliche Abk. für *auctorum* [v. lat. auctor = Urheber, Verfasser]; besagt, daß der vorangehende Artname unabhängig v. verschiedenen Autoren für dieselbe Spezies benutzt wurde; wird den Autornamen vorangestellt.

Audiologie w [v. lat. audire = hören, gr. logos = Kunde], die Lehre vom Hören. Die Aufzeichnung des Hörvermögens nach Frequenz u. Lautstärke wird *Audiogramm* genannt. Die in der med. Elektroakustik mit einem *Audiometer* vorgenommene Messung des gesunden u. kranken Gehörs wird als *Audiometrie* bezeichnet.

Audubon [odübon, frz.; odjubᵉn, engl.], *John James,* am. Zoologe u. Tiermaler, * 26. 4. 1785 Santo Domingo, † 27. 1. 1851 New York; Sohn eines frz. Admirals, bereiste N-Amerika u. beschrieb dessen Vogelwelt, die er in hervorragenden farbigen Kupferstichen darstellte; Untersuchungen zum Vogelzug.

Auenböden, *Alluvialböden, Schwemmlandböden,* entstehen aus Sedimenten in den Auen v. Flüssen u. großen Bächen. Sie werden periodisch, meist jährlich, mit dem Schmelzwasser überflutet. Dabei können neue Sedimente aufgelagert, aber auch Teile des Bodens durch Erosion abgetragen werden (geköpfte Profile). Je langsamer die Fließgeschwindigkeit, desto feiner sind die abgelagerten Bodenpartikel; lehmig-tonige A. findet man daher mündungsnah u. im flußfernen Auebereich. Die meisten A. sind nährstoffreich. Starke Grundwasserschwankungen u. der hohe Sauerstoffgehalt des Wassers verhindern in der Regel, daß sich ein Reduktionshorizont ausbildet. A. sind meist junge, nacheiszeitl. Böden. Werden sie dem Einfluß der Überflutungen durch Flußregulierung od. Eindeichung entzogen, so entwickeln sie sich zu Braunerden od. Parabraunerden weiter. Die natürl. Vegetation auf A. in Mitteleuropa sind Auenwälder mit Esche, Ulme u. Stieleiche, forstlich wird die Pappel eingebracht.

Auenwald, *Auwald,* Waldformation periodisch überschwemmter Flußauen. Eine vollständige Wassersättigung des Bodens, geringe Sauerstoffzufuhr der ober- und unterird. Organe der Pflanzen, gute Nährstoffversorgung u. eine starke mechan. Beanspruchung der Pflanzen in Bettnähe sind die standortbestimmenden Faktoren. Die beste Eignung für solche Standorte besitzen einige schmalblättrige Weiden *(Salix alba, S. fragilis, S. purpurea),* die die Weichholzaue zw. den Flutmarken des Mittelwassers u. des mittleren Hochwassers aufbauen. Die Hartholzaue befindet sich auf höherem Niveau, wird weniger häufig

Auflaufkrankheiten

überflutet u. setzt sich u. a. aus den Baumarten Flatterulme, Feldulme, Esche, Stieleiche, Silber- u. Schwarzpappel zusammen. Auenwälder werden außerdem durch das häufige Vorkommen v. Lianen gekennzeichnet, die v. a. im Waldmantel wachsen, z. B. die Waldrebe *(Clematis vitalba),* der Hopfen *(Humulus lupulus)* u. die selten gewordene Wilde Rebe *(Vitis sylvestris).*

Auerhuhn [v. mhd. orrehuon = Auerhenne, vgl. schwed. orre = Birkhuhn], *Tetrao urogallus,* größter Vertreter der Rauhfußhühner; das Männchen *(Auerhahn)* ist dunkelgrau u. braun mit grün schillerndem Brustfleck u. breitem, abgerundetem Schwanz, der bei der Balz hochgestellt wird, Größe 86 cm; das Weibchen *(Auerhenne)* ist braun gefleckt und 62 cm groß. Das A. lebt vorzugsweise in Nadel- u. Mischwäldern der Mittel- u. Hochgebirge mit reichem Unterwuchs an Beerensträuchern. Der Bestand ist in Mitteleuropa trotz Einbürgerungsversuchen rückläufig. Der Balzgesang des Hahns, der als eine Folge von hölzern glucksenden u. metallisch wetzenden Lauten für den Menschen nicht sehr weit hörbar ist, besteht vorwiegend aus Tönen im Infraschallbereich (ca. 16 Hz). Nest mit 5–8 Eiern am Boden. Das A. ist nach der ↗ Roten Liste „vom Aussterben bedroht". B Europa X.

Auerochse
(Bos primigenius),
nach einem alten Bild

Auerochse *m* [v. ahd. uro], *Ur, Bos primigenius,* ausgestorbenes Wildrind der Paläarktis, Stammform unseres Hausrinds; Kopfrumpflänge bis 310 cm, Schulterhöhe fast 2 m (Stiere), Gewicht 800–1000 kg; dunkelbraunes Fell kurz u. glatt, im Winter dichter u. lockig. Nach tertiären Fossilfunden befand sich in Indien die Urheimat des A.n; aus Dtl. liegen Skelettfunde seit der Rißeiszeit (vor ca. 250 000 Jahren) vor. Bildl. Darstellungen von A.n sind aus zahlr. prähistor. Höhlenzeichnungen (z. B. Lascaux/Frankreich) bekannt. Ursprünglich begehrtes wie auch wegen seiner Wildheit gefürchtetes Jagdtier der Steinzeit, wurde der A. wahrscheinlich im 6. Jt. zu einem der wichtigsten menschl. Haustiere, dessen Verwendung zu Kultzwecken wie für den Beginn des Ackerbaus v. hoher kulturgeschichtl. Bedeutung war. Letzte Zufluchtsstätte für die in Herden lebenden A.n waren die geschlossenen, sumpfigen Waldgebiete Polens u. Litauens; der letzte A. starb 1627 in Polen. In den 30er Jahren dieses Jh. begannen die Brüder Heck in den Zool. Gärten Berlin u. München den A.n aus primitiven Hausrindrassen zurückzuzüchten. Nach mehreren Generationen erhielt man zwar A.n-ähnliche Tiere, bei denen es sich aber dennoch um Hausrinder handelte, da eine einmal ausgestorbene Tierart auch durch Züchtung nicht „wiederherstellbar" ist.

Aufforstung, Anpflanzung v. Wald auf vorher nicht bewaldeten Flächen (Neuaufforstung) od. nach Kahlschlag (Wiederaufforstung).

aufgeschobene Reaktion, Verhalten, das als Antwort auf einen auslösenden Reizeingang erst mit zeitl. Verzögerung erfolgt.

Aufguß, *Infusum;* übergießt man frisches od. bereits in Zersetzung befindl. organ. Material, wie Stroh, Heu, welkes Laub od. Kompost, mit abgestandenem Leitungswasser u. läßt den Ansatz bei Wärme u. Licht stehen, so zeigen sich im Mikroskop nach etwa 14 Tagen ↗ Aufgußtierchen.

Aufgußtierchen [Mz.], *Infusorien,* ältere Bez. für einzellige (teilweise auch für kleine mehrzellige) Tiere, die sich in einem ↗ Aufguß bilden. Sie schlüpfen aus Dauerstadien u. beginnen bei ausreichender Feuchtigkeit wieder ihr aktives Leben. Häufige A. sind Vertreter der Wimpertierchen *(Paramecium, Colpoda, Stylonychia),* Wurzelfüßer (Amöben), Geißeltierchen u. (als Mehrzeller) Rädertierchen *(Rotatoria).*

aufhellen, ein mikroskop. Präparat durchsichtiger machen, z. B. durch Einbetten in Stoffe mit bestimmtem Brechungsindex (Zedernöl, Glycerin) od. durch chem. Behandlung wie Entkalken, Quellen, Bleichen. Als Bleichmittel *(Aufhellungsmittel)* dienen z. B. Eau de Javelle (Natriumhypochlorit) u. Milchsäure.

Auflagehorizont, aus *Auflagehumus* bestehender, organ. Horizont, dem Mineralboden aufliegend; besteht aus unzersetztem Rohhumus od. Streu (L-Horizont) u./od. Moder, der teils od. stärker zersetzt ist (O_f-, O_h-Horizont). ↗ Bodenhorizonte.

Auflaufkrankheiten, meist durch Pilze verursachte Pflanzenerkrankungen an Keim- u. Jungpflanzen. A. lassen sich durch unregelmäßiges Auswachsen, Deformation der Keimlinge od. Vergilben der Jungpflanzen (↗ Keimlingskrankheiten) erkennen. Oft ist der Wurzelhals schwarz, es treten Einschnürungen u. Gewebeschäden an Hypokotyl, Sproß od. Keimwurzel auf, die zum Umknicken der Pflanzen führen (↗ Umfallkrankheiten). Durch Bodendämpfung od. Bodeninfektion kann der Boden entseucht werden. Saatgutbeizung u. geringe Saatdichte verringern den Befall u. die Anfälligkeit der Keimlinge.

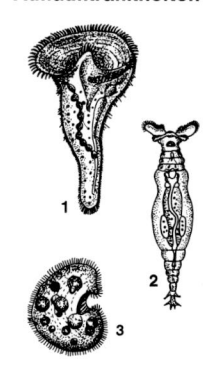

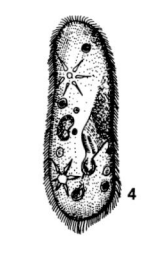

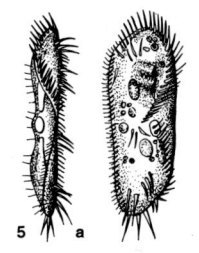

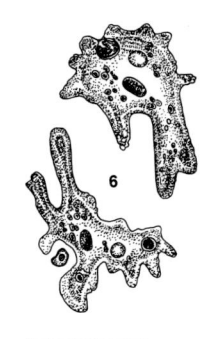

Aufgußtierchen

1 Trompetentierchen *(Stentor);* **2** Rädertierchen *(Rotatoria);* **3** Heutierchen *(Colpoda);* **4** Pantoffeltierchen *(Paramecium);* **5** Muscheltierchen, Waffentierchen *(Stylonychia),* a von der Seite, b von unten; **6** Wechseltierchen *(Amoeba)*

Auflichtmikroskopie

Auflichtmikroskopie, Lichtmikroskopie bei Beleuchtung der dem Mikroskopobjektiv zugewandten Präparatseite. Strahlt dabei das Licht durch das Mikroskopobjektiv selbst ein, handelt es sich um *Auflicht-Hellfeldbeleuchtung.* Die A. hat in Biol. u. Med. im allg. nur geringe Bedeutung, weil sich damit nur die Oberfläche v. Objekten, aber nicht deren innerer Aufbau untersuchen läßt. Eine wichtige Ausnahme stellt die neuerdings zunehmend an Bedeutung gewinnende *Auflichtfluoreszenzmikroskopie* dar (↗ Fluoreszenzmikroskopie).

Auflösungsvermögen, A. *des Auges,* unterteilt in räumliches A. und zeitliches A. Das *räumliche A.* od. die *Sehschärfe* eines Auges ist um so besser, je geringer der Abstand v. zwei Punkten od. Linien ist, die gerade noch getrennt wahrgenommen („aufgelöst") werden können (Minimum separabile). Da dies auch v. Abstand der Punkte v. Auge abhängig ist, gibt man als

Räumliches Auflösungsvermögen des Auges

Lebewesen	opt. Lichtintensität (Lux)	Sehschärfe (Winkel*)
Mensch	300	25''–60''
Rhesusaffe	–	34''
Katze	–	5'30''
Elefant	200–300	10'20''
Wanderfalke	–	25''
Frosch	3–36	6'53''
Elritze	35	10'50''
Fledermaus	–	6°
Biene	–	1°
Garnele	–	13°1'

(* 1° = 60', 1' = 60'')

Maß der Sehschärfe den Winkel an, den die v. den Punkten durch den Knotenpunkt des Auges gehenden Strahlen einschließen. Weiterhin ist die Sehschärfe abhängig v. der Lichtintensität. Zudem gibt es eine morpholog. Begrenzung der Sehschärfe. Zwei getrennte Punkte können nur dann als solche erkannt werden, wenn die v. ihnen ausgehenden Strahlen auf der Retina zwei verschiedene Rezeptoren, zw. denen sich mindestens ein weiterer befindet, erregen. Deshalb besitzen Tiere mit der größten Sehzellendichte auch das beste räuml. A. Opt. Hilfsmittel zur Steigerung des A.s sind Lupe, ↗ Mikroskop, Fernrohr. – Das *zeitliche A.* eines Auges gibt an, wieviel Lichtreize pro Zeiteinheit noch als Einzelreize wahrgenommen werden können. Mit steigender Reizfrequenz wird bald ein Grenzwert erreicht, an dem die Reize als Flimmern u. danach als kontinuierl. Beleuchtung wahrgenommen werden (Prinzip des „Kinos"). Dieser krit. Wert wird als *Flimmerverschmelzungsfrequenz* bezeichnet u. ist v. der Lichtintensität u. der Wellenlänge abhängig.

Zeitliches Auflösungsvermögen des Auges

Lebewesen	Flimmerverschmelzungsfrequenz (Reize/s)
Mensch	bis 60/s
Salamander	5/s
Frosch	8/s
Gelbrandkäfer	8–10/s
Biene	bis 55/s
Schmeißfliege	120–160/s

aufrechter Gang, den Menschen unter allen Primaten kennzeichnende Fortbewegungsweise mit aufrechtem Rumpf auf 2 Beinen. Die Entstehung des aufrechten Ganges bildete offenbar ein Schlüsselereignis in der Evolution des Menschen, denn mit dem aufrechten Gang wurden die Hände endgültig v. Fortbewegungsaufgaben befreit u. konnten nun verstärkt Aufgaben der Nahrungsgewinnung, Nahrungsaufbereitung, Verteidigung u. auch des Gebrauchs u. der Herstellung v. Werkzeugen übernehmen, so daß Eck- u. Schneidezähne in der für den Menschen typ. Weise abgewandelt (verkleinert) werden konnten. Zugleich konnte der Schädel zunehmend frei auf der Wirbelsäule balanciert werden. Damit verringerte sich der Einfluß v. Nacken- u. Kaumuskulatur auf die Schädelausformung, die daraufhin mehr u. mehr v. expandierenden Gehirn bestimmt wurde. Auf die Entstehung des aufrechten Ganges u. in selektiver Rückkopplung mit der immer vielfältiger einsetzbaren Hand folgte stammesgeschichtlich, wie durch zahlr. Fossilfunde eindrucksvoll belegt wird, die enorme Entfaltung v. Schädel u. Gehirn im Laufe des Pleistozäns.

Aufregulation *w,* bei haploiden (1 n) Keimen eine Verdopplung der Chromosomenzahl zum *(homozygoten) diploiden* Zustand (2 n) ohne anschließende Kern- od. Zellteilung (↗ Endomitose); z. B. entwickeln sich bei der Honigbiene die Drohnen aus unbefruchteten, also haploiden Eiern, verdoppeln jedoch ihren Chromosomensatz durch A. in frühen Embryonalstadien.

Aufschluß *m,* bergmänn. Ausdruck für natürlich entstandene od. künstlich angelegte Stellen der Erdoberfläche, die frei von Bewuchs sind u. Einblick in die anstehende Gesteinsfolge gewähren.

Aufspaltung von Merkmalen ↗ Mendelsche Regeln.

Auftausalze, Salze („Streusalz") zum Auftauen v. Schnee u. Eis, z. B. Magnesiumchlorid, Carnallit od. Steinsalz. Die Wirkung beruht auf der Umwandlung des kristallisierten Wassers in eine Salzlösung mit tieferem Gefrierpunkt (Gefrierpunktserniedrigung). A. wirken sich nachteilig (korrodierend) auf Metalle u. Baustoffe (z. B. Beton) aus, v. a. aber schädigen sie die Vegetation („Salztod") u. belasten das Grundwasser. Pro km Autobahn werden in der BR Dtl. ca. 40 t A. im Jahr verbraucht.

Auftrieb, physikal. Prinzip: Der A. od. Gewichtsverlust, den ein allseitig v. einer Flüssigkeit od. einem Gas umgebener Körper erfährt, hat den gleichen Betrag wie die Gewichtskraft, mit der die v. dem Körper verdrängte Flüssigkeit od. das Gas v. der Erde angezogen wird. Dieses Prinzip nutzen viele im Wasser schwimmende od. schwebende Organismen, indem sie so gebaut sind, daß sie ein großes Wasservolumen verdrängen, dabei aber nur ein geringes Eigengewicht besitzen; so z. B. viele einzellige Meereslebewesen, die v. einer aufgeblähten Gallerthülle umgeben sind, welche die gleiche Dichte (bzw. spezif. Gewicht) besitzt wie Wasser. Diese Volumenvergrößerung ohne weitere Gewichtszunahme ermöglicht ein praktisch antriebfreies Schweben im Wasser. Der urtümliche Tintenfisch *Nautilus* besitzt ein vielkammeriges Gehäuse. Die Kammern sind mit einer Flüssigkeit gefüllt, in die über einen Körperanhang Ionen abgegeben od. auch resorbiert werden können. Je nach Ionenkonzentration ändert sich das spezif. Gewicht der Flüssigkeit u. damit der A., den das Tier erfährt. Diese aktive Änderung des A.s wird zur Tiefenregulation verwendet. In ähnl. Art funktioniert der Schwimmblasenmechanismus der Fische, bei dem jedoch Gase die Dichteregulation übernehmen. ↗Biomechanik.

Auftriebsgebiet, engl. *upwelling area,* Meeresgebiet, in dem kaltes, nährstoffreiches Tiefenwasser an die Oberfläche kommt. A.e sind in der Regel durch häufige Nebel u. Fischreichtum gekennzeichnet.

Aufwuchs, 1) *Aufwuchsflora, Periphyton,* (Mikro-)Organismenschicht (v. a. Algengesellschaften, Bakterien usw.), die an lebendes od. totes Substrat, wie Oberflächen v. Steinen, Pflanzen, Schwebstoffen im Wasser (limnolog. Periphyton) angeheftet ist, sowie der Bewuchs (biol. Rasen) auf dem Tropfkörper v. Kläranlagen. **2)** junger, gepflanzter Baumbestand, der noch nicht zur Dickung geworden ist.

Aufwuchsplattenmethode, Verfahren zur direkten Untersuchung v. Bodenmikroorganismen. Bei der A. werden Objektträger, die mit einem festen Nährboden überzogen sind, vorsichtig eine Zeitlang im Boden vergraben u. der Aufwuchs dann mikroskopisch untersucht.

Augapfel ↗Linsenauge.

Auge, 1) in der Bot. Bez. für noch unentwickelte, ruhende Seitenknospen (vornehmlich in der Sprache des Gärtners). Solche A.n sind bei der Veredelung v. Nutz- u. Zierpflanzen v. prakt. Bedeutung. ↗Okulation. **2)** *Oculus,* Lichtsinnesorgan unterschiedl. Entwicklung u. Leistung bei Tier u. Mensch. Die adäquaten Reize dieser Organe sind elektromagnet. Wellen bestimmter Wellenlängenbereiche. Das sichtbare Licht, je nach Art im Bereich v. 200 nm – 800 nm Wellenlänge, stellt nur einen minimalen Ausschnitt aus dem Gesamtspektrum der elektromagnet. Wellen dar. Die Energie dieser Wellen wird in der Regel von ↗*Sehfarbstoffen* absorbiert. Diese sind in einzelnen Plasmabezirken od. Zellgruppen (Rezeptorzellen) in unterschiedl. Konzentration lokalisiert, wobei mit zunehmender Konzentration der Sehfarbstoffe eine steigende Lichtempfindlichkeit erreicht wird. Schon bei Einzellern (Protozoen) findet man Hilfsstrukturen, die einfallende Lichtstrahlen auf die Sehfarbstoffe konzentrieren. Meist sind dies blasenart. Ausstülpungen des Plasmas, denen eine Linsenfunktion zukommt. Die einfachsten Sehorgane der Mehrzeller sind einzelne in Vakuolen eingeschlossene Sehzellen mit lichtempfindl. Farbstoffen. Bereits bei den Einzellern u. einigen niederen Mehrzellern besitzen die Sehfarbstoffe z. T. unterschiedl. spektrale Empfindlichkeit (z. B. Grün-Rezeptoren bei *Euglena*). Die einfachen Sehorganellen der Mehrzeller können über Nervenfortsätze mit dem Nervensystem verbunden sein, wodurch die durch Umweltreize ausgelöste Erregung zu übergeordneten Zentren geleitet u. dort ausgewertet u. verarbeitet werden kann. – Als ↗*A.nflecke* oder *Stigmen* werden die lichtempfindl. Organellen einiger Protozoen bezeichnet. Mit diesen ist lediglich eine Hell-Dunkel-Wahrnehmung u. unter Umständen eine Wahrnehmung der Lichtstärke *(Helligkeitssehen)* möglich. Diese Hell-Dunkel-Wahrnehmung können viele Wirbellose (z. B. Ringelwürmer, Hohltiere, Muscheln, Seewalzen, Seesterne) mit der gesamten Körperoberfläche od. einigen besonders exponierten Körperteilen vollziehen, wobei die Lichtwahrnehmung in der Regel durch einzellige Photorezeptoren erfolgt (↗Lichtsinnesorgane). Treten Lichtsinneszellen nicht mehr einzeln, sondern zu Gruppen zusammengefaßt in der Epidermis auf, werden diese als *Flach-A.* od. *Platten-A.* (z. B. bei Quallen) bezeichnet. Diese reagieren in manchen Fällen bereits auf Licht verschiedener Wellenlängen wie auch unterschiedl. Intensitäten. Durch die spezielle Anordnung dieser Sinneszellen in der Körperoberfläche werden diese nur v. Licht aus einer bestimmten Richtung erregt, wodurch ein ungefähres *Richtungssehen* ermöglicht ist. Eine Verbesserung des Richtungssehens ist mit den *Becher-A.n* od. *Pigmentbecherocellen* möglich, bei denen man nach ihrem Aufbau zwei Typen unterscheidet. Bei den *einfachen Becheraugen* wird eine Lichtsinneszelle v. einer lichtabsorbierenden Pigmentzelle mehr od. weniger halbkreisförmig umgeben (z. B. bei Lanzettfischchen). Da nur durch die Becheröffnung fallendes Licht die Sinneszelle erregen kann, ist hier ein Richtungssehen möglich. Diese Leistung wird noch verbes-

Auge

sert durch die neurale Verrechnung der Erregung unterschiedlich lokalisierter Becheraugen. Bei den *zusammengesetzten Becheraugen* sind mehrere Sinneszellen v. einem absorbierenden Pigmentepithel becherartig umgeben (z. B. bei Strudelwürmern). Durch die Becheröffnung einfallendes Licht erzeugt in Abhängigkeit v. seiner Einfallsrichtung ein spezif. Erregungsmuster verschiedener Sinneszellen. Dadurch ist nur mit einem Becherauge die Lokalisation einer Lichtquelle möglich. – Die nächsthöhere Entwicklungsstufe stellen die *Gruben-A.n* od. *Napf-A.n* einiger Schnecken dar. Bei diesen ist eine grubenförmig gestaltete Sehzellenschicht körperwärts v. lichtundurchläss. Pigmenten abgeschirmt. Diese können ein eigenes Epithel bilden od. Bestandteil der Sehzellenschicht sein. Da einfallende Lichtstrahlen stets eine Gruppe v. Sinneszellen gleichmäßig erregen, aber kein differenziertes Erregungsmuster erzeugen, ist mit diesem A.ntyp ein gutes Richtungssehen, aber kein *Bildsehen* möglich. Für eine Gegenstandsabbildung auf der Rezeptorenschicht ist Voraussetzung, daß die v. verschiedenen Punkten eines Gegenstands ausgehenden Lichtstrahlen auch entsprechende Sinneszellen anregen. Dies wird bei dem *Lochkamera-A.* od. *Loch-A.* (bei einigen Tintenfischen) erreicht, einer Weiterentwicklung des Gruben-A.s, das auch nach dem Prinzip der Camera obscura arbeitet. Dabei wird aus der Grube eine blasenförm. Einstülpung mit einem Sehzellenepithel (*Netzhaut* oder *Retina*). Die Grubenöffnung verengt sich zu einem kleinen Sehloch. Ein Gegenstand erscheint somit auf der Netzhaut als kleines, umgekehrtes Bild, dessen Schärfe proportional der Anzahl der erregten Sinneszellen ist. Da die Menge der erregten Rezeptoren darüber hinaus mit dem Abstand Gegenstand-Sehloch korreliert ist, ermöglicht dieser A.ntyp bereits ein bedingtes *Entfernungssehen*. – Nach demselben Prinzip, jedoch mit verbesserter Leistung, arbeitet das *Blasen-A*. Es entsteht durch eine blasenartige Einstülpung der Epidermis, die mit einem Pigmentepithel u. einer Sehzellenschicht ausgekleidet ist. Mit diesen Augen (bei Hohltieren, Schnecken, Ringelwürmern) ist in Abhängigkeit v. dem ∅ der Sehöffnung ein lichtstärkeres, aber unscharfes, oder ein lichtschwächeres, aber scharfes Bildsehen möglich. Eine Leistungsverbesserung wird bei einigen Schnecken erreicht, indem die Augenblase mit einem lichtdurchlässigen Sekret ausgefüllt wird. Diesem kommt eine Linsenfunktion zu, deren Wirkung jedoch begrenzt ist, da diese nicht akkommodieren kann. – Ein gänzlich anderer A.ntyp, das *↗Komplex-A.* od. *Facetten-A.*, ist bei den Insekten u. Krebsen anzutreffen. Komplex-A.n bestehen aus Einzel-A.n, den *Ommatidien*, deren Anzahl bis zu 28000 (bei Libellen) je A. betragen kann. Jedes Ommatidium besitzt einen lichtbrechenden Apparat u. einen proximalen rezeptorischen Teil. Die Einzel-A.n sind mehr od. weniger vollständig durch Pigmentzellen voneinander isoliert u. besitzen je ein ableitendes Axon. Da sich die Gesichtsfelder der Einzel-A.n nur wenig überschneiden, die einzelnen Ommatidien nicht akkommodieren können, ist das räuml. ↗Auflösungsvermögen des Komplex-A.s begrenzt. Abzubildende Gegenstände werden in Einzelpunkte zerlegt u. müssen neural wieder zu einem Ganzen zusammengefügt werden. Eine Verbesserung der Sehschärfe wird jedoch durch das hohe zeitl. ↗Auflösungsvermögen der Komplex-A.n erreicht. Durch rasches opt. Abtasten der Umgebung können viele Details erfaßt u. zu Formen zusammengefügt werden. Soweit bisher untersucht, sind in der Regel die Komplex-A.n zum Farbensehen befähigt. Das Spektrum des für Komplex-A.n sichtbaren Lichts (300–650 nm) ist im Ggs. zum Säugetier-A. zum UV hin verschoben (↗Bienenfarben). Eine bes. Leistung liegt in der Wahrnehmung der Polarisationsebene des Tageslichts. Bei einer Lichtwelle (elektromagnet. Welle) schwingen der elektr. und magnet. Vektor gleichmäßig verteilt in allen Richtungen senkrecht zur Ausbreitungsrichtung des Lichts. Ein Teil des Sonnenlichts ist linear polarisiert, d. h., dessen Vektoren schwingen in einer bestimmten Richtung quer zur Ausbreitungsrichtung. Art u. Stärke dieser *Polarisation* sowie die Schwingungsebenen sind abhängig v. Sonnenstand u. für jeden Sonnenstand charakteristisch. Durch Erkennen des dem jeweiligen Sonnenstand zugehörigen Polarisationsmusters sind diese Tiere in der Lage, sich auch bei bedeckter Sonne an deren Stand zu orientieren. Die leistungsfähigsten Lichtsinnesorgane stellen die ↗*Linsen-A.n* der Kopffüßer u. Wirbeltiere dar. Bei beiden Gruppen stimmen die A.n in Funktion u. Aufbau im wesentlichen überein, zeigen aber eine unterschiedl. Entwicklung u. sind v. daher konvergente Bildungen. Das Wirbeltier-A. besteht aus dem radiärsymmetr. Augapfel (↗Linsenauge) u. den Hilfseinrichtungen, die der Bewegung u. dem Schutz des A.s dienen (Muskel, Lid, Drüsen). Der Augapfel enthält den dioptrischen Apparat, ein nichtzentriertes, zusammengesetztes Linsensystem, bestehend aus Hornhaut, Regenbogenhaut, Linse u. Glaskörper. Er wird v. außen nach innen ausgekleidet durch die

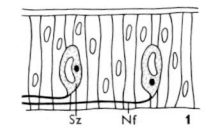

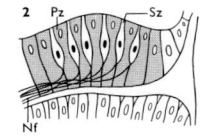

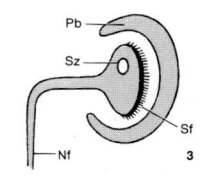

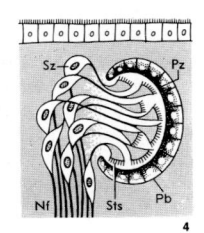

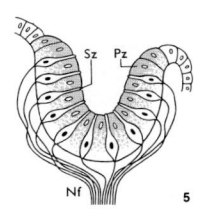

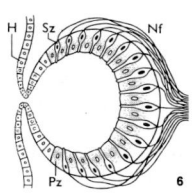

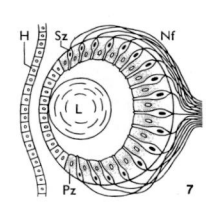

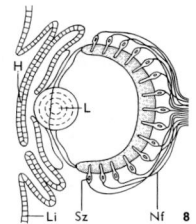

Lederhaut, Aderhaut u. Netzhaut. Die ↗Netzhaut stellt die sensorische Empfangsfläche des A.s dar u. ist aus den Schichten der Pigmentepithelzellen, der Photorezeptoren, der Ganglienzellen sowie Gefäßen u. Gliazellen aufgebaut. Die Axone der Ganglienzellen werden innerhalb der Netzhaut zum blinden Fleck (↗Linsenauge) geführt u. vereinigen sich dort, den Augapfel nach hinten durchdringend, zum Sehnerv (Nervus opticus). Die v. den A.n wegführenden Sehnerven ziehen entlang des A.nstiels zur Basis des Zwischenhirns u. überkreuzen sich dort teilweise (Chiasma opticum). Hierdurch werden die v. beiden Sehorganen stammenden Bilder im Hirn übereinander projiziert, so daß es zu einer räumlichen Tiefenwahrnehmung kommt (↗binokulares Sehen). Dies ist nur in dem Bereich möglich, der v. beiden A.n gleichzeitig überblickt werden kann u. damit abhängig v. der Stellung der A.n im Kopf. Der dioptr. Apparat des Linsen-A.s entwirft ein verkleinertes, umgekehrtes Bild auf der Netzhaut. Die dabei eingestrahlte Lichtenergie bewirkt eine Konfigurationsänderung der in den Photorezeptoren befindl. ↗Sehfarbstoffe. Dieser photochem. Vorgang löst nun seinerseits die Erregung der zum Hirn ziehenden Nerven aus. Die meisten Wirbeltiere besitzen zwei verschiedene Typen von Photorezeptoren (Duplizitätstheorie des Sehens): 1) die weniger lichtempfindl. *Zapfen* (↗Netzhaut). Von diesen gibt es drei Arten mit unterschiedl. spektraler Empfindlichkeit. Sie dienen dem Tages- u. Farbensehen (photooptisches Sehen). Ihre größte Dichte erreichen sie im Zentrum der Netzhaut (Fovea centralis). Nur in dieser Zone des schärfsten Sehens ist der Mensch voll farbtüchtig (↗Farbensehen). 2) Die sehr lichtempfindl. *Stäbchen* (↗Netzhaut) sind hpts. in der Netzhautperipherie lokalisiert. Mit diesen ist nur ein Hell-Dunkel-Sehen möglich, u. sie dienen somit dem Dämmerungs- u. Nachtsehen („Nachts sind alle Katzen grau"). Von der Sehzellendichte der Netzhaut u. dem Verhältnis Stäbchen zu Zapfen sind die Sehschärfe u. die Fähigkeit zum Tag- od. Nachtsehen abhängig. Um Gegenstände beliebiger Entfernungen scharf auf der Netzhaut abzubilden, muß sich der dioptr. Apparat des A.s auf die verschiedenen Gegenstandsweiten einstellen. Diesen Vorgang nennt man ↗*Akkommodation*. Die entspr. Einstellung wird durch die innere A.nmuskulatur bewirkt, wobei entweder durch Linsenverschiebung eine Bildweitenänderung erfolgt od. der Krümmungsradius der Linse u. damit deren Brennweite verändert wird (□ Akkommodation). Eine weitere bes. Leistung

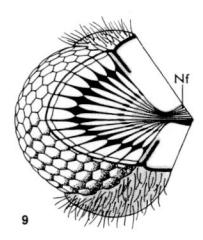

Auge
Längsschnitte durch A.n verschiedener Tiere u. des Menschen
1 Lichtsinneszellen in der Haut des Regenwurms; **2** *Flach-A. (Platten-A.)* einer Qualle; **3** einfaches *Becher-A.* (Pigmentbecherocellus, z. B. Lanzettfischchen); **4** zusammengesetztes *Becher-A.* (z. B. Strudelwürmer); **5** *Gruben-* od. *Napf-A.* einer Napfschnecke; **6** einfaches *Lochkamera-* od. *Loch-A.* bei niederen Tintenfischen; **7** *Blasen-A.* einer Weinbergschnecke; **8** *Blasen-A.* bei höheren Tintenfischen; **9** *Komplex-A.* (*Facetten-A.*) bei Insekten u. Krebstieren; **10** *Linsen-A.* des Menschen.
Ah Aderhaut, bF blinder Fleck, Cm Ciliarmuskel, G Glaskörper, gF gelber Fleck, H Hornhaut, I Iris, K vordere Kammer, L Linse, Lh Lederhaut, Li Lid, M Augenmuskeln, N Sehnerv, Nf Nervenfasern, Nh Netzhaut, P Pupille, Pb Pigmentbecher, Pz Pigmentzellen, Sf Sehfarbstoff, Sts Stiftchen-(Mikrovilli)-Saum, Sz Sehzellen, Z Zonulafasern

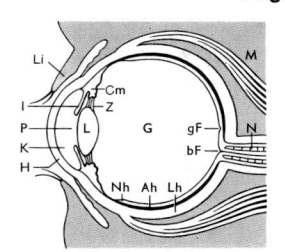

des Wirbeltier-A.s liegt in dessen Anpassungsfähigkeit an extrem unterschiedl. Helligkeitsstufen. Die Lichtintensitäten zw. gerade noch wahrnehmbarem Licht u. hellem Sonnenlicht verhalten sich wie $1:10^{10}$. Die Fähigkeit des A.s, sich auf die jeweilige Lichtintensität einzustellen, wird als *Adaptation* bezeichnet. Diesem Vorgang liegen bei den Wirbeltieren im wesentlichen drei Mechanismen zugrunde: Veränderung der Pupillenöffnung, unterschiedl. Lichtempfindlichkeit von Stäbchen und Zapfen, verschiedene photochem. Reaktionsgeschwindigkeiten der Sehfarbstoffe in Abhängigkeit v. der Lichtintensität. Fische besitzen darüber hinaus noch die Fähigkeit, ihre Photorezeptoren in das Pigmentepithel des A.nhintergrundes zu ziehen (Retinamotorik). *H. W.*

Augenbecher, Entwicklungsstadium in der Organogenese des Wirbeltierauges. Aus einer seitl. Ausstülpung des Gehirns entsteht zunächst die *Augenblase*. Diese tritt mit dem Ektoblastem in Kontakt u. induziert in diesem die Bildung der Linsenplakode. Aus dieser entsteht durch Abschnürung und Entpigmentierung später die *Augenlinse*. Durch Einstülpung der Augenblase entsteht der A., der sich später in Pigmentepithel u. Netzhaut ausdifferenziert.

Augenblase ↗ Augenbecher.

Augenbrauenbogen, *Arcus superciliaris,* knöcherner Wulst des Stirnbeins über dem oberen Augenhöhlenrand; zieht im Ggs. zum *Augenbrauenwulst* (*Torus supraorbitalis,* bei vielen Affen u. fossilen Menschenformen zu finden) nicht über die gesamte Stirnbreite, sondern beschränkt sich auf den Bereich beiderseits der Nasenwurzel.

Augenfalter, Satyridae (fr. *Agapetidae*), weltweit verbreitete Fam. der ↗Tagfalter, ca. 2500 überwiegend braun gefärbte, kleine bis mittelgroße Arten (Spannweite 25–130 mm). Charakteristisch sind die an der Basis der Vorderflügel blasig aufgetriebenen Adern, die im Zshg. mit dem Hörvermögen stehen, weiterhin einzelne od. in Reihen angeordnete ↗Augenflecke auf den Flügeln, diese in Ruhehaltung v. a. auf der Unterseite der Flügel sichtbar; sie lenken u. a. Angriffe (z. B. Vögel) vom Körper ab; Vorderbeine zu „Putzpfoten" verkümmert; Männchen oft mit deutlich sichtba-

Augenfalter

Augenfalter

Bekannte einheimische Vertreter:
- ↗Mohrenfalter *(Erebia spec.)*
- ↗Schachbrettfalter *(Melanargia galathea)*
- ↗Samtfalter *(Hipparchia semele)*
- ↗Waldportier *(Hipparchia fagi, H. alcyone, Minois dryas, Brintesia circe)*
- ↗Waldbrettspiel *(Pararge aegeria)*
- ↗Mauerfuchs *(Lasiommata megera)*
- ↗Braunauge *(Lasiommata maera)*
- Gelbringfalter *(Lopinga achine)*
- ↗Schornsteinfeger *(Aphantopus hyperanthus)*
- ↗Ochsenauge *(Maniola jurtina)*
- Wiesenvögelchen *(Coenonympha spec.)*

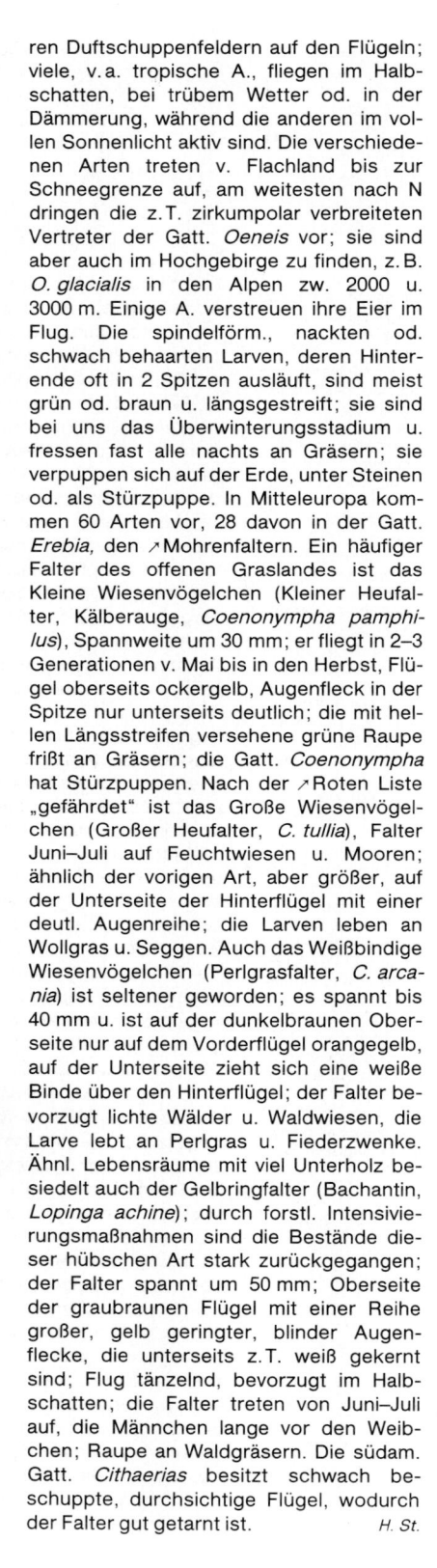

Augenfalter
Gelbringfalter *(Lopinga achine)*

ren Duftschuppenfeldern auf den Flügeln; viele, v.a. tropische A., fliegen im Halbschatten, bei trübem Wetter od. in der Dämmerung, während die anderen im vollen Sonnenlicht aktiv sind. Die verschiedenen Arten treten v. Flachland bis zur Schneegrenze auf, am weitesten nach N dringen die z.T. zirkumpolar verbreiteten Vertreter der Gatt. *Oeneis* vor; sie sind aber auch im Hochgebirge zu finden, z.B. *O. glacialis* in den Alpen zw. 2000 u. 3000 m. Einige A. verstreuen ihre Eier im Flug. Die spindelförm., nackten od. schwach behaarten Larven, deren Hinterende oft in 2 Spitzen ausläuft, sind meist grün od. braun u. längsgestreift; sie sind bei uns das Überwinterungsstadium u. fressen fast alle nachts an Gräsern; sie verpuppen sich auf der Erde, unter Steinen od. als Stürzpuppe. In Mitteleuropa kommen 60 Arten vor, 28 davon in der Gatt. *Erebia*, den ↗Mohrenfaltern. Ein häufiger Falter des offenen Graslandes ist das Kleine Wiesenvögelchen (Kleiner Heufalter, Kälberauge, *Coenonympha pamphilus*), Spannweite um 30 mm; er fliegt in 2–3 Generationen v. Mai bis in den Herbst, Flügel oberseits ockergelb, Augenfleck in der Spitze nur unterseits deutlich; die mit hellen Längsstreifen versehene grüne Raupe frißt an Gräsern; die Gatt. *Coenonympha* hat Stürzpuppen. Nach der ↗Roten Liste „gefährdet" ist das Große Wiesenvögelchen (Großer Heufalter, *C. tullia*), Falter Juni–Juli auf Feuchtwiesen u. Mooren; ähnlich der vorigen Art, aber größer, auf der Unterseite der Hinterflügel mit einer deutl. Augenreihe; die Larven leben an Wollgras u. Seggen. Auch das Weißbindige Wiesenvögelchen (Perlgrasfalter, *C. arcania*) ist seltener geworden; es spannt bis 40 mm u. ist auf der dunkelbraunen Oberseite nur auf dem Vorderflügel orangegelb, auf der Unterseite zieht sich eine weiße Binde über den Hinterflügel; der Falter bevorzugt lichte Wälder u. Waldwiesen, die Larve lebt an Perlgras u. Fiederzwenke. Ähnl. Lebensräume mit viel Unterholz besiedelt auch der Gelbringfalter (Bachantin, *Lopinga achine*); durch forstl. Intensivierungsmaßnahmen sind die Bestände dieser hübschen Art stark zurückgegangen; der Falter spannt um 50 mm; Oberseite der graubraunen Flügel mit einer Reihe großer, gelb geringter, blinder Augenflecke, die unterseits z.T. weiß gekernt sind; Flug tänzelnd, bevorzugt im Halbschatten; die Falter treten von Juni–Juli auf, die Männchen lange vor den Weibchen; Raupe an Waldgräsern. Die südam. Gatt. *Cithaerias* besitzt schwach beschuppte, durchsichtige Flügel, wodurch der Falter gut getarnt ist. *H. St.*

Augenfarbstoffe, die ↗Augenpigmente.
Augenflagellaten ↗Euglenophyceae.
Augenfleck, 1) Farbmarkierung vieler Tierarten, die das Auge eines Wirbeltieres nachbildet, z.B. die A.e auf den Flügeln des Tagpfauenauges (↗Tracht), an Raupen, auf den Kiemendeckeln v. Fischen usw. Der A. wirkt als Mittel der Abschreckung v. Freßfeinden, da besonders Vögel u. Säugetiere offenbar auf die Merkmale v. Augen durch einen angeborenen auslösenden Mechanismus mit Vorsicht reagieren. Daher wird der A. oft sehr plötzlich gezeigt (Aufklappen der Flügel), um die Schreckwirkung zu erhöhen (☐ Abendpfauenauge). Es gibt aber auch A.e, wie im Fall der Kiemendeckel v. Fischen, die darauf zielen, gefährl. Angriffe eines Gegners auf das Auge umzuorientieren. In diesem Fall ist das echte Auge häufig durch einen Querstrich o.ä. zusätzlich getarnt (↗Augentarnung). ↗Mimikry. **2)** *Stigma*, Ansammlung v. aus Carotinoiden bestehenden Pigmenten an der Geißelbasis einiger Protozoen (z.B. *Euglena*, B Algen I). Neben dem A. befindet sich eine charakteristische Plasmaschwellung, die einen Photorezeptor enthält. Der A. schirmt diesen gg. seitlich einfallendes Licht ab. Da sich der Flagellat während der Fortbewegung um die Längsachse dreht, führen hpts. v. vorne einfallende Lichtstrahlen zur Erregung des Rezeptors, wodurch ein einfaches Richtungssehen ermöglicht wird. Die größte spektrale Empfindlichkeit des Photorezeptors liegt bei 495 nm, im Bereich grünen Lichtes, für den photosynthetisch aktivierten Flagellaten von gr. Bedeutung. Bei den *Phytomonadina* tritt vor der Öffnung des Photorezeptors eine blasenart. Ausstülpung des Plasmas, die als Sammellinse einfallendes Licht auf den Rezeptor konzentriert.

Lit.: *Koenig, O.:* Urmotiv Auge. München 1975.

Augenfliegen, *Dorylaeidae, Pipunculidae*, Fam. der Fliegen mit weltweit ca. 500 Arten, in Europa ca. 70 Arten. Die A. sind ca. 5 mm groß, dunkel gefärbt u. haben einen auffallend großen Kopf; die Weibchen suchen zur Eiablage Zikaden auf, ziehen sie hoch u. durchstoßen mit ihrem Legestachel deren Chitinpanzer. Die Larve entwickelt sich im Hinterleib der Zikade. Häufig auf Wiesenbiotopen ist in Dtl. die Gatt. *Pipunculus*.

Augengrubennattern, *Bothrophthalmus*, Gatt. der ↗Wolfszahnnattern.
Augengruß, Grußmimik des Menschen, mit der ein freundl. Kontakt hergestellt wird. Der A. erfolgt durch ein kurzes (nicht durch längeres!) Anblicken u. ein Heben der Augenbrauen, manchmal auch des Kopfes, bei lächelndem Gesicht. Die Auf-

wärtsbewegung v. Augenbrauen u. Augen scheint für den Signalcharakter des A.es verantwortlich zu sein. Da sich im Kulturenvergleich zeigen läßt, daß der A. in derselben Form bei allen Menschen vorkommt, dürfte er auf erbl. Verhaltenskoordinationen zurückgehen.

Augenkeile, die Ommatidien (Einzelaugen) des ↗Komplexauges.

Augenkröten, Bez. für Südfrösche aus den Gatt. *Pleurodema* u. *Physalaemus (Eupemphix)*, die hinten, in der Ruhe verborgen, auffällige Augenflecken haben, die bei Gefährdung gezeigt werden u. ein vergrößertes Gesicht vortäuschen; bes. auffällig bei *Pleurodema bibroni* u. *Physalaemus nattereri.*

Augenleiste, oft bei altpaläozoischen Trilobiten ausgebildete leistenartige Erhebung zum Schutze des Sehnerven (?) zw. Augendeckel u. Glabella.

Augenleuchten; in der Aderhaut der Augen vieler nachtaktiver Tiere (z. B. Raubtiere) u. Tiefseefische befindet sich eine Zellschicht mit eingelagerten Guaninkristallen, das *Tapetum lucidum*. Eingestrahltes Licht, das die Netzhaut passiert hat, wird an dieser Schicht reflektiert. Dabei gelangt ein Teil des reflektierten Lichts durch den dioptrischen Apparat wieder nach außen u. bewirkt das A.

Augenmuskeln ↗Linsenauge.

Augenpigmente, *Augenfarbstoffe,* Farbstoffe in Sehorganen mit verschiedener chem. Zusammensetzung u. unterschiedl. Funktionen. **1)** Lichtabsorbierende Stoffe (z. B. Carotinoide, Melanine), die die Photorezeptoren der Sehorgane v. anderen Zellschichten (Pigmentbecherocellen, Linsenauge) od. untereinander (Ommatidien der Komplexaugen) optisch isolieren. **2)** Im Tapetum lucidum, einer Zellschicht im Auge nachtaktiver Tiere, eingelagerte Guaninkristalle, die der Lichtreflexion dienen. ↗Augenleuchten. **3)** In der Regenbogenhaut des Linsenauges befindl. lichtabsorbierende Stoffe, die bewirken, daß nur auf die Pupille treffendes Licht die Netzhaut erreicht. Diese Pigmente verleihen dem Auge zudem die charakterist. Färbung. **4)** Die in den Photorezeptoren eingelagerten ↗Sehfarbstoffe, die der Lichtabsorption dienen. Diese Substanzen bestehen in der Regel aus einem Farbstoff- u. Proteinanteil (in den Stäbchen der Wirbeltieraugen das Rhodopsin, der Sehpurpur, bestehend aus dem Retinal u. dem Proteinanteil Opsin) u. zerfallen unter Lichteinwirkung in ihre Komponenten, wobei der Farbstoff eine photochem. Stereoisomerisation erfährt. Dieser Isomerisationsprozeß soll die Erregung der ableitenden Nerven auslösen.

Augenkröte
Physalaemus nattereri in Schreckstellung (von hinten)

Augenspinner, die ↗Pfauenspinner.

Augensprosse, *Augsprosse,* die untersten, meist nach vorne weisenden Sprosse (Enden) der beiden Stangen des Hirschgeweihs.

Augenstiel, 1) bei der Organogenese des Wirbeltierauges hirnwärts ziehender Fortsatz des Augenbechers, aus dem später der Nervus opticus entsteht. **2)** seitl. Auswüchse am Kopf v. Krebstieren u. einigen Insekten, an deren Ende die Augen lokalisiert sind. Durch diese exponierte Lage der Sehorgane wird eine z. T. erhebl. Vergrößerung des Gesichtsfelds erreicht, zumal sie bei Krebstieren bewegl. sind.

Augenstielhormone, Neurohormone der höheren Krebse, die in innersekretor. Drüsen an den Ganglien des Augenstiels gebildet werden. **1)** Neurosekretor. Zellen der Medulla terminalis (Medulla-terminalis-X-Organ, ältere Bez. *X-Organ*) bilden ein häutungshemmendes Peptidhormon, das in der Sinusdrüse gespeichert u. in den Phasen zw. den Häutungen ausgeschüttet wird. Es verhindert die Abgabe des in der Carapaxdrüse *(Y-Organ)* gebildeten Häutungshormons (Crustecdyson). **2)** Ein häutungsbeschleunigendes Hormon, das ebenfalls im Medulla-terminalis-X-Organ produziert wird, soll im Sinnesporen-X-Organ *(Hanström-X-Organ)* gespeichert werden. Es bewirkt eine beschleunigte Abgabe des Häutungshormons aus dem Y-Organ während der ersten Häutungsphase.

Augentarnung, Tarnung des verletzl. Auges durch die Körperzeichnung u. a. Mittel als Schutz gg. Angriffe v. Rivalen od. Freßfeinden. Bes. Fische u. Vögel zielen bei Angriffen auf die Augen des Gegners (↗Augenfleck). Es scheint auch A. zu geben, die dem Verbergen des auffälligen Auges vor Entdeckung dient, z. B. die Augenstreifen beim Dachs.

Augentierchen, volkstüml. Bez. für die Geißelalge *Euglena;* ↗Euglenophyceae.

Augentrost, *Euphrasia,* Gatt. der Braunwurzgewächse mit über 200 in Europa, dem gemäßigten Asien, Australien, Neuseeland, N-Amerika u. den Anden S-Amerikas beheimateten Arten, die ihrer oft geringfügigen Unterschiede wegen zum Teil nur sehr schwer voneinander zu unterscheiden sind. Der in fast ganz Europa heimische Gemeine od. Wiesen-A. (*E. rostkoviana,* B Europa XIX) ist eine einjähr. verzweigte Pflanze mit gegenständ., eiförm., jederseits 4–6 zähnigen Blättern u. in beblätterten, endständ. Ähren angeordneten, 10–15 mm langen, weißen Blüten mit mehr oder weniger violett gefärbter, helmartiger Oberlippe u. durch violette Linien u. einen gelben Fleck gezeichneter

Augentrost
(Euphrasia)

Augenveredelung

Augentrost
Wie der Name schon andeutet, gilt die das Glykosid Aucubin, äther. Öl, Harz sowie Gerb- u. Bitterstoffe enthaltende Pflanze seit langem als Heilmittel. Sie wird ihrer adstringierenden, entzündungshemmenden u. schmerzlindernden Wirkung wegen bei Entzündungen des Mund- u. Rachenraums, bei Bronchitis, Husten u. Schnupfen sowie, v. a. früher, bei Augenleiden (Gerstenkorn, Augenbindehautentzündung usw.) eingesetzt.

Unterlippe. Der v. Mai bis Okt. blühende A. wächst als Halbschmarotzer auf Weiden, Magerrasen sowie Berg- u. Moorwiesen u. zapft dort mit den Saugorganen seiner Wurzeln die Wurzeln benachbarter Pflanzen (insbes. von Gräsern) an, um ihnen Nährstoffe zu entziehen. Weitere in Dtl. verbreitete Arten sind: der 2–12 cm hohe, auf Silicat-Magerrasen u. -weiden der alpinen Stufe wachsende Zwerg-A. (*E. minima*), eine Hochgebirgspflanze mit meist ganz gelben, 4–7 mm langen, lila gezeichneten Blüten u. mehr od. weniger borstig behaarten Blättern, u. der 5–25 cm hohe, auf Mager- u. Halbtrockenrasen wachsende Steife A. (*E. stricta*) mit 7–10 mm langen, blaßlila bis blaßvioletten Blüten und kahlen Blättern; beiden fehlt eine drüsige Behaarung des Blütenstands u. der Hochblätter. Nach der ↗Roten Liste gilt *E. frigida*, der Blaue A., als „stark gefährdet"; als „potentiell gefährdet" gelten: *E. cuspidata* (Krainer A.), *E. hirtella* (Zottiger A.) und *E. micrantha* (Kleinblütiger A.).
Augenveredelung ↗ Okulation.
Augenwurz, *Athamanta*, Gatt. der Doldenblütler, mit 9 Arten im euras. Raum verbreitet. Die Behaarte A. (*A. cretensis*) ist eine mehrjährige, 10–40 cm hohe Krautpflanze; die Blätter sind mehrfach gefiedert; weiß blühend, Blume aus Dolden 1. und 2. Ord.; die Früchte sind überall dicht behaart. Die Behaarte A. kommt in hochmontanen bis subalpinen Steinschutt- u. Felsfluren der Alpen u. in den angrenzenden Gebirgen vor. Früher Verwendung als Augenmittel.
Augenzahn, volkstümliche Bez. für die oberen Eckzähne (Canini), weil Erkrankungen des A.s auf die Augen übergreifen können.
Augsburger Bär, *Pericallia matronula*, ↗ Bärenspinner.
Augustfliegen, die ↗ Eintagsfliegen.
Aujeszky-Krankheit [ben. nach dem ungar. Pathologen A. Aujeszky, 1869–1933], *Pseudowut*, *Pseudolyssa*, *Tollkrätze*, Viruserkrankung bei Schweinen, Hunden, Pferden, Katzen u. Schafen; hervorgerufen durch das Pseudowut-Virus (Herpesvirus suis). Beginn mit Juckreiz, Hirnentzündung, Bulbärparalyse, Speichelfluß als Folge einer Kehlkopflähmung. Verläuft nach 1–2 Tagen tödlich, keine Beziehung zur Tollwut. Für den Menschen nicht gefährlich.
Aulacantha *w* [v. gr. aulos = Röhre, akantha = Stachel, Dorn], Gatt. der ↗ Tripylea.
Aulacotheca *w* [v. gr. aulakoeis = gefurcht, thēkē = Behälter], Gatt.-Name für bestimmte pollenbildende (♂) Organe der ↗ Medullosales.
Aulastomum *s* [v. gr. aulax = Furche, stoma = Mund], ↗ Haemopis.

Auliscus *m* [v. gr. auliskos = kleine Röhre], Gatt. der ↗ Coscinodiscaceae.
Aulophorus *m* [v. gr. aulos = Röhre, -phoros = -tragend], Gatt. der ↗ Naididae.
Aulopidae [Mz.; v. gr. aulōpos = hohläugiger Fisch], Fam. der ↗ Laternenfische.
Aulosira *w* [v. gr. aulos = Röhre, seira = Band], Gatt. der ↗ Oscillatoriales.
Aulostomidae [Mz.; v. gr. aulos = Röhre, stoma = Mund], Fam. der ↗ Trompetenfische.
Aurelia *w* [v. lat. auris, Mz. aures = Ohr], Gatt. der ↗ Fahnenquallen; bekannteste Art ist die ↗ Ohrenqualle.
Aureomycin *s* [v. lat. aureus = golden, gr. mykēs = Pilz], das ↗ Chlortetracyclin.
Auricularia *w* [v. lat. auricula = Ohrläppchen], **1)** Gatt. der ↗ Auriculariales. **2)** Larve der Seewalzen; ↗ Stachelhäuter.
Auriculariales [Mz.; v. lat. auricula = Ohrläppchen], Ord. der Ständerpilze (*Basidiomycetes*), etwa 100 Arten mit pustel-, ohrmuschelförm., keuligen, gestielten od. gelatinösen Fruchtkörpern. Manche A. ähneln in den Fruchtkörpern den Zitterpilzen (*Tremellales*) u. keimen auch mit Konidien (*Heterobasidiomycetes*); die Basidien sind aber durch 3 Querwände in vier Zellen aufgegliedert. Bekannte Vertreter sind das eßbare ↗ Judasohr u. der ungenießbare, zähgallertige Gezonte Ohrlappenpilz (*Auricularia mesenterica* Dicks. ex Fr.), der an vielen Laubhölzern eine starke Weißfäule hervorruft.
Aurignacide *m* [ben. nach dem Fundort Aurignac in Südfrankreich], Rasse des frühen *Homo sapiens sapiens* aus Europa; erscheint vor ungefähr 35000 Jahren etwa gleichzeitig mit den Cromagniden, v. denen sich die A. durch ihre schmal-hohes Gesicht mit niedrigen Augenhöhlen u. ihren langen Schädel mit abgerundeter Seitenkontur unterscheiden. Die A. gelten als Vorfahren der späteren Nordiden u. Orientaliden. Beispiele: Skelett v. Combe Capelle (Typus des *Homo aurignacensis hauseri*) u. Schädel v. Brünn, Předmost.
Aurignacien *s* [orinjaßjä; ben. nach dem Fundort Aurignac in Südfrankreich], Kulturstufe des frühen *Homo sapiens sapiens*, mit der in Europa das Jungpaläolithikum (↗ Altsteinzeit) beginnt; folgt vor ungefähr 35000 Jahren auf das Moustérien des Neandertalers, aus dem es sich jedoch nicht entwickelt hat. Typisch für die hier hergestellten „Werkzeuge" sind lange, schmale Klingen (bis ca. 26 cm), die mit Meißel-Hammer-Technik gefertigt sind, manchmal mit stumpfem Rücken, dann als „Messer" bezeichnet. Geräte aus Knochen, Horn u. Elfenbein werden bereits häufig; älteste Knochenschnitzereien (z. B. Vogelherdhöhle).

Aurikel w [v. lat. auricula = kleines Ohr, Ohrläppchen], *Primula auricula*, ↗Schlüsselblume.

Aurin s [v. lat. aurum = Gold], *p-Rosolsäure*, ein Triarylmethanfarbstoff, der tiefrote Kristalle bildet; findet als Indikator, zur Zellfärbung in der Mikroskopie u. als Zwischenprodukt bei der Herstellung v. Farbstoffen Verwendung.

Auron [Mz.; v. lat. aurum = Gold], *2-Benzyliden-3-cumarone*, goldgelbe Pflanzenpigmente aus der Gruppe der Flavonoide, die vielfach glykosidisch gebunden bes. in den Blütenblättern v. Korbblütlern, Hülsenfrüchtlern u. Rachenblütlern auftreten.

Aurorafalter m [v. lat. aurora = Morgenröte], *Anthocharis cardamines*, eine zu den ↗Weißlingen gehörende, stark geschlechtsdimorph gefärbte Art: äußere Hälfte des weißen Vorderflügels nur beim Männchen leuchtend orange, beide Geschlechter an der Flügelspitze dunkelgrau, auf der Unterseite der Hinterflügel grünlich gesprenkelt. Der häufige Frühjahrsfalter fliegt in einer Generation im windgeschützten Offenland u. auf Waldwiesen. Die blaugrüne, schwarz punktierte Raupe trägt einen hellen Seitenstreifen u. lebt an Wiesenschaumkraut u. anderen Kreuzblütlern. Die grüne od. braune, schlanke u. stark zugespitzte Gürtelpuppe überwintert.

Ausbreitung, *Dispersion*, Auseinandergehen der Nachkommenschaft in verschiedenen Entwicklungsstadien vor Beginn der Fortpflanzungsfähigkeit. Durch geballte Eiablage od. gemeinsame Aufzucht der Jungen wird das Angebot z. B. an Nahrung od. Deckung usw. im Verhältnis zum Bedarf immer geringer, so daß eine A. notwendig wird. Je weniger tolerant die Tiere sind, desto notwendiger wird die A. Man kann nach F. Schwerdtfeger 3 Grundformen der A. (A.smuster) darstellen. Man nimmt dabei einen einheitlich beschaffenen Raum an u. eine bestimmte A.srichtung der Jungtiere, die sich gleichzeitig vom Geburtsort ausbreiten. 1) Die Dichte nimmt mit der Entfernung v. Geburtsort gleichmäßig ab (Vorkommen bei Tieren mit ausgeprägtem Territorialverhalten). 2) Die einzelnen Tiere breiten sich nur zögernd aus, am Geburtsort ist ihre größte Dichte (häufige A.sform, z. B. beim Borkenkäfer). 3) Die Individuen bewegen sich mehr od. weniger gleichmäßig v. Geburtsort weg, so daß hier keine Tiere zurückbleiben. Aufgrund einer bestimmten Variabilität der Strecken ist die Individuendichte in der Mitte des A.sfächers am größten (z. B. Schmetterlinge, die ihre Eier an Baumstämmen ablegen u. deren Raupen in den Kronen ihre Nahrung suchen). Diese theoret. Grundformen werden in der Natur durch die Beschaffenheit des Raums u. durch mehrere A.squellen modifiziert. Die A.sgrenzen hängen v. der spezif. Vagilität (A.sfähigkeit) eines Tieres, v. der Notwendigkeit zur A. u. dem Verhalten ab.

Ausbreitungsfähigkeit ↗Ausbreitung.

Ausbreitungsschranken, sich der ↗Ausbreitung einer Art entgegenstellende topograph. (Küste, Gebirgszug), klimat. od. ökolog. (Areal einer anderen Art mit ähnl. ökolog. Valenz) Gegebenheiten.

Ausbreitungszentrum, Gebiet, in dem die ↗Ausbreitung einer Art ihren Ursprung nimmt bzw. nahm; es kann dies das Entstehungszentrum der Art od. ein Rückzugsgebiet sein, in dem ungünstige Umweltbedingungen überdauert wurden, od. ein durch Verschleppung od. Verdriftung erreichtes Gebiet.

ausdauernd, *perennierend*, Pflanzen, die länger als eine Vegetationsperiode leben (z. B. Bäume, Sträucher, Stauden).

Ausdrucksverhalten, Bewegungen u. a. körperliche Merkmale, die die inneren Bedingungen eines Verhaltens äußerlich erkennbar machen. Die Bez. stammt v. der Ausdruckspsychologie, die sich mit der körperl. Darstellung des menschl. Seelenlebens befaßt, u. wurde auf tierisches A. übertragen (hier Verhalten, das Mitteilungsfunktion erfüllt, also der intraspezifischen – gelegentlich auch der interspezifischen – Kommunikation dient). Es gibt einen fließenden Übergang von A., das als Nebenprodukt anderen Verhaltens zustande kommt, u. einem A., das für die Kommunikation entwickelte ↗Signale benutzt.

ausfällen, gelöste Stoffe durch Zusätze geeigneter Substanzen aus einer Lösung ausscheiden. A. ist ein wichtiges Trennprinzip bei der Präparation v. Nucleinsäuren u. Proteinen; z. B. können Nucleinsäuren durch Alkohole (Äthanol, Propanol) od. Säuren (Trichloressigsäure) ausgefällt werden. Proteine werden durch Ammoniumsulfat *(Ammoniumsulfatfällung)*, Aceton, Trichloressigsäure u.a. ausgefällt. Das A. mit Hilfe v. Salzen wie Ammoniumsulfat wird auch als *Aussalzen* bezeichnet. A. ist auch ein wichtiges Trennprinzip in der analyt. Biochemie, bes. bei der Analyse v. Reaktionen, welche die Synthese od. den Abbau v. Makromolekülen betreffen; so erlauben Ausfällungen mit Trichloressigsäure od. Alkohol die Unterscheidung zw. hochmolekularen Verbindungen (Nucleinsäuren, Proteine) u. deren nichtfällbaren niedermolekularen Bausteinen (Nucleotide, Aminosäuren).

Ausguß, rinnenartige Verlängerung des (siphonostomen) Mundsaums v. Schnecken nahe der Spindel für den Sipho.

Aurorafalter (Anthocharis cardamines), Männchen

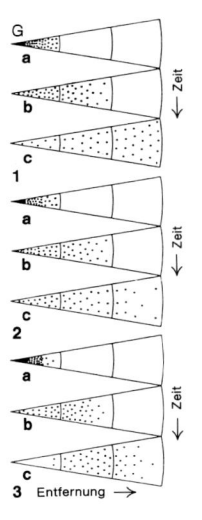

Ausbreitung
Schemat. Darstellung der drei Grundformen der A. (A.smuster) nach F. Schwerdtfeger. Annahme: 45 Juvenile breiten sich gleichzeitig v. Geburtsort (G) nach einer Richtung hin aus; die Kreissektoren deuten die Ausfächerung an. Die Positionen der Punkte in den jeweils 3 A.sfächern (a, b, c) der A.sformen (1, 2, 3) geben 3 in gleichen Zeitabständen aufeinanderfolgende Zustände der Dichteverteilung der Juvenilen an.

Ausläufer

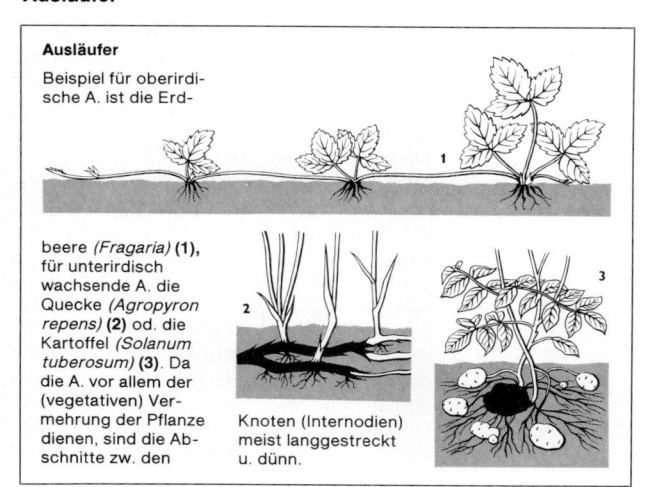

Ausläufer
Beispiel für oberirdische A. ist die Erdbeere *(Fragaria)* **(1)**, für unterirdisch wachsende A. die Quecke *(Agropyron repens)* **(2)** od. die Kartoffel *(Solanum tuberosum)* **(3)**. Da die A. vor allem der (vegetativen) Vermehrung der Pflanze dienen, sind die Abschnitte zw. den Knoten (Internodien) meist langgestreckt u. dünn.

Ausläufer, *Stolone*, Bez. für horizontal (plagiotrop) auf der Erdoberfläche od. unterirdisch wachsende Seitensprosse mit verlängerten Internodien u. reduzierten Blättern. Die A. entwickeln an den Knoten sproßbürtige Wurzeln u. aufrecht wachsende Sproßsysteme. Nach Absterben der verbindenden Internodienabschnitte entstehen somit auf vegetative Weise unabhängige u. erbgleiche Tochterindividuen. B asexuelle Fortpflanzung II.
Auslese ↗Selektion.
Auslesezüchtung, Züchtung neuer Sorten u. Rassen primär durch Auffinden u. Auslese bereits vorhandener, genetisch bedingter Variationen einer Population. In der Pflanzenzüchtung werden 3 Verfahren unterschieden. 1) *Massenauslese*: Formen mit gewünschten Eigenschaften werden zur Fortpflanzung gebracht (positive Massenauslese), unbrauchbare Formen werden an der Fortpflanzung gehindert (negative Massenauslese); dieses Verfahren ist heute nur noch bei der Erhaltungszüchtung v. Bedeutung. 2) *Gruppenauslese*: die gesuchten Formen werden nach der Auslese in Gruppen aufgeteilt, innerhalb derer sie sich weitervermehren können. 3) *Individualauslese*: die Brauchbarkeit ausgelesener Einzelindividuen wird anhand der getrennt aufgezogenen Nachkommenschaft festgestellt. Ein Produkt reiner A. ist die Zuckerrübe (↗*Beta*).
Auslösemechanismus, Abk. *AM*, Teilsystem des zentralen Nervensystems (Reizfilter), das auf relevante Reize (↗Schlüsselreize) hin die ihnen zugeordneten Verhaltensweisen auslöst. Der AM kann angeboren od. erworben sein. ↗Angeborener auslösender Mechanismus.
auslösender Reiz ↗Auslöser.
Auslöser, Bez. für Merkmale od. Verhaltensweisen eines Tieres, die bei einem anderen Tier spezif. Antworten auslösen. A. entsprechen den ↗angeborenen auslösenden Mechanismen des Partners u. sind auf diese abgestimmt: So haben die Weibchen des Buntbarsches *Nannacara* eine Brutfärbung u. einen typ. Schwimmstil entwickelt, die als A. für das Nachschwimmen der Jungfische dienen. Eine typ. auslösende Situation besteht aus mehreren ↗Schlüsselreizen; man kann einen A. als einen in der Evolution herausselektierten sozialen Schlüsselreiz bezeichnen. Es gibt auch A. zwischen verschiedenen Tierarten, z. B. zwischen Putzerfischen u. den geputzten größeren Fischen. B

Auslöser
Der Putzerfisch *(Labroides dimidiatus)* schwimmt in das Maul eines Dicklippenfisches, um unter den abgespreizten Kiemendeckeln nach Parasiten zu suchen. Als Auslöser für die „Kunden" des Putzers dienen seine Form, die Größe und die typische Färbung, dazu der *Putzertanz*, ein hüpfendes Auf- und Abschwimmen. Die Kunden wiederum lösen durch ruhiges Verharren, durch Maulöffnen und Abspreizen der Kiemendeckel das Putzen aus. Durch die aufeinander abgestimmten Auslöser wird die Symbiose zum gegenseitigen Nutzen möglich.

ausmerzen ↗merzen.
Auspuffgase, gasförm. Verbrennungsprodukte aus Kfz-Motoren, die bis zu 8% CO sowie giftige Bleivergiftungen enthalten. ↗Abgase.
Ausrottung, die Vernichtung v. Arten durch den Menschen in geschichtl. Zeit (z. B. Stellers Seekuh, Blaubock, Tarpan u. Auerochse). ↗Aussterben.
Aussaat, in der Land- u. Forstwirtschaft wie im Gartenbau das Säen. Sie erfolgt als breitwürfige Saat, Reihen- od. Drillsaat, Dribbel- od. Einzelkornsaat. Auch das Saatgut selbst wird als A. bezeichnet. Unter A. wird ferner die natürl. Verjüngung der Gewächse durch Fortpflanzungskörper verstanden.
aussalzen ↗ausfällen.
Aussatz ↗Lepra.
Ausscheider, Menschen, die ohne klin. Symptomatik nach durchgemachter Erkrankung Krankheitserreger (z. B. Salmonellen) in sich tragen u. über die Faeces ausscheiden.
Ausscheidung ↗Exkretion, ↗Defäkation.
Ausscheidungsorgane, die ↗Exkretionsorgane.
Ausscheidungsprodukte ↗Exkretion.

AUSLÖSER

Der gestreifte Zwergbuntbarsch (Nannacara anomala) ist in Südamerika beheimatet. Das Männchen besamt die Eier, die das Weibchen (Photo links) an einen flachen Stein heftet, und überläßt dann dem Weibchen die Brutfürsorge. Die Mutter befächelt die Eier mit frischem Wasser, bewacht die Larven und führt die Jungen. Dabei nimmt sie eine charakteristische Brutpflegefärbung mit weißen Flecken auf schwarzem Grund an. Sie bewegt sich meist ruckartig, wenn sie mit den Jungen schwimmt. Der Jungenschwarm hält sich in ihrer Nähe und folgt ihr nach.

Die Nachfolgereaktion der Jungfische kommt durch einen *angeborenen auslösenden Mechanismus* (AAM) zustande, für den Färbung und Bewegungsweise des Weibchens als *Schlüsselreize* dienen. Am Beispiel der Bewegungsweise wird gezeigt, wie sich diese Schlüsselreize als *Auslöser* erkennen lassen.

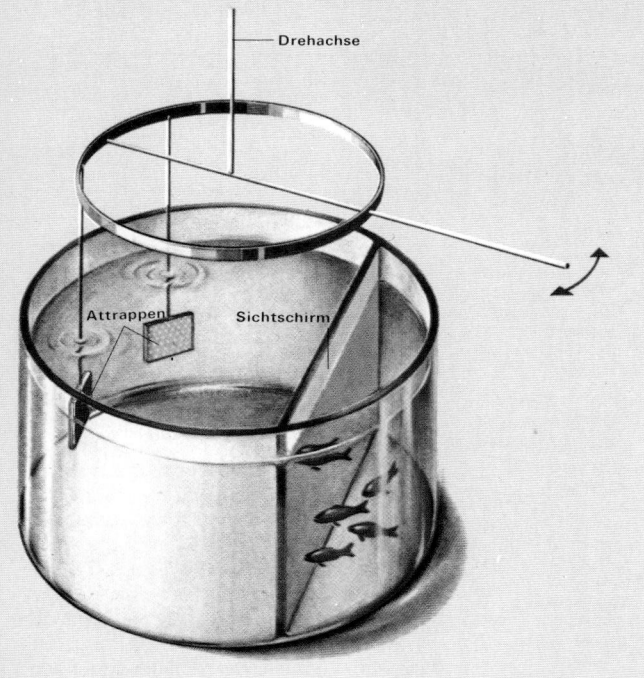

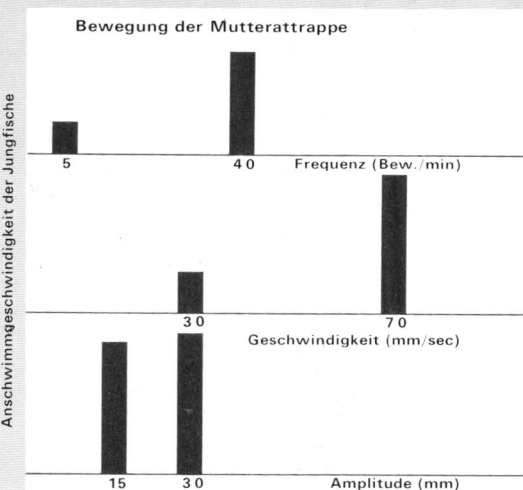

Versuchsanordnung
Zwei austauschbare *Attrappen* sind an einem Ring über der Plastikschüssel befestigt (Abb. oben). Der Ring pendelt über eine kurze Strecke (Amplitude) um seine Achse hin und her. Geschwindigkeit, Amplitude und Häufigkeit der Bewegungen pro Zeiteinheit (Frequenz) sind beliebig einstellbar.
Fünf wenige Tage alte Jungfische, die noch nie einen erwachsenen Artgenossen gesehen haben, befinden sich zunächst hinter einem Sichtschirm, der zu Beginn des Experiments hochgezogen wird. Die Zeit, die der kleine, geschlossene Jungenschwarm braucht, um die gewählte Attrappe zu erreichen, wird registriert.
Als Attrappen dienen in diesen Versuchen entweder ein möglichst naturgetreues Modell eines brutpflegenden Weibchens (Standardattrappe) oder Rechtecke von unterschiedlichem Grauton und mit verschiedener Musterung.

Die Bewegung
Im Aquarium kann man sehen, daß die Bewegungen der Mutter einen Einfluß auf das Nachfolgen der Jungen haben. Welche Komponenten der Bewegungen dabei besonders wirksam sind, die Amplitude, die Frequenz oder die Geschwindigkeit, läßt sich ermitteln, indem man den Jungfischen nur eine, nämlich die Standardattrappe, bietet, die in verschiedenen Versuchsserien jeweils anders bewegt wird. Eine Bewegungskomponente wird variiert, während die anderen beiden konstant bleiben. Als Maß für die auslösende Wirkung gilt die Anschwimmgeschwindigkeit der Jungen. Aus den Resultaten (Diagramme oben) geht hervor, daß nur die Frequenz und die Geschwindigkeit der Bewegung Schlüsselreize für die Nachfolgereaktion sind. Die Amplitude ist praktisch bedeutungslos.

Ausschlag

Ausschlag: Ausschläge bilden einen mehrstämmigen Baum, entstanden aus dem Verbiß bei Beweidung

Ausschlag, Sammelbez. für die ↗Adventivsprosse bei lebenden Laubhölzern, bestehend aus Haupt- (Stockloden) od. Nebenwurzeln (Wurzelloden), bes. nach Beschädigung od. Abhauen des Stamms od. von Zweigen.
Ausschluß, Verdrängung einer Art aus ihrer potentiellen ökolog. Überschneidungszone mit einer zweiten Art. A. tritt auf zw. Arten mit gleichen Ansprüchen gegenüber dichtebegrenzenden Faktoren ihrer Umwelt. ↗Konkurrenzausschlußprinzip.
Ausschlußprinzip, das ↗Konkurrenzausschlußprinzip.
Außenfrüchtler, Außensporer, 1) die ↗Hymenomycetes der U.-Kl. *Homobasidiomycetidae* (der Ständerpilze). 2) *Exosporae,* Schleimpilze, deren Sporen sich auf der Außenseite des Fruchtkörpers entwickeln (Fam. *Ceratiomyxales*). Ggs.: Innenfrüchtler *(Endosporae),* deren Sporen innerhalb des Fruchtkörpers gebildet werden (die meisten Echten Schleimpilze).
Außenlade, *Galea, Lobus externus maxillae,* äußere Kaulade, die auf dem Stipes der ersten Maxillen der Insekten sitzt.
Außenschmarotzer ↗Ektoparasitismus.
Außenskelett, das ↗Exoskelett.
äußere Besamung, 1) Zool.: Besamung v. Eizellen außerhalb des mütterl. Körpers. Da Spermien nur im wäßrigen Milieu fortbewegen können u. gg. Austrocknung empfindlich sind, findet man ä. B. bei Tieren nur im Wasser (z. B. Seeigel, die meisten Fische, Froschlurche). ☐ Besamung. 2) Humanmed.: ↗extrakorporale Insemination.
äußere Membran ↗Bakterienzellwand.
äußeres Keimblatt, das ↗Ektoderm.
Aussetzung, anthropogenes Ausbringen v. Tierarten anderer geogr. Herkunft, die zu einer Veränderung der ursprüngl. Fauna führen. Eine planmäßige A. erfolgt z. B. im Rahmen der biol. Schädlingsbekämpfung. Häufig haben Siedler aus romant. Gründen od. zur Jagd Tiere ihrer ursprüngl. Heimat im neu besiedelten Gebiet ausgesetzt, z. B. Rothirsch u. Gemse u. zahlreiche Vogelarten in Neuseeland. In Mitteleuropa wurde z. B. der Jagdfasan ausgesetzt.
Aussterben, Erlöschen v. Pflanzen- u. Tierarten. Im Laufe der stammesgeschichtl. Entwicklung sind viele Arten u. höhere systemat. Einheiten ausgestorben. So leben z. B. von 340 Ordnungen der Reptilien heute nur noch 4, von 10 000 fossilen Tintenfischarten noch 730. Es gibt verschiedene Ursachen für das A. 1) Die histor. Artumwandlung bei sukzessiver ↗Artbildung; die Stammart wird durch die Folgeart ersetzt. 2) Das Erlöschen v. Arten ohne Hinterlassen v. Nachfahren; a) Änderung der Umweltbedingungen, v. a. Klimaänderungen (Eiszeit) u. Temperaturschwankungen; b) Auftreten konkurrenzüberlegener Formen (z. B. ersetzte in Australien der Dingo den Beutelwolf); c) Einführung v. Krankheiten u. Seuchen in andere Gebiete der Erde. – Besonders jene Arten sind vom

Aussterben
Gefährdungsgrad einiger Tier- und Pflanzengruppen in der Bundesrepublik Deutschland

	Artenzahl	ausgestorbene Arten	gefährdete Arten
Säugetiere	87	7 (8%)	41 (47%)
Vögel	238	19 (8%)	86 (36%)
Reptilien	12	– (–%)	8 (67%)
Amphibien	19	– (–%)	11 (58%)
Fische, Rundmäuler	130	2 (2%)	42 (32%)
Muscheln	95	1 (1%)	14 (16%)
Schnecken	384	– (–%)	52 (14%)
Großschmetterlinge	1420	6 (0,5%)	469 (33%)
Libellen	70	2 (3%)	34 (48%)
Farne, Blütenpflanzen	2352	58 (2%)	549 (23%)

Aussterben
Einige durch Jagd ausgestorbene Tiere

Auerochse (Ur)	1627
Borkentier (Stellersche Seekuh)	1768
Dodo (Dronte)	1780
Blaubok (Pferdeantilope)	1799
Riesenalk	1844
Quagga-Zebra	1883
Wandertaube	1907
Burchell-Zebra	1910

A. bedroht, die stenök sind, ein sehr beschränktes, kleinräumiges Verbreitungsgebiet haben od. stark spezialisierte Fortpflanzungsformen besitzen. Seit ca. 100 Jahren ist die Zahl der ausgestorbenen Pflanzen- u. Tierarten stark angestiegen, u. man rechnet dort, daß Ende dieses Jh. 1 Million Arten weniger auf der Erde leben als heute, wobei die großflächige Zerstörung der trop. Regenwälder einen großen Anteil hat. Der Mensch greift massiv in die Umwelt ein durch Technisierung, Industrialisierung u. Umweltverschmutzung. Er zerstört viele Lebensräume, in Mitteleuropa v. a. feuchte Standorte (Auen durch Gewässerausbau, Moore durch Torfgewinnung, Naßwiesen zur Ackerlandgewinnung od. Aufforstung). So sind in der BR Dtl. u. a. viele Arten der feuchten Standorte u. Ackerunkräuter ausgestorben. In der ↗Roten Liste sind in der BR Dtl. ausgestorbene u. vom A. bedrohte Arten aufgeführt.
ausstopfen, volkstüml. Bezeichnung für eine spezielle Methode der ↗Präparationstechnik von Wirbeltieren.
Ausstoßungsreaktion, Vertreibung v. Mitgliedern einer Tiergesellschaft durch die anderen Angehörigen des Verbandes, z. B. wegen eines ungewöhnl. Verhaltens (Krankheit), aberranter Färbung od. anderer störender Merkmale. Häufig werden

auch männl. Jungtiere, sobald sie selbständig sind, v. den erwachsenen Männchen des Verbandes vertrieben.

Ausstrahlung, Abgabe v. Energie in Form v. elektromagnet. Strahlung durch einen Körper nach den Strahlungsgesetzen von L. Boltzmann und W. Wien. Die A. der Erdoberfläche ist langwellig (3–100 m), entsprechend ihrer niedrigen Temperatur. Trotz der Rückstrahlung durch atmosphär. Wasserdampf u. Kohlendioxid ist die A. entscheidender Faktor der nächtl. Abkühlung (Strahlungsfröste).

Ausstrich, viele mikroskop. Objekte (z. B. Bakterien, Blutzellen, Proben aus der Cytodiagnostik) betrachtet man in sog. A.-Präparaten. Dazu gibt man auf einen Objektträger einen kleinen Tropfen mit der zu untersuchenden Suspension u. schiebt diesen mit einem zweiten Objektträger so über den ersten hinweg, daß die Flüssigkeit nachgeschleppt wird u. ein dünner A. entsteht.

Austauschchromatographie w, *Ionenaustauschchromatographie,* chromatograph. Verfahren, bei dem ein Austausch der Kationen od. Anionen der Lösung mit dem Trägerstoff stattfindet. Wichtiges Trennverfahren zur Charakterisierung od. Isolierung ionischer Verbindungen, wie Aminosäuren, Nucleotide, Nucleinsäuren, Peptide, Proteine u. a. Als Ionenaustauscher dienen u. a. DEAE-Cellulose (↗ Anionenaustauscher), DEAE-Sephadex, Phospho-Cellulose, Carboxymethyl-Cellulose, Dowex. Die A. kann sowohl im Dünnschichtverfahren wie im Säulenverfahren eingesetzt werden. Der Art der austauschbaren Ionen entsprechend, unterscheidet man zw. *Anionen-* u. *Kationen-A.*

Austauschdiffusion, der ↗ Antiport.

Austauschhäufigkeit, *Austauschwahrscheinlichkeit, Austauschwert, crossing-over-Häufigkeit,* Maß für die Häufigkeit, mit der die Kopplung zweier Gene auf einem Chromosom durch crossing-over (Rekombination) bei der Gametenbildung durchbrochen wird. Je weiter zwei Gene auf dem Chromosom voneinander entfernt liegen, um so größer wird die A. zw. diesen Genen; die A. stellt also auch ein relatives Maß für die Entfernung zweier Gene voneinander auf dem Chromosom dar, wodurch die A. zur Erstellung relativer Chromosomenkarten herangezogen werden kann. Den absoluten Abstand zweier Genorte kann man mit Hilfe der A. nicht ermitteln, da z. B. ein doppeltes crossing-over in der genet. Analyse nicht erfaßt wird u. somit in die Berechnung der A. nicht eingeht. Die A. berechnet sich aus dem Prozentsatz an Gameten mit Genneukombination, bezogen auf die Gesamtzahl der Gameten. Eine A. von 1% wird als *Morganide* bezeichnet. B Chromosomen II.

Austauschkapazität, *Kationenaustauschkapazität,* Summe der im Boden austauschbaren Kationen einschl. der Wasserstoffionen (ausgedrückt in mval/100 g). Positive austauschbare Ionen überwiegen die Anionen, da die Bodenkolloide größtenteils negativ geladen sind.

Austauschwert, die ↗ Austauschhäufigkeit.

Austern [Mz.; v. gr. ostreon = Auster], *Ostreidae* (Überfam. *Ostreoidea* der *Anisomyaria*), Muscheln mit ungleich ausgebildeten Schalenklappen; die bauchigere linke wird auf Hartsubstrat festgekittet; die Schalenoberfläche weist konzentr., oft blättr. Schichten auf; das Scharnier ist zahnlos (dysodont), nur 1 Schließmuskel (der ursprüngl. hintere) ist erhalten; der Fuß rückgebildet; die Äste der Fadenkiemen sind zu Scheinblattkiemen verbunden; mit dem durch Wimpern erzeugten Atemwasserstrom werden auch Nahrungspartikel (Plankton) importiert, die mit Schleim festgehalten u. zur Mundöffnung transportiert werden; die Europäischen A. filtrieren bis zu 12 l Wasser/h. *Dick-* u. *Blatt-A.* sind getrenntgeschlechtlich, Ei- u. Samenzellen werden ins Wasser ausgestoßen, wo die Befruchtung erfolgt. *Gewöhnliche A.* sind ♂ (zwittrig), werden zunächst ♂ (2. Jahr), dann ♀ (3. Jahr) usw. mehrfach wechselnd; die Fortpflanzungszeit wird durch die Temperatur u. die Mondphase bestimmt; die v. den ♂♂ ausgestoßenen Samenzellen werden v. den ♀♀ in die Mantelhöhle eingestrudelt, wo die bis zu 3 Mill. Eizellen befruchtet werden u. sich bis zum Schlüpfen der Veliger entwickeln; diese leben planktisch u. setzen sich als Jungmuscheln auf Hartsubstrat an, wo sie die linke Klappe in selbsterzeugtes, erstarrendes Sekret kippen u. sich so zeitlebens festkitten. A. dienen seit vorgeschichtl. Zeit als Nahrung des Menschen u. werden heute auf *A.bänken* gehegt: den Larven werden Ansatzmaterialien (Rutenbündel, Dachziegel, Schalen) geboten, die Jung-A. werden in Aufzuchtgestelle, später in Mastteiche überführt; sie werden vor Nahrungskonkurrenten (Pantoffelschnecken) u. Feinden (Seesterne, Krebse, Schnecken) geschützt; nach 3–4 Jahren sind sie marktfähig. Bänke der *Europäischen A.* gab es fr. auch im dt. Nordseeraum, sie wurden durch Überfischung u. ungünstige Klimabedingungen vernichtet. A.kulturen werden in Europa v. a. in Frankreich u. Holland betrieben, mit Europäischen A. *(Ostrea edulis),* Portugiesischen A. *(Crassostrea angulata)* u. Japanischen A. *(C. gigas),* in N-Amerika mit Amerikanischen A. *(C. virginica),* im nördl. S-Amerika

Austern

Gattungen:
Gewöhnliche Austern *(Ostrea):* ca. 20 Arten
Blattaustern *(Pycnodonta):* 3 Arten
Dickaustern *(Crassostrea):* 15 Arten
↗ Hahnenkammaustern *(Lopha):* 1–2 Arten

Auster *(Ostrea)*

Austernbohrer

mit den Mangrove-A. *(C. rhizophorae)* u. im südwestl. S-Amerika mit den Chile-A. *(Ostrea chilensis);* die Mangrove- u. die Chile-A. leben bevorzugt in brackigen Strandseen u. Flußmündungen. Bei hohen Besatzdichten können bakterielle Erkrankungen des Weichkörpers u. Pilzkrankheiten der Schalen auftreten. B Muscheln.

Austernbohrer, marine Vorderkiemer der Gatt. *Nucella, Ocenebra* u. *Urosalpinx* aus der Fam. Purpurschnecken, die mit ihrem Rüssel Austern u.a. Muscheln ausfressen u. daher in Austernkulturen schädlich werden können.

Austernfisch, 1) *Opsanus tau,* ↗Froschfische. **2)** *Tautoga onitis,* ↗Lippfische.

Austernfischer, *Haematopodidae,* Fam. der Watvögel mit 1 Gatt. und 6 Arten; auffallende gesellige Küstenvögel von 40 bis 50 cm Größe u. schwarzem od. schwarzweißem Gefieder; Schnabel u. Füße sind leuchtend rot; der Schnabel ist seitlich abgeflacht, mit ihm können Muscheln, die Vorzugsnahrung, geöffnet werden. Der in Europa weitverbreitete A. *(Haematopus ostralegus)* kommt an den Küsten aller Erdteile vor sowie in einem großen Gebiet in Innerasien. Im Frühjahr erfolgt eine Gruppenbalz mehrerer Männchen mit trillernden Rufreihen. Flache Nestmulde mit 2–4 Eiern; die Jungen sind Nestflüchter, haben anfangs noch einen weichen Schnabel, werden lange Zeit v. den Eltern gefüttert u. lernen von diesen die Technik des Schalenöffnens. B Europa I.

Austernschildläuse, die ↗Deckelschildläuse.

Austernseitling, *Austernpilz,* Pleurotus ostreatus Kummer, großer, muschelförm., seitlich gestielter, eßbarer Pilz (Fam. *Polyporaceae*), mit weißem Sporenpulver u. grauem bis blauschwarzem Hut. Die Lamellen sind weißlich, am Stiel herablaufend, dabei maschig sich verästelnd. A. wachsen dachziegelartig in großen Büscheln an Laubholzstümpfen. Es können auch geschwächte Bäume befallen u. eine Weißfäule verursacht werden. Eine Zucht der A.e ist leicht auf Stümpfen od. feuchtem Stroh möglich; gelegentlich verursachen die Sporen Allergien.

Australia-Antigen, frühere Bez. für das Oberflächenantigen HB_sAg des ↗Hepatitisvirus B.

Australide, Rasse der menschl. Ureinwohner Australiens; mittelgroß (165–170 cm) u. hochbeinig, hagere Gestalt, starke Behaarung; zahlr. Primitivmerkmale, wie geneigte Stirn, starke Augenbrauenbögen, vorgeschobene Mundpartie, fliehendes Kinn u. breite Nase mit tiefer Nasenwurzel; braune Hautfarbe u. welliges Haar. ↗Menschenrassen.

Austernfischer (Haematopus ostralegus)

Austernseitling (Pleurotus ostreatus Kummer), an Laubholz, selten an Fichte

Australien

Oberfläche: Die wenig gegliederte, hafenfeindliche Küste hat nur 2 größere Buchten: im N den Carpentaria-Golf, im S die Große Australische Bucht. Im südöstl. Teil, in dem sich v. Nordqueensland bis nach Tasmanien erstreckenden *Australischen Kordillere* hat dieser Erdteil der Weite u. Leere Gebirgscharakter. Er erreicht in den Austr. Alpen im Mount Kosciusko, dem höchsten Berg A.s, 2227 m Höhe. Westl. der Gebirge breitet sich das *Artesische Becken (Artesian Basin)* aus, eine im S von den größten austr. Flüssen, Darling u. Murray, entwässerte Tiefebene. Sie geht im W über in das riesige, einförmige, abfluß- u. wasserlose *Austr. Tafelland,* mit der Großen Sandwüste, der Gibson-Wüste u. der wüstenhaften Nullarbor-Plain. Aus ihm erheben sich die Inselberge der 1510 m hohen McDonnell Range u. der 1515 m hohen Musgrave Range.

Australien, kleinster u. europafernster Erdteil, auf der Südhalbkugel der Erde, beiderseits des südl. Wendekreises, zw. dem Ind. Ozean u. dem Pazif. Ozean, umfaßt mit 7,7 Mill. km^2 nur ca. 5,5% der Landfläche der Erde.

Pflanzenwelt

Der größte Teil Australiens wird v. einem wintermilden, aber sommertrockenen Klima beherrscht. Im inneraustr. Trockengebiet herrschen ausgesprochen aride Verhältnisse, bei Niederschlägen v. nur 350 mm u. einer durchschnittl. Trockenzeit v. 9 Monaten, doch gibt es keine eigtl., klimatisch bedingten (Voll-)Wüsten. Zwar werden die Trockengebiete Inneraustraliens häufig zu den Wüsten gezählt, doch eher aufgrund der Siedlungsfeindlichkeit dieser Landstriche u. ihrer für Nutztiere völlig ungeeigneten Vegetation. Klimatisch u. nach dem Pflanzenwuchs handelt es sich durchweg um Halbwüsten, die allerdings oft aufgrund edaphischer Sonderfaktoren (Dünen, Salzpfannen) von völlig vegetationsfreien Flächen durchsetzt sind. – Die Pflanzenwelt Australiens gehört zu dem eigenständigen Florenreich ↗*Australis,* dessen Abgrenzung etwa mit den Grenzen des austr. Kontinents (einschl. Tasmaniens) zusammenfällt. Die Flora umfaßt ca. 12000 Arten, davon 80–90% Endemiten. Bes. bemerkenswert ist die reiche Entwicklung der Gatt. *Eucalyptus* mit 450–600 Arten; sie bleiben fast alle auf den austr. Kontinent beschränkt. 90% der waldbildenden Arten gehören in Australien zur Gatt. *Eucalyptus;* ihre äußere Erscheinung reicht v. kleinen Sträuchern bis zu gewaltigen Baumriesen, u. die Gatt. stellt mit *E. regnans* einen der größten Bäume (bis ca. 150 m) des Pflanzenreichs überhaupt.

Tropische Tieflandregenwälder. Ihre Verbreitung ist beschränkt auf einen schmalen Streifen im O des Kontinents, etwa zw. dem 15. u. 25. Breitengrad, bei Niederschlägen zw. 1500 u. 3000 mm. Sie gleichen in Artenreichtum u. Struktur den indomalaiischen Regenwäldern, mit denen sie auch eine deutliche florist. Verwandtschaft verbindet. Sie sind reich an Epiphyten u. Lianen, immer in mehrere Kronenstockwerke gegliedert u. bleiben auf die niederschlagsreichen Küstenbereiche an der O-Küste beschränkt. Küstenwärts vorgelagert ist ihnen meist noch ein Streifen halbimmergrüner Wälder, die im Bereich der Flachküsten, v.a. im N und O des Kontinents, in eine artenreiche Mangrove übergehen.

Monsunwald. Im Bereich geringerer Niederschläge (etwa zw. 750 u. 1500 mm) bedecken regengrüne od. immergrüne, v.

Eukalyptus- u. Akazienarten beherrschte Wälder das Land. Die schlanken, geradschäftigen Stämme der Eukalyptusarten sind als Nutzholz hoch geschätzt u. liefern einen Großteil des austr. Holzeinschlags. Diese immergrünen Eukalyptus-Regenwälder übernehmen in weiten Gebieten die Rolle der halbimmergrünen trop. Wälder u. werden erst bei Niederschlägen zw. 350 u. 750 mm oder menschl. Einfluß v. laubwerfenden „Campo cerrado", Trockengehölzen oder Savannen abgelöst. In den Gebirgen SO-Australiens schließen sich an die v. Eukalyptus beherrschten Gehölzformationen ab etwa 800 m Höhe farnreiche Bergwälder an, mit Südbuchen u. bis zu 50 m hohen Araukarien. In den Australischen Alpen wird im Gebiet um den Mt. Kosciusko (2227 m) schließlich die alpine Stufe mit einer entsprechenden Hochgebirgsvegetation erreicht. Bemerkenswert sind außerdem die Berg-Regenwälder S-Viktorias mit ihrem dichten Unterwuchs aus Lianen u. hohen Baumfarnen, ihrem Epiphytenreichtum u. einem oberen, v. Eukalypten gebildeten Kronendach v. nahezu 100 m Höhe.

Hartlaubgebiet Südwestaustraliens. In den regenreichsten Gebieten an der SW-Küste wachsen hohe Lorbeerwälder mit wertvollen Nutzholz-Arten. Bekannteste unter ihnen ist *Eucalyptus diversicolor* (Karri), dessen Holz sich durch große Festigkeit auszeichnet. Die bis zu 80 m hohen Karri-Wälder werden an weniger regenreichen Stellen von etwas niedrigeren Eukalyptus-Wäldern abgelöst, deren Bäume z. T. außerordentlich harte Hölzer (Eisenhölzer) liefern. Bei Annäherung an die Trockengrenze werden die Baumbestände immer lichter u. niedriger; sie gehen schließlich in Koniferen-Trockenwälder oder offene Hartlaubgehölze über. Viele dieser Standorte tragen nur offene Hartlaub-Strauchbestände (Macchie), z. T. allerdings anthropogener Natur, denn die xeromorphen Hartlaubwälder können in den Trockenzeiten leicht entzündet u. dadurch in Richtung offener Macchien-Bestände verändert werden.

Inneraustralisches Trockengebiet. An der Trockengrenze des Waldes beginnen sich die Hartlaubwälder in offene, v. Graswuchs durchsetzte Hartlaubgehölze aufzulösen, die ihrerseits bei zunehmender Trockenheit ohne scharfe Grenze in Savannen übergehen. Die Grenzen dieser Vegetationseinheiten können durch menschl. Einfluß, insbes. durch Beweidung od. Brand, nachhaltig verschoben werden. – Das komplizierte Gefüge der sich nach dem trockenen Inneren des Kontinents anschließenden Gesellschaften wird nicht mehr in erster Linie v. der Menge der Niederschläge, sondern v. ihrem Verteilungsmuster, der Bildung v. kurzzeit. Oberflächenwassern, v. a. aber v. der Bodenbeschaffenheit bestimmt. Riesige Flächen im Innern des Kontinents nimmt der „Mulga"-Busch ein, ben. nach der 4–6 m hohen, harzüberzogenen *Acacia aneura* („Mulga"), dessen Blüte an keine Jahreszeit, sondern an den Regen gebunden ist. Die Art wächst nicht auf salzbeeinflußtem Boden, kann aber lange Dürrezeiten ertragen. – In den semiariden Teilen S-Australiens bildet die Mallee-Vegetation den Übergang v. Hartlaubgebiet zur Halbwüste. Sie besteht v. a. aus strauch. Eukalyptusarten, mit dicken, knolligen, unterirdisch wachsenden Stämmen, aus denen die großen, schirmförm. Blätter hervorbrechen. Mulga-Busch u. Mallee-Vegetation können vom „Spinifex-Grasland" aus harten, scharfen, harzüberzogenen und für Weidevieh ungenießbaren Igelgräsern durchsetzt sein. Zw. diesen Gesellschaftskomplexen gibt es alle Übergänge bis hin zum reinen Grasland. Die Vegetation der trockensten Teile mit seltenen, unregelmäßigen Niederschlägen wird beherrscht v. lückigen Zwergstrauchbeständen aus „Saltbush" (*Atriplex vesicaria*), einem ausgesprochenen Halophyten mit salzausscheidenden Blasenhaaren, u. „Blue bush" (*Kochia sedifolia*), der etwas günstigere Wasserverhältnisse verlangt. Merkwürdigerweise sind die Halbwüsten Australiens sehr arm an Sukkulenten, obwohl prinzipiell solche Arten existieren.

Tierwelt

Tiergeographisch bildet Australien zus. mit den auf dem gleichen Festlandsockel liegenden Inseln, hierunter Tasmanien u. Neuguinea, die ↗australische Region. Die geologisch lange Zeit während Isolation v. anderen Kontinenten ermöglichte Evolution u. Fortbestand einer sehr eigenen Fauna. Sie setzt sich aus relativ wenigen Gruppen zusammen, die jedoch in vielen Fällen eine reiche Entfaltung erlebten. In konvergenter Entwicklung entstanden Lebensformtypen, die in den übrigen Erdteilen durch andere Tiergruppen vertreten sind.

Tropische Regenwälder. Infolge seiner geringen Flächenausdehnung weist dieser Lebensraum bei weitem nicht die Arten- und Formenmannigfaltigkeit auf, durch die Regenwälder anderer Kontinente ausgezeichnet sind. Trotzdem stellt er dank der allgemein gültigen Kennzeichen, wie Konstanz v. Temperatur u. Luftfeuchte sowie ausgeprägter vertikaler Strukturierung, den vielfältigsten Biom Au-

Australien

Einige Vertreter der australischen Fauna

Tropischer Regenwald

Wollkuskus (*Phalanger orientalis*)
Lemuren-Ringelschwanzkletterbeutler (*Pseudocheirus lemuroides*)
Bilchbeutler (*Eudromicia spec.*)
Moschusrattenkänguruh (*Hypsiprymnodon moschatus*)
Baumkänguruh (*Dendrolagus spec.*)
Kasuare (*Casuariidae*)
Paradiesvögel (*Paradisaeinae*)
Arakakadu (*Probosciger aterrimus*)
Edelpapagei (*Lorius roratus*)
Kleiner Dickichtschlüpfer (*Atrichornis rufescens*)
Taipan (*Oxyuranus scutellatus*)
Kletterengmundfrosch (*Oreophryne anthonyi*)
Vogelfalter (*Troides = Ornithoptera*)
Stolotermes queenslandicus (Termite)
Coptotermes dreghorni (Termite)

Monsunwälder und Savannen

Koala (*Phascolarctos cinereus*)
Fuchskusu (*Trichosurus vulpecula*)
Riesenbeutelmarder (*Dasyurus maculatus*)
Zwerggleitbeutler (*Acrobates spec.*)
Riesengleitbeutler (*Schoinobates volans*)
Nacktnasenwombat (*Vombatus ursinus*)
Graues Riesenkänguruh (*Macropus giganteus*)
Leierschwanz (*Menura novaehollandiae*)
Gelbgesichthonigfresser (*Meliphaga chrysops*)
Rosellasittich (*Platycercus eximius*)
Buschhuhn (*Alectura lathami*)
Buntwaran (*Varanus varius*)
Goulds Waran (*Varanus gouldii*)

Grasbäume (*Xanthorrhoea*, Abb. rechts) und Akazien geben den Trockenwäldern Südwestaustraliens ihr Gepräge. Der größte Teil des inneraustralischen Trockengebiets wird von Hartlaubgehölzen und Savannen beherrscht, während im niederschlagsreichen Norden regengrüne Wälder dominieren.

Kangaroo thorn (*Acacia armata*)

Hakea laurina

Weihnachtsbaum (*Nuytsia floribunda*)

Kangaroo paw (*Anigozanthos manglesii*)

Banksia coccinea

Rautenpython (*Morelia argus, Python spilotes*)

Kronentaube, Krontaube (*Goura cristata*)

Königsparadiesvogel (*Cicinnurus regius*)

Kragenechse (*Chlamydosaurus kingii*)

Helmkasuar (*Casuarius casuarius*)

Leistenkrokodil (*Crocodylus porosus*)

© FOCUS

AUSTRALIEN I–II

In den weiträumigen Savannen auf dem australischen Kontinent mit einer nur spärlichen Vegetation konkurrieren zahlreiche Vögel um die Nahrungsplätze. Die Abb. links zeigt u. a. Akazien *(Acacia)* und Melden *(Atriplex).*

Savannen, Grasland

Heiße Halbwüsten und Wüsten

Wellensittich
(Melopsittacus undulatus)

Sturt's desert pea
(Clianthus formosus)

White darling pea
(Swainsona galegifolia)

Jägerliest
(Dacelo gigas)

Gelbhaubenkakadu
(Kakatoe galerita)

Eulenschwalm
(Podargus strigoides)

Rotes Riesenkänguruh
(Macropus rufus)

Dingo
(Canis lupus familiaris dingo)

Trauerschwan
(Cygnus atratus)

© FOCUS

Australien

Kompaßtermite
(Amitermes meridionalis)
Riesenregenwürmer
(Megascolides spec.)

Südwestaustralien
(endemische Gruppen)
Quokka *(Setonix brachyurus)*
Irmawallaby
(Wallabia irma)
Steppenkänguruh
(Macropus giganteus ocydromus)
Honigbeutler
(Tarsipes spenserae)
Rotkappensittich
(Purpureicephalus spurius)
Falsche Spitzkopfschildkröte *(Pseudemydura umbrina)*
Pletholax
(Flossenfüßergatt.)
Schildkrötenfrosch
(Myobatrachus gouldii)
Lea-Zirpfrosch
(Crinia leai)

Inneraustralische Trockengebiete
Rotes Riesenkänguruh *(Macropus rufus)*
Beutelmulle
(Notoryctes spec.)
Springbeutelmäuse
(Antechinomys spec.)
Känguruhmäuse
(Notomys spec.)
Thermometerhuhn
(Leipoa ocellata)
Zebrafink *(Taeniopygia guttata)*
Wellensittich
(Melopsittacus undulatus)
Nymphensittich
(Nymphicus hollandicus)
Goulds Waran
(Varanus gouldii)
Großwaran
(Varanus giganteus)
Kragenechse *(Chlamydosaurus kingii)*
Australische Bodenagamen *(Amphibolurus spec.)*
Schlangenaugenskink
(Ablepharus boutonii)
Blauzungenskink
(Tiliqua occipitalis)
Dornteufel
(Moloch horridus)
Wasserreservoirfrosch *(Cyclorana platycephalus)*
Buschfliegen
(Musca vetustissima)
Melophorus inflatus (Honigameise)

straliens dar. Reicher sind die weite Teile Neuguineas überziehenden Regenwälder. Der Inselcharakter erlaubte auch hier einigen Gruppen die Entfaltung großen Formenreichtums. So wurde Neuguinea z. B. zum Entstehungsgebiet der Paradies- u. Laubenvögel. Unter den für den trop. Regenwald charakterist. Amphibien herrschen Engmaul-, Laub- u. Südfrösche vor, während die sonst in den Tropen zahlreich vertretenen Echten Kröten u. Ruderfrösche fehlen. Neben den Fledertieren sind es u. a. Pinselzungenloris, die durch Bestäubung u. Samenverbreitung zum Bestand ihres Lebensraums beitragen. Affen u. Halbaffen sowie Hörnchen, Bilche u. Flughörnchen werden durch verschiedene Arten der Kletterbeutler vertreten. Viele der austr. Formen dieser Gruppe sind aber auch über die Gebiete der

Monsunwälder verbreitet. Hier prägen sich die saisonalen Schwankungen der Umweltfaktoren der Tierwelt deutlich auf. So brüten die meisten Vogelarten dieses Gebiets im Frühling (Aug.–Dez.), der nach den winterl. Regenfällen meist gute Nahrungsbedingungen bietet. Als eine den eur. Einwanderern am geeignetsten erscheinende Landschaft, erfuhren dieser Lebensraum u. mit ihm die angrenzenden Savannen die äußerst drastischen Veränderungen. Dem Abbrennen der Wälder zur Gewinnung von Weide- u. Ackerland fielen Abertausende der als Nahrungsspezialisten v. einigen wenigen Eukalyptus-Arten abhängigen Koalas zum Opfer. Räuberische Beutler u. Dingos wurden ebenso gejagt wie die als Schädlinge betrachteten Pflanzenfresser, hierunter Wombats u. Emus. Einbürgerung außeraustralischer Arten brachte weitere Bedrohung, direkter Natur durch Räuber wie den Europäischen Fuchs sowie indirekt durch Ansiedlung v. Nahrungskonkurrenten, wie dem Merino-Schaf, einem Grundstein der austr. Wirtschaft, u. dem Wildkaninchen, das den Kontinent regelrecht überschwemmte.

Das Hartlaubgebiet Südwestaustraliens wird umgrenzt v. der hügeligen Pilbara-Region sowie der Nullarbor-Plain u. unterscheidet sich tiergeographisch deutlich von den übrigen austr. Gebieten. Einige Reptiliengattungen sowie Honigbeutler u. Quokka sind endemisch für diesen Teil des Kontinents. Der ebenfalls endemische Rotkappensittich gehört neben den weitverbreiteten u. individuenreichen Wellensittichen u. Rosakakadus zu jenen Arten, die als Körner- od. Fruchtfresser großen Nutzen aus den v. Menschen angelegten Kulturflächen ziehen. Die große Zahl an Sittich- u. Papageienarten trug dem Inselkontinent im 17. Jh. übrigens den Namen „Terra psittacorum" ein. Das inneraustralische Trockengebiet stellt sich als ein Mosaik aus verschiedenen, von Bodenbeschaffenheit u. von regional unterschiedlich sich ausprägendem Klima abhängigen Landschaftstypen dar. Lokal bieten sich daher solchen Tieren Lebensbedingungen, die in keiner Weise als Bewohner v. Halbwüsten od. Wüsten gelten können. Typische Vertreter der Trockengebiete stellen die Reptilien, unter denen Agamen, Warane u. Geckos besonders zahlreich sind. Ihre Anpassungen an die Extrembedingungen sind die echter Wüstenbewohner. Dies gilt ebenfalls sowohl für das Rote Riesenkänguruh der weiten Ebenen als auch für das die hügeligen u. felsigen Gebiete besiedelnde Bergkänguruh. Eine dem Wiederkäuen ähnl. Art der Verdauung erlaubt ihnen die Nutzung selbst so trockener, harter u. schwerverdaul. Nahrung, wie sie die Spinifexgräser darstellen. In konvergenter Entwicklung entstanden in Zentralaustralien auch springmausähnl. Formen. Zum einen brachten die Echten Mäuse mit den Känguruhmäusen, zum anderen die Beutelmäuse mit den Springbeutelmäusen diesen Lebensformtyp der Wüste hervor.

Lit.: Grzimek, B.: Grzimeks Tierleben. Enzyklopädie des Tierlebens. Band 10 Säugetiere 1. München 1979. Weltatlas des Tierlebens. Amsterdam 1974. Keast, A., Crocker, R. L., Christian, C. S. (Hg.): Biogeography and ecology in Australia. Den Haag 1959. Mertens, R.: Quer durch Australien. Biologische Aufzeichnungen über eine Forschungsreise, Frankfurt 1958. Mertens, R.: Die Tierwelt des tropischen Regenwaldes. Frankfurt 1948. Walter, H.: Vegetation und Klimazonen. Stuttgart 1979. A. B./H. F.

Australis, 1) Pflanzengeographie: *australisches Florenreich*, umfaßt Australien mit Tasmanien u. Teilen Neuguineas. Die lange Abtrennung des Gebiets v. anderen Kontinenten führte zu einer ganz eigenständigen Flora, die sehr reich an Endemiten ist. Von den insgesamt ca. 10 000 Pflanzenarten kommen etwa 8000 ausschl. im australischen Florenreich vor. Bezeichnend sind v. a. die rund 500 Arten umfassende Gatt. *Eucalyptus* u. *Melaleuca*, viele *Acacia*- u. *Casuarina*-Arten sowie die „Grasbäume" der Gatt. *Xanthorrhoea*. Viele Gemeinsamkeiten (z. B. die zahlr. *Proteaceae*) in S-Afrika u. Australien deuten auf einen früher bestehenden Zshg. zw. diesen Kontinenten hin. ↗ Australien. **2)** Tiergeographie: eines der Faunenreiche des Festlands; wird untergliedert in australische, ozeanische, neuseeländische u. hawaiische Region.

australische Region, tiergeographische Region, umfaßt ↗ *Australien* u. die auf dem gleichen Festlandsockel liegenden Inseln, hierunter Neuguinea u. Tasmanien. Nach der Kontinentaldrifttheorie läßt sich die Ge-

schichte der Region folgendermaßen nachzeichnen. Bis ins Alttertiär war der Kontinent landfest mit dem O der Antarktis verbunden. Diese wiederum stand über eine Inselkette u. zu geologisch früheren Zeiten möglicherweise direkt in Kontakt zu S-Amerika. Auf solche Zusammenhänge weisen südhemisphär. Verwandtschaftsbeziehungen verschiedener Gruppen hin, so der *Anaspidacea* unter den Krebstieren od. der Zuckmückenfamilie *Aphroteniidae*. Wahrscheinlich gelangten auch die Beuteltiere über diesen Weg in die a. R. Das Fehlen rezenter u. fossiler Beutler in Asien macht die Route über Beringstraße u. Sunda-Inseln unwahrscheinlicher. Nach Abtrennung von der Antarktis driftete die Kontinentalplatte nach N, wobei im jüngsten Tertiär oder im Quartär die Annäherung an die südostasiat. Inselwelt soweit gediehen war, daß ein Faunenaustausch mit der Orientalis möglich war. Da aber nie eine direkte Landverbindung bestand, betraf dies in erster Linie flugfähige Gruppen, wie Vögel u. Fledertiere sowie die leicht verdriftbaren Insekten. Sie alle weisen sehr enge Beziehungen zur Orientalis auf. Andere Formen erreichten die a. R. durch sog. „island hopping", wie dies den Echten Mäusen über den Sundabogen gelang. Dieses Millionen Jahre währende Inseldasein der a. R. liefert die Erklärung ihrer ausgeprägten faunistischen Eigenheiten. Nirgendwo sonst leben noch Vertreter der Kloakentiere. Die Beuteltiere, die mit wenigen u. ursprüngl. Formen nur noch in Amerika vorkommen, erfuhren eine reiche Formentfaltung. Diese adaptive Radiation, die auch andere Gruppen zeigen, ist auf das Fehlen der placentalen Säuger, potentieller Konkurrenten der Marsupialier, zurückzuführen. Überhaupt zeichnet sich die a. R. besonders durch das Fehlen sonst weit verbreiteter Tiergruppen aus. Die großen Gemeinsamkeiten Australiens mit den vorgelagerten Inseln, Neuguinea im N bzw. Tasmanien im S, gehen auf eustatische Meeresspiegelsenkungen während pleistozäner Kaltzeiten zurück. Zu den Inseln entstanden Landverbindungen. Der damalige Küstenlinienverlauf fällt recht genau mit der Lydekker-Linie, der östl. Grenze der ↗ *Wallacea*, zusammen. Änderungen des feuchteren Klimas im Zshg. mit dem Rückgang der Kaltzeiten verursachten eine Ausdehnung der inneraustr. Trokkengebiete. Dies führte zur faunistischen Trennung des südwestaustr. Gebiets vom ebenfalls feuchteren, gemäßigten Osten.
Lit.: Müller, P.: Tiergeographie. Stuttgart 1977. Rensch, B.: Verteilung der Tierwelt im Raum. In Handbuch der Biologie, Bd. 5. Thenius, E.: Grundzüge der Faunen- und Verbreitungsgeschichte der Säugetiere. Stuttgart 1980.   H. F.

australische Region
BEISPIELE ENDEMISCHER GRUPPEN
Kloakentiere *(Monotremata)*
Beuteltiere *(Marsupialia)* mit Ausnahme der *Didelphidae*
Känguruhmäuse *(Notomys)*
Schwimmratten *(Hydromys)*
Emus *(Dromaiidae)*
Kasuare *(Casuariidae)*
Paradies- u. Laubenvögel *(Paradisaeidae)*
Leierschwänze *(Menuridae)*
Honigfresser *(Meliphagidae)* mit wenigen Ausnahmen
Kakadus *(Kakatoeinae)*
Große Großfußhühner *(Alecturini)*
Pinselzungenloris *(Trichoglossini)*
Flossenfüße *(Pygopodidae)*
Papua-Weichschildkröten *(Carettochelyidae)*
Australische Südfrösche *(Cycloraninae* u. *Myobatrachinae)*
Australischer Lungenfisch *(Neoceratodus)*
Mastotermitidae (Termitenfam.; mit nur 1 Art, *Mastotermes darwiniensis)*
Paraperipatus (Stummelfüßergatt.)

BEISPIELE EKDEMISCHER GRUPPEN
Höhere Säugetiere *(Eutheria)* mit Ausnahme der Fledertiere, der Echten Mäuse, u. zahlr. eingeschleppter Arten
Finken *(Fringillidae)*
Trogons *(Trogonidae)*
Bülbüls *(Pycnonotidae)*
Altweltgeier *(Aegypiinae)*
Schwanzlurche *(Urodela)*
Landschildkröten *(Testudinidae)*
Vipern *(Viperidae)*
Grubenottern *(Crotalidae)*
Karpfen *(Cyprinidae)*
Zahnkarpfen *(Cyprinodontidae)*

austral-, astralo- [v. lat. australis = südlich], in Zss.: Süd-.

Austrocknungsfähigkeit

australisches Florenreich ↗ Australis.
Australopithecinen [Mz.; v. *australo-, gr. pithēkos = Affe], bislang ältester Urmenschentyp, 1–4 Mill. Jahre alt; unterscheidet sich v. der Gatt. *Homo* u. a. durch geringeres Hirnvolumen (< 600 cm^3) u. relativ zu den Eck- u. Schneidezähnen größere Backenzähne. Von den ↗ Pongiden durch die Konstruktion v. Hinterhaupt, Becken u. Oberschenkelknochen getrennt, die bereits deutlich an den ↗ aufrechten Gang angepaßt sind. Verschiedene Arten u. Gatt.: *Australopithecus afarensis* ist mit 3–4 Mill. Jahren die älteste Art u. unterscheidet sich vom nachfolgenden *A. africanus* (einschl. *Plesianthropus transvaalensis*) u. a. durch geringere Molarisierung u. relative Größe der Backenzähne, grazilere Unterkiefer u. das Auftreten einer sog. Affenlücke zw. Eck- u. Schneidezähnen im Oberkiefer. Bei Hadar in NO-Äthiopien wurden 1974 größere Teile eines Skeletts von *A. afarensis* gefunden, das auf ca. 3 Mill. Jahre datiert wird („Lucy"). *A. (Paranthropus) robustus* stellt eine Seitenlinie der A. dar, zu der auch *Zinjanthropus boisei, Paranthropus crassidens* u. *Paraustralopithecus aethiopicus* zu rechnen sind. Diese Linie unterscheidet sich durch zunehmende Robustheit der Backenzähne, zunehmend kleinere Schneide- u. Eckzähne sowie mächtige Jochbögen u. einen knöchernen Scheitelkamm (Crista sagittalis) von *A. afarensis/africanus*. A. sind bislang nur aus S-, O- und NO-Afrika sicher nachgewiesen; ob *Hemanthropus peii* aus China u. *Meganthropus palaeojavanicus* aus Java zu den A. gehören, ist sehr umstritten.
Australopithecus *m* [v. *australo-, gr. pithēkos = Affe], Gatt. der ↗ Australopithecinen.
Australorbis *m* [v. *austral-, lat. orbis = Scheibe], Gatt. der Tellerschnecken, die auf den Antillen u. im nördl. S-Amerika als Überträger der Bilharziose gefürchtet ist.
Austrocknungsfähigkeit, *Dürreresistenz,* Eigenschaften v. Pflanzen, Trockenperioden zu überstehen. Die Chancen zum Überleben sind um so größer, je stärker das Protoplasma austrocknen kann, je größer also die plasmatische Austrocknungstoleranz ist. Diese ist v. a. bei Thallophyten u. einigen Laubmoosen trockener Standorte gegeben. Die Überlebenschancen sind außerdem um so größer, je besser die Pflanze durch morpholog. und physiolog. Eigenschaften ein Wasserdefizit verhindern kann. Dies geschieht v. a. durch Saugkrafterhöhung zur Verbesserung der Wasseraufnahme u. Ausweitung des Wurzelsystems, durch Verkleinerung der verdunstenden Oberfläche od. einen wirksameren Verdunstungsschutz, z. B. eine

Antarktische Klimme
(Cissus antarctica)

Eukalyptus
(Eucalyptus moluccana)

Südbuche Scheinbuche
(Nothofagus cunninghamii)

Die Eukalyptuswälder in Südostaustralien sind licht; sie ermöglichen eine üppige Bodenvegetation.

Kasuarine
(Casuarina distyla)

Macrozamia tridentata

Tooth daisy-bush
(Olearia tomentosa)

Strohblume
(Helichrysum bracteatum)

Flughund
(Pteropus spec.)

Pracht-Leierschwanz
(Menura novaehollandiae)

Koala, Beutelbär
(Phascolarctos cinereus)

Emu
(Dromaius novaehollandiae)

Thermometerhuhn
(Leipoa ocellata)

© FOCUS

AUSTRALIEN III–IV

Fuchsie (*Fuchsia procumbens*), Neuseeland

Silber-Akazie, „Mimose", Silver wattle (*Acacia dealbata*)

Ein charakteristisches Gewächs in den Regenwäldern ist die *Dicksonia antarctica* (Abb. links). Viele Tier- und Pflanzenarten bleiben in ihrem Vorkommen auf Tasmanien und Neuseeland beschränkt.

Kaurifichte (*Agathis australis*)

Mountain buttercup (*Ranunculus lyallii*), Neuseeland

Celmisia monroi

„Maniu" (*Dacrydium cupressinum*)

Neuseeländischer Flachs (*Phormium tenax*)

Zwergpinguin (*Eudyptula minor*)

Beutelwolf (*Thylacinus cynocephalus*), Tasmanien

Kea (*Nestor notabilis*)

Beutelteufel (*Sarcophilus harrisi*), Tasmanien

Schnabeltier (*Ornithorhynchus anatinus*)

Kiwi (*Apteryx australis*)

Ameisenigel, Australien-Kurzschnabeligel (*Tachyglossus aculeatus*)

aut-, auto- [v. gr. autos = selbst], in Zss.: selbst-.

kräftige, wachsartige Cuticula, starken Haarsatz od. Einrollen der Blätter, durch frühzeitiges Schließen der Spaltöffnungen u. Wasserspeicherung.

auswachsen, das Auskeimen v. Samen in den Fruchtständen (z. B. bei Getreide); tritt bes. bei feuchtwarmem Erntewetter ein, während die Frucht zum Trocknen u. Nachreifen auf dem Boden liegt. Ausgewachsene Samen sind als Saatgut unbrauchbar u. zur Ernährung u. Verfütterung v. vermindertem Wert.

Auswanderung, die ↗ Emigration.

Auswaschung, Verlagerung v. Nährstoffen im Boden mit dem Sickerwasser.

Auswaschungshorizont, *Eluvialhorizont,* Bodenhorizont, der durch Auswaschung an Humus u. Eisenverbindungen (Podsol) od. Tonmineralen (Parabraunerde) verarmt ist. ↗ Bodenhorizonte.

Auswinterung, Schäden an im Freien überwinternden Kulturpflanzen, hervorgerufen durch: 1) Erfrieren, bes. bei tiefen Temperaturen u. fehlender Schneedecke; 2) Vertrocknen; bei Wind u. Sonneneinstrahlung verdunsten die Blätter viel Wasser, das aus dem gefrorenen Boden nicht nachgeliefert werden kann (Frosttrocknis); 3) abwechselndes Tauen u. Gefrieren; durch die entstehende Bodenbewegung werden die feinen Wurzeln zerrissen; 4) Ersticken, bes. bei lange liegender Schneedecke u. dichten Pflanzenbeständen; 5) Schneeschimmelbefall; bei günstiger Feuchte u. noch ausreichender Temperatur können sich unter dem Schnee phytopathogene Pilze stark bemerkbar machen. *Fusarium nivale* verursacht bei Wintergerste u. Winterroggen oft starke Schäden.

Auszug, der ↗ Extrakt.

Autapomorphie *w,* ↗ Systematik.

authigen [v. gr. authigenēs = einheimisch], heißen Komponenten, die im Bezugskörper selbst (Organismus, Gestein) gebildet wurden. Ggs.: allothigen.

Autismus *m* [v. *aut-], Beschränkung des Verhaltens auf den eigenen Körper u. die eigenen Motive, Ausschluß des Sozialkontakts. Der frühkindliche A. nach Kanner bildet ein eigenes Syndrom kindl. Verhaltensstörungen, dessen Ursache umstritten ist. Die Untersuchung des frühkindlichen A. durch den Ethologen N. Tinbergen u. seine Frau hat gezeigt, daß sich die Methoden der vergleichenden Verhaltensforschung auch auf das Verhalten des menschl. Kindes anwenden lassen.

Autizidverfahren *s* [v. *aut-, lat. -cida = -mörder], Verfahren der ↗ biologischen Schädlingsbekämpfung, bei dem in Massen gezüchtete, sterilisierte Männchen einer bestimmten Schädlingsart ausgesetzt werden. Nach der Kopulation mit sterilisierten Männchen kommt es zur Ablage unbefruchteter Eigelege, wodurch die Anzahl der Nachkommen entsprechend dem Prozentsatz steriler Männchen in der Population zurückgeht. Bekanntestes Beispiel für die Anwendung des A.s ist die Bekämpfung der in Rindern parasitierenden Schraubenwurmfliege *(Cochliomyia hominivorax)* im südl. N-Amerika.

Autoaggressionskrankheiten [v. *auto-, lat. aggredi = angreifen], die ↗ Autoimmunkrankheiten.

Autoantigene [Mz.; v. *auto-, gr. antigennan = dagegen erzeugen], körpereigene Stoffe, die im Verlauf v. ↗ Autoimmunkrankheiten antigenen Charakter annehmen u. die Bildung v. Autoantikörpern induzieren. So hat man z. B. bei der Thyreoiditis, einer autoimmunogenen Entzündung der Schilddrüse, u. a. das *Thyreoglobulin* als hpts. Autoantigen identifiziert.

Autoantikörper [Mz.; v. *auto-, gr. anti = (da)gegen], Bez. für gg. körpereigenes Gewebe gerichtete Antikörper, zur Unterscheidung von *Isoantikörpern,* die gg. Antigene eines anderen Individuums derselben Spezies, u. *Heteroantikörpern,* die gg. Antigene einer fremden Spezies gerichtet sind. A. sind demnach diejenigen Antikörper, die bei den ↗ Autoimmunkrankheiten gg. körpereigene Autoantigene gerichtet sind.

Autoantikörperkrankheiten, die ↗ Autoimmunkrankheiten.

Autobasidie *w* [v. *auto-, gr. basis = Grundlage], die ↗ Holobasidie.

Autochorie *w* [v. *auto-, gr. choreia = Tanz], die Selbstverbreitung bei den Pflanzen ohne Mitwirkung fremder Kräfte; reicht v. einfachen Fallenlassen der Diasporen über aktives Wegschleudern durch Explosionsfrüchte (z. B. *Impatiens*-Arten) od. durch hygroskop. Bewegungen der Fruchtwände od. -teile (z. B. Besenginster) bis zum Selbstablegen durch aktive Wachstumsvorgänge (z. B. Zimbelkraut, Erdnuß). Die sich selbst verbreitenden Pflanzenarten werden *Autóchoren* genannt.

autochthon [gr., = bodenständig], am Fundort beheimatet; gilt für Gesteine u. Lebewesen; biozönologisch: in der Biozönose selbst entstanden (z. B. Nährstoffe, Primärproduzenten). Ggs.: allochthon.

autochthone Handlung [v. gr. autochthōn = eigenständig], Handlung, deren Motivation aus dem selben Funktionskreis des Verhaltens stammt, dem sie normalerweise zugeordnet ist. Der Ggs. ist eine allochthone Handlung, deren Motivation aus einem anderen Funktionskreis stammt. Da die Zuordnung v. Handlungen zu ↗ Bereitschaften (Antrieben) heute komplexer betrachtet wird, sind die Begriffe inzwischen überholt.

autochthoner Boden [v. gr. autochthōn = bodenständig], ursprünglicher, an Ort u. Stelle entstandener Boden. Ggs.: allochthoner Boden (↗ Auenböden).

Autodigestion w [v. *auto-, lat. digestio = Verdauung], die ↗ Autolyse.

Autogamie w [v. *auto-, gr. gamos = Hochzeit], **1)** In der Botanik *Selbstbestäubung,* die Übertragung des Pollens einer Spermatophytenblüte auf die Narbe derselben Blüte u. anschließende Selbstbefruchtung; ist unter natürl. Bedingungen seltener als die Fremdbestäubung (Allogamie). Bei vielen Blüten verhindern spezielle Mechanismen eine A. (Selbststerilität, Heterostylie, Dichogamie, Herkogamie), da die Bildung keimfähiger Samen bei A. meist geringer ist. A. tritt bes. bei solchen Pflanzen auf, die in Gebieten mit geringer Bestäuberdichte leben (Polargebiete, Hochgebirge, oft Pionierstandorte). Häufig ist A. alternativ möglich, wenn keine Fremdbestäubung erfolgt ist. Bei manchen Pflanzen tritt sie auch obligatorisch auf (in Mitteleuropa z. B. bei der Bienenragwurz). **2)** In der Zoologie wird der Begriff A. auf die Einzeller (Protozoen) beschränkt. Man versteht darunter die Verschmelzung v. Gameten (Geschlechtszellen), die vom selben Individuum (Gamonten) stammen. In Fällen, wo die Bildung v. Geschlechtszellen (Gameten) unterbleibt u. nur geschlechtlich differenzierte Kerne gebildet werden (wie bei den Wimpertierchen, Ciliaten, mit Konjugation), verschmelzen bei der A. geschlechtlich differenzierte Kerne ein und derselben (Gamonten-)Zelle. Dergleichen kommt bei *Paramecium* (Pantoffeltierchen) vor, wobei die verschmelzenden Kerne durch Kernteilung aus einem bereits durch Meiose haploid gewordenen Kern hervorgehen, also „Geschwisterkerne" sind. Der so durch A. entstehende diploide Kern (Synkaryon) ist daher bezüglich aller Erbanlagen homozygot (reinerbig). ↗ Konjugation, ↗ Automixis, ↗ Pädogamie.

Autogenese w [v. *auto-, gr. genesis = Entstehung], von dem dt. Zoologen L. Plate (1862–1937) 1913 eingeführte Bez. für eine v. der Umwelt weitgehend unabhängig verlaufende Evolution, bei der die Triebkräfte innerhalb der Organismen selbst ursächlich für das Entwicklungsgeschehen sind (nicht im Sinne des Vitalismus zu verstehen).

Autogonie w [v. gr. autogonos = von selbst erzeugt], die ↗ Urzeugung.

Autoimmunkrankheiten [v. *auto-, lat. immunis = unberührt], *Autoaggressionskrankheiten, autoallergische Krankheiten, Autoantikörperkrankheiten,* durch ↗ Autoantikörper hervorgerufene Krankheiten. Autoimmunität beruht auf einer Immunantwort gg. körpereigene ↗ Antigene. Sie läßt sich als Ergebnis eines Zusammenbruchs der Toleranz gegenüber körpereigenen

aut-, auto-
[v. gr. autos = selbst], in Zss.: selbst-.

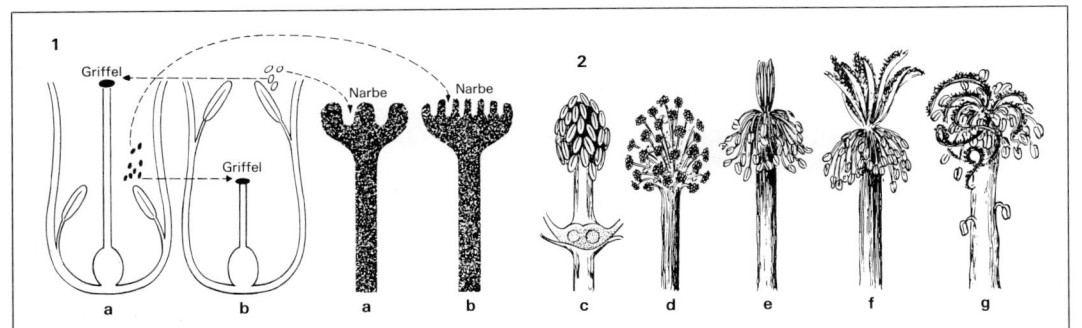

Einrichtungen zur Verhinderung von Selbstbestäubung (Autogamie)

HETEROSTYLIE **1**: die Blüten mit langem Griffel (a) befinden sich an anderen Pflanzen als die kurzgriffligen (b). Die großen Pollenkörner von Blüte b passen nur zwischen die Narbenpapillen von Blüte a; die Narbe von Blüte b ist für das Auffangen der kleinen Pollenkörner aus a eingerichtet. Klassisches Beispiel: die Schlüsselblume.

DICHOGAMIE: Zeitlich verschiedene Reifung von Staubblättern u. Narben; tritt in zwei Ausprägungen auf:
Proterandrie (Protandrie): Staubblätter reifen zuerst; **2** gibt die Blühvorgänge bei der Käseblume *(Malva)* wieder; c) miteinander verwachsene Staubblätter bilden Pollen; d) bei Reife weichen sie auseinander; e) die Staubfäden verwelken, die Narben kommen zum Vorschein; f) die reifen Narben weichen auseinander, in diesem Zustand kann die Blüte bestäubt werden; g) wenn die Kreuzbestäubung ausbleibt, krümmen sich die Narben über die Staubgefäße, so daß noch Selbstbestäubung stattfinden kann.

Andere Beispiele sind Korbblütler, Doldenblütler, Salbei, Glokkenblumen.
Proterogynie (Protogynie): Narben reifen zuerst; z. B. bei Roßkastanie, Küchenschelle, Aronstab (Blütenstand).

HERKOGAMIE: Verstärkte räumliche Trennung von Narbe und Staubgefäßen, z. B. bei der Schwertlilie.

SELBSTSTERILITÄT (SELBSTINKOMPATIBILITÄT): Pollen genetisch gleichartiger Blüten und Pflanzen (Klone) keimen nicht oder nur zu einem kurzen Pollenschlauch, der keine Befruchtung durchführen kann.
Während Dichogamie, Herkogamie und in einem gewissen Maße auch Heterostylie zwar die Selbstbefruchtung der Blüte *(Autogamie),* nicht aber die gegenseitige Befruchtung von Nachbarblüten der gleichen Pflanze *(Geitonogamie)* verhindern kann, ist bei Selbststerilität nur Fremdbefruchtung *(Allogamie)* möglich.

Autoinfektion

Stoffen auffassen. Offenbar bleibt die Toleranz gegenüber körpereigenem Antigen nur dann aufrechterhalten, wenn es mit den Immunzellen in der Zirkulation in Kontakt kommt. Wird dieser normalerweise unterbundene Kontakt jedoch experimentell od. im Verlauf einer Krankheit hergestellt, kann es zur Bildung v. ↗ Autoantikörpern kommen. So wurde eine Autoimmunität gg. Serumproteine noch nie gefunden, während sich gg. viele intrazelluläre Komponenten leicht Antikörper herstellen lassen, z. B. gg. Linsengewebe, gg. die eigene Schilddrüse oder gg. das Sperma des Versuchstiers, was letztlich zum Tode des Keimepithels in den Hoden führt. Beispiele für A. beim Menschen sind: *Anti-GBM-Nephritis,* eine seltene, aber schwere u. gewöhnlich zum Tode führende Nierenerkrankung, bei der das Individuum Autoantikörper gegen seine glomeruläre Basalmembran bildet. *Chronische Thyreoiditis (Hashimotosche Krankheit)*: im Krankheitsverlauf kommt es zu einer Vergrößerung der Schilddrüse, die hochgradig mit Autoantikörpern gg. Schilddrüsenproteine infiltriert wird. *Systemischer Lupus erythematodes*: ziemlich häufig auftretende A. Die Patienten bilden Antikörper gg. native DNA, eine Vielzahl v. Nucleoproteinen (Histone) u. cytoplasmat. Komponenten. Die Antigene werden wahrscheinlich v. normalen Zellen im Laufe ihres natürl. Umsatzes freigesetzt. In der Praxis ist das therapeut. Vorgehen limitiert durch den chron., langsam fortschreitenden Charakter der meisten A. Zu Teilerfolgen führte der Einsatz v. Immunsuppressiva u. Corticosteroiden. ↗ Allergie.

Autoinfektion *w* [v. *auto-, lat. inficere = hineintun, anstecken], Ansteckung durch Krankheitserreger, die vorher schon im Körper vorhanden waren, jedoch keine Krankheitserscheinungen verursachten.

Autointoxikation *w* [v. *auto-, lat. in = in, hinein, gr. toxikon = (Pfeil)gift], *Selbstvergiftung,* kommt zustande, wenn im Körper vermehrt Abbauprodukte entstehen (z. B. nach ausgedehnten Verbrennungen) od. solche (bei Lebererkrankung, Schrumpfniere) nicht verarbeitet od. ausgeschieden werden können.

Autokarpie *w* [v. gr. autokarpos = von selbst Früchte tragend], Bez. für den nach Selbstbestäubung (Autogamie) erfolgenden Fruchtansatz.

Autokatalyse *w* [v. *auto-, gr. katalysis = Auflösung], Selbstbeschleunigung bei bestimmten katalytisch gesteuerten Reaktionen (auch bei manchen enzymat. Reaktionen), in deren Verlauf sich katalytisch wirkende Produkte als Reaktionsprodukte vermehrt anhäufen, so daß die Reaktions-

aut-, auto- [v. gr. autos = selbst], in Zss.: selbst-.

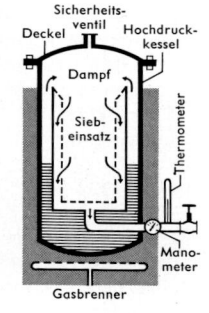

Autoklav

Autolytus
Meeresringelwurm *Autolytus* (Länge 2 cm); 1 jüngste, 6 älteste Knospe; A Augen, K Kopftentakel

geschwindigkeit exponentiell zunimmt bzw. in Extremfällen auch lawinenhaft ansteigt.

Autoklav *m* [v. *auto-, lat. clavis = Schloß], *Dampfdrucksterilisator,* ein in Labor u. Industrie verwendetes, dampfdichtes, verschließbares Metalldruckgefäß zum Sterilisieren bei Temp. über 100°C in luftfreiem Wasserdampf. Im A.en werden nichtflüchtige, hitzestabile Gegenstände sterilisiert: med. Instrumente, Verbandstoffe, Nährböden, Lebensmittelkonserven u. a. Die reine Sterilisationszeit (ohne Aufheizzeit u. Abkühlzeit), bei der auch die Endosporen v. Bakterien abgetötet werden, beträgt 35 min bei 115° C (1,57 bar), 15 bis 20 min bei 121°C (1,96 bar) und 4–8 min bei 135°C (3,04 bar).

Autökologie *w* [v. *aut-, oikos = Haus, logos = Kunde], Teilgebiet der Ökologie, das sich mit dem Verhalten einer einzelnen Art zu ihrer Umwelt u. in ihrem Lebensraum herrschenden Umweltfaktoren beschäftigt. Ggs.: Synökologie.

Autolyse *w* [v. *auto-, gr. lysis = Auflösung], *Autodigestion,* die Auflösung v. Geweben, Zellen u. deren Bestandteilen durch die aus den Lysosomen freiwerdenden hydrolyt. Enzyme (Glykosidasen, Lipasen, Nucleasen, Proteasen u. a.). Durch A. werden sowohl abgestorbene als auch nicht mehr benötigte körpereigene Zellen eines Organismus vernichtet u. so deren Bestandteile bzw. Abbauprodukte dem Metabolismus anderer Zellen zur Wiederverwendung (z. B. bei der ↗ Regeneration) zugeführt.

Autolysosom *s* [v. *auto-, gr. lysis = Auflösung, sôma = Körper], das ↗ Autophagosom.

Autolytus *m*, Gatt. der *Syllidae* (Stamm Ringelwürmer); Beispiel für Metagenese, indem A. sich geschlechtlich wie ungeschlechtlich durch Knospung od. Sprossung fortpflanzt; dabei bildet der epitoke (geschlechtsreife) Hinterabschnitt bereits einen Kopf, bevor er sich v. atoken (noch nicht geschlechtsreifen) Vorderabschnitt trennt. Bei *A. prolifer* entsteht am atoken Vorderabschnitt, dem Ammentier, durch Sprossung eine ganze Kette v. kopftragenden epitoken Tochtertieren. Einige an Hydrozoen parasitierende Arten gehören zu den wenigen Ektoparasiten unter den Polychaeten.

Automatiezentrum, Impulsgeber für rhythmisch ablaufende ↗ Automatismen, der spontan u. nicht dem Willen unterworfen arbeitet. Die Impulsfrequenz ist jedoch häufig nervös od. durch Veränderung der physiolog. Bedingungen veränderbar. Morphologisch werden die A. nach ihrer Abstammung unterteilt: Aus Ganglienzellen entstandene bezeichnet man als *neurogene A.*, aus Muskelgewebe gebildete als *myogene A.* Häufig finden sich in selbständigen Organen, z. B. Herz, mehrere A., die aber jeweils einander untergeordnet sind. Bei Ausfall eines übergeordneten Zentrums übernimmt das nächstfolgende dessen Funktion.

Automatismen, Bez. für spontan, oft rhythmisch ablaufende Vorgänge u. Bewegungsabläufe. Man unterscheidet angeborene A., wie Herzschlag, Atmung, Instinkthandlungen, die nicht vom Bewußtsein od. Willen beeinflußt werden, u. erlernte A., Handlungsweisen wie Gehen, Laufen. Die angeborenen A. bilden zus. mit den unbedingten Reflexen die Grundlage tier. Verhaltens, indem durch neurale Koordination dieser Vorgänge bestimmte Bewegungsabläufe zu einer räumlich u. zeitlich geordneten Gesamttätigkeit verknüpft werden. Die Auslösung der A. erfolgt spontan, ist aber auch durch Außenreize möglich; die Weiterleitung zu den Erfolgsorganen (z. B. Muskeln) vollzieht sich immer automatisch. Die meisten A. sind reflektorisch beeinflußbar (z. B. Herzschlagerhöhung über den Sympathikus). ↗ Automatiezentrum.

Automixis *w* [v. *auto-, gr. mixis = Mischung], Vereinigung männl. und weibl. Geschlechtszellen (Gameten) desselben zwittrigen Individuums, also Selbstbefruchtung. A. wird bei zwittrigen Organismen durch bes. Mechanismen in der Regel verhindert, so daß auch bei diesen Fremdbefruchtung (Amphimixis) vorherrscht. ↗ Autogamie. Ggs.: ↗ Amphimixis.

Automutagene [Mz.; v. *auto-, lat. mutare = ändern, gr. gennan = erzeugen], Produkte normaler od. abnormer Stoffwechselvorgänge im Organismus, die Mutationen jegl. Art hervorrufen.

autonome Bewegungen, durch endogene Faktoren bedingte, also nicht durch äußere Reize induzierte Bewegungen von z. B. Pflanzen od. Pflanzenteilen, wie manche Nutationsbewegungen.

autonome Differenzierung *w*, Differenzierung v. Zellen od. Zellpopulationen gemäß ihrer *prospektiven Bedeutung,* unabhängig v. ihrer Umgebung; z. B. differenzieren sich die vegetativen Zellen einer Molchblastula auch isoliert zu Entodermzellen, während die animalen Zellen zur Differenzierung v. Nervengewebe den Kontakt zu darunterliegendem prospektivem Chordagewebe benötigen (abhängige od. nicht-autonome Differenzierung).

autonomes Nervensystem, das ↗ vegetative Nervensystem.

Autophagie *w* [v. *auto-, gr. phagein = verzehren], lysosomaler Abbau v. nicht mehr funktionsfähigen Zellbestandteilen, z. B. Mitochondrien, in bes. Verdauungskompartimenten (↗ Autophagosom). In Ausnahmefällen werden bei Hunger auch intakte Organellen abgebaut, was ein längeres Überleben der Zelle ermöglicht. A. erfolgt verbreitet bei Metamorphose, Degeneration u. Altern. ↗ Autolyse.

Autophagosom *s* [v. gr. autophagos = sich selbst fressend, sōma = Körper], *Cytolysosom, Autolysosom,* Spezialfall v. Lysosomen, die defekte zelleigene Organellen (z. B. Mitochondrien) abbauen; unverdaul. Reste (Residualkörper) werden exocytiert. Man kann die Bildung von A.en auch experimentell induzieren; so werden vital gefärbte, durch Laserstrahlung geschädigte Mitochondrien v. *Paramecium* (Pantoffeltierchen) sofort v. primären Lysosomen umstellt, in A.en eingeschlossen u. verdaut. Die dabei anfallenden Residualkörper werden schon nach wenigen Minuten ausgeschieden.

Autoploïdie *w* [v. *auto-, gr. -plois = -fach, -fältig], die ↗ Autopolyploidie.

Autopodium *s* [v. *auto-, gr. pous, Gen. podos = Fuß], terminaler Abschnitt der Tetrapodenextremität (Hand, Fuß). Hand u. Fuß der Tetrapoden sind ursprünglich fünfstrahlig aus gleichartigen Knochenelementen aufgebaut. An das *Zeugopodium* (Unterarm, -schenkel) schließt sich distal als erster Abschnitt des A.s das *Basipodium* (Hand-, Fußwurzel) an, das in der Hand v. den *Carpalia* (Handwurzelknochen), im Fuß v. den *Tarsalia* (Fußwurzelknochen) gebildet wird, die eine gelenkige Verbindung zw. Zeugopodium und A. herstellen. Weiter distal schließt sich das *Metapodium* (Mittelhand, -fuß) mit einer Anzahl v. Knochen, den *Metacarpalia* bzw. den *Metatarsalia,* an. Die Finger u. Zehen *(Digiti)* bilden schließlich das aus den Einzelelementen der *Phalangen* aufgebaute *Akropodium.* Die Tetrapodenextremität wirkt bei der Fortbewegung als Hebelsystem, das den Tierkörper vorwärts schiebt. Dem A. kommt dabei die wichtige Aufgabe der Verankerung der Hebel am Boden zu. Entsprechend den vielfältigen Lokomotionsarten ist daher das A. in den verschiedenen Gruppen ganz unterschiedlich spezialisiert durch Verschmelzung od. Verlust v. Einzelelementen und Ausbildung der Gelenke.

Autopolyploïdie *w* [v. *auto-, gr. polys = viel, -plois = -fach, -fältig], *Autoploidie,* im Ggs. zur ↗ Allopolyploidie eine Art der Euploidie, bei der es zur Vervielfachung ganzer arteigener Chromosomensätze kommt. A. wird experimentell häufig durch Colchicin (Alkaloid der Herbstzeitlose) induziert. Polyploide Pflanzen haben häufig größere Zellkerne u. Zellen; schließlich

aut-, auto-
[v. gr. autos = selbst], in Zss.: selbst-.

Autoradiographie

kann die gesamte Pflanze größer werden. Oft ist aber durch die Autopolyploidisierung die Fertilität herabgesetzt, da es zu Störungen bei der Parallelkonjugation während der Meiose kommt. Soll eine ordnungsgemäße Trennung der homologen Chromosomen zustande kommen, so dürfen sich nur 2, aber nicht mehr homologe Chromosomen paaren. Das Wachstumsoptimum autopolyploider Organismen liegt nicht immer bei höchsten Ploidiewerten; z. B. ist bei Zuckerrüben der Ertrag v. triploiden am höchsten. Triploide sind jedoch häufig völlig steril, da die Aufteilung der Chromosomen nur äußerst selten zu normalen Gameten führt. So wird das Saatgut für die triploide Zuckerrübe (AAA) durch Kreuzung von Di- und Tetraploiden (AA × AAAA) gewonnen. Diverse Apfelsorten (z. B. Gravensteiner) sind ebenfalls triploid; wegen ihrer vegetativen Vermehrung stören die Meiose-Schwierigkeiten jedoch nicht. Bei Tieren ist A. selten, da dadurch Störungen in der genotyp. Geschlechtsbestimmung vorkommen; sie tritt v. a. bei hermaphrodit. od. parthenogenet. Gruppen (z. B. Schnecken) auf.

Autoradiographie w [v. *auto-, lat. radius = Strahl, gr. graphein = schreiben], photograph. Verfahren zum Nachweis u. zur Charakterisierung radioaktiver Stoffe, entweder direkt in mikroskop. Schnittpräparaten (Mikro-A.) od. nach Auftrennung durch papierchromatograph., elektrophoret. u. a. Methoden. Die zur A. am häufigsten eingesetzten radioaktiven Isotope sind ^{3}H, ^{14}C, ^{35}S und ^{32}P. Übliche Vorläufer, deren in-vitro- oder in-vivo-Umsetzungen durch A. gemessen werden, sind z. B. ^{3}H-Thymidin (in-vivo-DNA-Synthese), ^{3}H-, ^{14}C- oder ^{32}P-Desoxyribonucleosidtriphosphate (in-vitro-DNA-Synthese und DNA-Sequenzierung), ^{3}H-Uridin, ^{3}H-Cytidin (in-vivo-RNA-Synthese), ^{3}H-, ^{14}C-, od. ^{32}P-Ribonucleosidtriphosphate (in-vitro-RNA-Synthese), ^{3}H-Leucin, ^{35}S-Methionin bzw. ^{14}C-Aminosäuren (Proteinsynthese). Zur Sequenzierung v. DNA bzw. RNA werden ^{32}P-Phosphatreste (z. B. durch Übertragung eines γ-^{32}P-Phosphatrests v. ATP) selektiv in die endständigen Nucleotidpositionen eingeführt. Im Falle v. papierchromatograph. bzw. gelektrophoret. Auftrennung radioaktiver Produkte verursachen diese in einem über dem Papierchromatogramm bzw. Gel aufgelegten Film ein entwickelbares Muster v. Schwärzungen, das als *Autoradiogramm* bezeichnet wird. Autoradiogramme zeigen bes. hohe Auflösung, wenn die zugrundeliegenden Trennmethoden zweidimensional durch Kombination entspr. Trennverfahren (z. B. Papierchromatographie, Dünnschichtchromatographie od. Elektrofokussierung in der 1. Dimension, Papier- od. Gelektrophorese in der 2. Dimension) durchgeführt werden. Die entstehenden Autoradiogramme werden je nach Art der aufgetrennten radioaktiven Stoffe als Peptid-, Protein-, Nucleotidusw. -*Fingerprint* bezeichnet. A. ist in Kombination mit den entspr. Trennverfahren v. großer analyt. Bedeutung für praktisch alle biologisch wichtigen Substanzklassen, bes. aber für die Analyse komplexer Peptid- und Proteingemische u. für die Sequenzanalyse v. DNA (s. Abb.) u. RNA. Bei der historisch älteren *Mikro-A.* werden die als niedermolekularen Vorstufen dienenden Stoffe (z. B. Aminosäuren, Nucleoside) in ^{3}H-markierter Form an Zellen (od. ganze Organismen) verfüttert u. letztere nach verschieden langen Zeiten fixiert u. histologisch aufgearbeitet. Die histolog. Schnittpräparate werden dann mit einer Filmemulsion überzogen u. für eine gewisse Zeit im Dunkeln exponiert. Bei dieser A. entstehen durch die radioaktive Strahlung bestimmter Objektbereiche reduzierte Silberhalogenide in der Photoemulsion, die beim anschließenden photograph. Entwicklungsprozeß als Silberkörnchen („grains") sichtbar werden, ganz analog der Belichtung eines Kamerafilms. Bei der mikroskop. Auswertung der Autoradiogramme kann man nun sowohl die grains als auch (nach entspr. histolog. Übersichtsfärbung) die darunterliegenden Zellstrukturen (die „Strahlungsquellen") erkennen. Verfüttert man z. B. radioaktiv markierte RNA-Vorstufen für kurze Zeit an Zellen u. fixiert schon nach wenigen Minuten, so findet man fast alle Körnchen über den Zellkernen bzw. über den ⁄ Puffs v. Riesenchromosomen; dies erlaubt den Schluß, daß dort die RNA-Synthese aus

---

Autoradiographie eines DNA-Sequenzierungsgels

Die v. radioaktiv markierter DNA durch vier basenspezif. Reaktionen erhaltenen Fragmentgemische (⁄DNA-Sequenzierung) wurden durch Elektrophorese in einem Polyacrylamidgel nach wachsender Größe getrennt (Laufrichtung v. oben nach unten, v. oben nach unten abnehmende Kettenlängen der DNA-Fragmente). Nach der Auftrennung werden die Positionen der radioaktiven Fragmente durch die Schwärzungen des aufgelegten Röntgenfilms sichtbar *(Autoradiogramm)*. Die mit G indizierte Spur zeigt die Reihenfolge der an den Guanylsäureresten gespaltenen Fragmente an, die mit A>C indizierte Spur die Reihenfolge der an den Adenylsäureresten u. in geringerem Maße an den Cytidylsäureresten gespaltenen Fragmente, während die mit C bzw. C+T indizierten Spuren die Reihenfolge der an den Cytidylsäureresten bzw. an den Cytidylsäure- u. Thymidylsäureresten gespaltenen Fragmente wiedergeben. Die Nucleotidsequenz der DNA (am rechten Rand des Autoradiogramms wiedergegeben) kann so direkt aus dem aufsteigenden Bandenmuster der vier Bahnen abgelesen werden.

den Vorstufen erfolgt. Fixiert man die Zellen erst nach längeren Zeiträumen, so treten immer weniger grains über den Kernen u. immer mehr über dem Cytoplasma auf. Die A. erlaubt sozusagen durch die Aufnahme statischer Schnappschüsse in zeitl. Sequenz, dynamisch verlaufende, biochem. Prozesse in der Zelle zu beschreiben. A. ist auch an elektronenmikroskop. Präparaten möglich, jedoch werden hier spezielle Anforderungen an die Photoschicht u. den Energiebereich des β-Strahlers gestellt (monomolekulare Silberbromidschicht, „weiche", z. B. sog. Auger-Elektronen). Klassische Beispiele für die Anwendung der Mikro-A. sind der Nachweis der semikonservativen DNA-Replikation ([B] Replikation der DNA) (Taylor, 1957; *Vicia*-Gewebekulturzellen) sowie die Identifikation des rauhen endoplasmatischen Reticulums als Syntheseort der Exportproteine (Palade, 1961; exokrines Pankreas des Meerschweinchens).

B. L./H. K.

Autoreduplikation w [v. *auto-, lat. reduplicatio = Verdoppelung], ↗ Replikation.

Autoregulation w [v. *auto-, lat. regulare = regeln], Kontrolle der Expression eines Gens durch das betreffende gencodierte Protein auf der Ebene der Transkription od. Translation. Z. B. wirkt in *E. coli* der Repressor des Operons, das für Enzyme des Histidinabbaus codiert, auch als Autorepressor, indem er seine eigene Transkription inhibiert; auf die gleiche Weise wirkt der CI-Repressor des ↗ Lambda-Phagen. A. auf der Ebene der Translation ist in *E. coli* bei der Biosynthese ribosomaler Proteine bekannt.

Autorhythmie [v. *auto-, gr. rhythmos = Gleichmaß], bei isolierten, in geeignete Nährlösung eingebrachten Herzen die Beibehaltung ihrer rhythmischen Pulsation (über längere Zeit). Diese Fähigkeit besitzen jedoch nicht alle Herzzellen, sondern nur die Fasern des spezif. Erregungsbildungs- u. -leitungssystems.

Autorhythmometrie w [v. *auto-, gr. rhythmos = Gleichmaß, metrein = messen], Registrieren sich tagesperiodisch ändernder physiolog. Parameter (z. B. Puls, Reaktionszeit u. a.) durch Selbstbeobachtung od. automat. Datenerfassung zur Ermittlung der Periode, Amplitude u. Form der Schwingung.

Autorname, Name des Forschers, der eine Tier- od. Pflanzenart erstmals beschreibt u. benennt. Der A. folgt dem Artnamen oft in abgekürzter Schreibweise. Zus. mit der anschließenden Angabe des Erscheinungsjahres soll er das Auffinden der Originalbeschreibung erleichtern. Beispiel: der Gemeine Regenwurm od. *Lumbricus terrestris* L., 1758 (L. = Linnaeus = Linné). Wird die Art später in eine andere Gatt. gestellt, folgt der A. in Klammern.

Autosomen [Mz.; v. *auto-, gr. sōma = Körper], Bez. für alle Chromosomen eines Chromosomensatzes mit Ausnahme der Geschlechtschromosomen *(Heterosomen);* der Mensch besitzt 22 A.paare u. 2 Geschlechtschromosomen.

Autospore w [v. gr. autosporos = von selbst gesät], eine unbewegl. Sporenform, die ungeschlechtlich in Algen *(Chrysosphaeriales, Chlorococcales)* gebildet wird u. bereits das charakterist. Aussehen der Mutterzelle hat.

autosteril [v. *auto-, lat. sterilis = unfruchtbar], *selbststeril,* Bezeichnung für Pflanzen, bei denen nach Bestäubung mit dem eigenen Pollen keine Samenbildung erfolgt, weil zum Beispiel die Pollenschläuche nur langsam wachsen od. verkümmern u. somit die Fremdbestäubung gefördert wird.

Autostylie w [v. *auto-, gr. stylos = Griffel], direkte Befestigung des Kieferbogens am Hirnschädel über eine vordere u. eine hintere Anlagerungsstelle, die v. Fortsätzen des Oberkieferknorpels gebildet werden (ohne Beteiligung des Hyomandibulare, ↗ Amphistylie, ↗ Hyostylie). Ist die Verbindung gelenkig gestaltet, so spricht man v. *Autodiastylie* (fossile Quastenflosser), besteht eine kontinuierl. Verschmelzung, von *Autosynstylie* (Chimären, Lungenfische). ↗ Kiefer.

Autosynapsis w [v. *auto-, gr. synapsis = Verbindung], Paarung der beiden ident. Schenkel v. Isochromosomen während der Prophase der Meiose; als Folge kann es zu einem crossing-over kommen.

Autotillie w [v. *auto-, gr. tillein = rupfen], die ↗ Autotomie.

Autotomie w [v. *auto-, gr. tomē = das Abschneiden], *Autotillie, Selbstverstümmelung,* die Fähigkeit vieler Tiere, bei Verletzung od. Gefahr Körperteile abzuwerfen u. im Anschluß wieder zu regenerieren. A. erfolgt immer an präformierten Bruchstellen, die mit Schließmuskeln versehen sind, so daß der Blutverlust sehr gering bleibt. Die größte Bedeutung der A. liegt bei Gliederfüßern wahrscheinlich in der Beseitigung verletzter Körperanhänge u. damit verbundener unkontrollierter Blutungen. Beispiele für A. sind das Abwerfen v. Beinen bei Krebsen u. des Schwanzes bei Eidechsen.

Autotrophie w [v. gr. autotrophos = sich selbst ernährend; Bw. *autotroph*], Ernährungsweise v. grünen Pflanzen u. vielen Mikroorganismen, bei der nur anorgan. Stoffe zum Wachstum benötigt werden (z. B. Mineralsalze, CO_2, NH_4^+). Der Ener-

aut-, auto-
[v. gr. autos = selbst], in Zss.: selbst-.

Autotropismus

giegewinn dieser *autotrophen* Organismen ist *phototroph* in der ↗ Photosynthese od. *chemotroph* (↗ Chemosynthese) durch die Oxidation v. anorgan. Substraten (z. B. H_2, NH_4^+, NO_2^-, H_2S, S). Um den Stoffwechsel, bes. v. Mikroorganismen, genauer zu charakterisieren, wird heute der Begriff A. meist auf die Benennung der *autotrophen Kohlendioxidassimilation* eingeschränkt. Der autotrophe Energiestoffwechsel wird dann als *Photo-* bzw. *Chemolithotrophie* bezeichnet. Der wichtigste Weg der autotrophen Kohlendioxidassimilation ist der Ribulosediphosphat-Weg (Calvin-Zyklus), der bei grünen Pflanzen, Cyanobakterien u. den meisten phototrophen Bakterien funktionsfähig ist. Bei einigen Bakterien finden sich andere Wege der autotrophen Kohlendioxidassimilation (Methanbildner, einige phototrophe Bakterien). Ggs.: Heterotrophie.

Autotropismus *m* [v. *auto-, gr. tropos = Hinwendung], Bestreben v. Pflanzenteilen, bes. Sprossen, bei Störung der Normallage selbständig wieder in diese zurückzukehren; z. B. bei Ranken. ↗ Tropismus.

Autovakzine [Mz.; v. *auto-, frz. vacciner = impfen], *Eigenimpfstoffe,* Impfstoffe, deren antigenes Material (abgetötete od. abgeschwächte Keime) aus dem Körper des Kranken selbst stammt u. ihm nach entsprechender Verarbeitung reinjiziert wird, um die Erzeugung v. Antikörpern zu stimulieren.

Autozoide [Mz.; v. *auto-, gr. zōoeidēs = tierartig], *Autozooide,* „normale" Einzeltiere in Kolonien, in denen z. T. ↗ Arbeitsteilung stattgefunden hat, z. B. bei ↗ Moostierchen od. ↗ Octocorallia. Ggs.: Heterozoide.

Auwald, der ↗ Auenwald.

Auxanographie *w* [v. gr. auxanein = wachsen lassen, graphein = schreiben], *auxanographische Methode,* ein von M. W. Beijerinck (1889) entwickeltes Verfahren zur Untersuchung der wachstumsfördernden od. -hemmenden Wirkung chem. Substanzen auf Mikroorganismen. Der Testorganismus wird auf die Oberfläche eines festen Nährbodens (mit Gelatine od. Agar) ausgestrichen, in dem die zu prüfende Substanz nicht enthalten ist; dann wird die Testsubstanz nur an bestimmten Stellen aufgetragen. Der Testorganismus kann auch in den gerade noch flüssigen Nähragar (45°C) eingemischt u. dann in Platten gegossen werden. Die zu prüfende Substanz wird nach dem Erstarren des Agars aufgelegt. Sie diffundiert dann in den Nährboden u. kann den Stoffwechsel der Mikroorganismen beeinflussen. Auf diese Weise wird z. B. die Assimilationsfähigkeit v. Hefestämmen für verschiedene Kohlenstoff- u. Stickstoffverbindungen bestimmt. Bei einer positiven Wirkung entstehen nach einer bestimmten Bebrütungszeit Wachstumszonen um die aufgetragene Substanz (z. B. Lactose). Das Ergebnis der A. wird als *Auxanogramm* bezeichnet. Die A. ist die Grundlage für die vielfältigen Agardiffusions- u. Biotests.

aut-, auto- [v. gr. autos = selbst], in Zss.: selbst-.

Auxiliarloben [Mz.; v. lat. auxiliaris = helfend, gr. lobos = Lappen], *Hilfsloben,* in der Paläontologie von L. v. Buch (1829) eingeführter Ausdruck für laterale Suturelemente zw. dem 2. Laterallobus (↗ Lobenlinie) u. der Naht; heute meist ersetzt durch *Suturalloben;* im engl. Sprachraum noch als „auxiliaries" für Teilelemente des Suspensivlobus verwendet.

Auxiliarzellen [v. lat. auxiliaris = helfend], bei einigen Rotalgenarten vom Gametophyten gebildete Nähr- od. Hilfszellen, mit denen einzelne Zellen der sporogenen Fäden verschmelzen, ohne daß eine Kernverschmelzung erfolgt. Diese Zellverschmelzung hat reine Ernährungsfunktion. An den Verschmelzungsstellen bilden die sporogenen Fäden dann den Karposporophyten. ↗ Rotalgen.

Auxinantagonisten [Mz.; v. gr. auxanein = wachsen lassen, antagōnistēs = Gegenspieler], Substanzen, die bei Pflanzen die Wirkung v. ↗ Auxinen hemmen u. deren inhibierende Wirkung zumindest teilweise durch erhöhte Auxingaben wieder aufgehoben werden kann. Spezifische kompetitive Inhibitoren der Auxinwirkung (Konkurrenz um denselben Wirkort) werden *Antiauxine* genannt. Auch synthet. Auxine können als A. wirken, z. B. Phenylessigsäure, Phenylbuttersäure, 2,3,5-Triiodbenzoesäure.

Indol-3-essigsäure (IES)

2,4-Dichlorphenoxyessigsäure (2,4-D)

Auxine

Auxine [Mz.; v. gr. auxanein = wachsen lassen, vermehren], natürl. und synthet. *Wuchsstoffe,* die das Streckungswachstum v. Sprossen fördern u. das Längenwachstum der Wurzeln hemmen. Wichtigster natürl. Vertreter dieser Phytohormone ist die *Indol-3-essigsäure* od. β-*Indolylessigsäure (IES).* Zur quantitativen Bestimmung der IES dient der ↗ Hafercoleoptilenkrümmungstest (Avenatest). Hauptbildungsstätten der IES in der höheren Pflanze sind embryonales Gewebe, sich entwickelnde Samen, photosynthet. Organe, Endknospen u. junge Blätter; auch in Speichergeweben, Coleoptilen u. Pollen wird sie gefunden. Die Biosynthese der IES erfolgt aus Tryptophan über Indol-3-pyruvat u. Indol-3-acetaldehyd. Abgebaut wird sie durch enzymat. Oxidation. Der IES-Transport erfolgt entweder im Phloem (nicht polarisiert) od. im Parenchym (strikt polar v. Zelle zu Zelle in basipetaler Richtung). Die Wirkungen der IES sind sehr vielfältig u. konzentrationsabhängig, wobei IES als Auslöser fungiert u. die Spezifität der Reaktion v. jeweiligen Differenzierungszustand der Zelle abhängt. Beispiele für IES-Wirkung sind ↗apikale Dominanz, Förderung des Streckungswachstums u. der Teilungsaktivität v. Zellen (Kambium) sowie rasche Wurzelbildung u. Bildung v. Adventiv- u. Seitenwurzeln. Prakt. Anwendung finden A. in der Landw. u. Gärtnerei bevorzugt als synthet. A. mit struktureller Ähnlichkeit zur IES u. mit ähnl. Wirkung; sie werden meist nicht od. nicht so schnell wie die IES durch pflanzeneigene Enzyme abgebaut, so daß eine nachhaltigere Wirkung erzielt wird. Synthetische A. werden u. a. zur Stecklingsbewurzelung, Parthenokarpie (Fruchtbildung ohne vorhergehende Befruchtung) u. Beschleunigung der Fruchtreife eingesetzt, aber auch zur Unkrautvernichtung. Ein wichtiges synthet. Auxin ist die *2,4-Dichlorphenoxyessigsäure* (2,4-D), ein Herbizid, weitere sind *Indolylbuttersäure* sowie *Naphthylessigsäure.*

auxochrome Gruppen [v. *auxo-, gr. chrōma = Farbe], *Auxochrome,* funktionelle Gruppen v. Farbstoffmolekülen (z. B. Naturfarbstoffe, Pigmentfarben), die allein keine Farbigkeit besitzen, jedoch als „Farbbildungshelfer" fungieren. Wichtige a. G. sind -NH$_2$, -NHR, -N(R)$_2$, -OH, -OCH$_3$. Sie besitzen freie Elektronenpaare, mit denen sie durch Überlappung mit dem π-System der chromophoren Gruppe zur Mesomerie beitragen u. damit die vorhandene Farbintensität od. Farbtönung verändern.

Auxospore *w* [v. *auxo-, gr. spora = Same], die aus einem Sexualakt hervorgehende Zygote (bzw. Zygozyote) v. Diatomeen; in seltenen Fällen kann die A. auch asexuell entstehen.

Auxotrophie *w* [v. *auxo-, gr. trophē = Ernährung; Bw. *auxotroph*], Form der Ernährung v. Mutantenstämmen z. B. von Bakterien, die zum Wachstum einen od. mehrere Wachstumsfaktoren (z. B. Aminosäuren, Vitamine, Purine, Pyrimidine) zusätzlich zu den übl. Nährstoffen benötigen. Das erforderl. Stoffwechselprodukt ist in der Regel das Endprodukt des genetisch blockierten Biosyntheseweges. Die Anreicherung u. Isolierung der auxotrophen Mutante kann durch die sog. Penicillin-Methode erfolgen. Ggs.: Prototrophie der Wildstämme.

Avena *w* [lat., =], der ↗Hafer.

Avenasterin *s* [v. lat. avena = Hafer, gr. stear = Fett], ein Phytosterin aus grünen Meeresalgen.

Avenatest *m* [v. lat. avena = Hafer], der ↗Hafercoleoptilenkrümmungstest.

Auxine
Biosynthese der Indol-3-essigsäure (IES)

Tryptophan

Indol-3-pyruvat

Indol-3-acetaldehyd

Indol-3-essigsäure

auxo- [v. gr. auxein = wachsen lassen, vergrößern, vermehren].

Averrhoa *w* [ben. nach Averrhoes, arab. Arzt, 1126–98], Gatt. der ↗Sauerkleegewächse.

Aversion *w* [v. lat. aversio = Abwendung, Widerwille], *Abneigung, Widerwille,* in der Verhaltensforschung Ggs. von ↗Appetenz, also eine Neigung zur Vermeidung einer Situation od. einer Handlung. Es gibt sowohl angeborene A. als auch erlernte od. ↗bedingte A.

Avery [äwᵉri], *Oswald Theodore,* kanad. Bakteriologe, * 21. 10. 1877 Halifax, † 20. 2. 1955 New York; arbeitete seit 1913 am Rockefeller Institute Hospital in New York; lieferte mit seinen Transformationsversuchen (1944) an Pneumokokken den Beweis für die Bedeutung der Desoxyribonucleinsäure als genet. Material („transformierendes Prinzip") u. begr. damit die Molekulargenetik u. Immunchemie.

Aves [Mz.; lat., =], die ↗Vögel.

Aviadenovirus *s*, Gatt. der ↗Adenoviren.

Aviarium *s* [lat., = Vogelhaus], *Vogelhaus,* z. B. in Zool. Gärten.

Avicula *w* [lat., = Vögelchen], veralteter Gatt.-Name der ↗Perlmuscheln.

Avicularien [Mz.; v. lat. avicula = Vöglein], stark modifizierte Einzeltiere in ↗Moostierchen-Kolonien (↗Arbeitsteilung): zangentragend, dadurch Aussehen oft wie Vogelkopf (Name!); Funktion: wohl Wegfangen v. anderen Tieren, die sich festsetzen u. die Kolonie überwachsen könnten (eine entspr. Aufgabe haben die ↗Pedicellarien der Stachelhäuter).

Aviculariidae [Mz.; v. lat. avicula = Vögelchen], die ↗Vogelspinnen.

Avidin *s* [v. lat. avis = Vogel], basisches, aus vier ident. Untereinheiten bestehendes Glykoprotein des Hühnereiweißes; bildet zus. mit Lysozym u. Conalbumin das antibakterielle System des Hühnereies. A. bindet in stöchiometr. Mengen nichtkovalent an Biotin (Vitamin H), wodurch dessen Resorption durch die Darmschleimhaut verhindert wird. Genuß größerer Mengen roher Eier (beim Kochen wird A. denaturiert) kann somit zu Biotinmangelerscheinungen führen.

Avidität *w* [v. lat. aviditas = Verlangen, Appetit], Bez. für die Stärke der Antigen-Antikörper-Bindung nach der Bildung des Antigen-Antikörper-Komplexes. Die A. einer ↗Antigen-Antikörper-Reaktion kann als Ausmaß der Dissoziation des Antigen-Antikörper-Komplexes in freie Antikörper u. freies Antigen nach der Bildung des Komplexes gemessen werden (Bestimmung der Austauschrate zw. Antikörpergebundenem, radioaktiv markiertem Antigen u. unmarkiertem, nicht gebundenem Antigen).

Avifauna *w* [v. lat. avis = Vogel], die Vogel-

Avipoxvirus

axial- [v. lat. axis = Achse], in Zss.: Achsen-.

welt eines bestimmten Gebiets (Stadt, Land, Insel usw.).

Avipoxvirus s, Gatt. der ↗ Pockenviren.

Avitaminosen, die Vitaminmangelkrankheiten, wie Skorbut, Pellagra, Beriberi. ↗ Vitamine.

Avocadobirne w [v. span. aguacate, das aus einer Indianersprache stammt u. an span. abogado = Anwalt angelehnt ist], *Avogadobirne, Advokatenbirne,* Beerenfrucht v. *Persea americana;* der immergrüne Strauch od. bis 20 m hohe Baum stammt aus dem trop. Amerika u. wird heute überall in den Tropen kultiviert. Die bis zu 12 cm langen, glänzenden, dunkelgrünen bis braunroten, einsamigen Früchte sind druckempfindlich u. nur wenig haltbar; sie werden daher per Luftfracht exportiert. Wegen des hohen Fettgehalts (Mittel 25%) werden die Früchte v. den Indianern zur Herstellung v. Speiseöl u. Seifen verwendet. Weitere Inhaltsstoffe sind 68% Wasser, 1,9% Proteine u. 3,4% Kohlenhydrate. Das weiche Fruchtfleisch wird roh als Salat od. Gemüse gegessen. B Kulturpflanzen VII.

avoidance [ᵉwoidᵉns; engl., = Vermeidung], **1)** morpholog. oder physiolog. Eigenschaften v. Pflanzen, durch welche die Organismen den Eintritt v. Schäden (z. B. durch Trockenheit od. extreme Temperaturen) verzögern od. vermeiden können. **2)** in der Ethologie bes. gebraucht im Zusammenhang mit Vermeidungslernen *(avoidance conditioning);* ↗ bedingte Aversion, ↗ bedingte Hemmung.

Axelrod [äkßᵉlrod], *Julius,* am. Biochemiker, * 30. 5. 1912 New York; arbeitet seit 1949 an den National Institutes of Health in Bethesda (Md.); erforschte die chem. Vorgänge an den Synapsen (Kontaktstellen der Nervenendigungen), untersuchte in diesem Zshg. Bildung, Freisetzung u. Abbau der Transmittersubstanzen; erhielt 1970 zus. mit U. von Euler-Chelpin u. B. Katz den Nobelpreis für Medizin.

Axenie w [v. gr. axenia = Ungastlichkeit], die passive Resistenz v. Pflanzen gegenüber Parasiten; ist durch anatom., physiolog. u. biochem. Eigenschaften der Pflanze bedingt u. wird im Ggs. zur aktiven Resistenz nicht als Abwehrreaktion auf den Parasiten hervorgerufen.

axenische Kultur [v. gr. axenos = ungastlich], die ↗ Reinkultur; i. e. S. Reinkulturen eines Mikroorganismus, der in der Natur in sehr engem Kontakt mit anderen Organismen lebt; z. B. Wachstum v. normalerweise obligaten Parasiten oder v. Symbionten ohne Wirtsorganismus.

Axerophthol s, das ↗ Retinol.

axial [v. lat. axis = Achse], in der Achsenrichtung gelegen.

Axialdrüse w [v. *axial-], das ↗ Axialorgan.

Axialfilament s [v. *axial-, lat. filamentum = Fadenwerk], *Achsenfaden,* **1)** Gesamtheit der Axialfibrillen in ↗ Spirochäten. **2)** Kernfaden aus DNA bei der Ausbildung v. Endosporen der Bakterien.

Axialorgan s [v. *axial-], *Axialdrüse,* entsteht durch Abwucherung v. Gewebe des Axocoels (Protocoels) der ↗ Stachelhäuter u. ist ein Knäuel v. Blutlakunen u. sekretorisch tätigen Zellen; zentrales Organ in der Konstruktion der Stachelhäuter mit Herz-, Exkretions-, Sekretions- u. Abwehrfunktion.

axillar [v. lat. axilla = Achselhöhle], blattachselständig.

Axillarader w [v. lat. axilla = Achselhöhle], *Jugalader,* Ader des basalen, körpernahen Jugalfeldes im Insektenflügel; Benennung uneinheitlich; gelegentlich werden auch viele Analadern als A.n bezeichnet.

Axillardrüsen [v. lat. axilla = Achselhöhle], bes. beim weibl. Säugetier (auch beim Menschen) deutlich ausgebildeter Hautdrüsenkomplex v. „Duftdrüsen" *(apokrine Schweißdrüsen),* die sich durch ihre alveolären Drüsenbläschen v. normalen (tubulären) Schweißdrüsen unterscheiden u. ursprünglich der Ausscheidung v. Sexuallockstoffen dienen. Sie bilden das obere Ende der sog. Milchleiste, der beidseitigen Reihe v. Milchdrüsenanlagen beim Säuger. Vergleichbare Duftdrüsen sind auch in der Genitalregion, um den After u. um die Brustwarzen, in der Nasenhöhle u. im Gehörgang ausgebildet. Ihre Sekretion beginnt mit der Pubertät, erlischt mit dem Ende der Keimdrüsenaktivität u. ist bei der Frau abhängig v. Menstruationszyklus.

Axillaria [v. lat. axilla = Achselhöhle], *Pteralia,* Gelenkstücke des ↗ Insektenflügels.

Axillarstipeln [Mz.; v. lat. axilla = Achselhöhle, lat. stipula = Halm, Stoppel], ↗ Nebenblätter.

Axinella w [v. lat. axis = Achse], Schwamm-Gatt. der *Axinellidae;* bekannte Arten: *A. verrucosa* bildet bis zu 20 cm hohes Büschel aus zahlr. zylindr. Ästen auf kurzem Stamm, gelblich, orange, rötlich; ist auf Fels- u. Schlammböden u. in Grotten in 30–100 m Tiefe im Mittelmeer u. Nordatlantik verbreitet. *A. damicornis,* 10 cm hoher Fächer aus abgeflachten u. mit zum Teil miteinander verwachsenen Ästen; lebt auf Schlamm- u. Felsböden in 15–30 m Tiefe sowie in Höhlen v. 2–10 m Tiefe, häufig mit *Parazoanthus* bewachsen; Vorkommen Mittelmeer und N-Atlantik. *A. cannabina* ist baumförmig, Oberfläche mit unregelmäßigen Höckern, auf denen sich die Oscula befinden, gelblich bis orange; kommt auf Schlammböden in einiger Tiefe vor, relativ häufig.

Axinellida, Schwamm-Ord. der *Tetractinomorpha* mit 9 Fam., davon die bedeutendsten ↗ *Axinellidae* u. ↗ *Raspailiidae;* Wuchsform verzweigt, werden bis zu 50 cm hoch; die meisten Arten sind orangefarben, das Skelett besteht aus Sponginfasern u. glatten, mon- oder diactinen Megaskleriten, selten Mikrokleriten, dann meist in Form v. Sigmen; ↗ Oviparie; Bewohner des oberen Litorals zw. 0 und 100 m.

Axinellidae, Schwamm-Fam. der *Axinellida* mit zahlreichen Gatt. (bekannteste ↗ *Acanthella,* ↗ *Axinella,* ↗ *Phakellia*); besitzen mit Ausnahme v. Raphiden keine Mikrosklerite.

Axis m [lat., = Achse], *Epistropheus,* 2. Halswirbel der *Amniota* (Reptilien, Vögel, Säuger). Der A. bildet mit dem ↗ *Atlas,* dem 1. Halswirbel, eine funktionelle u. teilweise auch morpholog. Einheit. Mit einem ventral gelegenen, zapfenförm. Fortsatz, dem *Dens,* ragt der A. in den ringförm. Atlas hinein. Um den Dens als Achse können Drehbewegungen im Atlas-Axis-Gelenk ausgeführt werden. Der Dens ist, obgleich er funktionell zum A. gehört, morphologisch ein Bestandteil des Atlas, von dessen Wirbelkörper er früh in der Individualentwicklung abgegliedert u. dem A. zugeschlagen wird.

Axis [lat., = ind. Axishirsch], die ↗ Fleckenhirsche.

Axishirsch *(Axis axis)*

Axishirsch m [v. lat. axis = ind. Axishirsch], *Axis axis,* gehört ebenso wie der zur gleichen Gatt. (Fleckenhirsche) gestellte Schweinshirsch zur U.-Fam. der Echthirsche; lebt in seinem natürl. Verbreitungsgebiet, Indien u. Sri Lanka, in Herden aus 10–30 Individuen mit 2 od. 3 Hirschen. Dank seines wohl lebhaftesten Fleckenkleids unter allen Hirschen, das er zeitlebens beibehält, wurde der A. in viele Länder eingeführt, u. a. in Europa schon im Altertum durch die Römer. Seine Ansiedelung als Jagdwild in Neuseeland stellt wegen seiner hohen Fortpflanzungsrate eine Bedrohung für die dortige Landschaft dar.

axo- [v. gr. axōn = Achse], in Zss.: Achsen-.

Axocoel s [v. *axo-, gr. koilos = hohl], *Procoel, Protocoel,* vorderer v. drei Abschnitten der Leibeshöhle (Coelom) der Stachelhäuter; wird in der Individualentwicklung als paarige Bläschen angelegt. Das linke Bläschen wächst zu einer v. mundseitigen zum mundabgewandten Pol verlaufenden Röhre aus, die über einen Porus mit dem Seewasser in Verbindung steht. Das rechte A. bildet eine aboral gelegene Ampulle.

Axolemm s [v. *axo-, gr. lemma = Rinde, Schale], *Axolemma, Mauthnersche Scheide,* besteht elektronenmikroskopisch gesehen aus der Plasmamembran des ↗ Axons u. der innersten Lage (Anfang des Myelinwickels) der Schwannschen Zelle.

Axolotl s [aztekisch: Wassermonstrum], *Amblystoma (Siredon) mexicanum,* Vertreter der Querzahnmolche, der in der Regel als Larvenform (neoten) mit ca. 29 cm Länge geschlechtsreif wird. Freilebend nur im Xochimilcosee im SO der Stadt Mexiko. Plumpe, meist dunkle, im Handel aber auch albinotische Molche mit äußeren Kiemen u. Flossensaum. Die Neotenie beruht auf einer Unterfunktion der Schilddrüse; Verfütterung v. Schilddrüsengewebe od. Injektion v. Thyroxin führt zur Metamorphose; die terrestr. Form ähnelt dann einem Tigersalamander. [B] Atmungsorgane I.

Axon m, s [gr., = Achse], *Achsenzylinder, Neurit,* erregungsleitender Fortsatz v. ↗ Nervenzellen, der mit einer od. häufig mehreren baumartig verzweigten Synapsen endet, die die Verbindungsstellen zu anderen Zellen (Nerven-, Muskel-, Sinnes- od. Drüsenzellen) darstellen. A.e können in ihrem Verlauf Seitenzweige (Kollaterale) abgeben. Die Länge der A.e ist unterschiedlich, kann aber über einen Meter betragen *(Riesen-A.e).* Die A.e der peripheren Nerven sind v. Schwann-Zellen, speziellen Gliazellen, umgeben, die sich im Laufe der Ontogenese mehrfach um den A. wickeln können. A. und Hülle werden dann als *Nervenfaser* bezeichnet. Man unterscheidet demnach marklose od. nicht myelinisierte v. markhaltigen od. myelinisierten Nervenfasern. Die myelinisierten Nervenfasern sind in regelmäß. Abständen v. 1–2 mm durch Einschnürungen, die *Ranvierschen Schnürringe,* unterbrochen. Bei ihnen erfolgt die Erregungsleitung v. Schnürring zu Schnürring, wohingegen die Erregung bei nicht myelinisierten Nervenfasern entlang der A.membran weitergeleitet wird. ↗ Erregungsleitung.

axonaler Transport, *axoplasmatischer Transport,* intrazellulärer Stoffaustausch zw. Soma, Axon u. Dendriten. Die für die Funktion einer Nervenfaser erforderl. Moleküle werden nur im Soma einer Nerven-

axo- [v. gr. axōn = Achse], in Zss.: Achsen-.

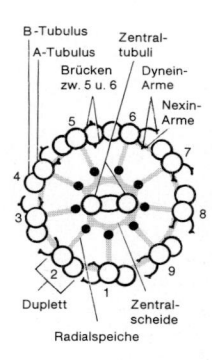

Axonema

Axonema einer Cilie (Geißel, Flagelle) im Querschnitt (schematisch; Blickrichtung v. Kinetosom zum freien Cilienende)

faser synthetisiert und müssen an ihre Wirkorte (Dendrite, Axon u. Synapsen) transportiert werden. Untersucht wird der a. T. mit Hilfe v. in das Soma applizierten, radioaktiv markierten Aminosäuren, die dort in Proteine eingebaut werden. Man unterscheidet einen langsamen a. T., 1 bis 5 mm/Tag, u. einen schnellen a. T., mehrere hundert mm/Tag (Nervus ischiadicus der Katze: 400 mm/Tag). Die Mechanismen des a. T.s sind noch weitgehend unklar. Diskutiert wird für den schnellen a. T. ein energieverbrauchender Transport entlang einer Matrix aus Neurofibrillen u. für den langsamen a. T. ein Wandern der Axoplasmasäule selbst od. verursacht durch Auf- und Abbau von Neurotubuli.

Axonema s [v. *axo-, gr. nēma = Faden], *Axonem*, früher *Achsenfaden* genannt, Überstruktur der im Querschnitt v. Cilien u. Geißeln (Undulipodien) zu erkennenden 20 ↗Mikrotubuli (9 peripher angeordnete Dupletts, 2 Zentraltubuli als Singuletts); Gesamtdurchmesser des A.s 200 nm, bei allen Eukaryoten konstant u. v. der Länge der Undulipodien unabhängig. Die peripheren Dupletts sind im Querschnitt nicht exakt tangential, sondern schräg orientiert. Der A-Tubulus, d. i. der dem Zentrum näherstehende Mikrotubulus, besitzt eine komplette Wand aus 13 Tubulinprotofilamenten, während der achsenfernere B-Tubulus dem A-Tubulus seitlich ansitzt u. 3 Protofilamente mit ihm gemeinsam hat. Von den A-Tubuli gehen in Richtung zum benachbarten Duplett je zwei *Dynein*-„Arme" ab. Diese Arme haben im Längsschnitt eine Periodizität von 22,5 nm. Das diese Arme bildende hochmolekulare Protein Dynein hat ATPase-Aktivität u. weist gewisse Analogien zum ↗Myosin der Muskeln auf. Die Symmetrieebene des A.s liegt senkrecht zur Verbindungslinie der beiden zentralen Mikrotubuli und fällt mit der Schlagrichtung des Undulipodiums zusammen. Die beiden zentralen Mikrotubuli umgibt eine schraubenförmige Zentralscheide; von ihr verlaufen in Längsabständen v. etwa 22 nm Radialspeichen zu den A-Tubuli der Dupletts. Eine lockere Verbindung der Dupletts miteinander besorgen Tangentialstrukturen, die v. dem Strukturprotein *Nexin* (relative Molekülmasse 165 000) gebildet werden.

Axonhügel m [v. *axo-], bei nicht myelinisierten Nervenfasern Austrittsstelle des Axons aus dem Nervenzellkörper (Soma). Der A. besitzt ein stark erniedrigtes Schwellenpotential u. ist bei Reizung der Nervenzelle Entstehungsort der aktiv weitergeleiteten ↗Aktionspotentiale. Durch das stark erniedrigte Schwellenpotential u. die Lokalisation des A.s ist gewährleistet, daß bei Erregung der Zelle Aktionspotentiale nur an einem Ort entstehen u. in die Peripherie weitergeleitet werden. Diesem kommt für die gerichtete Erregungsleitung bes. Bedeutung zu, da Nervenzellen bei ausreichender Reizintensität an jeder Stelle erregt werden u. Aktionspotentiale in jede Richtung leiten können.

Axonreflex m [v. *axo-], die Erregung v. dünnen cutanen Axonen durch einen mechan., chem. od. elektr. Reiz führt zu einer Vasodilatation, d. h. zur Rötung der gereizten Hautgebiete. Da diese Rötung auch eintritt, wenn die ↗Afferenzen zum Zentralnervensystem wie auch die sympathische Innervation der Gefäße zerstört sind, schloß man daraus, daß Kollaterale der Hautafferenzen die Gefäße direkt innervieren u. bei Erregung zur Dilatation bringen. Es ist aber auch denkbar, daß die Erregung der Afferenzen Substanzen in der Haut freisetzt, die die Gefäßerweiterung bewirken. Da außerdem bei dieser Erscheinung im Ggs. zum „klassischen Reflex" keine Synapsen beteiligt sind, ist die Bez. „Axonreflex" nur mit Einschränkung anwendbar.

Axoplasma s [v. *axo-, gr. plasma = Gebilde], Cytoplasma des ↗Axons; enthält v. a. Neurofibrillen (10-nm-Filamente), Mitochondrien u. Neurosekretgranula.

axoplasmatischer Transport, der ↗axonale Transport.

Axopodien [Mz.; v. *axo-, gr. podion = Füßchen], für *Heliozoa* (Sonnentierchen, Einzeller) kennzeichnende Form der Scheinfüßchen *(Pseudopodien)*, die mit einem aus Mikrotubuli bestehenden Achsenstab versteift sind. Die Mikrotubuli stehen in höchster Ordnung zueinander, oft z. B. in Form zweier ineinander gewundener Spiralen. Die A. dienen als Schwebefortsätze u. dem Nahrungserwerb, indem an ihnen festhaftende Nahrungspartikel dem Zellkörper durch Plasmaströmung zugeführt werden.

Axostyl s [v. *axo-, gr. stylos = Stütze], *Achsenstab*, ein für polymastigine Flagellaten (Geißeltierchen, Einzeller) charakterist. Organell, das die Funktion eines inneren Cytoskeletts besitzt. Das A. besteht aus oft in strenger Regelmäßigkeit angeordneten ↗Mikrotubuli, die als Achse den Zelleib durchlaufen; es nimmt seinen Ursprung an den Basalkörpern der Geißeln.

Aye-Aye m [aus dem Madagass.], das ↗Fingertier.

Aythya w [v. gr. aithyia = Tauch-Vogel], Gatt. der ↗Tauchenten.

Aytoniaceae [Mz.], Fam. der *Marchantiales* mit 3 Gatt., xerophytische Lebermoose, meist mit Rollthallus. Von den Gatt. *Reboulia, Plagiochasma* u. *Mannia* ist v. a. die holarktisch verbreitete Art *M. fragans* zu erwähnen, deren Thallus nach Zedernholzöl riecht.

Ayu *m*, *Plecoglossus altivelis*, ein bis 30 cm langer, stintähnl., meist nur einjähr., vorwiegend algenfressender Lachsfisch, die einzige Art der Fam. *Plecoglossidae;* er lebt an Küsten im NW des Pazifik u. steigt zum Laichen im Herbst schwarmweise in die Flüsse auf; die Jungfische ziehen noch vor dem Winter ins Meer. Der A. ist v. a. in Japan ein wirtschaftlich bedeutender Süßwasserfisch; außer mit Netzen wird er traditionell mit abgerichteten Kormoranen gefangen, die durch einen Halsring am Hinunterschlucken der Fische gehindert werden.

8-Azaguanin *s*, ein synthet. Antimetabolit des Purinstoffwechsels mit cytostat. Wirkung. [penrose.

Azalee *w* [v. gr. azaleos = trocken], ↗ Al-

Azanfärbung, histolog. Übersichtsfärbung; der Begriff setzt sich zus. aus den beiden Farbkomponenten *Azo*karmin G (einem sauren Azinfarbstoff) u. *Ani*linblau. Bei richtiger Differenzierung sind die Kerne rot, das Bindegewebe blau u. der Muskel je nach Fixierung orange bis rot gefärbt.

Azarafuchs [ben. nach dem span. Naturforscher F. de Azara, 1746–1811], *Dusicyon azarae*, ein zur Gruppe der Kampffüchse gehörender, vorwiegend grau gefärbter Wildhund der südam. Savanne.

Azaserin, *O-Diazoacetyl-L-Serin*, ein von *Streptomyces*-Stämmen gebildeter Antimetabolit. A. besitzt glutaminähnl. Struktur, weshalb es u. a. die Übertragung der Amidgruppe v. Glutamin bei der Purinsynthese bestimmter Mikroorganismen kompetitiv hemmt. Die daraus resultierende Inhibition der Purinsynthese führt letztlich zur Hemmung d. DNA-Replikation u. Transkription u. damit generell zur Wachstumshemmung sich schnell teilender Zellen, wie der Zellen v. Tumorgeweben. Darauf beruhen die Antitumoraktivität u. die bakteriostat. Wirkung des A.s gegenüber bestimmten pathogenen Mikroorganismen, wie Clostridien, *Mycobacterium tuberculosis*.

Azeca *w*, Gatt. der Kleinen ↗ Achatschnecken, die in Mitteleuropa lebt.

azinöse Drüse [v. lat. acinosus = weinbeerenartig], *alveoläre Drüse*, exokrine Drüse, deren sezernierender Teil beerenförmig ausgestaltet ist, z. B. Talg- u. Speicheldrüsen.

A-Z-Lösung, *Hoaglands A-Z-Lösung*, Spurenelementlösung, die als Zusatz zu spurenelementarmen Nährlösungen verwendet wird.

Azoikum *s* [v. gr. a-= nicht, zōon = Tier], veralteter, von Murchison 1845 vorgeschlagener Ausdruck für alle Strata älter

azo-, azoto- [v. frz. azote = Stickstoff, herzuleiten v. gr. a- = nicht, zōein = leben].

8-Azaguanin

Azaserin

A-Z-Lösung

Die A-Z-Lösung enthält folgende Salze (Zahlenangaben in mg pro l Wasser):

$Al_2(SO_4)_3$	55
KI (= KJ)	28
KBr	28
TiO_2	55
$SnCl_2 \cdot 2H_2O$	28
LiCl	28
$MnCl_2 \cdot 4H_2O$	389
$B(OH)_3$	614
$ZnSO_4$	55
$CuSO_4 \cdot 5H_2O$	55
$NiSO_4 \cdot 7H_2O$	59
$Co(NO_3)_2 \cdot 6H_2O$	55

als Silur, die für fossileer gehalten wurden; später meist im Sinne von ↗ Kryptozoikum verwendet.

Azollaceae [Mz.; v. port. azola = Wasserfarn, aus einer am. Sprache], *Algenfarngewächse*, Fam. der Wasserfarne mit der einzigen Gatt. ↗ Algenfarn *(Azolla)*.

Azomonas *w* [v. *azo-, gr. monas = Einheit], Gatt. der *Azotobacteraceae;* bewegl., pleomorphe Stickstoffixierer im Boden u. im Wasser, die im Ggs. zu *Azotobacter* keine Cysten bilden.

Azomycin *s* [v. *azo-, gr. mykēs = Pilz], *2-Nitro-Imidazol*, Antibiotikum aus *Nocardia mesenterica* u. *Streptomyces eurocidicus* mit extrem hohem Stickstoffgehalt (37%); wirksam gg. grampositive u. gramnegative Bakterien u. besonders gg. Protozoen.

azonale Böden [v. gr. a-= nicht, lat. zonalis = die Zonen betreffend], Böden, die aufgrund eines stark dominierenden bodenbildenden Faktors nicht an eine bestimmte Klima- bzw. Bodenzone gebunden sind (Auenböden, Andosole u. a.).

azonale Vegetation *w*, Vegetation, die in keiner Vegetationszone großflächig verbreitet ist, aber in mehreren Zonen mit verschiedenem Allgemeinklima in ungefähr gleicher Form erscheint, weil sie die gleichen Standortsfaktoren vorfindet. Hierzu gehören u. a. die Vegetation v. Grundwasser durchnäßter od. überschwemmter Böden u. die Vegetation der Gewässer, Dünen u. Felsen.

Azorella *w* [aus einer südam. Sprache], Gatt. der ↗ Doldenblütler.

Azospirillum *s* [v. *azo-, gr. speira = Windung], Gatt. der *Azotobacteraceae;* die stickstoffixierenden, spirillenförm. Bakterien lassen sich aus der Rhizosphäre u. Wurzeln verschiedener trop. Gräser, u. a. von Mais u. wichtigen Futtergräsern, sowie v. Blättern trop. Pflanzen isolieren. Es ist noch unklar, ob sie in engem Kontakt mit den höheren Pflanzen saprophytisch, parasitisch od. sogar symbiontisch eine Stickstoffixierung ausführen.

Azotobacter *s* [v. *azoto-, gr. baktron = Stab], Gatt. der stickstoffixierenden *Azotobacteraceae;* die großen, ovalen od. stäbchenförm. Zellen (bis 2 × 7 μm) leben im Boden od. Wasser; sie treten einzeln, oft paarig od. in unregelmäßigen Klumpen, selten in kurzen Ketten auf. Oft ist ein ausgeprägter Pleomorphismus zu beobachten. In N-freiem, kohlenhydrathalt. Medium werden große Schleimkapseln ausgebildet. Unter ungünstigen Wachstumsbedingungen treten gegen Austrocknung widerstandsfähige Cysten auf. Es gibt unbewegliche od. peritrich begeißelte Arten. A. besitzen einen obligat aeroben Atmungsstoffwechsel, in dem Kohlenhydrate abge-

Azotobacteraceae

baut werden. Sie können aber bei geringer Sauerstoffkonzentration leben, unter der eine bes. gute Stickstoffixierung möglich ist. Einige Arten scheiden wasserlösl. Farbstoffe aus. Die bekannte Art *A. chroococcum* bildet braun bis schwarz gefärbte Kolonien aus; die Zellen sind meist paarweise angeordnet u. wachsen optimal bei Temperaturen um 25° C u. bei neutralem pH-Wert im Boden. *A. paspalpi* lebt an der Wurzeloberfläche des brasilian. Sandgrases *(Paspalpum notatum).* Im Wurzelbereich v. *Digitaria decumbens* lebt *A. lipoferum.* Die biotechnologisch hergestellten Schleime von A. werden als Alginat-Ersatz verwendet.

Azotobacteraceae [Mz.; v. *azoto-, gr. baktērion = Stäbchen], Fam. der gramnegativen aeroben Stäbchen u. Kokken mit 5 Gatt. (vgl. Tab.); A. sind dadurch ausgezeichnet, daß sie molekularen Stickstoff (N_2) aus der Atmosphäre nichtsymbiontisch (freilebend) zu fixieren vermögen, wenn nicht genügend gebundene N-Verbindungen für das Wachstum vorliegen. Die großen, stäbchenförm., ovalen od. pleomorphen Zellen sind gramnegativ (od. gramvariabel), unbeweglich od. beweglich, mit peritricher od. polarer Begeißelung. A. bilden keine Endosporen aus; einige Arten können jedoch dickwand. Cysten (Arthrosporen, Mikrocysten) entwickeln, die bes. vor Austrocknung im Boden schützen. Organ. Substrate werden in einem obligaten aeroben Atmungsstoffwechsel abgebaut; für eine N_2-Fixierung ist Molybdän notwendig. Durchschnittlich werden im Jahr 10–15 kg Stickstoff pro Hektar gebunden. A. kommen im Wasser, im Boden, bes. im Wurzelbereich u. auf Blättern vor.

Azteca *w* [ben. nach den Azteken Mexikos], Gatt. der ↗ Drüsenameisen.

Azulene [Mz.; v. span. azul = blau], ungesättigte u. unbeständige, meist blau gefärbte Kohlenwasserstoffe, für die die Verknüpfung eines 5- mit einem 7gliedrigen Ringsystem charakteristisch ist. A. sind Inhaltsstoffe einiger Pflanzen (z. B. in Kamillen u. Schafgarben das Chamazulen).

Azurjungfern [v. frz. azur = himmelblau], Gatt. der ↗ Schlankibellen.

Azygie *w* [v. gr. azygia = Unverbundenheit], Umwandlung v. Geschlechtszellen der *Zygnemataceae* (Algen), die nicht zur Kopulation gelangt sind, zu encystierten Sporen; ↗ Azygospore.

Azygospore *w* [v. gr. azygos = unverbunden, spora = Same], encystierte Geschlechtszelle der *Zygnemataceae* (Algen), die sich vegetativ weiterentwickelt (Parthenospore); A.n gehen aus Geschlechtszellen, die keinen Kopulationspartner gefunden haben, hervor.

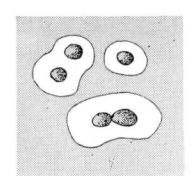

Azotobacter chroococcum mit Schleimkapseln im Negativ-Präparat

azo-, azoto- [v. frz. azote = Stickstoff, herzuleiten v. gr. a- = nicht, zōein = leben].

Azotobacteraceae

Gattungen:
↗ Azomonas
↗ Azospirillum*
↗ Azotobacter
↗ Beijerinckia
↗ Derxia

*Azospirillum wird erst neuerdings zu den A. gerechnet.

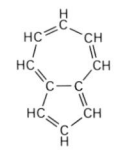

Grundkörper der Azulene

B, 1) chem. Zeichen für Bor; 2) Antigen B des AB0-Blutgruppensystems.

Babassupalme *w, Orbignya,* Gatt. der Palmengewächse; mehrere Arten, bes. *O. speciosa* u. *O. martiana,* sind in Brasilien wicht. Öllieferanten. Die Früchte sind Steinfrüchte mit außen glattem, innen faserigem Exokarp, fleischigem Mesokarp u. ausgesprochen hartem Endokarp, in das 5 Samen eingebettet sind. Die Samen der nur mittels Spezialwerkzeugen zertrümmerbaren Früchte enthalten ca. 65% fettes Öl, machen jedoch insgesamt nicht mehr als 10% des Fruchtgewichts aus. Die B. wird nicht angebaut, vielmehr werden die Früchte der wilden Palmen v. Eingeborenen gesammelt. Das Öl (Schmelzpunkt knapp über Zimmertemp.) ist ein gutes Speiseöl; in den USA dient es auch als Schmieröl.

Babeş [babesch], *Victor,* rumän. Pathologe u. Bakteriologe, * 4. 7. 1854 Wien, † 19. 10. 1926 Bukarest; seit 1887 Prof. in Bukarest. Hauptforschungsgebiet: Pathologie des Nervensystems u. der Haut. Erkannte Protozoen *(Piroplasmen)* als Erreger des Texasfiebers, die ihm zu Ehren als *Babesien* benannt wurden; ferner Arbeiten über Bakteriologie der Tuberkulose u. Lepra.

Babesia *w* [ben. nach dem rumän. Pathologen V. ↗ Babeş], Gatt. der ↗ Piroplasmen.

Babesiosen [Mz.], durch Piroplasmen (Babesien, ben. nach V. ↗ Babeş) hervorgerufene Gruppe v. Tiererkrankungen in den Subtropen u. Tropen. Die Übertragung erfolgt durch Zeckenbisse. Die Erreger dringen in die Erythrocyten ein u. verursachen eine Hämolyse, die zur Anämie u. Funktionsschädigung v. Leber, Niere u. Milz führt. Befallen werden Rinder, Pferde, Hunde, Schweine u. Schafe. Für Menschen sind Babesien nicht pathogen.

Babina *w* [v. frz. babine = hängende Tierlippe], der ↗ Dolchfrosch.

Babinka, v. Barrande (1881) nach seiner Haushälterin ben. mittelordovizische † Muschel-Gatt. mit ursprüngl. Merkmalen: Zwischen den Gipfeln der beiden subäqualen Adduktormuskeln ordnen sich 8 rundl. Pedalmuskeleindrücke pro Klappe in Reihe an; zahlr. Eindrücke v. Kiemenmuskeln liegen ventral vom 3. bis 7. Pedalmuskel. Die Schale ist flach gewölbt u. nach vorn leicht verlängert. Das heterodonte Schloß besitzt 2 Kardinalzähne auf der linken, 1 auf der rechten Klappe; der Mantelrand hat keine Bucht. Horny (1960) erkannte die taxonom. Bedeutung von B. (einzige Art: *B. prima* Barr.) u. bildete die Fam. *Babinkidae,* die er einer neuen Ord. *Diplacophora* unterstellte. McAlester (1965) errichtete die neue Superfam. *Babinkacea* (Ord. *Venero-*

idea, U.-Kl. *Heterodonta*). Er sah in B. einen phylogenet. Übergang zw. den *Lucinacea* u. monoplacophorenähnl. ancestralen Mollusken. *Lucinacea, Leptonacea* u. *Babinka* werden als stammesgeschichtlich unabhängiger Zweig betrachtet; deshalb folgert McAlester, daß die Bivalven polyphylet. Ursprung haben.

Babirusa *w* [v. malaiisch babi = Schwein, rusa = Hirsch], der ↗ Hirscheber.

Babuine [Mz.; v. frz. babouin = Affe], die ↗ Steppenpaviane.

Babylonia *w*, eine im Indopazifik vorkommende Gatt. der Wellhornschnecken, mit bis 7 cm hohem, breit ovalem Gehäuse, das auf weißem Grund braun gefleckt ist.

Baccharis *w* [v. gr. bakcharis = eine Pflanze mit wohlriechender Wurzel], *Kreuzstrauch,* Gatt. der Korbblütler mit ca. 400, überwiegend in S-Amerika beheimateten Arten, die v. a. Charakterpflanzen der südbrasilian. Savannen u. der argentin. Pampas darstellen. Die Stauden od. Sträucher, die eine zweihäusige Verteilung der Geschlechter aufweisen, haben sich auf vielfältige Weise, z. B. durch Rückbildung der Blätter u. Ausbildung v. Phyllokladien, der Trockenheit angepaßt.

Bachamsel, *Cinclus cinclus,* ↗ Wasseramseln.

Bachantin, *Lopinga achine,* ↗ Augenfalter.

Bache, Bez. für das weibl. Wildschwein v. der ersten Rauschzeit bis zum 3. Jahr, vorher *Überläufer* genannt.

Bach-Eschen-Erlenwald, submontaner B., ↗ Stellario-Alnetum glutinosae.

Bach-Eschenwald, ↗ Carici (remotae)-Fraxinetum.

Bachflocke ↗ Rivularia.

Bachflohkrebs, *Rivulogammarus,* Gatt. der ↗ Flohkrebse.

Bachhafte, *Osmylidae,* Fam. der Netzflügler mit ca. 100 Arten, in Mitteleuropa nur 1 Art *(Osmylus chrysops),* ca. 17 mm groß, 40–50 mm Spannweite; die bräunlichen, stark geäderten Flügel sind in der Ruhe dachartig übereinandergelegt. Die B. fliegen im Sommer in der Dämmerung in Feuchtgebieten; die 3 Larvenstadien leben am Rand v. Gewässern v. Mückenlarven, die sie aussaugen.

Bachhochstaudenfluren, *Filipendulion,* ↗ Molinietalia.

Bachia, Gatt. der ↗ Schienenechsen.

Bachläufer, *Stoßwasserläufer, Veliidae,* Fam. der Wanzen mit insgesamt 200 Arten, davon in Mitteleuropa 4 Arten in 2 Gatt. *Velia,* bis 8 mm groß, meist flügellos, mit langen Beinen; lebt räuberisch u. gesellig in Ufernähe v. Bächen u. vermag auf dem Land u. auf dem Wasser zu laufen sowie zu tauchen. Arten der Gatt. Zwerg-B. *(Microvelia)* sind bis 2 mm groß, je nach Art geflügelt od. ungeflügelt; leben auch räuberisch, aber mehr auf stehenden Gewässern.

Bachlinge, *Rivulus,* mittel- u. südam. Gatt. der Eierlegenden Zahnkärpflinge *(Cyprinodontidae);* die 5–10 cm langen B. kommen v. a. in kleinen, stark bewachsenen Gewässern vor; sie springen gern aus dem Wasser u. kleben sich kurzzeitig an feuchte Steine u. Blätter. Mehrere Arten sind häufige Aquarienfische.

Bachregion ↗ Bergbach.

Bachsalamander, *Desmognathinae,* U.-Fam. der lungenlosen Salamander *(↗ Plethodontidae)* mit den Eigentl. Bachsalamandern (Gatt. *Desmognathus)* mit ca. 9 Arten, den marmorierten B.n *(Leurognathus marmoratus)* u. dem Schleichensalamander *(Phaegnathus hubrichti).* Die B. sind unscheinbare Salamander v. 8 bis 15 cm Länge *(D. quadramaculatus* erreicht 23 cm), die im O Nordamerikas meist an od. in der Nähe v. fließendem Wasser leben. Es sind nachtaktive, sehr lebhafte Tiere, die auch klettern u. springen können. Am weitesten verbreitet ist der braune B. *(D. fuscus)* mit vielen U.-Arten; die Weibchen legen große (⌀ ca. 3 mm),

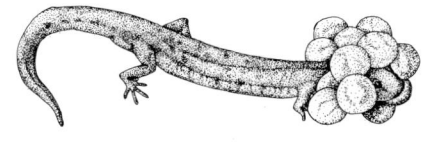

Bachsalamander *(Desmognathus fuscus),* Weibchen mit Eiern

dotterreiche Eier am Ufer unter Steinen u. bewachen diese; die Larven suchen nach dem Schlüpfen das Wasser auf u. bleiben dort bis zur Metamorphose. Der Schleichensalamander ist eine sehr schlanke (ca. 22 cm), flinke u. gewandte Art mit stark verkürzten Gliedmaßen, die wegen ihrer im Boden verborgenen Lebensweise erst vor wenigen Jahren in Texas entdeckt wurde.

Bacidia *w,* Gatt. der ↗ Lecideaceae.

Bacillaceae [Mz.; v. lat. bacillum = Stäbchen], Fam. der endosporenbildenden Stäbchen u. Kokken; in dieser Fam. werden fast alle Bakterien zusammengefaßt, die hitzeresistente *Endosporen* ausbilden u. kein Mycel entwickeln.

Bacillaria *w* [v. lat. bacillum = Stäbchen], Gatt. der ↗ Nitzschiaceae.

Bacillariophyceae [Mz.; v. lat. bacillum = Stäbchen], die ↗ Kieselalgen.

Bacillus *m* [v. lat. bacillum, spätlat. bacillus = Stäbchen], **1)** Gatt. der *Bacillaceae,* vorwiegend aerobe, einige fakultativ anaerobe, stäbchenförm. Bakterien, die lange Ketten bilden können. Herausragendes Merkmal ist die Fähigkeit, hitzeresistente *Endosporen* zu bilden. Sie enthalten Katalase, sind vorwiegend grampositiv, meist

Bacillaceae

Wichtige Gattungen:
↗ *Bacillus*
↗ *Clostridium* (↗ Clostridien)
↗ *Desulfotomaculum*
↗ *Sporolactobacillus*
↗ *Sporosarcina*

Bacillus

Wichtige Bacillus-Arten

B. anthracis (Milzbranderreger [Anthrax], B-Waffe)
B. larvae (Erreger der bösartigen od. amerikanischen Faulbrut der Honigbiene)
B. cereus (Kartoffelbacillus, wichtiger Nahrungsvergifter, bes. von Milchprodukten, Enterotoxinbildner; in Biofiltern zur Geruchsbeseitigung)
B. cereus var. *mycoides* (Wurzelbacillus)
B. polymyxa (Gemüseverderber, Polymyxin-Antibiotika)
B. subtilis (Heubacillus, Nahrungsmittelverderber, Bacitracin-Antibiotika, Genempfängerzelle in der Gentechnologie)
B. licheniformis (Bacitracin-Antibiotika, Protease- u. Amylase-Produktion)
B. thuringiensis (-Sporen) (Insektizid im biologischen Pflanzenschutz)
B. acidocaldarius (Wachstum in heißen [bis 65°C], sauren Quellen)
B. stearothermophilus (Wachstum bis 60°C, Erreger vieler Flachsäuerungen v. Lebensmittelkonserven)

beweglich mit peritrich angeordneten Geißeln; z. T. bilden sie sehr große Zellen (1 × 10(12) μm). B.-Arten sind in der Natur weit verbreitet, bes. im Boden, im Wasser u. in staubiger Luft. Neben mesophilen gibt es eine Reihe psychrophiler Formen, die noch unter 0°C, u. viele thermophile Vertreter, die bei 65–75°C wachsen können. Organ. Substrate werden im Atmungsstoffwechsel od. fakultativen Gärungsstoffwechsel abgebaut; dabei tritt auch unter aeroben Bedingungen eine typische Säurebildung ein (unvollständige Oxidation, ↗2,3-Butandiol-Gärung). Einige Stämme führen eine anaerobe Nitratatmung aus, u. einige Vertreter besitzen die Fähigkeit zur N_2-Fixierung. Bacilli sind meist harmlose Saprophyten u. spielen eine bedeutende Rolle als Destruenten beim Abbau komplexer Kohlenhydrate (z. B. im Kompost). Thermophile Bacilli sind neben einigen Actinomyceten an der Selbsterhitzung von pflanzl. Material (wie Heu- u. Tabakfermentation) beteiligt. *B. anthracis*, der Milzbranderreger, ist die einzige pathogene Art, die bei Mensch u. Tier zu ernsthaften Erkrankungen führt. Einige Arten sind Nahrungsmittelvergifter u. Schädlinge in der Zucker- u. Konservenindustrie, da sie starke Erhitzung überstehen; sie können „Flachsäuerungen" verursachen und oft pasteurisierte Milch und Milchprodukte verderben. Sporen v. insektenpathogenen Arten werden immer öfter in der biol. Schädlingsbekämpfung eingesetzt; sie bilden Exo- u. Endotoxine, die für eine Reihe v. wichtigen Schädlingen (Raupen u. Mückenlarven) tödlich sind. Bacilli sind wichtige Antibiotikabildner (Peptidantibiotika) u. werden, neben *Aspergillus*, am häufigsten zur biotechn. Produktion v. Enzymen genutzt, bes. v. Proteasen u. Amylasen, z. B. als Zusatz für Waschmittel. In der Gentechnologie wird neuerdings *B. subtilis* (☐ 339) als Wirt für fremde Gene zur Herstellung bes. Stoffe (z. B. Virusantigene) eingesetzt. **2)** Gatt. der ↗Gespenstschrecken.

Bacillus thuringiensis

Einige Schädlinge (Larven), die durch *Bacillus-thuringiensis*-Präparate bekämpft werden können

Mit vielen B.t.-Serotypen, z. B. *B. t. kurstaki*, *B. t. berliner*

Maiszünsler *(Ostrinia nubilalis)*, Kohlweißling *(Pieris brassicae)*, Gespinstmotte *(Hyponomeuta*-Arten*)*, Ringelspinner *(Malacosoma neustria)*, Reisstengelbohrer *(Chilo plegadeltus)*, Kohlschabe *(Plutella maculipennis)*, Baumwollkapselwurm *(Heliothis armigera)*, Kiefernspinner *(Dendrolimus pini)*

Mit *B. t.* var. *israelensis*

Mückenlarven *(Nematocera)*:
Auwaldmücke *(Aedes vexans)*, Hausmücke *(Culex pipiens)*, Anophelesmücke *(Anopheles albimanis)* [Malariaüberträger], Kriebelmücken *(Simulium*-Arten*)* [Überträger der Flußblindheit: *S. damnosum*], Gelbfieberüberträger *(Aedes aegypti)*

Bacillus thuringiensis *m* [v. lat. bacillum = Stäbchen, nlat. Thuringiensis = aus Thüringen], ein insektenpathogenes, endosporenbildendes Bakterium, das erstmals v. Berliner (1911, in Dtl.) aus Larven der Mehlmotte *(Ephestia kühniella)* isoliert wurde, die an der „Schlaffsucht" erkrankt waren; auch Erreger der „Sotto"-Krankheit der Seidenraupe *(Bombyx mori)*. Heute sehr wichtiges Pflanzenschutzmittel, mit dem mehr als 75 Schadraupen erfolgreich bekämpft werden können. Die Vorstufe des insektenschädigenden Toxins, ein Proteinkristall (parasporaler Kristall, Delta-Endotoxin), wird während der Endosporenbildung in B. t. synthetisiert. Nach der Aufnahme entsteht im alkal. Darmsaft bestimmter Insektenlarven aus der Vorstufe das wirksame Toxin, das die Darmepithelzellen zerstört u. eine Darmparalyse bewirkt. Bakterien aus den gekeimten Sporen dringen in die Körperhöhle ein, u. es kommt zu einer tödl. Sepsis. Einige der ca. 20 B. t.-Serotypen bilden zusätzlich ein (Beta-)Exotoxin, ein Nucleotid, aus, das ein weites Wirkungsspektrum aufweist, u. ein (Alpha-)Exotoxin, das noch ungenügend untersucht ist. Die schädigende Wirkung auf Insekten wird noch durch einige Exoenzyme gesteigert, z. B. Lecithinasen, Chitinasen u. Proteasen. Während die meisten B. t.-Stämme hpts. landw. wichtige Schmetterlingsraupen (Lepidopteren) abtöten, kann der vor wenigen Jahren isolierte Stamm *B. t.* var. *israelensis* (BTI) zur Bekämpfung medizinisch wichtiger Mückenlarven, Überträger gefährl. Tropenkrankheiten, eingesetzt werden. Die Schädlingsbekämpfung mit B. t. ist durch die spezif. Wirkung auf bestimmte Insektenlarven sehr umweltfreundlich, u. das ökolog. Gleichgewicht wird kaum gestört. Für den Menschen u. andere Warmblüter ist das Bakterium völlig ungefährlich. Die ersten, wenig erfolgreichen Versuche wurden bereits Ende der zwanziger Jahre in Ungarn u. Jugoslawien zur Bekämpfung des Maiszünslers unternommen. Erst Anfang der fünfziger Jahre war der Einsatz in den USA gegen den am. Luzerneheufalter u. in Ungarn gegen den Weißen Bärenspinner erfolgreich. Heute werden die Bakterienpräparate, Sporen u. Kristalle, in industrieller Großproduktion hergestellt u. hpts. in USA, UdSSR u. China eingesetzt.

Bacitracin, Antibiotikum aus *Bacillus licheniformis;* ein zykl. Polypeptid, das bes. gg. grampositive Bakterien, Gono- u. Meningokokken sowie gg. *Entamoeba histolytica* wirkt. B. ist ein Inhibitor der Polyprenolpyrophosphat-Phosphatase u. blockiert dadurch einen Teilschritt der bakteriellen Zellwandsynthese. B Antibiotika.

Backenhörnchen, die ↗ Chipmunks.
Backentaschen, bei Säugetieren (bes. Nagetieren, Altweltaffen) die beidseitige Ausweitung der Mundhöhle in der Wangenregion zur vorübergehenden Aufbewahrung v. eingesammelter Nahrung. B. ermöglichen die Aufnahme v. Nahrung über das Fassungsvermögen des Magens hinaus sowie den Nahrungstransport zur Vorratshaltung (z. B. Hamster).
Backenzähne, *Mahlzähne,* Zähne im Bereich der Kinnbacken v. Säugetieren, ursprünglich 7 pro Kieferhälfte, durch Spezialisierung tierartlich verschieden. Nach Funktion u. Aussehen werden unterschieden: vordere B. (*Praemolaren,* dentes praemolares, primär 4 meist 1–2wurzelige Zähne mit einfacher Krone), hintere B. (*Molaren,* dentes molares, meist mit höherer Wurzelzahl u. komplizierterer Krone, primär 3). Praemolaren, bereits im Milchgebiß, werden gewechselt, Molaren erst im Dauergebiß. Beim Menschen je 2 vordere B. und 3 hintere B.; im Milchgebiß maximal 4 B.
Bäckerhefe, die ↗ Backhefe.
Bäckerschabe, *Blatta orientalis,* ↗ Hausschaben.
Bäckerschimmel, der ↗ Brotschimmel.
Backhefe, *Bäckerhefe, Preßhefe, Trockenbackhefe, Saccharomyces cerevisiae,* wirtschaftlich wichtige Echte Hefe; die B. wird industriell hergestellt u. gepreßt od. gefriergetrocknet verkauft; sie dient als Treibmittel für Brot- u. Backwaren. Die Lockerung des Teiges erfolgt durch Bildung v. Gärungskohlendioxid aus dem zugesetzten Zucker od. der aufgeschlossenen Stärke. Es werden besonders triebkräftige und vermehrungsfähige Stämme dieser *obergärigen Kulturhefe* verwendet, deren Enzymaktivität lange u. auch bei höheren Temperaturen erhalten bleibt. Die Produktion geht v. Reinkulturen aus; als Rohstoff dient Melasse aus der Zuckerherstellung mit Zusatz v. Ammoniak (Ammoniumsalze) u. Phosphatsalzen. Im kontinuierl. Verfahren werden gut belüftete geschlossene Tanks (Bioreaktoren) verwendet. Im nichtkontinuierl. Verfahren erfolgen mindestens 3 Anzuchten, eine Vorgär- u. Stellhefestufe, bei denen durch eine gedrosselte Sauerstoffzufuhr noch Äthanol gewonnen wird, u. die abschließende Versandstufe, bei der nur ein Wachstum erfolgt.
Backsteinblattern ↗ Schweinerotlauf.
Bacteriaceae [Mz.; v. gr. baktērion = Stäbchen], die ↗ Bakterien.
Bacteriocyten [Mz.; v. *bacterio-, gr. kytos = Zelle] ↗ Mycetocyten.
Bacterionema *s* [v. *bacterio-, nēma = Faden], Gatt. der ↗ Actinomycetaceae.

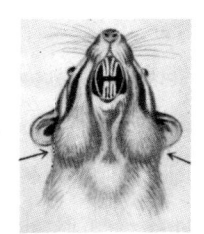

Backentaschen des Hamsters

Bacteroidaceae
Wichtige Gattungen:
↗ Acetivibrio
↗ Bacteroides
↗ Fusobacterium
↗ Leptotrichia

bacter-, bacterio-
[v. gr. baktērion = Stäbchen].

Bacteriophyta [Mz.; v. *bacterio-, phyton = Gewächs], die ↗ Bakterien.
Bacterium pyocyaneum *s* [v. *bacterio-, gr. pyon = Eiter, kyaneos = dunkelblau], ↗ Pseudomonas.
Bacteroidaceae [Mz.; v. *bacter-], Fam. der gramnegativen anaeroben Bakterien; die obligat anaeroben, sporenlosen, unbewegl. od. peritrich begeißelten B. sind meist stäbchenförmig, oft pleomorph, mit chemoorganotrophem Stoffwechsel; einige Arten sind parasitisch od. pathogen in Mensch u. Tieren. Die Gatt. (vgl. Tab.) werden durch ihre Gärungsendprodukte unterschieden.
Bacteroides *m* [v. *bacter-, gr. -oeidēs = ähnlich], Gatt. der *Bacteroidaceae;* die Bakterien haben einen chemoorganotrophen Stoffwechsel, sind pleomorph, stäbchen-, spindel- od. kokkenförmig (0,3–0,6 × 1–3 µm). Die peritrich begeißelten od. unbewegl. Formen bewohnen den Verdauungstrakt, die Mundhöhle sowie die Genital- und Harnröhrenöffnungen von Mensch u. Tieren. Fakultativ pathogene Arten können unter bestimmten Bedingungen (andere Krankheiten, Verletzungen) harmlose bis schwerste Erkrankungen hervorrufen. Die unbewegl. Vertreter der *B. fragilis*-Gruppe sind vorherrschende Arten im Dickdarm des Menschen. Sie bauen eine Reihe v. Kohlenhydraten im Gärungsstoffwechsel ab; als Hauptendprodukte treten Essigsäure (Acetat) u. Bernsteinsäure (Succinat) auf. *B. fragilis*-Stämme (aus der autochthonen Flora) sind auch Erreger v. Entzündungen (Abszesse, lokale eitrige Infektionen) anaerober Schleimhäute, des Blinddarms, Urogenitaltrakts u. von Operationsnarben (bes. am Darm). Wichtige Pansenorganismen sind *B. ruminicola* u. das cellulosezersetzende *B. succinogenes.*
Bactriten [Mz.; v. gr. baktron = Stock], *Bactritida,* langkegelige, gerade od. gebogene Gehäuse von † Cephalopoden (Kopffüßer) mit randständigem Sipho u. Siphonallobus; nehmen taxonomisch eine Stellung zw. ↗ *Nautiloidea* u. ↗ *Ammonoidea* ein; Verbreitung: Ordovizium – Perm.
Baculites *m* [v. lat. baculum = Stab, gr. lithos = Stein], † Gatt. heteromorpher Ammoniten mit geradegestrecktem Gehäuse, deren erste Kammern noch spiralig aufgerollt sind; Verbreitung: obere Kreide.
Baculoviren [Mz., v. lat. baculum = Stab], *Baculoviridae,* Fam. insektenpathogener DNA-Viren, die in ihrer Morphologie u. Biochemie keine Ähnlichkeiten zu Wirbeltier- u. Pflanzenviren zeigen. Als Insektenwirte dienen Schmetterlinge, Hautflügler u. Zweiflügler. Die Virusinfektionen laufen v. a. in den Larven ab; beim Tod der Larven

kommt es zur Freisetzung großer Mengen an Viren. Die B. werden in 4 U.-Gruppen eingeteilt, v. denen die *Kernpolyeder-Viren* (nuclear polyhedrosis viruses) und die *Granulose-Viren* sog. Einschlußkörper (inclusion bodies, occlusion bodies) bilden. Das Genom der B. ist eine ringförm., doppelsträngige DNA mit einer relativen Molekülmasse von $58-110 \cdot 10^6$. Die Virusreplikation findet meist im Kern statt. Die Virionen bestehen aus stäbchenförm. Nucleocapsiden, v. denen eines od. mehrere in eine Hülle eingeschlossen sind (Größe: 40–140 nm × 200–400 nm). In den Einschlußkörpern sind entweder mehrere (bei Kernpolyeder-Viren) od. einzelne Viruspartikel (bei Granulose-Viren) enthalten. Das Hauptstrukturprotein der Einschlußkörper ist viruscodiert und wird als *Polyhedrin* bzw. *Granulin* bezeichnet. ↗ Arthropodenviren.

Baculum *s* [v. lat. baculum = Stab], **1)** bei *Madreporaria* auftretendes axiales Skelettelement. **2)** Peniskochen (Os priapi) vieler Säuger.

Badeschwamm, *Spongia* (fr. *Euspongia*) *officinalis,* ↗ Badeschwämme.

Badeschwämme; gehandelt werden etwa 400 nach Herkunft, Form, Oberflächenstruktur u. Skelettbau unterschiedene Sorten, die alle den Gattungen *Spongia* und *Hippospongia* mit folgenden Arten bzw. Unterarten angehören: Dalmatiner Schwamm *(Spongia officinalis),* Feiner Levantiner *(S. officinalis mollissima),* Elefantenohr *(S. officinalis lamella),* Zimokkaschwamm *(S. zimocca),* Gelbschwamm *(S. irregularis);* Pferdeschwamm *(Hippospongia communis),* Saint- od. Velvetschwamm *(H. communis meandriformis),* Grasschwamm *(H. communis cerebriformis),* Wollschwamm *(H. canaliculata).* Sie stammen v. a. von den griech. u. tunes. Küsten, v. Florida, Kuba u. den Philippinen sowie aus den Südseegewässern. Es sind meist kugel-, schüssel- od. pilzhutförm. Hornschwämme *(Dictyoceratida)* der Fam. *Spongiidae,* die im Leben dunkelbraun bis schwarz gefärbt sind u. erst beim Trocknen u. Bleichen durch Sonne od. Chemikalien die handelsübl. Gelbtönung erhalten. Ausgezeichnet sind sie dadurch, daß ihr Skelett lediglich aus Sponginfasern besteht, also keine Nadeln, allerdings hin u. wieder oder – wie bei *Hippospongia* – immer eingelagerte Sandkörnchen od. andere Fremdkörper enthält. Verwendet wird das durch Ausfaulen v. Weichkörper (Schwamm-Milch) befreite tote Fasernetz. Der Gebrauchswert des Schwammskeletts liegt in der vorteilhaften Kombination v. Widerstandsfähigkeit u. Elastizität des Spongins einerseits mit der Porosität, d. h. der großen inneren Oberfläche des Fasernetzes andererseits. Das Skelett eines derartigen Hornschwamms v. 3–4 g Gewicht hat eine innere Oberfläche von 25–34 m² u. kann 100 ml und mehr Wasser aufsaugen. B. sind seit der Bronzezeit in Gebrauch u. finden bis in unsere Tage vielfältige Verwendung, so als Reinigungsgeräte zur Körperpflege v. Mensch u. Tier, zum Waschen v. Autos, Fenstern, Tafeln u. a., als Filter-, Polier- u. Anstreicherschwämme. Sie spielten in der Heilkunde des klass. Altertums eine bedeutende Rolle u. gelten als einer der ältesten Artikel des Drogenhandels, was durch den Zolltarif des Ptolemaios II. Philadelphus (283–247 v. Chr.) belegt ist, der für Schwämme, die über Alexandria od. Pelusium nach Ägypten eingeführt wurden, 25% betrug. Sie dienten zur Blutstillung, zur Reinigung v. Wunden, als Pessare zur Empfängnisverhütung, als Preßschwämme zur Eröffnung v. Fisteln od. des Muttermundes. Die durch Rösten bei nicht allzu hoher Temperatur erhaltene Schwammkohle oder Schwammasche *(Carbo spongiae, Spongia usta)* wurde über 6 Jhh. erfolgreich gegen Kropf angewendet, ohne daß man wußte, daß die Wirkung auf dem Iodgehalt (Diiodtyrosin) der Skelettsubstanz beruht. Als Schlafschwämme *(Spongiae somniferae, Spongiae soposiferae)* wurden mit Pflanzenextrakten getränkte B. zur Schmerzstillung u. Narkose gebraucht. Auch das kirchl. Zeremoniell des Mittelalters bediente sich der Schwämme, denn nur mit ihnen durften Hostienkrümel aufgewischt werden. Heute hat die Kunststoffproduktion den natürl. Badeschwamm vielfach verdrängt, u. das Deutsche Arzneibuch führt keinen Apothekerschwamm mehr. Immerhin wurden noch 1967 insgesamt 14400 kg Schwämme in die BR Dtl. eingeführt, v. a. aus Griechenland u. Kuba. 1959 gab es in Griechenland noch 105 Fangschiffe mit über 500 Schwammtauchern (Schwammfischerei). *D. Z.*

Badis, Gatt. der ↗ Nanderbarsche.

Baeocyten [Mz.; v. gr. baios = klein, kytos = Zelle], die bei der Vermehrung bestimmter Cyanobakterien (z. B. *Pleurocapsa, Dermocarpa*) durch multiple Spaltung der Mutterzelle entstehenden, (4–1000) kleinen Zellen.

Baeomycetaceae [Mz.; v. gr. baios = klein, mykēs = Pilz], Flechten(pilz)-Fam. der *Lecanorales,* möglicherweise zu den unlichenisierten *Helotiales* vermittelnd, mit 2 Gatt. und ca. 40 Arten. Die lecanorinen od. biatorinen Apothecien sitzen einzeln auf kurzen, unverzweigten Stielen, die echte Podetien darstellen; die Sporen sind mehrzellig; das Lager ist krustig od. schuppig u. wächst gewöhnlich auf Erde u. Gestein. Die Gatt. *Baeomyces* ist v. a. in den Gebirgen der Tropen verbreitet; in Mitteleuropa sind v. a. die an Wegböschungen u. auf Heideböden vorkommenden *B. rufus* mit braunen u. *B. roseus* mit rosa Apothecien bekannt. Die einzige Art der Gatt. *Icmadophila (I. ericetorum)* wächst auf morschem Holz u. Torfböden.

Baer, *Karl Ernst* von, dt. Zoologe u. Naturforscher, * 28. 2. 1792 Piep (Estland), † 28. 11. 1876 Dorpat; seit 1821 Prof. in Königsberg; Gründer u. Dir. des Zool. Museums, Schöpfer der wiss. Entwicklungsgesch. der Tiere, Entdecker des Säugetier-Eies (1826) u. Begr. der modernen Embryologie. Anhänger der Cuvierschen Typenlehre. Forschungsreisen in Rußland; aus der Tatsache, daß bei mehreren nordsüdl. fließenden russ. Flüssen (z. B. der Wolga) das rechte Ufer hoch, das linke niedrig ist, schloß er 1860 auf eine ablenkende Kraft der Erdrotation (Coriolis-Beschleunigung, *B.sches Gesetz*). Bedeutendstes Werk: Über Entwicklungsgeschichte der Thiere: Beobachtung und Reflexion, Teil I und II, Königsberg 1828/1837.

Baetidae [Mz.], die ⁊ Taghafte.

Baeyer [baier], *Johann Friedrich Adolf* von, dt. Chemiker, * 31. 10. 1835 Berlin, † 20. 8. 1917 Starnberg; 1866 Prof. in Berlin, 1872 Prof. in Straßburg, seit 1875 in München, Schüler v. Bunsen u. Kekulé, Nachfolger Liebigs; Forschungen über viele org. Synthesen (z. B. Indigo, Peroxide, Phthaleine, Terpene) u. Arzneimittel, insgesamt über 300 Veröffentlichungen; erhielt 1905 den Nobelpreis für Chemie. Die *B.-Denkmünze* wird seit 1910 vom Verein (heute Gesellschaft) dt. Chemiker verliehen.

Bagasse *w* [v. frz. bagasse = Trester], ⁊ Zuckerrohr.

Bahnung, räuml. oder zeitl. Addition v. erregenden postsynaptischen Potentialen (EPSP). Eine *räumliche B.* liegt dann vor, wenn zwei gleichzeitig an verschiedenen Orten ausgelöste EPSPs ein ⁊ Aktionspotential erzeugen u. jedes einzelne EPSP den zu erreichenden Schwellenwert nicht überschritten hätte. Unter *zeitlicher B.* versteht man, daß kurz hintereinander ausgelöste EPSPs eine zunehmende Depolarisation des Membranpotentials bis zu einem krit. Schwellenwert bewirken, wodurch dann ein Aktionspotential ausgelöst wird. Auch in diesem Fall hätte jedes einzelne Potential nicht zur Auslösung des Aktionspotentials geführt.

Baiera *w,* fossile Gatt. der ⁊ Ginkgoartigen.

Baikal-Robbe, *Baikal-Ringelrobbe, Pusa sibirica,* im Süßwasser des Baikalsees (Innerasien) lebende Seehundart. Die Vorfah-

Baikalsee
Beispiele endemischer Gruppen
Familien:
Lubomirskiidae (Schwämme)
Procotylidae (Strudelwürmer)
Baikaliidae (Schnecken)
Comephoridae (Fische)
Cottocomephoridae (Fische)
Gattungen:
Abyssogammarus (Flohkrebse)
Garjajewia (Flohkrebse)
insgesamt 33 der 34 Gattungen der Flohkrebse
Arten:
Thamastes dipterus (Köcherfliege)
Pseudocandona bispinosa (Muschelkrebs)
Asellus baicalensis (Assel)
Coregonus autumnalis, Omul (Fisch)
Pusa sibirica, Baikal-Ringelrobbe

K. E. von Baer

J. F. A. von Baeyer

Bakterien

ren der B. wanderten vermutlich in der Jungeiszeit v. Eismeer über mehr als 3000 km allmählich in den Baikalsee ein.

Baikalsee, See in S-Sibirien, UdSSR, größter Süßwassersee Asiens; 456 m ü. d. M., 31 500 km^2; mit bis zu 1741 m Tiefe der tiefste See der Erde. Die größten der 330 Zuflüsse sind Selenga, Werchnjaja Angara u. Bargusin; einziger Abfluß ist die Angara. Mit seinem mindestens schon im Paleozän entstandenen S-Becken ist der B. einer der ältesten ununterbrochen bestehenden Süßwasserseen. Allseits v. hohen Gebirgen umgeben, weist er dank der seit nahezu 70 Mill. Jahren andauernden Isolation eine ungewöhnl., durch einen Endemitenanteil v. ca. 90% ausgezeichnete Fauna auf. Die höheren systemat. Kategorien unter diesen unterstreichen als am längsten isoliert lebende Gruppen die zoogeograph. Selbständigkeit der Baikalfauna gegenüber der des umgebenden paläarkt. Gebiets. Endemische Gatt. u. Arten weisen auf einen, wenn auch zahlenmäßig unbedeutenden, stets vorhandenen Austausch v. Faunenelementen hin. Ähnlich wie Besiedler landferner Inseln erfuhren sie in der Isolation eine eigenständige Entwicklung. Solche Faunenaustausche wurden v. a. während der pleistozänen Eiszeiten begünstigt. Die Entstehung des großen west-sibir. Eisstausees gab den Weg frei, über den auch Meeresformen, u. a. Baikalrobbe u. Omul, in den B. gelangten.

Bakanae, Pilzkrankheit des Reises; Erreger ist *Gibberella fujikuroi* (asexuelle Form = *Fusarium moniliforme*), der Gibberellin ausscheidet; dadurch kommt es im Anfangsstadium der Krankheit zu Halmverlängerungen.

bakterielle Laugung, die ⁊ mikrobielle Laugung.

Bakterien [Ez. Bakterium; v. gr. bakterion = Stäbchen], *Bacteriaceae* (Cohn, 1872), *Schizomycetes* (Spaltpilze, v. Naegeli, 1857), *Schizomycetae* (v. Niel, 1941), *Bacteriophyta* (⁊ Cyanobakterien), mikroskopisch kleine, einzellige Mikroorganismen, die nach der Teilung in einfachen Zellverbänden (als selbständige Individuen) vereint bleiben können; sie enthalten keinen echten Zellkern (⁊ Prokaryoten). – Lebensspuren, die auf bakterienähnl. Organismen schließen lassen, sind bereits über 3 Mrd. Jahre alt *(Eobacterium).* Eindeutige B.-Fossilien (⁊ Mikrofossilien) sind in der Gunflint-Formation (ca. 2 Mrd. Jahre alt) gefunden worden (z. B. *Kakabekia, Eoastrion = Metallogonium*).

Vorkommen: Aufgrund der geringen Größe, vielfältigen Ernährungsmöglichkeiten u. Stoffwechselaktivitäten sowie der Fähigkeit, sich schnell wechselnden Um-

Bakterien

weltbedingungen anzupassen u. ungünstige Bedingungen zu überstehen, sind B. fast überall auf der Erde nachweisbar. In 1 g Komposterde befinden sich 1–5 Mrd., in 1 m³ verschmutzter Luft mehrere Mill. B., u. sogar Quellwasser u. Trinkwasser sind nicht bakterienfrei. B. leben bei Pflanzen, Tieren u. Menschen meist als harmlose Kommensalen (Haut-, Mund-, Darm-, Vaginalflora); oft sind sie lebensnotwendige Symbiosepartner zum Aufschluß der Nahrung (Cellulose) z. B. bei Pansenorganismen (↗Pansen-B.), als Vitaminlieferanten, als Leucht-B. in Fischen, als N_2-Fixierer (↗Knöllchen-B.) u. in anderen ↗Symbiosen. Sie können aber auch Parasiten od. Krankheitserreger in Menschen, Tieren, Pflanzen u. Mikroorganismen sein (↗Infektionskrankheiten). Viele Arten besiedeln die unterschiedlichsten Biotope; einige als „Spezialisten" wachsen dagegen nur unter ganz bestimmten Umweltbedingungen, z. B. in sauren, heißen Quellen od. als obligate Parasiten in bestimmten Geweben. Einige natürl. od. vom Menschen geschaffene Biotope werden fast ausschl. von B. besiedelt, z. B. Faultürme der Kläranlagen od. strikt anaerobe Regionen in Sedimenten v. Gewässern. Wirtschaftlich v. großer Bedeutung sind B. als Verderber v. Nahrungsmitteln (↗Fäulnis-B.) u. durch die Bildung außerordentlich giftiger Toxine (↗B.toxine, ↗Nahrungsmittelvergiftungen). Andererseits werden ihre Stoffwechselleistungen seit Jahrtausenden zur Herstellung, Verbesserung u. Konservierung v. Nahrungsmitteln (Milchsäure-B.) u. heute als Produzenten vieler weiterer Stoffe (vgl. Tab.) genutzt sowie zur Biotransformation, Biokonversion, im Umweltschutz, zur bakteriolog. Schädlingsbekämpfung u. in der Luft- u. Abwasserreinigung eingesetzt (↗Kläranlage). *Allgemeine Merkmale:* Die durchschnittl. Größe der „normalen" B. liegt zwischen 1–10 μm, die kleinsten Formen weisen nur 0,2–0,5 μm (*Mycoplasma, Symbiotes*) auf, einige „Riesen-B." erreichen Längen über 50 μm (*Achromatium oxaliferum,* 5 × 100 μm; *Thiospirillum jenense,* 3,5 × 50 μm). Die Form der meisten B. läßt sich v. der Kugel, dem Zylinder (Stäbchen) u. dem gekrümmten Zylinder ableiten (vgl. Abb.), doch werden auch sternförmige (Stella) u. quaderförmige B. (square-B.) gefunden. Oft bleiben die Zellen aneinander hängen, u. in vielen Fällen kommt es zur Bildung charakterist. Aggregate. Stäbchenförm. Zellen können auch in Ketten zusammenbleiben, lange Filamente, mycelartige Verbände (*Actinomycetales*), netzartige Aggregate (*Pelodictyon*) od. Oberflächenhäute bilden (Essigsäurebakterien). Auch verschiedene B.-Arten leben oft zeitlich begrenzt od. dauerhaft mit einem syntrophen Stoffwechsel zusammen (↗Syntrophismus, ↗*Consortium*). Obwohl bei B. keine echte Vielzelligkeit vorliegt, lassen sich bereits Anfänge einer Zelldifferenzierung erkennen, z. B. bei Actinomyceten ein mycelartiges Wachstum mit spezialisierten Ernährungshyphen (Substratmycel) u. Vermehrungshyphen (Luftmycel) od. bei den Myxo- od. Schleimbakterien ein Fruchtkörper (ca. 1 mm), der durch das koordinierte Zusammenwirken vieler Einzelzellen entsteht. Bei einigen B. findet sich ein Lebenszyklus mit unterschiedl. morpholog. Formen (z. B. *Rhodomicrobium, Bdellovibrio, Actinomyceten, Myxobakterien*). Eine echte Sexualität tritt bei B. noch nicht auf. Eine genet. Veränderung kann durch Mutation u. Rekombination (Parasexualität) erfolgen: während der *Konjugation* ganzer Zellen findet eine direkte Genübertragung statt; bei einer *Transformation* wird freigesetzte DNA aufgenommmen (*Resistenz-Faktoren, Bakteriocin-Faktoren*), und bei der

Reservestoffe und intracytoplasmatische Membranen* in einer Bakterienzelle
(*Zwei Typen von Thylakoiden aus phototrophen Bakterien)

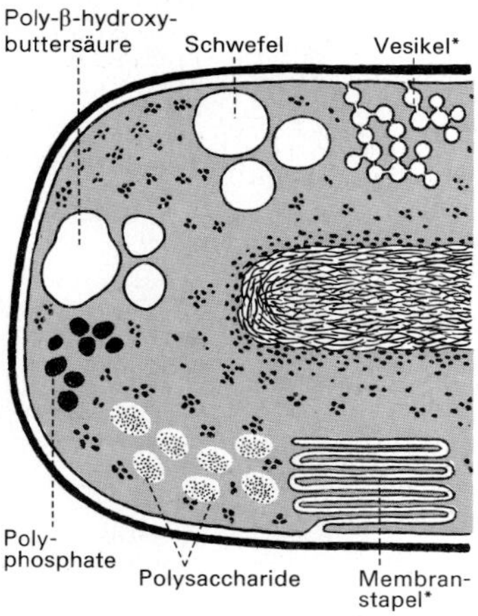

Wichtige Einschlüsse in der Bakterienzelle und innere Membranen

Speicherstoffe
Glykogen
Poly-β-hydroxy-
 buttersäure
Polyphosphate
Schwefeltropfen
Kohlenwasserstoffe
Gasvakuolen
Carboxysomen
Chlorosomen
parasporale
 Kristallkörper
skelettartige
 Strukturen
 (*Thermoplasma*)
Magnetosomen
Endosporen
Phagenteile
intracytoplasmatische
 Membranen
Mesosomen

Wichtige Produkte, die aus oder mit Bakterien gewonnen werden

Nahrungs-, Genuß- und Futtermittel
Sauermilchprodukte
Käse
Silage
Einzellerprotein
Sauerkraut
Soja-Produkte
Sauerteig
Rohwurst (Salami)

Primäre Stoffwechselprodukte
organische Säuren
Aminosäuren
Polysaccharide
Vitamine
Alkohole
Enzyme

Sekundäre Stoffwechselprodukte
Antibiotika u. a.
Pharmaprodukte

Formen einzelliger Bakterien

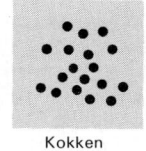

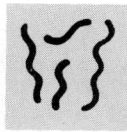

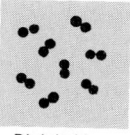

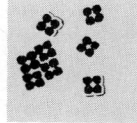

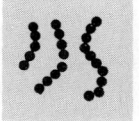

Kokken — Stäbchenbakterien — Vibrionen — Spirillen

Diplokokken — Sarcinen — Streptokokken — Staphylokokken

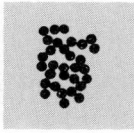

Bakterien

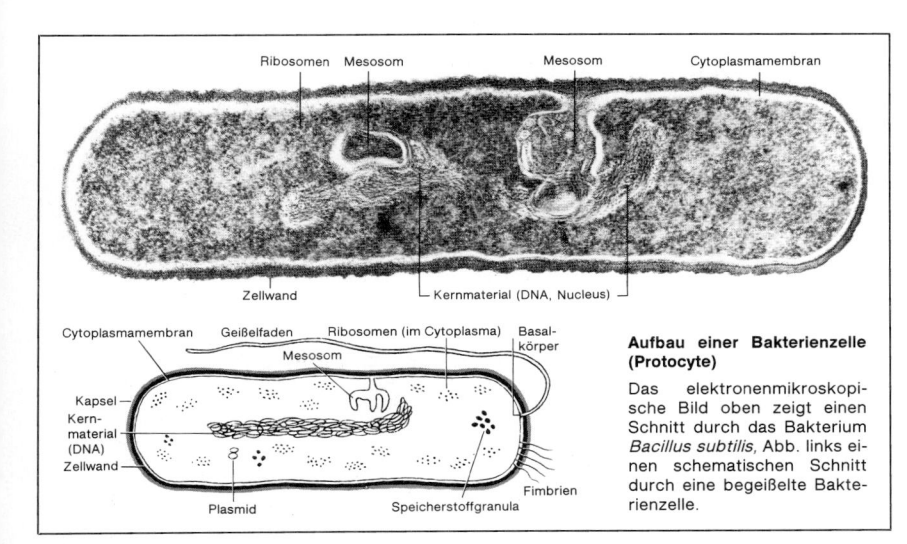

Durchschnittliche elementare Zusammensetzung einer Bakterienzelle (% Trockengewicht)

Kohlenstoff	50
Sauerstoff	20
Stickstoff	14
Wasserstoff	8
Phosphor	3
Schwefel	1
Kalium	1
Natrium	1
Calcium	0,5
Magnesium	0,5
Chlor	0,5
Eisen	0,2
andere	≈ 0,3

Aufbau einer Bakterienzelle (Protocyte)

Das elektronenmikroskopische Bild oben zeigt einen Schnitt durch das Bakterium *Bacillus subtilis*, Abb. links einen schematischen Schnitt durch eine begeißelte Bakterienzelle.

Transduktion führen Phagen Gene in die B.zelle ein. Ein künstl. Einbau v. bestimmten Genen (auch eukaryotischen) läßt sich mit der ↗Gentechnologie erreichen. *Zellaufbau:* Die Grundstruktur der B.zelle, das v. der Cytoplasmamembran (↗B.membran) umschlossene Cytoplasma, ist meist noch v. einer Zellwand umhüllt (↗B.zellwand), auf die noch eine Kapsel od. Schleimschicht aufgelagert sein kann (vgl. Abb.). Im Cytoplasma liegt das Kernmaterial, meist nur ein DNA-Ring (↗B.chromosom, von *E. coli* ca. 1 mm lang); außerdem kann DNA in Form v. Plasmiden (extrachromosomale DNA), Episomen u. temperenten Phagen vorliegen. Die Ribosomen sind kleiner (70 S-RNA) als die der Eukaryoten; abhängig v. der B.art u. dem Wachstumszustand können die Zellen eine Reihe weiterer Einschlüsse enthalten (vgl. Tab.). – Viele B.arten sind beweglich, meist durch einfache Geißeln (↗Bakteriengeißel) od. besondere Fibrillen (↗Spirochäten). Auf Oberflächen kann auch eine gleitende (↗gleitende Bakterien) od. mehr „ruckartige" bzw. „schleudernde" Fortbewegung beobachtet werden. Zum Überleben ungünstiger Bedingungen können einige B. hitzeresistente ↗Endosporen, ↗Myxosporen, ↗Mikrocysten od. ↗Cysten ausbilden. *Ernährung:* Der morpholog. Einfachheit der B.zelle steht eine große Vielfalt der Stoffwechselwege gegenüber (↗Chemotrophie, ↗Phototrophie). Die B. können nahezu alle natürlichen organ. Substanzen abbauen (mineralisieren) u. spielen eine überragende Rolle im Kohlenstoff-, Stickstoff- u. Schwefelkreislauf auf der Erde. Die meisten B. benötigen organ. Substrate als Energiequelle (↗Chemoorganotrophie). Einige B.gruppen gewinnen dagegen ihre Stoffwechselenergie durch Oxidation anorgan. Substrate (↗Chemolithotrophie) oder durch Umwandlung von Lichtenergie (↗Photolithotrophie). Im Energiestoffwechsel (Katabolismus, vgl. Abb.) sind die ↗aerobe Atmung und die ↗Glykolyse weit verbreitet. Die ↗Atmungskette der B. ist in der Cytoplasmamembran lokalisiert. Die einzelnen Redoxkomponenten (Cytochrome, Chinone) entsprechen den Redoxüberträgern höherer Organismen; doch unterscheiden sie sich oft im Aufbau (u. Redoxpotential); außerdem ist die Atmungskette in vielen Fällen verzweigt. Unter sauerstofffreien Bedingungen gibt es eine Reihe weiterer Wege des Energiegewinns: verschiedene Arten der ↗Gärung, der ↗anaeroben Atmung u. eine anoxygene Photosynthese der ↗phototrophen Bakterien. Einige B.gruppen verwerten eine Vielzahl v. organ. Verbindungen (z. B. Pseudomonaden), Spezialisten können nur wenige organ. oder anorgan. Substrate zum Energiegewinn nutzen (z. B. methanoxidierende B., methanbildende B., nitrifizierende B.). Im Bio-

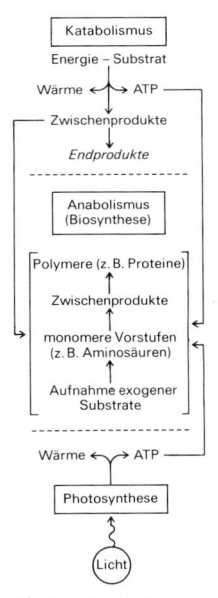

Stoffwechsel bei Bakterien

Biochemischer Aufbau einer Bakterienzelle aus den Gruppen verschiedener Moleküle

Die folgende Zusammensetzung gilt in sehr ähnlicher Weise für alle Bakterienarten, wenn dabei die sehr verschieden gebildete Zellwand nicht mit einbezogen wird und wenn man nur Zellen aus gut wachsenden Kulturen zum Vergleich heranzieht, d. h. nicht solche, die Speicherstoffe eingelagert haben, z. B. Stärke oder Poly-β-hydroxybuttersäure.

Molekül-gruppe	Prozentualer Gewichtsanteil	Molekülzahl je Zelle	Größe (durchschnittliche Molekülmasse)	Zahl der verschiedenen Molekültypen
DNA	1	1	3 Mrd.	1
RNA	6	100 000	30 000–1 Mill.	1000
Proteine	15	1 Mill.	10 000–100 000	3000
Kohlenhydrate	3	200 Mill.	100–10 000	200
Fette	2	20 Mill.	100–1000	100
Salze/Ionen	1	300 Mill.	50	20
Wasser	70 (80)	40 Mrd.	18	1

Bakterien

synthesestoffwechsel (Anabolismus) benötigen die meisten (C-heterotrophen) B. nur eine organ. Kohlenstoffquelle (z. B. Fructose), um alle Kohlenstoffverbindungen der Zelle daraus aufzubauen. Andere B.gruppen wachsen nur bei einem komplexen Nährstoffangebot mit Vitaminen u. a. Wachstumsfaktoren (z. B. Milchsäure-B.). „Hungerkünstler" unter den B. (↗oligocarbophile B.) kommen mit Spuren an organ. Substraten aus. Fast alle chemolithotrophen B. nutzen dagegen allein od. fast nur CO_2 zum Aufbau der Zell-Kohlenstoffverbindungen. Meist wird CO_2 dabei im Calvin-Zyklus assimiliert; es gibt außerdem einige weitere spezielle Wege der autotrophen CO_2-Aufnahme (↗Kohlendioxidassimilation). *Wachstum und Abtötung:* Das Wachstum der B. ist in der Regel mit einer Vermehrung verbunden (↗mikrobielles Wachstum); typisch ist eine Zweiteilung (Spaltung; vgl. Abb.). Oft erfolgt die Vermehrung auch durch Knospung od. Fragmentation. Die Teilungsgeschwindigkeit (Generationszeit) kann ca. 10 Min., mehrere Stunden od. Tage dauern. Die optimale Temp. für eine gute Entwicklung liegt bei den meisten *(mesophilen)* B. zwischen 20 °C u. 40 °C. Es gibt *psychrophile* B., die noch unter 0 °C wachsen, u. *thermophile* Arten, z. B. im Kompost u. heißen Vulkanquellen, die sich am besten über 60 °C vermehren. Einige Arten ertragen Temp. von ca. 100 °C u. in vulkan. Tiefsee (unter hohem Druck) sogar über 250 °C (↗thermoacidophile B., extrem ↗thermophile B.). Einige B.gruppen leben in konzentrierten Salzseen (20–30% NaCl, ↗Halobakterien). Die meisten B. bevorzugen einen leicht alkalischen od. neutralen pH-Wert zum Wachstum. Doch gibt es auch obligat säureliebende (acidophile) B., z. B. die schwefeloxidierenden B., die z. T. bei einem pH-Wert unter 1,0 wachsen. *Alkalophile* B. können bei pH-Werten zwischen 10 und 11 gezüchtet werden. Von großer Bedeutung ist auch der Sauerstoffgehalt des Biotops für das Wachstum der B.: obligate ↗Aerobier benötigen ihn zum Energiegewinn, die extremen ↗Anaerobier können dagegen in kürzester Zeit v. Spuren an Sauerstoff abgetötet werden. Licht kann auch schädigend wirken od. zum Energiegewinn genutzt werden (phototrophe B., Halobakterien). Frei bewegl. B. sind durch eine gerichtete Ortsbewegung od. durch Veränderung der Schwebefähigkeit (↗Gasvakuolen) befähigt, sich unter bestimmten (optimalen) Wachstumsbedingungen anzusammeln (Aero-, Chemo-, Phototaxis). – Reinkulturen von B. lassen sich durch Einfrieren in flüssigem Stickstoff od. im gefriergetrockneten Zustand jahrzehntelang aufbewahren. B. werden in der Regel durch eine Sterilisation (Heißluftsterilisator, Autoklav) abgetötet. Eine Keimzahlverminderung kann mit Desinfektionsmitteln u. im Organismus durch Chemotherapeutika u. Antibiotika erreicht werden. Vorbeu-

Bakteriengruppen (parts)
(Auswahl aus „Bergey's Manual of Determinative Bacteriology",[8]1974).

P1 *Phototrophe Bakterien*
F Rhodospirillaceae, Chromatiaceae, Chlorobiaceae, Chloroflexaceae

P2 *Gleitende Bakterien*
OI Myxobacterales
OII Cytophagales
FI Cytophagaceae
FII Beggiatoaceae

P3 *Scheidenbakterien*
G Sphaerotilus, Leptothrix

P4 *Knospende Bakterien und/oder Bakterien mit Anhängseln*
G Hyphomicrobium, Caulobacter

P5 *Spirochäten*
G Treponema

P6 *Spiralförmige und gekrümmte Bakterien*
G Spirillum, Bdellovibrio

P7 *Gramnegative aerobe Stäbchen und Kokken*
FI Pseudomonadaceae
FII Azotobacteraceae
FIII Rhizobiaceae
FIV Methylomonadaceae
FV Halobacteriaceae

P8 *Gramnegative fakultativ anaerobe Stäbchen*
FI Enterobacteriaceae
G Escherichia, Salmonella, Proteus, Shigella
FII Vibrionaceae
G Photobacterium, Zymomonas

P9 *Gramnegative anaerobe Bakterien*
G Bacteroides, Desulfovibrio

P10 *Gramnegative Kokken und Kokkenbacillen*
G Neisseria, Paracoccus

P11 *Gramnegative anaerobe Kokken*
G Veillonella

P12 *Gramnegative chemolithotrophe Bakterien*
F Nitrobacteraceae, Schwefelmetabolisierende Bakterien (Thiobacillus, Sulfolobus)

P13 *Methanbildende Bakterien*
G Methanobacterium

P14 *Grampositive Kokken*
G Mikrococcus, Staphylococcus, Peptococcus, Sarcina, Leuconostoc

P15 *Endosporenbildende Stäbchen und Kokken*
F Bacillaceae
G Bacillus, Clostridium, Desulfotomaculum

P16 *Grampositive, sporenlose stäbchenförmige Bakterien*
FI Lactobacillaceae

P17 *Actinomyceten und verwandte Organismen*
Coryneforme Bakterien;
F Propionibacteriaceae
O Actinomycetales
G Frankia, Nocardia, Streptomyces, Mycobacterium

P18 *Rickettsien*
G Rickettsia, Anaplasma, Chlamydia

P19 *Mycoplasmen*
G Mycoplasma, Acholeplasma

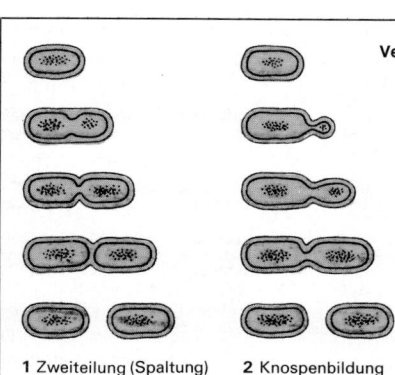

P = part (Gruppe), O = Ordnung, F = Familie, G = Gattung

Vermehrung von Bakterien
Die meisten Bakterien vermehren sich durch *Zweiteilung (binäre Spaltung):* Die Zelle wächst zur doppelten Größe an; von außen nach innen bilden sich Querwände aus, und zwei gleiche Tochterzellen teilen sich ab **(1)**. Eine Reihe von Bakterien vermehrt sich, ähnlich wie Hefezellen, durch *Knospung* oder *Sprossung* **(2)**.

1 Zweiteilung (Spaltung)　　**2** Knospenbildung

gend lassen sich die natürl. Abwehrkräfte durch eine Immunisierung (Impfung) verstärken. *Entdeckung und taxonomische Einordnung:* Entdecker der B. war A. van Leeuwenhoek (1676, 1683). C. von Linné rechnete die B. zu den zweifelhaften Arten u. stellte sie in die Klasse des „Chaos". O. F. Müller hielt sie dagegen für Infusorien (animalcula infusoria, 1765) u. benannte sie nach ihrer Form (1768, Monas, Vibrio); diese Klassifikation nach rein phänotypischen Merkmalen wurde v. C. G. Ehrenberg (1838), F. Dujardin (1841), F. Cohn (1857, 1872) u. E. Haeckel (1866) erweitert. Wegen der starren Zellwand u. der Aufnahme v. Nährstoffen in gelöster Form wurden die B. früher dem Pflanzenreich (Abt. *Schizophyta*) zugeordnet u. wegen des Teilungsmodus u. der heterotrophen Ernährungsweise als Spaltpilze *(Schizomycetes)* benannt. Auch heute erfolgt die Zusammenordnung der B. im Reich der Prokaryoten noch unterschiedlich, hpts. in „künstlicher" Klassifikation. Nach der Einteilung im Bergey's (1974, vgl. Tab.) werden die B. nach praktischen Gesichtspunkten, die nur teilweise etwas über ihre phylogenet. Verwandtschaft aussagen, in 19 Gruppen (parts) geordnet (ca. 1600 Arten in 245 Gatt. u. zusätzlich einige hundert Arten mit unklarer systemat. Einordnung). Aufgrund molekular-biochem. Untersuchungen konnte jedoch inzwischen mit dem Aufstellen eines molekularen („natürlichen") Stammbaums der ↗Prokaryoten begonnen werden, in dem z. T. überraschende Umordnungen der B. zu finden sind (↗Archaebakterien, ↗Progenot). B 343.

Lit.: *Müller, G.:* Mikrobiologie. Stuttgart 1980. *Schlegel, H.:* Allgemeine Mikrobiologie. Stuttgart ⁵1981. *Schön, G.:* Mikrobiologie. Freiburg ³1983. *Weide, H., Aurich, H.:* Allgemeine Mikrobiologie. Stuttgart 1979. *G. S.*

Bakterienbrand, Krankheit des Steinobstes, verursacht durch *Pseudomonas mors-prunorum* (= *P. syringae*); im Frühjahr od. Frühsommer erscheinen auf Blättern v. Süß- u. Sauerkirsche, Zwetsche, u. Pfirsich kleine Flecken mit wäßrig durchscheinender Randzone; dann stirbt das innere Gewebe ab. Am Stamm u. den stärkeren Ästen kann, bei starkem Befall, die Rinde aufplatzen u. Gummifluß auftreten *(Rindenbrand);* schwächere Äste sterben meist oberhalb der ringförm. Befallsstelle ab. ↗Feuerbrand.

Bakterienchlorophylle [Mz.; v. *bakterio-, gr. chlōros = gelbgrün, phyllon = Blatt], ↗Bakteriochlorophylle.

Bakterienchromosom *s,* Bez. für das genet. Material der Bakterien. (Ursprünglich bezeichnete man als Chromosomen mor-

Wichtige physiologische Bakteriengruppen

phototrophe B.
nitrifizierende B.
schwefeloxidierende B.
sulfatreduzierende B.
schwefelreduzierende B.
denitrifizierende B. (Denitrifizierer)
halophile B.
kohlenmonoxidverwertende B.
methanbildende B.
methanoxidierende B.
stickstoffixierende B.
wasserstoffoxidierende B.
acetogene B.
cellulolytische B.
methylotrophe B.

Merkmale zur Charakterisierung und Identifizierung von Bakterien

Form (Zelle, Kolonie)
Beweglichkeit
Geißeltyp
Stoffwechseltyp u. a. biochem. Merkmale (Säure-, Gasbildung, O₂-Bedarf)
Färbeverhalten (Gram-Färbung, Säurefestigkeit)
serologische Eigenschaften (H-, O-Antigene u. a.)
DNA-Zusammensetzung
Pathogenität
S_{AB}-Wert

bakter-, bakterio-
[v. gr. baktḗrion = Stäbchen].

pholog. Strukturen, die nach spezif. Anfärbung in Zellkernen v. Eukaryoten beobachtbar waren.) Bestuntersuchtes B. ist das *E.-coli*-Chromosom, das aus einem einzigen, außerordentlich großen DNA-Doppelstrang besteht: relative Molekülmasse ca. $2,8 \cdot 10^9$ (entspr. ca. $4 \cdot 10^6$ Nucleotidpaare), „Dicke" etwa 2,0 nm, Konturlänge rund 1360 μm. Dieses riesige DNA-Molekül liegt nativ als geschlossener Ring vor, was mit der Tatsache in Einklang steht, daß man für das *E.-coli*-Chromosom eine ringförmige Genkarte gefunden hat. Das B. liegt eng u. kompakt gefaltet („*supercoil*"-Form) als Kernäquivalent (DNA) vor u. ist mit spezif. Proteinen assoziiert. Es ist nicht nucleosomal organisiert. Das B. von *E. coli* enthält etwa 3500 Strukturgene, von denen bereits mehr als 1600 kartiert sind. Neben dem einzigen ringförmigen B. enthalten die meisten Bakterienzellen noch mehrere, viel kleinere, doppelsträngige DNA-Ringe, die ↗*Plasmide* (relative Molekülmasse 5–$100 \cdot 10^6$). Das B. konnte nach Spreitung im elektronenmikroskop. Bild u. durch elektronenmikroskop. ↗Autoradiographie dargestellt werden. Die Kartierung der relativen Positionen der Gene auf dem B. wird durch genet. Rekombinationsprozesse experimentell ermöglicht (sexuelle Konjugation, Transformation, Transduktion).

Bakterienfilter, bakteriendichte Filter, die durch die geringe Porenweite (ca. 0,2 μm) u./od. durch Absorptionswirkung Bakterienzellen zurückhalten u. keimfreie Filtrate liefern; sie werden zur Kaltsterilisation hitzeempfindl. Flüssigkeiten (z. B. Vitaminlösungen, Seren) u. zur Luftsterilisation angewandt. B. bestehen aus gesintertem Glas (Fritten), unglasiertem Porzellan (Chamberlandfilter), Kieselgur (Berkefeldfilter), Cellulosederivaten (Membranfilter) u. Asbest, das heute wegen des Gesundheitsrisikos nicht mehr zur Sterilfiltration v. Getränken benutzt wird. Einige sehr kleine od. zellwandlose, flexible Bakterien (z. B. Mycoplasmen) werden v. normalen Poren-B.n nicht zurückgehalten.

Bakterienflora, die Gesamtheit der Bakterienarten, die in einem bestimmten Biotop (z. B. Wasser, Boden) od. auch auf der Oberfläche od. im Innern eines Wirtes vorkommen. Es wird zw. der dauernd vorhandenen, normalen *(Standortflora)* u. der vorübergehend vorhandenen *(Durchgangsflora)* B. unterschieden. Die normale B. des Menschen besiedelt Haut u. Schleimhäute u. hat große Bedeutung als Verdauungshilfe u. als Gewebeschutz vor pathogenen Keimen. Die B. setzt sich aus bestimmten kommensalen Keimen zusammen u. ändert sich mit dem Alter in ihrer

Bakteriengeißel

Zusammensetzung (↗Hautflora, ↗Mundflora, ↗Darmflora, ↗Vaginalflora). Unter bestimmten Bedingungen können sich auch apathogene u. pathogene Keime aus der Umgebung für längere Zeit (Tage bis Wochen), aber nicht dauernd ansiedeln. Wird die normale Flora stark gestört (z. B. durch Medikamente), so kann sich die Durchgangsflora stärker vermehren u. zu Krankheiten führen.

Bakteriengeißel, *Flagellum,* Fortbewegungsorganell der meisten aktiv schwimmenden Bakterien, das sich sehr stark v. der Geißel eukaryot. Organismen unterscheidet. Die B. besteht aus 3 Abschnitten: einem ↗Basalkörper (2 od. 4 Basalscheiben), mit dem sie in der Cytoplasmamembran u. der Zellwand verankert ist, dem kurzen Geißelhaken an der Zelloberfläche u. dem Geißelfilament, das die Zelle bewegt. Das Filament ist ein helikal gewundener, innen hohler Faden, der sich aus einigen Einzelfäden (oft 3) aufbaut, die aus Untereinheiten eines spezif. Proteins *(Flagellin)* zusammengesetzt sind. Das Filament kann v. einer Scheide umhüllt sein. Meist wird das Filament allein schon als B. bezeichnet. Die Länge beträgt bis 20 μm, der ⌀ nur 12–15 nm, so daß i. d. R. die B. lichtmikroskopisch erst nach einer bes. Geißelfärbung sichtbar wird. Es kann relativ leicht abgestoßen o. in sehr kurzer Zeit (wenige Min.) wieder aufgebaut werden. Der *Begeißelungstyp* ist artcharakteristisch u. ein wichtiges Merkmal zur Differenzierung u. taxonom. Einordnung der Bakterien: die B. kann *polar* an den Zellenden, *lateral* (seitlich) od. an der Längsseite angeordnet bzw. über die ganze Zelloberfläche verteilt sein. Die B. wirkt als *Schubgeißel* nach dem Prinzip der Schiffsschraube u. schwingt dabei mit ca. 3000 U/min; die Zelle rotiert gleichzeitig in entgegengesetzter Richtung mit etwa ⅓ der Geißelgeschwindigkeit. Bei einer Umkehr der Bewegungsrichtung wirkt die B. als *Zuggeißel* nach dem Prinzip des Propellers. Die Bewegung ist langsamer u. „taumelnd". Die *peritrich* angeordneten B.n wirken als koordinierter Geißelschopf. Die Geschwindigkeit der Bakterien beträgt das 300–3000fache der Körperlänge pro Min. (z. B. 1,6 mm/min bei *Bacillus megaterium* od. 12 mm/min bei *Vibrio cholerae*). B.n sind wichtige Antigene *(H-Antigene),* die in der Klassifikation, bes. von pathogenen Bakterien, große Bedeutung haben.

Bakteriengifte, die ↗Bakterientoxine.
Bakterienknöllchen ↗Knöllchenbakterien.
Bakterienkolonie, auf od. in einem festen Nährboden mit dem Auge sichtbare Bakterienansammlung, die normalerweise durch Wachstum u. Vermehrung aus einer Bakterienzelle entsteht. Größe, Durchmesser, Beschaffenheit der Oberfläche, Form des Kolonienrandes, Farbe der B. u. a. Eigenschaften sind taxonom. Merkmale u. dienen zur Unterscheidung v. Bakterienarten. Die B. ist v. der Bakterienart, aber auch v. den Nährstoffangebot u. der äußeren Wachstumsbedingungen abhängig. Schleimige B.n werden oft durch kapselbildende Bakterien gebildet, bewegl. Bakterien haben eine ausgefranste Randzone od. können sogar über die ganze Platte schwärmen (Schwärmplatte v. *Proteus vulgaris*), so daß eine hauchartige B. entsteht.

Bakterienkrebs, durch ↗*Agrobacterium*-Arten verursachte ↗Pflanzentumoren.
Bakterienkultur ↗mikrobielles Wachstum.
Bakterienlaugung ↗mikrobielle Laugu
Bakterienmembran *w* [v. *bakter-, lat. membrana = Häutchen], semipermeable Membran, die das Cytoplasma umschließt u. bei den meisten Bakterien außen noch v. einer Zellwand umhüllt ist. Im Aufbau gleicht sie weitgehend der Membran höherer Organismen (↗Membran, ↗Gram-Färbung). Die Phospholipiddoppelschicht (20–30% des Membrantrockengewichts) enthält jedoch z. T. andere Bausteine, z. B. Cardiolipin, nur ausnahmsweise Sterine. Bei *Eubakterien* finden sich Fettsäureglycerinester *(E. coli* 75% mit Phosphatidyläthanolamin), bei den *Archaebakterien* (ähnlich wie bei Eukaryoten) dagegen Glycerinäther mit verzweigten Ketten (Isoprenoidlipide). In der Doppelschicht sind integrale Proteine ein- u. an beiden Oberflächen periphere Proteine angelagert, die spezielle katalytische Aufgaben haben. Bei einigen Bakteriengruppen wächst die B. nach innen, so daß Vesikel od. lamellenartige ↗intracytoplasmatische Membranen entstehen, die besondere Stoffwechselfunktionen haben (z. B. in der Photosynthese). Innere Membranstrukturen sind auch die ↗*Mesosomen,* deren Funktion noch nicht eindeutig geklärt ist. Unter bestimmten, energielimitierenden Bedingungen kann sich die B. v. Halobakterien zur *Purpurmembran* (↗Bakteriorhodopsin)

---

bakter-, bakterio-
[v. gr. baktērion = Stäbchen].

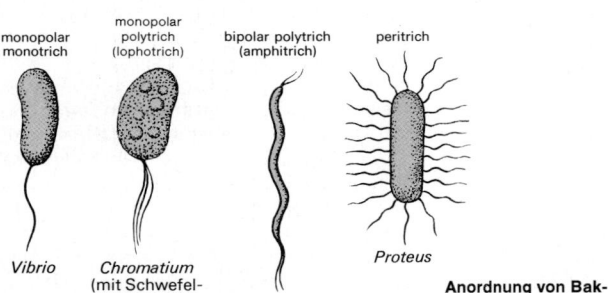

monopolar monotrich | monopolar polytrich (lophotrich) | bipolar polytrich (amphitrich) | peritrich

Vibrio | *Chromatium* (mit Schwefeleinschlüssen) | *Spirillum* | *Proteus*

Anordnung von Bakteriengeißeln

Funktionen der Bakterienmembran
Die B. hat wichtige Stoffwechselfunktionen: sie wirkt als osmotische Schranke, kontrolliert Ein- u. Austritt v. Stoffen; sie enthält aktive (energieverbrauchende) Transportsysteme mit substratspezifischen Permeasen, reguliert die Stoffaufnahme u. scheidet Exoenzyme aus. In Bakterien mit einem Atmungsstoffwechsel sind in der B. die Atmungskette u. die Enzyme der oxidativen Phosphorylierung lokalisiert. An ihr finden Synthesen v. Zellwand- u. Kapselbausteinen statt, u. wahrscheinlich ist sie Anheftungspunkt bei der DNA-Verdopplung. Außerdem sind an der B. die Bakteriengeißel verankert u. das System der Chemotaxis zu finden.

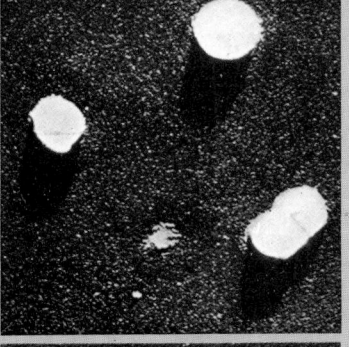

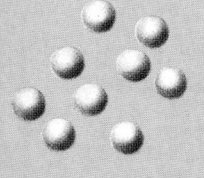

BAKTERIEN UND CYANOBAKTERIEN

Cyanobakterien (Blaualgen)
Cyanobakterien werden heute trotz ihrer oxygenen Photosynthese zu den Bakterien gerechnet, da ihre typischen prokaryotischen Zellstrukturen und der molekulare Aufbau wichtiger Zellbestandteile den entsprechenden Komponenten in der Bakterienzelle sehr ähnlich sind, so daß eine nahe Verwandtschaft zu den Bakterien angenommen werden muß.
a) Einfachst gebaute Cyanobakterien sind Einzelzellen, z. B. *Chroococcus*-Arten; da sie von einer Gallerthülle umgeben sind, bleiben nach Zellteilungen die Tochterzellen oft vereint. b) Die meisten Cyanobakterien bilden Zellfäden, die z. T. mehrere mm lang sind und häufig, z. B. bei *Nostoc*-Arten, durch Gallerthüllen bis zu handtellergroßen Lagern zusammengehalten werden. c) Relativ wenige fädige Cyanobakterien sind „verzweigt", z. B. *Scytonema mirabile*. Diese „unechte" Verzweigung entsteht durch Bruch des Fadens; beide Enden der Bruchstelle wachsen wieder aus und bleiben durch eine Gallerthülle vereint. d) Bei *Stigonema* kommt die Verzweigung dadurch zustande, daß Zellen sich in allen Raumebenen teilen können und im gemeinsamen Verband bleiben.

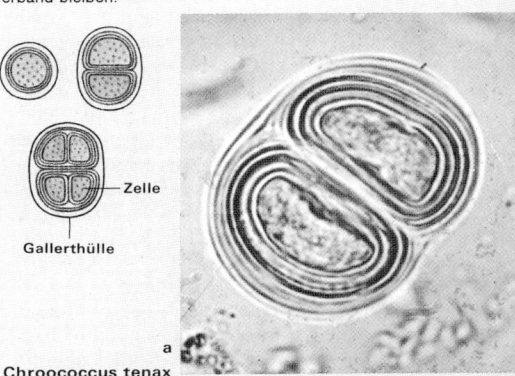

a **Kokken** *(Coccus,* rechts, Abb. a: sich teilende Kokke)

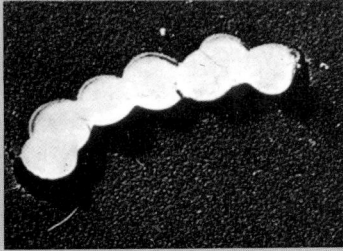

b **Streptokokken** *(Streptococcus)*

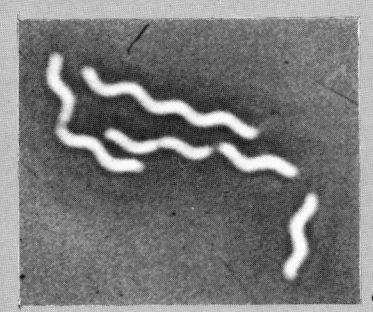

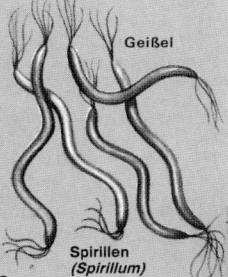

c **Spirillen** *(Spirillum)* — Geißel

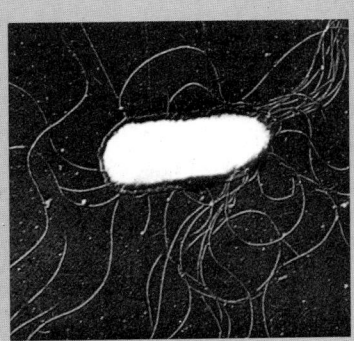

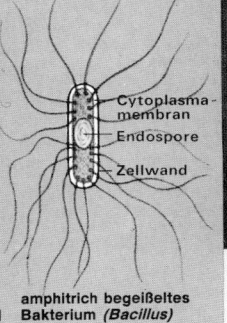

d **amphitrich begeißeltes Bakterium** *(Bacillus)* — Cytoplasmamembran, Endospore, Zellwand

a **Chroococcus tenax** — Zelle, Gallerthülle

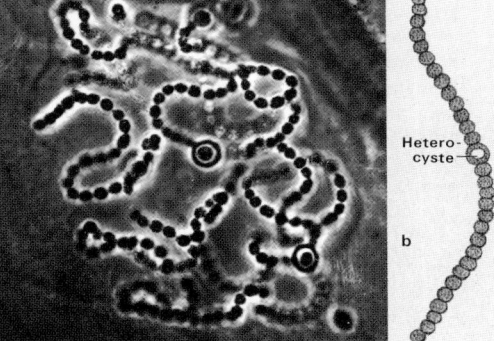

b Viele Cyanobakterien (hier *Nostoc commune*) bilden innerhalb der Zellfäden *Heterocysten* aus, in denen die Fixierung des molekularen Stickstoffs stattfindet. — Heterocyste

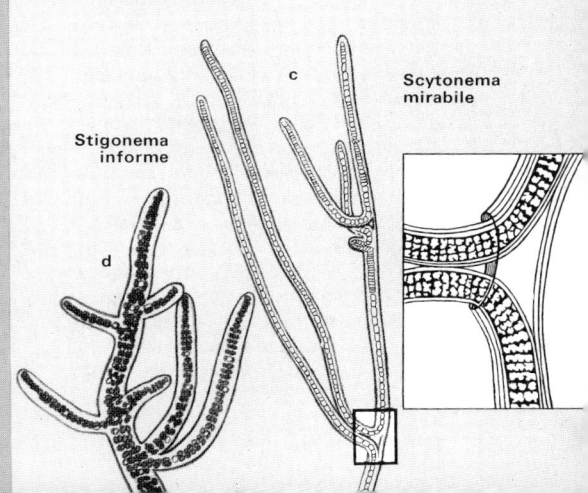

c **Stigonema informe**

d **Scytonema mirabile**

Bakterienformen
a) *Kokken* sind annähernd kugelförmig. Es gibt verschiedene Abweichungen davon, so z. B. mehr elliptische Formen. Die Zellen können nach der Teilung vielfach aneinander haften bleiben, so z. B. bei den *Streptokokken* (b) und den *Staphylokokken*. c) *Spirillen* sind gewundene, korkenzieherartige Stäbchen. Sie können bis zu 50 µm lang werden und tragen an den Zellenden mehrere Geißeln. d) Andere stäbchenförmige Bakterien sind allseitig begeißelt (z. B. *Salmonella typhi*). Die Geißeln gehen von Strukturen im Zellinnern aus. Sie haben einen Durchmesser von 10–20 nm.
Neben den Grundformen, die sich von der Kugel- oder Stäbchenform ableiten lassen, gibt es noch eine Reihe unterschiedlicher Zellformen: z. B. keulen-, stern-, platten-, schachtelförmige sowie unregelmäßig wechselnde Formen.
Viele Bakterien können in ihrem Zellinnern Überdauerungskörper ausbilden, die sogenannten *Endosporen*. Diese können viele Jahre lebensfähig bleiben und sind sehr widerstandsfähig gegen Austrocknung und hohe Temperaturen. Sie wachsen unter günstigen Bedingungen zu einer neuen Zelle aus.

Bakterienrasen

differenzieren, an der ein phototropher ATP-Gewinn stattfindet. Einige auf die B. wirkende Antibiotika sind: Polymyxine, Tyrocidine; auch viele Desinfektions- u. antiseptische Mittel zerstören die Membranstrukturen. ☐ 339, 345.

Bakterienrasen, die auf einem festen Nährboden od. anderen Oberfläche zu einer gleichmäßigen Schicht zusammengewachsenen Bakterienkolonien nach dichter Beimpfung.

Bakterienringfäule, Krankheit der Kartoffel durch Befall mit *Corynebacterium sepedonicum.* In den Knollen, die äußerlich gesund aussehen, verfärben sich die Gefäßbündel, werden gelblich u. dann breiig; gg. Vegetationsende treten auch Blattvergilbungen u. Rötungen ein. Die Infizierung erfolgt durch Wunden (z. B. beim Bearbeiten des Bodens); die Bakterien überwintern im Boden, Laub u. in den Knollen. Der Befall wird verringert durch Beseitigung der Ernterückstände, Vermeidung v. Knollenverletzungen u. Verwenden v. gesundem Pflanzengut.

Bakterienruhr, die ↗Shigellose.

Bakteriensporen, Dauer- u. Verbreitungsformen der Bakterien: Endosporen, Exosporen, Myxosporen, Konidiosporen, Sporangiosporen, Cysten, Mikrocysten.

Bakterientoxine [Mz.; v. *bakter-, gr. toxikon = (Pfeil-)Gift], *Bakteriotoxine, Bakteriengifte,* bakterielle Giftstoffe, die den Wirtsorganismus schädigen u. eine wichtige Rolle bei Erkrankungen spielen können (Intoxikation). Sie haben normalerweise eine große relative Molekülmasse, so daß sie als Antigene wirken, u. schädigen bereits in sehr geringer Konzentration; z. T. gehören sie zu den wirksamsten Giften (↗Botulinustoxin, ↗Tetanustoxin). B. sind v. a. lösl. Proteine *(Exotoxine, Ektotoxine),* einige mit enzymat. Aktivität, od. Lipoproteine *(Endotoxine,* Bestandteile der Zellwand gramnegativer Bakterien). Die historische Einteilung in Exo- u. Endotoxine ist zu vereinfacht; heute werden daher vier Gruppen unterschieden (vgl. Tab.). B. werden im (am) Wirtsorganismus gebildet od. mit Nahrungs-(Futter-)mitteln aufgenommen, auf denen toxinausscheidende Bakterien gewachsen waren od. die mit befallenen Rohstoffen hergestellt wurden (↗Nahrungsmittelvergiftungen). Einige B. od. ihre entgifteten Derivate (Toxoide) können zur Herstellung v. Impfstoffen u. Antitoxinen zur Bekämpfung v. Krankheiten u. zur Diagnostik verwendet werden. – Bereits E. T. A. Klebs (1872) nahm an, daß *Staphylococcus*-Arten giftige Substanzen (Sepsine) ausscheiden, u. R. Koch (1884) folgerte, daß Cholera eine Toxikosis ist. Die ersten Beweise für den Zshg. zw. In-

bakter-, bakterio-
[v. gr. baktērion = Stäbchen].

Einige Erreger von Bakterienwelken

Corynebacterium michiganense (B. der Tomate)
C. sepedonicum (Bakterienringfäule)
Erwinia tracheiphila (B. von Kürbis und Gurke)
Pseudomonas solanacearum (B. von Bananen und Schleimkrankheit von Kartoffel und Tomate)
P. caryophylli (B. der Nelken)
Xanthomonas campestris (Schwarzadrigkeit bei Kohl u. a. *Brassica*-Arten)

Bakterientoxine
(Einteilung nach M. Raynaud u. J. E. Alouf)

Zellgebundene Toxine

I Intracytoplasmatische Toxine gramnegativer Bakterien (↗ *Endotoxine*)
II Zellwandtoxine *(Endotoxine)* gramnegativer Bakterien

Vollständig oder teilweise extrazelluläre Toxine (↗ *Exotoxine*)

III Echte Protein-Exotoxine (lösliche Antigene)
IV Protein-Toxine aerober und anaerober grampositiver Bakterien, die sowohl intra- als auch extrazellulär während der log-Phase nachweisbar sind (↗ *Clostridien*)

Toxine von pflanzenpathogenen Bakterien *(Welketoxine)*

fektionskrankheit u. B.n erbrachten F. A. J. Loeffler (1884, Diphtherie), E. A. v. Behring u. S. Kitasato (1890, Tetanus) u. É. P. M. van Ermengem (1896, Botulismus).

Bakterienviren, die ↗Bakteriophagen.

Bakterienwachstum, das ↗mikrobielle Wachstum.

Bakterienwelke, Pflanzenkrankheit (Tracheobakteriose), bei der sich die Bakterien in den Gefäßen der Wasserleitung stark vermehren, so daß der Wasser- u. Nährstofftransport gestört wird. Als Folge treten Welkeerscheinungen auf, u. die oberird., krautigen Teile der Pflanze sterben ab. Die Leitbündel werden z.T. enzymatisch aufgelöst (Abbau v. Pektin u. Hemicellulosen), u. es können auch toxische Stoffe v. den Bakterien ausgeschieden werden (Welkekrankheiten). Wichtig ist die B. der Tomate, die durch *Corynebacterium michiganense* verursacht wird: am oberen Teil der Stengel treten braune, eingesunkene Längsstreifen auf; die Blätter beginnen langsam v. unten zu welken, u. die Gefäßbündel verfärben sich od. werden zerstört. Die Übertragung erfolgt v. Boden über Wunderreger od. durch das Ausgeizen. Die Bakterien überwintern an Samen, Pflanzenresten u. im Boden. Zur Bekämpfung sollten die Pflanzenrückstände beseitigt, kranke Pflanzen vernichtet, gesundes Saatgut verwendet u. Wunden vermieden werden; ein Fruchtwechsel verhindert ebenfalls den Befall.

Bakterienzelle ↗Bakterien.

Bakterienzellwand, äußere dünne, elast. Hülle den Protoplasten, welche die Bakterienzelle vor osmot. Auflösung (Lyse) schützt u. die Zellform bestimmt. Sie ist für zahlr. niedermolekulare Substanzen durchlässig; in ihr sind verschiedene Proteine (Porine) eingelagert, die zur Aufnahme v. komplexen Stoffen u. als Rezeptoren für ↗Bakteriophagen u. ↗Bakteriocine dienen. Die B. der meisten Bakterien enthält ↗ *Murein* (Peptidoglycan), das nur v. Prokaryoten synthetisiert wird u. an dem einige zellwandauflösende Enzyme u. Antibiotika angreifen (z. B. Lysozym, Penicillin, Cephalosporin, Bacitracin). Es kann zw. grampositiven u. gramnegativen Bakterien unterschieden werden, die sich durch den Aufbau der B. und die Zusammensetzung des Mureins unterscheiden (↗Gram-Färbung). Die B. gramnegativer Bakterien enthält einen einschichtigen Mureinsack (5–10% des B.-Trockengewichts). Auf dem Mureingerüst ist noch eine äußere Hülle *(äußere Membran)* aufgelagert; sie enthält Lipoprotein, Phospholipide u. ↗Lipopolysaccharide. Die grampositive B. besitzt dagegen ein vielschichtiges Mureinnetz (30 bis 70% des B.-Trockengewichts),

Bakteriochlorophylle

Bakteriochlorophylle [Mz.; v. *bakterio-, gr. chlōros = gelbgrün, phyllon = Blatt], *Bakterienchlorophylle, Bakteriochlorine,* Photosynthesepigmente der phototrophen Bakterien. Sie sind wie die Chlorophylle der grünen Pflanzen aus 4 Pyrollringen (Porphyringerüst) aufgebaut mit einem komplex gebundenen Magnesiumatom in der Mitte. Die verschiedenen B. unterscheiden sich durch eine Doppel- od. Einfachbindung zw. den Kohlenstoffatomen (C) 3 und 4 sowie verschiedene Substituenten (Seitenketten) am Porphyringerüst. Diese Modifikation, die Bindung an unterschiedl. Proteine u. die Lage im gesamten Photosynthesekomplex sind für die unterschiedl. Lichtabsorption der B. verantwortlich. Im Unterschied zum Chlorophyll absorbieren B. auch im langwelligen Bereich, Bakteriochlorophyll b sogar im Infrarot über 1000 nm. B. sind in beson-

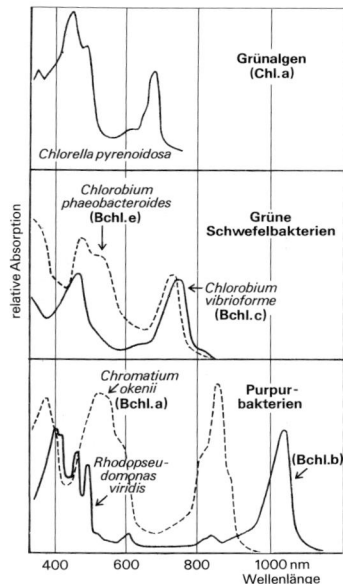

Bakterienzellwand
Abb. oben: Aufbau der Zellwand bei grampositiven und gramnegativen Bakterien.
Abb. rechts: Modell des Aufbaus der Zellhüllen und der Anordnung der einzelnen Komponenten eines gramnegativen Bakteriums (*Salmonella*).

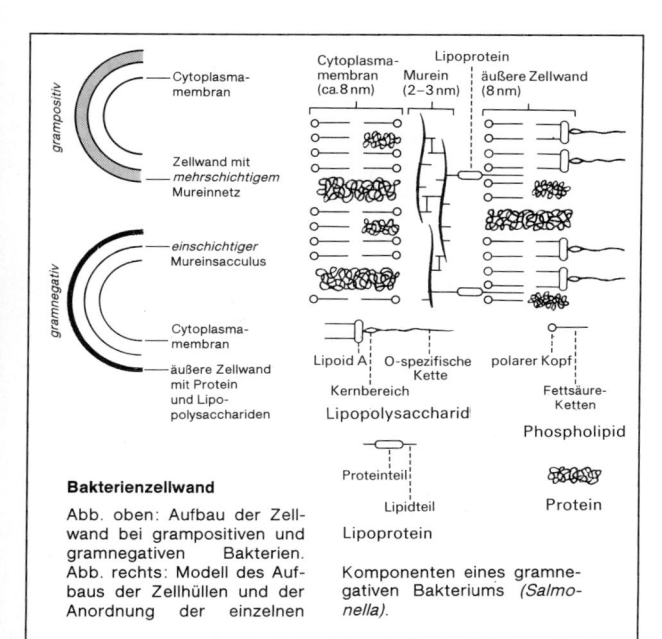

manchmal mit Polysacchariden, häufig mit Polyol-Phosphaten (↗Teichonsäure) verknüpft. Die B. ist oft noch v. einer *Kapsel* (Glykokalyx) od. v. *Schleim* umhüllt, in denen (wie durch die röhrenförm. Hülle der Scheidenbakterien) viele Zellen nach der Teilung vereint bleiben können. Äußere Komponenten der B. (Lipopolysaccharide) u. der Kapsel sind für spezif. Antigeneigenschaften verantwortlich (O-, Kapsel-Antigene). – Eine Reihe v. Bakterien, die ↗*Archaebakterien,* besitzen kein Murein, sondern bilden andere Typen v. Zellwänden, z. B. Pseudomurein-, (Glyko-)Protein- od. Polysaccharid-Hüllen (Sacculi) sowie Protein-Scheiden. Es gibt auch Bakterien, meist parasit. Formen, ohne Zellwand (↗Mycoplasmen und verwandte Organismen).

Chlorophyll- (Chl.-) und Bakteriochlorophyll-(Bchl.-) Absorption ganzer Zellen

Grundgerüst der (Bakterio)chlorophylle
(R = Seitenketten)

Chlorophyllart	R_1	R_2	R_3	R_4	R_5	R_6	R_7
Chlorophyll a	$-CH=CH_2$	$-CH_3$	$-CH_2-CH_3$			Phytol	
Bakteriochlorophyll a	$O=C{<}^{CH_3}$	$-CH_3*$	$-CH_2-CH_3*$	$-CH_3$	$O=C{<}^{OCH_3}$	Phytol od. Geranylgeraniol	$-H$
Bakteriochlorophyll b			$=C{<}^{CH_3*}_{H}$			Phytol	
Bakteriochlorophyll c			$-C_2H_5$	$-C_2H_5$		Farnesol	$-CH_3$
Bakteriochlorophyll d	$-CH-CH_3$ OH	$-CH_3$	$-C_3H_7$ $-i-C_4H_9$	$-CH_3$	$-H$	Farnesol	$-H$
Bakteriochlorophyll e		$-CHO$		$-C_2H_5$			$-CH_3$

* Bindung zwischen C-3 und C-4 ungesättigt

Bakteriocine

deren intracytoplasmat. Membranen (Thylakoiden, Chromatophoren) od. direkt in der Cytoplasmamembran lokalisiert, außer den Antennen-B.n (c–e) v. grünen Schwefelbakterien, die in bes. Organellen, den Chlorosomen (Chlorobiumvesikeln) liegen, die der Cytoplasmamembran angelagert sind. Die B. a und b sind im Reaktionszentrum des bakteriellen Photosyntheseapparates, wirken aber auch als Antennenpigmente (↗phototrophe Bakterien).

Bakteriocine [Mz.; v. *bakter-, lat. cinis = Asche], *Bakteriozidine,* v. Bakterien ausgeschiedene Stoffe, die verwandte Arten od. Stämme abtöten. Unterschiedliche B. können verschiedene Angriffsorte haben; sie hemmen die Proteinsynthese, verändern die Zell-DNA u. die Cytoplasmamembran. Die meisten B. sind Proteine (relative Molekülmasse 50 000–80 000), einige möglicherweise Bakteriophagen-Teile. Die Synthese wird v. Plasmiden, den *Bakteriocin-Faktoren (Bakteriocinogene),* codiert. Wichtige B. sind die Colicine v. *Escherichia coli,* Pyocine v. *Pseudomonas aeruginosa,* Megacine v. *Bacillus megaterium* u. Vibriocine v. *Vibrio*-Arten.

Bakteriocyten [Mz.; v. *bakter-, gr. kytos = Höhlung, Zelle], *Bacteriocyten,* ↗Mycetocyten.

Bakterioide [Mz.; v. *bakterio-, gr. -oeidēs = ähnlich], die ↗Bakteroide.

Bakteriologie w [v. *bakterio-, gr. logos = Kunde], *Bakterienkunde,* die Wiss. von den Bakterien, ein Teilgebiet der ↗Mikrobiologie. In der *allgemeinen B.* werden hpts. Morphologie, Physiologie, Biochemie, Vermehrung, Verbreitung u. Systematik erforscht, während in der *angewandten B.* vorwiegend Bekämpfung u. Nutzung der Bakterien untersucht werden. Wichtige Teilgebiete der B. sind: die *medizinische B.,* die sich hpts. mit pathogenen Keimen befaßt, die als Krankheitserreger bei Mensch u. Tier auftreten; in der *phytopathologischen B.* werden die Erreger pflanzl. Krankheiten u. in der *Boden-B.* die Bakterien des Bodens u. ihre Wechselwirkung mit den anderen Organismen untersucht. Die *industrielle B.* ist ein Teilgebiet der industriellen Mikrobiologie, in dem die bakterielle Herstellung v. Antibiotika, Protein, Nahrungs- u. Genußmitteln, Chemikalien u. a. Stoffen erforscht u. verbesserte Verfahren ausgearbeitet werden.

bakteriologische Kampfstoffe, *mikrobiologische Kampfstoffe,* biol. (B-)Waffen, durch die Mensch, Tier und Pflanzen verseucht werden können. Der Einsatz ist völkerrechtswidrig (die BR. Dtl. hat sich am 3. 10. 1954 in London verpflichtet, solche Waffen auf ihrem Gebiet nicht herzustellen – sog. ABC-Waffen-Vertrag). Die Mikro-

bakteriologische Kampfstoffe
Einige Mikroorganismen, deren Einsatz als b.K. möglich wäre:
Bacillus anthracis (Milzbrand)
Brucella-Arten (Brucellose)
Vibrio cholerae (Cholera)
Yersinia (Pasteurella) pestis (Pest)
Francisella (Pasteurella) tularensis (Tularämie)
Coxiella burnetii (Q-Fieber)
Rickettsia prowazekii (Fleckfieber)
Variola-Virus (Pocken)
Gelbfieber-Virus (Gelbfieber)
Botulinus-Toxin aus *Clostridium botulinum* (Botulismus)

bakter-, bakterio-
[v. gr. baktērion = Stäbchen].

Bakteriophagen
1 Aufbau und **2** elektronenmikroskopische Aufnahme von Bakteriophagen

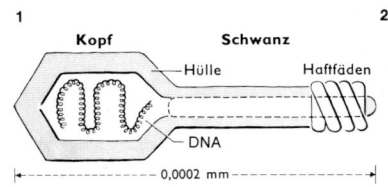

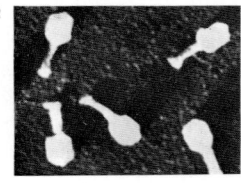

organismen lassen sich mit relativ geringem personellem u. finanziellem Aufwand züchten. Nach Abziehen der Nährlösung können sie jahrzehntelang im gefriergetrockneten Zustand aufbewahrt werden. Die Verbreitung kann etwa durch Versprühen in Aerosolform od. durch Verseuchung v. Trinkwasser erfolgen. Der Einsatz schließt relativ hohe Risiken ein, da er v. ökolog. und meteorolog. Bedingungen abhängig ist. So können Aufwinde die b.n K. unkontrolliert verbreiten. Endosporen v. *Bacillus anthracis* können im Boden fast unbegrenzt lebensfähig bleiben.

Bakteriolyse w [v. *bakterio-, gr. lysis = Lösung], die Auflösung v. Bakterien: serologisch (immunolog. Reaktionen, Lysine), enzymatisch (z. B. Lysozym) od. durch lysogene ↗Bakteriophagen, *Bdellovibrio* u. a. bakteriolyt. Bakterien.

Bakteriolysine [Mz.; v. *bakter-, gr. lysis = Lösung], spezifische Immun-Antikörper, die im Verlauf einer durch Bakterien verursachten Erkrankung im Blut auftreten u. die Auflösung der Bakterien in Gegenwart v. Komplement bewirken.

Bakterioopsin s [v. *bakter-, gr. opsis = Aussehen], Apoprotein des ↗Bakteriorhodopsins; einziges Protein (75% Trockengewichtsanteil) der Purpurmembran (parakristalline Bereiche der Plasmamembran) des halophilen Bakteriums *Halobacterium;* die relative Molekülmasse beträgt 26 000; die Aminosäuresequenz ist bekannt.

Bakteriophagen [Mz.; v. *bakterio-, gr. phagos = Fresser], *Phagen, Bakterienviren,* Viren, die ausschl. Bakterien infizieren u. dort zur Vermehrung kommen. B. gibt es wahrscheinlich für alle Bakterienarten. Je nach den Wirtsbakterien spricht man von *Coliphagen* (B. des Darmbakteriums *Escherichia coli*), *Salmonellaphagen, Actinophagen* (B. von Actinomyceten), *Cyanophagen* (B. von Cyanobakterien) usw. Die weitaus meisten B. sind aus einem Kopf- u. einem Schwanzteil aufgebaut, letzterer dient zur Anheftung der B. an die Bakterienmembran. Nur ca. 5% aller bislang beschriebenen B. besitzen eine kubische, filamentöse od. pleomorphe Form. Als Genom enthalten die B. DNA od. RNA, die als Doppel- oder Einzelstrang, linear od. ringförmig vorliegen kann; meist ist eine doppelsträngige, lineare DNA vorhanden. – *Lytischer Infektionszyklus:* Berühren B. ein

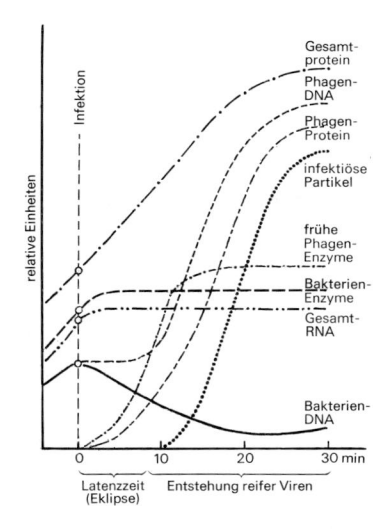

Bakteriophagen

Bakteriophagen
Verlauf der Biosyntheseprozesse in Escherichia coli nach Infektion mit dem Bakteriophagen T 4. Nach dem Eindringen der Phagen-DNA lassen sich in künstlich aufgebrochenen Bakterienzellen für eine gewisse Zeit (Eklipse oder Latenzzeit, s. u.) keine B. nachweisen. Beginnt das Freisetzen neuer B. deutlich später als das Auftreten reifer B. im Bakterium, so wird der Zeitabschnitt bis zum Auftreten der ersten reifen B. in der Zelle als *Eklipse* und bis zum Auftreten neuer B. im Medium als *Latenzzeit* bezeichnet.

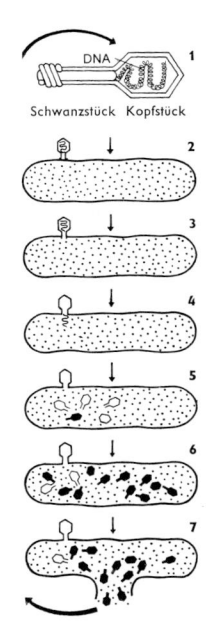

Lytischer Infektionszyklus
1 Einzelner Phage; 2 Befall eines Bakteriums; 3 Auflösung der Zellwand durch ein Phagenenzym; 4 Eindringen der Phagen-DNA; 5 und 6 Durch Umsteuerung des bakteriellen Stoffwechsels entstandene Phagenbestandteile und Phagen; 7 Zerfall der Bakterienzelle und Freisetzen der Phagennachkommen.

geeignetes Wirtsbakterium, so kommt es zu einer irreversiblen Anheftung der B. an die Bakterienoberfläche *(Adsorption)*. Die Wirtsspezifität wird durch bestimmte Rezeptorsubstanzen bewirkt, die in der Zellwand lokalisiert sind. Einige B. heften sich auch an Zellanhänge, wie Geißeln od. Pili, an. Nach der Adsorption wird die DNA in die Wirtszelle injiziert *(Penetration)*, die Proteinhülle bleibt außerhalb der Zelle. Die Synthese v. Bakterien-DNA wird nach der Infektion sofort eingestellt, Bakterien-RNA- u. -Protein-Synthese kommen wenig später zum Stillstand. Dafür wird der Syntheseapparat der Zelle in den Dienst der B.-Vermehrung gestellt. Als erstes treten die sog. *frühen Proteine* auf, Enzyme, die für die Replikation der B.-DNA notwendig sind u. die Expression der übrigen B.-Gene regulieren. Bald nach Beginn der DNA-Replikation kommt es zur Synthese der *späten Proteine*, der Strukturproteine v. B.-Kopf u. -Schwanz u. zum Ende der Latenzzeit v. Lysozym od. Endolysinen, die später zur Freisetzung der neuen B. notwendig sind. In der Reifung vereinigen sich DNA u. die Strukturproteine zu den kompletten B.-Partikeln (↗ *assembly*, B Genwirkketten I). Schließlich brechen die Bakterienzellen, die mit Lysozym aufgeweicht wurden, durch den osmot. Druck explosionsartig auf, u. die neugebildeten B. (je nach B.-Stamm zw. 20 u. mehreren hundert Partikeln pro infizierter Zelle) werden freigesetzt *(Lyse)*. Bei manchen B. erfolgt die Freisetzung ohne Lyse der Wirtszelle durch Penetration durch die Zellwand (B. *fd, Qβ* u. a.). B., die zur Lyse der Bakterien führen, werden *virulent* genannt. Untersuchungen zum Infektionsablauf u. zur Genetik virulenter B. wurden v. a. mit den B. *T2* u. *T4* durchgeführt. –

Lysogene Infektion: nicht alle B. sind virulent u. lysieren die Wirtszelle regelmäßig. Die *temperenten* (gemäßigten) B. können nach Infektion einer Bakterienzelle einen alternativen Entwicklungsweg einschlagen, der nicht zur Lyse und B.-Produktion führt, sondern zur sog. Lysogenisierung der Zelle. Dabei wird die B.-DNA als *Prophage* entweder in das Genom der Zelle integriert u. mit dem Bakterienchromosom repliziert od. autonom als Prophagen-Plasmid vermehrt u. jeweils bei der Zellteilung auf die Tochterzellen weitergegeben. Dieses B.-Wirt-Verhältnis nennt man *Lysogenie*. Bakterien, die einen Prophagen tragen, werden als *lysogene Bakterien* bezeichnet. Unter bestimmten Bedingungen od. in seltenen Fällen spontan kommt es zur Aktivierung *(Induktion)* des Prophagen, der dann den lytischen Vermehrungsweg einschlägt. Untersuchungen zur Lysogenie sind hpts. mit den ↗ Lambda- u. ↗ Mu-Phagen sowie P1 u. P2 durchgeführt worden. Hpts. nach der Morphologie der Viruspartikel u. der Genomnucleinsäure werden die B. in 10 Familien eingeteilt. B. mit kontraktilen Schwänzen bilden die Fam. *Myoviridae*. Hierzu gehören die geradzahligen ↗ *T-Phagen* (T-even) *T2, T4* u. *T6*, sehr komplex aufgebaute, virulente B. mit einem doppelsträngigen, linearen DNA-Genom, das mehr als 100 Gene enthält. Der temperente Coliphage *Lambda* (λ) ist der am intensivsten untersuchte Vertreter der B., die lange (64–539 nm), nicht-kontraktile Schwänze besitzen (vorgeschlagener Name der Fam.: *Styloviridae*). Die Genetik u. Molekularbiologie des λ-Phagen sind bes. detailliert untersucht worden. Die dadurch gewonnene Kenntnis ermöglichte es, diesen B. als Vektor zur molekularen Klonierung v. DNA zu entwickeln. In die Fam. *Podoviridae* (B. mit ca. 20 nm kurzen, nicht-kontraktilen Schwänzen) gehört der Coliphage *T7*, der zus. mit den B. *T1, T3* u. *T5* die Gruppe der sog. ungeradzahligen T-Phagen (T-odd) bildet. Bei den B. der Fam. *Tectiviridae* (z. B. *PRD1*) u. *Corticoviridae (PM2)* sind in den Capsiden Lipide enthalten, die sich v. denen der Wirtsbakterien unterscheiden. In die Fam. *Plasmaviridae* sind pleomorphe, v. einer Hülle umgebene B. eingeordnet, die Mycoplasmen infizieren. Die B. der bislang gen. Fam. enthalten als Erbmaterial doppelsträngige DNA. Eine einzelsträngige, ringförmige DNA, die zur Vermehrung in eine doppelsträngige replikative Form überführt wird, besitzen sowohl die kleinen, kubischen B. der Fam. *Microviridae* (mit dem B. *ΦX174* als typischer u. intensiv untersuchter Spezies) als auch die fadenförmigen B. der Fam. *Inoviridae* (z. B.

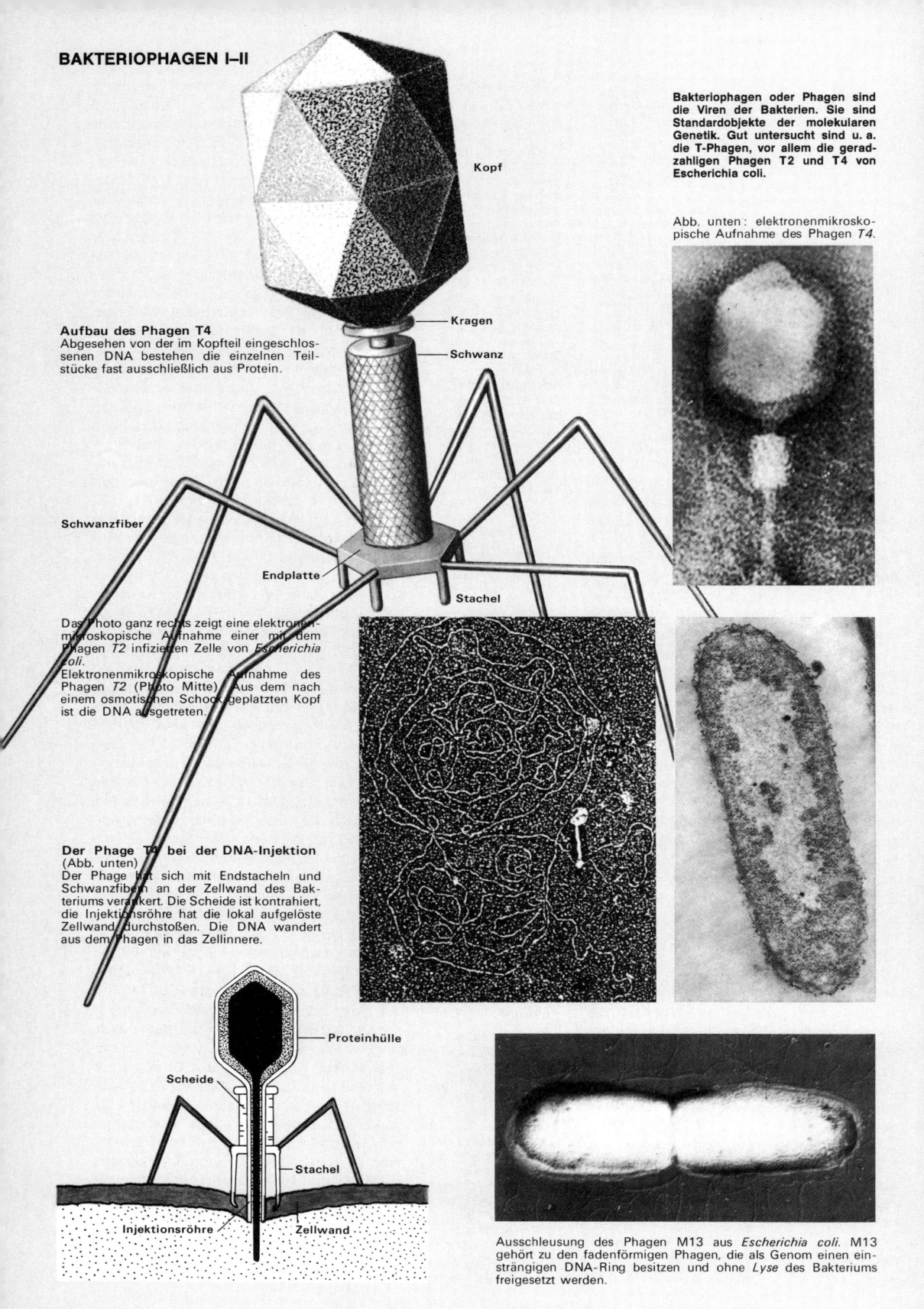

BAKTERIOPHAGEN I–II

Kopf

Bakteriophagen oder Phagen sind die Viren der Bakterien. Sie sind Standardobjekte der molekularen Genetik. Gut untersucht sind u. a. die T-Phagen, vor allem die geradzahligen Phagen T2 und T4 von Escherichia coli.

Abb. unten: elektronenmikroskopische Aufnahme des Phagen T4.

Aufbau des Phagen T4
Abgesehen von der im Kopfteil eingeschlossenen DNA bestehen die einzelnen Teilstücke fast ausschließlich aus Protein.

– Kragen
– Schwanz

Schwanzfiber

Endplatte
Stachel

Das Photo ganz rechts zeigt eine elektronenmikroskopische Aufnahme einer mit dem Phagen T2 infizierten Zelle von Escherichia coli.
Elektronenmikroskopische Aufnahme des Phagen T2 (Photo Mitte). Aus dem nach einem osmotischen Schock geplatzten Kopf ist die DNA ausgetreten.

Der Phage T4 bei der DNA-Injektion
(Abb. unten)
Der Phage hat sich mit Endstacheln und Schwanzfibern an der Zellwand des Bakteriums verankert. Die Scheide ist kontrahiert, die Injektionsröhre hat die lokal aufgelöste Zellwand durchstoßen. Die DNA wandert aus dem Phagen in das Zellinnere.

– Proteinhülle
Scheide
Stachel
Injektionsröhre   Zellwand

Ausschleusung des Phagen M13 aus Escherichia coli. M13 gehört zu den fadenförmigen Phagen, die als Genom einen einsträngigen DNA-Ring besitzen und ohne Lyse des Bakteriums freigesetzt werden.

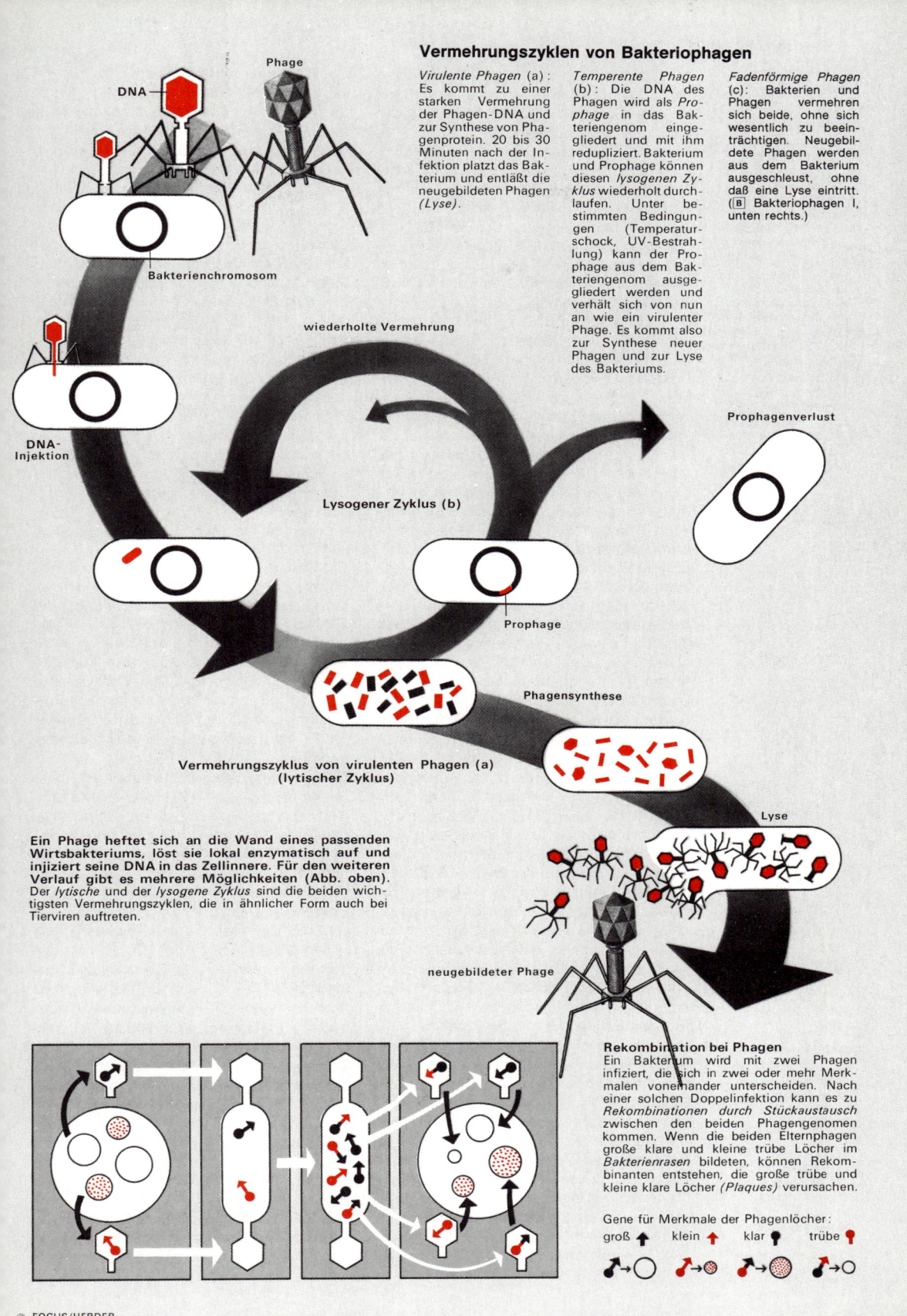

Vermehrungszyklen von Bakteriophagen

Virulente Phagen (a): Es kommt zu einer starken Vermehrung der Phagen-DNA und zur Synthese von Phagenprotein. 20 bis 30 Minuten nach der Infektion platzt das Bakterium und entläßt die neugebildeten Phagen (*Lyse*).

Temperente Phagen (b): Die DNA des Phagen wird als *Prophage* in das Bakteriengenom eingegliedert und mit ihm repliziert. Bakterium und Prophage können diesen *lysogenen Zyklus* wiederholt durchlaufen. Unter bestimmten Bedingungen (Temperaturschock, UV-Bestrahlung) kann der Prophage aus dem Bakteriengenom ausgegliedert werden und verhält sich von nun an wie ein virulenter Phage. Es kommt also zur Synthese neuer Phagen und zur Lyse des Bakteriums.

Fadenförmige Phagen (c): Bakterien und Phagen vermehren sich beide, ohne sich wesentlich zu beeinträchtigen. Neugebildete Phagen werden aus dem Bakterium ausgeschleust, ohne daß eine Lyse eintritt. (B Bakteriophagen I, unten rechts.)

DNA · Phage · Bakterienchromosom · DNA-Injektion · wiederholte Vermehrung · Prophagenverlust · Lysogener Zyklus (b) · Prophage · Phagensynthese · Vermehrungszyklus von virulenten Phagen (a) (lytischer Zyklus) · Lyse · neugebildeter Phage

Ein Phage heftet sich an die Wand eines passenden Wirtsbakteriums, löst sie lokal enzymatisch auf und injiziert seine DNA in das Zellinnere. Für den weiteren Verlauf gibt es mehrere Möglichkeiten (Abb. oben). Der *lytische* und der *lysogene Zyklus* sind die beiden wichtigsten Vermehrungszyklen, die in ähnlicher Form auch bei Tierviren auftreten.

Rekombination bei Phagen
Ein Bakterium wird mit zwei Phagen infiziert, die sich in zwei oder mehr Merkmalen voneinander unterscheiden. Nach einer solchen Doppelinfektion kann es zu *Rekombinationen durch Stückaustausch* zwischen den beiden Phagengenomen kommen. Wenn die beiden Elternphagen große klare und kleine trübe Löcher im *Bakterienrasen* bildeten, können Rekombinanten entstehen, die große trübe und kleine klare Löcher (*Plaques*) verursachen.

Gene für Merkmale der Phagenlöcher:
groß · klein · klar · trübe

Bakteriorhodopsin

Immunität gegen Bakteriophagen

Der Besitz eines *Prophagen* macht die Zelle gegen die Infektion mit einem gleichartigen Phagen immun. Für diese Immunität sind phagenspezifische *Repressorproteine* verantwortlich, die die Vermehrung des vegetativen Phagen verhindern (beim Coliphagen λ das Produkt des cI-Gens, der λ-Repressor). Sie unterdrücken auch das Ausbrechen des Prophagen aus dem Bakterienchromosom und regulieren damit das lysogene Phagen-Wirt-Verhältnis. Faktoren (wie UV), die zur Lyse eines vorher lysogenen Bakteriums führen, inaktivieren den Repressor.

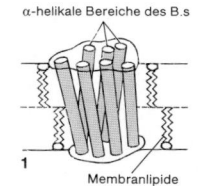

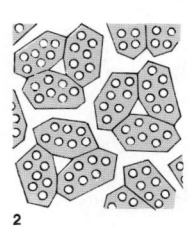

α-helikale Bereiche des B.s

Membranlipide

Bakteriorhodopsin

1 Modell eines B.-Moleküls im senkrechten Schnitt zur Membranebene. **2** Aufsicht auf die *Purpurmembran*. Jedes B.-Molekül besteht aus 7 α-helikal geschraubten Kettenabschnitten, die in der Aufsicht kreisförmig erscheinen. Jeweils drei der B.-Moleküle sind nebeneinander angeordnet u. bilden ein Trimer.

fd und *M13*, ↗einzelsträngige DNA-Phagen). Der Phage *M13* hat in der Molekularbiol. große prakt. Bedeutung erlangt; er wird als Klonierungsvektor eingesetzt, hpts. in Verbindung mit der Didesoxymethode zur Sequenzanalyse der inserierten DNA (↗DNA-Sequenzierung). B. mit einzelsträngiger RNA sind in der Fam. *Leviviridae* zusammengefaßt (z. B. *MS2*, *f2*, *Qβ*). Von allen autonom replizierenden Viren besitzen diese RNA-B. mit nur 4 Genen die einfachste Genomorganisation (↗einzelsträngige RNA-Phagen). Eine Besonderheit unter den B. stellt der Pseudomonasphage Φ6 dar: sein Genom besteht aus 3 Teilen doppelsträngiger RNA. B.   E. S.

Bakteriorhodopsin s [v. *bakter-, gr. rhodon = Rose, opsis = Aussehen], integrales Membranprotein (↗Bakterioopsin) halophiler Bakterien, z. B. von *Halobacterium halobium*, mit 11-*cis*-Retinal (Aldehyd des Vitamins A) als chromophorer Gruppe. Als bemerkenswerte Umweltanpassung synthetisiert dieses Bakterium bei Sauerstoff- bzw. Substratmangel für die plasmamembranständige Atmungskette das Chromoproteid B., das sowohl als Lichtsensor als auch der ATP-Gewinnung dient. B. durchspannt insgesamt 7mal mit α-helikalen Kettenabschnitten die 5 nm dicke, wegen ihrer Farbe so gen. *Purpurmembran*. Diese elektronenmikroskopisch klar umrissenen Membranbereiche können bis zu 50% der Membranoberfläche bedecken. Das B. ist hier in einem zweidimensional-kristallinen, hexagonalen Gitter angeordnet. B. dient als kontinuierl. Lichtenergiewandler, d. h., es durchläuft, angeregt durch Absorption eines Photons (Absorptionsmaximum λ = 570 nm), etwa 200mal pro Sek. einen Photozyklus, in dessen Verlauf jeweils ein Proton gerichtet aus dem Zellinnern in das Außenmedium gepumpt wird. Aus diesem Protonentransport resultiert – wie bei der ↗Atmungskette – ein Konzentrationsgradient für Protonen über die Zellmembran. Diese gewonnene elektrochem. Energie wird schließlich in biologisch nutzbare Energie in Form der energiereichen Bindung des ATP umgesetzt. Im Ggs. zur Photophosphorylierung photosynthetisch aktiver Pflanzen läuft diese lichtabhängige ATP-Gewinnung über B. ohne eine Elektronentransportkette ab.

Bakteriose w [v. *bakter-], durch Bakterien verursachte Krankheit. ↗Infektionskrankheiten.

Bakteriostase w [v. *bakterio-, gr. stasis = das Stillstehen], *Bakteriostasis*, reversible Verhinderung des Wachstums v. Bakterien durch bakteriostatische Stoffe.

Bakteriostatika [Mz.; v. *bakterio-, gr. statikos = hemmend], Bez. für alle Stoffe, die das Wachstum v. Bakterien hemmen, ohne sie abzutöten; nach Entfernung dieser *bakteriostatischen* Stoffe können die Bakterien weiterwachsen. Die Substanzen gehören unterschiedl. Stoffgruppen an u. haben verschiedene Wirkungsmechanismen. Es sind bestimmte Desinfektions- u. Konservierungsmittel, Chemotherapeutika oder Antibiotika. Ggs.: Bakterizide.

Bakteriotoxine [Mz.; v. *bakter-, gr. toxikon = (Pfeil-)Gift], die ↗Bakterientoxine.

Bakteriozidie w [v. *bakterio-, lat. -cida = Mörder], *Bakterizidie*, Wirkungsmechanismus, der zur Abtötung der Bakterienzelle führt; er ist abhängig v. der Art u. Konzentration des Bakterizids u. der Bakterienart. B. kann durch Proteinkoagulation (Phenole, Schwermetalle, Alkohole), Zellwandzerstörung (z. B. Lysozym), Verhinderung der Zellwandsynthese (z. B. Penicillin), Zellwandveränderung (z. B. Bakterizidine) u. irreversible Schädigung des Vermehrungsmechanismus (↗Antibiotika) wirksam sein.

Bakteriozidine [Mz.; v. *bakter-, lat. -cida = Mörder], die ↗Bakteriocine.   [tia.

Bakterium der blutenden Hostie ↗Serra-

Bakterizide [Mz.; v. *bakterio-, lat. -cida = Mörder], bakterienabtötende *(bakterizide)* Stoffe, die als Desinfektions- u. Konservierungsmittel, *Chemotherapeutika u. Antibiotika Anwendung finden. Die bakterizide Wirkung unterscheidet sich v. der bakteriostatischen dadurch, daß auch nach Entfernen des Mittels Wachstum u. Vermehrung der Bakterienzelle nicht wieder beginnen. Ggs.: Bakteriostatika.

Bakterizidine [Mz.; v. *bakterio-, lat. -cida = Mörder], natürliche Schutzstoffe des Körperserums (z. B. Alexine, Opsonine), die Bakterien lysieren od. durch Veränderung der Bakterienoberfläche die Vermehrung hemmen bzw. die Phagocytose vorbereiten.

Bakteroide [Mz.; v. *bakterio-, -oeidēs = ähnlich], *Bakteroide*, besondere meist unregelmäßige Wuchsform, die sich v. der normalen (freilebenden) Bakterienzelle unterscheidet; i. e. S. sind B. die symbiontisch lebenden Knöllchenbakterien (*Rhizobium*-Arten) in den Wurzelknöllchen der Leguminosen.   [wal.

Balaena w [lat., = Wal], der ↗Grönland-

Balaenicipitidae [Mz.; v. lat. balaena = Wal, -ceps = -köpfig], die ↗Schuhschnäbel.   [die ↗Glattwale.

Balaenidae [Mz.; v. lat. balaena = Wal],

Balaenopteridae [Mz.; v. lat. balaena = Wal, gr. pteron = Flügel], die ↗Furchenwale.

balancierter Polymorphismus, Bez. für die Situation, bei der die Häufigkeitsverteilung eines Allels zw. homozygotem u. heterozygotem Zustand in einer Population, in der Heterosis vorliegt, ein Gleichgewicht erreicht hat; die Vorteile des Allels in den Heterozygoten u. die Nachteile des Allels in den Homozygoten halten sich in dieser Gleichgewichtssituation die Waage.

Balanites *m* [gr., = eichelförmig], Gatt. der ↗ Jochblattgewächse.

Balanoglossus *m* [v. *balano-, gr. glõssa = Zunge], Gatt. der ↗ Enteropneusten (Eichelwürmer).

Balanophoraceae [Mz.; v. *balano-, gr. -phoros = -tragend], *Kolbenträgergewächse*, pantropische, v. a. in feuchten Hochwäldern vorkommende Fam. mit 18 Gatt. und ca. 120 Arten, systemat. Stellung innerhalb der *Rosidae* unklar. Obligate Vollparasiten, die auf Wurzeln ihrer Wirte (meist Bäume) leben. Der unterird. Pflanzenkörper ist eine ungegliederte, bis kindskopfgroße Knolle, die entweder nur aus parasit. Gewebe od. auch aus zusätzl. Wirtsgewebe aufgebaut ist. Die kolbenförm., bräunlichen bis violetten Blütenstände werden im Innern der Knolle gebildet, durchbrechen die Rinde u. erscheinen an der Erdoberfläche. Der Schaft kann rudimentäre Blätter tragen. Die am verbreiterten, apikalen Ende sitzenden, zu den kleinsten zählenden Blüten sind diklin, entweder ein- od. zweihäusig verteilt. Bemerkenswert im generativen Bereich sind die fehlenden Blütenhüllen der karpellaten Blüten; staminate Blüten meist mit einfacher Blütenhülle; Staubblätter in der Regel mit 1 Pollensack od. mehr als 2, Reduktion der Blütenstaubmenge. Die Befruchtung unangenehm süßlich riechender Blüten erfolgt durch kleine Fliegen. Besonderheit in der Genese: Nach Meiose der Embryosackmutterzelle Bildung von 4 fertigen Embryosäcken, keine Ausbildung v. Synergiden u. Antipoden; Samen mit kleinem, ungegliedertem Embryo in Nüssen od. Steinfrüchten; wenn Elaiosomen vorhanden, Verschleppung der Samen auf Wurzeln der Wirtspflanzen durch Ameisen. Die Gatt. *Balanophora* kommt in Gebirgswäldern SO-Asiens vor, Artabgrenzung schwierig; Kolben v. in ihren Zellen harzablagernden Arten werden auf Java zur Herstellung v. Fackeln auf Bambusstäbe, als Paste zubereitet, gestrichen. Von der Gatt. *Juelia* wurde eine Art, die unterirdisch blühen kann, bis in 4000 m Höhe gefunden. Weitere Gatt. sind: *Mystropetalon, Helosis, Scybalium* u. a.

Balanophyllia *w* [v. *balano-, gr. phyllon = Blatt], Gatt. der Steinkorallen; *B. italica* ist ein auf allen Felsgebieten der Adria bis 50 m Tiefe häufig vorkommender, gelblichbrauner, solitärer Polyp mit ovalem Querschnitt.

Balantidienruhr *w* [v. gr. balantidion = kleiner Beutel], *Balantidiose*, durch das Wimpertierchen *Balantidium coli* hervorgerufene Infektion des Darms. Die Infektionsquelle ist meist infizierter Schweinekot, manchmal cystenhaltige Nahrung. Betroffen sind meist Schweinezüchter, Metzger, Tierärzte. Oft leben Balantidien als harmlose Kommensalen im Darm ohne klin. Symptomatik. Eine bestimmte Inkubationszeit ist nicht bekannt. Die Symptome ähneln denen der Amöbenruhr mit heftigen Leibschmerzen, blutig-wäßrigen Durchfällen, Schwäche u. Übelkeit. Der Nachweis der Erreger erfolgt mikroskopisch in frischen Stuhlproben. Therapie u. a. mit Tetracyclinen.

Balantidium *s* [v. gr. balantidion = kleiner Beutel], zu den ↗ *Trichostomata* gehörige Gatt. der Wimpertierchen; leben als Kommensalen im Enddarm verschiedener Wirbeltiere. ↗ Balantidienruhr.

Balanus *m* [v. gr. balanos = Eichel, auch eine Seemuschelart], Gatt. der ↗ Rankenfüßer.

Balata, eine unverzweigte, all-trans-1,4-Polyisoprenkette $(C_5H_8)_n$, mit ca. 100 Isopreneinheiten (Guttapercha); B. wird aus dem Milchsaft mittel- u. südam. *Mimusops*-Arten *(Sapotaceae)*, v. a. *Mimusops balata*, gewonnen; ist im Ggs. zu Kautschuk zäh u. hart, jedoch in der Wärme erweichbar.

Balbiani-Ring [ben. nach dem frz. Zoologen E. Balbiani, 1823–99], mikroskopisch sichtbare, dekondesierte u. transkriptionsaktive Regionen in den polytänen ↗ Riesenchromosomen der Speicheldrüsen v. Dipteren. Die Riesenchromosomen sind Bündel v. Endochromosomen (über 1000 Chromatiden). Die lokale Auflockerung der DNA bestimmter Querscheiben führt zu einem ↗ *Puff*, bei sehr starker Entfaltung spricht man von B.en; sie sind der morpholog. Ausdruck v. Genaktivierungen, d. h. maximaler Transkription (m-RNA-Synthese). In bestimmten Entwicklungs- u. Funktionszuständen des Organismus treten ganz definierte B.e auf, denen auch charakterist. RNA-Spezies entsprechen. Das Antibiotikum Actinomycin C, das die Transkription unterbindet, verhindert auch die RNA-Synthese in den Puffs u. B.en. [B] Genaktivierung.

Baldachinspinnen, *Deckennetzspinnen, Linyphiidae*, artenreiche Fam. der Webspinnen, mit ca. 850 Arten über alle Erdteile verbreitet, wobei das Verbreitungsmaximum in der gemäßigten Zone liegt; einige Arten leben sogar in der arkt. Zone. Dank ihres Flugvermögens (Ballooning, ↗ Altweibersommer) gehören hierher viele Arten, die als Besiedlungs-Pioniere z. B.

bakter-, bakterio- [v. gr. baktērion = Stäbchen].

balano- [v. gr. balanos = Eichel], in Zss.: Eichel-.

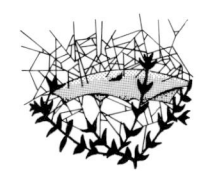

Netz einer Baldachinspinne

Baldrian

auf neu entstandenen Inseln bekannt sind. Ihr Körper ist klein bis mittelgroß (ca. 6 mm) u. meist einheitlich hell, braun od. schwarz gefärbt, bei einigen Arten aber auch auffallend gezeichnet *(Linyphia, Lepthyphantes)*. Fast alle Arten bauen charakteristische Netze, die aus einer mehr od. weniger gewölbten Gespinstdecke bestehen, die dicht am Boden od. in der Vegetation nach unten mit Spannfäden befestigt ist. Von dieser Decke laufen wirre Fäden nach oben. Die Spinne hängt mit der Bauchseite nach oben unter der Decke, wo sie lauert, bis eine Beute (meist Fluginsekten) gg. die Fäden stößt. Dann versetzt sie das Netz in Schwingungen u. ergreift durch die Decke die heruntergefallene Beute. Klebefäden treten nur selten auf. In der Paarungszeit nähern sich Männchen, die auf Weibchensuche sind, den Gespinsten. Ein Männchen bleibt u. lebt einige Zeit mit dem Weibchen zus. im Netz. Die Paarung findet unter dem Netz statt. Die Eier werden in einem Kokon abgelegt u. neben dem Netz befestigt. Die Systematik innerhalb der B. ist z. Z. noch ungeklärt. Sicher ist eine nahe Verwandtschaft mit den ↗ Radnetzspinnen u. den ↗ Kugelspinnen. Im angelsächs. Schrifttum unterscheidet man 2 U.-Fam., *Linyphiinae* u. *Erigoninae*. In der deutschsprachigen Lit. werden die *Erigoninae* als eigene Fam. *Micryphantidae* (↗ Zwergspinnen) behandelt. In Dtl. gibt es ca. 110 Arten. Die Arten der Gatt. *Linyphia* zählen zu den größten B. und bauen typ. Baldachinnetze in der Vegetation. Die artenreiche Gatt. *Erigone* ist durch ihr ausgeprägtes Flugverhalten bekannt. *Lepthyphantes, Macrargus* u. *Porrhomma* sind bes. in der Streu v. Wäldern vertreten.

Baldrian *m* [v. lat. valeriana = Baldrian], *Valeriana*, Gatt. der Baldriangewächse mit über 200, auf der Nordhalbkugel u. in S-Amerika weit verbreiteten Arten, die sich dank ihrer Vielgestaltigkeit (es gibt Stauden, verholzte Halbsträucher u. sogar Lianen) an die unterschiedlichsten Standortbedingungen angepaßt haben. Bekannteste Art ist der in ganz Eurasien bis Japan beheimatete Arznei-B. (Echter B., Großer B., Katzen-B. od. Gemeiner B.), *V. officinalis* (B Kulturpflanzen XI), der seines morpholog. Formenreichtums wegen heute allerdings in eine Anzahl selbständiger Arten unterteilt wird. Die 25–100 (200) cm hohen Pflanzen besitzen einen kurzen, walzenförm. Wurzelstock u. einen einfachen, gefurchten, hohlen, unten kurzhaarigen Stengel mit mehreren Blattpaaren, deren unpaarig gefiederte Spreiten 5–23 lanzettl. bis lineale Fiedern aufweisen. Die in einer wiederholt 3spaltigen, schirmförm. Trugdolde stehenden Blüten besitzen eine

Baldrian

Von alters her als Heil- und Gewürzpflanze bekannt u. geschätzt, wurde der Arznei-B. z. B. zur Bekämpfung der Pest eingesetzt, als Abwehrmittel gegen bösen Zauber angewendet od., wie noch heute, zur Parfümherstellung benutzt. Die moderne Pharmazie verwendet v. a. die auf Herabsetzung der Reflexerregbarkeit u. Dämpfung des psychomotor. Bereichs des Zentralnervensystems beruhende nervenberuhigende, schlaffördernde u. krampflösende Wirkung des B.s. Als Droge dient v. a. der Wurzelstock, der neben anderen Substanzen das Glykosid Valerid, die Alkaloide Chatinin u. Valerin sowie das äther. *Baldrianöl* enthält. Letzteres besteht u. a. aus Bornylisovalerianat, -formiat u. -acetat, Sesquiterpenen sowie dem für die sedative Wirkung der Droge verantwortl. Isovaleriansäureester Valtrat. Der charakteristische Geruch des B.öls entsteht durch freiwerdende Isovaleriansäure u. wirkt bekanntlich außerordentlich anziehend auf Katzen. Die Einnahme von B. in großen Mengen von B. bewirkt Vergiftungserscheinungen, die sich in Kopfschmerzen, Unruhe, Schlafstörungen u. Störungen der Herztätigkeit äußern.

Baldriangewächse

Wichtige Gattungen:
↗ Baldrian *(Valeriana)*
Centranthus
Fedia
↗ Feldsalat *(Valerianella)*
Nardostachys
Patrinia

4–5 mm lange, trichterige, 5zipfelige, rotlila bis weiße Krone u. 3 Staubblätter. Der Kelchsaum entwickelt sich nach der Blüte zu einer federigen Haarkrone, die zur Verbreitung der einsamigen Frucht beiträgt. Etwa von Mai bis Sept. blühend, ist der Arznei-B. im Saum v. Bach- u. Flußufern sowie Staudenfluren (Holunderblättriger u. Ausläufer-Arznei-B., *V. sambucifolia,* nach der ↗ Roten Liste „potentiell gefährdet"; *V. procurrens*), auf Moorwiesen, Waldlichtungen u. an Gräben (Breitblättriger u. Wiesen-Arznei-B., *V. exaltata, V. pratensis*) sowie in Halbtrockenrasen, in lichten Wäldern u. im Saum sonniger Büsche (Schmalblättriger Arznei-B., *V. collina*) zu finden. Weitere in Mitteleuropa vorkommende B.-Arten sind u. a. der in Wäldern u. Geröllfluren der Gebirge Mittel- u. S-Europas vorkommende, bis 60 cm hohe Berg-B. *(V. montana),* der sich durch ungeteilte, eiförm. bis eilanzettl., spitze, ganzrandige u. gezähnte Laubblätter auszeichnet, der ebenfalls in den Gebirgen Mittel- u. S-Europas beheimatete Dreiblättrige B. (*V. tripteris*), dessen obere Stengelblätter eine dreiteilige Spreite aufweisen, u. der auf nassen Wiesen, moorigen Waldstellen sowie in Flach- u. Quellmooren wachsende Kleine B. oder Sumpf-B. (*V. dioica*), dessen obere Blätter eine fiederspaltige bis fiederteilige Form mit lanzettl. Abschnitten u. großer, ovaler Endfieder aufweisen. *N. D.*

Baldriangewächse, *Valerianaceae,* Fam. der Kardenartigen *(Dipsacales),* die mit 13 Gatt. (vgl. Tab.) u. rund 400 Arten hpts. über die nördl. Hemisphäre u. S-Amerika (hier insbes. die Anden) verbreitet ist. Ein- od. mehrjähr. Kräuter, seltener Sträucher od. Polsterpflanzen mit gegenständ., oft fiederschnittigen Blättern u. kleinen, trichterförm., überwiegend zygomorphen Blüten, die in meist vielblütigen Thyrsen (Thyrse = traubiger Blütenstand mit trugdoldigen Teilblütenständen) zusammenstehen. Der 5zählige, zur Blütezeit im allg. nur schwach entwickelte Kelch vergrößert sich zur Fruchtreife oft zu einem Saum, zu Borsten od. Haken u. dient somit der Samenverbreitung. Der 3blättrige Fruchtknoten enthält nur eine Samenanlage, aus der die Frucht, eine Achäne, hervorgeht. Wichtige Gatt. der Fam. sind *Valeriana* (↗ Baldrian) u. *Valerianella* (↗ Feldsalat). Zu der im Himalaya u. dem südwestl. China beheimateten, nur wenige Arten umfassenden Gatt. *Nardostachys* gehört die Echte Narde *(N. jatamansii),* eine uralte asiat. Heilpflanze, aus deren Wurzelstöcken das äther. *Nardenöl* gewonnen wurde. Die im Mittelmeergebiet beheimatete, aus nur einer Art bestehende Gatt. *Fedia* (Afrikanischer Baldrian) zeichnet sich aus durch das Auftreten von unterschiedlich gestalteten Früchten an ein u. derselben Pflanze. Durch Ausbildung von Flügelsäumen, Schwimm- od. Ölkörpern wird die Verbreitung der Früchte durch Wind, Wasser od. Ameisen gewährleistet. Die ebenfalls im Mittelmeerraum verbreitete Gatt. *Centranthus* (Spornblume) besitzt nur ein einzelnes Staubblatt. *C. ruber* (Rote Spornblume) wird bei uns gelegentlich als Gartenzierstaude gezogen.

Baldriansäure, die ↗Isovaleriansäure.

Baldwin-Effekt *m* [bǽldᵘin; benannt nach dem am. Psychologen J. M. Baldwin, 1861–1934], Bez. für die genet. Fixierung eines ursprünglich nur unter einer bestimmten Umweltsituation realisierten Phänotyps (Modifikation).

Balea *w*, Gatt. der Schließmundschnekken, der das Clausilium fehlt u. die statt des in der Fam. sonst üblichen, komplizierten Schließapparats nur 1 Zähnchen auf der Mündungswand hat; das fein-rippenstreifige Gehäuse wird 1 cm hoch; *B. perversa* lebt vorzugsweise an trockenen Mauern u. Felswänden in W- und Mitteleuropa.

Baleareneidechse, *Lacerta lilfordi*, Art der Echten ↗Eidechsen.

Balearica *w* [v. lat. Balearicus = auf den Balearen lebend], Gatt. der ↗Kraniche.

Balg, Bez. für Trockenpräparate des Fells v. Säugetieren bzw. des Gefieders v. Vögeln. Nach der Entfernung des Skeletts u. aller inneren Organe wird die Körperform meist durch ein Füllmaterial wieder hergestellt (ugs. „ausstopfen"). ↗Präparationstechnik.

Balgdrüsen ↗Talgdrüsen.

Balgfrucht, die ursprüngl. Fruchtform der Angiospermen; die einzelnen Fruchtblätter bilden einzelne Einblattfrüchte, die zur Samenreife an der Bauchnaht aufspringen, der Verwachsungsnaht des Fruchtblatts. ↗Fruchtformen.

Balgzelle, *tormogene Zelle*, differenzierte Epidermiszelle, die eine gelenkige, membranöse Verbindung zw. Insektenhaar u. der angrenzenden Cuticula bildet.

Balirind, Haustierform des ↗Banteng.

Balistidae [Mz.; v. lat. ballista = Wurfmaschine], die ↗Drückerfische.

Balistoidei [Mz.; v. lat. ballista = Wurfmaschine, -geschoß, gr. -oeidēs = ähnlich], U.-Ord. der ↗Kugelfischverwandten.

Balkangrippe, *Balkanfieber*, das ↗Q-Fieber.

Balken, *Corpus callosum*, Struktur im inneren Hirn der Wirbeltiere, durch die Axone ziehen, die die gleichart. Hirnteile beider Hemisphären miteinander verbinden.

Balkenbock, *Hylotrupes*, ↗Hausbock.

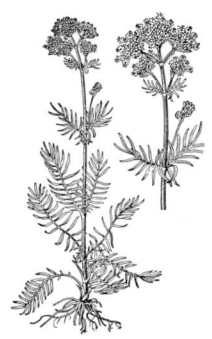

Gemeiner Baldrian *(Valeriana officinalis)* mit Blütenstand

Balkenzüngler
Familien:
↗ *Lepetidae*
↗ Napfschnecken *(Patellidae)*
↗ Schildkrötenschnecken *(Acmaeidae)*

Ballaststoffe

In 100 g Nahrungsmittel enthaltene Mengen an Ballaststoffen (in g)

Weizenkleie	56,0
Weißkohl	21,5
Roggenbrot	21,0
Weiße Bohnen	15,7
Vollkornbrot	15,5
Erbsen	13,2
Zwiebeln	10,5
Karotten	9,9
Kartoffeln	9,9
Himbeeren	4,2
Weißbrot	4,0
Birnen	1,6
Reis (poliert)	1,6
Äpfel (ungeschält)	1,0

Balkenschröter, *Dorcus*, Gattung der ↗Hirschkäfer.

Balkenzüngler, *Docoglossa, Patelloidea*, Überfam. der Vorderkiemer (Ord. ↗Altschnecken) mit 3 Fam. (vgl. Tab.), die durch eine Balkenzunge (docoglosse Radula) gekennzeichnet sind: in jeder Querreihe stehen beiderseits des Mittelzahns meist je 3 Zwischen- u. Seitenzähne; die Spitzen der Mittel- u. Zwischenzähne sind mineralisiert u. daher sehr hart. Die B. leben weitgehend ortstreu im marinen Felslitoral u. weiden den Algenaufwuchs ab; ihre Schale ist napfförmig u. hat keinen Deckel; die ursprüngl. Kiemen sind durch sekundäre ersetzt.

Ballaststoffe, für den Menschen unverdaul., meist hochpolymere Nahrungsbestandteile, z. B. Cellulose, Lignin, Keratine, Pentosane. B. können v. Menschen (im Ggs. zu pflanzenfressenden Tieren) enzymatisch nicht in die Monomerbausteine gespalten werden u. besitzen daher keinen Nährwert. Aufgrund ihrer anregenden Wirkung auf die Darmperistaltik sind sie jedoch für die Verdauung wichtig. Eine weitere wichtige Funktion der B. besteht in der Bindung v. krebserregenden Abbauprodukten des Gallensäuremetabolismus. Bei Bevölkerungen mit faserreicher Ernährung (z. B. Afrika) ist die Erkrankungsrate an Dickdarmkrebs deutlich niedriger als bei Völkern mit faserarmer Kost (Industrieländer).

Ballen, *Chiridia*, Druckpolster an Hand u. Fuß der Säugetiere. Bei ursprüngl. Säugetieren findet sich ein typ. Muster aus 11 Ballen, das in den einzelnen Ord. entsprechend der spezialisierten Fortbewegung abgewandelt wird. Die B. bestehen aus einer stark mit Fett- u. Bindegewebe durchsetzten Unterhaut u. einer verhornten Epidermis. Bei Greifhänden u. -füßen kann auf den B. ein Leistenmuster ausgebildet sein, das den sichereren Griff gewährleistet *(Leistenhaut).*

Ballistosporen [Mz.; v. lat. ballista = Wurfmaschine, -geschoß, gr. spora = Same], Pilzsporen, die durch das plötzl. Ausscheiden eines Flüssigkeitstropfens v. der Oberfläche des Hymeniums abgeschleudert werden; treten bei vielen Ständerpilzen *(Basidiomycetes)* auf.

Ballodora *w* [v. gr. ballein = werfen, dora = abgezogene Haut], Gatt. der *Peritricha*, Wimpertierchen, die an den Kiemen v. Landasseln vorkommen. sich gleichzeitig mit ihren Trägern „häuten" u. somit ihren Platz beibehalten.

Ballooning *s* [bᵉluning; v. engl. balloon = (im Ballon) aufsteigen], ↗Altweibersommer.

Ballota *w* [v. gr. ballōtē = schwarzer Andorn], die ↗Schwarznessel.

balsam- [v. gr. balsamon = Balsamstaude, -harz].

Ballotabaum [v. gr. ballōtē = schwarzer Andorn], *Balatabaum, Manilkara bidentata*, gehört zur Fam. der *Sapotaceae;* der in Mittel- und S-Amerika beheimatete Baum besitzt einen Milchsaft (Latex), aus dem ein guttaperchaartiger Stoff *(Balata)* gewonnen wird, der nach Vulkanisation zur Herstellung v. Treibriemen u. Transportbändern verwendet wird.

Ballota-Chenopodietum *s* [v. gr. ballōtē = schwarzer Andorn; chēn = Gans, podion = Füßchen], Assoz. der ↗ Artemisietalia.

Balsaholz [v. span. balsa = Floß], weißliches, extrem leichtes u. elast. Holz des im trop. Mittel- u. S-Amerika beheimateten, zur Fam. der ↗ *Bombacaceae* gehörigen Hasenpfoten- od. Balsabaums *Ochroma pyramidale (O. lagopus);* schwimmt aufgrund seiner geringen Dichte von 0,18 g/cm³ ganz flach auf dem Wasser u. wird v. a. im Modell- u. Flugzeugbau sowie als Isoliermaterial verwendet. [B] Südamerika II.

Balsamapfel [v. *balsam-], *Momordica balsamina*, ↗ Momordica.

Balsambirne [v. *balsam-], *Momordica charantia*, ↗ Momordica.

Balsame [Mz.; v. gr. balsamon = Balsamharz], *Oleoresine,* halbflüssige, dickflüssig-sirupöse, häufig wohlriechende, physiolog. od. patholog. pflanzliche Exkrete, die Lösungen v. Harzen in äther. Ölen darstellen. Durch „Trocknen" an der Luft verschwinden die flücht. Bestandteile (Mono- u. Sesquiterpenoide), während die nichtflücht. Diterpenoide (Harzsäuren) zurückbleiben u. zu „Harz" polymerisieren. Die Exkretion der B. erfolgt durch epidermale Drüsen, wobei das Sekret unter der Cuticula abgelagert wird, die platzen kann, so daß die Oberfläche durch Harz klebrig wird, od. über Exkretgänge, wie z. B. die Harzgänge der Nadelhölzer. Beispiele sind u. a. Terpentin, v. dem nach Abdestillieren des flücht. Terpentinöls das *Kolophonium* als Rückstand bleibt, od. der *Kanadabalsam* aus einer kanad. Tannenart, der zur Herstellung mikroskop. Dauerpräparate verwendet wird. *Bernstein* ist fossiles Harz v. dem Kieferngewächs *Pinites succinifer*.

Peru-, Tolu- u. Menthol-B. werden zu Heilzwecken, andere zu Lacken u. Parfümerien verwendet. Oft bezeichnet man als B. auch Arzneizubereitungen, die äther. Öle enthalten (Keuchhusten-B., Jerusalemer B.). B. sind neben Weihrauch u. Myrrhe ein uraltes Kultmittel u. wurden in der Antike zum Salben der Götterstatuen bzw. der Bundeslade bei den Juden verwendet.

Balsaminengewächse [v. gr. balsaminē = Balsamine], *Balsaminaceae,* die ↗ Springkrautgewächse.

Balsamkraut [v. *balsam-], *Chrysanthemum balsamita*, ↗ Wucherblume.

Baltimore [båltˈmår], *David*, am. Mikrobiologe, * 7. 3. 1938 New York; seit 1972 Prof. in Cambridge (Mass.); wies im Zshg. mit Untersuchungen zur Wechselwirkung v. Tumorviren mit dem genet. Material der Zelle ein Enzym nach („reverse Transkriptase"), das den bis dahin bekannten Informationsfluß DNA→RNA→Protein teilweise umkehren, d. h. RNA in DNA „zurückübersetzen" kann; erhielt 1975 zus. mit R. Dulbecco u. H. M. Temin den Nobelpreis für Medizin.

Balz, Begattungsvorspiel der Tiere durch Verhaltensweisen, die den Sexualpartner paarungsbereit machen. Man spricht bes. bei Tieren, deren Verhalten stark ritualisiert ist od. die auffällige sexuelle ↗ Auslöser benutzen, v. einer B. Dies ist v. a. bei den Vögeln, Reptilien u. Fischen der Fall, z. B. der B.gesang des Auerhahns am Standbaum, der Zickzacktanz des männl. Stichlings vor einem laichreifen Weibchen, das Paarungsknäuel der Nattern. Bei Säugetieren wird statt dessen v. ↗ *Brunft* gesprochen. Durch das B.verhalten u. die sexuellen Auslöser werden Schlüsselreize ausgesandt, die bei den Sexualpartnern derselben Art angeborenermaßen sexuelle Bereitschaft hervorbringen. Nahe verwandte Arten vermeiden Bastardbildung, indem die B. unterschiedlich wird (↗ Isolationsmechanismen). Die nahe miteinander verwandten Entenarten, die alle in Mitteleuropa vorkommen, unterscheiden sich auffällig im B.verhalten der Männchen, während viele Arten sehr ähnl. Weibchen

Balz

Von *K. Lorenz* untersuchte B.bewegungen des Stockerpels *(Anas platyrhynchos):* links der Grunzpfiff, rechts das Kurz-Hochwerden. Der Stockerpel unterscheidet sich mit seiner B. von anderen Entenarten, mit denen er sich zur B.zeit auf denselben Gewässern aufhält. Dadurch wird die Bastardbildung vermieden.

aufweisen. Da auffällige sexuelle Auslöser zur *geschlechtlichen Zuchtwahl* führen (die Weibchen paaren sich mit den auffälligsten, reizstärksten Männchen; übernormaler Auslöser), kann es zu Extrembildungen beim B.kleid u. beim B.verhalten der Männchen kommen (z. B. Pfau, Paradiesvögel). ↗atelische Bildungen.

Balzfüttern, wirkliche od. symbol. Übergabe v. Futter an den Sexualpartner als Teil der ↗Balz. B. tritt häufig bei Vögeln auf u. leitet sich stammesgeschichtlich v. der Versorgung des brütenden Weibchens durch das Männchen ab. In vielen Fällen wurde das Verhalten über diese Funktion hinaus erweitert od. ganz verändert (Funktionswechsel), so daß das B. auch nur noch der Paarbindung u. evtl. der Beschwichtigung des Partners dient.

Balzverhalten, Handlungen, die während der ↗Balz der sexuellen Stimulation bzw. dem Abbau v. Abwehrtendenzen beim Partner dienen.

Bambus *m* [v. malaiisch bambū], *Bambusa,* Gatt. der ↗Bambusgewächse.

Bambusbär, Großer Panda, Riesenpanda, Prankenbär, *Ailuropoda melanoleuca,* das bekannte Wappentier des Welttierschutzbundes (World Wildlife Fund = WWF); Körperlänge bis 1,50 m, Schulterhöhe ca. 65 cm, Gewicht ca. 100–125 kg, auffallend schwarz-weiße Fellzeichnung. Die systemat. Stellung des B.en bereitete stets Schwierigkeiten; teils zu den Großbären *(Ursidae),* teils zu den Kleinbären *(Procyonidae)* gerechnet, ordnet man ihn heute gemeinsam mit dem Kleinen Panda od. ↗Katzenbär *(Ailurus fulgens)* in eine eigene Fam. Katzenbären *(Ailuridae)* ein. Der B. ist fossil seit dem Pleistozän bekannt; nach fossilen Knochenfunden war er fr. vom oberen Burma bis zum östl. Szetschuan verbreitet. Heute lebt er nur noch in einem kleinen Gebiet des Hsifan-Berglandes in Höhenlagen zw. 1500 u. 4000 m nahe der tibetan. Grenze, in einem steilen, felsigen Bambusdschungel. Da seine Hauptnahrung, Bambusschößlinge und -stengel, sehr nährstoffarm ist, muß er täglich große Mengen Bambus verzehren. Zur Nahrungssuche begibt sich der B. v. seinen höhergelegenen Ruheplätzen nachts in niedrigere Gebiete herab; Greifballen an den Sohlen ermöglichen ihm das Festhalten des Bambusrohres, die stärksten Bakkenzähne unter allen Raubtieren dessen Zerkleinerung. Außerhalb der Paarungszeit lebt er als Einzelgänger. In einer Erd- od. Baumhöhle wird vermutlich pro Jahr nur 1 Junges zur Welt gebracht. Im übrigen weiß man bis heute noch sehr wenig über die Lebensweise dieser v. Aussterben stark bedrohten Art, die v. der chin. Regierung bereits 1939 unter Naturschutz gestellt wurde. Nur wenige Zoos der Welt (u. a. Westberlin) sind – meist durch Geschenk der chin. Regierung – Besitzer eines B.en; mehrmalige Zuchterfolge gelangen inzwischen dem Pekinger Zoo. In der VR China gilt der B. heute als lebendes Nationalheiligtum. ⒷAsien III.

Bambusgewächse
Wichtige Gattungen:
Bambus *(Bambusa)*
Chimonobambusa
Melocanna
Phyllostachys

Bambusbär (Großer Panda) als Wappensymbol des Welttierschutzbundes

Bambusgewächse
Bambusrohr in dichter Bündelung

Bambusgewächse, *Bambusoideae,* U.-Fam. der Süßgräser (manchmal als eigene Fam. betrachtet) mit ca. 100 Gatt., hpts. in den Tropen u. Subtropen verbreitet. Sie bilden oft dichte Bestände mit ihren holzigen, mehrjährigen u. (bis zu 40 m) hohen Halmen. Die Ährchen stehen in Rispen od. Trauben u. sind zwei- bis vielblütig. Sie haben 3 Schwellkörper und 3, 6 od. viele Staubbeutel. Die Blüte erfolgt bei einigen Arten periodisch in jahrzehntelangen Abständen; das Blühverhalten vieler Arten ist noch unbekannt; nach der Blüte sterben die Halme meist ab. Die Frucht ist eine Stein- od. Beerenfrucht od. eine Karyopse. Die indische Art *Melocanna bambusoides* hat orangerote, apfelgroße eßbare Beerenfrüchte. Gatt. mit Karyopsen („Bambusreis") sind Bambus *(Bambusa)* mit 75 Arten im trop.-subtrop. Asien u. Amerika u. die ostasiat. Gatt. *Phyllostachys* mit 30 Arten; *Phyllostachys*-Arten liefern das „Pfefferrohr" für Bambusmöbel u. künstlich zwischen Latten 4kantig gewachsene Halme als Baumaterial; die einzige Art der B. mit natürlich 4kantigen Halmen ist *Chimonobambusa quadrangularis;* ebenso werden aus *Phyllostachys*-Arten feine Papiere u. Musikinstrumente hergestellt. Das Handelsprodukt *Tabaschir* sind die kieselsäurereichen Internodien (bis 90%) einiger B. *(Melocanna, Bambusa),* die als Wunderheilmittel gelten. Junge Bambussprosse dienen als Nahrungsmittel, müssen aber bei einigen stark blausäurehalt. Arten erst durch Kochen od. andere Vorbehandlungen entgiftet werden.

Bambusina *w* [v. malaiisch bambū = Bambus], Gatt. der ↗Desmidiaceae.

Bambusoideae [Mz.; v. malaiisch bambū = Bambus, gr. -oeidēs = ähnlich], die ↗Bambusgewächse.

Bambusotter, *Trimeresurus gramineus,* ↗Lanzenottern.

Bambusratten, Gatt. der ↗Wurzelratten.

Bambutide [ben. nach dem westafr. Stamm der Bambuti], *Pygmäen i. e. S.,* menschl. ↗Zwergwuchs-Rasse des äquatorialen trop. Regenwaldes Afrikas, gekennzeichnet durch kindl. Körperproportionen, wie relativ langen Rumpf, kurze Beine und großen Kopf mit steil gewölbter Stirn und niedrig-rundem Gesicht. ↗Menschenrassen. [wächse.

Banane, *Musa,* Gatt. der ↗Bananenge-

Bananengewächse
Obstbanane (Musa)

Bananengewächse
Bananenernte 1980
in Mill. t:
Welt 40
Brasilien 6,8
Indien 4,5
Philippinen 3,8
Thailand 2,2
Ecuador 2,1
u. a.

Bananenfresser, *Musophaga,* Gatt. der ↗Turakos.
Bananenfrösche ↗Ruderfrösche.
Bananengewächse, *Musaceae,* Fam. der Blumenrohrartigen mit den 2 Gatt. Banane *(Musa)* u. *Ensete;* paläotropisch verbreitet. Die Arten sind große, milchsaftführende Stauden (nicht verholzend), die aus ihren übereinandergreifenden Blattscheiden Scheinstämme bilden. Sie besiedeln vorwiegend gestörte Standorte im trop. Tiefland; als Pionierpflanzen erreichen sie sehr schnell (in ein bis wenigen Jahren) große Höhen (bis zu 15 m). Die Blüten sind zygomorph, mit 6 Blütenhüllblättern (bei der Banane sind 5 davon verwachsen) u. monoklin od. diklin. Von den 6 Staubblättern ist eines zu einem Staminodium reduziert; der Fruchtknoten ist unterständig u. dreifächrig, mit zahlr. zentralwinkelständ. Samenanlagen. Die Banane *(Musa,* B Kulturpflanzen VI) vermehrt sich mittels Rhizomen vegetativ; die großen (Spreite bis 6 m lang), schraubig stehenden Laubblätter besitzen eine dicke Mittelrippe u. davon fast rechtwinklig abgehende, parallele Seitennerven, entlang derer die eigentlich ganzrand. Blätter oft v. Wind zerschlitzt werden. Nach etwa einem Jahr vegetativer Entwicklung schiebt sich durch den Scheinstamm der Blütenstand hindurch, der aus jeweils 2 Reihen kollateraler Beiknospen besteht, die in den Achseln gefärbter Tragblätter sitzen. Die vordersten Blüten der hängenden Blütenstände sind rein ♂, darauf folgen monokline, deren Fruchtknoten verkümmern, die untersten sind rein ♀ u. entwickeln sich bei Kulturpflanzen ohne Bestäubung zu den samenlosen (es finden sich nur schwärzliche Rudimente der Samenanlagen) Fruchtbündeln. Die Früchte sind im bot. Sinne Beeren mit einer aus Blütenbodengewebe u. Exokarp gebildeten Schale u. einer v. Meso- u. Endokarp gebildeten eßbaren Pulpa. Als Urheimat der Banane wird SO-Asien angesehen. Dort kommen *Musa acuminata* und *M. balbisiana* vor, die als Stammeltern der über 200, teilweise durch Hybridisierung entstandenen, teils diploiden, meist aber triploiden Kultursorten gelten. Die Bananenpflanzen benötigen feuchtwarmes Klima – mit durchschnittlich ca. 25 °C u. bis zu 2000 mm Jahresniederschlag – u. gute Böden. Alle 15 bis 20 Jahre müssen die Kulturen erneuert werden; dies erfolgt vegetativ über vom Mutterrhizom abgetrennte Schößlinge. Mit einer Welternte, die 1980 rund 40 Mill. t betrug, ist die Banane eine wicht. Weltwirtschaftspflanze (vgl. Tab.). Der Ertrag liegt im Mittel bei 14 t/ha. Hauptexportländer sind die mittelam. Staaten Ecuador, Honduras, Costa Rica u. Panama. Für den Export bestimmte Früchte werden unreif geerntet, in Kühlschiffen transportiert u. im Einfuhrland in Lagerhäusern nach Bedarf durch Äthylenzugabe zur Reife gebracht. Die Banane zeichnet sich durch einen mit 25% sehr hohen Kohlenhydratanteil aus. Dieser liegt im unreifen Zustand in Form v. Stärke vor, die in der *Obstbanane* bei der Reifung zum Teil in Zucker umgewandelt wird. In der *Mehlbanane,* die in vielen trop. Ländern ein wicht. Grundnahrungsmittel darstellt, erfährt die Stärke keine Umwandlung. „Fufu" ist ein in Zentralafrika verbreitetes Gericht, das aus der Mehlbanane u. einigen Zutaten bereitet wird. Bananen kommen auch getrocknet auf den Markt; weiterhin kann aus ihnen ein Bananenmehl od. – in Afrika – Bananenbier gewonnen werden. *M. textilis,* eine Bananenart der Philippinen, liefert den *Manilahanf* (Leitbündel der Blattscheiden), der zu Schiffstauen u. Säcken verarbeitet wird. – Wichtigste Art der Gatt. *Ensete* ist *E. ventricosum (Musa ensete),* die in Zentral- und O-Afrika kultiviert wird; die stärkereiche Grundachse u. der junge Sproß werden gekocht verzehrt, außerdem wird daraus ein Mehl gewonnen. A. G.

Bananenspinnen, Bez. für Spinnen verschiedener Verwandtschaft, die häufig in Bananentransporten v. a. aus S-Amerika gefunden werden; es handelt sich dabei meist um Vogelspinnen.

Bändchenpodsol, *Bändchenstaupodsol,* Bez. für Podsol, der im Unterboden eine im Profil wellig-bändchenförmige, stauende Eisenkruste besitzt.

Bandenbildung, Bez. für einen Zusammenschluß mehrerer Tiere zu einer Untergruppe einer Herde, z. B. beim Mantelpavian, wo einige Familiengruppen als Bande zusammenhalten u. die Herde wiederum aus mehreren Banden besteht.

Bänder, *Ligamente,* bestehen aus vorwiegend parallelfaserigem kollagenem ↗Bindegewebe u. verbinden Knochenelemente miteinander; z. B. an der Beckensymphyse od. auch die Schädelnähte jugendl. Säugetiere.

Bänderschnecken ↗Schnirkelschnecken.
Bänderton, *Warventon,* toniges bis feinsandiges Sediment mit sehr regelmäßigem Wechsel v. breiteren hellen u. schmäleren dunklen Schichten im cm-Bereich; im Anschnitt erscheinen die Schichten als Bänder; je ein helles u. dunkles Band zus. entsprechen einer Jahressedimentation in Gletscherabflüssen in Schmelzwasserstauseen (Warve): bei starker Wasserführung im Frühling u. Sommer gelangen helle, gröbere Lagen zum Absatz, bei ruhiger Wasserführung während Herbst u. Winter fällt das dunkle organ. Material aus.

Klimat. Besonderheiten der Jahre bewirken Mächtigkeitsunterschiede der Warven u. ermöglichen deshalb eine begrenzte absolute Chronologie für die Späteiszeit. B.ähnliche Gesteine sind auch aus älteren Eiszeiten bekannt (Warvite).

Bänderzivetten ↗Hemigalinae.

Bandeulen, *Noctua (Triphaena),* Gatt. der Eulenfalter, deren 7 mitteleur. Vertreter unter den unscheinbaren Vorderflügeln leuchtend gelbe Hinterflügel mit einem schwarzen Saumband verbergen (Saumeulen). Häufige einheimische B. sind die ↗Hausmutter u. die Gelbe Bandeule *(Noctua fimbriata),* deren seidig beschuppte Vorderflügel zw. ockergelb u. olivgrün variieren. Das breite Band nimmt die Hälfte der sattgelben Hinterflügel ein; der Falter spannt 50–60 mm u. fliegt im Sommer in einer Generation. Die Raupen bevorzugen neben *Rubus*-Arten auch Primeln. Sie verpuppen sich in der Erde.

Bandfink, *Amadina fasciata,* ↗Prachtfinken.

Bandfische, 1) Gatt. der ↗Schleimfische. **2)** *Trachipteroidei,* U.-Ord. der Glanzfische mit 3 Fam.; leben weltweit in trop. u. gemäßigten Meeren v. a. in der Tiefsee u. haben meist einen schlanken, langen, leicht zerbrechl. Körper mit einer saumart. Rückenflosse, deren vorderster Teil oft schopfartig verlängert ist. Zu den B.n gehören die Fam. Riemenfische od. B. i. e. S. *(Regalecidae)* mit dem bis 7 m langen Riemenfisch *(Regalecus glesne,* B Fische V), der gelegentlich auch an eur. Küsten angetrieben wird; die Fam. ↗Schopfflische *(Lophotidae)* u. die Fam. Sensenfische *(Trachipteridae)*, mit dem in 200–900 m Tiefe des nördl. Atlantik beheimateten, bis 2,5 m langen, aber nur 20 cm hohen u. ca. 2 cm breiten, kleinschuppigen Spanfisch *(Trachipterus arcticus).*

Bandflechten, Strauchflechten mit abgeflachten, bandartigen Lagerabschnitten, z. B. Arten der Gatt. *Ramalina* u. *Evernia.*

Bandfüßer, *Polydesmidae,* Fam. der Doppelfüßer; augenlose, langgestreckte Vertreter mit bandförmig verbreiterten Rückenschildern, die auffällige Seitenflügel besitzen; in Mitteleuropa ca. 10 Arten in den Gatt. *Brachydesmus* u. *Polydesmus;* größte heimische Art ist *Polydesmus complanatus* (ca. 3 cm).

Bandikuts, die ↗Nasenbeutler.

Bandiltis, der ↗Zorilla.

Bandmolch, *Triturus vittatus,* ↗Molche.

Bandrobbe, *Histriophoca fasciata,* auffällig gezeichneter Seehund (weibl. Tiere mit weißl. Bändern über Nacken u. Rücken) der Treibeisgebiete des arkt. Pazifik (z. B. Beringsee); Körperlänge bis 170 cm, Gewicht 80–95 kg. Die Neugeborenen tragen

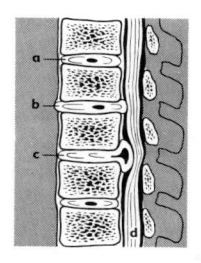

Bandscheibe
Längsschnitt durch die Wirbelsäule:
a gesunde B.,
b Vorwölbung der B. bei Abnutzungsveränderung, **c** Bandscheibenvorfall,
d Rückenmark

Bandfisch *(Regalecus glesne)*

Bandwürmer
Unterklassen und Ordnungen:
*Cestodaria
Amphilinidea
Gyrocotylidea
Eucestoda
Haplobothrioidea
Pseudophyllidea
Tetrarhynchidea
Tetraphyllidea
Diphyllidea
Cyclophyllidea*

ein ähnlich weißes Wollkleid wie die der nahe verwandten ↗Sattelrobben. Der Gesamtbestand der recht seltenen B.n wird z. Z. auf 160 000–180 000 Tiere geschätzt.

Bandscheibe, *Zwischenwirbelscheibe, Discus intervertebralis,* verbindet jeweils zwei Wirbel der ↗Wirbelsäule. Die B.n bestehen aus einem knorpeligen äußeren Ring (Anulus fibrosus) u. einem gallertigen, stark wasserhalt. inneren Kern (Nucleus pulposus). Dieser steht unter hydrostat. Druck u. wirkt als Flüssigkeitspolster, das Stöße u. Belastungen, die auf die Wirbelsäule wirken, abfangen kann. Zwischen den ersten beiden Halswirbeln (↗Atlas, ↗Axis) sind echte Spaltgelenke ausgebildet, folglich fehlen hier die B.n.

Bandschnecken ↗Tulpenschnecken.

Bandwürmer, *Cestoda,* Kl. der Plattwürmer mit den beiden U.-Kl. *Cestodaria* u. *Eucestoda,* die 2 bzw. 6 Ord. umfassen (vgl. Tab.). B., deren Systematik noch umstritten ist, sind die am stärksten abgeflachten u. in den meisten Fällen bandförm. ↗Plattwürmer, die ausschl. endoparasitisch leben. Als geschlechtsreife Würmer kommen sie überwiegend im Verdauungstrakt v. Wirbeltieren einschl. des Menschen vor (Endwirte). Ihre Larven bzw. ungeschlechtl. Vermehrungsstadien entwickeln sich v. a. in Gliederfüßern od. Wirbeltieren, aber auch in Oligochaeten, Hirudineen u. Schnecken (Zwischenwirte). B. haben keinen Darm; die Nahrung nehmen sie über die gesamte Körperoberfläche auf. Mit Ausnahme der Gatt. *Dioecocestus* (↗ *Cyclophyllidea),* die getrenntgeschlechtlich ist, sind sie alle Zwitter. – Die in ihren größten Formen nur wenige cm langen *Cestodaria* sind eher blatt- als bandförmig, v. a. aber ungegliedert u. besitzen in adultem Zustand weder typ. Sauggruben noch Haken. Ihre Larven dagegen tragen 10 paarig angeordnete Haken u. werden daher als dekakanth bezeichnet. Die nur 15 Arten umfassende Gruppe ist auf Leibeshöhle u. Darm v. fast ausschl. altertüml. Fischen beschränkt u. folglich wirtschaftlich wie medizinisch unbedeutend. – Die *Eucestoda* sind die jedem bekannten B. schlechthin. Ihre Larven tragen 3 Hakenpaare, sind also hexakanth. Mit Ausnahme der hin u. wieder als eigene Ord. geführten, oft aber zu den *Pseudophyllidea* gestellten *Caryophyllidea* weisen alle Eucestoden die typ. Bandwurmgliederung in Kopf *(Skolex)* u. Gliederkette *(Proglottiden-Kette, Strobila)* auf, wobei jedes Glied normalerweise ein vollständiges zwittriges Geschlechtssystem (Hoden u. Ovarien) ausbildet. Arten von Gatt. wie *Monieria* u. *Dipylidium* bilden in jeder Proglottis sogar je 2 solche Organsysteme aus. – Der im allg. höchstens

Bandwürmer

1 mm lange Skolex ist mit je nach Ord. verschiedenen Haftorganen ausgestattet, die der Verankerung des Wurms an od. in der Darmwand des Endwirts dienen. Haftorgane sind bei den *Pseudophyllidea* als Saugfurchen *(Bothrien)*, bei *Tetraphyllidea* als Sauggruben *(Bothridien)* u. bei *Cyclophyllidea* als Saugnäpfe *(Acetabula)* ausgebildet. Der Skolex der *Cyclophyllidea* trägt zusätzlich einen vorstülpbaren Abschnitt, das *Rostrum* od. *Rostellum*, das artspezifisch mit einem Hakenkranz versehen sein kann. Bei den noch wachsenden Tieren fällt zw. Skolex u. Strobila eine ungegliederte Sprossungszone *(Proliferationszone)* auf, v. der die Proglottiden nacheinander erzeugt werden. So sind die unmittelbar auf die Sprossungszone folgenden jungen Proglottiden kurz u. schmal, die älteren zum Körperende hin verschobenen dagegen auf ein Vielfaches an Größe u. Volumen angewachsen. Anzahl u. Form der Proglottiden sind häufig artspezifisch. Der kleinste Eucestode, der 2,5–6 mm lange Blasen- od. Hundebandwurm *(Echinococcus granulosus)*, besteht meist nur aus 3, der größte, der bis zu 15 m lange Fischbandwurm *(Diphyllobothrium latum)*, aus bis zu 4000 Proglottiden. Die Glieder des 7–15 mm langen Zwergbandwurms *(Hymenolepis nana)* sind mehr od. minder kurz u. breit, die des 15–20 cm langen *Dipylidium caninum* lang u. schmal. In Beziehung zur Länge adulter B. steht ihre Lebensdauer. Der Zwergbandwurm wird nur 2–8 Wochen alt, der Hundebandwurm immerhin 7 Monate. Für den Fischbandwurm werden 20, für den Schweinebandwurm *(Taenia solium)* 25 Jahre genannt. – Die Gliederung des Bandwurmkörpers in eigenständige Proglottiden ist nur scheinbar, d. h., die Proglottidengrenze wird zwar durch eine Falte der Körperoberfläche (vgl. Abb.) markiert, eine Trennwand ist jedoch nicht ausgebildet. Jede Proglottis stellt demnach nichts anderes als einen Körperabschnitt dar, der in das v. Dorsoventral- u. Transversalmuskulatur durchzogene Parenchym (↗Plattwürmer) eingelagert, mindestens einen Satz männl. und weibl. Geschlechtsorgane sowie am distalen Ende eine Querverbindung des Exkretionssystems aufweist. Folglich handelt es sich bei den B.n um Individuen, bei denen durch Vervielfachung des zwittrigen Geschlechtsapparats u. eine oberflächl. Hautfaltung eine innere Untergliederung vorgetäuscht wird, zumal die der Ernährung, Exkretion u. Erregungsleitung dienenden Systeme proglottidenübergreifend organisiert sind. Stammesgeschichtlich betrachtet, sind die Proglottiden die morpholog. Folge einer parasit. Lebensweise, bei der

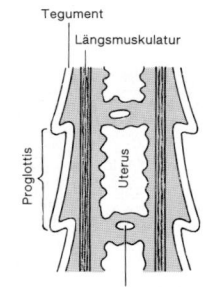

Bandwürmer
Schematischer Längsschnitt durch reife Proglottiden

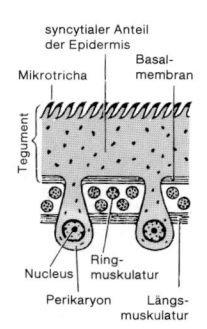

Bandwürmer
Schematischer Querschnitt durch den Hautmuskelschlauch

die für einen Parasiten erforderl. hohe Anzahl an Geschlechtszellen nicht durch eine Vergrößerung, sondern durch eine Vervielfachung des Geschlechtsapparats erreicht wird. – Nach außen abgegrenzt sind die B. v. einem *Hautmuskelschlauch* bes. Art (vgl. Abb.). Er besteht aus einer inneren Längs- u. einer äußeren Ringmuskulatur, der als Haut ein sog. Tegument aufgelagert ist. Dieses ist ein Syncytium, dessen Kerne in basalen, bis unter die Ring- u. Längsmuskulatur reichenden Erweiterungen (Perikaryen) liegen. Apikal trägt das Tegument einen oberflächenvergrößernden Besatz v. Mikrotricha, die in Anzahl, Form u. Abmessungen den Mikrovilli der Darmepithelien anderer Tiere ähneln, sich jedoch v. ihnen durch ihre spitzen u. elektronendichten Endstücke unterscheiden. Bedeckt sind die Mikrotricha v. „surface coat", einer Schicht aus Mucopolysacchariden, die wahrscheinlich den Parasiten gg. die Verdauungsenzyme des Wirts schützt. Die Ähnlichkeit von tier. Darmepithelien u. der Körperbedeckung v. B.n ist funktionell verständlich. In beiden Fällen liegt ein resorbierendes Epithel vor; denn die darmlosen B. nehmen alle Nährstoffe über die Haut auf. Wichtigster Nährstoff als Energielieferant für die Proteinsynthese ist Glykogen, das infolge der Sauerstoffarmut im Verdauungstrakt des Wirts anaerob gespalten wird. Exkretion u. Osmoregulation werden v. einem *Protonephridialsystem* besorgt, das bei den einzelnen Fam. der *Eucestoda* recht unterschiedlich ausgebildet ist. In jedem Fall aber geben innerhalb einer Proglottis eine Anzahl v. Terminalzellen (Cyrtocyten) ihr Filtrat durch den gesamten Wurm verlaufende Exkretionskanäle ab. Bei den *Taeniidae* sind insgesamt 4 solcher Kanäle vorhanden, auf jeder Seite 2, die als dorsal u. ventral benannt werden. Da sie übereinanderliegen, erscheinen sie in Aufsicht als ein einziger Kanal, was in vielen Schemata auch so gezeichnet ist. Im Skolex sind alle Kanäle durch Brücken miteinander verbunden, in jeder Proglottis nur die ventralen. Diese beiden ventralen Kanäle münden jeweils am Ende der letzten Proglottis des Wurms aus; die dorsalen enden offenbar blind; in ihnen soll der Flüssigkeitsstrom in Richtung Skolex erfolgen. – Das *Nervensystem* besteht aus meist 6 längsverlaufenden Strängen ohne Markscheide, die sich im Skolex zu einer Ganglien- u. Kommissurenanhäufung vereinigen u. in jeder Proglottide durch mindestens eine Ringkommissur verbunden sind. Die zwittrigen *Geschlechtsorgane* sind, wie für Plattwürmer typisch, umfangreich u. kompliziert. Die Hoden können als wenige große massive Follikel (z. B. 3 bei *Hymenolepis*) od. als zahlr. kleine, über die gesamte Proglottis verteilte Bläschen (z. B. bis zu 600 bei *Taenia*) vorliegen. In jedem Fall gelangen die im Hoden sich entwickelnden Samenzellen über Vasa efferentia in ein unpaares Vas deferens u. von dort in dessen Endstück, das in eine Hauttasche (Cirrusbeutel) eingelassene Kopulationsorgan *(Cirrus)*. Das weibl. Geschlechtssystem besteht aus dem am Hinterende einer jeden Proglottis liegenden Ovar od. Keimstock *(Germarium)* u. dem Dotterstock *(Vitellarium)*. Das Ovar ist unpaar, jedoch häufig in 2 lappenförm. Anteile gegliedert, der Dotterstock, oft in zahlr. Bläschen zerlegt, meist einfach, bei den *Pseudophyllidea* doppelt ausgebildet. Die Vitellarien sind groß u. bilden neben Dotter auch das Material für den Aufbau der Eischale *(Pseudophyllidea, Tetraphyllidea)*, od. sie sind klein u. liefern fast ausschl. Dotter. Bei den Gatt. *Stilesia* u. *Avitellina* fehlen sie. Der vom Ovar ausgehende Eileiter teilt sich in 2 Ausführgänge auf. Der eine vereinigt sich mit dem vom Vitellarium kommenden Dottergang zum Ootyp, der den Anfangsteil des sich anschließenden umfangreichen Uterus darstellt. Der Uterus endet blind (z. B. *Taenia*) od. hat eine eigene nach außen führende Öffnung (z. B. *Diphyllobothrium*). Am Ootyp sitzt die *Mehlissche Drüse*, früher auch Schalendrüse genannt, in der man 2 Zelltypen, mucöse u. seröse, nachgewiesen hat. Der zweite Ast des Eileiters erweitert sich zum Receptaculum seminis u. mündet schließlich als Vagina zus. mit dem männl. Cirrus in einem gemeinsamen Geschlechtsporus nach außen. Die Lage des meist in eine Genitalpapille eingelassenen Geschlechtsporus ist artspezifisch. Bei *Taenia, Hymenolepis, Echinococcus, Raillietina* und *Davainea* liegt die Geschlechtsöffnung lateral u. kann v. Proglottis zu Proglottis die Seite regel- od. unregelmäßig wechseln. Bei *Hymenolepis* ist sie stets nur auf einer Seite, unilateral, ausgebildet. Bei anderen, wie etwa *Diphyllobothrium latum* u. *Mesocestoides lineatus*, befindet sich der Genitalporus immer in der Mittellinie der Ventralseite einer jeden Proglottis. Bei solchen Arten wie *Moniezia expansa* und *Dipylidium caninum*, deren Proglottiden den zwittrigen Geschlechtsapparat zweifach enthalten, liegt die eine Öffnung auf der rechten, die andere auf der linken Seite. Da die *Eucestoda* protandrische Zwitter sind, d. h. in ein und derselben Proglottis zunächst die männl. und erst später die weibl. Geschlechtszellen reifen, also in den jüngeren Proglottiden überwiegend die Hoden ausgebildet sind, während die älteren v. a. vom Uterus erfüllt werden, wird, von einigen wenigen Arten abgesehen, eine *Selbstbefruchtung* innerhalb einer Proglottis verhindert. Zwischen jungen u. alten Proglottiden ein u. desselben Tieres aber ist sie üblich u. bei solchen B.n, bei denen zeitlebens meist nur ein einziges Individuum im Endwirt lebt *(Diphyllobothrium, Taenia)*, die einzige Möglichkeit zur sexuellen Fortpflanzung. Bei einem Mehrfachbefall, wie er v. den *Echinococcus*-Arten bekannt ist, kopulieren Proglottiden verschiedener Individuen. Bei der *Begattung* werden der vorstülpbare Cirrus in die Vagina eingeführt u. die Spermatozoen im Receptaculum seminis aufbewahrt. Das Ovar gibt, durch einen Sphinkter reguliert, periodisch Eizellen in den Ootyp ab, wo sie v. Spermatozoen aus dem Receptaculum besamt werden und, mit aus dem Vitellarium stammenden Dotterzellen versehen, ein sog. zusammengesetztes Ei aufbauen. Bei den *Pseudophyllidea* liefern die 18–20 Dotterzellen nicht nur das Nährmaterial für den künftigen Embryo, sie geben auch Sekrettropfen ab, aus denen die Eihülle gebildet wird. Diese wird, möglicherweise unter Mitwirkung der Mehlisschen Drüse, sklerotisiert u. so zu einer dickschaligen und, weil mit Deckel (Operculum) versehen, operculat genannten Eikapsel. Bei den übrigen B.n, die nur eine od., wie bei den *Thysanomidae*, gar keine Dotterzellen in das Ei aufnehmen, bleibt die Eikapsel dünn u. non-operculat od. fehlt. In einer Proglottis können bei kleinen Formen wie *Echinococcus* etwa 200, bei größeren wie *Taenia saginata* bis zu 100000 Eier gebildet werden. Solche Proglottiden sind dann in reifem Zustand nichts anderes als prall gefüllte Eibehälter, die sich einzeln v. Tier ablösen können u. mit dem Kot des Wirts ins Freie gelangen od., wie bei *Taenia saginata*, aktiv den After des Wirts verlassen. Bei anderen B.n, die eine Uterusöffnung haben (z. B. *Diphyllobothrium*), werden die Eier durch diese in den Wirtsdarm entlassen; die so entleerten Proglottiden werden als Gliederbänder v. der Strobila abgeschnürt u. mit dem Kot ausgeschieden. Es gibt auch Arten, bei denen sich die Proglottiden unmittelbar nach der Befruchtung ablösen. In allen Fällen schnürt entweder das Tegument sich irisblendenartig ein *(Echinococcus)*, od. die Proglottide reißt entlang der Querverbindung des Exkretionskanals ab *(Hymenolepis)*. Beides wird v. der Ring- u. der Transversalmuskulatur vollzogen. Eier, die die Proglottide über die Uterusöffnung verlassen, sind im allg. dickschalig u. operculat. Sie beginnen die *Embryonalentwicklung* erst im Freien. Bei den dünnwandigen, non-oper-

Bandwürmer

Larvenstadien (Finnen):
Procercoid
Cysticercoid
Cryptocystis
Strobilocercus
Cysticercus
Polycercus
Coenurus
unilokuläre Cyste
multilokuläre (alveoläre) Cyste

Plerocercoid (Sparganum) = Folgestadium des Procercoids,
Tetrathyridium = Folgestadium des Cysticercoids

culaten Eiern setzt die Embryonalentwicklung bereits im Uterus ein, wobei oft eine den Embryo umschließende Wand, eine *Embryophore,* gebildet wird. Solche Eier werden im Schutz der Proglottiden ins Freie abgesetzt. Bei einigen Arten *(Dipylidium caninum, Raillietina carioca)* werden mehrere Eier v. einer gemeinsamen Kapsel umgeben, so daß Eipakete entstehen. – Als Folge der Anpassung an den Zwischenwirt können die Eier auch nahe verwandter Arten in ihren Eigenschaften recht unterschiedlich sein. Die Eier von *Hymenolepis megalops,* die von am Boden lebenden Muschelkrebsen gefressen werden, sinken auf das Substrat ab, während die v. *Hymenolepis furcifera,* die von pelag. Ruderfuß- u. Muschelkrebsen aufgenommen werden, im Wasser schweben. – Die Entwicklung vom Ei zum geschlechtsreifen Wurm vollzieht sich in den meisten Fällen über 2 Larvenstadien, die sich in einem od. mehreren Zwischenwirten entwickeln u. von denen das letzte vom Endwirt mit der Nahrung aufgenommen wird. Ein *Generationswechsel* ist nur von *Echinococcus* bekannt. Der *Wirtswechsel* dagegen ist fast immer obligat. Ausnahmen bilden einige Arten, wie etwa *Hymenolepis nana.* Bei ihnen ist der Wirtswechsel fakultativ; der Zwischenwirt kann übersprungen werden, und die gesamte Entwicklung kann sich im Endwirt vollziehen. – Je nach Art kann die Entwicklung der B. sehr verschieden ablaufen. Allen gemeinsam ist jedoch, daß die Eizelle sich *total furcht* u. einen Embryo entstehen läßt, der sich innerhalb der Eischale zu dem durch 6 Haken gekennzeichneten 1. Larvenstadium, der *Oncosphaera,* entwickelt. Bei den *Pseudophyllidea,* bei denen die Eier ins Wasser abgeschieden werden, trägt die aus dem Ei schlüpfende Oncosphaera Wimpern u. ist somit zu Eigenbewegungen im Wasser fähig. Sie wird als *Coracidium* bezeichnet. Bei allen anderen werden die Oncosphaeren erst im Wirtsdarm frei. Mit ihrem Hakenapparat durchdringen sie die Darmwand u. gelangen in Bindegewebe, Muskeln, Leber u. andere Organe, wo sie sich zum 2. Larvenstadium, der *Finne,* entwickeln. Finnen treten in sehr unterschiedl. Formen auf; entsprechend werden sie mit eigenen Namen versehen (vgl. Tab.). In einigen Fällen können sich die Finnen noch weiterentwickeln. Auch diese Stadien tragen eigene Namen. – Was die *human-* und *veterinärmedizin.* Bedeutung betrifft, so sind die Einwirkungen auf den Endwirt durch die adulten B. relativ harmlos, nicht dagegen die der Larvenstadien. Die adulten B. leben im Darm ihrer Endwirte als Nahrungskonkurrenten, was zur Folge hat, daß die Wirte abmagern u. geringere Wachstumsraten aufweisen. Auch scheint der toxische Einfluß ihrer Stoffwechselprodukte gering zu sein. Der Fischbandwurm *(Diphyllobothrium latum),* der seinem Wirt Vitamin B_{12} entzieht, verursacht beim Menschen eine Anämie, die als Diphyllobothriasis beschrieben ist. Die unterschiedlichen, z. T. auch lebensbedrohenden Auswirkungen der Larvenstadien sind nach den Finnen als Cysticercose, Sparganose, Coenurosis od. im Fall der Hundebandwürmer der Gatt. *Echinococcus* als Echinococcose benannt. [B] Plattwürmer.

D. Z.

Bandzüngler, Breitzüngler, *Taenioglossa,* Vorderkiemer mit einer Bandzunge (taenioglosse Radula): in jeder Querreihe der Reibzunge stehen beiderseits des Mittelzahns je 1 Zwischenzahn u. 2 Seitenzähne; die meisten Mittelschnecken sind B.

Bangiales [Mz.; ben. nach dem dän. Tierarzt B. Bang, 1848–1932], Ord. der Rotalgen (U.-Kl. *Bangiophycidae),* mehrzellige, fädige, scheiben- od. blattartige Algen mit interkalarem Wachstum. Die häufigste Art ist *Bangia purpurea,* mit fädigem, unverzweigtem Thallus, der zumindest an der Basis einreihig ist; sie kommt in der Spritzzone der Meere od. fließender Süßgewässer vor. *Erythrotrichia carnea* mit ca. 2–3 cm langen, unverzweigten Fäden wächst büschelartig als Epiphyt u. a. auf der Rotalge *Ceramium rubrum.* Etwa 25 marine Arten umfaßt die Gatt. *Porphyra,* deren blattart. Thalli bis 25 cm lang werden u. mit einer Haftscheibe am Substrat (Steine, Holz) verankert sind; *P. umbilicalis* ist an eur. Küsten weit verbreitet; in O-Asien als Nahrungsmittel (Asakusanori). [B] Algen III.

Bangiophycidae [Mz.; ben. nach dem dän. Tierarzt B. Bang, 1848–1932, v. gr. phykos = Tang, Seegras], U.-Kl. der Rotalgen, einfach gebaute, einzellige, fädige od. blattartige Algen, deren tüpfellose Zellen einen sternförm. Plastiden besitzen.

Bangsche Krankheit, eine nach dem dän. Tierarzt B. Bang (1848–1932) ben., durch *Brucella abortus* Bang hervorgerufene Infektionskrankheit. ↗ Brucellose.

Banisteriopsis w [ben. nach dem engl. Botaniker J. B. Banister, 17. Jh.], Gatt. der ↗ Malpighiaceae.

Bankia w, Gatt. der ↗ Schiffsbohrer.

Bankivahuhn [malaiisch] ↗ Haushuhn.

Banks-Kiefer w [bänkß-; ben. nach dem engl. Naturforscher J. Banks, 1744–1820], *Pinus banksiana,* ↗ Kiefer.

Bannwald, Teil eines ↗ Waldschutzgebiets; sich selbst überlassener Waldbestand, bei dem jegliche Bewirtschaftungsmaßnahme unzulässig ist.

Banteng m [malaiisch], *Bos (Bibos) javanicus,* zus. mit dem ↗ Gaur zur U.-Gatt. der

Banteng, *Bos (Bibos) javanicus*

Stirnrinder *(Bibos)* gehörendes asiat. Wildrind; Körperhöhe 130–170 cm, Gewicht 500–900 kg, Weibchen um ⅓ schwerer als Männchen; Färbung variabel, Bullen meist dunkel- bis schwarzbraun, Kühe heller. Alle 3 U.-Arten des B. (Java-B., Borneo-B., Burma-B.) stehen kurz vor ihrer Ausrottung, da ihr bevorzugter Lebensraum, unterholzreiche Sumpfwälder u. Bambusdschungel, der Landkultivierung zum Opfer fallen. Freilandbeobachtungen gibt es nur wenige; in zahlr. Zool. Gärten (z. B. Berlin) werden B.s gezüchtet. Auf Bali entstand bereits in vorhistor. Zeit als Haustierform des B. das Balirind od. der Hausbanteng.

Banting [bän-], Sir *Frederick Grant,* kanad. Arzt u. Physiologe, * 14. 11. 1891 Alliston (Ontario, Kanada), † 21. 2. 1941 Musgrave Harbour (Neufundland); seit 1929 Prof., 1930 Dir. des B.-Instituts in Toronto; Arbeiten über die innersekretor. Funktionen der Langerhansschen Inseln der Bauchspeicheldrüse. Entdeckte 1921 mit seinem Schüler Ch. H. Best das Insulin; erhielt 1923 zus. mit J. Macleod den Nobelpreis für Medizin.

Banyanbaum [v. Hindi banyan = Kaufmann], *Ficus bengalensis,* ↗ Ficus.

Baobab *m* [arab.], der ↗ Affenbrotbaum.

Baragwanathia *w,* aus dem untersten Unterdevon (fr. als obersilurisch gedeutet) v. Australien bekannte, älteste Gatt. der Bärlappe, meist zu den *Protolepidodendrales* gestellt. Die dichotom verzweigten Achsen (bis 6,5 cm ⌀) besitzen eine Aktinostele u. schraubig angeordnete, dichtstehende Mikrophylle mit Blattspuren. Über die Sporangienanordnung ist nichts Sicheres bekannt.

Bárány [baranj], *Robert,* östr. Mediziner, * 22. 4. 1876 Wien, † 8. 4. 1936 Uppsala; seit 1917 Prof. in Uppsala; arbeitete insbes. über die Physiologie des Ohres u. neue diagnost. Möglichkeiten zur Erkennung v. patholog. Veränderungen des Gehörs; für die Aufklärung der Physiologie des Bogengangsystems beim Menschen 1914 Nobelpreis für Medizin.

Barbarakraut, *Barbenkraut, Barbarea,* Gatt. der Kreuzblütler mit ca. 14 in N-

R. Bárány

Barbarakraut

Das Echte B. *(Barbarea vulgaris),* auch Winterkresse genannt, wird seines säuerlich-herben Geschmacks wegen als Salat verzehrt u. als solcher in England u. Fkr. angebaut. Es wurde auch gelegentlich, wie andere B.-Arten, als Viehfutter gezüchtet od. seiner fettreichen Samen wegen zur Ölgewinnung verwendet. Aufgrund seines hohen Vitamin-C-Gehalts diente es zudem fr. als Mittel gg. Skorbut u. als Bestandteil v. Wundbalsam.

Asien, fast ganz Amerika sowie Europa, insbes. im Mittelmeerraum beheimateten Arten, v. denen einige inzwischen auch in Afrika, Australien u. Neuseeland eingebürgert sind. Die meist 2jährigen, 30–90 cm hohen Kräuter besitzen eine spindelförm. Wurzel, einen kantigen, verzweigten Stengel, gestielte, leierförmig-fiederschnittige, in einer Rosette angeordnete Grundblätter sowie sitzende, tiefgezähnte, am Grunde mit breiten Öhrchen versehene Stengelblätter. Die gelben Blüten haben schmalverkehrt eiförm. Kronblätter sowie weißhautrandige Kelchblätter und stehen in dichter Traube; aus ihnen gehen lineale, rundl. vierkantige, in den Griffel zugespitzte, zweiklappig aufspringende Schoten hervor. Standorte des Echten B.s *(B. vulgaris)* sind Kies- u. Sandböden an den Ufern v. Flüssen, Seen u. Bächen sowie feuchte Wiesen u. Äcker, wo das B. als Unkraut auftritt.

Barbastella *w* [v. it. barbastel = Fledermaus], Gatt. der Glattnasen-Fledermäuse, einzige Art die ↗ Mopsfledermaus.

Barben [Mz.; v. spätlat. barbus = Barbe], *Barbenähnliche, Barbinae,* U.-Fam. der Weißfische aus der formenreichen Ord. Karpfenfische mit vielen Gatt. u. Arten. B. leben in stehenden od. fließenden Süßgewässern u. haben meist 2 od. 4 Barteln am end- od. unterständ., vorstülpbaren Maul, auf die Schlundknochen beschränkte Zähne, eine in der Körpermitte angeordnete Rückenflosse u. eine kleine Afterflosse. Die bekannteste Art, die mitteleur. Barbe od. Fluß-Barbe *(Barbus barbus,* B Fische X), bewohnt v. a. den noch schnell fließenden, sauerstoffreichen Mittel- bis Oberlauf der Flüsse mit Sand- u. Kiesgrund sowie Verstecken im Uferbereich *(Barbenregion,* flußabwärts der *Äschenregion);* sie ist meist 30–50 cm lang (maximal bis 1 m),

Barbenähnliche

hat an den vorragenden, wulst. Oberlippen 4 Barteln u. jagt vorwiegend nachts Kleintiere; zum Laichen zieht sie im Frühsommer flußaufwärts; ihr Fleisch ist wohlschmeckend, aber grätenreich, der Laich giftig. Wirtschaftlich bedeutend sind auch die ca. 50 cm lange Aral-Barbe *(Barbus brachycephalus),* die im Brackwasser lebt u. zum Laichen in die Flüsse aufsteigt, die bis 1 m lange Nil-Barbe *(Barbus altianalis)* aus dem Oberlauf des Nils, der zu den Großschuppen-B. zählende, bis 2 m lange, ind. Tormahseer *(Tor tor)* u. die bis 2,8 m lange ostasiat. Riesen-Barbe *(Catlocarpio siamensis).* Gleiche Lebensweise wie die Fluß-Barbe hat die ca. 20 cm lange, südeur. Hunds-Barbe *(Barbus meridionalis)* mit der häufigen U.-Art osteur. Semling *(B.m. petenyi).* Kleinere, meist unter 10 cm lange Schwarmfische mit leuchtenden Signalfarben sind südostasiat. u. afr. Zier-B. der Gatt. *Puntius* (manchmal der Gatt. *Barbus* zugeordnet); über 45 Arten davon sind beliebte, meist leicht zu pflegende u. zu züchtende ↗ Aquarienfische. Wirtschaftl. Bedeutung hat nur die bis 20 cm lange Java-Barbe *(Puntius javanicus),* die als trop. Teichfisch gehalten wird. Eine ebenfalls afr. u. südostasiat. Gatt. der B. sind die teilweise pflanzenfressenden Fransenlipper *(Labeo),* größere Arten dienen v. a. in Südchina als Speisefisch; mehrere Arten werden im Aquarium gehalten. Weitere Gatt. sind die westasiat. Quermund-B. *(Capoeta),* die mit den knorpel., durch eine Hornschicht verstärkten Kiefern Pflanzenaufwuchs abweiden, die kleinen, west- u. südasiat. u. afr., in Gebirgsbächen lebenden, gründlingsart. Saug-B. *(Garra),* bei denen die Unterlippenteil des unterstand. Maules zu einer Saugscheibe umgebildet ist, u. verschiedene Gatt. der Blind-B., die als unterird. Höhlenfische vorkommen. Einige Arten der Gatt. ↗ Bärblinge *(Rasbora)* werden ebenfalls als B. bezeichnet.

Barbenähnliche, *Barbinae,* ↗ Barben.

Barbenregion, *Epipotamal,* obere Zone des Tieflandflusses, die durch den Leitfisch Barbe *(Barbus barbus)* gekennzeichnet wird. Die Barbe bevorzugt einen eher sandigen Untergrund zum Laichen u. hat eine höhere Vorzugstemperatur als die Forellen u. Äschen (↗ Äschenregion).

Barbinae [Mz.; v. spätlat. barbus = Barbe] ↗ Barben. [der ↗ Sichelschrecken.

Barbitistes *m* [gr., = Lautenspieler], Gatt.

Bärblinge, *Danioninae, Rasborinae,* artenreiche U.-Fam. der Weißfische, deren systemat. Abgrenzung noch nicht geklärt ist. B. sind in Körperbau, Größe u. Lebensweise recht verschieden; viele sind Schwarmfische u. werden oft in Aquarien gehalten; ihre Heimat sind v. a. trop., afr.

Barben

Barben, die oft als ↗ Aquarienfische gehalten werden, mit Längen- u. Heimatangabe:

Zierbarben:
Strahlen-B. *(Puntius arulius),* bis 10 cm, SO-Vorderindien
Pracht-B. *(P. conchonius),* ca. 12 cm, N-Indien
Clown-B. *(P. everetti),* ca. 10 cm, Borneo
Band-B. *(P. fasciolatus),* ca. 17 cm, Angola
Längsstrich-B. *(P. holotaenia),* ca. 10 cm, W-Afrika
Schmetterlings-B. *(P. hulstaerti),* bis 5 cm, Kongogebiet
Purpurkopf-B. *(P. nigrofasciatus),* bis 5 cm, S-Ceylon
Eiland-B. *(P. oligolepis),* bis 5 cm, Sumatra
Fünfgürtel-B. *(P. pentazona),* bis 5 cm, Sumatra
Brokat-B. *(P. schuberti, Barbus schuberti,* B Aquarienfische I), bis 5 cm, Singapur
Messing-B. *(P. semifasciolatus),* ca. 7 cm, SO-China
Viergürtel- od. Sumatra-B. *(P. tetrazona, Barbus tetrazona,* B Aquarienfische I), bis 7 cm, Sumatra u. Thailand
Bitterlings-B. *(P. titteya),* bis 5 cm, Ceylon

Fransenlipper:
Feuerschwanzfransenlipper *(Labeo bicolor),* bis 12 cm, Thailand
Grüner Fransenlipper *(L. frenatus),* bis 7 cm, Thailand

Bären

Groß-B. *(Ursidae):*
Echte Bären *(Ursus)*
↗ Braunbär *(U. arctos)*
↗ Schwarzbär *(U. americanus)*
↗ Kragenbär *(U. thibetanus)*
↗ Eisbär *(U. maritimus)*
↗ Lippenbär *(Melursus ursinus)*
↗ Malaienbär *(Helarctos malayanus)*
↗ Brillenbär *(Tremarctos ornatus)*

Bärblinge

Beliebte ↗ Aquarienfische aus verschiedenen Gatt. der B. mit Längen- u. Heimatangaben:
Malabar-B. *(Danio malabaricus),* bis 12 cm, Ceylon
Devario-B. *(Danio devario),* bis 10 cm, N-Indien
Zebra-B. *(Brachydanio rerio,* B Aquarienfische I), bis 5 cm, östl. Vorderindien
Schiller-B. *(Brachydanio albolineatus),* bis 5 cm, Hinterindien
Glas-B. *(Rasbora trilineata),* bis 15 cm, Borneo u. Sumatra
Keilfleckbarbe *(Rasbora heteromorpha,* B Aquarienfische I), bis 4,5 cm, SO-Asien
Perlmutter-B. *(Rasbora vaterifloris),* bis 4 cm, Ceylon
Zwerg-B. *(Rasbora maculata),* 2,5 cm, Sumatra
Kardinalfisch *(Tanichthys albonubes,* B Aquarienfische I), bis 4 cm, S-China

und südostasiat. Flüsse. Neben den Gatt. mit beliebten ↗ Aquarienfischen sind weitere bekannte Gatt.: die kleinen, schuppenlosen, birman. Nacktlauben *(Swamba);* die ca. 8 cm langen Afrikanischen Lauben *(Engraulicypris),* die in den großen innerafr. Seen eine wichtige Nahrung für größere Fische sind; die vorwiegend südostasiat. Querstreifen-B. *(Barilius)* u. Flugbarben *(Esomus),* letztere haben am oberständ. Maul 2 lange Oberlippenbarteln; die Gatt. *Elopichthys* mit dem bis 2 m langen, räuberisch lebenden Scheltostschek *(Elopichthys bambusa)* aus dem Amur.

Barbourula, Gatt. der ↗ Scheibenzüngler.

Barbu *m* [v. port. barbo = Barbe], *Polydactylus virginicus,* ↗ Fadenfische.

Barbudos [Mz.; v. port. barbudo = bärtig], *Polymixioidei,* U.-Ord. der ↗ Schleimkopfartigen Fische.

Barbula *w* [lat., = Schutzbärtchen, Milchbart], das ↗ Bartmoos 1).

Barbus *m* [spätlat. = Barbe, v. lat. barba = Bart], Gatt. der ↗ Barben.

Bären, 1) die ↗ Bärenspinner. 2) Landraubtiere, die sich zu Allesfressern, z. T. sogar zu reinen Pflanzenfressern entwickelt haben. Verbreitung: Alte u. Neue Welt; in der Äthiopis u. in Australien leben keine B. Man unterscheidet heute 3 Fam.: Klein-B. i. e. S. *(Procyonidae),* Katzen-B. *(Ailuridae)* (beide fr. als Vor-B. zusammengefaßt), und Großbären *(Ursidae);* sie bilden zus. mit den Mardern *(Mustelidae)* die Überfam. der Marder- u. Bärenartigen *(Arctoidea).* Zu den Eigentlichen B. od. Groß-B. gehören die größten Landraubtiere der Erde: Kopfrumpflänge 1–3 m, Körpergewicht 27–780 kg; Körper kräftig gebaut, Kopf breit mit langer Schnauze, Ohren kurz u. abgerundet, Augen klein, Geruchssinn stark entwickelt. B. sind Sohlengänger mit 5 gleichlangen Zehen, deren Krallen nicht einziehbar sind. Gebiß im Ggs. zu anderen Raubtieren mit flachkronigen Backenzähnen u. nur schwachem Reißzahn in Anpassung an die gemischte Ernährung, kein

Bären:

1 Lippenbär *(Melursus ursinus),* **2** Kragenbär *(Ursus thibetanus),* **3** Malaienbär *(Helarctos malayanus),* **4** Braunbär *(Ursus arctos),* **5** Baribal, Nordamerikanischer Schwarzbär *(Ursus americanus),* **6** Eisbär *(Ursus maritimus)*

Blinddarm. Die Echten B. (Gatt. *Ursus*) sind am weitesten verbreitet; sie bilden eine recht geschlossene Gruppe u. sind sicher nahe miteinander verwandt. Dennoch werden heute Schwarz- u. Kragenbär sowie der Eisbär auch als eigene U.-Gatt. v. der Gatt. *Ursus* abgetrennt. Bekanntester Vertreter der B. ist der in vielen U.-Arten über Europa, N- u. Mittelasien bis N-Amerika vorkommende ↗Braunbär *(Ursus arctos).*

Bärenklau, 1) der ↗Acanthus. **2)** *Heracleum,* Gatt. der Doldenblütler, mit 70 Arten in nördl. gemäßigten Zonen verbreitet. *H. sphondylium* ist eine häufige, v. Europa bis Asien verbreitete, kraut. Pflanze auf Fettwiesen, Hochstaudenfluren, Auwäldern u. deren Säumen; nicht weidefest; Blüten grünlich od. rosa überlaufen, Randblüten vergrößert, in 15 bis 30 strahlig zusammengesetzten Dolden zusammengefaßt; Blütezeit Juni bis Okt. Sammelart mit schwer unterscheidbaren U.-Arten. *H. mategazzianum* aus dem Kaukasus, *H. persicum* aus Iran u. a. werden als Zierstauden angepflanzt; sie beeindrucken durch Blattgröße u. Höhe der Blütenstände.

Bärenkrebse, *Scyllaridae,* Fam. der *Decapoda;* langschwänzige Krebse mit eigentümlich abgeflachtem Körper; ihre 2. Antennen sind zu kurzen, breiten, plattenförm., vorne gezähnten Lamellen umgebildet u. verstärken dadurch den abgeflachten Eindruck; ca. 50 Arten, leben meist im Litoral, aber auch bis zu 400 m Tiefe auf felsigem Untergrund und in Korallenriffen. Wichtigste Gatt. sind *Scyllarus* (15 bis 20 cm lang) u. *Scyllarides; Scyllarus arctus* (Kleiner Bärenkrebs) im Mittelmeer erreicht 12 cm Länge. Während der Larvalentwicklung wird ein Phyllosoma-Stadium durchlaufen.

Bärenmakak, *Macaca (Lyssodes) arctoides,* stummelschwänz. Affe, lebt in mehreren U.-Arten v. Tibet u. Mittelchina bis Thailand. ↗Makaken.

Bärenmaki, *Arctocebus calabarensis,* afr. Halbaffe aus der Fam. der ↗Loris; 2 Unterarten; nachtaktiv. [fraß.

Bärenmarder, der ↗Binturong u. der ↗Vielbärenraupe ↗Bärenspinner.

Bärenrobben, die ↗Seebären.

Bärenschote, *Astragalus glycophyllos,* ↗Tragant.

Bärenspinner, *Bären, Arctiidae,* weltweit verbreitete, den Trägspinnern, Eulenfaltern u. Widderbären verwandte Schmetterlingsfam. mit ca. 8000 Arten, überwiegend in S-Amerika u. Afrika, Mitteleuropa etwa 50 Spezies. Allg. kleine bis mittelgroße Falter, v. a. auf den Hinterflügeln oft bunt gelb od. rot mit schwarz gezeichnet (Warn-, Schrecktracht); die bei vielen B.n dunkelbraun und weiß gemusterten Vorderflügel (Somatolyse) werden in Ruhe dachförmig über den Hinterleib gelegt od. wie in der

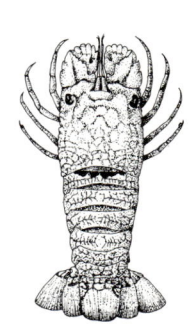

Bärenkrebs *(Scyllarus chacei),* 5,4 cm lang

Bärenmaki *(Arctocebus calabarensis)*

Bärenspinner

Gatt. *Eilema* darum gewickelt. Saugrüssel bei einigen B.n verkümmert, andere Vertreter eifrige Blütenbesucher (z. B. Gatt. *Panaxia*); Fühler der Männchen kurz gekämmt, am Metathorax Gehörorgane, bei einigen Arten Organe zur Erzeugung hochfrequenter Töne, die als Störsender gg. mit Ultraschall-Echoortung jagende Fledermäuse od. als akust. Warnsignal angesichts der Ungenießbarkeit vieler B. eingesetzt werden, bei einer Art auch zur Partnerfindung. Die übelschmeckenden od. -riechenden, schutzgewährenden Inhaltsstoffe werden mit der Larvennahrung aufgenommen od. selbst synthetisiert. Die B. fliegen meist in einer Generation nachts, andere, wie die Spanische Flagge (*Panaxia quadripunctaria*), der Wegerichbär (*Parasemia plantaginis*), eine häufige u. variable Art, der Jakobskrautbär (*Thyria jacobeae*) u. der Rotrandbär (*Diacrisia sannio*) sind tagaktiv, kommen aber auch nachts ans Licht. Die oftmals stark u. lang behaarten, lebhaften Larven („Bärenraupe") fressen meist polyphag an Kräutern. Der 1940 aus N-Amerika nach Ungarn eingeschleppte Webebär (*Hyphantria cunea*) kann bei Massenvermehrung auch an Kulturpflanzen schädlich werden. Die Raupen der U.-Fam. Kleinbären (*Nolinae*), Flechtenbären (*Endrosinae*) u. Flechtenspinner (*Lithosiinae*) leben in erster Linie an Flechten, sie werden mitunter als eigene Fam. eingestuft. Die Raupen der südam. Wasserbären (Gatt. *Palustra*) leben in Fließgewässern an Wasserpflanzen; in Mitteleuropa überwintert meist die Larve, seltener Puppe od. Ei; Verpuppung in einem mit Larvenhaaren durchsetzten Gespinst am Boden, unter Steinen od. an Rinde. Der auf den weißen Flügeln schwarz-rot getupfte Punktbär (*Utetheisa pulchella*) ist ein Wanderfalter, der gelegentlich nördl. der Alpen einfliegt. Als Nachahmer des histaminhaltigen Weißen Tigerbären (*Spilosoma menthastri*) gilt der Gelbe Tigerbär (*Spilarctia lubricipeda*, Batessche Mimikry); beide werden auch Tiger-„Motte" genannt. Häufig wie diese ist auch die rot u. braun gefärbte Rostbär (*Phragmatobia fuliginosa*), der in 2 Generationen auftritt; auch er wird im Experiment **wie der Weiße Tigerbär v. Vögeln gemieden. Mit einer Spannweite bis zu 90 mm ist der Augsburger Bär** (*Pericallia matronula*) der größte einheimische B. Der schöne Falter mit braune Vorderflügel mit weißen Flecken u. schwarz getupfte gelbe Hinterflügel, Hinterleib leuchtend rot, Larve überwintert 2malig; durch Umwandlung unterholzreicher Laubwälder in monotone Wirtschaftsforste ist er nach der ↗ Roten Liste „vom Aussterben bedroht". Alle B. stehen unter Naturschutz. B Insekten IV. *H. St.*

Bärenspinner

Auswahl einheimischer Bärenspinner:

Vierpunktmotte (*Lithosia quadra*)
Eilema complana
Rothalsbär (*Atolmis rubricollis*)
Strohhütchen, Gestreifter Grasbär (*Coscinia striata*)
Punktbär, Harlekinbär (*Utetheisa pulchella*)
Rostbär, Zimtbär (*Phragmatobia fuliginosa*)
Wegerichbär (*Parasemia plantaginis*)
Gelber Tigerbär (*Spilarctia lubricipeda*)
Weißer Tigerbär (*Spilosoma menthastri*)
Webebär, Weißer Bär (*Hyphantria cunea*)
Purpurbär (*Rhyparia purpurata*)
Rotrandbär (*Diacrisia sannio*)
Augsburger Bär (*Pericallia matronula*)
↗ Brauner Bär (*Arctia caja*)
Schwarzer Bär (*Arctia villica*)
Schönbär (*Panaxia dominula*)
↗ Spanische Flagge (*Panaxia quadripunctaria*)
↗ Jakobskrautbär, Blutbär (*Thyria jacobeae*)

Bärentraube

Die Echte B. ist eine alte nord. Heilpflanze, deren Blätter neben einer Reihe anderer Substanzen das Glykosid Arbutin, Methylarbutin, Gerbstoffe u. Flavonoide enthalten. Ihrer antisept. Wirkung wegen fand sie allgemeine Anwendung bei Leiden der Blase, der Harnwege u. Nieren. Aufgrund des hohen Gerbstoffgehalts werden die Blätter der Echten B. in N- und O-Europa auch zum Gerben v. Leder verwendet.

Bärentatze, *Ramaria botrytis*, eßbarer ↗ Korallenpilz.

Bärentraube, *Arctostaphylos*, Gatt. der *Ericaceae* mit über 50, fast ausschließlich in der Westhälfte des nordam. Kontinents beheimateten Arten. Die meist niedr. Holzgewächse, seltener Halbsträucher od. Bäumchen, mit ihren dicht beblätterten Zweigen sind charakteristisch für die kaliforn. Hartlaubvegetation. Außerhalb N-Amerikas sind nur die auch in der Arktis verbreiteten Arten *A. uva-ursi* und *A. alpinus* (B Europa II) bekannt. *A. uva-ursi* (Echte od. Immergrüne B.) ist ein 20 bis 60 cm hoher, dem Erdboden anliegender, teppichbildender Zwergstrauch mit weitkriechenden Ästen u. dichtbeblätterten, aufwärts gebogenen Zweigen. Die bis 3 cm langen, lanzettlichen Blätter sind immergrün, ledrig, glänzend u. unterseits netzadrig; die kleinen gelblichen od. rosa, eiförmig-lanzettlichen, 5teiligen Blüten bilden endständige, traubige Blütenstände. Die roten, steinfruchtartigen Beeren enthalten 5 einsamige Steinkerne, sind ca. 1 cm dick, relativ fleischig u. eßbar. Die Pflanze bevorzugt trockene, lockere, warme Böden, wächst als Rohbodenpionier aber auch auf vegetationslosem Schutt u. bildet dort schwarzen, pulvrigen Humus. In fast ganz Europa, dem nördl. Sibirien, Kaukasus, Himalaya u. im borealen Amerika verbreitet, wächst die Echte B. bei uns in der Norddeutschen Tiefebene, im Mittelgebirge, dem Alpenvorland, den Alpen u. im Jura vorzugsweise in lichten, trockenen Kiefernwäldern, in Heiden od., über der Baumgrenze, in sonnigen, windgeschützten Zwergstrauchbeständen. Die Verbreitung ihrer Samen erfolgt fast ausschließlich durch Vögel. *A. uva-ursi* gehört der ↗ Roten Liste zufolge zu den „stark gefährdeten" Arten. *A. alpinus* (Alpen-B.) unterscheidet sich von *A. uva-ursi* im wesentlichen dadurch, daß sie sommergrüne, gezähnte, schwach bewimperte, beiderseits netzadrige Blätter u. in der Reife schwarze Früchte besitzt. Das flammende Rot ihrer Herbstfärbung bildet vielfach den Herbstaspekt in der alpinen Stufe der euras. Gebirge. Verbreitungsgebiet: nördl. Sowjetunion, boreales N-Amerika u. die subalpine bis alpine Stufe eur. Gebirge, wobei Schattenlagen u. frische Böden bevorzugt werden.

Barentsi̱idae [Mz.; ben. nach der Barents-See], Fam. der ↗ Kamptozoa.

Bar-Gen, Locus (Genort) auf dem X-Chromosom der Taufliege *Drosophila,* der die Form der Augen steuert; die Bez. Bar-Gen leitet sich v. einer Mutation ab, die zu bandförm. (engl. bar = Balken) Augen führt. ↗ Bar-Mutanten.

Baribal *m* ↗ Schwarzbären.
Barilius *m*, Gatt. der ↗ Bärblinge.
Barillekraut [v. span. barilla = Sodapflanze], das ↗ Salzkraut.
Bärlapp, *Lycopodium,* Gatt. der ↗ Bärlappartigen.
Bärlappartige, *Lycopodiales,* Ord. der Bärlappe mit 1 Fam. *(Bärlappgewächse, Lycopodiaceae),* 2–5 rezenten Gatt. und ca. 200 weltweit, v. a. aber tropisch verbreiteten Arten. B. sind isospore, krautig-immergrüne Gewächse ohne sekundäres Dickenwachstum u. Ligula, mit Plektostele, dichotomer Sproßgabelung u. kleinen einnervigen, z. T. anisophyll ausgebildeten Blättchen. Die Sporangien stehen einzeln auf der Oberseite der meist zu Blüten vereinigten Sporophylle. Die knollig-rübenförm. Gametophyten (Größe bis 2 cm) besitzen eine endotrophe Mykorrhiza u. leben ganz od. teilweise unterirdisch als Holo- bzw. Hemisaprophyt; die Geschlechtsreife tritt z. T. erst nach 12–15 Jahren ein. Biochemisch charakterisiert werden die B.n durch die auffällige Akkumulation v. Aluminiumionen im Zellsaft u. durch bes. Alkaloide (v. a. *Lycopodin*). Fossil reichen sie mit der Sammel-Gatt. *Lycopodites* zurück bis ins Karbon. Die rezenten B.n werden heute meist 5 Gatt. zugeordnet. Als die ursprünglichste u. umfangreichste ist die Teufelsklaue *(Huperzia)* ausgezeichnet durch dichotome Verzweigung ohne Übergipfelung, durch nur am Grund bewurzelte Sprosse u. durch die Möglichkeit zur vegetativen Vermehrung durch Brutknospen. Hierzu gehören v. a. die hängenden epiphyt. Formen der Tropen (z. B. die in Gewächshäusern viel kultivierte *H. squarrosa),* aber auch aufrechte Bodenpflanzen wie die einzige in Mitteleuropa heimische Art *H. selago* (Tannenbärlapp, B Farnpflanzen I). Diese besitzt noch nicht zu einer Blüte vereinigte, den Trophophyllen gleichende Trophosporophylle (jährlich wird eine fertile u. eine sterile Zone gebildet) und besiedelt v. a. montane u. hochmontane Nadelwälder u. Blockmeer-Spalten; ihr Verbreitungsareal ist hochdisjunkt (Holarktis, trop. Gebirge, Nearktis). Ausgehend von *H. selago,* führt eine Entwicklungsreihe zu *H.*-Arten mit echten, nie aber deutlich abgesetzten Blüten. Durch die Wuchsform von *H.* unterschieden sind die Gatt. *Lycopodiella, Lycopodium* u. *Diphasium:* Alle besitzen durch ungleichwertige Dichotomie eine kriechende Hauptachse u. davon abgehende aufrechte Seitenäste. Bezüglich der Sporophyllähre am ursprünglichsten ist *Lycopodiella (Lepidotis):* Die Sporophylle bilden eine noch nicht abgesetzte Blüte u. sind den Trophophyllen sehr ähnlich. In Mitteleuropa ist nur der zirkumpolar atlantisch-subatlantisch verbreitete Sumpfbärlapp *(L. inundata)* heimisch (nach der ↗ Roten Liste „stark gefährdet"); die lichtbedürftige Art kommt auf Schwingrasen, Hoch- u. Zwischenmooren vor. Die Gatt. *Lycopodium s. str.* (Bärlapp i. e. S., Schlangenmoos) zeichnet sich aus durch abgesetzte „Blüten" aus deutlich v. Trophophyllen unterschiedenen, bleichen Sporophyllen u. eine sehr lang kriechende Grundachse. In Mitteleuropa zwei Vertreter: Der Sprossende B. *(L. annotinum;* Blättchen sparrig abstehend) ist holarkt. Gebirgspflanze auf saurem Rohhumus v. a. in Mooren u. Nadelwäldern zu finden (Charakterart des *Vaccinio-Piceion);* weiche, in weißer Haarspitze endende Blättchen u. eine auf kaum beblättertem Schaft sitzende Blüte besitzt dagegen der Kolbenod. Keulenbärlapp *(L. clavatum,* B Farnpflanzen I; Sporen als altes Heilmittel, heute noch als Wundpuder u. Pillenzusatz verwendet), der ebenfalls holarktisch verbreitet v. a. in montanen Zwergstrauchheiden u. Silicat-Magerrasen auftritt. Bei ähnl. Blüten- u. Wuchsform ist die Gatt. *Diphasium* (Flachbärlapp) durch die in 4 od. 8 Zeilen angeordneten, häufig verschieden großen, schuppenart. Blättchen u. die oft flachen Sprosse unterschieden; von den 4–5 mitteleur. Arten sind v. a. zu nennen *D. complanatum* (Gemeiner Flachbärlapp; „Blüte" auf deutlich abgesetztem Schaft) u. *D. alpinum* (Alpen-Flachbärlapp; „Blüte" nicht auf abgesetztem Schaft), beide mit holarkt. Areal: ersterer kommt in Fichten- u. Kiefernwäldern vor, letzterer ist arktisch-alpisch v. a. in Borstgrasrasen u. Bergheiden verbreitet; nach der ↗ Roten Liste sind alle *Diphasium*-Arten „stark gefährdet" u. sind wie alle B.n geschützt. Erwähnt sei noch die xeromorphe, durch grundständige Blätter ausgezeichnete Gatt. *Phylloglossum,* die mit einer Art *(Ph. drummondii)* im außertrop. Australien, Tasmanien u. Neuseeland vorkommt. *V. M.*
Bärlappe, *Lycopodiatae, Lycopsida, Lycophyta,* Kl. der Farnpflanzen mit Entwicklungshöhepunkt im Karbon, rezent als Reliktgruppe mit nur 6–8 Gatt. und ca. 1000 Arten vertreten. Der Sporophyt zeigt eine Gliederung in Wurzel u. überwiegend dichotom gegabelte Sproßachse (mit Aktino-, Plekto- oder Siphonostele, sekundäres Dickenwachstum nur bei fossilen Formen, eingeschränkt bei *Isoëtales)* u. besitzt schraubig angeordnete Mikrophylle, auf deren Innenseite nahe der Basis bei *Lepidodendrales, Selaginellales* u. *Isoëtales* ein vermutlich der Wasseraufnahme dienendes Blatthäutchen (Ligula) sitzt. Die Sporophylle sind meist zu Blüten

Bärlappe

Bärlappartige

Rezente Gattungen mit den in Mitteleuropa vorkommenden Arten:

1 *Diphasium* (Flachbärlapp)
D. alpinum (Alpen-F.), *D. complanatum* (Gemeiner F.), *D. issleri* (Isslers F.), *D. tristachyum* (Zypressen-F.), *D. zeilleri* (Zeillers F.)

2 *Huperzia* (Teufelsklaue)
H. selago (Tannenbärlapp)

3 *Lycopodiella (Lepidotis)*
L. inundata (Sumpfbärlapp)

4 *Lycopodium s. str.* (Bärlapp i. e. S., Schlangenmoos)
L. annotinum (Sprossender B.), *L. clavatum* (Kolben-, Keulen-B.)

5 *Phylloglossum* (1 Art im austr. Raum.)

(Nr. 1–4: Bärlapp i. w. S., *Lycopodium* i. e. S.)

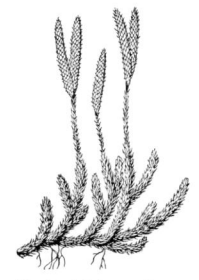

Keulenbärlapp *(Lycopodium clavatum)*

Tannenbärlapp *(Huperzia selago)*

Bärlauch

vereinigt u. tragen auf der Oberseite bzw. in den Achseln einzelne Sporangien; den Evolutionsweg zu dieser Sporangienstellung erklärt die Telomtheorie (B Farnpflanzen III). Neben Isosporie *(Lycopodiales)* ist Heterosporie *(Selaginellales, Isoëtales* u. viele fossile Formen) verbreitet, konvergent wird in 2 fossilen Gruppen (↗ Samenbärlappe, ↗ *Miadesmiaceae*) auch die Entwicklungsstufe „Same" erreicht; parallel zu dieser Progression erfolgt eine Reduktion der ♂ und ♀ Gametophyten. Uneinheitlich sind die Spermatozoiden: mit 2 Geißeln bei *Lycopodiales, Selaginellales;* mit Geißelschopf (wie bei den übrigen Farnpflanzen) bei *Isoëtales.* – Der Ursprung der B. liegt vermutlich im Bereich silurischer (od. älterer) Psilophyten, an die sich die Ausgangsgruppe der *Protolepidodendrales* anschließen läßt. Umstritten ist dabei die Ableitung des Bärlapp-Mikrophylls, da Vertreter der *Protolepidodendrales* sowohl eine Erklärung durch die Telomtheorie als auch eine Entstehung aus Emergenzen stützen. Ihren Entwicklungshöhepunkt erreichen die B. in den „Steinkohlewäldern" des Karbons mit den Schuppen- u. Siegelbäumen, nehmen anschließend, v.a. im Perm, rasch ab u. bilden heute eine Reliktgruppe mit durchweg krautigen, meist feuchtigkeitsliebenden, teilweise auch wasserlebenden Formen. Vor allem wegen der zahlr. problemat. Fossilarten existiert z. Z. keine allgemein akzeptierte systemat. Gliederung der B.

Bärlauch ↗ Lauch.

Barleria w [ben. nach dem frz. Botaniker J. Barrelier, 1606–73], Gatt. der *Acanthaceae* mit weit über 200 Arten; typische Steppenbewohner mit bes. Anpassungen an trockene Standorte.

Bar-Mutanten, *Drosophila*-Fliegen mit einer Mutation im ↗ Bar-Gen, die sich phänotypisch in bandförm. Augen äußert; die Merkmalsveränderung kommt durch eine Duplikation des Segments 16 A auf dem X-Chromosom, welches den Bar-Gen trägt, zustande; bei einer weiteren Duplikation des Genorts entstehen Double-Bar-Mutanten mit noch stärker verschmälerten Augen.

Barnea w, Gatt. der ↗ Bohrmuscheln.

Barrakudas [Mz. v. port. barraco = Eber], die ↗ Pfeilhechte.

Barrakudinas [Mz.], *Paralepididae*, Fam. der ↗ Laternenfische.

Barramundi, austral. ↗ Glasbarsch.

Barriereriff, *Großes B.*, engl. *Great Barrier Reef*, ein Korallenriff, das in 300–2000 m Breite wallartig die NO-Küste Australiens auf 2000 km Länge begleitet u. vom Festland durch einen 80–100 km breiten Meeresstreifen getrennt ist.

Bärlappe

Ordnungen und deren zeitliches Auftreten:
↗ *Protolepidodendrales* (incl. *Drepanophycales*; Devon – Unterkarbon)
↗ Schuppenbaumartige (*Lepidodendrales*; Devon – Perm)
Pleuromeiales (Trias – Kreide)
↗ Brachsenkrautartige (*Isoëtales*; Kreide – heute)
↗ Bärlappartige (*Lycopodiales;* Oberkarbon – heute)
↗ Moosfarnartige (*Selaginellales*; Oberkarbon – heute)

Barr-Körperchen

a Zelle einer Frau mit einem Barr-Körperchen,
b Zelle eines Mannes: kein Barr-Körperchen,
c Zelle eines Menschen mit drei X-Chromosomen: 2 Barr-Körperchen

Barringtonia w [ben. nach dem engl. Naturforscher D. Barrington, 1727–1800], im trop. Afrika u. SO-Asien beheimatete Gatt. der *Lecythidales* mit ca. 60 baumförm. Arten. Am bekanntesten ist *B. speciosa* (*B. asiatica*), ein v. den Komoren bis Tahiti heimischer, für die sandigen Strandformationen im gesamten Küstengebiet des Ind. Ozeans charakterist. Baum. Die sich an der Basis verzweigenden Äste liegen dem Boden auf u. streben dann als mächtige Stämme empor; sie tragen große, ganzrand., schopfförmig am Ende der Zweige stehende Blätter, regelmäßig ausgebildete, strahlige, nur eine Nacht geöffnete Blüten mit einer größeren Anzahl weit herausragender, karminrot gefärbter Staubblätter u. bauchige gelbe Steinfrüchte. Letztere können mit Hilfe eines faserigen, luftgefüllten Gewebes leicht im Wasser schwimmen u. somit als Driftfrüchte des Meeres über weite Strecken verbreitet werden. Die jungen Triebe u. Samen enthalten ein Öl, das zu Brennzwecken verwendet wird; aus den Laubblättern des Baums wird eine Art v. Firnis gepreßt. Verschiedene B.-Arten liefern Fasern für Flechtwerk, die Rinde von *B. racemosa* u. *B. acutangula* dient als Gerbmittel. Das rotbraune, feinporige u. harte Holz der letztgen. Art wird auch in der Tischlerei u. im Bootsbau verwendet.

Barr-Körperchen [ben. nach dem kanad. Anatomen M. L. Barr, *1908], *Sex-Chromatin*, mikroskopisch nachweisbares, heterochromat. (kondensiertes) X-Chromosom in den Zellkernen weibl. Säuger; 1949 v. Barr u. Bertram in Nervenzellkernen v. Katzen entdeckt, später auch in den Zellkernen v. Frauen gefunden (Geschlechtsnachweis z. B. bei Sportlerinnen). Die Inaktivierung des zum B. werdenden X-Chromosoms scheint zum Ausgleich der Gen-Dosis (im männl. Geschlecht ist ja nur 1 X-Chromosom vorhanden) erforderlich zu sein *(Lyon-Hypothese).* Der Zeitpunkt der Inaktivierung eines der beiden X-Chromosomen muß im frühen Embryonalstadium liegen, denn bei Heterozygotie eines auf den X-Chromosomen gelegenen Gens kommt es zu mosaikartiger Ausprägung des entspr. Merkmals. Ein eindrucksvolles Beispiel sind gelb-schwarz gefleckte Katzen, die immer weiblich sind, da das entspr. Gen für die Fellfarbe auf dem X-Chromosom liegt. In den gelben Flecken ist das „schwarze" X-Chromosom inaktiviert, in den schwarzen das „gelbe". Bei Polysomien des X-Chromosoms werden alle bis auf eines B.

Barschartige Fische, *Perciformes,* die größte u. formenreichste Ord. der Knochenfische mit 20 U.-Ord. (vgl. Tab.), ca.

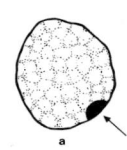

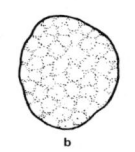

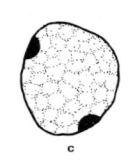

150 Fam. u. über 6000 Arten (die Klassifizierung ist noch nicht einheitlich). Häufig anzutreffende Kennzeichen: ein spindelförm. Körperbau, 2 Rückenflossen, die deutlich voneinander getrennt sind od. ineinander übergehen u. von denen der vordere Teil hart- u. der hintere weichstrahlig ist; kehl- od. brustständ. Bauchflossen (B Fische XI, Zander), Kammschuppen; oft mit Dornen besetzte Kiemendeckel, große Fangzähne. Ein Knochen des Schultergürtels, das Mesocoracoid, fehlt; die Schwimmblase ist geschlossen. B. F. kommen in allen Gewässertypen der Welt vor, v. a. aber im Meer; viele haben wirtschaftl. Bedeutung.

Barsche, *Echte B., Percidae,* Fam. der Barschfische mit ca. 120 Arten, die in Süßgewässern der N-Halbkugel (v. a. in N-Amerika) verbreitet sind; einige Arten leben zeitweilig im Brackwasser. Meist ist ihr Körper spindelförmig u. die vorn hartstrahl. Rückenflosse zweiteilig; viele B. sind Raubfische. Zu den B.n gehören die ⟋Zander *(Stizostedion)* u. der 25–50 cm lange Fluß-Barsch *(Perca fluviatilis,* B Fische X), ein häufiger Standfisch stehender u. fließender Gewässer im nördl. u. mittleren Europa u. in Asien, der auch in Australien u. S-Afrika eingeführt worden ist. Nahe verwandt ist der bis 30 cm lange, nordam. Gelb-Barsch *(Perca flavescens).* Im fast gleichen Verbreitungsgebiet wie der Fluß-Barsch lebt der ca. 15 cm lange, den Unterlauf der Flüsse bevorzugende Kaul-Barsch od. Stur *(Gymnocephalus cernua,* B Fische X; *Kaulbarschregion* flußabwärts der *Brachsenregion);* dieser grätenreiche Schwarmfisch wird bei zahlr. Vorkommen wirtschaftlich genutzt. Schlanke, ziemlich träge Grund-B. des Donaugebiets sind der ca. 20 cm lange, zitronengelbe Schrätzer *(Gymnocephalus schraetzer),* bei dem vordere u. hintere Rückenflosse verbunden sind, der ca. 17 cm lange, spindelförm., bräunl. Zingel *(Zingel zingel)* u. der ca. 15 cm lange Streber *(Zingel streber).* Ein groppenartig umgebildeter Barsch ist der ca. 12 cm lange Groppen-Barsch *(Romanichthys valsanicola),* der erst 1957 in rumän. Gebirgsbächen entdeckt wurde. In schnellfließenden nordostam. Bächen sind die oft farbenprächt., meist um 10 cm langen, lebhaften Grund-B. der Gatt. *Percina* u. *Etheostoma* verbreitet; im Frühjahr bilden sie große Laichschwärme.

Barschfische, *Percoidei,* die artenreichste U.-Ord. der ⟋Barschartigen Fische mit ca. 90 Fam.; die meisten Arten leben in trop. und subtrop. Gewässern, so die ⟋Meerbarben, ⟋Riffbarsche u. die oft in Aquarien gehaltenen ⟋Buntbarsche. Zur Fam. der Echten ⟋Barsche gehören die nördlich-

Barschartige Fische
Wichtige Unterordnungen:
⟋Barschfische *(Percoidei)*
⟋Lippfische *(Labroidei)*
⟋Drachenfische *(Trachinoidei)*
⟋Antarktisfische *(Notothenoidei)*
⟋Meeräschen *(Mugiloidei)*
⟋Pfeilhechte *(Sphyraenoidei)*
⟋Fadenfische *(Polynemoidei)*
⟋Schleimfischartige *(Blennioidei)*
⟋Sandaale *(Ammodytoidei)*
⟋Leierfische *(Callionymoidei)*
⟋Grundelartige Fische *(Gobioidei)*
⟋Kurter *(Kurtoidei)*
⟋Makrelenartige Fische *(Scombroidei)*
⟋Doktorfische *(Acanthuroidei)*
⟋Labyrinthfische *(Anabantoidei)*
⟋Erntefische *(Stromateoidei)*
⟋Hechtkopffische *(Luciocephaloidei)*

Barten
Schema (Querschnitt) des Kopfes eines Finnwals mit den Barten B.

sten Süßwasserarten Fluß- u. Kaulbarsche. Gemeinsame Merkmale beziehen sich v. a. auf die geringe Verschmelzung bestimmter Schädelknochen.

Barschlachse, *Percopsiformes,* Ord. der Knochenfische mit nur 9 Arten; B. ähneln aufgrund der Stachelstrahlen in den Flossen, den Kammschuppen u. der Schädelausbildung den ⟋Barschartigen Fischen, doch liegen die Bauchflossen bauchständig; manche Arten haben eine Fettflosse, u. die Schwimmblase ist offen mit dem Darm verbunden. 3 U.-Ord.: die Eigentlichen B. *(Percopsoidei)* mit der Fam. *Percopsidae,* deren 2 nordam., 10–20 cm lange Arten eine Fettflosse besitzen; die Blindfische *(Amblyopsoidei)* mit der Fam. *Amblyopsidae,* 4 der 6 nordam. Arten sind blinde Höhlenfische, die wegen ihrer Ähnlichkeit mit Kärpflingen auch Trugkärpflinge genannt werden; die Piratenbarsche *(Aphredoderoidei),* die mit den Blindfischen einen kehlständ. After u. das Vorwandern der zunächst mittelständ. Bauchflossen in die Brustregion gemeinsam haben u. deren einzige Fam. *Aphredoderidae* aus nur einer Art besteht, dem 12 cm langen Piratenbarsch *(Aphredoderus sayanus,* B Fische XII), der in schlammreichen Seen der östl. USA lebt.

Barschlaus, *Achtheres percarum,* ⟋Achtheres.

Bartaffe, *Wanderu, Macaca (Silenus) silenus,* in dichten Bergwäldern SW-Indiens beheimatete Makaken-Art mit auffallend grauem Backenbart.

Barteln, *Bartfäden,* fadenförm. Hautorgane im Maulbereich vieler Fische (z. B. Welse, Karpfen) mit zahlr. Geschmacksknospen u. Tastkörperchen; in ihrer Achse oft durch Knorpel, elast. Fasern u. Muskeln versteift.

Barten, die Hornplatten der ⟋Bartenwale; hängen in zwei Reihen kulissenartig v. Gaumen herab (entsprechen verhornten Gaumenleisten) u. tragen an ihrer Innenseite haarartige Fransen. Beim Ausströmen des aufgenommenen Wassers durch Andrücken v. Mundboden u. Zunge bleibt die Nahrung (kleine Krebse: „Krill") wie an einem Sieb an den Fransen hängen. Früher hat man die B. als sog. „Fischbein" z. B. zu Korsettstangen verarbeitet.

Bartenwale, *Mysticeti, Mystacoceti,* U.-Ord. der Wale mit 3 Fam.: ⟋Glattwale *(Balaenidae),* ⟋Grauwale *(Eschrichtiidae)* u. ⟋Furchenwale *(Balaenopteridae)* mit zus. 6 Gatt. u. 12 Arten, darunter die größte Tierart, der ⟋Blauwal mit über 30 m Körperlänge. Der Kiefer der B. ist im Ggs. zu jenem der ⟋Zahnwale nach der Geburt völlig zahnlos (embryonal werden Zahnglöckchen angelegt). Der Unterkiefer umfaßt den schmaleren Oberkiefer, der jederseits

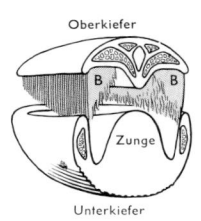

140–400 v. Gaumen herabhängende Hornplatten (↗ Barten) trägt, die als Sieb für den Nahrungserwerb dienen. Hauptnahrung der B. sind kleine Krebse (z. B. ↗ „Krill").

Bartfäden, die ↗ Barteln.

Bartflechten, an Bärte erinnernde, lang hängende bis kurz abstehende Strauchflechten mit fadenartigen, gewöhnlich reich verzweigten, meist grünl. od. braunen Lagerabschnitten, v. a. zu den Gatt. *Usnea, Bryoria* u. *Alectoria* gehörend. B. kommen v. a. in kühlfeuchten, nebelreichen Lagen vor; für ihren Wasserhaushalt ist die Aufnahme v. Wasserdampf v. großer Bedeutung; wegen ihrer großen Empfindlichkeit gegenüber Luftverunreinigungen u. mikroklimat. Veränderungen durch intensive forstl. Nutzung der Wälder stark zurückgehend. Nadelwälder können an klimatisch geeigneten Stellen durch reichen B.-Bewuchs graugrünlich gefärbt sein. B Flechten I.

Bartfledermaus, Kleine B., *Myotis (Selysius) mystacinus,* mit einer Kopfrumpflänge v. 3,8–5 cm eine unserer kleinsten Fledermäuse. Die zu den Glattnasen gehörende B. verläßt ihren Schlafplatz relativ früh, im Frühjahr zuweilen schon am Tage, u. fliegt in geringer Höhe (1,5–4 m) meist in Baumnähe. Als Sommerquartier dienen Baumhöhlen, Mauerlöcher u. Gebäude, als Winterquartier hpts. Felshöhlen u. Stollen. Die B., eine der in Europa am weitesten verbreiteten Fledermausarten, ist in der ↗ Roten Liste als „stark gefährdet" eingestuft.

Bartgeier, *Gypaetus barbatus,* ↗ Altweltgeier.

Bartgras, *Andropogon,* Gatt. der ↗ Andropogonoideae.

Bartholinsche Drüsen, nach dem dän. Anatomen C. T. Bartholin (1655–1738) ben., neben dem Scheideneingang im hinteren Drittel der großen Schamlippen eingebettete Schleimdrüsen; liefern ein Sekret zur Anfeuchtung der Scheide (Vagina).

Bärtierchen, *Tardigrada,* wasserlebende, meist unter 1 mm große, zellkonstante Acoelomaten v. walzen- bis tönnchenförm. Gestalt mit bauchseitig abgeplattetem Körper, 4 Paar krallenbesetzten, teleskopartig einziehbaren, aber ungegliederten Stummelbeinen, einfachen Pigmentbecheraugen u. Tastcirren am Vorderende. B. besitzen einen mit zwei Stiletten bewehrten Saugmund, mit dem sie Pflanzenzellen, seltener kleine wirbellose Tiere (Rädertiere), anstechen u. aussaugen. Im Süßwasser weit häufiger als im Meer lebend, sind sie in ca. 300 Arten, die in drei Ord. eingeteilt werden, weltweit in allen Klimazonen verbreitet. Man findet sie, zuweilen in dichten Populationen, v. a. in kleinen temporären Wasseransammlungen in Moos- u. Flechtenpolstern an feuchten Mauern, in Dachrinnen u. auf Dächern, ebenso in Extrembiotopen, wie Algenrasen heißer Quellen. *Anatomie:* Die Körperwand besteht aus einer zellulären Epidermis, bedeckt v. einer mehrschichtigen Glykoproteidcuticula (Proteine, Chitin), die vielfach in segmental angeordnete, verdickte u. mit Dornen u. Papillen besetzte Platten gegliedert ist u. im Laufe des 1- bis 2jährigen Lebens zus. mit Beinkrallen u. Mundstiletten mehrfach gehäutet werden muß. Der Körperbinnenraum stellt eine unsegmentierte, flüssigkeitserfüllte Coelomhöhle dar, die im Laufe der Embryonalentwicklung durch Verschmelzen von 4 Paaren beidseits vom Darm sich abfaltender Coelomsäckchen (Enterocoel) entsteht. Das Coelomepithel bleibt nicht erhalten (Mixocoel), sondern differenziert sich teils zu Muskulatur, teils löst es sich in freie Coelomocyten mit Speicherfunktionen auf. Die Rumpfmuskulatur aus einkernigen, helikoidal gestreiften Muskelzellen bildet keinen Muskelschlauch, sondern durchzieht in einzelnen Längs- u. Querstängen in angedeutet metamerer Anordnung die Leibeshöhle; einzelne Faserbündel strahlen in die Stummelbeine ein. Der Darm – gegliedert in einen an die Verhältnisse bei Nematoden erinnernden, muskulösen Saugschlund, einen einfachen Mitteldarm ohne eigene Muskulatur u. einen

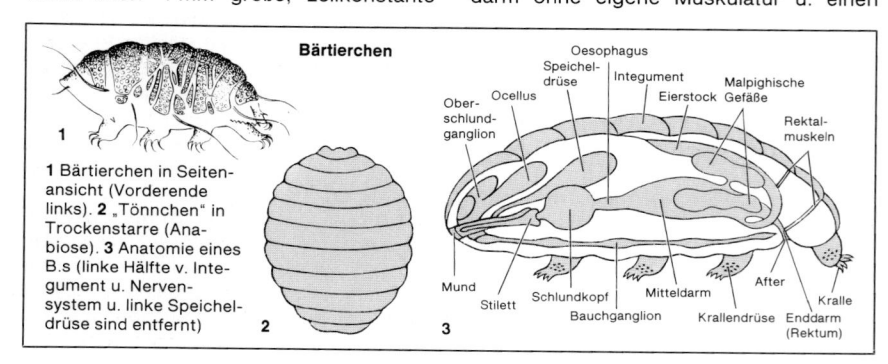

Bärtierchen

1 Bärtierchen in Seitenansicht (Vorderende links). 2 „Tönnchen" in Trockenstarre (Anabiose). 3 Anatomie eines B.s (linke Hälfte v. Integument u. Nervensystem u. linke Speicheldrüse sind entfernt)

Oberschlundganglion, Ocellus, Speicheldrüse, Oesophagus, Integument, Eierstock, Malpighische Gefäße, Rektalmuskeln, Mund, Stilett, Schlundkopf, Bauchganglion, Mitteldarm, Krallendrüse, After, Kralle, Enddarm (Rektum)

kurzen Enddarm – verläuft gestreckt vom Mund bis zum endständigen After. Vorder- u. Enddarm sind v. Cuticula ausgekleidet. In die Mundhöhle mündet ein Paar Speicheldrüsen. Drei blind endende schlauchförm. Ausstülpungen an der Grenze v. Mittel- u. Enddarm werden als Exkretionsorgane *(Malpighische Gefäße)* gedeutet. Sie fehlen den *Heterotardigrada.* Die Zirkulation der Körperflüssigkeit erfolgt in der Coelomhöhle durch Körperbewegungen, ohne daß ein eigenes Gefäßsystem ausgebildet wäre. Die Geschlechtsorgane der getrenntgeschlechtl. B. bestehen aus je einem unpaaren Hoden od. Eierstock u. münden bei *Eutardigrada* in den Enddarm (Kloake), bei *Meso-* u. *Heterotardigrada* in einer eigenen Geschlechtsöffnung. Ein Gehirn (Oberschlundganglion) und, über eine Schlundkommissur mit ihm verbunden, paarige Bauchnervenstränge mit 5 Ganglienpaaren bilden das einfache Nervensystem. *Entwicklung:* Nach überwiegend äußerer Befruchtung entwickeln sich die Eier über eine vermutlich v. der Spiralfurchung abgeleitete total äquale Furchung ohne eingeschaltetes Larvenstadium zu Jungtieren v. der Gestalt der erwachsenen Tiere. Ungewöhnlich für diese Spiralier ist die Coelombildung durch metamere Abfaltung (Deutometamerie!) aus dem Darm (Enterocoelbildung), wie sie sonst typisch für ↗Deuterostomier ist. Wie außer ihnen nur wenige Vielzeller (manche Rädertiere u. Nematoden), können die an extreme u. stark wechselnde Lebensbedingungen angepaßten B., namentlich die moosbewohnenden Arten, in jedem Lebensstadium lebensgefährdende Perioden in einer *Trockenstarre (Anabiose* od. *Kryptobiose)* überdauern, in der sie einen etwa 20monatigen Aufenthalt in flüssiger Luft (–200°C) od. 8 Std. in flüss. Helium (–272°C) ebenso schadlos überstehen wie mehrjähriges Eintrocknen, kurzzeitige Erhitzung auf 100°C od. totalen Sauerstoffmangel durch Einbringen in eine reine Wasserstoff-, Kohlendioxid-, Stickstoff- od. Schwefelwasserstoffatmosphäre. Die Anabiose wird durch Sauerstoffmangel bei allmählichem Eintrocknen ausgelöst; dabei kontrahieren sich die Tiere aktiv unter Wasserabgabe auf etwa die Hälfte ihres Volumens u. bilden eiförmige kleine *Tönnchen,* deren Restwassergehalt nur noch aus Quellungswasser besteht; der Stoffwechsel wird auf ein Minimum reduziert (ca. 1/600 des normalen O_2-Verbrauchs). Die Tönnchenform dient auch der Verbreitung durch Wind. Ebenso schnell, wie das Ruhestadium erreicht wird (ca. 45 Min.), erwachen die Tiere nach Wiederbefeuchtung unter rascher Volumenzunahme wieder zu voller Aktivität. *Verwandtschaft:* Aufgrund ihrer ursprünglich angelegten Metamerie (Nervensystem, Beinpaare, Coelomsäckchen) werden die B. allg. den Gliedertieren *(Articulata)* zugerechnet. Einzelne Sondermerkmale können zwanglos auf die geringe Größe der B. zurückgeführt werden (Fehlen v. Gefäßsystem und teloblastischer Mesodermbildung); andere Merkmale müssen aber als isolierte Neuerwerbungen (nematodenähnl. Pharynxbau, Enterocoelbildung) od. als Primitivmerkmale angesehen werden (Fehlen des Kopfes, der Antennen u. gegliederten Beine, schräggestreifte Muskulatur, Bau der Mundwerkzeuge), die die B. v. der Organisation der Gliederwürmer *(Annelida)* ausgehend als eigenen Tierstamm in die Vorfahrenreihe der echten Gliederfüßer *(Arthropoda)* verweisen (↗*Onychophora*). Demgegenüber fehlen zwingende Hinweise darauf, daß die B. – wie v. manchen Autoren gefordert – als rückgebildete Gliederfüßer anzusehen sind. Fossilfunde einiger sehr ursprüngl. *Heterotardigrada* aus kanad. Bernstein sprechen für eine Herkunft dieser Gruppe aus marinen Litoralzonen. *P. E.*

Bartkoralle, *Dryodon coralloides,* eßbarer Stachelpilz. [schnabelmeisen.
Bartmeise, *Panurus biarmicus,* ↗Papagei-
Bartmoos, 1) *Barbula,* Gatt. der Laubmoos-Fam. *Trichostomoideae* (↗*Pottiaceae*) mit ca. 200 Arten; die Bez. ist auf lange, zusammengedrehte Härchen (Peristom) am Rande der Sporenkapsel zurückzuführen. **2)** Vereinzelt gebrauchte, unkorrekte Bez. für Bartflechte.

Bartmücken, Gnitzen, Heleidae, Ceratopogonidae, Fam. der Mücken; 0,5 bis 3 mm große, gedrungene, dunkel gefärbte Insekten; in Europa einige hundert Arten. Die Mundwerkzeuge sind stechend-saugend, die Flügel behaart, gefleckt u. in der Ruhehaltung übereinander gelegt. Während die Männchen Pflanzensäfte zu sich nehmen, saugen die Weibchen Blut an Wirbeltieren, einige Arten aber auch an Insekten. Bes. Vertreter der Gatt. *Culicoides, Lasiohela* u. *Leptoconops* können Menschen außerordentlich lästig werden; ihr Stich ist sehr schmerzhaft u. fast immer v. starken Hautreaktionen, wie Quaddelbildung u. Juckreiz, begleitet; trop. Arten übertragen auch Krankheiten. Die B. entwickeln sich im Wasser od. im feuchten Boden, die Eier werden einzeln od. in Paketen abgegeben. Am Bau der Larven erkennt man die Verwandtschaft der B. zu den Zuckmücken; sie besitzen fußähnl. Nachschieber u. Häkchen u. leben v. Detritus od. räuberisch.

Bartmuschel, *Modiolus,* Gatt. der Miesmuscheln mit dünnen, eiförmig-gestreckten

Bartmuschel

Bärtierchen

Ordnungen und wichtige Gattungen:
↗*Heterotardigrada*
 ↗*Halechiniscus*
 ↗*Batillipes*
 ↗*Echiniscoides*
 ↗*Echiniscus*
↗*Mesotardigrada*
 ↗*Thermozodium*
↗*Eutardigrada*
 ↗*Macrobiotus*
 ↗*Hypsibius*
 ↗*Milnesium*

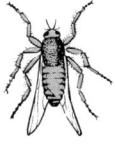

Bartmücke

Schalen u. dicht hinter dem Vorderende gelegenen Wirbeln. Die Große Miesmuschel *(M. modiolus)* wird 23 cm lang u. lebt auf Kies- u. Hartböden, wo sie sich mit dem Byssus anheftet; ihre Heimat sind die kalten nördl. Meere, in der Nordsee kommt sie bis Helgoland vor.

Barton [ba̱rtⁿ], *Derek Harold Richard*, engl. Chemiker, * 8. 9. 1918 Gravesend (Kent); zuletzt Prof. in London; bedeutende Arbeiten zur Stereochemie; erforschte den Zshg. zw. der räuml. Anordnung (Konformation) der Atome in den Molekülen u. der Reaktivität der entspr. org. Verbindungen; erhielt 1969 zus. mit O. Hassel den Nobelpreis für Chemie.

Bartonella̱ceae [Mz.; ben. nach dem peruan. Arzt A. Barton], Fam. der Rickettsien; fast alle Arten dieser Bakterien sind intrazelluläre Parasiten in vielen Tierarten u. im Menschen; die gramnegativen Kurzstäbchen besitzen eine Zellwand u. lassen sich, im Ggs. zu den *Anaplasmataceae*, zellfrei kultivieren. Die B. umfassen die Gatt. *Bartonella* u. *Grahamella*. *B. bacilliformis,* die einzige bekannte Art dieser Gatt., ist pleomorph, stäbchenförmig bis ellipsoid (ca. 0,2 × 1–2 μm) u. in Kultur durch Geißeln beweglich; die Vermehrung erfolgt durch Zweiteilung; sie parasitiert in roten Blutkörperchen u. verschiedenen Gewebezellen (Milz-, Leber-, Lymphknotenzellen) des Menschen (Bartonellose, Oroyafieber, Verruga peruana); der Erreger, der auch Wirbeltiere befällt, kommt fast ausschließlich in S-Amerika (bis Mittelamerika) vor. Die unbewegl., stäbchenförmigen *Grahamella*-Arten sind auch Parasiten innerhalb roter Blutkörperchen vieler Säugetiere, jedoch nicht des Menschen.

Bartonello̱se *w* [ben. nach dem peruan. Arzt A. Barton], eine durch Bartonellen (↗*Bartonellaceae*) hervorgerufene Infektionserkrankung. *Bartonella muris* tritt bei Ratten u. Mäusen auf, die Übertragung erfolgt durch Läuse. Die menschenpathogene Form *(Bartonella bacilliformis)* wird durch stechend-saugende Insekten übertragen u. ist der Erreger des Oroyafiebers (Carrionsche Erkrankung). Nach einer Inkubationszeit von 15–40 Tagen treten Fieber, Lymphknoten-, Leber- u. Milzschwellung auf. Durch Eindringen der Erreger in die Erythrocyten (roten Blutkörperchen) kommt es zur ↗Hämolyse; ohne Antibiotika meist tödl. Verlauf. Eine weitere Manifestation der B. ist die *Verruga peruana,* eine warzenartige Rötung der Haut im Gesicht, an den Extremitäten u. an den Schleimhäuten. Die Erkrankung dauert Monate bis 2 Jahre u. verläuft meist gutartig. Vorkommen nur in Gebirgstälern über 800 m in Peru u. Ecuador.

Bartramia̱ceae [Mz.; ben. nach dem am. Moossammler W. Bartram, 1739–1823], Fam. der *Bryales* mit 3 Gatt.; rasenbildende Laubmoose, die sich spitzenwärts ständig erneuern; das kugel. Sporogon ist längsgestreift. Auf Kalkböden ist in Europa *Plagiopus vederi* verbreitet; v. der Gatt. *Bartramia* sind in Europa 5 Arten vertreten, u. a. das „Apfelmoos" *(B. pomiformis),* dessen grünes Sporogon unreifen Äpfeln ähnelt; sonst sind die Arten v. *Bartramia* in südam. Bergwäldern verbreitet. In Sümpfen u. Quellfluren sind weltweit die ca. 175 Arten der Gatt. *Philonotis* anzutreffen; *P. calcarea* ist eine Leitart kalkhalt. Sümpfe.

Bartrobbe, *Erignathus barbatus,* in 2 U.-Arten (Atlantische B., Pazifische B.) in Buchten rund um die Nordpolgebiete vorkommender großer Seehund mit stattl. Bart; Körperlänge 300–375 cm, Gewicht bis 410 kg. B Polarregion III.

Bartschwein, *Sus barbatus,* Art der ↗Wildschweine.

Ba̱rtsia *w* [ben. nach dem dt. Arzt u. Botaniker J. Bartsch, 1709/10–38], der ↗Alpenhelm.

Bartträger, die ↗Pogonophora.

Bartvögel, *Capitonidae,* Fam. der Spechtartigen mit 72 Arten in trop. Wäldern u. Savannen in Asien, Afrika u. Amerika; das Gefieder der zaunkönig- bis drosselgroßen Vögel ist meist bunt, mit borstenart. Federn am Grund des starken, kegelförm. Schnabels; die Nahrung besteht aus Insekten, Beeren u. verschiedenart. Früchten. Die B. brüten in selbstgehackten Höhlen morscher Bäume; einsilbige Rufe mit metallischem Klang. B Südamerika VII.

Bartwuchs, bei den Männchen vieler Säugetierarten als opt. Signal der innerartl. Kommunikation lokal verstärktes Haarwachstum in der Gesichtsregion. B. ist v. a. bei vielen Ziegen u. Affen sowie bei manchen Rassen des Menschen stark ausgeprägt.

Bartwürmer, die ↗Pogonophora.

Bärwurz, *Meum athamanticum,* Art der Doldenblütler mit subatlant. Verbreitung; kommt auf nährstoffarmen Silicatböden der montanen, subalpinen, selten alpinen Gebirgsstufen vor. Ausdauernde Pflanze mit Rhizom; Wuchshöhe 15–60 cm; fenchelartig riechendes Kraut (daher volkstümliche Bez. „Bärenfenchel"); blattloser Stengel, die grundständ. Blätter sind sehr fein gefiedert; Kronblätter der Einzelblüten blaßrosa, weiß od. gelblich, in Dolden aus 5–15 Döldchen zusammengesetzt. Verwendung: Würzkraut für Kräuterkäse, Rhizom zur Herstellung eines magenstärkenden Schnapses.

Bary, *Heinrich Anton* de, dt. Botaniker, * 26. 1. 1831 Frankfurt a. M., † 22. 1. 1888

Straßburg; 1855 Prof. in Freiburg i. Br., ab 1872 Prof. in Straßburg u. erster Rektor der neugegründeten Univ.; Begr. der biol. Pilzkunde u. Algenforscher; entdeckte 1861 die Sexualität der Pilze, erkannte die Flechtensymbiose u. prägte das Wort „Symbiose" für das Zusammenleben „ungleichnamiger Organismen"; bewies die Rolle der Pilze als Erreger v. Pflanzenkrankheiten u. beschrieb den Wirtswechsel der Rost- u. Brandpilze; ferner Arbeiten über vergleichende Anatomie der Farne u. Phanerogamen.

Barycholos m [v. gr. barys = schwer, cholos = Galle], Gatt. der ↗Südfrösche.

basal [v. *basal-], anatom. Lagebez. für Strukturen, die sich nahe der Grundfläche eines untersuchten Objekts (z. B. Organs) befinden.

Basalare s [v. *basal-], vom Dorsalbereich des Episternums der Fluginsekten abgetrennter Sklerit am Meso- u. Metathorax; dient einem Teil der direkten Flugmuskeln als wichtiger Anheftungspunkt. ↗Insektenflügel.

Basalganglien [Mz.; v. *basal-, gr. gagglion = Überbein, Nervenknoten], subcorticales Bindeglied zw. der assoziativen Großhirnrinde u. dem motor. Cortex. Zu den B. gehören Striatum, Pallidum, Substantia nigra u. der Nucleus subthalamicus. Experimentelle Befunde deuten darauf hin, daß die B. für die Durchführung gleichmäßiger langsamer Bewegungen von bes. Bedeutung sind. Störungen der B. führen zu verschiedenen Formen v. Bewegungsstörungen (z. B. Parkinsonsche Krankheit).

Basalkörper [v. *basal-], *Basalkorn, Kinetosom,* zylindr. Körper mit 0,1–0,3 μm ⌀, Länge 0,2–0,8 μm; Verankerungsstelle der Cilien u. Geißeln (Undulipodien) im Cytoplasma u. möglicherweise Generator für die Periodik der Cilien- u. Geißelbewegung. Die B. der Undulipodien gehen unmittelbar aus ↗Centriolen hervor, wie sie auch feinstrukturell den Centriolen sehr ähnlich sind. Bei der Umwandlung v. Centriolen in B. wandern diese unter die Plasmamembran u. orientieren sich senkrecht zu ihr. An der Kontaktstelle, v. der dann die Cilie od. Geißel auswächst, wird eine *Basalplatte* gebildet. Von hier nach außen herrscht das typ. axonemale 9+2-Muster (↗Axonema), während im B. hinsichtlich der Mikrotubuli-Anordnung die charakterist. Centriolenstruktur erhalten bleibt: 9 periphere Tripletts, keine zentralen Mikrotubuli. Die 9 kreisförmig angeordneten Gruppen v. je 3 Subfilamenten, die vom Zentrum nach außen mit A, B u. C bezeichnet werden, stehen im Winkel v. etwa 40° zur Kreistangente. Zwei dieser Filamente (A, B) setzen sich stets kontinuierlich in die entspr. peripheren Cilienfilamente fort, während das dritte Subfilament (C) als äußerster Mikrotubulus hinzukommt. B. sind häufig durch Bündel v. Mikrotubuli od. quergestreifte Wurzelfasern im Cytoplasma verankert.

Basallamina w [v. *basal-, lat. lamina = Blatt, Platte], *Basalmembran, Grenzmembran,* keine eigtl. Biomembran, sondern eine extrazelluläre Zellauflagerung an der Basis v. Epithelgeweben, die als äußerste Grenze des ↗Bindegewebes angesehen werden kann; besteht neben Protein hpts. aus Mucopolysacchariden (Dicke 30 bis 60 nm).

Basalmembran w [v. *basal-, lat. membrana = Häutchen], die ↗Basallamina.

Basalumsatz [v. *basal-], der ↗Grundumsatz.

Basalzellen [v. *basal-], **1)** die unterste Schicht teilungsaktiver Zellen mehrschicht. Epithelien, die der ständigen Epithelregeneration dient (Stratum basale); häufig Ausgangspunkt v. Geschwülsten (Basaliome). **2)** *Myoepithelzellen,* kontraktile, sternförm. Zellen an der Basis v. Drüsenzellen in Tränen-, Speichel- u. Schweißdrüsen.

Basedowsche Krankheit, ben. nach dem dt. Arzt K. A. v. Basedow (1799–1854), ↗Hyperthyreose (Überfunktion der Schilddrüse).

Basellaceae [Mz.; v. frz. baselle = eine trop. Nahrungspflanze], *Basellgewächse,* Fam. der Nelkenartigen mit 4 Gatt. u. 22 Arten, bes. in den Anden, aber auch in anderen trop. Gebieten verbreitet. Die B. sind rechtswindende, mehrjähr. Kletterpflanzen mit meist einfachen Blättern, die wechselständig am Stengel stehen; häufig finden sich Rhizome od. Sproßknollen als Speicherorgane. Aus den perigynen, radiären Blüten mit der ↗Blütenformel P5 A5 G(3) geht eine einsamige Steinfrucht hervor. Die B. sind den Portulakgewächsen verwandt. *Basella alba* (Baselle), auch als „Malabarspinat" bekannt, ist eine als Spinat u. für die Volksmedizin genutzte Pflanze des trop. Afrika und SO-Asiens. In den Anden wird *Ullucus tuberosus* wegen der unterird., stärkehalt. Sproßknollen angebaut. Die Art kann bis weit über die Kartoffelanbaugrenze der Anden kultiviert werden u. ist dort bes. wichtig für die Ernährung. Die Knollen sind frisch nur kurz haltbar u. werden daher meist zu sog. „Lingli" verarbeitet, die durch Trocknen in der Sonne u. bei Frost entstehen; so sind sie jahrelang haltbar. Ähnlich wird dort auch die Kartoffel behandelt (ergibt „Chunos"). Die größte Gatt. der B. ist *Anredera.* Die meisten Arten wurden früher als *Boussingaultia* abgetrennt. *A. baselloides* („Madei-

Basellaceae

basal- [v. gr. basis = Grund, Grundlage], in Zss.: Grund-.

Basen

rawein") findet man im Mittelmeergebiet als rankende Gartenpflanze.

Basen [Mz.], *i. e. S.:* Stoffe, die in wäßriger Lösung alkal. (basische) Reaktion zeigen, d. h. Hydroxidionen abspalten, Protonen anlagern, roten Lackmus bläuen u. farbloses Phenolphthalein röten. B. mit ein, zwei, drei oder vier Hydroxylgruppen sind ein-, zwei-, drei- oder viersäurige Basen. Organische B. sind Verbindungen, die neben Kohlenstoff u. Wasserstoff noch hpts. Stickstoff enthalten u. mit Säuren salzartige Verbindungen geben. Die Nucleinsäure-B. sind Adenin, Cytosin, Guanin u. Thymin bzw. Uracil; neben diesen kommen in Nucleinsäuren (bes. in t-RNA) auch modifizierte B. („seltene B.") vor (Hypoxanthin, Dihydrouridin, Pseudouridin u. a.).

Basenanaloga [Mz.], Substanzen, die in ihrer chem. Struktur mit den natürl. Purin- (Adenin u. Guanin) bzw. Pyrimidinbasen (Cytosin u. Thymin bzw. Uracil) verwandt sind u. deshalb anstelle dieser Basen in DNA (bzw. RNA) eingebaut werden können. Verändern die B. durch eine tautomere Umlagerung od. durch Ionisierung kurzfristig ihre Paarungseigenschaften, so bewirken sie im Verlauf der nächsten Replikationsrunden Punktmutationen. Mutationsauslösung durch B., z. B. *5-Bromuracil,* kann dabei auf zwei verschiedenen Wegen erfolgen: 1) 5-Bromuracil wird in seinem Normalzustand (Keto-Form) anstelle v. Thymin eingebaut u. paart mit Adenin (noch keine Mutation); bei einer folgenden Replikation liegt es gelegentlich aber in seiner selteneren Enol-Form od. ionisiert vor u. paart nun mit Guanin anstatt mit Adenin (Replikationsfehler); bei einer weiteren Replikation wird sich dieses Guanin ein Cytosin suchen, so daß letztendlich ein A-T-Paar durch ein G-C-Paar ersetzt wurde. – 2) 5-Bromuracil liegt bei seinem Einbau in der Enol-Form bzw. ionisiert vor, paart mit Guanin u. wird deshalb anstelle eines Cytosins eingebaut (Einbaufehler); bis zur nächsten Replikation ist 5-Bromuracil aber wieder in seinen Normalzustand zurückgekehrt u. paart nun wie Thymin mit Adenin; insgesamt wird ein G-C-Paar durch ein A-T-Paar ersetzt. – *2-Aminopurin* wirkt auf ähnl. Weise: in seinem Normalzustand paart es wie Adenin mit Thymin, in der tautomeren Form od. ionisiert wirkt es wie Guanin u. paart mit Cytosin, kann also ein A-T-Paar in ein G-C-Paar od. umgekehrt überführen. B. wandeln immer eine Purinbase in eine andere bzw. eine Pyrimidinbase in eine andere um (Transition).

Basenaustauschmutationen, Veränderungen der DNA u. somit der genet. Information durch Austausch einer Purin- bzw. Py-

Basenaustauschmutationen
Beispiel einer Mutationsauslösung mit Nitrit

Cytosin (paart mit Guanin) → Nitrit (NO_2^-) desaminiert → Uracil (paart mit Adenin)

Lautet die Originalsequenz auf der DNA beispielsweise

......CAACCGAGC......
......GTTGGCTCG......

und desaminiert das Nitrit ein Cytosin an der mit dem Pfeil bezeichneten Stelle, so ändert sich die Sequenz zunächst in

......CAACUGAGC......
......GTTGGCTCG......

und nach der ersten Replikationsrunde über die Zwischenstufe

......CAACUGAGC......
......GTTGACTCG......

in die neue, mutierte Sequenz

......CAACTGAGC......
......GTTGACTCG......

Die eingetretene *Transition* eines *CG-Paares* zu einem *TA-Paar* hat auf der Ebene von diesem Genabschnitt codierten Proteins eine Veränderung der Aminosäuresequenz von

...Valin–*Glycin*–Serin... in

...Valin–*Asparaginsäure*–Serin...

zur Folge.

Basenanaloga

Die Wirkung v. *5-Bromuracil* auf das genet. Material für Anthocyansynthese. Führt man jungen Blütenknospen v. *Petunien* 5-Bromuracil zu, so wird in bestimmten Blütenteilen das genet. Material für Anthocyansynthese verfälscht, bevor es die Anthocyansynthese einleiten konnte. Die betreffenden Partien werden dann weiß. Es handelt sich dabei um Blütenteile, in denen DNA-Replikationen bes. lange andauern u. somit die Wahrscheinlichkeit für einen Einbau v. 5-Bromuracil anstelle v. *Thymin* in DNA bes. groß ist. Abb. oben: eine behandelte Blüte, unten: eine Kontrollblüte.

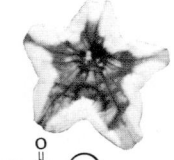

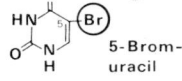

5-Bromuracil

Thymin

rimidinbase gg. eine andere Purin- bzw. Pyrimidinbase (Transition) od. durch Austausch einer Purin- gg. eine Pyrimidinbase u. umgekehrt (Transversion). B. kommen zustande durch Einbau v. Basenanaloga (z. B. 5-Bromuracil und 2-Aminopurin) während der Replikation der DNA od. durch chem. Veränderung normaler Basen (z. B. Desaminierung durch Wasser bzw. Nitrit od. durch Alkylierung), so daß sich deren Paarungseigenschaften verändern.

Basenmethylierung, Einführung einer od. mehrerer Methylgruppen an den Basen v. RNA od. DNA mit Hilfe v. Methylasen (Methyl-Transferasen), wobei S-Adenosylmethionin als Methylgruppendonor fungiert. Besonders t-RNA ist an verschiedenen Basen methyliert, in geringem Umfang (ca. 1%) auch r-RNA, während eukaryotische m-RNA ausschließlich an der 5'-terminalen „Cap"-Struktur eine 7-Methylguanosingruppe trägt. DNA enthält Methylgruppen in Form v. 5-Methylcytosin, während Adenin innerhalb v. DNA nur bei Bakterien, Bakteriophagen u. einzelligen Eukaryoten (zu 6-Methyladenin) methyliert wird. In nahezu allen bisher bekannten Fällen erfolgt B. an den bereits fertiggestellten Polynucleotidketten. Einzige Ausnahme bildet die Hydroxymethylierung v. Cytosinresten der DNA bestimmter Phagen, die bereits auf Mononucleotidebene erfolgt. – Bei t-RNA gilt als gesichert, daß B. (neben anderen Basenmodifikationen) die Funktion hat, an verschiedenen Punkten innerhalb der Kette die Basenpaarung zu verhindern, so daß die charakterist. Sekundär- u. Tertiärstruktur zustande kommen. B. bestimmter DNA-Sequenzen dient dem Schutz gg. Abbau durch zelleigene Restriktionsenzyme (nachgewiesen bei Bakterien u. Bakteriophagen) od. der Regulation der Genexpression (Hinweise bei Eukaryoten). In Bakterien wird DNA, die nicht ein artspezifisches Methylierungsmuster besitzt, durch Restriktionsenzyme zerschnitten;

T≡≡≡A
2 H-Brücken

C≡≡≡G
3 H-Brücken

Basenpaare

dadurch werden Replikation, Rekombination bzw. die direkte Expression zellfremder DNA verhindert. – Nach der Replikation können Reparaturenzyme, welche für die Beseitigung falsch gepaarter Stellen in der DNA verantwortlich sind, anhand der B. Tochterstrang u. Elternstrang unterscheiden (Elternstrang methyliert, Tochterstrang noch nicht methyliert). Das Muster der B. von DNA läßt sich experimentell durch Schneiden mit Paaren sog. isoschizomerer Restriktionsenzyme ermitteln, die sich in ihren Reaktionsspezifitäten gegenüber einer B. der Erkennungssequenz unterscheiden.

Basenmodifikation, Veränderung der am Aufbau von DNA bzw. RNA beteiligten Basen durch enzymat. Methylierung, Hydrierung, Umlagerung, Acetylierung, Phosphorylierung, Glykosylierung, Einführung schwefelhalt. Gruppen u. a.; bes. t-RNA enthält eine große Anzahl modifizierter Basen.

Basennachbarschaft, die unmittelbare Nachbarschaft v. Basen innerhalb einer Nucleinsäurekette (im Ggs. zur Basenpaarung, die zw. Basen zweier Stränge oder zw. weiter entfernten Bereichen eines DNA- od. RNA-Strangs erfolgt). Die Wechselwirkung zw. den innerhalb einer Kette benachbarten Basen erfolgt durch sog. Stapelkräfte (im Ggs. zu den Wasserstoffbrückenbindungskräften der Basenpaarungen). Die Analyse der B.s-Häufigkeiten, die sog. *Nächste-Nachbarschafts-Analyse*, ausgedrückt in den prozentualen Häufigkeiten der 16 mögl. Dinucleotidkombinationen, wurde fr. häufig zur Charakterisierung v. Nucleinsäuren verwendet; sie wird heute jedoch zunehmend durch Sequenzanalysen ersetzt.

Basenpaare, die in doppelsträngiger DNA vorkommenden Basen Adenin u. Thymin sowie Guanin u. Cytosin bilden die v. J. Watson u. F. Crick 1953 postulierten B., die durch Wasserstoffbrückenbindungen u. hydrophobe Wechselwirkungen (nicht kovalent) zusammengehalten werden. Die dabei freiwerdende Energie bewirkt den Zusammenhalt der beiden komplementären Einzelstränge v. doppelsträngiger DNA. Ausbildung von B.n ist auch innerhalb v. Einzelsträngen von DNA u. RNA (Bildung sog. Haarnadelschleifen) sowie

Basenpaarung
Die spezifischen Paarbildungen der vier Nucleinsäurebasen
Es paart stets ein *Adenin* (A) mit einem *Thymin* (T) (bzw. Uracil) und ein *Cytosin* (C) mit einem *Guanin* (G). Die beiden Partner eines Paares werden als einander *komplementär* bezeichnet (R = Zukker).

zw. komplementären Einzelsträngen v. DNA u. RNA oder zw. zwei komplementären RNA-Einzelsträngen möglich.

Basenpaarung, Bildung v. Basenpaaren in doppelsträngiger DNA oder RNA.

Basensättigung, in der Bodenkunde Anteil der basisch wirkenden Metallkationen (Ca^{2+}, Mg^{2+}, K^+, Na^+) an der Gesamtzahl der sorbierbaren Kationen (↗Austauschkapazität). Je weniger sauer wirkende Wasserstoff- u. Aluminiumionen sorbiert sind, desto höher ist die B.

Basensequenz *w,* lineare Aufeinanderfolge der Nucleinsäurebasen in DNA oder RNA. Die B. natürl. Nucleinsäuren ist schriftartig u. folgt daher weder einer statist. (zufallsmäßigen) Reihenfolge noch einem völlig geordneten Muster im Sinne v. monoton immer wiederkehrenden gleichen Bausteinen. Eine Ausnahme davon bilden repetitive B.en, die in bestimmten Fraktionen eukaryotischer DNA (nicht in der Gesamt-DNA) gefunden werden. Die B. kann durch basenspezif. chem. Abbaureaktionen ermittelt werden u. ist inzwischen v. einer Reihe v. Genen bekannt.

Basentriplett *s* [v. gr. basis = Grundlage, frz. triplet = Dreiergruppe], in DNA oder RNA die lineare Abfolge v. drei Basen, die – als Bestandteil v. m-RNA – im Prozeß der Translation ein Codon für eine bestimmte Aminosäure od. ein Stop-Signal darstellt.

Basenzusammensetzung einiger DNA-Moleküle (in Mol%)
(A = Adenin, G = Guanin, C = Cytosin, T = Thymin)

	A	G	C	T	A/T	G/C	Purine/Pyrimidine	(A + T)/(G + C)
Tierreich								
Mensch	30,9	19,9	19,8	29,4	1,05	1,00	1,04	1,52
Schaf	29,3	21,4	21,0	28,3	1,03	1,02	1,03	1,36
Pflanzenreich								
Weizen	27,3	22,7	22,8	27,1	1,01	1,00	1,00	1,19
Bakterien								
E. coli	24,7	26,0	25,7	23,6	1,04	1,01	1,03	0,93
Clostridium perfringens	36,9	14,0	12,8	36,3	1,01	1,09	1,04	2,70
Sarcina lutea	13,4	37,1	37,1	12,4	1,08	1,00	1,04	0,35

Basenzusammensetzung, bei Nucleinsäuren die relativen Häufigkeiten der vier Standard-Basen; in doppelsträngiger DNA kommt wegen der Basenpaarung immer gleich viel Adenin wie Thymin vor u. gleich viel Guanin wie Cytosin (A = T-und-G = C-Regel). In einzelsträngiger DNA oder RNA sind die relativen Häufigkeiten der vier Basen nicht gekoppelt. ↗AT-Gehalt.

Baseodiscus *m* [v. gr. basis = Grundlage, diskos = Scheibe], Gatt. der *Heteronemertini* (Stamm Schnurwürmer); *B. delineatus* ist hellbraun bis olivgrün, Bauch u. Rücken sind marmoriert, der Kopf ist

Basidie

braun gesprenkelt; kommt im Sediment unter Steinen u. in Seegraswiesen in 1–5 m Tiefe vor, relativ häufig.

Basidie w [v. *basidio-], *Sporenständer,* typ. Sporangium (Meiosporangium) der Ständerpilze *(Basidiomycota).* In der Regel erfolgen in der B. die Karyogamie, die Reduktionsteilung (Meiose) u. die Basidiosporendifferenzierung in bes. Auswüchsen, den *Sterigmen.* Die B. werden meist in Fruchtkörpern *(Basidiomata)* gebildet, die aus dem dauerhaften dikaryotischen Mycel entstehen, wenn geeignete Umweltbedingungen (z. B. Ernährung, Feuchtigkeit) vorliegen. Die B. entwickelt sich an einer bes. Mycelschicht des Fruchtkörpers, dem *Subhymenium* (↗Blätterpilze, ↗Hymenium). Die B.nbildung ist meist an einen bes. Zellteilungstyp, den *Schnallentyp,* gebunden (↗Ständerpilze). Es treten auch *Knospentypen* auf, bei denen die B. aus der Endzelle einer dikaryotischen Hyphe od. aus seitl. Ausknospungen hervorgeht. Der *Probasidientyp* ist eine Sonderform der B.nbildung (aus Probasidien); er findet bei den ↗Rostpilzen (Teleutosporen), *Tilletiales* (Brandsporen) u. *Septobasidiales* statt. Eine Hakenbildung wie bei der Ascusentwicklung ist bei den Ständerpilzen nicht bekannt. Die B. kann sich unterschiedlich entwickeln: Die *Holobasidie* ist einzellig, u. die Sporenbildung erfolgt in der Scheitelregion. Die *Phragmobasidien* sind dagegen septiert; die Wandbildung erfolgt unmittelbar nach der Reduktionsteilung, entweder quer (z. B. *Auricularia*-Typ) od. parallel zur Achse (*Tremella*-Typ), u. es entstehen meist vier, selten mehr Zellen. Zwischen allen Typen gibt es Übergänge.

Basidienflechten [v. *basidio-], die ↗Basidiomyceten-Flechten.

Basidiobolus m [v. *basidio-, gr. bōlos = Klumpen], Pilz-Gatt. der *Entomophthorales,* mit fakultativen Tierparasiten auf Insekten, Amphibien u. Säugern. *B. ranarium* u. andere Arten wachsen auf Exkrementen v. Fröschen u. Eidechsen. Andere Vertreter der B. sind die Erreger gefährl. Haut- u. Bindegewebserkrankungen des Menschen; *B. meristosporus* u. *B. haptosporus* erzeugen subcutane Mykosen *(Basidiobolose)* hpts. in tropisch-subtrop. Gebieten. Im Gewebe wachsen sie mit unseptierten Hyphen.

Basidiolichenes [Mz.; v. *basidio-, gr. leichēnes = Flechten], die ↗Basidiomyceten-Flechten.

Basidiomata [Mz.; v. *basidio-], *Basidiokarp,* Fruchtkörper u. Fruchtlager der Ständerpilze. B. sind aus dikaryotischem Mycel aufgebaut; dadurch unterscheiden sie sich v. den Fruchtkörpern (Ascomata) der

basidio- [v. gr. basis = Grund-, Grundlage, -idion = Verkleinerungssuffix].

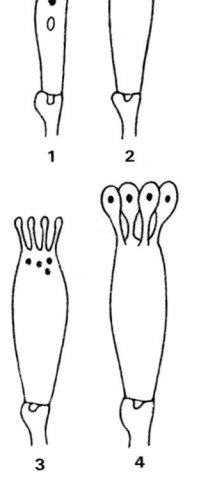

Basidie

Basidien- und Basidiosporenbildung bei Ständerpilzen *(Basidiomycota,* Holobasidiomyceten) (schematisch) Nach Verschmelzung der beiden Kerne **(1)** in der Endzelle der basidienbildenden Hyphe **(2),** die als *Basidie* bezeichnet wird, erfolgt die Meiose **(3),** die zur Bildung von 4 haploiden Kernen führt. Aus der Basidie sprossen 4 dünne, kurze Auswüchse *(Sterigmen),* die an ihrem Ende zu je einem Sporensäckchen anschwellen. In jedes der 4 Sporensäckchen wandert einer der haploiden Kerne; in den Sporensäckchen werden dann je 1 *Basidiospore* ausgebildet **(4).** Die Basidiosporen sind somit *endogen* angelegt und werden *exogen* abgeschnürt, sobald sie fertig differenziert sind. Von diesem Typ, der bei den *Holobasidiomycetidae* die Regel ist, gibt es eine Reihe von Abweichungen.

Schlauchpilze. Im Ggs. zu den Schlauchpilzen ernährt sich das dikaryotische Mycel der Ständerpilze selbständig; es bildet somit eine selbständige Generation, die immer wieder neue Fruchtkörper ausbilden kann (↗Ständerpilze, [B] Pilze I). Es gibt fruchtkörperlose (*Exobasidiales, Tilletiales,* Rostpilze) u. fruchtkörperbildende Formen; die Fruchtkörper sind sehr unterschiedlich ausgebildet (↗Blätterpilze, ↗Nichtblätterpilze).

Basidiomyceten-Flechten [v. *basidio-, gr. mykētes = Pilze], *Basidienflechten,* taxonomisch unkorrekt auch *Basidiolichenes* od. *Hymenolichenes* gen. Flechten, deren Pilzkomponente (Mykobiont) ein Basidiomycet ist. Es sind nur ca. 20 B. bekannt, die damit einen verschwindend kleinen Anteil an den Flechten stellen. Lange Zeit nur aus den Tropen bekannt, wurden Vertreter der B. neuerdings auch in gemäßigten Breiten, z. B. Mitteleuropa, gefunden. Das Lager der B. ist meist unauffällig, die Fruchtkörper sind typ. Basidiomyceten-Fruchtkörper, die im Ggs. zu den Ascomyceten-Flechten kurzlebig sind. Wegen der nur sporad. Entwicklung v. Fruchtkörpern sind manche B. nicht als solche erkannt worden; die Entdeckung weiterer B. ist zu erwarten. Die bekannteste Basidiomyceten-Flechte ist *Dictyonema pavonia* (Cora p.), die in den Tropen an Weganstichen u. auf Bäumen in Mengen wächst u. hellgraue, dünne, scheiben- bis nierenförmige, bis 6 cm große Fruchtkörper entwickelt, die auf der Unterseite das Hymenium tragen; die Algen sind in einer bes. Schicht angeordnet; *Dictyonema sericeum* bildet porlingartige Konsolen v. fädiger Struktur. *Athelia arachnoidea,* die auf Baumstämmen v. a. in der Umgebung v. Städten in Mitteleuropa weit verbreitet ist, stellt eine Flechtenvorstufe dar; hier parasitiert der Pilz Algenkolonien u. Krustenflechten, auf denen er kreisrunde, weißl. Mycelien bildet. Die meisten B. gehören zu den *Aphyllophorales.* Die lichenisierten Arten der Gatt. *Omphalina* sind Vertreter der *Agaricales;* sie bilden ein Lager aus kleinen Kügelchen od. Schuppen, auf die die Algen beschränkt sind (fr. unter dem Namen *Botrydina* bzw. *Coriscium viride* bekannt) u. Hutpilze mit Lamellen; sie wachsen auf Rohhumus u. Torf in kühl-feuchten Lagen.

Basidiomycetes [Mz.; v. *basidio-, gr. mykētes = Pilze], die ↗Ständerpilze.

Basidiomycota [v. *basidio-, gr. mykēs = Pilz], Abt. der Höheren Pilze, die sich phylogenetisch wahrscheinlich parallel zu den *Ascomycota* entwickelt hat; sie umfaßt die beiden Kl. ↗Brandpilze *(Ustomycetes)* u. ↗Ständerpilze *(Basidiomycetes);* die Artenzahl wird auf ca. 30 000 geschätzt. Charakteristisch für die B. ist die Bildung v. Basidiosporen in keulenförm. Basidien (Ständern), den Asci der Ascomycota homologen geschlechtl. Fortpflanzungsorganen. Die vegetative Ausbreitung erfolgt durch regelmäßig septierte Hyphen od. Sproßzellen (Thallokonidien, Blastokonidien). Im dikaryot. Mycel, dessen Zellen durch gruppenspezif. Poren verbunden sind, treten manchmal Schnallen auf. Die mehrschicht. Zellwände enthalten Chitin u. Glucane. [= Pilz] ↗Eumycota.

Basidiomycotina [v. *basidio-, gr. mykēs

Basidiosporen [Mz.; v. *basidio-, gr. spora = Same], *Ständersporen,* Meiosporen der Ständerpilze *(Basidiomycota),* die in bes. Auswüchsen (Sterigmen) der ↗Basidie entstehen. Die Keimung erfolgt mit Keimhyphen, die sich zu Mycelien weiterentwickeln, od. mit Sproßzellen (repetitiv).

basidiosporogene Hefen [v. *basidio-, gr. spora = Same, gennan = erzeugen], Hefen mit einer sexuellen Fortpflanzungsphase, in der Basidien ausgebildet werden. Es können 2 Gruppen unterschieden werden: 1. die Arten mit Teleutosporenbildung, 2. die Fam. *Filobasidiaceae.* Zu 1) gehört die Gatt. *Rhodospiridium* (Hefeform = *Rhodotorula*) u. die Gatt. *Leucospiridium* (Hefeform = *Candida*); zu 2) gehört die Gatt. *Filobasidiella* mit den Erregern der Cryptococcose, *F. neoformans* (Hefeform = *Cryptococcus neoformans,* Serotyp A u. D) und *F. bacillosporae* (= *C. bacillosporus,* Serotyp B u. C).

basiklin [v. gr. basis = Boden, klinein = neigen], heißen Pflanzenarten od. -gesellschaften, wenn sie häufiger auf basischen als auf sauren Böden wachsen.

Basilarmembran *w* [v. *basi-, lat. membrana = Häutchen], trennende Membran v. Scala tympani u. Scala media im inneren Gehörorgan v. Wirbeltieren. In Abhängigkeit v. der Frequenz perzipierter Schallwellen werden auf der B. durch deren Schwingungen unterschiedlich lokalisierte Haarsinneszellen erregt. Durch diese Ausbildung v. räumlich getrennten Schwingungsmaxima der B. ist die Wahrnehmung v. Tonhöhenunterschieden möglich. ↗Ohr.

Basilienkraut [v. gr. basilikon pharmakon = königl. Heilmittel], *Basilikum, Ocimum basilicum,* gehört zur Fam. der Lippenblütler u. ist ein 20–40 cm hohes, buschig verzweigtes Kraut mit bis zu 5 cm langen, eiförm. Blättern, die, bes. gerieben, angenehm balsamisch duften. Die in meist 6blütigen Scheinquirlen stehenden, 1–2 cm langen Blüten besitzen eine rötl. oder gelblich-weiße Krone mit 4lappiger Ober- u. schwach gewölbter Unterlippe. Das B. ist in ganz S-Asien, dem nordöstl. Afrika und trop. Amerika eingebürgert u. wird sowohl

basidio- [v. gr. basis = Grund-, Grundlage, -idion = Verkleinerungssuffix].

basi- [v. gr. basis = Grund, Grundlage].

Basiliscinae

Helmbasilisk *(Basiliscus basiliscus)*

Basilienkraut *(Ocimum basilicum),* links Blüte

Basilienkraut

Das in den frischen Sprossen enthaltene äther. *Basilikumöl* ist je nach Herkunft unterschiedlich zusammengesetzt u. enthält u. a. Methylchavicol (Estragol), Thymol, Cineol, Linalool, Eugenol u. Kampfer. Seine Inhaltsstoffe wirken hustenlindernd, krampflösend, beruhigend u. stimulierend. Heute wird das aromatisch duftende B. vor allem zum Würzen von Speisen verwendet.

in den Tropen als auch in den gemäßigten Zonen schon seit alters her in verschiedenen Zuchtsorten kultiviert.

Basiliscinae [Mz.; v. gr. basiliskos = kleiner König; Basilisk], U.-Fam. der Leguane mit den 3 Gatt. Basilisken, Kronenbasilisken u. Helmleguane; mit typischem Kopfhelm; nur von S-Mexiko bis Ecuador verbreitet. Baumbewohner, doch können die bis 80 cm langen (davon Schwanzlänge 55 cm) Basilisken *(Basiliscus)* auch ausgezeichnet schwimmen od. tauchen bzw. auf der Wasseroberfläche (nur mit den Hinterbeinen) ein Stück laufen; sie verzehren Kleintiere u. Früchte. Ähnlich groß werden die Kronenbasilisken *(Laemanctus)* mit einer Schwanzlänge v. 60 cm. Nur knapp die halbe Körperlänge erreichen die Helmleguane *(Corytophanes);* bei einer Bedrohung richten sie u. a. den Kopfhelm auf, wobei sich die Nackenhaut entfaltet, u. spreizen den Kehlsack.

Basilisken [Mz.; v. gr. basiliskos = kleiner König], *Basiliscus,* Gatt. der ↗Basiliscinae.

basipetal [v. *basi-, lat. petere = streben], nennt man bei Pflanzen die Entstehung neuer Seitenanlagen (z. B. Seitenfäden bei Algen, Seitensprosse, Blattfiedern), wenn sie v. der Spitze zur Basis fortschreitet, d. h. wenn die scheitelnächsten Anlagen zugleich die jüngsten u. damit die kürzesten sind. Ggs.: akropetal.

basiphil [v. *basi-, gr. philos = Freund], Bez. für Pflanzen, die aus physiolog. Gründen basische Böden bevorzugen (Ggs.: *basiphob* bzw. *acidophil*). Diese meist experimentell ermittelte Reaktion ist nicht unbedingt identisch mit dem synökolog. Verhalten am Standort (falls ja, ist die Pflanze auch *basiphytisch*). ↗Basiphyten.

Basiphyten [Mz.; v. *basi-, gr. phyton = Gewächs], *Alkaliphlanzen,* Pflanzen, die aufgrund ihres synökolog. Verhaltens basenreiche Böden besiedeln, d. h., daß sie diese Standortsbedingungen tolerieren, aber nicht unbedingt bevorzugen. Ggs.: Acidophyten.

basiplast [v. *basi-, gr. plastos = geformt], heißt das Wachstum der Blattanlage, wenn die Tätigkeit des an der Spitze gelegenen Meristems sehr bald erlischt u. von einer basalen od. von ein bis mehreren interkalaren meristemat. Zonen übernommen wird. Ggs.: akroplast, pleuroplast.

Basipodit

Basipodit *m* [v. *basi-, gr. pous, Gen. podos = Fuß], *Basis,* drittes Glied an den Beinen vieler ↗Malacostraca.

Basipodium *s* [v. *basi-, lat. podium = Untersatz], Hand- bzw. Fußwurzel der Tetrapodenextremität. ↗Autopodium.

basische Aminosäuren, Aminosäuren wie Arginin, Histidin, Lysin u. Ornithin mit basischen Seitenketten. ↗Aminosäuren.

basische Farbstoffe, Farbstoffe, die im Molekül meist die basische Amino-(NH$_2$-)-Gruppe enthalten u. deren „gefärbte" Ionen mit starken Säuren Salze bilden. In der histolog. Färbetechnik für die Lichtmikroskopie hat die Einteilung in saure u. b. F. nichts mit dem pH-Wert der Farbstofflösung, sondern mit der negativen bzw. positiven Ladung der Farbstoffmoleküle zu tun.

So ist z. B. *Methylenblau* ein basischer, da positiv geladener (kationischer) Farbstoff, obwohl eine 1%ige Lösung in Wasser sauer reagiert (pH ≈ 2,5). B. F. (R$^+$X$^-$) können durch saure Gruppen im Gewebe (Carboxyl-, Phosphatgruppen) salzartig gebunden werden; solche Zellstrukturen werden auch als *basophil* bezeichnet (z. B. Nucleinsäuren).

basische Reaktion ↗Basen.

Basitonie *w* [v. *basi-, gr. tonos = Spannung, Druck], im Ggs. zur ↗Akrotonie die Förderung des Wachstums der basalen Knospen einer Mutterachse, v. a. bei Sträuchern u. ausdauernden Kräutern. □ Akrotonie.

Basizität *w* [v. *basi-], Maß für die Stärke einer Base, meßbar durch Bestimmung der Hydroxidionenkonzentration. ↗Alkali.

Basommatophora [Mz.; v. *basi-, gr. omma = Auge, -phoros = -tragend], die ↗Wasserlungenschnecken.

basophil [v. *basi-, gr. philos = Freund], an basische Farbstoffe bindend od. gebunden, z. B. b.e Leukocyten.

Bassaricyon *m* [v. thrakisch bassara = Fuchs, gr. kyōn = Hund], die ↗Makibären.

Baßtölpel *m, Sula bassana,* großer weißer Seevogel mit schwarzen Flügelspitzen aus der Fam. der Tölpel; brütet in Europa an den Atlantiksteilküsten der Brit. Inseln, Norwegens, Islands u. der Bretagne, ferner in N-Amerika u. auf Felsinseln des Pazifik; die Kolonien umfassen oft Tausende v. Paaren. Der Name des B.s stammt v. Bass Rock, einer Felseninsel bei Edinburgh. Der B. stürzt zur Nahrungssuche nach Fischen kopfüber ins Wasser, manchmal aus 30 m Höhe; wandert im Winterhalbjahr bis ins Mittelmeer u. an die Küsten W-Afrikas. [B] Europa I.

basi- [v. gr. basis = Grund, Grundlage].

basische Farbstoffe
Der basische Farbstoff *Methylenblau* eignet sich u. a. gut zur Anfärbung von RNA.

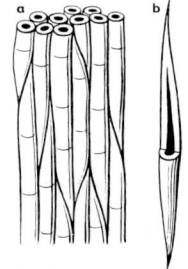

Bast
Die sekundäre Rinde besteht oft aus regelmäßigen Schichten v. Siebröhren, Geleitzellen u. Parenchym einerseits *(Weich-B.)* u. B.fasern (Sklerenchymfasern) andererseits *(Hart-B.),* die miteinander abwechseln. Dieser Aufbau ist jedoch nicht die Folge einer Jahresringbildung. Hart-B.-Faserstreifen verschiedener Laubbäume (Linde, Weide) wurden früher als *Binde-B.* v. Gärtnern benutzt. Die Abb. zeigt einen Teil eines isolierten B.faserbündels (a) u. eine angeschnittene B.zelle (b).

Bast, 1) *sekundäre Rinde,* der gesamte vom Kambium beim sekundären Dickenwachstum der Pflanze nach außen abgegebene Komplex an Geweben; dieser besteht aus Siebzellen bzw. Siebröhren u. deren Geleitzellen, aus Parenchymschichten in vertikaler u. Markstrahlen in radialer Anordnung u. oft noch aus ↗B.fasern, vertikal angeordneten Gewebesträngen aus länglichen, sklerenchymatisierten, aber unverholzten Zellen. 2) beim Hirschgeweih die stark durchblutete, v. Nerven versorgte u. samtig behaarte Haut, welche das Geweih während seiner Neubildung überzieht. Der B. stirbt gegen Juli/Aug. ab u. wird an Sträuchern u. dünnen Baumstämmen in Fetzen abgestreift (sog. „Fegen" in der Jägersprache).

Bastard *m* [v. altfrz. bastart = nichtlegitimer Sohn], *Hybride,* Nachkomme v. Eltern mit erblich verschiedenen Merkmalen. Bereits Organismen, die aufgrund verschiedener Allele für ein bestimmtes Gen heterozygot sind (Aa), werden als *mischerbig* oder B. bezeichnet. So unterscheidet man in der klass. Mendel-Genetik die monohybride Situation (Heterozygotie *eines* Gens) v. einer di-, trihybriden usw. In der Pflanzenzüchtung (v. a. beim Mais) gewinnt man durch Selbstbefruchtung homozygote Populationen u. stellt durch deren Kombination Hybride mit weit höherem Ertrag als die Ausgangspopulationen her *(Luxurieren der B.e, Heterosis).* Kreuzungen zw. verschiedenen Arten bzw. Gatt. (AA × BB) gelingen selten u. führen meist zu sterilen B.en wegen der Schwierigkeiten in der Meiose (z. B. Maultier, Löwentiger). Nach Verdoppelung des Chromosomensatzes (AABB) können jedoch sog. ↗Additionsbastarde eine neue Art bilden, z. B. Kohl-Rettich-B. (↗Allopolyploidie). B.e, die aus unterschiedl. Rassen einer Art hervorgehen (z. B. beim Menschen: Mulatte, Mestize), sind selbstverständlich fertil.

Bastardaralie *w* ↗Efeugewächse.
Bastardgürtel ↗Bastardzone.
Bastardierung, *Bastardisierung,* Entstehung v. Nachkommen mit genetisch verschiedenen Eltern (unterschiedl. Rassen, Arten, Gatt. angehörend). Die B. hängt v. der Möglichkeit ab, eine Befruchtung etwa zw. verschiedenen Arten zustande kommen zu lassen. Häufig verhindern bereits ↗progame Isolationsmechanismen eine Paarung zw. Artfremden, während die ↗metagamen Isolationsmechanismen erst nach der Kopulation wirksam werden (Bastardsterblichkeit u. -sterilität, verminderte Vitalität der Bastarde). [nismen.
Bastardierungssperre ↗Isolationsmecha-
Bastardierungszone ↗Bastardzone.

Bastardisierung, die ↗Bastardierung. ↗Hybridisierung.

Bastardmakrele ↗Stachelmakrelen.

Bastardmerogone [Mz.; v. altfrz. bastart = nichtlegitimer Sohn, gr. meros = Teil, gonē = Nachkommenschaft, Same], entstehen durch Besamung eines kernlosen Fragments einer tier. Eizelle mit dem Sperma einer anderen (in der Regel verwandten) Art. Ablauf und patholog. Ende der Entwicklung lieferten wichtige Hinweise auf die Rolle der Gene in der Ontogenese. [der ↗Meeresschildkröten.

Bastardschildkröten, *Lepidochelys,* Gatt.

Bastardschwärme entstehen bei unvollständiger Fortpflanzungsisolation zw. zwei sympatrischen Arten. B. enthalten die Gesamtvariabilität der Elternarten. [nismen.

Bastardsterblichkeit ↗Isolationsmecha-

Bastardsterilität, metagamer (erst nach der Befruchtung erfolgender) Isolationsmechanismus, der den Bastard durch die Unfähigkeit, sich fortzupflanzen, als potentielles Glied in der Generationenfolge ausscheiden läßt. ↗Isolationsmechanismen.

Bastardwüchsigkeit *w,* Steigerung von quantitativen Merkmalen in Wachstum u. Ertrag bei hochgradiger Mischerbigkeit. ↗Hybridzüchtung.

Bastardzone, *Bastardierungszone, Hybridzone,* ist das Ergebnis der genet. Vermischung v. Populationen nach vorausgegangener geogr. Trennung (Separation). In Mitteleuropa sind z. B. nach Rückgang des Eises B.n entstanden; die nord. Eiskappe nähert sich hier der alpinen bis auf 500 km, u. die Mehrzahl der Arten wurde in südwestl. u. südöstl. Refugien abgedrängt. Mit dem Rückgang des Eises konnten sich die Populationen wieder nach N ausdehnen u. bildeten durch allopatrische Bastardierung B.n in Mitteleuropa. Ein gut untersuchter Fall von allopatrischer Bastardierung ist der *Bastardgürtel* (schmale B.), den Raben- und Nebelkrähen *(Corvus corone corone* und *C. corone cornix)* bilden (B Aaskrähe). Die schmale B. reicht v. Schottland über Dänemark, Mitteldeutschland bis zum Mittelmeer. Die sichtbare Auswirkung der Bastardierung bleibt auf ein enges Gebiet begrenzt.

Bastardzusammenbruch ↗Isolationsmechanismen.

Bastfasern, die aus langen, englumigen, dickwandigen, aber unverholzten, beidendig spitz zulaufenden Zellen aufgebauten Gewebestränge im ↗Bast vieler Pflanzenarten. Sie sind sehr zugfest u. biegsam u. werden je nach Herkunft aus den verschiedenen Pflanzenarten zu Seilen, groben Garnen, Matten u. z. T. feinen Geweben verarbeitet od. als Bindebast in der Gärtnerei verwendet.

Bastkäfer, *Hylesinae,* U.-Fam. der Borkenkäfer, deren Flügeldeckenbasalrand aufgebogen, gekantet od. gekerbt ist; ihr Kopf ist v. oben deutlich sichtbar. Schwarzer Kiefern-B. *(Hylastes ater),* 3,5–5 mm, in ganz Europa verbreitet, v. a. in den Wurzelanläufen u. Wurzeln v. Kiefern; Muttergang einarmiger Längsgang, Larvengänge später oft wirr durcheinander; die Käfer machen an der Basis junger Pflanzen durch Benagen der Rinde einen Reifungsfraß. Großer Waldgärtner *(Blastophagus piniperda),* 3,5–4,8 mm, u. Kleiner Waldgärtner *(B. minor),* 3,5–4 mm; bei beiden Arten machen die Käfer einen Reifungs- u. Regenerationsfraß im Innern junger Kieferntriebe (Kiefernmaitrieb), die entlang des Markes ausgehöhlt werden u. später abbrechen („Absprünge"); da hierdurch die Kronen gelichtet werden (Name Waldgärtner), treten sie als beachtl. Schädlinge auf; beide Arten sind v. a. an Kiefern monogame Rindenbrüter; Muttergang beim Großen Waldgärtner als einarm. Längsgang, beim Kleinen Waldgärtner als zweiarm. Quergang; bei letzterem ist der Befall durch Aufwölben u. Reißen der Rinde über den Fraßgängen auch äußerlich erkennbar. Riesen-B. *(Dendroctonus micans),* 7 bis 9 mm, unser größter Borkenkäfer, v. a. an Fichten überall sehr häufig; monogamer Rindenbrüter, Muttergang unregelmäßig röhrenförmig od. plätzeartig unter der Rinde, Eiablage häufchenweise, die Larven fressen kolonnenartig nebeneinander; Eingangsröhre meist mit großem Harztrichter, v. a. bei lebenden Bäumen; sehr schädlich, da er auch gesunde Bäume angreift. Großer schwarzer Eschen-B. *(Hylesinus crenatus),* 4–6 mm, und Kleiner schwarzer Eschen-B. *(H. oleiperda),* 2,5–3 mm, überall in Europa auf stärkeren Ästen u. Stämmen der Esche, selten auch an anderen Laubbäumen; Muttergänge kurz od. lang, zweiarmig quer zur Faser, Larvengänge zahlr. der Faser folgend. Kleiner bunter (scheckiger) Eschen-B. *(Leperisinus varius, Hylesinus fraxini),* 3 mm, Oberseite scheckig beschuppt, bei uns überall an Esche monogamer Rindenbrüter mit sehr variablem Brutbild, normalerweise Muttergang doppelarmig quer zur Faser; Ernährungs- u. Überwinterungsfraß der Käfer in unregelmäßigen, vielfach verzweigten Gängen in grüner Rinde, die dann grindig wird („Rindenrosen" od. „Eschenrosen"). Kleewurzelborkenkäfer *(Hylastinus obscurus),* ↗Borkenkäfer. Efeuborkenkäfer *(Kissophagus hederae),* 2–2,4 mm, in Mittel- u. S-Europa monogam auf Efeu.

Bastteil, das ↗Phloëm.

Batate *w* [über span. batata aus dem Arawak Haitis], *Süßkartoffel, Ipomoea batatas,*

Bastkäfer

Hylastini

Schwarzer Kiefernbastkäfer *(Hylastes ater)*
Kl. Waldgärtner *(Blastophagus minor)*
Gr. Waldgärtner *(Blastophagus piniperda)*
Riesenbastkäfer *(Dendroctonus micans)*

Hylesinini

Gr. schwarzer Eschenbastkäfer *(Hylesinus crenatus)*
Kl. schwarzer Eschenbastkäfer *(Hylesinus oleiperda)*
Kl. bunter Eschenbastkäfer *(Leperisinus varius, Hylesinus fraxini)*
Kleewurzelborkenkäfer *(Hylastinus obscurus)*
Efeuborkenkäfer *(Kissophagus hederae)*

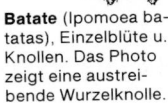

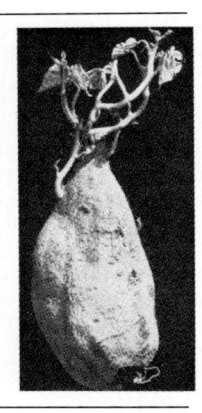

Batavia-Fieber

Batate (Ipomoea batatas), Einzelblüte u. Knollen. Das Photo zeigt eine austreibende Wurzelknolle.

zur Fam. der Windengewächse gehörende, einjährige, am Boden niederliegende, seltener windende od. aufrechte Pflanze mit wechselständ., lang gestielten, teils herzförm., teils tiefgelappten Laubblättern u. langgestielten, in den Blattachseln entspringenden, meist zu 3–4 zusammenstehenden, großen, trichterförmigen weißen, rötl. od. purpurfarbenen Blüten. Die 10 bis 20 cm langen, spindelförmigen, weißl., gelbl. oder rötl., bis 3 kg schweren süßschmeckenden Knollen entstehen durch Verdickung der aus den Knoten des kriechenden Stengels hervorgehenden Adventivwurzeln. Wahrscheinlich aus Mittelamerika stammend, wird die B. schon seit präkolumbian. Zeit v. den Indianern kultiviert. Sie kam zu Beginn des 16. Jh. nach England, wo auch die Bez. „potato" entstand, die später auf die Kartoffel übertragen wurde. Heute ist die B. nur in einer Vielzahl v. Kulturformen bekannt, die in den gesamten Tropen, aber auch in den Subtropen angebaut werden u. dort die Kartoffel vertreten. Die Knollen enthalten neben ca. 70% Wasser etwa 26% Kohlenhydrate (Stärke u. Saccharose), 1,63% Eiweiß u. viel Vitamin C. Sie werden gekocht, geröstet od. auch gebraten verzehrt. Die Vermehrung erfolgt ausschließlich vegetativ über Wurzelknollen od. bewurzelte Schößlinge. Optimale Kulturbedingungen: 26 bis 30°C, ca. 900 mm Niederschläge u. ein wasserdurchlässiger, schwach saurer, sandig-lehmiger Boden. Hier reifen die Knollen in 4–5 Monaten heran. Haupterzeugerländer der B. sind China, Vietnam, Indonesien u. Indien; die Gesamtproduktion betrug 1979 etwa 1,1 Mill. t. Die nur begrenzt lagerfähigen Knollen dienen, wie die Kartoffel, auch zur Herstellung v. Mehl, Stärke, alkohol. Getränken u. Viehfutter; außerdem werden sie zur Herstellung v. Zuckersirup genutzt. B Kulturpflanzen I.

Batavia-Fieber [ben. nach der javan. Stadt Batavia, heute Djakarta] ↗Leptospirose.

bathy- [v. gr. bathys = tief].

Batessche Mimikry
Henry W. Bates erkannte das Phänomen der B.n M. an brasilian. Schmetterlingen der Fam. *Heliconiidae* u. *Pieridae* u. beschrieb es als erster in seinen „Contributions to an insect fauna of the Amazon Valley", erschienen in den Transactions of the Linnean Society, London (1862), Vol. XXIII S. 495–566.

Beispiele B.r M. sind bes. aus dem Bereich opt. Signale bekannt, so die Nachahmung v. Färbung u. Körpermerkmalen der Hornisse *(Vespa crabro)* durch den Schmetterling *Aegeria apiformis* (B Mimikry). Jedoch eröffnen auch andere Signalmodi die Möglichkeit zur Mimikry, wie die Nachahmung des Schwirrtons v. Bienen, Hummeln u. Wespen od. bestimmter Lautsignale v. Nachtfaltern, die auf Fledermäuse warnend wirken, zeigt.

Batch-Kultur [bätsch-], die ↗statische Kultur.
Batelli-Drüsen, nach ihrem Entdecker, dem it. Zoologen A. Batelli (1891), ben. Wachsdrüsen bei den Jugendstadien der Schaumzikaden; einzellige Drüsen, die um die Analöffnung gruppiert u. an der Bildung des Schaumnestes („Kuckucksspeichel") beteiligt sind.
Bates [bäⁱts], *Henry Walter,* engl. Naturforscher (Autodidakt), * 18. 2. 1825 Leicester, † 16. 2. 1892 London; 1848–59 Reise nach Brasilien mit A. R. Wallace, Beschreibung v. ca. 14 000 Pflanzenarten u. 8000 Insekten; Arbeiten über Formvariabilität u. Schutzanpassungen insbes. bei Schmetterlingen (*Heliconiidae,* „Batessche Mimikry").
Bateson [bäⁱtsn], *William,* engl. Biologe, * 8. 8. 1861 Whitby, † 8. 2. 1926 Merton; seit 1908 Prof. in Cambridge, ab 1910 Dir. des John Innes Horticultural Institute in Merton; befürwortete die Mendelschen Gesetze nach deren Wiederentdeckung u. zeigte 1905 in Experimenten, daß nicht alle Merkmale unabhängig voneinander, sondern z.T. gekoppelt vererbt werden; schlug den Begriff „Genetik" für die Vererbungslehre vor.
Batessche Mimikry w [bäⁱts-], eine Form der ↗Mimikry, ben. nach H. W. ↗Bates. Ahmt eine Tierart (Signalsender 2), die für einen Räuber (Signalempfänger) eine potentielle u. genießbare Beute darstellt, auffällige Signale nach, durch die eine andere wehrhafte od. ungenießbare od. nur unter sehr hohem Energieaufwand zu erbeutende Art (Signalsender 1) gekennzeichnet ist, spricht man von B.r M. Damit allein dieses Warnsignal Schutz bieten kann, muß der Empfänger in einem individuellen Lernprozeß eine Assoziation zw. Signal u. der ihm unangenehmen Eigenschaft des Senders 1 geknüpft haben. Aus dieser Vorbedingung ergeben sich verschiedene Konsequenzen. So darf z. B. das Zahlenverhältnis zw. Vorbild u. Nachahmer nicht zu gering sein, u. beide müssen mehr od. weniger zeit- u. raumgleich vorkommen. Im Einzelfall können sich Schwierigkeiten bei der Abgrenzung gegenüber der ↗*Müllerschen Mimikry* ergeben.
Bathyal s [v. *bathy-], der gesamte lichtarme Bereich des Meeres zw. 200 und 4000 m Tiefe. Arten, die hier entstanden sind u. nur in diesem Bereich leben, bezeichnet man als *bathybionte Arten.* Die Freiwasserzone des B.s heißt *Bathypelagial* u. ihre tier. Lebewelt *bathypelagische Fauna.*
Bathyclupeidae [Mz.; v. *bathy-, lat. clupea = Alose, ein Flußfisch], die ↗Tiefseeheringe.

Bathyergidae [Mz.; v. gr. bathyergein = tief graben], die ↗Sandgräber.

Bathygraphie w [v. *bathy-, gr. graphein = schreiben], Beschreibung der Höhenverhältnisse des Meeresbodens.

bathymetrische Gliederung [v. *bathy-, gr. metrein = messen], Gliederung der marinen (pelagischen) Lebensräume nach der Tiefe.

Bathynellacea [v. gr. bathynein = aushöhlen], Krebs-Ord. der *Syncarida,* 3 Fam. *(Bathynellidae, Parabathynellidae* u. *Leptobathynellidae)* u. über 50 Arten, die reichste Ord. der *Syncarida.* Winzige (0,5 bis 5,4 mm) Bewohner des Sandlückensystems des Grundwassers, die nur in Brunnen u. an sand. Ufern v. Flüssen u. Seen gefunden werden. Nur *Baicalobathynella* lebt im Profundal des Baikalsees, u. *Thermobathynella* aus dem Kongo findet sich in heißen Quellen. Die B. sind schlanke, blinde Krebschen ohne Carapax, mit einem Cephalothorax aus dem Kopf u. nur 1 Thorakomer. Die 7 Paar Pereiopoden sind Spaltfüße, v. den Pleopoden ist nur das 1. Paar erhalten, außerdem die Uropoden. Die Gatt. *Bathynella* mit ca. 20 Arten ist über Europa, Asien, Japan u. S-Amerika verbreitet. *B. natans* wurde 1882 in einem Prager Brunnen entdeckt u. erst 33 Jahre später in einem Brunnen bei Basel. Die B. legen ihre Eier frei ab; aus diesen schlüpft bei *B. natans* eine Larve, die nur ein Thorakopodenpaar besitzt.

Bathynomus m [v. *bathy-, gr. nomos = Weide], Gatt. der ↗Cirolanidae.

Bathyomphalus m [v. *bathy-, gr. omphalos = Nabel], Gatt. der Tellerschnecken; *B. contortus* hat ein dick-scheibenförm., oben fast ebenes Gehäuse von 6 mm ⌀ mit 7–8 schmalen Windungen; er lebt in stehenden Gewässern Europas und N-Asiens.

Bathypelagial s [v. *bathy-, gr. pelagos = Meer], ↗Bathyal.

Bathypteroidae [Mz.; v. *bathy-, gr. pteroeis = geflügelt], Fam. der ↗Laternenfische.

Bathysaurus m [v. *bathy-, gr. sauros = Eidechse], ↗Eidechsenfische.

Batidales [Mz.; v. gr. batis = Meerfenchel, Strandbazil], Ord. der *Caryophyllidae* mit nur 1 Fam. *(Batidaceae),* die allein aus der Gatt. *Batis* mit 2 Arten besteht. *B. maritima* kommt an den subtropisch-trop. Küsten Amerikas, v. Hawaii u. den Galapagos-Inseln vor, *B. argillicola* an den Küsten N-Australiens u. Neuguineas. Die beiden Arten sind stark verzweigte, niedr. Sträucher mit leicht sukkulenten, gegenständ. Blättern. Bei *B. maritima* bilden ♂ und ♀ Blüten ährige Blütenstände in den Achseln v. Laubblättern. Die ♀ Blüten von *B. argillicola*

bathymetrische Gliederung
(Die Bereiche sind nicht streng abgrenzbar; auch die Zahlenangaben sind je nach Lit. unterschiedlich)

neritisch (an die Küste gebunden):
litoral: Bereich zw. Hochflut bis Tiefebbe
sublitoral: Bereich unterhalb des Litorals bis ca. 200 m Tiefe

ozeanisch (an das offene Meer gebunden):
epipelagisch: 0–200 m Tiefe
mesopelagisch*: 200–1000 m Tiefe
bathypelagisch*: 1000–4000 m Tiefe
abyssopelagisch: 4000–11 000 m Tiefe
 abyssal: 4000 bis 5000 m Tiefe
 hadal: 5000 bis 11 000 m Tiefe

*mesopelagisch und bathypelagisch = bathyal

Batillipes mirus

Batrachotoxine
Die toxischen Wirkungen der B. äußern sich u. a. in Herzrhythmusstörungen, Kammerflimmern u. schließlich Herzversagen. B. sind die Wirkstoffe des Pfeilgifts, mit dem die Choco-Indianer ihre Blasrohrpfeile präparierten. In der biomed. Forschung dienten B. zur Aufklärung der Funktion der Natriumkanäle.

batrach-, batracho- [v. gr. batrachos = Frosch].

stehen dagegen zu wenigen in diesen Achseln, ♂ Blüten einzeln an der Spitze v. Seitenachsen. Die 4fächrigen, aus 2 Fruchtblättern verwachsenen Fruchtknoten entwickeln sich zu einer Art von 4samigen Steinfrüchten, die bei *B. maritima* noch zu einem beerenart. Gesamtfruchtstand verwachsen. Die systemat. Stellung der B. ist unsicher.

Batillipes m [v. lat. vatillum, batillum = Pfanne, pes = Fuß], im Mesopsammal (Sandlückensystem) lebende Gatt. der ↗Bärtierchen (Ord. ↗Heterotardigrada), mit Saugnäpfen statt Krallen an den Zehen der Stummelbeine, die die Tiere zum Haften an Sandkörnern befähigen.

Batis w [gr., = Meerfenchel, Strandbazil], Gatt. der ↗Batidales.

Batrachemys w [v. *batrach-, gr. emys = Sumpfschildkröte], Gatt. der ↗Schlangenhalsschildkröten. [lurche.

Batrachia [Mz.; v. *batrach-], die ↗Frosch-

Batrachobdella w [v. *batracho-, gr. bdella = Blutegel], Gatt. der ↗Glossiphoniidae.

Batrachoidiformes [Mz.; v. *batracho-], die ↗Froschfische.

Batrachophrynus m [v. *batracho-, gr. phrynos = Kröte], Gatt. der ↗Andenfrösche.

Batrachoseps m [v. *batracho-, gr. sēps = Giftschlange], Gatt. der ↗Schleuderzungensalamander.

Batrachospermum s [v. *batracho-, gr. sperma = Same], Gatt. der ↗Nemalionales.

Batrachotoxine [Mz.; v. *batrach-, gr. toxikon = (Pfeil-)Gift], in den Hautsekreten südam. *Phyllobates*-Arten (Farbfrösche) enthaltene ↗Alkaloide mit Steroidstruktur aus der Gruppe der *Farbfrosch-Alkaloide.* Die einzelnen Vertreter der B. sind *Batra-*

Batrachotoxin

chotoxin, Homobatrachotoxin, Pseudobatrachotoxin u. *Batrachotoxinin A.* B., die zu den stärksten natürlichen, nicht eiweißart. Giftstoffen gehören, erhöhen selektiv die Permeabilität der äußeren Zellmembran für Natriumionen, indem sie das Schließen der Natriumkanäle verhindern. Somit können Nervenzellen keine Impulse weiterleiten u. Muskelzellen sich nicht entspannen.

Batrachuperus m [v. *batracho-, gr. pēros = verstümmelt], Gatt. der ↗Winkelzahnmolche.

Batrachyla w [v. *batrach-, gr. hylē = Gehölz, Wald], Gatt. der Südfrösche (U.-Fam.

Baubiologie

Telmatobiinae); 3 kleine (bis 35 mm), z. T. laubfroschähnl. Arten in Argentinien u. Chile. B. leben recht verborgen am Boden feuchter Wälder. Die Eier werden außerhalb des Wassers am Rand v. Pfützen u. Tümpeln abgelegt, die Larven entwickeln sich im Wasser.

Baubiologie, neuere, ökologisch orientierte Architekturrichtung, die das Haus als wesentl. Bestandteil der menschl. Umwelt („dritte Haut") auffaßt u. deren Ziel ein den biol. Bedürfnissen des Menschen gerecht werdendes Bauen ist. Dies soll erreicht werden durch Einbeziehung der natürl. Umwelt (v. a. Pflanzen) in die Gestaltung der Wohnwelt sowie durch Verwendung v. natürlichen Baumaterialien, wie Ton, Lehm, Kalk u. Holz. Bes. geschätzt werden deren strahlungsfilternde, wärme- u. luftfeuchteregulierende Eigenschaften sowie ihre geringe Eigenstrahlung.

Bauchatmung, Typ der ↗ Atmung, bei dem die Erweiterung des Brustraums hpts. durch Senken des Zwerchfells erfolgt *(abdominale Atmung).* Im Ggs. dazu steht die *Brustatmung (Costalatmung),* bei der die Atmungsarbeit durch Heben der Rippen mittels der Intercostalmuskeln geleistet wird. Die B. ermöglicht eine stärkere Belüftung der Lungen u. kann daher als effektiver gelten. Man findet sie vor allem bei Schwerarbeitern, Bergsteigern u. Sängern. Bei Schwangeren ist naturgemäß die B. eingeschränkt.

Bauchblätter ↗ Amphigastrien.

Bauchblättler, die ↗ Bauchpilze.

Bauchbürste, Haarpolster an der Unterseite des ↗ Abdomens der ↗ *Megachilidae* zum Sammeln v. Pollen.

Bauchdrüsenottern, *Maticora,* Gatt. der ↗ Giftnattern.

Bauchfell ↗ Bauchhöhle.

Bauchflossen, *Pinnae ventrales,* die paarigen Flossen zw. Brust- u. Afterflosse (manchmal auch vor den Brustflossen) auf der Bauchseite der meisten Fische; dienen v. a. der Stabilisierung u. dem Steuern.

Bauchfuß, der ↗ Afterfuß.

Bauchfüßer, *Gastropoda,* die ↗ Schnecken.

Bauchganglion s [v. gr. gagglion = Nervenknoten], Konzentration v. Nervenzellen im Strickleiternervensystem v. Ringelwürmern, Krebstieren u. Insekten. Die Bauchganglien sind in jedem Segment paarig angeordnet u. stehen über Kommissuren u. Konnektive, durch die die Axone der Ganglien ziehen, sowohl untereinander als auch mit den jeweiligen Organen der zugehörigen Segmente in Verbindung.

Bauchhaarlinge, die ↗ Gastrotricha.

Bauchhöhle, *Peritonealhöhle,* die durch ein Septum v. der Brusthöhle getrennte große Körperhöhle der *Amniota,* in der der größte Teil des Verdauungstrakts, die Leber, Nieren u. Gonaden liegen. Die Innenwand der B. wird v. einer zarten Schleimhaut, dem *Bauchfell (Peritonaeum),* ausgekleidet; dieses überzieht als *Somatopleura* die Innenwandung der Rumpfmuskulatur u. als *Splanchnopleura* die in die B. hineinragenden Organe. Die B. ist ein Teil des Coeloms.

Bauchkanalzelle, die im ↗ Archegonium über der Eizelle gelegene Zelle.

Bauchmark, allg. Bez. für das ventral gelegene ↗ Strickleiternervensystem v. Ringelwürmern, Krebstieren u. Insekten.

Bauchmarktiere ↗ Gastroneuralia.

Bauchnaht, die bei den Angiospermen durch die Verwachsung der Fruchtblattränder entstehende Verwachsungsnaht; dabei entsteht ein die Samenanlagen umschließendes Gehäuse, der Fruchtknoten mit Griffel u. Narbe.

Bauchpilze

Familien:
1. ↗ Schleimtrüffelartige Pilze *(Melanogastraceae)*
2. ↗ Schwanztrüffelartige Pilze *(Hysterangiaceae)*
3. ↗ Heidetrüffelartige Pilze *(Hydnangiaceae)*
4. ↗ Erdnußartige Pilze *(Hymenogastraceae)*
5. ↗ Stielbovistartige Pilze *(Tulostomataceae)*
6. Calostomataceae
7. ↗ Hartboviste *(Sclerodermataceae)*
8. ↗ Wettersterne *(Astraeaceae)*
9. Kugelschnellerartige Pilze *(Sphaerobolaceae)*
10. ↗ Nestpilze *(Nidulariaceae)*
11. ↗ Weichboviste *(Lycoperdaceae)*
12. ↗ Erdsterne *(Geastraceae)*
13. Stinkmorchelartige Pilze *(Phallaceae)*
14. ↗ Blumenpilze *(Clathraceae)*
15. Säulenstäublingsartige Pilze *(Secotiaceae)*

In einigen taxonom. Einteilungen werden die Fam. zu Ord. zusammengefaßt: 1–4 = *Hymenogastrales,* 5–8 = *Sclerodermatales,* 9–10 = *Nidulariales,* 11–12 = *Lycoperdales,* 13–14 = *Phallales* und 15 = *Podaxales.*

Bauchpilze, *Bauchblättler, Gastrales, Gasterales,* Ord. der Kl. Ständerpilze mit 15 Fam. (vgl. Tab.), auch als eigene Form-Kl. *Gasteromycetes* der U.-Abt. *Basidiomycotina* (↗ Eumycota) eingeteilt. Die B. umfassen etwa 1200 Arten in 120 Gatt.; ihr gemeinsames Merkmal ist die Entwicklung der Basidiosporen im Innern geschlossener (angiokarper) Fruchtkörper (Innenfrüchtler) mit od. ohne bes. Sporenlager (Hymenium). Die B. sind typische saprophyt. Pilze in der Erde, auf totem Holz od. auf Mist. Die Fruchtkörper sind sehr vielfältig mit unterird. (hypogäischer) Entwicklung *(Hymenogastrales),* oder oberirdischer (epigäischer) Entwicklung, prachtvolle Blumenpilze, auffallende Stinkmorcheln u. Erdsterne, eigentüml. Nestpilze sowie eßbare Weich- u. Hartboviste. Das sporenbildende Geflecht im Innern *(Gleba)* ist v. einer ein- od. mehrschicht. Hülle *(Peridie)* umgeben. Die äußere Hüllschicht *(Exoperidie)* kann in Schollen v. der inneren *Endoperidie* abblättern, als Stachelmuster auftreten, sich zu Warzen umformen od. eine komplizierte, sternförm. Form annehmen (Erdsterne). Die Sporen werden nicht aktiv abgeschleudert (Statismosporen); die Freisetzung erfolgt durch Zerfall des ganzen Fruchtkörpers, durch eine Scheitelöffnung od. eine bes. Öffnung *(Peristom),* durch welche die Sporen ausgeblasen werden, wenn Tiere auf den Pilz treten. Die Gleba kann sich in einen pulverigen Sporenstaub auflösen (Weich-, Hartboviste) u. durch den Wind verbreitet werden, od. sie wird, wie beim Kugelschneller, 1 bis 4 m weit fortgeschleudert. Bei den höchstentwickelten Formen, den Rutenpilzen u. Stinkmorcheln, wird die Gleba auf einem stielart. Gebilde aus dem

Hexenei herausgeschoben, wobei die Peridie zerreißt. Durch den aasart. Geruch der Gleba werden, wie bei den Blumenpilzen, Insekten, vorwiegend Fliegen, angelockt, die dann die Sporen verbreiten.

Bauchrippen, *Gastralia,* Reste eines Hautknochenpanzers bei Wirbeltieren, die oberflächlich in der Bauchwandmuskulatur liegen. Bei vielen fossilen Reptilien vorhanden, finden sie sich unter rezenten Tieren nur bei der Brückenechse *(Sphenodon),* Krokodilen u. wenigen Eidechsen. Teile des knöchernen Bauchpanzers (Plastron) der Schildkröten dürften aus B. hervorgegangen sein.

Bauchsammler, Bienen, die gesammelten Pollen an einer Bauchbürste zum Nest transportieren, hierzu bes. die ↗*Megachilidae.*

Bauchschuppen, *Ventralschuppen,* die bei mehreren Lebermoosen der Ord. *Marchantiales* an der Thallusunterseite aus einer Zellage bestehenden schuppenförm. Anhänge.

Bauchspeicheldrüse, das ↗Pankreas.

Bauernsenf, *Rahle, Teesdalia nudicaulis,* zur Fam. der Kreuzblütler gehörig, ist ein früher in fast ganz Europa verbreitetes, einjähr., bis ca. 20 cm hohes Kraut, dessen meist leierförmig-fiederspalt. Blätter in einer grundständ. Rosette angeordnet sind. Die sehr kleinen, weißen Blüten stehen in gedrängter Traube am Ende der meist einfachen, oftmals unbeblätterten Stiele. Die Schötchen sind 3–4 mm lang, breit verkehrt eiförmig, an der Spitze schmal geflügelt, 2fächerig. Standorte der kalkfliehenden Pflanze sind sandige nährstoffarme Äcker, Wiesen, Heiden u. Wegränder.

Bauhin [boãn], **1)** *Caspar* (frz. *Gaspard*), schweizer. Arzt u. Botaniker, * 17. 1. 1560 Basel, † 5. 12. 1624 ebd.; seit 1582 Prof. in Basel; beschrieb die Ileocoecal-Klappe *(B.sche Klappe),* eine Schleimhautfalte zw. Dünn- u. Dickdarm; unterschied als erster Gattungen u. Arten u. beschrieb über 6000 Pflanzen; verdient um die neuere anatom. Nomenklatur. **2)** *Johann (Jean),* schweizer. Arzt u. Botaniker, * 12. 2. 1541 Basel, † 26. 10. 1612 Montbéliard; Bruder von 1); seit 1572 Hof- u. Stadtarzt in Montbéliard; legte hier einen Botan. Garten an; beschrieb in seiner 3bändigen „Historia plantarum universalis" den größten Teil der damals bekannten Pflanzen.

Bauhinia *w* [ben. nach den schweizer. Botanikern G. u. J. Bauhin], Gatt. der ↗Hülsenfrüchtler.

Baum, die Wuchsform der stammbildenden ↗Phanerophyten, mit einem Haupttrieb u. bevorzugtem Längenwachstum am oberen Ende des Sproßsystems. Man unterscheidet *Schopfbäume,* bei denen der

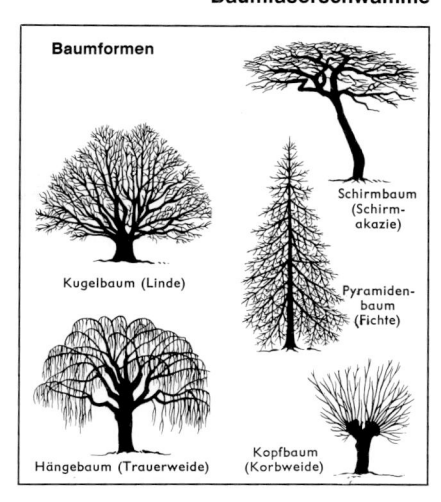

Bauernsenf *(Teesdalia nudicaulis)*

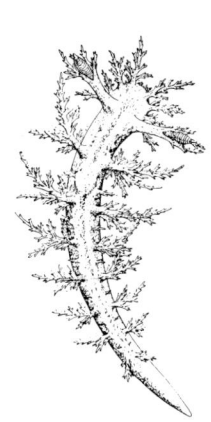

Bäumchenschnecke *(Dendronotus frondosus),* 3,5 cm lang

Baumformen

Kugelbaum (Linde)

Schirmbaum (Schirmakazie)

Pyramidenbaum (Fichte)

Hängebaum (Trauerweide)

Kopfbaum (Korbweide)

Stamm unverzweigt od. nur einfach verzweigt bleibt u. an der (den) Spitze(n) einen dichten Schopf v. Blättern trägt, u. *Kronenbäume (Wipfelbäume),* bei denen der unterwärts durch Absterben der Seitensprosse meist astlose Stamm eine v. einem mehrfach verzweigten Seitensproßsystem gebildete Krone trägt. Der Stamm kann seinerseits verschieden aufgebaut werden. So kann die Spitzenknospe beständig weiterwachsen u. eine einheitl. Achse aufbauen *(↗Monopodium),* od. aber sie stellt jeweils nach einer Vegetationsperiode ihr Wachstum ein, u. eine Seitenknospe übernimmt, sich aufrichtend als Langtrieb wachsend, die Führung in der folgenden Vegetationsperiode u. so fort, so daß der Hauptstamm aus Haupt- u. Seitenachsen verschiedener Ordnung zusammengesetzt ist *(↗Sympodium).*

Bäumchenröhrenwurm, *Lanice conchilega,* ↗Terebellidae.

Bäumchenschnecke, *Dendronotus frondosus,* gehäuselose Meeresschnecke der Ord. *Dendronotacea* mit langgestrecktem Körper, ohne Kiemen, aber mit verzweigten Rückenanhängen u. blättr. Rhinophoren; die bis 10 cm langen Tiere ernähren sich von Polypenstöckchen; die B. lebt im N-Atlantik u. -Pazifik u. ist auch in der Nordsee häufig.

Baum der Reisenden, *Ravenala madagascariensis,* ↗Strelitziaceae.

Baumfarne, Farne mit baumförm. Wuchs, aber (wie alle Farne) ohne sekundäres Dickenwachstum; hierher gehören v. a. die permokarbonischen Vertreter der *Marattiales* u. die rezenten *Cyatheaceae* u. *Dicksoniaceae;* selten wird die Baumform auch in anderen Fam. erreicht, z. B. *Leptopteris* (Fam. *Osmundaceae*).

Baumfaserschwämme, *Dendroceratida,* Ord. der *Ceractinomorpha* mit den Fam.

Baumflußfauna

↗Aplysillidae u. ↗Halisarcidae; Kennzeichen: ohne Sklerite.

Baumflußfauna, Gesamtheit all jener Tierarten, die sich in charakterist. Rangfolge an austretendem Baumsaft einstellen, z. B. Fadenwürmer, Milben, Zweiflüglerlarven u. Raubkäfer (Kurzflügler); ihr entspricht die ↗Bernsteinfauna des Tertiärs.

Baumfrösche, zusammenfassende Bez. für baumlebende Frösche, v. a. der Fam. der ↗Laubfrösche u. ↗Ruderfrösche.

Baumgrenze, durch Trockenheit, Kälte od. Kürze der Vegetationszeit bedingte Grenze des Wachstums aufrechter Holzgewächse. Im Gebirge (vertikale B.) ursprünglich identisch mit der Waldgrenze, heute durch anthropogene Walddepression meist nicht mehr mit ihr zusammenfallend. Je nach Klima bilden unterschiedl. Baumarten die B.: in der Subarktis z. B. Birke (Skandinavien), Fichte (NO-Europa) u. Lärche (Sibirien), in den Alpen Fichte (nördl. Randalpen), Lärchen u. Arven (Zentralalpen).

Baumhöhle ↗Nisthöhle.

Baumhörnchen, *Sciurini,* umfangreiche Gatt.-Gruppe baumlebender ↗Hörnchen mit schlankem, 10–50 cm langem Körper und etwa körperlangem, oft buschigem Schwanz; mit Ausnahme v. Australien, Madagaskar u. dem südl. S-Amerika über die gesamte Erde verbreitet. Lange, kräft. Hinterbeine verleihen den B. vorzügl. Kletter- u. Springfähigkeiten im Geäst der Bäume. Sie bauen runde Baumnester, in die sie sich bei kalter Witterung tagelang zurückziehen (kein Winterschlaf!). Als Nahrung dienen Samen, Früchte, Knospen, tier. Kost. Unter den rund 6 Gatt. ist die der ↗Eichhörnchen (Eurasien) u. ↗Grauhörnchen (N-Amerika), *Sciurus,* mit ca. 190 Arten u. U.-Arten am formenreichsten.

Baumkänguruhs, *Dendrolagus,* Gatt. der Känguruhs, die mit insgesamt 7 Arten Urwaldgebiete in Neuguinea u. Nordqueensland bewohnt. Hinterbeine kürzer u. schwächer, Arme u. Hände kräftiger als bei anderen Känguruhs; starke Krallen. B. holen sich ihre Nahrung, Blätter u. Früchte, im Ggs. zu anderen Känguruhs kletternderweise im Geäst der Bäume.

Baumkorallen, die ↗Acropora.

Baumkrebs ↗Obstbaumkrebs, ↗Pflanzentumoren.

Baumkröten, auf Büschen u. Bäumen lebende Kröten der Gatt. *Pedostibes (P. hosii)* im indomalaiischen Bereich u. *Nectophryne* in Afrika. Beide haben verbreiterte Fingerscheiben u. bewegen sich ähnlich wie Laubfrösche auf Zweigen u. an Blättern. *Pedostibes* legt ihre Eier in Schnüren ab wie andere Kröten, die winzige (20–25 mm) *Nectophryne afra* versteckt ihre kurzen, dicken Eischnüre in Uferhöhlen unter Wurzeln u. ä., wo sie v. Männchen bewacht u. durch Schwimmbewegungen mit Frischwasser versorgt werden. Falsche B. ↗Nectophrynoides.

Baumkulturen, Anpflanzungen landw. genutzter Bäume, z. B. Obstbaumplantagen, Kaffeeplantagen, Ölbaumplantagen.

Baumläufer, *Certhiidae,* Fam. kleiner, an Bäumen lebender Singvögel mit spechtartigem Stützschwanz u. rindenartig gemustertem Gefieder; klettern ruckartig an Baumstämmen hoch u. suchen mit dem schlanken, abwärts gebogenen Schnabel in Rindenspalten nach Insektennahrung; brüten in Baumhöhlen od. -spalten. Von den 6 Arten kommen 2 in Europa vor: der Garten-B. *(Certhia brachydactyla)* u. der weiter bis nach Norden hin verbreitete Wald-B. *(C. familiaris).* ⬜B Europa XIII.

Baumläuse, Rindenläuse, *Lachnidae,* Fam. der Blattläuse; ca. 4 mm große Pflanzensauger mit langem Rüssel, Rückenröhren fast vollständig zurückgebildet. Die B. saugen hpts. an allen Teilen v. Nadelgehölzen; diese können sie unmittelbar durch den Saftentzug schädigen. Manche Arten erzeugen Honigtau, den Ameisen u. Honigbienen sammeln. Der Generationswechsel der B. (↗Blattläuse) ist vollständig ausgebildet.

Baummarder, Edelmarder, *Martes martes,* neben dem ↗Steinmarder die zweite eur. Marderart; Kopfrumpflänge ca. 50 cm, buschiger Schwanz ca. 25 cm lang, Gewicht 800–1800 g; Fell langhaarig u. weich, v. dunkelbrauner Färbung mit gelbl. Kehlfleck. Außer in Europa ist der B. vom Weißen Meer bis zum Kaukasus u. östlich bis zum Ob u. Irtysch verbreitet sowie in Kleinasien u. im Iran. Sein Lebensraum sind ausgedehnte u. dichte Laub- u. Mischwälder fernab menschlicher Siedlungen. Als Verstecke dienen dem B. Vogelhorste, Eichhornkobel u. Baumhöhlen; letztere auch für die Geburt der (meist 3) Jungen, die nach einer Tragzeit v. bis zu 9 Monaten im März/April blind zur Welt kommen. Der B. klettert u. springt sehr gewandt; er jagt sowohl nachts wie auch am Tage nach Kleinsäugern u. Vögeln. Im Sommer, z. Z. der Brunst, löst sich die Familie auf. Die natürl. Lebenserwartung beträgt 8–10 Jahre. Durch sein als Pelz geschätztes Fell („Edelmarder") hat sein Bestand sehr abgenommen. Obwohl leicht zähmbar, ist der B. aufgrund seiner späten Geschlechtsreife u. der langen Tragzeit zur Pelztierzucht nicht geeignet.

Baummäuse, *Dendromurinae,* U.-Fam. der Mäuse mit 8 recht unterschiedl. Gatt. Die in Regenwald- u. Trockengebieten Afrikas südl. der Sahara lebenden B. sind wahr-

Baumkänguruh *(Dendrolagus)*

Baummarder *(Martes martes)*

scheinlich eine Reliktgruppe, die vor dem Auftreten der Echten Mäuse *(Murinae)* formenreicher u. verbreiteter war. Die Aalstrich-Klettermäuse *(Dendromus)* klettern im Geäst v. Büschen u. Sträuchern der Savanne. Die ebenfalls in der Savanne lebenden Fettmäuse *(Steatomys)* besitzen die Fähigkeit zur Anlage eines Fettspeichers im Körper. Die Insektenfressende Waldmaus *(Deomys ferrugineus)* lebt am Boden des trop. Regenwaldes u. ernährt sich zu 80–90% v. Insekten.

Baummoos ↗Pseudevernia.

Baumnattern, Sammelbez. für baumbewohnende Schlangen, z. B. verschiedener ↗Trugnattern.

Baumozelot, *Langschwanzkatze, Leopardus wiedi,* eine in Fellfarbe u. -muster dem Ozelot gleichende, v. Mexiko bis S-Brasilien vorkommende Kleinkatze; Kopfrumpflänge 45–70 cm, Schwanzlänge 35–50 cm. Der B. ist ein außergewöhnlich klettergewandtes Waldtier; seine Beute (Ratten, Hörnchen, Beutelratten, Affen, Vögel) jagt er in den Baumkronen.

Baumratten, Gatt. der ↗Capromyidae.

Baumreife, Reifezustand der Früchte, in dem sie sich leicht v. Baum lösen lassen.

Baumrutscher, *Climacteris,* Gattung der ↗Kleiber.

Baumsalamander, *Aneides,* Gatt. der lungenlosen Salamander *(↗Plethodontidae);* 5 Arten, 4 im W Nordamerikas, 1, der Erzsalamander *(A. aeneus),* im O Nordamerikas. Kräftige, sehr gewandte Tiere. Der Erzsalamander (bis 16 cm) lebt an u. in Felsspalten, die anderen B. verbergen sich unter der Rinde v. Baumstümpfen u. Bäumen, der bis 13 cm große B. oder Alligatorsalamander *(A. lugubris)* erklettert auch hohe Bäume. Die Eier werden auf dem Land abgelegt; die Entwicklung ist direkt.

Baumsavanne, von einzelnen Bäumen durchsetztes tropisch-subtrop. Grasland. Gewöhnlich wird reines *Grasland* als eigene Formation abgetrennt u. nicht zu den Savannen gerechnet, so daß der Begriff identisch ist mit der „Savanne i. e. S.". ↗Afrika.

Baumschläfer, *Dryomys nitedula,* hellbrauner Vertreter der Bilche mit schwarzem Augenstreifen bis zum Ohr; Kopfrumpflänge 8–12 cm (kleiner als der Gartenschläfer), buschiger Schwanz 8–9 cm. Der B. lebt dämmerungs- u. nachtaktiv bevorzugt in Laubgehölzen Mittel- u. Osteuropas. Er baut ein freistehendes Nest (Kobel) u. hält Winterschlaf in einem Erd- od. Baumloch. Das Weibchen wirft einmal im Jahr (Juni) 2–6 Junge. Nahrung: Insekten, Beeren, Pflanzensamen. Der B. ist nach der ↗Roten Liste „vom Aussterben bedroht".

Baumsegler
(Hemiprocne)

Baumschläfer
(Dryomys nitedula)

Baumschleichen, die ↗Abronia.

Baumschnecken, ökolog. Sammelbez. für nichtverwandte Arten v. Lungenschnecken, die sich vorwiegend auf Bäumen aufhalten. In Mitteleuropa wird ↗*Arianta* gelegentlich als B. bezeichnet, auf den Antillen ↗*Liguus,* im trop. Amerika die Gatt. *Drymaeus* (Fam. ↗*Bulimulidae*).

Baumschnegel, *Waldegelschnecke, Lehmannia marginata,* bis 75 mm lange Nacktschnecke (Fam. Schnegel) mit schlankem, hellem, hinten transparentem Körper, mit 2 dunklen Binden auf den Körperseiten; Hinterende scharf gekielt, Sohle dreifach längsgeteilt, Schleim farblos; der B. lebt in Europa v. a. in Laubwäldern, auch an Bäumen, Felsen u. Mauern; er ernährt sich v. Kräutern u. Früchten u. kann in Gewächshäusern schädlich werden.

Baumschnüffler, *Ahaetulla mycterizans,* ↗Trugnattern.

Baumschröter, *Sinodendron,* Gatt. der ↗Hirschkäfer.

Baumschule, Betrieb zur Anzucht u. Veredlung sowie Pflege junger Obst-, Zierbäume u. Forstsetzlinge auf freien, sonnigen Grundstücken, in geschützter Lage u. mit lockeren gedüngten Böden. Die Anzucht erfolgt aus Samen, Stecklingen od. Ablegern in Reihenpflanzungen.

Baumschwammkäfer, *Mycelfresser, Schimmelkäfer, Mycetophagidae,* Fam. der *Polyphaga,* in Mitteleuropa 14 Arten in 5 Gatt.; die meist 4–5 mm großen Käfer leben v. a. an verpilztem Holz u. machen ihre Larvenentwicklung in Baumschwämmen durch. Der ca. 3 mm große, gelbbraune Schimmelkäfer *Thyphaea stercorea* wird oft in Kellern, Scheunen u. in Getreidespeichern an schimmeligen faulen Stoffen gefunden; da er aber nur Schimmelpilze frißt, ist er kein Vorratsschädling. Wichtige Gatt. in Mitteleuropa: *Mycetophagus.*

Baumsegler, *Hemiprocnidae,* Fam. der Seglerartigen mit 1 Gatt. *(Hemiprocne)* und 3 Arten; Vögel mit langen spitzen Flügeln u. tief gegabeltem Schwanz, die Stirnfedern sind zu einer Haube verlängert. Vorkommen in SO-Asien bis Neuguinea. Die B. bauen ein winziges Nest aus Federn u. Rindenstückchen, das mit Speichel seitlich an einem Ast befestigt wird; das einzige blaugraue Ei wird im Nest festgeklebt. Die Nahrung besteht aus Insekten, die v. einer Sitzwarte aus fliegenschnäpperartig im Flug erbeutet werden.

Baumskinke, *Dasia,* Gatt. der ↗Schlankskinkverwandten.

Baumstachler, *Erethizontidae,* Fam. der Meerschweinchenverwandten, die wegen ihres Stachelkleids früher als am. „Baumstachelschweine" mit den altweltl. ↗Stachelschweinen *(Hystricidae)* fälschlich zu

Baumsteiger

einer Gruppe vereint wurden. Die B. haben Kletterfüße mit langen, gebogenen Krallen; Daumen fehlt, meist nur durch Wulst ersetzt. Borsten-B. *(Chaetomyinae),* nur 1 Art *(Chaetomys subspinosus);* Kopfrumpflänge ca. 45 cm, Schwanzlänge 26–28 cm, kurze u. wellig gebogene Stacheln; lebt in dichtem Gebüsch am Rand v. Savannen u. Kulturland in S-Amerika (z. B. Amazonasgebiet). Eigentliche B. *(Erethizontinae),* 4 Gatt., u. a. die süd- u. mittelam. Greifstachler *(Coëndu),* nächtlich lebende, pflanzenfressende Baumbewohner mit einem Greifschwanz, sowie der bekannte Nordam. B. od. ↗ Urson.
Baumsteiger, 1) *Dendrobates,* Gatt. der ↗ Farbfrösche. **2)** *Dendrocolaptidae,* Fam. primitiver Singvögel mit 47 Arten in Wäldern S-Amerikas; 20–38 cm große Vögel, die lange Krallen und kräftige starre Schwanzfedern besitzen u. zur Nahrungssuche wie Spechte u. Baumläufer senkrecht an Baumstämmen klettern. Brüten in Baumhöhlen u. legen 2 weiße Eier.
Baumsterben ↗ Waldsterben.
Baumvipern, *Atheris,* Gatt. der ↗ Vipern.
Baumwachs, mehr od. weniger dickflüssige Mischungen aus Harzen, Wachsen, Leinöl u. a. Stoffen zum Überstreichen v. Wunden an Bäumen. Ziersträuchern, um das Eintrocknen der Wundflächen (bes. bei der Veredelung) zu verhindern u. deren Umwallung u. Heilung zu fördern.
Baumwachtel, *Colinus,* Gatt. der ↗ Fasanenvögel.
Baumwanzen, die ↗ Schildwanzen.
Baumweißling, *Weißdornfalter, Aderweißling, Aporia crataegi,* paläarktisch verbreiteter Tagfalter der Fam. Weißlinge mit dunklen Adern auf den spärlich weiß beschuppten Flügeln (Spannweite 60 mm); in jährlich wechselnder Häufigkeit fliegt er bei uns im Juni in gehölzreichem Gelände, wird allg. seltener (nach der ↗ Roten Liste „gefährdet"), bei großer Populationsdichte zu Wanderflügen neigend. Die an Weißdorn u. Schlehen lebenden dunklen, rotbraun gestreiften u. behaarten Raupen können an Obstbäumen schädlich werden; sie überwintern gesellig in einem Gespinst.
Baumwollmotte, *Pectinophora gossypiella,* ↗ Palpenmotten.
Baumwollpflanze, *Gossypium,* über die Tropen u. Subtropen verbreitete Gatt. der Malvengewächse. Zumeist strauchige, mitunter auch baumförm., ein- od. mehrjähr. Pflanzen mit wechselständ., langgestielten, 5lappigen Laubblättern, aus deren Achseln sich im oberen Bereich die meist großen, 5zähligen weißen, gelben od. purpurroten Blüten entwickeln, die v. einem Außenkelch aus 3 großen, langgezähnten Hochblättern umgeben werden. Die 3 bis

Fruchtkapsel der Baumwolle

Baumwollpflanze
Baumwollernte (Rohbaumwolle, nicht entkörnt) 1980 (in Mill. t.)
Welt	42,1
Sowjetunion	9,9
VR China	8,1
USA	6,4
Indien	4,2
Pakistan	2,1
Brasilien	1,8
Ägypten	1,4
Türkei	1,2

Baumweißling *(Aporia crataegi)* an Kleeblüte

5klappig aufspringenden, ungefähr walnußgroßen Fruchtkapseln enthalten 5–10 kaffeebohnengroße schwärzl. Samen, die v. einem aus der reifen Kapsel herausquellenden, etwa faustgroßen Wollbausch umgeben werden (B Kulturpflanzen III, XII). Dieser setzt sich aus einzell. weißen, seltener gelbl. od. bräunl. bandartig abgeflachten u. in sich selbst schraubig verdrehten Samenhaaren *(Baumwolle)* zus., die zu rund 90% aus Cellulose bestehen. Neben bis zu 5 cm langen Fasern *(Lint)* kommt oft noch eine wenige mm lange, kurzfaserige, der Samenschale dicht anliegende Grundwolle *(Linters)* vor. Die B. ist eine uralte Kulturpflanze, über deren wilde Stammform(en) Ungewißheit herrscht. Als Ursprungszentren gelten zum einen das südl. Afrika od. Indien u. Indonesien, zum anderen das nördl. Andengebiet. In Europa gelangte die B. jedoch erst zu Beginn des 19. Jh., mit dem Beginn der Industrialisierung, zu größerer Bedeutung. Sie entwickelte sich dann dank ihrer Festigkeit, der Faserlänge, Spinnbarkeit u. guten Anfärbbarkeit rasch zu einer Weltwirtschaftspflanze, deren Anbaugebiet infolge steigender Nachfrage bald auch auf die warmen Gebiete der gemäßigten Zonen ausgedehnt wurde. Hauptkriterium für die Bewertung der Faser ist ihre Länge *(Stapel).* Angebaut werden daher v. a. die durch bes. lange Samenhaare gekennzeichneten B.-Arten *G. arboretum* u. *G. herbaceum* (Faserlänge ca. 2 cm; Alte Welt) sowie *G. hirsutum* (Upland-B.; Faserlänge 2–3 cm) u. *G. barbadense* (Sea-Island-B.; Faserlänge 3–4 cm; Neue Welt) als auch die durch Kreuzung dieser Arten entstandenen Zuchtsorten. Sind die Kapseln der in Kultur nur einjährig gehaltenen B.n ausgereift, wird die Baumwolle mit der Hand od. mit Pflückmaschinen geerntet u. die Samen durch Entkernungsmaschinen *(Gins)* v. den Samenhaaren getrennt. Die Lintersfasern, aus denen Zellstoff, Kunstseide, Watte, Papier u. Polstermaterial hergestellt werden, werden dann von den Lintfasern gesondert, die wiederum gebleicht, gefärbt u. zu Garnen versponnen werden. Durch *Mercerisieren,* ein nach dem engl. Chemiker J. Mercer (1791–1866) ben. Verfahren, bei dem die B. mit kalter, konzentrierter Natronlauge behandelt wird, kann die Oberfläche der Faser geglättet u. ihre Drehung verringert werden, wodurch ein dauerhafter Glanz sowie eine höhere Reißfestigkeit u. bessere Anfärbbarkeit entstehen. Bei der Verarbeitung der Baumwollfaser anfallendes Baumwollwachs dient zur Konservierung v. Lebensmitteln, als Schmiermittel für Maschinen der Lebensmittelind. u. als Grundlage für

Cremes u. Salben. Die Baumwollsamen, die 7–12% Wasser, 16–24% fette Öle, 15–34% Protein u. 21–33% Kohlenhydrate enthalten, dienen als Saatgut od. werden geschält u. ausgepreßt. Das dabei gewonnene dunkle, meist tiefrote, nach Reinigung u. Bleichen hellgelbe, halbtrocknende Öl ist seines hohen Linolsäuregehalts (40–55 %) wegen bes. für die Margarineherstellung geeignet. Weitere Pressungen der Samen ergeben ein Öl, das in der Seifen-, Kosmetik- u. Kerzenind. od. als Schmieröl Verwendung findet. Der Preßkuchen ist aufgrund seines hohen Proteingehalts von 23–44% ein wertvolles Viehfutter. Wegen des in ihm (u. im ungereinigten Baumwollsaatöl) enthaltenen *Gossypols,* einer giftigen phenol. Verbindung, kann er jedoch nur v. Wiederkäuern genutzt werden. Bei Menschen u. Tieren mit einfachen Mägen hemmt das Gossypol die Umwandlung v. Pepsinogen in Pepsin (Störung des Proteinabbaus). *N. D.*

Baumwürger, vorwiegend trop. u. subtrop. Kletterpflanzen (Lianen), können selbst dicke Bäume umschlingen u. erwürgen; i. e. S. Bez. für Arten der Gatt. *Celastrus* u. *Ficus.*

Bauplan, *B. einer Tier- oder Pflanzengruppe,* wird v. der Summe der ihr gemeinsamen, homologen Merkmale *(abstammungsverwandte Merkmale)* gebildet. Er stellt eine Abstraktion v. allen Anpassungen (Adaptationen, Spezialisationen) realer Lebewesen dar u. reduziert diese auf einen Grundbestand gemeinsamer ↗Homologien. In diesem Sinne entspricht er weitgehend dem *generalisierten Typus* einer Organismengruppe, sollte also nur als ein Denkmodell verstanden werden, das den Vergleich verschiedener Organismengruppen erleichtern kann. – Der Begriff des B.s ist historisch stark durch die *idealistische Morphologie* (18. Jh.) belastet, die in ihm ein den Organismen zugrundeliegendes, ideales Organisationsschema sah, nach dem diese geplant seien, von dem sie aber in der realen Welt als Variationen abwichen. In der heutigen Verwendung bezieht sich der Begriff ausschließl. auf die Homologien, mit denen eine stammesverwandte Gruppe v. Organismen ausgezeichnet ist u. durch die sie gleichfalls als natürl. systemat. Einheit gg. andersgestaltige Organismengruppen abgegrenzt wird. – Die Beschreibung des B.s enthält keine funktionsmorphologische Aussage. B.gleichheit bedingt nicht Funktionsgleichheit; auf der Basis eines gleichen B.s sind die unterschiedlichsten Anpassungsformen möglich. Organismen eines gemeinsamen B.s können daher ganz verschiedene ökolog. Nischen einnehmen und vielfältige Lebensformen hervorbringen. Z. B. sind die gemeinsamen Bauelemente der ↗Wirbeltiere: Wirbelsäule, gleichartiger Schädelbau, zwei Paar Extremitäten, dorsal gelegenes Nervenrohr (Rückenmark), gleiche Anlage des Blutgefäßsystems und des Herzens usw. Auf diesem Grundmuster gemeinsamer Merkmale wurden in den einzelnen Kl. und Ord. der Wirbeltiere im Verlaufe der Stammesgeschichte, bei unterschiedl. Selektionsbedingungen, verschiedene Sonderanpassungen erworben. So sind die paarigen Vorderextremitäten bei Fischen als paddelförm. Schwimmflossen ausgebildet, bei Amphibien u. Reptilien hingegen als der Lokomotion dienende Hebelsysteme, od. sie sind bei Schlangen u. einigen Amphibien ganz reduziert, so daß man nur noch Rudimente finden kann. Säugetiere haben die paarige Vorderextremität als Bein zum schnellen Lauf, als Flügel (Fledermäuse), Grabwerkzeug (Maulwurf, Insektenfresser; viele Nagetiere), als Schwimmflosse (Wale) od. auch als Greifarm mit großer Beweglichkeit in alle Raumrichtungen (Primaten) ausgebildet. Vögel haben die Vorderextremität zu einem Flügel ausgestaltet, der die gleichen Bauelemente wie z. B. auch der Fledermausflügel enthält (gleicher B.), jedoch auf unabhängigem Wege u. auf der Grundlage anderer physikal. Prinzipien evoluiert wurde (↗Homoiologie). – Unter starker Betonung des funktionellen Aspekts können *Tierkonstruktionen* beschrieben werden. Diese erfassen v. a. die biophysikal. Prinzipien, die bei der Ausbildung eines bestimmten Anpassungstyps bestimmend waren. Gleiche Tierkonstruktionen müssen nicht auf Abstammungsverwandtschaft beruhen, sondern können unter gleichem Selektionsdruck aus verschiedenen Bauplänen entwickelt werden (↗Analogie). In ähnl. Weise beschreiben *Lebensformtypen* v. a. den ökolog. Aspekt. Auf gleichartig eingenischte Lebewesen wirken natürlich auch gleichartige Selektionsbedingungen. Die richtende Selektion bedingt dann eine Ausbildung gleicher Anpassungsformen, gleicher Tiergestalten. Bekannte Beispiele sind die Lebewesen des Sandlückensystems der Meeresstrände, die alle, bei mikroskop. Größe, von wurmförm. Gestalt sind, häufig mit Saugnäpfen od. Zangen versehen, sich als Stemmschlängeler in den Hohlräumen zw. den Sandkörnern bewegen. Es sind Vertreter der Plattwürmer, Ringelwürmer, Krebse, Asseln, Milben usw., die diesem Lebensformtyp des Sandlückenbewohners angehören. Die Gleichheit der Gestalt beruht hier *nicht* auf gleichem B., sondern auf analoger Entwicklung. *M. St.*

Baur, *Erwin*, dt. Genetiker u. Botaniker, * 16. 4. 1875 Ichenheim (Baden), † 2. 12. 1933 Müncheberg (bei Berlin); nach kurzer ärztl. Tätigkeit seit 1911 Prof. in Berlin; Vererbungsforscher, verdient bei Züchtung wertvoller Kulturpflanzen; gründete (1927) u. leitete das Kaiser-Wilhelm-Inst. für Züchtungsforschung in Müncheberg; dort insbes. Arbeiten über Farbvererbung, künstl. Mutationen, multiple Allelie am Löwenmäulchen *(Antirrhinum)*. Mitbegr. (neben C. E. Correns u. R. Goldschmidt) der Dt. Ges. für Vererbungswiss. (1921).

Bauriamorpha, † U.-Ord. der Therapsiden mit sekundärem Gaumendach, postpalatinaler Gaumenöffnung u. Interpterygoidallücke; der Condylus ist einfach u. der Basioccipitalanteil kürzer als die Exoccipitalanteile, Schnauze kurz. Das Gebiß ist bereits heterodont mit deutlich unterscheidbaren spitzkonischen Prämaxillarzähnen (in der Position v. Prämolaren), Caninus u. Molaren. Das Foramen parietale ist klein od. fehlt überhaupt. Die Scapula hat kein Acromion, das Becken weist ein Foramen obturatorium auf. Die B. bilden die direkte Fortsetzung der Scaloposauriden. Verbreitung: meist mittlere Trias, selten auch in der unteren Trias.

Baustoffe, Biomoleküle, die dem Aufbau körpereigener Substanz dienen. B. unterliegen einem ständ. Umsatz (turnover), d. h., sie werden laufend abgebaut, im Stoffwechsel verbraucht u. durch neue Stoffwechselprodukte ersetzt. Die Gesamtheit der Prozesse zum Auf- u. Abbau v. B.n bezeichnet man als *Baustoffwechsel*. Eine scharfe Abgrenzung der B. zu den *Betriebsstoffen* ist nicht möglich, da auch B. im Energiehaushalt eingesetzt werden, z. B. beim Abbau v. Körpersubstanz im Hungerzustand.

Bazillen [Mz.; v. lat. bacillum = Stäbchen], stäbchenförm. aerobe, sporenbildende Bakterien (Gatt. ↗*Bacillus*); ugs. alle (auch nicht sporenbildende) bakteriellen Krankheitserreger.

Bazillenträger ↗Dauerausscheider.

Bazzania, Gatt. der ↗Lepidoziaceae.

Bazzanio-Piceetum, Assoz. des ↗Piceion.

BCG-Impfstoff [BCG = Abk. v. *bacille bilié Calmette-Guérin*], ein aktiver Impfstoff gg. Tuberkulose aus abgeschwächten, nicht virulenten Rindertuberkelbakterien; Impfungen bes. bei Säuglingen u. Kleinkindern empfohlen. Impfschutz für ca. 2–4 Jahre nach 2maliger Impfung.

B-Chromosomen, zu den den normalen Chromosomensatz bildenden ↗A-Chromosomen bei vielen Tier- u. Pflanzenarten hinzutretende überzählige Chromosomen (Extra-Chromosomen); B-C. sind häufig heterochromatisch u. telozentrisch, ge-

E. Baur

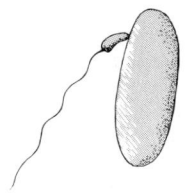

bdello- [v. gr. bdella = Blutegel, abzuleiten v. bdallein = melken].

Bdellovibrio
Anheftung v. *Bdellovibrio* an eine *Pseudomonas*-Zelle; erstes Stadium des Befalls; anschließend dringt der parasitische B. in den periplasmat. Raum des Wirtsbakteriums ein u. lysiert die Zelle.

wöhnlich kleiner als A-Chromosomen u. beeinflussen Lebensfähigkeit u. Phänotyp ihres Trägers kaum. In Meiose u. Mitose kommt es häufig zur Elimination von B-C.

Bdellidae [v. *bdello-] ↗Schnabelmilben.

Bdellocephala *w* [v. *bdello-, gr. kephalē = Kopf], Gatt. der ↗Tricladida.

Bdellodrilus *m* [v. *bdello-, gr. drilos = Regenwurm], Gatt. der ↗Branchiobdellidae.

Bdelloidea *w* [v. *bdello-, gr. -oeidēs = -ähnlich], *Digononta,* Ord. der Rädertiere; in Süßgewässern auf Pflanzen lebende Formen, mit wahrscheinlich rein parthenogenet. Fortpflanzung (Männchen bisher unbekannt), die sich egelartig kriechend fortbewegen. Bekannteste u. in allen Gewässern verbreiteste Gatt. ist *Philodina*.

Bdellomorpha *w* [v. *bdello-, gr. morphē = Form], *Bdellonemertini,* Ord. der *Enopla* (Stamm Schnurwürmer); Rüssel ohne Giftstachel, mündet zus. mit der Vorderdarm in ein großes Atrium; Mitteldarm ohne Divertikel; B. besitzen weder Augen noch Cerebralorgan, dagegen ist am Körperhinterende ein drüsiger Saugnapf ausgebildet.

Bdellonemertini [Mz.; v. *bdello-, gr. nēmertēs = wahrhaftig], die ↗Bdellomorpha.

Bdellostoma *s* [v. *bdello-, gr. stoma = Mund], Gatt. der ↗Inger.

Bdelloura *w* [v. *bdello-, gr. oura = Schwanz], Gatt. der ↗Tricladida.

Bdellovibrio *m* [v. *bdello-, lat. vibrare = zittern, schwingen], Gatt. der spiralförmigen und gekrümmten Bakterien; relativ kleine (0,3–0,4 × 0,8–2 μm), leicht gebogene, stäbchenförm. Zellen mit einer langen, sehr dicken (ca. 25 nm) polaren Geißel in einer Scheide. Die in der Natur weit verbreiteten, aus Wasser, Abwasser u. Boden isolierten Formen sind alle obligate Parasiten in (lebenden) Bakterien. Im Labor konnten auch fakultativ saprophytische Mutanten isoliert werden, die einen chemoorganotrophen, obligaten Atmungsstoffwechsel mit komplexen Substraten (z. B. Proteinen, Nucleinsäuren, nicht Kohlenhydraten) ausführen. Die Wirtsspezifität ist unterschiedlich; es scheinen aber nur gramnegative Bakterien befallen zu werden. B. heftet sich an die Wand des Wirtes an u. dringt mit schraubiger Bewegung u. enzymat. Lochbildung durch die Zellwand bis an die Cytoplasmamembran. Die Wirtszelle rundet sich dabei ab; der Parasit veratmet dann Zellinhaltsstoffe u. wächst zu einem langen, gebogenen Zylinder aus, der sich schließlich mehrmals teilt. Nach Platzen der Wirtszelle werden die beweglichen B. frei u. können neue Bakterien infizieren. Im Bakterienrasen kann der Befall durch B. leicht an den großen Flecken aufgelöster Bakterien erkannt werden. Da sich B. auch in nicht-wachsenden Bakterien vermehrt, sind die Auflösungen viel größer als die normalen Lysehöfe v. Bakteriophagen.

BE, Abk. für die ↗Broteinheit.

Beadle [bidl], *George Wells,* am. Biologe, * 22. 10. 1903 Wahoo (Nebr.); Prof. in Palo Alto, Pasadena u. Chicago; entdeckte zus. mit E. Tatum an mutierten Wildformen des Schimmelpilzes *Neurospora crassa,* daß die Funktion der Gene in der Kontrolle der Bildung jeweils eines Enzyms („Ein-Gen-Ein-Enzym-Hypothese") besteht; erhielt 1958 zus. mit E. Tatum u. J. Lederberg den Nobelpreis für Medizin.

Beauveria *w* [bow-], Formgatt. der *Moniliales* (Fungi imperfecti); wichtige Art ist *B. bassiana,* die Insekten besiedelt u. abtötet; bereits 1835 von A. Bassi als Erreger der tödl. „Moscardio"-Krankheit der Seidenraupen erkannt; heute in der biol. Schädlingsbekämpfung verschiedener Insektenlarven eingesetzt.

Bebrütung ↗brüten.

Becher, die ↗Cupula.

Becherauge ↗Auge.

Becherflechten, Arten der Flechtengatt. *Cladonia* mit becherart., basal sich deutlich verjüngenden Strukturen (Podetien), die am Becherrand braune od. rote Apothecien entwickeln können; B. sind grau, grünlich od. gelblich gefärbt u. wachsen v. a. auf Erdboden, Moosen u. Holz. Bekannteste Arten sind *C. chlorophaea* und *C. pyxidata.* B Flechten I.

Becherhaar, *Trichobothrium,* ein auf die Wahrnehmung feinster Luftbewegung spezialisiertes Haar bei terrestr. Gliederfüßern. Diese Borste ist sehr dünn u. in der Cuticula in einem ringwulstart. Becher eingelenkt; dieser ermöglicht dem B. eine große Auslenkung. B.e finden sich bei terrestr. Spinnentieren *(Arachnida),* Tausendfüßern *(Myriapoda,* Zwergfüßer, Pinselfüßer) u. vielen Insekten. Gelegentlich dienen sie als Hörhaare durch Wahrnehmung von Luftschall (z. B. auf den Cerci von Schaben).

Becherkeim, die ↗Gastrula.

Becherpilze, *Becherartige Pilze, Pezizales,* Ord. der Schlauchpilze mit 8 bzw. 6 Fam. (vgl. Tab.), deren Vertreter die größten u. durch Form u. Farbe auffallendsten Ascus-Fruchtkörper aufweisen; saprophyt. Lebensweise auf abgestorbenem Holz, Erde, Brandstellen, Nadelstreu od. Dung; auch symbiontisch als Mykorrhizapartner an Wurzeln höherer Pflanzen, sehr selten Pflanzenparasiten. Charakterist. Merkmal der B. ist der flachbecherartige, scheiben-, schüssel- oder schildförmige Fruchtkörper *(Apothecium),* an dessen Oberseite die Fruchtschicht (Hymenium)

G. W. Beadle

Beauveria
Einige Schädlinge, die mit *Beauveria bassiana* bekämpft werden können

Maiszünsler *(Ostrinia nubilalis)*
Kartoffelkäfer *(Leptinotarsa decemlineata)*
Apfelwickler *(Laspeyresia pomonella)*
Maikäfer *(Melolontha spec.)*
Reiszikade *(Nephotettix apicalis)*
Getreidewanze *(Eurygaster integriceps)*
Kiefernspinner *(Dendrolimus pini)*
Termiten

Becherpilze
Familien:
Ascobolaceae (↗Dungpilze)
↗*Pyronemataceae Thelebolaceae*
↗*Pezizaceae* (Schüsselbecherlinge)
↗*Sarcoscyphaceae* (Kelchbecherlinge)
↗*Humariaceae* (Erdbecherlinge)
Morchellaceae* (Morcheln)*
Helvellaceae* (Lorchelpilze)*

*In neueren systemat. Einteilungen werden diese beiden Fam. zu Ord. erhoben:
↗Morcheln *(Morchellales),*
↗Lorchelpilze *(Helvellales).*

mit den Asci frei liegt. Zwischen den Asci stehen Paraphysen, deren rot, violett od. gelb bis braune Spitzen der Fruchtschicht die charakterist. Färbung verleihen. Das Hymenium kann nackt- (gymnokarp) od. verhülltfrüchtig (hemiangiokarp) sein. Der Ascus öffnet sich am Scheitel mit einem Deckel *(Operculum),* der sich aus der äußeren Wandschicht bildet (operculate Discomyceten). Der Fruchtkörper entsteht erst nach der Befruchtung (Plasmogamie); eine ungeschlechtl. Vermehrung ist bedeutungslos od. fehlt ganz. Die systemat. Gliederung erfolgt nach dem Aufbau der Apothecien sowie der Form u. der Ornamentierung der Ascosporen.

Becherquallen, die ↗Stauromedusae.

Becherrost ↗Rostkrankheiten.

Becherzellen, becherförm. Drüsenzellen in hochprismat. Epithelien v. Wirbeltieren (Darm- u. Atemtrakt) u. vielen Wirbellosen; dienen der Schleimproduktion u. -sekretion.

Becken ↗Beckengürtel.

Beckengürtel, Skelettelement der Wirbeltiere, das der Befestigung der hinteren Extremitäten dient. Entsprechend den verschiedenen Bewegungsformen in den einzelnen Gruppen der Wirbeltiere sind zahlr., funktionell zu verstehende Abwandlungen eines Grundmusters bekannt. – Bei Knochenfischen wird der B. von zwei Skelettstäben gebildet, die an ihrem distalen Ende die Bauchflossen tragen, aufgrund deren geringer mechan. Belastung aber keine Verbindung zur Wirbelsäule eingehen. Der B. aller Tetrapoda (Vierfüßer) ist prinzipiell gleich gebaut. Die Skelettelemente treten jeweils paarig auf: ventral liegt nach vorn gerichtet das *Pubis (Schambein),* nach hinten das *Ischium (Sitzbein).* Dorsal dieser Skelettstücke schließt sich das *Ilium (Darmbein)* an, das die Verbindung zur Wirbelsäule herstellt. Die paarigen Pubis sind median meist mit straffen Faserzügen verbunden (↗Beckensymphyse), so daß ein geschlossener B. entsteht. Der große die Oberschenkelmuskulatur innervierende Nerv tritt daher durch eine das Pubis kennzeichnende Öffnung. Die drei Knochenelemente des B.s stoßen in einer Y-förmigen Naht zus. Am Kreuzungspunkt dieser Naht liegt die Gelenkgrube *(Acetabulum),* in die der Oberschenkelkopf inseriert ist. – Dem B. kommt bei den landlebenden Tetrapoden die wichtige Aufgabe zu, eine feste Verbindung der Extremitäten mit der Wirbelsäule herzustellen. Er übernimmt als Tragegerüst Teile des Körpergewichts u. bietet den Gliedmaßen Halt gg. die Kräfte, die bei Vorwärtshebeln des Körpers wirksam werden. – So ist z. B. das Becken der Frösche an

Beckensymphyse

die springende Fortbewegungsweise angepaßt, indem der Verbindungspunkt des B. mit der Wirbelsäule über die verlängerten Darmbeine nach vorne verlagert ist u. so eine günstige Übertragung der Sprungenergie auf den Rumpf ermöglicht. Vögel besitzen im Zshg. mit dem Flug u. der Verfestigung des gesamten Skeletts ein sehr stark versteiftes Becken. Eine hohe Zahl v. Einzelwirbeln kann mit der Wirbelsäule zu einer festen Verbindung verschmelzen. Die beiden Ilia können dorsal der Wirbelsäule miteinander verwachsen u. eine zusätzl. Stütze bilden. Eine ventrale Beckensymphyse fehlt, so daß das Becken nach unten offen ist. Dies steht im Zshg. mit den großen Eiern, die einen schmalen Knochenring nicht passieren könnten. – Das Becken der Säugetiere ist durch große Fenster in eine Rahmenkonstruktion aufgelöst, die der Muskulatur einen großen Ansatz bietet. Weibl. Säugetiere mit großen Neugeborenen besitzen ein größeres Becken als artgleiche Männchen, da der Fetus durch die Beckenöffnung hindurchtreten muß. Das Becken des Menschen zeigt in Anpassung an die Bipedie eine Reihe v. Sondermerkmalen, wie die stark vergrößerten Darmbeinschaufeln u. die starke Neigung der Beckenachse. – Mit der Rückbildung der Extremitäten in vielen Wirbeltiergruppen verlor auch der B. seine Funktion im Lokomotionsgeschehen. Bekkenrudimente in diesen Tiergruppen weisen darauf hin, daß ehemalige Nebenfunktionen des B.s heute noch gegeben u. zur Hauptfunktion geworden sind. Z. B. dient das Beckenrudiment der Wale dem Ansatz der Genitalmuskulatur. *M. St.*

Beckensymphyse *w* [v. gr. symphysis = Zusammenwachsen, Verbindung], die ventrale Verbindung des ↗Beckengürtels durch die beiden Schambeinknochen. Das Symphysengewebe besteht aus straffen Fasern. Bei weibl. Säugern findet vor einer Geburt ein hormonell gesteuerter Umbau dieses Gewebes statt, so daß bei der Geburt eine Weitung des Beckens möglich u. der Durchtritt des Fetus erleichtert wird.

Becquerel [bekrel], Kurzzeichen Bq, nach dem frz. Physiker u. Nobelpreisträger (1903) A. H. Becquerel (1852–1908) ben. physikal. Einheit der Aktivität eines radioaktiven Präparats; Bq = s^{-1}. Die Aktivität schulübl. Präparate beträgt etwa 10^5 Bq. ↗Curie.

Bedecktkiemer, *Tectibranchia,* früher benutzte, zusammenfassende Bezeichnung für die Hinterkiemer-Ord. ↗*Anaspidea,* ↗Kopfschildschnecken u. ↗Flankenkiemer.

Bedecktsamer, *Magnoliophytina, Angiospermae,* höchstentwickelte U.-Abt. der

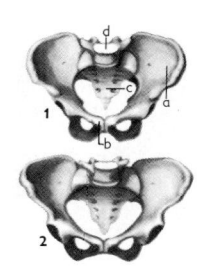

Beckengürtel
Vorderansicht des menschl. Beckens
1 männliches,
2 weibliches B.;
a Darmbeinschaufel,
b Schambein,
c Kreuzbein, d letzter (fünfter) Lendenwirbel.

Samenpflanzen mit ca. 250 000–300 000 rezenten Arten, die in über 300 Fam. und 10 000 Gatt. eingeteilt werden. Damit stellen die B. ca. ⅔ aller heute existierenden Pflanzenarten, u. die meisten terrestr. Lebensräume werden von ihnen dominiert. Die B. werden (nach A. L. de Jussieu, 1748–1836) in 2 Kl. unterteilt, in die Einkeimblättrigen *(Monokotylen)* und Zweikeimblättrigen Pflanzen *(Dikotylen)* – B Bedecktsamer II. Die genaue *Abstammung* der B. ist bisher ungeklärt. Im allg. ist man sich darüber einig, daß die B. von gemeinsamen Farnsamervorfahren aus eine Parallelentwicklung zu den *Cycadatae, Bennettitatae* u. *Gnetatae* darstellen. Sie stammen also nicht direkt von den heute bekannten blütenbildenden Nacktsamern ab. Erste sichere Fossilfunde von B. liegen aus der Unterkreide (ca. 140–100 Mill. Jahre) vor. Ebenfalls durch Fossilfunde läßt sich eine starke Ausdehnung ihrer Bedeutung in der mittleren Kreide (90 Mill. Jahre) u. ein gleichzeitiges Zurücktreten v. Cycadeen u. Ginkgogewächsen u. Aussterben v. Bennettiteen belegen. – Eine wichtige *Eigenschaft* der B. im *vegetativen* Bereich ist die höhere Gewebedifferenzierung: das Leitungssystem für Wasser u. Nährstoffe wurde mit der Ausbildung v. Tracheen (bereits bei wenigen Farnen u. Nacktsamern zu finden) u. Siebröhren vervollkommnet. Die Eigenschaften der B. im *generativen* Bereich wurden wohl in Anpassung an die ↗Bestäubung durch Tiere entwickelt: Die Samenanlage ist fest in den Fruchtknoten eingeschlossen; so können Tiere als Bestäuber dienen, ohne daß die Samenanlage gleichzeitig stark fraßgefährdet ist. Die sich aus dem Fruchtknoten u. eventuell anderen Blütenteilen entwickelnde Frucht umschließt schützend den Samen bis zur Reife u. hat gewöhnlich verbreitungsfördernde Eigenschaften. Blütenhüllblätter schützen im geschlossenen Zustand die Fruchtknoten und üben, voll entfaltet, Schau- u. Anlockungsfunktion für potentielle Bestäuber aus. Die urspr. B.blüte ist monoklin, da zunächst das Angebot der Blüten an die Bestäuber als Nahrung dienender Pollen war (es mußte also jede einzelne Blüte Pollen produzieren). Die Blütenbildung ist zwar ein wichtiges Merkmal der B., Blüten wurden jedoch auch schon vorher in anderen Gruppen entwikkelt (z. B. bei den Nacktsamern): das Wort „Blütenpflanze" ist deshalb nicht als Synonym für „Bedecktsamer" zu verwenden. – Bei den B.n ist eine weitere Reduktion der Gametophytengeneration (↗Generationswechsel) gegenüber den Nacktsamern festzustellen (B Bedecktsamer I): ♂ Gametophyt: starke Reduktion der Zellzahl;

es fehlen Prothallium- u. Stielzelle. Bewegl. Spermatozoide kommen nicht mehr vor. Die Pollenzelle (Mikrospore) teilt sich in eine vegetative (Pollenschlauch-)Zelle u. eine generative (Antheridium-)Zelle. Aus letzterer gehen bei der 2. Pollenmitose 2 Spermazellen hervor. Die Spermazellen werden durch Auswachsen des Pollenschlauchs auf der Narbe der Eizelle zugeführt. ♀ Gametophyt: besteht normalerweise nur noch aus 8 Zellen bzw. Zellkernen im Embryosack (Megaspore). 3 nebeneinanderliegende am oberen Pol werden als Eiapparat bezeichnet, davon wird die größte, mittlere zur Eizelle, die beiden anderen werden zu Hilfszellen (Synergiden). 3 Zellen am Gegenpol werden Antipoden genannt. 2 in der Mitte liegende, nicht als Zellen abgegrenzte Kerne verschmelzen zum sekundären Embryosackkern (diploid!). *Befruchtung:* Bei den B.n findet eine doppelte Befruchtung statt. Der Pollenschlauch gibt die beiden Spermazellen nicht direkt an die Eizelle ab, sondern entleert sich normalerweise in eine der beiden Synergiden. Daraufhin dringt eine der beiden Spermazellen in die Eizelle ein – es entsteht ein diploider Zygotenkern –, die andere vereinigt sich mit dem sekundären Embryosackkern zum triploiden Endospermkern. Aus diesem, mitsamt dem umgebenden Plasma, entwickelt sich das Nährgewebe (□ Befruchtung). Die Palette der heute existierenden B.arten enthält sowohl primitive Gruppen, die viele der *urspr.* B.merkmale repräsentieren, als auch hochentwickelte Formen mit stark *abgeleiteten* Merkmalen. Bei der urspr. B.blüte sind an langgestreckter Blütenachse viele Blütenhüll-, Frucht- u. Staubblätter in nicht festgelegter Zahl schraubig angeordnet (↗Magnoliengewächse). Wichtige Entwicklungstendenzen bei den B.n sind die Verkürzung der Blütenachse u. die Reduktion u. Fixierung der Zahl der Blütenorgane: Frucht-, Staub- u. Blütenhüllblätter – u. die Verwachsung bes. der Frucht-, aber auch der Blütenhüllblätter untereinander. Die acyclische, schraubige Anordnung der Blütenorgane geht in eine cyclische über; daraus ergibt sich zunächst eine radiäre Symmetrie, die aber oft zugunsten eines bilateralen bzw. zygomorphen Blütenbaus aufgegeben wird. Einzelblüten werden oft zu Blütenständen zusammengefaßt (z. B. Korbblütler, Doldenblütler) u. bilden so eine funktionelle Bestäubungseinheit. Häufig tritt eine Differenzierung der Blütenhüllblätter in schützende Kelch- u. der Anlockung dienende Kronblätter auf. Von der urspr. Zoogamie (Tierbestäubung) erfolgt oft ein Übergang zur Anemogamie (Windbestäubung). Kronblätter u. Duftstoffe, die der Anlockung v. Bestäubern dienen, werden reduziert, dafür jedoch Griffel u. Staubfäden zur besseren Windexposition verlängert. Im Zshg. mit der Windbestäubung werden häufig nur noch dikline Blüten gebildet. Tierbestäubte Blüten bieten oft nicht mehr Pollen an, um für Bestäuber attraktiv zu sein, sondern als Ersatz Nektar genannte, zuckerhalt. Säfte. Die Früchte sind ursprünglich Öffnungsfrüchte, die nach Reifung den Samen freigeben: Verbreitungseinheit ist der Same. Eine Weiterentwicklung stellen die Schließfrüchte dar: die ganze Frucht dient als Verbreitungseinheit. Sie kann mit bestimmten Eigenschaften, z. B. saftigem Fruchtfleisch bei Vogelbeeren, Pappus bei Korbblütlern, die Ausbreitung fördern. Schließlich können Einzelfrüchte – die Erdbeere ist ein bekanntes Beispiel –, auch zu Sammelfrüchten verwachsen. – Die *wirtschaftl. Bedeutung* der B. für den Menschen ist kaum hoch genug einzuschätzen. Die meisten Kulturpflanzen gehören zu den B.n; durch Züchtung wurden erwünschte Merkmale verstärkt, unerwünschte zurückgedrängt. In unserer Ernährung sind wir direkt (Obst, Gemüse, Getreide usw.) und indirekt (pflanzl. Nahrung von Tieren) auf B. angewiesen. Auch als Lieferant v. Rohstoffen, aus denen Arzneien, Papier, Textilien usw. hergestellt werden können, sind die B. unentbehrlich. B 390, 391. A. G.

bedingte Aktion, durch eine gute Erfahrung (im Experiment Belohnung) bedingte Koppelung zw. einem motor. Verhalten u. einer Verhaltenstendenz (↗Bereitschaft, ↗Lernen). Das Lernergebnis besteht darin, daß das Tier das belohnte Verhalten immer dann ausführt, wenn die entspr. Bereitschaft besteht u. die b. A. ausführbar ist. Systemtheoretisch wird dies ausgedrückt, indem man v. der neuen Zuordnung einer Handlung (eines Ausgangs) zu einem Antrieb spricht.

bedingte Appetenz, durch ↗Lernen entstandene Verknüpfung zw. einem ursprünglich neutralen Reiz u. einem ↗Appetenzverhalten. Geht ein neutraler Reiz ein- od. mehrfach einer Belohnung voraus, so löst er bei entspr. Bereitschaft künftig das zu der Belohnung gehörige Appetenzverhalten aus, er wird zum bedingten (erfahrungsbedingten) auslösenden u. richtenden Stimulus. Findet z. B. eine nektarsammelnde Biene eine ergiebige Blütenart, so fliegt sie diese bevorzugt an. Systemtheoretisch gesehen, wurde dem Antrieb (hier dem Sammeltrieb) ein neuer Eingang zugeordnet.

bedingte Aversion, durch schlechte Erfahrung (Strafe) bedingte Verknüpfung v. neutralen (od. vorher positiv wirkenden)

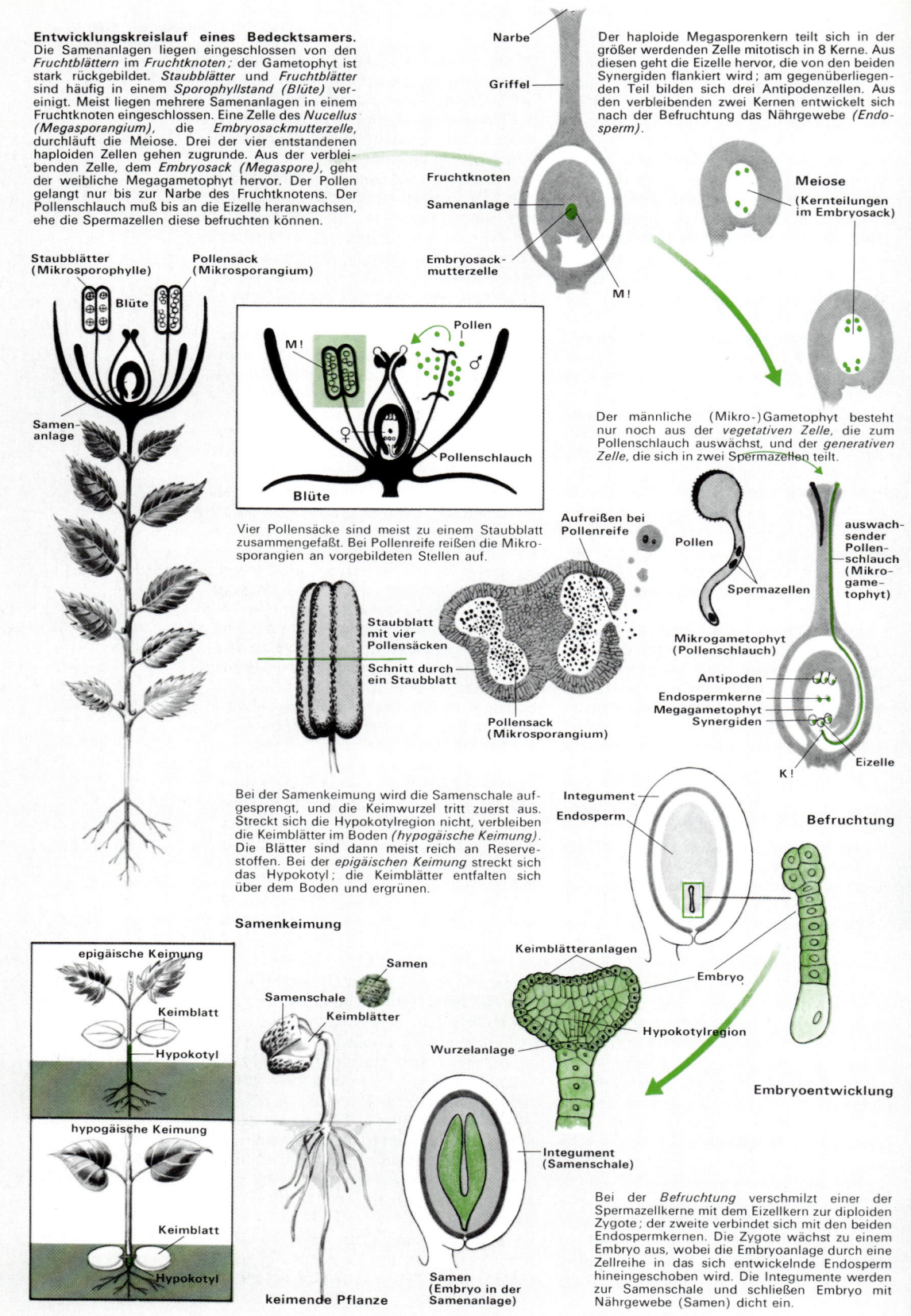

Entwicklungskreislauf eines Bedecktsamers.
Die Samenanlagen liegen eingeschlossen von den *Fruchtblättern* im *Fruchtknoten*; der Gametophyt ist stark rückgebildet. *Staubblätter* und *Fruchtblätter* sind häufig in einem *Sporophyllstand (Blüte)* vereinigt. Meist liegen mehrere Samenanlagen in einem Fruchtknoten eingeschlossen. Eine Zelle des *Nucellus (Megasporangium)*, die *Embryosackmutterzelle*, durchläuft die Meiose. Drei der vier entstandenen haploiden Zellen gehen zugrunde. Aus der verbleibenden Zelle, dem *Embryosack (Megaspore)*, geht der weibliche Megagametophyt hervor. Der Pollen gelangt nur bis zur Narbe des Fruchtknotens. Der Pollenschlauch muß bis an die Eizelle heranwachsen, ehe die Spermazellen diese befruchten können.

Der haploide Megasporenkern teilt sich in der größer werdenden Zelle mitotisch in 8 Kerne. Aus diesen geht die Eizelle hervor, die von den beiden Synergiden flankiert wird; am gegenüberliegenden Teil bilden sich drei Antipodenzellen. Aus den verbleibenden zwei Kernen entwickelt sich nach der Befruchtung das Nährgewebe (*Endosperm*).

Meiose (Kernteilungen im Embryosack)

Vier Pollensäcke sind meist zu einem Staubblatt zusammengefaßt. Bei Pollenreife reißen die Mikrosporangien an vorgebildeten Stellen auf.

Der männliche (Mikro-) Gametophyt besteht nur noch aus der *vegetativen Zelle*, die zum Pollenschlauch auswächst, und der *generativen Zelle*, die sich in zwei Spermazellen teilt.

Befruchtung

Samenkeimung

Bei der Samenkeimung wird die Samenschale aufgesprengt, und die Keimwurzel tritt zuerst aus. Streckt sich die Hypokotylregion nicht, verbleiben die Keimblätter im Boden (*hypogäische Keimung*). Die Blätter sind dann meist reich an Reservestoffen. Bei der *epigäischen Keimung* streckt sich das Hypokotyl; die Keimblätter entfalten sich über dem Boden und ergrünen.

Embryoentwicklung

Bei der *Befruchtung* verschmilzt einer der Spermazellkerne mit dem Eizellkern zur diploiden Zygote; der zweite verbindet sich mit den beiden Endospermkernen. Die Zygote wächst zu einem Embryo aus, wobei die Embryoanlage durch eine Zellreihe in das sich entwickelnde Endosperm hineingeschoben wird. Die Integumente werden zur Samenschale und schließen Embryo mit Nährgewebe (Samen) dicht ein.

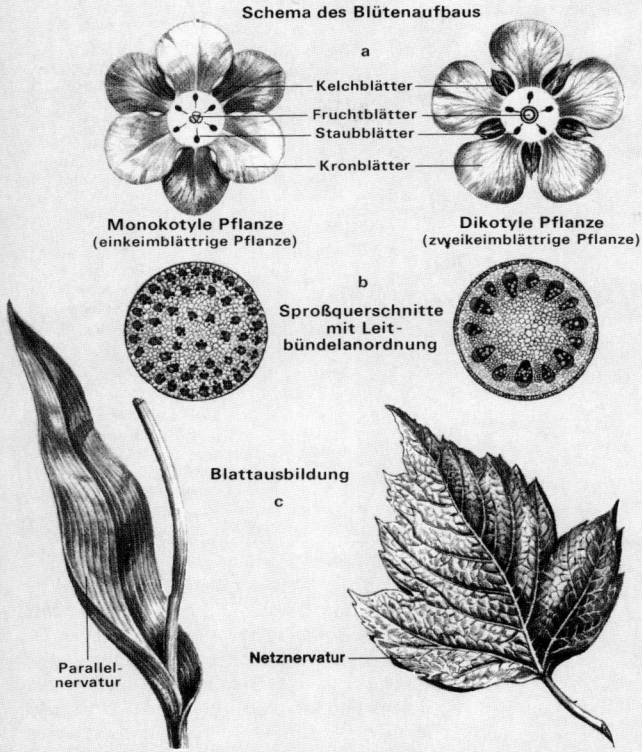

BEDECKTSAMER I–II

Schema des Blütenaufbaus

a

Kelchblätter
Fruchtblätter
Staubblätter
Kronblätter

Monokotyle Pflanze
(einkeimblättrige Pflanze)

Dikotyle Pflanze
(zweikeimblättrige Pflanze)

b

Sproßquerschnitte mit Leitbündelanordnung

Blattausbildung
c

Parallelnervatur

Netznervatur

Keimpflanzen
d

1 Keimblatt

2 Keimblätter

Sproßbürtige Wurzeln

Pfahlwurzel

Monokotylen und Dikotylen – die beiden Unterklassen der Bedecktsamer

Zwischen dem Typus der *Einkeimblättrigen Pflanzen (Monokotylen)* und dem der *Zweikeimblättrigen Pflanzen (Dikotylen)* bestehen charakteristische Unterschiede:

a) Die Monokotylen haben in der Ausgangssituation 3 Blütenblätter pro Blattkreis (starke Reduktionen z.B. bei Gräsern), bei den Dikotylen sind es meist 4 oder 5.

b) Die Leitbündel liegen bei den Monokotylen verstreut angeordnet (kreisförmig bei den Dikotylen) und besitzen im Unterschied zu den Dikotylen zwischen Holz- und Siebteil kein Kambium. Somit zeigen die Monokotylen auch kein (normales) sekundäres Dickenwachstum, wie es für Dikotylen typisch ist.

c) Die Laubblätter fast aller Monokotylen zeigen eine Parallelnervatur und sind meist ungeteilt, während bei den Dikotylen die Nervatur gewöhnlich netzförmig ist und die Blätter häufig gezähnt, gelappt, gefiedert oder gefingert sind.

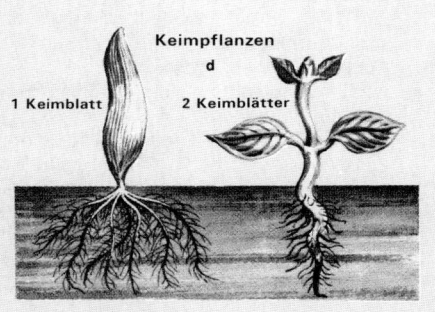

d) Namengebend für die beiden Gruppen ist die Zahl der Keimblätter: nur 1 Keimblatt bei den Monokotylen, 2 Keimblätter bei den Dikotylen. Ebenfalls typisch ist die unterschiedliche Bewurzelung: bei den Monokotylen stirbt die Keimwurzel früh ab, die weiteren Wurzeln gehen aus dem Sproß hervor (sproßbürtige Wurzeln); bei den Dikotylen bleibt die Keimwurzel die Hauptwurzel, die dann untergeordnete Seitenwurzeln bildet.

Reizen mit Abwehr- u. Fluchtbereitschaft. Die b. A. entspricht der ↗bedingten Appetenz, außer daß anstatt anderer Antriebe die Fluchtbereitschaft eine Neuverknüpfung erfährt. Entsprechend wird das Appetenzverhalten der Flucht- u. Abwehrbereitschaft, nämlich Vermeidung, Kampfverhalten usw., aktiviert. Außerdem wird eine b. A. im Unterschied zur bedingten Appetenz häufig durch *einmalige* negative Erfahrungen geschaffen (↗Lernen).

bedingte Hemmung, durch negative Erfahrung bei der Ausführung entstandene Hemmung eines Verhaltens oder Verhaltenselements (↗Lernen). Die b. H. entspricht grundsätzlich der ↗bedingten Aktion, da das Appetenzverhalten der Flucht- u. Abwehrbereitschaft (Vermeidung) neu mit einer Verhaltensbereitschaft verknüpft wird. Die bedingte Aktion entsteht allerdings dadurch, daß einem Antrieb andere Verhaltensweisen zugeordnet werden, die eine positive Valenz haben.

bedingte Reaktion, durch Erfahrung mit einem Antrieb od. einer Handlungskette neu verknüpftes Verhaltenselement; ↗bedingte Aktion, ↗bedingte Hemmung.

bedingter Reflex, ↗Reflex, der durch einen Reiz ausgelöst wird, der erst durch Erfahrung mit der Reflexhandlung verknüpft wurde. Ein b. R. entsteht durch eine enge räuml. und zeitl. Beziehung *(Kontiguität)* zw. einem unbedingten Reiz, der die Reflexhandlung auslöst, u. einem neutralen Reiz. Letzterer wird durch die Verknüpfung zum ↗bedingten Reiz. Beispiel: Ein auf das Auge gerichteter Luftstrom führt durch einen angeborenen (unbedingten) Reflex zum Schließen der Augenlider. Wird kurz vor dem Luftstrom ein Lichtblitz gezeigt, so löst dieser nach einigen Wiederholungen ebenfalls den Lidschlag aus. Nicht alle Reflexe lassen sich durch Erfahrung zum b. R. machen, z.B. läßt sich der Kniesehnenreflex nicht mit bedingten Reizen verbinden. Im Ggs. zu den Lernprozessen, die zur Neuzuordnung v. Reizen u. Reaktionen zu *Antrieben* führen (↗bedingte Aktion, ↗bedingte Appetenz, ↗bedingte Aversion, ↗bedingte Hemmung), bezieht der b. R.

bedingter Reiz

kein Antriebselement ein. Entdeckt wurde der b. R. durch I. P. Pawlow (1849–1936), der seine *objektive Psychologie* auf ihm aufbaute.

bedingter Reiz, durch Erfahrung mit einem Reflex od. einem Antrieb verknüpfter Reiz. Wichtigste Bedingungen für die Entstehung eines b. R.es ist die enge zeitl. oder räuml. (beim Menschen auch kognitive) Beziehung des vorher neutralen Reizes mit einem unbedingten Reiz bzw. mit einer Bereitschaftsänderung. Diese Beziehung wird *Kontiguität* genannt. ↗ bedingte Appetenz, ↗ bedingte Aversion, ↗ Lernen.

bedrohte Pflanzen- und Tierarten ↗ Artenschutz, ↗ Aussterben, ↗ Rote Liste.

Bedsonia, veraltete Bez. für die Gatt. *Chlamydia* der ↗ Chlamydien.

Bedürfnis, verhaltenswiss. subjektives Erleben v. physiol. Mangelzuständen bzw. von Antrieben, die eine triebsenkende Endhandlung erfordern. Nicht jedes subjektive B. hat jedoch eine physiol. Funktion: Es gibt sekundäre, unphysiolog. und schädl. Bedürfnisse, die durch Lernprozesse entstehen, z. B. das B. nach Rauchen beim Menschen. In den Sozialwiss., bes. in der Ökonomie, spielt der Begriff B. in anderer Form eine große Rolle.

Beere, Schließfrucht, bei der die Fruchtwand (Perikarp) gänzlich saftig-fleischig wird u. die meist zahlreichen hartschaligen Samen einschließt. Beispiele: Johannisbeere, Gurke, Banane, Citrusfrüchte. B Früchte.

Beerenwanze, *Dolycoris baccarum,* Art der ↗ Schildwanzen.

Beerenzapfen, besondere, beerenähnl. Ausbildungsform des Samenzapfens bei den Arten des Wacholders *(Juniperus);* dabei verwachsen die drei obersten, fertilen Schuppenblätter, werden fleischig u. schließen die drei hartschal. Samen völlig ein; die Verbreitung erfolgt durch Tiere (↗ Endozoochorie).

Beet, im Gartenbau eine meist erhöhte, 1,20 m breite, bearbeitete Bodenfläche zum Anbau v. Gemüse u. Blumen, die durch schmale Tretwege begrenzt wird; im Ackerbau eine schwach gewölbte, durch Zwischenfurchen abgegrenzte Ackerfläche, die mit Hilfe eines Beetpflugs entstanden ist u. einen schnellen Wasserabfluß bei schweren Böden gewährleisten soll.

Befruchtung w, die im Anschluß an die Verschmelzung weibl. und männl. Geschlechtszellen (↗ Besamung, Plasmogamie) erfolgende Verschmelzung der beiden haploiden Gametenkerne zu einem diploiden Zygotenkern (Synkaryon). Diese Kernverschmelzung (Karyogamie) führt zu einer Neukombination des väterl. und mütterl. Erbguts (↗ Sexualität). Auf ihr beruht

Befruchtungsformen

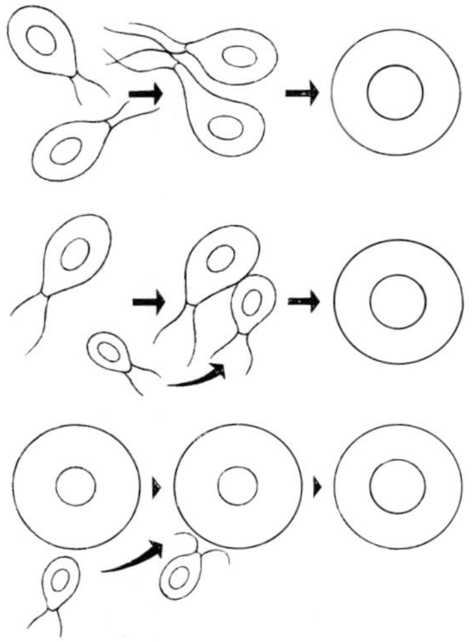

Isogamie: beide miteinander verschmelzenden Gameten sind beweglich und an Gestalt und Größe gleich; eine männliche und weibliche Zelle können morphologisch nicht unterschieden werden.

Anisogamie: beide Gameten sind beweglich, aber von ungleicher Größe. Meist gilt der erheblich größere von beiden Gameten als weiblich.

Oogamie: eine große als weiblich geltende Eizelle wird von einem kleineren beweglichen Gameten befruchtet (typisch für alle höheren Pflanzen und Tiere).

Befruchtung bei Angiospermen

Eiapparat des Embryosacks während des B.svorgangs

(Zentralzellen mit Polkernen, Spermazellen, Eizelle, vegetativer Pollenschlauchkern, Kern der Synergide, Synergide, Pollenschlauch, Synergide, Filiformapparat)

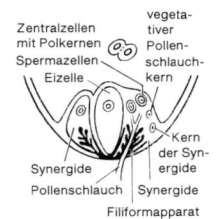

wesentlich die genet. Variabilität einer Population, an der die ↗ Selektion ansetzen kann. **1) Botanik:** bei Algen erfolgt die B. durch Verschmelzung zweier verschiedengeschlechtlicher Gameten, die entweder gleichgestaltet sind *(Isogamie)* bzw. geschlechtsspezifische Größenunterschiede aufweisen *(Anisogamie)* oder durch Verschmelzung eines männl. Gameten mit einer unbewegl. Eizelle *(Oogamie).* Seltener treten die gametenbildenden Zellen *(Gametangien)* direkt miteinander in Verbindung *(Conjugales).* Bei Pilzen werden nur bei einigen Niederen Pilzen noch Gameten frei entlassen, ansonsten verschmelzen die Gametangien *(Gametangiogamie)* od. zu Gameten umgestimmte vegetative (somatische) Zellen miteinander *(Somatogamie).* Moose, Farne u. Samenpflanzen besitzen Oogamie, wobei bei den Moosen u. Farnen die männl. Gameten noch frei zu den Eizellen hinschwimmen müssen. Bei den Samenpflanzen gelangen sie über den Pollenschlauch zur Eizelle *(Pollenschlauch-B., Siphonogamie).* Der Pollen gelangt durch die ↗ Bestäubung bei den *Gymnospermen* (Nacktsamer) in die Pollenkammer od. Mikropyle der Samenanlage, bei den *Angiospermen* (Bedecktsamer) auf die Narbe des Fruchtknotens. Bei den Angiospermen wächst der Pollenschlauch durch den Griffel bis zum Embryosack vor (↗ Porogamie, ↗ Aporogamie, ↗ Chalazogamie), in dem sich der Eiapparat (Eizelle u. zwei Synergiden) befindet. Er dringt durch die fingerartigen Zellwandauswüchse (↗ Filiformapparat) in eine Synergide ein u. entläßt die beiden Spermazellen. Die eine Spermazelle verschmilzt mit der Eizelle zur Zygote, die zweite mit der Zentralzelle („doppelte B."), woraus sich das sekundäre Endosperm (Nährgewebe) entwickelt. Bei den Gymnospermen wird nur eine Spermazelle (od. Spermatozoid) zur B. (der Eizelle) benötigt. 2) *Zoologie:* Bei den einzelligen Tieren (Protozoen) können die männl. und weibl. Gameten (durch Geißeln) beweglich u. gleich groß *(Isogamie* od. *Isogametie)* od. der weibl. Gamet größer als der männl. sein *(Anisogamie, Anisogametie).* Der größere Gamet wird dann Makrogamet, der kleinere Mikrogamet genannt. Bei Protozoen gelegentlich (z. B. manche Sporozoen), bei mehrzelligen Tieren (Metazoen) stets ist der weibl. Gamet unbeweglich u. erheblich größer als der männliche. Er wird dann als *Ei* (Ovum) bezeichnet, die männlichen Gameten als Samenzellen *(Spermien).* ↗ Geschlechtszellen. Eine besondere Situation herrscht bei den Wimpertierchen (Ciliaten), bei denen die Bildung v. Geschlechtszellen (Gameten) unterbleibt u. nur geschlechtlich differenzierte haploide Kerne gebildet werden, die im Vorgang der ↗ Konjugation zw. zwei Tieren (Gamonten) ausgetauscht werden u. wechselseitig zu einem Synkaryon verschmelzen.

Befruchtungshügel, *Empfängnishügel,* auf der Eizelle Vorwölbung der Oberfläche am Ort des Spermieneintritts.

Befruchtungsmembran, dünne Lamelle, die sich nach Kontakt eines Spermiums mit der Eizelle v. der Eizelloberfläche abhebt u. danach durch Substanzen, die in der Eizelle sezerniert werden, verstärkt wird (z. B. beim Seeigel). Die Bildung der B. ist einer der Mechanismen zur Verhinderung von Polyspermie.

Befruchtungsstoffe, *Gamone,* Bez. für geschlechtsspezifische Wirkstoffe, welche die Anlockung u. Verschmelzung der Gameten bewirken. Je nachdem, ob sie von ♂ od. ♀ Gameten ausgehen, unterscheidet man *Andro-* u. *Gynogamone.* Gut untersucht sind die B. bei einzelligen Algen *(Chlamydomonas)* u. bei Seeigeln. Im letzteren Fall erfolgt der Ei-Sperma-Kontakt durch spezif. Makromoleküle, die sowohl an der Gallerthülle des Eies *(Fertilisin,* Glykoprotein, relative Molekülmasse $M=82000$, agglutiniert spezifisch Spermien) als auch an den ↗ Akrosomen der Spermien *(Bindin,* Protein mit $M=30500$, führt zur Aggregation unbefruchteter Seeigeleier) lokalisiert sind. Bindin reagiert spezifisch mit einem Kohlenhydratrezeptor an der Oberfläche der Vitellinschicht des Eies u. ermöglicht dadurch die Anheftung v. Spermien.

Begattung, *Kopulation, Paarung,* die körperl. Vereinigung zweier Individuen zum

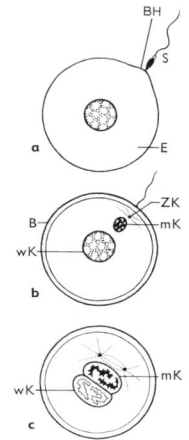

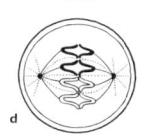

Befruchtung bei vielzelligen Tieren
a Eindringen der Samenzelle S (mit Kopf und dem Zwischenstück, aus dem sich der Zentralkörper ZK bildet) in die Eizelle E (Besamung, BH Befruchtungshügel). **b** Vordringen des männl. Kerns mK zum weibl. Kern wK, Ausbildung der Befruchtungsmembran B zur Abwehr weiterer Samenzellen. **c** Eigentliche Befruchtung: Verschmelzung beider Kerne. **d** Beginn der ersten Kern- und Zellteilung.

Zweck der Übertragung der männl. Keimzellen (Spermien) in den Körper des weibl. Individuums. Die B. soll sofort od. nach einer Ruhezeit der Spermien im weibl. Genitalorgan zur inneren Besamung der Eizelle(n) führen. Häufig enden die Ausführungsgänge der Genitalorgane v. Männchen u. Weibchen in ↗ *Begattungsorganen.* Der B. geht vielfach eine ↗ Balz voraus. Bei manchen langlebigen Tieren, die nur einmal begattet werden, können die Spermien jahrelang gespeichert werden, so bei den Königinnen der Honigbiene u. der Ameisen.

Begattungsorgane, *Kopulationsorgane,* Organe, die der direkten Übertragung des Spermas v. Männchen in die Geschlechtsöffnung des Weibchens od. in eine spezielle Begattungstasche (bei direkter Samenübertragung) dienen. B. sowie die direkte Samenübertragung stellen eine wichtige Voraussetzung für einen sich vollständig an Land vollziehenden Entwicklungszyklus dar, da an Land keine „äußere Besamung möglich ist. So müssen Tiere *ohne* direkte Samenübertragung zur Fortpflanzungszeit immer wieder zum Wasser zurückkehren (z. B. viele Amphibien) oder das Sperma indirekt übertragen (↗ Spermatophore). Außer ihrer Funktion als Spermaüberträger stellen die B. vor allem bei Gliederfüßern noch einen ↗ Isolationsmechanismus dar, der Verpaarungen zw. artfremden Tieren verhindert. Dies wird möglich, indem die B. u. die entsprechende weibl. Geschlechtsöffnung nach dem *Schlüssel-Schloß-Prinzip* gestaltet sind. Der männl. Genitalapparat ist dann meist recht kompliziert gebaut u. kann nur in die Geschlechtsöffnung des artgleichen Weibchens, das die korrespondierenden Strukturen besitzt, eingeführt werden. Kopulationen zw. Tieren verschiedener Art werden so wirkungsvoll verhindert. – Als B. findet man häufig umgewandelte Extremitäten (Gonopoden) oder Teile der zirkumgenitalen Region ausgebildet. *Gonopoden* sind bei Arthropoden (Gliederfüßern) verbreitet. So besitzen z. B. viele Zehnfußkrebse ein aus den ersten beiden Beinpaaren des Pleons (↗ Pleopoden) gebildetes *Petasma.* Dieses funktioniert ähnlich einer Injektionsspritze, indem das erste Pleopodenpaar eine Röhre darstellt, in der sich ein aus dem zweiten Beinpaar bestehender Stempel bewegt. Mit dieser „Spritze" kann die Spermamasse auf das Weibchen übertragen werden. Andere Krebse, z. B. die sessilen Rankenfußkrebse, haben einen Teil des Hinterleibs zu einem schlauchförm. B. umgewandelt, das hier als Penis bezeichnet wird. Bei den Männchen der Spinnen werden die Taster

Begattungstasche

als B. benutzt *(Pedipalpen)*. Während sie den Weibchen als beinförm. Tastorgane dienen, tragen sie bei Männchen häufig extrem komplizierte Strukturen (Schlüssel-Schloß-Prinzip), die der Aufnahme, Speicherung u. Übertragung des Spermas dienen. Da die Gonopoden der Spinnen keine innere Verbindung mit den Gonaden besitzen, müssen sie vor der Kopulation mit Sperma beladen werden. Dazu setzen die Männchen einen Spermatropfen auf ein kleines Netz, in den sie die Gonopoden eintauchen u. mit Sperma auffüllen. (Die morpholog. Konstruktion der Gonopoden kann nur in Zshg. mit dieser Verhaltenskomponente funktionell verstanden werden. Das Verhalten ersetzt hier den fehlenden morpholog. Anschluß an die Gonaden.) Bei Tintenfischen ist einer der Arme als Begattungsarm *(Hectocotylus)* ausgebildet, der bei der Begattung in die Mantelhöhle des Weibchens eingeführt wird. Männl. Haifische besitzen als B. die zum *Mixopterygium* umgestalteten Bauchflossen. Knochenstrahlen der Afterflosse sind dagegen bei einigen Teleostei (Knochenfischen) am Aufbau eines Begattungsorgans, des *Gonopodiums*, beteiligt. Bei Plattwürmern ist die männl. Geschlechtsöffnung zu einem ausstülpbaren *Penis* (od. *Cirrus* der Bandwürmer) differenziert. Dieser ist in vielen Fällen sklerotisiert u. wird an beliebiger Stelle in den Körper des Weibchens eingestochen. Die Geschlechtsöffnung der männl. Insekten liegt im 10. Abdominalsegment. Die ventrale Seite dieses Segments besitzt paarige, als *Phalli* (Ez. *Phallus*) bezeichnete Ausstülpungen, die noch weiter umgestaltet werden können und dann als *Aedeagus* bezeichnet werden. Ebenso wie die Gonopoden der Spinnen können sie nach dem Schlüssel-Schloß-Prinzip gestaltet sein. Bei Wirbeltieren sind es Derivate der Kloake, die in den einzelnen Klassen unabhängig voneinander als *Penis* entwickelt sind. Eidechsen, Schlangen u. Doppelschleichen besitzen paarige ausstülpbare Taschen, die als *Hemipenis* bezeichnet werden. Der Penis der Krokodile, Schildkröten u. mancher Vögel (z. B. Strauß) ist eine unpaare Bildung der Kloakenwand. Er stellt eine parallele Entwicklung zum Penis der Säugetiere dar, der ebenfalls v. der Kloakenwand abgeleitet wird, jedoch v. einem anderen Bereich. Viele Vögel haben den Penis sekundär wieder zurückgebildet. *M. St.*

Begattungstasche, *Bursa copulatrix,* in vielen Tiergruppen ausgebildete Tasche, die den Weibchen (od. Zwittern) zur Aufnahme u. Speicherung des bei der Begattung übertragenen Spermas dient.

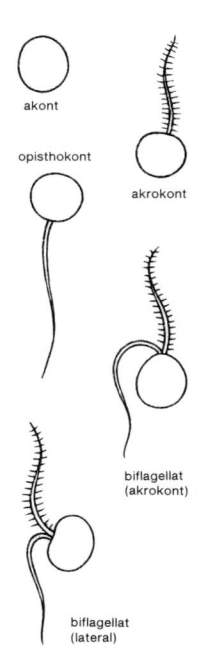

akont
opisthokont
akrokont
biflagellat (akrokont)
biflagellat (lateral)

Begeißelungstypen bei niederen Pilzen

Begeißelung, die Anordnung der ↗ Geißeln (Cilien, Flagellen) an den Zellen u. ihr Aufbau; wichtiges Merkmal zur Unterscheidung u. taxonom. Einordnung von niederen Organismen. 1) bakterielle B. ↗ Bakteriengeißel. 2) B. der pilzähnl. Protisten (niederen Pilze): die Myxoflagellaten vieler Echter Schleimpilze *(Myxomycetes)* u. die Zoosporen der parasit. Schleimpilze *(Plasmodiophoromycetes)* zeigen 2 nach vorn gerichtete *(akrokonte)*, ungleich lange Peitschengeißeln; die Netzschleimpilze *Labyrinthulomycetes)* bilden lateral u. die *Oomycetes* akrokont od. lateral auch 2 Geißeln, eine nach vorn gerichtete Flimmer- u. eine nach hinten gerichtete Peitschengeißel *(biflagellat)*; die Zoosporen der *Hyphochytriomycetes* bewegen sich mit einer akrokonten Flimmergeißel, die *Chytridiomycetes* dagegen mit einer basalen, nach hinten gerichteten *(opisthokonten)* Peitschengeißel (als Schubgeißel). 3) Sowohl pflanzl. als auch tier. Einzeller zeigen häufig eine spezielle B., die primär der Fortbewegung, sekundär auch der Nahrungsaufnahme dient.

Beggiatoa *w* [ben. nach dem it. Botaniker F. S. Beggiato, 1806–83], Gatt. der *Beggiatoaceae;* die gramnegativen, stäbchenförm. Bakterien bilden lange, gleichmäßig breite (1–30 µm), segmentierte Filamente (Trichome), die eine gleitende Bewegung ausführen. Sie sind weit verbreitet. Die Filamente können einzeln auftreten od. bilden kreideweiße bis graue, spinnwebartige, abhebbare Überzüge auf faulenden organ. Stoffen in schwefelwasserstoffhalt. Süß- u. Salzwasser. B. lebt auch in Thermal- u. Schwefelquellen, Sümpfen sowie verunreinigten Gewässern. Die B.-Arten führen unter aeroben u. mikroaerophilen Bedingungen einen chemoorganotrophen od. mixotrophen Atmungsstoffwechsel aus. Wahrscheinlich können sie auch im chemolithotrophen Stoffwechsel, bei der Oxidation v. Schwefelwasserstoff, Stoffwechselenergie gewinnen. Als Zwischenprodukt der Oxidation wird in den Zellen Schwefel abgelagert, der den Filamenten die weiß. Färbung verleiht; als Endprodukt entsteht Schwefelsäure (Schwefelorganismen). B. kann sich in einer bes. Wasserzone anhäufen, wo Schwefelwasserstoff u. Sauerstoff in einer bestimmten Konzentration vorliegen. So dient sie als Indikatororganismus im Saprobiensystem für die β-polysaprobe Zone. In überfluteten Reisfeldern schützt B. wahrscheinlich der höheren Pflanzen durch die Oxidation v. Schwefelwasserstoff vor zu hohen, toxischen Konzentrationen dieses Zellgifts; die Pflanzen geben andererseits verschiedene Stoffe ab, die das Bakterienwachstum verbessern. S. Winogradsky (1888) entwickelte bei der Untersuchung von B. das Konzept des chemolithotrophen Stoffwechseltyps (Anorgoxidation). In vielen äußeren Merkmalen, bes. dem charakterist. Gleiten, ist B. bestimmten Cyanobakterien *(Oscillatoria)* sehr ähnlich; es wird daher als farbloses Cyanobakterium angesehen. Häufigste Art ist *B. alba.*

Beggiatoaceae [Mz.; ben. nach dem it. Botaniker F. S. Beggiato, 1806–83], Fam. der Ord. *Cytophagales* (od. auch der neuen Ord. ↗Beggiatoales).

Beggiatoales [Mz.; ben. nach dem it. Botaniker F. S. Beggiato, 1806–83], Ord. der farblosen Cyanobakterien *(Cyanomorpha),* in der Bakterien zusammengefaßt werden, die eine gleitende Bewegung auf fester Unterlage ausführen u. Schwefel in den Zellen (vorübergehend) speichern können (↗Schwefelorganismen). Bis auf das Fehlen einer Photosynthese sind die B. den Cyanobakterien sehr ähnlich. Bekannte Gatt. sind *Beggiatoa* u. *Thioploca* (Fam. *Beggiatoaceae), Achromatium* (Fam. *Achromatiaceae)* u. *Thiothrix.* Die Ord. ist noch nicht allg. anerkannt. Gewöhnlich werden die Gatt. bei den *Cytophagales* eingeordnet.

Begleiter, Begleitpflanzen, ↗Assoziation.

Begoniaceae [Mz.; ben. nach dem frz. Gouverneur v. Santo Domingo, M. Bégon, 1638–1710], *Schiefblattgewächse,* Fam. der Veilchenartigen *(Violales),* die mit 5 Gatt. u. über 900 Arten in den Tropen u. Subtropen beheimatet ist. Ausdauernde, bisweilen kriechende od. kletternde Halbsträucher od. Kräuter mit einfachen Wurzeln, Rhizomen od. Knollen u. meist mehr od. minder fleischigen Sprossen. Die Laubblätter zeichnen sich aus durch eine stark asymmetr. „schiefe" Form u. sind meist ungeteilt, am Rande gezähnt od. gelappt, bisweilen aber auch handförmig geteilt. An der Basis tragen sie z. T. große, häutige Nebenblätter, die meist frühzeitig abfallen. Die in achselständ. Dichasien od. Wickeln angeordneten, weißen, gelben od. roten Blüten sind stets monözisch. Die ♂ Blüten bestehen meist aus 2 kronblattartigen Kelchblättern, 2–6 Kronblättern u. zahlr. freien od. mehr od. minder verwachsenen Staubblättern. Die ♀ Blüten besitzen meist 2–8 Blütenblätter u. 3–6 Griffel, deren oft zweilapp. Narben schraubig verdreht sein können. Der unterständige, aus 2 od. 3 verwachsenen Fruchtblättern bestehende, meist 3flügelige Fruchtknoten enthält zahlr. Samenanlagen. Die Frucht ist eine harte od. fleischige, meist geflügelte, vielsamige Kapsel, seltener eine Beere. Die monotypische, auf Hawaii heim. Gatt. *Hillebrandia* mit 5zähliger Blütenhülle u. ungeflügeltem Fruchtknoten kann wohl als ein Bindeglied zu ursprünglicheren Vorfahren der B. angesehen werden. Hierfür spricht auch das in seltenen Fällen zu beobachtende Auftreten v. monoklinen Blüten mit oberständigem Fruchtknoten. Die weitaus überwiegende Mehrzahl der B. gehört der in den Tropen u. Subtropen bevorzugt an feuchten Standorten, insbes. im Regenwald, weit verbreiteten Gatt. *Begonia* (Begonie, Schiefblatt) an. Aufgrund neuerer Forschungsergebnisse wird sogar vorgeschlagen, auch die mit 13 Arten auf Neuguinea beheimatete Gatt. *Symbegonia* u. die mit 5 Arten in Kolumbien heim. Gatt. *Begoniella* der Gatt. *Begonia* zuzuordnen. Arten der Gatt. *Begonia* gehören ihrer oft schön gezeichneten Blätter u. ihrer hübschen Blüten wegen zu den beliebtesten u. bekanntesten Zimmer- u. Freilandzierpflanzen. Bei der gärtner. Züchtung wird v. a. die insbes. bei den ♂ Blüten vorhandene starke Neigung zur Blütenfüllung ausgenutzt. Die ursprünglich aus den Anden stammende Knollenbegonie, deren bekannteste Zuchtsorten unter der Bez. *B. tuberhybrida* zusammengefaßt werden, zeichnet sich aus durch bes. schöne, 2,5–20 cm große, einfache od. gefüllte, weiße, gelbe, rote, rosa- od. orangefarbige Blüten, deren Ränder gefranst, gekräuselt od. andersartig gefärbt sein können. Die aus O-Indien stammende *B. rex* (B Asien VI) wird als Blattpflanze im Zimmer gehalten. Ihre bisweilen sehr großen, auf der Unterseite meist roten Laubblätter besitzen eine samtig schimmernde od. metallisch glänzende Oberfläche mit weißen, grünen, purpurnen od. schwärzl. Mustern. Die Blüten dieser Blattbegonie sind rosarot, seltener weiß od. gelblich. Von den strauchigen od. halbstrauchigen Begonien ist die aus Brasilien stammende *B. semperflorens* (B Südamerika IV) zu nennen. Die fast das ganze Jahr hindurch blühende, wenig empfindl. Pflanze wird sowohl im Zimmer als auch im Garten kultiviert u. besitzt Blütenstände mit 2–10 relativ kleinen, weißen, rosafarbigen od. roten Blüten. Blätter von *B. tuberosa* werden auf den Molukken lokal als Gemüse verzehrt, während andere Begonienarten medizin. Verwendung finden. Bemerkenswert ist das Regenerationsvermögen der Begonien. Sowohl im Bereich des Blatts als auch der Sproßachse kommt es leicht zur Bildung v. Adventivknospen (☐ Adventivbildung), die sich unter geeigneten Bedingungen bewurzeln u. zu neuen Pflanzen heranwachsen. Sehr charakteristisch sind auch die Calciumoxalatkristalle sowie die Doppelcystolithen, die Stein- u. Spikularzellen der Begonien. Die Sprosse der B. tragen zudem Haare von erstaunl. Vielfalt; es lassen sich Peitschen-, Stern-,

Begoniaceae
Gattungen:
Begonia
Begoniella
Hillebrandia
Semibegoniella
Symbegonia

Begonie
Büschel-, Köpfchen-, Zotten-, Schuppen- u. Drüsenhaare sowie sog. Perldrüsen unterscheiden. *N. D.*

Begonie *w* [ben. nach dem frz. Gouverneur v. Santo Domingo, M. Bégon, 1638–1710], *Begonia*, Gatt. der ↗Begoniaceae.

Begriff, im verhaltenswiss. Sinn die Repräsentation eines abstrakten Merkmals im zentralen Nervensystem eines Lebewesens. Da ein B. durch ↗Abstraktion entstehen muß, kann er nur von lernfähigen Organismen gebildet werden, im vollen Sinn sogar nur v. den höchstentwickelten Säugetieren. Z. B. lernt es ein Rhesusaffe, v. drei Objekten, v. denen zwei gleich aussehen, jeweils das ungleiche auszuwählen. Er kann das B.spaar gleich/ungleich auf die unterschiedlichsten Reize anwenden. Bei Tieren sind i. e. S. nur averbale (vorsprachliche) B.e möglich.

Begrüßungsverhalten, *Begrüßungszeremoniell,* häufig stark ritualisiertes Verhalten, das bei der Begegnung mit einem Artgenossen gezeigt wird u. dazu dient, aggressive Tendenzen zu verringern od. Fluchttendenzen abzubauen (↗Beschwichtigung). Möglicherweise gibt es auch B., das der Identifikation eines Individuums dient. Auffälliges B. zeigen viele brütende Vögel, wenn ihr Partner zur Brutablösung das Nest anfliegt. Bei Schimpansen streckt das unterlegene Tier dem dominanten die offene Handfläche entgegen, die dieses berührt u. damit den Partner beruhigt. Evtl. hat auch der menschl. *Handschlag* ähnliche stammesgeschichtl. Wurzeln.

Beharrungsregel, besagt, daß manche Tiere, v. a. Pflanzenfresser u. Zooparasiten, als Adultus bei freier Nahrungswahl eine ganz bestimmte Nahrung auch dann bevorzugen, wenn sie während ihrer Entwicklung auf einem anderen Nährorganismus gehalten wurden. Ggs.: Wirtswahlregel.

Behaviorismus *m* [bihä'viorißmus; v. am.-engl. behavior = Verhalten], von J. B. Watson u. E. L. Thorndike 1912 begr. amerikan. Schule der Psychologie, die die Verwendung aller „subjektiven", durch Introspektion zugängl. Begriffe ablehnte. Über innere Bedingungen u. innere Vorgänge sollten keine Aussagen gemacht werden, es sollte lediglich der Zshg. des beobachtbaren Verhaltens mit den einwirkenden Umweltreizen untersucht werden. Durch dieses *Reiz-Reaktions-Schema* wurden subjektive Begriffe wie Empfindung, Denken, Ziel, aber auch funktionelle Begriffe wie Gedächtnis, Antrieb usw. aus der Psychologie ausgeschieden. Die größte Leistung des B. war die Entwicklung der psycholog. Lerntheorie, durch die beschrieben wird, wie sich die Verknüpfung v. Umweltreizen u. Reaktionen des Lebewesens durch Erfahrung ändert (↗Konditionierung). In der Lerntheorie zeigt sich auch die Nähe des B. zur Psychologie I. P. Pawlows, der den Begriff des ↗bedingten Reflexes einführte. Beide Richtungen gehen davon aus, daß sich durch erlernte Verknüpfungen zw. den Reizen, die ein Lebewesen aufnimmt, u. den Reaktionen, die es zeigt, das gesamte Verhaltensinventar erklären läßt. Allerdings muß selbst die Lerntheorie minimale angeborene Verknüpfungen voraussetzen, z. B. eine vorgegebene positive od. negative Bewertung einiger Erfahrungen, eine spontane Aktivitätsbereitschaft usw. Allerdings lehnt es der B. ab, die ↗angeborenen Elemente des tier. Verhaltens u. ihre stammesgeschichtl. Anpassung in die Betrachtung einzubeziehen. Dadurch kam es gelegentlich zu methodisch bedingten Fehlinterpretationen v. Verhaltensweisen. Der B. stand geschichtlich im Ggs. zur eur. Ethologie, die die inneren Bedingungen des Verhaltens untersuchte u. angeborene Verknüpfungen v. Umwelteinflüssen u. tier. Verhalten beschrieb. Dieser Ggs. besteht heute nicht mehr in der früheren Form, da der dogmat. B. kaum mehr vertreten wird u. da die behaviorist. Lerntheorie in modifizierter Form auch in die Ethologie einging (↗Lernen). Bes. die moderne Systemtheorie u. Kybernetik haben gezeigt, daß es durchaus möglich ist, aus der Analyse der Eingangs-/Ausgangsbeziehung eines Systems ohne direkten Zugriff objektive Aussagen über innere Gesetzmäßigkeiten des Systems zu machen; d. h., das Reiz-Reaktions-Schema des B. wurde durch ein Schema v. *Reiz, innerer Reizverarbeitung u. Reaktion* ersetzt.

Behensäure, *n-Dokosansäure,* $CH_3-(CH_2)_{20}-COOH$, eine Fettsäure, die in den Glyceriden v. Samenölen (z. B. Rapsöl, Erdnußöl, Senföl), in Wollwachs u. in Cerebrosiden vorkommt; durch Hydrierung aus Erucasäure herstellbar.

E. A. von Behring

Behring, *Emil Adolph* von, dt. Bakteriologe, * 15. 3. 1854 Hansdorf (Westpreußen), † 31. 3. 1917 Marburg a. d. Lahn; 1889 Assistent v. R. Koch, 1894 Prof. in Halle, ab 1895 in Marburg; entwickelte 1890 das Diphtherie-Heilserum u. begr. zus. mit S. Kitasato die Heilserumbehandlung (Diphtherie-, Tetanus-Antitoxin); erhielt 1901 den Nobelpreis für Medizin.

Behring-Gesetz, nach seinem Entdecker E. A. v. Behring ben. Gesetz, nach dem das Serum eines gg. eine Infektionskrankheit immunen Individuums bei Übertragung den Empfänger gg. diese Krankheit schützt.

Beifuß, *Artemisia,* Gatt. der Korbblütler mit über 250 Arten. Meist mehr od. minder aromatisch duftende, kahle bis z. T. dicht behaarte Kräuter od. Halbsträucher mit wechselständigen, einfachen bis mehrfach fiederteiligen Laubblättern u. in der Regel zahlr., kleinen, ährig-traubig od. rispig angeordneten Köpfchen aus gelben, grünlich-weißen od. rötl. Röhrenblüten. Verbreitungsschwerpunkte des oftmals an Windbestäubung angepaßten B.es sind Steppen- u. Halbwüstengebiete Eurasiens sowie N- u. Mittelamerikas. Hier treten einige Arten massenhaft u. somit z. T. vegetationsbestimmend auf. In den Halbwüsten der südwestl. USA etwa nimmt der „sage brush", *A. tridentata,* riesige Flächen ein; in den Halbwüsten NW-Afrikas bis hin zum Iran ist es *A. herba-alba.* Ebenfalls in den Trockengebieten Eurasiens heimisch, in Mitteleuropa jedoch relativ selten, ist der Wermut *(A. absinthium,* B Kulturpflanzen X), ein ca. 1 m hoher, aromatisch duftender, seidig-filzig behaarter Halbstrauch mit fiederteiligen Blättern u. zahlr. kleinen gelben Blütenköpfchen. Die bei uns in sonnigen Unkrautgesellschaften, an Wegen u. Dämmen wachsende Pflanze gilt seit der Antike als Heilpflanze. Als Heil- u. Gewürzpflanze seit dem Altertum bekannt u. geschätzt ist auch der bei uns in staudenreichen Unkrautfluren, an Wegen, Ufern u. im Auengebüsch weit verbreitete Gewöhnliche (Gemeine) Beifuß *(A. vulgaris,* B Europa XVII). Diese bis ca. 1,5 m hohe Staude besitzt unterseits weißfilzige Blätter sowie rötlich-braune Blütenköpfe. Die in S-Europa und Kleinasien heimische, zerrieben nach Zitrone duftende Eberraute *(A. abrotanum)* enthält außer äther. Öl u. Bitterstoff das gg. Fieber wirksame, wundheilende Alkaloid *Abrotanin* u. wird in der Volksmedizin ähnlich wie Wermut angewendet. Als Heilpflanzen galten früher auch die sehr seltene, nach der ↗ Roten Liste „vom Aussterben bedrohte" u. daher vollkommen geschützte Echte Edelraute *(A. mutellina, A. laxa)* u. die ebenfalls geschützte Schwarze Edelraute *(A. genipi).* Beide wachsen als Halbrosettenstauden od. kleine Halbsträucher in Felsspaltengesellschaften der alpinen Stufe bzw. auf kalkarmem Gesteinsschutt u. besitzen silbrig glänzende, seidig behaarte Blätter. An den Nord- u. Ostseeküsten von Dtl. zu finden ist der Meerstrand-B. *(A. maritima),* dessen äther. Öl das giftige Santonin, ein bes. wirksames Wurmmittel, enthält. In weit höheren Konzentrationen ist diese Substanz allerdings in der in Mittelasien heimischen Staude *A. cina* enthalten, deren getrocknete, unreife Blütenköpfe als „Zitwersamen" od. „Wurmsamen" gehandelt wer-

Beifuß
Der Wermut *(Artemisia absinthium)* wird heute in erster Linie bei Magenbeschwerden sowie Leber- u. Gallenleiden angewendet. In der Volksmedizin gilt er zusätzlich als Wurmmittel, Abortivum u. Mittel gg. Anämie u. Epilepsie. Äußerlich angewendet, fördert er die Wundheilung. Das insbes. durch die Bitterstoffe *Absinthiin* u. *Absinthin* stark bitter schmeckende Kraut dient auch zur Herstellung v. Spirituosen. Wermutwein u. Absinthlikör erfreuten sich im 19. Jh. großer Beliebtheit, führten jedoch über längere Zeit u. in größeren Mengen genossen, zu schweren chron. Vergiftungserscheinungen. Der auf die im äther. Öl des Wermuts vorhandene Terpenverbindung *Thujon (Absinthol)* zurückzuführende „Absinthismus" zeichnet sich aus durch bleibende Degenerationserscheinungen des Zentralnervensystems, bes. des Gehirns, u. führt schließlich zu völligem körperl. u. geistigem Verfall. Eine akute Thujon-Vergiftung äußert sich in epilepsieähnl. Krämpfen u. schweren, meist tödl. Stoffwechselstörungen, die insbes. durch Schädigung der Leber verursacht werden.
Der Gewöhnliche B. *(Artemisia vulgaris)* enthält ebenfalls, wenn auch in weit geringerem Maß als der Wermut, Thujon u. Bitterstoff. Hauptbestandteil des äther. Öls ist hier das giftige *Cineol (Eucalyptol),* das auch für die wurmtreibende Wirkung der Pflanze verantwortlich gemacht wird. Heute v. a. als Küchengewürz für Braten u. Geflügel geschätzt, besaß der B. insbes. im Mittelalter als „Johanniskraut" eine beträchtl. magische Bedeutung.

den. Ein bekanntes Küchengewürz, insbes. für Saucen u. Kräuteressig, ist der in O-Europa u. Asien sowie im westl. N-Amerika heimische, häufig kultivierte Estragon *(A. dracunculus,* B Kulturpflanzen VIII) mit ungeteilten, lineal-lanzettl. Blättern. Eine in zahlr. U.-Arten fast über die gesamte Nordhalbkugel verbreitete Art des B.es ist schließlich der in lückigen, sonnigen Magerrasen, auf Dämmen u. an Böschungen wachsende Feld-B. *(A. campestris).* Der Felsen-B. *(A. rupestris)* gilt der Roten Liste zufolge als ausgestorben od. verschollen.
 N. D.

Beifuß-Gesellschaften ↗ Artemisietea vulgaris.
Beifuß-Gestrüpp, Tanaceto-Artemisietum, Assoz. der ↗ Artemisietalia.
Beifußhuhn, *Centrocercus urophasianus,* ↗ Präriehühner.
Beijerinck, *Martinus Willem,* niederländ. Botaniker u. Mikrobiologe, * 16. 3. 1851 Amsterdam, † 1. 1. 1931 Gorssel; veröff. zahlr. wichtige Forschungsergebnisse über Bakterien im Boden u. in Pflanzen, Pflanzenkrankheiten u. Bakterienphysiologie; führte die Auxanographie (1889) zur Bestimmung v. Hefen ein, entdeckte die Knöllchenbakterien (1888) u. das aerob stickstoffixierende Bakterium *Azotobacter* (1901/1908). B. und S. Winogradsky arbeiteten die Methoden der Anreicherungskultur zur Isolierung wichtiger physiolog. Bakteriengruppen (1901) aus. B. entdeckte auch, daß die Tabakmosaikkrankheit nicht durch Bakterien, sondern v. einem infektiösen „Contagium vivum fluidum", einem lösl., durch Bakterienfilter hindurchgehenden Erreger, verursacht wird.
Beijerinckia [ben. nach M. W. ↗ Beijerinck], Gatt. der *Azotobacteraceae;* die stickstoffixierenden Bakterien werden hpts. in sauren Tropenböden (pH 4,5) gefunden; doch wächst B. auch unter alkal. Bedingungen (bis pH 10,0). Die B.-Arten bilden große farblose, schleimige Kolonien; die kokkoiden od. stäbchenförm. Zellen (0,5–2 × 2–4,5 μm) sind beweglich od. unbeweglich; es werden Cysten ausgebildet. Typische Formen weisen 2 polare Einschlüsse v. Poly-β-hydroxybuttersäure auf.
Beiknospen, die bei einer Reihe v. Angiospermenarten in einer Blattachsel neben der Hauptachselknospe zusätzlich angelegten Knospen für Seitentriebe. Diese B. können in der Mediane übereinander *(seriale B.)* od. in der Blattachsel nebeneinander stehen *(kollaterale B.).* ☐ Achselknospe.
Beilbauchfische, *Beilfische, Gasteropelecidae,* Fam. der Salmler mit 3 Gatt. u. 9 Arten; die meist im Süßwasser des trop.

Beilfische

Amerika an der Wasseroberfläche lebenden, Insekten jagenden B. haben wie z.B. der Silber-Beilbauchfisch *(Gasteropelecus sternicla,* B Fische XII) aus dem Amazonasgebiet eine stark vergrößerte, durch Knochen des Schultergürtels abgestützte, muskulöse Brustregion. Mit Hilfe der kräft. Brustmuskeln können die schwingenähnl. Brustflossen außerhalb des Wassers sehr schnell flügelartig bewegt werden, so daß B. als einzige Fische aktiv fliegen können. B. sind beliebte ↗Aquarienfische.

Beilfische, 1) die ↗Beilbauchfische. 2) Tiefseebeilfische, ↗Großmünder.

Beinbrech, *Ährenlilie, Narthecium,* atlant. Gatt. der Liliengewächse mit 8 Arten; der bis 30 cm hohe Blütenstand trägt äußerlich grünl. und innen gelbe Blüten. Die mehrjährige Art *N. ossifragum* blüht zw. Juli und Aug. in Heide- u. Hochmooren NW-Europas; sie ist nach der ↗Roten Liste „stark gefährdet". Der Gatt.-Name beruht auf der irrtüml. Annahme, die Pflanze würde Knochenbrüchigkeit beim Vieh verursachen.

Beine, Extremitäten, die, als Hebel fungierend, dem Körper zur Fortbewegung auf dem Substrat dienen. B. sind in vielen Tiergruppen als Lauforgane ausgebildet, können aber unter Funktionswechsel auch mannigfaltige morphol. Umwandlungen erfahren haben u. als Schwimm-B., Begattungs-B., Atemorgane u.ä. dienen. ↗Extremitäten.

Beinhaut, die ↗Knochenhaut.

Beinsammler, Bienen, die den an Blüten gesammelten Pollen an den Hinterbeinen verklumpt ins Nest transportieren; hierzu viele Fam. der Über-Fam. *Apoidea,* z.B. die *Meliponinae,* die Sandbienen, Schmalbienen, Seidenbienen u. die *Apidae* (mit der Honigbiene) außer den Gatt. Holzbienen u. den brutparasitierenden Gatt.

Beintaster, die ↗Palpigradi.

Beintastler, *Protura, Myrientomata,* Insekten-Ord. der *Entognatha* bzw. *Apterygota* mit ca. 250 Arten, davon 15–20 in Mitteleuropa; winzige, weißl., langgestreckte, meist unter 1 mm kleine, blinde Urinsekten, die ihre völlig reduzierten Fühler funktionell durch die Vorderbeine ersetzt haben. Die ersten drei Hinterleibssegmente tragen Reste v. Beinen; Hinterleib aus 11 Segmenten, deren volle Zahl erst postembryonal erreicht wird (↗Anamerie). Die Tiere leben tief im Boden, unter großen Steinen od. im Moos. Mit ihren stechendsaugenden Mundteilen saugen sie Pilzhyphen aus. Fam. *Acerentomidae,* bei uns die Gatt. *Acerentomon,* ohne Tracheen; Fam. *Eosentomidae* mit Tracheenresten.

Beinwell [ahd. beinwalla v. wallen = Zusammenheilen v. Knochen (die Pflanze wurde fr. zur Heilung v. Knochenbrüchen

Beinwell
Schon seit alters her gilt der B. als Heilpflanze. Das Rhizom, das neben großen Mengen an Schleim auch Saccharose, Inulin, Stärke, äther. Öle, Harze u. Gerbstoffe enthält, wirkt, in verschiedener Form verabreicht, reizmildernd, entzündungswidrig sowie antibakteriell u. wird äußerlich zur Behandlung v. Wunden, Quetschungen, Geschwüren u. Hautkrankheiten sowie (früher) v. Knochenbrüchen herangezogen. B. galt fr. auch als Wildgemüse. Die jungen Sprosse wurden wie Spargel, die Blätter wie Spinat zubereitet.

herangezogen)], *Symphytum,* Gatt. der *Boraginaceae* mit 10–20 Arten pontisch-montanen Ursprungs, v. denen die meisten auf die am Schwarzen Meer gelegenen Gebirgsländer beschränkt sind. In fast ganz Europa verbreitet ist der Echte B. od. Arznei-B. *(S. officinale),* eine bis 1 m hohe, borstig-rauhhaarige, fleischige, v. unten an ästige, ausdauernde Staude mit einer langen spindelförm., von schwarzem Kork umgebenen Pfahlwurzel u. einem kurzen, fleisch. Rhizom. Die eiförm. bis lanzettl. Blätter sitzen (oben) od. laufen, in den Blattstiel verschmälert, lang herab (unten). Die schmutzig-purpurnen, rosa-violetten od. gelblich-weißen, hängenden Blüten besitzen eine lange, glockenförm. Röhre, lanzettliche, einen spitzen Kegel bildende Schlundschuppen u. sehr kurze Zipfel; sie stehen in beblätterten, gipfel- od. blattachselständ. Wickeln. Standorte des Echten B.s sind Naß- u. Moorwiesen, Auen- u. Bruchwälder sowie Gräben u. Bachufer. Als zweite Art der Gatt. ist *S. asperum* (Komfrey od. Comfrey), eine ca. 1,5 m hohe, aus den Hochstaudenfluren des Kaukasus stammende Pflanze, zu nennen. Seit dem vergangenen Jh. wird diese zunächst karminrot, dann lebhaft himmelblau blühende, massenwüchsige, eiweißreiche Grünfutterpflanze bes. für Schweine u. Ziegen in Europa angebaut. In neuerer Zeit ist *S. asperum* allerdings größtenteils v. einem an die westeur. Wachstumsbedingungen besser angepaßten Bastard zw. *S. asperum* und *S. officinale (S. × uplandicum)* verdrängt worden.

Beira, *Beira-Antilope, Dorcatragus megalotis,* eine zu den Böckchen *(Neotraginae)* gehörende Kleinantilope; Kopfrumpflänge 80–90 cm, Körperhöhe 55 cm; große Augen u. auffallend lange Ohren. Die B. lebt paarweise od. in kleinen Trupps im trockenen, buschbestandenen Hügel- u. Bergland Somalias u. ernährt sich v. Mimosen-Blättern u. dürrem Gras. Einzelheiten über die Lebensweise der seltenen B. sind nicht bekannt.

Beisa-Antilope ↗Oryx-Antilope.

Beißhemmung ↗Aggressionshemmung.

Beißschrecke, *Metrioptera roeselii,* ↗Heupferde.

Beiwurzeln, die zur normalen Entwicklung gehörenden sproßbürtigen u./od. blattbürtigen zusätzl. Wurzeln; z.B. Bewurzelung der Kriechsprosse v. Erdbeere u. Kriechendem Hahnenfuß. Ggs.: Adventivwurzeln.

Beize, Phytopathologie: dient zum Schutz des Saat- u. Pflanzenguts u. soll die anheftenden od. eingedrungenen Krankheitserreger abtöten od. das Saatgut im Boden vor bodenbürtigen Schaderregern dadurch schützen, daß sie eine Schutzschicht um das Samenkorn bildet. *Beizen* gehört zu den wichtigsten Maßnahmen des landw. Pflanzenschutzes. Bekämpft werden: Brandkrankheiten des Getreides, Auflaufkrankheiten (Keimlingskrankheiten, z. B. Schneeschimmel), die Streifenkrankheit der Gerste, der Echte Mehltau der Sommergerste, Getreideflugbrand, Brennfleckenkrankheiten, Wurzelbrand der Rüben, Kartoffelschorf, Drahtwürmer, Erdflöhe, *Tipula*-Arten u.a. pilzliche u. tier. Schädlinge. Die Beizmittel enthalten sehr unterschiedl. Wirkstoffe: systemische Fungizide, organ. Quecksilberverbindungen, Schwefel-Kupfer-Mittel, Phthalimid, Chinolinderivate u. a. Verbindungen.

Beizjagd ↗ Falknerei.

Bekassinen [Mz.; über frz. bécassine von frz. bec = Schnabel], *Sumpfschnepfen*, braune, mittelgroße Watvögel mit langem Schnabel u. relativ kurzen Beinen; das Gefieder besitzt helle u. dunkle Flecken u. auf dem Rücken eine ockergelbe Längsbandzeichnung. Am bekanntesten ist die drosselgroße Bekassine *(Gallinago gallinago)*, die in fast ganz Europa, Asien u. N-Amerika vorkommt; ihr Lebensraum sind Moore u. Sümpfe, auf dem Zug auch feuchte Wiesen; vorwiegend aktiv in der Morgen- u. Abenddämmerung; Nahrungssuche durch sondierendes Stochern mit dem Schnabel im Boden, die Aufnahme v. Schnecken, Würmern u. Insektenlarven wird durch biegsamen Oberschnabel erleichtert; aufgescheucht, fliegt die Bekassine mit rätschendem Ruf im Zickzackflug davon; im Frühjahr vollführt das Männchen einen wellenförm. Balzflug, beim schnellen Herabstürzen aus großer Höhe ertönt ein meckerndes Geräusch („Himmelsziege"), das durch Luftströmungen an den abgespreizten äußersten Schwanzfedern erzeugt wird; infolge der Abnahme der als Brutplatz geeigneten Feuchtgebiete ist der Bestand der Bekassine nach der ↗ Roten Liste „stark gefährdet". Sehr ähnlich, doch etwas größer ist die Doppelschnepfe *(G. media)*, die in trockenerem, mit Bäumen bestandenem Gelände in N-Europa und N-Asien vorkommt; sie gilt nach der Roten Liste in Dtl. als „ausgestorben". Die ebenfalls in N-Eurasien beheimatete, knapp starengroße Zwergschnepfe *(Lymnocryptes minimus)* ist auf dem Durchzug in Mitteleuropa nicht selten an feuchten, niedrig bewachsenen Flächen anzutreffen. B Europa VII.

Békésy [b*e*keschi], *Georg* von, ungar.-am. Biophysiker, * 3. 6. 1899 Budapest, † 13. 6. 1972 Honolulu; seit 1940 Prof. in Budapest, ab 1947 in den USA, zuletzt (seit 1966) Prof. an der Univ. v. Hawaii; arbeitete bes.

Beize (Methoden)
Bei der *Trocken-B.* wird das Saatgut mit pulverförm. Präparaten versetzt od. eingepudert, während bei der *Naß-B.* in Wasser suspendierte Mittel auf das Saatgut aufgebracht werden. Bei der *Saatgutinkrustierung* behandelt man das Saatgut erst mit einem Bindemittel (Leinöl, Magermilch) u. bringt dann die Beizmittel auf. Bei der *Saatgutpillierung* sind die Insektizide od. Fungizide in ein Trägermaterial (z. B. Gesteinsmehl) eingebracht; mit dieser Masse werden die Samen umhüllt. Die *Heiß-* u. *Warmwasser-B.*, die fr. zum Abtöten v. Krankheitserregern innerhalb der Samen notwendig war, ist heute meist durch systemische Mittel ersetzt, die von den Keimlingen aufgenommen werden.

Bekassine *(Gallinago gallinago)*

über Probleme der Reizmechanismen im Ohr u. schuf eine in Ggs. zur Helmholtzschen Resonanzhypothese stehende Hörtheorie; erhielt 1961 den Nobelpreis für Medizin.

Belastbarkeit, in der Ökologie die Fähigkeit eines Ökosystems, Belastungen zu ertragen, ohne in einen anderen Ökosystemtyp umzuschlagen. Die B. ist um so größer, je stabiler das Ökosystem gg. Störungen ist u. je schneller es sich nach Beanspruchungen wieder erholen kann.

Belastung, in der Ökologie die Störung eines Ökosystems, die kurzfristig u. natürlich (z. B. Überschwemmungen, Brand u. Frost) od. langfristig u. durch den Menschen hervorgerufen sein kann. Man spricht heute von B. der Landschaft durch Lärm, Flächeninanspruchnahme, Luft- u. Wasserverunreinigungen u. Wasserhaushaltsbelastungen. Den stärksten B.en ist der Boden ausgesetzt. Die Luftverunreinigungen gelangen durch die Niederschläge in den Boden. In der BR Dtl. werden jährlich pro Hektar 10–30 kg N, 0,5–1 kg P, 2–19 kg K, 1,8–4,4 kg Mg u. 12–32 kg Ca, also insgesamt ca. 80 kg Nähr- und Schmutzstoffe, in den Boden eingewaschen. Die Bodenoberfläche wird durch Verdichtung, Abgrabungen, Aufschüttungen, Deponien u. Erosionen verändert. Biozide u. Mineraldünger verändern die Bodenflora u. -fauna. Der Boden wirkt als ein effektives Filtersystem, bei dem die schädl. Stoffe unbeweglich gemacht werden, so daß keine toxischen Konzentrationen der Schadstoffe auftreten. Die B. von Böden hängt v. verschiedenen Faktoren ab: je höher der Gehalt an organ. Substanz u. Ton, an Fe- und Al-Oxiden und an Carbonaten ist, desto eher ist der Boden in der Lage, Schadstoffe zu immobilisieren. Die Mächtigkeit der Bodendecke u. die chem. u. physikal. Eigenschaften der Schadstoffe spielen ebenfalls eine Rolle. Im allgemeinen werden zwei- u. mehrwertige Ionen gut gebunden (Biozide u. Schwermetalle), einwertige Ionen u. Erdöl weniger gut.

Belaubung, Ausbruch v. Blättern bzw. Nadeln aus vorgebildeten Knospen nach der winterl. Vegetationsruhe. Die Nadeln unserer einheim. Kiefern, Fichten u. Tannen haben je nach den Bedingungen eine Lebensdauer von 3–9 Jahren; da die Nadeln nicht alle zur gleichen Zeit abgeworfen werden, spricht man v. immergrünen Nadelhölzern.

Belchen, volkstüml. Bez. für ↗ Bleßhühner.
Belebungsverfahren, aerobe Verfahren (z. B. *Belebtschlammverfahren*) zur biol. Abwasserreinigung in der ↗ Kläranlage.
Belegknochen ↗ Bindegewebsknochen.

Belegzellen, salzsäurebildende Zellen im Magenfundus v. Wirbeltieren; gehören zus. mit den Hauptzellen, die Pepsinogen produzieren, u. den schleimausscheidenden Nebenzellen zu den Fundusdrüsen. Die gebildete Salzsäure dient zur Abtötung v. Bakterien u. zur Aktivierung des Pepsinogens. ↗Magen.

Belemniten [Mz.; v. gr. belemnon = Blitz, Geschoß], *Donnerkeile, Katzensteine, Teufelsfinger, Belemnoidea,* wahrscheinlich dibranchiate † Cephalopoden *(Coleoidea)* mit 10 häkchenbesetzten Armen, seitlichen Flossensäumen u. gestrecktem kalkigem Innenskelett, das in einem geschlossenen Schalensack steckte u. sehr selten vollständig überliefert ist. Es geht ontogenetisch aus einer Anfangskammer (Bursa primordialis) hervor; aus ihr entwickelt sich ein leicht gekrümmter, gekammerter Zylinder aus Aragonit *(Phragmocon),* den ein

Belemniten
Hartteile eines Belemniten (z. B. *Megateuthis*) mit Epirostrum im schematisierten Längsschnitt (vorderer Teil des Phragmocons u. Proostrakum nicht geschnitten)

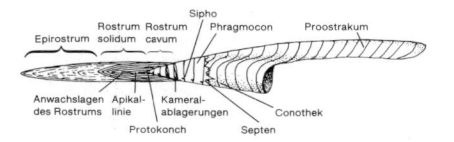

Sipho durchzieht. Dem Phragmocon entspricht der gekammerte Teil einer Ammonitenschale. Ihn umgibt eine dreischichtige Hülle *(Conothek),* die sich mundwärts schulpartig verlängert *(Proostrakum).* Nach Bildung v. ca. 15 Kammern lagert sich dem heranwachsenden Phragmocon rückwärts in tütenförm. Calcitschichten *(Amphitheken)* das relativ kurze *Rostrum* an, das fossil als kompakt erscheinendes, urspr. aber wohl poröses Skelettelement meist allein erhalten bleibt u. dann vorn eine trichterförm. Eintiefung (Alveole, Rostrum cavum) aufweist, in welcher der Phragmoconus gesteckt hat. Manche Bearbeiter rechnen mit einer Verlängerung des Rostrums bei allen oder manchen B. durch ein spätontogenetisch entstandenes *Epirostrum,* das sich selbst auflösen u. wieder erneuern konnte. Rostrum u. Epirostrum zus. heißen *Holorostrum.* Die obengen. Synonyme beziehen sich auf isolierte Rostrenfunde. Fossile Farbspuren auf Ro-

Belemniten

stren werden als Hinweis dafür gedeutet, daß sie aus dem Weichkörper herausragten. – B. waren marine Räuber, die sich in horizontaler Schwimmlage vorwärts u. rückwärts bewegen konnten. Sie lebten wahrscheinlich in Schwärmen. Rostren bis zu 1 m Länge lassen auf Gesamtkörpergrößen von 3 bis 5 m schließen. Stammesgeschichtlich gehen die B. über paläozoische Parabactriten auf orthocone Nautiliden zurück. Hauptverbreitung: Jura bis Kreide, letzte Vertreter im Eozän.

Belladonna *w* [v. it. bella = schön, donna = Frau], die ↗Tollkirsche.

Belladonnaalkaloide, *Daturaalkaloide,* Tropanalkaloide aus Nachtschattengewächsen, v. a. *Atropin* aus der Tollkirsche *(Atropa belladonna)* u. Samen des Stechapfels *(Datura stramonium),* bestehend aus dem optisch inaktiven Racemat D, L-Hyoscyamin; weitere B. sind (-)-*Hyoscyamin* aus dem Bilsenkraut *(Hyoscyamus niger)* u. *Scopolamin (Hyoscin, Atroscin)* bes. aus *Scopolia*-Arten.

Bellerophon *m* [ben. nach einem Helden der gr. Mythologie, der die Chimäre tötete], Montfort 1808, Nominatgatt. der † Gastropoden-U.-Ord. *Bellerophontina (Amphigastropoda);* ihre Vertreter verfügen über bilateralsymmetr., spiral aufgerollte Kalkschalen ohne Perlmutterschicht, jedoch mit Schlitz u. Schlitzband. Über die Weichteile ist nichts bekannt. Gemeinsam mit verwandten Taxa gelten sie als die ältesten u. primitivsten Archaeogastropoda. Trotz ihrer bilateralen Symmetrie werden sie heute – entsprechend den Pleurotomarien – als Prosobranchier angesehen. Stratigraphisch kommt ihnen Bedeutung zu im unteren Karbon u. oberen Perm. Verbreitung: Silur – untere Trias, kosmopolitisch. Die ältesten Verwandten treten schon im oberen Kambrium auf.

Bellfrosch, *Eleutherodactylus augusti latrans,* ↗Antillenfrösche.

Bellidiastrum *s* [v. lat. bellis = Gänseblümchen, Maßliebchen], ↗Aster.

Bellis *w* [lat., =] das ↗Gänseblümchen.

Bell-Magendie-Gesetz [belmaschädi], nach dem schott. Physiologen Ch. Bell (1774–1842) u. dem frz. Physiologen F. Magendie (1783–1855) ben. Einteilung der Rückenmarksnerven der Wirbeltiere nach ihrer funktionellen Bedeutung. Demnach besteht die Mehrzahl der paarweise dorsal austretenden Nervenfasern aus ↗Afferenzen, die Mehrzahl der ventral austretenden aus ↗Efferenzen.

Belohnung, Ethologie: Rückmeldung aus der Umwelt, die das positive Resultat eines Verhaltens anzeigt. Die B. kann im Erreichen einer angestrebten Endhandlung (Fressen bei Hunger) od. im erfolgreichen

Vermeiden eines negativen Erlebnisses bestehen. Allg. ist eine B. mit einer Antriebs- od. Bereitschaftsreduktion verbunden. Die B. spielt bei der durch individuelle Erfahrung bewirkten Veränderung des Verhaltens (↗ Lernen) eine wichtige Rolle; Ggs.; Bestrafung. In der psycholog. Lerntheorie wird die B. als *positive Verstärkung* bezeichnet.

Belonesox *m* [v. gr. belonē = Hornhecht, lat. esox = Hecht], Gatt. der ↗ Kärpflinge.

Belonidae [Mz.; v. gr. belonē = Hornhecht], die ↗ Hornhechte.

Belontia *w* [v. gr. belonē = Hornhecht], Gatt. der ↗ Labyrinthfische.

Beloperone *w* [v. gr. belos = Pfeil, Spieß, peronē = Spange, Schnalle, Stift], Gatt. der *Acanthaceae;* bes. zu nennen ist der aus Mexiko stammende, wegen seiner hübschen Blütenstände u. der langen Blütezeit gern als Zimmerpflanze kultivierte Zierhopfen *(B. guttata),* ein bis 1 m hoher, reich verzweigter Strauch mit relativ kleinen, lanzettl. Blättern u. bis 15 cm langen, überhängenden Ähren aus braunroten Deckblättern, in deren Achseln die cremefarbenen Blüten stehen; Blütezeit: Frühjahr bis Herbst.

Belostomatidae [Mz.; v. gr. belos = Pfeil, Spieß, stoma = Mund], die ↗ Riesenwanzen.

Beltanella gilesi Sprigg, medusenartiges Fossil der spätpräkambrischen Ediacara-Fauna v. Australien.

Beltsche Körperchen, nach dem engl. Naturforscher Th. Belt (1832–78) benannte kleine, birnenförm. Sonderbildungen an den Enden der Blattfiederchen bei einigen trop. Akazien- u. Mimosenarten. Sie stellen Futterkörperchen für die in den hohlen Dornen wohnenden Ameisen dar, die die Pflanzen ihrerseits vor zu starkem Schädlingsbefall schützen. □ Ameisenpflanzen.

Beluga, *Belucha,* russ. Bez. für den ↗ Weißwal.

Benacerraf, *Baruj,* am. Mediziner, * 29. 10. 1920 Caracas (Venezuela); 1956 Prof. in New York, 1968–70 Leiter des Laboratoriums für Immunbiologie Bethesda (Maryland), seit 1970 Harvard Med. School Boston (Mass.), 1980 Dir. des Antikrebs-Zentrums der Harvard Univ. Arbeiten über zelluläre Oberflächenantigene u. das erblich gesteuerte Zusammenwirken verschiedener Zellen in der Immunabwehr. Erhielt 1980 zus. mit G. D. Snell u. J. Dausset den Nobelpreis für Medizin.

Beneden, *Edouard van,* belg. Cytologe, * 5. 3. 1846 Löwen, † 28. 4. 1910 Lüttich; seit 1874 Prof. in Leiden (Holl.); fand 1887 durch Untersuchungen früher Entwicklungsstadien der Eier v. Säugetieren, Seeigeln u. anderen Wirbellosen deren Reduktionsteilung. Er beschrieb, daß die Chromosomenzahl in den verschiedenen Körperzellen konstant u. für jede Art typisch ist u. daß jede Keimzelle nur die Hälfte der normalen Chromosomenzahl besitzt.

Benedicts Reagens, von dem am. Biochemiker S. R. Benedict (1884–1936) entwickelte Variante der Fehlingschen Lösung: Kaliumnatriumtartrat (Seignettesalz) und NaOH sind durch Natriumcitrat bzw. Soda ersetzt; wird zum qualitativen u. quantitativen Nachweis reduzierender Zucker u. Aldehyde verwendet; der blaue Cu(II)-Citrat-Komplex wird in Gegenwart reduzierender Agenzien zerstört, statt dessen fällt ein gelbroter, kupferroter od. rotbrauner Niederschlag von Cu(I)-Oxid aus.

Benediktenkraut [ben. nach dem Heiligen Benediktus od. den Benediktinermönchen, die das B. kultivierten], *Benediktinerdistel, Bitterdistel, Cnicus benedictus,* einjähr., im Mittelmeergebiet, in Kleinasien u. den Ländern bis Afghanistan heimischer, verwildert aber auch in den Südstaaten der USA, S-Amerika, S-Afrika u. Mitteleuropa vorkommender Korbblütler. Die bis 40 cm hohe, distelart. Pflanze besitzt klebrig-zottig behaarte, buchtig gezähnte, dornig berandete Blätter sowie einzeln stehende, v. mehreren Reihen dornig zugespitzter Hüllblätter umgebene Blütenköpfe aus zunächst gelben, später orangeroten Röhrenblüten. Sie blüht v. Juni bis August in lückigen Unkrautfluren, auf Schuttplätzen u. an Wegrändern.

Benetzbarkeit, Eigenschaft v. Oberflächen, sich mit einer dünnen Wasserschicht zu überziehen. Die B. von Nadeln u. Blättern einer Pflanzendecke spielt im Wasserhaushalt, insbes. bei der ↗ Interzeption, eine große Rolle.

Bengalhanf ↗ Crotalaria.

Bengalkatze, *Leopardkatze, Prionailurus bengalensis,* in 7 U.-Arten über S- u. O-Asien verbreitete, hauskatzengroße Kleinkatze, die Busch- u. Waldgegenden bis in 3000 m Höhe bewohnt u. dabei Wassernähe bevorzugt. Grundfarbe ockergelb bis -braun, nördlich u. im Gebirge fast silbergrau; dunkle Fleckenzeichnung. B.n klettern ausgezeichnet u. schwimmen recht gut. Zur Behausung dienen hohle Bäume u. Felsspalten; als Beute jagen B.n nachts u. in der Dämmerung kleine Nagetiere, Hasen u. Vögel, in Dorfnähe auch Hausgeflügel.

Bennettitales, *Bennettiteen,* sehr artenreiche, ausschließlich fossil bekannte, v. der Obertrias (mittlerer Keuper) bis etwa zur Wende Unterkreide/Oberkreide verbreitete Ord. der *Cycadophytina* mit größter Entfaltung im Jura; zus. mit den *Pentoxylales* bilden sie die Kl. der *Bennettitatae.* Im

Benediktenkraut

Die Blätter des B.s enthalten neben Schleim, Gerbstoff u. äther. Öl den glykosidischen Bitterstoff *Cnicin* u. waren bes. im Mittelalter, aber auch noch später v. großer med. Bedeutung. Aus ihnen zubereitete Präparate gehörten zu den wichtigsten Pestmitteln u. werden auch heute noch teilweise u. a. bei Leberleiden, Katarrh, Gicht u. schwer heilenden Geschwüren angewendet. Sie sind auch Bestandteile des gg. Magen- u. Darmbeschwerden benutzten Bittertees.

Bennettitales

Familien und wichtige Gattungen:
Williamsoniaceae
 Williamsonia
Wielandiellaceae
 Wielandiella
 Williamsoniella
Cycadeoideaceae
 Cycadeoidea

Bennettitales

Wuchs u. durch die Wedelblätter erinnern die B. an die Cycadeen, eine eindeutige Zuordnung isolierter Blätter erlaubt oft nur die Cuticularanalyse: syndetocheile Spaltöffnungen charakterisieren die B. (u. *Welwitschia* u. *Gnetum*), haplocheile die Cycadeen (u. die übrigen Gymnospermen). Die Anatomie der teils pachycaulen, teils leptocaulen Stämme entspricht dem *Cycadophytina*-Typ (mächtige Rinde mit Blattbasen, großes Mark, Eustele mit Sekundärholz), bleibt aber mit den vorherrschenden Treppentracheiden ursprünglicher als bei rezenten Cycadeen. Die Blüten sind diklin (monözisch?) od. monoklin (fast einmalig bei den Gymnospermen!) u. meist v. einem Perianth (sterile Brakteen) umgeben. Die vermutlich sekundär stachysporen, nur aus einer gestielten Samenanlage bestehenden Megasporophylle stehen zus. mit Interseminalschuppen (steril gewordene Samenanlagen) spiralig an einem konischen Receptaculum u. bilden einen massiven Zapfen; die stärker blattart., oft verzweigten, wirtelig stehenden Mikrosporophylle tragen zahlr., meist zu Synangien vereinigte Pollensäcke. Das Auftreten monokliner (teilweise proterandrischer) Blüten läßt Insektenbestäubung vermuten. – Nach Wuchs u. Blütenbau werden 3 Fam. unterschieden. Kräftige, etwa 2 m hohe, z.T. verzweigte Stämme u. dikline Blüten charakterisieren die *Williamsoniaceae* (B Cycadophytina) mit der Gatt. *Williamsonia* (mittlerer Keuper – Jura); die ♀ Blüte ist v. Brakteen umgeben, die ♂ Blüte (Typ *Weltrichia*) besteht aus einem becherförm. Receptaculum mit am Rand ansitzenden Mikrosporophyllen. Zu den *Wielandiellaceae,* gekennzeichnet durch zierl., dichasial verzweigte Stämme u. kleine Blüten, gehören die Gatt. *Williamsoniella* (mittlerer Jura, Blüten monoklin mit Perianth, Blätter ganzrandig-fiedernervig) u. *Wielandiella* (Rhät u. Jura, Blüten diklin mit Perianth). Unter den *Cycadeoideaceae* am besten bekannt ist die Gatt. *Cycadeoidea* (v. a. Unterkreide). Die kugeligen, etwa 1 m hohen u. breiten Stämme tragen schopfig gestellte Blätter vom *Zamites*-Typ und zahlr., in die Blattbasen weitgehend eingesenkte monokline Blüten mit Perianth. Entgegen fr. Annahmen entfalteten sich die fiedrig gebauten, kappenartig die Samenanlagen überdeckenden Staubblätter vermutlich nicht, sondern zerfielen erst bei Reife: Selbstbestäubung wäre dann vorherrschend, mit eventuell geringem Anteil v. Insektenbestäubung nach Abfall der Staubblätter. – Die Ableitung der B. bleibt unsicher, eine Abstammung v. paläozoischen Farnsamern erscheint aber wahrscheinlich. Etwa mit dem Beginn der Oberkreide sterben die B. aus, ohne daß direkte Nachfahren bekannt wären. Möglicherweise entwickelten sich aus ihnen die *Gnetatae,* sicher repräsentieren sie aber nicht, wie fr. angenommen, die Ahnengruppe der Angiospermen: Die monoklinen Blüten mit Perianth bei B. sind vermutlich als konvergente Entwicklung im Zshg. mit der Insektenbestäubung zu deuten. *V. M.*

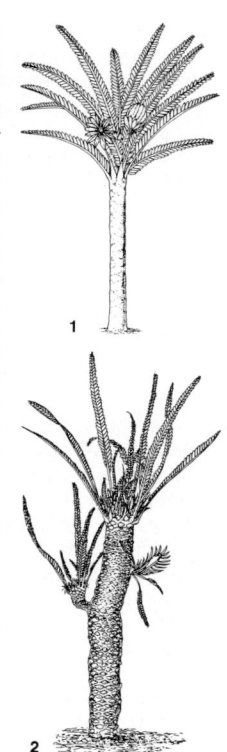

Bennettitales
1 *Williamsonia gigas,* ca. 3 m hoch; 2 *Williamsonia sewardiana,* ca. 2 m hoch

Bennußbaum [v. pers.], *Moringa peregrina,* ↗Moringaceae.

Bennußgewächse [v. pers.], die ↗Moringaceae.

Benthal *s* [v. gr. benthos = Tiefe], der gesamte Bodenbereich der Gewässer (Fließgewässer, Seen, Meere). Die Lebensgemeinschaft aus Pflanzen u. Tieren ist das *Benthos.*

Bentham [bent^em], *George,* engl. Botaniker, * 20. 9. 1800 Stoke bei Plymouth, † 10. 9. 1884 London; seit 1861 Präs. der Linnean Society, ab 1863 Mitgl. der Royal Society London. Berühmt sind sein auf zahlr. Reisen erstelltes u. mehr als 100 000 Arten umfassendes Herbar, seine „Genera Plantarum", 3 Bde. 1862–1883, u. „Flora Australiensis" 1863–1878.

Benthos *s* [gr., = Tiefe], ↗Benthal.

Benzaldehyd *m,* farblose, nach bitteren Mandeln riechende Flüssigkeit; einfachster aromat. Aldehyd; kommt in bitteren Mandeln, Aprikosen- u. Kirschkernen u. einigen äther. Ölen vor u. entsteht dort bei der Zersetzung des cyanogenen Glykosids ↗Amygdalin unter der Wirkung v. Emulsin. B. wirkt in höheren Dosen toxisch auf Bakterien u. Menschen (Zentralnervensystem, psych. Depression, Atemfehler), u. schädigt Pflanzen. Als „Bittermandelessenz" (künstliches Bittermandelöl) dient B. zur Geruchs- u. Geschmacksverbesserung u. findet Anwendung in der Parfümerie.

Benzaldehyd

benz-, benzo-, benzoe- [v. engl. benzoin u. frz. benjoin = Benzoeharz; entstanden durch falsche Schreibung v. lobenjui = arab. lubān jawī = javan. Weihrauch].

Benzoate [Mz.; v. *benzo-], die Salze der ↗Benzoesäure.

Benzochinone [Mz.; v. *benzo-, indian. quina = Chinarinde], natürl. Farbstoffe, die sich v. Grundgerüst des *p-Benzochinons* ableiten; ca. 100 verschiedene B. sind aus Pilzen, bes. Schimmelpilzen, u.

Einige Vertreter der Benzochinone

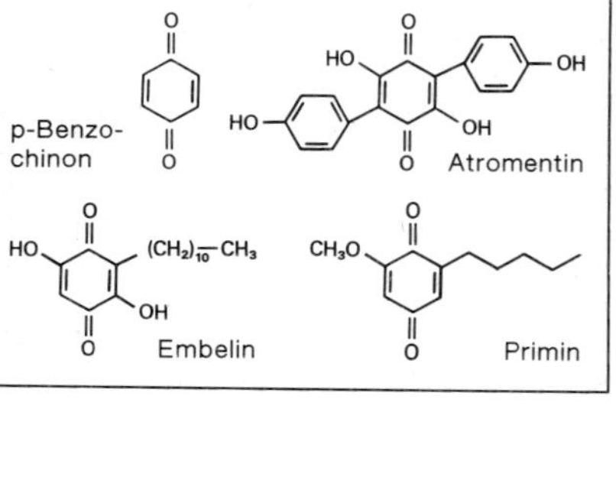

p-Benzochinon, Atrometin, Embelin, Primin

höheren Pflanzen isoliert worden. Manche v. ihnen, wie das Embelin, zeigen antibiot. Wirkung. Im Tierreich werden B. in vielen Wehrsekreten der Insekten gefunden. Aufgrund ihrer Funktion als Elektronenüberträger bei der Atmungskette sind die ebenfalls zu den B.n gehörenden Ubichinone v. bes. Bedeutung.

Benzoeharz s [v. *benzoe-], *Benzoe, Resinabenzoe*, festes, bröckliges, aromat. Harz aus südostasiat. Styraxbaum-Arten, u. a. *Styrax benzoides* („Siam-Benzoe") u. *Styrax benzoin* („Sumatra-Benzoe"); gewonnen durch Anschneiden der lebenden 8–10jähr. Bäume. B. enthält ca. 10% freie Benzoesäure, ca. 70% Coniferylbenzoat, bis 40% freie Zimtsäure sowie Vanillin u. äther. Öle. B. wird in Körnchen (Lacrimae) od. Blöcken (Massae) gehandelt u. findet Verwendung als Konservierungs- u. auswurfförderndes Mittel, in Parfümerie u. Kosmetik.

Benzoesäure w [v. *benzoe-], einfachste aromat. Monocarbonsäure; kommt frei od. als Ester u. a. in vielen Harzen u. Balsamen sowie in Preiselbeeren vor; wurde erstmals bei der trockenen Destillation des Benzoeharzes isoliert. Freie B. bildet sich bei der Oxidation v. Phenylfettsäuren mit ungerader Anzahl v. C-Atomen; in gebundener Form kommt sie als *Benzoylglycin* (Hippursäure) im Harn pflanzenfressender Säugetiere vor. B. wird wegen ihrer fungiziden Eigenschaft zur Lebensmittelkonservierung verwendet.

Benzol s [v. *benz- und Alkoh*ol*, engl. *benzene*, frz. *benzine*], einfachster aromat. Kohlenwasserstoff; wasserhelle, leichtbewegl., aromatisch riechende Flüssigkeit; in Wasser wenig löslich, mit organ. Lösungsmitteln in jedem Verhältnis mischbar; gutes Lösungsmittel für Fette, Harz, Iod u. Naphthalin; verbrennt an der Luft unter Rußabscheidung zu CO_2 und H_2O. Gewinnung aus Steinkohlenteer u. durch dehydrierende Cyclisierung bestimmter Benzinfraktionen. Verwendung als Zusatz für Motorentreibstoffe u. Lösungsmittel, wichtiges Ausgangsprodukt zur Herstellung v. Styrol, Anilin, vielen Farbstoffen u. pharmazeut. Präparaten. Im Zellstoffwechsel kommt B. nicht vor, jedoch leiten sich zahlreiche aromat. Naturstoffe von B. ab. – Beim Verschlucken wirkt B. nicht sehr giftig (letale Dosis ca. 25 ml), Einatmen konzentrierter Dämpfe führt allerdings in kurzer Zeit zu Bewußtlosigkeit u. Tod. Längeres Einatmen verdünnter Dämpfe bedingt Resorption durch die Haut bedingt Blutungen in der Haut u. im Zahnfleisch, Schädigung v. Organen, Abnahme der weißen Blutkörperchen (Leukämie) u. Knochenmarksschädigungen. Enzymatisch wird B.

Benzochinone und ihre Vorkommen
Pilze
Atromentin *(Paxillus atromentosus)*
Fumigatin *(Aspergillus fumigatus)*
Polyporinsäure *(Polyporus nidulans)*
Spinulosin *(Penicillium*-Arten*)*

Höhere Pflanzen
Embelin (Myrsinengewächse)
Perezon (mexikan. *Perezia*-Arten)
Primin (Becherprimel)
Rapanon (Myrsinengewächse)

Insekten (Wehrsekrete)
p-Benzochinon
Mono-, Di- u. Trimethyl-Benzochinon
Äthylbenzochinon
Methoxybenzochinon
3-Methyl-2-methoxybenzochinon

Benzpyren

Benzoesäure

Benzol
Summen- u. Strukturformel (Benzolring in verschiedenen Schreibweisen)

über Benzoloxide zu Phenolen umgewandelt, die an Glucuronsäure gebunden ausgeschieden werden. Bakterieller Abbau von B. ist zwar bekannt, doch stellen B.-Emissionen (z. B. aus Autoabgasen) und B. im Abwasser eine starke Umweltbelastung dar.

Benzpyren s [v. *benz-, gr. pyr = Feuer], fünfkerniger aromat. Kohlenwasserstoff, Bestandteil v. Steinkohlenteer u. Tabakteer; wirkt carcinogen u. wird, da es in Industrieabgasen u. Zigarettenrauch vorkommt, zus. mit anderen Faktoren für die zahlenmäßige Zunahme des Bronchialkarzinoms verantwortlich gemacht.

Benzylalkohol m [v. *benz-, arab. al-kuhl = schwarzes Antimonpulver; feine Substanz], *Phenylcarbinol*, $C_6H_5-CH_2OH$, farblose, wohlriechende Flüssigkeit; kommt in freier Form od. als Ester in den äther. Ölen vieler Blüten vor (z. B. Jasminblüten-, Goldlack- u. Nelkenöl); Verwendung in der Riechstoffindustrie.

Benzylgruppe [v. *benz-], der einwertige Rest $C_6H_5-CH_2-$.

Benzylisochinolinalkaloide, Gruppe v. Isochinolinalkaloiden mit Benzylsubstituent am C_1-Atom des heterocycl. Gerüsts, deren Vertreter hpts. unter den *Mohnalkaloiden*, aber auch *Erythrinaalkaloiden* u. *Curarealkaloiden* zu finden sind. Ein Beispiel ist das Papaverin.

Beo, *Gracula,* Gatt. der Stare, stimmbegabte, glänzendschwarze Vögel mit orangegelbem Schnabel u. weißen Flügelspitzen; beliebte Käfigvögel, z. B. der Große B. *(G. religiosa)* S-Asiens mit 24–37 cm Länge.

Berberaffe [ben. nach den Berbern in NW-Afrika], der ↗Magot.

Berberhirsch, *Cervus elaphus barbarus,* U.-Art des ↗Rothirschs.

Berberidaceae [Mz.; v. spätgr. berberis = Sauerdorn], die ↗Sauerdorngewächse.

Berberidion s [v. spätgr. berberis = Sauerdorn], Verb. der Berberitzen-Gebüsche (Kl. der eurosibir. Schlehengebüsche, ↗*Rhamno-Prunetea*). Wärmeliebende Gebüschges. des südl. Mitteleuropa. Auf v. Natur aus baumfrei bleibenden Standorten über basisch verwitterndem Gestein vermittelt das Felsenbirnen-Gebüsch *(Cotoneastro-Amelanchieretum)* zw. den Trockenrasen *(Xerobromion,* ↗*Festuco-Brometea)* u. den lichten Trockenwäldern *(*↗*Quercetalia pubescentis)*. Auf grundwasserfreien Kiesterrassen im Mittellauf großer Flüsse, so z. B. in der südl. Oberrheinebene od. im Alpenvorland, siedelt der Sanddorn-Busch *(Hippophao-Berberidetum)*. Am weitesten verbreitet sind allerdings anthropogene Schlehen-Ligu-ster-Gebüsche *(Pruno-Ligustretum)* als

Berberin *s* [v. spätgr. berberis = Sauerdorn], ein Isochinolin-Alkaloid aus *Hydrastis canadensis, Berberis vulgaris* u. a. Pflanzen; eine schwache, optisch inaktive Base, gelber Fluoreszenzfarbstoff. B. ist wie *Magnoflorin* ein charakterist. Alkaloid der *Magnoliidae*. Es hat wegen seiner schwach spasmolyt. u. cholekinet. Wirkung früher als Blutstillungsmittel, „Magenmittel" u. als Chemotherapeutikum gg. die Orientbeule eine gewisse Rolle gespielt.

Berberitze *w* [v. spätgr. berberis = Sauerdorn], *Berberis*, der ↗Sauerdorn.

Berberitzen-Gebüsche [v. spätgr. berberis = Sauerdorn], ↗Berberidion.

Beregnung, in der Landw. die künstl. regenartige Verteilung v. Wasser über Kulturpflanzen, bes. im Garten- u. Feldgemüsebau. *B.sanlagen* können ortsfest u. beweglich ausgeführt, das Druckwasser kann mit Düngern versetzt werden, auch B. als Frostschutz ist möglich, v. a. im Obstbau. Die B. spielt bes. in trop. und subtrop. Ländern eine große Rolle.

Bereitschaft, *Handlungsbereitschaft, Reaktionsbereitschaft,* Bez. für den inneren Zustand des verhaltenssteuernden Systems eines Tieres, der mitbestimmt, welche Handlungen auf äußere Reize hin bevorzugt ausgeführt werden. Begriffe wie B., *Antrieb* od. *Trieb* beschreiben die Beobachtung, daß die Kenntnis der Außenreize in den meisten Fällen nicht genügt, um das dadurch ausgelöste Verhalten eines Tieres vorherzusagen: Ein Tier, das bei großer Hitze auf eine Wasserstelle trifft, wird meist trinken. Aber es gibt Ausnahmen, z. B. wenn dieses Individuum schon anderswo getrunken hat. In diesem Fall fehlt trotz adäquater äußerer Reize die innere B. (Durst). In ähnl. Weise hängen die meisten Verhaltensweisen v. inneren Bedingungen wie Hunger, Sexualtrieb, Allgemeinerregung usw. ab. Eine Ausnahme bilden z. B. die ↗Reflexe, die durch die zugeordneten äußeren Reize immer auslösbar sind. Sie haben oft eine Schutzfunktion (Lidschlagreflex, Stolperreflex), die nicht v. inneren Bedingungen abhängen darf. Für bereitschaftsabhängiges Verhalten gilt dagegen die Regel der doppelten Quantifizierung: Die Stärke der Reaktion hängt sowohl v. der Stärke des Außenreizes, als auch v. der Höhe der B. ab. Eine mittlere Reaktionsstärke kann sowohl v. schwachen Außenreizen bei hoher B., v. mittleren Außenreizen bei mittlerer B. als auch v. starken Außenreizen bei geringer B. ausgelöst werden. Die B. hängt v. einer Reihe v. inneren u. äußeren Faktoren ab: 1. vom Versorgungszustand des Körpers mit Wasser, Nahrung u. Luft; 2. von Hormonspiegeln, bes. von Sexualhormonen, Wachstumshormonen usw.; 3. vom Entwicklungsstand, z. B. zeigen nur Jungtiere eine Nachfolge-B. dem Elterntier gegenüber, nur sehr junge Säugetiere haben einen Saugtrieb; 4. vom vorangegangenen Verhalten, z. B. senkt die Endhandlung einer Verhaltensweise meist die B.; 5. von vorausgegangenen Sinnesreizen, z. B. steigern Schreckreize häufig für längere Zeit die Flucht-B.; 6. von inneren Rhythmen, z. B. sinkt die allgemeine Aktivitäts-B. immer mehr ab, je näher die Schlafperiode eines Tieres kommt. – Physiologisch sind Antrieb, Triebe u. B.en als Funktion neuronaler Zentren zu verstehen, die eine Vielzahl v. Sinnesmeldungen aus dem Körper u. der Außenwelt verarbeiten u. die mit ihrer eigenen Aktivität wiederum viele verschiedene Zentren u. Nervenbahnen beeinflussen. Bei Säugetieren u. beim Menschen befinden sich die wichtigsten B.szentren im Hypothalamus (einem Teil des Zwischenhirns), die allg. Aktivitäts-B. (die für viele andere B.en Voraussetzung ist) wird allerdings v. der Formatio reticularis des Hirnstamms (einer primitiveren Region des Gehirns) gesteuert. Durch elektr. Reizung in diesen Gehirngebieten lassen sich B.en wie Hunger, Durst, Kampf-B. usw. experimentell manipulieren. Die Stärke eines Antriebs od. einer B. muß also als die verschieden starke Nervenerregung solcher Zentren verstanden werden. Verschieden hohe B.en entstehen dadurch, daß aus diesen Zentren verschieden große Signale auf die Verhaltenssteuerung einwirken. Diese informationstheoret., neurophysiol. Deutung v. Antrieb und B. ersetzt heute die älteren Vorstellungen, daß es sich bei einem Antrieb um eine Form v. vitaler Energie handle od. daß er auf der Produktion eines hormonähnl. Stoffes beruhe. Die Funktion der Antriebs- oder B.szentren besteht darin, das Verhalten über längere Zeit hin auf bestimmte Ziele auszurichten u. andere Ziele nicht zu verfolgen. Die miteinander konkurrierenden B.en stellen also eine zeitl. Ordnung im Verhalten her, indem sie sich (bis auf Ausnahmen) nur träge gegenseitig in der Führung des Verhaltens ablösen. Systemtheoretisch kann jede B. als ein Verrechnungszentrum verstanden werden, auf das eine Vielzahl v. Eingängen (Reize usw.) bezogen sind, und das andererseits eine große Anzahl v. Ausgängen ansteuern kann. Dabei kann jeder Eingang (u. jeder Ausgang) auf mehr als eine B. bezogen sein (Instinktmodell nach Baerends, B Bereitschaft II). Auch stehen

---

Bereitschaft
Eine wichtige eigene Bereitschaft existiert, wenn entweder –
im Zentralnervensystem eine Antriebszone nachgewiesen ist oder –
der Wechsel von Reaktionshäufigkeiten unabhängig von Außenreizen *und* das zusammenhängende Auftreten einer bestimmten Gruppe von motorischen, emotionalen oder körperlichen Reaktionen beobachtet wurde (Motivationsanalyse).

Bereitschaft
Wichtige Bereitschaften und ihr subjektiv empfundener Ausdruck beim Menschen:

Nahrungstrieb
(Appetit, Hunger)

Trinkbereitschaft
(Durst)

Atemtrieb
(Atemdrang)

Bereitschaft zur Temperaturregulation
(frieren, schwitzen)

Schlafantrieb
(Müdigkeit)

Sexualtrieb
(sexuelle Erregung, Libido)

Kampfbereitschaft
(Ärger, Zorn, Wut)

Fluchtbereitschaft
(Schreck, Angst, Panik)

Erkundungstrieb
(Neugierde, Interesse)

Spielbereitschaft
(Spiellaune)

Kontaktbereitschaft
(Kontaktwunsch, Zärtlichkeit)

Pflegebereitschaft
(Fürsorgegefühl)

nicht alle B.szentren nebeneinander, sondern es gibt hierarch. Ordnungen (Instinkthierarchie nach Tinbergen, B Bereitschaft II). Während die Struktur der B.en in ihrem physiol. Aufbau für jede Tierart angeboren ist, hängt die Zuordnung der Ein- u. Ausgänge auch v. Lernprozessen ab, ist also durch individuelle Erfahrung veränderbar. Die unterschiedl. Begriffe B., Antrieb, Trieb u. Motivation sind nur schwer gegeneinander abzugrenzen; sie bezeichnen sämtlich dieselben Funktionen des Verhaltens. In der Regel wird v. *Antrieb* gesprochen, wenn eine B. stark v. inneren Faktoren bestimmt wird, z.B. v. Hormonen, Versorgungszuständen, endogenen Rhythmen usw. (Nahrungstrieb). Von *Bereitschaft* wird dagegen eher gesprochen, wenn äußere Einflüsse überwiegen (Flucht-B.). Die Bez. *Trieb* wird nur benutzt, wenn es sich um zentrale B.en handelt, die ein ganzes funktionelles System im Verhalten steuern (Sexualtrieb). Einem solchen Trieb ist daher auch ein ganzer Bereich des ↗Appetenzverhaltens zugeordnet. Als *Motivation* eines Verhaltens wird dagegen jeder Faktor betrachtet, der ein Verhalten v. innen heraus beeinflußt, d.h., der zu Außenreizen hinzutritt. Bei dieser Bez. wird zw. dem verrechnenden B.szentrum u. den einzelnen Eingängen nicht klar unterschieden. ↗Motivationsanalyse. B 406, 407.   H. H.

Berg, Paul, am. Biochemiker, * 30. 6. 1926 New York, seit 1959 Prof. an der Stanford Univ. (Kalifornien); grundlegende Arbeiten über die Biochemie der Nucleinsäuren, insbes. die in-vitro-Rekombination v. DNA. B. gelang es, erstmalig DNA-Moleküle verschiedener Organismen kovalent zu verknüpfen (ligieren); er trug damit wesentlich zur Entwicklung der modernen Gentechnologie („genetic engineering") bei; war maßgeblich an der freiwilligen Kontrolle der Genmanipulation durch ein mehrjähriges Moratorium (1973) führender Genetiker beteiligt; 1980 zus. mit W. Gilbert u. F. Sanger Nobelpreis für Chemie.

Bergahorn-Buchen-Mischwälder, hochmontane bis subalpine B., ↗Aceri-Fagion.

Bergamotte *w* [v. türk. beg armūdī = Herrenbirne], *Citrus aurantium* ssp. *bergamia,* ↗Citrus.

Bergamottöl [v. türk. beg armūdī = Herrenbirne], gelbl., angenehm riechendes äther. Öl aus den Schalen der orangeähnl. Früchte des Bergamottbaumes *(Citrus aurantium* ssp. *bergamia),* der in S-Italien (Kalabrien) angebaut wird. B. enthält zahlr. Terpene, Terpineol, Nerol, Limonen u. Bergapten u. wird zur Parfümierung v. Tee u. in der Kosmetik verwendet. ↗Citrus.

Bergbach, *Bachregion, Rhithral,* oberste Zone eines Fließgewässers, die durch starkes Gefälle, schnelle, turbulente Strömung, sauerstoffgesättigtes Wasser konstant niederer Temp. (Mitteleuropa 7 bis 10°C) u. steinig-kiesigen Bachgrund gekennzeichnet ist. Man kann den B. vertikal in das *hyporheische Interstitial,* das *Benthal,* das *Pelagial* u. die Wasseroberfläche unterteilen. Eine vertikale Zonierung v. der Quelle bachabwärts ergibt sich nach den Charakterfischen in Europa: *Epirhithral* (obere Zone, obere Forellenregion), *Metarhithral* (mittlere Zone, untere Forellenregion), *Hyporhithral* (untere Zone, Äschenregion). Verteilungsbestimmende Faktoren für die Besiedlung mit Organismen sind die Qualität des Substrats, die Strömungsgeschwindigkeit in Substratnähe, die Wassertemp. u. der Sauerstoffgehalt. Die Strömung ist, abgesehen v. Interstitial, der einige mm dicken Grenzschicht an Hindernissen u. den Totwasserräumen hinter den Hindernissen, turbulent. Um die physiologisch günstigen u. nahezu konstanten Bedingungen des B.s ausnutzen zu können, mußten besondere strukturelle u. funktionelle Merkmale der Arten ausgebildet werden. In der Freiwasserzone gibt es kein Plankton, nur Fische, wie Forelle, Groppe, Bachsaibling u. Äsche, sind durch ihre strömungsgerechte Körperform mit rundl. Körperquerschnitt in der Lage, gg. die Strömung anzukämpfen. Vorwiegend wird der B. durch ans Substrat gebundene Insektenlarven besiedelt. Mit Saugnäpfen, Klebsekreten, Haken u. Ankern ausgerü-

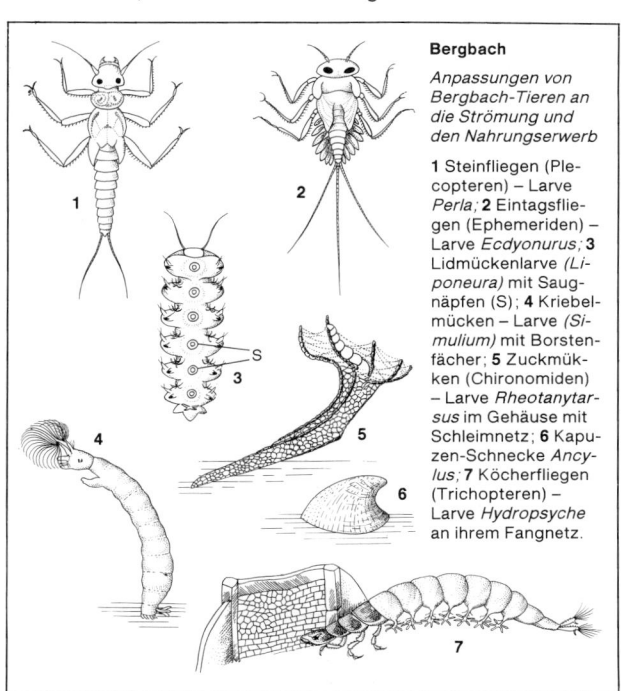

Bergbach

Anpassungen von Bergbach-Tieren an die Strömung und den Nahrungserwerb

1 Steinfliegen (Plecopteren) – Larve *Perla;* **2** Eintagsfliegen (Ephemeriden) – Larve *Ecdyonurus;* **3** Lidmückenlarve *(Liponeura)* mit Saugnäpfen (S); **4** Kriebelmücken – Larve *(Simulium)* mit Borstenfächer; **5** Zuckmücken (Chironomiden) – Larve *Rheotanytarsus* im Gehäuse mit Schleimnetz; **6** Kapuzen-Schnecke *Ancylus;* **7** Köcherfliegen (Trichopteren) – Larve *Hydropsyche* an ihrem Fangnetz.

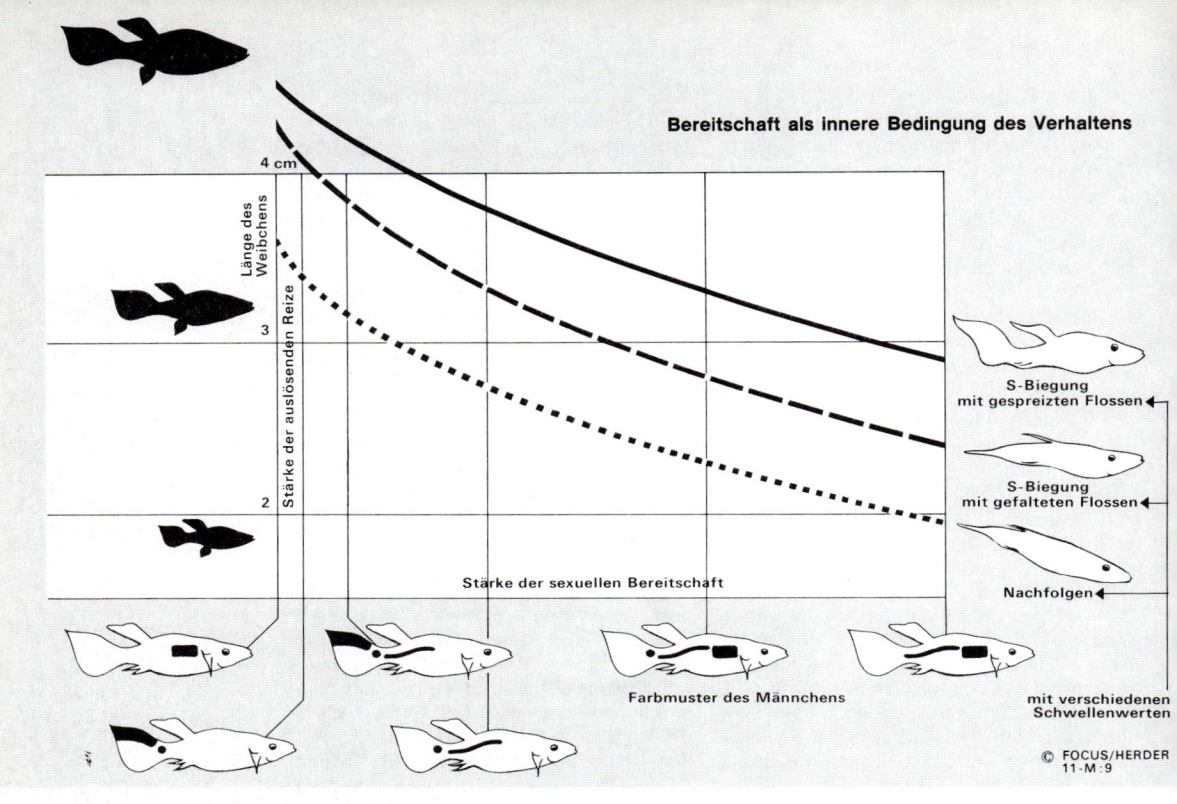

Bereitschaft als innere Bedingung des Verhaltens

Spezifische Handlungen werden durch das Zusammenspiel von äußeren Reizen und inneren Bedingungen in ihrem Auftreten und in ihrer Intensität gesteuert. Die inneren Bedingungen wirken über die *Bereitschaft* zu antriebsabhängigen Handlungen. Man kann die Stärke der Bereitschaft hypothetisch mit Zahlenwerten ausdrücken. Ebenso läßt sich die Wirkung verschiedener Außenreize quantifizieren (schwache und starke Reize). Das Zusammenwirken beider Werte wird *doppelte Quantifizierung* genannt. Das Balzverhalten des männlichen Guppys (Lebistes reticulatus) besteht aus mehreren Verhaltensweisen, die von der sexuellen Bereitschaft abhängen, die aber verschiedene Schwellen der Auslösbarkeit haben: Die niedrigste Stufe (Nachfolgen) läßt sich durch schwache Reize bei einer geringen sexuellen Bereitschaft auslösen, die höheren Stufen nur bei entsprechend höheren Werten der Bereitschaft oder Reizung. Dieser Zusammenhang wird graphisch dargestellt, wobei die Reizstärke von der Größe des Weibchens abhängt, während die Bereitschaftshöhe an der Anordnung der Farbflecken abgelesen werden kann. Die drei Kurven geben die Schwellen an, an denen sich in Abhängigkeit von Bereitschaft und Reizstärke die drei Stufen des Balzens (Nachfolgen, S-Biegen mit gefalteten Flossen, S-Biegen mit gespreizten Flossen) auslösen lassen.

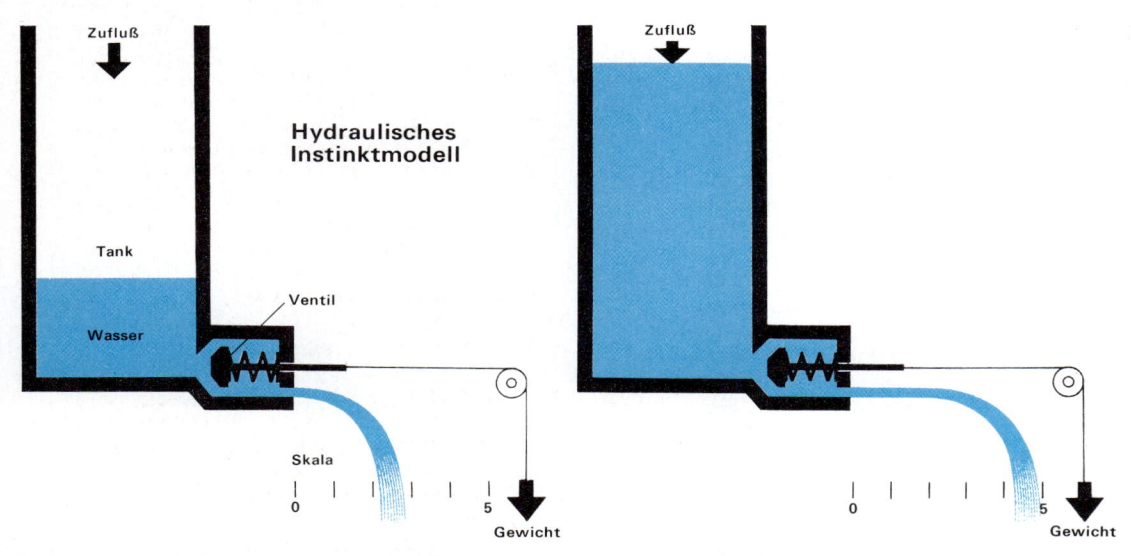

Hydraulisches Instinktmodell

Die erste Formulierung des Zusammenhangs zwischen inneren Bedingungen und äußeren Einflüssen im antriebsabhängigen Verhalten eines Tieres wurde von K. Lorenz durch das sogenannte *hydraulische Instinktmodell* gegeben. Die bereitschaftssteigernden Reize sowie endogene (spontane) Antriebssteigerungen werden als Zufluß zu einem Tank dargestellt, dessen Abfluß durch ein Ventil blockiert wird. Der Druck auf das Ventil entspricht der Bereitschaft zu einer Handlung. Auslösende Reize verschiedener Stärke (Gewichte) setzen das Verhalten in Gang, wobei die Intensität des Verhaltens (an der Skala ablesbar) sowohl von der Füllung des Tanks (Bereitschaft) als auch von der Ventilöffnung (Stärke des Auslösers) abhängt. Nach modernem biologischem Verständnis müssen beide Werte als modellhafter Ausdruck für Erregungsstärken im zentralen Nervensystem eines Tieres betrachtet werden.

BEREITSCHAFT I–II

Bereitschaft als ordnendes Element in der Handlungshierarchie

Instinktmodell nach Tinbergen

Das hierarchische Instinktmodell Tinbergens beschreibt eine Hypothese zu der Frage, wie sich antriebsabhängige Verhaltensweisen zu einer funktionierenden Handlungskette ordnen können. In dem Modell wird ein Zentrum (Z) durch motivierende (bereitschaftssteigernde) Faktoren aktiviert. Die blockierte Erregung kann erst auf nachgeordnete Zentren wirken, wenn äußere Reize die Hemmung über einen *Auslösemechanismus* beseitigen. Für die untergeordneten Zentren gilt dann dasselbe. Solange ein Block besteht, kann ein *Appetenzverhalten* ablaufen, das allerdings die Bereitschaft nicht senkt. So kann ein sexuell erregter Fisch, solange kein Partner gefunden ist, zwar nach dem Partner suchen, aber nicht seine Balz beginnen. Zentren gleicher Stufe hemmen einander, so daß das (durch weitere motivierende Faktoren) am stärksten erregte Zentrum über die anderen dominiert.

Baerends' Hierarchie der Instinkte

Die Darstellung der Ordnung bereitschaftsabhängiger Verhaltensweisen zeigt, daß untergeordnete Steuerzentren häufig mehreren übergeordneten Zentren (und damit mehreren *Funktionskreisen* des Verhaltens) zugeordnet sind. Elementare Bewegungen wie Beißen, Laufen, Drohen usw. können von ganz verschiedenen übergeordneten *Bereitschaften* abhängen, z.B. von der Jagdbereitschaft, der Sexualbereitschaft oder der Fluchtbereitschaft. Auch hier hemmen sich Zentren desselben Niveaus gegenseitig, so daß sich das am stärksten aktivierte allen anderen gegenüber durchsetzt. Nicht dargestellt ist, welche Eingänge auf jedes Zentrum wirken, und wie die Erregung jeweils an das nachgeordnete Zentrum weitergeleitet wird (vgl. Instinktmodell nach Tinbergen).

Bereitschaft zu Angriff und Flucht: ein Sonderfall
Ausdruck von Abwehr- und Angriffsbereitschaft bei der Katze

Abb. rechts: oben links eine Katze in neutraler Stimmung, von B bis D Tiere mit wachsender Angriffsbereitschaft, von 2 bis 4 Tiere mit wachsender Abwehrbereitschaft (Angst). Die übrigen Bilder zeigen verschiedene Überlagerungen; alle sind nach Beobachtungen gezeichnet. Oben rechts drückt die Haltung von Körper, Schwanz und Ohren hohe Aggressivität ohne Fluchttendenzen aus: Das Tier bewertet sich als überlegen oder (im Rangordnungsstreit) als dominant. Unten links drückt die Körperhaltung rein defensive Tendenzen aus: Das Tier empfindet sich als unterlegen oder submissiv, ohne angreifen zu wollen. Unten rechts zeigt der bekannte „Katzenbuckel" höchste Angriffs- und Abwehrbereitschaft. Zu dieser Bereitschaftslage kann es kommen, wenn eine Katze von einem überlegenen Feind gestellt wird, so daß sie nicht fliehen kann. Dann wird eine hohe Fluchtbereitschaft und gleichzeitig eine hohe Bereitschaft zum Angriff bei Überschreiten der *kritischen Distanz* aktiviert (Kampf-und-Flucht-Reaktion).

Die Abb. zeigt, daß Bereitschaftsstärken häufig an äußeren Anzeichen ablesbar sind, wie schon am Beispiel der Farbzeichnung beim Guppy (B Bereitschaft I) deutlich wurde. Während aber sonst zwischen verschiedenen Bereitschaften Konkurrenz besteht, gilt dies für die Angriffs- und Fluchtbereitschaft nicht im selben Maß. Sind bei einem Tier z.B. Sexualtrieb und Jagdtrieb aktiviert, so setzt sich je nach auslösendem Reiz nur der stärkere durch. Es gibt kein Übergangsverhalten beider Bereiche. Jede Aktivierung der Abwehrbereitschaft (Angst) hat jedoch die Tendenz, auch die Angriffsbereitschaft zu erhöhen, so daß sich wie in der Abb. Mischformen des Ausdrucks bilden. In der Sprache der kybernetischen Systemanalyse wird dies so ausgedrückt, daß man von einer vermaschten Regelung der Angriffs- und Fluchtbereitschaft spricht.

stet od. dorsiventral abgeplattet, bevorzugen sie die Grenzschicht od. die Totwasserräume. Ihre Nahrung erwerben die Primärkonsumenten durch Filtrieren od. Abweiden v. an Steinen angehefteten Algen, die Sekundärkonsumenten räuberisch. Die Ausdehnung der Bachregion hängt v. der geogr. Breite u. der Höhe ab. Die Fläche des Rhitrals nimmt bei gleicher Höhenlage v. den Polargebieten zu den Tropen hin ab. Die Fauna des Rhitrals ist nach J. Illies eine Isozönose, d. h., in allen Gebieten der Welt haben die Tiere einen ähnl. Habitus u. eine ähnl. Lebensweise entwickelt u. bilden daher eine ähnl. Tiergesellschaft aus.

Bergeidechse, *Waldeidechse, Mooreidechse, Lacerta vivipara,* ca. 16 cm lange Art der Echten Eidechsen; Oberseite braun mit häufig unterbrochenem Mittelstreifen auf dem Rücken, je einem breiten, dunklen Flankenband sowie gelbl. u. schwarzen Punktflecken; Männchen unterseits orangegelb mit schwarzen Punkten, Weibchen gelbl. od. grau, ungefleckt; Jungtiere schwarzbraun. Die B. besiedelt N- (bis 70° n. Br.) u. Mittel-Europa bis zu den Pyrenäen u. das gemäßigte Asien bis zum Amur u. der Insel Sachalin; sie bevorzugt feuchtes, sonniges Gelände (Waldränder, Sümpfe, Moore, an Wassergräben), aber auch trockenere Gebiete; kommt im Gebirge bis 3000 m Höhe vor; ernährt sich v. a. von Bodeninsekten u. Würmern. Einzige lebendgebärende Eidechse (3–10 Junge). [B] Europa XIII.

Bergenie w [ben. nach dem dt. Botaniker K. A. von Bergen, 1704–59], *Bergenia,* Gatt. der ↗ Steinbrechgewächse.

Bergfenchel, *Sesel,* Gatt. der Doldenblütler mit ca. 80 Arten in Eurasien u. W-Afrika; grundständ. Blattrosette mit blaugrünen Blättern; die Kronblätter sind weiß, gelblich od. rot; Blüten in Dolden mit zahlr. Döldchen; die Frucht ist ca. doppelt so lang wie dick. Die in montanen bis subalpinen Stufen Europas vorkommende Heilwurz *(S. libanotis)* ist mehrjährig; stirbt nach der 1. Blüte der bis zu 8 Jahre alten Pflanze ab.

Bergfink, *Fringilla montifringilla,* ↗ Buchfinken.

Bergflachs, *Thesium alpinum,* ↗ Thesium.

Berg-Glatthafer-Wiesen, *Arrhenatheretum montanum,* Assoz. der ↗ Arrhenatheretalia.

Berghähnlein, das ↗ Windröschen.

Bergkiefern-Moorwald, *Vaccinio-Mugetum,* Assoz. des ↗ Ledo-Pinion.

Bergkrähen, *Pyrrhocorax,* Gatt. der Rabenvögel; bewohnen die felsige Gebirgsregion. Die Alpenkrähe *(Pyrrhocorax pyrrhocorax),* 40 cm groß, kommt außer im Hochgebirge auch an steilen Felswänden der Küste vor; der lange, leicht gebogene Schnabel u. die Füße sind leuchtend rot ([B] Europa XX). Die Alpendohle *(Pyrrhocorax graculus),* 38 cm groß, lebt gesellig, oft in der Nähe v. Bergstationen, wo sie u. a. Abfälle frißt; der Schnabel ist gelb, die Füße sind rot gefärbt; metallischer Ruf „schirrik"; wandert im Winter auch weiter talwärts.

Bergmann, *Carl,* dt. Anatom u. Physiologe, * 18. 5. 1814 Göttingen, † 30. 4. 1865 Genf; 1843 Prof. in Göttingen, seit 1852 Prof. u. Dir. des Anatom. Inst. der Univ. Rostock. Arbeiten über den Wärmehaushalt der Tiere u. Blutkreisläufe; v. B. stammen die Begriffe homoiotherm („gleichwarm") u. poikilotherm („wechselwarm").

Bergmannsche Regel, eine der sog. Klimaregeln, ben. nach dem dt. Physiologen C. ↗ Bergmann. Die meist nur auf Warmblüter anwendbare B. R. beschreibt die Beobachtung, daß innerhalb einer Art die Individuen v. Populationen aus kalten Gebieten größer sind als in den warmen. Bergmann erklärte dies mit den unterschiedl. Verhältnissen zw. der Oberfläche u. dem Volumen bei kleinen bzw. großen Körpern. Ein großer Körper verliert über seine (in bezug auf sein Volumen) relativ geringe Oberfläche weniger Wärme als ein kleiner. Entsprechend sind nördlich verbreitete Populationen mancher Säugetiere (z. B. Hirsch, Wildschwein) u. Vögel (z. B. Uhu, Gimpel) größer als südliche. Da alle Organismen vielfältigen Umweltbedingungen genügen müssen, werden infolge gegenläufiger Anpassungserscheinungen solche regelhaften Phänomene häufig überlagert u. folglich unkenntlich. Dies gilt auch für die mit der B. n R. in Zshg. stehende ↗ Allensche Proportionsregel.

Bergminze, *Calamintha,* Gatt. der Lippenblütler mit (je nach systemat. Zuordnung) 3–5 Arten. Der in fast ganz Eurasien bis zum Himalaya sowie in N-Amerika heim. Wirbeldost *(C. clinopodium, Satureja vulgaris, Clinopodium vulgare)* ist ein ausdauerndes, zottig behaartes Kraut mit waagrechtem Wurzelstock u. davon ausgehenden, zu Laub- u. Blütensprossen auswachsenden Bodenausläufern. Der meist aufsteigende, 30–60 cm hohe, ästige Stengel besitzt eiförm. Laubblätter sowie in dicht kugeligen, v. Tragblättern überragten Quirlen stehende, karminrote, außen flaumig behaarte Blüten. Standorte der v. Juli bis Okt. blühenden Pflanze sind Gebüsche, Hecken, lichte Wälder u. Wegränder. Der ebenfalls in Europa, aber auch in Kleinasien, den Kaukasus- u. Atlasländern vorkommende Steinquendel *(C. acinos, Satureja acinos, Acinos arvensis)* ist eine 1–3jährige, 10–30 cm hohe Pflanze, die sich v. a. durch einen deutl. Pfefferminzgeruch, kleine Blätter mit auf der Unterseite stark hervortretenden Nerven u. übereinanderstehende Scheinquirle aus hellvioletten Blüten auszeichnet. Sie wächst u. a. auf Magerrasen, Weiden, Dünen, Brachen u. Dämmen u. umfaßt eine größere Anzahl von z. T. geogr. eng begrenzten U.-Arten. Das gleiche gilt für den in Kleinasien, dem gesamten Alpengebiet u. fast allen Gebirgen des westl. Mittelmeergebiets sowie S-Europas beheimateten Alpen-Steinquendel *(C. alpina, Satureja alpina, Acinos alpinus),* der als rotviolett blühender Halbstrauch mit am Grunde meist mehr od. weniger niederliegendem Stengel in mageren Steinrasen u. Halbtrockenrasen auf meist kalkhalt. Untergrund wächst.

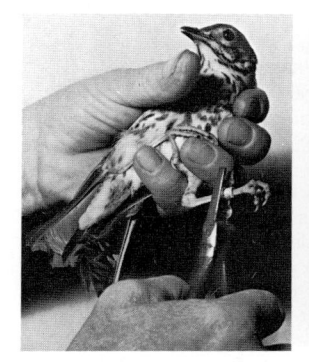

Bergnyala, *Tragelaphus buxtoni,* ↗ Waldböcke.

Bergstachler, *Echinoprocta rufescens,* ↗ Baumstachler.

Bergström, *Sune K.,* schwed. Biochemiker, * 10. 1. 1916 Stockholm; 1947–58 Prof. an der Univ. Lund, seit 1958 am Karolinska-Inst. Stockholm; bedeutende Untersuchungen (u. a. Reindarstellung u. chem. Analyse) zahlr. Prostaglandine; erhielt 1982 mit B. I. Samuelsson u. J. R. Vane den Nobelpreis für Medizin.

Bergwohlverleih, die ↗ Arnika.

Bergzikade, *Cicadetta montana,* ↗ Singzikaden.

Beriberi *w* [malaiisch, = steifer Gang], eine durch Mangel an Vitamin B_1 (↗ Thiamin) hervorgerufene Erkrankung (Avitaminose, von C. ↗ Eijkman aufgeklärt) bes. in Ländern, wo geschälter Reis das Hauptnahrungsmittel ist (z. B. O-Asien). Folge des chron. Vitaminmangels sind Nervenschädigungen, die sich in Form von Lähmungen, Über- bzw. Unempfindlichkeit u. Sehstörungen zeigen. Weitere Symptome sind Kopfschmerzen, Müdigkeit, Schlaflosigkeit, Appetitlosigkeit, Darmlähmung, Schädigung des Herzmuskels, häufig Tod durch Herzversagen.

Berieselung, die ↗ Beregnung, auch das Versickernlassen v. Abwässern in ↗ *Rieselfeldern.*

Beringung, *Vogelberingung,* Methode zur individuellen Markierung v. Vögeln mit Hilfe v. numerierten Leichtmetall-Fußringen. Ziel ist die Erforschung v. Wanderbewegungen insbes. von Zugvögeln. Beringt werden Jungvögel im Nest sowie meist mit Netzen gefangene Altvögel. Die in verschiedenen Größen verwendeten Ringe enthalten neben der Nummer die Adresse der jeweiligen B.szentrale. Bei einigen Vögeln (z. B. Weißstorch) sind die eingestanzten Zahlen so groß, daß sie mit dem Fernglas abgelesen werden können. Die Wiederfundquote liegt bei Kleinvögeln bei etwa 1%, bei Großvögeln u. stark bejagten Arten bei bis zu 25%. Die B. wurde wiss. zum ersten Mal 1889 in Dänemark (H. D. Mortensen) angewandt. Die Zahl der heute weltweit pro Jahr beringten Vögel beträgt etwa 2 Mill. In Europa wird die B. in allen Ländern mit Ausnahme v. Albanien durchgeführt. B.szentralen in Dtl. sind die Vogelwarten Radolfzell u. Helgoland (Hauptsitz Wilhelmshaven). Bei bes. Fragestellungen wie Populationsuntersuchungen werden zusätzlich farbige Ringe verwendet.

Berkefeld-Filter, ↗ Bakterienfilter aus Kieselgur, ben. nach dem dt. Erfinder W. Berkefeld (1836–97).

Bermudagras *s* [ben. nach den Bermuda-Inseln], *Cynodon dactylon,* ↗ Hundszahn.

Bernard [-nar], *Claude,* berühmter (frz.) Physiologe des 19. Jh., * 12. 7. 1813 Saint-Julien (Rhône), † 10. 2. 1878 Paris; seit 1855 Prof. in Paris, seit 1868 Mitgl. der Académie Française; untersuchte grundlegend Verdauungs- u. Stoffwechselvorgänge u. zeigte deren Regelung durch das Nervensystem; wies 1855 die Glykogenbildung u. Glykogenolyse (Zuckerbildung) in der Leber nach, erkannte ferner das Pankreas als Enzymproduzent für die Fettverdauung; außerdem führte B. auch reizphysiolog. Versuche an Pflanzen durch. Seine Studien über den Blutkreislauf regten W. Forßmann (1929) zur Herzkatheterisierung an. 1849 wurde B. durch den „Zuckerstich" (starker Anstieg des Blutzuckerspiegels nach Stich in den Boden des 4. Gehirnventrikels, „Zuckerharnruhr") weltberühmt. Von B. wurde der Begriff des „milieu intérieur" geprägt, der sich als fundamental bedeutsam für das Verständnis der gesamten Stoffwechselphysiologie erwiesen hat: „La fixité du milieu intérieur est la condition de la vie libre".

Bernhardkrebs [Übersetzung von frz. bernard-l'ermite = Taschenkrebs, eigtl. Bernhard der Einsiedler], *Bernhardskrebs, Eupagurus bernhardus,* ↗ Einsiedlerkrebse.

Beringung
Beringung eines Vogels u. Ringstreifen der Vogelwarte Radolfzell mit eingeprägtem Namen u. Nummer

C. Bernard

Bernstein

Bernstein *m* [v. mhd. bernen = brennen], im Altertum *Elektron* od. *suc(c)inum*, alter dt. Name *Amber*, ein fossiles Harz eozäner Nadelbäume. Das aus den Bäumen ausfließende Harz reicherte sich im Boden an, gelangte unter den Wasserspiegel, wurde fortgeschwemmt u. später bes. in der „Blauen Erde" der B.küste Ostpreußens abgelagert. Zahlr. Einschlüsse (bes. Insekten) geben Aufschluß über die damalige Flora u. Fauna (↗Bernsteinfauna). Der B. ist gewöhnlich honiggelb-bräunlich u. bildet spröde, stumpfeckige Körner (Härte 2–3, Dichte ca. 1 g/cm³). Beim Reiben lädt er sich elektrisch negativ auf. Seiner chem. Struktur nach ist B. ein Polyester aus langgestreckten, hochpolymeren Ketten aus ↗Abietinsäure u. Diabietinol (aus Abietinsäure entstandener Alkohol), außerdem kommen noch Harzsäuren u. Bernsteinsäure in unterschiedl. Mengen vor.

Bernsteinfauna, überwiegend alttertiäre Zufallsanhäufung v. Faunenelementen im Harz fossiler Nadelbäume (↗Bernstein), meist in Form von Einschlüssen (Inclusen). Durch Verfestigung des Harzes zu Bernstein blieben die organ. Reste infolge völligen Luftabschlusses vollkörperlich erhalten, in porös gewordenem Bernstein täuschen Hohlformen körperl. Erhaltung vor. An Landtieren sind nachgewiesen: Würmer, Asseln, Tausendfüßer, Spinnentiere, Insekten aller Ordnungen (außer Parasiten), ferner Einzelfunde v. Eidechsen, Vogelfedern, Haaren u. Fährten v. Säugern. Einschlüsse v. limnischen Wasserflöhen u. marinen Korallen deuten auf Verfrachtung des noch plastischen Harzes in aquatisches Milieu hin u. legen einen zeitl. Versatz der Faunenelemente nahe.

Lit.: *Bachofen-Echt, A.:* Der Bernstein und seine Einschlüsse. Wien 1949.

Bernsteinsäure, *Äthandicarbonsäure*, in Harzen, z. B. Bernstein (succinum), u. in Früchten, z. B. unreifen Weintrauben u. Tomaten, vorkommende organ. Säure; Zwischenprodukt des Citronensäurezyklus. Die Salze u. Ester der B. sind die *Succinate;* in Zellen u. Körperflüssigkeiten (etwa pH 7) liegt die B. als B.-Anion (Succinat) vor.

Bernsteinsäure-Dehydrogenase ↗Succinat-Dehydrogenase.

Bernsteinschnecken, *Succineidae*, Fam. der Landlungenschnecken, mit dünnschaligem, gelbl. Gehäuse, dessen Endwindung sehr groß ist; die meisten B. sind Tiere feuchter Biotope; sie ernähren sich v. Algen u. Blättern der Ufervegetation u. dienen zahlr. Tieren als Nahrung; gelegentlich beherbergen sie Entwicklungsstadien eines Saugwurms *(Distomum macrostomum)*, dessen Larven den Fühler auftreiben u. mit ihm pulsieren. 5 Arten der weltweit verbreiteten Fam. leben in Mitteleuropa: die Dünen-B. *(Catinella arenaria)* in feuchten Dünentälern mit Sumpf- u. Salzpflanzen; die Länglichen B. *(Succinea oblonga)*, deren bis 8 mm hohe Gehäuse oft erdüberkrustet sind, haben sich am meisten v. Wasser gelöst u. kommen in Hecken u. an Mauern vor; die Zarten B. *(Succinea putris)* sind an Wasserpflanzen, in feuchten Wiesen u. Wäldern zu finden.

Beroidea *w* [ben. nach Beroë, Gestalt der gr. Mythologie], einzige Ord. der ↗Atentaculata; bekannteste Gatt. *Beroe*, die ↗Melonenquallen.

Berriasella, † Gatt. weltweit verbreiteter, abbaugabelrippiger Ammoniten an der Obergrenze des Jura; namengebend für die Berrias-(U.-)Stufe.

Bertalanffy, *Ludwig* von, östr. Biologe, * 19. 9. 1901 Atzgersdorf bei Wien, † 12. 6. 1972 Buffalo; seit 1934 Prof. in Wien, ab 1949 in Ottawa (Kanada), seit 1961 Prof. an der Univ. v. Alberta (Kanada); Arbeiten zur Biophysik offener Systeme, Physiologie u. Krebsforschung. Von B. stammt der für das Verständnis der Thermodynamik lebender Systeme unentbehrliche Begriff des Fließgleichgewichts („steady state").

Berteroa *w* [ben. nach dem it. Botaniker C. G. Bertero, 1789–1831], *Graukresse*, Gatt. der Kreuzblütler mit 5 Arten, v. denen 4 im östl. Mittelmeergebiet u. W-Asien beheimatet sind. Nur *B. incana* kommt in fast ganz Europa sowie W- u. Zentralasien vor. Die ein- oder zweijähr. überwinternde Pflanze wird bis 70 cm hoch u. besitzt eine kurze, weißl., spindelförm. Wurzel, einen aufrechten, meist ästigen, graugrünen, häufig violett überlaufenen Stengel, länglich-lanzettl. Laubblätter u. in einer reichblüt. Trugdolde stehende weiße Blüten. Die Schötchen sind bis 10 mm lang, oval u. etwas zusammengedrückt. Die gesamte Pflanze ist mit borstig abstehenden Sternhaaren besetzt. Blütezeit: Juni bis Spätherbst (Winter). B. ist ziemlich verbreitet an trockenen, sonnigen Standorten, an Felsen, Mauern u. Wegrändern sowie auf Schutt, auf Äckern u. Sandböden; kalkmeidend.

Berthelinia *w*, Gatt. der Ord. Schlundsackschnecken (Hinterkiemer) von ungewöhnl. Bau: das Gehäuse ist zweiklappig u. seitlich komprimiert u. daher muschelähnlich; aus dem Spindelmuskel ist ein horizontal verlaufender Schließmuskel geworden; an der linken Klappe liegt die spiralig gewundene Embryonalschale. Die etwa 1 cm langen Tiere leben in den warmen Gebieten des Indopazifik, des Atlantik u. der Karibik an Grünalgen, die sie mit ihrer Reibzunge anritzen u. aussaugen.

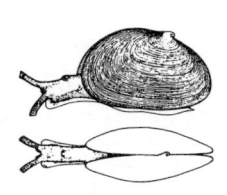

Bernsteinschnecke

Bernstein Vorkommen und Alter des Bernsteins:
Libanonbernstein = älteste Kreide (Neokom)
Baltischer Bernstein aus der „Blauen Erde" der südöstl. Ostsee = Alt-Tertiär (Unteroligozän oder Obereozän)
Dominikanischer Bernstein, Haiti = Hispaniola (Oligozän)

$$\begin{array}{c} COO^{\ominus} \\ | \\ CH_2 \\ | \\ CH_2 \\ | \\ COO^{\ominus} \end{array}$$

Bernsteinsäure, ionische Form (Succinat)

Berthelinia limax, eine Schnecke von muschelähnl. Aussehen

Berthelot [-tᵉlo̱], *Marcelin Pierre Eugène,* frz. Chemiker, * 25. 10. 1827 Paris, † 18. 3. 1907 ebd.; ab 1859 Prof. in Paris; thermochemische Untersuchungen (kalorimetr. Bombe, *B.sche Bombe*); synthetisierte zahlr. org. Verbindungen; etwa 1500 Veröffentlichungen über Gesch. der Alchemie u. Pflanzenchemie.

Bertholdskraut, *Chenopodium botrys,* ↗Gänsefuß.

Bertholletia excelsa *w* [ben. nach dem frz. Chemiker, Arzt u. Physiologen Comte C.-L. Berthollet, 1748–1822, v. lat. excelsus = hoch], die ↗Paranuß.

Bertolonien [Mz.; ben. nach dem it. Botaniker A. Bertoloni, 1775–1869] ↗Melastomataceae.

Bertramwurzel *w* [über lat. piretrum aus gr. pyrethron = eine scharfschmeckende Gewürzpflanze], der ↗Anacyclus.

Berufkraut [wurde gg. das „Berufen" (Behexen) verwendet], *Erigeron,* Gatt. der Korbblütler mit ca. 200, in Eurasien u. S-Amerika, v. a. aber in N-Amerika heim. Arten. Einjährige bis ausdauernde, krautige Pflanzen mit aufrechtem od. aufsteigendem Stengel u. wechselständ., ungeteilten Laubblättern. Die reichblütigen, von lanzettl. Hüllblättern umgebenen Köpfchen stehen entweder einzeln od. zu Rispen vereint u. bestehen meist aus Röhren- u. Zungenblüten; bisweilen kommen sog. Fadenblüten hinzu. Von den in Mitteleuropa heim. Arten ist das Einblütige B. *(E. uniflorus)* zu nennen, eine ausdauernde, 3 bis 12 cm hohe Pflanze mit spatelförm. Blättern u. einzeln stehenden, endständ. Köpfchen mit lila-weißl. Zungenblüten u. wolligzottig behaarten Hüllblättern. Es wächst, wie auch das sehr seltene Alpen-B. *(E. alpinus),* das sich durch rotviolette od. blaßrosa Zungenblüten u. zusätzl. Fadenblüten auszeichnet, in alpinen Steinrasen, auf meist kalkarmen Böden. Heute fast weltweit verbreitet u. in den gemäßigten Zonen eingebürgert, ist das etwa um 1700 aus N-Amerika eingeschleppte Kanadische B. (Kanadischer Katzenschweif, *E. canadensis, Conyza canadensis*), eine ein- bis zweijährige, bis etwa 100 cm hohe Pflanze mit oberwärts stark verzweigtem, reichlich beblättertem Stengel, lanzettl. Laubblättern u. zahlr., in dichter Rispe stehenden, 3–5 mm breiten Köpfchen mit kurzen, weißl. Zungenblüten. Standorte sind Unkrautfluren an Schuttplätzen, Wegen, Dämmen u. Brachen. Das ebenfalls aus N-Amerika stammende Einjährige B. (Einjähriger Feinstrahl, *E. annuus, Stenactis annua*) zeichnet sich aus durch bis 2 cm breite, zahlreiche in lockeren Schirmrispen stehende Blütenköpfe mit weißen od. lila Zungenblüten. Früher als Zierpflanze kulti-

M. P. E. Berthelot

J. J. von Berzelius

Kanadisches Berufkraut *(Erigeron canadensis)*

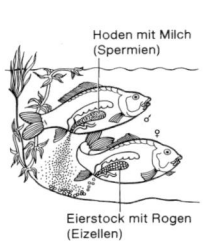

Hoden mit Milch (Spermien)

Eierstock mit Rogen (Eizellen)

Besamung bei Karpfen

viert, ist es, wie auch der Philadelphia-Feinstrahl *(E. philadelphicus, Stenactis philadelphica)* seit dem 18. Jh. vielerorts verwildert u. eingebürgert. Beide Pflanzen sind in feuchten Unkrautfluren, in lichten Auwäldern u. an Schuttplätzen zu finden. Nach der ↗Roten Liste als „potentiell gefährdet" eingestuft sind außer dem Alpen-B. *(E. alpinus)* noch das Drüsige B. *(E. atticus),* Gaudin's B. *(E. gaudinii)* u. das Verkannte B. *(E. neglectus).*

Berührungsgifte, die ↗Kontaktgifte.

Beryciformes, die ↗Schleimkopfartigen Fische.

Berytidae [Mz.], die ↗Stelzenwanzen.

Beryx *m,* Gatt. der ↗Schleimköpfe.

Berzelius, *Jöns Jakob* Frh. von, schwed. Chemiker, * 20. 8. 1779 Väversunda, † 7. 8. 1848 Stockholm; seit 1807 Prof. in Stockholm; bes. verdient durch Atomgewichtsbestimmung u. Entdeckung vieler neuer Elemente (u. a. Cer, Selen, Thorium); führte die heute gebräuchl. chem. Zeichensprache ein, stellte eine elektrochem. Theorie auf, nach der die Bindungskräfte durch elektr. Ladungen bedingt sind; schuf neue Glasgeräte, den Gummischlauch u. die *B.lampe.* Von B. stammt der Begriff des Katalysators; Lehrer u. a. von L. Gmelin u. F. Wöhler.

Besamung, *Cytogamie,* 1) Zoologie: Verschmelzung sexuell differenzierter Gameten (weibl. u. männl. Geschlechtszellen) zur Zygote. Man unterscheidet: a) *äußere B.*: die Vereinigung der Geschlechtszellen erfolgt außerhalb des Organismus im Wasser, so z. B. bei vielen Ringelwürmern (Anneliden), Stachelhäutern (Echinodermen) und Fischen; b) *innere B.*: die männl. Gameten besamen die weibl. im Innern des weibl. Organismus. Dorthin gelangen sie entweder durch ↗Begattung od. durch Aufnahme einer ↗Spermatophore. Innere

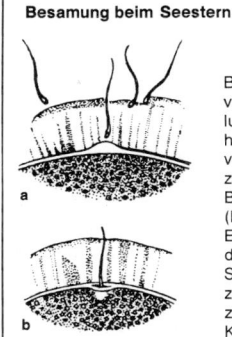

Besamung beim Seestern

Bei **a** ist es einem von 4 Spermien gelungen, durch die Eihülle bis zur Eizelle vorzudringen. Die Eizelle wölbt ihm einen Befruchtungshügel (Empfängnishügel, Eh) entgegen. Durch diesen gelangt das Spermium in die Eizelle. Sein Schwanz zerfällt, während sein Kopf sich zum männl. Vorkern (Vk) umbildet. Anschließend erfolgt die Vereinigung der männl. und weibl. Zellkerns.

Beschädigungskampf
B. finden wir bei allen Landtieren, aber auch bei allen Plattwürmern (Plathelminthen), Fadenwürmern (Nematoden), vielen Weichtieren (Mollusken) u. Fischen (↗Begattungsorgane). Nur nach innerer Besamung kann es zur Geburt lebender Junge (↗Viviparie) kommen. Durch die B. wird die Eizelle zur Entwicklung angeregt. Bei einigen wenigen Tierarten, z. B. einigen Fischen u. Fadenwürmern, kommt es nur zur B., und die anschließende ↗Befruchtung bleibt aus. ↗Merospermie. 2) Humanmedizin: ↗Insemination.

Beschädigungskampf, aggressive Auseinandersetzung, die auf Verletzung od. Tötung des Gegners zielt, im Ggs. zum ↗Kommentkampf, der nach erblich festgelegten Regeln verläuft, die ernste Verletzungen verhindern. Der B. ist bei vielen Tierarten in sozialen Auseinandersetzungen häufig od. ist zumindest gelegentlich zu beobachten. ↗Aggression.

beschälen, *decken,* Bez. für die ↗Begattung einer Stute, Kuh usw. durch den Hengst od. Bullen.

Beschälseuche, *Zuchtlähme, Dourine,* durch den Deckakt übertragene, in Dtl. seltene, anzeigepflichtige Geschlechtskrankheit bei Pferden, hervorgerufen durch das Geißeltierchen *Trypanosoma equiperdum;* Symptome: Entzündungen an den äußeren Geschlechtsorganen, im späteren Verlauf auch nervöse Erregungen, Lähmungen u. Abmagerung der Tiere.

beschalte Amöben, die ↗Testacea.

beschneiden, im Obst- u. Gartenbau Bez. für das Entfernen nichttragender u. damit überflüssiger Äste u. Zweige, für das Zurückschneiden v. Ästen zur Erzielung eines gleichbleibenden Fruchtansatzes über die Jahre hinweg (↗Alternanz); in der Gartenarchitektur ferner die Maßnahmen zur künstl. Umgestaltung der Wuchsform.

Beschwichtigung, Abbau v. Angriffs- od. Fluchttendenzen beim Sozialpartner durch Signale, die die Bereitschaft zu freundl. Kontakt anzeigen. *B.sgebärden* (B.sgesten, ↗Demutsgebärde) sind häufig angeboren u. wirken auch beim Partner über einen ↗angeborenen auslösenden Mechanismus angst- od. aggressionshemmend. B.sgebärden enthalten oft Verhaltenskomponenten aus dem Kindverhalten (z. B. ↗Bettelverhalten) od. dem Sexualverhalten. Bei vielen Primaten dient die weibl. Begattungsaufforderung als B. u. wird als solche auch v. Männchen gezeigt. Viele Begrüßungsrituale unter Tieren dienen ebenfalls der B.: Als mimisches B.ssignal beim Menschen dient z. B. das Lächeln, das sich in etwas veränderter Form auch bei anderen Primaten findet. Bei katzenart. Raubtieren fungiert u. a. das Gähnen als

Besenginster (Sarothamnus scoparius)

Ch. H. Best

B.sgebärde, das v. den meisten Primaten umgekehrt (wird es gg. den Partner gerichtet) als Drohung verstanden wird.

Besenginster, *Sarothamnus scoparius,* Art der Hülsenfrüchtler mit Verbreitungsschwerpunkt in den westl. Mittelmeerländern. Durch Reutfeldwirtschaft u. Verwilderung Ausbreitung stark gefördert. Kommt im Gebiet auf Extensivweiden (Brandweiden), Waldschlägen, Waldsäumen u. ä. der kollinen bis montanen Stufe auf kalkfreien, silicatreichen Böden vor. Der B. ist ein bis 2 m hoher Strauch; die unteren, deutlich gestielten Blätter sind aus 3 Teilblättern zusammengesetzt, die oberen sind kurz gestielt u. ungeteilt; Krone meist goldgelb; Keimung der jahrzehntelang keimfähigen Samen wird durch Brand gefördert; der B. ist frostempfindlich; Stickstoffsammler mittels *Rhizobium*-Arten. Die Triebe werden zur Herstellung v. Besen u. Korbgeflecht verwendet u. zu groben Spinnfasern (Juteersatz) verarbeitet. Heilpflanze mit Hauptwirkstoff 1-Spartium u. Scoparosid, als Herzmittel u. Diuretikum. Anpflanzung als Bodenbefestiger, -verbesserer u. als Zierstrauch.

Besenginster-Heiden, *Sarothamnion,* Verband der ↗Calluno-Ulicetalia.

Besenheide, das ↗Heidekraut.

Besenmoos, *Dicranum scoparium,* ↗Dicranaceae.

Besenrauke, das ↗Sophienkraut.

Besenried, das ↗Pfeifengras.

Besiedlungsdichte, *Bevölkerungsdichte, Populationsdichte,* durchschnittl. Anzahl der Bewohner eines Gebiets je Flächeneinheit (km^2). □ Bevölkerungsentwicklung.

Best, *Charles Herbert,* kanad. Physiologe, * 27. 2. 1899 West Pembroke (Maine), † 31. 3. 1978 Toronto; seit 1929 Prof. in Toronto; Mitarbeiter von F. G. Banting bei der Entdeckung (1921) des Insulins; entdeckte das Cholin im Lecithin.

Bestand, Lebensgemeinschaft einer bestimmten Fläche; verschiedene Bestände können aufgrund ihrer ähnl. Standortsfaktoren sehr ähnl. Artenkombinationen aufweisen. Die Anzahl der Individuen pro B. wird als *Bestandsdichte,* die verschiedenen Entwicklungsphasen eines B.s als *Bestandsfolge* bezeichnet.

Bestandsabfall, gesamte tote organ. Substanz, die v. einem Bestand produziert wird, also Laub, Nadeln u. Holzstreu, Ernterückstände, abgestorbene Wurzelmasse; ihre Zersetzbarkeit ist wesentlich für den Humusaufbau.

Bestandsaufnahme, 1) Botanik: genaue Vegetationsuntersuchungen v. Probeflächen, die möglichst einheitl. Standortsbedingungen u. einen homogenen Pflanzenbestand aufweisen. Die Größe der Probefläche ist abhängig v. der Art der Pflanzengemeinschaft: Wälder 200–300 m², Wiesen 10–25 m², Weiden 5–10 m², Ackerunkrautgesellschaften 25–100 m², Moosgesellschaften 1–4 m². Der Standort wird beschrieben durch die geogr. Lage, Höhe, Exposition, Neigung, Untergrund, Bodenprofil. Es folgen die Aufnahme der Vegetation mit Höhengabe u. Deckungsgrad sowie die Artenliste samt ↗ Artmächtigkeit u. Soziabilität. **2)** Zoologie: quantitative u. qualitative Erfassung aller in einem bestimmten Gebiet lebenden Tiere; umfaßt sowohl die Fauna in u. auf dem Boden als auch die in der Vegetation vorkommenden Tiere. Für eine solche B. stehen verschiedene Methoden zur Verfügung, u. a. das Fangen mit Fallen, Lichtfang u. Keschern mit Netzen.

Lit.: *Balogh, J.:* Lebensgemeinschaften der Landtiere. Berlin 1958. *May, R. M.* (Hg.): Theoretische Ökologie. Weinheim 1980.

Bestandsdichte ↗ Bestand.
Bestandsfolge ↗ Bestand.
Bestandsklima, Klein- od. Lokalklima eines Bestands, das stark v. seiner Struktur, seiner Exposition u. dem Untergrund abhängt; es weicht mehr od. minder stark v. Großklima ab. So hat z. B. ein Laubwaldbestand im Innern völlig andere Niederschlags-, Licht- u. Temperaturverhältnisse als eine freie Fläche am gleichen Standort.
Bestandsproduktion, Menge an organ. Trockensubstanz, die v. einem Bestand in einer bestimmten Zeiteinheit aufgebaut wird (angegeben in Joule/ha oder Menge Kohlenstoff/ha).
Bestandsstruktur, Aufbau eines Bestands nach Alter, Verteilung der Arten (z. B. trupp- od. horstweise) u. Schichtung (ein- oder mehrschichtig).
Bestäuber, Tiere, die Blüten besuchen u. dabei Pollen einer Blüte auf die Narbe einer artgleichen anderen Blüte bringen. Die Motivation für den Blütenbesuch ist in der Regel das Sammeln v. Blütennahrung (Nektar u./od. Pollen) für den eigenen Bedarf od. zur Ernährung der Brut (Ausnahme Täuschblumen). Bestäuber sind in gemäßigten Breiten ausschließlich Insekten (v. a. Bienen, Schmetterlinge u. Fliegen), in den Tropen auch Vögel, Fledermäuse u. Säuger. ↗ Bestäubung
Bestäubung, die Übertragung des Pollens (Blütenstaubs) einer Spermatophytenblüte auf die Narbe (Angiospermen, Bedecktsamer) od. die Samenanlagen (Gymnospermen, Nacktsamer) zur ↗ Befruchtung u. zur Bildung v. Samen. Eine monözische (zwittrige) Blüte kann sich selbst befruchten (Selbstbefruchtung, *Autogamie*), i. d. R. liegt aber *Allogamie* (Fremd-B.) vor, d. h.,

der Pollen gelangt auf die Narbe einer anderen Blüte, u. zwar derselben Pflanze (Nachbar-B., *Geitonogamie*) od. auf eine Blüte einer artgleichen anderen Pflanze (Fremd-B., *Xenogamie*). Viele Pflanzenarten (beispielsweise unsere Obstbäume) sind auf Fremd-B. angewiesen. Häufig entstehen bei einer Selbst-B. weniger, schwer keimende oder gar keine Samen als bei Fremd-B. Ausnahmen bilden unter anderem sich obligat durch Autogamie befruchtende Pflanzen oder Pflanzen mit geschlossen bleibenden Blüten (Kleistogamie). Fremd-B. wird häufig durch verschiedene Mechanismen gefördert oder erzwungen (Selbststerilität, Dichogamie, Heterostylie, Herkogamie, ↗ Autogamie), die Selbstbefruchtung ausschalten. Bei nicht monözischen Blüten ist Autogamie unwahrscheinlich, da die sexuellen Organe räumlich getrennt sind. Die „Unbeweglichkeit" der Blüte wird – um einen Transport des Pollen zu gewährleisten – dadurch ausgeglichen, daß sich die Blüten verschiedener Übertragermedien bedienen: Wasser, Wind, Tiere (↗ Hydrogamie, ↗ Anemogamie, ↗ Zoogamie). Die Blüten sind in vielfältiger Weise an ihre Übertragermedien angepaßt, was bes. bei den zoogamen Blüten zu verschiedensten B.smechanismen u. zu einer großen Formenmannigfaltigkeit geführt hat (↗ Entomogamie, ↗ Chiropterogamie, ↗ Ornithogamie). Nach ihrer Form kann man die zoogamen Blüten in Blütentypen einteilen, z. B. Scheiben-, Trichter-, Glocken-, Röhren-, Stielteller-, Lippen-, Rachen-, Fahnen- und Körbchenblumen. Die Blüten locken mit Farbe u./od. Duft ihre Bestäuber an u. bieten ihnen normalerweise als „Belohnung" eine Gegengabe. Meist ist dies Pollen u./od. Nektar als Nahrung. Manche Orchideenarten produzieren ätherische Öle (Parfümblumen), bei einigen Pflanzen werden fette Öle gesammelt (Ölblumen). Durch wechselseitige Anpassung v. Blüte u. Bestäuber (Coevolution) ist hier eine gegenseitige Abhängigkeit (Symbiose) entstanden. Die Blüten „reagieren" in ihren Anpassungen an die Bestäuber auf deren spezielle Fähigkeiten und Bedürfnisse. Auf diese Weise entstehen Blütensyndrome. Die Bestäuber ihrerseits entwickeln Anpassungen, die speziell der Ausbeutung „ihrer" Blüten entsprechen (z. B. bestimmte Sammelapparate). Blüten, die keine Gegengabe anbieten, heißen Täuschblumen. Man unterscheidet Futtertäuschblumen, Sexualtäuschblumen und solche, welche einen Eiablageplatz imitieren. Hier liegt keine Coevolution vor. Die Beziehung ist einseitig, denn nur die Blüten passen sich dem Bestäuber an. Histo-

Bestäubung

Arten der Bestäubung

1) ↗ *Anemogamie (Windbestäubung):* häufig, z. B. Nadelgehölze (primär); viele Laubbäume u. Gräser (sekundär).

2) ↗ *Hydrogamie (Wasserbestäubung):* selten, z. B. Hornblatt *(Ceratophyllum).*

3) ↗ *Zoogamie (Tierbestäubung):* häufig; Hauptgruppen: Insekten u. Vögel.

a) ↗ *Entomogamie (Insektenbestäubung):* verschiedene Typen, z. B. Fliegenbestäubung, Bienenbestäubung, Tag- u. Nachtfalterbestäubung.

b) ↗ *Ornithogamie (Vogelbestäubung):* häufig, in den Tropen u. Subtropen, in über 100 der rund 300 Angiospermenfamilien vorkommend. Bestäuber in der Neotropis (Tropen der Neuen Welt) Kolibris, in der Paläotropis (Tropen der Alten Welt) u. a. Nektarvögel u. Honigfresser.

c) Weitere, seltenere Typen der Zoogamie: Bestäubung durch Fledermäuse (↗ *Chiropterogamie*) und Beuteltiere.

Bestäubungsökologie

risch gesehen, ist bei den Spermatophyten mit Sicherheit die Windblütigkeit (Anemogamie) primär, wie sie heute noch bei vielen Gymnospermen die Regel ist. Tierblütigkeit (Zoogamie) trat höchstwahrscheinlich bereits bei den in der mittleren Kreide ausgestorbenen *Bennettitatae* auf, die damit „Wegbereiter" für die Entwicklung der Insektenblütigkeit (Entomogamie) bei den gerade in dieser Zeit bedeutend werdenden Angiospermen darstellen (Schrittmacherfunktion). Viele Indizien sprechen dafür, daß die ersten Blütenbesucher Käfer waren, welche bes. die nahrhaften generativen Teile der Blüten verzehrten. (Wahrscheinlich ist die Notwendigkeit eines Schutzes vor Fraßfeinden sogar ein wichtiger Selektionsdruck für die Evolution der Angiospermie gewesen.) Auch die Zwittrigkeit (Monözie), die für Angiospermen charakteristisch u. ursprünglich ist, kann mit der B. durch Tiere erklärt werden: Käfer mit ihren kauend-beißenden Mundwerkzeugen sind in großem Stil Pollenfresser. Bei diklinen Pflanzen hätten die karpellaten Blüten keine Blütennahrung zu bieten u. würden deshalb nicht besucht. Die Monözie erhöhte somit die Wahrscheinlichkeit der B. in hohem Maß. Nektar als Blütennahrung trat erst später in der Entwicklung der Angiospermen auf. Nun war es möglich, daß auch Insektengruppen mit saugenden Mundwerkzeugen als Bestäuber genutzt wurden. ↗Bestäubungsökologie.
B Zoogamie. *C. G.*

Bestäubungsökologie, *Bestäubungsbiologie, Blütenbiologie, Blütenökologie,* Wiss., welche die ↗Bestäubung der Blüten erforscht. B. ist sowohl Teilgebiet der Bot. als der Zool., da enge Beziehungen bzw. Pflanzen u. Tieren auftreten u. die seit der Kreidezeit dauernde Coevolution sowohl auf seiten der Blüten als auf seiten der Tiere verschiedenste Anpassungen hervorgebracht hat. Als Begründer der B. gilt der dt. Botaniker Chr. K. Sprengel (1750–1816), der 1793 das für die B. grundlegende Buch „Das entdeckte Geheimnis der Natur im Bau u. in der Befruchtung der Blüten" veröffentlichte, in dem er die Bestäubungsanpassungen von ca. 500 Blüten beschreibt. Ch. Darwin leistete als nächster wichtige Beiträge („The effects of cross- and self-fertilization in the vegetable kingdom", 1876; „On the various contrivances by which Orchids are fertilized by insects", 1862), die wegweisend für eine Reihe weiterer Wissenschaftler waren. Bes. zu nennen sind F. und H. Müller, F. Hildebrand, F. Delpino, E. Loew und P. Knuth, in dessen Handbuch der Blütenbiologie (1906–1909) die gesamte blütenbiol. Forschung des 19. Jh. zusammengefaßt wurde. Diese Phase der „klassischen Blütenbiologie" ist gekennzeichnet durch die Beobachtung u. Beschreibung v. Blüten u. Registrierung ihrer Bestäuber. Eine zweite Phase begann mit K. von Frisch und F. Knoll, die in den ersten Jahrzehnten des 20. Jh. eine neue, mehr experimentelle Betrachtungsweise in die Blütenökologie einbrachten. Nun rückte mehr das Insekt als Bestäuber in den Mittelpunkt – man begann, das Insekt als „Partner" der Blüte zu sehen. Damit war der Grundstein gelegt für eine Erforschung des komplexen Systems Blüte–Bestäuber. Neben den bereits gen. Wissenschaftlern sind hier bes. H. Kugler, A. Manning und K. Daumer zu erwähnen. Heute ist die Blütenökologie eine äußerst vielschichtige Forschungsrichtung, die u. a. sowohl von seiten der klassischen bot. und zool. Morphologie als auch von seiten der Evolutionsforschung, der Physiologie, Biochemie u. Biophysik, angegangen wird.

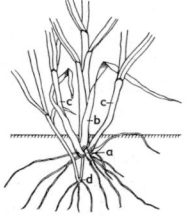

Bestiarium *s* [v. lat. bestiarius = die Tiere betreffend], ↗Physiologus.

Bestimmungsschlüssel, dient dem Bestimmen unbekannter Arten mit Hilfe eines Systems, bei dem die morpholog. Merkmalsunterschiede der verschiedenen Sippen herausgearbeitet wurden. Der dichotome Schlüssel, bei dem zw. zwei Fragen zu wählen ist, ist am häufigsten. Ein B. stellt außerdem Verwandtschaftsbeziehungen dar.

Bestockung, Bildung v. Seitensprossen an den untersten, dem Boden benachbarten oberird. Knoten *(B.sknoten),* so bei Getreide, begünstigt durch Tiefsaat, Reihensaat, kräftige Düngung, Umpflanzen.

Bestockungsdichte, Bez. für das Verhältnis v. Viehbestand zu Weidefläche. Zu hoher Viehbestand führt auf einer Weide zu großen Schäden durch Tritt u. Überweidung.

Bestrahlung, Einwirkung v. Korpuskularstrahlung bzw. v. Strahlung des elektromagnet. Spektrums auf Lebewesen, vorzugsweise im Bereich der Wellenlängen zw. 400 und 800 nm, d. h. im (für das menschl. Auge) sichtbaren Licht (↗Auge, ↗Lichtsinnesorgane), an das sich das (längerwellige) ↗Infrarot (Wärmestrahlung) bzw. das kürzerwellige ↗Ultraviolett anschließt. Bei Pflanzen wird B. im opt. Spektralbereich durch eine Reihe v. ↗Photorezeptoren empfangen. Für elektromagnet. Wellen mit kleineren od. größeren Wellenlängen (Röntgenstrahlen bzw. Radar- u. Radiowellen) besitzen die meisten Lebewesen keine Rezeptoren, d. h., sie können diese Spektralbereiche nicht spezifisch wahrnehmen. ↗Strahlendosis, ↗Strahlenschutz.

Bestockung
a Bestockungsknoten, aus dem der Haupttrieb b und die Seitentriebe c entstanden sind; d Rest des Samenkorns

Bestrahlungsdosis ↗Strahlendosis.
Bestrahlungsschäden ↗Strahlenschäden.
Beta w [lat., = Beete, Mangold, Wort kelt. Herkunft], *Betarüben*, Gatt. der Gänsefußgewächse, die v. Mittelmeergebiet bis Vorderindien heimisch ist. Als Stammart aller Kulturpflanzen der Gatt. muß *B. vulgaris* ssp. *maritima,* die wilde Rübe, gelten, eine Pflanze der Spülsäume (*Caciletea*-Klassencharakterart) der atlant. u. mediterranen Meeresküsten Europas. Die Art ist nur wenig frosthart, die Zuckerrübe (s. u.) z. B. erträgt bis −5°C. In Dtl. ist die Wildart nur auf Helgoland heimisch. Die 2jähr. Pflanze bildet im 1. Jahr eine Blattrosette, den Winter überdauert sie mit einer in der Wildart nur schwach verdickten Wurzel, aus der im 2. Jahr ein bis 1,5 m großer Blütenstand emporwächst. Die Rübe verdickt sich durch sog. anomales Dickenwachstum mit mehreren, kurz tätigen, konzentr. Kambiumringen. Die Blüten stehen zu 2–3 in den Achseln v. Tragblättern; ihre Blütenhüllblätter verwachsen am Grund mit dem Fruchtknoten. Dieser Bau gilt im Prinzip für alle B.rüben. Alle folgenden, aus dieser wilden Rübe gezüchteten Kulturpflanzen faßt man zur Subspezies *vulgaris* zusammen. *Mangoldvarietäten* (convar. *vulgaris*): Beim Mangold, einer sehr alten Kulturpflanze, deren Anbau im Zweistromland seit 2000 v. Chr. nachgewiesen ist, werden die Blätter genutzt. Er wird in 2 Varietäten angebaut: als Schnittmangold (var. *vulgaris*), der ähnlich wie Spinat gegessen wird, u. als Rippenmangold (var. *flavescens*), dessen verdickte Blattstiele u. Mittelrippen verzehrt werden. *Wurzelrüben* (convar. *crassa*): Die anderen B.rüben, deren verdickte Wurzelrüben genutzt werden, faßt man als Convarietät *crassa* zusammen. Die Rüben werden jeweils am Ende des 1. Jahres nach Aussaat geerntet, wenn die Nährstoffe zur Überwinterung in die Wurzel verlagert worden sind. Zur Blüte kommen die Pflanzen daher in der Regel nicht, u. bei der Saatgutgewinnung muß auf die Rübennutzung verzichtet werden. Wichtig für den mechanisierten Anbau (bes. Zuckerrübe) war die Züchtung v. einsamigem, sog. Monogermsaatgut, da früher die jeweils zu dreien entstehenden Jungpflanzen v. Hand vereinzelt werden mußten. *Runkelrübe* (var. *crassa*): Seit dem 17. Jh. als Viehfutter (Futterrübe) genutzt, leitet sie sich wohl v.Gartenmangolden ab, deren Blätter u. Wurzeln zur menschl. Ernährung herangezogen wurden. Seit dem Aufkommen der Fruchtwechselwirtschaft ohne Brache baut man die Runkelrübe feldmäßig an. Ihr Nährstoffgehalt ist seitdem durch Züchtung stark erhöht worden. Bei der Runkelrübe ist ein Teil der Hauptwurzel, aber bes. das Hypokotyl, verdickt (vgl. Abb.), so daß sie oft weit über den Boden ragt. Die äußeren Schichten dieses Hypokotyls sind grün, gelb od. rot, das Innere jedoch weiß. *Zuckerrübe* (var. *altissima*): 1747 wies der Berliner Apotheker A. S. Marggraf (1709 bis 1782) den damals nur aus Zuckerrohr gewonnenen Zucker in der Runkelrübe nach (3–4%). F. C. Achard (1753–1821) begann dann um 1786, Zucker aus Rüben zu gewinnen u. zuckerreichere Sorten zu züchten. 1802 gelang die Züchtung der „Weißen Schlesischen Zuckerrübe", v. der alle weiteren Zuckerrübensorten abstammen (var. *altissima*). Seit diesem Jahr wurde, bes. während der Kontinentalsperre Napoleons, Zucker schon industriell aus Zuckerrüben gewonnen. Nach der Kontinentalsperre brach die Produktion zusammen, da die verwendeten Sorten wegen des geringen Zuckergehalts nicht mit dem dann wieder erhältl. Rohrzucker konkurrieren konnten. In Frankreich gingen die Züchtungsbemühungen jedoch weiter. Seit 1830 konnte dann die Zuckerproduktion aus Rüben preislich mit der aus Zuckerrohr mithalten, da inzwischen ertragreichere Sorten zur Verfügung standen. Heute verwendete Zuckerrüben haben einen Zuckergehalt von 20% und liefern einen Ertrag von 100–650 dz/ha. Die Pflanzen benötigen warmes, nicht zu regenreiches Klima. Stärkeren Frost vertragen sie nicht; daher müssen bei uns die Rüben rechtzeitig geerntet bzw. zur Saatgutgewinnung geschützt überwintert werden. Zuckerrüben beanspruchen tiefgründige, nährstoffreiche Böden; die Bodenoberfläche muß bei dieser Hackfrucht sorgfältig bearbeitet werden, bis die Rosettenblätter den Boden überdecken. Bei der Zuckerrübe ist v.a. die Hauptwurzel verdickt. Bei der Ernte werden die weniger zuckerhalt. Rübenköpfe u. Blätter abgetrennt (als Silagefutter weiterverwendet), der Rest wird in der Zuckerfabrik geschnetzelt u. ausgelaugt (ausgelaugte Reste werden wiederum als Viehfutter verwendet). Den jetzt vorliegenden Zuckersaft dampft man ein, bis Zucker auszukristallisieren beginnt. Noch weiter gereinigt u.

Beta
1 Zuckerrübe, 2 Runkelrübe (Futterrübe), 3 Rote Rübe (Rote Bete) (Hy = Hypokotyl, Wz = Wurzel)

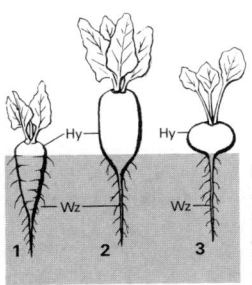

Beta

Zuckerrübenernte 1980 (in Mill. t)

Welt	263
UdSSR	80
Frankreich	26
USA	21
BR Dtl.	19
Italien	14
Polen	10

45% der Weltzuckerproduktion stammen aus Zuckerrüben.

Betabacterium

getrocknet, entsteht das Endprodukt; dabei bleibt die Melasse übrig, die Viehfutter zugesetzt wird. *Rote Rübe* (var. *conditiva*): Bei der Varietät der Roten Rübe (Rote Bete, Rote Rahne) dient fast nur das Hypokotyl der Speicherung, so daß man das verzehrte Organ als Hypokotylknolle ansprechen sollte. Die wahrscheinlich schon im Mittelalter bekannte Kulturpflanze wird gekocht, in Scheiben geschnitten u. mit Essig versetzt als Salat gegessen. Der Farbstoff ↗ *Betanin* verleiht dieser Varietät die rote Farbe. Er wird auch als Lebensmittelfarbstoff verwendet. Neben der Roten Rübe existiert auch eine gelbe Varietät (var. *lutea*), die aber heute nur noch wenig angebaut wird. B Kulturpflanzen II, IV. *R. W.*

Betabacterium *s* [v. *beta-, gr. baktērion = Stäbchen], U.-Gatt. der heterofermentativen ↗ Milchsäurebakterien *(Lactobacillus)*.

Beta-Blocker *m* [v. *beta-, engl. to block = hemmen], *Beta-Rezeptoren-Blocker,* spezifische Pharmaka, wie Dichlorisoproterenol, Nethalid u. Propranolol, die die β-rezeptorischen Wirkungen der Catecholamine Adrenalin u. Noradrenalin blockieren. Pharmakologisch dienen sie der Ausschaltung der Sympathikuswirkung, also z. B. als Blutdrucksenker.

Betacoccus *m* [v. *beta-, gr. kokkos = Kern, Beere], veraltete Bez. für ↗ Milchsäurebakterien der Gatt. *Leuconostoc* aus der Fam. der *Streptococcaceae*.

Betacyane [Mz.; v. lat. beta = Beete, Mangold, gr. kyanos = blaue Farbe], ↗ Betalaine.

Beta-Galactosidase *w* [v. *beta-, gr. gala, Gen. galaktos = Milch] ↗ β-Galactosidase.

Beta-Herpesviren, U.-Fam. *Betaherpesvirinae* der ↗ Herpesviren.

Betaine [Mz.; v. lat. beta = Beete, Mangold], quartäre Ammoniumverbindungen, die nur als Zwitterionen vorkommen, mit der allg. Strukturformel $(R)_3$-$\overset{\oplus}{N}$-CH(R')-COO$^\ominus$. B. sind im Pflanzen- u. Tierreich weit verbreitet u. z. T. als sekundäre Naturstoffe aufzufassen. Einfachster Vertreter ist das *Betain* (Trimethylglycin), $(CH_3)_3$-$\overset{\oplus}{N}$-CH_2-COO$^\ominus$, aus der Roten Rübe *(↗ Beta)*. Betain wird im Aminoäthanolzyklus gebildet u. kann als Methylgruppendonor bei Transmethylierungsreaktionen dienen. Ein weiteres wichtiges Betain ist das ↗ Carnitin.

Betalaine [Mz.; v. lat. beta = Beete, Mangold], stickstoffhalt. Pflanzenfarbstoffe, die in Kakteen u. im Hut des Fliegenpilzes vorkommen sowie charakteristisch sind für *Centrospermae* (↗ Nelkenartige), wo sie die ↗ Anthocyane ersetzen. Die meisten sind Glykoside u. werden z. B. in Vakuolen v.

Blütenblattzellen akkumuliert. B. sind Immonium-Derivate der *Betalaminsäure*, deren Biosynthese aus Tyrosin über Dihydroxyphenylalanin (DOPA) verläuft. Die einzelnen B. unterscheiden sich durch verschiedene Glykosidierungs- u. Acetylierungsgrade. Die rotvioletten B. heißen *Betacyane;* ihr wichtigster Vertreter ist das ↗ *Betanin* aus der Roten Rübe (↗*Beta*). Die gelben Farbstoffe der B. sind die *Betaxanthine,* z. B. Indicaxanthin aus dem Feigenkaktus *(Opuntia ficus-indica)*.

Betanin *s* [v. lat. beta = Beete, Mangold], roter Farbstoff aus der Gruppe der Betalaine, der in der Roten Rübe *(↗Beta)* vorkommt; gut wasserlösl. Glykosid, dessen Aglykon das *Betanidin* ist; B. liegt bei pH < 2 als violettes Kation vor u. macht bei pH 4 einen Farbumschlag nach Rot.

Beta-Oxidation, β-*Oxidation,* wichtiger Stoffwechselweg zum Abbau v. ↗Fettsäuren, der in der Matrix der Mitochondrien sowie bei Pflanzen bei der Mobilisierung v. Reservefett an der Innenseite der Glyoxysomenmembran abläuft.

Betarüben [v. lat. beta = Beete, Mangold] ↗Beta.

Betastrahlen, β-*Strahlen,* Strahlen v. Teilchen *(Betateilchen,* Elektronen od. Positronen), die beim radioaktiven Zerfall der Atomkerne v. *Betastrahlern* (z. B. ^{3}H, ^{131}I, ^{60}Co, ^{14}C, ^{32}P, ^{35}S) ausgesandt werden. Sie wirken beim Durchgang durch Materie infolge der Bildung v. Sekundärelektronen stark ionisierend; Maximalenergie ca. 10 MeV. Die Reichweite in Luft beträgt bei den starken Betastrahlern (^{131}I, ^{32}P) bis zu einigen Metern, in festen Stoffen bis zu einigen Millimetern. Biol. Anwendung finden die B. u. a. in der Isotopentechnik. B. haben eine ↗relative biol. Wirksamkeit (RBW) von 1 u. lassen sich durch Stoffe hoher Dichte, wie Blei od. Eisen, abschirmen. Ihr Nachweis erfolgt u. a. durch Nebelkammer u. Zählrohr.

Betäubung, Ausschaltung v. Schmerz, Mißempfindungen usw. durch *B.smittel,* die auf das Zentralnervensystem wirken. Durch physikal. Einwirkung auf das Gehirn, lähmende Substanzen (Narkotika) od. im Zustand heftiger psych. Erregung kann es zur teilweisen od. völligen Empfindungslosigkeit gegenüber Schmerz kommen. Künstlich kann eine B. nicht nur durch Anästhetika (↗Anästhesie) od. Narkotika, sondern z. T. auch durch Hypnose herbeigeführt werden, kurzfristige lokale B. auch durch Vereisen. Die vollständige, künstlich induzierte Ausschaltung des Bewußtseins wird als *Narkose* bezeichnet. Der unkontrollierte, permanente Gebrauch v. B.smitteln (z. B. Rauschgift) zur Ausschaltung v. Mißempfindungen kann zur Sucht führen.

Betalaine

Betalaminsäure

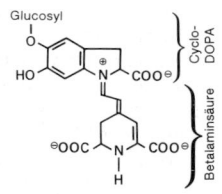

Betanin

Indicaxanthin

beta- [v. gr. bēta (β) = B, als gr. Zahlzeichen = 2].

Vor allem Opium u. seine Derivate unterliegen dem *B.smittelgesetz*.

Betaxanthine [Mz.; v lat. beta = Beete, Mangold, gr. xanthos = gelb], ↗ Betalaine.

Betelnußpalme w [über port. betel v. malaiisch veṭṭila = Kaupfeffer], *Areca catechu*, ca. 15 m hohe Palmenart, die nur als Kulturpflanze bekannt ist, deren Heimat jedoch in Hinterindien zu vermuten ist. Die B. wird ihrer Samen wegen angebaut, die wicht. Bestandteil des im gesamten asiat. u. ostafr. Raum seit über 2000 Jahren weit verbreiteten *Betelbissens* sind. Die Samen der gelbl. Steinfrüchte enthalten etwa 0,3–0,6% *Arecolin* (↗Arecaalkaloide), in geringeren Mengen andere Alkaloide u. ca. 15% Gerbstoffe. Nach Rösten od. Kochen werden die Samen in Scheiben geschnitten u. zus. mit etwas Kalk, aus der Gambirpflanze *(Uncaria gambir)* gewonnenem Gambirsaft u. oft zusätzl. Gewürzen in Blätter des Betelpfeffers *(Piper betle)* eingewickelt. Der Kalkzusatz bewirkt eine Freisetzung der Alkaloide, die zunächst an die Gerbsäuren gebunden sind; beim Kauen erfolgt die Umwandlung (alkohol. Verseifung) des Arecolins in den Wirkstoff *Arecaidin*. Die Wirkung des Betelbissens ist anregend, sein häufiger Genuß soll zu Suchterscheinungen führen. Der in der Betel„nuß" enthaltene Farbstoff *Arecarot* färbt Lippen u. Speichel der auf 200 Mill. geschätzten Betelnußkauer rot, während die Zähne allmählich schwarz werden. Dies gilt in Ländern, wo der Betelbissen verbreitet ist, jedoch als Zeichen v. Reichtum. B Kulturpflanzen IX.

Betelpfeffer [über port. betel v. malaiisch veṭṭila = Kaupfeffer], Gatt. der ↗Pfeffergewächse.

Betriebsart, Aufbauform des Waldes nach Art der Verjüngung, Hiebführung u. Hiebalter. Man unterscheidet Hoch-, Mittel- u. Niederwaldbetrieb. Die Unterteilung der B.en, z. B. Plenterwald, Brenn- oder Schälholzniederwald, wird *Betriebsform* genannt.

Betriebsstoffwechsel, der ↗Energiestoffwechsel.

Betta w [v. span. beta = farbiger Streifen], die ↗Kampffische.

Bettelverhalten, Verhalten, das den Sozialpartner eines Tieres dazu bewegen soll, ein Objekt (meist Nahrung od. Wasser) abzugeben. B. kommt v. a. bei Jungtieren vor, die ihre Eltern anbetteln, z. B. bei den Nestjungen v. Vögeln (z. B. als Sperren). In diesem Fall sind die Bettellaute, Bettelbewegungen usw. angeboren u. wirken auch aufgrund eines ↗angeborenen auslösenden Mechanismus auf die Eltern. Gelegentlich tritt ein ähnliches B. auch zw. erwachsenen Tieren auf, z. B. betteln Schimpansen Artgenossen um Futter an. B. kann auch erlernt werden, wie es häufig bei Zootieren geschieht. In diesem Fall kann nahezu jedes Verhalten als eine ↗bedingte Aktion dem Betteln dienen, falls es durch Futtergaben o. ä. belohnt wurde.

Bettwanze, *Cimex lectularius*, ↗Plattwanzen.

Betula w [lat., =], die ↗Birke.

Betulaceae [Mz.; v. lat. betula = Birke], die ↗Birkengewächse.

Betulin s [v. lat. betula = Birke], zweiwertiger Alkohol aus der Gruppe der pentacyclischen Triterpene; Vorkommen in Birken- u. Haselnußrinde, Hagebutten.

Betulion pubescentis s [v. lat. betula = Birke, pubescens = flaumig werdend], *Birken-Bruchwälder*, *Birken-Moorwälder*, U.-Verb. der natürl. Fichtenwälder und verwandter Ges. *(Vaccinio-Piceion)*. Oligotrophe, v. der Moorbirke *(Betula pubescens)* beherrschte Wälder im NO Europas auf Böden mit noch anstehendem, wenig schwankendem, basenarmem Grundwasser. In die lockere, nur schlecht gedeihende Baumschicht können vereinzelt Kiefern *(Pinus sylvestris)* eingesprengt sein, die bei kontinentalem Klima im O Europas schließlich die Vorherrschaft erlangen. Die aus wenigen säure- u. nässeertragenden Arten aufgebaute Strauchschicht ist dürftig. Nur der acidophyt. Bodenbewuchs ist gut entwickelt u. besteht aus lichtliebenden Zwergsträuchern (*Vaccinium*-Arten) u. Moosen. Er entspricht in seiner Zusammensetzung weitgehend dem Unterwuchs der natürl. Fichtenwälder *(Vaccinio-Piceion)*, so daß man die Laubwaldges. in diesen Verb. stellt.

Betulo-Adenostyletea [Mz.; v. lat. betula = Birke, gr. adēn = Drüse, stylos = Griffel], *subalpine Hochstaudenfluren u. -gebüsche*, Kl. der Pflanzenges. mit 1 Ord. *(Adenostyletalia)* und 2 Verb. Produktionskräftigste Ges. der eur. Hochgebirge oberhalb der Waldgrenze auf mineralreichen, mittelgründigen Böden mit guter Wasserversorgung. In den Verb. *Adenostylion* gehören sowohl Hochstaudenfluren als auch hochstaudenreiche Gebüschges. Unterhalb v. Schneewächten findet sich in den Lawinenbahnen im Hochschwarzwald die Schluchtweiden-Ges. *(Aceri-Salicetum appendiculatae)*, deren Straucharten bei Schneefall elastisch zu Boden gedrückt werden, so daß sie in den später zu Tal gehenden Schneebrettern unbeschädigt bleiben. Ähnlich verhält sich auch der Grünerlen-Busch *(Alnetum viridis)* auf wasserzügigen Lawinenbahnen der Alpen. Die feuchtigkeitsbedürftige Grünerle gedeiht am besten auf undurchläss. Silicatgesteinen u. Tonschiefern. Sie bildet auf

Betulo-Adenostyletea
Ordnung:
Betulo-Adenostyletalia
Verbände:
Adenostylion (subalpine Grünerlen-Gebüsche u. Hochstaudenfluren)
Calamagrostion arundinariae (subalpine Hochgrasfluren, subalpine Reitgras-Rasen)

Betulo-Quercetum roboris

kühlfeuchten Schatthängen oft ausgedehnte Bestände. Als lichtbedürftiger Rohbodenkeimer kommt sie bei Bodenverwundung als Pionierstrauch auf, so z. B. im Bereich der Reutbergwirtschaft im Schwarzwald. Durch Rodung der Grünerlen-Büsche entstanden auf weniger steilem Gelände in den Alpen als Ersatzges. Rostseggen-Rasen (↗Caricion ferrugineae) u. Borstgras-Rasen (Nardion, ↗Nardetalia). Unterbleibt hingegen nach der Rodung die Beweidung, so bilden sich alpine Hochstaudenfluren (Adenostylo-Cicerbitetum) aus, deren Arten auch schon im Grünerlen-Busch vertreten sind. Ihr natürl. Standort sind frische, nährstoffreiche Mulden u. Runsen im Hochgebirge, die frühzeitig ausapern. Unterhalb der klimat. Waldgrenze finden sich bei schlechterer Wasserversorgung die subalpinen Reitgras-Rasen (Calamagrostion arundinariae). Diese artenreichen Hochgrasrasen sind an süd- bis ostexponierten Steilhängen mit hoher Sonneneinstrahlung in den eur. Silicatgebirgen verbreitet. Wodurch hier die Ansiedlung v. Bäumen verhindert wird, ist noch nicht restlos geklärt.

Betulo-Quercetum roboris s [v. lat. betula = Birke, quercus = Eiche, robur, Gen. roboris = Kraft], Assoz. der ↗Quercetea robori-petraeae.

Beugefurchen, zw. zwei Hautfalten auf der Beugeseite v. Gelenken gebildete Furchen; entstehen embryonal durch lokal vermindertes Hautwachstum; bes. deutlich an der Handfläche u. auf der Beugeseite v. Fingern u. Zehen.

Beugemuskeln, winkeln Extremitäten an den Körper an u. stehen im Antagonismus zu den *Streckmuskeln*, die die gleiche Extremität abwinkeln. Z. B. wird der Unterarm des Menschen vom *Bizeps* (Musculus biceps brachii) angewinkelt *(Beuger)* u. vom rückseitig am Oberarm liegenden *Trizeps* (Musculus triceps brachii) gestreckt *(Strecker)*. Es handelt sich hier aber um eine extrem vereinfachte Darstellung der Muskelfunktion, die den tatsächl. Bewegungsabläufen in den wenigsten Fällen gerecht wird.

Beulenbrand, der ↗Maisbeulenbrand.

Beute, 1) das v. einem Raubtier zur Deckung seines Nahrungsbedarfs erlegte Tier; **2)** die Wohnung eines Bienenvolkes; ↗Bienenstock.

Beutelbär, der ↗Koala.

Beuteldachse, die ↗Nasenbeutler.

Beutelflughörnchen, die ↗Gleithörnchenbeutler.

Beutelfrösche, *Amphignathodontinae*, U.-Fam. der Laubfrösche, mit 8 neotrop. Gatt. Kleine bis große Laubfrösche mit stark verknöcherten Schädeln u. einer Brutpflege,

Beutelfrösche
Gattungen:
Amphignathodon
(1 Art in Ecuador)
↗*Anotheca*
(1 Art in Mittelamerika)
Cryptobatrachus
(2 Arten im Hochland von Kolumbien)
Flectonotus
(2 Arten, 1 in S-Brasilien, 1 in Venezuela)
Fritziana
(1 Art in S-Brasilien)
Gastrotheca
(19 Arten von Mittelamerika bis S-Brasilien)
Nyctimantis
(1 Art in Ecuador)
Stefania
(4 Arten in Venezuela u. Guyana)

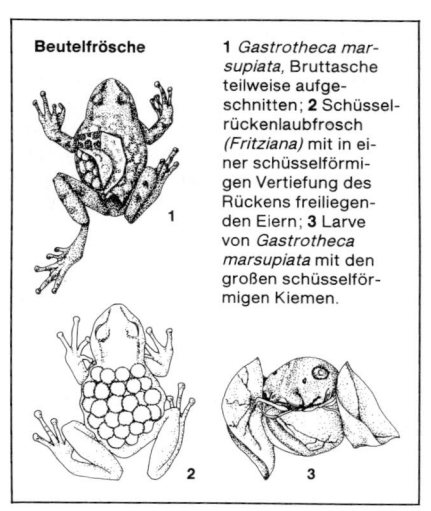

Beutelfrösche 1 *Gastrotheca marsupiata*, Bruttasche teilweise aufgeschnitten; 2 Schüsselrückenlaubfrosch *(Fritziana)* mit in einer schüsselförmigen Vertiefung des Rückens freiliegenden Eiern; 3 Larve von *Gastrotheca marsupiata* mit den großen schüsselförmigen Kiemen.

bei der das Weibchen die Eier auf dem Rücken trägt (Ausnahme ↗*Anotheca* u. *Nyctimantis*); *Fritziana* u. *Cryptobatrachus* tragen die Eier in einer schüsselförm. Vertiefung des Rückens (Schüsselrückenlaubfrosch), die anderen Gatt. in einer Rückentasche mit einer hinteren, dorsalen Öffnung. Bei der Paarung stellt sich das Weibchen hinten hoch, so daß die Eier v. der Kloake direkt in die Rückentasche fallen. Die Entwicklung erfolgt entweder über freilebende Larven (*Fritziana, Flectonotus, Gastrotheca marsupiata* u. a.), die in wassergefüllte Bromelien-Trichter abgesetzt werden, od. direkt (*Gastrotheca ovifera* u. a.), so daß fertig entwickelte Jungfröschchen geboren werden. Bei solchen Arten bilden die sich in der Bruttasche entwickelnden Larven riesige, pilzförm. Kiemen aus, die die ganze Larve einhüllen, u. die Epidermis der Rückentasche wird dünn u. stark durchblutet u. versorgt so die Larven mit Sauerstoff.

Beutelgalle, nach außen offene, beutelart. ↗Galle, aus Kreiswulst od. Falte („Faltengalle") des Blattgewebes entstanden; B.n werden durch Gallmilben (Eriophyiden) od. Blattläuse verursacht. Ggs.: Markgalle.

Beutelhund, der ↗Beutelwolf.

Beutelknochen, *Ossa marsupialia, Praepubis,* als „Bauchstütze" dienender paariger Knochen, der bei Beutel- u. Kloakentieren dem Schambein (Pubis) aufsitzt; fehlt den placentalen Säugern.

Beutelmarder, *Buschkatzen, Dasyurinae,* U.-Fam. der Raubbeutler, fleischfressende, nachtaktive Beuteltiere Australiens mit wiesel- od. marderähnl. Gestalt u. Lebensweise; 3 Gatt. mit 6 Arten. Der einst als Geflügelräuber gefürchtete Eigentliche od. Tüpfel-B. *(Dasyurus quoll)*, dessen Felle als „Native Cats" gehandelt wurden,

Beutelknochen, durch Pfeil markiert

Tüpfel-Beutelmarder *(Dasyurus quoll)*

ist heute fast ausgerottet. Heute nur noch auf Tasmanien lebt der ↗Beutelteufel.

Beutelmaulwürfe, die ↗Beutelmulle.

Beutelmäuse, *Phascogalinae,* U.-Fam. der Raubbeutler, maus- bis rattengroße Beuteltiere Australiens, die sich – je nach Körpergröße – von Insekten und kleineren Wirbeltieren ernähren; 9 Gatt. mit zus. 39 Arten, darunter das kleinste bekannte Beuteltier, die Zwergflachkopf-Beutelmaus *(Planigale subtilissima)* mit einer Kopfrumpflänge von nur 4,5 cm u. einem ca. 5 cm langen Schwanz. [B] adaptive Radiation.

Beutelmeisen, *Remizidae,* Fam. meisenähnl. kleiner Singvögel mit 11 Arten in Eurasien, Afrika u. im südl. N-Amerika; bewohnen Auwälder, Sumpfland mit niedrigem Baumbestand u. Weidendickichte an Gewässern; das Nest ist ein aus Pflanzenfasern, Samenhaaren u. Wolle kunstvoll gebauter Beutel mit röhrenartigem Einschlupf. Die 11 cm große Beutelmeise *(Remiz pendulinus)* kommt in S- und O-Europa sowie in Asien bis nach Japan vor; sie brütet gelegentlich auch in Dtl.; ihr Nest hängt meist an den äußersten Spitzen v. Zweigen, nicht selten über dem Wasser schwebend; 5–8 Eier; der Ruf ist ein gedehntes hohes „zieh". Die afr. Schließbeutelmeise *(Anthoscopus caroli)* baut ein Nest, dessen Öffnung beim Verlassen zum Schutz vor Feinden mit dem Schnabel verschlossen wird; darunter befindet sich zusätzlich – das Einschlüpfloch vortäuschend – eine blind endende Röhre.

Beutelmulle, *Beutelmaulwürfe, Notoryctidae,* Fam. der Beuteltiere mit 2 in Australien lebenden Arten: Großer B. *(Notoryctes typhlops)* u. Kleiner B. *(N. caurinus);* Kopfrumpflänge 9–18 cm, Körper plump, Augen rückgebildet. B. zeigen im Körperbau starke Ähnlichkeit mit den placentalen Goldmullen aufgrund ihrer gleichartigen Lebensweise (Konvergenz). Sie graben kaum tiefer als 8 cm unter der Erdoberfläche, so daß ihre Gänge hinter ihnen wieder zusammenfallen. Die Nahrung der B. besteht aus Insekten u. Würmern; über ihre Fortpflanzung ist noch wenig bekannt. [B] adaptive Radiation.

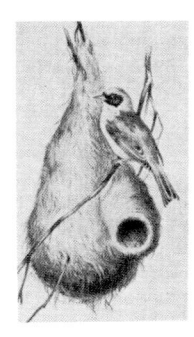

Beutelratten, *Didelphidae,* neben den ↗Opossummäusen die einzigen heute in S- und z.T. auch in N-Amerika (↗Opossum) lebenden Beuteltiere. 12 Gatt. mit 76 Arten u. 163 U.-Arten bewohnen Büsche u. Bäume der Wälder u. Parklandschaften. Ihre Größe reicht v. 7 cm (Spitzmaus-B., Beutelspitzmäuse) bis zu 45 cm (Opossum) Kopfrumpflänge. Eine Bruttasche ist nicht, nur andeutungsweise od. voll ausgebildet mit Öffnung nach vorn (Ausnahme ↗Schwimmbeutler). Die 5–27 Zitzen der

Beutelmeise *(Remiz pendulinus)* am Nest

Beuteltiere

Familien:
↗Beutelratten *(Didelphidae)*
↗Raubbeutler *(Dasyuridae)*
↗Ameisenbeutler *(Myrmecobiidae)*
↗Beutelmulle *(Notoryctidae)*
↗Nasenbeutler *(Peramelidae)*
↗Opossummäuse *(Caenolestidae)*
↗Kletterbeutler *(Phalangeridae)*
↗Wombats *(Vombatidae)*
↗Känguruhs *(Macropodidae)*

weibl. B. sind mehrreihig od. ringförmig angeordnet; bis zu 20 Junge je Wurf, Tragzeit sehr kurz. Die Jungen der Zwerg-B. (Gatt. *Marmosa)* haben nur die Größe eines Reiskorns. Beutellose Arten schleppen die Jungen zw. den Hinterbeinen od. auf dem Rücken der Mutter mit. B. sind Allesfresser mit überwiegend tier. Kost; kleine B.-Arten vertreten in S-Amerika die dort nahezu fehlenden Insektenfresser der Ord. *Insectivora.* Im Ggs. zu den recht spezialisierten austr. Beuteltieren verkörpern die B. einen relativ einheitl. Grundtyp u. behaupten sich erfolgreich neben den placentalen Säugetieren ihres Erdteils.

Beutelsäuger, *Metatheria,* U.-Kl. der Säugetiere; einzige Ord. die ↗Beuteltiere.

Beutelspitzmäuse, Gatt. der ↗Beutelratten.

Beutelteufel, *Buschteufel, Tasmanischer Teufel, Sarcophilus harrisi,* ein räuberisch lebendes Beuteltier (Beutelmarder) Tasmaniens, das fr. auch auf dem austr. Festland lebte (Knochenfunde), aber durch die Ausbreitung des Dingos verdrängt wurde; Kopfrumpflänge bis ca. 50 cm. Bei der Geburt nur 12 mm lang, halten die im mütterl. Beutel befindl. Jungen 15 Wochen lang die Zitze mit dem Mund ständig umschlossen; Säugezeit mindestens 5 Monate, Geschlechtsreife nicht vor dem 2. Lebensjahr. Die leicht zähmbaren u. umgängl. B. verdanken ihren Namen wahrscheinlich ihrer nächtl. Lebensweise (Geflügel- u. Kleintierräuber) u. ihrem Verhalten in Notwehr (Knurren, Beißen) gegenüber dem Menschen. [B] adaptive Radiation, [B] Beuteltiere, [B] Australien IV.

Beuteltiere, *Marsupialia,* Ord. ursprüngl. Säugetiere, deren Junge im typ. Fall in einer durch Knochen (↗Beutelknochen) gestützten, bauchständigen Hauttasche (Beutel, *Marsupium)* der Mutter heranreifen. Für die B. ist weiterhin kennzeichnend, daß ihr Gehirn im Vergleich zu dem der Höheren Säugetiere kleiner u. auch weniger differenziert ist (Ausnahme: Riechhirn). Das Gebiß enthält 18–56 Zähne; es findet (außer beim 4. Prämolar) kein Zahnwechsel statt. Die Körpertemp. ist vergleichsweise niedriger (34–36 °C) u. weniger unabhängig v. der Außentemp. Ursprünglich 2 völlig getrennte Gebärmütter u. Scheiden, aber bei allen heutigen B.n verschiedengradig verschmolzen. After und Geschlechtsöffnung münden in eine Kloakentasche. – Die eigenartige Keimesentwicklung steht in Zshg. damit, daß die B. im Ggs. zu den Höheren Säugetieren *(Placentalia)* über keine leistungsfähige Placenta verfügen. Der Aufenthalt in der Gebärmutter beträgt für die Keimlinge der B. je nach Art nur zw. 8 u. 42 Tage. Entsprechend

419

Beuteltiere

Beuteltiere

Das Verbreitungsgebiet der B. erstreckt sich nur auf zwei Großräume, auf S- und N-Amerika sowie auf den australischen Kontinent und benachbarte Inseln bis Timor und Celebes. In Amerika leben mit den Beutelratten und den Opossummäusen ziemlich einheitlich gestaltete B., während man im australischen Großraum eine große Formenmannigfaltigkeit vorfindet. Die Verbreitungsgrenzen sind nicht starr; so haben sich die Opossums als Kulturfolger mittlerweile bis S-Kanada ausgebreitet.

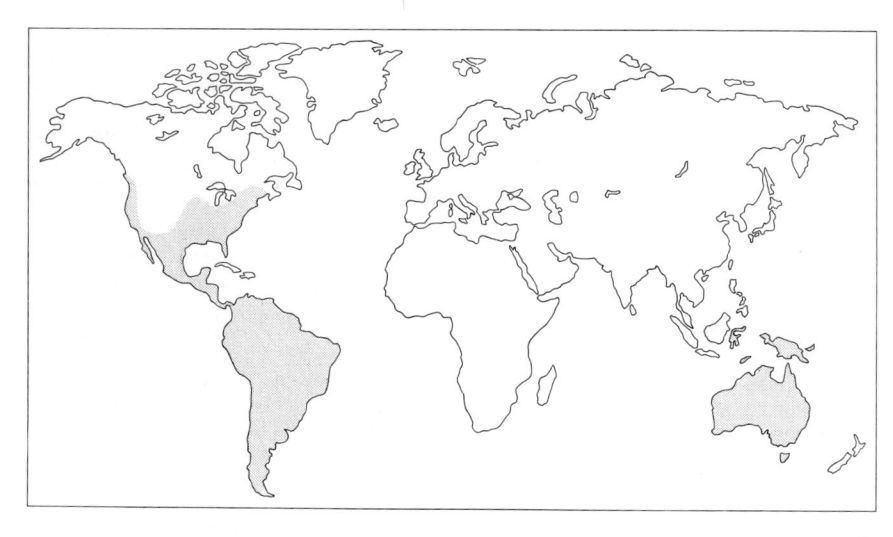

Beuteltiere
1 Beutelbär, 2 Beutelteufel, 3 Ameisenbeutler, 4 Beutelwolf

sind die Jungen bei ihrer Geburt nur 0,5 bis 3 cm groß. Mit ihren stummelhaften Hinterextremitäten u. noch weitgehend unentwickelten Sinnesorganen kann man sie als frühgeborene Embryonen ansehen, deren Austragezeit durch die Geburt unterbrochen u. in der Bruttasche fortgesetzt wird. Während ihres Aufenthalts im Beutel umschließt der Mund der Jungen ständig die mütterl. Zitze (Haltevorrichtung); ein bes. Muskel (M. compressor mammae) spritzt ihnen die Milch ein. – Der Beutel der B. ist vielgestaltig: Es kann jede der oft zahlr. (2–27) Zitzen v. einem Hautwall umgeben sein, eine ringförm. Hautfalte als nach unten offener Beutel die bauchständigen Zitzen umgeben, od. aber ein geschlossener Beutel, an dessen Öffnung ein Schließmuskel ansetzt, vorhanden sein; auch haben einige Gruppen keinen Beutel bzw. nur die Andeutung eines Beutels. – Die B. umfassen 9 Fam. mit 71 Gatt. u. 241 Arten; die Mehrzahl davon lebt heute in Australien. In den meisten Gebieten der Erde konnten sich die B. gegen die fortschrittlicheren placentalen Säugetiere *(Eutheria)* nicht erfolgreich behaupten. So bezeugen Fossilfunde, daß während des Tertiärs Beutelratten (z. B. *Peratherium*) sowohl in Europa als auch in N-Amerika verbreitet waren. Bes. formenreich war jedoch die tertiäre B.-Fauna S-Amerikas. Während gegenwärtig in S-Amerika nur noch ↗ Beutelratten u. ↗ Opossummäuse vorkommen, gab es dort im Tertiär auch rein pflanzenfressende B. sowie zahlr. Raubbeutler *(Borhyaenidae)*, z. B. im Pliozän den Säbelzahnbeutler *(Thylacosmilus)*, der nach Schädel- u. Gebißvergleichen eine erstaunl. Parallelentwicklung (Konvergenz) zu den ebenfalls heute ausgestorbenen placentalen Säbelzahnkatzen (z. B. *Machairodus*) darstellt. Die Entfaltung der Raubbeutler *(Borhyaenidae)* in S-Amerika während des Tertiärs – nach G. G. Simpson parallel zur Entwicklung der austr. Raubbeutler *(Dasyuridae)* – war möglich, da dort zu jener Zeit keine echten Raubtiere (Ord. *Carnivora*) lebten u. eine Landverbindung zu Mittel- u. N-Amerika über lange Zeit nicht bestand. Erst nach dem Wiederentstehen einer Landbrücke zu Ende des Tertiärs konnten die Vorfahren der heutigen placentalen Raubtiere aus N-Amerika einwandern, was zum Aussterben der Borhyaeniden S-Amerikas führte. Behaupten konnten sich lediglich 3 Arten der Opossummäuse u. die Beutelratten, denen es während der Eiszeit sogar gelang, N-Amerika zu besiedeln (↗ Opossum). – Zur vollen Entfaltung kamen die B. jedoch nur in Australien, das seit dem Ende der Kreidezeit als Erdteil isoliert blieb. Ohne Konkurrenz durch placentale Säugetiere spalteten sich dort die B. in viele Arten auf u. besetzten nahezu jede Nische, die andernorts v. placentalen

Säugern eingenommen wird (Stellenäquivalenz). Konvergent zur Evolution der placentalen Säugetiere entstanden wiesel-, marder- u. wolfsähnl. Raubbeutler, eichhörnchen- u. flughörnchenartige Kletterbeutler, maulwurfartige Beutelmulle u. v. a. Zwar brachten die B. keine Huftiere hervor, doch nehmen die Känguruhs nahezu die gleiche ökolog. Stelle ein. Während der Eiszeit entwickelten sich unter den austr. B.n Riesenformen, die – als das Klima noch feuchter war – das Gebiet der heutigen Grassteppen u. Halbwüsten bewohnten. Das Aussterben v. Riesenkänguruhs (*Sthenurus, Procoptodon*), Riesenkoala (*Phascolarctos ingens*), Riesenwombat (*Phascolonus gigas*), des Beutellöwen (*Thylacoleo carnifex*) u. der nashorngroßen *Nototheria* u. *Diprotodonta* geschah wahrscheinlich durch eine Klimaänderung, die einen Vegetationswechsel u. die Austrocknung weiter Teile Australiens zur Folge hatte. Der Einfluß des Menschen begann, als die Australier den Dingo u. später die weißen Siedler den Fuchs u. das Kaninchen einführten, Wälder abholzten u. weite Landstriche zur Schafzucht nutzten; hierdurch wurden weitere B. ausgerottet bzw. vom austr. Festland verdrängt (↗Beutelwolf, ↗Beutelteufel), ein Prozeß, den man heute durch staatl. Schutzmaßnahmen aufzuhalten versucht. B adaptive Radiation.

H. Kör.

Beutelwolf, Beutelhund, Zebrahund, *Thylacinus cynocephalus*, größter rezenter Raubbeutler v. hundeähnlichem Aussehen; Kopfrumpflänge ca. 1 m, nach hinten geöffneter Hautwall als Beutel. Auf dem austr. Festland wurde der B. erst in jüngerer Zeit wahrscheinlich durch Einführung des Dingos u. der Schafzucht ausgerottet; sein letztes Rückzugsgebiet wurde Tasmanien, wo er inzwischen ebenfalls als ausgestorben gilt, bevor genauere Kenntnisse über seine Lebensweise gewonnen werden konnten. Vereinzelte Hinweise auf noch lebende Beutelwölfe (z. B. Fußspuren, Fellhaare) stammen aus den 60er Jahren dieses Jh.s; letzte Vorkommen in entlegenen Gebirgsgegenden Tasmaniens werden nicht ausgeschlossen. B Beuteltiere, B Australien IV.

Beuteparasiten, Tierarten, die anderen Tieren die Beute stehlen od. abjagen, z. B. Netzspinnen, Schmarotzerraubmöwe.

Beuteschema, Kombination v. Reizen, die bei einem carnivoren (fleischfressenden) Tier das Jagd- bzw. Beutefangverhalten auslöst. Z. B. reagieren Frösche auf sich bewegende, dunkle Punkte v. ungefährer Fliegengröße mit Hinwendung u. Zuschnappen; bei Eulen wurden verschiedene B.ta für Mäuse u. Vögel gefunden.

Bevölkerung, die statist. Summe der auf einem bestimmten polit. od. geogr. Gebiet zu einer bestimmten Zeit lebenden Menschen. ↗Population.

Bevölkerungsdichte ↗Besiedlungsdichte.

Bevölkerungsentwicklung, die zahlenmäßig positive od. negative Entwicklung der menschl. Bevölkerung (Gesamtheit od. Teile), ausgedrückt als jährliche prozentuale Änderung od. als Verdopplungs- bzw. Halbwertszeit. Wie bei allen Organismen, ist auch die menschl. B. von Nachkommenerzeugung, Sterblichkeit, Ein- u. Auswanderung bestimmt. Der Mensch hat aber bes. Fähigkeiten, diese Faktoren z. B. durch Geburtenregelung, intensiviertes Nahrungsangebot, Gesundheitspflege u. Transportmittel zu manipulieren. Infolge dieser Dominanz ist die Erdbevölkerung „explosiv" (od. „exponentiell", nach der Form der Wachstumskurve) gewachsen („Bevölkerungsexplosion"). 1983 lebten ca. 4,7 Milliarden Menschen, für 2110 werden ca. 10,5 Milliarden geschätzt (vgl. Abb.). Die jährl. Zunahme liegt derzeit bei 1,8% (Verdopplungszeit 39 Jahre). Da das *Bevölkerungswachstum* in den Entwicklungsländern am größten ist, dürfte der Bevölkerungsanteil der Industriestaaten (1981: 24%) bis 2110 auf etwa 13% absinken (nach UNO-Fond für bevölkerungspolit. Aktivitäten). Anhaltendes Gesamtwachstum muß auf Grenzen des Raums und der Nahrungsproduktion stoßen. Eine Vorstellung des notwendigen Weges v. hohen zu niederen Geburts- u. Sterberaten gibt der „demographische Übergang" (□ 422), der sich in manchen Industriestaaten bis hin zum Bevölkerungsschwund (BR Dtl., ↗Altersgliederung) schon vollzogen hat; andere Gebiete haben noch hohen Geburtenüberschuß. Maßnahmen gg. zu hohe Geburtenrate sind z. B. Familienplanung, Aufklärung der Bevölkerung, Verbesserung der sozialen Stellung der Frau,

Bevölkerungsentwicklung

Reale und geschätzte Zunahme der Erdbevölkerung und der Besiedlungsdichte (Menschen/km^2) bis zum Jahre 2000

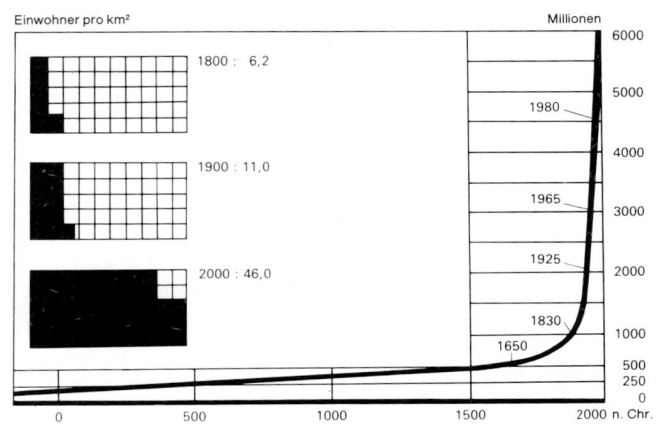

Bevölkerungsexplosion

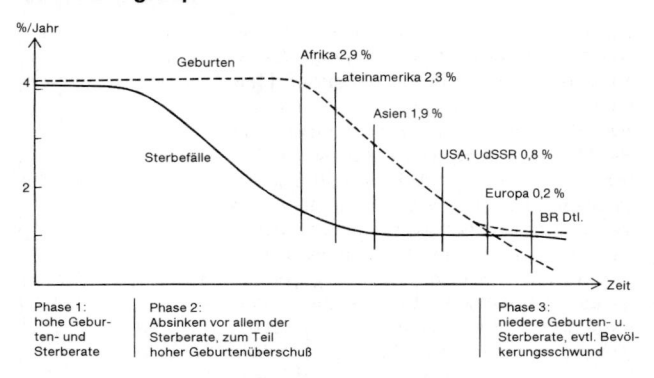

Phase 1: hohe Geburten- und Sterberate

Phase 2: Absinken vor allem der Sterberate, zum Teil hoher Geburtenüberschuß

Phase 3: niedere Geburten- u. Sterberate, evtl. Bevölkerungsschwund

Bevölkerungsentwicklung

Demographischer Übergang: Prinzip und derzeitiges Wachstum ausgewählter Teile der Erdbevölkerung in %/Jahr. Prozentsätze nach Informationsbüro für Bevölkerungsentwicklung (Stand 1982).

Alterssicherung, in totalitären Staaten auch Bestrafung „unerlaubter" Zeugung, Zwangssterilisierung u. Zwangsabtreibung. Solche Maßnahmen haben zwar begrenzte Erfolge gehabt (z. B. Indien, China), psycholog. und soziolog. Motive (z. B. ethisch od. religiös begr. Ablehnung der Familienplanung, Kinderzahl als Statussymbol) stehen ihnen aber entgegen.

Bevölkerungsexplosion, populäre Bez. für die exponentielle Zunahme der Erdbevölkerung. ↗ Bevölkerungsentwicklung.

Bevölkerungspyramide ↗ Altersgliederung.

Bevölkerungswachstum ↗ Bevölkerungsentwicklung.

Bewässerung, Aufleiten v. Wasser auf Kulturland, um Pflanzen mit Wasser u. Nährstoffen zu versorgen. Aufgabe der *B.swirtschaft* als Teilgebiet der Wasserwirtschaft ist die Einrichtung v. *B.ssystemen.* Dazu gehören die Bereitstellung genügend großer Mengen Wasser aus natürl. oder gebauten Reservoiren u. spezielle Verteilungssysteme. Die B. hat v. a. in Gebieten mit geringen Niederschlägen große Bedeutung, da dort ohne Wasserzufuhr kaum Anbau möglich wäre.

Bewegung, passive od. aktive Orts- bzw. Lageveränderung von Organismen, Zellstrukturen, Zellen od. Organen. Als *passive B.en* bezeichnet man die Lokomotionsformen, die ohne Eigenleistungen der Organismen unter Ausnutzung v. Umweltenergien erfolgen, z. B. Fortbewegung mit Wind- od. Wasserkraft. Unter *aktiven B.en* versteht man alle Orts- od. Lageveränderungen, die unter Energieaufwand durch den Organismus selbst od. seine Teile erbracht werden. Zu diesen zählen: B.en innerhalb v. Zellen, B.en der Zellen selbst, B.en v. Organellen u. Organen sowie B.en v. Individuen. Als molekulare Ursache aller B.sformen wird die energieverbrauchende Wechselwirkung sog. ↗ *kontraktiler Proteine* diskutiert, wobei jedoch deren molekularer u. zellulärer Aufbau, deren Anordnung, Funktionsweise, Regulation u. Steuerung innerhalb des *Tierreichs* die verschiedenartigsten Ausbildungen zeigen. Funktionell werden die einzelnen B.sarten unterteilt in: intrazelluläre B.en, amöboide B.en, Cilien- u. Geißel-B.en u. Muskel-B.en. Als Beispiele für die *intrazellulären B.en* gelten die Chromosomen-B.en bei der Zellteilung u. der Plasmatransport innerhalb der Zellen. *Amöboide B.en* sind bei vielen Protozoen (Amöben, Rhizopoden, Heliozoen), aber auch verschiedenen Zellen der Metazoen (z. B. Amoebocyten, Phagocyten, Leukocyten) anzutreffen. In die Fortbewegungsrichtung der Zelle werden Cytoplasmafortsätze *(Pseudopodien)* ausgebildet, die lappen- bis fadenförmig ausgestaltet sein können u. dementsprechend unterteilt werden in *Lobo-, Axo-* u. *Filopodien.* Der Mechanismus der Pseudopodienbildung ist nur wenig bekannt. Die fr. diskutierte Hypothese der lokalen Änderung der Oberflächenspannung am funktionellen Vorderpol der Tiere, die ein „Fließen" des Cytoplasmas in diese Richtung ermöglichen soll, trifft sicherlich nicht zu. Vielmehr soll die Bildung der Pseudopodien auf die Wechselwirkungsprozesse kontraktiler Faserproteine im Ektoplasma zurückzuführen sein. *Geißeln* u. *Cilien* stellen die Lokomotionsorgane vieler Protozoen (Flagellaten, Ciliaten), bei Metazoen (Turbellarien, verschiedene Larvenstadien) dar. Zu Flimmerepithelien angeordnet, dienen sie dem Herbeistrudeln v. Nahrungsteilchen od. Atemwasser wie auch dem Stofftransport in inneren Hohlraumsystemen (Darm, Nierentubuli). Die beiden Organellen unterscheiden sich nur in der Länge u. Funktion, aber nicht in ihrem submikroskop. Feinbau. Beide bestehen aus zwei axialen Fibrillen, die in zylinderförm. Anordnung v. peripheren Doppelfibrillen umgeben werden u. einem gemeinsamen Basalkörper entspringen. Die überwiegend einzeln auftretenden Geißeln können die verschiedenartigsten Ruder- od. Schrauben-B.en in einem meist dreidimensionalen Schwingungsraum ausführen u. erzeugen dadurch Zug- od. Schub-B.en. Cilien sind meist in Ciliarfeldern od. Flimmerepithelien angeordnet. Sie schlagen koordiniert u. stets in einer Ebene. Als Ursache der Cilien-B.en wird ein Gleitmechanismus vermutet, der aus einer Wechselwirkung zw. den benachbarten Doppelfibrillen resultieren soll. Wie die Koordination der einzelnen Schlag-B.en erfolgt, ist noch weitgehend umstritten. Lediglich in einigen wenigen Fällen konnte eine nervöse Kontrolle (*Ctenophora, Trochophora*-Larve) bzw. ein nervöser Schrittmacher für die synchrone Schlagfolge nachgewiesen werden. Bei den meisten *Metazoen* werden

B.en durch die Arbeit v. Muskelzellen, die eine bes. spezialisierte Form der Kontraktion ausgebildet haben, bewerkstelligt. Die kontraktilen Elemente verschiedener *Muskel*-Typen sind entweder einkernige Muskelzellen od. vielkernige Muskelfasern, die aus der embryonalen Verschmelzung einzelner Zellen entstehen. Die mehr od. weniger regelmäßige Anordnung einzelner Muskelzellen u. -fasern wird als glatte Muskulatur bezeichnet. Aus diesem Typ besteht die Eingeweidemuskulatur der Wirbeltiere sowie der Schalenschließmuskel der Mollusken. Eine streng parallele Strukturierung v. Muskelfasern, im mikroskop. Bild an der alternierenden Folge v. einfach- u. doppelt-lichtbrechenden Zonen erkennbar, nennt man quergestreifte Muskulatur. Im feinstrukturellen Bau sowie in der Funktionsweise existieren zw. beiden Formen keinerlei Unterschiede. Jedoch sind durch die spezielle Anordnung der Muskulatur im Bauplan eines Organismus die verschiedensten B.sweisen möglich, wobei die einzelnen Muskelfasern entweder gegeneinander oder gegen andere Strukturen arbeiten. Der erste Fall ist beim Hautmuskelschlauch der Plattwürmer, bei der Muskulatur v. Hohlorganen (Darm, Arterien, Herz, Magen) u. bei Organen aus Muskelparenchym (Zunge der Wirbeltiere, Fuß der Mollusken) verwirklicht. Im zweiten Fall steht die Muskulatur in antagonist. Wechselwirkung zu einem *Skelett*. Im einfachsten Fall ist dieses wie bei den Schlauch- u. Ringelwürmern eine Flüssigkeitssäule, das Hydroskelett. Die Gliederfüßer besitzen ein Exo- od. Außenskelett, bestehend aus Skleriten, die durch flexible Häute miteinander verbunden sind. Die Sklerite werden von Muskelfasern inseriert und bei Kontraktion gegeneinander abgewinkelt. Bei den Wirbeltieren u. Stachelhäutern wirkt die Muskulatur gg. ein Endo- od. Innenskelett. Fische u. fußlose Landwirbeltiere (Schlangen) haben nur ein Achsenskelett (Chorda) ausgebildet, wohingegen die übrigen über Gliedmaßen verfügen, die mit dem Körperstamm in gelenkiger Verbindung stehen u. als spezielle B.sorgane fungieren. – Auch im *Pflanzenreich* finden sich passive u. aktive B.en in großer Mannigfaltigkeit, doch sind sie bei weitem weniger auffällig als im Tierreich. Ein Beispiel für *passive B.* ist die Windverbreitung v. Sporen, Samen u. Früchten. Die *aktiven B.en* kann man in wesentlichen vier B.stypen zuordnen. *Freie Ortsveränderungen:* Man findet sie weit verbreitet bei einzelligen u. koloniebildenden Algen, niederen Pilzen sowie bei den Fortpflanzungszellen (Zoosporen, Gameten, begeißelten Zygoten) bis hinauf zu den Spermazellen (Spermatozoiden) der Moose, Farne u. einiger Gymnospermengruppen *(↗ Taxien)*. Auch wird sie bei einer Reihe von protocytischen Bakterien u. Blaualgen beobachtet. Sie wird meist mit Hilfe v. Geißeln u. Cilien, bei den Bakterien mit Flagellen ausgeführt. Die Myxomyceten weisen amöboide u. plasmodiale B. auf, eine Reihe von einzelligen Algen u. viele Blaualgenarten bewegen sich durch Ausscheidung quellender Gallerten. Bei den Diatomeen (Kieselalgen) erzeugen die Ausscheidung einer Gleitsubstanz u. die Fibrillentätigkeit die Gleit-B. *Krümmungs-B.en:* Den höheren Pflanzen u. den komplexer organisierten niederen Pflanzen ist eine freie Ortsveränderung nicht mehr möglich, doch können sie vielfach ihre Organe in andere Lagebeziehungen bringen. Diese Krümmungs-B.en sind meist Wachstums-B.en u. verlaufen sehr langsam. Hierbei unterscheidet man ↗ *Nastien,* wenn die Krümmungs-B. nur v. Reiz ausgelöst, in ihrer Richtung aber reizunabhängig ist, u. ↗ *Tropismen,* wenn der Reiz die Krümmungs-B. auslöst u. in ihrer Richtung beeinflußt. Einige wenige Krümmungs-B.en beruhen auf Turgoränderungen (Turgor-B.en) spezieller Gewebe und verlaufen oft sehr schnell, z. B. die Reiz-B.en der Mimose. *Intrazelluläre B.en:* Sie beruhen auf Plasma-B.en u. werden letztendlich durch das Actin-Myosin-System hervorgerufen. Die protocytischen Bakterien u. Blaualgen besitzen kein Actin-Myosin-System, u. bei ihnen beobachtet man auch keine Plasma-B.en. *Ballistische B.en:* Bisweilen werden Fortpflanzungseinheiten vom mütterl. Organismus abgeschossen od. abgeschleudert. Dabei handelt es sich im allg. um hochentwickelte Spezialfälle v. Krümmungs-B.en aufgrund v. Turgoränderungen od. Quellungs- u. Entquellungsvorgängen. – Die Fähigkeit zur aktiven B. wird neben anderen Kriterien oft als ein Unterscheidungsmerkmal des Lebens der unbelebten Natur gegenüber betrachtet.

H. L. / H. W.

Bewegungsapparat, beschreibt die enge funktionelle Kopplung v. Skelett u. Muskelsystem. Der B. der Wirbeltiere umfaßt das knöcherne ↗*Skelett* mit den die einzelnen Knochen verbindenden Fugen u. Bändern sowie den verschiedenen, die Beweglichkeit herstellenden Gelenken. Es stellt den passiven Anteil des B.s dar. Das ↗*Muskel*-System mit Sehnen, die Muskeln u. Knochen verbinden, Sehnenscheiden u. Schleimbeuteln, die eine Verschieblichkeit der Sehnen u. Reibungsfreiheit in den Gelenken ermöglichen, bildet den aktiven Anteil. In vergleichbarer Art läßt sich der B. der Arthropoda (Gliederfüßer) analysieren. Der passive Anteil wird bei diesen aber v.

dem *Exoskelett,* dem *Chitinpanzer* u. zugehörigen Strukturen gebildet. Einen bes. Faktor stellen hier die Materialeigenschaften des Chitins dar, die bei der Erfassung des B.s berücksichtigt werden müssen. Der B. der „Weich-Tiere" läßt sich mit den Begriffen der Hydraulik beschreiben. Bei diesen bildet die Leibeshöhlenflüssigkeit zus. mit einem außen gelegenen Hautmuskelschlauch u. diesen verspannenden Bandsystemen ein ↗*Hydroskelett,* auf dessen physikal. Grundlage die Bewegungen z. B. eines Ringelwurms zu verstehen sind. ↗Biomechanik.

Bewegungslernen, Aufbau od. Korrektur von Bewegungsabläufen (Koordinationen) durch Lernprozesse. B. geht meist von ↗Erbkoordinationen aus, die durch Neuverknüpfungen erweitert od. an andere Funktionen angepaßt werden. Erlernte Bewegungen werden meist stärker v. Außenreizen gerichtet u. gesteuert als Erbkoordinationen, können aber auch *automatisiert* werden. Für das B. spielen Rückmeldungen aus dem propriozeptiven (im eigenen Körper befindl.) Sinnessystem eine große Rolle, die die Stellung u. die Bewegungen der Gliedmaßen an das Zentralnervensystem melden (Kinästhetik). Ebenso wichtig für das B. ist die Empfindung der Raumlage (Labyrinth usw.).

Bewegungsrezeptoren, ein funktioneller Sammelbegriff für unterschiedl. Rezeptortypen, die der Bewegungskontrolle dienen. Als solche können freie Nervenendigungen, Haarsinneszellen, Muskelspindeln, Borstenfelder u. Druckkörperchen fungieren. ↗Rezeptoren.

Bewegungssehen, Verfolgen eines sich bewegenden Objekts mit den Augen. Bis zu einer Winkelgeschwindigkeit v. 30°/s kann das menschl. Auge diese Bewegung kompensieren, d. h., es entsteht ein stehendes Bild auf der Fovea centralis. Bei höheren Winkelgeschwindigkeiten des Objekts bleibt die Augenbewegung relativ zur Objektbewegung zurück, d. h., trotz Augenfolgebewegung verschiebt sich das Bild auf der Netzhaut. Die verschiedenen Augenbewegungen (Folgebewegung, Saccaden) werden durch unterschiedl. „Programme" in den blickmotor. Neuronensystemen des Hirnstamms gesteuert.

Bewegungsstereotypie, ständig wiederholte, funktionslose Folge v. Bewegungen („Zwangsbewegungen"), Symptom bei einer Reihe v. tierischen Verhaltensstörungen, aber auch für Störungen bei Kindern, z. B. das Rumpfschaukeln hospitalisierter Kleinkinder. B.n entstehen v. a. bei Zoo- u. Haustieren, deren Haltung nicht artgerecht ist, z. B. stereotyp. Kopfschwenken bei Bären, Rupfen bei Pferden. Viele B.n leiten sich aus einem ↗Konflikt verschiedener Verhaltenstendenzen bzw. aus ↗Intentionsbewegungen ab, deren Fortführung gehemmt wird.

Bewegungswahrnehmung, die Feststellung, ob sich ein Objekt gegenüber einem Beobachter od. der Beobachter gegenüber dem Objekt bewegt. Dies ist nur mit Hilfe zusätzlicher Informationen möglich. Schaut ein in einem haltenden Zug sitzender Reisender auf einen neben seinem Zug stehenden Nachbarzug, so kann er, wenn sich dieser in Bewegung setzt, ohne eine zusätzl. Information (z. B. Empfindung des „Rucks" beim Anfahren aufgrund der Massenträgheit) nicht entscheiden, ob der eigene od. der Nachbarzug abfährt.

Beweidung, Nutzung v. Wiesen durch pflanzenfressende Haustiere, v. a. Rinder, Schafe u. Pferde.

Bewußtsein, nur über die menschl. Selbstbeobachtung des Seelenlebens (Introspektion) erkennbare Instanz, durch die das Individuum sowohl sich selbst als auch die Außenwelt in ganzheitl. Weise erfährt. Bildlich gesprochen, erlebt das Individuum sein B. als eine Bühne, auf der Außenerfahrungen u. seel. Phänomene kommen u. gehen, während die Bühne in der Zeit unverändert bleibt. In der Medizin wird das B. der *Bewußtlosigkeit* gegenübergestellt, die z. B. im Schlaf, durch Hirnverletzungen od. in Narkose eintritt. Das B. ist danach an die ungestörte Funktion bestimmter Gehirnregionen gebunden, v. a. an die Aktivierungsfunktion der Formatio reticularis. Seit S. Freud wird das B. v. vorbewußten (unterbewußten) u. unbewußten seel. Instanzen unterschieden. *Vorbewußte* Inhalte sind solche, die zwar im Augenblick nicht im B. vorkommen, aber grundsätzlich der bewußten Wahrnehmung zugänglich sind, z. B. alle Gedächtnisinhalte, die im Moment nicht aktiv reflektiert werden. *Unbewußt* sind dagegen Inhalte, die dem B. unzugänglich sind, da das Ich ihnen gegenüber eine Abwehr aufgebaut hat. Andere Autoren vertreten auch die Idee eines *kollektiven Unbewußten,* das der ganzen Menschheit gemeinsame archetypische Inhalte repräsentiert. Das B. ist an die Fähigkeit gebunden, eine innere Repräsentation der Außenwelt u. des eigenen Selbst aufzubauen, d. h., ein Bild des eigenen, in der Zeit einheitl. Selbst in die Repräsentation der Welt zu integrieren. Die Frage, wodurch (unter dieser Voraussetzung) das B.serlebnis zustande kommt, bildet einen Aspekt des philosoph. *Leib-Seele-Problems* od. *psychophysischen Grundproblems:* Nach der Wechselwirkungstheorie (Descartes, Eccles) bilden Geist u. Materie (Gehirn) voneinander unabhängige Wirklichkeiten, durch deren Wechselwirkung das bewußte Seelenleben entsteht. Der *psychophysische Parallelismus,* der ebenfalls unabhängige geistige u. materielle Wirklichkeiten annimmt, verneint dagegen alle direkten Wechselwirkungen. Diese *dualistischen* Anschauungen sind heute weniger verbreitet als *monistische* Theorien, wie die *Identitätstheorie,* die geistige, bewußte Erfahrungen für identisch hält mit den sie bedingenden materiellen physiol. Prozessen. Der Innen- u. Außenaspekt des B.s entstehen danach nur durch verschiedene Arten der Fragestellung, analog zur Komplementarität v. Teilchen u. Welle in der Physik. Eine moderne Form der Identitätstheorie bildet der *Funktionalismus,* nach dem seel. Funktionen als Leistung kybernet. Systeme zu verstehen sind, d. h., die introspektiv gewonnenen Erfahrungen drücken komplexe Leistungen des Nervensystems anschaulich aus. Insgesamt kann die Frage nach der Natur des B.s nicht empirisch beantwortet werden, vielmehr muß die Antwort aufgrund v. weltanschaul. Entscheidungen erfolgen. Da bereits das B. anderer Menschen nur analog erschlossen werden kann, ist es nicht möglich, etwas über das B. v. Tieren auszusagen. Gefühlsmäßig wird meist zumindest bei den höheren Tieren ein dem unseren analoges B. vermutet, das lediglich inhaltsärmer sein könnte. Bei Schimpansen u. Orang Utans (Menschenaffen) ist nachgewiesen, daß ihre innere Repräsentation der Umwelt ein ganzheitl. Selbstbild umfaßt, da sie sich im Spiegel erkennen („Selbstbewußtsein"). Tieraffen halten ihr Spiegelbild dagegen für einen Artgenossen und drohen es an. Auch können Menschenaffen in den ihnen beigebrachten Kunstsprachen einen Begriff für „Ich" sinngemäß verwenden. Ob die damit bestehenden Voraussetzungen eines B.s auch eine B.serfahrung bewirken, ist unentscheidbar. *H. H.*

Beyrichia *w,* nach dem dt. Geologen H. E. Beyrich (1815–96) ben. † Ostracoden-Gatt. mit dimorpher, halbkreisförmiger, höckeriger Schale; Verbreitung: Untersilur bis Mitteldevon.

Bezoarsteine [über port. bezuar v. pers. pādzehr = Gegengift], runde Kugeln aus Fellhaaren, Harzen, Steinchen usw., die sich im Magen der Bezoarziegen, aber auch u. a. bei Steinböcken bilden können u. in der mittelalterl. Volksmedizin als Heilmittel gg. menschl. Krankheiten (z. B. Krebs) Verwendung fanden.

Bezoarwurzel [über port. bezuar v. pers. pādzehr = Gegengift], *Schlangenwurz,* giftige Wurzel des in Brasilien beheimateten Maulbeergewächses *Dorstenia brasiliensis;* wird als harn- u. schweißtreibendes Mittel, v. a. aber als Mittel gg. Schlangenbiß pharmazeutisch genutzt.

Bezoarziege *w* [über port. bezuar v. pers. pādzehr = Gegengift], *Capra aegagrus,* eine Wildziege, die Stammform der Hausziege, größer als diese, mit großen, seitl. zusammengedrückten, fast einen Halbkreis bildenden Hörnern, hellrötlichgrau gefärbt mit schwarzbrauner Brust u. schwarzbraunem Aalstrich; verwilderte Ziegen gleichen ihr sehr. Restbestände der B. leben heute noch in den Gebirgen Vorderasiens u. auf den griech. Inseln, z. B. die Kretische Wildziege od. das Agrimi (*C. a. cretica*).

Bezoarziege *(Capra aegagrus)*

Bezugsperson, menschl. Sozialpartner, mit dem eine enge ↗ Bindung besteht u. auf den sich daher viele wichtige Verhaltensweisen beziehen. Meist wird die Bez. für die Betreuer eines Kindes benutzt, an die das Kind gebunden ist.

Bharal *m,* das zentralasiat. ↗ Blauschaf.

B-Horizont, mineral. Unterboden, Verwitterungshorizont; oft durch Einwaschung angereichert mit Humus, Eisenverbindungen od. Salzen. ↗ Bodenhorizonte.

Biacetabulum *s,* Gatt. der ↗ Pseudophyllidea.

bi- [v. lat. bis = zweimal, doppelt], in Zss.: doppel-, zwei-.

biatorin [v. *bi-, gr. a- = nicht, lat. torus = Lager], Bez. für einen Berandungstyp bei Apothecien v. Flechten; ein b.es Apothecium ist durch einen nicht schwarzen, algenlosen Rand (Eigenrand) charakterisiert; Bez. ist abgeleitet v. *Biatora,* dem Namen einer Flechtengatt.; ↗ lecidein, ↗ lecanorin.

Biber *m* [ahd. bibar], *Castor fiber,* größtes Nagetier der nördl. Hemisphäre, Kopfrumpflänge 75–90 cm, Körpergewicht ca. 40 kg, waagerecht abgeplatteter, 28 bis 38 cm langer Ruderschwanz („B.kelle") mit schuppenart. Oberfläche; sein bräunl. Fell ist bes. dicht u. weich. Den Lebensraum der B. bilden unterholzreiche Auwälder an dicht bewachsenen Ufern v. Bächen, Flüssen und Seen. B. sind sehr scheue Dämmerungs- u. Nachttiere, die sich an Land nur langsam u. unbeholfen, um so geschickter aber schwimmend u. tauchend (5–10 Min. lang) im Wasser bewegen; sie haben Schwimmhäute zw. den Hinterzehen. B. leben gesellig in selbstgegrabenen Uferhöhlen mit unter Wasser mündenden Ausgängen u. Luftschächten. In manchen Gegenden (z. B. N-Amerika, Skandinavien) bauen B. kunstvolle „Wasserburgen" aus mit Schlamm abgedichteten Ästen u. Zweigen mit Unterwasserfluchtwegen sowie ausgedehnten Dämmen zur Wasserstandsregulierung, damit die Eingänge nicht trockenfallen. Mit Hilfe ihrer meißelart. Nagezähne schneiden B. Stämme vorzugsweise

Bezoarsteine
Aufgeschnittener, außen glatter Magenstein einer Antilope

Biber

Biber *(Castor fiber)* im Uferwasser

Ein vom Biber angenagter Baum, kurz vor dem Fall; er wird später zus. mit Zweigen, Steinen u. Erde beim Bau v. Dämmen verwendet, mit denen die Biber künstliche Stauseen errichten.

v. Weiden u. Pappeln bis 20 cm ⌀, um an Baumaterial und zugleich an Nahrung (Rinde) zur Vorratshaltung für den Winter zu gelangen. Von B. bebaute u. wieder verlassene Gewässer können allmählich verlanden: In N-Amerika sind auf diese Weise Tausende von Hektar fruchtbaren Ackerlands durch die Aktivitäten der B. entstanden; ein wesentl. Teil der Stadt Montreal befindet sich auf ehemaligem B.-Gelände. – Der zu allen Zeiten hochgeschätzte B.pelz sowie Biotopveränderung durch Wasserbaumaßnahmen (Flußbegradigungen, Kanalisierungen) führten zur rapiden Abnahme der B. in Europa u. zu seiner Ausrottung in Dtl. im vorigen Jh. Über 200 dt. Ortsnamen erinnern heute noch an ehemalige B.-Vorkommen (z. B. Biberach, Biberstein, Bevensen, Biebrich). Zu seinem Schaden gereichte dem B. auch das ↗Bibergeil u. sein scheinbar mit Schuppen bedeckter Schwanz, der wegen dieser Fischähnlichkeit in den Klöstern des Mittelalters zur Fastenzeit als bes. Delikatesse galt. Europäische B. gibt es heute noch v. a. in der Sowjetunion u. in Polen, kleinere Restbestände auch in Skandinavien u. in S-Frankreich. Schutzmaßnahmen u. Wiedereinbürgerungsversuche – z. T. auch mit dem Kanadischen B. *(C. f. canadensis)* – sollen den nach der ↗Roten Liste „vom Aussterben bedrohten" B. in Europa vor weiterem Rückgang bewahren. B Europa VII. *H. Kör.*

Bibernelle
Pimpinella anisum

Biber
Anlage einer Biberburg

Bibergeil *s* [v. mhd. geile = Hoden], *Castoreum,* Inhalt der länglich-eiförm. Hautsäcke am Hinterleib beider Geschlechter der Biber *(Castor fiber),* ein frisch salbenartiges, später harziges, zur Paarungszeit aus den Afterdrüsen ausgeschiedenes Sekret von aromat. Geruch u. bitterem Geschmack; fr. als Mittel gg. Krampf, Hysterie u. a. Krankheiten verwendet; u. a. die Jagd nach dem B. bedrohte die Biber mit Ausrottung. Das B. verschwand erst 1891 aus dem Dt. Arzneibuch.

Biberkaltzeit [von I. Schäfer 1956 nach dem Bach Biber bei Augsburg ben.], *Brüggenkaltzeit, Praetiglium,* vor 2,5 bis 3 Mill. Jahren einsetzende Abkühlungsphase, die im kontinentalen Bereich das Ende des Pliozäns u. den Beginn der Eiszeit (Pleistozän) bezeichnet; ihr folgt die Tegelenwarmzeit (Tiglium).

Biberlaus, Gatt. der ↗Pelzflohkäfer.

Bibernelle *w* [v. mlat. piperinella = Bibernella, wohl zu lat. piper = Pfeffer], *Pimpinella,* Gatt. der Doldenblütler, mit ca. 90 Arten hpts. im Mittelmeergebiet verbreitet; auf trockenen, kalkhalt. Wiesen; Kronblätter weiß od. rötlich. Große B. *(P. maior),* bis 1 m hohe, ausdauernde, häufige Staude der Bergwiesen, zur Blütezeit mit seitl., im folgenden Jahr blühenden Blattrosetten; Nährstoffzeiger. Kleine B. *(P. saxifraga),* Sammelart; bis 50 cm hohe Pflanze auf Silicatmagerrasen, zur Blütezeit ohne seitl. Blattrosetten. Die Wurzeln der Kleinen u. Großen B. werden als Droge gewonnen; sie enthalten äther. Öle (Umbelliferon u. Cumarinderivate), die bei Entzündungen der Atemwege eingesetzt werden; verleihen Likören blaue Farbe. Anis *(P. anisum),* einjährig; uralte Kulturpflanze aus den östl. Mittelmeergebieten, im Gebiet gelegentlich verwildert; das äther. Öl der Frucht (Anisöl) mit 80–90% Anethol wirkt spasmolytisch, die Drüsensekretion anregend u. expektorisch; Verwendung als Heilpflanze u. Gewürz (u. a. Anisette-Likör). B Kulturpflanzen VIII.

Biberratte, die ↗Nutria.

Bibionidae [Mz.; v. lat. bibio, bibo = ein vermeintlich im Wein entstehendes Insekt, eigtl. Trinker], die ↗Haarmücken.

Bichat [bischa], *Marie François Xavier,* frz. Arzt, * 11. 11. 1771 Thoirette (Jura), † 22. 7. 1802 Paris; suchte den Sitz der Krankheiten in den Geweben *(membranes),* mit Morgagni u. Virchow Begr. der patholog. Anatomie.

Biddersches Organ, nach dem dt. Mediziner H. F. Bidder (1810–94) ben. rudimentäres Ovar bei den Männchen der Kröten; wird zum funktionstüchtigen Ovar, wenn die Hoden entfernt werden.

Biddulphiaceae, Fam. der *Centrales,* Kieselalgen mit büchsenförm. oder prismat. Zellen und ellipt. oder polygonalen Valvae und borstenart. Auswüchsen an den Kanten. Von der Gatt. *Biddulphia* sind ca. 120 marine u. fossile Arten bekannt, deren Valvae gewellte Zentren u. an den Rändern jeweils 2 ungleichart. hornart. Fortsätze besitzen; *B. sinensis* und *B. mobiliensis* sind häufige Arten des Meeresplanktons. Die ca. 95 Arten der Gatt. *Chaetoceras,* mit ellipt. oder fast kreisförm. Valvae, tragen an den Rändern meist 2 lange Borsten, die in der Basisnähe mit denen der Nachbarzellen verhakt sind; sie bilden kettenart. Kolonien; artenreichste Gatt. der *Centrales* in der Nordsee. Weitere Gatt. sind *Triceratium,* mit dreieckigen Valvae u. meist gewölbten Pleurae; die Zellen der Gatt. *Eucampia* sind flach, trapezförmig u. bilden spiralig gewundene Kolonien mit ellipt. Zwischenräumen zw. den Zellen; die Zellen der weitverbreiteten Gatt. *Ditylium* tragen einen borstenart. Auswuchs im Zentrum der Valvae.

Bidens *m* [lat., = zweizähnig, die Früchte besitzen zwei dorn. Borsten], der ↗*Zweizahn.*

Bidentetea tripartitae *w* [v. lat. bidens = zweizähnig, tripartitus = dreiteilig], *Zweizahn-Gesellschaften,* Kl. der Pflanzenges. mit 1 Ord. *(Bidentetalia)* und 2 Verb. Binnenländ., eutraphente Schlammuferges. aus wüchsigen, nitrophyt. Sommerannuel-

Biddulphiaceae
Wichtige Gattungen:
Biddulphia
Chaetoceras
Ditylium
Eucampia
Triceratium

Bidentetea tripartitae
Ordnung:
Bidentetalia tripartitae
Verbände:
Bidention tripartitae (Zweizahn-Teichuferfluren)
Chenopodion fluviatile (Melden-Flußufersäume)

len. Sauerstoffarme Schlammufer stehender od. sehr langsam fließender Gewässer werden v. Zweizahn-Teichuferfluren *(Bidention tripartitae)* besiedelt. Auf Spülsäumen u. Schlammüberzügen gut durchlüfteter Kies- u. Sandufer der Fließgewässer, bes. der großen Ströme Rhein, Weser u. Elbe, leben die Melden-Flußufersäume *(Chenopodion fluviatile).*

Biegefestigkeit, die Festigkeit (Widerstandskraft) v. Stoffen bzw. Körpern gg. Biegebelastung, z. B. die Stabilisierung pflanzl. Sproßachsen gg. Biegungskräfte, die durch das eigene Gewicht u. durch den Wind hervorgerufen werden. Sie wird dadurch erreicht, daß stabile ↗Festigungsgewebe gg. Zug- u. Druckkräfte in der Peripherie der Achsen angelegt werden. ↗Biomechanik.

Bielzia *w,* Gatt. der Schnegel; *B. coerulans* wird 12 cm lang, ist blau od. blaugrün; sie lebt in den Karpaten u. Sudeten in feuchten Wäldern, gern unter Rinde.

Bienen, Bezeichnung für die Überfamilie ↗*Apoidea* der Hautflügler, im engeren Sinne auch für die Familie der ↗*Apidae;* umgangssprachlich die übliche Bezeichnung für die ↗Honigbiene *(Apis mellifera, Apis mellifica).* Durch die weit verbreitete ↗Bienenzucht (Imkerei) und die umfassenden Kenntnisse über die streng hierarchisch aufgebauten Bienenvölker mit ihren Kommunikationssystemen (↗Bienensprache, ↗Bienenfarben) ist das Wissen über die Honigbiene allgemein so verbreitet, daß sie fälschlich als die „Biene an sich" bezeichnet wird.

Bienenameisen, die ↗Spinnenameisen.

Biegefestigkeit bei Pflanzen
Beim Hin- und Herbiegen eines an einem Ende fest eingespannten Balkens **(1)** werden im wesentlichen die peripheren Teile abwechselnd verlängert und verkürzt, während der zentrale Bereich (um die „neutrale Faser") am wenigsten belastet wird. Die Bruchgefahr ist daher in den peripheren Bereichen größer. In der Bautechnik wird dieses Problem – zusammen mit größtmöglicher Materialeinsparung – z. B. durch den *Doppel-T-Träger* oder ähnliche Trägertypen gelöst. Beim Doppel-T-Träger **(2)** verbindet der Steg die beiden, in der Hauptsache zugfesten Flansche in einem bestimmten Abstand unverschiebbar miteinander. Dadurch wird eine außerordentlich hohe Biegefestigkeit mit geringem Materialaufwand erreicht. Ähnlich ist die Konstruktion bei pflanzlichem Festigungsgewebe, wo im Querschnitt, zumindest angenähert, O-, U-, L-, T- oder Doppel-T-Träger vorkommen. Das mechanische Gewebe findet oft nur für die Flansche Verwendung, der Steg ist aus weniger widerstandsfähigem Gewebe gebaut, das dafür die gleiche Breite wie der Flansch besitzt und in der Regel *Leitfunktion* übernimmt. Als Beispiel kann das Blatt des Neuseeländischen Flachses *(Phormium tenax)* gelten, das auf dem Querschnitt gleichmäßig verteilte, annähernde Doppel-T-Träger aufweist **(3,** schematisch; **4).** Wenn das Organ – dies gilt im wesentlichen für die Sproßachsen – in mehreren Richtungen auf Biegung beansprucht wird, ist eine Kombination verschieden orientierter Träger erforderlich, z. B. bei den Stengeln der Taubnessel (*Lamium,* **5).** Wird die Zahl der Träger so stark vermehrt, daß die Flansche direkt aufeinanderstoßen **(6, 7),** können die Stege eingespart werden, da der tangentiale Zusammenhang der Flansche in den Knicken verhindert *(Röhrenprinzip).* Nach diesem Typ sind die hohlen *Grashalme* konstruiert, bei denen allerdings durch die Einschiebung des ebenfalls notwendigerweise peripher gelegenen Assimilationsgewebes (Licht!) eine „Kompromißlösung" erreicht wird. Wichtig ist außer der festen „Armierung" durch Sklerenchym bzw. Kollenchym für die Pflanze auch die besondere Elastizität der „Füllung", die in der Regel aus Parenchym besteht, das – um wiederum mit der Bautechnik zu vergleichen – sogar wesentlich elastischer als Beton ist.

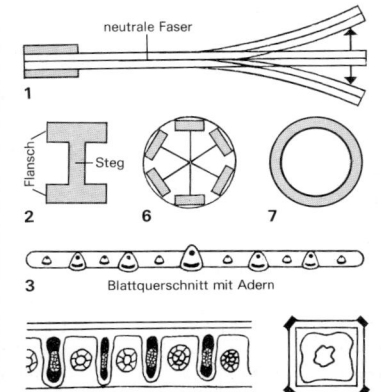

Bienenblumen, *Immenblumen,* Blüten, die durch ihre bunten Farben u. (meist) ihren Duft solitäre u. soziale Bienen anlocken. Die Insekten bestäuben die Blüte u. werden dafür mit Nektar u./od. Pollen verköstigt. Hierher rechnet man Blüten verschiedenster Verwandtschaft, z. B. Lungenkraut, Schlüsselblume, Herbstzeitlose, Iris, Eisenhut, Taubnessel u. Klee. B. sind in der eur. Flora sehr häufig u. weit verbreitet.

Bienenblütigkeit, *Melittophilie,* Form der ⟋ Entomogamie.

Bienenbrot, *Cerago,* eine heute nur noch selten in der Imkersprache verwendete Bez. für Pollen. In Analogie zur Rolle des Brots in der menschl. Ernährung wird damit die Bedeutung des durch hohen Fett-, Protein- u. Vitamingehalt ausgezeichneten Blütenstaubs für die Aufzucht der Bienenbrut zum Ausdruck gebracht. Ein Bienenvolk sammelt im Laufe eines Jahres ca. 15–20 kg Pollen.

Bienenfarben, umgangssprachl. Bez. für Farben, wie sie v. der Honigbiene *(Apis mellifica)* mit ihren Komplexaugen wahrgenommen werden. Das Farbrezeptorsystem im Bienenauge ist gegenüber dem des Menschen verschoben: beim Menschen liegen die drei Empfindlichkeitsmaxima bei 440 nm (Blau), 530 nm (Grün) u. 570 nm (Gelb), bei der Honigbiene bei 350 nm (UV = Ultraviolett), 450 nm (Blau) u. 530 nm (Grün) (⟋ Farbensehen). Durch ⟋ additive Farbmischung aller drei Grundfarbbereiche entsteht der Farbeindruck Weiß; bei der Honigbiene ergibt er sich also durch Mischung von Grün, Blau u. UV – anders als beim Menschen, der UV nicht sieht. Dieses Weiß wird daher *Bienenweiß* genannt. Entsprechendes gilt für alle anderen B.

Bienenfresser, *Spinte, Meropidae,* Fam. farbenprächtiger, gesellig lebender Vögel aus der Ord. der Rakenvögel. Die 25 Arten bewohnen als ausschließliche Insektenfresser warme Regionen, d. h. S-Europa, Afrika, S-Asien u. Australien. Die kleinsten haben 15 cm, die größten 35 cm Größe. Die Geschlechter sind gleich gefärbt. Kennzeichnend sind ein schlanker Körper, ein langer, schwach gekrümmter Schnabel, spitze Flügel u. schmaler Schwanz mit oft spießartig verlängerten mittleren Schwanzfedern. Die Nahrung wird v. einer Sitzwarte aus im Flug erbeutet, Bienen u. Wespen werden mitsamt Giftstachel verschlungen. Brutkolonien können mehrere Tausend Paare umfassen. Beide Partner graben mit Schnabel u. Füßen in steilen Böschungen, Sandgruben u. a. eine 1–2 m lange Röhre, die am Ende zu einer Brutkammer erweitert ist u. 4–8 Eier enthält. Der sehr bunt gefärbte eur. Bienenfresser

Bienenfarben

Außer *Bienenweiß* unterscheidet man u. a. noch folgende Bienenfarben:
Bienengrau: Farbeindruck für die Honigbiene von für das menschl. Auge grün od. grüngelblich erscheinenden Blättern.
Bienenpurpur: Farbeindruck für die Honigbiene von für dem menschl. Auge gelb (orange, gelbgrün) erscheinenden Blüten.
Bienenblau: die dem Menschen blau erscheinenden Blüten sind für die Honigbiene ebenfalls blau (Bienenblau I), wenn kein UV dabei ist; Blau + UV (für den Menschen unsichtbar) ergibt für die Honigbiene Bienenblau II.
Bienenultraviolett: für den Menschen rot erscheinende Blüten sind für Honigbienen bei vorhandener UV-Reflexion Bienen-UV (Klatschmohn).
Bienenschwarz: Farbeindruck für Honigbienen bei für den Menschen rein roten (also ohne UV) Blüten (viele Vogelblumen).

Bienenfresser

Bekannte Arten:
Bienenfresser *(Merops apiaster)*
Blauwangenspint *(Merops superciliosus)*
Hinduspint *(Merops viridis)*
Scharlachspint *(Merops nubicus)*
Schmuckspint *(Merops ornatus)*
Schwarzkopfspint *(Melittophagus pusillus)*
Smaragdspint *(Merops orientalis)*
Weißstirnspint *(Melittophagus bullockoides)*

Bienenlaus

(Merops apiaster) ist Zugvogel u. überwintert südlich der Sahara. Gelegentlich brütet er auch in Dtl. ([B] Mediterranregion I). Bes. lange Schwanzspieße besitzt der Blauwangenspint *(M. superciliosus),* der im Gebiet des Kasp. Meeres bis O-China u. in N-Afrika vorkommt. Wie dieser sind überwiegend grün gefärbt der Smaragdspint *(M. orientalis)* des Mittleren Ostens, der Hinduspint *(M. viridis)* SO-Asiens u. der austr. Schmuckspint *(M. ornatus),* leuchtend rot der afr. Scharlachspint *(M. nubicus).* Bei dem in Kenia beheimateten Weißstirnspint *(Melittophagus bullockoides)* helfen nichtbrütende Einzelvögel in nahrungsarmen Jahren anderen Paaren bei der Aufzucht der Jungen. Der kleinste B. ist der Schwarzkopfspint *(Melittophagus pusillus).*

Bienengäste, *Melittophilen,* Tiere (hpts. Insektenlarven), die in Bienenstöcken leben u. sich v. Wachs, Abfallstoffen, Pollen u. Honig ernähren.

Bienengift, das v. einer Drüse im Hinterleib v. Königinnen- u. Arbeitsbienen produzierte u. über den Stachel abgesonderte Wehrsekret. Es besteht aus Enzymen (Hyaluronidase, Phospholipase A_2), biologisch aktiven basischen Peptiden (⟋ Melittin mit 50% Haupttoxinanteil, ⟋ Apamin), einem Proteinase-Inhibitor u. biogenen Aminen (*Histamin*), erzeugt Schmerzen, wirkt gefäßerweiternd u. erhöht damit die Durchlässigkeit). Außerdem kommen im B. noch freie Aminosäuren, Zucker, Lipide u. Farbstoffe vor. B. wird zur Behandlung v. Neuralgien, rheumat. u. allerg. Leiden eingesetzt.

Bienenkäfer, *Trichodes,* ⟋ Bienenwolf.

Bienenläuse, *Braulidae,* Fam. der Fliegen, nur 2–3 Arten bekannt, in Mitteleuropa nur die im folgenden behandelte Art Bienenlaus *(Braula coeca).* Die Bienenlaus ist 1–1,5 mm groß, der behaarte Körper ist flach u. gedrungen u. glänzendbraun gefärbt. In Anpassung an die Lebensweise als Kommensale im Stock der Honigbiene haben die B. keine Flügel u. Halteren, rudimentäre Augen, kurze Mundwerkzeuge u. kräft. Beine mit kurzen, breiten Fußgliedern, v. denen das letzte statt der Krallen Borstenkämme zum Festhalten auf der Honigbiene trägt. Die B. halten sich im Bienenstock meist auf der Königin zw. Thorax u. Abdomen auf; bei deren Futteraufnahme krabbeln sie zum Rüssel u. fressen mit. Die Eier werden in die Honigzellen gelegt, die bis 2 mm großen Larven bohren sich durch die Waben u. ernähren sich v. Honig u. Pollen. Ernste Schäden an Bienenvölkern treten nur bei Massenbefall auf; in der Regel kommen nur wenige Exemplare auf einer Königin vor.

Bienenmilbe, *Acarapis woodi*, 0,1 bis 0,8 mm großer Vertreter der U.-Ord. *Trombidiformes,* der ektoparasitisch im Pelz v. Honigbienen lebt, die Intersegmentalhäute durchbohrt u. Hämolymphe saugt; die B. kann auch bei Jungbienen durch die Thoraxstigmen in die Tracheen eindringen. Starke Vermehrung, Exuvien u. Kot verstopfen die Tracheen; Flugmuskeln werden durch die Tracheenwand angestochen. Folgen sind Sauerstoffmangel u. Flugmuskellähmung.

Bienenmotte, *Galleria mellonella,* ↗Wachsmotten.

Bienenpflanzen ↗Bienenweide.

Bienenruhr, nicht ansteckende Gesundheitsstörung, die das Leben der erwachsenen Bienen u. die Sauberkeit des Bienenvolks wie des ganzen Bienenstands gefährdet; besteht in einer unnatürlich starken, breiigen, hellbraun bis graugelben Kotabscheidung innerhalb u. außerhalb des Stocks, die auf erhebl. Rückstände aus der Nahrung zurückzuführen ist; tritt v. a. während der Wintermonate auf. Ursachen sind u. a. ungeeignetes Winterfutter, allzulange Winterruhe infolge ungewöhnlich langer Winter u. Störungen durch Mensch u. Tier. Behandlung u. a. durch warme Verpackung des gesamten Volks.

Bienensaug, die ↗Taubnessel.

Bienenschutz, Schutz der Honigbiene (*Apis mellifica*) u. der Bienenzucht allgemein durch Maßnahmen, die u. a. in der B.verordnung des Bundesministeriums für Ernährung, Landwirtschaft u. Forsten vom 19. 12. 1972 festgelegt sind. Jährlich werden in der BR Dtl. von nahezu 1 150 000 Bienenvölkern zw. 12 000 und 20 000 t Honig erzeugt. Zudem werden andere Bienenerzeugnisse wie Pollen, Wachs u. Gift in der Heilkunde verwendet. Ferner ist die Honigbiene die bedeutendste unter allen Bestäubern unserer 2000–3000 einheim. Blütenpflanzen, was vor allem auf ihre Blütenstetigkeit, ihren auf Vorratswirtschaft angelegten Sammeltrieb sowie die Tatsache zurückzuführen ist, daß die 10 000 bis 15 000 überwinterten Arbeiterinnen eines Volkes schon gleich zur frühesten Blütezeit im Frühjahr zur Verfügung stehen, während andere Bestäuber erst langsam aus den Winterquartieren kommen. Überwiegend auf Bienenbestäubung angewiesen sind Obst- u. Beerengehölze, Ölpflanzen (Raps, Rübsen, Sonnenblumen) sowie Futterleguminosen u. Gemüsearten zur Saatgutgewinnung. Durch den unsachgemäßen Einsatz chem. Pflanzenschutzmittel werden jährlich Tausende v. Bienen vernichtet.

Bienenschwärmer, der ↗Hornissenglasflügler.

Bienenschutz

Die Absätze 1 bis 4 der *B.verordnung* lauten:
1 Bienengefährl. Pflanzenschutzmittel dürfen nicht an blühenden Pflanzen angewandt werden.
2 Bienengefährl. Pflanzenschutzmittel sind so anzuwenden, daß blühende Pflanzen nicht mitgetroffen werden.
3 Innerhalb eines Umkreises von 60 m um Bienenstände dürfen bienengefährl. Pflanzenschutzmittel ohne Zustimmung der Imker nur außerhalb der Zeit des tägl. Bienenflugs angewandt werden.
4 Bienengefährl. Pflanzenschutzmittel sind so zu handhaben u. aufzubewahren, daß Bienen nicht mit ihnen in Berührung kommen können. Verschüttete Teile sowie Reste dieser Mittel u. ihrer Brühen sind zu beseitigen od. unschädlich zu machen. Leere Behältnisse u. Packungen sind zu beseitigen.

Bienensprache, v. a. von K. v. ↗Frisch untersuchtes Verständigungsmittel der Honigbiene (*Apis mellifica*), durch das erfolgreiche Sammelbienen die Information über Richtung, Entfernung u. Ergiebigkeit einer Futterquelle an andere Sammlerinnen weitergeben. Liegt die Futterquelle weniger als 100 m vom Stock entfernt, macht die Sammlerin durch einen *Rundtanz* auf sie aufmerksam, der keinen Richtungshinweis übermittelt. Weiter entfernt liegende Trachtquellen werden durch den *Schwänzeltanz* bezeichnet: Die Tanzgeschwindigkeit drückt die Entfernung aus; bei einer Entfernung v. 100 m läuft die Biene ca. 40 Runden pro Minute, bei 500 m 24 Runden usw. Die Richtung wird durch die Ausrichtung der geraden, durch Schwänzeln betonten Tanzstrecke symbolisiert. Tanzt die Sammlerin auf dem waagrechten Anflugbrett, dann zeigt die Schwänzelstrecke direkt auf den Futterplatz. Fast immer wird aber auf der senkrecht stehenden Wabe im dunklen Stock getanzt. Dort wird die Schwerkraft benutzt, um die Richtung der Futterquelle zur Sonne auszudrücken (vgl. Abb.). Den Winkel, um den die nach oben führende Schwänzelstrecke nach rechts oder links v. der Senkrechten abweicht, können die Bienen durch Sinneshaare messen, die die Position der einzelnen Körperteile zueinander feststellen. Der Sonnenstand kann v. den Bienen auch bei Bewölkung festgestellt werden, da das Facettenauge der Biene die Polarisationsrichtung v. polarisiertem Licht wahrnehmen kann. Die Polarisation des Sonnenlichts hängt v. Sonnenstand ab; daher kann die Biene aus ihrer Wahrnehmung

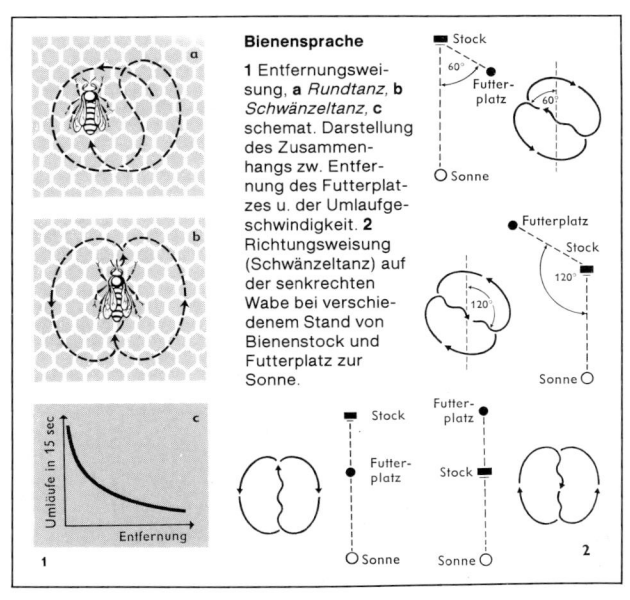

Bienensprache
1 Entfernungsweisung, **a** *Rundtanz,* **b** *Schwänzeltanz,* **c** schemat. Darstellung des Zusammenhangs zw. Entfernung des Futterplatzes u. der Umlaufgeschwindigkeit. **2** Richtungsweisung (Schwänzeltanz) auf der senkrechten Wabe bei verschiedenem Stand von Bienenstock und Futterplatz zur Sonne.

Bienenstock

den augenblickl. Sonnenstand erschließen. Auch eine Mitwirkung des erdmagnetischen Feldes als Orientierungshilfe ist zweifelsfrei nachgewiesen worden. – Die Art der Tracht wird durch anhaftende Duftstoffe übermittelt, die die der Tänzerin nachfolgenden Bienen aufnehmen. Die Ergiebigkeit der Tracht drückt sich in der Intensität u. Ausdauer beim Tanzen aus. Auch beim Schwärmen wird die Richtung der neuen Behausung v. den Kundschafterbienen durch Tanzen auf der Schwarmoberfläche angegeben. Die B. stellt eine echte *Symbolsprache* dar, deren Begriffe allerdings im Ggs. zur menschl. Symbolsprache, die erlernt werden muß, durch angeborene Verknüpfungen festgelegt u. verstanden werden. In der Evolution ist dieses hochkomplexe Kommunikationssystem wahrscheinlich deshalb entstanden, weil zur Trachtzeit die Konkurrenz der Blütenbesucher um die Futterquellen sehr stark ist. Da ein Bienenvolk (bei dem im Ggs. zu anderen Blütenbesuchern, wie Hummeln, das ganze Volk überwintert) auf große Vorräte angewiesen ist, besteht die Notwendigkeit, für jede ergiebige Futterquelle schnell die notwendige Zahl v. Sammlerinnen zu rekrutieren. Die B. stellt also ein Instrument dar, um das Verhältnis v. Sammelausbeute u. Energieaufwand beim „Suchflug" zu optimieren.   H. H.

Bienenstock, Bez. für eine Bienenwohnung (Beute) einschließlich des in ihr lebenden Volkes. Da die Honigbiene ursprünglich ein Waldtier war u. vor allem in hohlen Bäumen lebte, war die erste Bienenwohnung, zum mindesten in Mitteleuropa, ein ausgehöhlter Baumstamm (Klotzbeute), dann ein strohgeflochtener Korb, der heute, v. wenigen Ausnahmen abgesehen (z. B. Lüneburger Heide), durch Holzkästen verschiedener Bauart ersetzt ist. ↗ Bienenzucht.

Bienenwachs, durch Bauchdrüsen der Honigbiene *(Apis mellifica)* ausgeschiedenes Sekret, das dem Wabenbau dient; besteht aus einem Gemisch v. Estern aus Fettsäuren und langkettigen Fettalkoholen (Myricinpalmitat, Myricylcerotat), langkettigen Fettsäuren (Cerotinsäure, C_{26}; Melissinsäure, C_{30}), Fettalkoholen (Myricyl-, Cerylalkohol) sowie verschiedenen höheren Kohlenwasserstoffen. B. dient als Zusatz zu Salbengrundlagen, zur Herstellung v. Kerzen u. ä.

Bienenweide, *Bienenpflanzen,* Pflanzen, die in ihren Blüten bes. viel Nektar u./od. Pollen produzieren u. deshalb gerne v. Bienen aller Art besucht werden. Bienenpflanzen sind auch gute Trachtquellen für die Honigbiene. Häufig bringen Imker ihre Bienenstöcke zur entsprechenden Blühzeit zu den Bienenpflanzen. Hierzu gehören u. a. Löwenzahn, Raps, Obstbaumblüten u. Heidekraut.

Bienenwolf, 1) *Bienenkäfer, Immenkäfer, Trichodes,* Gatt. der Buntkäfer; rot-schwarz bzw. metallisch blau gezeichnete, etwa 1–2 cm große, lang behaarte Käfer, die als Erwachsene häufig auf Blüten zu finden sind. Die artenreiche Gatt. hat in Mitteleuropa 4 Arten, deren räuber. Larven sich in den Nestern v. solitären od. sozialen Bienen entwickeln. Während *T. alvearius* sich vor allem bei Mauerbienen oder Pelzbienen entwickelt, findet sich die Larve von *T. apiarius* gelegentlich auch in verwahrlosten Honigbienenstöcken, wo sie geschwächte Bienen od. sogar die Brut frißt. 2) *Philantus triangulum,* ↗ Grabwespen. 3) *Große Wachsmotte, Galleria mellonella,* ↗ Wachsmotten.

Bienenzucht, *Imkerei,* von einem ihrer neuzeitl. Begründer, dem schles. Pfarrer J. Dzierzon (1811–1906), „eine ebenso angenehme als nützliche Beschäftigung" genannt, bedeutet Pflege, Haltung u. bis zu einem gewissen Grad auch Zucht der Honigbiene *(Apis mellifica)* zur Freude dessen, der sie betreibt, u. zur Nutzung v. schier allem, was die Biene einsammelt od. selbst herstellt, also seit altersher v. a. *Honig* u. *Wachs,* in neuerer Zeit auch *Bienengift, Pollen, Kittharz* u. *Gelee royale,* u. nicht zuletzt auch wegen ihrer Leistung als Bestäuberin im Pflanzenbau (↗ Bienenschutz). – Vermutlich ist die Biene historisch das erste Tier, das der Mensch in Pflege nahm. Das wird durch altsteinzeitl. Felszeichnungen aus Höhlen bei Valencia/Spanien belegt, deren Alter auf gut 12 000 Jahre geschätzt wird u. die darauf schließen lassen, daß der Mensch der Urzeit Wildbienen offenbar schon recht planvoll nutzte. Wiederkäuer, die als älteste Haustiere gelten, wurden erst 6000–5000 v. Chr. domestiziert. Nutzung u. Pflege einer Wildbienenzucht, wie sie auf den Höhlenzeichnungen dargestellt ist, wird heute noch auf eine verblüffend ähnl. Weise v. den Guajaki-Indianern in den Wäldern Ost-Paraguays betrieben, wie überhaupt der Honig im Leben der südam. Indianer eine bedeutende Rolle spielt. Sie haben erkannt, u. das könnte möglicherweise auch die Erfahrung der Menschen der Urzeit u. damit die Ursache zum historisch nicht dokumentierten Übergang v. der Wildbienennutzung zur Hausbienenzucht gewesen sein, daß, wenn man bei der Honigernte nicht alle Waben entnimmt, sondern einige mit Brut unversehrt läßt, die Bienen zu ihnen zurückkehren u. wieder Honig einsammeln. So geht man sicher nicht fehl in der Annahme, daß der Mensch der Urzeit

Höhlenzeichnung von Honigsammlern, Malerei in Rot, Höhe 68 cm, Cueva de la Araña, Provinz Valencia

Bienenzucht

hohle Baumstämme mit Bienen in die Nähe seiner Behausungen geholt od. wilde Bienenvölker in Rinden-, Geflecht- od. Tonbehälter eingesetzt hat. Nicht ausgeschlossen ist ferner, daß wohnungssuchende Schwärme sich in menschl. Vorratsgefäßen angesiedelt haben. – Überlieferte Schriften bestätigen, daß die ältesten Kulturvölker der Erde den Honig nutzten, ihren Heilwert kannten u. vielfach schon Bienenhaltung betrieben. Das geht ebenso aus der Veda der Inder wie aus vielen Papyri der Ägypter hervor. In einer auf Ton aufgefundenen Rezeptsammlung eines sumer. Arztes wird u. a. auch Honig verordnet. Bei den Hethitern galt um 1300 v. Chr. ein Zipitanni soviel wie die gleiche Menge Butter, was insofern interessant ist, als bis in die Mitte dieses Jh. Honigpreis gleich Butterpreis bedeutete. Hesiod (800 v. Chr.) berichtet von gewölbten Bienenkörben im alten Griechenland, u. in Solons (600 v. Chr.) Gesetzsammlung war festgelegt, daß ein Bienenstand v. dem des Nachbarn 300 Fuß entfernt sein muß, wohl die älteste Anordnung über das Aufstellen v. Bienenvölkern. Aristoteles (384–322 v. Chr.) wußte, daß die Bienen den Honig aus den Blüten holen, Theophrast verfaßte ein Honigbuch, v. dem allerdings nur von Bruchstücke erhalten ist, und Galenos (129–199 n. Chr.) gibt an, wie man Heilsalbe aus Wachs herstellt. In der Bibel wird das Gelobte Land nicht weniger als 21mal als ein solches „darinnen Milch u. Honig fließt" genannt, u. im Talmud wird u. a. von der Herstellung v. Bienenwohnungen aus Stroh u. Rohr berichtet. Auch in Rom wird, u. offenbar schon beachtlich organisiert, B. betrieben. Z. Z. des Plinius (23–79 n. Chr.) gehört zu jedem Landwirtschaftsbetrieb ein Bienenstand, der v. einem griech. od. sizilian. Bienensklaven betreut wird. Von den röm. Schriftstellern sei nur Vergil genannt: Um ein Schwärmen der Bienen zu verhindern, empfiehlt er, der Königin die Flügel zu stutzen, damit sie nicht fliegen kann, eine Methode, die bis in unsere Zeit hinein angewandt wurde. – Bei den Germanen finden wir schon recht bald eine streng geordnete Wildbienenzucht. Bäume mit Bienenvölkern wurden mit dem Zeichen des Nutznießers versehen, und nur er hatte das Recht, Honig u. Wachs zu entnehmen, zu „zeideln" (Honigschneiden). Hieraus entwickelte sich die *Zeidelwesen* gen. Waldbienenzucht u. mit ihr so etwas wie ein neuer Berufsstand, der Zeidler. Dieser höhlte, in einer bestimmten Höhe, um Bären u. Diebe fernzuhalten, einen Baum aus, versah die Höhlung vorn mit einem Flugloch u. hinten mit einem Verschlußbrett u. besetzte sie mit einem Schwarm. Mußte v. Waldbesitzer ein solcher Baum gefällt werden, dann erhielt der Zeidler den Stammabschnitt mit der Höhlung u. stellte ihn als sog. *Klotzbeute* bei seiner Wohnung auf. Solche Zeidelbetriebe entstanden in recht ähnl. Form in ganz Europa. Der bekannteste war die zw. 900 und 1000 n. Chr. aufgebaute Zeidlerei des Nürnberger Stadtwaldes, als Folge deren u. parallel zu ihr sich die Nürnberger Lebkuchenzelterei entwickelte. (Lebkuchen besteht ja bekanntlich aus Mehl, Honig u. Gewürzen.) – Der Typus der Klotzbeuten hat viele Jhh. überdauert, bis man begann, aus in der jeweiligen Gegend vorhandenem Material (Binsen, Schilfrohr, Stroh) leichtere Beuten herzustellen. Solche waren zunächst auf die Gebiete ihrer Entstehung beschränkt, wurden aber durch die Völkerwanderung weit verbreitet. In Dtl. entstanden je nach Landstrich unterschiedl. Formen von Strohkörben. Der bekannteste ist der Lüneburger Stülper. Sowohl in den Klotzbeuten wie in den Körben waren die Waben fest an die Wand gebaut (Stabilbau), folglich mußten sie bei der Honigernte jeweils herausgeschnitten werden. Das änderte sich, als 1853 der auch als Ornithologe bekannte Baron v. Berlepsch das von Dzierzon wenig zuvor eingeführte Stäbchen zum sog. „Rähmchen" ergänzte, d. h. einem rechteckigen Rahmen aus Holzleisten, in den die Bienen ihre Waben einzogen. Jetzt waren die Waben beweglich (Mobilbau) u. konnten einzeln dem Bienenstock entnommen u. durch andere ersetzt werden. Von nun an traten zunehmend an die Stelle der Strohkörbe Holzkästen mit bewegl. Waben, die je nach Erfahrung u. Auffassung abgeändert werden konnten. So entstanden ständig neue Beuten, die aber letztlich alle dem Prinzip genügen, daß ein Brutraum (ständiger Wohnraum) durch ein Absperrgitter v. einem Honigraum getrennt ist. Das Absperrgitter bietet nur den Arbeiterinnen Durchlaß, nicht jedoch der dadurch auf den Brutraum beschränkten Königin. Folglich bleibt die Brut u. der für sie in ihrer Nähe abgelagerte Pollen v. Honig getrennt, was dessen Entnahme (Schleudern) sehr vereinfacht. – Bis noch fast zu Beginn des 20. Jh. wurde der Honig dem Bienenvolk im Frühjahr entnommen, d. h., es wurde nur das geerntet, was die Bienen im Winter nicht verbraucht hatten. Obwohl schon seit Ende des 18. Jh. in Einzelfällen praktiziert, wurde erst durch den Lehrer H. Freudenstein (1863–1935) der inzwischen billig zu erhaltende Rohrzucker als Winterfutter eingeführt. So war es nun möglich, den Honig im Sommer vollständig zu entnehmen u. die Bienen mit im Herbst an sie verfütter-

Bienenkasten von außen mit Anfluglöchern

Honigzellen, Brutzellen (Arbeiterinnen) verdeckelt u. offen mit Maden u. Eiern

bienn

tem Zuckerwasser über den Winter zu bringen. In den meisten Ländern Europas wie auch in der übrigen Welt werden die Bienenkästen (↗Bienenstock) einzeln im Freien aufgestellt. Eine weitgehend dt. Eigenart ist das *Bienenhaus* (Bienenschauer). Es hat sich wohl aus dem heute noch in der Lüneburger Heide verwendeten Immen- od. Bienenzaun (Bienenlagd) entwickelt. Die Gesamtheit der in Freistellung od. in einem Haus vereinigten Bienenstöcke nennt man *Bienenstand*. In Mitteleuropa enthält ein Bienenstand im allg. nicht mehr als 20–30 Völker. – Bis in die ersten Jahrzehnte dieses Jh. war in Dtl. die B. eng mit der Landw. verbunden. Zudem wurde sie v. den Klöstern, die neben dem Honig v. a. auch am Wachs interessiert waren, darüber hinaus vorwiegend v. Pfarrern, Lehrern u. Förstern betrieben, die hierdurch ihr meist karges Gehalt aufbesserten. Heute wird die B. weitgehend nebenberuflich betrieben – Berufsimker, die 150–200 Völker bewirtschaften, sind selten, in der BR Dtl. ca. 2%. Die etwa 80 000 Imker West-Dtl.s mit über 1 Mill. Bienenvölkern müssen mit den sich ständig verschlechternden Trachtmöglichkeiten (Abnahme natürl. Flächen durch Erschließung v. Baugelände u. Straßen; Vernichtung v. Hecken, Ackerunkräutern u. ä.) fertig werden, d. h., Haltung u. Betriebsweisen müssen den neuen Gegebenheiten angepaßt werden. Dies wird v. a. durch eine auf Auslese aufgrund genet. Leistungseigenschaften beruhenden Königinnenzucht angestrebt. Aber die regulierenden Eingriffe sind begrenzt; denn die Honigbiene hat ihre natürl. Lebensweise über alle Einwirkungen einer jahrhundertealten Bienenhaltung hinweg nicht geändert u. ist im Ggs. zu den menschenabhängigen Haustieren eigenständig geblieben. D. Z.

bienn [v. lat. biennis = zweijährig], Bez. für zweijährige Pflanzen, die im ersten Jahr den Sproß aufbauen u. erst im zweiten Jahr Blüten u. Früchte bilden.

Bier, i. w. S. Bez. für alle alkohol. Getränke, die aus *stärkehaltigen* Rohstoffen entstehen u. die nicht anschließend durch eine Destillation im Alkoholgehalt konzentriert werden; i. e. S., nach dem dt. Reinheitsgebot (Herzog Wilhelm IV. v. Bayern, 1516) nur aus Gerstenmalz, Hopfen, Hefe u. Wasser gebrautes, alkohol- u. kohlensäurehaltiges Getränk; für „obergärige B.e" können auch andere Malzarten (Weizenmalz) verwendet werden. – *B.herstellung*. 1. *Malzbereitung*: Da die ↗Bierhefen Stärke nicht direkt zu Alkohol vergären können, müssen die stärkehaltigen Ausgangssubstanzen vorher verzuckert werden. Die dazu notwendigen Enzyme (Amylasen, Maltasen u. a. Glucosidasen) werden durch Keimung der Gerste aktiviert u. neu gebildet. Die gereinigte stärkereiche u. proteinarme zweizeilige Sommergerste wird zur Keimung eingeweicht (Feuchtigkeitsgehalt: 45–50%) u. auf Tennen gebracht. Nach 4–9 Tagen (15°C), sobald der Wurzelkeim das 1,0–1,5fache, der Blattkeim ¾ der Kornlänge erreicht haben (Grünmalz), unterbricht man die Entwicklung im Darrprozeß durch Trocknen u. Rösten. Die biol. Aktivität wird dadurch gehemmt, die Enzyme aber nicht zerstört. Die Stärke ist in diesem Stadium nur teilweise abgebaut. Die Höhe

Bier
Weltweit werden etwa 700 Mill. Hektoliter, in der BR Dtl. (1982) 94,8 Mill. Hektoliter B. pro Jahr gebraut; der statistische B.-Verbrauch lag damit bei 147,8 l pro Einwohner u. Jahr. – B.e, die nicht dem dt. Reinheitsgebot unterliegen, können zur einfacheren Herstellung mit verschiedenen Zusätzen gebraut werden: Rohfrucht, Amylasen aus Pilzen od. Bakterien, Proteinasen, um Proteintrübungen zu beseitigen, Alginate, um die Schaumbildung wieder zu verbessern, u. Konservierungsstoffe. – *Geschichte*. Fast alle Völker haben seit frühester Zeit stärkehaltige Produkte durch Gärung in alkoholische Getränke umgewandelt, möglicherweise schon vor 10 000 Jahren. Das „Ur-Bier" könnte ein feucht gewordenes Brot gewesen sein, das in Gärung überging. Die Sumerer (vor ca. 6000 Jahren) haben bereits gemälztes Getreide zu Broten verbacken, das sie in Wasser auflösten u. vergären ließen. Ursprünglich wurde B. aus gemälztem od. ungemälztem Getreide (Gerste, Hirse, Weizen, Hafer, Roggen) hergestellt, meist mit verschiedenen Zusätzen (Honig, Wacholder, Pilze, Rinde u. a.).

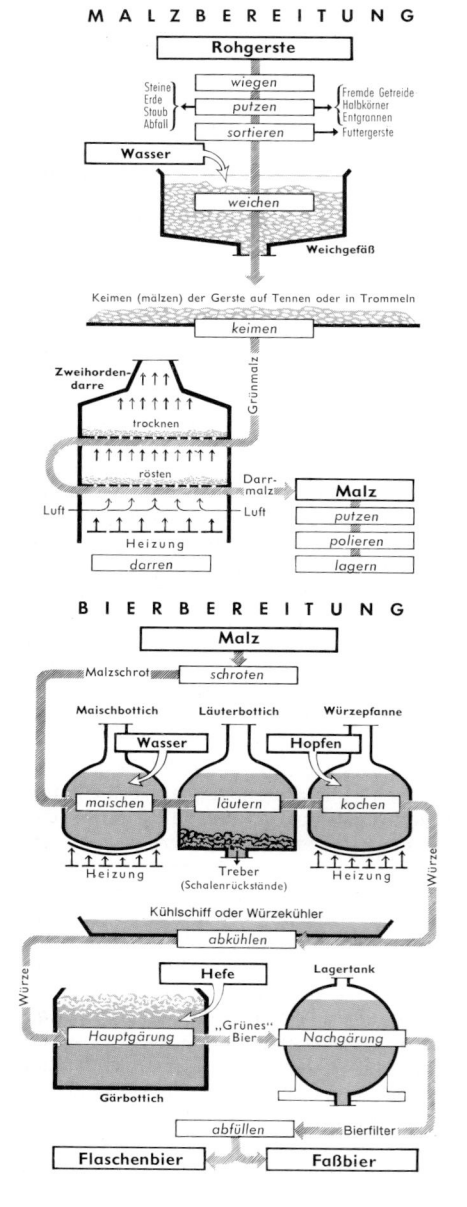

der Darrtemp. (60°–80°C u. höher) richtet sich nach dem B.typ (hell, dunkel), der gebraut werden soll. Neben den Farbstoffen (Melanoidine) entwickeln sich charakterist. Geschmacks-, Duft- u. Aromastoffe. Durch den geringen Wassergehalt (2–5%) ist das Malz lager- u. transportfähig. Vor der Weiterverarbeitung erfolgt noch eine Säuberung; man entfernt Staub, Spelzen u. Wurzelkeime, die ein ausgezeichnetes, vitamin- u. proteinreiches Viehfutter ergeben, dem B. aber einen bitteren, rohen Geschmack verleihen würden. 2. *Würzebereitung:* Das fertige Braumalz wird geschrotet, im Sudhaus mit Brauwasser vermischt (gemaischt) u. in Maischbottich u. -pfanne auf 60°–74°C erhitzt. Es beginnt ein erneuter, schneller Abbau der Inhaltsstoffe. Durch bestimmte Temperaturprogramme, mit teilweisem Kochen der Maische, können die Art der Verzuckerung, das gewünschte Verhältnis v. Dextrinen und vergärbaren Zuckern und der Proteinabbau gesteuert werden. Es entsteht die *Würze,* die man durch Absetzenlassen im Läuterbottich od. durch Maischefilter v. den festen Bestandteilen, dem *Treber,* abtrennt. Die Würze wird anschließend in der Würzepfanne unter Zusatz v. ♀ Hopfenblüten od. Hopfenextrakt gekocht (1,0–1,5 Std.); dadurch erfolgt eine Konzentration, Sterilisation u. vollständige Enzyminaktivierung. Aus dem Hopfen lösen sich Bitter-, Gerb- u. Aromastoffe (Hopfenöle), die dem B. den anregenden bitteren Geschmack u. eine bessere Haltbarkeit verleihen. Hopfengerbstoffe u. Oxidationsprodukte bilden mit einem Teil der Proteine unlösl. Komplexe, die zus. mit den übrigen Trübstoffen durch Absetzenlassen od. Filtration entfernt werden. Vor der Vergärung wird die Würze noch in Kühlapparaten auf die Temp. des Gärkellers abgekühlt, dann nach gewünschtem Stammwürzegehalt mit Wasser verdünnt, belüftet u. in offene Gärbottiche od. geschlossene Gärtanks gefüllt. 3. *Gärung:* Die ↗ alkoholische Gärung wird durch Zusatz der „Anstellhefe" eingeleitet: für „obergärige B.e" Reinkulturen v. *Saccharomyces cerevisiae,* für „untergärige B.e" Reinkulturen von *S. uvarum* (↗Bierhefe). Die Gärung untergäriger B.e erfolgt normalerweise bei 5°–7°C (auch 8°–10°C) u. ist nach 8–10 Tagen beendet. In der Anfangsphase passen sich die Hefen den neuen Wachstumsbedingungen an u. vermehren sich, solange noch Sauerstoff in der Flüssigkeit vorhanden ist. Es schließt sich die Hauptgärung an, in der Äthanol, Kohlendioxid u. verschiedene Nebenprodukte, höhere Alkohole, Diketone (Diacetyl) u. Ester (z. B. Äthylacetat), gebildet werden, die für eine Aromabildung wichtig sind. Die Kohlendioxidentwicklung führt zu einer Schaumbildung an der Oberfläche (Kräusen), die durch ausgeschiedene Hopfenharze und Gerbstoff-Proteinverbindungen bräunlich gefärbt ist. Im Verlauf der Gärung setzen sich die Hefen in Flocken vollständig ab. 4. *Nachgärung:* Das „schlauchreife B." wird dann zur Nachgärung, Ausreifung u. CO_2-Sättigung in Lagertanks od. -fässer geleitet. Die Nachgärung bei 0°–2°C, in der Reste der vergärbaren Zucker (bes. Maltotriose) abgebaut werden, dauert 1–4 Monate. 5. *Klären und Abfüllen.* Nach Abschluß der Nachgärung muß das „ausstoßreife B." durch Zentrifugation u. Filtration v. Trübstoffen u. allen Mikroorganismen befreit werden. Es folgt dann das sterile Abfüllen in Flaschen od. Fässer. – Die Gärtemp. „obergäriger B.e" beträgt 15°–22°C, so daß die Gärzeit nur 2–6 Tage beträgt. Die obergärigen Hefen steigen im Verlauf der Gärung an die Oberfläche u. bilden dort nach Beendigung der Hauptgärung eine dichte Hefeschicht. Oft wird neben Gerste auch zusätzlich Weizenmalz als Rohstoff verwendet (Weizen-B.e). Die Nachgärung der obergärigen B.e ist kürzer als die der untergärigen B.e u. kann sogar auf der Flasche erfolgen (trübe, Hefeweizen-B.e). Bestimmten Weizen-B.en werden beim Maischen od. bei der Gärung Milchsäurebakterien zugesetzt (z. B. Berliner Weiße).

Lit.: *Jackson, M.:* Das große Buch vom Bier. Stuttgart 1977. G. S.

Bierhefe, *Edelhefe,* eine Kulturhefe, die zum Bierbrauen verwendet wird. Für *obergärige* ↗ Biere werden Rassen der obergärigen Hefe, *Saccharomyces cerevisiae* (↗Echte Hefen), eingesetzt, die während der Gärung an die Oberfläche steigen u. auf der vergorenen Bierwürze eine Schicht aus Hefeklumpen bilden. Für *untergärige* Biere werden untergärige Hefen verwendet, Rassen von *S. carlsbergensis,* die heute zu *S. uvarum* gezählt wird (in den Brauereien hat sich jedoch meist der alte Name eingebürgert); *S. carlsbergensis* wurde von E. Ch. Hansen Ende des 19. Jh. in der Carlsbergbrauerei (Dänemark) se-

Vitamingehalt des Bieres

Vitamine	Tagesbedarf (in mg)	im Bier (mg/l)	Deckung des Tagesbedarfs
Thiamin (B_1)	1,6	0,04	1/40
Riboflavin (B_2)	1,6	0,5	1/3
Niacin	15	8,8	3/5
Pyridoxin (B_6)	0,8	0,5	2/3

Außer diesen Vitaminen werden noch Pantothensäure (0,5 mg/l), Folsäure (0,8 mg/l) und Biotin (0,006 mg/l) nachgewiesen. Die drei Vitamine B_2, B_6 und Niacin decken den Tagesbedarf des Menschen (bei Konsum von 1 l/Tag) in beachtlicher Höhe.

Bier

Einige Mikroorganismen, die biologische Fehler des Bieres hervorrufen können:

Essigsäurebakterien *(Acetobacter, Acetomonas)*
Milchsäurebakterien (wenn nicht erwünscht, bes. *Pediococcus cerevisiae*)
Zymomonas anaerobica
Wildhefen (z. B. *Saccharomyces diastaticus*)
Würzebakterien (gramnegative Stäbchen z. B. aus der Coli-Aerogenes-Gruppe)

Wichtige Biersorten

(Alkoholgehalt in Gewichts-%)

Untergärige Biere

Exportbier (3,5–4,5)
Lagerbier (3,5)
Pils (3,5)
Bockbier (5,5–6,0)

Obergärige Biere

Altbier (3,8–4,2)
Kölsch (3,5–4,0)
Weizenbier (ca. 3,5)
Weißbiere (ca. 3,0)
Berliner Weiße (ca. 3,0, mit Milchsäurebakterien)
Engl. Biere (Ale, Porter, Stout)

Biesfliegen

lektioniert u. erstmals als Reinkultur eingesetzt; möglicherweise leitet sich diese Hefe auch von *S. cerevisiae* ab. Die obergärige B. gärt bei höheren Temp. (10 bis 25 °C); ihr fehlt das Enzym Melibiase, so daß Raffinose nur zu einem Drittel vergoren wird u. Melibiose (Glucose-Galactose) unvergoren zurückbleibt. Die untergärige B. hat schon bei tieferen Temp. (5 bis 10 °C) ein gutes Gärvermögen u. kann Raffinose vollständig vergären. Nach ihrem Absetzverhalten unterscheidet man noch *Bruchhefen,* die sehr stark ausflocken, und *Staubhefen,* die sehr schlecht sedimentieren. Zur Herstellung spezieller Biere werden noch andere Hefearten eingesetzt; beim Deutschen Porter erfolgt eine Nachgärung mit *Dekkera bruxellensis.* Untergärige B. (med. *Faex medicinalis*) spielt auch eine große Rolle in diätetischen Präparaten u. der Reformkost, da die Zellen einen hohen Gehalt an B-Vitaminen, hochwertigen essentiellen Aminosäuren u. an Mineralstoffen enthalten. Damit diese Stoffe v. Menschen besser aufgenommen werden können, müssen die Zellwände der B. entfernt od. durch bes. Verfahren durchlässiger gemacht werden.

Biesfliegen, die ↗ Dasselfliegen.

bifazial [v. *bi-, lat. facies = Gesicht], heißt der Bau v. Blättern, deren Mesophyll in ein Palisaden- u. ein Schwammparenchym differenziert ist. Dabei liegt das Palisadenparenchym in der Regel in der oberen, das Schwammparenchym in der unteren Blatthälfte, so daß das für die Photosynthese bedeutsamste Gewebe dem Licht zugewandt ist. Doch wurde recht häufig auch die umgekehrte Anordnung beobachtet; in diesem Fall nennt man den Blattbau *invers-bifazial.* Ggs.: äquifazial, unifazial.

Bifidobacterium *s* [v. lat. bifidus = doppelt gespalten, gr. baktērion = Stäbchen], Gatt. der *Actinomycetaceae;* variable, stäbchenförm., grampositive, nichtsäurefeste Bakterien; oft in Y- oder V-Form auftretende, keulen- u. spatelförm. Zellen, die unbeweglich sind u. keine Sporen bilden. Es gibt streng anaerobe u. sauerstofftolerierende Arten; sie führen eine *heterofermentative Milchsäuregärung* aus; in *B.*

Bifidobacterium bifidus
(heterofermentative Milchsäuregärung)

$$2\, C_6H_{12}O_6 \rightarrow 2\, CH_3-CHOH-COOH + 3\, CH_3-COOH$$
$$2\text{ Glucose} \rightarrow 2\text{ Lactat} \qquad\qquad +3\text{ Acetat}$$
$$\phantom{2\text{ Glucose} \rightarrow}\text{(Milchsäure)}\qquad\qquad\text{(Essigsäure)}$$

bifidus entstehen aus 2 (Molekülen) Glucose 3 Acetat (Essigsäure) u. 2 Lactat (Milchsäure). B.-Arten sind in verschiedenen anaeroben Biotopen zus. mit anderen obligat anaeroben Bakterien zu finden. Sie

bi- [v. lat. bis = zweimal, doppelt], in Zss.: doppel-, zwei-.

Bignoniaceae
Wichtige Gattungen:
Arrabidaea
Bignonia
Campsis
Catalpa
Crescentia
Doxantha
Incarvillea
Jacaranda
Kigelia
Pandorea
Paulownia
Pyrostegia
Spathodea
Tabebuia
Tecomaria

können aus Fäkalien v. Mensch u. Tieren isoliert werden, finden sich im Pansen v. Wiederkäuern, im Abwasser, in der menschl. Vagina u. im Intestinaltrakt der Honigbiene. In der Mundhöhle sind sie wahrscheinlich an der Zahnkaries mitbeteiligt. Die bekannteste Art, *B. bifidus (Bifidus, Lactobacillus bifidus),* ist der häufigste Darmbewohner v. Brustkindern; in geringer Anzahl ist er auch im Darm v. Flaschenkindern u. von Erwachsenen zu finden.

Bifidusfaktor [v. lat. bifidus = doppelt gespalten], ein in Frauenmilch, aber nicht in Kuhmilch enthaltener Wachstumsfaktor (β-Galactosidofructose), der zum Wachstum des Bakteriums *Bifidobacterium bifidus* im Darm v. Brustkindern notwendig sein soll.

Bighorn *s* [v. engl. big = dick, horn = Horn], das ↗ Dickhornschaf.

Bignoniaceae [Mz.; ben. nach dem frz. Bibliothekar J.-P. Bignon, 1662–1743], *Trompetenbaumgewächse,* mit den Braunwurzgewächsen eng verwandte Fam. der Braunwurzartigen *(Scrophulariales)* mit rund 120 Gatt. u. ca. 800 Arten. In den Tropen u. Subtropen, insbes. in Mittel- u. S-Amerika heim. Bäume, Sträucher od. Lianen, selten auch kraut. Gewächse. Die Blätter der B. sind meist kreuzgegenständig, gefiedert u. häufig am Ende zu Blattranken umgebildet; die Blüten stehen in einfachen, risp. od. trugdold. Blütenständen u. besitzen eine breittrichterförm. od. glockige, 5lappige Krone, die in der Regel 2 verschieden lange Staubblattpaare einschließt. Der oberständige Fruchtknoten besteht aus 2 verwachsenen Fruchtblättern u. enthält zahlr. Samenanlagen; aus ihm entsteht eine Kapsel mit oft breit geflügelten Samen od., bei einigen Gatt., auch eine fleischige Schließfrucht mit ungeflügelten Samen. Viele Gatt. der B. stellen oft auffallend schöne Zierbäume. Hierzu gehört z. B. der im SO N-Amerikas heim.

Bignoniaceae

Trompetenbaum *(Catalpa bignonioides),* rechts Blütenzweig, links Schote

Trompetenbaum *(Catalpa bignonioides)* mit großen herzförm. Laubblättern u. in Rispen stehenden weißen, innen gelb u. purpurn gemusterten Trichterblüten. In den Parkanlagen des wärmeren Mitteleuropas ist auch der aus Japan stammende Baum *Paulownia tomentosa* mit

Bignoniaceae
Paulownia tomentosa, links Blüten, rechts Zweig mit Fruchtkapseln

seinen hellblauen Blütenrispen zu finden. Ein bes. schöner Zierbaum der Tropen u. Subtropen ist *Jacaranda obtusifolia (Jacaranda mimosifolia,* B Südamerika III) mit mehrfach gefiederten Blättern u. ebenfalls in Rispen stehenden, leuchtend blauen od. violetten Blüten. Sein verhältnismäßig weiches Holz ist bes. für Schnitzereien geeignet. Aus den afr. Tropen stammt der Afrikanische Tulpenbaum *(Spathodea campanulata* bzw. *S. nilotica)* mit zahlr. orange- bis scharlachroten Blüten. Von bes. wirtschaftl. Bedeutung sind eine Reihe v. Arten der in Mittel- u. S-Amerika heim. Gatt. *Tabebuia.* Von ihnen stammen die gelben, braunen od. schwarzen *Ipé-Hölzer,* die sich durch große Härte u. Dichte (Schwere) sowie durch ihre Resistenz gegenüber holzzerstörenden Pilzen auszeichnen. Zu dieser Gatt. gehört auch der venezolan. Nationalbaum. Eine weitere Nutzpflanze der Tropen u. Subtropen ist der aus Mittelamerika stammende Kalebassenbaum *(Crescentia cujete).* Aus seinen weitglockigen, braunvioletten, von Fledermäusen bestäubten Blüten entstehen sehr hartschalige, bei manchen Sorten bis zu 40 cm große, innen v. einem lockeren weißen Gewebe ausgefüllte Früchte, die vielseitige Verwendung finden. Während Pulpa u. Samen der Frucht in der Volksmedizin u. a. als Abführmittel angewendet werden, dient die Schale im Haushalt als Gefäß *(Kalebasse)* od. wird, z. T. kunstvoll verziert, als Musikinstrument (Rumba-Rassel) verwendet. Zu der mit 10 Arten auf das trop. Afrika u. Madagaskar beschränkten Gatt. *Kigelia* (Leberwurstbaum) gehören Arten (*K. africana, K. aethiopica,* B Afrika II), die im Verlauf mehrerer Monate bis zu 60 cm lange, bräunl. Früchte bilden. Der über das gesamte Amazonasbecken verbreitete Baum *Arrabidaea chica* liefert Blätter, aus denen durch Fermentierung u. Kochen ein wasserunlösl. Farbstoff gewonnen wird, den die Eingeborenen bei rituellen Anlässen zur Körperbemalung verwenden. Unter

Bignoniaceae
Incarvillea

bi- [v. lat. bis = zweimal, doppelt], in Zss.: doppel-, zwei-.

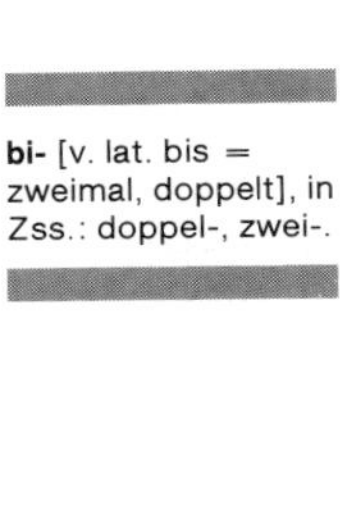

Bignoniaceae
Leberwurstbaum *(Kigelia)* mit Früchten

den als Kletterpflanzen lebenden B. gibt es, wie unter den Bäumen, eine Reihe beliebter Zierpflanzen. Ein bei uns im Freien ausdauernder Kletterstrauch ist z. B. die Klettertrompete *(Campsis radicans),* eine aus dem Osten N-Amerikas stammende Pflanze mit leuchtend roten od. gelbl., langen Trichterblüten u. gefiederten Laubblättern. Ebenfalls aus N-Amerika kommt die in S-Europa kultivierte Bignonie od. Kreuzrebe *(Bignonia capreolata),* mit glockenförm., tieforangen Blüten. Weitere kletternde Zierpflanzen sind in den Gatt. *Tecomaria, Pandorea, Doxantha* u. *Pyrostegia* zu finden. Die in China, der Mongolei u. dem Himalaya bis nach Afghanistan verbreitete Gatt. *Incarvillea* (Freilandgloxinie) beherbergt eine Reihe staudenförm. Zierpflanzen. *N. D.*

bikollateral [v. *bi, lat. con- = zusammen-, latus, Gen. lateris = Seite] heißen die Leitbündel z. B. der *Cucurbitaceae* (Kürbisgewächse) u. *Solanaceae* (Nachtschattengewächse), da bei ihnen der Holzteil nicht nur wie bei den kollateralen Leitbündeln außen in Bezug zur Sproßachse v. einem Siebteil begleitet wird, sondern ein zweiter Siebteil dem Holzteil auch von innen anliegt. ↗ Leitbündel.

Bikosoecophyceae [Mz.], *Bikosoecatae,* Rüsselgeißler, Kl. der Algen, farblose Flagellaten, deren systemat. Stellung unsicher ist; ihre Gehäuse werden aus spiralig angeordneten Cellulosefibrillen gebildet; sie tragen am Vorderende löffel- oder rüsselart. Fortsätze; eine Geißel verläuft in einer Körperfurche, die zweite schwingt frei. Die Gatt. *Bikosoeca* ist mit ca. 8 Arten im Süß- od. Meerwasser verbreitet. Die 7 Arten der Gatt. *Codonomonas* kommen im Süßwasserplankton vor, ihr Gehäuse ist braun gefärbt.

bilateral [v. *bi-, lat. latus, Gen. lateris = Seite], *bilateralsymmetrisch,* sind Tiere u. Pflanzen, deren Organe, wenn sie durch *einen* Schnitt in zwei spiegelbildl. gleiche Hälften zerlegt werden können. Ggs.: radiärsymmetrisch. ↗ Symmetrie.

Bilateralfurchung [v. *bi-, lat. latus, Gen. lateris = Seite], Typ der ↗ Furchung, z. B. beim „Lanzettfischchen" *Branchiostoma.*

Bilateralia [Mz.; v. *bi-, lat. latus = Seite], die ↗ Bilateria.

Bilateria [Mz.; v. *bi-, lat. latera = Seiten], *Bilateralia*, hin u. wieder durch *Coelomata* ersetzt, ist eine Bez. für die Gruppe der vielzelligen Tiere *(Metazoa)* v. den Plattwürmern *(Plathelminthes)* bis zu den Wirbeltieren *(Vertebrata)*. Als B. wurden sie aufgrund ihres bilateralsymmetr. Baus benannt, d. h. der Tatsache, daß man ihren Körper nur durch einen durch die Medianebene (Mediosagittalebene) geführten Schnitt in 2 spiegelbildlich symmetr. Anteile trennen kann. 95% aller Tiere sind B., was sich daraus erklärt, daß es ein fast allg. Kennzeichen der Tiere ist, daß sie ihrer Nahrung mehr od. minder gerichtet nachgehen u. folglich ihr Körper sich stammesgeschichtlich in ein „vorn" u. „hinten" u. so auch in ein „rechts" u. „links" differenziert hat. Morphologisch kommt dies durch die Ausbildung v. Kopf- u. Schwanzregion zum Ausdruck. Die gerichtete Fortbewegungsweise der an der Basis der B. stehenden *Plathelminthes, Nemathelminthes* u. *Annelida* ist ein gleitendes Kriechen, ein Schlängeln od. ein schlängelndes Kriechen. Diese Bewegungsweisen sind nur dadurch möglich, daß als Widerlager für die außen liegende Muskulatur im Körperinnern ein Hydroskelett in Form einer je nach Bewegung unterschiedl., mehr od. weniger flüssigkeitserfüllten Leibeshöhle (mesodermales Parenchym bei *Plathelminthes*, Pseudocoel bei *Nemathelminthes* u. Coelom bei *Annelida*) ausgebildet ist. Diesem funktionellen Zshg. zw. Bilateralsymmetrie u. gerichteter Fortbewegungsweise war man sich noch nicht bewußt, als man die B. den als *Coelenterata* (Hohltiere) zusammengefaßten phylogenetisch ursprüngl. Stämmen, den radiärsymmetr. *Cnidaria* (Nesseltiere) u. den disymmetr. *Acnidaria* (*Ctenophora*, Rippenquallen) als eigene Subdivision der ↗*Eumetazoa* gegenüberstellte. Zudem hatte man übersehen, daß es bereits unter den Hohltieren bilateralsymmetr. Formen *(Anthozoa)* gibt, wie auch noch nicht bekannt war, daß die Ursprünglichkeit v. Radiärsymmetrie u. ihre Gegensätzlichkeit zur Bilateralsymmetrie nur scheinbar ist. Paläontolog. Befunde an Stachelhäutern *(Echinodermata)* wie deren Embryonalentwicklung, bei der sich eine bilateralsymmetr. Larve in eine radiärsymmetr. Adultform verwandelt, beweisen, daß die für die Stachelhäuter typ. Radiärsymmetrie sekundär entstanden ist u. als Anpassung an die sessile Lebensweise gedeutet werden kann, weshalb man sie auch zu den B. stellt. Ähnlich kann der radiärsymmetr. Bau der Hohltiere, der sessilen Polypen wie der nahezu ausschl. sich senkrecht im Wasser bewegenden Quallen od. Medusen, als sekundär verstanden werden. – Aus solchen Beobachtungen einerseits u. theoret. Erwägungen, wie sie v. a. in der ↗Bilaterogastraea-Theorie v. Jägersten (1955) formuliert sind, folgt, daß die Bilateralsymmetrie mit hoher Wahrscheinlichkeit eine urspr. Eigenschaft aller *Metazoa* ist, aus der im Zshg. mit der Lebensweise sich die Radiärsymmetrie u., als eine Spezialform v. ihr, die Disymmetrie entwickelt haben. – Alle als B. zusammengefaßten *Metazoa* sind durch ein Merkmal gekennzeichnet, das im Ggs. zur Bilateralsymmetrie ausschl. ihnen zukommt: sie sind Triploblasten, d. h., sie besitzen ein 3. Keimblatt, das Mesoderm. Nimmt man mit der auf R. Leuckart (1848), die Gebrüder Hertwig (1881) und in neuerer Zeit bes. auf A. Remane (1950, 1967) zurückgehenden ↗Enterocoeltheorie, der unter allen Theorien über die Entstehung der Metazoen die größte Wahrscheinlichkeit zukommt, an, daß das 3. Keimblatt (Mesoderm) nur einmal entstanden ist, u. zwar als Coelom, folglich die B. eine monophylet. Gruppe sind, dann ist die Beibehaltung des Begriffs gerechtfertigt. Geht man, wie es heute allgemeine, aber keineswegs unwidersprochene Auffassung ist, davon aus, daß sowohl die als *Acoelomata* bezeichneten *Plathelminthes, Nemertini, Kamptozoa* u. *Priapulida* als auch die *Pseudocoelomata* gen. *Nemathelminthes* Abkömmlinge coelomhaltiger Vorfahren sind, dann wird verständlich, daß vielfach B. und Coelomata gleichgesetzt werden.

Lit.: *Jägersten, G.* (1955): On the Early Phylogeny of the Metazoa. Zool. Bidrag Uppsala 30. *Remane, A.* (1950): Die Entstehung der Metamerie der Wirbellosen. Verh. Dt. Zool. Ges. Mainz 1949. *Remane, A.* (1967): Die Geschichte der Tiere. In: G. Heberer: Die Evolution der Organismen. Stuttgart ³1967. *Siewing, R.* (1982): Der Verlauf der Evolution. Bedingungen – Resultate – Konsequenzen. Stuttgart ²1982.   D. Z.

Bilaterogastraea-Theorie w [v. *bi-, lat. latus, Gen. lateris = Seite, gr. gastēr = Bauch], *Bilaterogastraea-Hypothese*, eine von den sechs heute diskutierten (Gastraea-, Planula-, Parenchymula- od. Phagocytella-, Placula-, Gallertoid-Hypothese bzw. -Theorie) Vorstellungen, die stammesgeschichtl. Entstehung der zweischichtigen, diploblastischen, aus Ekto- u. Entoderm bestehenden Grundorganisation des Metazoenkörpers zu erklären. – Auf der ↗Gastraea-Theorie v. E. Haeckel (1874) fußend und unter Einbeziehung der Erkenntnisse der ↗Enterocoeltheorie wurde sie von G. Jägersten (1955, 1959) entwickelt. Jägersten nimmt nicht, wie Haeckel, eine festsitzende, radiärsymmetr., sondern eine freibewegl., bilateralsymmetr. Form als Ausgangsbasis aller *Metazoa* an. Diese sieht er wie folgt ent-

Bildungsgewebe

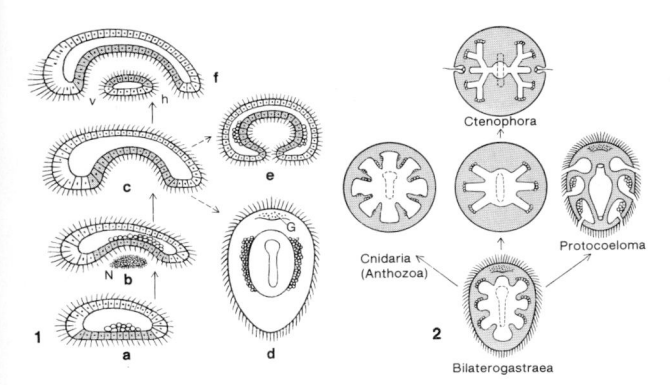

standen. Die ursprüngliche, mit Geißeln od. Cilien aktiv schwimmende, kugelförm. *Blastaea*, die sich heterotroph u. phagocytär, d. h. durch intrazelluläre Verdauung organ. Materials, ernährt, geht zu einem Leben am Boden über u. erwirbt fortan ihre Nahrung, indem sie mit Hilfe der Geißeln od. Cilien auf dem Substrat gleitend entlangkriecht. Physiologisch aber bedeutet Kriechen gerichtete Ortsbewegung, und dies hat morphologisch die Ausbildung eines mit Sinnes- u. Nervenzellen-Anhäufungen versehenen Vorderendes sowie die bilaterale Symmetrie des Körpers zur Folge. Die v. Substrat abzuweidenden Nahrungsteilchen werden durch Phagocytose v. der dem Boden zugekehrten Körperseite aufgenommen, die so definitionsgemäß zur Ventralseite wird. Dieses jetzt ventral zu nennende Epithel wird für Ernährungsaufgaben (nutritorisches Epithel), das gegenüberliegende, also dorsale als schützendes Deckepithel (protektorisches Epithel) differenziert. Die Keimzellen, bei der kugelförmigen Blastaea noch im Epithel liegend, werden ins Innere verlagert, behalten aber Kontakt zur Ventralseite. Die so entstandene *Bilateroblastaea* wölbt zur Verdauung der Nahrungspartikel ihre Ventralseite nach innen ein (vgl. Abb.). Man kann sich gut vorstellen, daß für eine bessere Ausnutzung der Nahrung ein solches Tier zu einer extrazellulären Verdauung übergeht u. folglich eine solch temporäre Einwölbung zu einem dauerhaften „Reaktionsgefäß" wird, indem sich das Ventralepithel vollständig einstülpt u. als Entoderm einen einfachen Urmagen (Protogaster) umgibt. Das protektorische Epithel wird zu dem den Gesamtorganismus umgebenden Ektoderm. Da die Einstülpungsöffnung als schlitzförm. Urmund erhalten bleibt, liegt jetzt ein gastraea-ähnlicher, jedoch bilateralsymmetr. Organismus vor, die *Bilaterogastraea*. Der Urmund streckt sich in die Länge u. verengt sich gleichzeitig in seinem mittleren Bereich, so daß er hantelförm. Umriß erhält. Die Nahrungspartikel

Bilaterogastraea-Theorie
1 Entstehung der *Bilaterogastraea* aus der *Bilateroblastaea* nach Jägersten **a** Bilateroblastaea, **b** Bilateroblastaea, den ventralen Stauraum bildend durch Überwölbung v. Nahrungspartikeln (N), **c–f** Bilaterogastraea: **c** medianer Längsschnitt, **d** Ventralansicht (G = Gehirn), **e** Querschnitt, **f** Längsschnitt: der Urmund wird v. den Seiten her verschlossen; so bleiben nur eine vordere (v) und eine hintere (h) Öffnung erhalten.
2 Entstehung der *Metazoa* nach der B. von Jägersten

bi- [v. lat. bis = zweimal, doppelt], in Zss.: doppel-, zwei-.

werden v. vorderen Ende des Mundschlitzes mit Hilfe der Cilien in den Protogaster eingestrudelt u. Unverdauliches als Kot am hinteren Ende wieder abgegeben. Dadurch, daß die mittlere Region des Urmunds miteinander verwächst, entstehen Mund und After. Gleichzeitig werden 3 Paar Gastraltaschen am Darm ausgebildet. Die ursprünglich an der Ventralseite der Bilaterogastraea gelegenen Keimzellen sind nun, in Gonaden eingeschlossen, an die distalen Enden der Darmtaschen gelangt. Sie werden durch den Protogaster abgegeben. Von einer solchen Bilaterogastraea mit Gastraltaschen leitet Jägersten die *Cnidaria* als ursprünglich sessile, jedoch bilateralsymmetrische Polypen u. die *Ctenophora* als pelagische, disymmetrische Rippenquallen ab. Die *Coelomata* sieht er aus der Bilaterogastraea dadurch entstanden, daß sich die 6 Gastraltaschen als Coelomsäcke v. Protogaster abschnüren u. eigene Ausfuhrgänge (Coelomoporen) erhalten. – Als lebendes Modell einer Bilaterogastraea könnte der erst in den letzten Jahren von K. G. Grell (1971) mit *Trichoplax* begr. Stamm der *Placozoa* gelten. Wohl auch die Schwämme können als Bilaterogastraea-Varianten – Siewing (1976) spricht von *Bentho-Blastaea* u. a. *Bentho-Gastraea* – im Rahmen der Grundgedanken der B. verstanden werden.

Lit.: *Grell, K. G.* (1971): Trichoplax adhaerens F. E. Schulze und die Entstehung der Metazoa. Naturw. Rdsch. 24, 160–161. *Haeckel, E.* (1874): Die Gastraea-Theorie. Jenaische Z. Naturw. *Jägersten, G.* (1955): On the Early Phylogeny of the Metazoa. Zool. Bidrag Uppsala 30. *Jägersten, G.* (1959): Further remarks on the early phylogeny of the Metazoa. Zool. Bidrag Uppsala 33. *Siewing, R.* (1976): Probleme und neuere Erkenntnisse in der Großsystematik der Wirbellosen. Verh. Dtsch. Zool. Ges. 69, 59–83. *D. Z.*

Bilche [Mz.; v. ahd. bilih = Schlafmaus, aus dem Slaw. entlehnt], *Schläfer, Gliridae,* Fam. der Nagetiere; Kopfrumpflänge 8 bis 17 cm; langer, dicht behaarter Schwanz; Vorderfüße mit 4, Hinterfüße mit 5 Zehen. B. sind Nachttiere, die Winterschlaf halten. Die B. umfassen 2 U.-Fam., die Eigentlichen B. *(Glirinae),* welche die gemäßigten Zonen der Alten Welt (von Großbritannien bis Japan u. von Mittelschweden bis N-Afrika u. Kleinasien) bewohnen, u. die Afrikanischen B. *(Graphiurinae),* die über fast ganz Afrika von der Sahara bis zum Kapland verbreitet sind. Einheim. Arten sind der ↗Siebenschläfer, der ↗Gartenschläfer u. die ↗Haselmaus, von O-Europa dringt der ↗Baumschläfer bis nach Österreich.

Bildungsgewebe, *Meristem,* ein Verband pflanzl. Zellen, die teilungsbereit sind im Ggs. zu den speziellen Funktionen dienenden Dauergeweben, deren Zellen die Teilungsfähigkeit vorübergehend od. auch

Bildwahrnehmung

endgültig aufgegeben haben. Man unterscheidet: 1) *primäre B.*, die sich entwicklungsgeschichtlich unmittelbar v. den Geweben des Embryos herleiten u. als *Ur-* oder *Promeristeme* bezeichnet werden; 2) *sekundäre B.*, die aus Dauergeweben hervorgehen u. deren Zellen später wieder die Teilungstätigkeit aufnehmen – sie werden auch *Folgemeristeme* genannt; 3) *Meristemoide,* wenn es sich um Einzelzellen od. sehr kleine Zellgruppen handelt, die ursprünglich od. nach vorübergehender Teilungsruhe teilungsaktiv sind, jedoch endgültig in der Differenzierung des v. ihnen abstammenden Zellverbands aufgehen.

Bildwahrnehmung; infolge der Anordnung der Sehzellen auf der ↗Netzhaut des ↗Linsenauges ist nur in der Fovea ein scharfes Bildsehen mit hohem Auflösungsvermögen möglich. Beim Fixieren v. größeren Gegenständen werden diese nicht als Ganze erfaßt, sondern mit Blicksprüngen (Saccaden) abgetastet, bis das Hirn ein Bild des Gegenstands rekonstruiert hat.

Bilharzi̲o̲se *w*, v. dem dt. Arzt Th. Bilharz (1825–62) beschriebene Tropenerkrankung (1852 Entdeckung des Pärchenegels, eines Trematoden, als Erreger der B.); ↗Schistosomiasis.

Bili̲mbi *m, Averrhoa bilimbi,* ↗Sauerkleegewächse.

Bili̲ne [Mz.-] v. *bili-] ↗Phycobiline.

Biliprote̲i̲ne [Mz.] v. *bili-, gr. prōtos = der erste, wichtigste], die ↗Phycobiline.

Bilirubi̲n *s* [v. *bili-, lat. ruber = rot], orangeroter Gallenfarbstoff, hauptsächlicher Farbstoff der menschl. Galle, wird v. a. durch den Abbau des Porphyringerüstes des Hämoglobins reifer Erythrocyten gebildet. Bei perniciöser ↗Anämie entsteht ein Teil des B.s auch beim Abbau v. Myoglobin u. Cytochromen. Das B. des Blutes ist an Albumin gebunden; freies B. wirkt als Entkoppler u. ist hochgradig toxisch. Plasma-B. dissoziiert in der Leberzelle v. Albumin ab u. wird über UDP-Glucuronsäure zum B.diglucuronid konjugiert. Die beteiligte Glucuronyl-Transferase ist im

Bilirubin

glatten endoplasmat. Reticulum der Leberzelle lokalisiert. Nach Ausscheidung des konjugierten B.s in die Galle wird der größte Teil des B.s durch Bakterien reduziert u. mit dem Kot ausgeschieden. Bei verschiedenen Lebererkrankungen wird

bili- [v. lat. bilis = Galle], in Zss.: Gallen-.

Bilsenkraut

Das B. *(Hyoscyamus niger)* gilt schon seit dem Altertum als Heil- u. Giftpflanze. Seine in erster Linie auf den Tropanalkaloiden Atropin, Scopolamin u. insbesondere Hyoscyamin beruhende Wirkung gleicht im wesentlichen der der Tollkirsche. Blattextrakte, alkohol. Auszüge od. auch die Samen des B.s werden ihrer beruhigenden, schmerzstillenden u. krampflösenden Wirkung wegen seit langem als Heilmittel eingesetzt. Aufgrund ihrer (in höheren Dosen) erregenden, berauschenden u. vor allem halluzinogenen Eigenschaften waren sie im Mittelalter jedoch auch Bestandteil von sog. Hexensalben u. Liebestränken. Ihre in hohen Dosen tödl. Wirkung machte sie zudem zu einem beliebten Gift in der Hand von Giftmischern. Stärker noch als in *H. niger* sind die Alkaloide in *H. muticus* konzentriert.

vermehrt B. produziert, das dann in die Blutbahn u. in die Haut gelangt (Gelbsucht). Auch Verschluß der Gallenwege kann dieses Symptom auslösen. ↗Bilirubinurie.

Bilirubinuri̲e *w* [v. *bili-, lat. ruber = rot, gr. ouron = Harn], Vorhandensein v. ↗Bilirubin im Harn; der Harn ist bierbraun gefärbt u. mit gelbem Schaum bedeckt; tritt auf nach Erhöhung des Bilirubingehalts im Blutplasma über 2 mg/100 ml, z. B. bei infektiöser Hepatitis, als Frühsymptom bei toxischem Leberschaden.

Bilive̲rdin *s* [v. *bili-, it. verde = grün], blaugrüner Gallenfarbstoff, der sich durch Dehydrierung v. ↗Bilirubin ableitet.

Billbe̲rgia *w* [ben. nach dem schwed. Botaniker G. J. Billberg, 1772–1844], Gatt. der ↗Ananasgewächse.

Bi̲lsenkraut *s* [ahd. bilisa], *Hyoscyamus,* Gatt. der Nachtschattengewächse mit ca. 14 in Europa, N-Afrika u. dem gemäßigten Asien beheimateten, in N-Amerika u. Australien teils eingebürgerten Arten. Von bes. Bedeutung ist das Schwarze B. (B Kulturpflanzen X), ein ein- bis zweijähr., ca. 60 cm hohes, drüsig behaartes, unangenehm riechendes Kraut mit rübenförm. Wurzel u. 10–20 cm langen, grobbuchtig gezähnten Laubblättern. Die fast sitzenden Blüten sind in seitwendigen Wickeln angeordnet u. besitzen einen bleibenden, becherförm. Kelch mit spitzen Zähnen u. eine schmutzig-gelbe, 2–3 cm lange, trichterförm., 5lappige Krone mit netzart., violett geädertem Saum u. rotviolettem Schlund. Die Frucht ist eine bis ca. 1,5 cm lange, bauchige Deckelkapsel mit zahlr. Samen. Standorte der v. Juni bis Okt. blühenden, der ↗Roten Liste zufolge als „gefährdet" eingestuften Pflanze sind Wegränder, Mauern u. sonnige Schuttunkrautgesellschaften. An wüstenart. Standorten Ägyptens u. Vorderasiens zu finden ist *H. muticus. H. turcomanicus,* eine in Mittelasien beheimatete Art des B.s, fällt durch bes. große (bis 4 cm breite) Blüten auf, während das in S-Europa u. N-Afrika zu findende Helle B. *(H. albus)* blaßgelbe Blüten mit grünlich-violettem Schlund, aber ohne Adernetz besitzt.

Bi̲lzingsleben, *Mensch von B.*, Vertreter der *Homo-erectus*-Gruppe *(H. e. bilzingslebenensis);* 5 Schädelbruchstücke, darunter Teile vom Stirnbein u. Hinterhaupt sowie 1 Oberkieferbackenzahn, seit 1972 bei Ausgrabungen zus. mit altsteinzeitl. Werkzeugen u. tierischen Fossilien in einem mittelpleistozänen Travertin bei Bilzingsleben (Thüringen) gefunden; Alter: ca. 350 000 Jahre.